Wolfgang Brauch, Hans-Joachim Dreyer, Wolfhart Haacke

Mathematik für Ingenieure

Wolfgang Brauch | Hans-Joachim Dreyer
Wolfhart Haacke

Mathematik für Ingenieure

11., durchgesehene Auflage

Unter Mitarbeit von Wolfgang Gentzsch

STUDIUM

VIEWEG+
TEUBNER

Bibliografische Information der Deutschen Nationalbibliothek
Die Deutsche Nationalbibliothek verzeichnet diese Publikation in der Deutschen Nationalbibliografie; detaillierte bibliografische Daten sind im Internet über <http://dnb.d-nb.de> abrufbar.

1. Auflage 1964
11., durchgesehene Auflage 2006
unveränderter Nachdruck 2010

Lektorat: Ulrich Sandten | Kerstin Hoffmann

Vieweg+Teubner ist Teil der Fachverlagsgruppe Springer Science+Business Media.
www.viewegteubner.de

Umschlaggestaltung: KünkelLopka Medienentwicklung, Heidelberg
Druck und buchbinderische Verarbeitung: STRAUSS GMBH, Mörlenbach
Gedruckt auf säurefreiem und chlorfrei gebleichtem Papier.
Printed in Germany

ISBN 978-3-8351-0073-2

Vorwort zur 8. Auflage

In der ersten Auflage dieses Lehrbuchs im Jahre 1963 hieß es:

„Die sich stürmisch entwickelnde Technik erfordert in der Ingenieurausbildung und -praxis ein gediegenes mathematisches Wissen... Das Buch bemüht sich deshalb, als eine ‚Mathematik für Ingenieure' das mathematische Rüstzeug immer in Verbindung mit der Physik und den Anwendungen in der Technik zu vermitteln, es will die Brücke von der Mathematik zur Technik schlagen..."

Diese Aussage gilt auch heute noch für die nunmehr vorliegende 8. Auflage, die grundlegend neu bearbeitet wurde. Es wurde folgendes geändert: Im Hinblick auf die anwendungsorientierte Ausbildung an den Fachhochschulen wird auf manche mathematische Feinheit verzichtet. Neu hinzu kommt ein Abschnitt über die Anwendung der Matrizenrechnung in der Computer-Graphik. Die optische Lesbarkeit wird durch größere Schrift und Bilder sowie großzügige Anordnung des Textes verbessert. Wichtige Formeln und Sätze werden noch deutlicher hervorgehoben.

Durch diese Änderungen soll die Verständlichkeit und Lesbarkeit des Buches weiter verbessert werden. Andererseits soll das Buch weiterhin *mehr* als eine Beispiel- und Formelsammlung sein. Deshalb werden die allgemeinen Erläuterungen und Beweisführungen im wesentlichen beibehalten. Außerdem sind bewußt Abschnitte wie Statistik, Spline-Interpolation und Laplace-Transformation erhalten geblieben. Obwohl sie nicht zum Grundstudium der Mathematik gehören, sind sie für eine vollständige Ingenieur-Ausbildung unerläßlich.

Wir danken allen Fachkollegen und Studenten, die durch Anregungen zur Verbesserung des Buches beigetragen haben. Dem Teubner-Verlag danken wir für das bereitwillige Eingehen auf unsere Wünsche und für eine über fünfundzwanzigjährige gute Zusammenarbeit.

Die Autoren

Vorwort zur 11. Auflage

Die erste Auflage der „Mathematik für Ingenieure“ ist vor mehr als vierzig Jahren erschienen. Die für die Ingenieure wichtigen mathematischen Methoden wurden bei Neuauflagen jeweils der Entwicklung der Technik angepasst. Auch das äußere Bild wurde modernisiert.

Für die 8. Auflage wurde der Stoff grundlegend überarbeitet und ergänzt.

Deshalb konnte man sich in der 9., 10. und 11. Auflage darauf beschränken, Druckfehler zu beseitigen und einige Formulierungen zu verbessern, zumal von Seiten der Benutzer keine wesentlichen Veränderungswünsche vorlagen.

Hinweise der Benutzer sind uns jederzeit willkommen.

Dem Teubner Verlag sei Dank für die langjährige gute Zusammenarbeit.

Frühjahr 2006 Hans-Joachim Dreyer

Inhalt

6 Integralrechnung

7 Reihen

1 Grundlagen

Nach Meinung des Mathematikers David Hilbert (1862–1943) ist die Mathematik die Wissenschaft der formalen Systeme. Will man dieser Definition folgen, so muß man die Mathematik den Geisteswissenschaften zuordnen, obwohl ihre Anfänge im Altertum aufgrund naturwissenschaftlicher Probleme wie der Auswertung astronomischer Messungen oder terrestrischen Vermessung (Pyramiden) entstanden sind.

Auch in der Neuzeit findet man einerseits den durch die Naturwissenschaften und die Technik bewirkten Zwang, mathematische Methoden zur Lösung praktischer Probleme zu entwickeln, andererseits den Hang zur Verallgemeinerung dieser Methoden und deren Loslösung von dem einzelnen naturwissenschaftlichen Problem.

So können die aus einem bestimmten Problem heraus entwickelten mathematischen Methoden auch auf eine Reihe anderer Probleme angewandt werden, die sich mit der gleichen Formalstruktur darstellen lassen.

Das bestimmte Integral wird zum Beispiel anschaulich mit einer Flächenberechnung eingeführt, kann aber auch zur Berechnung der Ausflußzeit einer Flüssigkeit aus einem Behälter benutzt werden.

Zur richtigen Handhabung der Mathematik und ihrer Denkmethoden werden in diesem Buch zunächst einige Grundbegriffe über Zahlen, Aussagen und Beweisverfahren zusammengestellt.

1.1 Aussagenlogik und Beweisverfahren

1.1.1 Ausdruck. Aussage. Definition. Axiom

Bei der Begründung jeder Wissenschaft entsteht das Problem, einen gesicherten Ausgangspunkt, einen „richtigen" Anfang zu finden. In der heutigen Wissenschaftstheorie löst man dieses Problem, indem man zunächst unbefangen mit der Einführung von Begriffen beginnt, von denen vorausgesetzt werden kann, daß deren Bedeutung aus der geschichtlichen Entwicklung der Sprache zumindest ungefähr bekannt ist. Derartige Begriffe werden *primitive Ausdrücke* genannt. Sie müssen nun präzisiert werden. Dazu wird zunächst eine Reihe weiterer Ausdrücke geschaffen, die bereits ein höheres Abstraktionsniveau haben, die *definierten Ausdrücke*. Als letzter Schritt werden dann in einer Reihe von Sätzen, den sog. *Axiomen*, die Eigenschaften der primitiven Ausdrücke exakt definiert. Es findet also eine Art von Rückkoppelungsprozeß statt.

Beispiel 1.

Mathematische Theorie	primitive Ausdrücke	definierte Ausdrücke
Geometrie	Punkt, Gerade	Viereck, Ellipse
Algebra	Zahl, Addition	Primzahl, Quadratwurzel
Mengenlehre	Element, Menge	Teilmenge, Vereinigung ■

Die in der Mathematik als Ausdruck (Term) bezeichneten Zusammensetzungen von Ziffern, Buchstaben und mathematischen Operationszeichen zählen im Sinne dieser Betrachtungen ebenfalls zu den definierten Ausdrücken. Alle Arten von Ausdrücken werden nun zu Sätzen einer Umgangssprache oder zu mathematischen Formeln zusammengesetzt, die unter der folgenden Voraussetzung Aussagen genannt werden.

Definition. *Eine* Aussage *ist die Beschreibung eines Sachverhaltes, von dem eindeutig entschieden werden kann, ob er wahr (richtig) oder falsch ist.*

Beispiel 2.

Aussagen sind:

1. Durch zwei verschiedene Punkte gibt es genau eine Gerade.
2. Eins ist eine natürliche Zahl.
3. Wenn a und b die Katheten und c die Hypotenuse eines rechtwinkligen Dreiecks sind, dann gilt $a^2+b^2=c^2$.
4. Jede an einer Stelle x_1 stetige Funktion ist dort auch differenzierbar.
5. Morgen wird es regnen.

Die beiden ersten Aussagen sind richtig, weil sie Axiome sind (s. unten). Die Richtigkeit der 3. Aussage muß bewiesen werden. Die 4. Aussage ist falsch. Auch der 5. Satz ist eine Aussage, obwohl jetzt noch nicht entschieden werden kann, ob sie richtig ist.

Keine Aussagen sind:

Wie spät ist es?

Susi ist ein hübsches Mädchen.

Beim ersten Satz ist es offenbar sinnlos, nach seinem Wahrheitsgehalt zu fragen. Beim zweiten Satz gibt es keine allgemein anerkannten Kriterien, mit denen sein Wahrheitsgehalt festgestellt werden kann. ■

Eine mathematische Theorie besteht aus einer Menge wahrer Aussagen.

Diese Menge besteht aus zwei Teilmengen:

Definition. *Wahre Aussagen, die ohne Beweis an den Anfang einer Theorie gestellt werden, heißen* Axiome *oder Postulate. Aussagen, die aus den Axiomen folgen, die also bewiesen werden müssen, heißen* Lehrsätze *oder Theoreme. In diesem Buch werden sie kurz als* Sätze *bezeichnet.*

Diese Möglichkeit der eindeutigen Einteilung aller Aussagen über ein Sachgebiet in Axiome und Lehrsätze wird manchmal als das entscheidende Kriterium für eine exakte

Wissenschaft angesehen. Da es zweifelhaft ist, ob bei dieser Definition Gebiete wie Geschichte oder Psychologie als exakte Wissenschaften bezeichnet werden dürfen, sollte man zurückhaltender definieren: Wenn sich die vorstehende Einteilung bei einer Menge von Aussagen durchführen läßt, bildet diese Menge ein formales System, das betreffende Sachgebiet ist formalisierbar. Das klassische Beispiel für ein formales System ist die Mathematik.

Schwierige Probleme ergeben sich bereits mit der Frage, welche Eigenschaften die Axiome haben müssen. Offensichtlich kann nicht jede beliebige Aussage als Axiom gesetzt werden. An ein formales System werden folgende Forderungen gestellt:

1. Es muß widerspruchsfrei sein. Sämtliche aus den Axiomen hergeleiteten Ausdrücke müssen allgemeingültig sein.
2. Es muß vollständig sein. Es darf keine allgemeingültigen Ausdrücke geben, die nicht aus den Axiomen herleitbar sind.
3. Die Axiome müssen voneinander unabhängig sein. Es darf sich kein Axiom aus den anderen herleiten lassen.
4. Alle hergeleiteten Ausdrücke müssen entscheidbar sein. Es muß sich formal feststellen lassen, ob sie wahr oder falsch sind.

Die Elementarmathematik beruht im wesentlichen auf einem geometrischen und einem algebraischen Axiomensystem.

Zur vollständigen Begründung der Euklidischen Geometrie benötigt man etwa 15 Axiome, die Ende des vorigen Jahrhunderts von Hilbert zusammengestellt wurden. Davon lauten einige:

1. Durch zwei verschiedene Punkte gibt es genau eine Gerade.
2. Auf jeder Geraden liegen wenigstens zwei Punkte.
3. Es gibt wenigstens drei Punkte, die nicht auf einer Geraden liegen.
4. Durch je drei Punkte, die nicht auf einer Geraden liegen, gibt es genau eine Ebene.
5. In jeder Ebene liegt mindestens ein Punkt.
6. Es gibt mindestens vier Punkte, die nicht in einer Ebene liegen.
7. Durch jeden nicht auf einer Geraden g liegenden Punkt A gibt es in der durch A und g bestimmten Ebene genau eine Gerade g', die mit der Geraden g keinen Punkt gemeinsam hat.

Das zuletzt genannte Axiom heißt das Parallelenaxiom. Es hat in der Geschichte der Mathematik eine besondere Rolle gespielt: Einmal wurde lange bezweifelt, ob dies ein Axiom sei oder ob es sich aus den anderen Axiomen herleiten ließe (s. Ziffer 3 der vorstehenden Forderungen an ein formales System). Zum anderen wurde dieses Axiom durch Riemann abgeändert: Durch einen Punkt, der außerhalb einer Geraden liegt, lassen sich beliebig viele Gerade ziehen, die zur ersten parallel sind. Dadurch gelangt man zur nicht mehr vorstellbaren Riemannschen Geometrie, die in der modernen Physik eine wichtige Rolle spielt.

Es war ein wesentliches Verdienst Hilberts, darauf hingewiesen zu haben, daß durch derartige Axiome die primitiven Ausdrücke „Punkt“, „Gerade“ und „Ebene“ ohne jede anschauliche Vorstellung exakt definiert werden. Diskussionen über die Frage, was ein Punkt „eigentlich“ sei, entbehren damit jeder Grundlage.

Die Algebra der natürlichen Zahlen beruht auf den folgenden 5 Axiomen, die im vorigen Jahrhundert von Peano aufgestellt wurden:

1. Eins ist eine natürliche Zahl.
2. Zu jeder natürlichen Zahl gibt es genau einen Nachfolger, der wieder eine natürliche Zahl ist.
3. Es gibt keine natürliche Zahl, deren Nachfolger Eins ist.
4. Verschiedene natürliche Zahlen haben verschiedene Nachfolger.
5. Enthält eine Menge natürlicher Zahlen die Zahl Eins und mit jeder natürlichen Zahl n auch deren Nachfolger $n'=n+1$, so enthält sie alle natürlichen Zahlen.

Auf dem letzten Axiom beruht ein wichtiges Beweisverfahren, die vollständige Induktion, das in Abschn. 1.1.4 erläutert wird.

1.1.2 Aussagenverknüpfung

Beim Aufbau einer mathematischen Theorie werden, ausgehend von den Axiomen, durch Verknüpfung von richtigen Aussagen neue richtige Aussagen gewonnen. Die Wissenschaft, die sich mit Aussagenverknüpfungen befaßt, ist die Logik. Sie wurde von Aristoteles begründet und zunächst der Philosophie zugeordnet. Seit der Mitte des vorigen Jahrhunderts wurde die Logik aber, beginnend mit den Arbeiten von Boole, de Morgan und Frege zunehmend formalisiert und kann deshalb heute als eine mathematische Theorie betrachtet werden, die mathematische Logik genannt wird [Bö 81]. Ein Teilgebiet ist die hier behandelte Aussagenlogik. Sie ist eine zweiwertige Logik, weil jede Aussage nur zwei Werte annehmen kann. Sie befaßt sich mit der formalen Ermittlung von Wahrheitswerten von Aussagen, die durch die Verknüpfung anderer Aussagen entstehen. Sie bildet nicht nur die Grundlage mathematischer Beweisverfahren, sondern findet auch Anwendung in der Digitaltechnik und wird dort als Schaltalgebra bezeichnet. In der Aussagenlogik wird eine Aussage als ein nicht weiter zerlegbares Gebilde betrachtet, das nur durch seinen Wahrheitswert gekennzeichnet ist. Insbesondere wird die innere Struktur einer Aussage nicht untersucht. Die Analyse der inneren Struktur einer Aussage gehört zur (hier nicht behandelten) Prädikatenlogik.

Die Formalisierung der Aussagenlogik beginnt mit dem Abstrahieren vom speziellen Inhalt der Aussagen. Auch die Feststellung des Wahrheitswertes einer Aussage ist nicht Aufgabe der mathematischen Logik, sondern der betreffenden Fachwissenschaft, aus der die Aussage stammt. Die Aussagen werden, wie in der Arithmetik die Zahlen, durch Buchstaben ersetzt und damit abgekürzt. Diese „Platzhalter“ der Aussagen heißen Aussagenvariable. In der Digitaltechnik werden sie Schaltvariable, in den höheren Programmiersprachen logische Variable genannt. In diesem Abschnitt wird kurz von Variablen oder auch von Operanden gesprochen. Im Unterschied zu den Variablen reeller Funktionen können die Aussagenvariablen nur zwei Werte annehmen, die hier mit W (wahr) und F (falsch), in der Digitaltechnik mit H (high) und L (low) und in den Programmiersprachen mit T (true) und F (false) bezeichnet werden.

Ordnet man einer Aussagenvariablen einen Wert zu, so erhält man eine Aussage (die falsch oder wahr sein kann). A sei eine Aussagenvariable, dann ist $A = \text{W}$ eine Aussage.

Im folgenden werden nun einige Verknüpfungen definiert (s. DIN 5474, Zeichen der mathematischen Logik), die den Grundrechnungsarten der Arithmetik entsprechen und auch Analogien zu den Verknüpfungen der Mengenlehre aufweisen. In der Arithmetik ist es eine triviale Erkenntnis, daß das Ergebnis einer Verknüpfung nur von den Werten der Operanden abhängig ist. Die Übertragung dieses Gedankens in die Aussagenlogik bereitet erfahrungsgemäß dem Anfänger erhebliche Schwierigkeiten. Deshalb sei nochmals darauf hingewiesen, daß auch hier das Ergebnis einer Verknüpfung nur vom Wahrheitswert der Operanden, und nicht etwa vom sachlichen Inhalt der Aussagen abhängt.

Die Definitionen der verschiedenen Verknüpfungen erfolgen mit Wahrheitstafeln. In ihnen wird für sämtliche möglichen Werte der Variablen (Operanden) $x_1, x_2, \ldots, x_n$ einer Verknüpfung deren Ergebnis z dargestellt. Ein wesentlicher Unterschied zu den Tafeln reeller Funktionen besteht darin, daß bei jenen stets nur eine endliche Teilmenge der möglichen Werte der Variablen dargestellt werden kann.

Die einfachste Operation mit nur einem Operanden x_1 heißt

Negation $z = \neg x_1$ oder $z = \bar{x}_1$ (gesprochen: z ist nicht x_1) (1.1)

Das Ergebnis z hat den zu x_1 entgegengesetzten Wert.

x_1	z
F	W
W	F

Mit zwei Operanden spielen folgende Verknüpfungen eine Rolle:

Konjunktion $z = x_1 \wedge x_2$ (gesprochen: z ist x_1 und x_2) (1.2)

Das Ergebnis z ist nur dann wahr, wenn sowohl x_1 als auch x_2 wahr sind.

x_1	x_2	z
F	F	F
F	W	F
W	F	F
W	W	W

Das Symbol $\wedge$ stammt vom Anfangsbuchstaben des englischen AND. Diese Verknüpfung entspricht der Durchschnittsbildung zweier Mengen.

Disjunktion $\boxed{z = x_1 \vee x_2}$ (gesprochen: z ist x_1 oder x_2) (1.3)

Das Ergebnis ist nur dann wahr, wenn entweder x_1 oder x_2 oder beide wahr sind.

x_1	x_2	z
F	F	F
F	W	W
W	F	W
W	W	W

Das Symbol $\vee$ stammt vom Anfangsbuchstaben des lateinischen vel. Diese Verknüpfung entspricht der Vereinigung zweier Mengen.

Setzt man in der letzten Zeile der Tafel der Disjunktion $z = \mathrm{F}$, so wird damit eine weitere Verknüpfung, das sog. exklusive Oder (Antivalenz) definiert. Das Ergebnis ist falsch, wenn nur x_1 *oder* x_2, also *eine* der beiden Aussagen wahr sein kann, aber *beide* als wahr bezeichnet werden. Bei Diskussionen hat man sehr darauf zu achten, welches der beiden „Oder" gemeint ist.

Die Negation, Konjunktion und Disjunktion spielen vor allem in der Schaltalgebra eine Rolle. Deutet man z. B. F als Dualziffer 0 und W als Dualziffer 1, so ergibt die Konjunktion eine Multiplikationstafel der einstelligen Dualzahlen. In den höheren Programmiersprachen gibt es für diese Verknüpfungen Operationszeichen. Technisch können diese Verknüpfungen durch Transistorschaltungen realisiert werden.

Die beiden folgenden Verknüpfungen spielen bei mathematischen Beweisen eine wichtige Rolle.

Implikation (Subjunktion) $\boxed{z = x_1 \rightarrow x_2}$ (1.4)

(gesprochen: aus x_1 folgt x_2; wenn x_1, dann x_2; x_1 impliziert x_2)

Das Ergebnis z ist nur dann falsch, wenn x_1 wahr und x_2 falsch ist.

x_1	x_2	z
F	F	W
F	W	W
W	F	F
W	W	W

Die beiden ersten Zeilen der Wahrheitstafel erscheinen in bezug auf ihre Anwendung zum logischen Schließen zunächst unsinnig. Im folgenden Beispiel wird gezeigt, daß diese Definition vernünftig ist.

Beispiel 3. Implikationen

x_1: Jeder Hund hat sechs Beine.

x_2: $2 + 2 = 5$

Offensichtlich sind x_1 und x_2 falsch. Trotzdem ist der Satz: „Wenn jeder Hund 6 Beine hat, dann ist Zwei plus Zwei gleich Fünf“ eine wahre Aussage!

Bedeutet x_2: $2+2=4$, so ergibt die Implikation $x_1 \rightarrow x_2$ ebenfalls eine wahre Aussage. Nur im Falle x_1: $2+2=4$; x_2: Jeder Hund hat sechs Beine, ist: „Wenn Zwei plus Zwei gleich Vier ist, dann hat jeder Hund sechs Beine“ eine falsche Aussage. ■

Aus der Wahrheitstafel und diesem Beispiel ergibt sich, daß bei einer Implikation die beiden Operanden nicht vertauscht werden dürfen. Die unerlaubte Vertauschung läßt manche Scheinbeweise zunächst als richtig erscheinen. In der Umgangssprache treten oft Implikationen auf, die schwer als solche zu erkennen sind. So sind z.B. die häufigen „All-Sätze“ Implikationen. Die Aussage „Jeder Mensch ist sterblich“ bedeutet ausführlich „Wenn jemand ein Mensch ist, dann ist er sterblich“. Diese Aussage ist nicht umkehrbar, weil nicht jedes sterbliche Lebewesen ein Mensch ist.

Bei den Sätzen der Mathematik wird meist stillschweigend vorausgesetzt, daß x_1 und x_2 richtig sind, d.h., es wird nur die letzte Zeile der Wahrheitstafel betrachtet. x_1 wird oft die Bedingung (Voraussetzung, Prämisse) und x_2 die Folgerung (Konklusion) genannt. Hier gibt es nun viele Fälle, in denen auch dann eine richtige Aussage entsteht, wenn x_1 und x_2 vertauscht werden. Dann gelten also beide Implikationen $x_1 \rightarrow x_2$ und $x_2 \rightarrow x_1$. Für diesen Sachverhalt wird eine eigene Verknüpfung, die Äquivalenz, definiert.

Äquivalenz (Bijunktion) $\boxed{z = x_1 \leftrightarrow x_2}$ (1.5)

(gesprochen: aus x_1 folgt x_2 und umgekehrt; x_1 genau dann, wenn x_2; x_1 ist äquivalent zu x_2)

Das Ergebnis z ist nur dann wahr, wenn x_1 und x_2 die gleichen Wahrheitswerte haben.

x_1	x_2	z
F	F	W
F	W	F
W	F	F
W	W	W

Man beachte die unterschiedliche Bedeutung von Gleichheits- und Äquivalenzzeichen.

Beispiel 4. Äquivalenzen

x_1: In einem Viereck sind je zwei Gegenseiten parallel.

x_2: Im gleichen Viereck wie in x_1 sind je zwei Gegenseiten gleich lang.

In der Geometrie wird bewiesen, daß die Äquivalenz $x_1 \leftrightarrow x_2$ besteht. Der Satz „In jedem Parallelogramm sind die Gegenseiten gleich lang“ beschreibt nur die Implikation $x_1 \rightarrow x_2$. Die Aussagen „In einem Dreieck sind zwei Winkel gleich“ und „In einem Dreieck sind zwei Seiten gleich“ sind ebenfalls äquivalent, d.h. aus der einen folgt jeweils die andere. ■

Diese Wahrheitstafeln liefern nur formale Beschreibungen. Insbesondere ist es Sache der einzelnen Fachwissenschaften, den Nachweis zu führen, welche Aussagen durch eine der beschriebenen Verknüpfungen verbunden werden dürfen. Der Nachweis einer Äquivalenz erfolgt oft dadurch, daß getrennt beide Implikationen bewiesen werden.

1.1.3 Aussagenlogische Ausdrücke und Gesetze

Die in Abschn. 1.1.2 behandelten Verknüpfungen können auch untereinander verknüpft werden. Dadurch entsteht ein aussagenlogischer Ausdruck

$$\boxed{z = f(x_1, x_2, \ldots, x_n, \mathrm{W}, \mathrm{F})}$$

Außer den Variablen x_i dürfen in einem Ausdruck auch die Wahrheitswerte (Konstanten) W und F vorkommen.

Vergleich von Ausdrücken

Definition. *Die Menge aller n-Tupel der x_i-Werte, bei denen*

$$z = f(x_1, x_2, \ldots, x_n, \mathrm{F}, \mathrm{W}) = \mathrm{W}$$

gilt, heißt die Erfüllungsmenge *E dieses Ausdrucks.*

Beispiele: Die Erfüllungsmenge von $x_1 \wedge x_2$ ist $\{\mathrm{W}, \mathrm{W}\}$, die Erfüllungsmenge von $x_1 \vee x_2$ ist $\{\mathrm{F}, \mathrm{W}; \mathrm{W}, \mathrm{F}; \mathrm{W}, \mathrm{W}\}$ (s. Abschn. 1.1.2). Zwei verschiedene Ausdrücke werden i. allg. verschiedene Erfüllungsmengen haben.

Es gibt nun zwei wichtige Spezialfälle:

1. Die Erfüllungsmengen zweier Ausdrücke z_1 und z_2 sind gleich. Dafür schreibt man in der Schaltalgebra einfach $z_1 = z_2$. In der mathematischen Logik wird ein neues Symbol eingeführt. Man schreibt

$$z_1 \Leftrightarrow z_2 \tag{1.6}$$

(gesprochen: z_1 ist äquivalent zu z_2).

Wird nämlich auf z_1 und z_2 die Äquivalenzverknüpfung angewandt, so erhält man $z_1 \leftrightarrow z_2 = \mathrm{W}$ für sämtliche Belegungen der x_i.

2. Die Erfüllungsmenge von z_1 ist eine Teilmenge der Erfüllungsmenge von z_2. Dann schreibt man

$$z_1 \Rightarrow z_2 \tag{1.7}$$

(gesprochen: aus z_1 folgt z_2).

Wird nämlich auf die Ausdrücke z_1 und z_2 die Implikationsverknüpfung angewandt, so erhält man $z_1 \rightarrow z_2 = \mathrm{W}$ für sämtliche Belegungen der x_i.

Beispiel 5. Es seien $z_1 = x_1 \wedge x_2$; $z_2 = x_1 \vee x_2$.

x_1	x_2	z_1	z_2	$z_1 \rightarrow z_2$
F	F	F	F	W
F	W	F	W	W
W	F	F	W	W
W	W	W	W	W

Die Erfüllungsmenge von z_1 ist $E(z_1) = \{W, W\}$.
Die Erfüllungsmenge von z_2 ist $E(z_2) = \{F, W; W, F; W, W\}$.
Damit ist $E(z_1) \subset E(z_2)$, und man kann schreiben $(x_1 \wedge x_2) \Rightarrow (x_1 \vee x_2)$. In Worten: Wenn eine Konjunktion vorliegt, dann ist auch eine Disjunktion vorhanden.

Es seien $z_1 = x_1 \leftrightarrow x_2$; $z_2 = x_1 \rightarrow x_2$.

x_1	x_2	z_1	z_2	$z_1 \rightarrow z_2$
F	F	W	W	W
F	W	F	W	W
W	F	F	F	W
W	W	W	W	W

Die Erfüllungsmenge von z_1 ist $E(z_1) = \{F, F; W, W\}$.
Die Erfüllungsmenge von z_2 ist $E(z_2) = \{F, F; F, W; W, W\}$.
Damit ist $E(z_1) \subset E(z_2)$, und man kann schreiben $(x_1 \leftrightarrow x_2) \Rightarrow (x_1 \rightarrow x_2)$. In Worten: Wenn eine Äquivalenz vorliegt, dann ist auch eine Implikation vorhanden. Es gilt auch $(x_1 \leftrightarrow x_2) \Rightarrow (x_2 \rightarrow x_1)$. ■

In der mathematischen Logik werden die den Zeichen $\Rightarrow$ und $\rightarrow$ bzw. die den Zeichen $\Leftrightarrow$ und $\leftrightarrow$ zugrundeliegenden Bedeutungen streng unterschieden. Die Begriffe „Äquivalenz“ und „Implikation“ werden dann nur auf die Beziehungen der Gl. (1.6) und (1.7) angewendet. Die entsprechenden Verknüpfungen Gl. (1.5) und (1.4) werden Bijungat bzw. Subjungat genannt. Der Unterschied aber auch der Zusammenhang zwischen der Bedeutung von $\Leftrightarrow$ und $\leftrightarrow$ bzw. der von $\Rightarrow$ und $\rightarrow$ wird durch einen Vergleich mit der Arithmetik deutlich. Die in Abschn. 1.1.2 beschriebenen Verknüpfungen entsprechen den Rechenoperationen (z. B. Addition, Multiplikation) und die Beziehungen der Gl. (1.6) und (1.7) entsprechen den Ordnungsrelationen (z. B. größer als, kleiner als). Wie in einem arithmetischen Ausdruck sowohl Operationszeichen als auch Ordnungsrelationen auftreten können, z. B. $(a+b) < c$, so können auch in logischen Ausdrücken beide Arten von Symbolen vorkommen, siehe z. B. Tafel **1.1**. Wertet man aber einen Ausdruck der Art der Gl. (1.6) oder (1.7) in der Form von Beispiel 5 mit einem Rechner aus, so werden nur noch Verknüpfungen ausgeführt. In der Schaltalgebra werden deshalb die Zeichen $\rightarrow$ und $\Rightarrow$ bzw. $\leftrightarrow$ und $\Leftrightarrow$ nicht unterschieden.

Definition. *Sind in einem Ausdruck für sämtliche Belegungen der x_i alle z-Werte wahr, so ist dies ein allgemeingültiger Ausdruck, eine Tautologie oder ein* aussagenlogisches Gesetz. *Wenn der Ausdruck für einige Belegungen der x_i wahre*

Werte ergibt, ist er teilgültig oder eine Kontingenz. Wenn er für keine Belegung der x_i wahr ist, so ist er ungültig oder eine Kontradiktion.

Das logische Schließen besteht in der Anwendung von aussagenlogischen Gesetzen auf wahre Aussagen, um daraus weitere wahre Aussagen zu erhalten. Viele aussagenlogische Gesetze sind in sprachlicher Formulierung bereits seit Aristoteles bekannt und tragen bekannte Namen. Die wichtigsten sind in der folgenden Tafel zusammengestellt. Die Beweise der Richtigkeit können durch Aufstellen von Wahrheitstafeln erfolgen.

Tafel **1.1** Aussagenlogische Gesetze

Formale Schreibweise	Name
$x_1 \vee (\neg x_1)$	ausgeschlossenes Drittes
$\neg(x_1 \wedge \neg x_1)$	Widerspruch (Kontradiktion)
$[(x_1 \rightarrow x_2) \wedge x_1] \Rightarrow x_2$	Abtrennung (modus ponens)
$[(x_1 \rightarrow x_2) \wedge \neg x_2] \Rightarrow \neg x_1$	Widerlegung (modus tollens)
$[(x_1 \rightarrow x_2) \wedge (x_2 \rightarrow x_3)] \Rightarrow [x_1 \rightarrow x_3]$	Kettenschluß (Syllogismus)
$x_1 \Leftrightarrow [\neg(\neg x_1)]$	doppelte Verneinung
$[x_1 \rightarrow x_2] \Leftrightarrow [\neg x_2 \rightarrow \neg x_1]$	Kontraposition
$[\neg(x_1 \wedge x_2)] \Leftrightarrow [\neg x_1 \vee \neg x_2]$	1. de Morgan-Gesetz
$[\neg(x_1 \vee x_2) \Leftrightarrow [\neg x_1 \wedge \neg x_2]$	2. de Morgan-Gesetz

Bei der Anwendung dieser Gesetze zum Führen mathematischer oder anderer Beweise ist bei den Implikationen zunächst die Richtigkeit des Ausdrucks vor dem Zeichen $\Rightarrow$ durch die jeweilige Fachwissenschaft nachzuweisen, die logische Folgerung besteht in der Aussage rechts vom Implikationszeichen. Bei den Äquivalenzen ist eine beliebige Seite des Zeichens $\Leftrightarrow$ fachwissenschaftlich zu begründen, die andere ist der logische Schluß.

Beispiel 6. Sprachliche Formulierungen aussagenlogischer Gesetze

Ausgeschlossenes Drittes: Eine Aussage kann nur entweder wahr oder falsch sein.

Widerspruch: Eine Aussage kann nicht zugleich wahr und falsch sein.

Abtrennung: Wenn eine Implikation und ihr Vorderglied richtig sind, dann ist auch das Hinterglied richtig.

Widerlegung: Wenn eine Implikation richtig und ihr Hinterglied falsch sind, dann ist auch das Vorderglied falsch.

Die weiteren Gesetze in Tafel **1.1** werden durch je ein Beispiel erläutert.

Kettenschluß:

x_1: Dieses Tier ist ein Pferd.

x_2: Es ist ein Säugetier.

x_3: Es legt keine Eier.

Durch die Biologie wird der in Tafel **1.1** vor dem Zeichen $\Rightarrow$ stehende Ausdruck als richtig erwiesen. Die logische Schlußfolgerung lautet: „Ein Pferd legt keine Eier."

Doppelte Verneinung: Zur Aussage „Eine Farbe ist schwarz“ ist die Verneinung nicht „weiß“, sondern „nicht schwarz“. Die doppelte Verneinung heißt also: Eine Farbe ist nicht „nicht schwarz“. Sie ist also schwarz.

Kontraposition:

x_1: Das Tier ist ein Pferd.

x_2: Es ist ein Säugetier.

Daraus folgt: „Wenn es kein Säugetier ist, dann ist es kein Pferd“.

Die Aussage „Wenn das Tier kein Pferd ist, dann ist es kein Säugetier“ ist nicht allgemeingültig, d.h. sie kann richtig, aber auch falsch sein.

Erstes de Morgan-Gesetz:

x_1: Es ist ein Pferd.

x_2: Es ist weiß.

Dann lautet die linke Seite der Äquivalenz in der Tafel kurz: „Es ist kein weißes Pferd“. Daraus folgt logisch: „Es ist kein Pferd oder nicht weiß.“ Man beachte das „oder“. ■

Das logische Schließen mittels umgangssprachlicher Sätze setzt voraus, daß diese im Sinne der Aussagenlogik korrekt formuliert sind. Unkorrektheiten bestehen häufig in einer falschen Bildung der Negation oder der unklaren Verknüpfung von „und“ mit „oder“ sowie in der Verwechslung von Disjunktion mit dem exklusiven Oder.

Beispiel 7. Die folgenden Sätze der Umgangssprache sind logisch nicht korrekt.
„Der Gewinner erhält ein wertvolles Geschenk und eine Ferienreise oder einen Geldpreis.“

Es fehlt die Klammerung. Erhält der Gewinner in jedem Falle das Geschenk und hat zwischen einer Ferienreise und dem Geldpreis zu wählen? Oder hat er zwischen dem Geschenk plus Ferienreise und dem Geldpreis zu wählen?

Amtliche Umgangssprache: Bei rotem und gelbem Licht hier halten. Gemeint ist: bei rotem oder gelbem Licht. Sonst dürfte man bei rotem Licht weiterfahren.

Der folgende Satz zeigt das Bilden der Negation. Aussage: „Alle Menschen sind sterblich.“ Negation: „Wenigstens ein Mensch ist unsterblich.“ Falsch wären die Negationen: „Kein Mensch ist sterblich“ oder „Alle Menschen sind unsterblich.“ ■

1.1.4 Mathematische Beweisverfahren

Zunächst werden zwei Begriffe aussagenlogisch untersucht, die in vielen mathematischen Sätzen gebraucht werden.

Notwendige und hinreichende Bedingungen: Wenn ein Sachverhalt S nur unter bestimmten Bedingungen B gilt, dann ist die Erfüllung von B eine notwendige Voraussetzung für die Richtigkeit des Sachverhaltes. Aus der Gültigkeit des Sachverhaltes folgt also die Existenz der notwendigen Bedingung.

Eine notwendige Bedingung bedeutet $S \Rightarrow B$

Erst das Kontrapositionsgesetz liefert: $\neg B \Rightarrow \neg S$. Wenn die Bedingung nicht erfüllt ist, dann gilt auch der Sachverhalt nicht. Ist hingegen die Bedingung erfüllt, kann keine Aussage über die Gültigkeit des Sachverhaltes gemacht werden!

Eine hinreichende Bedingung bedeutet $B \Rightarrow S$

Hier kann bei Gültigkeit der Bedingung auch auf die Gültigkeit des Sachverhaltes geschlossen werden. Es ist aber keine Aussage über die Gültigkeit des Sachverhaltes möglich, wenn die Bedingung nicht erfüllt ist; denn von $B \Rightarrow S$ auf $\neg B \Rightarrow \neg S$ zu schließen, ist falsch.

Eine notwendige und hinreichende Bedingung bedeutet $B \Leftrightarrow S$

Erst hier ist der gewünschte Zweck voll erreicht: Wenn die Bedingung erfüllt ist, dann gilt auch der Sachverhalt, und wenn die Bedingung nicht erfüllt ist, gilt der Sachverhalt nicht. Es sei bemerkt, daß das Aufstellen von notwendigen und hinreichenden Bedingungen oft nicht möglich ist.

Beispiel 8. Notwendige und hinreichende Bedingungen

Eine notwendige Bedingung für die Aufnahme in eine FH für Technik ist die Kenntnis der Arithmetik und Trigonometrie, sie ist aber nicht hinreichend. Eine hinreichende Bedingung ist eine Abiturnote 1.0, sie ist aber nicht notwendig.

Eine notwendige Bedingung für die Existenz eines Extremwertes einer stetig differenzierbaren Funktion an der Stelle x_1 lautet: $y'(x_1)=0$. Bei der Funktion $y=x^3$ ist diese Bedingung für $x_1=0$ erfüllt, es liegt aber kein Extremwert vor (s. Abschn. 5.3.3).

Eine hinreichende Bedingung für die Existenz eines Extremwertes einer stetig differenzierbaren Funktion an der Stelle x_1 lautet: $y'(x_1)=0 \wedge y''(x_1) \neq 0$. Bei der Funktion $y=x^4$ ist diese Bedingung für $x_1=0$ nicht erfüllt, es liegt trotzdem ein Extremwert vor.

Die notwendige und hinreichende Bedingung für diesen Sachverhalt lautet: $y'(x_1)=0 \wedge$ „Die nächst höhere Ableitung an der Stelle x_1, die verschieden von Null ist, ist von gerader Ordnung.“ ■

Direkter und indirekter Beweis

Definition. *Ein* Beweis *besteht in der Begründung eines Satzes aus den Axiomen mit Hilfe logischer Schlüsse.*

Nach der Abtrennungsregel Tafel **1**.1 muß die Beweiskette von den Axiomen zum Satz führen. Weil die Axiome richtig sind, folgt aus ihnen die Richtigkeit des Satzes. Hingegen kann die „Zurückführung“ eines Satzes auf die Axiome, d. h. eine Beweiskette Satz → Axiome zu Fehlschlüssen führen.

Die beiden Begriffe direkter Beweis und indirekter Beweis geben eine Grobeinteilung der Beweisverfahren. Eine strenge Typologie ist nicht möglich, weil viele Beweise so sehr dem jeweiligen Problem angepaßt sind, daß sich keine allgemeinen Regeln aufstellen lassen.

In der Terminologie der Aussagenlogik besteht ein Beweis im Aufstellen einer allgemeingültigen Implikation Bedingung $B \Rightarrow$ Sachverhalt S oder der entsprechenden Äquivalenz $B \Leftrightarrow S$. Bevor der Beweis erbracht ist, nennt man diesen Zusammenhang eine Vermutung (Hypothese). Im Aufstellen neuer richtiger Hypothesen liegt die weitaus größere geistige Leistung als in der Durchführung des Beweises. Es gibt zahlreiche Vermutungen, die über lange Zeiten zum praktischen Rechnen benutzt wurden, ehe es gelang, sie zu beweisen.

Beim direkten Beweis wird die Bedingung als wahr angenommen. Die benutzten aussagenlogischen Gesetze sind vorwiegend die Abtrennung und der mehrfach angewandte Kettenschluß. Im Prinzip hat ein direkter Beweis die folgende Form

$$[(B \to X_1) \wedge (X_1 \to X_2) \wedge \ldots \wedge (X_n \to S)] \Rightarrow [B \to S] \tag{1.8}$$

Die Schwierigkeit besteht im Finden geeigneter Zwischenglieder X_i. Bei Beweisen in der Geometrie entstehen oft nach dem Einfügen von Hilfslinien (die tatsächlich die entscheidende Beweisidee bilden) neue Aussagen X_i. Bei Beweisen aus der Algebra und Analysis sind die Zwischenglieder Umformungen, deren Zweckmäßigkeit häufig durch Probieren gefunden wird.

Beispiel 9. Mit einem direkten Beweis wird eine Formel zur Berechnung der Summe der natürlichen Zahlen von 1 bis n hergeleitet:

$$\begin{array}{rl} s = & 1 + 2 + 3 + \ldots + (n-1) + n \\ s = & n + (n-1) + (n-2) + \ldots + 2 + 1 \\ \hline 2s = & (n+1) + (n+1) + (n+1) + \ldots + (n+1) + (n+1) \\ 2s = & n(n+1) \\ s = & \dfrac{n(n+1)}{2} \end{array}$$

Die entscheidende Beweisidee, die Gauß zugeschrieben wird, besteht im Aufschreiben der Summe in umgekehrter Reihenfolge und in der Addition beider Summen. ■

Beim indirekten Beweis wendet man die Kontraposition an. Dabei gibt es mehrere Möglichkeiten:

a) Man nimmt an, daß die Bedingung B nicht erfüllt ist (also $\neg B$ anstatt B) und beweist meistens direkt, daß dann auch der Sachverhalt falsch sein muß, daß also $\neg B \Rightarrow \neg S$ gilt. Daraus folgt die Existenz einer notwendigen Bedingung: $S \Rightarrow B$.

b) Man nimmt an, daß der Sachverhalt falsch ist ($\neg S$ anstatt S) und zeigt, daß dann auch eine als richtig vorausgesetzte Bedingung falsch sein müßte. Daraus ergibt sich die Richtigkeit von S: $(\neg S \to \neg B) \Rightarrow (B \to S)$.

c) Man nimmt an, daß der Sachverhalt falsch ist und zeigt, daß dies zu einem Widerspruch führt. Dann ist $\neg(\neg S) = S$, der Sachverhalt ist richtig.

Beispiel 10. Mit einem indirekten Beweis wird gezeigt, daß $\sqrt{2}$ eine irrationale Zahl ist.

Jede Zahl z, die sich als Quotient zweier ganzer teilerfremder Zahlen p und q darstellen läßt, heißt rationale Zahl. Zahlen, bei denen diese Darstellung nicht möglich ist, heißen irrational. Anstatt S: „$\sqrt{2}$ ist irrational" wird beim indirekten Beweis angenommen $\neg S$: „$\sqrt{2}$ ist rational", d.h. $\sqrt{2} = p/q$, wobei p und q keine gemeinsamen Teiler haben.

Die Kette der logischen Schlüsse lautet in der mathematischen Kurzform folgendermaßen

$(\sqrt{2}=p/q \rightarrow 2=p^2/q^2) \wedge (2=p^2/q^2 \rightarrow p^2=2q^2) \wedge (p^2=2q^2 \rightarrow p^2$ ist eine gerade Zahl$) \wedge$
$(p^2$ ist gerade $\rightarrow p$ ist gerade) (dies wäre in einem getrennten Beweis zu zeigen, s. Aufgabe 5b, Abschn. 1.1.5) $\wedge$
$(p$ ist gerade $\rightarrow p=2p') \wedge (p=2p' \rightarrow p^2=4p'^2=2q^2 \rightarrow 2p'^2=q^2) \wedge$
$(2p'^2=q^2 \rightarrow q^2$ gerade$) \wedge (q^2$ gerade $\rightarrow q$ gerade).

Damit ist bewiesen, daß p und q gerade sein müssen, wenn $\sqrt{2}$ rational ist. Dann haben sie aber den gemeinsamen Teiler 2, was der Voraussetzung der Teilerfremdheit von p und q widerspricht. Damit ist $\neg S$ „$\sqrt{2}$ ist rational" falsch und $\neg(\neg S)=S$: „$\sqrt{2}$ ist irrational" richtig. ■

Vollständige Induktion. Rekursion. Das häufig benutzte Beweisverfahren der vollständigen Induktion ähnelt dem direkten Beweis. Es wird verwendet, wenn in den zu beweisenden Sätzen Aussagen über natürliche Zahlen vorkommen und basiert auf der im 5. Axiom von Peano (s. Abschn. 1.1.1) enthaltenen Implikation:

Wenn eine Menge natürlicher Zahlen die Zahl 1 und mit jeder natürlichen Zahl n auch deren Nachfolger $n'=n+1$ enthält, dann enthält sie alle natürlichen Zahlen.

Der Beweis verläuft nach folgendem Schema:

1. Der zu beweisende Satz wird für ein beliebiges n formuliert.
2. Die Richtigkeit des Satzes wird für einen Anfangswert $n=n_0$ gezeigt. Oft ist $n_0=1$ oder $n_0=2$.
3. Es wird gezeigt, daß aus der Annahme der Gültigkeit des Satzes für die Zahl n die Gültigkeit auch für deren Nachfolger $n'=n+1$ folgt.

Damit ist dann bewiesen, daß der Satz für alle $n \geq n_0$ gilt.

Beispiel 11. Mittels vollständiger Induktion wird der Binomische Satz für $n \in \mathbb{N}$ bewiesen. Dieser Satz lautet

$$\boxed{(a+b)^n = a^n + \binom{n}{1} a^{n-1} b + \binom{n}{2} a^{n-2} b^2 + \binom{n}{3} a^{n-3} b^3 + \\ + \ldots + \binom{n}{n-1} a b^{n-1} + b^n = \sum_{i=0}^{n} \binom{n}{i} a^{n-i} b^i} \tag{1.9}$$

Dabei gilt laut Definition für die Binomialkoeffizienten

$$\binom{n}{i} = \frac{n(n-1)(n-2)\ldots(n-(i-1))}{i!} \quad \text{mit} \quad i! = 1 \cdot 2 \cdot 3 \cdot \ldots \cdot i$$

$$\text{Zusatzdefinitionen:} \quad \binom{n}{0} = 1 \quad \text{und} \quad 0! = 1 \tag{1.10}$$

Für $n=1$ und $n=2$ ergibt sich sowohl aus Gl. (1.9) als auch durch unmittelbares Ausmultiplizieren

$$(a+b)^1 = a+b \qquad (a+b)^2 = a^2+2ab+b^2$$

Damit ist die Richtigkeit des Satzes sogar für zwei Anfangswerte gezeigt. Nun wird $(a+b)^{n+1} = (a+b)^n\,(a+b)$ durch Ausmultiplizieren von Gl. (1.9) mit $a+b$ berechnet und nach Potenzen von a geordnet

$$\begin{aligned}(a+b)^{n+1} &= (a+b)^n (a+b)\\ &= a^{n+1} + \binom{n}{1} a^n b + \binom{n}{2} a^{n-1} b^2 + \ldots + a b^n + a^n b\\ &\quad + \binom{n}{1} a^{n-1} b^2 + \ldots + \binom{n}{n-1} a b^n + b^{n+1}\\ &= a^{n+1} + (n+1) a^n b + \left[\binom{n}{2} + \binom{n}{1}\right] a^{n-1} b^2\\ &\quad + \left[\binom{n}{3} + \binom{n}{2}\right] a^{n-2} b^3 + \ldots + b^{n+1}\end{aligned} \tag{1.11}$$

In den eckigen Klammern des letzten Teils von Gl. (1.11) tritt die Summe zweier „benachbarter“ Binomialkoeffizienten auf. Durch algebraische Umformung zweier Gleichungen des Typs (1.10) kann man beweisen, daß

$$\binom{n}{i} + \binom{n}{i-1} = \binom{n+1}{i} \tag{1.12}$$

ist, also z.B. $\binom{n}{3} + \binom{n}{2} = \binom{n+1}{3} = \binom{n'}{3}$.

Mit dieser Bezeichnung hat Gl. (1.11) die gleiche Form wie Gl. (1.9) und gilt damit für jede natürliche Zahl.

Häufig benötigt man die Bernoulli-Ungleichung

$$\boxed{(1+\varepsilon)^n > 1+n\varepsilon \quad \text{für} \quad \varepsilon \neq 0,\ \varepsilon > (-1),\ n \in \mathbb{N} \setminus \{1\}} \tag{1.13}$$

Beweis durch vollständige Induktion: Für $n=2$ gilt

$$(1+\varepsilon)^2 = 1+2\varepsilon+\varepsilon^2 > 1+2\varepsilon.$$

Sei Gl. (1.13) für n gültig, so folgt

$$(1+\varepsilon)^{n+1} = (1+\varepsilon)^n\,(1+\varepsilon) > (1+n\varepsilon)\,(1+\varepsilon) = 1+(n+1)\varepsilon+n\varepsilon^2 > 1+(n+1)\varepsilon$$

und mit $n+1=n'$ die Form von Gl. (1.13). □

Bei der Rekursion (Rückführung) versucht man, einen Ausdruck $A(n)$ auf den Ausdruck für die nächstkleinere Zahl $A(n-1)$ zurückzuführen, damit man jeweils nacheinander aus $A(1)$ den Ausdruck $A(2)$, aus diesem $A(3)$, allgemein aus $A(n-1)$ den Ausdruck $A(n)$ berechnen kann.

Für die Fakultät aus Gl. (1.10) bedeutet das

$$2! = 1 \cdot 2 \qquad 3! = (1 \cdot 2) \cdot 3 = 2! \cdot 3 \qquad 4! = (1 \cdot 2 \cdot 3) \cdot 4 = 3! \cdot 4$$

Beispiel 12. Rekursionsformel für einen Binomialkoeffizienten. Schreibt man in der Definitionsgleichung (1.10) den letzten Faktor in Zähler und Nenner getrennt, so ergibt sich

$$\binom{n}{i} = \frac{n(n-1)(n-2)\cdot \ldots \cdot (n-(i-2))}{1 \cdot 2 \cdot 3 \cdot \ldots \cdot (i-1)} \cdot \frac{(n-(i-1))}{i} = \binom{n}{i-1} \frac{n-(i-1)}{i}$$

Damit kann in einfacher Weise $\binom{n}{i}$ berechnet werden, wenn $\binom{n}{i-1}$ bekannt ist.

Man beginnt mit

$$\binom{n}{1} = \binom{n}{0} \frac{n}{1} = n \qquad \binom{n}{2} = \binom{n}{1} \cdot \frac{n-1}{2} = \frac{n(n-1)}{1 \cdot 2}$$

■

1.1.5 Aufgaben zu Abschnitt 1.1

1. Welche der folgenden Sätze sind Aussagen?

a) Im Jahre 2100 wird die Weltbevölkerung doppelt so groß wie heute sein.

b) Die Mathematik ist eine liebenswerte Wissenschaft.

c) Wenn bei einer Funktion $y'(x) = 0$ gilt, hat sie bei x einen relativen Extremwert.

2. A_1: Wenn eine Funktion bei x einen relativen Extremwert hat, dann gilt $y'(x) = 0$.
A_2: Es gilt $y'(x) = 0$.

Die Aussagen A_1 und A_2 seien wahr. Kann daraus geschlossen werden:

A_3: Die Funktion hat bei x einen relativen Extremwert.

Die Antwort ist aussagenlogisch zu begründen.

3. Man berechne Wahrheitstafeln für

a) $z = (x_1 \wedge x_2) \vee x_3$

b) $z = x_1 \wedge (x_2 \vee x_3)$

4. Man beweise durch Aufstellen von Wahrheitstafeln die aussagenlogischen Gesetze:

a) Widerlegung $z = [(x_1 \rightarrow x_2) \wedge \neg x_2] \rightarrow \neg x_1 = \mathrm{W}$

b) Kettenschluß $z = [(x_1 \rightarrow x_2) \wedge (x_2 \rightarrow x_3)] \rightarrow (x_1 \rightarrow x_3) = \mathrm{W}$

5. a) Man zeige durch einen direkten Beweis: „Ist eine Zahl gerade, so ist auch deren Quadrat gerade."

b) Man zeige durch Kontraposition: „Ist eine Quadratzahl gerade, so ist auch die Zahl gerade."

1.2 Zahlen. Zahlensysteme

1.2.1 Einteilung der Zahlen

Der Zahlbegriff entwickelte sich aus den beiden folgenden Problemen, die auch heute noch in der Datenverarbeitung eine wichtige Rolle spielen:

1. Zählen von Elementen einer Menge. Diese Anzahlen heißen Kardinalzahlen.
2. Ordnen (Sortieren) von Elementen einer Menge. Deren Platznummern heißen Ordinalzahlen.

In beiden Fällen entstehen die gleichen Zahlen; dies ist keineswegs selbstverständlich. Sie sind ganz und positiv, die Zahl Null ist nicht in ihnen enthalten. (Der Begriff der leeren Menge wurde erst am Ende des vorigen Jahrhunderts entwickelt.) Diese Zahlen bilden die Menge $\mathbb{N}^*$ der natürlichen Zahlen.[1]) Ihre Eigenschaften werden durch die Axiome von Peano (s. Abschn. 1.1.1) vollständig beschrieben.

Ausgehend von den Axiomen sowie Definitionen der Begriffe Addieren, Multiplizieren und Potenzieren werden nun die Rechengesetze der natürlichen Zahlen entwickelt. Dabei ergibt sich folgender

Satz. Die drei direkten Rechnungsarten Addieren, Multiplizieren und Potenzieren sind im Bereich der natürlichen Zahlen unbeschränkt ausführbar, d.h. wenn die Operanden natürliche Zahlen sind, dann ist auch das Ergebnis eine natürliche Zahl.

Sind bei einer direkten Rechnungsart das Ergebnis sowie ein Operand gegeben und der andere Operand gesucht, so entsteht beim Auflösen dieser Gleichung nach dem gesuchten Operanden die entsprechende umgekehrte Rechnungsart.

Beispiel 1. Umgekehrte Rechnungsarten. Die Operanden a, c, n seien geben, x ist gesucht.

direkte Rechnungsart		umgekehrte Rechnungsart	
Addieren	$a+x=c$	Subtrahieren	$x=c-a$
Multiplizieren	$a\cdot x=c$	Dividieren	$x=c/a=c:a$
Potenzieren	$x^n=c$	Wurzelziehen	$x=\sqrt[n]{c}=c^{1/n}$
	$a^x=c$	Logarithmieren	$x=\log_a c$

Beim Potenzieren entstehen zwei Umkehrungen, weil im Unterschied zum Addieren und Multiplizieren die Reihenfolge der Operanden nicht vertauscht werden darf. ■

Bei jeder umgekehrten Rechnungsart können als Ergebnis Zahlen entstehen, die in den bisher definierten Mengen nicht enthalten sind. Deshalb müssen zu jeder umgekehrten Rechnungsart eine neue Menge von Zahlen und entsprechende Rechengesetze definiert werden. Die jeweils neue Menge und die bisher definierte Menge werden zu einer Vereinigungsmenge (bei den komplexen Zahlen zu einer Produktmenge) zusammengefaßt. Bei der Definition der Rechengesetze wird folgender Grundsatz beachtet:

---

[1]) Nach DIN 1302 ist $\mathbb{N}$ die Menge der nicht negativen ganzen Zahlen.

Permanenzprinzip. Die Rechengesetze der Vereinigungsmenge (Produktmenge) werden so definiert, daß sie sowohl die Gesetze für die neu hinzugekommenen Zahlen, als auch die bereits früher definierten Rechengesetze enthalten.

Die Rechengesetze der Bruchrechnung enthalten zum Beispiel die Rechengesetze der ganzen Zahlen, wenn alle Nenner gleich Eins sind.

Bei der Subtraktion entstehen die Zahl Null und die negativen Zahlen. Die Entdekkung der Zahl Null war eine wissenschaftliche Leistung ersten Ranges. Im römischen Zahlensystem ist diese Zahl nicht vorhanden. Die Menge der natürlichen Zahlen vereinigt mit diesen neuen Zahlen ergibt die Menge $\mathbb{Z}$ der ganzen Zahlen.

Bei der Division von ganzen Zahlen entsteht die Menge der gebrochenen Zahlen. Die Vereinigungsmenge der ganzen und gebrochenen Zahlen ist die Menge $\mathbb{Q}$ der rationalen Zahlen.

Jede rationale Zahl ist als Bruch zweier ganzer Zahlen darstellbar.

Faßt man die ganzen Zahlen als Bruch mit dem Nenner Eins auf, so wird der vorstehende Satz zur Definition des Begriffs „rationale Zahl". Er braucht also nicht bewiesen zu werden.

Zu den rationalen Zahlen gehören die unendlichen Dezimalbrüche mit einer Periode. In Beispiel 10, Abschn. 1.1 ist gezeigt, daß es Zahlen gibt, die sich nicht als Bruch zweier ganzer Zahlen darstellen lassen. Sie treten beim Wurzelziehen und Logarithmieren mit positiven Operanden auf und heißen irrationale Zahlen.

Die Vereinigungsmenge der rationalen und irrationalen Zahlen ergibt die Menge $\mathbb{R}$ der reellen Zahlen.

Die folgenden Gesetze können mit dem Permanenzprinzip aus den Axiomen der natürlichen Zahlen entwickelt werden. Es ist aber einfacher und nach Auffassung der modernen Mathematik auch zulässig, diese Gesetze unmittelbar als Axiome zu betrachten [He 88]. Alle mathematischen Objekte, die den ersten fünf folgenden Axiomen genügen, heißen Körper. Man nennt deshalb diese Axiome die Körperaxiome und spricht vom Körper der reellen Zahlen.

Axiome der reellen Zahlen

Körperaxiome

1. Kommutativgesetze: $a+b=b+a$ und $ab=ba$
2. Assoziativgesetze: $a+(b+c)=(a+b)+c$ und $a(bc)=(ab)c$
3. Distributivgesetz: $a(b+c)=ab+ac$
4. Existenz neutraler Elemente: Es gibt eine reelle Zahl 0 und eine davon verschiedene reelle Zahl 1, so daß für jedes $a \in \mathbb{R}$ gilt

$$a+0=a \quad \text{und} \quad a \cdot 1=a$$

5. Existenz inverser Elemente: Zu jedem von Null verschiedenen a gibt es zwei reelle

Zahlen $-a$ und $1/a=a^{-1}$, so daß gilt

$$a+(-a)=0 \quad \text{und} \quad a\cdot(1/a)=aa^{-1}=1$$

Ordnungsaxiome

6. Trichotomiegesetz: Für je zwei reelle Zahlen a und b gilt genau eine der drei Beziehungen

$$a<b \quad \text{oder} \quad a=b \quad \text{oder} \quad a>b$$

7. Transitivitätsgesetz: $[(a\leq b)\wedge(b\leq c)]\Rightarrow[a\leq c]$
8. Monotoniegesetze: $[a\leq b]\Rightarrow[(a+c)\leq(b+c)]$
und $[(a\leq b)\wedge(c>0)]\Rightarrow[(ac)\leq(bc)]$

Für die irrationalen Zahlen gibt es noch das Schnittaxiom, auf dessen Erläuterung hier verzichtet wird.

Aus diesen Axiomen lassen sich sämtliche Rechengesetze für reelle Zahlen herleiten.

Beispiel 2. Man beweise $(-a)(-b)=ab$.

Zunächst sind einige andere Regeln zu beweisen. Es gilt

$$a=-(-a) \tag{1.14}$$

Beweis. Mit den Axiomen des inversen Elements und des kommutativen Gesetzes erhält man

$$[a+(-a)=(-a)+a=0]\Rightarrow \text{„}a \text{ ist das inverse Element von } -a\text{“}$$

als Formel ergibt sich Gl. (1.14). □

Ferner gilt

$$[a+b=a+c]\Leftrightarrow[b=c] \tag{1.15}$$

Beweis. Die Implikation von rechts nach links ist das Monotoniegesetz, das besagt, daß bei einer Gleichung oder Ungleichung beiderseits der gleiche Summand addiert werden darf. Die Implikation von links nach rechts ergibt sich wie folgt

$$[a+b=a+c]\Rightarrow[(-a)+a+b=(-a)+a+c]\Rightarrow[0+b=0+c]\Rightarrow[b=c]$$ □

Ferner gilt:

$$-a=a\cdot(-1) \tag{1.16}$$

Beweis. Es gelten

$$a+(-a)=0$$

und $a+a\cdot(-1)=a\cdot(1)+a\cdot(-1)=a\cdot(1+(-1))=a\cdot 0=0$

Die erste Umformung der zweiten Gleichungskette besteht in der Einfügung eines neutralen Elements, die zweite in der Anwendung des Distributivgesetzes. Dies sind zwei

Gleichungsketten (und keine Implikationen), deshalb dürfen die beiden Glieder links gleichgesetzt werden. Damit folgt mit Gl. (1.15)

$$[a+(-a)=a+a\cdot(-1)] \Rightarrow [-a=a\cdot(-1)]$$ □

Damit lautet der eigentliche Beweis

$$(-a)(-b)=(-a)[b(-1)]=[(-a)b](-1)=-(-a)b=ab$$

Die erste Umformung erfolgt nach Gl. (1.16) für b, die nächste ist das Assoziativgesetz. Nun wird Gl. (1.16) auf die eckige Klammer angewandt, und mit Gl. (1.14) erhält man den Ausdruck auf der rechten Seite. □ ■

Rechenpraxis mit reellen Zahlen. Bei der Addition und Multiplikation werden zur Abkürzung häufig das Summen- und Produktzeichen benutzt. Gemäß Definition gilt

$$\sum_{i=1}^{n} a_i = a_1 + a_2 + a_3 + \ldots + a_n \tag{1.17}$$

$$\prod_{i=1}^{n} a_i = a_1 a_2 a_3 \ldots a_n \tag{1.18}$$

Im Zusammenhang mit den Axiomen gelten für das Summen- und Produktzeichen folgende Rechengesetze:

$$\sum_{i=m}^{n} a_i = a_m + a_{m+1} + a_{m+2} + \ldots + a_{n-1} + a_n \quad \text{mit } m<n$$

$$\sum_{i=m}^{n} a_i = \sum_{j=k+m}^{k+n} a_{j-k}$$

$$\sum_{i=1}^{n} a_i + \sum_{i=1}^{n} b_i = \sum_{i=1}^{n} (a_i + b_i)$$ wegen des Kommutativgesetzes

$$\sum_{i=1}^{n} k a_i = k \sum_{i=1}^{n} a_i$$ wegen des Distributivgesetzes

$$\sum_{i=1}^{n} a_i = na \quad \text{wenn } a_i = a \text{ für alle } i.$$ Dies ist die Definition der Multiplikation.

$$\prod_{i=1}^{n} a_i \cdot \prod_{i=1}^{n} b_i = \prod_{i=1}^{n} (a_i b_i)$$ wegen des Kommutativgesetzes

$$\prod_{i=1}^{n} a_i = a^n \quad \text{wenn } a_i = a \text{ für alle } i.$$ Dies ist die Definition der Potenz.

$$\prod_{i=1}^{n} (k a_i) = k^n \prod_{i=1}^{n} a_i$$ Ergibt sich aus den beiden vorstehenden Gleichungen.

Im allgemeinen ist die Reihenfolge von Rechenoperationen nicht vertauschbar.

Beispiel 3. Die linke Spalte zeigt zulässige und die rechte unzulässige Vertauschungen von Rechenoperationen.

Kommutatives Gesetz	$\vec{a}\cdot\vec{b}=\vec{b}\cdot\vec{a}$	$\vec{a}\times\vec{b}\neq\vec{b}\times\vec{a}$
Assoziatives Gesetz	$\vec{a}+(\vec{b}+\vec{c})=(\vec{a}+\vec{b})+\vec{c}$	$(a^b)^c \neq a^{(b^c)}=a^{b^c}$
Distributives Gesetz	$(ab)^c=a^c b^c$	$(a+b)^c\neq a^c+b^c$
	$\int[f_1(x)+f_2(x)]\,\mathrm{d}x$ $=\int f_1(x)\,\mathrm{d}x+\int f_2(x)\,\mathrm{d}x$	$\int[f_1(x)\cdot f_2(x)]\,\mathrm{d}x$ $\neq\int f_1(x)\,\mathrm{d}x\cdot\int f_2(x)\,\mathrm{d}x$ ■

Zur Schreibweise von Dezimalbrüchen wird auf DIN 1333, Zahlenangaben, verwiesen. Danach bedeuten nicht geschriebene Ziffern am Ende des Bruchs nicht etwa die Ziffer Null, sondern unbekannte Ziffern. Es ist also ein Unterschied, ob man 0.67 oder 0.670 schreibt. Die erste Zahl ist auf zwei, die zweite auf drei Stellen hinter dem Dezimalpunkt bekannt. Wenn nach der letzten geschriebenen Ziffer nur noch Nullen folgen, ist diese Ziffer zu unterstreichen oder fett zu drucken.

Beispiel 4. Rundungsfehler. Im Speicher eines Rechners kann eine Zahl nur mit einer endlichen Anzahl von Ziffern dargestellt werden. Die am weitesten rechts stehenden Ziffern werden also gegebenenfalls weggelassen, oder es wird gerundet. Dabei können erhebliche Fehler entstehen. Der Einfachheit halber wird im folgenden angenommen, daß ein Rechner mit 6 gültigen Ziffern rechnet. Es wird gezeigt, daß die Rechenoperationen

$$x_1=(a+b)-(c+d) \quad \text{und} \quad x_2=(a-c)+(b-d)$$

zu unterschiedlichen Ergebnissen führen, obwohl nach dem Assoziativgesetz $x_1=x_2$ ist.

Mit $a=5.00000$, $b=-4.99996$ und $c=d=1.6\cdot10^{-5}$ erhält man $x_1=0.00004-3.2\cdot10^{-5}$ $=4\cdot10^{-5}-3.2\cdot10^{-5}=0.8\cdot10^{-5}$.

Wird bei der Berechnung von x_2 bei c und d vor der Subtraktion die letzte Stelle abgeschnitten, ergibt sich für $x_2=4.99999-4.99997=0.00002=2\cdot10^{-5}$ ein relativer Fehler von 150%.

Werden jedoch c und d vor der Subtraktion gerundet, erhält man für $x_2=4.99998-4.99998=0$, ein besonders kritisches Ergebnis, wenn z.B. im weiteren Verlauf der Rechnung durch x_2 dividiert werden muß. ■

Die Rechengesetze der reellen Zahlen unterliegen noch der Einschränkung, daß das Logarithmieren und das Ziehen gerader Wurzeln nur mit positiven Operanden zulässig ist. Bei gewissen Operationen, z.B. $\sqrt{-a}$ mit $a>0$ entstehen imaginäre Zahlen.

Die Produktmenge der reellen und imaginären Zahlen ist die Menge $\mathbb{C}$ der komplexen Zahlen.

Die Definitionen und Rechengesetze dieser Menge werden in Abschn. 11 ausführlich behandelt. Mit einer Zahl $z\in\mathbb{C}$ sind sämtliche Rechnungsarten ohne Einschränkung durchführbar.

1.2.2 Zahlensysteme

Wieviele verschiedene Symbole, Ziffern genannt, benötigt man, um die unendlich vielen verschiedenen Zahlen darzustellen? Nach welchen Gesetzen wird aus den Ziffern eine Zahl gebildet? Das heute benutzte indisch-arabische System ist im Unterschied zum römischen System ein Stellenwertsystem.

Definition. *In einem* Stellenwertsystem *lautet eine positive reelle Zahl Z mit den Ziffern z_i und der Basiszahl B*

$$Z=\sum_{i=n}^{0} z_i B^i+\sum_{i=-1}^{-\infty} z_i B^i \Leftrightarrow Z=z_n z_{n-1}\ldots z_0 \;.\; z_{-1} z_{-2}\ldots \tag{1.19}$$

Das Nebeneinanderschreiben der Ziffern ist eine abgekürzte Schreibweise für eine Summe von Potenzen einer Basiszahl, wobei jede Potenz mit einem Faktor, der Ziffer z_i der i-ten Stelle, multipliziert wird. Der Index i bedeutet also die Stelle, und es gilt im allgemeinen nicht $z_i=i$. Die Stelle hinter der Potenz mit dem Exponenten Null wird durch den Radixpunkt gekennzeichnet.

Satz. Die Anzahl der Ziffern ist gleich der Basiszahl. Es gilt also $0 \leq z_i < B$.

Mit dem indisch-arabischen System hat sich $B=10$ durchgesetzt. Diese Wahl ist keineswegs glücklich. Das praktische Rechnen wäre mit $B=8$ oder $B=12$ erheblich einfacher. In der Datenverarbeitung spielen Systeme mit $B=2$, $B=8$ und $B=16$ eine Rolle. In der Informatik wird bewiesen, daß $B=\mathrm{e}$, gerundet $B=3$, die optimale Basis wäre. Die Zahlensysteme tragen den lateinischen Namen der Basiszahl. Insbesondere heißen die Systeme mit

$B=2$	Dualsystem	$B=8$	Oktalsystem
$B=10$	Dezimalsystem	$B=16$	Sedezimalsystem

Für $B>10$ müssen neue Ziffern eingeführt werden. In der Datenverarbeitung ist es üblich, hierfür die ersten Buchstaben des Alphabets zu nehmen. Insbesondere bedeuten im Sedezimalsystem: A = 10, B = 11, C = 12, D = 13, E = 14 und F = 15. Wenn die Basis einer Zahl nicht selbstverständlich ist, wird sie als tiefgestellte Zahl im Dezimalsystem hinter die in Klammern gesetzte Zahl geschrieben, so ist $(10)_{16}=1\cdot 16^1+0\cdot 16^0=(16)_{10}$.
Die Definitionsgleichung (1.19) liefert eine einfache Methode, Zahlen aus einem System mit $B \neq 10$ in das Dezimalsystem umzuwandeln.

Beispiel 5. Umrechnen von Zahlen in das Dezimalsystem

$$(23.2)_8=2\cdot 8^1+3\cdot 8^0+2\cdot 8^{-1}=(19.25)_{10}$$

$$(1011.01)_2=1\cdot 2^3+0\cdot 2^2+1\cdot 2^1+1\cdot 2^0+0\cdot 2^{-1}+1\cdot 2^{-2}=(11.25)_{10}$$

$$(\mathrm{AFFE})_{16}=10\cdot 16^3+15\cdot 16^2+15\cdot 16^1+14\cdot 16^0=(45054)_{10}$$

■

Für die Umrechnung einer Zahl aus dem Dezimalsystem in ein System mit $B \neq 10$ wird ohne Beweis folgendes Verfahren angegeben. Der ganzzahlige und der gebrochene Teil der Zahl sind getrennt umzurechnen.

Ganze Zahlen: Die Dezimalzahl wird durch B dividiert. Es entsteht eine ganze Zahl und ein Rest. Dieser Rest ist die letzte Ziffer der gesuchten Zahl im neuen System.

Die bei der Division entstandene ganze Zahl wird wieder durch B dividiert. Der Divisionsrest ist die nächste Ziffer im neuen System. Dieses Verfahren wird wiederholt, bis die ganze Zahl Null ist. Der Rest ist die erste Ziffer im neuen System.

Gebrochene Zahlen: Der Dezimalbruch wird mit B multipliziert. Es entsteht eine ganze Zahl (Null oder größer als Null) und ein Bruch. Die ganze Zahl ist die erste Ziffer nach dem Radixpunkt im neuen System. Der verbleibende Dezimalbruch wird wieder mit B multipliziert. Die entstehende ganze Zahl ist die nächste Ziffer im neuen System. Dieses Verfahren wird wiederholt, bis eine Periode entsteht oder bei einer Multiplikation der Bruch Null wird. Dann ist der Bruch im neuen System endlich.

Aus dem folgenden Beispiel ergibt sich, daß Brüche in einem System endlich und im anderen periodisch sein können.

Beispiel 6. Umwandlung von Dezimalzahlen in Zahlen eines anderen Systems

$(1000)_{10}=(3E8)_{16}$	$(1000)_{10}=(1750)_8$	$(100)_{10}=(1100100)_2$
$1000:16=62\,R\,8$	$1000:8=125\,R\,0$	$100:2=50\,R\,0$
$62:16=3\,R\,14$	$125:8=15\,R\,5$	$50:2=25\,R\,0$
$3:16=0\,R\,3$	$15:8=1\,R\,7$	$25:2=12\,R\,1$
	$1:8=0\,R\,1$	$12:2=6\,R\,0$
		$6:2=3\,R\,0$
		$3:2=1\,R\,1$
		$1:2=0\,R\,1$

$(0.1)_{10}=(0.1\overline{9})_{16}$	$(0.1)_{10}=(0.0\overline{6314})_8$	$(0.125)_{10}=(0.001)_2$
$0.1\cdot 16=1+0.6$	$0.1\cdot 8=0+0.8$	$0.125\cdot 2=0+0.25$
$0.6\cdot 16=9+0.6$	$0.8\cdot 8=6+0.4$	$0.25\cdot 2=0+0.5$
$0.6\cdot 16=9+0.6$	$0.4\cdot 8=3+0.2$	$0.5\cdot 2=1+0.0$
....	$0.2\cdot 8=1+0.6$	
	$0.6\cdot 8=4+0.8$	
	$0.8\cdot 8=6+0.4$	
	....	

■

Die Darstellung einer Zahl in zwei Systemen mit $B \neq 10$ kann dadurch erfolgen, daß man sie zunächst in das Dezimal- und von dort in das zweite System überträgt. Für den in der Datenverarbeitung wichtigen Spezialfall der Darstellung ganzer Zahlen im Dual-, Oktal- und Sedezimalsystem gilt folgende Regel:

Man erhält die Zahl im Dualsystem, indem man jede Oktalziffer als dreistellige und jede Sedezimalziffer als vierstellige Dualzahl schreibt. Umgekehrt entstehen aus einer Dualzahl aus den von rechts nach links gebildeten Dreier- oder Vierergruppen (sog. Halbbytes oder Tetraden) von Dualziffern die entsprechenden Oktal- oder Sedezimalziffern.

Beispiel 7. Ganze Zahlen im Dual-, Oktal- und Sedezimalsystem. Der Deutlichkeit halber werden im ersten Teil des Beispiels die Gruppen durch Zwischenräume getrennt und die Zahl auch im Dezimalsystem angegeben.

$$(20)_{10} = (14)_{16} = (0001\ 0100)_2$$
$$(100)_{10} = (64)_{16} = (0110\ 0100)_2$$
$$(20)_{10} = (24)_8 = (010\ 100)_2$$
$$(100)_{10} = (144)_8 = (001\ 100\ 100)_2$$
$$(28)_{10} = (11100)_2 = (1\,C)_{16} = (34)_8$$
$$(51)_{10} = (110011)_2 = (33)_{16} = (63)_8$$

■

1.2.3 Aufgaben zu Abschnitt 1.2

1. Wie lauten die Namen der folgenden Mengen?
a) $\mathbb{Q} \setminus \mathbb{Z}$ b) $\mathbb{R} \setminus \mathbb{Q}$

2. Man beweise mit Hilfe der Axiome für reelle Zahlen
a) $(a^{-1})^{-1} = a$, wenn $a \neq 0$ b) $a \cdot 0 = 0$

3. Wie lauten die folgenden Zahlen im Dezimalsystem?
a) $(1000.0001)_2$ b) $(111.111)_2$ c) $(44.4)_8$ d) $(44.4)_{16}$

4. Man verwandle die folgenden Zahlen aus dem Dezimal- in das Dual- und Sedezimalsystem
a) 88.8 b) $33.\overline{3}$ c) 3.14159

2 Abbildungen. Funktionen

2.1 Abbildungen

Häufig bestehen zwischen den Elementen zweier Mengen D und B Beziehungen (Relationen). So ist z. B. jedem Element der Menge aller Quadrate eine reelle Zahl als Flächeninhalt zugeordnet. Zwischen einem Quadrat der Seitenlänge m und der zugeordneten reellen Zahl r besteht die Beziehung: „Der Flächeninhalt beträgt $r=m^2$".

Definition. *Eine* Abbildung *oder* Funktion *einer Menge D (Definitionsmenge) in eine Menge B (Bildmenge) ordnet jedem Element aus D genau ein Element aus B zu. Das dem Element $x \in D$ zugeordnete Element $y \in B$ heißt Bild von x.*

Gelegentlich wird das Element x der Definitionsmenge auch Urbild des Elementes y der Bildmenge genannt. Bei der vorstehenden Definition ist es möglich, daß verschiedenen Urbildern x das gleiche Bild y zugeordnet ist (Bild **2.1** a und d). Als Bezeichnungen für eine Funktion sind folgende Schreibweisen üblich:

$$\{(x, y) \mid x \in D \wedge y \in B \wedge y = f(x)\} \quad \text{oder} \quad f\colon D \to B$$

(gesprochen: D wird in B abgebildet)
oder einfach

$$y = f(x)$$ (gesprochen: y ist eine Funktion von x).

In diesem Buch wird hauptsächlich die letzte der genannten Formen verwendet. Weitere Ausführungen findet man in Abschn. 2.5.

In der Technik sind die Elemente von D und B häufig physikalische Größen. Die Zuordnungsvorschrift kann in einer Tafel oder in der Angabe einer Rechenvorschrift (Funktionsgleichung) bestehen.

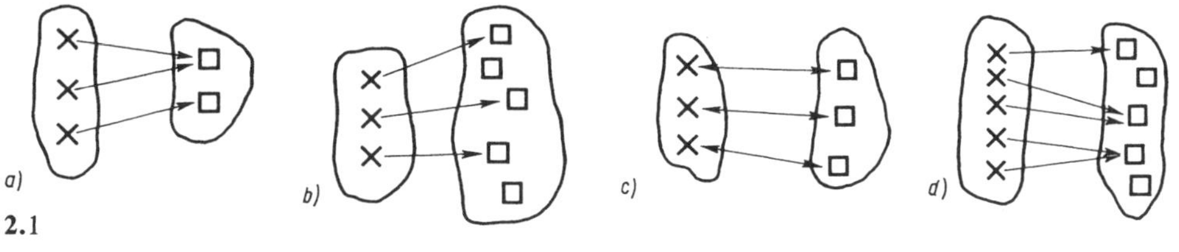

2.1

Wenn die Definitionsmenge und die Bildmenge die Menge der reellen Zahlen als Grundmenge hat, so schreibt man

$$f: x \to \frac{3x+2}{x^2+1} \quad \text{oder} \quad f(x) = \frac{3x+2}{x^2+1} \quad \text{oder} \quad y = \frac{3x+2}{x^2+1}$$

Alle Aussagen bedeuten, daß man jedem Element $x \in \mathbb{R}$ der Definitionsmenge der reellen Zahlen das Element $(3x+2)/(x^2+1)$ der Bildmenge zuordnet, also z. B. dem Element $x=2$ das Element

$$y = \frac{3 \cdot 2 + 2}{2^2+1} = \frac{8}{5}$$

Beispiel 1. Wie wird die Definitionsmenge $D = \{-2, -1, 0, 1, 2, 3\}$ in die Bildmenge $B = \{0, 1, 2, 3, 4, 5, 6, 7, 8, 9\}$ abgebildet, wenn die Abbildungsvorschrift lautet: Jedem $x \in D$ wird die Quadratzahl $y = x^2 \in B$ zugeordnet?

Lösung:

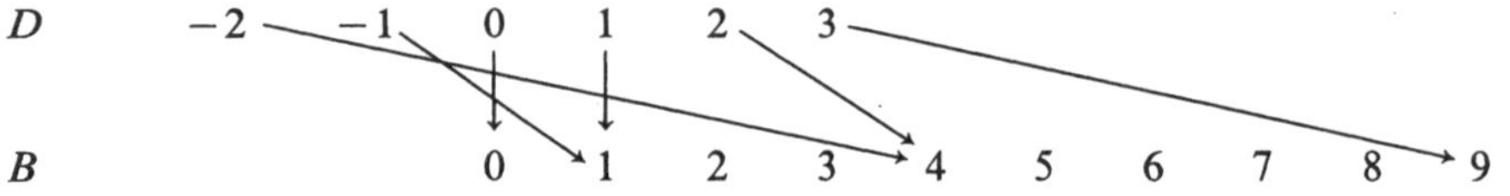

■

Es gibt Abbildungen mit speziellen Eigenschaften.

Definition. *Eine Abbildung heißt* surjektiv, *wenn* jedes *Element von B Bild eines Elementes von D ist. Man sagt dann, D wird auf B abgebildet.*

Weil mehrere Urbilder x das gleiche Bild y haben können, kann D mehr Elemente als B enthalten, s. Bild **2.1** a und c.

Definition. *Wenn zu verschiedenen Elementen von D* stets verschiedene *Elemente von B gehören, heißt die Abbildung* injektiv.

Hier kann es Elemente von B geben, denen kein Urbild x zugeordnet ist (die Bildmenge kann mehr Elemente als die Definitionsmenge enthalten, mächtiger sein). Man sagt dann auch, daß D in B abgebildet wird (Bild **2.1** b und c).

Definition. *Eine Abbildung, die sowohl injektiv als auch surjektiv ist, heißt* bijektiv *oder ein-eindeutig (umkehrbar eindeutig)* (Bild **2.1** c).

Es gibt auch Abbildungen, die weder surjektiv noch injektiv sind, wie Beispiel 1 oder Bild **2.1** d zeigen.

Beispiel 2. Nimmt man eine Definitionsmenge wie in Beispiel 1 und die Bildmenge $B = \{0, 1, 4, 9\}$ und ordnet jedem Element $x \in D$ die Quadratzahl $y = x^2 \in B$ zu, so gibt es kein Element aus B, das nicht Bild eines Elementes aus D ist. Die Abbildung ist surjektiv.

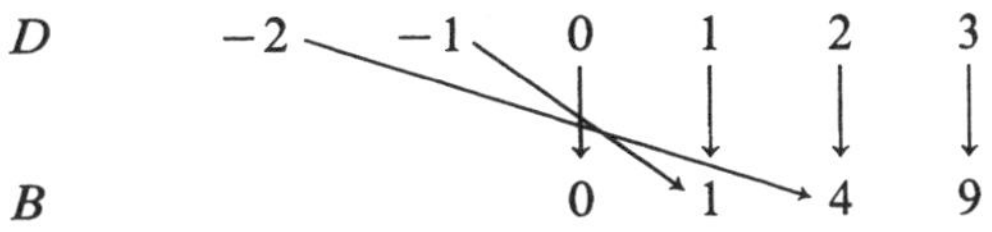

Die Abbildung $x \in D$, $y = x^2 \in B$ mit $D = \{1, 2\}$ und $B = \{1, 4, 9\}$ ist injektiv, weil jedes Bild nur ein Urbild hat und außerdem die Zahl 9 nicht Bild eines Elementes aus D ist.

D	1	2	
	$\downarrow$	$\downarrow$	
B	1	4	9

Die Abbildung $x \in D$, $y = x^2 \in B$ mit $D = \{0, 1, 2, 3\}$ und $B = \{0, 1, 4, 9\}$ schließlich ist bijektiv, denn von jedem Element einer der beiden Mengen zeigt ein Abbildungspfeil auf genau ein Element der anderen Menge.

D	0	1	2	3
	$\updownarrow$	$\updownarrow$	$\updownarrow$	$\updownarrow$
B	0	1	4	9

■

Die bijektiven Abbildungen sind in der Mathematik besonders wichtig, weil hier Umkehrabbildungen möglich sind.

Definition. *Bei einer* Umkehrabbildung (Umkehrfunktion) *werden die Mengen D und B vertauscht, so daß $D' = B$ die Definitionsmenge und $B' = D$ die Bildmenge der Umkehrabbildung wird.*

Beispiel 3. Man gebe die Umkehrabbildung zu $y = 1/(x+1)$ mit $x \in D = \mathbb{R} \setminus \{-1\}$ und $y \in B = \mathbb{R} \setminus \{0\}$ an.

Die Mengen D und B sind zu vertauschen. Die Zuordnungsvorschrift ist umzukehren. Man löst also die Gleichung $y = 1/(1+x)$ nach x auf und erhält $x = (1-y)/y$. Vertauscht man noch x und y, so lautet die Umkehrabbildung

$$y = f^{-1}(x) = \frac{1-x}{x} \quad \text{mit} \quad x \in D'$$ ■

2.1.1 Aufgaben zu Abschnitt 2.1

Welche der folgenden Beziehungen zwischen den Mengen D und B sind Abbildungen? Gegebenenfalls prüfe man, ob diese surjektiv, injektiv oder bijektiv sind.

1. $y^2 = x$, $x \in D$, $y \in B$, $D = B = \mathbb{R}$

2. $y^2 = x$, $x \in D$, $y \in B$, $D = \{x \mid x \in \mathbb{R} \wedge x \geq 0\}$, $B = \mathbb{R}$

3. $y^2 = x$, $x \in D$, $y \in B$, $D = \{x \mid x \in \mathbb{R} \wedge x \geq 0\}$, $B = \{y \mid y \in \mathbb{R} \wedge y \geq 0\}$

4. $y = x^2$, $x \in D$, $y \in B$, $D = B = \mathbb{R}$

5. $y = x^2$, $x \in D$, $y \in B$, $D = \{x \mid x \in \mathbb{R} \wedge x \geq 0\}$, $B = \mathbb{R}$

Man untersuche, für welche Definitionsmengen und Bildmengen die folgenden Abbildungen bijektiv (ein-eindeutig) sind.

6. $y=5x^5$ **7.** $y=\sqrt[5]{3x-2}$ **8.** $y=\sqrt{9-x^4}$

9. $y=x^6-1$ **10.** $y=5^{2x}$ **11.** $y=\sqrt{3-\frac{1}{x^3}}$

2.2 Gleichungen. Ungleichungen

2.2.1 Gleichungen

Eine Gleichung entsteht durch Gleichsetzen zweier Ausdrücke, die im allgemeinen aus Zahlen, Buchstaben und Verknüpfungszeichen bestehen. Sie werden in der Mathematik und in der Technik in verschiedener Bedeutung benutzt.

Funktionsgleichung. In Abschn. 2.1 wurde die Funktionsgleichung $y=f(x)$ erklärt. Sie stellt eine Rechenvorschrift dar, mit der man zu jedem Element x der Definitionsmenge das zugehörige Element y der Bildmenge berechnen kann. Setzt man die Elemente x (die unabhängige Variable) in die Funktionsgleichung ein, so ergeben sich die zugehörigen Werte y (die Funktionswerte, die abhängige Variable).

Bestimmungsgleichung. Wird in einer Funktionsgleichung zwischen zwei Variablen eine der Variablen (z.B. das Bildelement y) durch eine Konstante ersetzt, so entsteht aus der Funktionsgleichung eine Gleichung zur Bestimmung derjenigen Elemente x der Definitionsmenge, die diese Gleichung erfüllen, d.h., für die diese Gleichung eine richtige Aussage darstellt (Lösungsmenge X).
Aus der Funktionsgleichung $y=x^2$ entsteht durch Festlegen von $y=4$ die Bestimmungsgleichung $4=x^2$ für die Variable x, die für $x_1=+2$ und $x_2=-2$ richtige Aussagen, für alle anderen Zahlen aber falsche Aussagen ergibt. Die Lösungsmenge ist $X=\{-2, +2\}$.

Identitätsgleichung. Gleichungen zwischen variablen Größen, die für jeden Wert der Variablen richtige Aussagen ergeben, heißen Identitätsgleichungen. Die Aussagen

$$a^2+2ab+b^2=(a+b)^2$$

und $$a^2-b^2=(a+b)(a-b)$$

sind für alle a und b erfüllt und damit Identitätsgleichungen.
Auch der Satz des Pythagoras

$$a^2+b^2=c^2$$

ist eine Identitätsgleichung. Die Richtigkeit einer Identität ist jeweils zu beweisen.

Definitionsgleichung. Wird ein neues Formel- oder Funktionszeichen, das einen Term von Größen oder Zahlen beschreibt, erklärt, so geschieht dies durch eine Definitionsgleichung.

Durch $\sin\alpha = a/c$ wird z. B. der Sinus definiert, dies ist also eine Definitionsgleichung, während der spätere Gebrauch des Sinus durch $y = \sin x$ in einer Funktionsgleichung geschieht. Häufig definiert man auch Hilfsgrößen, um Rechnungen übersichtlicher durchführen zu können: Zum Lösen der quadratischen Gleichung

$$2\cos^2\beta - 0.5\cos\beta - 0.4 = 0$$

führt man z. B. u durch die Definitionsgleichung $u = \cos\beta$ ein.

2.2.2 Ordnungsrelationen. Ungleichungen

Die reellen Zahlen sind auf der Zahlengeraden geordnet. Zwischen ihnen bestehen Ordnungsbeziehungen (Ordnungsrelationen). Man sagt, daß eine Zahl n größer als eine andere Zahl m ist, wenn n auf der Zahlengeraden rechts von m liegt, d. h., wenn man zu m eine positive Zahl addieren muß, damit sich n ergibt (Bild **2.2**). Man schreibt

$$n > m \tag{2.1}$$

(gesprochen: n größer als m) und nennt eine Relation der Form (2.1) eine Ungleichung. So ist z. B. nach Bild **2.3** $7 > 5$, $4 > 3$, $1 > -2$, dementsprechend gilt

$$\frac{1}{2} > \frac{1}{5} \quad \text{und} \quad -\frac{1}{5} > -\frac{1}{2}.$$

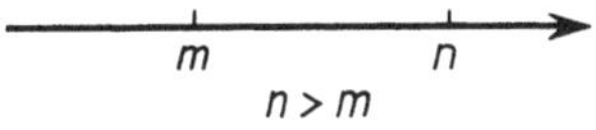

2.2

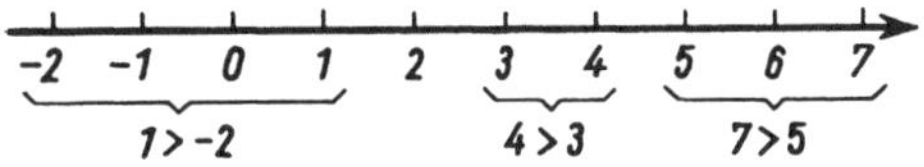

2.3

Ebenso schreibt man

$$m < n \tag{2.2}$$

(gesprochen: m kleiner als n), wenn die Zahl m auf der Zahlengeraden links von n liegt. Man kann also die oben genannten Beziehungen auch in der Form

$$5 < 7 \qquad 3 < 4 \qquad -2 < 1 \qquad \frac{1}{5} < \frac{1}{2} \qquad -\frac{1}{2} < -\frac{1}{5}$$

schreiben.

Will man ausdrücken, daß eine Zahl n nicht links von m auf der Zahlengeraden liegt, aber zulassen, daß $n = m$ ist, so schreibt man

$$n \geq m \qquad \text{(gesprochen: } n \text{ größer oder gleich } m\text{).} \tag{2.3}$$

Soll m nicht größer als n sein, so schreibt man

$m \leq n$ (gesprochen: m ist kleiner oder gleich n). (2.4)

Sind die Zahlen n und m fest gewählt, so stellen die Ungleichungen (2.1) bis (2.4) Aussagen dar, die richtig oder falsch sein können. Die Aussage $7>3$ ist richtig. Dagegen ist $7>9$ falsch. Ist jedoch m oder n (dann häufig mit x bezeichnet) frei wählbar, so begrenzen die Ungleichungen (2.1) bis (2.4) den Bereich einer Veränderlichen.

Beispiel 1. Welche Menge natürlicher Zahlen erfüllt die Ungleichung $n<3$?
Lösung: $M=\{1, 2\}$. ■

Beispiel 2. Welche natürlichen Zahlen erfüllen die Ungleichung $2 \leq n \leq 6$?
Diese Schreibweise enthält zwei Ungleichungen, einerseits $2 \leq n$, andererseits $n \leq 6$. Die Zahl 2 ist also das kleinste Element der Lösungsmenge. Die Zahl 6 beschränkt die Lösungsmenge nach oben, sie ist ihr größtes Element. Die Lösungsmenge ist also $M=\{2, 3, 4, 5, 6\}$. ■

2.2.3 Signum. Betrag

Elemente, die auf der Zahlengeraden rechts vom Koordinatennullpunkt liegen, die also der Relation $x>0$ genügen, haben positives Vorzeichen, solche links des Koordinatennullpunktes mit $x<0$ negatives Vorzeichen.

Gelegentlich ist es nützlich, nur das Vorzeichen einer Zahl x zu beachten. Man definiert deshalb folgende Vorzeichenfunktion (Signumfunktion, von lat. signum = Zeichen) (Bild **2.4**a)

$$\operatorname{sgn} x = \begin{cases} +1 & \\ 0 & \text{wenn} \\ -1 & \end{cases} \begin{cases} x>0 \\ x=0 \\ x<0 \end{cases}$$

Damit gilt

$$\operatorname{sgn}(ab)=\operatorname{sgn} a \cdot \operatorname{sgn} b, \qquad \operatorname{sgn}(a/b)=\operatorname{sgn} a \cdot \operatorname{sgn} b \quad \text{für } b \neq 0$$

Beispiel 3. Es ist nach Bild **2.4**b

$$\begin{aligned}
\operatorname{sgn}(x-2) &= +1 && \text{wenn } x-2>0, \text{ also } x>2 \\
\operatorname{sgn}(x-2) &= 0 && \text{wenn } x-2=0, \text{ also } x=2 \\
\operatorname{sgn}(x-2) &= -1 && \text{wenn } x-2<0, \text{ also } x<2 \\
\operatorname{sgn} x^2 &= 0 && \text{wenn } x=0 \\
\operatorname{sgn} x^2 &= +1 && \text{für alle übrigen } x \in \mathbb{R} \\
\operatorname{sgn}(1+x^2) &= +1 && \text{für alle } x \in \mathbb{R} \\
\operatorname{sgn} \frac{x}{1+x^2} &= \operatorname{sgn} x && \text{weil } \operatorname{sgn}(1+x^2)=+1
\end{aligned}$$ ■

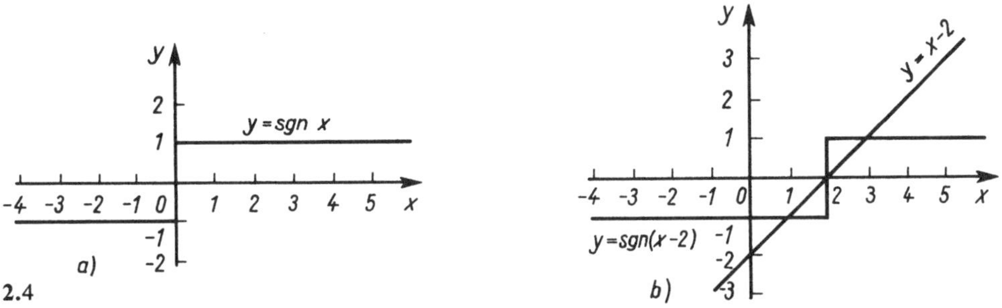

2.4

Betrag einer Zahl. Bei der Angabe des Abstandes des Bildpunktes einer Zahl der Zahlengeraden vom Nullpunkt ist es gleichgültig, ob das Bild rechts oder links vom Nullpunkt liegt. In diesem Falle führt man den Betrag einer Zahl ein. Er wird durch zwei senkrechte Striche gekennzeichnet.

Beispiel 4. $|2|=2,\quad |-3|=3.$ ■

Beispiel 5. Die Beziehung $|x+1|=5$ ist für $x=+4$ erfüllt, weil $|4+1|=|5|=5$ ist, aber auch für $x=-6$, denn es gilt $|-6+1|=|-5|=5$. Ebenso gilt die Gleichung $|4x+3|=7$ sowohl für $4x+3=+7$, also $x=1$, als auch für $-(4x+3)=+7$, d.h. für $4x=-10$, $x=-2.5$, weil $|4\cdot(-2.5)+3|=|-10+3|=|-7|=7$ ist. ■

Mit Hilfe der in Abschn. 2.2.2 eingeführten Ordnungsrelationen kann man nun einzelne Punktmengen, die in der Analysis eine Rolle spielen, definieren.

Aus Beispiel 5 ergab sich, daß durch die Beziehung $|x+1|=5$ die Punktmenge $\{-6,4\}$ definiert ist, also die beiden Punkte x, die vom Punkt -1 genau den Abstand 5 besitzen. Analog beschreibt $|x+5|<5$ die Menge $\{x|-6<x<4\}$ der Punkte x, die weniger als 5 Einheiten vom Punkt -1 entfernt sind. In den folgenden Definitionen wird dieser Sachverhalt verallgemeinert.

Definition. *Unter der ε-*Umgebung *$U(x_0)$ eines Punktes $x_0 \in \mathbb{R}$ auf der Zahlengeraden versteht man die Menge aller Punkte x, die von x_0 einen Abstand haben, der kleiner als eine fest vorgegebene Zahl $\varepsilon>0$ ist* (Bild **2.5**)

$$U(x_0)=\{x\,|\,|x-x_0|<\varepsilon\} \tag{2.5}$$

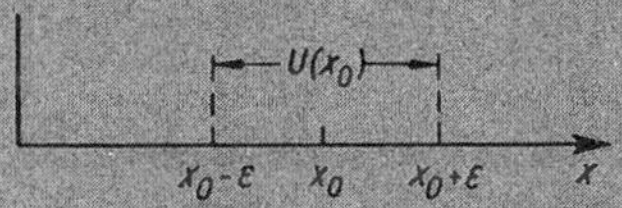

2.5

Definition. *Ein* offenes Intervall *auf der Zahlengeraden ist die Menge der Punkte x, die auf der Zahlengeraden zwischen zwei vorgegebenen Punkten a und b liegen.*

$$I=(a,b)=\{x\,|\,a<x<b\} \tag{2.6}$$

Ein abgeschlossenes Intervall *enthält außer den Punkten zwischen a und b auch die Randpunkte a und b.*

$$I=[a, b]=\{x \mid a \leq x \leq b\} \tag{2.7}$$

Ein halboffenes Intervall *enthält außer den zwischen a und b gelegenen Punkten einen Randpunkt a oder b.*

$$I=(a, b]=\{x \mid a<x \leq b\} \qquad I=[a, b)=\{x \mid a \leq x<b\} \tag{2.8}$$

2.2.4 Rechnen mit Ungleichungen

Gleichungen zwischen zwei Zahlen bleiben richtig, wenn man beide Seiten mit einem positiven oder negativen Faktor multipliziert oder durch ihn dividiert. Auch kann man in einer Gleichung auf jeder Seite den Kehrwert bilden, ohne daß sich die Gleichheitsbeziehung ändert, wenn keine Seite gleich Null ist. Bei Ungleichungen treffen diese Gesetze nicht in jedem Falle zu, weil es sich bei Ungleichungen um Ordnungsrelationen handelt, die bei einigen arithmetischen Operationen ihre Richtung umkehren. Es muß deshalb für diese Operationen geprüft werden, ob die Ordnungsbeziehung (Ungleichung) erhalten bleibt.

Die Addition einer positiven oder negativen Zahl auf beiden Seiten einer Ungleichung ändert die Ordnungsrelation nicht:

$$\boxed{a+x>b+x \quad \text{für jedes} \quad x \in \mathbb{R}, \quad \text{wenn} \quad a>b}$$

Beispiel 6.

$$\begin{array}{ccc} 5>2 & -3<2 & 2<7 \\ 5+4>2+4 & -3+4<2+4 & 2-6<7-6 \\ 9>6 & 1<6 & -4<1 \end{array}$$

■

Das Multiplizieren mit positivem Faktor *n* ändert die Ordnung *a*>*b* nicht:

$$\boxed{n a>n b, \quad \text{wenn} \quad a>b \wedge n>0} \tag{2.9}$$

Beispiel 7.

$$\begin{array}{ccc} 6>3 & 5>-6 & -7<-2 \\ 4\cdot 6>4\cdot 3 & 2\cdot 5>2\cdot(-6) & 0.8\cdot(-7)<0.8\cdot(-2) \\ 24>12 & 10>-12 & -5.6<-1.6 \end{array}$$

■

Bei der Multiplikation einer Ungleichung mit einem negativen Faktor werden die Relationen > und < ausgetauscht:

$$\boxed{n a<n b, \quad \text{wenn} \quad a>b \wedge n<0}$$

Beispiel 8.

$$7>3 \qquad -8<-2 \qquad -6<+5$$
$$(-1)\cdot 7<(-1)\cdot 3 \qquad (-3)\cdot(-8)>(-3)\cdot(-2) \qquad (-0.3)\cdot(-6)>(-0.3)\cdot 5$$
$$-7<-3 \qquad +24>+6 \qquad +1.8>-1.5$$ ■

Bildet man auf jeder Seite einer Ungleichung den Kehrwert der dort stehenden Zahl, so kehrt sich die Relation um, wenn beide Seiten das gleiche Vorzeichen haben; sie bleibt erhalten, wenn beide Seiten verschiedene Vorzeichen haben ($a \neq 0 \wedge b \neq 0$):

$$\frac{1}{a}<\frac{1}{b}, \quad \text{wenn} \quad a>b \wedge \operatorname{sgn} a=\operatorname{sgn} b \tag{2.10}$$

$$\frac{1}{a}>\frac{1}{b}, \quad \text{wenn} \quad a>b \wedge \operatorname{sgn} a \neq \operatorname{sgn} b \tag{2.11}$$

Beispiel 9.

$$4>2 \qquad -5<-3 \qquad 7>-8$$
$$\tfrac{1}{4}<\tfrac{1}{2} \qquad -\tfrac{1}{5}>-\tfrac{1}{3} \qquad \tfrac{1}{7}>-\tfrac{1}{8}$$ ■

Beispiel 10. Welche natürlichen Zahlen n erfüllen die Ungleichung $2n-3<2$?
Man addiert auf jeder Seite die Zahl $+3$ und erhält $2n<5$.
Division durch 2 ergibt $n<2.5$. Die Lösung lautet $n_1=1$; $n_2=2$. ■

Beispiel 11. Welche reellen Zahlen x bilden die Lösungsmenge der Ungleichung

$$\frac{1}{2x+1} \geq 4?$$

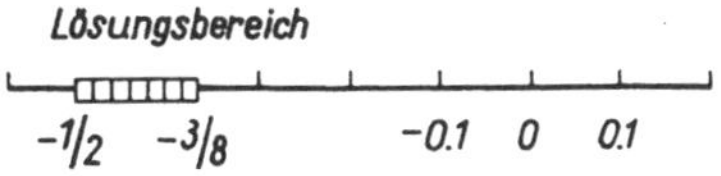

2.6

Da die linke Seite größer als die positive Zahl 4 sein soll, muß auch sie positiv sein. Deshalb ergibt sich nach Gl. (2.6) beim Bilden des Kehrwertes eine Umkehrung der Ordnungsrelation

$$2x+1 \leq \tfrac{1}{4} \qquad 2x \leq -\tfrac{3}{4} \qquad x \leq -\tfrac{3}{8}$$

Außerdem muß $2x+1>0$, also $x>-\frac{1}{2}$ sein. Die Lösung lautet (Bild **2.6**) $-\frac{1}{2}<x\leq-\frac{3}{8}$, die Lösungsmenge ist also $(-\frac{1}{2}, -\frac{3}{8}]$. ■

Beispiel 12. Man gebe die Menge aller reellen Zahlen x an, die die Ungleichung

$$\frac{1}{x+4} \geq \frac{1}{3x+2}$$

erfüllen.
Die Ungleichung ist nur sinnvoll, wenn $x \notin \{-4, -\frac{2}{3}\}$ ist.
Es wird zunächst vorausgesetzt, daß beide Seiten der Ungleichung das gleiche Vorzeichen haben. Dann ist

$$x+4 \leq 3x+2 \qquad 2 \leq 2x \qquad 1 \leq x$$

Weil für $x \geq 1$ die Brüche nicht negativ werden können, haben beide Seiten das positive Vorzeichen, und eine Teillösung lautet: für $x \geq 1$ ist die Ungleichung erfüllt. Nun muß noch der Fall untersucht werden, daß die Vorzeichen verschieden sind. Dann muß die linke Seite positiv und die rechte Seite negativ sein: $1/(x+4) > 0$, $x > -4$ und $1/(3x+2) < 0$, $x < -2/3$. Dann bleibt beim Bilden des Kehrwertes die Ordnungsbeziehung erhalten, und man erhält als Bedingung für x

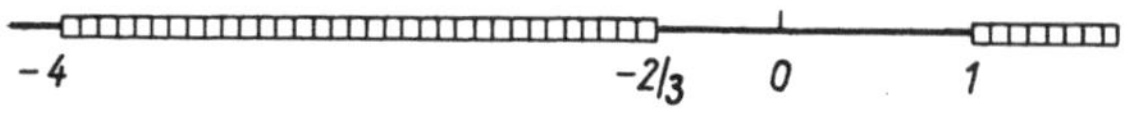

2.7

$$x+4 \geq 3x+2$$
$$2 \geq 2x$$
$$1 \geq x$$

Die beiden Bedingungen $x > -4$ und $x < -2/3$ für die Verschiedenheit der Vorzeichen sind in der Bedingung $x \leq 1$ enthalten. Sie bilden also die schärfere Einschränkung. Die zweite Teillösung lautet also $-4 < x < -2/3$ und die Gesamtlösung (Bild **2.7**)

$$\{x \mid -4 < x < -\tfrac{2}{3} \vee x \geq 1\} = (-4, -\tfrac{2}{3}) \cup [1, +\infty)$$ ■

Beispiel 13. Welche reellen Zahlen x erfüllen die Ungleichung $|x-2| \leq 3$?
Die obere Grenze ergibt sich, wenn $x-2=3$, also $x=5$ ist, die untere, wenn $x-2=-3$, also $x=-1$ ist. Damit lautet die Lösung $-1 \leq x \leq +5$ oder $x \in [-1, 5]$. ■

Beispiel 14. Welche Zahlen erfüllen die Ungleichung $x^2-1 \geq 3$?
Aus der gegebenen Ungleichung folgt durch Addieren von 1 die neue Ungleichung $x^2 \geq 4$, die durch alle Werte x zu erfüllen ist, deren Betrag größer als $\sqrt{4}=2$ ist.

$$|x| \geq 2 \Rightarrow x \in (-\infty, -2] \cup [+2, +\infty)$$ ■

Beispiel 15. Man gebe die Menge aller Punkte $(x; y)$ an, die die vier Ungleichungen

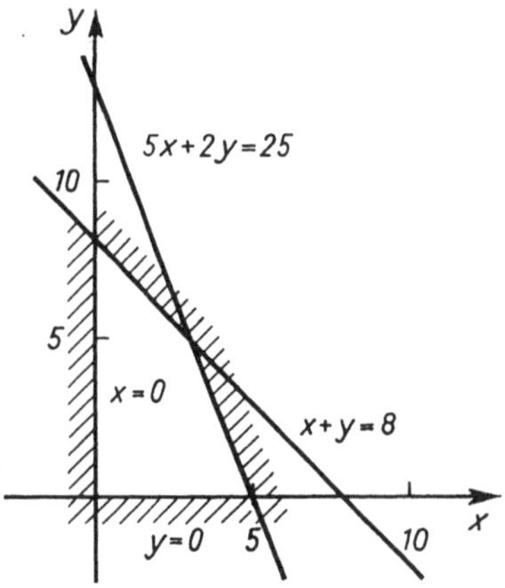

2.8

$$x \geq 0 \qquad y \geq 0$$
$$x+y \leq 8 \qquad 5x+2y \leq 25$$

erfüllt.

Die Lösungsmenge ist durch die vier Gleichungen

$$x=0 \quad (y\text{-Achse}) \qquad y=0 \quad (x\text{-Achse})$$
$$y=-x+8 \qquad y=-2.5x+12.5$$

begrenzt (Bild **2**.8). Alle Lösungen liegen also im Innern oder auf dem Rand des durch Schraffur begrenzten Vierecks. ■

Dreiecksungleichung. Der Betrag der Summe zweier reeller Zahlen ist nicht größer als die Summe der Beträge dieser Zahlen.

$$|a+b| \leq |a|+|b| \tag{2.12}$$

Beispiel 16.

$$\begin{array}{lll} a=5,\ b=2: & |5+2| \leq |5|+|2| & \Rightarrow\ 7\leq 7 \\ a=5,\ b=-2: & |5-2| \leq |5|+|-2| & \Rightarrow\ 3\leq 7 \\ a=-5,\ b=2: & |-5+2| \leq |-5|+|2| & \Rightarrow\ 3\leq 7 \\ a=-5,\ b=-2: & |-5-2| \leq |-5|+|-2| & \Rightarrow\ 7\leq 7 \end{array}$$ ■

Der Name Dreiecksungleichung ist wegen des entsprechenden geometrischen Satzes gewählt worden, der besagt, daß in einem Dreieck eine Seite nicht länger als die Summe der beiden anderen ist.

Mittelwerte. Das geometrische Mittel zweier verschiedener positiver reeller Zahlen ist stets kleiner als ihr arithmetisches Mittel

$$\sqrt{ab} < \frac{a+b}{2} \tag{2.13}$$

Beweis. Es ist für $a \neq b$ stets

$$(a-b)^2 = a^2 - 2ab + b^2 > 0$$

und nach Addition von $4ab$ auf beiden Seiten der Ungleichung

$$a^2 + 2ab + b^2 = (a+b)^2 > 4ab$$

Nach Dividieren durch 4 und Wurzelziehen ergibt sich die Behauptung. □

2.2.5 Aufgaben zu Abschnitt 2.2

1. Man bestimme für $x \in \mathbb{R}$

a) $\operatorname{sgn}[x(x+1)]$ b) $\operatorname{sgn}[x^2-3x+2]$ c) $\operatorname{sgn}\dfrac{x-1}{x+3}$

2. Wie lautet die Menge der natürlichen Zahlen n mit der Eigenschaft $1<n\leq 2$?

3. Man gebe den Bereich der reellen Zahlen r an, die die Ungleichung $|3r-1|\leq 2$ erfüllen.

4. Welche reellen Zahlen x erfüllen die Ungleichung $|1/(x+2)|<10$?

5. Welche reellen Zahlen x erfüllen die Ungleichung $1/(2x+3)>2$?

6. Man gebe die Menge aller $n\in\mathbb{N}$ an, die die Ungleichung

$$\frac{1}{4n+5}\leq\frac{1}{3n+7}$$

erfüllen.

7. Man gebe die Lösungsmenge der drei Ungleichungen

$$x\geq 0 \qquad x+y\leq 3 \qquad y\geq 2x-1$$

als Gebiet in einem Diagramm an.

8. Welche Punkte der (x, y)-Ebene erfüllen die vier linearen Ungleichungen

$$x\geq 0 \qquad y\geq 0$$
$$x+5y\leq 20 \qquad 2x-y\leq 4$$

Man gebe die Lösungsmenge als Gebiet in einem Diagramm an.

2.3 Folgen. Stetigkeit

2.3.1 Zahlenfolgen

Eine wichtige Abbildung ist die Abbildung der natürlichen Zahlen 1, 2, 3, ... in eine Bildmenge B

$$f\colon \mathbb{N}\to B$$

Hierbei ist häufig $B\subset\mathbb{R}$. Jedem $i\in\mathbb{N}$ wird ein Element $a\in B$ zugeordnet. Diese Abbildung kennzeichnet man, indem man das Element i der Definitionsmenge als Index dem Bild anfügt: a_i. Man schreibt daher auch

$$\boxed{a_1, a_2, a_3, \ldots a_i, \ldots}$$

oder kurz (a_i) und nennt diese Menge eine unendliche Folge. Die einzelnen Bilder a_i heißen Glieder der Zahlenfolge. Gibt man für ein beliebiges $i\in\mathbb{N}$ das Bild a_i an, so heißt a_i auch Bildungsgesetz der Zahlenfolge.

Gelegentlich wird der Begriff der Zahlenfolgen auf die Abbildung $f\colon\mathbb{Z}\to B$ oder $f\colon D\to B$ mit $D\subset\mathbb{Z}$ erweitert. Ist $B\subset\mathbb{C}$, so spricht man von einer komplexen Zahlenfolge.

Beispiel 1. a) Die Zahlenfolge 1, 2, 3, 4, 5, ... hat das Bildungsgesetz $a_i=i$.

b) Die Zahlenfolge 1, $-1/2$, $1/3$, $-1/4$, $1/5$, $-1/6$, ... hat das Bildungsgesetz $a_i=(-1)^{i+1}(1/i)$.

c) Die Zahlenfolge 1/2, 2/3, 3/4, 4/5, 5/6, ... hat das Bildungsgesetz $a_i = \frac{i}{i+1}$.

d) Die Zahlenfolge 2, 4, 8, 16, 32, ... hat das Bildungsgesetz $a_i = 2^i$.

e) Die Zahlenfolge $\sqrt{10}, \sqrt[3]{10}, \sqrt[4]{10}, \sqrt[5]{10}, \ldots$ genügt dem Bildungsgesetz $a_i = \sqrt[i+1]{10}$.

f) Die Zahlenfolge 1/2, 2/3, 1/4, 4/5, 1/6, 6/7, ... genügt für gerade Indizes $i = 2m$, $m \in \mathbb{N}$, d.h. $i = 2, 4, 6, \ldots$ dem Bildungsgesetz

$$a_i = a_{2m} = \frac{2m}{2m+1} = \frac{i}{i+1}$$

für ungerade Indizes $i = 2m-1$, $m \in \mathbb{N}$, d.h. $i = 1, 3, 5, \ldots$ dem Bildungsgesetz

$$a_i = a_{2m-1} = \frac{1}{2m} = \frac{1}{i+1}$$

Die beiden Folgen (a_{2m}) und (a_{2m-1}) heißen Teilfolgen.

g) Die Zahlenfolge 1, 1/2, 2, 1/3, 3, 1/4, ... genügt für gerade Indizes $i = 2m$, $m \in \mathbb{N}$, d.h. $i = 2, 4, 6, \ldots$ dem Bildungsgesetz

$$a_i = a_{2m} = \frac{1}{m+1} = \frac{1}{(i/2)+1}$$

und für ungerade Indizes $i = 2m-1$, $m \in \mathbb{N}$, d.h. $i = 1, 3, 5, \ldots$ dem Bildungsgesetz

$$a_i = a_{2m-1} = m = \frac{i+1}{2}$$

■

Die Glieder einer Zahlenfolge mit $a_i \in \mathbb{R}$ sind als Punkte auf der Zahlengeraden darstellbar.

Definition. *Eine* Zahlenfolge *heißt* beschränkt, *wenn alle Glieder der Folge zwischen zwei festen Zahlen A und B liegen.*

$$a_i \in [A, B] \subset \mathbb{R} \tag{2.14}$$

Bei den Zahlen A und B braucht es sich nicht um die engsten Schranken zu handeln. Es genügt, wenn es irgend zwei Schranken gibt, die der Bedingung (2.14) für alle $i \in \mathbb{N}$ genügen.

Von den in Beispiel 1 genannten Folgen sind die zweite (b), die dritte (c), die fünfte (e) und die sechste (f) beschränkt. Mögliche Schranken für die Folgen sind

b)	$A = -1/2$	$B = 1$
c)	$A = 1/2$	$B = 1$
e)	$A = 1$	$B = \sqrt{10}$
f)	$A = 0$	$B = 1$

Definition. *Eine Zahlenfolge heißt* monoton steigend, *wenn jedes Glied der Folge größer als das vorangegangene oder ihm mindestens gleich ist.*

$$a_{i+1} \geq a_i \quad \text{für alle} \quad i \in \mathbb{N} \tag{2.15}$$

Die Folgen a), c) und d) in Beispiel 1 sind monoton steigend. Für die Folge c) ist z. B.

$$a_i = \frac{i}{i+1} \quad \text{und} \quad a_{i+1} = \frac{i+1}{i+2}$$

Aus $i^2+2i+1 > i^2+2i$ folgt $(i+1)^2 > i(i+2)$ oder nach Division durch $(i+1)$ und durch $(i+2)$

$$a_{i+1} = \frac{i+1}{i+2} > \frac{i}{i+1} = a_i$$

Definition. *Eine Zahlenfolge heißt* monoton fallend, *wenn jedes Glied der Folge kleiner als das vorangegangene oder ihm höchstens gleich ist.*

$$a_{i+1} \leq a_i \quad \text{für alle} \quad i \in \mathbb{N} \tag{2.16}$$

Die Folge e) in Beispiel 1 ist monoton fallend. Dies erfordert nach Gl. (2.16)

$$\sqrt[i+2]{10} \leq \sqrt[i+1]{10}$$

Ist $a > b > 0$, so gilt für $n \in \mathbb{N}$ auch $a^n > b^n > 0$.
Erhebt man also beide Seiten in die $(i+1) \cdot (i+2)$-te Potenz, so gilt

$$10^{i+1} \leq 10^{i+2} \qquad 1 < 10$$

Damit ist die fallende Monotonie dieser Folge bewiesen.

Definition. *Zahlenfolgen mit wechselnden Vorzeichen benachbarter Glieder heißen* alternierende Folgen.

Es gilt also

$$\operatorname{sgn} a_i = -\operatorname{sgn} a_{i+1} \quad \text{für alle} \quad i \in \mathbb{N}$$

Die Folge b) in Beispiel 1 ist eine alternierende Folge, nicht jedoch die Folge

$$1,\ 1/2,\ -1/3,\ -1/4,\ 1/5,\ 1/6,\ -1/7,\ -1/8,\ \ldots$$

da in dieser Folge benachbarte Glieder zum Teil gleiche Vorzeichen haben.

Intervallschachtelung. Eine beschränkte Zahlenfolge sei durch die Schranken A und B eingeschlossen. Zwischen A und B liegen dann alle unendlich vielen Glieder der Folge.

Einen solchen Bereich nennt man ein Intervall (s. Abschn. 2.2.3). Dieses Intervall wird nun halbiert (Bild **2.9**). Es folgt zwingend, daß in mindestens einem dieser beiden Teilintervalle unendlich viele Elemente der Folge liegen, denn sonst läge keine unendliche Zahlenfolge vor. Im linken Teilintervall mögen unendlich viele Elemente der Folge liegen. Dann wird dieses Intervall wiederum halbiert. Auch in mindestens einem dieser Intervalle liegen unendlich viele Elemente der Folge. So kann man weiter fortfahren. Nach m-maligem Halbieren erhält man ein Intervall der Länge $I_m = (B-A)/2^m$, wobei m beliebig groß sein kann. Dieses Teilintervall kann man beliebig klein machen. Immer liegen in diesem noch so kleinen Teilintervall unendlich viele Glieder der Folge.

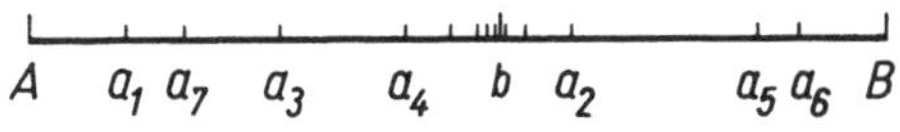

2.9

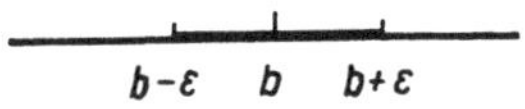

2.10

Damit gibt es einen Punkt $b \in \mathbb{R}$, so daß in jeder Umgebung $U(b) = \{x \mid |x-b| < \varepsilon\}$ von b, also für jedes vorgegebene noch so kleine $\varepsilon > 0$, unendlich viele Glieder der Folge liegen (Bild **2.9**, Bild **2.10**). Es sei $I = [A, B]$, $I_1, I_2, \ldots$ die Folge der betrachteten Intervalle. Jedes Intervall ist eine echte Teilmenge des vorigen. Der Punkt b ist gemeinsamer Punkt aller Intervalle I_m.

Definition. *Ein* Häufungspunkt *b einer Zahlenfolge ist ein Punkt, bei dem in jeder Umgebung U(b) unendlich viele Elemente der Folge liegen.*

Auf Grund dieser Definition und der geschilderten Intervallschachtelung folgt (direkter, oft auch konstruktiver Beweis genannt):

Eine beschränkte Zahlenfolge hat mindestens einen Häufungspunkt.

Die Zahlenfolge g) in Beispiel 1 zeigt, daß auch eine unbeschränkte Zahlenfolge einen Häufungspunkt (hier $b = 0$) besitzen kann.

Konvergenz. Grenzwert

Definition. *Hat eine beschränkte Zahlenfolge genau einen Häufungspunkt, so heißt dieser Häufungspunkt der* Grenzwert *der Zahlenfolge. Eine solche Zahlenfolge heißt* konvergent. *Jede andere Zahlenfolge heißt* divergent.

Aus dieser Definition folgt: Divergente Zahlenfolgen haben mehrere Häufungspunkte oder sie sind unbeschränkt. Beispiele für mehrere Häufungspunkte findet man in Beispiel 1 f und Beispiel 3.

Ist eine Zahlenfolge (a_i) konvergent und besitzt sie den Grenzwert a, so schreibt man

$$\boxed{\lim_{i \to \infty} a_i = a}$$

(gesprochen: Limes i gegen unendlich a_i gleich a oder: für i gegen unendlich strebt die Folge (a_i) gegen a); oft schreibt man auch kurz

$$a_i \to a$$

Ist eine Folge ohne Häufungspunkt nur nach oben unbegrenzt, schreibt man kurz

$$\lim_{i \to \infty} a_i = \infty$$

Satz. Eine Zahlenfolge (a_i) konvergiert genau dann gegen a, wenn sich außerhalb jeder Umgebung $U(a)$ nur endlich viele Glieder der Folge befinden.

Definition. *Eine konvergente Zahlenfolge, deren Grenzwert Null ist, heißt* Nullfolge.

Die Zahlenfolge $1, \frac{1}{2}, \frac{1}{3}, \ldots, \frac{1}{i}, \ldots = \left(\frac{1}{i}\right)$ ist eine Nullfolge, denn bei hinreichend großem i unterscheidet sich $1/i$ beliebig wenig von Null

$$\lim_{i \to \infty} \frac{1}{i} = 0 \qquad (2.17)$$

Dementsprechend ist auch die Folge b) aus Beispiel 1 eine Nullfolge.

Das Bestimmen des Grenzwertes einer Zahlenfolge wird in den meisten Fällen auf den Beweis zurückgeführt, daß Nullfolgen auftreten. Für die Zahlenfolge c) aus Beispiel 1 mit dem allgemeinen Glied $a_i = i/(i+1)$ gilt

$$a_i = \frac{i}{i+1} = \frac{i+1-1}{i+1} = 1 - \frac{1}{i+1}$$

Der zweite Summand ist nach Gl. (2.17) ein Glied einer Nullfolge. Daher gilt für den Grenzwert dieser Folge

$$\lim_{i \to \infty} \frac{i}{i+1} = 1$$

Wie vorstehend gezeigt wurde, sind die Folgen c) und e) aus Beispiel 1 beschränkt und monoton. Für sie gilt der folgende

Satz. Eine beschränkte monotone Zahlenfolge ist konvergent.

Aus diesem Satz folgt, daß der Grenzwert einer beschränkten monotonen Zahlenfolge größer oder kleiner als alle Glieder der Folge ist.

Die Folge e) in Beispiel 1 ist beschränkt und monoton fallend. Da jede Wurzel aus einer Zahl größer als Eins ebenfalls größer als Eins ist, schreibt man zweckmäßig

$$a_i = \sqrt[i+1]{10} = 1 + b_i, \qquad b_i > 0 \qquad (2.18)$$

Jetzt wird gezeigt, daß die b_i eine Nullfolge bilden. Aus Gl. (2.18) und der Bernoullischen Ungleichung (1.13) $(1+a)^n \geq 1+na$, $a>-1$, $n \in \mathbb{N}$, folgt

$$10=(1+b_i)^{i+1}>1+(i+1)b_i$$
$$9>(i+1)b_i$$

Diese Ungleichung gilt für jedes noch so große i. Dies ist nur möglich, wenn (b_i) eine Nullfolge ist.
Daher gilt $\lim\limits_{i\to\infty} \sqrt[i+1]{10}=1$.
In gleicher Weise zeigt man für $a>0$

$$\lim_{i\to\infty} \sqrt[i]{a}=1 \tag{2.19}$$

Die Zahlenfolge f) aus Beispiel 1 hat zwei Häufungspunkte. Diese Zahlenfolge ist aus zwei konvergenten Zahlenfolgen zusammengesetzt, den Folgen

$$(b_i)=\left(\frac{1}{i+1}\right) \quad \text{und} \quad (c_i)=\left(\frac{i}{i+1}\right)$$

Diese Folgen nennt man Teilfolgen. Eine Teilfolge entsteht, wenn man Glieder der Hauptfolge fortläßt, jedoch die Reihenfolge nicht ändert.
Allgemein gilt: Hat eine beschränkte Zahlenfolge mehrere Häufungspunkte, so läßt sie sich in ebenso viele konvergente Teilfolgen zerlegen.

Beispiel 2. Man bestimme den Grenzwert der Folge (a_i) bei $a_i=\sqrt[i]{i}$.
Da Wurzeln aus Zahlen größer als Eins gezogen werden, wird wieder

$$a_i=\sqrt[i]{i}=1+b_i \tag{2.20}$$

gesetzt und bewiesen, daß (b_i) eine Nullfolge bildet. Aus Gl. (2.20) und (1.9) erhält man

$$i=(1+b_i)^i=1+i\cdot b_i+\frac{i(i-1)}{2}\cdot b_i^2+\ldots$$
$$>1+i\cdot b_i+\frac{i(i-1)}{2}b_i^2>1+\frac{i(i-1)}{2}b_i^2$$

da alle weiteren Summanden positiv sind. Durch Subtraktion von 1 ergibt sich

$$i-1>\frac{i(i-1)}{2}b_i^2 \qquad 2>i\cdot b_i^2$$

Da diese Ungleichung für alle $i\in\mathbb{N}\setminus\{1\}$ gilt, ist b_i eine Nullfolge. Daher ist wegen Gl. (2.20)

$$\lim_{i\to\infty} \sqrt[i]{i}=1 \tag{2.21}$$ ■

2.3.2 Rechnen mit Grenzwerten

Die folgenden Rechenregeln werden ohne Herleitung angegeben.
Wenn $\lim_{i \to \infty} a_i = a$ und $\lim_{i \to \infty} b_i = b$ existieren, gilt:

Der Grenzwert einer Summe (Differenz) ist gleich der Summe (Differenz) der Grenzwerte der Summanden.

$$\lim_{i \to \infty} (a_i \pm b_i) = \lim_{i \to \infty} a_i \pm \lim_{i \to \infty} b_i = a \pm b \qquad (2.22)$$

Der Grenzwert der Folge $(c \cdot a_i)$, in der c eine feste Zahl ist, ist gleich dem mit c multiplizierten Grenzwert der Folge (a_i).

$$\lim_{i \to \infty} (c \cdot a_i) = c \cdot \lim_{i \to \infty} a_i = c \cdot a \qquad (2.23)$$

Der Grenzwert eines Produktes ist gleich dem Produkt der Grenzwerte der Faktoren.

$$\lim_{i \to \infty} (a_i \cdot b_i) = \lim_{i \to \infty} a_i \cdot \lim_{i \to \infty} b_i = a\,b \qquad (2.24)$$

Der Grenzwert eines Quotienten ist gleich dem Quotienten der Grenzwerte von Zähler und Nenner, sofern die Glieder der Nennerfolge und deren Grenzwert nicht gleich Null sind.

$$\lim_{i \to \infty} \left(\frac{a_i}{b_i}\right) = \frac{\lim_{i \to \infty} a_i}{\lim_{i \to \infty} b_i} = \frac{a}{b} \quad b_i, b \neq 0 \qquad (2.25)$$

Beispiel 3. Man prüfe die Beschränktheit, Monotonie und Konvergenz der Folge

$$a_i = \frac{2i - 1 + (-1)^i (i-2)}{i}$$

Man kann a_i auch wie folgt schreiben

$$a_i = 2 - \frac{1}{i} + (-1)^i - 2\,\frac{(-1)^i}{i}$$

Nach Gl. (2.17) streben der zweite und der vierte Summand gegen Null. Daher unterscheidet sich a_i für hinreichend große i nur sehr wenig von $2 + (-1)^i = b_i$.
Die Folge (b_i) lautet jedoch 1, 3, 1, 3, 1, 3, 1, 3, ... Sie ist beschränkt, nicht monoton und hat zwei Häufungspunkte 1 und 3. Daher ist die Folge (a_i) divergent. ■

Beispiel 4. Man untersuche die Zahlenfolge (a_i) mit

$$a_i = \frac{3i^3 + 2\sqrt{i} - 7i}{2i^2 - 4i + \pi}$$

Zähler und Nenner in dieser Folge wachsen unbeschränkt. Daher werden Zähler und Nenner durch i^2 dividiert und Gl. (2.23), (2.24) und (2.25) angewandt

$$a_i = \frac{3i + \frac{2}{i^{3/2}} - \frac{7}{i}}{2 - \frac{4}{i} + \frac{\pi}{i^2}}$$

Der zweite und dritte Summand in Zähler und Nenner bilden Nullfolgen. Der Nenner strebt gegen 2, der Zähler dagegen wächst unbeschränkt. Daher ist diese Zahlenfolge divergent. ■

Beispiel 5. Man zeige, daß die Folge

$$a_i = \left(1 + \frac{1}{i}\right)^i \quad \text{mit} \quad i \in \mathbb{N}$$

konvergiert.

Zunächst soll bewiesen werden, daß diese Folge beschränkt ist. Dazu ist zu zeigen, daß es eine obere Schranke gibt. Nach dem binomischen Satz Gl. (1.9) gilt

$$a_i = \left(1 + \frac{1}{i}\right)^i = 1 + i \cdot \frac{1}{i} + \frac{i(i-1)}{2} \cdot \frac{1}{i^2} + \frac{i(i-1)(i-2)}{2 \cdot 3} \cdot \frac{1}{i^3} + \ldots + \frac{1}{i^i}$$

$$= 1 + 1 + \frac{1}{2}\left(1 - \frac{1}{i}\right) + \frac{1}{2 \cdot 3}\left(1 - \frac{1}{i}\right)\left(1 - \frac{2}{i}\right) + \ldots +$$

$$+ \frac{1}{i!}\left(1 - \frac{1}{i}\right)\left(1 - \frac{2}{i}\right) \ldots \left(1 - \frac{i-1}{i}\right)$$

$$< 1 + 1 + \frac{1}{2} + \frac{1}{2 \cdot 3} + \frac{1}{2 \cdot 3 \cdot 4} + \ldots + \frac{1}{i!}$$

$$< 1 + 1 + \frac{1}{2} + \frac{1}{4} + \frac{1}{8} + \frac{1}{16} + \ldots + \frac{1}{2^{i-1}}$$

$$< 1 + 1 + \frac{1}{2} + \frac{1}{4} + \frac{1}{8} + \frac{1}{16} + \ldots = 1 + \frac{1}{1 - \frac{1}{2}} = 3$$

Die erste Vergrößerung erfolgt, indem man $1 - (1/i)$ usw. durch 1 ersetzt. Weiter wird vergrößert, indem man für $1/(i!)$ den größeren Wert $1/2^{i-1}$ setzt, denn für $i > 2$ ist $i! > 2^{i-1}$, also $1/i! < 1/2^{i-1}$. Eine letzte Vergrößerung erweitert die endliche geometrische Reihe zu einer unendlichen geometrischen Reihe. Alle Glieder der Folge liegen also zwischen 0 und 3.

Als nächstes soll bewiesen werden, daß diese Folge monoton steigt, was man nach den ersten vier Gliedern vermuten kann. Es muß hierzu gezeigt werden, daß für alle i gilt

$$a_i < a_{i+1}$$

Wie bereits oben gezeigt wurde, ist

$$a_i = 1 + 1 + \frac{1}{2}\left(1 - \frac{1}{i}\right) + \frac{1}{3!}\left(1 - \frac{1}{i}\right)\left(1 - \frac{2}{i}\right) +$$
$$+ \frac{1}{4!}\left(1 - \frac{1}{i}\right)\left(1 - \frac{2}{i}\right)\left(1 - \frac{3}{i}\right) + \ldots + \frac{1}{i!}\left(1 - \frac{1}{i}\right)\left(1 - \frac{2}{i}\right)\ldots\left(1 - \frac{i-1}{i}\right)$$

Entsprechend erhält man

$$a_{i+1} = 1 + 1 + \frac{1}{2}\left(1 - \frac{1}{i+1}\right) + \frac{1}{3!}\left(1 - \frac{1}{i+1}\right)\left(1 - \frac{2}{i+1}\right) +$$
$$+ \frac{1}{4!}\left(1 - \frac{1}{i+1}\right)\left(1 - \frac{2}{i+1}\right)\left(1 - \frac{3}{i+1}\right) + \ldots + \frac{1}{(i+1)!}\left(1 - \frac{1}{i+1}\right)\ldots\left(1 - \frac{i}{i+1}\right)$$

Wegen $1 - \frac{1}{i} < 1 - \frac{1}{i+1}$, $\quad 1 - \frac{2}{i} < 1 - \frac{2}{i+1}$ usw.

ist außer den ersten beiden Summanden jeder Summand von a_{i+1} größer als der entsprechende Summand von a_i. Außerdem hat a_{i+1} einen zusätzlichen positiven Summanden. Damit ist $a_i < a_{i+1}$ bewiesen. Die Folge (a_i) ist also beschränkt und monoton steigend und damit konvergent. ■

Der durch

$$e = \lim_{i \to \infty}\left(1 + \frac{1}{i}\right)^i = 2.7182818\ldots$$

definierte Grenzwert heißt Eulersche Zahl.

2.3.3 Stetigkeit

Definition. *Ist $(a - x_i)$ eine beliebige Nullfolge, mit $x_i \neq a$, so gilt*

$$\lim_{i \to \infty} x_i = a$$

Ist weiter eine Funktion $y = f(x)$ gegeben, die für ein Intervall I reeller Zahlen $x \in I \subset \mathbb{R}$ erklärt ist und gilt für alle $i \in \mathbb{N}$ auch $x_i \in I$, so kann der Folge $(a - x_i)$ durch $y_i = f(x_i)$ eine Folge (y_i) zugeordnet werden. Ist diese Folge (y_i) für jede Nullfolge $(a - x_i)$ konvergent mit dem Grenzwert c, so schreibt man

$$\lim_{x \to a} f(x) = c$$

und versteht hierunter den Grenzwert *einer* Funktion *im Gegensatz zu dem einer diskreten Zahlenfolge.*

Beispiel 6. Man untersuche, ob der Grenzwert

$$\lim_{x \to 0} \frac{3x^2 - 7\sqrt{x}}{4x - 2x^3}$$

existiert. Gegebenenfalls bestimme man diesen Grenzwert.

Führt man die Grenzwertbildung $x \to 0$ direkt aus, so erhält man einen unbestimmten Ausdruck der Form $\frac{0}{0}$. Deshalb werden zunächst Zähler und Nenner für $x > 0$ durch $\sqrt{x}$ dividiert

$$\lim_{x \to 0} \frac{3\sqrt{x^3} - 7}{4\sqrt{x} + 2\sqrt{x^5}}$$

Der Zähler dieses Quotienten strebt gegen -7, der Nenner jedoch gegen Null. Daher wächst der Quotient unbeschränkt. Es existiert kein endlicher Grenzwert. ■

Beispiel 7. Zur Bestimmung der ersten Ableitung der Sinusfunktion $y = \sin x$ wird in Abschn. 5.2.2 der Grenzwert

$$\lim_{\alpha \to 0} \frac{\sin \alpha}{\alpha}$$

benötigt. Hierbei wird der Winkel α im Bogenmaß gemessen. Der Grenzübergang $\alpha \to 0$ soll für j e d e Nullfolge (α) mit $0 < \alpha < \pi/2$ gelten. Nach Bild **2**.11 ergibt sich aus dem Vergleich der Flächen der beiden Dreiecke und des Kreissektors folgende Ungleichung

$$\frac{1}{2} \cdot r \cdot \cos \alpha \cdot r \cdot \sin \alpha < \frac{r^2 \alpha}{2} < \frac{1}{2} r \cdot r \cdot \tan \alpha$$

für jedes α, das der Bedingung $0 < \alpha < \pi/2$ genügt. Dividiert man diese Ungleichung durch $0.5 \cdot r^2 \cdot \sin \alpha$, so erhält man

$$\cos \alpha < \frac{\alpha}{\sin \alpha} < \frac{1}{\cos \alpha}$$

Für jede Nullfolge (α) streben $\cos \alpha$ und $1/\cos \alpha$ gegen Eins, daher muß auch $\alpha/\sin \alpha$ sowie der Kehrwert $(\sin \alpha)/\alpha$ gegen Eins streben. Daher gilt

$$\boxed{\lim_{\alpha \to 0} \frac{\sin \alpha}{\alpha} = 1} \qquad (2.26)$$

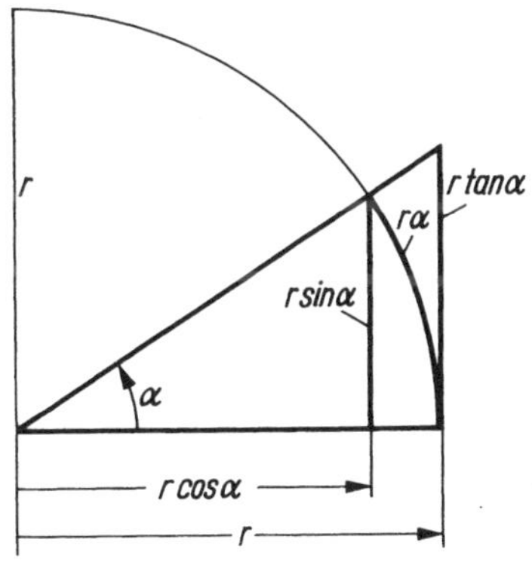

2.11 ■

Beispiel 8. Man bestimme den Grenzwert

$$\lim_{x\to\infty} \frac{2x-1}{\sqrt{x^2-3}}$$

Der direkte Grenzübergang würde auf einen unbestimmten Ausdruck der Form $\frac{\infty}{\infty}$ führen. Deshalb werden zunächst Zähler und Nenner für $x \neq 0$ durch x dividiert.

Es ist $\quad y=f(x)=\dfrac{2x-1}{\sqrt{x^2-3}}=\dfrac{2-\dfrac{1}{x}}{\sqrt{1-\dfrac{3}{x^2}}}\quad$ für $\quad x>0$

Die Funktionen $1/x$ und $3/x^2$ streben für jede unbeschränkt wachsende Folge (x_i) ohne Häufungspunkt gegen Null. Daher gilt

$$\lim_{x\to\infty} \frac{2x-1}{\sqrt{x^2-3}}=2$$ ■

Definition. *Es sei $I\subset\mathbb{R}$ ein Intervall $(x_0, b]$ mit $b-x_0>0$. Auf I sei die Funktion $y=f(x)$ erklärt und beschränkt, weiter sei $f(x_0)$ erklärt. Die Nullfolge (x_0-x_i) genüge für alle $i\in\mathbb{N}$ der Bedingung $x_i\in I$. Gilt für jede beliebige dieser Nullfolgen mit $x_i\in I$*

$$\lim_{x\to x_0} f(x)=f(x_0) \tag{2.27}$$

so heißt die Funktion in x_0 rechtsseitig stetig.

Definition. *Es sei $I\subset\mathbb{R}$ ein Intervall $[a, x_0)$ mit $x_0-a>0$. Auf I sei die Funktion $y=f(x)$ erklärt und beschränkt, weiter sei $f(x_0)$ erklärt. Die Nullfolge (x_0-x_i) genüge für alle $i\in\mathbb{N}$ der Bedingung $x_i\in I$. Gilt für jede beliebige dieser Nullfolgen mit $x_i\in I$*

$$\lim_{x\to x_0} f(x)=f(x_0)$$

so heißt die Funktion in x_0 linksseitig stetig.

Definition. *Ist eine Funktion in einem Punkte $x=x_0$ rechts-* und *linksseitig stetig und ist dieser Grenzwert $f(x_0)$, so heißt sie in diesem Punkte* stetig.

Für die Stetigkeit sind also zwei Bedingungen zu erfüllen: einmal muß die Folge (y_i) für jede Nullfolge (x_0-x_i) konvergieren und den gleichen Grenzwert besitzen. Weiter muß dieser Grenzwert mit dem definierten Funktionswert $f(x_0)$ übereinstimmen.

Ist mindestens eine dieser Bedingungen nicht erfüllt, so ist die Funktion in x_0 unstetig.

Definition. *Ist eine Funktion $y=f(x)$ auf einem abgeschlossenen Intervall I definiert und für jedes $x \in I$ stetig, so heißt die* Funktion auf I stetig.

Beispiel 9. Die Funktion $y = \operatorname{sgn} x$ ist für $x=0$ unstetig. Sie ist in diesem Punkt weder rechts- noch linksseitig stetig. ■

Definition. *Es sei $y=f(x)$ auf $I \setminus \{x_0\}$ definiert, wobei x_0 ein innerer Punkt des Intervalls I sei. In diesem Punkte besitze die Funktion gleiche rechts- und linksseitige Grenzwerte c. Wird die Definition durch $f(x_0)=c$ erweitert, so heißt x_0 eine* hebbare Unstetigkeitsstelle.

Beispiel 10. Die Funktion $y=\dfrac{(x-1)^2}{x^2-1}$ ist für $\mathbb{R} \setminus \{+1, -1\}$ definiert. Kürzt man den Bruch durch $(x-1)$, so erhält man $y=\dfrac{x-1}{x+1}$. Jetzt erkennt man, daß $\lim\limits_{x\to 1} \dfrac{x-1}{x+1}=0$ gilt. Definiert man $y(1)=0$, so ist die Unstetigkeit behoben. Hingegen ist $\lim\limits_{x\to -1} \dfrac{x-1}{x+1}=\infty$, also liegt hier eine Unendlichkeitsstelle vor. ■

Aus der Stetigkeit einer Funktion, die in I sowohl positive als auch negative Werte annimmt, folgt, daß sie in I mindestens eine Nullstelle hat. Dies ist der

Nullstellensatz. Ist eine Funktion in einem abgeschlossenen Intervall $[a, b]$ stetig und gilt

$$\operatorname{sgn} f(a) = -\operatorname{sgn} f(b)$$

so gibt es mindestens ein $x_0 \in (a, b)$ mit der Eigenschaft $f(x_0)=0$.

Aus diesem Satz folgt der Zwischenwertsatz: Ist die Funktion $y=f(x)$ in $[a, b]$ stetig und gilt $f(a) \neq f(b)$, so nimmt sie in diesem Intervall jeden Wert zwischen $f(a)$ und $f(b)$ an.

2.3.4 Aufgaben zu Abschnitt 2.3

1. Man berechne die Grenzwerte der Folgen

a) $a_i=\dfrac{i^2(1+i)}{3i^3-i}$ b) $a_i=\dfrac{1-0.5^i}{1-0.5}$ c) $a_i=i^{0.8}$ d) $a_i=\dfrac{1}{i}\,\dfrac{(2i+1)^3-8i^3}{(2i+3)^2-4i^2}$

e) $a_i=\dfrac{1}{\sqrt{i(i+1)}-i}$ f) $a_i=\dfrac{\sqrt{4i(i-2)}-\sqrt{2i(i-1)}}{\sqrt{3i(i+3)}-\sqrt{i(i+5)}}$

2. Man bestimme folgende Grenzwerte

a) $\lim\limits_{x\to 0} \dfrac{(1+x^2)^2-(1-x^2)^2}{(1+x+x^2)(1-x+x^2)-1}$ b) $\lim\limits_{x\to -2} \dfrac{\sqrt{x+2}\,(x^3+3x^2-4)}{(x+2)^{3/2}(x^2-x-6)}$ c) $\lim\limits_{x\to a} \dfrac{(x-a)^2}{x^2-a^2}$

3. Man prüfe die Beschränktheit, Monotonie und Konvergenz der Folge

$$a_i = \begin{cases} \dfrac{(1-i)(1+i)}{i^2} & \\ & \text{für} \\ \sqrt[i]{-\pi} & \end{cases} \begin{cases} i=2m \\ \\ i=2m-1 \end{cases} \quad \text{und } m \in \mathbb{N}$$

4. In welchen Intervallen sind die nachstehenden Funktionen stetig? Wie kann man durch geeignete Zusatzdefinitionen die Unstetigkeiten beheben?

a) $y=\dfrac{x}{|x|}$ b) $y=\dfrac{x^2}{|x|}$ c) $y=x\cdot 2^{|x|/x}$

d) $y=\dfrac{x^7-128}{x^3-8}$ e) $y=2^{-\frac{1}{(x-1)^2}}$ f) $y=\dfrac{1}{\sqrt{x^3-4x}}$

2.4 Darstellung von Funktionen

Im Anschluß an die allgemeine Behandlung des Funktionsbegriffes unter vorwiegend mathematischen Aspekten treten nun die Anwendungen in Naturwissenschaft und Technik mehr in den Vordergrund. Dabei ergeben sich eine Reihe neuer Gesichtspunkte. Bei einer beliebigen Abbildung sind die Elemente der Definitionsmenge und der Bildmenge frei wählbar. Hier tritt vorwiegend der Spezialfall auf, daß die Elemente beider Mengen die Zahlenwerte physikalischer Größen sind. Die Abbildungsvorschrift entspricht einem „Naturgesetz“.

Es wird vorausgesetzt, daß diese Abbildungsvorschrift bekannt ist. Jetzt geht es vorwiegend darum, sie mit mathematischen Methoden zu beschreiben.

Im folgenden wird die Darstellung von Funktionen in Form von Gleichungen, Tafeln und Diagrammen behandelt. Diese Reihenfolge wird in Anlehnung an den Schulunterricht gewählt und bedeutet nicht, daß in der Praxis üblicherweise eine Gleichung gegeben ist und daraus die anderen Formen entwickelt werden. Die umgekehrte Aufgabe, daß z. B. durch automatisch registrierende Meßinstrumente der Graph oder die Tafel einer Funktion aufgezeichnet werden und daraus eine Gleichung zu bestimmen ist, tritt häufiger auf. Die Lösung dieser Aufgabe wird im Prinzip in diesem Abschnitt sowie bei den einzelnen Funktionstypen in Abschn. 3 behandelt. Die in Abschn. 5 und 6 besprochenen Rechenverfahren der Differential- und Integralrechnung können ebenfalls nicht nur mit Gleichungen, sondern auch mit Tafeln oder Diagrammen durchgeführt werden. Daraus folgt:

Die Darstellungsformen Gleichung, Tafel und Diagramm sind gleichwertig.

2.4.1 Funktionsgleichung

Definition. *In einer* Funktionsgleichung *besteht die Abbildungsvorschrift aus einer Rechenvorschrift, aus der die Art der Zuordnung zweier beliebiger Elemente von Definitions- und Bildmenge ersichtlich ist.*

Beispiel 1.

$$l = l_0(1 + \alpha\vartheta) \qquad y = a_0 + a_1 x$$

$$s = \frac{1}{2} g t^2 \qquad y = c x^2$$

$$p = c/V \qquad y = c/x$$

sind Funktionsgleichungen. Die Gleichung $y = c/x$ bedeutet dasselbe wie die in den vorigen Abschnitten erläuterte Schreibweise

$$\{(x, y) \mid x, y \in \mathbb{R} \wedge y = c/x\}$$ ■

Soll in einem Einzelfall eine Abhängigkeit zwischen bestimmten physikalischen Größen behandelt werden, so werden in den Funktionsgleichungen, Tafeln und Diagrammen die für diese Größen in DIN 1304, Allgemeine Formelzeichen, angegebenen Buchstaben benutzt wie z. B. in der linken Spalte des vorstehenden Beispiels. Zur Darstellung allgemeiner Gesetzmäßigkeiten ist es aber zweckmäßiger, Buchstaben ohne eine konkrete physikalische Bedeutung zu benutzen wie in der rechten Spalte des vorstehenden Beispiels. Im allgemeinen werden deshalb die Elemente der Definitionsmenge durch den Formelbuchstaben x und die der Bildmenge durch den Formelbuchstaben y dargestellt. x wird auch oft die unabhängige Variable (Veränderliche) oder das Argument, y die abhängige Variable (Veränderliche) oder der Funktionswert genannt. Die ersten Buchstaben des Alphabets bedeuten häufig die Koeffizienten (Konstanten) der Funktion.

Die Buchstaben sind Symbole für Größen und stehen für Zahlenwert und Einheit. Die Funktionsgleichungen sind Größengleichungen im Sinne von DIN 1313, Physikalische Größen und Gleichungen.

Es ist oft zweckmäßig, in einer Größengleichung zunächst gewisse Größen (meist die Variablen) durch konstante gleichartige „Normgrößen" zu dividieren. Die dadurch entstehenden Quotienten sind einheitenfrei und werden oft mit neuen Buchstaben bezeichnet. Es sei darauf hingewiesen, daß in manchen Lehrbüchern die Symbole x und y auf diese Weise definiert werden. Dieses Verfahren wird oft Normieren genannt. Wegen dieser Möglichkeit der Normierung werden in diesem Buch manchmal numerische Rechnungen nur mit Zahlenwerten durchgeführt, ohne daß die Normierung ausdrücklich erwähnt wird. Dies geschieht, um bestimmte mathematische Sachverhalte oder Rechenverfahren klarer zum Ausdruck zu bringen.

Beispiel 2. Die Durchbiegung y eines einseitig eingespannten Trägers der Länge l und der Biegesteifigkeit EI unter einer Einzellast F am freien Ende wird in der

Entfernung x von der Einspannstelle durch die folgende Gleichung beschrieben

$$y = \frac{F}{6EI}(3lx^2 - x^3)$$

Um das Argument x zu normieren, wird wie folgt umgeformt

$$y = \frac{Fl^3}{6EI}\left[3\left(\frac{x}{l}\right)^2 - \left(\frac{x}{l}\right)^3\right]$$

Die maximale Durchbiegung am freien Ende des Trägers ($x = l$) beträgt $f = Fl^3/(3EI)$. Um den Funktionswert y zu normieren, wird die Gleichung durch f dividiert. Mit $u = x/l$ und $v = y/f$ erhält man in normierter Schreibweise $v = 1.5u^2 - 0.5u^3 = 0.5u^2(3 - u)$.

Diese Gleichung ist offensichtlich einfacher zu behandeln als die Ausgangsgleichung und zudem unabhängig von bestimmten Werten von F, E, I und l. In Beispiel 10 wird gezeigt, wie aus einem Diagramm dieser normierten Gleichung durch Neubeschriften der Achsen ein Diagramm für beliebige Werte von l und f gewonnen werden kann. ■

Explizite, implizite, Parameter-Form. In gegebenen Gleichungen kann man mathematische Operationen durchführen, ohne die spezielle Bedeutung der Variablen und Koeffizienten zu kennen. Ein weiterer Abstraktionsschritt, dessen Verständnis dem Anfänger oft viel Mühe macht, besteht darin, daß man auch mit Gleichungen operieren kann, ohne ihre spezielle Form zu kennen. Für diesen Sachverhalt wird eine der folgenden symbolischen Schreibweisen benutzt

Explizite Form	$y = f(x)$	(2.28)

In dieser Form steht auf der linken Seite nur die abhängige Variable y in der 1. Potenz und auf der rechten Seite die unabhängige Variable x sowie die Koeffizienten in beliebigen, nicht näher angegebenen Verknüpfungen. Das Symbol $f(x)$ bedeutet also eine allgemeine, noch nicht spezifizierte Abbildung, mit der aus einem vorgegebenen x-Wert der dazugehörige y-Wert berechnet werden kann. Auf Grund solcher Rechenvorschriften erfolgt die in Abschn. 3 erläuterte Einteilung der Funktionen in verschiedene Klassen.

Sollen verschiedene Funktionsgleichungen bezeichnet werden, so werden statt f auch andere Symbole benutzt, vorwiegend g oder h, oder das Symbol f wird indiziert, z.B. $f_1(x)$ und $f_2(x)$.

In der Technik wird die explizite Form manchmal noch weiter verkürzt, und statt der Gleichung $y = f(x)$ wird einfach $y(x)$ geschrieben. So bedeutet z.B. $v(t)$ die Existenz einer Abhängigkeit (Abbildungsvorschrift) der Geschwindigkeit v von der Zeit t.

Beispiel 1 zeigt Funktionsgleichungen in der expliziten Form.

Implizite Form	$F(x, y) = \text{const}$	(2.29)

Hier stehen beide Variablen und die Koeffizienten in beliebigen Verknüpfungen auf der linken Seite der Gleichung und auf der rechten Seite eine Konstante, die oft Null ist.

Diese Form wird vorwiegend bei den in Abschn. 3.3 behandelten algebraischen Funktionen benutzt. Es ist nicht immer möglich, die implizite in die explizite Form zu überführen. Die Begriffe unabhängige und abhängige Variable bzw. Definitionsmenge und Bildmenge verlieren hier also bereits ihre ursprüngliche Bedeutung. Auch wenn eine implizite Gleichung nach einer Veränderlichen aufgelöst werden kann, ist dies keinesfalls immer zweckmäßig. Ferner sei erwähnt, daß die impliziten Gleichungen oft keine (eindeutige) Funktion, sondern eine (mehrdeutige) Relation darstellen. Erst durch zusätzliche Vorschriften, z. B. über das Vorzeichen einer Variablen, wird aus der Relation eine Funktion.

Beispiel 3.

implizite Form	eine entsprechende explizite Form
$x^2+y^2=r^2$ ist eine Relation	$y=+\sqrt{r^2-x^2}$ erst durch Festlegen des Vorzeichens vor der Wurzel wird daraus eine Funktion
$x^2y^2+x^7y^5=1$	nicht möglich
$xy+\sin(xy)=a$	nicht möglich
$pV=nRT$ mit $n, R, T=\text{const}$	$p=nRT/V$

■

$$\text{Parameterform} \quad \begin{matrix} x=u(\lambda) \\ y=v(\lambda) \end{matrix} \quad \text{oder} \quad \begin{matrix} x(\lambda) \\ y(\lambda) \end{matrix} \tag{2.30}$$

Hier wird der Zusammenhang zwischen x und y nicht unmittelbar angegeben, sondern jeweils in Abhängigkeit von einer Hilfsvariablen λ, dem Parameter. Dies erscheint zunächst umständlich, erleichtert aber oft die Herleitung von Funktionsgleichungen aus gegebenen Problemen. Ebenso wie x und y kann auch der Parameter eine physikalische Größe sein wie z. B. die Zeit oder ein Winkel. Die Parameterform kann oft in eine der beiden anderen Formen überführt werden, meist ist dies aber nicht zweckmäßig.

Beispiel 4 (Horizontaler Wurf). Mit der horizontalen Raumkoordinate x, der vertikalen Raumkoordinate y, der Anfangsgeschwindigkeit v_0, der Fallbeschleunigung g und der Zeit t ergeben sich aus dem Satz über die unabhängige Überlagerung zweier Bewegungen unmittelbar die Parametergleichungen

$$x=v_0t \quad \text{und} \quad y=-\frac{1}{2}gt^2$$

mit dem Parameter t. Eine Umwandlung in die explizite Form kann hier durch Auflösen der ersten Gleichung nach t und Einsetzen in die zweite Gleichung erfolgen. Man erhält dann

$$y=-\frac{g}{2v_0^2}x^2=-cx^2 \quad \text{mit} \quad c=\frac{g}{2v_0^2}$$

Es sei bereits hier bemerkt, daß der Graph dieser Funktion unabhängig von der Form der Gleichung eine Parabel ist. Daß dies bei der expliziten Schreibweise sofort erkannt wird, ist lediglich eine Frage der Gewohnheit. ■

Beispiel 5 (Kreisgleichung). Aus Bild **2.12** ergeben sich unmittelbar die Koordinaten bzw. der Zusammenhang zwischen den Koordinaten x und y des auf einer beliebigen (variablen) Stelle des Kreisumfangs liegenden Punktes P.

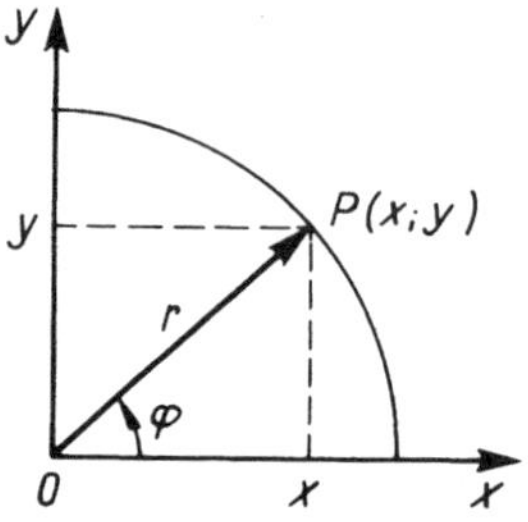

2.12

Aus trigonometrischen Beziehungen erhält man die Parameterform

$$x = r\cos\varphi$$

$$y = r\sin\varphi$$

aus dem Lehrsatz des Pythagoras erhält man die implizite Form

$$x^2 + y^2 = r^2$$

Die Elimination des Parameters φ kann hier erfolgen, indem die beiden linken Gleichungen quadriert und addiert werden. Mit der Beziehung $\sin^2\varphi + \cos^2\varphi = 1$ erhält man die implizite Form. ■

2.4.2 Funktionstafel

Definition. *Eine* Funktionstafel *enthält eine endliche Anzahl von Paaren der Elemente von Definitions- und Bildmenge, die auf Grund der betreffenden Abbildungsvorschrift einander zugeordnet sind.*

Eine Tafel kann aus der zugehörigen Gleichung berechnet werden oder durch unmittelbare Messung der beiden Größen entstehen. Die Tafel enthält im Kopf immer das Formelzeichen und die Einheit der Größe, in den Spalten oder Zeilen die gemessenen oder berechneten Zahlenwerte. Häufig haben die Funktionswerte und Argumente verschiedene Größenordnungen. Dann schreibt man außer den Formelzeichen und Einheiten auch noch gemeinsame Zehnerpotenzen mit in den Tafelkopf.

Tafel **2.13** beschreibt den Zusammenhang zwischen der kinematischen Zähigkeit ν der atmosphärischen Luft und der Temperatur ϑ. Die erste Zeile der Tafel bedeutet: Bei $\vartheta = -20\,°\text{C}$ ist $\nu = 11.6 \cdot 10^{-6}\,\text{m}^2/\text{s}$.

Tafel **2.13**

$\dfrac{\vartheta}{°\text{C}}$	$\dfrac{\nu}{10^{-6}\,\text{m}^2/\text{s}}$
−20	11.6
0	13.3
20	15.1
40	16.9

Berechnung einer Tafel aus einer gegebenen Gleichung. Zunächst wird vorausgesetzt, daß die Gleichung explizit vorliegt. Als erstes wird der gewünschte Bereich der x-Werte bestimmt. Dann ist festzulegen, wieviele Werte die Tafel enthalten soll. Daraus ergibt sich die häufig konstante Differenz $\Delta x = x_{i+1} - x_i$ zweier aufeinanderfolgender x-Werte, der sog. Argumentschritt. Die Wahl dieser Werte ist meist eng mit dem Zweck der Tafel und dem betreffenden technischen Problem verbunden. Die Wichtigkeit und Schwierigkeit dieser Überlegungen werden vom Anfänger oft unterschätzt. Häufig ist eine Berechnung einer Tafel erst sinnvoll, wenn die in Abschn. 2.5.3 und in Abschn. 5.3.3 dargelegten Untersuchungen über die charakteristischen Eigenschaften der Funktion durchgeführt wurden.

Aus der impliziten Form einer Gleichung wird eine Tafel erhalten, indem für jeden vorgegebenen x_i-Wert der betreffende y_i-Wert als Unbekannte einer Bestimmungsgleichung berechnet wird. Die dazu erforderlichen Verfahren sind in Abschn. 5.3.1 beschrieben und setzen i. allg. mindestens einen Taschenrechner voraus.

Liegt die Gleichung in der Parameterform vor, so gilt das für die explizite Form Gesagte zunächst für den Parameter. Man erhält eine Tafel, deren 1. Spalte die Parameterwerte (meist mit konstanten Differenzen) enthält, in zwei weiteren Spalten stehen die mit den aus Gl. (2.30) berechneten x- und y-Werten. Fordert man von dieser Tafel „runde“ x-Werte mit konstanten Differenzen, muß interpoliert werden. In diesem Falle ist allerdings zu überlegen, ob man nicht zunächst den Parameter eliminiert und die explizite Form erzeugt.

Beispiel 6. Aus der gegebenen Gleichung einer Zykloide ist der Anfang einer Tafel zu berechnen. Zunächst wird mit konstanten Differenzen des Parameters φ gerechnet, dann wird durch Interpolation eine Tafel mit konstanten x-Differenzen $\Delta x = 0.05$ erzeugt. Der Wert $\Delta\varphi = 0.5$ ist für eine praktische Anwendung der Tafel zu groß, er wurde gewählt, um das Rechenverfahren zu verdeutlichen.

$x = \varphi - \sin\varphi \qquad y = 1 - \cos\varphi$

φ	$\sin\varphi$	$\cos\varphi$	x	y
0.0	0.000	1.000	0.000	0.000
0.5	0.479	0.878	0.021	0.122
1.0	0.841	0.540	0.159	0.460

Benötigt man in der neuen Tafel nur die (x, y)-Werte, so genügen zum Interpolieren die beiden letzten Spalten der vorstehenden Tafel. Hier werden auch die entsprechenden φ-Werte berechnet. Ferner liegt hier der etwas ungewöhnliche Fall vor, daß zwischen die beiden letzten Werte der vorstehenden Tafel wegen $\Delta x = 0.05$ drei neue Werte interpoliert werden.

Für die lineare Interpolation gilt

$$\frac{\delta y}{\delta x} = \frac{\Delta y}{\Delta x} \quad \text{sowie} \quad \frac{\delta\varphi}{\delta x} = \frac{\Delta\varphi}{\Delta x}$$

Dabei sind die Δ-Werte die aus der vorstehenden Tafel zu entnehmenden Differenzen zwischen untereinanderstehenden Werten und die δ-Werte die Differenzen bis zum nächsten gewünschten bzw. zu berechnenden Wert. Für die beiden letzten Wertepaare der vorstehenden Tafel ist

$$\frac{\Delta y}{\Delta x}=\frac{0.338}{0.138}=2.45 \quad \text{und} \quad \frac{\Delta \varphi}{\Delta x}=\frac{0.500}{0.138}=3.62$$

In die 1. Spalte des folgenden Rechenschemas werden die gewünschten x-Werte geschrieben. Die weitere Rechnung ergibt sich aus den vorstehenden Proportionen.

x	δx	δy	y	$\delta\varphi$	φ
0.00			0.000		0.000
0.05	0.029	0.071	0.193	0.105	0.605
0.10	0.079	0.194	0.316	0.286	0.786
0.15	0.129	0.316	0.438	0.467	0.967

■

Zur Kontrolle von per Hand gerechneten Tafeln empfiehlt sich folgendes Verfahren. Man bildet die sog. 1. Differenzen $\Delta y_i = y_{i+1} - y_i$ zweier aufeinanderfolgender Funktionswerte. Von diesen Differenzen werden nach dem gleichen Verfahren wieder die Differenzen gebildet. Man nennt sie die 2. Differenzen. Das Bilden dieser Differenzen ist insbesondere mit Taschenrechnern leicht möglich.

Bei vielen Funktionen nähern sich nun die 2. oder 3. Differenzen einem konstanten Wert. Insbesondere liegt meist ein Fehler vor, wenn in einer Differenzenfolge ein Wert stark von denen seiner Umgebung abweicht. Bei den in Abschn. 3.1 behandelten, in der Technik sehr wichtigen ganzen rationalen Funktionen gilt sogar der bemerkenswerte

Satz. Sind in einer Tafel einer ganzen rationalen Funktion *n*-ten Grades die Δx-Werte konstant, so ist auch die *n*-te Differenzenfolge konstant.

Beispiel 7. Tafel **2**.14 zeigt die Funktionswerte und Differenzen der Funktion

$$y = x^3 - 15x^2 + 66x - 80$$

Tafel **2**.14

x	y	1. Differenzen	2. Differenzen	3. Differenzen
0	−80			
		+52		
1	−28		−24	
		+28		+6
2	0		−18	
		+10		+6
3	+10		−12	
		− 2		+6
4	+ 8		− 6	
		− 8		+6
5	0		0	
		− 8		
6	− 8			

Tafel **2**.15

x	y	1. Differenzen	2. Differenzen
0.42	0.40776		
		1818	
0.44	0.42594		−17
		1801	
0.46	0.44395		−18
		1783	
0.48	0.46178		−27
		1756	
0.50	0.47**934**		− 2
		1754	
0.52	0.49688		−28
		1726	
0.54	0.51414		−21
		1705	
0.56	0.53119		

■

Tafel **2**.15 zeigt einen Ausschnitt aus einer Tafel der Funktion $y = \sin x$. Bei $x = 0.50$ wurden die beiden letzten Ziffern des Funktionswertes vertauscht. Dies ist ein Fehler, der erfahrungsgemäß beim Ablesen von Tafeln oder Taschenrechnern häufig gemacht wird. Man erkennt ihn bereits deutlich in der 2. Differenzenfolge. Bei den Differenzen ist es üblich, nur die letzten Ziffern hinzuschreiben.

2.4.3 Funktionsdiagramm

Definition. *In einem* Diagramm *(Schaubild) wird jedes Paar von Elementen der Definitions- und Bildmenge, die auf Grund der betreffenden Abbildungsvorschrift einander zugeordnet sind, durch* einen *Punkt in der Ebene dargestellt.*

Im Vergleich zu den anderen Darstellungsformen haben die Diagramme folgende Vorteile: Es gibt viele (sog. schreibende) Meßinstrumente, die diese Diagramme unmittelbar erzeugen; die Ablesung (Benutzung) von Diagrammen erfordert keine mathematischen Kenntnisse; aus den geometrischen Eigenschaften der Diagramme können oft technische Schlußfolgerungen gezogen werden. Ihr wesentlichster Nachteil ist ihre begrenzte Genauigkeit.

Entsprechend den Tafeln soll auch ein Diagramm stets die Formelbuchstaben, Zahlenwerte und Einheiten der betreffenden Größen enthalten. Nach DIN 461, Graphische Darstellung in Koordinatensystemen, wird bei Koordinatennetzen oder Teilungen an den Achsen ein Pfeil getrennt von der Achse entweder mit dem Quotienten aus Größe und Einheit oder nur mit der Größe beschriftet; im zweiten Fall wird dann die Einheit zwischen die beiden größten Zahlenwerte geschrieben. Wird die Achse nicht unterteilt, so wird diese mit einem Pfeil versehen und die Größe daneben geschrieben.

Geradlinige rechtwinklige Koordinaten. Die Zahlenwerte der unabhängigen Variablen (Elemente der Definitionsmenge) werden durch Strecken auf einer waagerechten Geraden, der Abszissenachse, und die Zahlenwerte der abhängigen Variablen (Elemente der Bildmenge) auf einer dazu senkrechten Geraden, der Ordinatenachse, dargestellt. Das Wertepaar $(x_i; y_i)$ wird durch den Punkt $P_i(x_i; y_i)$ dargestellt, wie dies in Bild **2**.16 ersichtlich ist. In bezug auf das Diagramm wird x_i als Abszisse, y_i als Ordinate und beide als die Koordinaten des Punktes P_i bezeichnet.

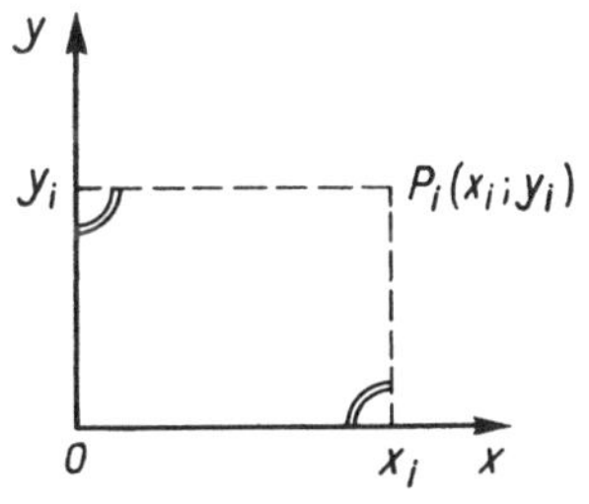

2.16

Um aus einer gegebenen Gleichung ein Diagramm zu erhalten, stellt man sich vor, daß beliebig viele Wertepaare mit beliebig kleinen Differenzen $\Delta x = x_{i+1} - x_i$ berechnet wurden. Die entsprechenden Punkte liegen dann (mit den in Abschn. 2.3 behandelten Ausnahmen) beliebig dicht und bilden den Graph dieser Funktion. Für viele Funktionen haben ihre Graphen Namen wie z.B. Gerade, Kreis, Parabel. In Wirklichkeit können die Wertepaare $(x_i; y_i)$ nur mit endlichen Differenzen Δx berechnet werden. Wie groß dieses Δx aber sein muß, damit aus den nun diskreten Punkten ein eindeutiger Graph entsteht, kann nicht allgemein angegeben werden. Andererseits ist es bei Rechnungen per Hand bei Zuhilfenahme der in Abschn. 2.5.3 und Abschn. 5.3.3 beschriebenen Methoden der Kurvendiskussion oft verblüffend, mit wie wenig Wertepaaren der prinzipielle Verlauf auch komplizierter Graphen bestimmt werden kann.

Maßstab. In Diagrammen der Technik werden häufig auf beiden Koordinatenachsen verschiedene Größen oder/und verschiedene Zahlenbereiche dargestellt. Deshalb muß zwischen den Strecken ξ, η und den durch sie dargestellten Größen x, y unterschieden werden. Nach DIN 5478, Maßstäbe in graphischen Darstellungen, gilt die

Definition. $$\textit{Maßstab} = \frac{\textit{Streckendifferenz}}{\textit{entsprechende Größendifferenz}} \qquad (2.31)$$

Der Maßstab auf der Abszissenachse erhält das Formelzeichen m_x, der der Ordinatenachse m_y.

Um ein Diagramm mit vorgeschriebenen Abmessungen aus einer Tafel mit gegebenen Zahlenwerten zu konstruieren, müssen Maßstäbe berechnet werden. Auch aus vorhandenen Diagrammen müssen für manche Verfahren die Maßstäbe entnommen werden. Die folgenden Beispiele zeigen die Lösung dieser beiden Grundaufgaben.

Beispiel 8. Aus dem Dehnung-Spannung-Diagramm Bild **2**.17 entnimmt man nach Gl. (2.31) folgende Maßstäbe

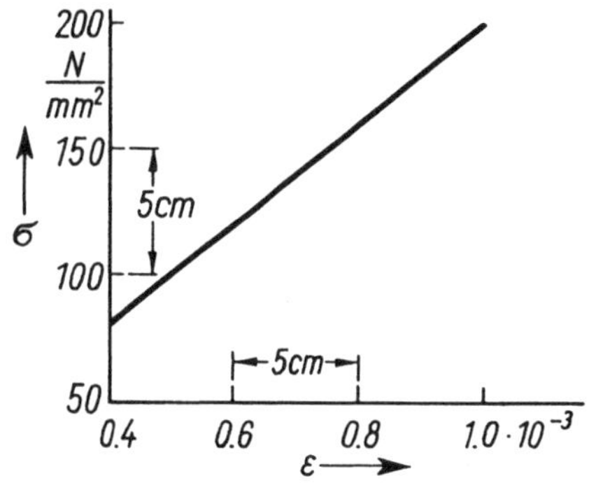

$$m_\varepsilon = \frac{5\text{ cm}}{0.2\cdot 10^{-3}} = 25\cdot 10^3\text{ cm}$$

$$m_\sigma = \frac{5\text{ cm}}{50\text{ N/mm}^2} = 0.1\,\frac{\text{cm}}{\text{N/mm}^2}$$

2.17 Dehnung-Spannung-Diagramm

Wie man ferner aus diesem Bild ersieht, ist bei technischen Diagrammen der gezeichnete Schnittpunkt der Koordinatenachsen nicht immer der sog. Koordinatenursprung mit den Koordinaten (0; 0). ■

Beispiel 9. Aus der Funktionsgleichung $y = x^3$ ist im Bereich $5 \le x \le 8$ mit $\Delta x = 1$ eine Tafel zu berechnen und ein Diagramm der Größe DIN A 6 Hochformat (105 mm × 148 mm) zu konstruieren.

Spalte 2 von Tafel **2**.18 enthält die mit der Funktionsgleichung berechneten y-Werte. Die Ordinate des Diagramms wird mit glatten Zahlenwerten $\bar{y}$ beschriftet. Für den Wertebereich der Ordinatenbeschriftung wählt man aus der 2. Spalte $\bar{y}_{\min}=100 \leq \bar{y} \leq 600=\bar{y}_{\max}$ und $\Delta\bar{y}=100$. Daraus erhält man mit Gl. (2.31) die Maßstäbe

$$m_x=\frac{105\text{ mm}}{3}=35\text{ mm} \quad \text{und} \quad m_y=\frac{148\text{ mm}}{500}=0.296\text{ mm}$$

Tafel **2**.18

1	2	3	4	5	6	7	8	9
x	y	$x-x_1$	ξ/mm	$y-\bar{y}_{\min}$	η/mm	$\bar{y}$	$\bar{y}-\bar{y}_{\min}$	$\bar{\eta}$/mm
5	125	0	0	25	7.4	100	0	0.0
6	216	1	35	116	34.3	200	100	29.6
7	343	2	70	243	71.9	300	200	59.2
8	512	3	105	412	122.0	400	300	88.8
						500	400	118.4
	$x_1=5$		$x_2=8$			600	500	148.0

Spalte 3 dient der Vorbereitung der Spalte 4, in der die Abszissenstrecken mit $\xi=m_x(x-x_1)$ berechnet werden. Nun kann die Abszissenachse beschriftet werden. Meist wird anschließend unmittelbar die Ordinatenachse mit den Werten $\bar{y}$ beschriftet. Hierzu dienen die Spalten 7, 8, 9 der Hilfstafel. Oft werden dann die den Wertepaaren entsprechenden Punkte direkt durch Interpolation mit dem Auge in das Diagramm eingetragen. Die Spalten 5 und 6 werden nur benötigt, wenn man auch die den Ordinatenwerten y der Spalte 2 entsprechenden Strecken mit $\eta=m_y(y-\bar{y}_{\min})$ berechnen will. Bild **2**.19 zeigt das Diagramm im Verhältnis 1:3 verkleinert. ■

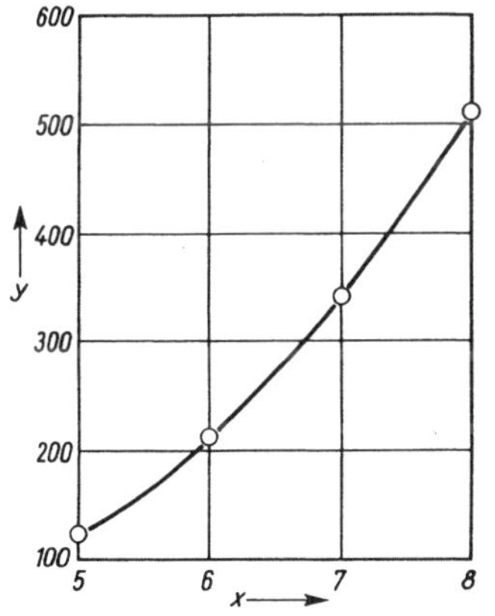

2.19

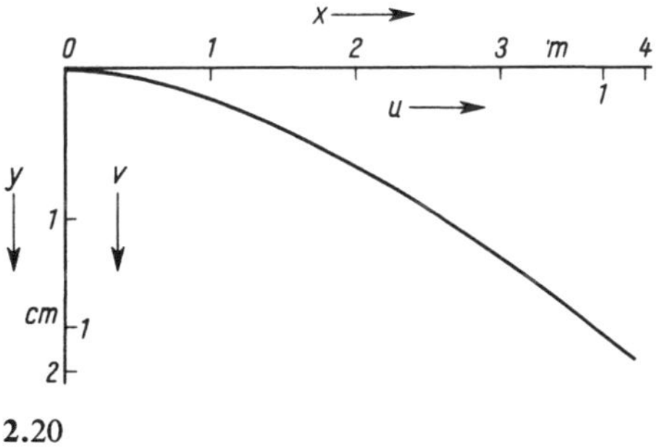

2.20

Beispiel 10. Eine Biegelinie hat die normierte Gleichung

$$v=1.5u^2-0.5u^3$$

mit $u=x/l$ und $v=y/f$ (s. Beispiel 2). Bild **2.20** zeigt das Diagramm im Verhältnis 1:2 verkleinert. In der Festigkeitslehre ist es üblich, die abhängige Variable positiv nach unten aufzutragen. Ein Träger hat die Länge $l=3.75$ m und eine maximale Durchbiegung $f=1.8$ cm. Das Diagramm ist mit glatten $(x;y)$-Werten zu beschriften.

Für $u=1$ ist $x=l$. Aus dem Diagramm entnimmt man, daß $u=1$ durch eine Strecke von 10 cm dargestellt wird. Daraus ergibt sich $m_x=10\text{ cm}/3.75\text{ m}=2.67\text{ cm/m}$. Entsprechend erhält man $m_y=5\text{ cm}/1.8\text{ cm}=2.78$. Hieraus ergibt sich die neue Beschriftung. ■

Polarkoordinaten. Statt durch zwei Strecken kann ein Wertepaar einer Funktion auch durch einen Winkel φ_i und eine Strecke r_i dargestellt werden. Der dem Wertepaar entsprechende Punkt der Ebene ist dadurch ebenfalls eindeutig definiert. Dies ist die Darstellung in Polarkoordinaten (Bild **2.21**). In diesem Falle werden auch in der entsprechenden Funktionsgleichung die Variablen meist r und φ genannt, und man schreibt z.B. in der expliziten Form $r=f(\varphi)$. Die Gleichungen können aber auch in der impliziten Form oder der Parameterform vorliegen.

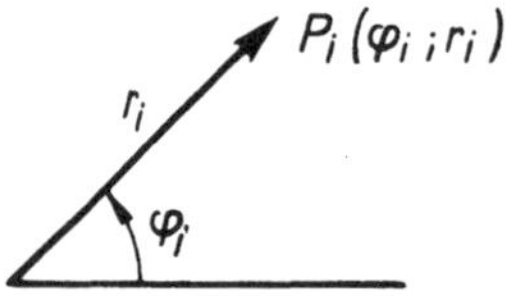

2.21

Im Diagramm hat ein Schenkel von φ im Prinzip eine beliebige Richtung, meist wird er in die Richtung der positiven x-Achse gelegt. Von dieser Geraden aus wird φ gegen den Uhrzeiger positiv gezählt. φ kann auch negative Werte annehmen. r hat hingegen laut Definition stets einen positiven Wert. Ergeben sich in einer Funktionsgleichung für bestimmte Winkel $\bar{\varphi}$ rechnerisch negative Werte für die betreffenden $\bar{r}$, so ist laut Vereinbarung der zu zeichnende Winkel φ für diesen Punkt

$$\varphi=\bar{\varphi}+180^\circ \qquad r=|\bar{r}| \tag{2.32}$$

Bei technischen Anwendungen kann r eine beliebige physikalische Größe sein und wird dann in der Gleichung auch mit dem entsprechenden Formelbuchstaben bezeichnet. In diesem Falle ist auch ein Maßstab für diese Größe zu bestimmen. φ tritt hingegen entweder unmittelbar als Winkel auf oder kann auf Grund einer einfachen Beziehung wie z.B. $\varphi=\omega t$ aus einer anderen Variablen (hier t) berechnet werden. In jedem Falle wird φ meist mit dem Maßstab 1, also unverzerrt, aufgetragen. Polarkoordinaten werden z.B. in der Getriebelehre oder bei den Ortskurven der Nachrichtentechnik verwendet, weil hier die technischen Problemstellungen auf entsprechende Größen führen.

In geradlinigen rechtwinkligen Koordinaten bilden die Graphen der Gleichungen $x=\text{const}$ und $y=\text{const}$ zwei Scharen von sich senkrecht schneidenden Geraden, das rechtwinklige Koordinatennetz. In Polarkoordinaten sind die Graphen von $r=\text{const}$ konzentrische Kreise und von $\varphi=\text{const}$ ein durch den Ursprung gehendes Strahlenbüschel. Auch diese beiden Kurvenscharen stehen senkrecht aufeinander. Sie bilden das Polarkoordinatennetz.

Beispiel 11. Aus der Gleichung $r=2\text{ cm}\cdot\sin\varphi$ ist im Bereich $0^\circ\leq\varphi\leq180^\circ$ mit $\Delta\varphi=30^\circ$ eine Tafel zu berechnen und daraus ein Graph zu zeichnen.

Um aus den in Bild **2.22** eingetragenen Punkten die Form des Graphen eindeutig zu erkennen, müßte $\Delta\varphi$ verkleinert werden. Der Graph ist ein Kreis.

φ/Grad	r/cm
0	0.00
30	1.00
60	1.73
90	2.00
120	1.73
150	1.00
180	0.00

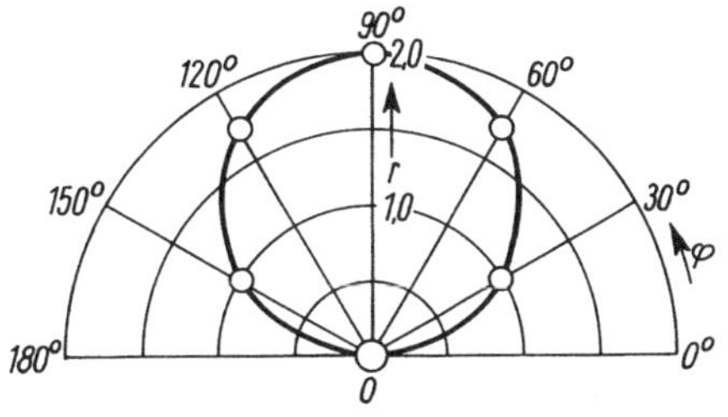

2.22 ■

Die Beziehungen zwischen geradlinigen rechtwinkligen und Polarkoordinaten können Bild **2.23** entnommen werden.

$$\varphi = \operatorname{Arctan}\frac{y}{x} \qquad r = +\sqrt{x^2+y^2} \qquad (2.33)$$

$$x = r\cos\varphi \qquad y = r\sin\varphi \qquad (2.34)$$

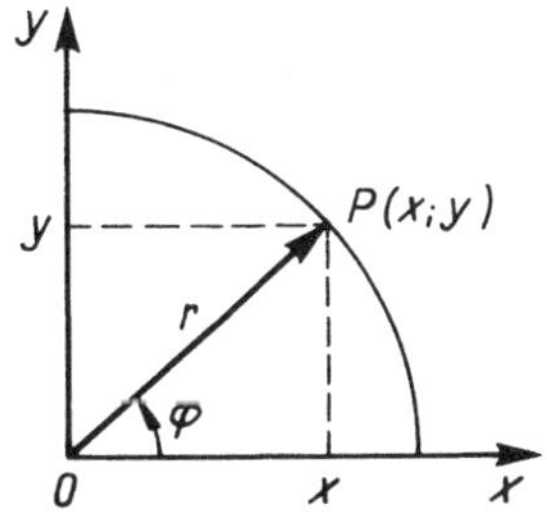

2.23

Mit diesen Gleichungen können Koordinaten von Punkten oder auch Funktionsgleichungen von einem System ins andere umgerechnet werden. Dies ist ein Spezialfall der sog. Koordinatentransformation, die in Abschn. 2.5.2 behandelt wird. In Gl. (2.33) ist in der Formel für φ auf den richtigen Quadranten zu achten. Auf vielen Taschenrechnern ist diese Gleichung fest programmiert. In der Praxis sind die Gleichungen bzw. die Punktkoordinaten meist in dem System gegeben, das für eine weitere Behandlung am zweckmäßigsten ist.

2.4.4 Aufgaben zu Abschnitt 2.4

1. Die folgenden Funktionsgleichungen sind in die explizite Form umzuwandeln.

a) Zissoide

$$x^3 - ax^2 + xy^2 + ay^2 = 0$$

b) Kegelschnitt

$$Ax^2 + By^2 + Cxy + Dx + Ey + F = 0$$

c) Kardioide

$$(x^2+y^2) - (x^2+y^2-x)^2 = 0$$

2. Von den folgenden Gleichungen ist für den angegebenen Bereich eine Tafel zu berechnen und daraus ein Graph der ungefähren Größe DIN A 6 zu zeichnen.

a) Die Ausströmgeschwindigkeit v eines kompressiblen Gases aus einem Behälter mit dem Innendruck p_0 beim Außendruck p mit v_S als Schallgeschwindigkeit und den normierten Größen

$x = p/p_0$ und $y = v/v_S$ sowie dem Verhältnis der spezifischen Wärmekapazitäten $c_P/c_V = \varkappa$ genügt der Gleichung

$$y = \left[\frac{2}{\varkappa - 1}\left(1 - x^{\frac{\varkappa - 1}{\varkappa}}\right)\right]^{1/2} \qquad 0.0 \le x \le 1.0 \qquad \Delta x = 0.1$$

Für Luft von 20°C ist $\varkappa = 1.4$.

b) Freie gedämpfte Schwingung

$$y = A\,\mathrm{e}^{-\delta t}\sin(\omega t + \varphi) \qquad 0 \le t \le 20\ \mathrm{ms} \qquad \Delta t = 1\ \mathrm{ms}$$

y ist der Schwingungsausschlag, t die Zeit, $A = 10$ V der Maximalausschlag der entsprechenden ungedämpften Schwingung, $\delta = 0.1\ (\mathrm{ms})^{-1}$ die Abklingkonstante, $\omega = 0.1\,\pi\ (\mathrm{ms})^{-1}$ ist die Eigenkreisfrequenz, $\varphi = 30°$ der Nullphasenwinkel.

c) Kreisevolvente

$$x = 2\ \mathrm{cm}\,(\cos\varphi + \varphi\sin\varphi) \qquad 0 \le \varphi \le 4.0 \qquad \Delta\varphi = 0.2$$
$$y = 2\ \mathrm{cm}\,(\sin\varphi - \varphi\cos\varphi)$$

d) Ellipse

$$r = 1.8\ \mathrm{cm}/(1 - 0.8\cos\varphi) \qquad 0° \le \varphi \le 360° \qquad \Delta\varphi = 15°$$

e) Hyperbel

$$r = 2.25\ \mathrm{cm}/(1 - 1.25\cos\varphi) \qquad 0° \le \varphi \le 360° \qquad \Delta\varphi = 15°$$

3. Von den folgenden Gleichungen ist für den angegebenen Wertebereich eine Tafel zu berechnen.

a) Temperaturabhängigkeit der Länge l eines Stabes

$$l = l_0(1 + \alpha_0\vartheta) \qquad 50\,°\mathrm{C} \le \vartheta \le 100\,°\mathrm{C} \qquad \Delta\vartheta = 10\ \mathrm{K}$$

Temperaturkoeffizient $\alpha_0 = 2.5 \cdot 10^{-5}\ \mathrm{K}^{-1}$; Nullänge $l_0 = 50.0$ cm

b) Die Strömungsgeschwindigkeit v bei turbulenter Strömung in einem Rohr im Abstand a von der Rohrachse, dem Rohrradius r, der mittleren Strömungsgeschwindigkeit $\bar{v}$ sowie den normierten Größen $x = a/r$ und $y = v/\bar{v}$, genügt der Gleichung

$$y = 1.19\,(1 - x^{5/4})^{1/7} \qquad 0.900000 \le x \le 1.000000$$

Hinweis: Aus der Tafel ergibt sich, daß hier ein konstantes Δx unzweckmäßig ist. Man finde ein Bildungsgesetz für die Δx, so daß die Δy-Werte ungefähr konstant werden.

2.5 Weitere Grundbegriffe der Funktionslehre

2.5.1 Aufgelöste Form. Umkehrfunktion

Bei manchen technischen Problemen wird die ursprünglich unabhängige Variable zur abhängigen und umgekehrt. So kann z. B. bei einem Festigkeitsversuch die Dehnung in Abhängigkeit von der Spannung interessieren oder aber auch die Spannung in Abhängigkeit von der Dehnung. Bei einem Fahrversuch kann die Geschwindigkeit in Abhängigkeit von der Zeit gesucht sein oder aber die Zeit in Abhängigkeit von der Geschwindigkeit.

Definition. *Wird in einer Abbildung die Definitionsmenge zur Bildmenge erklärt und umgekehrt, so heißt diese Abbildung die (nach der ursprünglichen unabhängigen Variablen)* aufgelöste Form. *Werden zusätzlich die Namen der Mengen vertauscht, also z. B. die neue Definitionsmenge als X und die neue Bildmenge als Y bezeichnet, so ist dies die Umkehrabbildung oder* Umkehrfunktion.

Das Bilden der aufgelösten Form und der Umkehrfunktion wird nun für Funktionsgleichungen, Tafeln und Diagramme gezeigt. Bei Funktionsgleichungen muß vorausgesetzt werden, daß sie explizit nach beiden Variablen aufgelöst werden können. Bei Tafeln und Diagrammen entfällt diese Voraussetzung, sie sind also in dieser Hinsicht flexibler.

Bezeichnung	Funktion	nach x aufgelöste Form	Umkehrfunktion
symbolische Schreibweise	$y=f(x)$	$x=f^{-1}(y)$	$y=f^{-1}(x)$
Beispiele	$y=x^3$	$x=\sqrt[3]{y}$	$y=\sqrt[3]{x}$
	$y=e^x$	$x=\ln y$	$y=\ln x$
	$y=1/x$	$x=1/y$	$y=1/x$

Der Schritt von der Funktion zur aufgelösten Form beinhaltet eine arithmetische Umformung, bei der die Funktion erhalten bleibt. Erst der letzte Schritt, die willkürliche Umbenennung der Variablen, erzeugt i. allg. eine andere Funktion. Wie die letzte Zeile der vorstehenden Beispiele zeigt, können aber auch Funktion und ihre Umkehrfunktion identisch sein. Bei physikalischen Größen oder Polarkoordinaten als Variablen ist der letzte Schritt der Umbenennung sinnlos. Das Bilden der aufgelösten Form ist deshalb bei vielen Anwendungen die einzige Umformung.

Aus einer Tafel erhält man die Werte der aufgelösten Form, indem die Tafel von rechts nach links abgelesen wird. Die Tafel der Umkehrfunktion entsteht also einfach durch Vertauschen der beiden Spalten. Im allg. muß hierbei interpoliert werden, weil es üblich ist, daß in einer Tafel die unabhängige Variable runde Werte und konstante Differenzen aufweist. Lediglich um dem Benutzer dieses Interpolieren zu ersparen, werden von den wichtigsten Funktionen sowohl Tafeln der Funktion als auch der Umkehrfunktion gedruckt.

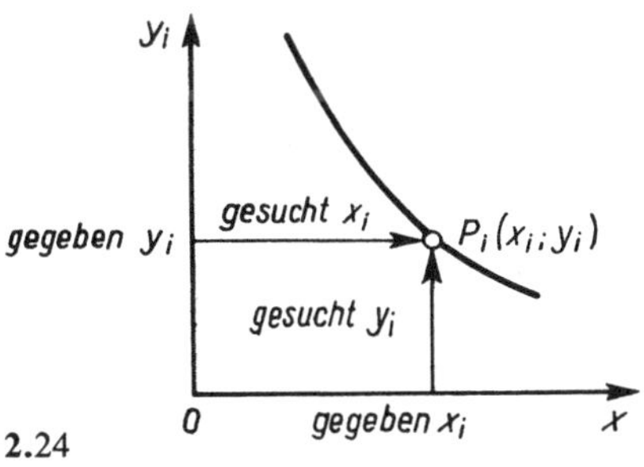

2.24

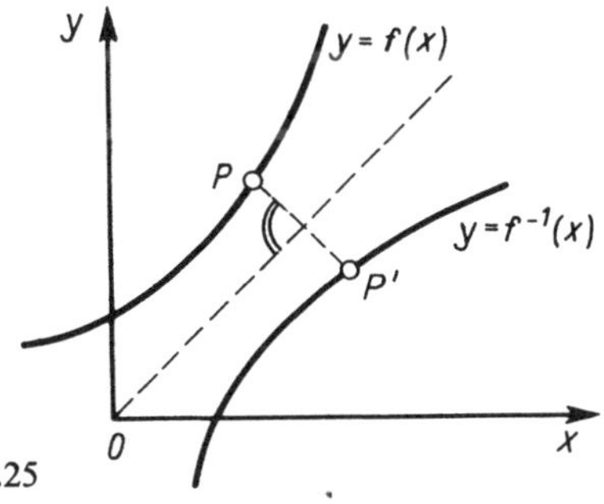

2.25

Entsprechendes gilt für Diagramme. Eine Funktion und ihre aufgelöste Form haben den gleichen Graphen, nur die Ableserichtung ist verschieden (Bild 2.24). In rechtwinkligen Koordinaten bedeutet die Umbenennung der Variablen, daß die nach rechts gerichtete positive x-Achse nun senkrecht nach oben und die ursprünglich senkrecht nach oben gerichtete positive y-Achse nun nach rechts verläuft. Entsprechendes gilt für die Koordinaten der Punkte des Graphen. Diese Operationen bedeuten bei gleichen Maßstäben ein Spiegeln des Koordinatensystems und des Graphen an der 45°-Achse im 3. und 1. Quadranten (Bild 2.25). Auf diese Weise ist es möglich, den Graphen der Umkehrfunktion zu konstruieren, wenn z. B. die Gleichung nicht nach der anderen Variablen aufgelöst werden kann.

2.5.2 Koordinatentransformation

Bei vielen Problemen ist ein Koordinatensystem nicht unmittelbar gegeben, sondern muß erst festgelegt werden. Die Wahl eines geeigneten Koordinatensystems kann die Lösung sehr erleichtern. So hat die Mitte des Balkens in Bild 2.26 einen positiven Zahlenwert $u = l/2$, wenn der Koordinatenursprung in das linke Auflager gelegt wird, dagegen ist die x-Koordinate Null, wenn der Koordinaten-Nullpunkt in die Balkenmitte gelegt wird.

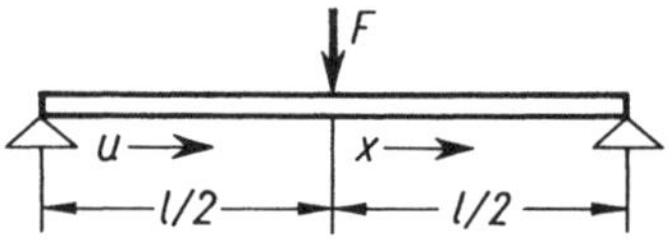

2.26

In der Astronomie hat man im Mittelalter die Bewegung der Planeten auf die Erde bezogen und hatte große Mühe, diese Bewegungen zu beschreiben und vorauszuberechnen. Erst als Kepler den Koordinaten-Nullpunkt in die Sonne legte, ließen sich die Planetenbahnen durch Ellipsen beschreiben. Man beachte, daß das nach heutiger Auffassung „falsche" Koordinatensystem mit der Erde im Mittelpunkt trotzdem richtige Vorausberechnungen ermöglicht. Die Relativitätstheorie der Physik beweist nun, daß es prinzipiell möglich ist, einen physikalischen Vorgang mit einem beliebigen Koordinatensystem zu beschreiben. Durch geschickte Wahl eines geeigneten Systems wird die Beschreibung, d. h. die gesuchte Funktionsgleichung, aber besonders einfach.

Ein allgemeines Verfahren zum Auffinden eines optimalen Koordinatensystems für ein gegebenes Problem gibt es nicht. In diesem Abschnitt wird gezeigt, wie sich Funktionsgleichungen ändern, wenn man das Koordinatensystem ändert. Dabei wird vorausgesetzt, daß die betrachteten Koordinatensysteme starr miteinander verbunden sind. In der Kinematik werden darüber hinaus oft Systeme benutzt, die sich gegeneinander bewegen.

Im folgenden werden zwei Systeme behandelt, die entweder parallel gegeneinander verschoben sind, oder den gleichen Ursprung haben und gegeneinander gedreht sind. Die Überlagerung beider Möglichkeiten wird anschließend besprochen. Beide Systeme haben die gleichen Maßstäbe. In einem System werden die Variablen x und y genannt, es heißt das „alte System" (in der Physik oft das „Bezugssystem"), im anderen System werden die Variablen u und v genannt, es heißt das „neue System".

Definition. *Die Lage des Koordinatenursprungs bzw. der Drehwinkel des* neuen *(u, v)-Systems wird in bezug auf das* alte *(x, y)-System angegeben.*

Häufig muß zu Beginn der Bearbeitung einer Aufgabe entschieden werden, welches das alte und welches das neue System sein soll. Wählt man z. B. in Bild **2.27** das linke untere System als altes System, so hat der Ursprung A des neuen Systems die Koordinaten $(+3;\ +4)$. Wählt man hingegen das rechte obere als altes System, so ist B der Ursprung des neuen Systems und hat die Koordinaten $(-3;\ -4)$.

Zwei Grundaufgaben der Koordinatentransformation sind das Umrechnen von Punktkoordinaten und das Umrechnen von Funktionsgleichungen. Mit Ausnahme der Vermessungstechnik ist die zweite Aufgabe die häufigere.

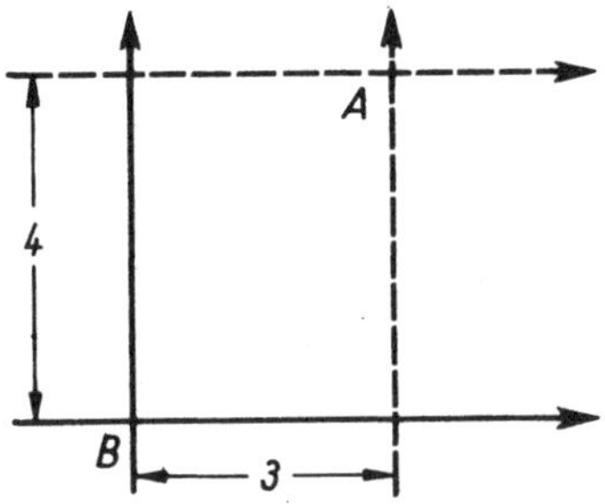

2.27

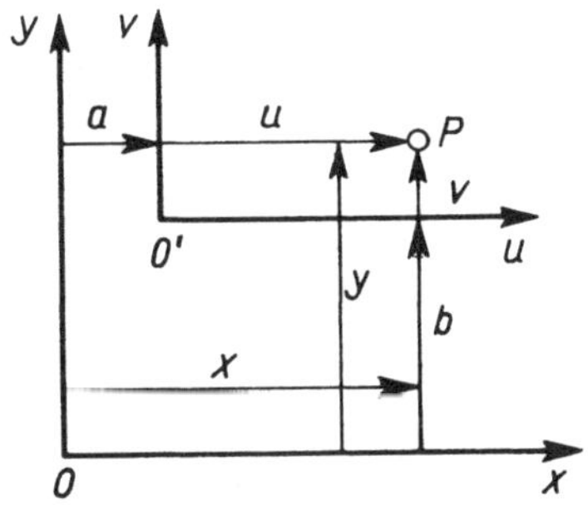

2.28 Parallelverschiebung des Koordinatensystems

Parallelverschiebung. Der Ursprung O' des neuen Systems habe die Koordinaten $O'(a;\ b)$. Dann entnimmt man aus Bild **2.28** unmittelbar die folgenden Transformationsgleichungen

$$u = x - a \qquad v = y - b \tag{2.35}$$

$$x = u + a \qquad y = v + b \tag{2.36}$$

Im Prinzip hat man in der gegebenen Gleichung statt der gegebenen Variablen jeweils die rechte Seite der entsprechenden Transformationsgleichung einzusetzen und erhält damit bereits die Gleichung im anderen System. Meist werden anschließend noch arithmetische Umformungen vorgenommen, um z. B. die neue Gleichung in die explizite Form zu bringen.

Beispiel 1. Eine Gerade genügt im (x, y)-System der Gleichung

$$y = a_0 + a_1 x \tag{2.37}$$

und im parallel verschobenen (u, v)-System der Gleichung

$$v = \bar{a}_0 + \bar{a}_1 u \tag{2.38}$$

Welche Beziehungen bestehen zwischen den Koeffizienten beider Gleichungen?

Wendet man auf Gl. (2.38) Gl. (2.35) an, ergibt sich

$$y-b=\bar{a}_0+\bar{a}_1(x-a) \qquad y=(\bar{a}_0+b-\bar{a}_1 a)+\bar{a}_1 x$$

Durch Vergleich der Koeffizienten dieser Gleichung mit denen in Gl. (2.37) erhält man

$$a_0=\bar{a}_0+b-\bar{a}_1 a \quad \text{und} \quad a_1=\bar{a}_1$$ ■

Beispiel 2. Die Abhängigkeit zwischen der Länge l eines Stabes und der Temperatur ϑ wird in der Physik durch folgende Gleichung angegeben

$$l=l_0(1+\alpha_0\vartheta) \tag{2.39}$$

Dabei ist α_0 der Temperaturkoeffizient und ϑ die Temperatur in Grad Celsius. In der Technik ist es hingegen üblich, sich auf eine Raumtemperatur von 20 °C zu beziehen, und man schreibt

$$l=l_{20}(1+\alpha_{20}(\vartheta-20\,°\mathrm{C})) \tag{2.40}$$

Welche Beziehungen bestehen zwischen den Koeffizienten α_0 und α_{20}?
Zunächst ist festzustellen, daß die Funktionsgleichungen nicht die in der Mathematik übliche Form der Geradengleichung haben. Ferner besteht eine Schwierigkeit darin, daß in Gl. (2.40) zwar andere Koeffizienten, aber die gleichen Variablennamen benutzt werden wie in Gl. (2.39). Wählt man Gl. (2.40) als neues System, so ist nach Gl. (2.35) $a=+20\,°\mathrm{C}$ und $b=0$, und man erhält

$$v=l_{20}(1+\alpha_{20}u)$$

Der im vorigen Beispiel durchgeführte Koeffizientenvergleich ergibt

$$l_0=l_{20}-l_{20}\alpha_{20}(20\,°\mathrm{C}) \quad \text{und} \quad l_0\alpha_0=l_{20}\alpha_{20}$$

Hieraus erhält man durch Eliminieren von l_0

$$\alpha_0=\frac{\alpha_{20}}{1-\alpha_{20}(20\,°\mathrm{C})} \quad \text{bzw.} \quad \alpha_{20}=\frac{\alpha_0}{1+\alpha_0(20\,°\mathrm{C})}$$ ■

Drehung. Haben zwei Koordinatensysteme den gleichen Ursprung und ist das neue um den Winkel φ gegen das alte gedreht, so entnimmt man Bild **2.29** folgende Beziehungen

$$u=\overline{AP}=\overline{AB}+\overline{BP} \qquad v=\overline{PE}=\overline{BD}=\overline{CD}-\overline{CB}$$

Aus dem Dreieck CBP liest man $\overline{BP}=\overline{CP}\cos\varphi=x\cos\varphi$ und $\overline{CB}=\overline{CP}\sin\varphi=x\sin\varphi$ ab. Aus Dreieck OCD ergibt sich $\overline{AB}=\overline{OD}=\overline{OC}\sin\varphi=y\sin\varphi$ und $\overline{CD}=\overline{OC}\cos\varphi=y\cos\varphi$. Damit erhält man die Transformationsgleichungen

$$\boxed{u=y\sin\varphi+x\cos\varphi \qquad v=y\cos\varphi-x\sin\varphi} \tag{2.41}$$

$$\boxed{x=u\cos\varphi-v\sin\varphi \qquad y=u\sin\varphi+v\cos\varphi} \tag{2.42}$$

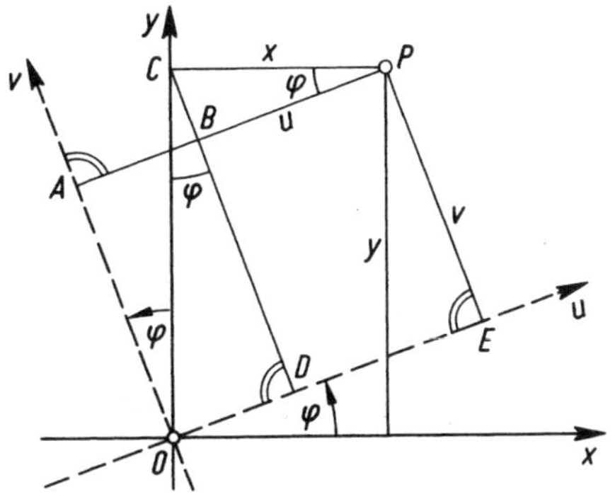

2.29 Drehung des Koordinatensystems

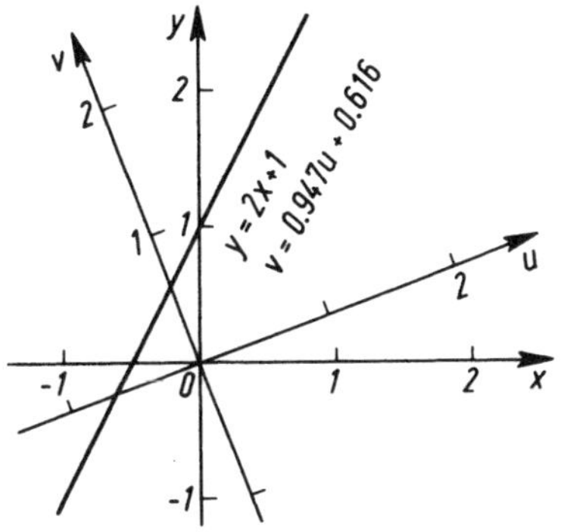

2.30

Die Rücktransformation ergibt sich durch Auflösen von Gl. (2.41) nach x und y. Man multipliziert z. B. die erste Gleichung mit $\cos\varphi$ und die zweite mit $\sin\varphi$ und subtrahiert die zweite von der ersten unter Beachtung der Beziehung $\sin^2\varphi+\cos^2\varphi=1$. Zur Auflösung nach y multipliziert man die erste der Gl. (2.41) mit $\sin\varphi$, die zweite mit $\cos\varphi$ und addiert beide Gleichungen.

Beispiel 3. Wie lautet die Gleichung der Geraden

$$y=2x+1$$

in einem gegen das (x, y)-System um $\varphi=20°$ gedrehten (u, v)-Koordinatensystem (Bild 2.30)?

Man benutzt Gl. (2.42)

$$y=u\sin 20°+v\cos 20°=0.342u+0.940v$$
$$x=u\cos 20°-v\sin 20°=0.940u-0.342v$$

Diese Ausdrücke setzt man in $y=2x+1$ ein und erhält

$$0.342u+0.940v=2(0.940u-0.342v)+1$$

Diese Gleichung wird nun nach v aufgelöst, d.h. $v=0.947u+0.616$. ■

Beispiel 4. Um welchen Winkel φ ist das (x, y)-System zu drehen, damit in der transformierten Form der Funktionsgleichung $y^2-xy+1=0$ das gemischte Produkt uv nicht auftritt?

Man ersetzt x und y nach Gl. (2.42) durch u und v

$$(u\sin\varphi+v\cos\varphi)^2-(u\cos\varphi-v\sin\varphi)(u\sin\varphi+v\cos\varphi)+1=0$$

multipliziert aus und ordnet nach Potenzen von u

$$u^2(\sin^2\varphi-\sin\varphi\cos\varphi)+uv(2\sin\varphi\cos\varphi-\cos^2\varphi+\sin^2\varphi)+v^2(\cos^2\varphi+\sin\varphi\cos\varphi)+1=0$$

Damit das gemischte Produkt verschwindet, muß der Faktor von uv gleich Null sein.

Daraus ergibt sich eine Bestimmungsgleichung für den Winkel φ

$$\begin{aligned} 2\sin\varphi\cos\varphi-\cos^2\varphi+\sin^2\varphi&=0\\ \sin 2\varphi-\cos 2\varphi&=0\\ \sin 2\varphi&=\cos 2\varphi\\ \tan 2\varphi&=1\\ 2\varphi&=45°\\ \varphi&=22.5° \end{aligned}$$

Die Funktionsgleichung lautet im neuen System mit $\sin\varphi=0.382$ und $\cos\varphi=0.924$

$$0.207\,u^2-1.207\,v^2=1$$

In Abschn. 3.3 wird gezeigt, daß der Graph eine Hyperbel ist. ■

Parallelverschiebung und Drehung. Wegen des in der Geometrie gültigen Satzes von der unabhängigen Überlagerung dieser beiden Operationen dürfen auch die beiden entsprechenden rechnerischen Transformationen unabhängig voneinander ausgeführt werden. Man führt ein drittes Hilfskoordinatensystem (r, s) ein, das nur gedreht bzw. nur verschoben ist (Bild **2.31**), und transformiert z. B. zunächst vom (x, y)-System ins (r, s)-System und anschließend vom (r, s)-System in das (u, v)-System. Wie das folgende Beispiel zeigt, kann sich durch eine derartige Transformation die Funktionsklasse der Gleichung ändern.

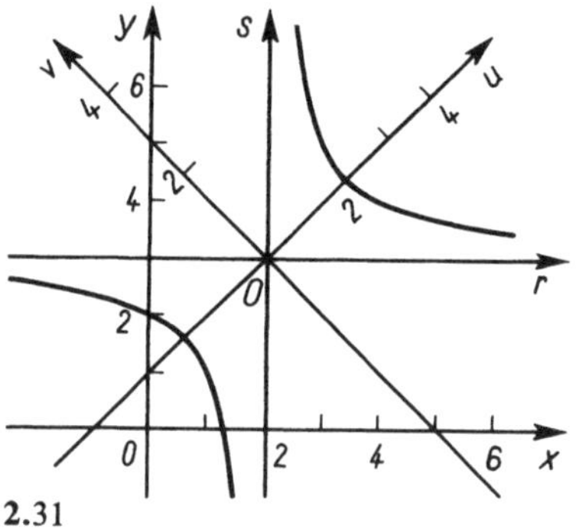

2.31

Beispiel 5. Man zeige, daß sich die Gleichung

$$y=\frac{mx+n}{px+q} \tag{2.43}$$

durch eine Koordinatentransformation in die Form

$$u^2-v^2=c^2 \tag{2.44}$$

bringen läßt.

Einen Hinweis, daß hier eine Koordinatentransformation sinnvoll sein könnte und daß dann Drehung und Verschiebung erforderlich sind, gewinnt man aus dem Graphen von Gl. (2.43) in Bild **2**.31. Zunächst wird der Ursprung des verschobenen (r, s)-Systems bestimmt. Der Grenzwert von Gl. (2.43) ist $\lim\limits_{x \to \infty} y = m/p$ (s. Abschn. 2.3). Der Graph dieses Grenzwertes wird die waagerechte Asymptote genannt. Ferner ist für $x = -q/p$ der Funktionswert nicht definiert. Die Senkrechte mit diesem Abszissenwert heißt die senkrechte Asymptote. Diese beiden Asymptoten werden als Achsen des neuen (r, s)-Systems mit dem Ursprung $O'(-q/p;\ m/p)$ gewählt. Zur Transformation ist Gl. (2.36) anzuwenden. Mit

$$x = r - (q/p) \quad \text{und} \quad y = s + (m/p)$$

wird aus Gl. (2.43)

$$s + \frac{m}{p} = \frac{m(r-(q/p))+n}{p(r-(q/p))+q}$$

Nach Ausmultiplizieren der Klammern erhält man mit $k = (np - mq)/p^2$ als einfachere Gleichung im (r, s)-System

$$s = \frac{k}{r}$$

In diesem System wird nun eine Drehung um $\varphi = 45°$ durchgeführt. Dann ist $\sin\varphi = \cos\varphi = 0.5\sqrt{2}$. Mit Gl. (2.42) ergibt sich

$$0.5\sqrt{2}(u+v) = \frac{k}{0.5\sqrt{2}(u-v)}$$

Durch Beseitigen des Nenners erhält man mit $c^2 = 2k$ die vorgegebene Gl. (2.44). Bild **2**.31 zeigt den maßstäblichen Graph für die Zahlenwerte

$$y = \frac{3x-4}{x-2} \quad \text{bzw.} \quad u^2 - v^2 = 4$$ ■

2.5.3 Charakteristische Eigenschaften von Funktionen

Symmetrieeigenschaften des Graphen in rechtwinkligen Koordinaten. Diese Eigenschaften stehen in engem Zusammenhang mit Vorzeichenänderungen in der Funktionsgleichung. Ändert man in einer Funktionsgleichung $F_1(x, y) = \text{const}$ das Vorzeichen einer oder beider Variabler, so entsteht i. allg. eine andere Funktionsgleichung $F_2(x, y) = \text{const}$. Zwischen den Graphen beider Funktionen besteht aber eine Symmetriebeziehung. Es gibt aber auch Fälle, in denen sich die Funktionsgleichung durch diese Vorzeichenänderung nicht ändert. Dann gibt es auch nur einen Graphen, der die betreffende Symmetrieeigenschaft hat. Die Allgemeingültigkeit der folgenden Aussagen wird hier nicht bewiesen, sondern nur an je einem Beispiel vorgeführt.

Ändert man das Vorzeichen von x, ist also

$$F_2(x, y) = F_1(-x, y)$$

so sind beide Graphen spiegelsymmetrisch zur Ordinatenachse. Beispiel: $y = x + x^2$ und $y = -x + x^2$ (Bild 2.32).

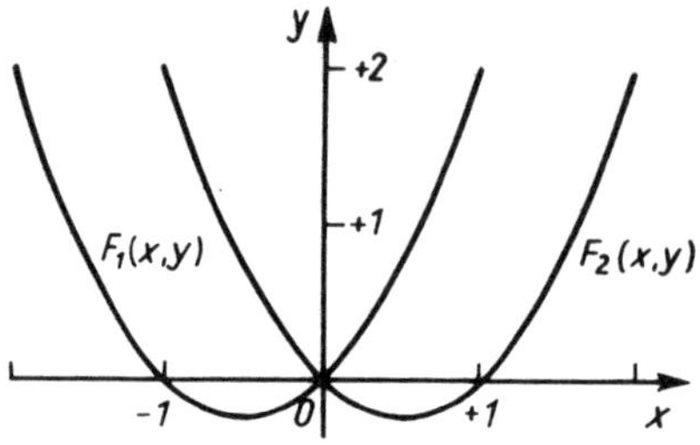

2.32 Symmetrie zur Ordinatenachse

Ändert sich beim Vorzeichenwechsel von x die Funktionsgleichung nicht, so ist der betreffende Graph spiegelsymmetrisch zur Ordinatenachse. Man spricht dann von einer geraden Funktion, z.B. $y = \cos x$.
Ändert man das Vorzeichen von y, ist also

$$F_2(x, y) = F_1(x, -y)$$

so sind beide Graphen spiegelsymmetrisch zur Abszissenachse. Beispiel: $y = x + x^2$ und $y = -x - x^2$ (Bild 2.33).
Ändert man das Vorzeichen von x und y, ist also

$$F_2(x, y) = F_1(-x, -y)$$

so entspricht dies zwei aufeinanderfolgenden Spiegelungen an Abszissen- und Ordinatenachse. Nach einem Satz der elementaren Geometrie ist dies aber identisch mit einer Punktspiegelung am Schnittpunkt beider Achsen. Beispiel: $y = x + x^2$ und $y = x - x^2$ (Bild 2.34).

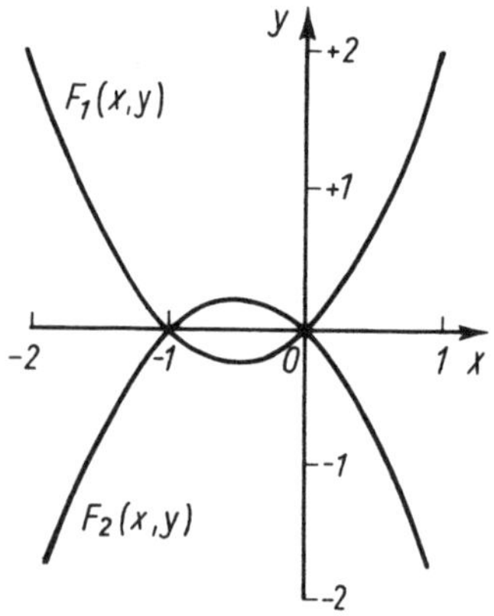

2.33 Symmetrie zur Abszissenachse

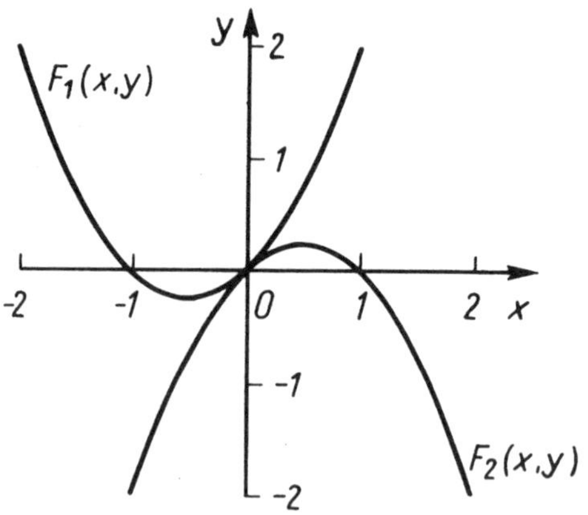

2.34 Symmetrie zum Koordinatenursprung

Ändert sich dabei die Funktionsgleichung nicht, ist der betreffende Graph symmetrisch zum Koordinatenursprung. Man spricht dann von einer ungeraden Funktion, z.B. $y = \sin x$.

Schnittpunkte des Graphen mit den rechtwinkligen Koordinatenachsen. Die Schnittpunkte x_{0i} mit der Abszissenachse werden die Nullstellen der Funktion genannt. Zu ihrer Bestimmung setzt man in der Funktionsgleichung $y = 0$ und erhält in der expliziten Form

$$f(x_{0i}) = 0 \tag{2.45}$$

Aus der Funktionsgleichung ist eine Bestimmungsgleichung geworden. Allgemeine Lösungsverfahren werden in Abschn. 5.3.1 behandelt. Bei technischen Problemen sind die Nullstellen manchmal bekannt. Zusammen mit dem Ordinatenabschnitt können sie dann ein System von Bestimmungsgleichungen für die Koeffizienten der Funktionsgleichung liefern.

Bei einer Funktion schneidet wegen der Eindeutigkeit der Abbildung der Graph die Ordinatenachse nur einmal. Man erhält diesen Wert y_0, indem in der Funktionsgleichung $x = 0$ gesetzt wird. Diese Bestimmungsgleichung ist, insbesondere in der expliziten Form, meist leicht zu lösen und ergibt

$$y_0 = f(0) \tag{2.46}$$

Bei technischen Problemen hat die unabhängige Variable manchmal die Bedeutung der Zeit, und man nennt dann diesen Ordinatenwert den Anfangswert.

Unstetigkeitsstellen. Die Eigenschaft der Stetigkeit wurde in Abschn. 2.3.3 behandelt. Hier sei nur wiederholt, daß es insbesondere vor Anwendung der Differential- und Integralrechnung wichtig ist, die Unstetigkeitsstellen einer Funktion zu kennen. Wenn an diesen Stellen für einen endlichen Abszissenwert kein Funktionswert existiert, in seiner Umgebung jedoch beliebig große bzw. kleine Funktionswerte auftreten, werden diese Abszissenwerte im Diagramm oft durch senkrechte Geraden gekennzeichnet, die manchmal senkrechte Asymptoten genannt werden. Ein allgemeingültiges Rechenverfahren zur Bestimmung von Unstetigkeitsstellen etwa mit Hilfe von Bestimmungsgleichungen gibt es nicht.

Asymptote. Auch dieser Begriff hängt eng mit dem in Abschn. 2.3 behandelten Grenzwertbegriff zusammen. Im Gegensatz zur Unstetigkeitsstelle wird hier untersucht, ob der Funktionswert einen Grenzwert hat, wenn der Argumentwert beliebig groß bzw. beliebig klein (also sehr stark negativ) wird. Oft wird als „Grenzwert" der Funktion ein Polynom angegeben, dessen Graph die Asymptote genannt wird. Auch hier gibt es kein allgemeingültiges Verfahren zur Berechnung der Gleichung der Asymptote einer beliebigen Funktion (s. auch Abschn. 3.2).

Beispiel 6. Wie lautet die Gleichung der Asymptote der Funktion

$$y = +\sqrt{x^2 - a^2}$$

Man hebt x aus der Wurzel aus und erhält

$$y = |x| \sqrt{1-(a/x)^2}$$

Für beliebig große ($x \to +\infty$) und kleine Werte ($x \to -\infty$) von x wird der Grenzwert der Wurzel gleich Eins und die Gleichung der Asymptote lautet

$$y = |x|$$ ■

Extremwerte. Eine Funktion hat an der Stelle x_e einen Extremwert, wenn der Funktionswert $y_e = f(x_e)$ entweder größer oder kleiner ist als die Funktionswerte in der Umgebung von x_e. Ist ein Funktionswert größer als die benachbarten, spricht man von einem relativen Maximum, ist er kleiner, von einem relativen Minimum. Der Begriff „relativ" soll betonen, daß sich die Beziehungen „größer als" und „kleiner als" nur auf die unmittelbare Umgebung der Abszisse x_e beziehen. So ist z. B. in Bild **2.35** die Ordinate des relativen Maximums kleiner als die des relativen Minimums. Ferner befinden sich dort mit Ausnahme der Unstetigkeitsstelle die größten und kleinsten Funktionswerte nicht bei den Extremwerten, sondern am rechten und linken Rand des hier gezeigten Bereiches. Für diesen bei technischen Problemen sehr wichtigen Sachverhalt wird der Begriff des Randextremwertes eingeführt. Die Berechnung der Abszissen der relativen Extremwerte erfordert Kenntnisse der Differentialrechnung und wird deshalb erst in Abschn. 5.3.3 behandelt.

Das folgende Beispiel zeigt, wie es oft möglich ist, allein aus den hier besprochenen charakteristischen Eigenschaften der Funktion den prinzipiellen Verlauf des Graphen eindeutig zu erkennen. Dabei ist es wichtig zu wissen, daß die angegebenen Lösungen vollständig sind, d. h., daß keine weiteren vorhanden sind.

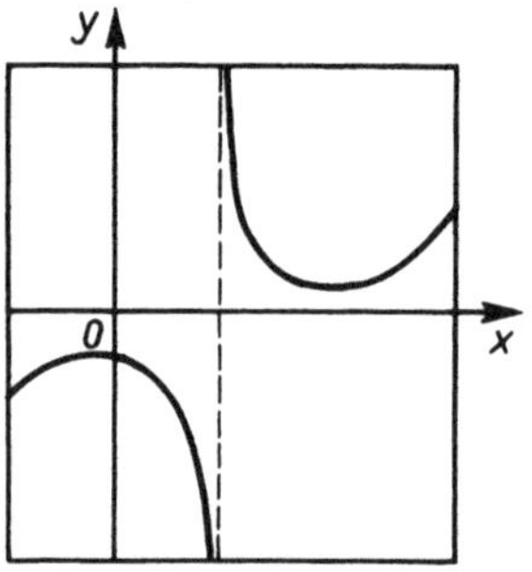

2.35

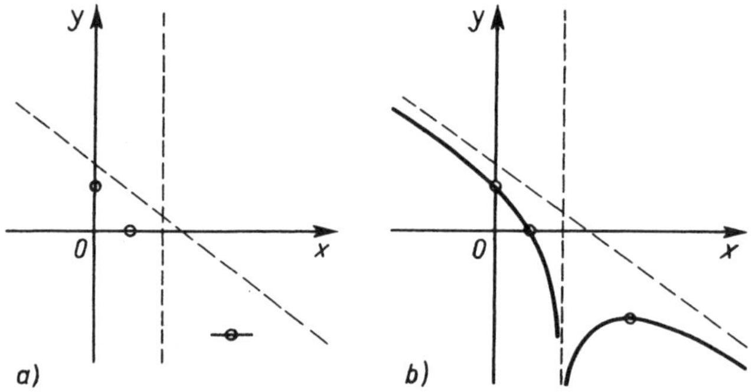

2.36

Beispiel 7. Der Graph einer Funktion ist nicht symmetrisch und hat die in Bild **2.36**a angegebenen Asymptoten und je einen Abszissen- und Ordinatenschnittpunkt und einen Extremwert. Man zeichne den prinzipiellen Verlauf des Graphen.

Bild **2.36**b zeigt die Lösung. Man beachte, daß alle anderen Lösungsversuche zu Widersprüchen mit den genannten Aussagen führen. Die drei angegebenen Punkte liegen außerdem fast auf einer Geraden. Die „direkte" Verbindung dieser Punkte oder entsprechend eine lineare Interpolation in einer Tafel, die nur diese drei Wertepaare enthält, würde zu einer völlig falschen Lösung führen. ■

2.5.4 Aufgaben zu Abschnitt 2.5

1. Von den folgenden Gleichungen ist die nach x aufgelöste Form zu bilden.
a) $y=c(1-x^{5/4})^{1/7}$ b) $y=a_0+a_1x+a_2x^2$ c) $y=\lg(\ln x)$
Hinweis: lg bedeutet Logarithmus zur Basis 10, ln bedeutet Logarithmus zur Basis e.

2. Von der nachstehenden Tafel der Funktion $y=\sin x$ bilde man durch lineare Interpolation eine Tafel der Umkehrfunktion $y=\text{Arcsin}\,x$ im Bereich $0.86\leq x\leq 0.92$ und $\Delta x=0.02$.

x	y
1.00	0.8415
1.05	0.8674
1.10	0.8912
1.15	0.9128
1.20	0.9320

3. Eine Ellipse hat in der Mittelpunktform die Gleichung

$$\frac{x^2}{25}+\frac{y^2}{9}=1$$

a) Wie lautet ihre Gleichung in einem parallelverschobenen System mit dem Ursprung $O'(-4;0)$ in expliziter Form? Hinweis: Dieser Ursprung ist der linke Brennpunkt der Ellipse, die Lösungsfunktion ist identisch mit der Funktion von Aufgabe 2d in Abschn. 2.4.

b) Wie lautet die Gleichung der Ellipse in einem gegen das (x, y)-System um $\varphi=30°$ gedrehten System in impliziter Form?

4. Ein System in Bild **2.37** hat die Achsen α, z, das andere die Achsen β, s. Wie lautet die Gleichung der dargestellten Schwingung in beiden Systemen
a) als Sinusfunktion, b) als Cosinusfunktion

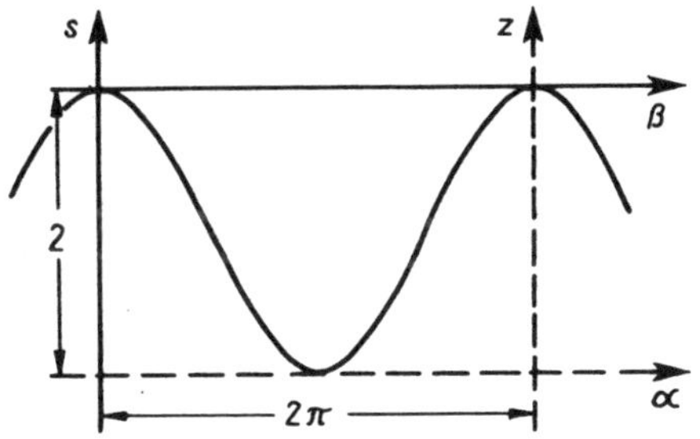

2.37

5. Um welchen Winkel muß man das Koordinatensystem drehen, damit in der Hyperbelgleichung

$$9x^2+72xy+4y^2=36$$

das Produkt der beiden Variablen im gedrehten System verschwindet?

6. Man untersuche die folgenden Funktionsgleichungen auf Symmetrieeigenschaften

a) $y=x+\sin x$ b) $y=x\sin x$ c) $y=\dfrac{x-x^3}{x^3+x^5}$ d) $y=\dfrac{x^2-2}{x+x^3}$

3 Spezielle Funktionen

Die Funktionen werden nach ihren Bildungsgesetzen in verschiedene Klassen eingeteilt. Man unterscheidet

1. Ganze rationale Funktionen,
2. Gebrochene rationale Funktionen,
3. Algebraische Funktionen,
4. Trigonometrische Funktionen,
5. Exponential- und Logarithmusfunktionen.

Die Klassen 4 und 5 werden gemeinsam als transzendente Funktionen bezeichnet.

3.1 Ganze rationale Funktionen

Definition. *Eine* ganze rationale Funktion (Polynom) *mit reellen Koeffizienten a_i und einer reellen unabhängigen Variablen x ist eine Abbildung der Menge der reellen Zahlen in sich selbst, bei der die Elemente y der Bildmenge aus einer Summe von Produkten aus Potenzen der Elemente x der Definitionsmenge mit ganzen, nicht negativen Exponenten i und konstanten reellen Faktoren a_i, den* Koeffizienten *der Funktionsgleichung, berechnet werden. Der größte Exponent n gibt den* Grad *der Funktion an.*

Die Funktion $y = 0.5x^2 - 3$ ist also eine ganze rationale Funktion zweiten Grades, die Funktion $y = 6x^5 - 3x^4 - 4x + 1$ ist vom fünften Grade. Somit ist die allgemeine Form der ganzen rationalen Funktion n-ten Grades

$$y = a_0 + a_1 x + a_2 x^2 + a_3 x^3 + \ldots + a_n x^n = \sum_{i=0}^{n} a_i x^i \tag{3.1}$$

oder $\quad f\colon x \to \sum_{i=0}^{n} a_i x^i$

Man versucht häufig, komplizierte Funktionen näherungsweise durch Polynome zu ersetzen, da man diese sehr leicht differenzieren und integrieren und auch ihre Funktionswerte leicht berechnen kann.

3.1.1 Lineare Funktion

Die einfachste und wichtigste ganze rationale Funktion ist das Polynom ersten Grades. Sie heißt lineare Funktion, weil ihr Graph eine Gerade ist (Bild 3.1). Die Koeffizienten a_0 und a_1 der Funktion

$$\boxed{y = a_0 + a_1 x} \tag{3.2}$$

können durch Angabe von zwei Funktionswertepaaren $(x_1; y_1)$ und $(x_2; y_2)$ berechnet werden.

Bedingungen:

Für $x = x_1$ ist $y = y_1$ $\quad y_1 = a_0 + a_1 x_1$

Für $x = x_2$ ist $y = y_2$ $\quad y_2 = a_0 + a_1 x_2$

Die Auflösung dieses Gleichungssystems lautet

$$a_1 = \frac{y_2 - y_1}{x_2 - x_1} \qquad a_0 = \frac{x_2 y_1 - x_1 y_2}{x_2 - x_1} \tag{3.3}$$

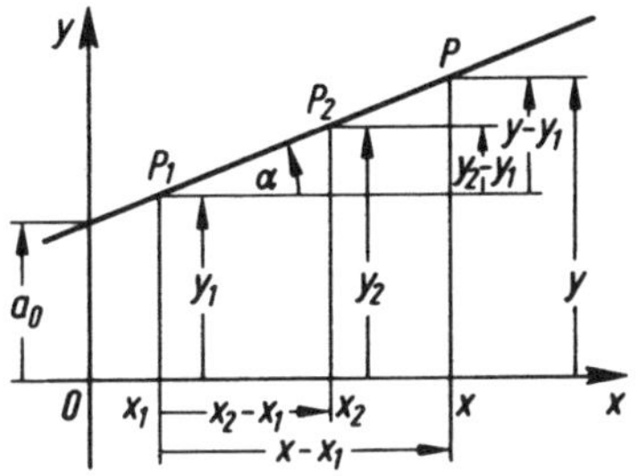

3.1

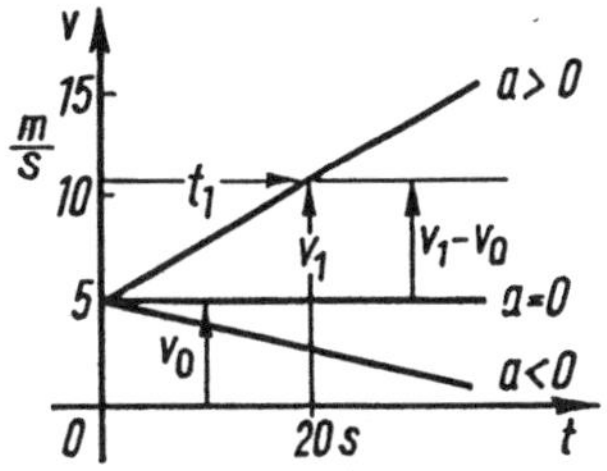

3.2

Neben der Hauptform Gl. (3.2) sind noch die Zwei-Punkte-Form

$$\frac{y - y_1}{x - x_1} = \frac{y_2 - y_1}{x_2 - x_1} \tag{3.4}$$

und die Achsenabschnittsform einer Geraden

$$\frac{x}{a} + \frac{y}{b} = 1 \tag{3.5}$$

von Bedeutung. Letztere beschreibt eine Gerade, die bei $x = a$ die x-Achse und bei $y = b$ die y-Achse schneidet. Den Schnittpunkt $x = a$ bezeichnet man auch als Nullstelle der linearen Funktion.

Beispiel 1. Bei gleichmäßig beschleunigter Bewegung (Bild 3.2) ist die Geschwindigkeit v eine lineare Funktion der Zeit t. Diese Bewegung wird, wie aus der Mechanik bekannt, durch die Gleichung

$$v = v_0 + at$$

beschrieben. Die Größe v_0 gibt die Geschwindigkeit bei Beginn der Zeitmessung (Anfangswert, Auslösen der Stoppuhr) an. Der Koeffizient a der Veränderlichen t ist die Beschleunigung. Ist a negativ, so ist die Geschwindigkeit zu einem späteren Zeitpunkt t_1 kleiner als die Anfangsgeschwindigkeit v_0 zur Zeit $t_0 = 0$, die Bewegung ist gleichmäßig verzögert. Der Graph ist eine abfallende Gerade. Ist die Beschleunigung a gleich Null, so bleibt die Geschwindigkeit zu jeder Zeit gleich der Anfangsgeschwindigkeit v_0, die Gerade ist eine Parallele zur Zeitachse.

In Bild **3.2** betragen die Maßstäbe $m_t = 1$ cm/(20 s) und $m_v = 1$ cm/(10 m/s). Die Ableitung der Funktion ist eine Beschleunigung $\Delta v/\Delta t = (5 \text{ m/s})/20 \text{ s} = 0.25 \text{ m/s}^2$, jedoch ist die Steigung

$$\tan\alpha = \frac{\Delta\eta}{\Delta\xi} = \frac{m_v \Delta v}{m_t \Delta t} = \frac{\dfrac{1 \text{ cm}}{10 \text{ m/s}} \cdot 5 \text{ m/s}}{\dfrac{1 \text{ cm}}{20 \text{ s}} \cdot 20 \text{ s}} = 0.5$$

der im Bild zu messende Anstiegswinkel also $\alpha = 26.6°$. Andererseits kann die Beschleunigung auch aus den geometrischen Abmessungen entnommen werden. Bei einem Anstiegswinkel $\alpha = 26.6°$ ist

$$a = \frac{\Delta v}{\Delta t} = \frac{m_t}{m_v} \tan\alpha = \frac{10 \text{ m/s}}{20 \text{ s}} \cdot 0.5 = 0.25 \frac{\text{m}}{\text{s}^2}$$ ■

Beispiel 2. Bei den Temperaturen $\vartheta_1 = 38\,°\text{C}$ und $\vartheta_2 = 95\,°\text{C}$ wird die Länge eines Stabes gemessen: $l_1 = 6.4007$ m, $l_2 = 6.4052$ m. Die Funktionsgleichung für die lineare Ausdehnung eines Stabes bei Erwärmung von 0 °C auf die Temperatur ϑ lautet nach den Gesetzen der Wärmelehre $l = l_0(1 + \alpha\vartheta) = l_0 + l_0\alpha\vartheta$.

Der Ausdehnungskoeffizient α und die Länge l_0 bei $\vartheta = 0\,°\text{C}$ sind zu bestimmen (siehe auch Beispiel 2, Abschn. 2.5).

Der Graph ist eine Gerade. Aus dem Vergleich der gegebenen Geradengleichung mit Gl. (3.2) findet man

$$a_0 = l_0 \quad \text{und} \quad a_1 = l_0\alpha \quad \text{also} \quad \alpha = \frac{a_1}{a_0}$$

Mit den gegebenen Werten für die Temperaturen und Längen erhält man aus Gl. (3.3)

$$a_1 = \frac{l_2 - l_1}{\vartheta_2 - \vartheta_1} = \frac{0.0045 \text{ m}}{57 \text{ K}} = 7.895 \cdot 10^{-5} \frac{\text{m}}{\text{K}}$$

$$a_0 = \frac{\vartheta_2 l_1 - \vartheta_1 l_2}{\vartheta_2 - \vartheta_1} = \frac{95 \text{ K} \cdot 6.4007 \text{ m} - 38 \text{ K} \cdot 6.4052 \text{ m}}{57 \text{ K}} = 6.3977 \text{ m} = l_0$$

und schließlich

$$\alpha = \frac{a_1}{a_0} = 1.234 \cdot 10^{-5} \text{ K}^{-1}$$ ■

3.1.2 Quadratische Funktion

Zur Beschreibung vieler technischer Vorgänge benötigt man eine ganze rationale Funktion 2. Grades

$$\boxed{y = a_0 + a_1 x + a_2 x^2} \tag{3.6}$$

Ihr Graph ist eine Parabel mit senkrechter Achse (s. Abschn. 3.3.2). Im Sonderfall $a_0 = 0$ und $a_1 = 0$ liegt der Scheitel der Parabel im Koordinatennullpunkt, und der Graph heißt Normalparabel.

Beispiel 3. In einem Bereich mittlerer Strömungsgeschwindigkeiten besteht ein quadratischer Zusammenhang zwischen der in einer Strömung auf einen Körper ausgeübten, als Widerstand bezeichneten Kraft F_W und der Strömungsgeschwindigkeit v

$$F_W = c_W A \cdot \frac{1}{2} \varrho v^2$$

Hierin bedeuten c_W den Widerstandsbeiwert, A die Querschnittfläche des angeströmten Körpers senkrecht zur Anströmrichtung und ϱ die Dichte des strömenden Mediums. ■

Beispiel 4. Auch zwischen dem beim Aufwärtswurf ohne Luftwiderstand zurückgelegten Weg s und der dazu benötigten Zeit t mit g als Fallbeschleunigung besteht die in t quadratische Funktionsgleichung

$$s = v_0 t - \frac{1}{2} g t^2$$ ■

Beide Funktionen sind Sonderfälle von Gl. (3.6). Im ersten Fall ist $a_0 = 0$, $a_1 = 0$ und $a_2 = 0.5 c_W A \varrho$. Im zweiten Fall gilt $a_0 = 0$, $a_1 = v_0$ und $a_2 = -g/2$. Die Graphen der beiden Funktionen sind in Bild 3.3 dargestellt.

Nullstellen. Quadratische Gleichung. Die Nullstellen der quadratischen Funktion $y = a_2 x^2 + a_1 x + a_0$, die Schnittpunkte der Parabel mit der x-Achse (Bild 3.4), findet man rechnerisch, indem man den Funktionswert $y = 0$ setzt. Man erhält so die quadratische Gleichung

$$a_2 x^2 + a_1 x + a_0 = 0 \tag{3.7}$$

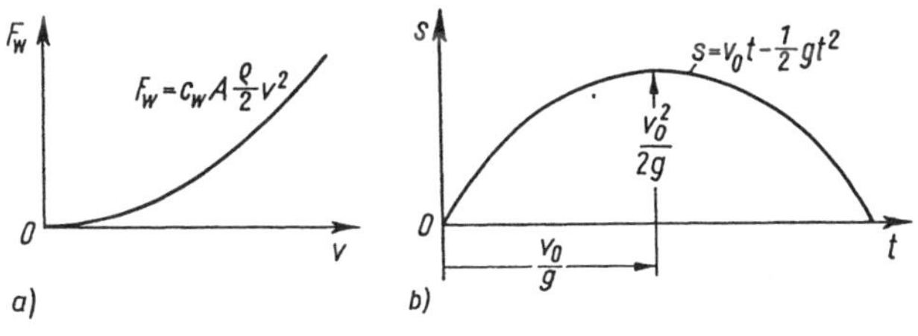

3.3

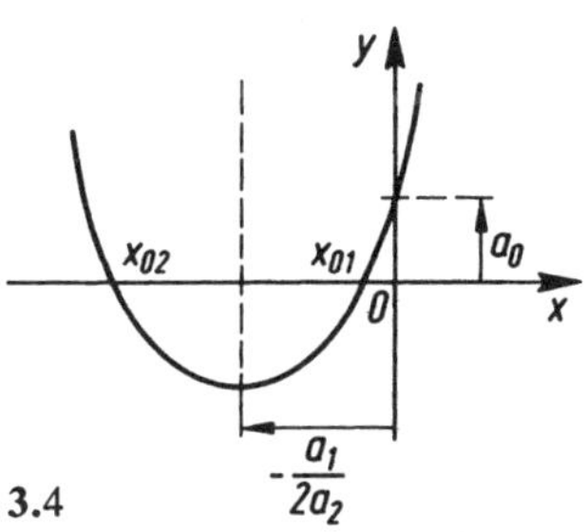

3.4

Die durch a_2 dividierte Gleichung heißt die Normalform der quadratischen Gleichung

$$\boxed{x^2+px+q=0} \tag{3.8}$$

mit $p=a_1/a_2$ und $q=a_0/a_2$. Die x-Werte, die diese Gleichung erfüllen, werden durch quadratische Ergänzung bestimmt und ergeben die bekannten Formeln

$$\boxed{x_{01}=-\frac{p}{2}+\sqrt{\left(\frac{p}{2}\right)^2-q} \qquad x_{02}=-\frac{p}{2}-\sqrt{\left(\frac{p}{2}\right)^2-q}} \tag{3.9}$$

Ist $(p/2)^2=q$, so fallen die Nullstellen der quadratischen Funktion zusammen, die Parabel berührt die x-Achse. Man sagt dann, die quadratische Gleichung hat eine Doppelwurzel $x_{01}=x_{02}=-p/2$. Ist $(p/2)^2<q$, so ist der Wert unter der Wurzel negativ. Es gibt dann keine reelle Lösung der quadratischen Gleichung und keinen Schnittpunkt der Parabel mit der x-Achse. Der Parabelscheitel liegt (bei nach oben geöffneter Parabel) oberhalb der x-Achse.

Zur Kontrolle der Rechnung kann der Viëtasche Wurzelsatz herangezogen werden. Er besagt, daß bei Lösungen x_{01} und x_{02} der Gl. (3.8)

$$\boxed{x_{01}+x_{02}=-p \quad \text{und} \quad x_{01}x_{02}=q} \tag{3.10}$$

ist, wie man durch Addieren bzw. Multiplizieren der Ausdrücke in Gl. (3.9) beweist.

Bestimmung der Koeffizienten. Die Koeffizienten a_0, a_1 und a_2 der allgemeinen Parabelgleichung können durch die Angabe dreier Wertepaare $(x_i; y_i)$ bestimmt werden. Geometrisch bedeuten die Wertepaare drei Punkte in der (x, y)-Ebene, die auf der Parabel liegen sollen. Die Wertepaare erfüllen also die Parabelgleichung. Setzt man die x-Koordinate jedes dieser drei Punkte nacheinander in die Parabelgleichung ein, so erscheint auf ihrer linken Seite jeweils der zugehörige y-Wert. Damit erhält man drei Bestimmungsgleichungen für die drei Unbekannten a_0, a_1 und a_2. Diese Gleichungen sind nur dann voneinander unabhängig, wenn die Parabelpunkte nicht auf einer Geraden liegen.

Beispiel 5. Als Bogenform des Untergurtes einer Brücke (Bild **3.5**), die über einen Fluß führt, ist eine Parabel vorgeschrieben. Die gegenseitige Lage der Fußpunkte, die Durchfahrtshöhe in Flußmitte und die Lage der Fahrbahnhöhe über dem linken Auflager sind gegeben. Die Längen der senkrechten Stäbe sind gesucht.

Bei dieser Aufgabe steht die Wahl des Koordinatensystems frei. Würde man den Nullpunkt in Flußhöhe unter das linke Auflager legen, so ergäben sich nur positive Koordinaten. Legt man ihn jedoch in ein Auflager, so wird die Berechnung der Koeffizienten in der Parabelgleichung einfacher. Hier wird deshalb der zweite Weg gewählt und der Koordinaten-Nullpunkt in das linke Auflager gelegt. Mit den Maßen aus Bild **3.5** erhält man die Bestimmungsgleichungen

$$\begin{array}{lll} x_1 = 0 & y_1 = 0 & 0 = a_0 \\ x_2 = 50\text{ m} & y_2 = 5.4\text{ m} & 5.4\text{ m} = a_0 + 50\text{ m}\cdot a_1 + (50\text{ m})^2 \cdot a_2 \\ x_3 = 120\text{ m} & y_3 = -6.3\text{ m} & -6.3\text{ m} = a_0 + 120\text{ m}\cdot a_1 + (120\text{ m})^2\cdot a_2 \end{array}$$

mit den Lösungen

$$a_0 = 0 \qquad a_1 = 0.22264 \qquad a_2 = -2.2929 \cdot 10^{-3}/\text{m}$$

Die Parabelgleichung lautet also

$$y = 0.22264x - (2.2929 \cdot 10^{-3}/\text{m})x^2$$

Setzt man die x-Koordinaten der verschiedenen Stäbe (Abstände von linkem Auflager) in die Parabelgleichung ein, so erhält man als Funktionswerte y die Höhen der entsprechenden Parabelpunkte über dem linken Auflager. Zieht man diese Werte von 7.00 m (Höhe der Fahrbahn über diesem Auflager) ab, so ergeben sich die gesuchten Stablängen.

Die Lage des Scheitels findet man durch quadratische Ergänzung

$$y = (-2.2929 \cdot 10^{-3}/\text{m})\,(x^2 - 97.10\text{ m}\,x + 48.55^2\text{ m}^2) + 5.40\text{ m}$$

und $\quad y - 5.40\text{ m} = (-2.2929 \cdot 10^{-3}/\text{m}) \cdot (x - 48.55\text{ m})^2$

also $a = 48.55$ m, $b = 5.40$ m. ■

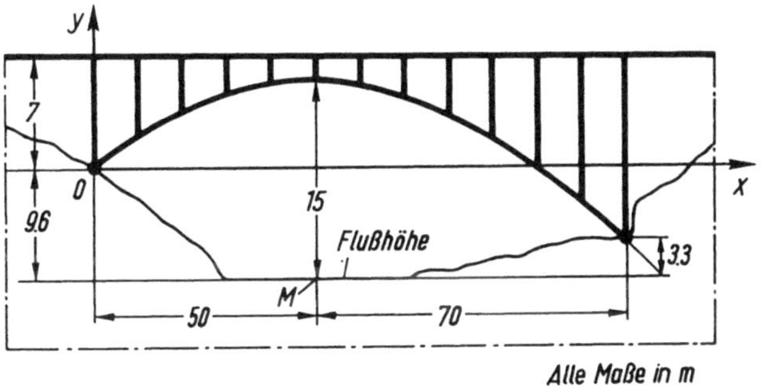

3.5

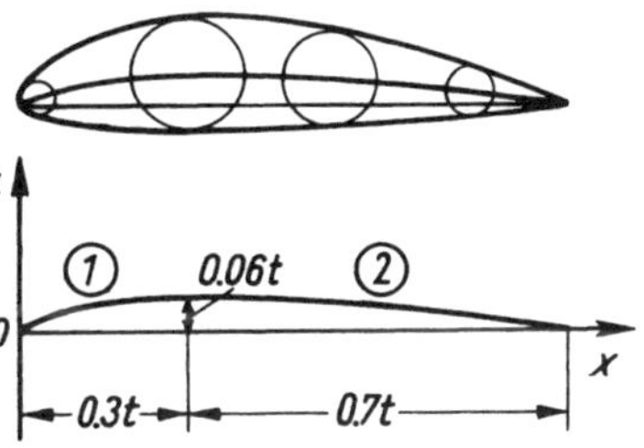

3.6

Beispiel 6. Die Skelettlinie eines Tragflügel- oder Turbinenschaufelprofils ist die Verbindungslinie der Mittelpunkte aller dem Profil eingeschriebenen Kreise (Bild 3.6). Für das Profil NACA 6321 besteht die Skelettlinie aus zwei Parabeln mit vertikaler Achse, die bei $x = 0.3\,t$, $z = 0.06\,t$ in ihren Scheiteln zusammenstoßen (t Profiltiefe). Wie heißen die Parabelgleichungen im (x, z)-System?

Ansatz für die erste Parabel: $z = a_0 + a_1 x + a_2 x^2$.

Für $x = 0$ ist $z = 0$, also $0 = a_0$.

Für $x = 0.3\,t$ ist $z = 0.06\,t$, also $0.06\,t = a_1 \cdot 0.3\,t + a_2 \cdot 0.09\,t^2$.

Für $x = 0.6\,t$ ist $z = 0$, also $0 = a_1 \cdot 0.6\,t + a_2 \cdot 0.36\,t^2$.

Der dritte Punkt liegt außerhalb des Gültigkeitsbereiches. Er wird wegen der Symmetrie zum Scheitel als Hilfspunkt hinzugenommen.

Man multipliziert die dritte Gleichung mit 0.5, subtrahiert sie von der zweiten und erhält $0.06t = -0.09t^2 a_2$ und $a_2 = -2/(3t)$.

Dann ist $a_1 = -a_2 \cdot 0.36t^2/(0.6t) = 0.4$, und die Gleichung der Parabel lautet

$$z = 0.4x - \frac{2}{3t}x^2 \quad \text{oder} \quad \frac{z}{t} = \frac{2}{5} \cdot \frac{x}{t} - \frac{2}{3}\left(\frac{x}{t}\right)^2 \qquad 0 \le \frac{x}{t} \le 0.3$$

Die Gleichung der zweiten Parabel soll zunächst in einem mit dem Nullpunkt im Scheitel der Parabel liegenden, zum (x, z)-System parallelen (u, v)-System berechnet und dann in das (x, z)-System transformiert werden.

Da für $u = 0.7t$ der Funktionswert $v = -0.06t$ sein soll, heißt die Gleichung

$$\frac{v}{-0.06t} = \left(\frac{u}{0.7t}\right)^2 \quad \text{oder} \quad \frac{v}{t} = -\frac{6}{49}\frac{u^2}{t^2}$$

Mit den Transformationsgleichungen $u/t = x/t - 0.3$ und $v/t = z/t - 0.06$ erhält man

$$\frac{z}{t} - 0.06 = -\frac{6}{49}\left(\frac{x}{t} - 0.3\right)^2 \qquad 0.3 \le \frac{x}{t} \le 1$$

$$\frac{z}{t} = -\frac{6}{49}\left(\frac{x}{t}\right)^2 + \frac{18}{245} \cdot \frac{x}{t} + \frac{12}{245}$$

■

3.1.3 Ganze rationale Funktionen dritten und höheren Grades

Die Berechnung der Funktionswerte und Nullstellen ist bei diesen Funktionen nicht mehr so einfach wie bei den zuvor behandelten Polynomen 1. und 2. Grades. Die in diesem Abschnitt hergeleiteten Verfahren gelten aber auch für ganze rationale Funktionen 1. und 2. Grades, denn sie sind Sonderfälle der allgemeinen Gl. (3.1)

$$\boxed{y = a_0 + a_1 x + a_2 x^2 + a_3 x^3 + \ldots + a_n x^n} \tag{3.11}$$

Berechnung der Funktionswerte. Zur Berechnung der Funktionswerte nach Gl. (3.11) müßte man für jedes gewünschte Argument x die Potenzen berechnen und daraus durch Multiplizieren mit den gegebenen Koeffizienten a_i und Addition aller Terme den Funktionswert berechnen.

Dieses Verfahren ist zum praktischen Rechnen nicht geeignet. Man kann aber Gl. (3.11) so umformen, daß ein schematisiertes, leicht programmierbares Verfahren möglich ist, in dem abwechselnd mit dem Argument x multipliziert und ein Koeffizient addiert wird.

$$\begin{aligned} y &= a_0 + a_1 x + a_2 x^2 + a_3 x^3 + \ldots + a_{n-1} x^{n-1} + a_n x^n \\ &= a_0 + x(a_1 + a_2 x + a_3 x^2 + \ldots + a_n x^{n-1}) \\ &= a_0 + x(a_1 + x[a_2 + a_3 x + \ldots + a_n x^{n-2}]) \end{aligned}$$

So fährt man mit dem Ausklammern von x fort, bis der letzte Term $a_n x$ lautet. Für $n=3$ erhält man

$$y=a_0+x[a_1+x(a_2+xa_3)]$$

Schreibt man den Koeffizienten der höchsten Potenz von x nach vorn, so erhält man die Rechenvorschrift

$$y=[(a_n x+a_{n-1})x+a_{n-2}]x+\dots$$

und für $n=3$

$$y=[(a_3 x+a_2)x+a_1]x+a_0 \tag{3.12}$$

Der Koeffizient a_n wird mit dem Argument x_0 des gesuchten Funktionswertes multipliziert, zu dem Produkt wird dann der nächste Koeffizient a_{n-1} addiert, das Ergebnis wieder mit x_0 multipliziert und so fort. Horner schrieb das nach ihm benannte Rechenschema in der folgenden für $n=3$ dargestellten Form

$$\begin{array}{llll} a_3 & a_2 & a_1 & a_0 \\ & a_3 x_0 & (a_2+a_3 x_0)x_0 & (a_1+a_2 x_0+a_3 x_0^2)x_0 \\ \hline a_3 & a_2+a_3 x_0 & a_1+a_2 x_0+a_3 x_0^2 & a_0+a_1 x_0+a_2 x_0^2+a_3 x_0^3=f(x_0) \end{array} \tag{3.13}$$

Man schreibt die Koeffizienten der Funktion (Vorzeichen beachten!) nebeneinander; dies ergibt die erste Zeile von (3.13). Ist ein Koeffizient nicht vorhanden, so ist an seiner Stelle eine Null einzutragen. Das Produkt $a_3 x_0$ wird in die zweite Zeile unter a_2 geschrieben. Man addiert a_2 zu $a_3 x_0$, multipliziert die Summe mit x_0, schreibt das Ergebnis unter a_1 und addiert. Dieser Wert wird wieder mit x_0 multipliziert und zu a_0 addiert (Pfeile im Rechenschema). Als letzte Zahl in der letzten Zeile findet man den Funktionswert an der Stelle $x=x_0$. Mit einem Taschenrechner können diese Operationen in einem Arbeitsgang ohne Herausschreiben der Zwischenergebnisse durchgeführt werden. Deshalb wird das Horner-Schema zur Berechnung von Funktionswerten speziell bei der näherungsweisen Berechnung von Nullstellen benutzt. Das durch (3.13) beschriebene Verfahren gilt auch für jedes $n>3$. Man beachte dabei, daß die Ausgangswerte als exakt angesehen werden und wie beim Gauß-Verfahren (Abschn. 4.4.1) mit mehr Dezimalstellen gerechnet wird, jedoch das Rechenergebnis nicht genauer als die Koeffizienten der Funktion angegeben werden darf, wenn es sich bei diesen nicht um exakt gegebene Zahlen handelt.

Beispiel 7. Man berechne den Funktionswert an der Stelle $x_0=1.2$ für die Funktion

$$f(x)=5x^4-2x^3+4x-7$$

5	−2	0	4	−7
	5·1.2	4·1.2	4.8·1.2	9.76·1.2
5	4	4.8	9.76	**4.712** = $f(1.2)$

■

Beispiel 8. Für die Funktion $f(x)=2.85x^3+4.08x^2-1.36x+3.77$ ist der Funktionswert an der Stelle $x_1=-0.85$ zu berechnen.

$x_1=-0.85$	2.85	4.08	−1.36	3.77
		−2.42	−1.41	2.35
	2.85	1.66	−2.77	**6.12** $=f(-0.85)$

■

Bestimmung der Nullstellen. Auch für die Nullstellen der ganzen rationalen Funktion dritten Grades lassen sich noch geschlossene Formeln angeben (Cardanische Formeln). Deren Handhabung ist jedoch so umständlich, daß man besser für alle Polynome mit $n \geq 3$ Näherungsverfahren benutzt.

Da in technischen Problemen der Bereich einer Lösung häufig eingrenzbar ist, genügt für einen Näherungswert die Bestimmung von drei Funktionswerten z. B. nach dem Horner-Schema, die dann in ein Millimeterpapier eingetragen und mit Hilfe eines Kurvenlineals verbunden werden. Der Schnittpunkt dieser Kurve mit der x-Achse ist dann eine Näherung für die Nullstelle. Hier muß der Bereich so eng abgegrenzt sein, daß nicht noch weitere Nullstellen darin liegen.

Beispiel 9. Eine Nullstelle der Funktion $y=x^3+2x^2-8x+2$ wird im Bereich $0 \leq x \leq 1$ vermutet. Man bestimme einen Näherungswert.

Man berechnet die Funktionswerte z. B. an den Grenzen und in der Mitte des Bereichs mit dem Horner-Schema

$$y(0)=2 \qquad y(0.5)=-1.375 \qquad y(1)=-3$$

Dann trägt man die Punkte in Bild **3.7** ein und liest den Näherungswert $x_3=0.27$ ab. ■

Verbesserung der Nullstelle. Regula falsi. Die Nullstelle eines Polynoms $y=f(x)$ wird zunächst zwischen den Abszissen x_1 und x_2 so eingeschlossen, daß die zugehörigen Funktionswerte y_1 und y_2 verschiedene Vorzeichen haben (Eingabeln). Der Graph schneidet dann zwischen x_1 und x_2 die x-Achse. Als Näherung für diesen Schnittpunkt

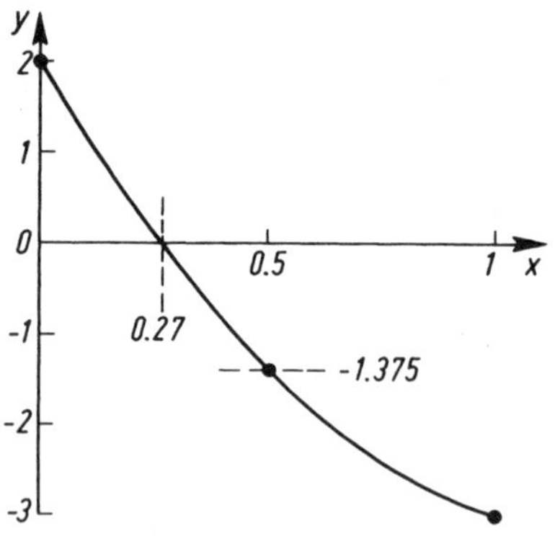

3.7

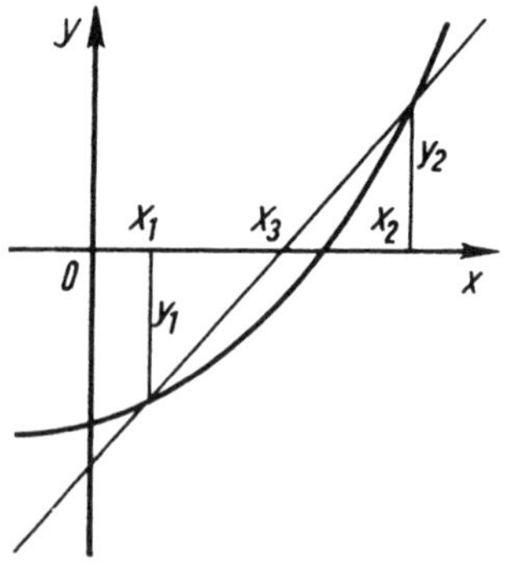

3.8

nimmt man den Schnittpunkt x_3 der durch die Punkte $(x_1; y_1)$ und $(x_2; y_2)$ gehenden Geraden (Sekante) mit der x-Achse (Bild **3**.8). Nach Gl. (3.4) ist mit $x=x_3$ und $y=0$

$$\boxed{x_3 = x_1 - \frac{x_2 - x_1}{y_2 - y_1}\, y_1} \tag{3.14}$$

Nun berechnet man mit Hilfe des Horner-Schemas den im allgemeinen von Null verschiedenen Funktionswert y_3 der gegebenen Funktion und benutzt den Punkt $(x_3; y_3)$ zusammen mit den Werten des Punktes $(x_1; y_1)$ oder $(x_2; y_2)$, dessen Ordinate ein anderes Vorzeichen als y_3 hat, zur weiteren Näherungsrechnung. Das Verfahren kann fortgesetzt werden, bis sich die berechneten Werte x innerhalb der geforderten Dezimalenanzahl nicht mehr unterscheiden. Dabei bleibt jedoch unter Umständen ein Punkt weit von der Nullstelle entfernt. Deshalb werden mit der Regula falsi meist nur ein oder zwei Näherungswerte berechnet und anschließend das in Abschn. 5.3.1 beschriebene Verfahren von Newton verwendet. Die Regula falsi läßt sich auf jede stetige Funktion anwenden.

Beispiel 10. Man verbessere die Nullstelle der Funktion $y=x^3+2x^2-8x+2$ aus Beispiel 9 mit Hilfe der Regula falsi.

Falls man die Zeichnung **3**.7 vermeiden will, kann man mit den Punkten $P_1(0; 1)$ und $P_2(0.5; -1.375)$ die Verbesserung beginnen. Hier ist es natürlich zweckmäßig, für die gute Näherung $x_3=0.27$ den Funktionswert $y_3=0.005483$ mit dem Taschenrechner nach dem Horner-Schema zu berechnen und P_2 und P_3 als Ausgangspunkte für die Verbesserung nach Gl. (3.14) zu benutzen. Man erhält die neue Näherung

$$\begin{aligned} x_4 &= x_3 - \frac{x_2 - x_3}{y_2 - y_3}\, y_3 = 0.27 - \frac{0.5 - 0.27}{(-1.375) - 0.005483} \cdot 0.005483 \\ &= 0.27 + 0.000914 = 0.270914 \end{aligned}$$

Der zugehörige Funktionswert ist $y_4 = -0.000636$. Er wird zusammen mit x_4 und (x_3, y_3) erneut in Gl. (3.14) eingesetzt und liefert den weiter verbesserten Näherungswert für die Nullstelle der Funktion

$$\begin{aligned} x_5 &= x_4 - \frac{x_4 - x_3}{y_4 - y_3}\, y_4 = 0.270914 - \frac{0.270914 - 0.27}{0.005483 - (-0.000636)} \cdot (-0.000636) \\ &= 0.270914 - 0.000095 = 0.270819 \end{aligned}$$

Der Funktionswert beträgt $y_5 = -0.0000002$. Diese Genauigkeit ist in den meisten Fällen ausreichend. Oft kann das Verfahren auch bei $x=0.2709$ mit $y=-0.0005$ beendet werden. ■

Bestimmung weiterer Nullstellen des Polynoms. Für die Bestimmung weiterer Nullstellen von Polynomen empfiehlt sich folgendes Verfahren.

Abspalten von Linearfaktoren. Wenn man ein Polynom (hier dritten Grades) durch eine Linarfunktion dividiert, so erhält man ein Polynom von einem um Eins niedrigeren (hier zweiten) Grade und einen Rest.

Das Dividieren erfolgt wie bei Zahlen und ist aus dem folgenden Schema ersichtlich.

$$
\begin{array}{l}
(a_3x^3+a_2x^2+a_1x+a_0):(x-x_0)=a_3x^2+(a_2+a_3x_0)x+(a_1+a_2x_0+a_3x_0^2)+\dfrac{a_0+a_1x_0+a_2x_0^2+a_3x_0^3}{x-x_0}\\
\underline{a_3x^3-a_3x_0x^2}\\
\quad(a_2+a_3x_0)x^2+a_1x+a_0\\
\quad\underline{(a_2+a_3x_0)x^2-(a_2x_0+a_3x_0^2)x}\\
\qquad(a_1+a_2x_0+a_3x_0^2)x+a_0\\
\qquad\underline{(a_1+a_2x_0+a_3x_0^2)x-(a_1x_0+a_2x_0^2+a_3x_0^3)}\\
\qquad\qquad a_0+a_1x_0+a_2x_0^2+a_3x_0^3
\end{array}
\tag{3.15}
$$

Der Ausdruck unter dem letzen Strich, der auch im Zähler des vierten Summanden der rechten Seite steht, ist der Divisionsrest. Er gibt den Funktionswert $f(x_0)$ an der Stelle x_0 an. Die Division ist ohne Rest ausführbar, wenn $f(x_0)=0$, d.h. wenn x_0 eine Nullstelle der Funktion

$$f(x)=a_3x^3+a_2x^2+a_1x+a_0$$

ist. Man kann in diesem Fall nach Multiplizieren mit $x-x_0$ schreiben

$$(a_3x^3+a_2x^2+a_1x+a_0)=(x-x_0)[a_3x^2+(a_2+a_3x_0)x+(a_1+a_2x_0+a_3x_0^2)] \tag{3.16}$$

Hat die beim Dividieren entstehende Funktion $(n-1)$-ten Grades in der eckigen Klammer von Gl. (3.16) (hier zweiten Grades) gleichfalls Nullstellen, so läßt sich auch für diese je ein Linearfaktor abspalten.

Die hier für eine Funktion 3. Grades gezeigte Rechnung läßt sich verallgemeinern und führt zu dem von Gauß bewiesenen

Fundamentalsatz der Algebra. Gegeben sei ein Polynom (3.11) mit $a_n \neq 0$ und $a_i \in \mathbb{R}$. Dann hat das Polynom genau n Nullstellen, die einfach oder mehrfach, reell oder komplex sein können.

Auf den Beweis muß hier verzichtet werden.

Satz. Sind $x_1, \ldots, x_n$ diese Nullstellen, dann gilt

$$\boxed{y=a_n(x-x_1)\ldots(x-x_n)}$$

Dies folgt aus der Faktorabspaltung nach Horner.

Satz. Ist $x_k=u+\mathrm{j}v$ eine komplexe Nullstelle der Funktion Gl. (3.11), so ist auch $x_{k+1}=u-\mathrm{j}v$ eine konjugiert (komplexe) Nullstelle, und es gilt

$$\boxed{(x-x_k)(x-x_{k+1})=x^2-2ux+u^2+v^2=x^2+Ax+B} \tag{3.17}$$

Beweis. Ist $y(x_k)=U+\mathrm{j}\,V$, so muß $U=V=0$ gelten, da x_k eine Nullstelle ist. Ersetzt man überall j durch $-\mathrm{j}$, entsteht $y(x_{k+1})=U-\mathrm{j}\,V$, da die Koeffizienten reell sind. Wegen $U=V=0$ ist daher auch x_{k+1} eine Nullstelle. Der zweite Teil des Satzes ergibt sich unmittelbar durch Ausmultiplizieren mit $\mathrm{j}\cdot\mathrm{j}=-1$. □

Satz. Sind $x_1, \ldots, x_r$ reelle Nullstellen mit der Vielfachheit $\alpha_1, \ldots, \alpha_r$ sowie $x_{r+1}, \ldots, x_s$ komplexe Nullstellen, zu denen jeweils noch eine konjugierte komplexe gehört, mit den Vielfachheiten $\beta_{r+1}, \ldots, \beta_s$, so gilt

$$y=a_n(x-x_1)^{\alpha_1}(x-x_2)^{\alpha_2}\ldots(x-x_r)^{\alpha_r}(x^2+A_{r+1}x+B_{r+1})^{\beta_{r+1}}\ldots\cdot(x^2+A_sx+B_s)^{\beta_s} \tag{3.18}$$

und $$\alpha_1+\alpha_2+\ldots+\alpha_r+2\beta_{r+1}+\ldots+2\beta_s=n$$

Dies ergibt sich unmittelbar aus den vorhergehenden Sätzen durch die Schreibweise gleicher Faktoren als Potenzen.

Beispiel 11. Die Funktion $y=x^6-10x^5+47x^4-140x^3+271x^2-330x+225$ hat die Nullstellen $x_1=x_2=3$, $x_3=x_4=1+\mathrm{j}2$, $x_5=x_6=1-\mathrm{j}2$. Wie lautet die Faktorzerlegung?
Die Zerlegung lautet $y=(x-3)^2(x^2-2x+5)^2$. ■

Die Division braucht nicht in der Form von Gl. (3.15) durchgeführt zu werden. Wie hier für $n=3$ gezeigt wurde, gilt allgemein, daß sich die Koeffizienten des beim Dividieren entstehenden Polynoms $(n-1)$ten Grades unmittelbar aus der dritten Zeile des Horner-Schemas ablesen lassen, wenn für x die gefundene Nullstelle x_0 eingesetzt wird. Man vergleiche hierzu Gl. (3.16) mit Gl. (3.13).

Beispiel 12. Die Funktion $y=2x^3-2.2x^2-2.4x+1.8$ mit der erkennbaren Nullstelle $x_{01}=-1$ soll in Linearfaktoren zerlegt werden.
Man dividiert die Funktion mit Hilfe des Horner-Schemas durch $x-(-1)$

$x_{01}=-1$	2	−2.2	−2.4	1.8
		−2	4.2	−1.8
	2	−4.2	1.8	0

und erhält

$$y=2x^3-2.2x^2-2.4x+1.8=(x+1)(2x^2-4.2x+1.8)$$
$$=2(x+1)(x^2-2.1x+0.9)$$

Die Nullstellen der quadratischen Funktion werden aus der quadratischen Gleichung $x^2-2.1x+0.9=0$ berechnet. Man erhält $x_{02}=0.6$ und $x_{03}=1.5$ und damit die Produktdarstellung $2x^3-2.2x^2-2.4x+1.8=2(x+1)(x-0.6)(x-1.5)$. ■

Beispiel 13. Zur Diskussion einer Resonanzkurve (Beispiel 13, Abschn. 5.3) sind die beiden positiven Nullstellen der folgenden Gleichung gesucht

$$x^3+0.955\,x^2-5x+2.865=0$$

Für $x=0$ ist $y=2.865$, und für $x=1$ ist $y=-0.180$. Eine Nullstelle liegt also zwischen Null und Eins in der Nähe von Eins. Berechnet man probeweise mit dem Hornerschema den Funktionswert an der Stelle $x_1^{(1)}=0.8$, so erhält man

$x_1^{(1)}=0.8$	1	0.955	-5	2.865
		0.8	1.404	-2.8768
	1	1.755	-3.5960	-0.0118

Der Wert ist noch negativ, also ist die Nullstelle kleiner als 0.8. Mit der zweiten Näherung $x_1^{(2)}=0.79$ ergibt sich ein positiver Funktionswert

$x_1^{(2)}=0.79$	1	0.955	-5	2.865
		0.79	1.3786	2.8609
	1	1.745	-3.6215	0.0041

Die Ordinaten zu $x_1^{(1)}=0.8$ und $x_1^{(2)}=0.79$ haben verschiedene Vorzeichen. Die Regula falsi ergibt

$$x_1^{(3)}=0.8-\frac{(-0.01)}{0.0159}\cdot(-0.0118)=0.8-0.00742=0.7926$$

Dieser Funktionswert ändert sich innerhalb der vorgegebenen Genauigkeit nicht mehr. Das Hornerschema liefert

$x=0.7926$	1	0.955	-5	2.865
		0.7925	1.3849	-2.8650
	1	1.7475	-3.6151	0.0000

Die Zahlen in der dritten Zeile sind die Koeffizienten der restlichen quadratischen Gleichung

$$x^2+1.7475x-3.6151=0$$

mit der weiteren positiven Nullstelle $x_2=1.2187$. Die dritte Nullstelle $x_3=-2.9662$ ist hier nicht gefragt, da sie keine technische Bedeutung hat. ■

Berechnung der Koeffizienten. Häufig sind die Koeffizienten einer Funktionsgleichung nicht gegeben, sondern müssen z. B. aus einer Meßreihe bestimmt werden. Dabei wird vorausgesetzt, daß sich das physikalische Gesetz durch einen bekannten Funktionstyp darstellen läßt.

Wenn bei der Beschreibung eines physikalischen Vorganges als Gesetz eine ganze rationale Funktion bekannt oder angenommen ist, dann besteht das Aufstellen der Funktionsgleichung in der Bestimmung der Koeffizienten a_i der Gl. (3.1).

Ein Polynom n-ten Grades hat $n+1$ Koeffizienten, zu deren Bestimmung die Angabe von $n+1$ voneinander unabhängigen Bedingungen erforderlich ist. Diese Bedingungen können z. B. die Festlegung der Funktionswerte an $n+1$ Stellen oder die Festlegung von $n+1-k$ Funktionswerten und k anderen Bedingungen z. B. über die Steigung (Abschn. 5.1) oder die Krümmung (Abschn. 8.3.1) oder die Lage von Nullstellen sein. Bei gegebenen Nullstellen empfiehlt sich ein Produktansatz in Form von Gl. (3.18).

Im allgemeinen erhält man aus den Bedingungen ein System von linearen Gleichungen für die $n+1$ unbekannten Koeffizienten $a_0, a_1, a_2, \ldots, a_n$, aus denen diese eindeutig berechnet werden können, wenn die Bedingungen voneinander unabhängig sind. Die Gleichungen wären z. B. nicht voneinander unabhängig, wenn man zur Festlegung einer Parabelgleichung drei Funktionswerte vorgeben würde, deren Bilder auf einer Geraden lägen.

Beispiel 14. Man bestimme die Gleichung der ganzen rationalen Funktion 3. Grades, die durch die Wertepaare $(-1; 2)$, $(0; 1)$, $(1; -2)$ und $(2; 5)$ gegeben ist.

Man setzt die Wertepaare nacheinander in die Funktionsgleichung

$$y = a_0 + a_1 x + a_2 x^2 + a_3 x^3$$

ein und erhält das Gleichungssystem

$$\begin{aligned} 2 &= a_0 - a_1 + a_2 - a_3 \\ 1 &= a_0 \\ -2 &= a_0 + a_1 + a_2 + a_3 \\ 5 &= a_0 + 2a_1 + 4a_2 + 8a_3 \end{aligned}$$

zu dem man ohne großen Rechenaufwand die Lösungen

$$a_0 = 1 \qquad a_1 = -4 \qquad a_2 = -1 \qquad a_3 = 2$$

findet. Die Funktionsgleichung lautet also

$$y = 1 - 4x - x^2 + 2x^3$$ ■

Als weiteres Beispiel sei an dieser Stelle auf die kubischen Spline-Funktionen hingewiesen, die in Abschn. 5.3.4 behandelt werden.

3.1.4 Aufgaben zu Abschnitt 3.1

1. Man zeichne die (v, t)-Diagramme entsprechend Bild **3.2** für die gleichmäßig beschleunigten Bewegungen mit der Anfangsgeschwindigkeit $v_0 = 40$ m/s und den Beschleunigungen $a = 2.5$ m/s², 1 m/s², 0.2 m/s², -0.8 m/s² und $a = 0$. Desgleichen für $v_0 = 0$ und $a = 1.22$ m/s² sowie 2.8 m/s².

2. In einem geradlinigen Weg-Zeit-Diagramm sind auf der Abszisse die Zeiten von 0 bis 40 s auf 8 cm Länge und auf der Ordinate die zugehörigen Wege von 120 m bis 600 m auf 6 cm aufgetragen. Wie groß ist im Diagramm der Steigungswinkel, und welcher Geschwindigkeit entspricht er?

3. Bei einem Doppelkeilprofil für den Überschallflug (Bild **3.9**) mit den gegebenen Maßen benötigt man für die Widerstandsberechnung die Gleichungen der Geraden im (x, y)-System. Wie lauten sie?

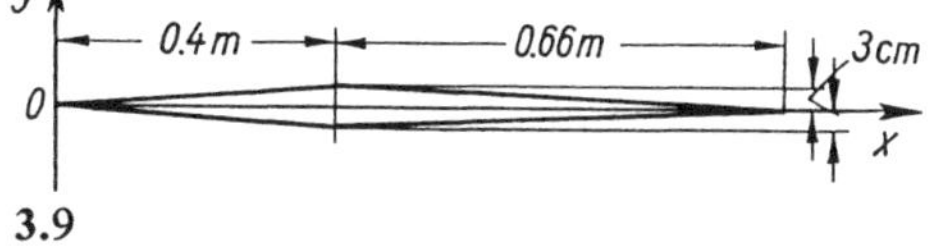

3.9

4. Ein Elektrizitätswerk bietet zwei Tarife an:

Tarif I	Grundgebühr	12.— DM,	Stromkosten	0.08 DM/kWh
Tarif II	Grundgebühr	2.— DM,	Stromkosten	0.25 DM/kWh

Man zeichne ein Diagramm, in dem die Gesamtkosten K für beide Tarife als Ordinate auf ungefähr 8 cm und der Energieverbrauch W von 0 bis 100 kWh als Abszisse auf 10 cm aufgetragen sind. Wie groß sind die Maßstäbe? Bei welchem Verbrauch ergeben sich bei beiden Tarifen die gleichen Kosten?

5. Man diskutiere die Graphen der Funktionen (Lage des Scheitels, Nullstellen)
a) $y=2x^2+4x-5$ b) $y=0.5x^2-1.5x+1.125$ c) $y=-0.384x^2+0.219x-0.775$

6. Man bestimme die Gleichung der Parabel mit der Achse parallel zur y-Achse durch die Punkte $P_1(3;7)$, $P_2(5;9)$ und $P_3(-2;4)$.

7. Wie lautet die Gleichung der Parabel aus Aufgabe 6, wenn die Parabelachse zur x-Achse parallel ist?

8. Der Scheitelpunkt der Wurfparabel $y=x\tan\alpha-[g/(2v_0^2\cos^2\alpha)]x^2$ ist zu berechnen. Dabei ist α der Abwurfwinkel gegen die Waagerechte, v_0 die Anfangsgeschwindigkeit und g die Fallbeschleunigung. Wie groß ist die Wurfweite x_W?

9. Eine Brücke hat die Form zweier Parabelbogen (Bild 3.10). Wie lauten die Gleichungen der Parabeln bezüglich eines in ihrem linken Schnittpunkt liegenden Koordinatensystems? Wie lang sind die Stäbe des Fachwerks? In welchen Punkten schneidet die Fahrbahn den unteren Parabelbogen?

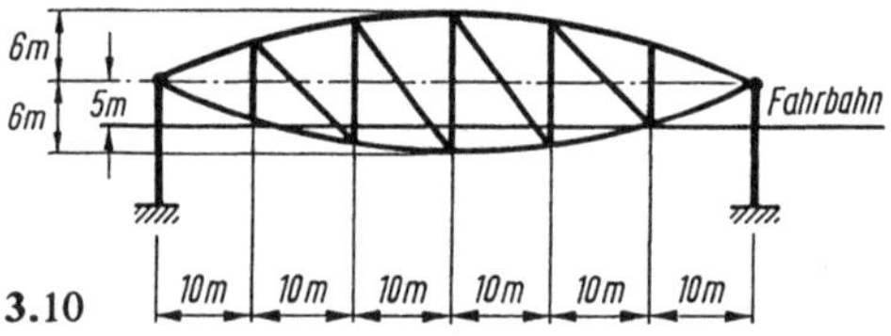

3.10

10. Die charakteristische Gleichung (s. Abschn. 12.2.2) eines freien Schwingkreises mit Ohmschem Widerstand R, Induktivität L und Kapazität C lautet

$$L\lambda^2+R\lambda+\frac{1}{C}=0$$

Man bestimme λ. Wie ist C bei gegebenen R und L zu wählen, damit die Gleichung nur eine Lösung hat (Galvanometer)? Wie groß ist dann λ?

11. Man berechne die Nullstellen der Polynome
a) $y=x^3-6x^2+10x-4$ b) $y=x^6-12x^5+55x^4-120x^3+126x^2-56x+7$

12. Man zerlege die Funktion $y=2x^4-5.4x^3-15.6x^2+16x+19.2$ in Linearfaktoren.

13. Wie tief taucht eine Kugelboje von 80 cm Durchmesser ($\varrho=0.65\ \text{kg/dm}^3$) in Salzwasser ($\varrho=1.03\ \text{kg/dm}^3$) ein?

14. Die Beanspruchung eines durch ein Biegemoment M und eine Längskraft F belasteten Trägers berechnet man aus der Gleichung $\sigma=M/W+F/A$ (W Widerstandsmoment, A Querschnittfläche). Bei einem Kreisquerschnitt vom Durchmesser d ist $A=\pi d^2/4$ und $W=\pi d^3/32$. Man berechne den erforderlichen Durchmesser bei einer Belastung $M=130$ Nm und $F=2500$ N bei einer zulässigen Spannung $\sigma=60\ \text{N/mm}^2=6\ \text{kN/cm}^2$.

3.2 Gebrochene rationale Funktionen

Definition. *Die* gebrochene rationale Funktion *ist der Quotient zweier ganzer rationaler Funktionen von der Form*

$$y = \frac{a_0 + a_1 x + a_2 x^2 + \ldots + a_{n-1} x^{n-1} + a_n x^n}{b_0 + b_1 x + b_2 x^2 + \ldots + b_{m-1} x^{m-1} + b_m x^m} = \frac{\sum_{i=0}^{n} a_i x^i}{\sum_{j=0}^{m} b_j x^j} \qquad (3.19)$$

Die Funktion heißt echt gebrochen, *wenn der Grad n des Zählers kleiner als der Grad m des Nenners ist, andernfalls heißt sie* unecht gebrochen.

Beispiel 1. Die Funktion

$$y = \frac{4x^2 + 3x - 1}{x^3 + x - 1}$$

ist echt, die Funktionen

$$y = \frac{x^3 - 3x + 5}{x - 2} \quad \text{und} \quad y = \frac{3x^2 + 4x + 9}{x^2 + 5}$$

sind unecht gebrochen. ■

Zerlegung. Jede unecht gebrochene rationale Funktion kann durch Dividieren in eine ganze rationale Funktion und eine echt gebrochene rationale Funktion zerlegt werden.

Beispiel 2. Man zerlegt

$$y = \frac{x^3 - 3x + 5}{x - 2} = x^2 + 2x + 1 + \frac{7}{x - 2}$$

und $$y = \frac{3x^2 + 4x + 9}{x^2 + 5} = 3 + \frac{4x - 6}{x^2 + 5}$$ ■

Nullstellen. Unstetigkeitsstellen. Die Nullstellen der Polynome im Zähler von Gl. (3.19) sind auch die Nullstellen der gebrochenen rationalen Funktion, wenn nicht gleichzeitig der Nenner Null ist. Bei Annäherung an die Nullstellen des Nenners wird dieser sehr klein, der gesamte Funktionswert also sehr groß. In der Umgebung der Nullstellen des Nenners wächst die Funktion über alle Grenzen, die Nullstellen des Nenners sind Unstetigkeitsstellen (Unendlichkeitsstellen) der gebrochenen Funktion. Bei gemeinsamer Nullstelle $x = x_0$ von Zähler und Nenner kann nach Gl. (3.16) in Zähler und Nenner der Faktor $x - x_0$ ausgeklammert und gekürzt werden. Hierdurch wird eine Unstetigkeit durch zweckmäßige Neudefinition behoben.

Beispiel 3. Die echt gebrochene Funktion (Bild 3.11)

$$y = \frac{x^3 + 7x^2 - 36}{x^4 - 3x^3 + x^2 + 3x - 2}$$

wird in Zähler und Nenner in Linearfaktoren zerlegt, indem man die Nullstellen aufsucht und die entsprechenden Faktoren ausklammert

$$y = \frac{(x-2)(x+3)(x+6)}{(x-2)(x+1)(x-1)^2}$$

Der Faktor $x-2$ ist zu kürzen. Die Funktion hat Nullstellen bei $x = -3$ und $x = -6$ sowie Unstetigkeitsstellen bei $x = 1$ und $x = -1$. ■

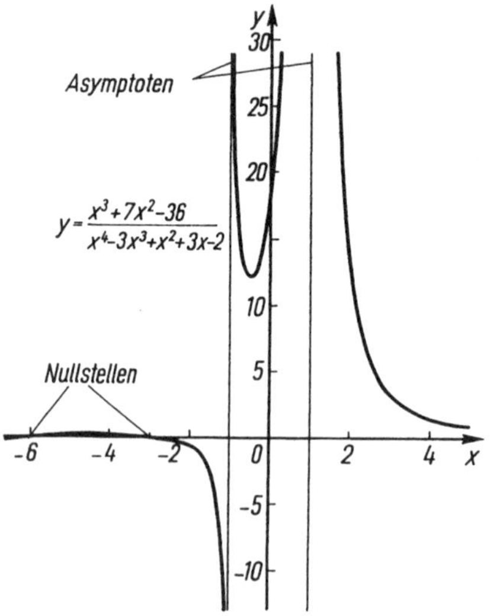

3.11

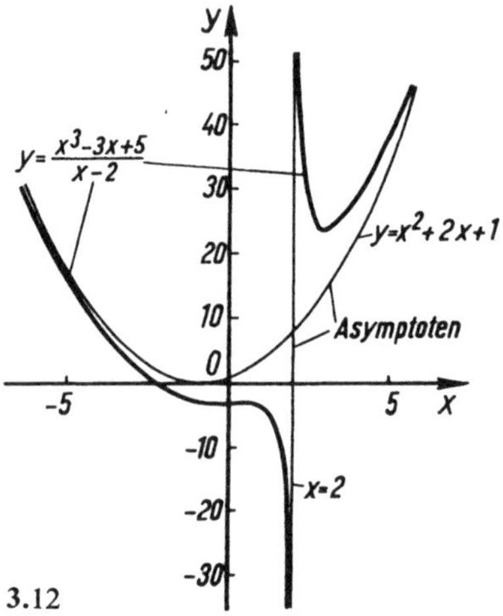

3.12

Asymptoten (s. Abschn. 2.5.3). Bei echt gebrochenen Funktionen ist der höchste Exponent m des Nenners größer als der höchste Exponent n des Zählers. Untersucht man den Grenzwert der Funktion für $x \to \infty$, so sind in Zähler und Nenner die Summanden mit den größten Exponenten allein maßgebend. Wegen $m > n$ strebt daher $(a_n/b_m)x^{n-m}$ und damit y wegen des negativen Exponenten gegen Null.

Die x-Achse ist Asymptote des Graphen jeder echt gebrochenen rationalen Funktion.

Unecht gebrochene Funktionen werden in echt gebrochene und ganze rationale Funktionen zerlegt. Der Einfluß der echt gebrochenen Funktion wird bei wachsendem Argument immer kleiner. Für unecht gebrochene Funktionen gilt daher:

Der Graph der ganzen rationalen Funktion ist die Asymptote des Graphen der unecht gebrochenen Funktion.

Die Asymptote braucht also nicht immer eine Gerade zu sein.

In Beispiel 1 ist bei der ersten Funktion die x-Achse, bei der zweiten die Parabel $y=x^2+2x+1$ (Bild **3**.12) und bei der dritten die Gerade $y=3$ Asymptote. Ist das Vorzeichen des verbleibenden echten Bruches für große Werte von x positiv, so ist der Funktionswert der unecht gebrochenen Funktion größer als der Funktionswert der Asymptote. Der Graph nähert sich der Asymptote von oben. Bei negativem Vorzeichen des Restes wird die Asymptote von unten angenähert. Eine entsprechende Überlegung gilt für $x \to -\infty$.

Wechselt der Funktionswert bei Überschreiten der Unstetigkeitsstelle sein Vorzeichen wie bei $x=-1$ in Beispiel 3, so geht ein Ast des Graphen gegen $+\infty$ und der andere gegen $-\infty$, behält er dagegen wie bei $x=+1$ des gleichen Beispiels sein Vorzeichen bei, so nähern sich beide Äste des Graphen dem gleichen Ende der vertikalen Asymptote, s. Abschn. 2.5.3, Unstetigkeitsstelle.

Beispiel 4. In einer Spannungsteilerschaltung mit einem linearen Potentiometer (Bild **3**.13a), ist die Spannung U_{II} als Funktion des Abgriffsverhältnisses x an dem linear gewickelten Widerstand R_1 darzustellen und für $R_2/R_1=0.1$; 0.5; 1; ∞ zu zeichnen. Wie groß muß das Verhältnis R_2/R_1 mindestens sein, damit die maximale Abweichung der Spannung U_{II} vom Leerlauffall ($R_2/R_1=\infty$) (d.h. die Abweichung der gekrümmten Kurve von der Geraden) 5% beträgt?

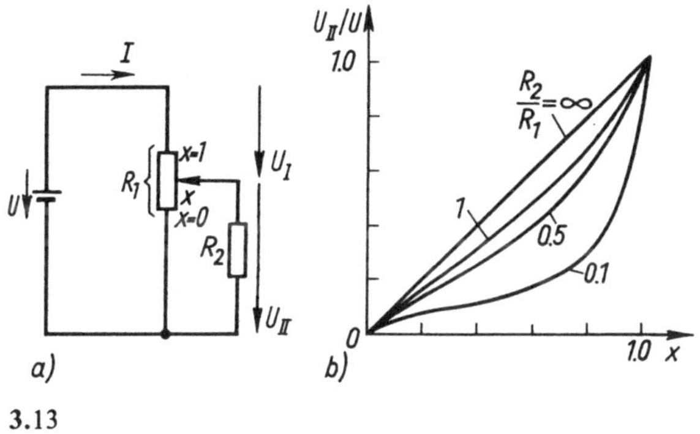

3.13

Der Stromkreis enthält in der Schalterstellung x des Abgriffs an R_1 zwei hintereinander geschaltete Widerstände

$$R_{\text{I}}=R_1(1-x)$$

und R_{II}, von denen sich der zweite aus der Parallelschaltung von $R_1 \cdot x$ und R_2 ergibt, also

$$R_{\text{II}}=\frac{R_1 x R_2}{R_1 x+R_2}$$

Weiter ist

$$U_{\mathrm{I}}=R_1(1-x)I \qquad U_{\mathrm{II}}=\frac{R_1 x R_2}{R_1 x+R_2} I$$

und

$$U=U_{\mathrm{I}}+U_{\mathrm{II}}=\left[R_1(1-x)+\frac{R_1 x R_2}{R_1 x+R_2}\right] I=\frac{R_1 x(1-x)+R_2}{R_1 x+R_2} R_1 I$$

Man drückt den Strom I durch die Spannung U aus und setzt dann I in die Gleichung für U_{II} ein; man erhält

$$\frac{U_{\mathrm{II}}}{U}=\frac{R_2 x}{x(1-x)R_1+R_2}=\frac{x}{1+\frac{R_1}{R_2}x(1-x)}$$

Die Graphen für die verschiedenen Parameter R_2/R_1 sind in Bild **3**.13b aufgetragen. Die Abweichung von der Linearität (Leerlaufspannung $U_{\mathrm{II}0}=xU$) wird bei der in dieser Aufgabe gestellten Forderung durch die Ungleichung $(U_{\mathrm{II}0}-U_{\mathrm{II}})/U_{\mathrm{II}0}<0.05$ beschrieben. Setzt man U_{II} und $U_{\mathrm{II}0}$ in diese Ungleichung ein, so wird man auf die Bedingung

$$\frac{R_2}{R_1}=\frac{0.95x(1-x)}{0.05}<\frac{0.95\cdot 0.25}{0.05}=4.75$$

geführt. Da der Graph von $f(x)=x(1-x)$ eine Parabel ist, gilt nämlich $f_{\max}=f(0.5)=0.25$. ∎

3.2.1 Aufgaben zu Abschnitt 3.2

1. Man bestimme Nullstellen, Unstetigkeitsstellen und Asymptoten der Funktion

$$y=\frac{x^3+3x^2-x-3}{x^2+0.5x-3}$$

2. Zwischen Dampfdruck p und Volumen V besteht die Beziehung $pV=c$. Man stelle den Druck als Funktion des Volumens dar und zeichne das Diagramm für $c=1$ Ncm, $c=10$ Ncm und $c=50$ Ncm in einem Diagramm für den Bereich bis $V=500\ \mathrm{cm}^3$.

3. Die Druckverteilung in der Atmosphäre bis zu $h=11$ km Höhe kann durch die Funktion

$$\frac{p}{p_0}=\left(\frac{31\ \mathrm{km}-h}{31\ \mathrm{km}+h}\right)^2$$

beschrieben werden (p_0 Bodendruck). Man zeichne ein Diagramm. In welcher Höhe beträgt der Druck die Hälfte des Bodendrucks?

4. Die Knickspannung eines Druckstabes wird in der Festigkeitslehre durch $\sigma=E\pi^2/\lambda^2$ (E Elastizitätsmodul, λ Schlankheitsgrad gleich Länge durch Trägheitsradius) angegeben. Die Funktionskurve ist die sog. Euler-Hyperbel. Die Formel gilt nur bis zu demjenigen Schlankheitsgrad, bei dem die Spannung σ die Proportionalitätsgrenze σ_P erreicht. Für kleinere Werte λ wird die Kurve durch eine Gerade ersetzt (Tetmajer-Gerade), die bei $\sigma=\sigma_P$ mit einem Knick an die Euler-Hyperbel anschließt und die σ-Achse bei der Stauchgrenze σ_0 erreicht. Wie groß ist für Stahl 37 ($\sigma_P = 19$ kN/cm^2, $\sigma_0 = 27$ kN/cm^2, $E = 2 \cdot 10^4$ kN/cm^2) der kleinste Wert λ, für den die Euler-Hyperbel gilt? Wie lautet die Gleichung der Tetmajer-Geraden?

5. Wieviel Prozent der Erdoberfläche kann man aus einem Erdsatelliten in $H = 20$ km, 200 km, 2000 km und 384000 km (Mond!) Höhe über der Erdoberfläche übersehen? Radius der Erde $R = 6370$ km. Man stelle das Verhältnis von sichtbarer Fläche und Erdoberfläche als Funktion von $x = H/R$ dar.

6. Bei einem senkrechten Verdichtungsstoß besteht zwischen Druck p_1 und Dichte ϱ_1 vor und den entsprechenden Größen p_2 und ϱ_2 hinter der Stoßfront die Gleichung

$$\frac{p_2}{p_1} - \frac{\varrho_2}{\varrho_1} = \frac{\varkappa - 1}{2}\left(1 + \frac{p_2}{p_1}\right)\left(\frac{\varrho_2}{\varrho_1} - 1\right)$$

Man setze $y = p_2/p_1$ und $x = \varrho_2/\varrho_1$.

a) Man löse die Gleichung nach y auf.

b) Wieviele Unstetigkeitsstellen gibt es für $y > 0$, $x > 0$ und $\varkappa > 1$?

c) Wie lauten sie?

d) Welche maximale Verdichtung x ist für $\varkappa = 1.4$ (Luft) möglich?

3.3 Algebraische Funktionen

Definition. *Eine* algebraische Funktion *lautet in der impliziten Form*

$$P_0(x) + P_1(x)y + P_2(x)y^2 + \ldots + P_n(x)y^n = \sum_{i=0}^{n} P_i(x)y^i = 0 \tag{3.20}$$

Die $P_i(x)$ sind Polynome in x. Durch zusätzliche Vereinbarungen ist zu gewährleisten, daß innerhalb des Definitionsbereiches jedem x-Wert genau ein y-Wert zugeordnet wird.

In einfachen Fällen kann diese Gleichung explizit nach y aufgelöst werden. Tritt bei dieser Auflösung die Operation des Wurzelziehens auf, so werden die Funktionen auch Wurzelfunktionen genannt.

Die ganzen rationalen Funktionen sind ein Sonderfall der Gl. (3.20): $P_0(x)$ beliebig, $P_1(x) = 1$ und alle übrigen $P_i(x) = 0$. Auch die gebrochenen rationalen Funktionen sind in Gl. (3.20) enthalten: $P_0(x)$ und $P_1(x)$ sind beliebige Polynome, alle übrigen $P_i(x)$ sind Null.

Beispiel 1. Algebraische Funktionen in impliziter und expliziter Darstellung. Um Eindeutigkeit in der expliziten Darstellung zu erreichen, ist bei Quadratwurzeln das positive Vorzeichen zu wählen.

a) $2x^2 + 1 - y = 0 \qquad y = 2x^2 + 1$ b) $x^2 + 1 + (x-3)y = 0 \qquad y = \dfrac{x^2+1}{3-x}$

c) $x-y^2=0 \quad y=\sqrt{x}$ d) $1-x+(x^2+2)y^3=0 \quad y=\sqrt[3]{\dfrac{x-1}{x^2+2}}$

e) $x^2-r^2+y^2=0 \quad y=\sqrt{r^2-x^2}$

f) $(3x-4)^2+2(4-3x)y+(1-4x)y^2=0 \quad y=\dfrac{3x-4}{2\sqrt{x}+1}$ ■

Beispiel 2. Der Trägheitsradius i_x eines quadratischen Querschnittes mit der Seite a und einer Bohrung vom Durchmesser d in der Mitte (Bild 3.14) wird für die Achse $x-x$ durch die Gleichung

$$i_x=\frac{1}{12}\sqrt{\frac{48a^4-9\pi d^4}{4a^2-\pi d^2}}=\frac{a}{12}\sqrt{\frac{48-9\pi(d/a)^4}{4-\pi(d/a)^2}}$$

gegeben. ■

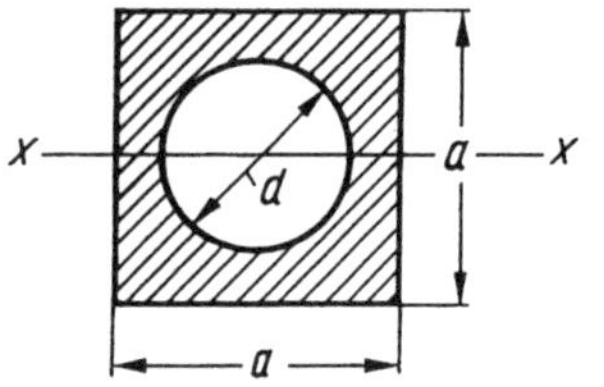

3.14

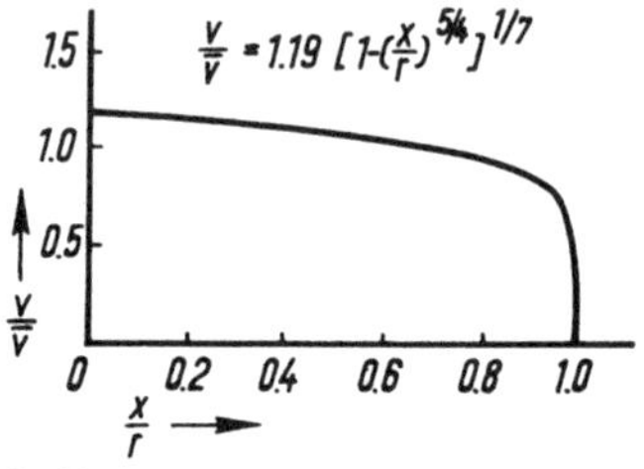

3.15

Beispiel 3. Bei turbulenter (verwirbelter) Strömung in glatten Rohren wird die Geschwindigkeit in Abhängigkeit vom Abstand x von der Rohrmitte durch die normierte Funktionsgleichung

$$\frac{v}{\bar{v}}=1.19\left[1-\left(\frac{x}{r}\right)^{5/4}\right]^{1/7}$$

beschrieben. In dieser Formel bedeutet r den Rohrradius und $\bar{v}$ die mittlere Durchflußgeschwindigkeit. Der Graph der Funktion ist in Bild 3.15 gezeichnet (s. auch Aufgabe 1a, Abschn. 2.5.4, und 3b, Abschn. 2.4.4). ■

3.3.1 Potenzfunktion

Bei vielen technischen Problemen treten Potenzfunktionen mit gebrochenen Exponenten auf (s. z. B. Beispiel 3). Im einfachsten Fall erhält man die Gleichung

$$y=Cx^{m/n} \quad m, n\in\mathbb{Z} \tag{3.21}$$

Mit der Umformung $y^n-C^nx^m=0$ hat Gl. (3.21) die Form von Gl. (3.20). Da $x^{m/n}$ die n-te Wurzel der m-ten Potenz von x ist, erhält man bei geradem Wurzelexponenten n nur für positive Elemente der Definitionsmenge x reelle Bildwerte y, weil in der Menge der reellen Zahlen den negativen Zahlen keine Wurzel mit geradzahligem Wurzelexponenten zugeordnet sind. Funktionen mit ungeradem Wurzelexponenten unterliegen dieser Einschränkung nicht. So kann $y=\sqrt{x}$ nur für positive Werte von x und $y=\sqrt{a^2-x^2}$ nur für Argumente zwischen $x=-a$ und $x=+a$ berechnet werden, während die Funktion $y=\sqrt[3]{x^5}$ reelle Werte für jedes Argument x hat; so erhält man für $x=-2$ die Ordinate $y=\sqrt[3]{(-2)^5}=\sqrt[3]{(-32)}=-3.17$.

Die Graphen der Funktionen $y=x^{m/n}$ sind in Bild **3**.16 für verschiedene Exponenten m/n aufgetragen. Für den Sonderfall $m=1$ ergibt sich die Funktion $y=\sqrt[n]{x}$ (Bild **3**.17), die Umkehrfunktion der ganzen rationalen Funktion $y=x^n$. Ihr Graph entsteht durch Spiegelung des Graphen der ganzen rationalen Funktion an der Geraden $y=x$.

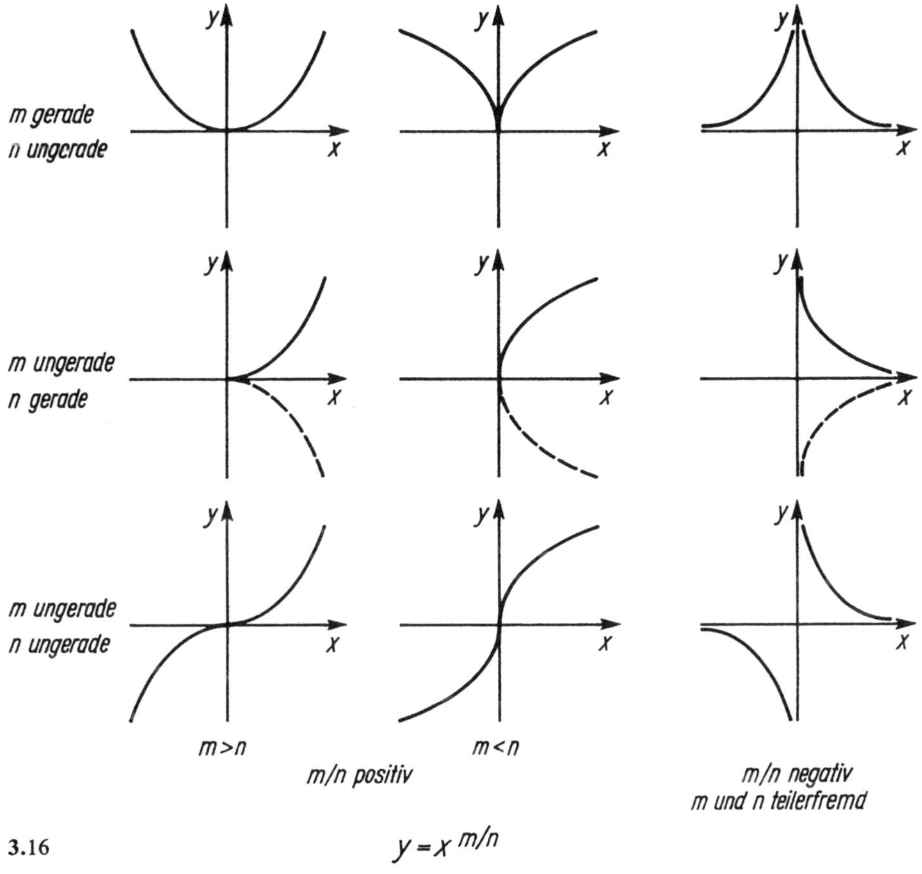

3.16

Bei geradem Wurzelexponenten n ist für $C>0$ immer der obere Ast des Graphen gemeint.

In der Technik brauchen im allgemeinen die Funktionswerte nur für positive Argumente berechnet zu werden. Einige spezielle Graphen sind für positive Argumente x in Bild **3**.18 zusammengestellt.

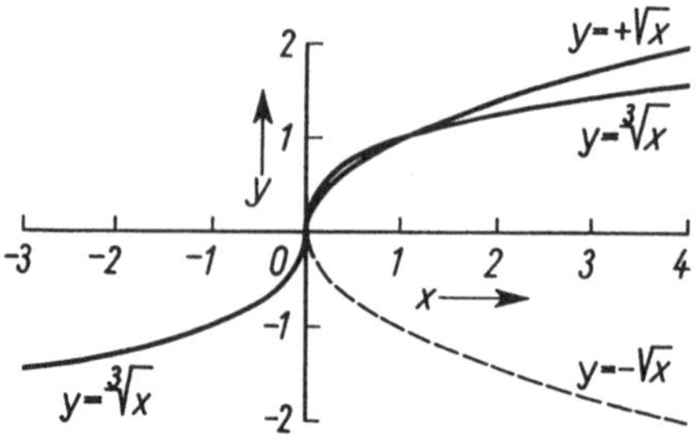

3.17

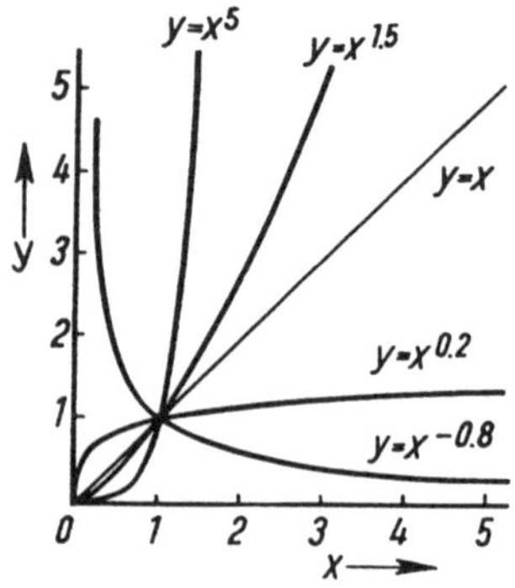

3.18

In Abschn. 3.5.3 ist gezeigt, wie die Graphen der Potenzfunktionen zu Geraden verstreckt werden, wenn man sog. Potenzpapier ($\log y$, $\log x$-Papier) benutzt.

3.3.2 Allgemeine Gleichung 2. Grades. Kegelschnitte

Ein für die Technik wichtiger Sonderfall der Gl. (3.20) ist die Relation zweiten Grades

$$P_0(x) + P_1(x)\,y + P_2(x)\,y^2 = 0 \tag{3.22}$$

in der $P_0(x)$ ein Polynom zweiten Grades, $P_1(x)$ ein Polynom ersten Grades und P_2 eine Konstante ist. Setzt man die $P_i(x)$ in der Form der Gln. (3.2) und (3.6) ein und sortiert nach Potenzen von x und y, so erhält man die allgemeine Form einer algebraischen Gleichung zweiten Grades

$$\boxed{a_{11}x^2 + 2a_{12}xy + a_{22}y^2 + 2a_{13}x + 2a_{23}y + a_{33} = 0} \tag{3.23}$$

Die Graphen dieser Relationen werden als Kegelschnitte bezeichnet, weil sie als Schnittkurven einer Ebene mit einem Doppelkegel entstehen (Bild 3.19). Ein Schnitt E_K senkrecht zur Kegelachse ergibt als Schnittfigur einen Kreis, der beim Schnitt durch die Kegelspitze zu einem Punkt zusammenschrumpft. Ein schräger Schnitt E_E, der beide Kegelmantellinien schneidet, hat eine Ellipse als Schnittfigur. Dreht man die Schnittebene um die Achse O weiter, bis sie parallel zur Kegelmantellinie verläuft (E_P), so gibt es

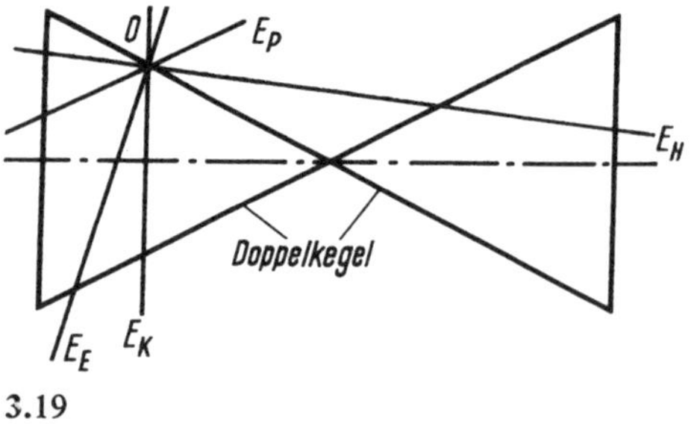

3.19

nur noch einen Scheitel. Die geschlossene Ellipse geht in die offene Parabel über. Weitere Drehung der Schnittebene bis zum Schnitt mit dem zweiten Kegel (E_H) führt auf die Hyperbel, die wieder zwei Scheitel hat. Falls dieser Schnitt durch die Kegelspitze verläuft, erhält man als Spezialfall der Hyperbel ein Geradenpaar.

Die einzelnen Kegelschnitte ergeben sich durch spezielle Wahl der Koeffizienten a_{ik}.

Beispiel 4. Mit $a_{11}=c$, $a_{12}=a_{22}=a_{13}=a_{33}=0$ und $a_{23}=-1/2$ erhält man aus Gl. (3.23) die Gleichung der Normalparabel

$$y=cx^2$$

Mit $a_{11}=a_{22}=1$, $a_{33}=-r^2$ und $a_{ik}=0$ für $i\neq k$ ergibt sich die Gleichung eines Kreises mit dem Radius r, dessen Mittelpunkt im Koordinaten-Nullpunkt liegt

$$x^2+y^2=r^2 \qquad (3.24)$$ ■

Zunächst soll gezeigt werden, daß die aus der Schulmathematik als geometrische Ortskurven bekannten Kegelschnitte Sonderfälle der Gl. (3.23) sind. Anschließend wird dargelegt, wie man aus den Koeffizienten a_{ik} die Art des Kegelschnittes erkennt.

Definition. *Der* Kreis *um den Punkt O mit dem Radius r ist die geometrische Ortskurve für alle Punkte, die von dem Punkt O den gleichen Abstand r haben* (Bild 3.20).

Aus Bild 3.20 ergibt sich mit dem Lehrsatz des Pythagoras die Mittelpunktform des Kreises

$$\boxed{x^2+y^2=r^2} \qquad (3.25)$$

Kreis in allgemeiner Lage. Aus Bild 3.21 liest man die Gleichung des um a nach rechts und um b nach oben aus dem Koordinaten-Anfangspunkt verschobenen Kreises ab

$$\boxed{(x-a)^2+(y-b)^2=r^2} \qquad (3.26)$$

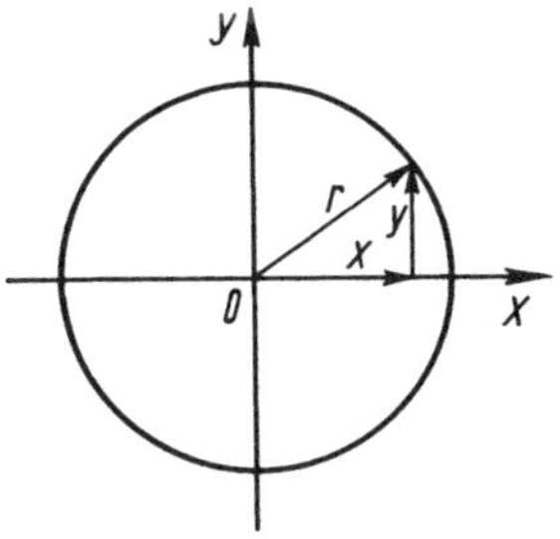

3.20

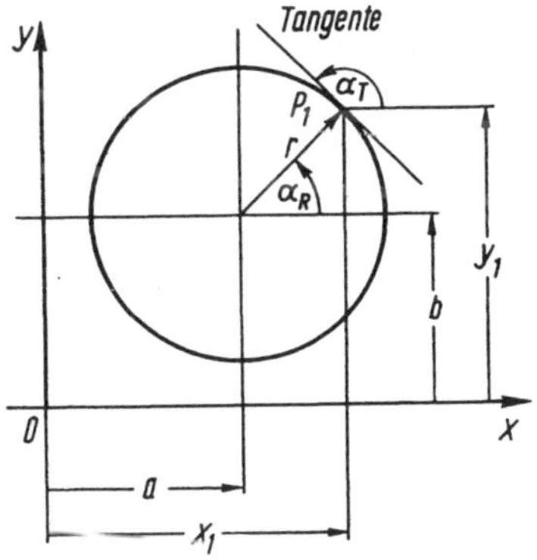

3.21

Wird diese Gleichung ausmultipliziert, so entsteht als Spezialfall der Gl. (3.23)

$$x^2+2a_{13}x+y^2+2a_{23}y+a_{33}=0$$

Hieraus ergeben sich für Mittelpunkt und Radius des Kreises

$$a=-a_{13} \qquad b=-a_{23} \qquad r^2=a_{13}^2+a_{23}^2-a_{33} \tag{3.27}$$

Definition. *Die* Parabel *ist die geometrische Ortskurve für alle Punkte, die von einer Geraden l (Leitlinie) und einem Punkt F (Brennpunkt) den gleichen, aber von Punkt zu Punkt sich ändernden, Abstand d haben* (Bild **3.22**).

Aus dem Dreieck PFP' in Bild **3.22** liest man die Beziehung

$$d^2=y^2+(p-x)^2$$

ab. Der Abstand d des Punktes P von der Leitlinie l ist gleich x. Damit kann man d aus der vorstehenden Gleichung eliminieren. Man erhält

$$x^2=y^2+(p-x)^2 \qquad y^2+p^2-2px=0 \tag{3.28}$$

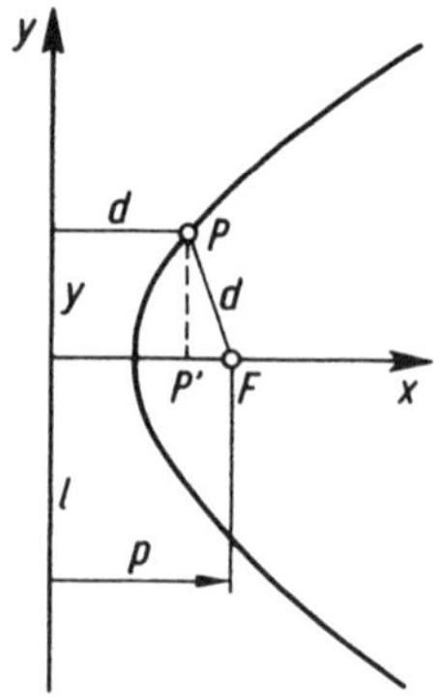

3.22

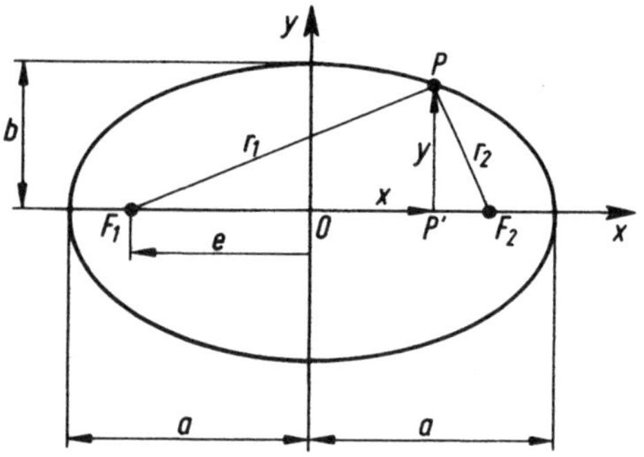

3.23

Legt man die y-Achse nicht in die Leitlinie, sondern als Tangente an den Graphen, so muß man in Gl. (3.28) eine Koordinatenverschiebung vornehmen.

$$y^2-2p\left(x-\frac{p}{2}\right)=0$$

Mit $\bar{x}=x-\dfrac{p}{2}$ erhält man die einfachere Form

$$y^2-2p\bar{x}=0 \qquad y^2=2p\bar{x} \tag{3.29}$$

Vertauscht man in Gl. (3.29) die Variablen $\bar{x}$ und y, nennt $\bar{x}$ wieder x und löst nach y auf, so entsteht als Umkehrfunktion eine Parabel mit senkrechter Achse, die sog. Normalparabel

$$\boxed{y = cx^2} \tag{3.30}$$

Aus dieser kann man durch eine Paralleltransformation die Gleichung der Parabel mit senkrechter Achse Gl. (3.6) gewinnen.

Definition. *Die* Ellipse *ist die geometrische Ortskurve für alle Punkte, deren Abstandssumme* $r_1 + r_2 = 2a$ von zwei festen Punkten F_1 und F_2 (den Brennpunkten) mit dem Abstand $2e$ gleich groß ist.

Aus den Dreiecken $F_1P'P$ und $P'F_2P$ in Bild **3**.23 erkennt man nach Pythagoras die Beziehungen

$$y^2 + (x-e)^2 = r_2^2 \tag{3.31}$$

$$y^2 + (x+e)^2 = r_1^2 \tag{3.32}$$

Die Abstände r_1 und r_2 kann man mit Hilfe der Definitionsgleichung

$$r_1 + r_2 = 2a \tag{3.33}$$

eliminieren. Dazu benutzt man zweckmäßigerweise die Differenz aus Gl. (3.32) und (3.31)

$$4ex = r_1^2 - r_2^2$$

und eliminiert daraus mit Gl. (3.33) den Ausdruck r_2^2

$$4ex = r_1^2 - (2a - r_1)^2 = 4ar_1 - 4a^2 \qquad r_1 = \frac{e}{a}x + a$$

Dieser Wert r_1 wird in Gl. (3.32) eingesetzt und ergibt schließlich

$$y^2 + x^2\left(1 - \frac{e^2}{a^2}\right) = a^2 - e^2 \tag{3.34}$$

Für $y = 0$ erhält man $x = a$ oder $x = -a$. Die Größe $a = (r_1 + r_2)/2$ ist also der Abstand des rechten oder linken Scheitels vom Ellipsenmittelpunkt $x = 0$. Man nennt a eine Halbachse der Ellipse. Die andere Halbachse erhält man, wenn man $x = 0$ in Gl. (3.34) einsetzt.

$$y(0) = \sqrt{a^2 - e^2} = b \tag{3.35}$$

In Bild **3**.23 ist a die große, b die kleine Halbachse der Ellipse.
Mit b aus Gl. (3.35) wird aus Gl. (3.34)

$$y^2 + \frac{b^2}{a^2}x^2 = b^2$$

eine Gleichung der Form von Gl. (3.23), die durch Dividieren durch b^2 in die sog.

Mittelpunktform der Ellipse übergeht.

$$\boxed{\left(\frac{x}{a}\right)^2 + \left(\frac{y}{b}\right)^2 = 1} \tag{3.36}$$

Definition. *Die* Hyperbel *ist die geometrische Ortskurve für alle Punkte, deren Abstandsdifferenz* $\pm(r_1 - r_2) = 2a$ *von zwei festen Punkten (Brennpunkten) mit dem Abstand* $2e$ *gleich groß ist* (Bild 3.24).

Die Herleitung der Hyperbelgleichung erfolgt analog der Herleitung der Ellipsengleichung. Die drei Gleichungen

$$y^2 + (x - e)^2 = r_2^2$$

$$y^2 + (x + e)^2 = r_1^2$$

$$r_1 - r_2 = 2a$$

führen bei Elimination von r_1 und r_2 auf

$$b^2x^2 - a^2y^2 - a^2b^2 = 0 \tag{3.37}$$

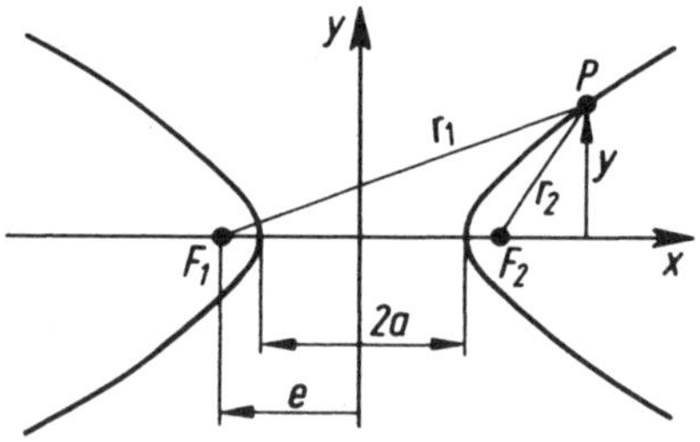

3.24

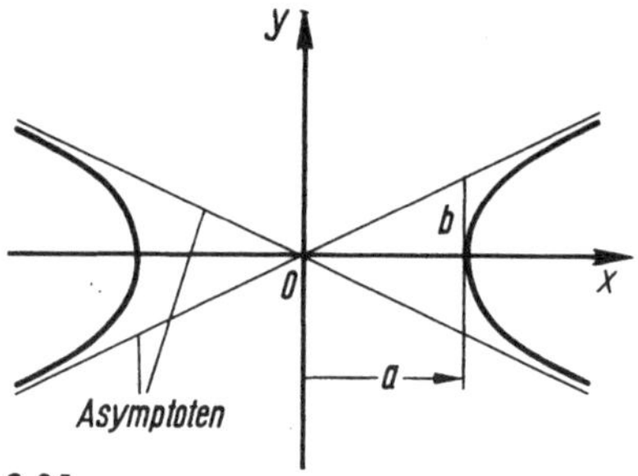

3.25

Daraus ergibt sich die Mittelpunktform der Hyperbel

$$\boxed{\left(\frac{x}{a}\right)^2 - \left(\frac{y}{b}\right)^2 = 1} \tag{3.38}$$

Den Graphen der allgemeinen Hyperbel findet man in Bild 3.25.

Asymptoten. Für große Beträge von x kann in Gl. (3.37) der Summand a^2b^2 gegen b^2x^2 vernachlässigt werden. Die Hyperbel unterscheidet sich dann beliebig wenig von einem Geradenpaar, den Asymptoten

$$y = \pm \frac{b}{a} x \tag{3.39}$$

Die geometrische Bedeutung des Wertes b ist also die Ordinate der Asymptote im Scheitelpunkt $x=a$.

Beispiel 5. Die Längsspannungen σ und die Schubspannungen τ in einem Schnitt unter dem Winkel φ gegen die Richtung x eines mit den Randspannungen (Hauptspannungen) $\sigma_1=\sigma_x$ und $\sigma_2=\sigma_y$ belasteten Konstruktionselements lauten mit Gl. (3.75)

$$\begin{aligned}\sigma &= \sigma_x \sin^2\varphi + \sigma_y \cos^2\varphi\\ &= \frac{1}{2}(\sigma_x+\sigma_y) + \frac{1}{2}(\sigma_y-\sigma_x)\cos 2\varphi \end{aligned} \qquad (3.40)$$

$$\begin{aligned}\tau &= \frac{1}{2}\sigma_y \sin 2\varphi - \frac{1}{2}\sigma_x \sin 2\varphi\\ &= \frac{1}{2}(\sigma_y-\sigma_x)\sin 2\varphi\end{aligned}$$

Das Zusammensetzen der Spannungen wird durch Bild 3.26 anschaulich. Eliminiert man aus den beiden vorstehenden Gleichungen den Winkel φ, indem man τ und $\sigma-(\sigma_x+\sigma_y)/2$ quadriert und dann addiert, so erhält man die Gleichung eines Kreises, des Mohrschen Spannungskreises

$$\left(\sigma-\frac{\sigma_x+\sigma_y}{2}\right)^2+\tau^2=\left(\frac{\sigma_y-\sigma_x}{2}\right)^2$$

dessen Mittelpunkt auf der σ-Achse liegt. Für den in Bild 3.26 eingetragenen Winkel φ (Innenwinkel in einem gleichschenkligen Dreieck, dessen Außenwinkel gleich 2φ ist) entnimmt man σ und τ dem Diagramm.

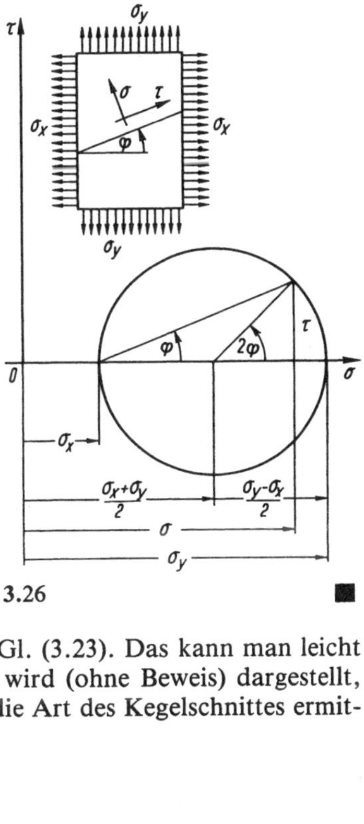

3.26 ■

Die eben hergeleiteten Relationen sind Sonderfälle der Gl. (3.23). Das kann man leicht aus der Form der Gleichungen erkennen. In Bild 3.27 wird (ohne Beweis) dargestellt, wie allgemein aus den Koeffizienten a_{ik} von Gl. (3.23) die Art des Kegelschnittes ermittelt werden kann.

Aus den Koeffizienten wird die Determinante

$$D=\begin{vmatrix} a_{11} & a_{12} & a_{13}\\ a_{21} & a_{22} & a_{23}\\ a_{31} & a_{32} & a_{33}\end{vmatrix}$$

in der $a_{ik}=a_{ki}$ ist, gebildet. D_{ik} ist die Unterdeterminante (s. Abschn. 4.1.1) des Elementes a_{ik}.

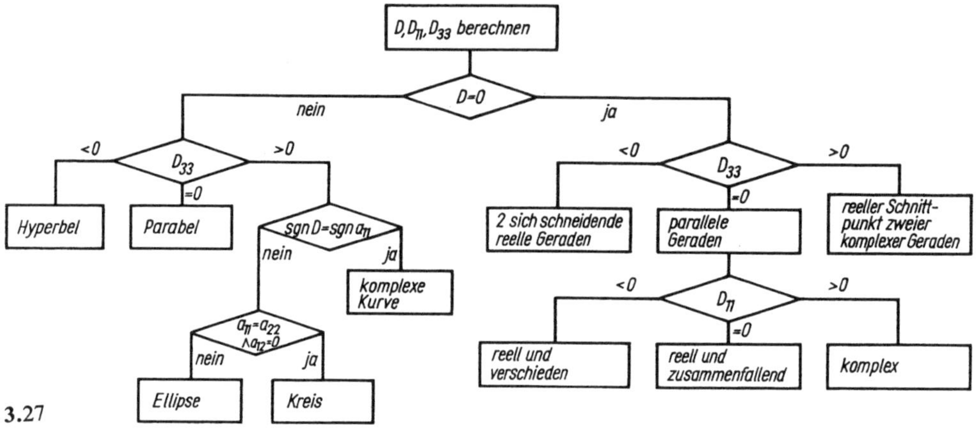

3.27

Beispiel 6. Man bestimme die Art des Kegelschnittes, der durch die Relation

$$x^2+y^2-4x+6y-3=0$$

beschrieben wird.

Die Determinante aus den Koeffizienten lautet

$$D=\begin{vmatrix} 1 & 0 & -2 \\ 0 & 1 & 3 \\ -2 & 3 & -3 \end{vmatrix}=-16$$

Da die Determinante nicht gleich Null ist, geht man in den linken Zweig von Bild **3.27** und prüft als nächstes die Unterdeterminante D_{33}.

$$D_{33}=\begin{vmatrix} 1 & 0 \\ 0 & 1 \end{vmatrix}=1>0$$

Da $\operatorname{sgn} D=-1$ und $\operatorname{sgn} D_{33}=+1$ ist, verfolgt man den rechten Ast, findet wegen $\operatorname{sgn} D \neq \operatorname{sgn} a_{11}$ den linken Ast der nächsten Verzweigung und stößt wegen $a_{11}=a_{22}=1 \wedge a_{12}=0$ schließlich auf das Ergebnis: Es handelt sich um einen Kreis. Die Lage des Kreismittelpunktes und den Radius des Kreises findet man leicht durch quadratische Ergänzung in der gegebenen Relation (s. Gl. (3.27))

$$x^2-4x+4+y^2+6y+9-4-9-3=0 \qquad (x-2)^2+(y+3)^2=16$$

Die Koordinatentransformation (Verschiebung) $u=x-2$ und $v=y+3$ zeigt den Kreismittelpunkt

$$u=0 \quad \text{für} \quad x=2$$
$$v=0 \quad \text{für} \quad y=-3$$

und den Radius $r=\sqrt{16}=4$. Aus dem Vergleich von

$$u^2+v^2=4^2$$

mit Gl. (3.25) kann man natürlich auch ohne die Koeffizientendeterminante den Kegelschnitt als Kreis erkennen. ■

Hauptachsentransformation. Unter einer Hauptachsentransformation versteht man die Folge von zwei Koordinatentransformationen (Abschn. 2.5.2), die die Koordinatenachsen in die Hauptachsen und den Koordinaten-Nullpunkt in den Mittelpunkt des Kegelschnittes verlegt. Algebraisch wird die Gl. (3.23) in eine der Mittelpunktformen Gl. (3.25), (3.29), (3.36) oder (3.38) überführt. Mit einer Drehtransformation wird zunächst der Koeffizient a_{12} des gemischten Produktes der Gl. (3.23) zum Verschwinden gebracht, und mit einer anschließenden Parallelverschiebung werden die Koeffizienten der linearen Anteile eliminiert.

Den Winkel φ für die Drehung des Koordinatensystems findet man, wenn man nach Gl. (2.42)

$$x=u\cos\varphi-v\sin\varphi \qquad y=u\sin\varphi+v\cos\varphi$$

in Gl. (3.23) einsetzt und nach Potenzen von u und v ordnet.

$$\begin{aligned}&u^2[a_{11}\cos^2\varphi+2a_{12}\sin\varphi\cos\varphi+a_{22}\sin^2\varphi]\\&\quad+v^2[a_{11}\sin^2\varphi-2a_{12}\sin\varphi\cos\varphi+a_{22}\cos^2\varphi]\\&\quad+2uv[(a_{22}-a_{11})\sin\varphi\cos\varphi+a_{12}(\cos^2\varphi-\sin^2\varphi)]\\&\quad+2u(a_{13}\cos\varphi+a_{23}\sin\varphi)+2v(-a_{13}\sin\varphi+a_{23}\cos\varphi)+a_{33}=0\end{aligned} \qquad (3.41)$$

Die Bedingung für das Verschwinden des Faktors des Produktes uv lautet

$$(a_{22}-a_{11})\sin\varphi\cos\varphi+a_{12}(\cos^2\varphi-\sin^2\varphi)=0$$

Mit $\sin\varphi\cos\varphi=\frac{1}{2}\sin(2\varphi)$ und $\cos^2\varphi-\sin^2\varphi=\cos(2\varphi)$ nach Gl. (3.72) und (3.73) wird daraus bei $a_{11}\neq a_{22}$

$$\boxed{\tan 2\varphi=\frac{2a_{12}}{a_{11}-a_{22}}} \qquad (3.42)$$

Wenn $a_{11}=a_{22}$ ist, muß $\cos 2\varphi=0$ sein. Mit $2\varphi=90°$, $\varphi=45°$ wird eine Koordinatendrehung um 45° angezeigt.

Durch Einführung des mit Gl. (3.42) berechneten Winkels in Gl. (3.41) entstehen aus den a_{ik} neue Koeffizienten b_{ik}, und Gl. (3.41) kann in der Form

$$b_{11}u^2+b_{22}v^2+2b_{13}u+2b_{23}v+b_{33}=0 \qquad (3.43)$$

geschrieben werden. Durch Ergänzung zu vollständigen Quadraten läßt sich für $b_{11}\neq 0$ und $b_{22}\neq 0$ diese Gleichung noch vereinfachen.

$$b_{11}\left(u+\frac{b_{13}}{b_{11}}\right)^2+b_{22}\left(v+\frac{b_{23}}{b_{22}}\right)^2+b_{33}-\frac{b_{13}^2}{b_{11}}-\frac{b_{23}^2}{b_{22}}=0 \qquad (3.44)$$

Aus Gl. (3.44) können die Koordinaten des „Mittelpunktes“

$$u_M = -\frac{b_{13}}{b_{11}} \qquad v_M = -\frac{b_{23}}{b_{22}} \tag{3.45}$$

direkt abgelesen werden. Mit der Parallelverschiebung

$$w = u - u_M \qquad z = v - v_M$$

ergibt sich schließlich die Mittelpunktform des Kegelschnittes

$$b_{11}\,w^2 + b_{22}z^2 = \frac{b_{13}^2}{b_{11}} + \frac{b_{23}^2}{b_{22}} - b_{33} \tag{3.46}$$

Wenn eine der Größen b_{11} oder b_{22} gleich Null ist, hat der Kegelschnitt keinen Mittelpunkt, wie z. B. die Parabel.

Wenn die rechte Seite von Gl. (3.46) negativ ist und die Koeffizienten b_{11} und b_{22} positiv sind, so ist die Determinante der Koeffizienten positiv, und man erhält keinen Kegelschnitt im eigentlichen Sinne, sondern eine komplexe Kurve (s. Schema **3**.27).

Beispiel 7. Man bestimme die Art des durch die Relation

$$3.24x^2 + y^2 + 3.6xy - 12y - 15 = 0$$

beschriebenen Kegelschnittes und bringe die Gleichung durch Koordinatentransformationen auf die einfachste Form.

Die Koeffizientendeterminante lautet

$$D = \begin{vmatrix} 3.24 & 1.8 & 0 \\ 1.8 & 1 & -6 \\ 0 & -6 & -15 \end{vmatrix} = -116.64 \neq 0$$

Die Unterdeterminante D_{33} ist als nächste zu berechnen.

$$D_{33} = \begin{vmatrix} 3.24 & 1.8 \\ 1.8 & 1 \end{vmatrix} = 0$$

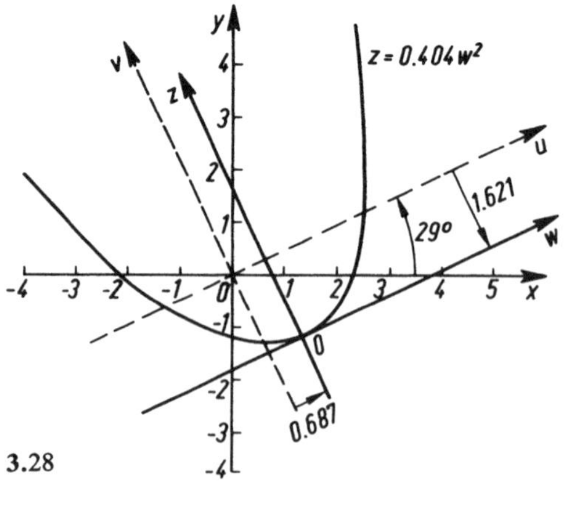

3.28

Nach Bild **3.**27 handelt es sich bei diesem Kegelschnitt um eine Parabel. Die Hauptachsentransformation liefert nach Gl. (3.42) den Drehwinkel

$$\tan 2\varphi = \frac{3.6}{3.24-1} = 1.607 \qquad 2\varphi = 58.11°$$

$$\varphi = 29.05° \text{ gegen die positive } x\text{-Achse}$$

Durch Einsetzen dieses Winkels in Gl. (3.41) erhält man mit $b_{11} = 4.240$, $b_{22} = 0$, $b_{12} = 0$, $b_{33} = -15$, $b_{13} = -2.914$ und $b_{23} = -5.245$ die Relation im hauptachsenparallelen System

$$4.240u^2 - 2\cdot 2.914u - 2\cdot 5.245v - 15 = 0$$

die durch quadratische Ergänzung und Parallelverschiebung auf die Hauptachsenform gebracht werden kann.

$$4.240(u-0.687)^2 = 10.490(v+1.621)$$

Mit $z = v + 1.621$ und $w = u - 0.687$ erhält man schließlich

$$z = 0.404\, w^2$$

entsprechend Gl. (3.30). Die Parabel mit den drei Koordinatensystemen ist in Bild **3.**28 gezeichnet. Die Koordinaten des Scheitelpunktes sind

$$u_{\text{Sch}} = 0.687 \qquad v_{\text{Sch}} = -1.621 \qquad x_{\text{Sch}} = 1.388 \qquad y_{\text{Sch}} = -1.083$$ ■

3.3.3 Aufgaben zu Abschnitt 3.3

1. Ein Erdsatellit bewegt sich auf einer Kreisbahn in der Höhe h über der Erdoberfläche mit der Geschwindigkeit $v = \sqrt{gR^2/(R+h)}$ (Erdradius $R = 6370$ km, Fallbeschleunigung $g = 9.81$ m/s^2). Man stelle v als Funktion von h für $0 \le h \le 500$ km graphisch dar.

2. Die technisch nutzbare Arbeit eines Radialverdichters ist durch die Gleichung

$$W = \frac{\varkappa}{\varkappa-1} nRT_1 \left[\left(\frac{p_2}{p_1}\right)^{\frac{\varkappa-1}{\varkappa}} - 1\right]$$

gegeben (R Gaskonstante, T_1 Anfangstemperatur, p_1 Anfangsdruck, p_2 Enddruck, $\varkappa = 1.4$ für Luft, n in Kilomol angegebene Teilchenmenge). Man berechne den Ausdruck

$$\frac{W}{nRT_1} = 3.5\left[\left(\frac{p_2}{p_1}\right)^{0.286} - 1\right]$$

für $p_2/p_1 = 1$; 1.2; 1.5; 2.0; 2.5; 3.0 und zeichne die Graphen.

3. Die Druckverteilung in der ruhenden Atmosphäre wird nach internationaler Vereinbarung nach der Gleichung

$$\frac{p}{p_0} = \left(1 - \frac{n-1}{n}\cdot\frac{gh}{R_L T_0}\right)^{\frac{n}{n-1}}$$

mit dem Polytropenexponenten $n=1.235$, der Temperatur $T_0=288$ K, der spezifischen Gaskonstante der Luft $R_L=287\ \mathrm{m^2/(K\cdot s^2)}$, der Fallbeschleunigung $g=9.81\ \mathrm{m/s^2}$ und der Höhe h berechnet.

Man schreibe die Gleichung mit den gegebenen Größen als zugeschnittene Größengleichung und trage p/p_0 als Funktion von h im Bereich von Null bis 11 km auf. In welcher Höhe beträgt der Druck die Hälfte des Bodendruckes $p_0=1.013$ bar?

4. Die Ausströmgeschwindigkeit v eines Gases aus einem Kessel mit dem Druck p_0 und dem Außendruck p gehorcht der Gleichung

$$\frac{v}{v_S}=\sqrt{\frac{2}{\varkappa-1}}\sqrt{1-\left(\frac{p}{p_0}\right)^{\frac{\varkappa-1}{\varkappa}}} \quad \text{für kompressibles Gas}$$

$$\frac{v}{v_S}=\sqrt{\frac{2}{\varkappa}}\sqrt{1-\frac{p}{p_0}} \quad \text{bei Annahme der Inkompressibilität}$$

v_S Schallgeschwindigkeit im Kesselinneren, $\varkappa=1.4$ für Luft. Bis zu welchem Verhältnis p/p_0 herab darf man mit der zweiten Gleichung rechnen, wenn der Fehler unter 5 % bleiben soll?

5. Bei einem senkrechten Verdichtungsstoß bei Überschallströmung in Luft berechnet man die Machzahl M_2 ($M=v/v_S$, v_S örtliche Schallgeschwindigkeit) hinter dem Verdichtungsstoß aus der Machzahl M_1 vor dem Verdichtungsstoß nach der Gleichung

$$M_2=\sqrt{\frac{1+0.2M_1^2}{1.4M_1^2-0.2}}$$

Man zeige, daß für Überschallanströmung ($M_1>1$) die Geschwindigkeit hinter dem Stoß im Unterschallbereich ($M_2<1$) liegt. Wie lautet die Asymptote?

6. Wo liegen die Mittelpunkte der Kreise $x^2+y^2-(3\ \mathrm{cm})x+(4\ \mathrm{cm})y-6\ \mathrm{cm}^2=0$ und $x^2+y^2+(5\ \mathrm{cm})x+(8\ \mathrm{cm})y+2\ \mathrm{cm}^2=0$?

In welchen Punkten und unter welchen Winkeln schneiden sie sich?

7. Man bestimme die Gleichungen der Tangenten, die den Kreis mit der Gleichung $(x-1)^2+(y+3)^2=9$ bei $x_1=2$ berühren.

Hinweis zu den Aufgaben 7 bis 9: Die Kreistangente steht senkrecht auf dem vom Kreismittelpunkt zum Berührungspunkt gezogenen Radius (Bild 3.21).

8. Man bestimme die Gleichungen der vom Punkt P mit den Koordinaten (8 cm; 13 cm) an den Kreis $x^2+y^2=25\ \mathrm{cm}^2$ gelegten Tangenten.

9. Der Kreis $x^2+y^2=36\ \mathrm{cm}^2$ wird von der Geraden $y=3x+1$ cm geschnitten. Wo schneiden sich die in den Schnittpunkten an den Kreis gelegten Tangenten?

10. In welchen Punkten schneiden sich der Kreis $x^2+y^2=25$ und die Hyperbel $\frac{x^2}{4}-\frac{y^2}{9}=1$?

11. Man bringe die Gleichung der Hyperbel $y=4/x$ durch Hauptachsentransformation auf die Form von Gl. (3.46).

12. Man bestimme die Art des durch die Relation $x^2+2y^2-xy+4y+1=0$ beschriebenen Kegelschnittes. Außerdem gebe man Mittelpunkt und Hauptachsen an und schreibe die Gleichung in der Mittelpunktform.

13. Man bestimme die Art des durch die Relation $9x^2+4y^2+12xy-4x+5=0$ beschriebenen Kegelschnittes und bringe die Gleichung auf die einfachste Form.

3.4 Trigonometrische Funktionen

3.4.1 Definitionen. Periodizität. Graph

Die trigonometrischen Funktionen (oder Winkelfunktionen) eignen sich besonders zur Darstellung periodischer Vorgänge. Die aus der Trigonometrie bekannten Definitionen der Winkelfunktionen im Dreieck sind für die Darstellung periodischer Vorgänge jedoch zu erweitern.

Denkt man sich einen Zeiger in einem Kreis gegen den Uhrzeigersinn umlaufen (Bild 3.29), so ist für jeden Winkel α zwischen positiver u-Achse und Zeiger der Schnittpunkt des Zeigers mit dem Kreis eindeutig bestimmt. Dann sind auch die Verhältnisse Ordinate v zu Radius r, Abszisse u zu Radius r und Ordinate v zu Abszisse u ($u \neq 0$) für jeden Winkel α eindeutig bestimmt. Die genannten Streckenverhältnisse und die zugehörigen Winkel bilden geordnete Zahlenpaare mit eindeutiger Zuordnung. Sie sind Funktionen des Winkels α. Man definiert nach Bild 3.29.

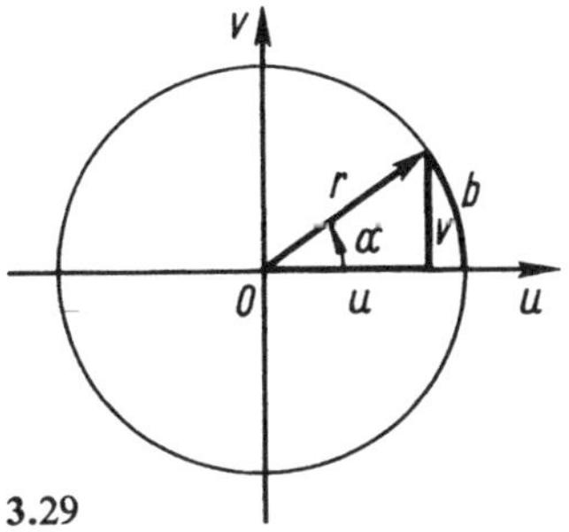

3.29

Definition. *Das Verhältnis von Ordinate v zu Radius r heißt* Sinus *des Winkels α. Das Verhältnis von Abszisse u zu Radius r heißt* Cosinus *des Winkels α. Das Verhältnis von Ordinate v zu Abszisse u heißt* Tangens *des Winkels α. Das Verhältnis von Abszisse u zu Ordinate v heißt* Cotangens *des Winkels α:*

$$\frac{v}{r} = \sin\alpha, \qquad \frac{u}{r} = \cos\alpha, \qquad \frac{v}{u} = \tan\alpha, \qquad \frac{u}{v} = \cot\alpha \qquad (3.47)$$

Die trigonometrischen Funktionen sind als Streckenverhältnisse einheitenfrei.

Bleibt man bei der üblichen Benennung x als Element der Definitionsmenge und y als Element der Bildmenge, so wird der Winkel im folgenden mit x und das jeweilige Streckenverhältnis mit y bezeichnet, z. B. $y = \sin x$. Dabei wird der Winkel x häufig im Bogenmaß, dem Verhältnis von Bogenlänge b zum Radius r, mit der Einheit 1 Radiant (rad), angegeben, wobei α der Winkel im Gradmaß ist

$$x = \frac{b}{r} = \pi \cdot \frac{\alpha}{180°} \text{ rad}$$

Die Einheit rad wird häufig fortgelassen. Trägt man die angegebenen Streckenverhältnisse über den zugehörigen auf der Abszissenachse eingezeichneten Winkeln x auf, so entstehen die Graphen der trigonometrischen Funktionen.

Sinusfunktion. Bild **3.30** zeigt den Graphen der Sinusfunktion. Die Funktion hat Nullstellen bei $x=0,\ \pm\pi,\ \pm 2\pi, \ldots$

Nach jedem Umlauf des Zeigers (Vergrößerung des Winkels um 2π) erreicht der betrachtete Umfangspunkt auf dem Kreis die gleiche Stelle; die Funktion $y=\sin x$ nimmt die gleichen Werte wie bei dem um 2π verminderten Argument an.

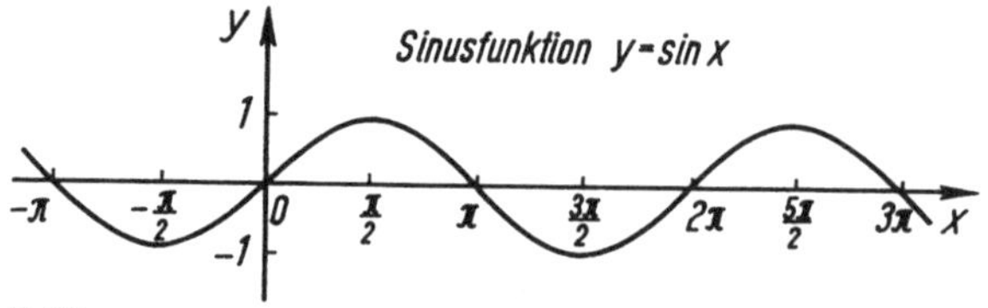

3.30

Die Sinusfunktion ist periodisch mit der Periode 2π.

$$\sin(x+2\pi n)=\sin x \quad \text{mit} \quad n\in\mathbb{Z} \tag{3.48}$$

Gl. (3.48) ist auch für negative n gültig, wenn als negativer Winkel der von der positiven x-Achse im Uhrzeigersinn gemessene Winkel definiert wird. Der von der x-Achse nach oben gemessene Wert $y=\sin x$ und der nach unten gemessene Wert $y=\sin(-x)$ unterscheiden sich nur um das Vorzeichen. Die Funktion $y=\sin x$ ist also ungerade, es gilt

$$\sin(-x)=-\sin x \tag{3.49}$$

Aus dem Diagramm liest man ferner diejenigen Winkel ab, für die $y=\sin x$ den gleichen Funktionswert hat

$$\sin x=\sin(\pi-x)=\sin[(2n+1)\pi-x] \tag{3.50}$$

$$\sin x=-\sin(2\pi-x)=-\sin(2n\pi-x) \tag{3.51}$$

Cosinusfunktion. Die Cosinusfunktion (Bild **3.31**) hat bei $x=\pm\pi/2,\ x=\pm 3\pi/2, \ldots$ Nullstellen.

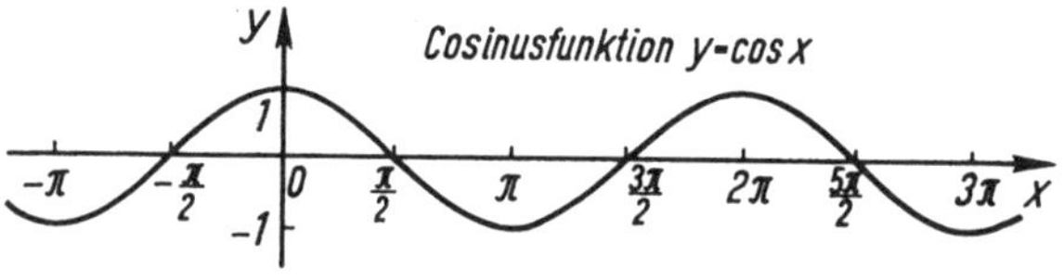

3.31

Ihr Graph geht aus dem Graphen der Sinusfunktion durch dessen Verschieben um $\pi/2$ nach links oder des Koordinatensystems nach rechts hervor. Man sagt auch, sie eilt der Sinusfunktion um $\pi/2$ voraus. Deutet man nämlich die Variable x als (bezogene) Zeit t/t_0, so erreicht die Cosinusfunktion ihr Maximum zu einem früheren Zeitpunkt ($t=0$) als die Sinusfunktion ($t/t_0=\pi/2$). Deshalb gilt

$$\sin\left(x+\frac{\pi}{2}\right)=\cos x \qquad \cos\left(x-\frac{\pi}{2}\right)=\sin x \tag{3.52}$$

Daher kann man jede Sinusfunktion als Cosinusfunktion und jede Cosinusfunktion als Sinusfunktion schreiben.

Die Cosinusfunktion hat wie die Sinusfunktion die Periode 2π.

$$\cos(x+2\pi n)=\cos x \tag{3.53}$$

Für negative Winkel wird am Kreis die gleiche Abszisse wie für positive Winkel gemessen. Die Gleichung

$$\cos(-x)=\cos x \tag{3.54}$$

besagt, daß die Cosinusfunktion gerade ist.

Außerdem können aus Bild **3**.31 folgende Beziehungen abgelesen werden:

$$\cos x=-\cos(\pi-x)=-\cos[(2n+1)\pi-x] \tag{3.55}$$

$$\cos x=\cos(2\pi-x)=\cos[2n\pi-x] \tag{3.56}$$

Tangensfunktion. Die Tangensfunktion ist der Quotient von Sinusfunktion und Cosinusfunktion. Ihre Nullstellen sind die Nullstellen des Zählers ($x=n\pi$). Die Tangensfunktion hat an den Nullstellen des Nenners $x=(2n+1)\pi/2$ Unstetigkeitsstellen. Bild **3**.32 zeigt ihren Graphen. Die Tangensfunktion ist ungerade, denn es ist

$$\tan(-x)=\frac{\sin(-x)}{\cos(-x)}=-\frac{\sin x}{\cos x}=-\tan x \tag{3.57}$$

Als Quotient zweier periodischer Funktionen mit gleicher Periode ist auch die Tangensfunktion periodisch.

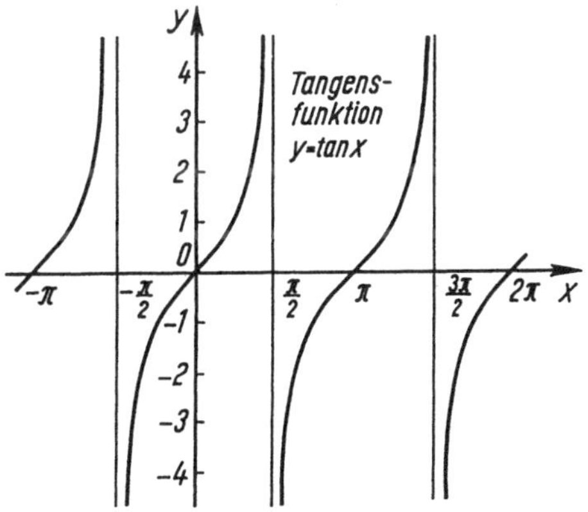

3.32

Die Tangensfunktion hat die Periode π.

$$\tan(x+n\pi)=\tan x \qquad (3.58)$$

Diese ist halb so groß wie die Perioden des Sinus und des Cosinus.
Nach Bild 3.32 gilt für die Tangensfunktion die Gleichung

$$\tan x = -\tan(\pi - x) = -\tan[n\pi - x] \qquad (3.59)$$

Beispiel 1. Bei dem Kurbeltrieb (Bild 3.33) ist der vom äußersten linken Punkt 3 (Totpunkt) gemessene Weg s des Kolbens 1 als Funktion des Kurbelwinkels φ zu berechnen. Der Abstand zwischen Kurbellager 2 und linkem Totpunkt 3 beträgt $a=r+l$. Der Weg s ist die Differenz zwischen a und der Summe der Projektionen von Pleuelstange 4 und Kurbel 5 auf die Waagerechte

$$s = r + l - (l\cos\beta + r\cos\varphi)$$

Der Winkel β wird mit Hilfe des Sinussatzes durch den Winkel φ ausgedrückt. Aus $\sin\beta = (r/l)\sin\varphi$ folgt $\cos\beta = \sqrt{1-\sin^2\beta} = \sqrt{1-(r/l)^2\sin^2\varphi}$. Damit wird

$$s = r(1-\cos\varphi) + l(1-\sqrt{1-(r/l)^2\sin^2\varphi}) \qquad (3.60)$$

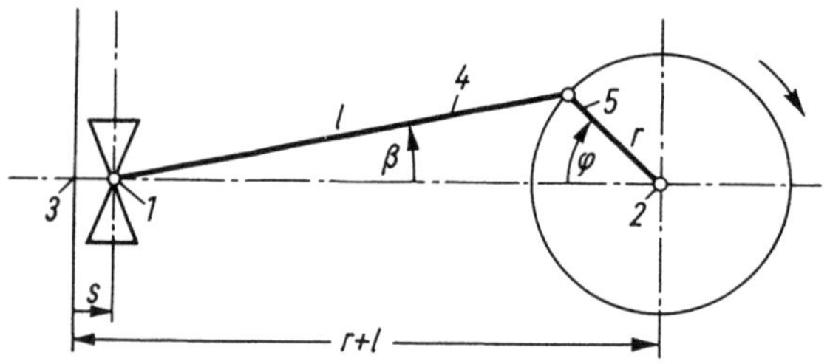

3.33

Bezieht man den Weg auf den Kurbelradius r und führt zur Abkürzung das Schubstangenverhältnis $\lambda = r/l$ ein, so ergibt sich die Abhängigkeit als normierte Gleichung

$$\frac{s}{r} = 1 - \cos\varphi + \frac{1}{\lambda}(1-\sqrt{1-\lambda^2\sin^2\varphi}) \qquad (3.61)$$

Das Schubstangenverhältnis λ ist meistens kleiner als 1:4, so daß $\lambda^2\sin^2\varphi \ll 1$ ist und die Wurzel nach Gl. (7.34) durch $1-0.5\lambda^2\sin^2\varphi$ angenähert werden kann. Dann hebt sich die Eins in der Klammer heraus, und Gl. (3.61) wird erheblich einfacher

$$\frac{s}{r} \approx 1 - \cos\varphi + 0.5\lambda\sin^2\varphi \qquad (3.62)$$

In Abschn. 5.3.3 wird gezeigt, wie man Geschwindigkeit und Beschleunigung des Kolbens berechnet. ■

3.4.2 Beziehungen zwischen den Winkelfunktionen

Im rechtwinkligen Dreieck nach Bild **3**.29 gilt nach dem pythagoräischen Lehrsatz die Beziehung

$$u^2 + v^2 = r^2 \quad \text{und} \quad (u/r)^2 + (v/r)^2 = 1$$

Mit Gl. (3.47) und der Abkürzung $(\sin\alpha)^2 = \sin^2\alpha$ folgen daraus die wichtigen Gleichungen

$$\boxed{\sin^2\alpha + \cos^2\alpha = 1 \qquad \cos\alpha = \sqrt{1-\sin^2\alpha} \qquad \sin\alpha = \sqrt{1-\cos^2\alpha}} \tag{3.63}$$

Aus $\dfrac{v}{u} = \dfrac{v/r}{u/r} = \dfrac{\sin\alpha}{\cos\alpha}$ ergibt sich weiter

$$\boxed{\tan\alpha = \frac{\sin\alpha}{\cos\alpha}} \tag{3.64}$$

Mit Hilfe der Gl. (3.63) und (3.64) können die verschiedenen Winkelfunktionen ohne Kenntnis des Winkels ineinander umgerechnet werden

$$\tan\alpha = \frac{\sin\alpha}{\cos\alpha} = \frac{\sqrt{1-\cos^2\alpha}}{\cos\alpha} = \frac{\sin\alpha}{\sqrt{1-\sin^2\alpha}} \tag{3.65}$$

Quadriert man Gl. (3.65) und löst nach $\sin\alpha$ bzw. $\cos\alpha$ auf, so findet man

$$\sin\alpha = \frac{\tan\alpha}{\sqrt{1+\tan^2\alpha}} \qquad \cos\alpha = \frac{1}{\sqrt{1+\tan^2\alpha}} \tag{3.66}$$

Diese Umformungen dienen weniger der numerischen Rechnung als vielmehr der Vereinfachung von Formeln. Die vorstehenden Formeln gelten für $0 < \alpha < \pi/2$. Bei der Umrechnung auf andere Quadranten können in Gl. (3.63) bis (3.66) vor den Wurzeln ggf. Minuszeichen stehen.

Additionstheoreme. Die Additionstheoreme geben Beziehungen zwischen den Funktionen der Summe zweier Winkel und den Funktionen der Einzelwinkel an. So gilt das Additionstheorem des Sinus

$$\boxed{\sin(\alpha+\beta) = \sin\alpha\,\cos\beta + \cos\alpha\,\sin\beta} \tag{3.67}$$

Beweis. Aus Bild **3**.34 liest man ab

$$\sin(\alpha+\beta) = \frac{a}{r} = \frac{b+c}{r}$$

Erweitert man b/r mit e und c/r mit d, so ergibt sich mit den Definitionen für den Sinus und Cosinus

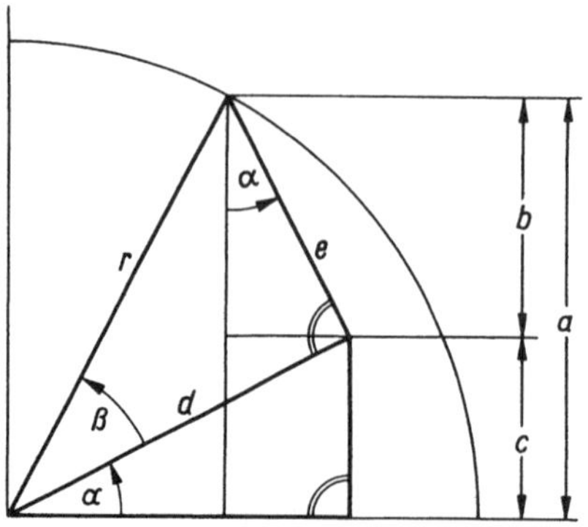

3.34

$$\frac{b}{r} = \frac{b}{e} \cdot \frac{e}{r} = \cos\alpha \sin\beta$$

$$\frac{c}{r} = \frac{c}{d} \cdot \frac{d}{r} = \sin\alpha \cos\beta$$

und damit Gl. (3.67). □

Gl. (3.67) ist für $\alpha+\beta \leq 90°$ bewiesen worden. Sie gilt auch für $\alpha+\beta > 90°$. Auf den ähnlich geführten Beweis wird hier verzichtet.

Aus dieser Gleichung lassen sich viele andere Beziehungen mit Hilfe der Gl. (3.49), (3.52), (3.54) und (3.57) herleiten. Ändert man z. B. das Vorzeichen von β, so folgt $\sin(\alpha-\beta) = \sin[\alpha+(-\beta)] = \sin\alpha \cos(-\beta) + \cos\alpha \sin(-\beta)$

$$\sin(\alpha-\beta) = \sin\alpha \cos\beta - \cos\alpha \sin\beta \tag{3.68}$$

Ersetzt man $\cos(\alpha+\beta)$ durch $\sin[\pi/2-(\alpha+\beta)]$ und wendet Gl. (3.68) an, so ergibt sich $\cos(\alpha+\beta) = \sin[\pi/2-(\alpha+\beta)] = \sin[(\pi/2-\alpha)-\beta] = \sin(\pi/2-\alpha)\cdot\cos\beta - \cos(\pi/2-\alpha)\sin\beta$ und damit das Additionstheorem für den Cosinus

$$\boxed{\cos(\alpha+\beta) = \cos\alpha \cos\beta - \sin\alpha \sin\beta} \tag{3.69}$$

woraus durch Ändern der Vorzeichen von β die Gleichung

$$\cos(\alpha-\beta) = \cos\alpha \cos\beta + \sin\alpha \sin\beta \tag{3.70}$$

folgt. Das Additionstheorem für den Tangens erhält man durch Dividieren der Gl. (3.67) durch Gl. (3.69) und der Gl. (3.68) durch Gl. (3.70)

$$\tan(\alpha\pm\beta) = \frac{\sin\alpha \cos\beta \pm \cos\alpha \sin\beta}{\cos\alpha \cos\beta \mp \sin\alpha \sin\beta}$$

Dabei gelten entweder alle oberen oder alle unteren Vorzeichen. Dividiert man Zähler und Nenner durch $\cos\alpha \cos\beta$, so entsteht

$$\boxed{\tan(\alpha\pm\beta) = \frac{\tan\alpha \pm \tan\beta}{1 \mp \tan\alpha \tan\beta}} \tag{3.71}$$

Funktionen des doppelten Winkels. Setzt man $\beta = \alpha$, so findet man aus den Additionstheoremen die Gleichungen

$$\sin 2\alpha = 2 \sin\alpha \cos\alpha \tag{3.72}$$

$$\cos 2\alpha = \cos^2\alpha - \sin^2\alpha \tag{3.73}$$

$$\tan 2\alpha = \frac{2\tan\alpha}{1-\tan^2\alpha} \tag{3.74}$$

Drückt man in Gl. (3.73) mit Hilfe der Beziehung $\sin^2\alpha + \cos^2\alpha = 1$ den Sinus durch den Cosinus oder umgekehrt aus, so entsteht die Gleichung

$$\cos 2\alpha = 1 - 2\sin^2\alpha = 2\cos^2\alpha - 1 \tag{3.75}$$

aus der durch Umordnen und wiederholtes Einsetzen Beziehungen folgen, die in der Integralrechnung (s. Abschn. 6.3) nützlich sind.

$$\begin{aligned} \sin^2\alpha &= \frac{1}{2}(1-\cos 2\alpha) & \cos^2\alpha &= \frac{1}{2}(1+\cos 2\alpha) \\ \sin^4\alpha &= \frac{1}{8}(3-4\cos 2\alpha+\cos 4\alpha) & \cos^4\alpha &= \frac{1}{8}(3+4\cos 2\alpha+\cos 4\alpha) \end{aligned} \tag{3.76}$$

Summen und Differenzen. In der Differential- und Integralrechnung ist es notwendig, Summen oder Differenzen zweier Sinus oder Cosinus durch Produkte oder umgekehrt Produkte durch Summen zu ersetzen. Durch Addieren von Gl. (3.67) und (3.68) erhält man

$$\sin(\alpha+\beta) + \sin(\alpha-\beta) = 2\sin\alpha\cos\beta \tag{3.77}$$

Geht man nicht von α und β, sondern von $\alpha+\beta=\gamma$ und $\alpha-\beta=\delta$ aus, so ist $\alpha=(\gamma+\delta)/2$ und $\beta=(\gamma-\delta)/2$. Man kann dann Gl. (3.77) in der Form

$$\sin\gamma + \sin\delta = 2\sin\frac{\gamma+\delta}{2}\cos\frac{\gamma-\delta}{2} \tag{3.78}$$

schreiben. Durch Subtrahieren der Gl. (3.68) von Gl. (3.67) erhält man in gleicher Weise

$$\sin(\alpha+\beta) - \sin(\alpha-\beta) = 2\cos\alpha\sin\beta \tag{3.79}$$

$$\sin\gamma - \sin\delta = 2\cos\frac{\gamma+\delta}{2}\sin\frac{\gamma-\delta}{2} \tag{3.80}$$

Durch Addieren bzw. Subtrahieren der Gl. (3.69) und (3.70) entstehen die Gleichungen

$$\cos(\alpha+\beta) + \cos(\alpha-\beta) = 2\cos\alpha\cos\beta \tag{3.81}$$

$$\cos\gamma + \cos\delta = 2\cos\frac{\gamma+\delta}{2}\cos\frac{\gamma-\delta}{2} \tag{3.82}$$

$$\cos(\alpha+\beta) - \cos(\alpha-\beta) = -2\sin\alpha\sin\beta \tag{3.83}$$

$$\cos\gamma - \cos\delta = -2\sin\frac{\gamma+\delta}{2}\sin\frac{\gamma-\delta}{2} \tag{3.84}$$

Beispiel 2. Eine Masse m mit der Gewichtskraft F_G wird mit Hilfe einer flachgängigen Schraube gehoben. Welches Moment ist dazu erforderlich? Wie groß ist der Wirkungsgrad der Schraube? Es sind h die Ganghöhe, r_m der mittlere Radius und F_U die Umfangskraft, s. Bild **3**.35a.

Die Bewegung von zwei Schraubenflächen aufeinander und die Bewegung eines Körpers auf einer Ebene mit dem Neigungswinkel α gehorchen in der Mechanik demselben Reibungsgesetz (Bild **3**.35b). Der Tangens des Winkels α ist der Quotient von Ganghöhe und abgewickeltem mittlerem Umfang. Bei Bewegung mit konstanter Geschwindigkeit sind die Kraftkomponenten in Bahnrichtung und senkrecht dazu je für sich im Gleichgewicht, d.h. die Gleichungen $F_U \cos\alpha - F_R = F_G \sin\alpha$ und $F_N = F_G \cos\alpha + F_U \sin\alpha$ sind erfüllt. Zwischen Normalkraft F_N und Reibungskraft F_R besteht außerdem der Zusammenhang $F_R = \mu F_N$. Hierin ist $\mu = \tan\varrho$ der Reibungskoeffizient mit ϱ als demjenigen Neigungswinkel der Ebene, bei dem die Masse allein durch die bahnparallele Komponente ihrer Gewichtskraft mit gleichförmiger Geschwindigkeit rutschen würde. Man erhält nun für die Umfangskraft

$$F_U = F_G \frac{\sin\alpha + \mu\cos\alpha}{\cos\alpha - \mu\sin\alpha}$$

Dividiert man Zähler und Nenner durch $\cos\alpha$ und führt den Reibungswinkel ϱ ein, so vereinfacht sich der Ausdruck zu

$$F_U = F_G \frac{\tan\alpha + \tan\varrho}{1 - \tan\alpha\tan\varrho} = F_G \tan(\alpha + \varrho)$$

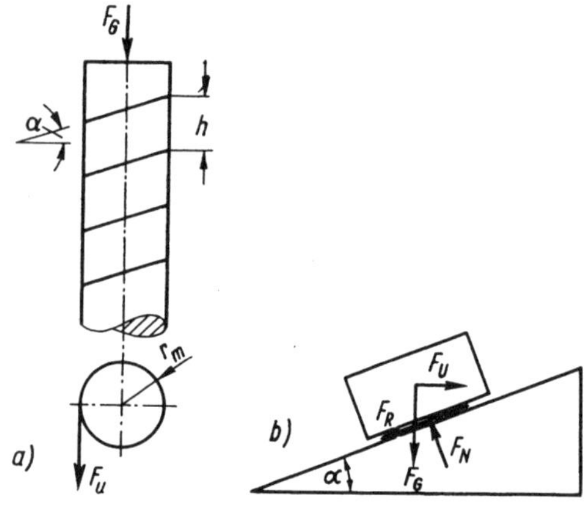

3.35

Das Moment M ergibt sich durch Multiplizieren mit dem mittleren Radius r_m, s. Bild **3**.35a

$$M = F_U \cdot r_m .$$

Der Wirkungsgrad wird aus dem Verhältnis von Nutzarbeit zu aufgewandter Arbeit berechnet. Die zum Anheben der Masse m um eine Ganghöhe h erforderliche Arbeit ist $F_U \cdot 2\pi r_m$. Der Wirkungsgrad beträgt mit $h/2\pi r_m = \tan\alpha$

$$\eta = \frac{F_G \cdot h}{F_U \cdot 2\pi r_m} = \frac{\tan\alpha}{\tan(\alpha + \varrho)} \tag{3.85}$$

Schrauben, die sich unter Belastung nicht von selbst zurückdrehen, heißen selbsthemmend. Ihr Steigungswinkel α ist kleiner als der Reibungswinkel ϱ. Im Grenzfall ist $\alpha=\varrho$. Der Nenner von Gl. (3.85) wird zu $\tan 2\varrho = 2\tan\varrho/(1-\tan^2\varrho)$. Weil ϱ zwischen 0 und $\pi/4$ liegt, ist bei selbsthemmenden Schrauben der Wirkungsgrad kleiner als 0.5

$$\eta = \frac{\tan\varrho\,(1-\tan^2\varrho)}{2\tan\varrho} = \frac{1-\tan^2\varrho}{2} < 0.5$$ ■

3.4.3 Darstellung periodischer Vorgänge

Technische Schwingungen werden häufig durch Sinusfunktionen beschrieben. Da Schwingungen aber im allgemeinen weder die Amplitude Eins noch die Periode 2π haben, also nicht den in Bild **3.30** dargestellten Graphen besitzen, müssen die Funktionen den technischen Gegebenheiten angepaßt werden.

Die allgemeine Form einer Schwingung lautet

$$\boxed{y = A\sin(\omega t+\varphi) = A\sin[\omega(t+t_1)] \quad \text{mit} \quad t_1 = \varphi/\omega} \tag{3.86}$$

Ihr Graph ist in Bild **3.36** dargestellt. Für $\varphi>0$ ist die Nullstelle der Sinuskurve gegenüber Bild **3.30** nach links, für $\varphi<0$ nach rechts verschoben. Die Koeffizienten in Gl. (3.86) haben die folgende Bedeutung:

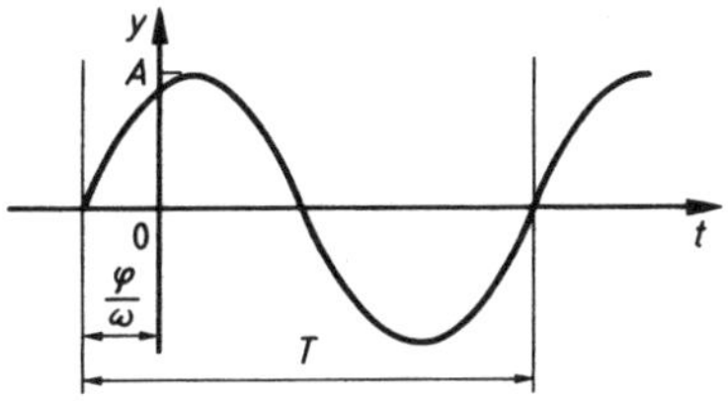

3.36

Frequenz. Das Argument einer Winkelfunktion ist stets ein Winkel. Bei technischen Schwingungen ist fast immer die Zeit t die unabhängige Variable. Um hier eine Anpassung zu erreichen, führt man bei der Rotationsbewegung den Begriff der Winkelgeschwindigkeit ω ein

$$\alpha = \omega t$$

Die Winkelgeschwindigkeit ω hat die Einheit s^{-1}, das Produkt ωt ist demnach einheitenfrei, sein Zahlenwert ist gleich dem Bogenmaß des Winkels und wird in der Elektrotechnik häufig als Abszisse benutzt. Die Periode der Sinusfunktion ist 2π, die der Schwingung dagegen T (Schwingungsdauer). Deshalb gilt die Beziehung

$$2\pi = \omega T \tag{3.87}$$

Der Zahlenwert von ω gibt die Anzahl der Umläufe des Zeigers im Kreis je 2π Sekunden an. Deshalb wird ω auch Kreisfrequenz genannt. Der Kehrwert der Schwingungsdauer T, nämlich

$$f=\frac{1}{T}=\frac{\omega}{2\pi} \tag{3.88}$$

heißt Frequenz. Die Frequenz f wird in Hertz (Hz) gemessen.

Nullphasenwinkel. Die Sinusfunktion beschreibt Vorgänge, die mit dem Funktionswert Null beginnen. Ist zur Zeit $t=0$ der Funktionswert nicht gleich Null (Bild **3**.36), so kann der Vorgang durch eine im Koordinatensystem verschobene Sinuskurve dargestellt werden. Der Winkel φ in Gl. (3.86) heißt nach DIN 1311, Blatt 1, Nullphasenwinkel. Bei $\varphi>0$ eilt die Funktion $y=A\sin(\omega t+\varphi)$ der Funktion $y=A\sin\omega t$ voraus, weil sie ihren Nulldurchgang früher (bei $t=-\varphi/\omega$) erreicht als die reine Sinusfunktion (bei $t=0$). Das ist auch anschaulich aus dem Zeigerdiagramm (Bild **3**.41) zu entnehmen.

Die in Bild **3**.37 dargestellte Funktion wird durch die Gleichung

$$y=A\sin\left(\frac{\pi}{6}\,\mathrm{s}^{-1}t+\frac{\pi}{3}\right)$$

beschrieben. Die Kreisfrequenz beträgt $\omega=(\pi/6)\,\mathrm{s}^{-1}$, die Schwingungsdauer $T=2\pi/\omega=12\,\mathrm{s}$. Die dem Koordinaten-Nullpunkt am nächsten gelegenen Nullstellen sind $t_{01}=-2\,\mathrm{s}$ und $t_{02}=4\,\mathrm{s}$.

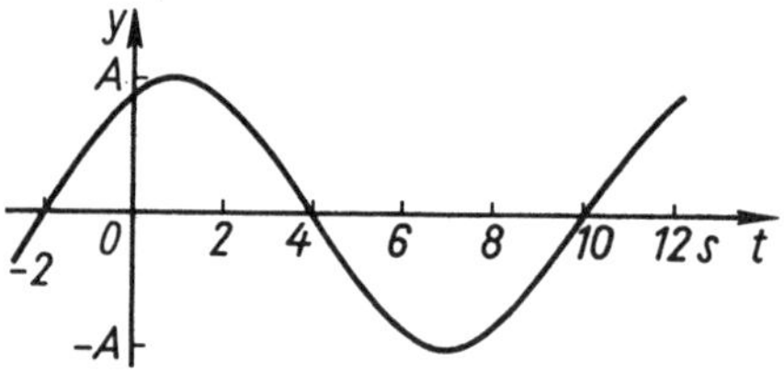

3.37

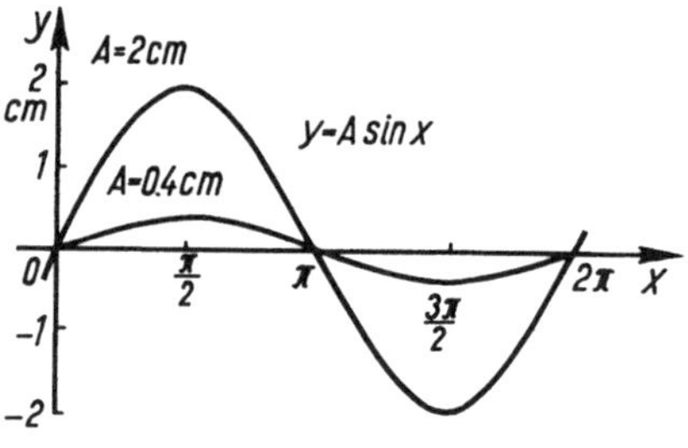

3.38

Der durch Gl. (3.86) beschriebene Vorgang kann auch durch eine Cosinusfunktion beschrieben werden, weil zwischen den beiden Funktionen nach Gl. (3.52) der Zusammenhang

$$y=A\sin(\omega t+\varphi)=A\cos(\omega t+\varphi-\pi/2) \tag{3.89}$$

besteht. Für die Schwingung in Bild **3**.37 erhält man

$$y=A\cos\left(\frac{\pi}{6}\,\mathrm{s}^{-1}t-\frac{\pi}{6}\right)$$

Amplitude. Der größte Schwingungsausschlag heißt Amplitude A. Wegen

$$-1\leq\sin(\omega t+\varphi)\leq 1$$

ist der Wertebereich der Funktion $y = A \sin(\omega t + \varphi)$

$$-A \leq A \sin(\omega t + \varphi) \leq A$$

Beispiel 3. In Bild 3.39 ist eine elektrische Wechselspannung dargestellt, die durch eine Sinusfunktion und eine Cosinusfunktion beschrieben werden soll.

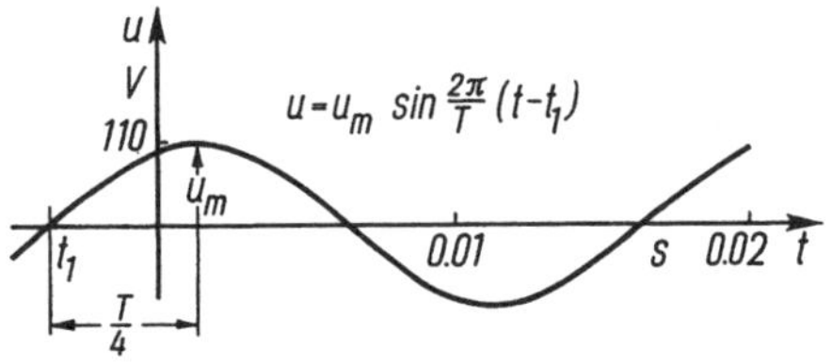

3.39

Es sei $T/4 = 0.005$ s und $t_1 = -0.00365$ s, dann ist $T = 0.02$ s und $\omega = 2\pi/T = 314/\text{s}$ sowie $\varphi = -\omega t_1 = +(314/\text{s}) \cdot (0.00365\ \text{s}) = +1.147\ \text{rad} = +65.7°$. Mit einer Scheitelspannung $u_m = 110$ V ist

$$\begin{aligned} u &= u_m \sin(\omega t + \varphi) = u_m \cos(\omega t + \varphi - \pi/2) \\ &= (110\ \text{V}) \sin[(314/\text{s})t + 1.147] \\ &= (110\ \text{V}) \cos[(314/\text{s})t - 0.424)] \end{aligned}$$

■

Im folgenden Beispiel wird die Berechnung der Koeffizienten von Gl. (3.86) aus gegebenen Bedingungen gezeigt.

Beispiel 4. Für eine Sinusfunktion $y = A \sin(\omega t + \varphi)$ sollen Amplitude A, Kreisfrequenz ω und Nullphasenwinkel φ aus folgenden Bedingungen bestimmt werden: Der Abstand zweier benachbarter Nullstellen ist 0.05 s; für $t = 0$ ist $y = 0.2$ cm und für $t = 0.0183$ s ist $y = 0.6$ cm.

Die erste Bedingung liefert $0.05\ \text{s} = T/2$, $T = 0.1$ s und $\omega = 2\pi/T = 62.8/\text{s}$. Aus der zweiten Bedingung erhält man

$$0.2\ \text{cm} = A \sin\varphi$$

und aus der dritten

$$0.6\ \text{cm} = A \sin\left(\frac{62.8}{\text{s}} \cdot 0.0183\ \text{s} + \varphi\right) = A \sin(1.150 + \varphi)$$

Dividiert man beide Seiten dieser Gleichung durch die entsprechenden Seiten der vorigen Gleichung, so erhält man durch Eliminieren von A eine Bestimmungsgleichung für den Nullphasenwinkel

$$3 = \frac{\sin(1.150 + \varphi)}{\sin\varphi} = \frac{\sin 1.15 \cos\varphi + \cos 1.15 \sin\varphi}{\sin\varphi} = \frac{\sin 1.15}{\tan\varphi} + \cos 1.15$$

$$\tan\varphi = \frac{\sin 1.15}{3 - \cos 1.15} = 0.352$$

mit der Lösung $\varphi = 0.339 = 19.40°$. Dann ist die Amplitude $0.2\ \text{cm}/\sin\varphi = 0.602$ cm. Die gesuchte Funktionsgleichung lautet

$$y = 0.602\ \text{cm} \cdot \sin(62.8\ \text{s}^{-1} t + 0.339)$$ ■

Beispiel 5. Die Darstellung zweier gleichfrequenter und phasenverschobener sinusförmiger Spannungen $u_1(t)$ und $u_2(t)$ als $u_2 = f(u_1)$ auf einem Oszillografen liefert als Bild eine Ellipse (Lissajous-Figur) (**3.40**). Die Phasenverschiebung ist experimentell zu bestimmen.

Die Ellipse wird durch die Parametergleichungen

$$y = A \sin\omega t \qquad x = B \sin(\omega t + \varphi)$$

beschrieben. Man liest die Amplituden A und B sowie die Achsendurchgänge x_0 und y_0 am Bildschirm ab. Für den Punkt P_1 ist $t = t_1$, $x = x_0$ und $y = 0$. Daraus folgt $0 = A \sin\omega t_1$ und $t_1 = 0$. Somit ist $x_0 = B \sin\varphi$ und, da x_0 und B gemessen wurden, die gegenseitige Phasenverschiebung φ bestimmt. Auf gleiche Weise kann der Punkt P_2 zur Berechnung von φ herangezogen werden. ■

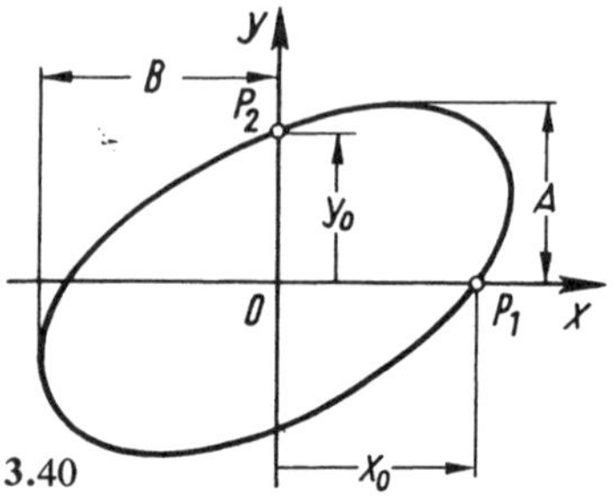

3.40

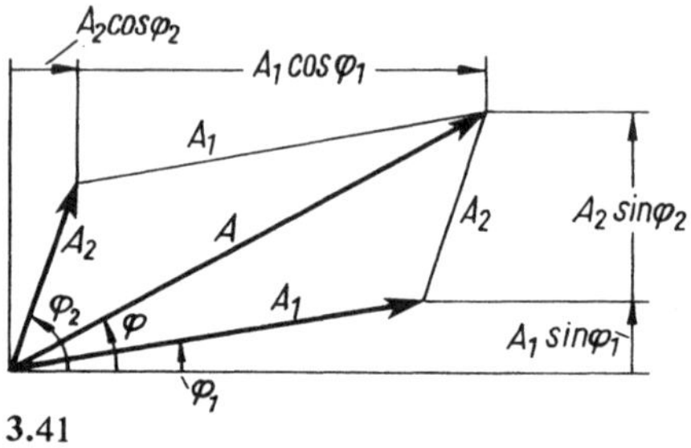

3.41

Zusammensetzung gleichfrequenter Schwingungen

Durch Überlagerung von Schwingungen gleicher Frequenz entsteht wieder eine Schwingung gleicher Frequenz

$$\sum_{i=1}^{n} A_i \sin(\omega t + \varphi_i) = A \sin(\omega t + \varphi) \tag{3.90}$$

Beweis. Entwickelt man auf beiden Seiten der Gl. (3.90) die Funktionen nach dem Additionstheorem Gl. (3.67) und faßt auf der linken Seite die Koeffizienten von $\sin\omega t$ und $\cos\omega t$ jeweils zusammen, so erhält man

$$\left(\sum_{i=1}^{n} A_i \cos\varphi_i\right) \sin\omega t + \left(\sum_{i=1}^{n} A_i \sin\varphi_i\right) \cos\omega t = A \cos\varphi \sin\omega t + A \sin\varphi \cos\omega t$$

Man fordert die Identität beider Seiten, also Übereinstimmung für jeden Wert der Variablen t. Setzt man speziell die Werte $t = 0$ ($\sin\omega t = 0$, $\cos\omega t = 1$) und $\omega t = \pi/2$

($\sin \omega t = 1$, $\cos \omega t = 0$) ein, so ergeben sich für die unbekannten Größen A und φ die Bestimmungsgleichungen

$$U \equiv \sum_{i=1}^{n} A_i \cos \varphi_i = A \cos \varphi \qquad V \equiv \sum_{i=1}^{n} A_i \sin \varphi_i = A \sin \varphi \tag{3.91}$$

Dividiert man die zweite der vorstehenden Gleichungen durch die erste, so wird

$$\tan \varphi = \frac{V}{U} \tag{3.92}$$

(I. Quadrant $U>0$, $V>0$, II. Quadrant $U<0$, $V>0$ usw.)
Durch Quadrieren und anschließendes Addieren der Gl. (3.91) erhält man

$$A = +\sqrt{U^2 + V^2} \tag{3.93}$$ □

Für technische Schwingungen ist der Sonderfall $n=2$, $\varphi_1 = 0$ und $\varphi_2 = \pi/2$ wichtig.

$$A_1 \sin \omega t + A_2 \cos \omega t = A \sin(\omega t + \varphi) \tag{3.94}$$

Hier ist $U = A_1$ und $V = A_2$. Dann folgt aus Gl. (3.92) und (3.93)

$$\tan \varphi = A_2/A_1 \qquad A = +\sqrt{A_1^2 + A_2^2} \tag{3.95}$$

Darstellung im Zeigerdiagramm. Eine anschaulich einfache Darstellung der Überlagerung (hier für $n=2$) ergibt sich aus dem Zeigerdiagramm (Bild **3**.41). Jede Einzelschwingung $y_i = A_i \sin(\omega t + \varphi_i)$ wird durch einen Zeiger mit dem Betrage A_i und dem Winkel φ_i gegen die waagerechte Achse dargestellt. Wegen Gl. (3.91) folgt unmittelbar aus Bild **3**.41, daß die Diagonale des entstehenden Parallelogramms die Länge A und den Winkel φ gegen die waagerechte Bezugsachse hat.

Beispiel 6. Die Schwingung $y = 12\,\text{cm} \cdot \sin(\omega t + 147°)$ ist nach Gl. (3.94) in zwei senkrecht aufeinanderstehende Zeiger zu zerlegen.
Nach Gl. (3.91) ist mit $\varphi_1 = 0$ und $\varphi_2 = \pi/2$

$$A_1 \cos 0 + A_2 \cos(\pi/2) = A_1 = A \cos \varphi = 12\,\text{cm} \cdot \cos 147° = -10.06\,\text{cm}$$
$$A_1 \sin 0 + A_2 \sin(\pi/2) = A_2 = A \sin \varphi = 12\,\text{cm} \cdot \sin 147° = 6.54\,\text{cm}$$

und damit

$$y = 12\,\text{cm} \cdot \sin(\omega t + 147°) = -10.06\,\text{cm} \cdot \sin \omega t + 6.54\,\text{cm} \cdot \cos \omega t$$ ■

Beispiel 7. Gegeben ist $u = 110\,\text{V} \sin \omega t + 40\,\text{V} \sin(\omega t + 3\pi/2)$. Gesucht ist die Gleichung der resultierenden Spannung und deren Phasenwinkel gegen die Spannung u_1.
Nach Gl. (3.91) ist

$$U = 110\,\text{V} \cos 0 + 40\,\text{V} \cos(3\pi/2) = 110\,\text{V}$$
$$V = 110\,\text{V} \sin 0 + 40\,\text{V} \sin(3\pi/2) = -40\,\text{V}$$

und damit $\tan\varphi = V/U = -0.364$, $\varphi = -20.0°$. Es ist also

$$u = 110\text{ V}\sin\omega t + 40\text{ V}\sin(\omega t + 3\pi/2)$$
$$= 110\text{ V}\sin\omega t - 40\text{ V}\cos\omega t = 117\text{ V}\sin(\omega t - 20.0°)$$ ■

Beispiel 8. In einem dreiphasigen, symmetrischen Drehstromsystem fließen bei symmetrischer Belastung in jedem Leiter gleich große, jeweils um $2\pi/3$ gegeneinander phasenverschobene Ströme. Ihre Summe

$$i = \hat{i}\sin\omega t + \hat{i}\sin\left(\omega t + \frac{2}{3}\pi\right) + \hat{i}\sin\left(\omega t + \frac{4}{3}\pi\right)$$

ergibt nach Gl. (3.91)

$$U = \hat{i}(\cos 0° + \cos 120° + \cos 240°) = 0$$

und $\quad V = \hat{i}(\sin 0° + \sin 120° + \sin 240°) = 0; \qquad$ somit ist $i = 0$. ■

Beispiel 9. In einem Wechselstromkreis (Bild 3.42) mit der Stromstärke $i = \hat{i}\sin\omega t$, dem Ohmschen Widerstand R und dem Kondensator (Kapazität) C in Reihenschaltung findet man am Ohmschen Widerstand die Spannung

$$u_R = R\hat{i}\sin\omega t$$

und am Kondensator die dazu um $\pi/2$ nacheilende Spannung

$$u_C = \frac{1}{\omega C}\hat{i}\sin\left(\omega t - \frac{\pi}{2}\right) = -\frac{1}{\omega C}\hat{i}\cos\omega t$$

Daraus ergibt sich für die Gesamtspannung nach Gl. (3.95)

$$u = \sqrt{R^2 + \left(\frac{1}{\omega C}\right)^2}\,\hat{i}\sin(\omega t + \varphi) \qquad \tan\varphi = -\frac{1}{\omega RC}$$ ■

Überlagerung von Schwingungen verschiedener Frequenzen. Aus

$$y = A_1\sin\omega_1 t + A_2\sin(\omega_2 t + \varphi) \tag{3.96}$$

wird mit den aus Addition bzw. Subtraktion von Gl. (3.78) und (3.80) entstandenen Gleichungen

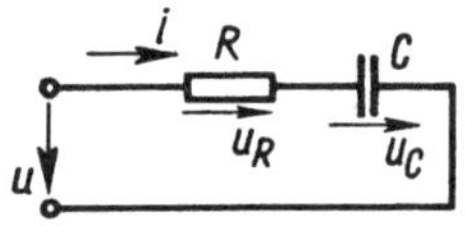

3.42

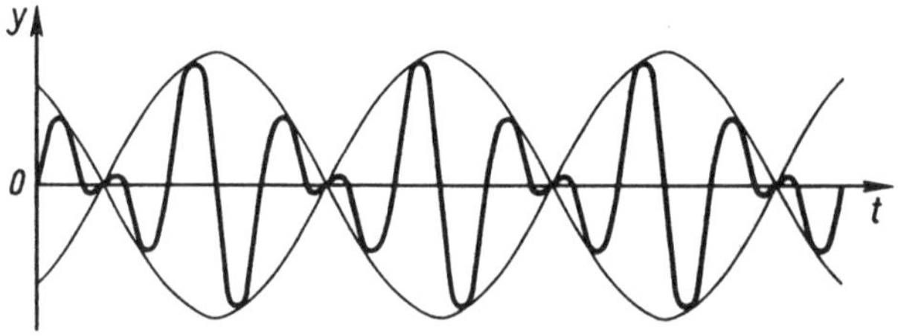

3.43

$$\sin\gamma = \sin\frac{\gamma+\delta}{2}\cos\frac{\gamma-\delta}{2} + \cos\frac{\gamma+\delta}{2}\sin\frac{\gamma-\delta}{2}$$

$$\sin\delta = \sin\frac{\gamma+\delta}{2}\cos\frac{\gamma-\delta}{2} - \cos\frac{\gamma+\delta}{2}\sin\frac{\gamma-\delta}{2}$$

und $\gamma = \omega_1 t$ sowie $\delta = \omega_2 t + \varphi$

$$\begin{aligned} y = (A_1 + A_2)\sin\left(\frac{\omega_1+\omega_2}{2}t + \frac{\varphi}{2}\right)\cos\left(\frac{\omega_1-\omega_2}{2}t - \frac{\varphi}{2}\right) \\ + (A_1 - A_2)\cos\left(\frac{\omega_1+\omega_2}{2}t + \frac{\varphi}{2}\right)\sin\left(\frac{\omega_1-\omega_2}{2}t - \frac{\varphi}{2}\right) \end{aligned} \tag{3.97}$$

Dieser Ausdruck enthält Produkte von trigonometrischen Funktionen mit Summe und Differenz der Eingangsfrequenzen.

Ist z. B. $A_2 = A_1$ und wird $(\omega_1 + \omega_2)/2 = \omega$ gesetzt, so kann man

$$y = 2A_1\cos\left(\frac{\omega_1-\omega_2}{2}t - \frac{\varphi}{2}\right)\sin\left(\omega t + \frac{\varphi}{2}\right) \tag{3.98}$$

als Schwingung mit langsam veränderlicher Amplitude auffassen (Bild **3**.43). Man nennt diese Schwingungsform Schwebung. Die Schwebungsperiode beträgt

$$T_S = 4\pi/(\omega_1 - \omega_2).$$

3.4.4 Arcusfunktionen

Definition. *Die* Arcusfunktionen *sind die Umkehrfunktionen der trigonometrischen Funktionen.*

Sie treten auf, wenn eine Winkelfunktion (Sinus, Cosinus oder Tangens) gegeben ist und der zugehörige Winkel (Arcus) gesucht wird.

In Abschn. 3.4.1 wird gezeigt, daß die Winkelfunktionen periodisch sind, daß also zu verschiedenen Winkeln x mit dem Periodenabstand 2π gleiche Funktionswerte y der Winkelfunktionen gehören.

Bei der Umkehrung ist der Wert y der Winkelfunktion (z. B. $y = \sin x = 0.5$) gegeben und der zugehörige Winkel x (meist im Bogenmaß) gesucht. Nach Bild **3**.30 und Gl. (3.48) gibt es unendlich viele Winkel x, deren Sinus z. B. 0.5 ist. Aus diesen muß wegen der Forderung der Eindeutigkeit der Umkehrung ein Winkel festgelegt werden. Deshalb beschränkt man sich bei der Spiegelung des Graphen an der Geraden $y = x$ (s. Abschn. 2.5.1) auf den zwischen $-\pi/2$ und $+\pi/2$ gelegenen Winkelbereich einer Halbperiode. Dieser Bereich der Hauptwerte ist in Bild **3**.44a gezeichnet. In der Praxis spielen aber auch die in den Bildern **3**.44c, d und **3**.45 gezeigten Nebenwerte eine Rolle.

Die nach x aufgelöste Form der Sinusfunktion $y = \sin x$ lautet

$x = \operatorname{Arcsin} y$ (gesprochen: x gleich Arcussinus y)

x ist der Winkel im Bogenmaß, dessen Sinus gleich y ist. Vertauscht man noch die Variablen, damit nach der in Abschn. 2.5.1 getroffenen Vereinbarung die abhängige Variable mit y bezeichnet wird, so erhält man in

$$\boxed{y = \operatorname{Arcsin} x} \tag{3.99}$$

die Umkehrfunktion der Sinusfunktion. Hier ist y der Winkel (im Bogenmaß), dessen Sinus gleich x ist.

Weil der Betrag des Sinus nicht größer als Eins werden kann, ist die Definitionsmenge der Arcussinusfunktion auf $-1 \leq x \leq +1$ beschränkt, die Bildmenge auf $-\pi/2 \leq y \leq +\pi/2$.

Die Fortsetzung des Graphen nach oben (Bild **3**.44c) wird durch die Funktionsgleichung

$$y = \pi - \operatorname{Arcsin} x$$

beschrieben.

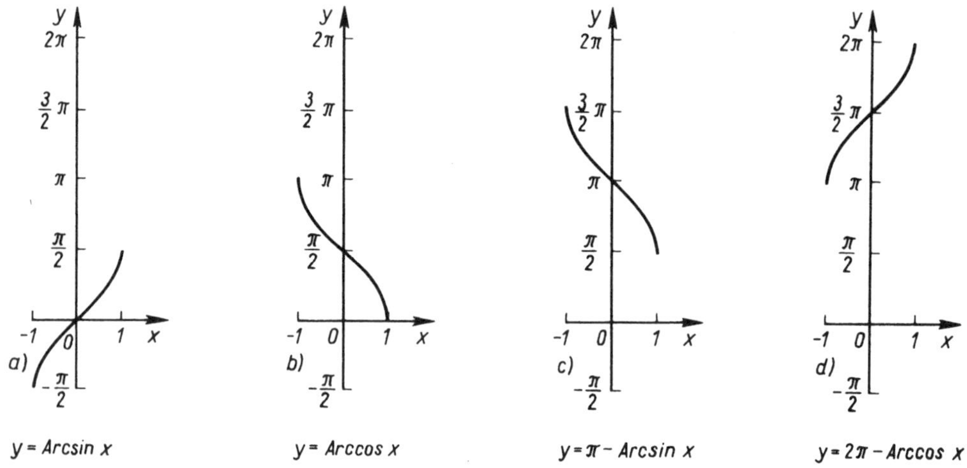

3.44

Die Funktion

$$\boxed{y = \operatorname{Arccos} x} \tag{3.100}$$

ist die Umkehrfunktion zu $y = \cos x$ und gibt denjenigen Winkel an, dessen Cosinus gleich x ist. Ihr Graph (Bild **3**.44b) zeigt, daß auch die Umkehrung des Cosinus (Spiegelung an der Geraden $y = x$) unendlich vieldeutig wäre, also gemäß Definition keine Funktion darstellt. Die durch Gl. (3.100) beschriebenen Funktionswerte liegen zwischen 0 und π. Die in Bild **3**.44d gezeichnete Fortsetzung des Graphen wird durch die Gleichung

$$y = 2\pi - \operatorname{Arccos} x$$

beschrieben. Es gilt

$$\operatorname{Arcsin} x + \operatorname{Arccos} x = \frac{\pi}{2}$$

Die Umkehrfunktion zu $y = \tan x$ heißt

$$\boxed{y = \operatorname{Arctan} x}$$

gesprochen: y gleich Arcustangens x. Sie gibt den Winkel an, dessen Tangens gleich x ist. Ihr Graph ist in Bild **3.45** dargestellt. Ihr Bildbereich liegt zwischen $y = -\pi/2$ und $y = +\pi/2$. Im gleichen Bild ist

$$y = \operatorname{Arccot} x$$

gesprochen: y gleich Arcuscotangens x, dargestellt. Die Größe $\operatorname{Arccot} x$ ist der Komplementwinkel zu $\operatorname{Arctan} x$ (Bild **3.46**). Daher gilt

$$\operatorname{Arctan} x + \operatorname{Arccot} x = \frac{\pi}{2} \tag{3.101}$$

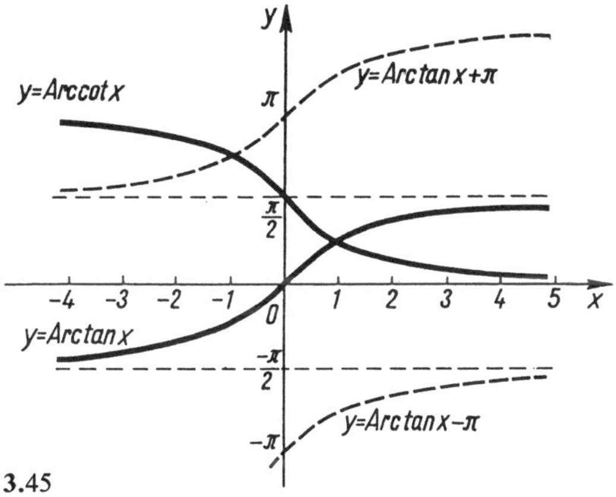

3.45

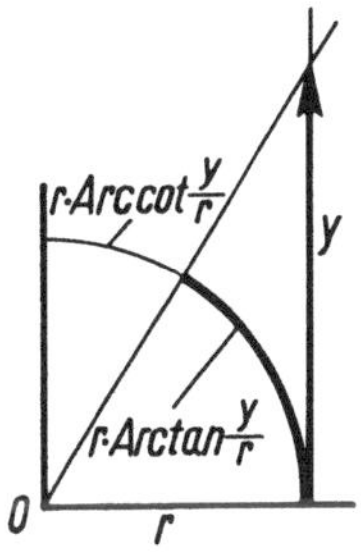

3.46

Beispiel 10. Es ist

Arcsin 1	$=90°$	$=\pi/2$	weil	$\sin(\pi/2)$	$=\sin 90°$	$=1$
Arcsin 0.5	$=30°$	$=\pi/6$		$\sin(\pi/6)$	$=\sin 30°$	$=0.5$
Arccos 1	$=0°$	$=0$		$\cos 0$	$=\cos 0°$	$=1$
Arccos 0.707	$=45°$	$=0.785$		$\cos 0.785$	$=\cos 45°$	$=0.707$
Arctan 1	$=45°$	$=\pi/4$		$\tan(\pi/4)$	$=\tan 45°$	$=1$
Arctan 2.116	$=64.7°$	$=1.129$		$\tan 1.129$	$=\tan 64.7°$	$=2.116$

■

3.4.5 Nullstellen. Goniometrische Gleichungen

Definition. *Gleichungen zwischen Winkelfunktionen und ihren Argumenten heißen* goniometrische Gleichungen *(Goniometrie bedeutet Winkelmessung). Ihre Lösung ist gleichbedeutend mit der Bestimmung der Nullstellen einer Funktion* $y=f(x, \sin x, \cos x, \tan x)$.

Allgemeine Lösungsvorschriften für diese Gleichungen gibt es nicht. Eine geschlossene Lösung läßt sich oft finden, wenn die Unbekannte nur im Argument der Winkelfunktionen steht. Kommen in einer Gleichung verschiedene Winkelfunktionen mit gleichem Argument vor, so transformiert man sie mit Hilfe von Gl. (3.63) und (3.66) in eine einzige. Diese eine Winkelfunktion wird dann als Unbekannte betrachtet, für die man eine Gleichung meist höheren Grades erhält. In anderen Fällen ist man auf rechnerische oder zeichnerische Näherungsverfahren wie die Regula falsi in Gl. (3.14) oder das Newton-Verfahren in Abschn. 5.3.1 angewiesen. Lösungen goniometrischer Gleichungen sind wegen der Periodizität der Winkelfunktionen oft vieldeutig. Aus der Vielzahl der möglichen Lösungen ist dann die dem technischen Problem angemessene Lösung herauszusuchen.

Beispiel 11. Man bestimme alle Lösungen $x \in [0, 2\pi]$ der Gleichung $y=\sin x+\cos x-1.2=0$. Man formt zunächst so um, daß nur ein Funktionstyp entsteht. Nach Gl. (3.94) und (3.95) wird

$$\sin x+\cos x=\sqrt{2}\sin\left(x+\frac{\pi}{4}\right)=1.2 \qquad \sin\left(x+\frac{\pi}{4}\right)=0.849$$

mit den beiden Lösungsgruppen

$$x_1+\frac{\pi}{4}=1.014 \qquad x_1=0.228+2\pi n$$

und $$x_2+\frac{\pi}{4}=2.128 \qquad x_2=1.343+2\pi n$$

Die Lösungsmenge lautet $\{0.228; 1.343\}$. ■

Beispiel 12. Man bestimme x aus der Gleichung $y=\sin 2x-\cos x=0$.
Man sorgt zunächst für gleiche Argumente in den einzelnen Winkelfunktionen

$$2\sin x\cos x-\cos x=0 \tag{3.102}$$

Hier darf nicht durch $\cos x$ geteilt werden, weil bei der Teilung $\cos x \neq 0$ vorausgesetzt werden müßte. Man muß also zuerst untersuchen, ob es Zahlen x gibt, für die $\cos x=0$ ist. Man klammert also in Gl. (3.102) den gemeinsamen Faktor $\cos x$ aus

$$\cos x(2\sin x-1)=0$$

1. Lösungsteilmenge: $\cos x = 0$ $\quad x_1 = \frac{\pi}{2} + n\pi$

2. Lösungsteilmenge: $2\sin x - 1 = 0$ $\quad x_2 = \frac{\pi}{6} + 2n\pi$

$\sin x = 0.5$ $\quad x_3 = \frac{5\pi}{6} + 2n\pi$ ■

Beispiel 13. Man bestimme diejenigen Werte $0 \leq x \leq 2\pi$, für die die Gleichung

$$y = 3\sin x + 5\cos x - 4 = 0$$

erfüllt ist.

Mit $\cos x = \sqrt{1 - \sin^2 x}$ und Auflösen nach der Wurzel erhält man

$$\sqrt{1 - \sin^2 x} = 0.8 - 0.6\sin x$$
$$1 - \sin^2 x = 0.64 - 0.96\sin x + 0.36\sin^2 x$$
$$1.36\sin^2 x - 0.96\sin x - 0.36 = 0$$
$$\sin^2 x - 0.706\sin x - 0.265 = 0$$
$$\sin x = 0.353 \pm 0.624$$

Als Lösungen sind nach der Rechnung möglich:

1. Lösungsteilmenge: $\sin x = 0.977$ $\quad x_1 = 77.6° = 1.355$

$x_2 = 102.4° = 1.786$

2. Lösungsteilmenge: $\sin x = -0.271$ $\quad x_3 = 195.7° = 3.416$

$x_4 = 344.3° = 6.009$

Diese vier Werte müssen durch Einsetzen in die gegebene Gleichung noch überprüft werden, weil möglicherweise durch das Quadrieren zusätzliche Lösungen hereingekommen sind. Die Ausgangsgleichung ist nämlich nicht quadratisch. Die Nachprüfung ergibt, daß nur

$$x_1 = 1.355 \quad \text{und} \quad x_4 = 6.009$$

Lösungen dieser Ausgangsgleichung sind.

Einfacher ist die in Beispiel 11 benutzte Lösungsmethode. ■

Beispiel 14. Wie muß das Verhältnis R/r gewählt werden, damit die schraffierte Fläche (Bild 3.47) gleich der halben Kreisfläche ist?

Die nicht schraffierte Fläche ist $\pi r^2/2$ und setzt sich aus einer Sektorfläche $R^2\alpha$ und zwei Kreisabschnitten zusammen.

$$\frac{\pi r^2}{2} = R^2\alpha + 2\left(\frac{r^2\beta}{2} - \frac{1}{2}r^2\sin\beta\right)$$

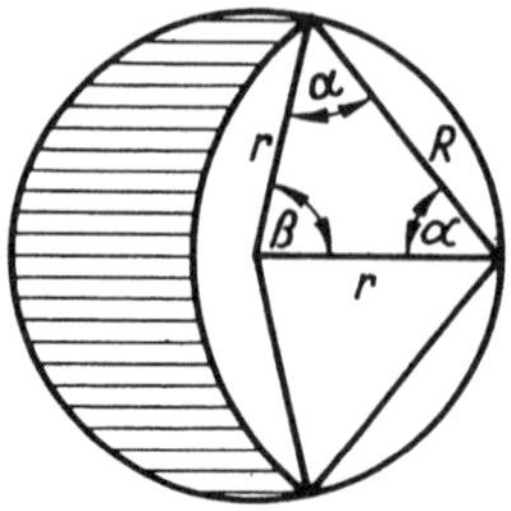

3.47

Mit $\beta = \pi - 2\alpha$ ergibt sich nach Dividieren durch r^2

$$\frac{\pi}{2} = \frac{R^2}{r^2}\alpha + \pi - 2\alpha - \sin(\pi - 2\alpha)$$

und nach Zusammenfassen

$$\frac{\pi}{2} + \left(\frac{R^2}{r^2} - 2\right)\alpha - \sin 2\alpha = 0$$

Mit $R/(2r) = \cos\alpha$ erhält man eine transzendente Gleichung für α

$$\frac{\pi}{2} + (2\cos^2\alpha - 1)\cdot 2\alpha - \sin 2\alpha = 0$$

die man mit $2\cos^2\alpha - 1 = \cos 2\alpha$ und $2\alpha = x$ auf die Form

$$y = f(x) = \frac{\pi}{2} + x\cos x - \sin x = 0$$

bringt und mit der Regula falsi löst. Es ist plausibel, mit ungefähr $2\alpha = 120°$ zu beginnen, d.h. mit $x_1 = 2$

$$y_1 = \frac{\pi}{2} + 2\cdot\cos 2 - \sin 2 = -0.1708$$

Nimmt man $x_2 = 1.9$ hinzu, so erhält man

$$y_2 = \frac{\pi}{2} + 1.9\cdot\cos 1.9 - \sin 1.9 = +0.0102$$

Nun ist $x_3 = x_2 - \dfrac{x_2 - x_1}{y_2 - y_1} y_2 = 1.900 + 0.0057 = 1.9057$

und $y_3 = \dfrac{\pi}{2} + 1.9057\cdot\cos 1.9057 - \sin 1.9057 = 0.00001$

Also ist $x = 2\alpha = 1.9057$ $\alpha = 0.9528$ und $\dfrac{R}{r} = 2\cos\alpha = 1.1588$ ■

Beispiel 15. Bei der Berechnung der Knickkraft elastischer Stäbe (Abschn. 12.2.1) ist die Gleichung $\tan x = x$ zu lösen. Darin wird x zweckmäßig im Bogenmaß angegeben.

Hier ist keine geschlossene Lösung möglich. Man trägt die Funktionen $f_1 = x$ und $f_2 = \tan x$ auf (Bild 3.48) und findet unendlich viele Schnittpunkte der beiden Graphen. Technisch interessant ist nur die kleinste positive Zahl x, die die Gleichung befriedigt.

Aus der Zeichnung entnimmt man als Näherung $x=4.5$. Da die Tangensfunktion im Bereich $x \approx 3\pi/2$ ziemlich steil verläuft, ist es zweckmäßig, den zweiten Punkt dicht unter 4.5 zu wählen. Die Rechnung ist in der folgenden Tafel durchgeführt.

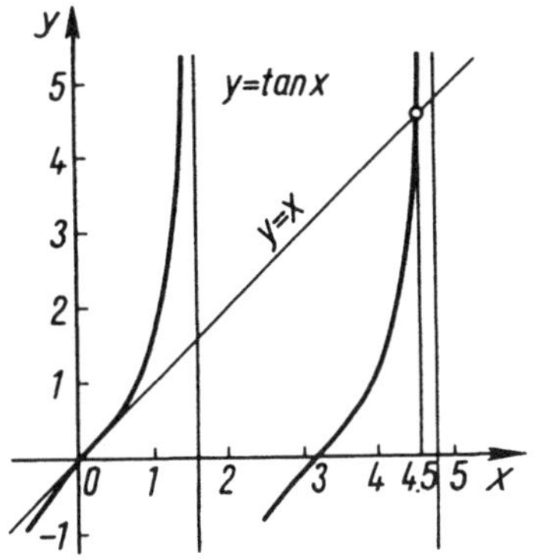

3.48

x	$\tan x$	y
4.500	4.637	0.137
4.450	3.723	−0.727
4.492	4.464	−0.028
4.493	4.485	−0.008
4.494	4.506	+0.012

Die Lösung ist $x=4.4934$.

■

3.4.6 Aufgaben zu Abschnitt 3.4

1. Man bestimme Arcsin 0.557, Arcsin(−0.229), Arccos 0.987, Arccos(−0.083), Arctan 10, Arctan(−1.356).

2. Man zeichne die Graphen der durch Gl. (3.62) für den Kurbeltrieb gegebenen Funktion in einem Diagramm für die Schubstangenverhältnisse $\lambda=0.3$ und $\lambda=0.1$.

3. Die Massenkräfte beim Kurbeltrieb $F=ma$ haben Extremwerte bei denjenigen Winkeln φ, für die die Beschleunigung am größten ist. Diese Winkel werden aus der Gleichung $\sin\varphi+2\lambda\sin 2\varphi=0$ berechnet. Wie groß sind sie für $\lambda=0.3$? Wie groß darf λ höchstens werden, wenn nur in den Totpunkten Extremwerte der Beschleunigung auftreten sollen?

4. Die Funktion $y=0.8\cos(3x-1.22)$ ist als Sinusfunktion,
die Funktion $y=2.4\sin(0.2x+3.41)$ als Cosinusfunktion zu schreiben.

5. Man bestimme Amplitude und Nullphasenwinkel des resultierenden Stromes

a) $i=(3\text{ A})\cos\omega t+(2.6\text{ A})\cos(\omega t+0.82)$,

b) $i=(1.8\text{ A})\sin\omega t+(3.1\text{ A})\cos(\omega t+0.56)+(0.5\text{ A})\cos(\omega t+0.32)$.

Hinweis: Man verwandle die Cosinusfunktionen zunächst in Sinusfunktionen.

6. Man zeige, daß $y=\sin^2\varphi$ wieder eine Sinusfunktion ist, die in y-Richtung parallel verschoben ist. Man berechne die Größen A, B, a und b in $y=\sin^2\varphi\equiv A+B\sin(a\varphi+b)$.

7. Die Überlagerung von Sinusfunktionen verschiedener Frequenz erfolgt durch einfache Addition. Man berechne $y=0.8\sin x+1.1\sin 2x$ und zeichne die Einzelfunktionen sowie deren Summe im Bereich $0\leq x\leq 2\pi$.

8. Man bestimme die Funktionsgleichung einer Sinusfunktion, deren Schwingungsdauer 2.4 s beträgt und die für $t=0.15$ s den Funktionswert $u=144$ V und für $t=3.5$ s den Funktionswert $u=18$ V hat.

9. Wie lautet der Funktionswert nach $t = 12$ s für

$$y = 110\,\text{mm}\cdot\sin\left(\frac{0.02}{\text{s}}t + 0.916\right) + 86\,\text{mm}\cdot\sin\left(\frac{0.035}{\text{s}}t - 0.456\right)?$$

Wie groß ist der Funktionswert nach 10 s für

$$y = 0.416\,\text{cm}\cdot\sin\left(\frac{0.3}{\text{s}}t + 1.405\right) + 0.902\,\text{cm}\cdot\sin\left(\frac{0.6}{\text{s}}t + 0.668\right)?$$

10. Man bestimme x aus der Gleichung $0.8\sin x - 0.7\cos(x+1) = 0$.

11. Man bestimme x aus der Gleichung $\cos x = 0.5x$.

12. Man berechne α aus der Gleichung $\sin(\alpha + 60°) = 0.3\cos(\alpha + 10°)$.

13. Welche Werte α erfüllen die Gleichung $0.6\sin\alpha\cos\alpha + 0.8\cos^2\alpha - 0.9 = 0$?

14. Man bestimme $x > 0$ aus der Gleichung $x = 1.32\,\text{Arctan}\,x$.

15. Bei der Überschallströmung um eine flache konvexe Ecke tritt die Gleichung

$$\tan(\varphi - \delta) = 2.45\tan\frac{\varphi}{2.45}$$

auf. Wie groß ist φ für den Ablenkungswinkel $\delta = 20°$?

16. Der Inhalt eines liegenden zylindrischen Tanks von $l = 3.4$ m Länge und $d = 1.5$ m Durchmesser wird mit einem Peilstab festgestellt (Bild 3.49). Wieviele Zentimeter ist die Marke x für 2 m^3 Füllung vom unteren Stabende entfernt?

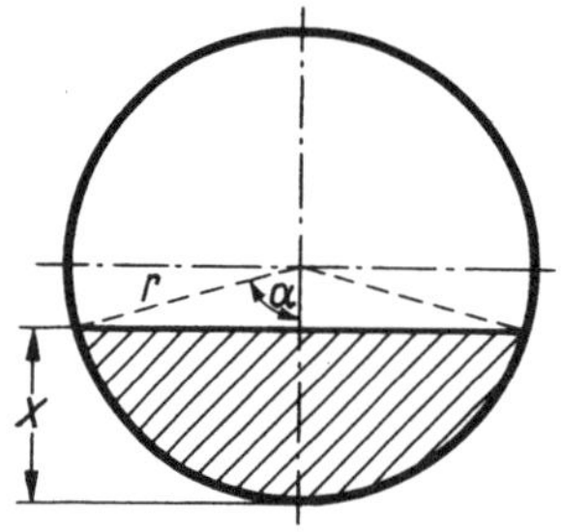

3.49

Hinweis: Man führe den Winkel α als Unbekannte ein, berechne α mit Näherungsverfahren und zum Schluß die gesuchte Länge x aus α.

17. Für einen Einweggleichrichter ist der Stromflußwinkel α aus der Gleichung $R_a/R_i = \pi/[(\tan\alpha) - \alpha]$ für $R_a = 150\,\Omega$ und $R_i = 40\,\Omega$ zu bestimmen.

3.5 Exponential- und Logarithmusfunktionen

3.5.1 Exponentialfunktion

Die Gleichung der Exponentialfunktion lautet

$$\boxed{y=a^x \quad \text{für} \quad a>0 \text{ und } x\in\mathbb{R}} \tag{3.103}$$

Es gelten die folgenden Rechenregeln für alle $x\in\mathbb{R}$ und $a>0$

$$\boxed{a^{x_1}\cdot a^{x_2}=a^{x_1+x_2} \qquad \frac{a^{x_1}}{a^{x_2}}=a^{x_1-x_2} \qquad (a^{x_1})^{x_2}=a^{x_1\cdot x_2}} \tag{3.104}$$

und $\quad a^0=1$

Der Graph der Exponentialfunktion $y=a^x$ (Bild 3.50) zeigt für $a>1$ eine mit wachsendem x immer steiler ansteigende Kurve, die nur oberhalb der x-Achse verläuft, weil jede Potenz einer positiven Zahl positiv ist. Weil $a^0=1$ für jedes a ist, schneidet der Graph die y-Achse im Punkte $y=1$ und geht für große negative Exponenten x asymptotisch gegen die negative x-Achse. Für $0<a<1$ fällt der Graph mit zunehmendem x ständig ab, hat also die positive x-Achse zur Asymptote. Die Funktionen $(1/a)^x=a^{-x}$ und a^x haben Graphen, die zur y-Achse spiegelbildlich liegen. Diese Eigenschaften sind von der speziellen Wahl der Basis unabhängig.

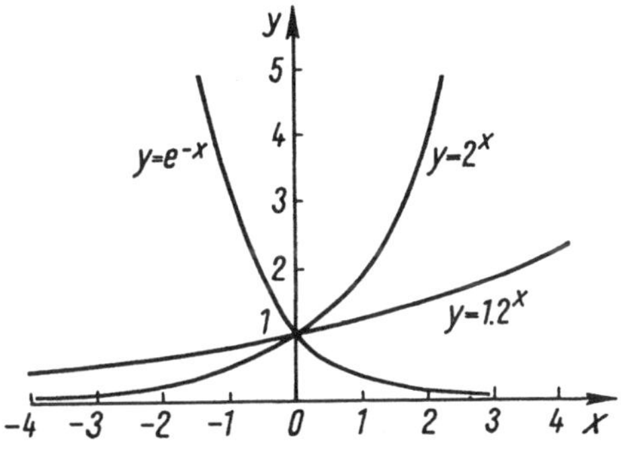

3.50

Parallelverschiebung. Die Funktion $y=Ca^x$ entsteht aus $y=a^x$ durch Multiplizieren mit dem Faktor C. Die multiplikative Vergrößerung der Funktionswerte kann auch als Parallelverschiebung des Graphen in x-Richtung aufgefaßt werden, denn die um x_0 im Koordinatensystem nach links verschobene Kurve wird durch die Gleichung

$$y=a^{x+x_0}=a^x a^{x_0}=Ca^x \quad \text{mit} \quad C=a^{x_0}$$

beschrieben.

Spezielle Basis e. Die Exponentialfunktion mit der Basis e ist für viele technische Anwendungen wichtig. Man nennt sie kurz die e-Funktion und schreibt

$$y = e^x = \exp x$$

gesprochen: y gleich e hoch x. Jede Exponentialfunktion kann auf die Basis e umgerechnet werden, deren Wert in Abschn. 2.3.2 angegeben wurde. Nach den Logarithmengesetzen ist $a = e^{\ln a}$ und

$$a^x = (e^{\ln a})^x = e^{x \cdot \ln a} \qquad (3.105)$$

Beispiel 1. Die Funktion $y = 2^x$ ist auf die Basis e umzurechnen.
Es ist $y = 2^x = (e^{\ln 2})^x = e^{x \cdot \ln 2} = e^{0.693x}$. Ebenso erhält man $y = 10^x = e^{x \cdot \ln 10} = e^{2.303x}$ und $y = 0.5^x = e^{x \cdot \ln 0.5} = e^{-0.693x}$. Dieses Ergebnis ist auch aus $y = 0.5^x = 1/2^x = 1/e^{0.693x} = e^{-0.693x}$ zu gewinnen. ■

Beispiel 2. Im Stromkreis nach Bild **3.51** mit einem Ohmschen Widerstand R und Induktivität L in Reihenschaltung wird der Schalter zur Zeit $t = 0$ geschlossen. Die Stromstärke i erreicht nicht sofort den stationären Wert $I = U/R$, sondern folgt zeitlich dem Exponentialgesetz

$$i = I\left(1 - e^{-\frac{R}{L}t}\right) = I\left(1 - e^{-\frac{t}{\tau}}\right)$$

Der Ausdruck $\tau = L/R$ heißt Zeitkonstante. Für $t = \tau$ hat die Stromstärke 63.2 % ihres Endwertes I erreicht, denn dann ist

$$i = I(1 - e^{-1}) = 0.632 I$$

Für $t = 3\tau$ ist

$$i = I(1 - e^{-3}) = 0.950 I$$

■

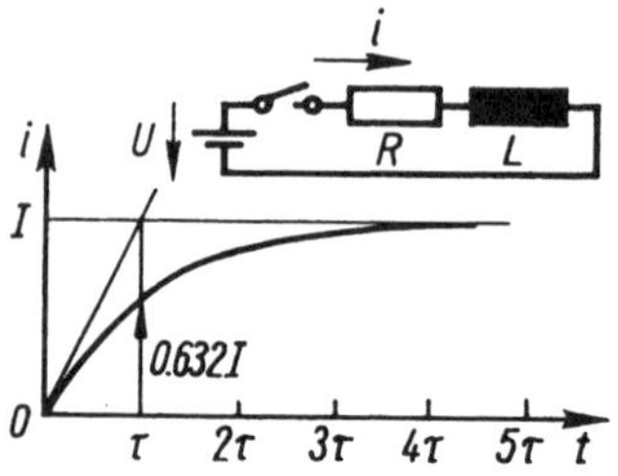

3.51

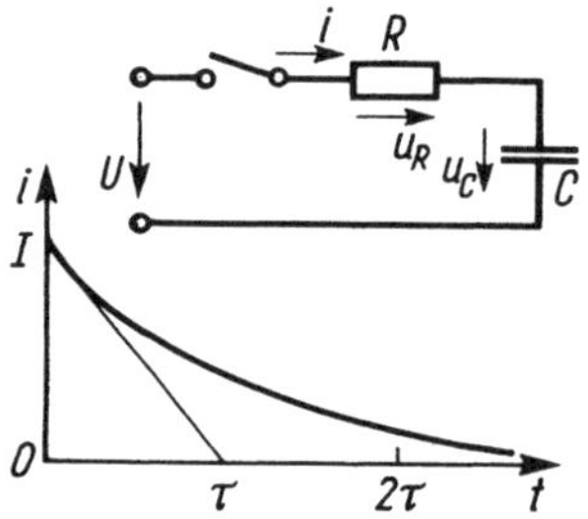

3.52

Beispiel 3. Bei der Ladung eines Kondensators mit der Kapazität C über einen Widerstand R (Bild **3.52**) erfolgt der zeitliche Verlauf des Ladestroms i nach der Gleichung

$$i = I e^{-\frac{t}{\tau}}$$

Hier ist $I = U/R$ und die Zeitkonstante $\tau = RC$. Nach einer Ladezeit $t = 6\tau$ ist nur noch $i = I e^{-6} = 0.0025 I$, das heißt 0.25 % des größten Ladestroms $I = U/R$ im Moment des Einschaltens ($t = 0$) vorhanden. ■

3.5.2 Logarithmusfunktion

Definition. *Die Umkehrfunktion der Exponentialfunktion $y=a^x$ ist die* Logarithmusfunktion

$$y=\log_a x \tag{3.106}$$

Sie entsteht bei der Berechnung des Exponenten y aus der Potenz $x=a^y$, indem jeder positiven reellen Zahl x der Exponent $y=\log_a x$ als Funktionswert zugeordnet wird. Setzt man y aus Gl. (3.106) wieder in $x=a^y$ ein, so entsteht die Identität

$$x=a^{\log_a x} \tag{3.107}$$

Da $a^0=1$ für jedes reelle $a \neq 0$ gilt, ist der Logarithmus (Exponent) von 1 zu jeder Basis a gleich Null

$$\log_a 1=0 \tag{3.108}$$

Wegen $a^1=a$ ist der Logarithmus der Basis gleich Eins

$$\log_a a=1 \tag{3.109}$$

Die Rechenregeln der Logarithmen sind die Rechenregeln der Exponenten von Potenzen mit gleicher Basis, weil Logarithmus nur ein anderes Wort für Exponent ist

$$\begin{aligned} \log_a(pq)&=\log_a p+\log_a q \qquad & \log_a\left(\frac{p}{q}\right)&=\log_a p-\log_a q \\ \log_a p^n&=n\cdot\log_a p & \log_a\sqrt[m]{p}&=\frac{1}{m}\cdot\log_a p \end{aligned} \tag{3.110}$$

Die Basis der Logarithmusfunktion ist positiv und nicht gleich Eins, im allgemeinen größer als Eins. Reelle Funktionswerte gibt es nur für positive x, weil in der nach x

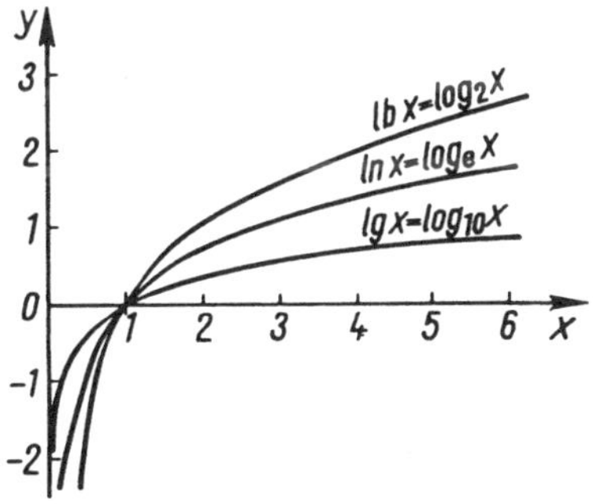

3.53

aufgelösten Form von Gl. (3.106), also in $x = a^y$ für keine reelle Zahl y der Wert x negativ oder Null werden kann. Da ferner für jede Basis a die Gleichung $a^0 = 1$, also $\log_a 1 = 0$ gilt, haben alle logarithmischen Funktionen die gemeinsame Nullstelle $x = 1$. Hier schneiden sich ihre Graphen auf der x-Achse (Bild 3.53). Die y-Achse ist Asymptote für alle logarithmischen Graphen.

Die Berechnung der Funktionswerte erfolgt mit Hilfe einer Reihe (s. Abschn. 7.2.3). Sie werden in Logarithmentafeln zusammengestellt. Es genügt, die Logarithmen für eine Basis b zu kennen, da eine Umrechnung auf Grund der Potenzgesetze ähnlich wie in Gl. (3.105) möglich ist. Man löst die Funktionsgleichung $y = \log_a x$ nach x auf und logarithmiert sie zu der bekannten Basis b

$$y = \log_a x \qquad x = a^y \qquad \log_b x = y \log_b a = \log_a x \cdot \log_b a$$

$$\boxed{y = \log_a x = \frac{\log_b x}{\log_b a}} \tag{3.111}$$

Die logarithmischen Funktionen mit verschiedenen Basen sind zueinander proportional.

Spezielle Systeme. Als Basis eines Logarithmensystems ist jede positive Zahl außer Eins möglich, jedoch haben sich besonders drei Systeme als nützlich erwiesen.

Zehnerlogarithmen (Dekadische oder Briggssche Logarithmen). Die Logarithmen mit der Basis 10 werden wegen des gebräuchlichen dekadischen Zahlensystems zum Rechnen bevorzugt, weil man wegen

$$\log_{10}(p \cdot 10^n) = n + \log_{10} p \tag{3.112}$$

nur die Logarithmen der Zahlen p zwischen 1 und 10 tabellieren muß. Diese Logarithmen liegen zwischen 0 und 1, weil $10^0 = 1$ und $10^1 = 10$ ist. Man nennt die zwischen 0 und 1 liegende Zahl $\log_{10} p$ die Mantisse und den Exponenten n der Zehnerpotenz die Kennziffer des Logarithmus. Die Zehnerlogarithmen sind aus den meisten Taschenrechnern direkt zu erhalten.

Um das Schreiben der Basis zu vermeiden, kürzt man nach DIN 1302 ab

$$\log_{10} p \equiv \lg p \tag{3.113}$$

gesprochen: Zehnerlogarithmus von p.

Natürliche Logarithmen. In Physik und Technik spielen Logarithmen mit der in Abschn. 2.3.2 eingeführten Basis $e = 2.71828\ldots$ eine bedeutende Rolle. Sie heißen natürliche Logarithmen. Auch diese Logarithmen sind tabelliert und können ebenfalls auf den meisten Taschenrechnern abgelesen werden. Wegen ihres häufigen Gebrauches ist hier eine Abkürzung üblich

$$\log_e p \equiv \ln p \tag{3.114}$$

gesprochen: logarithmus naturalis p oder kurz $\ln p$.

Zweierlogarithmen (Binärlogarithmen). In der Informationstheorie und Nachrichtenverarbeitung tritt der Logarithmus zur Basis 2 auf. Seine Abkürzung lautet

$$\log_2 p \equiv \mathrm{lb}\, p \tag{3.115}$$

gesprochen: Zweierlogarithmus p.

Da die Reihen (s. Abschn. 7.2.3) den natürlichen Logarithmus liefern, entstehen die Tafeln für den Briggsschen Logarithmus (Zehnerlogarithmus) aus Gl. (3.111) mit $b = \mathrm{e}$ und $a = 10$ und die des Zweierlogarithmus mit $b = \mathrm{e}$ und $a = 2$

$$\lg x = \frac{\ln x}{\ln 10} \qquad \mathrm{lb}\, x = \frac{\ln x}{\ln 2}$$

Beispiel 4. Die ideale Brennschlußhöhe einer einstufigen Rakete wird nach der Gleichung

$$h_\mathrm{B} = v_\mathrm{A} t_\mathrm{B} \left(1 - \frac{\ln \mu}{\mu - 1}\right)$$

berechnet. Wie muß das Massenverhältnis μ von Startmasse zu Endmasse gewählt werden, wenn bei einer Ausströmgeschwindigkeit $v_\mathrm{A} = 2.5$ km/s und einer Brenndauer von $t_\mathrm{B} = 80$ s eine Höhe von 100 km erreicht werden soll?

Man setzt die gegebenen Werte in die Funktionsgleichung ein

$$100\ \mathrm{km} = 2.5\ \frac{\mathrm{km}}{\mathrm{s}} \cdot 80\ \mathrm{s} \cdot \left(1 - \frac{\ln \mu}{\mu - 1}\right)$$

und erhält nach Umformung die transzendente Bestimmungsgleichung für μ

$$\frac{\ln \mu}{\mu - 1} - 0.5 = y = 0$$

Setzt man einige plausible Werte für μ ein

$$\begin{array}{llll} \mu = 2 & y = 0.1931 & \mu = 4 & y = -0.0379 \\ \mu = 3 & y = 0.0493 & \mu = 3.5 & y = 0.0011 \end{array}$$

so findet man eine Nullstelle zwischen 3.5 und 4 und erhält nach linearer Interpolation (Gl. (3.14))

$$\mu = 3.513 \quad \text{und} \quad y = 0.0000$$

Das Massenverhältnis muß $\mu = 3.513$ betragen. ■

Beispiel 5. In der Schaltung **3.**52 sei $U = 100$ V und $R = 50$ kΩ. Nach $t = 6$ s wird der Strom $i = 0.4$ mA gemessen. Wie groß ist die Zeitkonstante τ und die Kapazität C?

Man setzt die Größen $t = 6$ s und $i = 0.4$ mA in die Funktionsgleichung ein und erhält mit

$$I=\frac{U}{R}=\frac{100\text{ V}}{50\text{ k}\Omega}=2\text{ mA} \qquad 0.4\text{ mA}=2\text{ mA}\cdot\mathrm{e}^{-6\text{ s}/\tau}$$

$$\mathrm{e}^{-6\text{ s}/\tau}=0.2 \qquad -\frac{6\text{ s}}{\tau}=\ln 0.2=-1.609 \qquad \tau=\frac{6\text{ s}}{1.609}=3.729\text{ s}$$

$$C=\frac{\tau}{R}=\frac{3.729\text{ s}}{50\cdot 10^3\,\Omega}=74.58\,\mu\text{F}$$

■

Beispiel 6. Bei der Strömung von Gasen in Rohrleitungen mit isothermischer Zustandsänderung kann die Änderung der kinetischen Energie durch den Logarithmus des Druckverhältnisses

$$m\,\frac{v_2^2-v_1^2}{2}=nRT\ln\frac{p_1}{p_2}$$

ausgedrückt werden. Dabei ist T die absolute Temperatur, R die allgemeine Gaskonstante, m die Masse und n die in Kilomol angegebene Teilchenmenge. ■

3.5.3 Logarithmische Funktionspapiere

Beim handelsüblichen Millimeterpapier sind beide Koordinatenachsen linear geteilt. In logarithmischen Funktionspapieren sind eine oder beide Achsen logarithmisch geteilt. In diesen Papieren werden bestimmte Graphen, die bei linearer Achsenteilung gekrümmt sind, zu Geraden. Sie werden häufig zur Auswertung von Messungen benutzt. Trägt man nämlich eine Reihe von Meßpunkten in ein Funktionspapier ein, das dem der Messung zugrunde liegenden physikalischen Gesetz entspricht, so liegen die Meßpunkte auf einer Geraden. Dadurch können bereits während der Messung grobe Fehler erkannt, es kann interpoliert und extrapoliert werden. Die Steigung der Geraden ergibt oft eine der durch die Messung gesuchten physikalischen Größen.

Potenzpapier (log$y$-, log$x$-Papier). Der in der Technik häufig vorkommende Funktionstyp der Potenzfunktion

$$y=Cx^r \quad \text{mit} \quad r\in\mathbb{R} \tag{3.116}$$

läßt sich durch Logarithmieren

$$\lg y=\lg C+r\lg x \tag{3.117}$$

leicht als Gerade darstellen, wenn man die Koordinatenachsen logarithmisch teilt und

$$v=m_y\lg y \qquad u=m_x\lg x \qquad a_0=m_y\lg C \qquad a_1=r\,m_y/m_x$$

nennt. Hier ist m_y abkürzend für den Maßstab $m_{\lg y}$ des Logarithmus von y gesetzt und m_x für $m_{\lg x}$ (s. Gl. (2.31)). Damit entsteht aus Gl. (3.117) die Geradengleichung

$$v=a_0+a_1u \tag{3.118}$$

In Bild **3**.54 ist z. B. der Druckbereich von 1 bis 10 N/cm^2 (in Verkleinerung) auf 10 cm aufgetragen, d. h. $m_{\lg p} = 10$ cm/(lg 10 − lg 1) = 10 cm, und auf der Abszisse ist $m_{\lg V} = 10$ cm/(lg 1 − lg 0.1) = 10 cm.

Bei logarithmischer Teilung beider Achsen werden die Graphen aller Potenzfunktionen zu Geraden.

In Gl. (3.118) bedeuten v und u Ordinate und Abszisse in Längeneinheiten, a_0 den Ordinatenabschnitt im (u, v)-System und $a_1 = \tan\alpha$ den Tangens des Steigungswinkels im Bild.

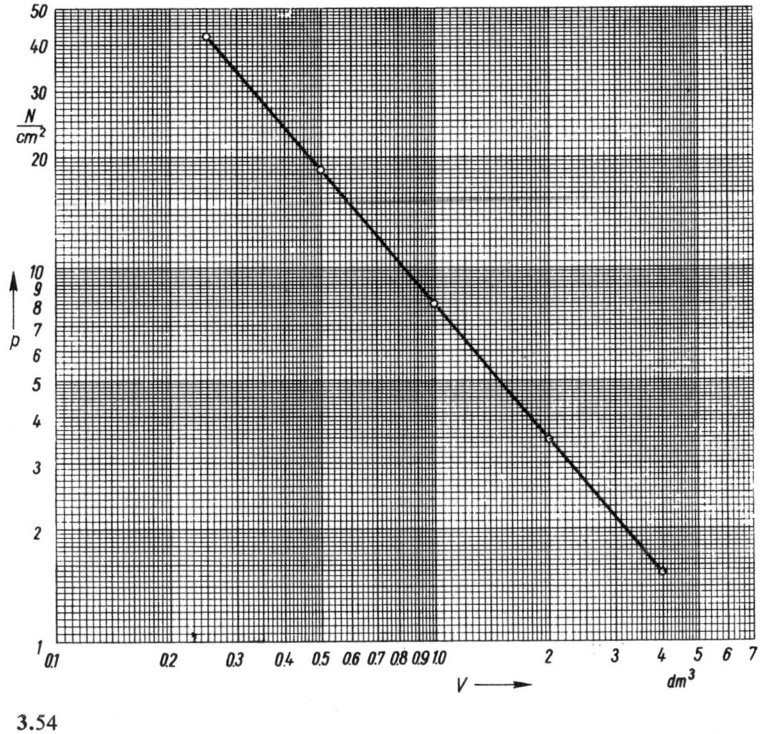

3.54

Aus dem Steigungswinkel kann man den Exponenten r bestimmen

$$r = a_1 m_x / m_y \tag{3.119}$$

Die Konstante C kann unmittelbar im Diagramm als y-Wert bei $x = 1$ abgelesen werden. Potenzfunktionen mit verschiedenen Exponenten r ergeben also Geraden mit verschiedener Steigung, Potenzfunktionen mit verschiedenen Faktoren C ergeben zueinander parallele Geraden. Dieses Funktionspapier ist im Handel erhältlich.

Beispiel 7. Bei adiabatischer Kompression gilt die Gleichung $pV^{\varkappa}=\text{const}$ mit Druck p und Volumen V. Aus der Meßreihe in Tafel **3**.55 soll graphisch der Exponent $\varkappa$ bestimmt werden.

Tafel **3**.55

$\frac{V}{\text{dm}^3}$	$\frac{p}{\text{N/cm}^2}$
0.25	42.1
0.50	18.4
1.00	8.0
2.00	3.49
4.00	1.52

Schreibt man die obige Gleichung $p=\text{const}\cdot V^{-\varkappa}$, so hat sie die Form von Gl. (3.116). Die Meßreihe kann mit Potenz-Papier ausgewertet werden. Bild **3**.54 zeigt einen Ausschnitt aus handelsüblichem Papier in einer Verkleinerung 1:2. Die Maßstäbe auf beiden Achsen betragen 10 cm. Dann ist $-\varkappa=\tan\alpha=-1.2$. ■

Exponentialpapier (log$y$, x-Papier). Auch bei der Exponentialfunktion

$$y=C\mathrm{e}^{rx} \tag{3.120}$$

ist es zweckmäßig, die Gleichung zu logarithmieren

$$\lg y=\lg C+(r\lg \mathrm{e})x$$

Mit $v=m_{\lg y}\cdot\lg y$, $u=m_x x$, $a_0=m_{\lg y}\cdot\lg C$ und $a_1=r\lg\mathrm{e}\cdot m_{\lg y}/m_x$ entsteht daraus die Geradengleichung

$$v=a_0+a_1 u$$

Beispiel 8. Ein auf die Spannung U aufgeladener Kondensator mit der Kapazität C wird über einen Widerstand entladen. Dabei sinkt die Spannung u_C am Kondensator nach der Gleichung

$$u_C=U\cdot\mathrm{e}^{-t/RC}$$

ab. Aus der Meßreihe in Tafel **3**.56 sollen graphisch die Ausgangsspannung U und die Zeitkonstante $\tau=RC$ bestimmt werden.

Bild **3**.57 zeigt einen Ausschnitt aus handelsüblichem Exponential-Papier im Verhältnis 1:2 verkleinert, in das die Meßwerte unmittelbar eingetragen werden. Auf der Abszisse ist $m_t=2\,\text{cm/s}$, auf der Ordinate $m_{\lg u}=10\,\text{cm}$. Die Gerade hat die Steigung $\tan\alpha=-1.08$. Daraus erhält man

$$-\frac{1}{\tau}=\frac{(-1.08)\,2\,\text{cm/s}}{(\lg\mathrm{e})\,10\,\text{cm}}=-0.5\,\text{s}^{-1} \qquad \tau=RC=2.0\,\text{s}$$

Für $t=0$ ist $u_C=U=220\,\text{V}$.

Tafel 3.56

$\frac{t}{\text{s}}$	$\frac{u_C}{\text{V}}$
1.0	134
2.0	81
3.0	49
4.0	30
5.0	18

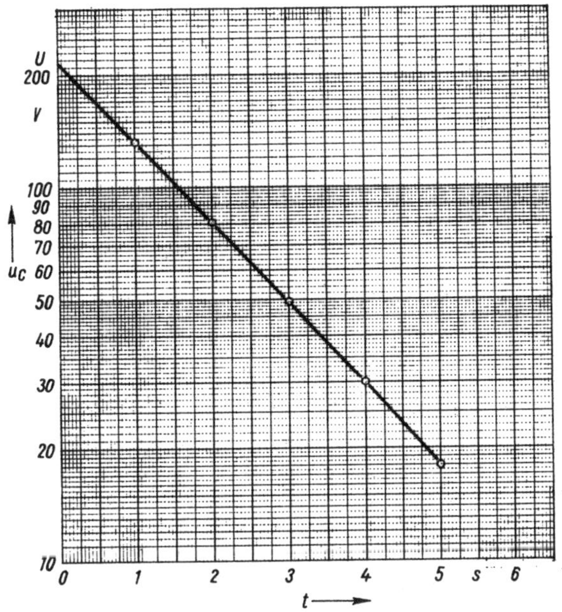

3.57 ■

3.5.4 Hyperbelfunktionen

Bei vielen technischen Problemen treten Kombinationen der Exponentialfunktionen e^x und e^{-x} auf, für die man besondere Namen eingeführt hat.

Definitionen. *Man nennt*

Hyperbelsinus	$\sinh x = \frac{e^x - e^{-x}}{2}$	(3.121)
Hyperbelcosinus	$\cosh x = \frac{e^x + e^{-x}}{2}$	
Hyperbeltangens	$\tanh x = \frac{\sinh x}{\cosh x} = \frac{e^x - e^{-x}}{e^x + e^{-x}}$	
Hyperbelcotangens	$\coth x = \frac{1}{\tanh x} = \frac{e^x + e^{-x}}{e^x - e^{-x}}$	

Die Funktionswerte können entweder vom Taschenrechner direkt abgelesen oder mit Hilfe der Exponentialfunktionen berechnet werden. Der Verlauf der Hyperbelfunktionen ist in Bild 3.58 dargestellt. Der Hyperbelcosinus nimmt nur Werte an, die größer als Eins sind und kann für kleine x durch die Parabel $y = 1 + 0.5x^2$ oder den Halbkreis

$y=2-\sqrt{1-x^2}$ angenähert werden (s. Abschn. 7.2.2). Ersetzt man in der Definitionsgleichung (3.121) das Argument x durch $-x$, so erkennt man, daß $y=\cosh x$ eine gerade Funktion ist. Die drei übrigen Funktionen sind ungerade. Es gelten also die Beziehungen

$$\boxed{\begin{array}{ll} \cosh(-x)=\cosh x & \tanh(-x)=-\tanh x \\ \sinh(-x)=-\sinh x & \coth(-x)=-\coth x \end{array}} \tag{3.122}$$

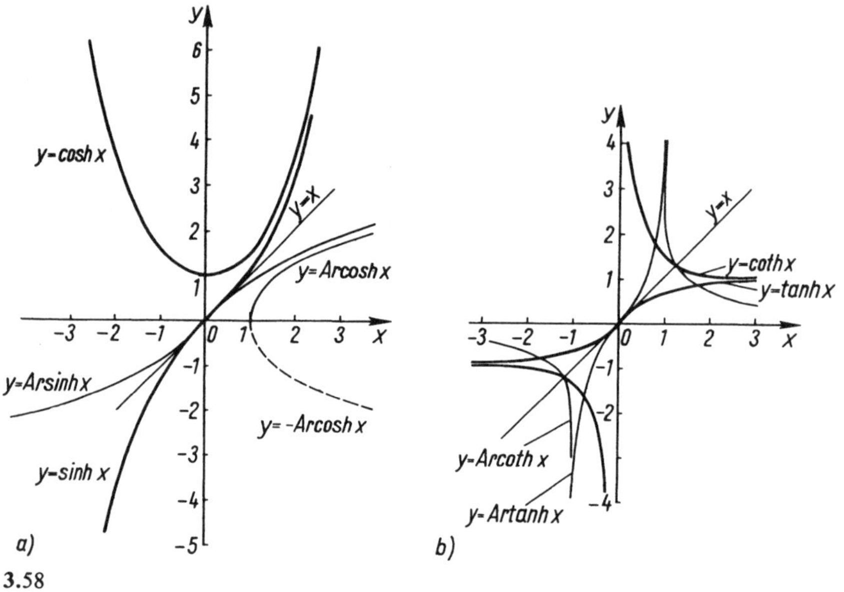

3.58

Die Funktion $y=\sinh x$ nimmt alle endlichen Werte an. Der Graph der Tangensfunktion verläuft nur zwischen $y=-1$ und $y=+1$. Er hat bei $x=0$ eine Nullstelle. Der Hyperbelcotangens ist der Kehrwert des Hyperbeltangens, hat also bei $x=0$ eine Unstetigkeitsstelle. Sein Betrag ist immer größer als Eins.

Asymptotisches Verhalten. Mit wachsendem x wird der Summand e^{-x} in Gl. (3.121) sehr klein gegen e^x. Der Hyperbelsinus und der Hyperbelcosinus nähern sich daher asymptotisch der Funktion $y=0.5\,e^x$

$$\sinh x \approx \cosh x \approx 0.5\,e^x \quad \text{für große } x \tag{3.123}$$

Innerhalb der in vielen Gebieten der Technik üblichen Fehlergrenzen kann $e^{-3}\approx 0.05$ gegen $e^3 \approx 20$ schon vernachlässigt werden.

Die Graphen der Funktionen $y=\tanh x$ und $y=\coth x$ haben aus dem gleichen Grunde die Geraden $y=\pm 1$ zu Asymptoten.

Bezeichnung. Die Namen der Hyperbelfunktionen sind in Analogie zu denen der Kreisfunktionen gewählt worden, weil die Hyperbelfunktionen ähnliche geometrische Deutungen an der gleichseitigen Hyperbel $x^2-y^2=r^2$ erfahren wie die Kreisfunktionen am Kreis $x^2+y^2=r^2$. Man vergleiche Bild **3**.59a mit Bild **3**.59b. Der Beweis erfolgt im Beispiel 14, Abschn. 6.3. Ein weiterer Zusammenhang der Hyperbelfunktionen mit den Kreisfunktionen ergibt sich über die komplexen Zahlen in Abschn. 11.4.2.

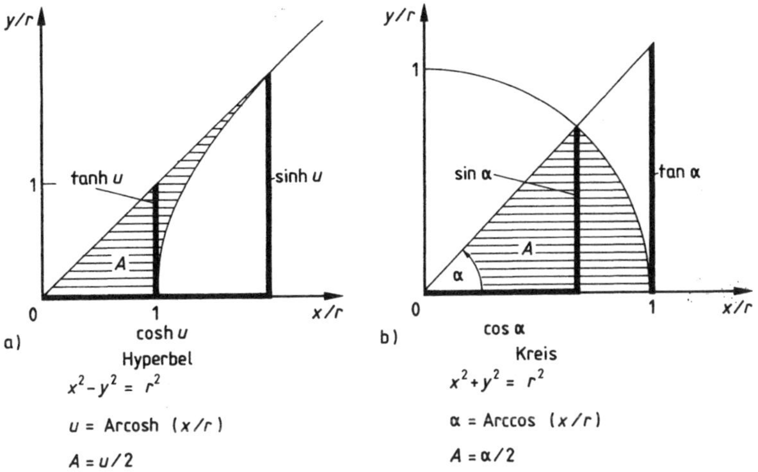

3.59

Beziehungen zwischen den Hyperbelfunktionen. Durch Addieren bzw. Subtrahieren der Funktionen $\cosh x$ und $\sinh x$ ergibt sich

$$\cosh x + \sinh x = e^x \qquad \cosh x - \sinh x = e^{-x} \tag{3.124}$$

Multipliziert man jeweils die linken und rechten Seiten dieser beiden Gleichungen miteinander, so findet man die der Gleichung $\sin^2 x + \cos^2 x = 1$ analoge Beziehung

$$\boxed{\cosh^2 x - \sinh^2 x = 1} \tag{3.125}$$

Wie bei den Kreisfunktionen bestehen auch bei den Hyperbelfunktionen Additionstheoreme, die man aus der Definitionsgleichung (3.121) mit Hilfe der Beziehung $e^{x+y}=e^x e^y$ beweist

$$\sinh(x \pm y) = \sinh x \cosh y \pm \cosh x \sinh y \tag{3.126}$$

$$\cosh(x \pm y) = \cosh x \cosh y \pm \sinh x \sinh y \tag{3.127}$$

$$\tanh(x \pm y) = \frac{\tanh x \pm \tanh y}{1 \pm \tanh x \tanh y} \tag{3.128}$$

Der Nachweis der Richtigkeit wird hier für $\sinh(x+y)$ geführt. Die übrigen Theoreme möge der Leser als Übungsaufgabe auf gleichem Wege beweisen (s. Aufgabe 8, Abschn. 3.5.6). Es ist

$$\sinh x \cosh y + \cosh x \sinh y = \frac{e^x - e^{-x}}{2} \cdot \frac{e^y + e^{-y}}{2} + \frac{e^x + e^{-x}}{2} \cdot \frac{e^y - e^{-y}}{2}$$

$$= \frac{1}{4} [e^x e^y + e^x e^{-y} - e^{-x} e^y - e^{-x} e^{-y} + e^x e^y - e^x e^{-y} + e^{-x} e^y - e^{-x} e^{-y}]$$

$$= \frac{1}{4} [2 e^x e^y - 2 e^{-x} e^{-y}] = \frac{1}{2} [e^{(x+y)} - e^{-(x+y)}] = \sinh(x+y)$$

Für $x = y$ ergeben sich daraus die Sonderfälle

$$\sinh 2x = 2 \sinh x \cosh x \tag{3.129}$$

$$\cosh 2x = \cosh^2 x + \sinh^2 x \tag{3.130}$$

und durch Addition bzw. Subtraktion der Gl. (3.125) und (3.130)

$$\cosh 2x = 2\cosh^2 x - 1 \qquad \cosh 2x = 2\sinh^2 x + 1 \tag{3.131}$$

Beispiel 9. Die Form eines zwischen zwei gleich hohen Masten aufgehängten Seiles wird durch die Gleichung der Kettenlinie

$$y = a \cosh \frac{x}{a}$$

beschrieben, wobei a das Verhältnis von Horizontalkomponente der Seilkraft und Gewichtskraft je Längeneinheit ist (Bild **3.60**). Die Länge a bedeutet gleichzeitig die Höhe des tiefsten Seilpunktes über dem Koordinatenanfangspunkt, weil für $x = 0$ der Funktionswert $y = a$ wird. Für $a = 80$ m beträgt die Höhe der Mastspitze über dem Nullpunkt bei zwei 150 m entfernten Masten

$$y = 80\ \text{m} \cdot \cosh(75\ \text{m}/80\ \text{m})$$
$$= 80\ \text{m} \cdot \cosh 0.9375 = 80\ \text{m} \cdot 0.5\,(e^{0.9375} + e^{-0.9375})$$
$$= 80\ \text{m} \cdot 0.5\,(2.55 + 0.39) = 118\ \text{m}$$

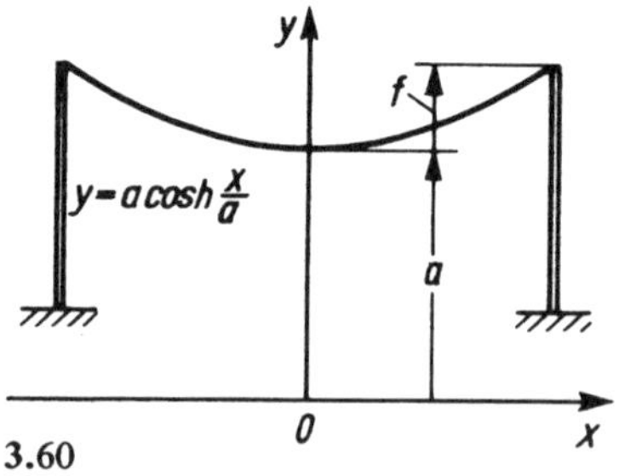

3.60

Man kann auch direkt $\cosh 0.9375 = 1.47$ dem Taschenrechner entnehmen. Der Durchhang f beträgt $(118 - 80)$ m $= 38$ m. Bei Annahme der Ersatzparabel $y = a(1 + 0.5 x^2/a^2)$ erhält man dagegen $y = 80\ \text{m} \cdot (1 + 0.5 \cdot 0.9375^2) = 115$ m, also einen Durchhang von 35 m. ■

3.5.5 Areafunktionen

Definition. *Die Umkehrfunktionen der Hyperbelfunktionen sind die* Areafunktionen.

Wie bei den trigonometrischen Funktionen in den Arcusfunktionen der Winkel gesucht wird, dessen trigonometrische Funktionen bekannt sind, ist hier der Zahlenwert der Fläche (Area) des Hyperbelsektors (Bild **3**.59a) als Bildmenge gesucht, dessen zugehörige Hyperbelfunktionen als Definitionsmenge bekannt sind.

Areasinus. Man löst $y=\sinh x$ nach x auf, schreibt $x=\operatorname{Arsinh} y$, gesprochen: x gleich Areasinus y, und erhält durch Vertauschen der Variablen die gesuchte Umkehrfunktion

$$\boxed{y=\operatorname{Arsinh} x} \tag{3.132}$$

Ihr Graph ist das Spiegelbild des Graphen von $y=\sinh x$ an der Geraden $y=x$ (Bild **3**.58a). Die Areafunktion läßt sich als Logarithmus schreiben, weil die Hyperbelfunktion aus der Exponentialfunktion entwickelt ist. Man löst Gl. (3.132) nach x auf und findet im Zusammenhang mit Gl. (3.121)

$$x=\sinh y=\frac{e^y-e^{-y}}{2}$$

Multipliziert man diese Gleichung mit $2e^y$, so erhält man die in e^y quadratische Gleichung

$$e^{2y}-1=2xe^y \qquad (e^y)^2-2xe^y-1=0$$

mit der Lösung

$$e^y=x+\sqrt{x^2+1}$$

Hier gilt nur die positive Wurzel, weil bei negativer Wurzel die Potenz e^y negativ werden müßte, was nicht möglich ist. Man logarithmiert und findet

$$y=\ln(x+\sqrt{x^2+1})=\operatorname{Arsinh} x \tag{3.133}$$

Für große Argumente x kann die Eins unter der Wurzel gegen x^2 vernachlässigt werden, und Gl. (3.133) vereinfacht sich zu

$$y=\operatorname{Arsinh} x\approx\ln(2x) \quad \text{für große } x \tag{3.134}$$

Areacosinus. Die Umkehrfunktion der Funktion $y=\cosh x$ ist

$$\boxed{y=\operatorname{Arcosh} x} \tag{3.135}$$

gesprochen: y gleich Areacosinus x. Ihr Graph (Bild **3**.58a) ist das Spiegelbild des Hyperbelcosinus an der Winkelhalbierenden zwischen den positiven Koordinatenachsen.

Durch Gl. (3.135) wird der obere Graph (Bild **3**.58a) beschrieben. Die logarithmische Darstellung ergibt sich wie bei der Funktion Areasinus aus

$$x = \cosh y = \frac{e^y + e^{-y}}{2}$$

durch Auflösen nach e^y und Logarithmieren

$$y = \ln(x + \sqrt{x^2 - 1}) = \operatorname{Arcosh} x \tag{3.136}$$

Die Funktion

$$y = \ln(x - \sqrt{x^2 - 1}) = \ln \frac{1}{x + \sqrt{x^2 - 1}} = -\ln(x + \sqrt{x^2 - 1}) = -\operatorname{Arcosh} x$$

wird durch den gestrichelten Graphen in Bild **3**.58a beschrieben.

Für große positive x kann man die Funktion näherungsweise durch einen einfacheren Ausdruck ersetzen

$$y = \operatorname{Arcosh} x \approx \ln(2x) \quad \text{für große } x \tag{3.137}$$

Areatangens und Areacotangens sind die Umkehrfunktionen von $y = \tanh x$ und $y = \coth x$. Die Gleichungen

$$y = \operatorname{Artanh} x \quad \text{und} \quad x = \tanh y$$
$$y = \operatorname{Arcoth} x \quad \text{und} \quad x = \coth y$$

sind gleichbedeutend; Bild **3**.58b zeigt die Graphen. Auch der Areatangens läßt sich wie die Funktionen Areasinus und Areacosinus auf eine logarithmische Funktion zurückführen. Durch gleiche Überlegungen wie beim Areasinus findet man

$$\begin{aligned} y &= \operatorname{Artanh} x = \frac{1}{2} \ln \frac{1+x}{1-x} \quad \text{für} \quad |x| < 1 \\ y &= \operatorname{Arcoth} x = \frac{1}{2} \ln \frac{x+1}{x-1} \quad \text{für} \quad |x| > 1 \end{aligned} \tag{3.138}$$

Beispiel 10. Beim freien Fall mit Berücksichtigung des quadratisch anwachsenden Luftwiderstandes ergibt sich für die Geschwindigkeit die Gleichung $v = v_E \tanh(gt/v_E)$; (g Fallbeschleunigung, t Fallzeit). Nach längerer Fallzeit sind Luftwiderstand und Schwerkraft im Gleichgewicht, weil der Widerstand mit dem Quadrat der Geschwindigkeit zunimmt. Dann nimmt $\tanh(gt/v_E)$ asymptotisch den Wert Eins an, und die Geschwindigkeit nähert sich einer stationären Endgeschwindigkeit v_E, die von aerodynamischen Gesetzen abhängt. Nach welcher Zeit sind 99 % dieser Endgeschwindigkeit erreicht, wenn $v_E = 230$ m/s beträgt?

Man setzt $\tanh(gt/v_E) = 0.99$ oder $t = (v_E/g) \operatorname{Artanh} 0.99$ und erhält die Fallzeit

$$\begin{aligned} t &= 23.4\,\text{s} \cdot \operatorname{Artanh} 0.99 = 23.4\,\text{s} \cdot 0.5 \ln[(1+0.99)/(1-0.99)] \\ &= 11.7\,\text{s} \cdot \ln 199 = 11.7\,\text{s} \cdot 5.29 = 62\,\text{s} \end{aligned}$$

■

3.5.6 Aufgaben zu Abschnitt 3.5

1. Wie lauten die Koeffizienten der Funktion $y = A\,e^{kx}$, deren Graph durch die Punkte (2; 1) und (−2; 0.6) geht?

2. Welcher Proportionalitätsfaktor besteht zwischen den Logarithmen der Basen 2 und e?

3. Nach welcher Zeit ist die Stromstärke in dem in Beispiel 2 beschriebenen Stromkreis mit $L = 0.5$ H und $R = 10\,\Omega$ auf 95 % ihres Endwertes angestiegen?

4. Welche Anfangstemperatur ϑ_0 darf das Öl in einem Behälter höchstens haben, wenn es durch eine Rohrschlange von der Temperatur $\vartheta_1 = 15\,°\mathrm{C}$ in 0.75 Stunden auf 90 °C und in 2.5 Stunden auf 30 °C abgekühlt sein soll?
Die Temperaturabnahme vom Anfangswert ϑ_0 auf den Wert des Kühlmediums $\vartheta_1 = 15\,°\mathrm{C}$ verläuft exponentiell nach der Gleichung $\vartheta - \vartheta_1 = (\vartheta_0 - \vartheta_1)\,e^{-kt}$.

5. Die Güte Q eines elektrischen Schwingungskreises ist durch das Verhältnis der auf dem Oszillographen abgemessenen Amplituden A_0 und der m-ten darauf folgenden A_m nach der Gleichung $A_m = A_0\,e^{-\frac{\pi}{Q}m}$ zu bestimmen ($A_0 = 48.5$ mm, $A_m = 12.6$ mm, $m = 7$).

6. In der Hülse des Uranstabes eines Uranbrenners verläuft die Temperatur ϑ nach der Funktion

$$\vartheta = \vartheta_1 - a \ln \frac{r}{r_1}$$

ϑ_1 ist die Temperatur an der Innenseite der Hülse. Für einen bestimmten wassergekühlten Uranstab ist $\vartheta_1 = 357\,°\mathrm{C}$, $a = 993\,°\mathrm{C}$, $r_1 = 12.6$ mm.
Wie groß sind die Temperaturen an der Außenseite $r = 13.6$ mm und in der Hülsenwandmitte?

7. Die ideale Brennschlußgeschwindigkeit v_B einer einstufigen Rakete wird aus der Gleichung $v_\mathrm{B} = v_\mathrm{A} \ln \mu$ berechnet. Wie groß ist v_B bei der Ausströmgeschwindigkeit $v_\mathrm{A} = 3$ km/s und dem Massenverhältnis $\mu = 2.5$? Um wieviel Prozent ändert sich v_B bei einer Vergrößerung des Massenverhältnisses von 2.5 auf 5?

8. Man beweise Gl. (3.127), (3.128) und den zweiten Teil von Gl. (3.126).

9. Wieviel Prozent der Endgeschwindigkeit v_E hat der in Beispiel 10 beschriebene fallende Körper nach 10 s, 20 s, 50 s und 100 s erreicht?
Man zeichne die Funktionen $v = v_\mathrm{E} \tanh(gt/v_\mathrm{E})$ und $v = gt$ in ein Diagramm für $t = 0$ bis $t = 30$ s. Es ist $v_\mathrm{E} = 230$ m/s.

10. Wie groß ist die in Beispiel 9 angegebene Konstante a bei einem Seil, wenn bei einem Mastabstand von 100 m der Seildurchhang 12 m beträgt?

3.6 Funktionen von zwei unabhängigen Variablen

In Abschn. 2.1 werden Abbildungen einer Menge X in eine Menge Y behandelt. Bei einer Funktion von mehreren unabhängigen Variablen ist die Definitionsmenge eine Produktmenge mehrerer Mengen. Diese Abbildung wird in Abschn. 9 auch für mehr als zwei Variablen untersucht. In diesem Abschn. 3.6 wird die Darstellung einer Funktion von zwei unabhängigen Variablen in Form von Tafeln und Diagrammen behandelt. Da gerade diese Formen der Funktionsbeschreibung für mehr als zwei Variablen recht mühsam sind, beschränkt man sich hier auf nur zwei unabhängige Variablen.

Definition. *Eine Funktion* zweier unabhängiger Variablen *ist eine Abbildung der Menge $X \times Y$ in eine Menge Z. Jedem Paar $(x_i, y_i) \in X \times Y$ wird eindeutig ein Element $z_i \in Z$ zugeordnet. $X \times Y$ ist die Definitionsmenge, Z die Bildmenge der Funktion.*

Die Variablen x und y sind voneinander unabhängig. Benutzt man diese Funktionen zur Beschreibung von Naturgesetzen, muß deshalb stets geprüft werden, ob diese Voraussetzung auch bei den entsprechenden physikalischen Größen erfüllt ist. In einem Gleichstromkreis hängt die Stromstärke von der angelegten Spannung und dem Widerstand ab. Spannung und Widerstand sind i. allg. voneinander unabhängig. Bei einem idealen Gas stehen die drei Zustandsgrößen Druck, Volumen und Temperatur in einem festen Zusammenhang, zwei von ihnen können frei gewählt werden, die dritte ist davon abhängig. Finden hingegen in einem Gasgemisch bei hohen Temperaturen chemische Reaktionen statt, so ist die Unabhängigkeit von Volumen und Temperatur nicht mehr vorhanden.

3.6.1 Funktionsgleichungen

Wie in Abschn. 2.4.1 unterscheidet man auch hier zwischen Funktionsgleichungen in der expliziten Form $z=f(x, y)$ und der impliziten Form $F(x,y,z)=\text{const}$.

Beispiel 1. Funktionsgleichungen in expliziter und impliziter Form

$$I=\frac{bh^3}{12} \qquad \frac{x}{4}+\frac{y}{5}+\frac{z}{6}=1 \qquad x^2+y^2+z^2=r^2$$ ■

3.6.2 Funktionstafeln

Bei zwei unabhängigen Variablen haben die Tafeln häufig folgende Form einer (m, n)-Matrix

	y_1 y_2 $y_3 \ldots y_j \ldots y_n$
x_1	
x_2	
x_3	
$\vdots$	z_{ij}-Werte
x_i	
$\vdots$	
x_m	

Zur Berechnung einer Tafel aus einer Funktionsgleichung muß vorausgesetzt werden, daß diese explizit nach einer der drei Variablen (hier z genannt) aufgelöst werden kann, sofern man auf die Anwendung von Näherungsverfahren verzichtet. Die in der Technik vorkommenden Funktionsgleichungen können meist nach jeder der drei Variablen aufgelöst werden. Die Wahl der abhängigen Variablen ist aber für die Brauchbarkeit der Tafel und der in Abschn. 3.6.3 behandelten Diagramme von größter Bedeutung. Sie ist keineswegs immer die üblicherweise explizit stehende Größe, sondern hängt ausschließlich vom Verwendungszweck der Tafel ab. Man lasse sich auch nicht dazu verleiten, die Gleichung stets so umzuformen, daß eine Zahlenrechnung möglichst bequem wird. In der Praxis werden Tafeln einmal gerechnet und oft jahrelang benutzt. Der Komfort für den Benutzer ist das entscheidende Kriterium.

Beispiel 2. Das Flächenmoment I eines rechteckigen Balkens beträgt $I=bh^3/12$. Dabei sind b die Breite und h die Höhe des Balkens. Die Größe I wird zur Berechnung der Durchbiegung eines Balkens benötigt. Für vorgegebene (variable) Belastungen muß I groß genug sein, damit sich der Balken nicht zu stark durchbiegt.

Deshalb empfiehlt es sich, entgegen der obigen Funktionsgleichung I als unabhängige Variable zu wählen und die Tafel so zu gestalten, daß für vorgegebene (variable) Werte von I und h die dafür erforderliche Balkenbreite b abgelesen werden kann. Die Funktionsgleichung wird also explizit nach b aufgelöst, $b=12I/h^3$. Tafel **3**.61 zeigt das Ergebnis.

Tafel **3**.61 Bestimmung der Balkenbreite b bei gegebenem Flächenmoment I und Höhe h

h/cm / I/cm^4	12.00	14.00	16.00
1000	6.94	4.37	2.93
1500	10.42	6.56	4.39
2000	13.89	8.75	5.86
2500	17.36	10.93	7.32
3000	20.83	13.12	8.79

■

3.6.3 Geometrische Darstellungen

Fläche im Raum. Diese Darstellung eignet sich vorwiegend im Hinblick auf die Differential- und Integralrechnung in Abschn. 9. Durch die Menge der Wertepaare $(x_i; y_i)$ mit den voneinander unabhängigen Elementen x_i und y_i sei die (x, y)-Ebene dicht besetzt. Nun werden die z-Werte in einer dritten Richtung senkrecht zur (x, y)-Koordinatenebene aufgetragen. Die drei Achsen bilden in der Reihenfolge x, y, z ein sog. Rechtssystem: Überführt man die positive x-Achse durch eine 90°-Drehung in die positive y-Achse, so zeigt die positive z-Achse laut Definition in Richtung der Bewegung einer Rechtsschraube (Bild **3**.62). Daumen, Zeige- und Mittelfinger der rechten Hand bilden bei entsprechender Stellung ebenfalls ein Rechtssystem.

Jedes Wertetripel ergibt in dieser Darstellung einen Punkt $P_i(x_i; y_i; z_i)$ im Raum. Die Menge aller Punkte, deren Koordinaten die Funktionsgleichung erfüllen, ist eine

Fläche im Raum. Eine Vorstellung vom Verlauf einfacher Flächen gewinnt man durch die folgende Überlegung: Setzt man in der Funktionsgleichung $z = z_i = \text{const}$, so bedeutet dies, daß für alle Wertepaare $(x; y)$ stets der gleiche z-Wert vorhanden ist. Diese Bedingung ist geometrisch nur in einer Ebene erfüllt, die parallel zur (x, y)-Ebene liegt. Daher ist $z = z_i$ die Gleichung dieser Ebene. Ganz entsprechend bedeutet $y = y_i = \text{const}$, daß für alle Wertepaare $(x; z)$ stets der gleiche y-Wert vorhanden ist; dies ist nur in den Punkten einer Parallelebene zur (x, z)-Ebene der Fall. Wird speziell die Konstante gleich Null, so erhält man die Gleichung der betreffenden Koordinatenebene. Setzt man in der Funktionsgleichung eine der Variablen gleich const, so erhält man eine Funktion von nur noch zwei Variablen. Diese kann geometrisch als Graph in einer Ebene gedeutet werden.

Werden in einer Funktionsgleichung mit drei Variablen diese der Reihe nach gleich Null (oder einer anderen Konstanten) gesetzt, so erhält man die drei Schnittkurven der Funktionsfläche mit den Koordinatenebenen oder Parallelebenen hierzu (Bild 3.62).

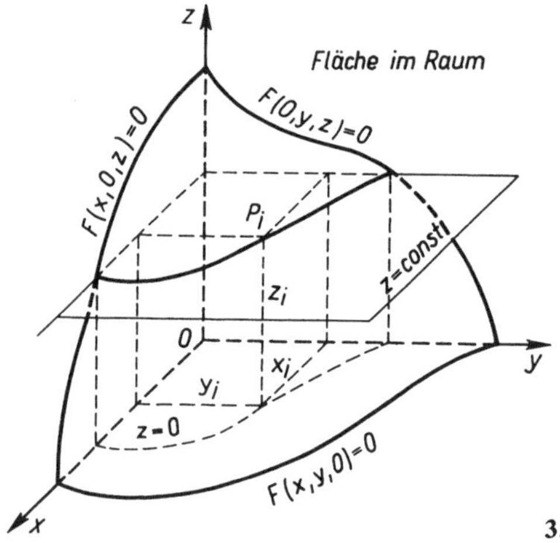

3.62

Beispiel 3. Welche Flächen entsprechen den Gleichungen aus Beispiel 1?

Aus der Gleichung $x^2 + y^2 + z^2 = r^2$ erhält man als Schnittkurven mit den drei Koordinatenebenen oder ihrer Parallelen stets Kreise. Die Fläche ist also eine Kugel.

Die Gleichung $x/4 + y/5 + z/6 = 1$ liefert als Schnittkurven jeweils eine Gerade. Die Fläche ist also eine Ebene.

Für $I = bh^3/12$ erhält man für die Ebenen $h = \text{const}$ Geraden mit verschiedener Neigung und für $b = \text{const}$ die Graphen eines Polynoms 3. Grades. Die entstehende Fläche hat keinen Namen. Im übrigen ist für diese Funktion die im folgenden behandelte Darstellung zweckmäßiger. ■

Netztafel. Die Darstellung einer Funktion mit Hilfe einer Netztafel eignet sich vor allem zur graphischen Bestimmung von Funktionswerten. Zur Fläche im Raum besteht folgender Zusammenhang. Setzt man in der Funktionsgleichung $z=z_i$, so entspricht das der Schnittkurve der Funktionsfläche mit einer Ebene in der Höhe z_i parallel zur (x, y)-Ebene. Diese Schnittkurve wird senkrecht auf die (x, y)-Ebene projiziert und der betreffende z_i-Wert darangeschrieben. Wird dieses Verfahren für verschiedene z_i-Werte wiederholt, erhält man in der (x, y)-Ebene eine nach z beschriftete Kurvenschar. Ein derartiges Diagramm heißt eine Netztafel (Beispiel: Landkarte mit Höhenlinien). Ebenso kann in der Funktionsgleichung auch $x=x_i$ gesetzt werden. Dies entspricht einer Schnittkurve der Funktionsfläche mit einer Ebene parallel zur (y, z)-Ebene. Dieser Graph wird auf die (y, z)-Ebene projiziert. Schließlich liefert die Projektion der Kurvenschar $y=y_i$ auf die (x, z)-Ebene eine dritte Netztafel.

Aus einer Funktionsgleichung $z=f(x, y)$ erhält man drei verschiedene Netztafeln.

Es bedarf großer Erfahrung, um bereits aus der Funktionsgleichung zu erkennen, welches dieser drei Diagramme für eine praktische Benutzung (Ablesen von Funktionswerten) am besten geeignet ist. Dem Anfänger ist deshalb zu empfehlen, alle drei Diagramme zu konstruieren und miteinander zu vergleichen.

Diese Diagramme können ohne Umweg über die räumliche Darstellung (Bild 3.62) unmittelbar aus Funktionstafeln erhalten werden. Hierzu löst man die Funktionsgleichung nach der Variablen auf, die die Ordinate der Netztafel bilden soll und berechnet eine Wertetafel nach Abschn. 3.6.2. Aus dieser Tafel lassen sich zwei Diagramme konstruieren, in denen einmal jede Spalte und einmal jede Zeile der Tafel durch einen Graph dargestellt wird. Die auf jedem Graphen einer Schar konstante Größe, heißt der Parameter der Netztafel. (Dies hat nichts mit der Parameterdarstellung des Abschn. 2.4.1 zu tun.) Um die dritte Netztafel zu erhalten, muß die Funktionsgleichung nach einer anderen Variablen aufgelöst und daraus eine weitere Wertetafel berechnet werden. Im Prinzip erhält man auch hieraus zwei Diagramme. Eines davon unterscheidet sich aber nur durch eine Vertauschung der Koordinatenachsen von einem Diagramm der ersten Wertetafel.

Beispiel 4. Aus Tafel 3.61 sind Netztafeln zu konstruieren.

Die Bilder 3.63a und b zeigen, daß die Netztafeln sehr verschieden aussehen, je nachdem, ob man die Höhe h oder das Flächenmoment I als Parameter wählt. Im ersten Fall

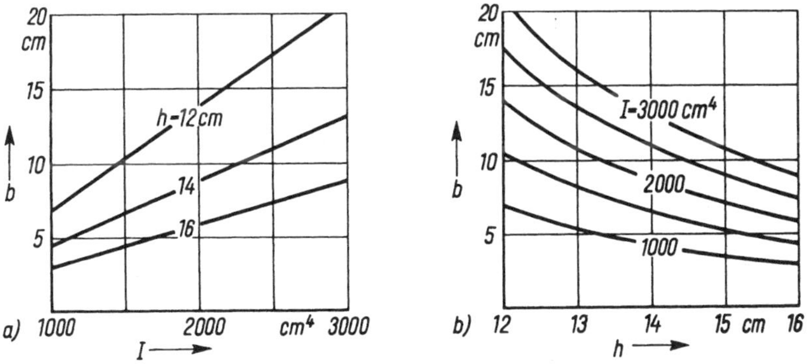

3.63 Netztafeln für $b=12I/h^3$

entspricht jeder Spalte, im zweiten jeder Zeile der Tafel ein Graph. Für eine Ablesung, insbesondere eine Interpolation zwischen den Parameterkurven ist Bild **3.63** b besser geeignet, weil die Parameterkurven nahezu parallel verlaufen. ■

Beispiel 5. Aus der Funktionsgleichung $I = bh^3/12$ ist für die entsprechenden Zahlenwerte in Beispiel 2 eine Tafel zu berechnen; daraus sind zwei Netztafeln zu konstruieren.

Tafel **3.64** Bestimmung des Flächenmomentes I bei gegebener Höhe h und Breite b

h/cm \ b/cm	5	10	15	20
12	720	1440	2160	2880
14	1143	2287	3430	4573
16	1707	3413	5120	6827

In Bild **3.65** a entsteht jeder Graph aus einer Spalte der Tafel **3.64**. Es ist die dritte „wesentliche" Netztafel dieser Funktion zu den beiden in Bild **3.63** a und b dargestellten Netztafeln. In Bild **3.65** b entsteht jeder Graph aus einer Zeile der Tafel. Werden die Koordinatenachsen dieses Bildes vertauscht, so entsteht Bild **3.63** a.

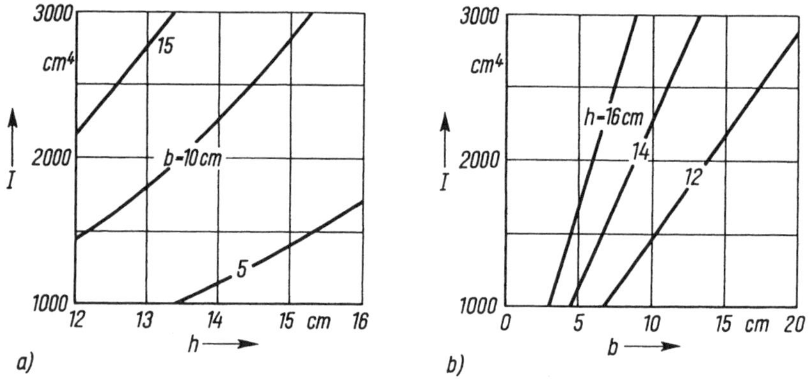

3.65 Netztafeln für $I = bh^3/12$

Löst man diese Funktion nach $h = \sqrt[3]{12I/b}$ auf und schreibt in der Tafel als oberste Zeile die I-Werte und als linke Spalte die b-Werte, so entspricht bis auf die Achsenvertauschung die Netztafel aus den Spalten dem Bild **3.63** b und die aus den Zeilen dem Bild **3.65** a. ■

Abschließend sei bemerkt, daß es wesentlich elegantere Methoden zur Konstruktion von Diagrammen von Funktionen mehrerer Variablen gibt. Beispielsweise werden in allen Netztafeln der Funktion $I = bh^3/12$ die Parameterkurven zu parallelen Geraden, wenn beide Koordinatenachsen als logarithmische Leitern (s. Abschn. 3.5.3) konstruiert werden. Dieses Gebiet der angewandten Mathematik heißt Nomographie [Bl 77].

3.6.4 Aufgaben zu Abschnitt 3.6

1. Die folgenden Gleichungen sind explizit nach jeder der drei Variablen aufzulösen:

a) Für die Gewichtskraft F_G eines Stahlrohrs von 1 m Länge mit der Wandstärke s und dem Außendurchmesser d gilt mit einer Konstanten c

$$F_G = c(sd - s^2)$$

b) In der Vektorrechnung und der komplexen Arithmetik spielt folgende Gleichung eine wichtige Rolle

$$\tan\varphi = b/a$$

c) Bei polytroper Zustandsänderung von idealen Gasen gilt die normierte Gleichung

$$zy^x = 1$$

Dabei ist $z = p/p_0$ ein Druckverhältnis, $y = V/V_0$ ein Volumenverhältnis und x der Polytropenexponent.

2. Aus den expliziten Funktionsgleichungen in Aufgabe 1 sind je 3 Tafeln in den folgenden Wertebereichen zu berechnen:

a) $4\text{ mm} \le s \le 10\text{ mm}$ $\quad \Delta s = 2\text{ mm}$

$50\text{ mm} \le d \le 100\text{ mm}$ $\quad \Delta d = 10\text{ mm}$

$50\text{ N} \le F_G \le 250\text{ N}$ $\quad \Delta F_G = 50\text{ N}$ $\quad c = 0.242\text{ N/mm}^2$

b) $4 \le a \le 5$ $\quad \Delta a = 0.2$

$2 \le b \le 10$ $\quad \Delta b = 2.0$

$20° \le \varphi \le 70°$ $\quad \Delta\varphi = 10°$

c) $1.0 \le x \le 2.0$ $\quad \Delta x = 0.2$

y und z jeweils 0.2; 0.5; 1.0; 2.0; 5.0

3. Aus den Tafeln von Aufgabe 2 sind für jede Funktionsgleichung drei Netztafeln zu konstruieren, bei denen die drei Variablen als Parameter auftreten.

Hinweis: Bei der Funktion $zy^x = 1$ sind als Koordinatenachsen logarithmische Leitern zu benutzen. Für y und z Maßstab 10 cm oder 12.5 cm, für x Maßstab 25 cm.

4 Lineare Algebra

Unter Algebra versteht man heute eine Theorie der Rechengesetze beliebiger mathematischer Objekte wie z.B. der ganzen rationalen Zahlen, der Vektoren oder der Matrizen.

Die lineare Algebra beschränkt sich auf die Rechengesetze der Addition und der Multiplikation (Gleichung einer geraden Linie $y = a_1 x + a_0$). Ein wesentlicher Gegenstand der linearen Algebra ist die Lösung linearer Gleichungssysteme.

4.1 Determinanten

4.1.1 Grundbegriffe. Entwicklungssatz

Zwei Gleichungen mit den Unbekannten x_1 und x_2

$$a_{11}x_1 + a_{12}x_2 = b_1$$
$$a_{21}x_1 + a_{22}x_2 = b_2$$

sollen in allgemeiner Form nach x_1 und x_2 aufgelöst werden. Mit dem Additionsverfahren (erste Gleichung mit $-a_{22}/a_{12}$ multipliziert und zur zweiten addiert) ergibt sich

$$x_1 = \frac{b_1 a_{22} - b_2 a_{12}}{a_{11} a_{22} - a_{12} a_{21}} \qquad x_2 = \frac{b_2 a_{11} - b_1 a_{21}}{a_{11} a_{22} - a_{12} a_{21}} \tag{4.1}$$

Beide Nenner sind gleich. Wenn sie gleich Null sind, kann man x_1 und x_2 nicht berechnen. Der Wert des Nenners bestimmt (determiniert!) die Lösungsmöglichkeit. Man nennt ihn deshalb eine Determinante und schreibt

$$D = \begin{vmatrix} a_{11} & a_{12} \\ a_{21} & a_{22} \end{vmatrix} = a_{11} a_{22} - a_{12} a_{21} \tag{4.2}$$

Die Zähler können als Differenzen zweier Produkte ebenfalls als Determinanten geschrieben werden

$$D_1 = \begin{vmatrix} b_1 & a_{12} \\ b_2 & a_{22} \end{vmatrix} \qquad D_2 = \begin{vmatrix} a_{11} & b_1 \\ a_{21} & b_2 \end{vmatrix}$$

Daraus ergibt sich die Darstellung der Lösung, die sog. Cramersche Regel

$$x_1 = \frac{D_1}{D} \qquad x_2 = \frac{D_2}{D} \tag{4.3}$$

Beispiel 1. Man löse das folgende System mit Hilfe der Determinanten.

$$2x_1 - 3x_2 = -13$$
$$5x_1 + x_2 = -7$$

$$D = \begin{vmatrix} 2 & -3 \\ 5 & 1 \end{vmatrix} = 2 - (-15) = 17$$

$$D_1 = \begin{vmatrix} -13 & -3 \\ -7 & 1 \end{vmatrix} = -13 - 21 = -34$$

$$D_2 = \begin{vmatrix} 2 & -13 \\ 5 & -7 \end{vmatrix} = -14 - (-65) = 51$$

Damit wird $x_1 = -34/17 = -2$ und $x_2 = 51/17 = 3$. ■

Auch für Gleichungen mit mehr als 2 Unbekannten kann man die Lösung als Quotienten je zweier Determinanten schreiben.

Definition. *Eine* Determinante n-ter Ordnung *ist eine Zahl oder eine Größe, die aus n^2 Elementen, welche in einem quadratischen Schema mit n waagerechten* Zeilen *und n senkrechten* Spalten *angeordnet sind, berechnet werden kann.*

$$D = \begin{vmatrix} a_{11} & a_{12} & a_{13} & \dots & a_{1n} \\ a_{21} & a_{22} & a_{23} & \dots & a_{2n} \\ a_{31} & a_{32} & a_{33} & \dots & a_{3n} \\ \vdots & \vdots & \vdots & & \vdots \\ a_{n1} & a_{n2} & a_{n3} & \dots & a_{nn} \end{vmatrix} \tag{4.4}$$

Viele der folgenden Aussagen beziehen sich auf eine Spalte oder eine Zeile. Wenn beides gemeint sein kann, spricht man hier allgemein von einer Reihe. Dieser Begriff wird hier also in einer völlig anderen Bedeutung gebraucht als in Abschn. 7. Der Begriff Reihe kann entweder durch den Begriff „Zeile" oder durch den Begriff „Spalte" (aber nicht durch „Zeile oder Spalte") ersetzt werden. Gl. (4.4) ist eine n-reihige Determinante. Ein beliebiges Element einer Determinante wird mit a_{ik} bezeichnet (a_{23} wird gesprochen: a zwei drei).

Der erste Index i bedeutet die Nummer der Zeile, der zweite Index k die der Spalte, in der das Element steht (Merkhilfe: **Z**eile **z**uerst). Die Elemente, bei denen $i = k$ ist, liegen auf der Hauptdiagonale. Die andere Diagonale heißt die Nebendiagonale. Diese Erklärungen gelten auch für die in Abschn. 4.3 behandelten Matrizen. Unter einer Matrix versteht man nur das beschriebene Zahlenschema. Einer Determinante ist ein Wert, im allgemeinen eine Zahl, zugeordnet. Für Determinanten mit mehr als zwei Reihen ist das der Gl. (4.2) entsprechende Schema für die Berechnung des Wertes einer Determinante sehr umständlich zu schreiben. Es ist einfacher, ein Verfahren anzugeben, mit dem man n-reihige Determinanten auf $(n-1)$-reihige Determinanten zurückführen kann, so daß man schließlich bei zweireihigen Determinanten endet, die nach Gl. (4.2) berechnet werden können.

Dazu dient der Entwicklungssatz von Laplace.

Definition. *Streicht man in einer Determinante n-ter Ordnung die i-te Zeile und k-te Spalte, so entsteht eine* Unterdeterminante *$(n-1)$-ter Ordnung. Multipliziert man diese mit dem Faktor $(-1)^{i+k}$, so entsteht die* Adjunkte A_{ik} *des Elementes a_{ik}.*

Das Vorzeichen $(-1)^{i+k}$ kann beim manuellen Rechnen auch nach der Schachbrettregel ermittelt werden: Die Vorzeichen der Unterdeterminanten bilden das Muster eines Schachbretts, wobei die linke obere Ecke der Determinante das positive Vorzeichen erhält (Bild **4**.1).

$$\begin{array}{cccc} + & - & + & - \cdots \\ - & + & - & + \cdots \\ + & - & + & - \cdots \\ \cdot & \cdot & \cdot & \cdot \end{array}$$

4.1

Damit lautet der Entwicklungssatz von Laplace

$$D = \sum_{\substack{k=1 \\ i=\text{const}}}^{n} a_{ik} A_{ik} = \sum_{\substack{i=1 \\ k=\text{const}}}^{n} a_{ik} A_{ik} \tag{4.5}$$

Der Wert einer n-reihigen Determinante ist gleich der Summe der Produkte aus den Elementen einer beliebigen Reihe und den zugehörigen Adjunkten.

Die Adjunkten A_{ik} einer n-reihigen Determinante sind $(n-1)$-reihige Determinanten. Auf sie ist wieder der Entwicklungssatz anzuwenden. Wird eine Determinante mit diesem Satz berechnet, so sagt man, sie wird nach der i-ten Zeile (bzw. der k-ten Spalte) entwickelt.

Der Entwicklungssatz dient vorwiegend theoretischen Betrachtungen. Die numerische Berechnung von Determinanten mit mehr als drei Reihen erfolgt zweckmäßig mit Gl. (4.69).

Beispiel 2. Die folgende dreireihige Determinante ist nach der 1. Zeile zu entwickeln.

$$D = \begin{vmatrix} a_{11} & a_{12} & a_{13} \\ a_{21} & a_{22} & a_{23} \\ a_{31} & a_{32} & a_{33} \end{vmatrix}$$

$$D = \sum_{\substack{k=1 \\ i=\text{const}=1}}^{3} a_{1k}A_{1k} = a_{11}A_{11} + a_{12}A_{12} + a_{13}A_{13}$$

$$= a_{11}\begin{vmatrix} a_{22} a_{23} \\ a_{32} a_{33} \end{vmatrix} - a_{12}\begin{vmatrix} a_{21} a_{23} \\ a_{31} a_{33} \end{vmatrix} + a_{13}\begin{vmatrix} a_{21} a_{22} \\ a_{31} a_{32} \end{vmatrix}$$

$$= a_{11}(a_{22}a_{33} - a_{23}a_{32}) - a_{12}(a_{21}a_{33} - a_{23}a_{31}) + a_{13}(a_{21}a_{32} - a_{22}a_{31})$$

$$= a_{11}a_{22}a_{33} - a_{11}a_{23}a_{32} - a_{12}a_{21}a_{33} + a_{12}a_{23}a_{31} + a_{13}a_{21}a_{32} - a_{13}a_{22}a_{31}$$

Die gleiche Determinante ist nach der 2. Spalte zu entwickeln

$$D = \sum_{\substack{i=1 \\ k=\text{const}=2}}^{3} a_{i2}A_{i2} = a_{12}A_{12} + a_{22}A_{22} + a_{32}A_{32}$$

$$= -a_{12}\begin{vmatrix} a_{21} a_{23} \\ a_{31} a_{33} \end{vmatrix} + a_{22}\begin{vmatrix} a_{11} a_{13} \\ a_{31} a_{33} \end{vmatrix} - a_{32}\begin{vmatrix} a_{11} a_{13} \\ a_{21} a_{23} \end{vmatrix}$$

$$= -a_{12}(a_{21}a_{33} - a_{23}a_{31}) + a_{22}(a_{11}a_{33} - a_{13}a_{31}) - a_{32}(a_{11}a_{23} - a_{13}a_{21})$$

$$= -a_{12}a_{21}a_{33} + a_{12}a_{23}a_{31} + a_{22}a_{11}a_{33} - a_{22}a_{13}a_{31} - a_{32}a_{11}a_{23} + a_{32}a_{13}a_{21}$$

Bis auf die Reihenfolge der Faktoren und Summanden stimmen beide Ergebnisse überein. ■

Die speziell in der Vektorrechnung häufig vorkommenden dreireihigen Determinanten können noch mit einer weiteren Regel berechnet werden, die aber nur für dreireihige Determinanten gilt. Dies ist die Regel von Sarrus

$D =$

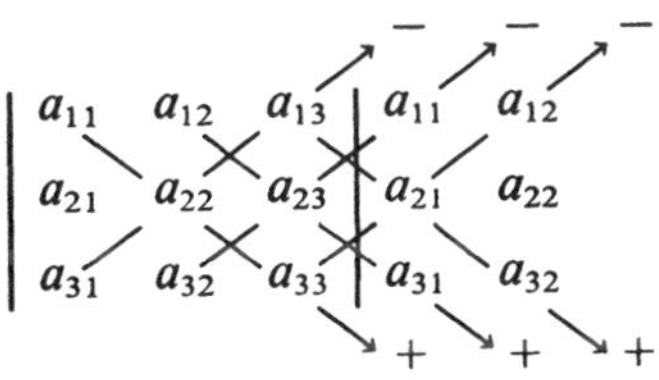

(4.6)

$$= a_{11}a_{22}a_{33} + a_{12}a_{23}a_{31} + a_{13}a_{21}a_{32} - a_{31}a_{22}a_{13} - a_{32}a_{23}a_{11} - a_{33}a_{21}a_{12}$$

Wie man aus dem obigen Schema entnimmt, werden die 1. und 2. Spalte noch einmal neben die Determinante geschrieben. Dann werden in Richtung der Pfeile sechs Produkte zu je drei Faktoren gebildet und addiert. Die drei Diagonalen von links unten nach rechts oben sind noch mit -1 zu multiplizieren. Das Ergebnis dieser Berechnung stimmt mit dem des Beispiels 2 überein. Mit einem Taschenrechner wird die Determinante in einem Arbeitsgang, ohne Herausschreiben der Produkte, gebildet.

Für die Berechnung von Determinanten nach dem Entwicklungssatz und für allgemeine Umformungen von Determinanten sind folgende Regeln nützlich, die hier ohne Beweis angegeben werden:

Multiplikation mit einem Faktor. Eine Determinante wird mit einem Faktor multipliziert, indem alle Elemente einer Reihe mit diesem Faktor multipliziert werden.

Addition von Reihen. Addiert man zu einer Reihe ein beliebiges Vielfaches einer anderen Reihe, so bleibt der Wert der Determinante erhalten.

Sind zwei Reihen einer Determinante zueinander proportional, so hat die Determinante den Wert Null.

4.1.2 Aufgaben zu Abschnitt 4.1

1. Man berechne mit der Regel von Sarrus den Wert der folgenden Determinanten

$$\text{a)}\begin{vmatrix} -3 & +8 & -2 \\ -6 & +10 & +1 \\ +9 & -2 & +7 \end{vmatrix} \qquad \text{b)}\begin{vmatrix} -7.55 & +6.67 & -15.83 \\ +8.82 & -3.52 & +4.27 \\ -12.05 & +1.95 & +6.83 \end{vmatrix}$$

2. Mit dem Entwicklungssatz ist der Wert der folgenden „dreieckigen" Determinante zu berechnen. Hinweis: Man entwickle jeweils nach der 1. Spalte.

$$\begin{vmatrix} a_{11} & a_{12} & a_{13} & a_{14} & \dots & a_{1n} \\ 0 & a_{22} & a_{23} & a_{24} & \dots & a_{2n} \\ 0 & 0 & a_{33} & a_{34} & \dots & a_{3n} \\ 0 & 0 & 0 & a_{44} & \dots & a_{4n} \\ \vdots & \vdots & \vdots & \vdots & & \vdots \\ 0 & 0 & 0 & 0 & \dots & a_{nn} \end{vmatrix}$$

3. Bei der Berechnung der Wheatstone-Brückenschaltung tritt die folgende Determinante auf. Sie ist zu berechnen.

$$D = U\begin{vmatrix} -1 & 0 & 0 & -1 & +1 \\ +1 & -1 & 0 & 0 & 0 \\ 0 & +1 & +1 & 0 & -1 \\ R_1 & 0 & 0 & -R_4 & 0 \\ 0 & R_2 & -R_3 & 0 & 0 \end{vmatrix}$$

4.2 Vektoren

4.2.1 Grundbegriffe und Definitionen

In der Physik gibt es Größen, die durch Angabe eines Zahlenwertes und einer Einheit vollständig beschrieben sind. Sie heißen Skalare, weil sie, wie z. B. die Temperatur, auf einer Skala abgelesen werden können.

Bei Größen wie Kraft oder Geschwindigkeit genügen diese Angaben nicht, man braucht zu ihrer vollständigen Beschreibung noch die Angabe einer Richtung.

Definition. *Gerichtete Größen heißen* Vektoren.

Ein Vektor kann durch einen Pfeil dargestellt werden, dessen Richtung mit der Richtung der zu beschreibenden Größe übereinstimmt und dessen Länge dem Betrag proportional ist (z. B. 100 N auf 1 cm der Pfeillänge oder 50 km/h auf 5 cm der Pfeillänge). Nach DIN 1303 werden Vektoren durch fette lateinische Buchstaben oder normale lateinische Buchstaben mit einem darübergesetzten Pfeil gekennzeichnet. In diesem Buch wird die letzte Möglichkeit benutzt. Eine mehr formale Betrachtung findet man in Abschn. 4.3.1. Wird die Richtung außer Betracht gelassen, so spricht man vom Betrag des Vektors und läßt den Richtungspfeil über dem Formelbuchstaben weg.

Für das Rechnen mit Vektoren gelten folgende Regeln:

Definition *der* Gleichheit *von Vektoren* $\vec{a} = \vec{b}$

Zwei Vektoren sind gleich, wenn sie in Betrag und Richtung übereinstimmen.

Hieraus folgt die wichtige Tatsache, daß Vektoren parallel zu sich selbst verschiebbar sind. Derartige Vektoren werden freie Vektoren genannt. Es gibt nämlich außerdem vektorielle Größen, die man nur längs ihrer Wirkungslinie, und solche, die man überhaupt nicht verschieben darf. Sie heißen linienflüchtige bzw. gebundene Vektoren. Für sie unterliegen die hier hergeleiteten Rechengesetze gewissen Einschränkungen.

Definition *der* Addition *von Vektoren* $\vec{c} = \vec{a} + \vec{b}$ (4.7)

Um die Summe zweier Vektoren zu bilden, wird der zweite so parallel verschoben, daß sein Anfangspunkt in den Endpunkt des ersten fällt. Der Summenvektor reicht vom Anfangspunkt des ersten bis zum Endpunkt des zweiten Vektors und liegt in der gleichen Ebene wie die Summanden (**4.2**). Aus den beiden Bildteilen erkennt man die Gültigkeit des

kommutativen Gesetzes $\vec{a} + \vec{b} = \vec{b} + \vec{a}$ (4.8)

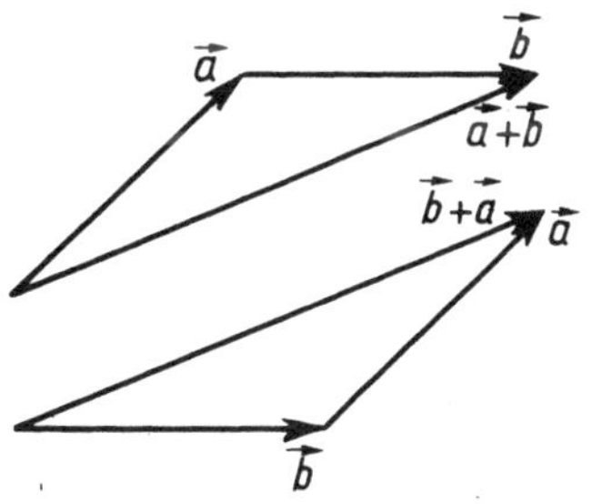

4.2

Durch Zusammensetzen der beiden Bildteile erhält man die in der Mechanik oft benutzte Parallelogrammkonstruktion. Aus den beiden Bildteilen **4.3** ergibt sich die Gültigkeit des

assoziativen Gesetzes $$\vec{a}+(\vec{b}+\vec{c})=(\vec{a}+\vec{b})+\vec{c} \tag{4.9}$$

Definition *des* Nullvektors $\vec{o}$ $$\vec{a}+\vec{o}=\vec{a} \tag{4.10}$$

Geometrisch ist der Nullvektor ein Punkt. Schreibt man Gl. (4.10) in Verbindung mit Gl. (4.7) und Bild **4.2**

$$\vec{o}=\vec{a}-\vec{a}=\vec{a}+(-\vec{a})$$

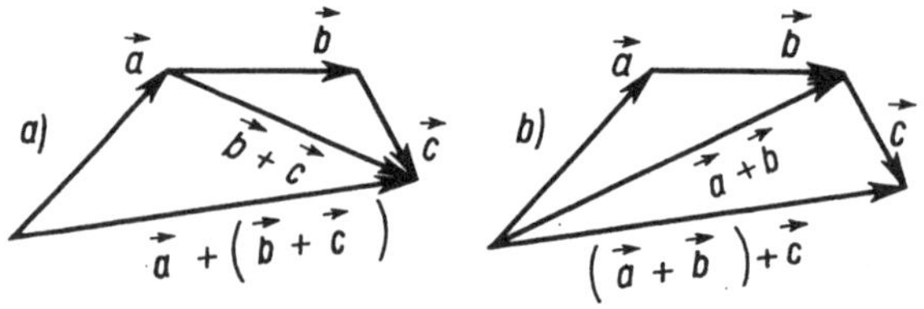

4.3

ergibt sich daraus die

Definition *des* negativen Vorzeichens. *Der Vektor* $-\vec{a}$ *hat den gleichen Betrag, aber die entgegengesetzte Richtung (d. h. um 180° gedreht) wie der Vektor* $\vec{a}$.

Hieraus folgt die

Definition *der* Subtraktion *zweier Vektoren* $$\vec{d}=\vec{a}-\vec{b}=\vec{a}+(-\vec{b}) \tag{4.11}$$

Um die Differenz zweier Vektoren zu bilden, ist der Subtrahend-Vektor zunächst um 180° zu drehen und dann zu addieren (**4.4**).

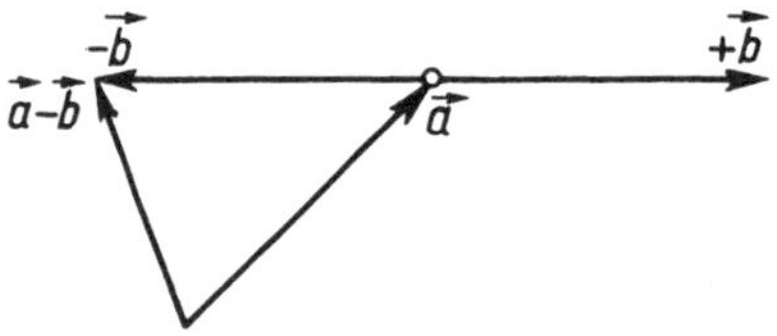

4.4

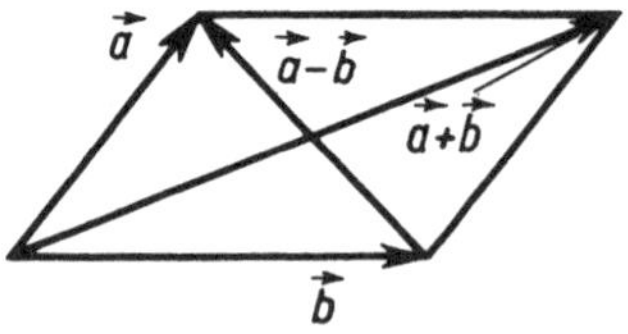

4.5

Wie man aus Bild **4.5** erkennt, können Summe und Differenz zweier Vektoren in einem Parallelogramm als Diagonalen dargestellt werden. Durch Zusammensetzen von je zwei Vektoren werden die eben beschriebenen Operationen auf beliebig viele Vektoren erweitert.

Beispiel 1. Die Aussage $\sum_{i=1}^{n} \vec{F}_i = \vec{o}$ bedeutet, daß der Summenvektor gleich Null ist. Der Endpunkt des letzten Summanden-Vektors fällt also mit dem Anfangspunkt des ersten zusammen. Haben die Vektoren $\vec{F}_i$ die Bedeutung von Kräften, sagt man in der Mechanik bei diesem Sachverhalt: Das Krafteck ist geschlossen. Das bedeutet, daß die Kräfte unter sich im Gleichgewicht sind, wenn sich ihre Wirkungslinien in einem Punkt schneiden. ■

Definition *der* Multiplikation *eines Vektors mit einem Skalar* $\vec{b} = p\vec{a}$ (4.12)
Der Vektor $\vec{b}$ hat den $|p|$-fachen Betrag des Vektors $\vec{a}$. Ist $p>0$, so hat $\vec{b}$ die gleiche, ist $p<0$, hat $\vec{b}$ die entgegengesetzte Richtung von $\vec{a}$.

Es gelten folgende Gesetze:

kommutatives Gesetz	$p\vec{a} = \vec{a}p$	(4.13)
assoziatives Gesetz	$p(q\vec{a}) = (pq)\vec{a} = pq\vec{a}$	(4.14)
zwei distributive Gesetze	$(p+q)\vec{a} = p\vec{a} + q\vec{a}$	(4.15)
	$p(\vec{a} + \vec{b}) = p\vec{a} + p\vec{b}$	(4.16)

Beispiel 2. Dynamisches Grundgesetz von Newton $\vec{F} = m\vec{a}$
Ohmsches Gesetz der Elektrotechnik $\vec{S} = \sigma\vec{E}$
Diese Vektorgleichungen besagen, daß Kraft $\vec{F}$ und Beschleunigung $\vec{a}$ bzw. Stromdichte $\vec{S}$ und Feldstärke $\vec{E}$ gleiche Richtung haben und einander proportional sind. Die hier stets positiven skalaren Faktoren m und σ haben die Bedeutung der trägen Masse bzw. der elektrischen Leitfähigkeit. ■

4.2.2 Komponenten. Koordinaten. Richtungswinkel

Definition *des* Einheitsvektors $\vec{e}_a$. *Dies ist ein Vektor mit dem Betrag Eins und der Richtung von $\vec{a}$.*

Mit Hilfe dieses Begriffes und der Definition in Gl. (4.12) kann jeder vom Nullvektor verschiedene Vektor als Produkt seines Betrages mit einem Einheitsvektor aufgefaßt werden

$$\vec{a} = a \cdot \vec{e}_a \tag{4.17}$$

Diese Möglichkeit der Darstellung eines Vektors als Produkt von Betrag und Richtung ist die Grundlage der auf die vorwiegend geometrischen Betrachtungen von Abschn. 4.2.1 aufbauenden rechnerischen Behandlung von Vektoren.

Als Grundlage für eine Rechnung mit Vektoren wird ein rechtwinkliges räumliches Koordinatensystem eingeführt. Die Anordnung der positiven x-, y- und z-Achse ist so gewählt, daß bei einer Drehung von der positiven x-Achse in die positive y-Achse eine

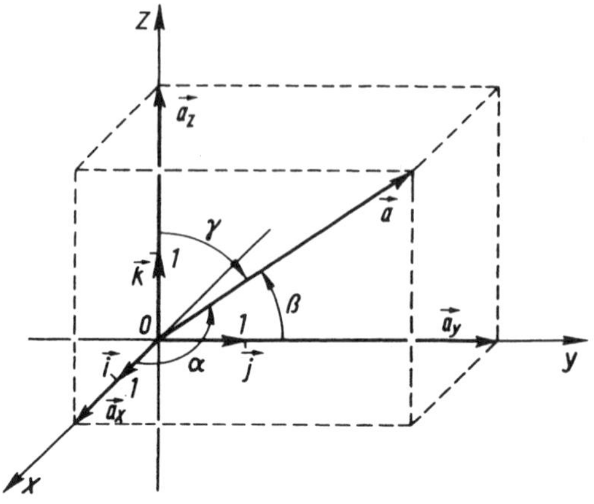

4.6

Verschiebung in die positive z-Richtung im Sinne einer Rechtsschraube erfolgen würde. Ein derartiges System nennt man ein Rechtssystem, s. Bild 4.6.

Jeder freie Vektor darf so verschoben werden, daß sein Anfang in den Ursprung dieses Systems fällt. Ferner darf jeder Vektor als Summe dreier Vektoren aufgefaßt werden, die in Richtung der Koordinatenachsen zeigen

$$\vec{a} = \vec{a}_x + \vec{a}_y + \vec{a}_z \tag{4.18}$$

Die drei Vektoren $\vec{a}_x$, $\vec{a}_y$, $\vec{a}_z$ heißen die drei Komponenten des Vektors $\vec{a}$. Jede dieser Komponenten kann nach Gl. (4.17) als Produkt ihres Betrages mit einem Einheitsvektor in Richtung der betreffenden Koordinatenachse dargestellt werden. Diese Einheitsvektoren werden $\vec{e}_x = \vec{i}$, $\vec{e}_y = \vec{j}$ und $\vec{e}_z = \vec{k}$ genannt. Damit erhält man

$$\vec{a} = a_x \vec{i} + a_y \vec{j} + a_z \vec{k} \tag{4.19}$$

Die Skalare a_x, a_y und a_z heißen die Koordinaten oder skalare Komponenten des Vektors $\vec{a}$. Diese ermöglichen es, einen Vektor beliebiger Richtung im Raume durch drei Skalare auszudrücken. Oft werden in Gl. (4.19) die Pluszeichen und die Einheitsvektoren weggelassen, und man schreibt einfach

$$\vec{a} = (a_x;\, a_y;\, a_z) \quad \text{oder} \quad \vec{a} = \begin{pmatrix} a_x \\ a_y \\ a_z \end{pmatrix}$$

und nennt den Vektor in der ersten Form einen Zeilenvektor und in der zweiten Form einen Spaltenvektor.

In der Matrizenrechnung ist eine Unterscheidung beider Formen wichtig. Man nennt den Zeilenvektor den zum Spaltenvektor transponierten Vektor und bezeichnet ihn mit einem hochgestellten T

$$\vec{a} = \begin{pmatrix} a_x \\ a_y \\ a_z \end{pmatrix} \qquad \vec{a}^{\mathrm{T}} = (a_x;\, a_y;\, a_z)$$

Aus den gegebenen Koordinaten von $\vec{a}$ erhält man nach dem Lehrsatz des Pythagoras für den Raum den Betrag des Vektors $\vec{a}$

$$\boxed{a = +\sqrt{a_x^2 + a_y^2 + a_z^2}} \tag{4.20}$$

Der Betrag von $\vec{a}$ ist stets eine nichtnegative Größe. Oft ist eine zahlenmäßige Angabe der Richtung von $\vec{a}$ erwünscht. Hierzu werden die Richtungswinkel α, β, γ eingeführt. Es sind dies die drei Winkel zwischen den positiven Koordinatenachsen und dem Vektor. Wie man aus den rechtwinkligen Dreiecken mit der Hypotenuse a in Bild **4.6** entnimmt, ist

$$\cos\alpha = \frac{a_x}{a} \qquad \cos\beta = \frac{a_y}{a} \qquad \cos\gamma = \frac{a_z}{a} \tag{4.21}$$

Diese Winkel sind nicht unabhängig voneinander, vielmehr ergibt sich durch Quadrieren und Addieren der drei Gl. (4.21) bei Beachtung von Gl. (4.20) der Winkelpythagoras

$$\cos^2\alpha + \cos^2\beta + \cos^2\gamma = 1 \tag{4.22}$$

Aus Gl. (4.22) folgt in Verbindung mit Gl. (4.17), daß die drei cos-Werte von Gl. (4.21) die Koordinaten des Einheitsvektors $\vec{e}_a$ sind.

Löst man Gl. (4.22) nach einem Cosinus auf, so ist wegen des doppelten Vorzeichens der Quadratwurzel dieser Cosinus nicht eindeutig bestimmbar. Deshalb sollten stets alle drei Richtungswinkel angegeben werden. Dies hat den weiteren Vorteil, daß keine besonderen Vereinbarungen über den Drehsinn und das Vorzeichen der Winkel getroffen zu werden brauchen. Die Winkel werden als Winkel zwischen 0° und 180° angegeben und sind von den positiven Koordinatenachsen aus so anzutragen, daß sich für den Vektor eine gemeinsame Richtung im Raume ergibt.

Zu den folgenden Rechenoperationen mit Vektoren werden stets die Koordinaten gebraucht. Falls der Vektor durch Betrag und Richtungswinkel gegeben ist, erhält man die Koordinaten des Vektors $\vec{a}$

$$\boxed{a_x = a\cos\alpha \qquad a_y = a\cos\beta \qquad a_z = a\cos\gamma} \tag{4.23}$$

Ist ein Richtungswinkel gleich 90°, so wird die betreffende Koordinate gleich Null. Der Vektor liegt dann in einer Koordinatenebene und wird manchmal als ebener Vektor bezeichnet.

Beispiel 3. Eine Kraft $\vec{F}$ hat den Betrag $F = 150$ N und die Richtungswinkel $\alpha = 60°$, $\beta = 130°$, $\gamma = 54.5°$. Man berechne die Koordinaten.

Aus den gegebenen Winkeln erhält man unmittelbar

$$\cos\alpha = +0.500 \qquad \cos\beta = -0.643 \qquad \cos\gamma = +0.581$$

Nach Gl. (4.23) lauten die Koordinaten

$$F_x = +75.0\,\text{N} \qquad F_y = -96.4\,\text{N} \qquad F_z = +87.1\,\text{N}$$

Rechenkontrolle: Nach Gl. (4.20) ist der Betrag von $\vec{F}$

$$F = \sqrt{(+75.0\,\text{N})^2 + (-96.4\,\text{N})^2 + (+87.1\,\text{N})^2} = 150\,\text{N}$$

Man beachte, daß die gleichen Koordinaten erhalten werden, wenn man den Winkeln entgegengesetzte Vorzeichen gibt. ■

Wenn die Richtung eines Vektors wie z. B. in idealen Fachwerken durch die Richtung eines Stabes gegeben ist, dann kann man die Richtungswinkel aus den Koordinatendifferenzen von End- und Anfangspunkt des Stabes berechnen.

$$\cos\alpha = \frac{a_x}{a} = \frac{x_E - x_A}{l} \qquad \cos\beta = \frac{a_y}{a} = \frac{y_E - y_A}{l} \qquad \cos\gamma = \frac{a_z}{a} = \frac{z_E - z_A}{l} \tag{4.24}$$

mit der Stablänge $l = \sqrt{(x_E - x_A)^2 + (y_E - y_A)^2 + (z_E - z_A)^2}$ (Bild **4.7**).

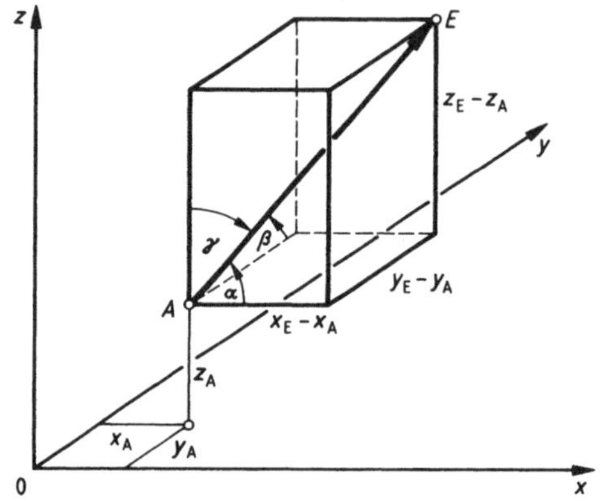

4.7

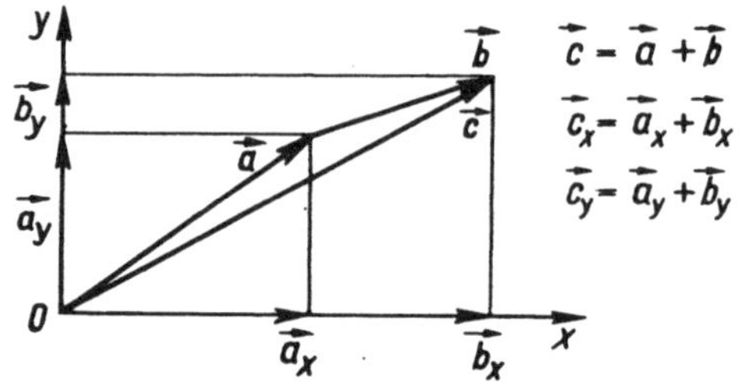

4.8

4.2.3 Rechenregeln

Addition. Subtraktion. Aus den Definitionen in Abschn. 4.2.1 und Bild **4.8** erhält man unmittelbar die Regel

Die Koordinaten des Summen-(Differenz-)Vektors erhält man aus der Summe (Differenz) der Koordinaten der Summanden.

Wenn $\vec{F}_R = \sum_{i=1}^{n} \vec{F}_i$ ist, dann sind die Koordinaten von $\vec{F}_R$

$$F_{Rx} = \sum_{i=1}^{n} F_{ix} \qquad F_{Ry} = \sum_{i=1}^{n} F_{iy} \qquad F_{Rz} = \sum_{i=1}^{n} F_{iz} \tag{4.25}$$

Beispiel 4. Gegeben sind die Kräfte $\vec{F}_1$ und $\vec{F}_2$ mit Betrag und Richtungswinkel. Man berechne Betrag und Richtungswinkel der Resultierenden $\vec{F}_R = \vec{F}_1 + \vec{F}_2$.

	F_i/N	α/Grad	β/Grad	γ/Grad
$\vec{F}_1$	150.00	60.00	130.00	54.52
$\vec{F}_2$	200.00	160.00	90.00	70.00

Zunächst sind nach Gl. (4.23) die Koordinaten der beiden Kräfte zu berechnen und nach Gl. (4.25) zu addieren. Dann berechnet man nach Gl. (4.20) den Betrag und nach Gl. (4.21) die Richtungscosinus und daraus die Richtungswinkel von $\vec{F}_R$

$$\vec{F}_1 = (+\ 75.00;\quad -96.42;\quad +\ 87.06)\ \text{N}$$
$$\vec{F}_2 = (-187.94;\quad 0.00;\quad +\ 68.40)\ \text{N}$$
$$\vec{F}_R = (-112.94;\quad -96.42;\quad +155.46)\ \text{N}$$
$$F_R = \sqrt{(-112.94)^2 + (-96.42)^2 + (155.46)^2}\ \text{N} = 215.00\ \text{N}$$

$$\cos\alpha = \frac{-112.94\ \text{N}}{215\ \text{N}} \qquad \cos\beta = \frac{-96.42\ \text{N}}{215\ \text{N}} \qquad \cos\gamma = \frac{+155.46\ \text{N}}{215\ \text{N}}$$

$$\alpha = 121.68° \qquad \beta = 116.64° \qquad \gamma = 43.69°$$ ■

Beispiel 5. Die drei Stäbe eines Dreibeins in Bild **4.9** haben alle die Länge 4.00 m. Ihre unteren Auflager bilden ein gleichseitiges Dreieck mit 2.00 m Seitenlänge. Mit dem Dreibein wird die Gewichtskraft $F_G = 2000$ N mit Hilfe eines Flaschenzugs mit der Untersetzung 1:4 gehoben. Das Zugseil des Flaschenzuges bildet mit der Senkrechten den Winkel 45°. Das Seil, an dem die Last hängt, Stab I und das Zugseil liegen in einer Ebene. Man berechne die Stabkräfte.

Die Stabkräfte sind Vektoren, die bei gelenkiger Verbindung der Stäbe in Richtung der Stäbe wirken. Die Richtungen der zu bestimmenden Stabkräfte sind also bekannt, die Beträge sind die gesuchten Größen.

Die Kräfte werden in Komponenten zerlegt, die parallel zu den Achsen eines rechtwinkligen Koordinatensystems liegen:

$$\vec{F}_i = F_i(\cos\alpha_i;\ \cos\beta_i;\ \cos\gamma_i)$$
$$F_{ix} = F_i \cos\alpha_i \qquad F_{iy} = F_i \cos\beta_i \qquad F_{iz} = F_i \cos\gamma_i$$

Die Winkel ergeben sich mit Hilfe von Gl. (4.24), die Beträge F_i sind die gesuchten Größen.

Das Koordinatensystem ist in Bild **4.9** eingetragen. Zunächst werden die Koordinaten der unteren Endpunkte der Stäbe berechnet. Im Grundrißdreieck ist die Höhe $h = \sqrt{3}$ m $= 1.732$ m. Die Projektion des Koordinatenursprungs in das Grundrißdreieck ist der Flächenschwerpunkt dieses Dreiecks. Er teilt h im Verhältnis 1:2. Aus dem Aufriß erhält man die z-Koordinate der Endpunkte

$$z = -\sqrt{(4.00\ \text{m})^2 - (1.15470\ \text{m})^2} = -3.830\ \text{m}$$

Die Endpunkte der Stäbe haben also die folgenden Koordinaten:

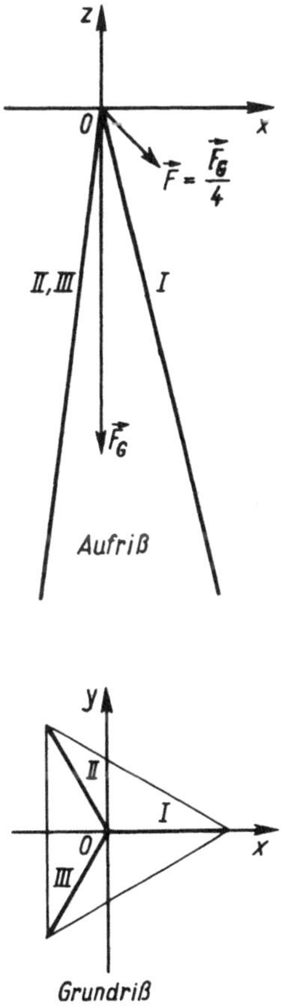

4.9

Stab	$\frac{x_E}{m}$	$\frac{y_E}{m}$	$\frac{z_E}{m}$
I	+1.15470	0	−3.82971
II	−0.57735	+1.00000	−3.82971
III	−0.57735	−1.00000	−3.82971

Für die Richtungscosinus der Stäbe gilt nach Gl. (4.24) wegen $x_A = y_A = z_A = 0$

$$\cos\alpha = \frac{x_E}{l} \qquad \cos\beta = \frac{y_E}{l} \qquad \cos\gamma = \frac{z_E}{l}$$

Mit $l = 4.00$ m erhält man

Stab	$\cos\alpha$	$\cos\beta$	$\cos\gamma$
I	+0.28868	0	−0.95743
II	−0.14434	+0.25000	−0.95743
III	−0.14434	−0.25000	−0.95743

Die Last und die Zugkraft ergeben die Resultierende $F_R(+353.55;\ 0;\ -2353.55)$ N. Mit den oben berechneten Zahlenwerten erhält man aus den Gleichgewichtsbedingungen $\Sigma F_x = 0$, $\Sigma F_y = 0$, $\Sigma F_z = 0$ das folgende Gleichungssystem für die Beträge der Stabkräfte F_i

$$\begin{aligned} 0.28868\,F_I - 0.14434\,F_{II} - 0.14434\,F_{III} &= 353.55\ \text{N} \\ +0.25000\,F_{II} - 0.25000\,F_{III} &= 0 \\ -0.95743\,F_I - 0.95743\,F_{II} - 0.95743\,F_{III} &= -2353.55\ \text{N} \end{aligned}$$

Die Lösung ist: $F_I = 1636$ N $\qquad F_{II} = F_{III} = 411$ N ■

Multiplikation. In der Vektorrechnung gibt es zwei Produkte, da bei den vektoriellen physikalischen Größen zwei verschiedenartige multiplikative Verknüpfungen auftreten. Die Division von Vektoren ist nicht definiert.

Definition *des* skalaren *(oder inneren)* Produktes $\vec{a}\cdot\vec{b} = ab\cos(\vec{a}, \vec{b})$ (4.26)
gesprochen: a Punkt b. Das skalare Produkt zweier Vektoren ist ein Skalar. Er ist gleich dem Produkt aus den Beträgen der beiden Vektoren und dem Cosinus des von beiden Vektoren eingeschlossenen Winkels.

Der Ausdruck $b\cdot\cos(\vec{a}, \vec{b})$ kann als Projektion p des Vektors $\vec{b}$ auf den Vektor $\vec{a}$ aufgefaßt werden. Ebenso kann man $a\cdot\cos(\vec{a}, \vec{b})$ als Projektion p' des Vektors $\vec{a}$ auf den Vektor $\vec{b}$ auffassen (Bild **4**.10).

Für Skalarprodukte gilt das kommutative Gesetz $\vec{a}\cdot\vec{b} = \vec{b}\cdot\vec{a}$ (4.27)

Werden die Faktoren vertauscht, so ändert der Cosinus sein Vorzeichen nicht.

Es gilt das distributive Gesetz

$$\vec{a}\cdot(\vec{b}+\vec{c})=\vec{a}\cdot\vec{b}+\vec{a}\cdot\vec{c} \qquad (4.28)$$

Das assoziative Gesetz ist gegenstandslos, da skalare Produkte mit mehr als zwei Faktoren sinnlos sind.

Im Gegensatz zum Produkt von Skalaren wird das skalare Produkt zweier Vektoren nicht nur dann gleich Null, wenn mindestens einer der Faktoren ein Nullvektor ist, sondern auch dann, wenn die beiden Vektoren senkrecht aufeinander stehen.

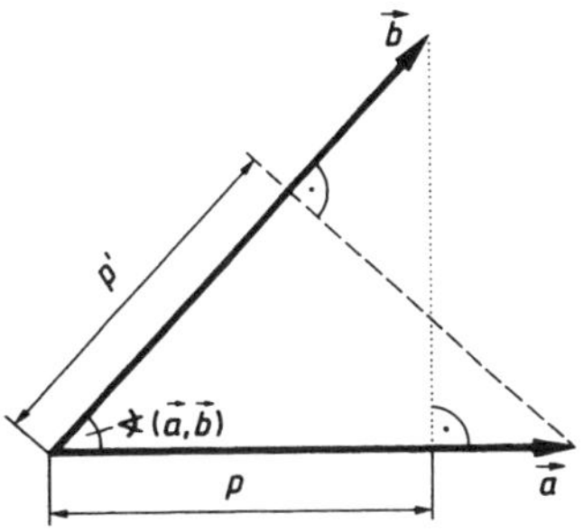

4.10

Multipliziert man einen Vektor skalar mit sich selbst, so ist der eingeschlossene Winkel Null, und man erhält die für manche theoretische Herleitung benötigte Formel

$$\vec{a}^2=a^2 \qquad (4.29)$$

Wenn der von zwei Vektoren eingeschlossene Winkel nicht bekannt ist, kann das skalare Produkt unmittelbar aus den Koordinaten der Faktoren berechnet werden. Hierzu werden zunächst die skalaren Produkte der Einheitsvektoren $\vec{i}$, $\vec{j}$, $\vec{k}$ gebildet. Da ihr Betrag gleich Eins ist und sie miteinander Winkel von 0° bzw. 90° bilden, erhält man

$$\begin{aligned}\vec{i}\cdot\vec{i}=\vec{j}\cdot\vec{j}=\vec{k}\cdot\vec{k}=1\cdot 1\cdot\cos 0°=1\\ \vec{i}\cdot\vec{j}=\vec{j}\cdot\vec{k}=\vec{k}\cdot\vec{i}=1\cdot 1\cdot\cos 90°=0\end{aligned} \qquad (4.30)$$

Schreibt man nun die beiden Faktoren $\vec{a}$ und $\vec{b}$ in Komponenten und multipliziert die Klammerausdrücke unter Beachtung von Gl. (4.30), so erhält man

$$\vec{a}\cdot\vec{b}=(a_x\vec{i}+a_y\vec{j}+a_z\vec{k})\cdot(b_x\vec{i}+b_y\vec{j}+b_z\vec{k})$$

und daraus für das skalare Produkt

$$\boxed{\vec{a}\cdot\vec{b}=a_x b_x+a_y b_y+a_z b_z} \qquad (4.31)$$

Beispiel 6. Die Arbeit (Energie) W ist das skalare Produkt aus Kraft $\vec{F}$ und Weg $\vec{s}$, da stets nur die in Richtung des Weges fallende Kraftkomponente $\vec{F}_s$ zur Arbeit beiträgt. Die Koordinate dieser Komponente ist aber $F_s=F\cos(\vec{F},\vec{s})$, deshalb ist $W=Fs\cos(\vec{F},\vec{s})=\vec{F}\cdot\vec{s}$.

Ist der Winkel $(\vec{F},\vec{s})$ kleiner als 90°, so haben $\vec{F}_s$ und $\vec{s}$ die gleiche Richtung, und es ist $W>0$. Ist der Winkel $(\vec{F},\vec{s})$ größer als 90°, so haben $\vec{F}_s$ und $\vec{s}$ entgegengesetzte Richtungen, und es ist $W<0$.

Sind $\vec{F}$ und $\vec{s}$ in Koordinaten gegeben, so erhält man mit Gl. (4.31) unmittelbar die Arbeit; bei $\vec{F}=(-3;\ +2;\ -5)$ N und $\vec{s}=(+1;\ +3;\ -4)$ m ist $W=(-3+6+20)$ Nm $=23$ J. ■

Mit dem skalaren Produkt kann der Winkel zwischen zwei Vektoren berechnet werden. Gleichsetzen der rechten Seiten von Gl. (4.26) und (4.31) ergibt

$$ab\cos(\vec{a},\vec{b})=a_x b_x+a_y b_y+a_z b_z$$

Mit Gl. (4.20) und Auflösen nach dem Cosinus erhält man

$$\cos(\vec{a}, \vec{b}) = \frac{a_x b_x + a_y b_y + a_z b_z}{\sqrt{(a_x^2 + a_y^2 + a_z^2)(b_x^2 + b_y^2 + b_z^2)}} \tag{4.32}$$

Aus dem Cosinus erhält man den Winkel zwischen 0° und 180°.

Beispiel 7. Man zerlege den nach Betrag und Richtung bekannten Vektor $\vec{r}$ in zwei mit ihm in gleicher Ebene liegende, nicht parallele Vektoren $\vec{a}$ und $\vec{b}$ bekannter Richtung.

Laut Voraussetzung gilt $\vec{r} = \vec{a} + \vec{b} = a\vec{e}_a + b\vec{e}_b$. Die Beträge a und b sind gesucht. Die Koordinaten von $\vec{e}_a$ bzw. $\vec{e}_b$ sind die bekannten Richtungscosinus der Vektoren $\vec{a}$ und $\vec{b}$. Man multipliziert die obige Gleichung nacheinander skalar mit $\vec{e}_a$ und $\vec{e}_b$ und erhält

$$\vec{r} \cdot \vec{e}_a = a + b(\vec{e}_a \cdot \vec{e}_b) \qquad \vec{r} \cdot \vec{e}_b = a(\vec{e}_a \cdot \vec{e}_b) + b$$

Diese beiden Gleichungen enthalten nur skalare Größen. Daraus können a und b berechnet werden. Diese Gleichungen sind insbesondere zu benutzen, wenn die gemeinsame Ebene der drei Vektoren nicht die (x, y)-Ebene ist, sondern eine beliebige Lage im Raume hat. Die allgemeine Bedingung, wann drei Vektoren in einer Ebene liegen, folgt aus Beispiel 12.

Liegen die drei Vektoren in der (x, y)-Ebene, so erhält man einfacher durch Zerlegung in Koordinaten

$$r_x = a_x + b_x = a\cos\alpha_a + b\cos\alpha_b \qquad r_y = a_y + b_y = a\cos\beta_a + b\cos\beta_b$$

die beiden Gleichungen für a und b. ■

Definition *des* vektoriellen *(oder äußeren)* Produktes $\vec{c} = \vec{a} \times \vec{b}$ (4.33)

$$c = ab\,|\sin(\vec{a}, \vec{b})| \qquad \vec{c} \perp \vec{a}, \vec{b} \;\wedge\; \vec{a}, \vec{b}, \vec{c} \text{ bilden ein Rechtssystem}$$

gesprochen: a Kreuz b. Das vektorielle Produkt zweier Vektoren ist ein Vektor. Sein Betrag ist gleich dem Produkt aus den Beträgen der beiden Faktoren und dem Sinus des eingeschlossenen Winkels. Seine Richtung ergibt sich aus der Festsetzung, daß $\vec{c}$ senkrecht auf der von $\vec{a}$ und $\vec{b}$ gebildeten Ebene steht und die Vektoren $\vec{a}, \vec{b}, \vec{c}$ in dieser Reihenfolge ein Rechtssystem bilden (**4**.11).

Das Vektorprodukt ist nicht kommutativ, vielmehr gilt

$$\vec{a} \times \vec{b} = -\vec{b} \times \vec{a} \tag{4.34}$$

Vertauscht man die Faktoren $\vec{a}$ und $\vec{b}$, so ist der dritte zum Rechtssystem gehörende Vektor nicht mehr $\vec{c}$, sondern $-\vec{c}$.

Das distributive Gesetz gilt

$$\vec{a} \times (\vec{b} + \vec{c}) = \vec{a} \times \vec{b} + \vec{a} \times \vec{c} \tag{4.35}$$

Das assoziative Gesetz gilt nicht.

Das Produkt wird zum Nullvektor, wenn mindestens einer der Faktoren ein Nullvektor ist oder wenn die beiden Vektoren parallel liegen.

Auch hier kann das Produkt ohne Kenntnis des eingeschlossenen Winkels unmittelbar aus den Koordinaten von $\vec{a}$ und $\vec{b}$ berechnet werden. Man erhält für die vektoriellen Produkte der Einheitsvektoren $\vec{i}, \vec{j}, \vec{k}$

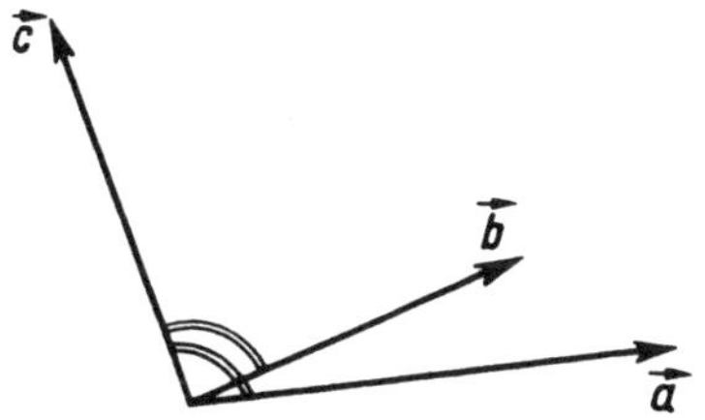

4.11

$$\vec{i} \times \vec{i} = \vec{j} \times \vec{j} = \vec{k} \times \vec{k} = \vec{o} \qquad (4.36)$$

wegen $|\vec{i} \times \vec{i}| = 1 \cdot 1 \cdot \sin 0 = 0$ und außerdem

$$\vec{i} \times \vec{j} = \vec{k} \qquad \vec{j} \times \vec{k} = \vec{i} \qquad \vec{k} \times \vec{i} = \vec{j}$$

Schreibt man beide Faktoren von Gl. (4.33) in Komponenten, multipliziert unter Beachtung von Gl. (4.36) und ordnet nach Gliedern mit den Faktoren $\vec{i}, \vec{j}, \vec{k}$, so erhält man

$$\vec{c} = (a_y b_z - a_z b_y)\vec{i} + (a_z b_x - a_x b_z)\vec{j} + (a_x b_y - a_y b_x)\vec{k} \qquad (4.37)$$

Diese Gleichung kann als Determinante geschrieben werden, die nach der ersten Zeile zu entwickeln ist. Als endgültige Formel zur Berechnung des vektoriellen Produktes aus den Koordinaten der Faktoren erhält man

$$\boxed{\vec{c} = \vec{a} \times \vec{b} = \begin{vmatrix} \vec{i} & \vec{j} & \vec{k} \\ a_x & a_y & a_z \\ b_x & b_y & b_z \end{vmatrix}} \qquad (4.38)$$

Beispiel 8. Normalenvektor. Die in Bild **4**.12 dargestellte Fläche A des durch die Vektoren $\vec{a}$ und $\vec{b}$ aufgespannten Parallelogramms

$$A = ah \qquad h = b \sin(\vec{a}, \vec{b})$$

kann durch einen Vektor beschrieben werden, der senkrecht auf dieser Fläche steht und in Richtung der Flächennormale zeigt und dessen Betrag gleich dem Flächeninhalt des Parallelogramms ist. Das ist nach Gl. (4.33) das Vektorprodukt

$$\vec{A} = \vec{a} \times \vec{b}$$
$$|\vec{A}| = ab \sin(\vec{a}, \vec{b}) \qquad (4.39)$$

Der Einheitsvektor zur Beschreibung allein der Richtung der Flächennormale ergibt sich durch Division des Produktvektors durch dessen Betrag. Er heißt

Normaleneinheitsvektor

$$\vec{n}_0 = \frac{\vec{a} \times \vec{b}}{|\vec{a} \times \vec{b}|} \qquad (4.40)$$

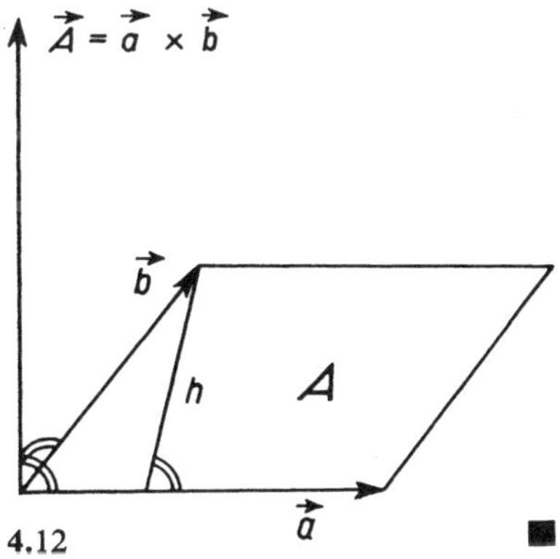

4.12 ■

Beispiel 9. Das Drehmoment $\vec{M}$ ist das vektorielle Produkt aus dem Ortsvektor $\vec{r}$ vom Koordinatenursprung zum Kraftangriffspunkt und dem Kraftvektor $\vec{F}$, da zur Drehwirkung von $\vec{M}$ nur die auf dem Ortsvektor senkrecht stehende Komponente der Kraft beiträgt und der Drehmomentvektor senkrecht auf der durch $\vec{r}$ und $\vec{F}$ gebildeten Ebene steht. Der Drehmomentvektor kann als Richtung der Drehachse aufgefaßt werden. Er ist in Bild **4.**13 dargestellt.

$$\vec{M} = \vec{r} \times \vec{F} \tag{4.41}$$

Sind $\vec{r}$ und $\vec{F}$ in Komponenten (Koordinaten) gegeben, so erhält man mit den Werten $\vec{r} = (7;\,3;\,2)$ m und $\vec{F} = (-2;\,5;\,-1)$ N aus Gl. (4.41) in Verbindung mit Gl. (4.38) die Komponentendarstellung des Momentvektors $\vec{M} = (-13;\,3;\,41)$ Nm. ■

Beispiel 10. Die Bahngeschwindigkeit $\vec{v}$ eines Punktes eines rotierenden Körpers ist das vektorielle Produkt aus dessen Winkelgeschwindigkeit $\vec{\omega}$ und dem Radiusvektor $\vec{r}$.

$$\vec{v} = \vec{\omega} \times \vec{r}$$

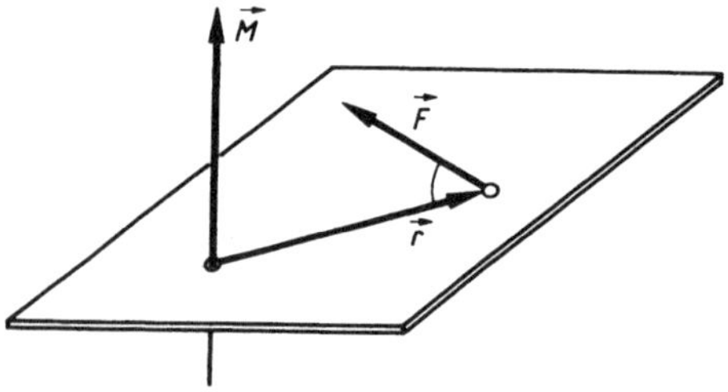

4.13

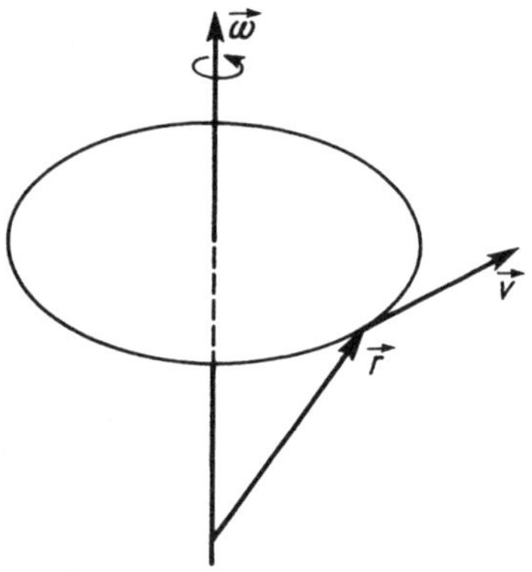

4.14

Der in Bild **4.**14 gezeigte Vektor $\vec{\omega}$ hat die Richtung der Rotationsachse. Der Radiusvektor geht von einem beliebigen Punkt dieser Achse, auf der im allgemeinen der Koordinatenursprung liegt, zu demjenigen Punkt, dessen Geschwindigkeit man bestimmen will. ■

Beispiel 11. Zu einer Bewegung eines elektrischen Leiters in einem Magnetfeld ist eine Kraft erforderlich. Fließt umgekehrt in einem Leiter mit der Richtung und Länge $\vec{l}$, der sich in einem Magnetfeld der Induktion $\vec{B}$ befindet, ein Strom I, so wird auf den Leiter eine Kraft $\vec{F}$ ausgeübt, die durch ein Vektorprodukt beschrieben werden kann

$$\vec{F} = I(\vec{l} \times \vec{B})$$ ■

Spatprodukt. In der Mechanik kommt das Produkt $(\vec{a} \times \vec{b}) \cdot \vec{c}$ vor. Der Klammerinhalt ist ein Vektor, der skalar mit $\vec{c}$ zu multiplizieren ist. Das Ergebnis also ist ein Skalar.

Nach Gl. (4.38) ist

$$\vec{a} \times \vec{b} = \begin{vmatrix} a_y & a_z \\ b_y & b_z \end{vmatrix} \vec{i} + \begin{vmatrix} a_z & a_x \\ b_z & b_x \end{vmatrix} \vec{j} + \begin{vmatrix} a_x & a_y \\ b_x & b_y \end{vmatrix} \vec{k}$$

Diese drei Komponenten von $\vec{a} \times \vec{b}$ ergeben mit den drei Komponenten von $\vec{c}$ nach Gl. (4.31)

$$(\vec{a} \times \vec{b}) \cdot \vec{c} = \begin{vmatrix} a_y & a_z \\ b_y & b_z \end{vmatrix} c_x + \begin{vmatrix} a_z & a_x \\ b_z & b_x \end{vmatrix} c_y + \begin{vmatrix} a_x & a_y \\ b_x & b_y \end{vmatrix} c_z$$

Die rechte Seite dieser Gleichung kann als Ergebnis der Entwicklung einer der beiden folgenden Determinanten nach der 3. Reihe aufgefaßt werden. Daraus erhält man die endgültige Formel zur Berechnung des Spatprodukts

$$(\vec{a} \times \vec{b}) \cdot \vec{c} = \begin{vmatrix} a_x & a_y & a_z \\ b_x & b_y & b_z \\ c_x & c_y & c_z \end{vmatrix} = \begin{vmatrix} a_x & b_x & c_x \\ a_y & b_y & c_y \\ a_z & b_z & c_z \end{vmatrix} \tag{4.42}$$

Da beide Determinanten bei der Entwicklung nach der c-Reihe auf den gleichen Ausdruck führen, sind sie gleich. Da ferner jede der Determinanten in Gl. (4.42) bei der Entwicklung nach einer beliebigen Reihe ihren Wert behält, gilt

$$(\vec{a} \times \vec{b}) \cdot \vec{c} = (\vec{b} \times \vec{c}) \cdot \vec{a} = (\vec{c} \times \vec{a}) \cdot \vec{b} \tag{4.43}$$

Das Vorzeichen des Spatproduktes ändert sich, wenn man von der zyklischen Reihenfolge *abc*, *bca* oder *cab* abweicht.

Beispiel 12. Man berechne das Volumen des durch die drei Vektoren $\vec{a}$, $\vec{b}$ und $\vec{c}$ gebildeten Spats (Bild **4.15**).

Nach Beispiel 8 kann die Grundfläche A des Spats durch den Vektor $\vec{A} = \vec{a} \times \vec{b}$ dargestellt werden. Die Höhe h des Spats ist $h = c \cos(\vec{A}, \vec{c})$ oder mit dem Einheitsvektor $\vec{e}_A$ und der Schreibweise des skalaren Produkts $h = \vec{e}_A \cdot \vec{c}$. Das Volumen V ist

$$V = A\,h = A\,\vec{e}_A \cdot \vec{c} = \vec{A} \cdot \vec{c} = (\vec{a} \times \vec{b}) \cdot \vec{c}$$

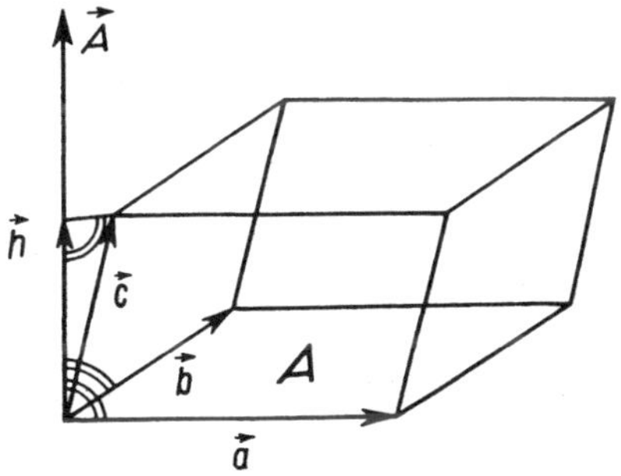

4.15 ■

Aus diesem Beispiel folgt der wichtige Spezialfall:

Das Volumen des Spats und damit die Determinanten der Gl. (4.42) sind Null, wenn die drei Vektoren in einer Ebene liegen (komplanar sind).

4.2.4 Lineare Abhängigkeit

Definition. *n Vektoren heißen voneinander* linear abhängig *(kurz: linear abhängig), wenn zwischen ihnen eine lineare Beziehung*

$$c_1\vec{v}_1 + c_2\vec{v}_2 + c_3\vec{v}_3 + \ldots + c_n\vec{v}_n = \vec{0} \tag{4.44}$$

mit im allgemeinen von Null verschiedenen Koeffizienten c_i besteht. Wenn eine Beziehung nach Gl. (4.44) *nur dann bestehen kann, wenn* alle $c_i = 0$ *sind, nennt man die Vektoren voneinander* linear unabhängig.

Beispiel 13. Zwischen Kräften, die miteinander im Gleichgewicht stehen, besteht die Beziehung

$$\vec{F}_1 + \vec{F}_2 + \vec{F}_3 + \ldots + \vec{F}_n = \vec{o}$$

Sie sind voneinander abhängig, denn jeder der Vektoren kann durch die übrigen ausgedrückt werden, z. B.

$$\vec{F}_1 = -(\vec{F}_2 + \vec{F}_3 + \ldots + \vec{F}_n)$$

■

Beispiel 14. Die beiden Vektoren $\vec{v}_1 = (1; 2; 3)$ und $\vec{v}_2 = (3; 4; 5)$ sind voneinander unabhängig, weil

$$c_1\vec{v}_1 + c_2\vec{v}_2 = \vec{o} \quad \text{mit} \quad c_1 \neq 0 \wedge c_2 \neq 0$$

bedeuten würde, daß

$$(3; 4; 5) = -\frac{c_1}{c_2}(1; 2; 3)$$

sein müßte. Für die erste Komponente könnte die Bedingung mit $c_2 = -1$ und $c_1 = 3$ erfüllt werden. Für die zweite und dritte Komponente gilt aber $4 \neq 3 \cdot 2$ und $5 \neq 3 \cdot 3$. Dagegen sind die Vektoren $\vec{v}_1 = (1; 2; 3)$ und $\vec{v}_3 = (3; 6; 9)$ linear voneinander abhängig, weil offensichtlich mit $c_1 = -3$ und $c_3 = 1$

$$\vec{v}_3 - 3\vec{v}_1 = 0$$

gilt. ■

Geometrisch bedeutet die lineare Abhängigkeit zweier Vektoren, daß diese parallel zueinander verlaufen.

Lineare Unabhängigkeit besteht dagegen zwischen zwei Vektoren, die nicht parallel zueinander verlaufen.

Aus ihnen kann man durch geeignete Wahl von c_1 und c_2 jeden Vektor in der von $\vec{v}_1$ und $\vec{v}_2$ gebildeten Ebene zusammensetzen. Drei Vektoren, die in einer gemeinsamen Ebene liegen, sind also stets voneinander linear abhängig.

Dieser Satz kann auch (hier ohne Beweis) erweitert werden:

Im n-dimensionalen Raum sind $n+1$ Vektoren immer voneinander linear abhängig.

4.2.5 Aufgaben zu Abschnitt 4.2

1. Gegeben sind die beiden Kräfte $\vec{F}_1$ und $\vec{F}_2$ durch Betrag und Richtung. Man bestimme Betrag und Richtung von $\vec{F}_3$, so daß $\vec{F}_1+\vec{F}_2+\vec{F}_3=\vec{o}$ wird.

	F_i/N	α/Grad	β/Grad	γ/Grad
$\vec{F}_1$	80	90	110	20
$\vec{F}_2$	120	30	90	60

2. Ein Vektor $\vec{a}$ liegt in der (x, z)-Ebene und bildet mit der positiven x-Achse einen Winkel von 45°. Ein Vektor $\vec{b}$ liegt in der (y, z)-Ebene und bildet mit der positiven y-Achse einen Winkel von 30°. Wie groß ist der Winkel zwischen beiden Vektoren?

3. Eine Kraft von 10 N wirkt in der Richtung der Raumdiagonale eines Würfels, dessen Kanten die positiven Koordinatenachsen bilden. Man berechne die Arbeit längs eines Weges von 20 m in Richtung der Winkelhalbierenden zwischen der positiven x- und y-Achse.

4. Eine Kraft hat die Koordinaten $(+3;\ -5;\ +7)$ N. Ein Hebelarm liegt in der (y, z)-Ebene und ist 10 m lang. Welche Stellung muß er haben, damit das durch die Kraft an seinem Ende ausgeübte Drehmoment $\vec{M}$ ein Maximum wird?

Hinweis: Das Drehmoment wird zum Maximum, wenn Kraft und Hebelarm aufeinander senkrecht stehen.

5. Man beweise den Cosinus-Satz der Trigonometrie mittels Vektorrechnung.

Hinweis: Die Dreiecksseiten sind als Vektoren aufzufassen. Eine Seite ist die Summe der beiden anderen.

6. Welche Bedingungen müssen die Vektoren $\vec{a}$ und $\vec{b}$ erfüllen, damit die Vektoren $\vec{c}=\vec{a}+\vec{b}$ und $\vec{d}=\vec{a}-\vec{b}$ aufeinander senkrecht stehen?

7. Gegeben ist der Vektor $\vec{a}=(a_x;\ a_y;\ a_z)$. Man berechne die Koordinaten des Vektors $\vec{b}$, der senkrecht auf $\vec{a}$ steht, in der (y, z)-Ebene liegt und dessen Betrag halb so groß wie $|\vec{a}|$ ist.

8. Man zeige durch eine Zahlenrechnung mit den folgenden drei Vektoren, daß das distributive Gesetz a) beim skalaren, b) beim vektoriellen Produkt gilt:

$$\vec{a}=3\vec{i}-4\vec{j}+\vec{k} \qquad \vec{b}=2\vec{i}+5\vec{j}-3\vec{k} \qquad \vec{c}=-6\vec{i}+\vec{j}+4\vec{k}$$

Hinweis: Die linken und die rechten Seiten der Gl. (4.28) und (4.35) sind getrennt zu berechnen.

9. Man zeige durch eine allgemeine Rechnung mit Komponenten, daß der Produktvektor des vektoriellen Produktes senkrecht auf den beiden Faktoren-Vektoren steht.

10. Man berechne vektoriell die Stabkraft $\vec{F}_H$ im Horizontalstab und die Stabkraft $\vec{F}_D$ im Diagonalstab des Auslegers in Bild 4.16. Am Ausleger wirkt die senkrecht nach unten gerichtete Kraft $F=80$ N.

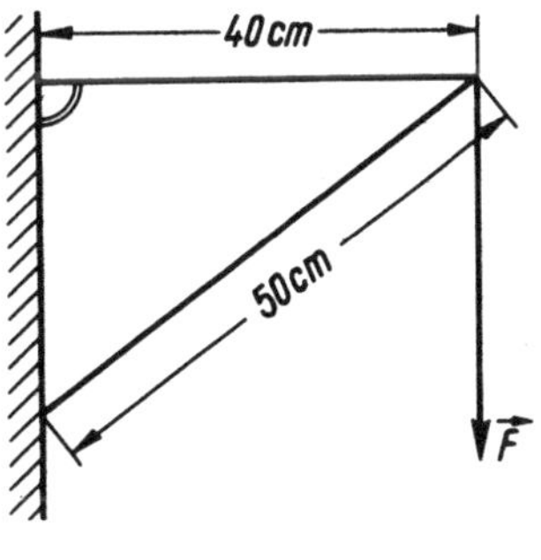

4.16

11. Eine Kraft $\vec{F}$ hat die Komponenten (2.30; 4.98; 5.17) N. Sie ist in die Richtungen der Vektoren $\vec{a}$ und $\vec{b}$ von Aufgabe 2 zu zerlegen.

12. Man berechne die Kraft F_C so, daß am Winkelhebel (Bild **4.**17) Gleichgewicht herrscht. Drehpunkt ist der Koordinatenursprung. Es ist $P_1(-6.0;\ -4.5)$ cm, $P_2(+4.0;\ +7.0)$ cm, $F_A = 2.0$ N, $F_B = 4.0$ N. Die Winkel sind Bild **4.**17 zu entnehmen.

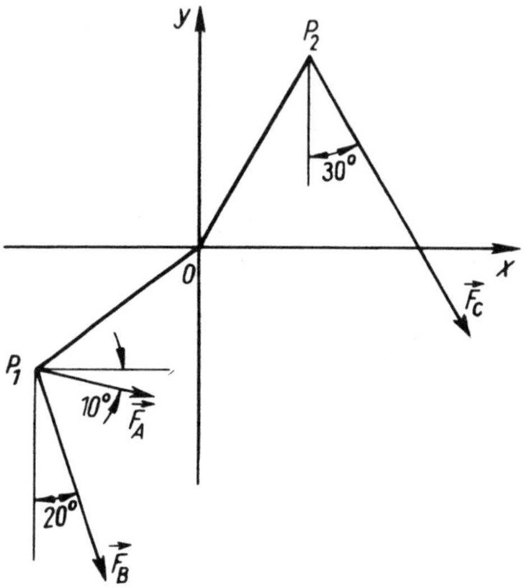

4.17

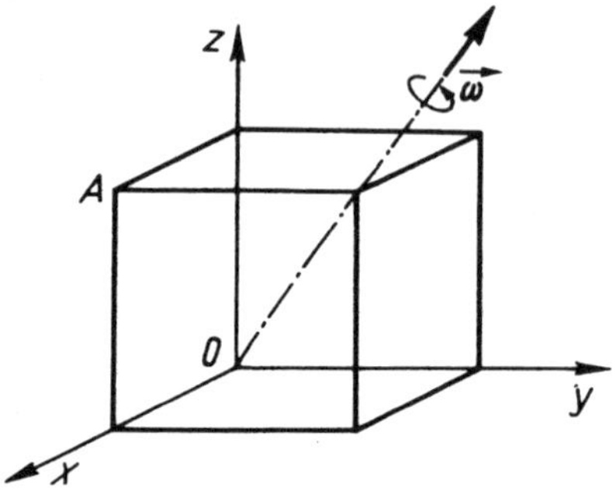

4.18

13. Im Punkt (0; −2; −1) m wirkt eine Kraft von 10 N senkrecht nach unten (negative z-Richtung). Im Punkt (0; +4; +6) m wirkt eine Kraft von 6 N waagerecht nach vorne (positive x-Richtung). Der Körper dreht sich um den Koordinatenursprung. Man berechne die Lage der Drehachse.

Hinweis: Die Lage der Drehachse fällt mit dem in den Koordinatenursprung verschobenen Vektor des resultierenden Drehmomentes zusammen.

14. Ein Würfel mit der Kantenlänge a dreht sich um seine Raumdiagonale mit der Drehzahl n. Man berechne den Betrag der Geschwindigkeit der in Bild **4.**18 bezeichneten Ecke A.

Hinweis: Beispiel 10.

15. Liegen die Punkte $A(+2;\ -1;\ -2)$ cm, $B(+1;\ +2;\ +1)$ cm, $C(+2;\ +3;\ 0)$ cm und $D(+5;\ 0;\ -6)$ cm in einer Ebene?

Hinweis: Ein Punkt ist als Ursprung eines Koordinatensystems zu wählen. Von dort sind Vektoren zu den anderen Punkten zu legen. Der Inhalt des dadurch gebildeten Spats ist zu berechnen.

4.3 Matrizen

4.3.1 Grundbegriffe. Definitionen

Zwischen zwei Größensystemen $x_1, x_2, x_3, \ldots, x_n$ und $y_1, y_2, y_3, \ldots, y_m$ bestehe folgender Zusammenhang

$$\begin{aligned} a_{11}\ x_1 + a_{12}\ x_2 + a_{13}\ x_3 + \ldots + a_{1n}\ x_n &= y_1 \\ a_{21}\ x_1 + a_{22}\ x_2 + a_{23}\ x_3 + \ldots + a_{2n}\ x_n &= y_2 \\ \vdots \qquad\qquad\qquad\qquad \vdots \quad &\ \ \vdots \\ a_{m1} x_1 + a_{m2} x_2 + a_{m3} x_3 + \ldots + a_{mn} x_n &= y_m \end{aligned} \tag{4.45}$$

Derartige lineare Beziehungen kommen häufig vor. Oft ist eines der beiden Systeme x_k oder y_i gegeben, das andere gesucht. Die Größen x_k, y_i und a_{ik} können z. B. folgende Bedeutungen haben:

Gebiet	x_k	a_{ik}	y_i
Statik des Fachwerks	Knotenpunktlasten	Einflußzahlen	Stabkräfte
Elastizitätstheorie	Deformationen	elastische Konstante	Spannungen
elektrisches Netzwerk	Ströme	Widerstände	Spannungen
Kostenrechnung	Warenmengen	Kostenfaktoren	Kostenarten

Für die Beschreibung von Rechenverfahren oder für Beweisführungen ist es zweckmäßig, irgendwelche Umformungen von Gl. (4.45) nicht mühsam mit den einzelnen Elementen, sondern in einer Kurzschrift mit dem ganzen System vorzunehmen und erst zum Schluß die Einzelberechnung durchzuführen. Man schreibt deshalb Gl. (4.45) in der Form

$$\boldsymbol{A}\boldsymbol{x} = \boldsymbol{y} \tag{4.46}$$

und nennt das Koeffizientenschema $\boldsymbol{A}$ eine Matrix.

Definition. *Eine rechteckige Anordnung von Koeffizienten a_{ik} aus m Zeilen und n Spalten heißt eine (m, n)-Matrix $\boldsymbol{A}$. Man schreibt*

$$\boldsymbol{A} = (a_{ik}) = \begin{pmatrix} a_{11} & a_{12} & a_{13} \ldots a_{1n} \\ a_{21} & a_{22} & a_{23} \ldots a_{2n} \\ \vdots & \vdots & \vdots \qquad \vdots \\ a_{m1} & a_{m2} & a_{m3} \ldots a_{mn} \end{pmatrix} \tag{4.47}$$

Im Gegensatz zu den in Abschn. 4.1 besprochenen Determinanten ist in einer Matrix häufig $m \neq n$.

Die Koeffizienten a_{ik} heißen Elemente der Matrix. Alle nebeneinander stehenden Elemente der Matrix bilden eine Zeile, alle untereinander stehenden Elemente eine Spalte der Matrix. Wegen der formalen Ähnlichkeit mit der Koordinatenschreibweise der Vektoren nennt man sie auch Zeilen- oder Spaltenvektoren.

$$\boldsymbol{a}_i^{\mathrm{T}} = (a_{i1}, a_{i2}, \ldots, a_{in}) \quad i\text{-ter Zeilenvektor}$$

$$\boldsymbol{a}_k = \begin{pmatrix} a_{1k} \\ a_{2k} \\ \vdots \\ a_{mk} \end{pmatrix} \quad k\text{-ter Spaltenvektor}$$

Zur Unterscheidung der Zeilen- von den Spaltenvektoren werden erstere häufig mit dem hochgestellten Index T für „transponiert" (= umgesetzt) versehen. Auch die schematisch zusammengefaßten Größen

$$\boldsymbol{x} = \begin{pmatrix} x_1 \\ x_2 \\ \vdots \\ x_m \end{pmatrix} \qquad \boldsymbol{y} = \begin{pmatrix} y_1 \\ y_2 \\ \vdots \\ y_m \end{pmatrix}$$

werden wegen ihrer formalen Ähnlichkeit mit Vektoren oft Vektoren genannt. Sie sind Matrizen mit m Zeilen und einer Spalte und können z. B. die untereinander geschriebenen Verschiebungen der Knotenpunkte eines Fachwerks bedeuten.

Definitionen

Transponierte Matrix. *Vertauscht man in einer Matrix A alle Zeilen mit den ihnen entsprechenden Spalten, so erhält man die zur Matrix A* transponierte Matrix A^{T}.

Beispiel 1.

$$A = \begin{pmatrix} a_{11} & a_{12} & a_{13} \\ a_{21} & a_{22} & a_{23} \end{pmatrix} \qquad A^{\mathrm{T}} = \begin{pmatrix} a_{11} & a_{21} \\ a_{12} & a_{22} \\ a_{13} & a_{23} \end{pmatrix}$$

$$A = \begin{pmatrix} 1 & 2 & 3 \\ 4 & 5 & 6 \end{pmatrix} \qquad A^{\mathrm{T}} = \begin{pmatrix} 1 & 4 \\ 2 & 5 \\ 3 & 6 \end{pmatrix}$$

Die Elemente der Matrix mit gleichen Indizes a_{11}, a_{22} bleiben an ihrer alten Stelle. ∎

Quadratische Matrix. *Matrizen, bei denen die Anzahl der Zeilen und die Anzahl der Spalten gleich groß sind, heißen* quadratische Matrizen.
Die Elemente mit zwei gleichen Indizes, also $a_{11}, a_{22}, \ldots, a_{nn}$, *bilden die* Hauptdiagonale *der Matrix.*

$$A = \begin{pmatrix} a_{11} & a_{12} \ldots a_{1n} \\ a_{21} & a_{22} \ldots a_{2n} \\ \vdots & \vdots \quad\quad \vdots \\ a_{n1} & a_{n2} \ldots a_{nn} \end{pmatrix}$$

Symmetrische Matrix. *Eine quadratische Matrix, die gleich ihrer Transponierten ist, heißt* symmetrisch. *Sie entsteht durch Spiegelung ihrer Elemente an der Hauptdiagonale. Für sie gilt*

$$a_{ik} = a_{ki}$$

Beispiel 2.

$$A = \begin{pmatrix} 1 & 2 & 3 \\ 2 & 4 & 5 \\ 3 & 5 & 6 \end{pmatrix} \qquad \text{symmetrische Matrix}$$

■

Diagonalmatrix. *Eine Matrix, die nur in der Hauptdiagonale von Null verschiedene Elemente enthält, heißt* Diagonalmatrix.

$$A = \begin{pmatrix} a_{11} & 0 & 0 & 0 \\ 0 & a_{22} & 0 & 0 \\ 0 & 0 & a_{33} & 0 \\ 0 & 0 & 0 & a_{44} \end{pmatrix} \qquad \text{Diagonalmatrix}$$

Einheitsmatrix. *Eine Diagonalmatrix, in der die Elemente der Hauptdiagonale den Wert Eins haben, heißt* Einheitsmatrix. *Sie spielt in der Matrizenrechnung die gleiche Rolle wie die Zahl Eins in der Arithmetik.*

$$E = \begin{pmatrix} 1 & 0 & 0 & 0 \\ 0 & 1 & 0 & 0 \\ 0 & 0 & 1 & 0 \\ 0 & 0 & 0 & 1 \end{pmatrix} \qquad \text{Einheitsmatrix}$$

Null-Matrix *heißt eine Matrix, deren sämtliche Elemente gleich Null sind:* $a_{ik}=0$ *für alle* i, k.

$$\boldsymbol{0}=\begin{pmatrix} 0 & 0 & 0 \\ 0 & 0 & 0 \\ 0 & 0 & 0 \end{pmatrix} \qquad \text{Null-Matrix}$$

Dreiecksmatrix. *Eine quadratische Matrix, bei der alle Elemente unterhalb der Hauptdiagonale gleich Null sind, heißt* obere Dreiecksmatrix *U. Nur im oberen Dreieck stehen von Null verschiedene Elemente. Der Buchstabe U kommt aus der englischen Sprache für upper (obere). Eine quadratische Matrix, bei der alle Elemente oberhalb der Hauptdiagonale gleich Null sind, heißt* untere Dreiecksmatrix *L. Der Buchstabe L steht für lower (untere).*

$$\boldsymbol{U}=\begin{pmatrix} u_{11} & u_{12} & u_{13} & \dots & u_{1n} \\ 0 & u_{22} & u_{23} & \dots & u_{2n} \\ 0 & 0 & u_{33} & \dots & u_{3n} \\ \vdots & & & & \vdots \\ 0 & & \dots & 0 & u_{nn} \end{pmatrix} \qquad \text{obere Dreiecksmatrix}$$

$$\boldsymbol{L}=\begin{pmatrix} l_{11} & 0 & 0 & \dots & 0 \\ l_{21} & l_{22} & 0 & \dots & 0 \\ l_{31} & l_{32} & l_{33} & \dots & 0 \\ \vdots & & & & 0 \\ l_{n1} & l_{n2} & l_{n3} & \dots & l_{nn} \end{pmatrix} \qquad \text{untere Dreiecksmatrix}$$

Satz. Die Determinante einer Dreiecksmatrix ist gleich dem Produkt der Hauptdiagonalelemente.

Beweis. Man entwickelt die Determinante

$$\det \boldsymbol{U}=\begin{vmatrix} u_{11} & u_{12} & u_{13} \dots u_{1n} \\ 0 & u_{22} & u_{23} \dots u_{2n} \\ 0 & 0 & u_{33} \dots u_{3n} \\ \vdots & \vdots & \vdots \quad \vdots \\ 0 & 0 & 0 \quad \dots u_{nn} \end{vmatrix}$$

nach der ersten Spalte und erhält als Faktor von u_{11} eine Unterdeterminante, in deren erster Spalte außer u_{22} nur Nullen stehen. Entwickelt man diese Unterdeterminante wieder nach deren erster Spalte und fährt so fort, dann erhält man schließlich

$$\det U = u_{11} \cdot u_{22} \cdot u_{33} \cdot \ldots \cdot u_{nn} = \prod_{i=1}^{n} u_{ii} \qquad (4.48)\ \square$$

Untermatrix. *Eine* Untermatrix *einer Matrix A ist jede Matrix, die durch Streichen von Zeilen oder Spalten oder durch beide Operationen aus A entsteht.*

Die Matrix

$$A = \left(\begin{array}{ccc|cc} a_{11} & a_{12} & a_{13} & a_{14} & a_{15} \\ a_{21} & a_{22} & a_{23} & a_{24} & a_{25} \\ a_{31} & a_{32} & a_{33} & a_{34} & a_{35} \\ \hline a_{41} & a_{42} & a_{43} & a_{44} & a_{45} \end{array}\right) = \left(\begin{array}{c|c} A_{rr} & A_{rs} \\ \hline A_{tr} & A_{ts} \end{array}\right)$$

ist zum Beispiel in vier Untermatrizen mit unterschiedlichen Zeilen- und Spaltenzahlen eingeteilt.

Bandmatrix. Eine große Bedeutung in vielen technischen Berechnungen haben Matrizen mit großer Reihenzahl, *in denen von Null verschiedene Elemente nur in einem schmalen Band entlang der Hauptdiagonale auftreten.* Wegen dieser Form werden sie Bandmatrizen genannt.

Die maximale Anzahl von Null verschiedener Elemente einer Zeile heißt die Bandbreite.

In der dargestellten quadratischen Bandmatrix ist die Reihenzahl $n=7$ und die Bandbreite $b=3$.

$$B = \begin{pmatrix} b_{11} & b_{12} & 0 & 0 & 0 & 0 & 0 \\ b_{21} & b_{22} & b_{23} & 0 & 0 & 0 & 0 \\ 0 & b_{32} & b_{33} & b_{34} & 0 & 0 & 0 \\ 0 & 0 & b_{43} & b_{44} & b_{45} & 0 & 0 \\ 0 & 0 & 0 & b_{54} & b_{55} & b_{56} & 0 \\ 0 & 0 & 0 & 0 & b_{65} & b_{66} & b_{67} \\ 0 & 0 & 0 & 0 & 0 & b_{76} & b_{77} \end{pmatrix}$$

Rang einer Matrix. *Der* Rang einer Matrix *ist die maximale Anzahl ihrer linear unabhängigen Zeilen- oder Spaltenvektoren.*

Die lineare Abhängigkeit von Vektoren ist in Abschn. 4.2.4 behandelt worden. Ein allgemeines Rechenverfahren zur Bestimmung des Ranges einer Matrix findet man in

Abschn. 4.4.4. Quadratische Matrizen nennt man regulär, wenn der Rang gleich der Reihenzahl ist. Andernfalls heißen sie singulär. Eine quadratische Matrix ist regulär, wenn die aus ihren Elementen gebildete Determinante von Null verschieden ist. Man schreibt dann auch

$$D = \det(A) \neq 0$$

Beispiel 3. Welchen Rang hat die Matrix $A = \begin{pmatrix} a & a & b \\ a & a & c \end{pmatrix}$?

Da die Matrix nur zwei Zeilenvektoren besitzt, kann die maximale Zahl linear unabhängiger Vektoren höchstens gleich Zwei sein. Für $b \neq c$ kann man die Vektoren $z_1 = (a, a, b)$ und $z_2 = (a, a, c)$ nicht durch Multiplikation mit einem Faktor ineinander überführen. Sie sind also linear unabhängig, und der Rang der Matrix ist gleich Zwei. Für $b = c$ sind die beiden Zeilenvektoren gleich. Es gibt nur einen „unabhängigen" Vektor. Der Rang der Matrix ist dann gleich Eins. ■

4.3.2 Rechenregeln

Stimmen zwei Matrizen in Spalten- und Zeilenzahl überein, so sind sie vom gleichen Typ.

Definition *der* Gleichheit *zweier Matrizen* $A = B$

Zwei Matrizen A und B sind gleich, wenn sie vom gleichen Typ sind und $a_{ik} = b_{ik}$ für alle i und k gilt.

Definition *der* Addition *zweier Matrizen* $C = A + B$

A und B müssen vom gleichen Typ sein. Die Elemente c_{ik} der Summenmatrix sind $c_{ik} = a_{ik} + b_{ik}$ für alle i und k.
Es gilt das kommutative Gesetz

$$A + B = B + A$$

Beispiel 4. Die Matrizen

$$A = \begin{pmatrix} 3 & 4 & -1 \\ 0 & 2 & 5 \end{pmatrix} \qquad B = \begin{pmatrix} -2 & 3 & 4 \\ 6 & -2 & -2 \end{pmatrix}$$

sind vom gleichen Typ, können also addiert werden.

$$A + B = \begin{pmatrix} 1 & 7 & 3 \\ 6 & 0 & 3 \end{pmatrix}$$ ■

Definition *der* Multiplikation *einer Matrix mit einem* skalaren Faktor $B = pA$.

Die Elemente von B entstehen durch Multiplizieren jedes Elementes von A mit p.[1])

Beispiel 5.

$$A = \begin{pmatrix} 3 & 4 & -1 \\ 0 & 2 & 5 \end{pmatrix} \qquad 3A = \begin{pmatrix} 9 & 12 & -3 \\ 0 & 6 & 15 \end{pmatrix}$$ ■

Definition *der* Multiplikation *zweier Matrizen* $C = AB$

Die Anzahl der Spalten von A *muß gleich der Anzahl der Zeilen von* B *sein. Das Element* c_{ik} *der Produktmatrix ist das skalare Produkt des Zeilenvektors* $\boldsymbol{a}_i^{\mathrm{T}}$ *von* A *mit dem Spaltenvektor* $\boldsymbol{b}_k$ *von* B

$$c_{ik} = \sum_{j=1}^{n} a_{ij} b_{jk} \tag{4.49}$$

Diese Gleichung eignet sich hervorragend zur Programmierung.

Das kommutative Gesetz gilt im allgemeinen nicht.	
Das distributive Gesetz gilt	$A(B+C) = AB + AC$
Das assoziative Gesetz gilt	$(AB)C = A(BC)$

Weil das kommutative Gesetz nicht gilt, ist bei der Multiplikation einer Matrizengleichung mit einer Matrix anzugeben, ob dieser neue Faktor vor oder hinter die bereits vorhandenen Faktoren zu schreiben ist. Im ersten Fall spricht man von einer Linksmultiplikation, im zweiten von einer Rechtsmultiplikation.

Bei Multiplikation mit der Einheitsmatrix gilt jedoch

$$EA = AE = A \tag{4.50}$$

Multiplikationsschema nach Falk für das Produkt $C = AB$. Für eine Zahlenrechnung ist die nachstehende Anordnung nach Falk zweckmäßig. Die zu berechnenden Elemente c_{ik} stehen jeweils am Kreuzpunkt der zu multiplizierenden Zeile und Spalte. Die Produktsumme des skalaren Produktes kann bei numerischen Rechnungen mit einem Taschenrechner in einem Arbeitsgang gebildet werden.

[1]) Bei Determinanten wird dagegen nur eine Reihe multipliziert.

			b_{11}	b_{12}	b_{13}	b_{14}
			b_{21}	b_{22}	b_{23}	b_{24}
			b_{31}	b_{32}	b_{33}	b_{34}
a_{11}	a_{12}	a_{13}	c_{11}	c_{12}	c_{13}	c_{14}
a_{21}	a_{22}	a_{23}	c_{21}	c_{22}	c_{23}	c_{24}

	$\boldsymbol{B}$
$\boldsymbol{A}$	$\boldsymbol{AB}$

$$c_{11} = a_{11}b_{11} + a_{12}b_{21} + a_{13}b_{31} \qquad c_{13} = a_{11}b_{13} + a_{12}b_{23} + a_{13}b_{33}$$
$$c_{21} = a_{21}b_{11} + a_{22}b_{21} + a_{23}b_{31} \qquad c_{23} = a_{21}b_{13} + a_{22}b_{23} + a_{23}b_{33}$$
$$c_{12} = a_{11}b_{12} + a_{12}b_{22} + a_{13}b_{32} \qquad c_{14} = a_{11}b_{14} + a_{12}b_{24} + a_{13}b_{34}$$
$$c_{22} = a_{21}b_{12} + a_{22}b_{22} + a_{23}b_{32} \qquad c_{24} = a_{21}b_{14} + a_{22}b_{24} + a_{23}b_{34}$$

4.19

Beispiel 6. Man berechne $\boldsymbol{C} = \boldsymbol{A}\boldsymbol{B}$ für

$$\boldsymbol{A} = \begin{pmatrix} 3 & 2 & 5 \\ 6 & 4 & -1 \end{pmatrix} \qquad \boldsymbol{B} = \begin{pmatrix} 1 & 0 & 7 & -4 \\ 4 & -3 & 6 & 1 \\ -5 & 2 & 5 & 0 \end{pmatrix}$$

Da die Spaltenzahl von $\boldsymbol{A}$ und die Zeilenzahl von $\boldsymbol{B}$ übereinstimmen, kann die Multiplikation $\boldsymbol{C} = \boldsymbol{A}\boldsymbol{B}$ durchgeführt werden. Nach dem Falkschema ergibt sich

			1	0	7	−4
			4	−3	6	1
			−5	2	5	0
3	2	5	−14	4	58	−10
6	4	−1	27	−14	61	−20

Als Produktelemente ergeben sich z. B.

$$c_{11} = 3 \cdot 1 + 2 \cdot 4 + 5 \cdot (-5) = -14$$
$$c_{24} = 6 \cdot (-4) + 4 \cdot 1 + (-1) \cdot 0 = -20$$ ■

Ein wichtiger Spezialfall der Multiplikation von Matrizen sind lineare Transformationen Gl. (4.45) und (4.46), in denen die Größen x_k und y_i zu Spaltenvektoren zusammengefaßt sind. Das skalare Produkt der Vektorrechnung Gl. (4.31) lautet in Matrizenschreibweise $\boldsymbol{a}^{\mathrm{T}}\boldsymbol{b} = \boldsymbol{b}^{\mathrm{T}}\boldsymbol{a}$.

Einen wichtigen Zusammenhang zwischen Multiplizieren und Transponieren bildet die Gleichung

$$\boxed{(\boldsymbol{A}\boldsymbol{B})^{\mathrm{T}} = \boldsymbol{B}^{\mathrm{T}}\boldsymbol{A}^{\mathrm{T}}} \qquad (4.51)$$

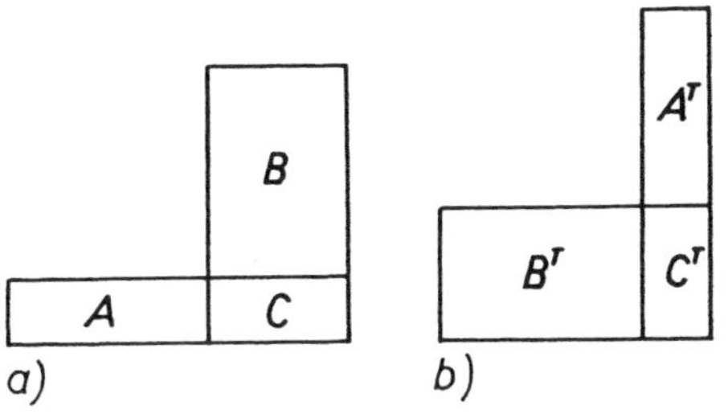

4.20

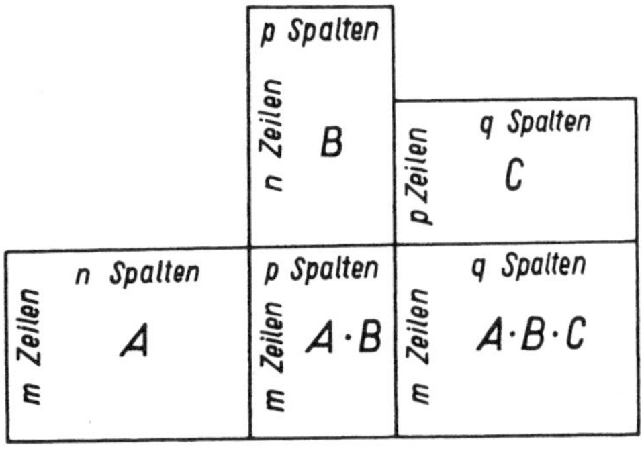

4.21 Rechenschema für Matrizenprodukte

Ihre Richtigkeit erkennt man aus Bild **4**.20. Das linke Bild zeigt $\boldsymbol{C}=\boldsymbol{A}\boldsymbol{B}$ nach Bild **4**.19. Das rechte Bild entsteht durch Spiegeln an der Diagonale von $\boldsymbol{C}$ und liefert dadurch unmittelbar $\boldsymbol{C}^{\mathrm{T}}=(\boldsymbol{A}\boldsymbol{B})^{\mathrm{T}}$. Außerdem sieht man, daß $\boldsymbol{C}^{\mathrm{T}}=\boldsymbol{B}^{\mathrm{T}}\boldsymbol{A}^{\mathrm{T}}$ ist. Ein Rechenschema für Matrizenprodukte von mehr als zwei Faktoren zeigt Bild **4**.21.

Inverse Matrix

Definition. *Ist das Produkt zweier quadratischer Matrizen gleich der Einheitsmatrix* $\boldsymbol{E}$*, so nennt man die eine Matrix die* inverse Matrix *(kurz: Inverse) der anderen und schreibt*

$$\boldsymbol{A}^{-1}\boldsymbol{A}=\boldsymbol{A}\boldsymbol{A}^{-1}=\boldsymbol{E} \tag{4.52}$$

In diesem Spezialfall gilt das Kommutativgesetz.

Die inverse Matrix wird gebraucht, wenn man das lineare Gleichungssystem (4.45), (4.46)

$$\boldsymbol{A}\boldsymbol{x}=\boldsymbol{y}$$

nach dem Größensystem $\boldsymbol{x}$, also dem Vektor $\boldsymbol{x}$, auflösen will. Man multipliziert die Matrix-Gleichung mit $\boldsymbol{A}^{-1}$ und erhält

$$\boldsymbol{A}^{-1}\boldsymbol{A}\boldsymbol{x}=\boldsymbol{A}^{-1}\boldsymbol{y}$$

Da durch Definition $\boldsymbol{A}^{-1}\boldsymbol{A}=\boldsymbol{E}$ und $\boldsymbol{E}\boldsymbol{x}=\boldsymbol{x}$ ist, hat man formal die Auflösung bewältigt

$$\boldsymbol{x}=\boldsymbol{A}^{-1}\boldsymbol{y} \tag{4.53}$$

So kann man mit Matrix-Gleichungen arbeiten, ohne in der Zwischenrechnung die Operationen numerisch ausführen zu müssen. Zur Berechnung der Elemente α_{ik} der Matrix $\boldsymbol{A}^{-1}$ muß ein Gleichungssystem gelöst werden. Das in Abschn. 4.4.3 beschriebene Austauschverfahren ist in diesem Fall besonders geeignet. Die Lösbarkeit setzt voraus, daß die aus der Matrix $\boldsymbol{A}$ gebildete Determinante $\det(\boldsymbol{A}) \neq 0$ ist.

Beispiel 7. Man berechne die Elemente der inversen Matrix

$$A^{-1} = \begin{pmatrix} \alpha_{11} & \alpha_{12} \\ \alpha_{21} & \alpha_{22} \end{pmatrix} \quad \text{zu} \quad A = \begin{pmatrix} a_{11} & a_{12} \\ a_{21} & a_{22} \end{pmatrix}$$

Nach der Definitionsgleichung ist $A \cdot A^{-1} = E$.

$$\begin{pmatrix} a_{11} & a_{12} \\ a_{21} & a_{22} \end{pmatrix} \cdot \begin{pmatrix} \alpha_{11} & \alpha_{12} \\ \alpha_{21} & \alpha_{22} \end{pmatrix} = \begin{pmatrix} 1 & 0 \\ 0 & 1 \end{pmatrix}$$

Multipliziert man die beiden Matrizen der linken Seite dieser Gleichung miteinander, so erhält man eine (2, 2)-Matrix mit 4 Elementen, die den Elementen der Einheitsmatrix, die an gleicher Stelle stehen, gleich sein müssen. Daraus ergibt sich ein Gleichungssystem für die Koeffizienten α_{ik} der inversen Matrix

$$a_{11}\alpha_{11} + a_{12}\alpha_{21} = 1 \qquad a_{11}\alpha_{12} + a_{12}\alpha_{22} = 0$$
$$a_{21}\alpha_{11} + a_{22}\alpha_{21} = 0 \qquad a_{21}\alpha_{12} + a_{22}\alpha_{22} = 1$$

Die Lösung ist

$$\alpha_{11} = a_{22}/D \qquad \alpha_{21} = -a_{21}/D \qquad \alpha_{12} = -a_{12}/D \qquad \alpha_{22} = a_{11}/D$$

mit $D = a_{11}a_{22} - a_{12}a_{21}$, und man erhält

$$A^{-1} = \frac{1}{D}\begin{pmatrix} a_{22} & -a_{12} \\ -a_{21} & a_{11} \end{pmatrix} \tag{4.54}$$

Eine notwendige Bedingung für die Bildung einer inversen Matrix ist also die Existenz einer von Null verschiedenen Determinante. ■

Beispiel 8. Man bilde die inverse Matrix zu

$$A = \begin{pmatrix} 3 & 5 \\ 2 & 4 \end{pmatrix}$$

Mit $\det(A) = \begin{vmatrix} 3 & 5 \\ 2 & 4 \end{vmatrix} = 3 \cdot 4 - 2 \cdot 5 = 2$ wird

$$A^{-1} = \frac{1}{2}\begin{pmatrix} 4 & -5 \\ -2 & 3 \end{pmatrix} = \begin{pmatrix} 2 & -2.5 \\ -1 & 1.5 \end{pmatrix}$$

Die Matrix $B = \begin{pmatrix} 3 & 6 \\ 2 & 4 \end{pmatrix}$ ist nicht invertierbar, weil $\det(B) = 3 \cdot 4 - 2 \cdot 6 = 0$ ist.

Das zeigt sich auch am Gleichungssystem nach Gl. (4.54).

$$\begin{pmatrix} 3 & 6 \\ 2 & 4 \end{pmatrix} \cdot \begin{pmatrix} \alpha_{11} & \alpha_{12} \\ \alpha_{21} & \alpha_{22} \end{pmatrix} = \begin{pmatrix} 1 & 0 \\ 0 & 1 \end{pmatrix}$$

Die Matrizenmultiplikation liefert

(1) $3\alpha_{11}+6\alpha_{21}=1$ (3) $3\alpha_{12}+6\alpha_{22}=0$

(2) $2\alpha_{11}+4\alpha_{21}=0$ (4) $2\alpha_{12}+4\alpha_{22}=1$

Diese Gleichungen widersprechen einander. Multipliziert man z.B. Gl. (2) mit dem Faktor 1.5, so erhält man die widersprüchlichen Gleichungen

(1) $3\alpha_{11}+6\alpha_{21}=1$

(2) $3\alpha_{11}+6\alpha_{21}=0$

die durch keine Werte von α_{11} und α_{21} erfüllbar sind. ■

Satz. Das Bilden der inversen Matrix und das Transponieren sind in ihrer Reihenfolge vertauschbar.

$$\boxed{(A^{T})^{-1}=(A^{-1})^{T}} \tag{4.55}$$

Beweis. Die Inverse einer transponierten Matrix $\boldsymbol{A}^T$ lautet $(\boldsymbol{A}^T)^{-1}$. Die Einheitsmatrix bleibt beim Transponieren erhalten $\boldsymbol{E}=\boldsymbol{E}^T$. Transponiert man nun das Produkt $(\boldsymbol{A}\boldsymbol{A}^{-1})^T=\boldsymbol{E}^T=\boldsymbol{E}$, so erhält man nach Gl. (4.51) $(\boldsymbol{A}^{-1})^T\,\boldsymbol{A}^T=\boldsymbol{E}$. Das bedeutet, daß auch $(\boldsymbol{A}^{-1})^T$ die Inverse der Matrix $\boldsymbol{A}^T$ ist. □

Ist $\boldsymbol{A}$ symmetrisch, ist auch $\boldsymbol{A}^{-1}$ symmetrisch, d.h. es gilt

$$A^{-1}=(A^{-1})^{T} \tag{4.56}$$

Der Beweis ergibt sich, wenn auf der linken Seite von Gl. (4.55) $\boldsymbol{A}^T=\boldsymbol{A}$ gesetzt wird.

4.3.3 Anwendung in der Strukturmechanik

Zur Berechnung der Festigkeit komplizierter Strukturen wie Automobilen oder Flugzeugen zerlegt man diese in viele kleine Elemente mit einfachem Spannungszustand (Finite Elemente). Als finite Elemente wählt man zum Beispiel Stäbe, Balken, Viereckscheiben oder Dreieckscheiben, die an einigen Punkten, den Knotenpunkten, miteinander verbunden sind. Für diese Elemente ist der Zusammenhang zwischen den Verschiebungen der Knotenpunkte und den an ihnen wirkenden Kräften leicht zu bestimmen. Die finiten Elemente setzt man unter Beachtung der Gleichgewichts- und der Verträglichkeitsbedingungen zu einem Näherungsmodell der zu berechnenden Struktur zusammen. Bei mehreren tausend Elementen und entsprechend vielen Knotenpunkten ergeben sich große Gleichungssysteme für die Knotenpunktverschiebungen, die mit Großrechnern gelöst werden. Zur Handhabung und Beschreibung großer Datenmengen eignet sich die Matrizenrechnung besonders gut.

Die Methode wird hier exemplarisch am einfachsten Dreieckselement gezeigt. In Bild **4**.22 ist eine Scheibe in Dreieckselemente zerlegt. Für ein einzelnes Element mit konstanter Spannung im Innern, das Knotenpunkte an den drei Ecken besitzt, soll der Zusammenhang zwischen den Knotenpunktverschiebungen und den Knotenpunktkräften beschrieben werden. Das Dreieck in allgemeiner Lage mit seinen Koordinaten wird in Bild **4**.23 gezeigt.

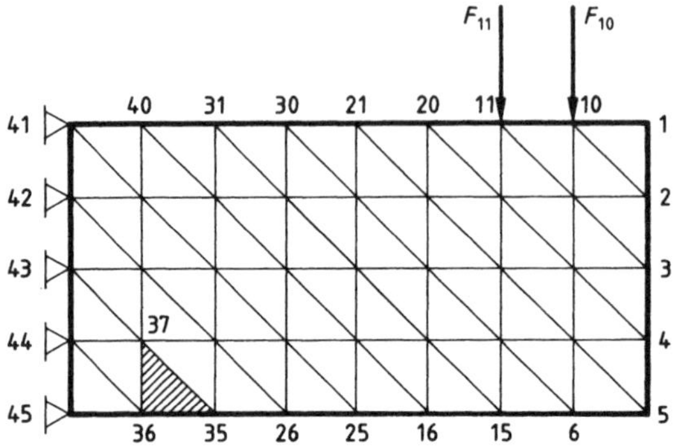

4.22

Die Längsspannungen σ_x, σ_y und die Schubspannung τ des ebenen Spannungszustandes hängen im elastischen Bereich mit den Dehnungen ε_x und ε_y sowie dem Schubwinkel γ über den Elastizitätsmodul E und die Querdehnungszahl μ folgendermaßen zusammen

$$\sigma_x = \frac{E}{1-\mu^2}(\varepsilon_x + \mu\,\varepsilon_y)$$

$$\sigma_y = \frac{E}{1-\mu^2}(\varepsilon_y + \mu\,\varepsilon_x)$$

$$\tau = \frac{E}{2(1+\mu)}\gamma = \frac{E}{1-\mu^2}\cdot\frac{1-\mu}{2}\cdot\gamma$$

In Matrizenform lautet die Gleichung[1])

$$\begin{bmatrix}\sigma_x\\ \sigma_y\\ \tau\end{bmatrix} = \frac{E}{1-\mu^2}\begin{bmatrix}1 & \mu & 0\\ \mu & 1 & 0\\ 0 & 0 & \frac{1-\mu}{2}\end{bmatrix}\cdot\begin{bmatrix}\varepsilon_x\\ \varepsilon_y\\ \gamma\end{bmatrix} \tag{4.57}$$

$$\boldsymbol{S} = \boldsymbol{E}\cdot\boldsymbol{e}$$

Die Dehnungen können aus den Verschiebungsdifferenzen der Knotenpunktkoordinaten mit Hilfe einfacher geometrischer Beziehungen berechnet werden.

---

[1]) In der Strukturmechanik werden aus drucktechnischen Gründen für Matrizen eckige Klammern benutzt.

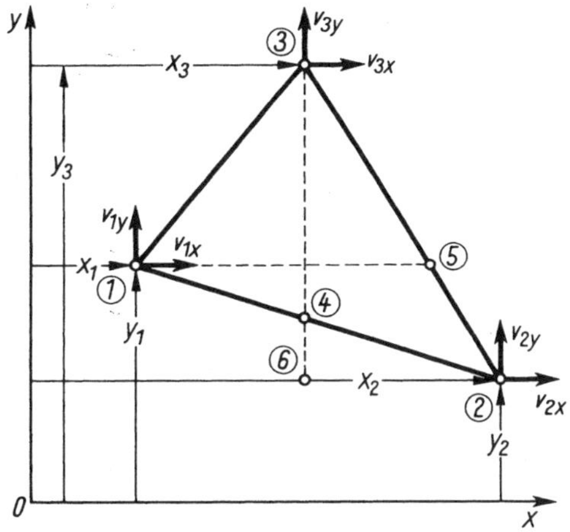

4.23
Dreieckiges Flächenelement (Koordinaten und Verschiebungen der Eckpunkte)

Nach Bild **4.23** nehmen wir eine allgemeine Lage in dem für die ganze Konstruktion festgelegten (x, y)-Koordinatensystem an. Die Verschiebungen werden wieder positiv in positiver Koordinatenrichtung angenommen. Die Dehnung in x-Richtung kann durch die Verschiebungsdifferenz zwischen den Punkten 1 und 5 ausgedrückt werden

$$\varepsilon_x = \frac{v_{5x} - v_{1x}}{x_5 - x_1}$$

Nun muß man noch v_{5x} und x_5 durch die Verschiebungen und Koordinaten der Eckpunkte ausdrücken und hat dann den gesuchten Zusammenhang.

Man liest zunächst aus dem Dreieck 3,6,2 nach dem Strahlensatz ab

$$\frac{x_5 - x_3}{y_3 - y_5} = \frac{x_2 - x_6}{y_3 - y_6}$$

Nun ist aber $y_5 = y_1$, $y_6 = y_2$ und $x_6 = x_3$, also

$$\frac{x_5 - x_3}{y_3 - y_1} = \frac{x_2 - x_3}{y_3 - y_2}$$

Die Auflösung nach x_5 liefert

$$x_5 = x_3 + (x_2 - x_3)\frac{y_3 - y_1}{y_3 - y_2}$$

und nach Subtraktion von x_1 ergibt sich

$$x_5 - x_1 = (x_3 - x_1) + (x_2 - x_3)\frac{y_3 - y_1}{y_3 - y_2}$$
$$= \frac{x_1(y_2 - y_3) + x_2(y_3 - y_1) + x_3(y_1 - y_2)}{y_3 - y_2}$$

Da sich die in x-Richtung positiv angenommenen x-Verschiebungen v_x bei konstanter Dehnung wie die Koordinaten berechnen lassen, gilt auch

$$v_{5x} - v_{1x} = \frac{v_{1x}(y_2 - y_3) + v_{2x}(y_3 - y_1) + v_{3x}(y_1 - y_2)}{y_3 - y_2}$$

Die Dehnung ist also

$$\varepsilon_x = \frac{v_{5x} - v_{1x}}{x_5 - x_1} = \frac{v_{1x}(y_2 - y_3) + v_{2x}(y_3 - y_1) + v_{3x}(y_1 - y_2)}{x_1(y_2 - y_3) + x_2(y_3 - y_1) + x_3(y_1 - y_2)}$$

Der Nenner ist nach einem Satz aus der Geometrie gleich dem Doppelten der von den Punkten 1, 2 und 3 begrenzten Dreieckfläche A.

Auf gleiche Weise gewinnt man

$$\varepsilon_y = -\frac{v_{1y}(x_2 - x_3) + v_{2y}(x_3 - x_1) + v_{3y}(x_1 - x_2)}{2A}$$

Der Schubwinkel γ ergibt sich aus der Summe der Winkeländerungen der durch die Punkte 1 und 5 sowie 3 und 4 begrenzten Strecken.

$$\begin{aligned}\gamma &= \frac{v_{5y} - v_{1y}}{x_5 - x_1} + \frac{v_{3x} - v_{4x}}{y_3 - y_4} \\ &= \frac{v_{1y}(y_2 - y_3) + v_{2y}(y_3 - y_1) + v_{3y}(y_1 - y_2)}{2A} \\ &\quad - \frac{v_{1x}(x_2 - x_3) + v_{2x}(x_3 - x_1) + v_{3x}(x_1 - x_2)}{2A}\end{aligned}$$

Faßt man diese Ausdrücke in der Matrizenschreibweise zusammen, so erhält man

$$\begin{bmatrix} \varepsilon_x \\ \varepsilon_y \\ \gamma \end{bmatrix} = \frac{1}{2A} \begin{bmatrix} y_2 - y_3 & 0 & y_3 - y_1 & 0 & y_1 - y_2 & 0 \\ 0 & -(x_2 - x_3) & 0 & -(x_3 - x_1) & 0 & -(x_1 - x_2) \\ -(x_2 - x_3) & y_2 - y_3 & -(x_3 - x_1) & y_3 - y_1 & -(x_1 - x_2) & y_1 - y_2 \end{bmatrix} \cdot \begin{bmatrix} v_{1x} \\ v_{1y} \\ v_{2x} \\ v_{2y} \\ v_{3x} \\ v_{3y} \end{bmatrix}$$

$$\boldsymbol{e} = \frac{1}{2A} \cdot \boldsymbol{D} \cdot \boldsymbol{v} \qquad (4.58)$$

Nun müssen noch die Knotenkräfte durch die Spannungen ausgedrückt werden, weil nach den Voraussetzungen der Methode der finiten Elemente Kräfte nur in den Verbindungsknoten der Elemente angesetzt werden. Die Knotenkräfte werden positiv in Richtung der positiven Koordinatenachsen angesetzt (Bild **4.24**).

In x-Richtung wirken als Kräfte die mit den Projektionsflächen auf die y-Achse multiplizierten Spannungen σ_x und die mit den Projektionsflächen auf die x-Achse multiplizierten Schubspannungen τ. Diese Kräfte werden je zur Hälfte auf die der Schnittfläche

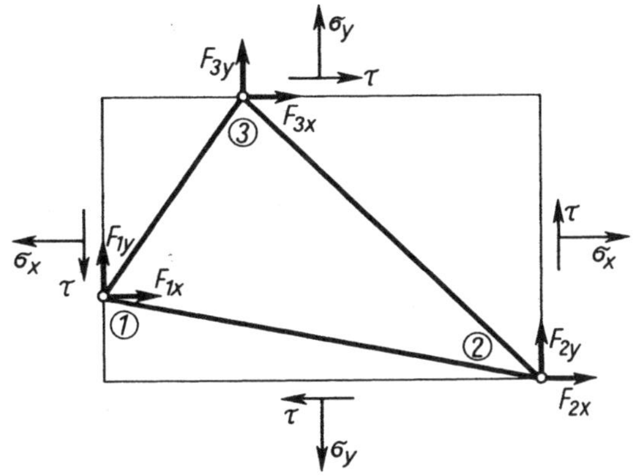

4.24
Knotenkräfte am Dreieckelement

benachbarten Knotenpunkte verteilt. Mit der Beziehung t für die Dicke (thickness) des Scheibenelementes ergibt sich

$$F_{1x} = \frac{1}{2}\left[-\sigma_x(y_3 - y_1)t - \sigma_x(y_1 - y_2)t - \tau(x_2 - x_1)t + \tau(x_3 - x_1)t\right]$$

$$= \frac{t}{2}\left[\sigma_x(y_2 - y_3) - \tau(x_2 - x_3)\right]$$

Mit ähnlichen Ausdrücken für die übrigen Kraftkomponenten erhält man in Matrizenform

$$\begin{bmatrix} F_{1x} \\ F_{1y} \\ F_{2x} \\ F_{2y} \\ F_{3x} \\ F_{3y} \end{bmatrix} = \frac{t}{2} \cdot \begin{bmatrix} y_2 - y_3 & 0 & -(x_2 - x_3) \\ 0 & -(x_2 - x_3) & y_2 - y_3 \\ y_3 - y_1 & 0 & -(x_3 - x_1) \\ 0 & -(x_3 - x_1) & y_3 - y_1 \\ y_1 - y_2 & 0 & -(x_1 - x_2) \\ 0 & -(x_1 - x_2) & y_1 - y_2 \end{bmatrix} \cdot \begin{bmatrix} \sigma_x \\ \sigma_y \\ \tau \end{bmatrix} \tag{4.59}$$

Man erkennt, daß die Matrizen der Koordinatendifferenzen in Gl. (4.58) und (4.59) zueinander transponiert sind.

$$\boldsymbol{F} = \frac{t}{2} \cdot \boldsymbol{D}^{\mathrm{T}} \cdot \boldsymbol{S}$$

Durch Matrizenmultiplikation kann man nun den Zusammenhang zwischen den Knotenkräften und den Knotenverschiebungen formal leicht beschreiben. Man setzt $\boldsymbol{e}$ aus Gl. (4.58) in Gl. (4.57) und dann Gl. (4.57) in Gl. (4.59) ein:

$$\boldsymbol{F} = \frac{t}{2}\boldsymbol{D}^{\mathrm{T}}\boldsymbol{S} = \frac{t}{2}\boldsymbol{D}^{\mathrm{T}}\boldsymbol{E}\,\boldsymbol{e} = \frac{t}{2}\boldsymbol{D}^{\mathrm{T}}\boldsymbol{E}\frac{1}{2A}\boldsymbol{D}\,\boldsymbol{v}$$

$$\boldsymbol{F} = \frac{t}{4A}\boldsymbol{D}^{\mathrm{T}}\boldsymbol{E}\boldsymbol{D}\boldsymbol{v} = \boldsymbol{K}_e\boldsymbol{v} \tag{4.60}$$

Die Matrix $\boldsymbol{K}_e=(t/4A)\,\boldsymbol{D}^{\mathrm{T}}\boldsymbol{E}\boldsymbol{D}$ heißt Elementsteifigkeitsmatrix. Sie stellt eine verallgemeinerte Federkonstante des einzelnen Elementes dar.

Ziel der Untersuchung ist die Kenntnis aller Knotenpunktverschiebungen und der Spannungen in allen Elementen. Dazu müssen die inneren Kräfte eliminiert werden. Schreibt man für alle Knotenpunkte der Struktur die Gleichgewichtsbedingungen für die dort angreifenden äußeren Kräfte mit den inneren Kräften aller an diesen Knoten angrenzenden Elemente auf und ersetzt dabei die inneren Knotenkräfte nach Gl. (4.60) durch die Knotenverschiebungen, so entsteht ein Gleichungssystem für die unbekannten Knotenpunktverschiebungen, das formal ebenfalls die Form der Gl. (4.60) hat

$$\boldsymbol{F}_a=\boldsymbol{K}\,\boldsymbol{v}$$

Die Matrix $\boldsymbol{K}$ heißt Struktursteifigkeitsmatrix und hat die Bedeutung einer verallgemeinerten Federkonstante der ganzen Struktur (Scheibe, Automobilkarosserie, Flugzeugtragfläche). Im Vektor $\boldsymbol{F}_a$ sind die äußeren Kräfte (Lasten und Lagerkräfte) und im Vektor $\boldsymbol{v}$ alle Knotenverschiebungen zusammengefaßt. Das sind bei der Karosserieberechnung eines Automobils oft mehrere tausend. Bei der in Bild **4.**22 gezeigten Scheibe hat man 45 Knoten und damit $2\cdot 45=90$ Verschiebungskomponenten.

Bei geschickter Numerierung der Knotenpunkte ist die Struktursteifigkeitsmatrix eine Bandmatrix, weil jedes Element nur mit seinen Nachbarelementen verbunden ist, also in den Gleichgewichtsbedingungen eines Knotens nur die Verschiebungen der Nachbarknoten auftreten. Die Struktursteifigkeitsmatrix ist im allgemeinen singulär, weil Starrkörperverschiebungen ohne Dehnung (z.B. alle $v_x=1$ cm, alle $v_y=0$) nicht ausgeschlossen sind, das Gleichungssystem also beliebig viele Lösungen hat. Erst wenn man durch Festlegung von Randbedingungen die Starrkörperverschiebung ausgeschlossen hat, kann man die elastischen Verschiebungen aller Knotenpunkte infolge der äußeren Knotenpunktkräfte berechnen. In Bild **4.**22 ist zum Beispiel die Scheibe am linken Rand befestigt. Die 10 Knotenpunktverschiebungen v_{41x} bis v_{45y} werden gleich Null gesetzt. Es bleiben 80 Gleichungen für die 80 noch nicht festgelegten Verschiebungskomponenten. Die Matrix des Gleichungssystems für die freien Verschiebungen ist eine Untermatrix $\boldsymbol{K}_{\mathrm{u}}$ der Struktursteifigkeitsmatrix $\boldsymbol{K}$. In der Gleichung

$$\boldsymbol{F}_{\mathrm{au}}=\boldsymbol{K}_{\mathrm{u}}\boldsymbol{v}_{\mathrm{u}} \tag{4.61}$$

sind im Vektor $\boldsymbol{F}_{\mathrm{au}}$ die Auflagerkräfte nicht mehr enthalten, und im Vektor v_{u} treten die Auflagerverschiebungen ($=0$) nicht mehr auf. Aus Gl. (4.61) ergeben sich formal durch Inversion die Verschiebungen der freien Knotenpunkte

$$\boldsymbol{v}_{\mathrm{u}}=\boldsymbol{K}_{\mathrm{u}}^{-1}\boldsymbol{F}_{\mathrm{au}}$$

Die Spannungen in einem jeden Element erhält man formal durch Einsetzen von Gl. (4.58) in Gl. (4.57)

$$S=\frac{1}{2A}\boldsymbol{E}\boldsymbol{D}\boldsymbol{v} \tag{4.62}$$

Für $\boldsymbol{v}$ sind natürlich die Verschiebungsgrößen desjenigen Elementes einzusetzen, dessen Spannungen man berechnen will.

Beispiel 9. Das in Bild **4**.22 schraffierte Dreieckselement mit den Knotenpunkten 36, 35 und 37 habe die Knotenpunktkoordinaten

$$\begin{pmatrix} x_{36} \\ y_{36} \end{pmatrix} = \begin{pmatrix} 50 \\ 0 \end{pmatrix} \text{mm} \qquad \begin{pmatrix} x_{35} \\ y_{35} \end{pmatrix} = \begin{pmatrix} 100 \\ 0 \end{pmatrix} \text{mm} \qquad \begin{pmatrix} x_{37} \\ y_{37} \end{pmatrix} = \begin{pmatrix} 50 \\ 50 \end{pmatrix} \text{mm}$$

wenn man den Koordinaten-Nullpunkt in den Knoten 45 legt.

Die Knotenpunktverschiebungen

$$\begin{pmatrix} v_{36x} \\ v_{36y} \end{pmatrix} = \begin{pmatrix} -0.12 \\ -0.16 \end{pmatrix} \text{mm} \qquad \begin{pmatrix} v_{35x} \\ v_{35y} \end{pmatrix} = \begin{pmatrix} -0.17 \\ -0.20 \end{pmatrix} \text{mm} \qquad \begin{pmatrix} v_{37x} \\ v_{37y} \end{pmatrix} = \begin{pmatrix} -0.10 \\ -0.15 \end{pmatrix} \text{mm}$$

seien aus der Gesamtrechnung bekannt. Man berechne die Spannungen in dem angegebenen Element ($E = 2 \cdot 10^5$ N/mm², $\mu = 0.3$).

Zur Benutzung der hergeleiteten Gleichungen ersetzt man dort die Numerierung sinngemäß im Gegenuhrzeigersinn (in der Praxis wird die Umnumerierung in das Rechenprogramm eingebaut) 1→36, 2→35 und 3→37. Damit erhält man die Differenzenmatrix

$$\boldsymbol{D} = \begin{pmatrix} y_{35}-y_{37} & 0 & y_{37}-y_{36} & 0 & y_{36}-y_{35} & 0 \\ 0 & x_{37}-x_{35} & 0 & x_{36}-x_{37} & 0 & x_{35}-x_{36} \\ x_{37}-x_{35} & y_{35}-y_{37} & x_{36}-x_{37} & y_{37}-y_{36} & x_{35}-x_{36} & y_{36}-y_{35} \end{pmatrix}$$

$$= \begin{pmatrix} -50 & 0 & 50 & 0 & 0 & 0 \\ 0 & -50 & 0 & 0 & 0 & 50 \\ -50 & -50 & 0 & 50 & 50 & 0 \end{pmatrix} \text{mm}$$

Es ist $2A = 50 \cdot 50\ \text{mm}^2 = 2500\ \text{mm}^2$ und nach Gl. (4.57)

$$\boldsymbol{E} = \frac{2 \cdot 10^5\ \text{N/mm}^2}{0.91} \cdot \begin{pmatrix} 1 & 0.3 & 0 \\ 0.3 & 1 & 0 \\ 0 & 0 & 0.35 \end{pmatrix}$$

Aus Gl. (4.62) ergibt sich schließlich

$$\boldsymbol{S} = \begin{pmatrix} \sigma_x \\ \sigma_y \\ \tau \end{pmatrix} = \frac{2 \cdot 10^5\ \text{N/mm}^2 \cdot \text{mm}^2}{0.91 \cdot 2500\ \text{mm}^2} \cdot \begin{pmatrix} 1 & 0.3 & 0 \\ 0.3 & 1 & 0 \\ 0 & 0 & 0.35 \end{pmatrix} \cdot \begin{pmatrix} -50 & 0 & 50 & 0 & 0 & 0 \\ 0 & -50 & 0 & 0 & 0 & 50 \\ -50 & -50 & 0 & 50 & 50 & 0 \end{pmatrix} \cdot \begin{pmatrix} -0.12 \\ -0.16 \\ -0.17 \\ -0.20 \\ -0.10 \\ -0.15 \end{pmatrix}$$

$$\boldsymbol{S} = \begin{pmatrix} -207 \\ -\ 22 \\ -\ 31 \end{pmatrix} \frac{\text{N}}{\text{mm}^2}$$

Die Matrixmultiplikation wurde hier nach dem Falk-Schema wie in Tafel **4**.19 ausgeführt. In der Praxis werden alle Multiplikationen und sogar die Festsetzung (Generierung) von Knotenpunkten in der Rechenanlage durchgeführt. ■

4.3.4 Aufgaben zu Abschnitt 4.3

1. Mit den folgenden Matrizen ist durch Zahlenrechnung die Gültigkeit des jeweils genannten Gesetzes zu prüfen. Dies geschieht, indem jeweils beide Seiten der zitierten Gleichung getrennt berechnet werden.

a) distributives Gesetz

$$\boldsymbol{A} = \begin{pmatrix} a_{11} & a_{12} & a_{13} \\ a_{21} & a_{22} & a_{23} \end{pmatrix} \qquad \boldsymbol{B} = \begin{pmatrix} b_{11} \\ b_{21} \\ b_{31} \end{pmatrix} \qquad \boldsymbol{C} = \begin{pmatrix} c_{11} \\ c_{21} \\ c_{31} \end{pmatrix}$$

b) Reihenfolge von Transponieren und Multiplizieren Gl. (4.51)

$$\boldsymbol{A} = \begin{pmatrix} 2 & -3 \\ 0 & 1 \\ 4 & -2 \end{pmatrix} \qquad \boldsymbol{B} = \begin{pmatrix} 1 & 5 & -2 \\ 3 & 2 & 0 \end{pmatrix}$$

c) Reihenfolge von Transponieren und Bilden der Kehrmatrix Gl. (4.55)

$$\boldsymbol{A} = \begin{pmatrix} 3 & 1 & -2 \\ 2 & 4 & 3 \\ 1 & -3 & 0 \end{pmatrix}$$

2. Von den folgenden Matrizen bilde man $\boldsymbol{AB}$ und $\boldsymbol{BA}$. Für welche Winkel sind die Produkte gleich?

$$\boldsymbol{A} = \begin{pmatrix} \cos\alpha & \sin\alpha \\ -\sin\alpha & \cos\alpha \end{pmatrix} \qquad \boldsymbol{B} = \begin{pmatrix} \cos\alpha & \sin\alpha \\ \sin\alpha & -\cos\alpha \end{pmatrix}$$

3. a) Man bilde das Produkt $\boldsymbol{A} \cdot \boldsymbol{B} \cdot \boldsymbol{C}$ der Matrizen

$$\boldsymbol{A} = \begin{pmatrix} 1 & 2 & 3 \\ 5 & 0 & 2 \end{pmatrix} \qquad \boldsymbol{B} = \begin{pmatrix} 4 & 2 & 0 \\ 7 & -2 & -3 \\ -6 & 0 & 1 \end{pmatrix} \qquad \boldsymbol{C} = \begin{pmatrix} 7 \\ -2 \\ 1 \end{pmatrix}$$

b) Wieviele Zeilen und Spalten muß eine Matrix $\boldsymbol{D}$ haben, damit die Produktbildung $\boldsymbol{A} \cdot \boldsymbol{B} \cdot \boldsymbol{C} \cdot \boldsymbol{D}$ mit $\boldsymbol{A} \cdot \boldsymbol{B} \cdot \boldsymbol{C}$ aus 3a) möglich ist? Von welchem Typ ist diese Produktmatrix?

4. Für ein finites Dreieckselement mit den Knotenpunkten $P_1 = (8;\ 0)$ cm, $P_2 = (4;\ 4)$ cm und $P_3 = (0;\ -2)$ cm sind die Knotenpunktverschiebungen

$$v_1 = (0.02;\ 0.01)\ \text{mm} \qquad v_2 = (-0.01;\ 0)\ \text{mm} \qquad v_3 = (0.04;\ -0.03)\ \text{mm}$$

gegeben. Man bestimme die Spannungen σ_x, σ_y, τ und die Komponenten der Knotenpunktkräfte. Gegeben sind die Scheibendicke $t = 2$ mm, der Elastizitätsmodul $E = 2 \cdot 10^5$ N/mm^2 und die Querkontraktionszahl $\mu = 0.3$.

Hinweis: Man benutze Gl. (4.62) und (4.60).

4.4 Lineare Gleichungssysteme

Das Lösen linearer Gleichungssysteme spielt bei vielen Problemen der Wirtschaft und Technik eine wichtige Rolle, z. B. bei der Berechnung statischer Systeme, elektrischer Netze und bei der Optimierungsrechnung in der Wirtschaft. Die Theorie der Lösungsverfahren linearer Gleichungssysteme ist seit einigen Jahrhunderten bekannt. Eine umfangreiche Anwendung in der Praxis fanden diese Verfahren besonders, seit es mit Hilfe von Rechenanlagen möglich ist, den erheblichen Rechenaufwand beim Lösen umfangreicher Systeme in annehmbaren Zeiten zu bewältigen. So werden heute Systeme mit mehreren tausend Unbekannten in einigen Minuten gelöst. Die Anzahl der Rechenoperationen ist ungefähr der dritten Potenz der Anzahl der Unbekannten proportional.

Das Aufstellen der Gleichungen bleibt aber weiterhin eine Aufgabe des Ingenieurs und erfordert Kenntnisse des jeweiligen Faches, die in die Sprache der Mathematik übersetzt werden müssen.

Im folgenden werden Verfahren beschrieben, die sich sowohl bei einfachen Rechenhilfsmitteln als auch bei modernen Rechenanlagen verwenden lassen. Das jeweils günstigste Verfahren ergibt sich oft aus der Struktur der Koeffizientenmatrix $\boldsymbol{A}$. Eine weitergehende Einführung findet man in [Be 85].

Definition. *Gleichungssysteme, in denen die Unbekannten x_i nur in der ersten Potenz vorkommen und nicht miteinander multipliziert werden, heißen* lineare Gleichungssysteme. *Sie haben die Form*

$$\begin{array}{ll} (1) & a_{11}x_1 + a_{12}x_2 + a_{13}x_3 + \ldots + a_{1n}x_n = b_1 \\ (2) & a_{21}x_1 + a_{22}x_2 + a_{23}x_3 + \ldots + a_{2n}x_n = b_2 \\ \vdots & \qquad\qquad\qquad\qquad\qquad\qquad \vdots \qquad \vdots \\ (n) & a_{n1}x_1 + a_{n2}x_2 + a_{n3}x_3 + \ldots + a_{nn}x_n = b_n \end{array} \tag{4.63}$$

oder einfacher in Matrizenschreibweise

$$\boldsymbol{A}\boldsymbol{x} = \boldsymbol{b} \tag{4.64}$$

Die Koeffizienten a_{ik} sowie die rechten Seiten b_i sind gegebene Größen. Das System lösen heißt, n Größen $x_1, x_2, \ldots, x_n$ zu finden, die zusammen jede der n Gleichungen erfüllen.

Bei zahlreichen Problemen besonders in der Optimierungsrechnung ist dagegen die Anzahl der Gleichungen von der Anzahl der Unbekannten verschieden. In diesem Falle ist die Matrix $\boldsymbol{A}$ nicht mehr quadratisch. Ist im System (4.64) $\boldsymbol{b}$ der Nullvektor, so heißt das System homogen, in jedem anderen Falle, wenn also auch nur eine Koordinate des Vektors $\boldsymbol{b}$ von Null verschieden ist, heißt das System inhomogen. Wichtig für die Lösbarkeit eines Systems ist der Wert der Determinante der Koeffizientenmatrix $\boldsymbol{A}$

$$D = \det \boldsymbol{A}$$

Ist $D=0$, so heißt A singulär und das System abhängig, weil die Gleichungen voneinander abhängig sind.

In Abschn. 4.4.1 bis 4.4.3 und in 4.4.5 werden nur inhomogene Systeme mit nichtsingulärer Matrix behandelt, weil diese in der Technik vorwiegend auftreten. Im allgemeinen folgt die Nichtsingularität, also die Regularität, bereits aus der technischen Fragestellung. Beim numerischen Rechnen unterstellt man im allgemeinen zunächst $\det A \neq 0$. Falls diese Annahme nicht zutrifft, sind Verfahren anzuwenden, die in Abschn. 4.4.4 behandelt werden.

4.4.1 Eliminationsverfahren von Gauß

Das Prinzip dieses auf Gauß zurückgeführten Verfahrens ist die Reduktion des Systems mit n Unbekannten auf ein System mit $n-1$ Unbekannten, bis schließlich eine Gleichung für eine unbekannte Größe übrig bleibt. Es ist als Subtraktionsverfahren bekannt und wird hier an einem Beispiel erläutert.

Beispiel 1. Erläuterung des Eliminationsverfahrens. In dem folgenden Gleichungssystem sind die unbekannten Größen x_1, x_2 und x_3 zu bestimmen.

$$\begin{array}{ll} (1) & x_1+x_2+x_3=2 \\ (2) & 2x_1+3x_2+x_3=-1 \\ (3) & 3x_1+x_2+4x_3=13 \end{array} \qquad \begin{pmatrix} 1 & 1 & 1 \\ 2 & 3 & 1 \\ 3 & 1 & 4 \end{pmatrix} \cdot \begin{pmatrix} x_1 \\ x_2 \\ x_3 \end{pmatrix} = \begin{pmatrix} 2 \\ -1 \\ 13 \end{pmatrix}$$

Man eliminiert zunächst x_1 aus den Gl. (2) und (3), indem man Gl. (1) mit dem Faktor 2 multipliziert und von Gl. (2) subtrahiert und anschließend Gl. (1) mit 3 multipliziert und von Gl. (3) subtrahiert.

$$\begin{array}{ll} (2')=(2)-2\cdot(1) & x_2-x_3=-5 \\ (3')=(3)-3\cdot(1) & -2x_2+x_3=7 \end{array}$$

Im nächsten Schritt eliminiert man x_2 aus Gl. (3'), indem man Gl. (2') mit 2 multipliziert und zu Gl. (3') addiert.

$$(3'') \qquad -x_3=-3$$

Aus Gl. (3'') erhält man $x_3=3$, dann aus Gl. (2') $x_2=-2$ und schließlich aus Gl. (1) $x_1=1$.

Das zur Auflösung benutzte Gleichungssystem (3''), (2') und (1) lautet

$$\begin{aligned} x_1+x_2+x_3 &= 2 \\ x_2-x_3 &= -5 \\ -x_3 &= -3 \end{aligned}$$

und in Matrixform

$$\begin{pmatrix} 1 & 1 & 1 \\ 0 & 1 & -1 \\ 0 & 0 & -1 \end{pmatrix} \cdot \begin{pmatrix} x_1 \\ x_2 \\ x_3 \end{pmatrix} = \begin{pmatrix} 2 \\ -5 \\ -3 \end{pmatrix} \qquad \boldsymbol{Ux = d}$$

Das Eliminationsverfahren hat zur Umwandlung der Matrix A in eine Dreiecksmatrix U geführt. ■

In allgemeiner Formulierung gilt folgende Eliminationsvorschrift: Man multipliziert Gl. (1) des Gleichungssystems (4.63) mit a_{21}/a_{11} und subtrahiert diese neue Gleichung von Gl. (2). Dann hebt sich das erste Glied heraus, und es bleibt die Gleichung

$$\left(a_{22} - \frac{a_{21}}{a_{11}} a_{12}\right) x_2 + \left(a_{23} - \frac{a_{21}}{a_{11}} a_{13}\right) x_3 + \ldots + \left(a_{2n} - \frac{a_{21}}{a_{11}} a_{1n}\right) x_n = b_2 - \frac{a_{21}}{a_{11}} b_1 \qquad (4.65)$$

mit den $n-1$ Unbekannten $x_2, x_3, \ldots, x_n$ übrig. Multipliziert man Gl. (1) des Gleichungssystems (4.63) nacheinander mit a_{i1}/a_{11} ($i = 2, 3, \ldots, n$) und subtrahiert diese jeweils von der i-ten Gleichung, so bleibt ein System von $(n-1)$ Gleichungen mit $(n-1)$ Unbekannten übrig. Dieses neue System wird nach dem gleichen Verfahren auf ein System von $(n-2)$ Gleichungen mit den $(n-2)$ Unbekannten x_3 bis x_n reduziert. So fährt man fort, bis nur noch eine Gleichung für die Unbekannte x_n übrigbleibt, aus der x_n berechnet wird. Schreibt man aus jedem dieser Systeme eine Gleichung, z. B. jeweils die erste heraus, so entsteht ein gestaffeltes Gleichungssystem mit einer oberen Dreieckmatrix als Koeffizientenmatrix

$$\begin{pmatrix} u_{11} & u_{12} \ldots u_{1,n-1} & u_{1n} \\ 0 & u_{22} \ldots u_{2,n-1} & u_{2n} \\ \vdots & \vdots \quad\quad \vdots & \vdots \\ 0 & 0 \ \ldots 0 & u_{nn} \end{pmatrix} \begin{pmatrix} x_1 \\ x_2 \\ \vdots \\ x_n \end{pmatrix} = \begin{pmatrix} d_1 \\ d_2 \\ \vdots \\ d_n \end{pmatrix}$$

aus der die Unbekannten schrittweise von unten nach oben berechnet werden können.

Die Berechnung der x_i aus der Dreiecksmatrix U setzt allerdings voraus, daß diese in der Hauptdiagonale nur von Null verschiedene Elemente $u_{kk} \neq 0$ für $k = 1, 2, \ldots, n$ enthält, weil beim Rückeinsetzen bei jedem Schritt durch ein Hauptdiagonalelement dividiert werden muß.

Aus der n-ten Zeile ergibt sich

$$x_n = \frac{d_n}{u_{nn}}$$

Mit diesem Wert x_n berechnet man aus der vorletzten Zeile

$$x_{n-1} = \frac{d_{n-1} - u_{n-1,n}\, x_n}{u_{n-1,n-1}}$$

und so weiter, jeweils mit dem Hauptdiagonalelement im Nenner.

In [Sc 88] wird bewiesen, daß für eine reguläre Matrix $\boldsymbol{A}$ durch Umordnung der Zeilen immer erreicht werden kann, daß in jeder Zeile von $\boldsymbol{U}$ ein von Null verschiedenes Hauptdiagonalelement entsteht. Bei vielen technischen Problemen steht in der Hauptdiagonalen von $\boldsymbol{A}$ in jeder Zeile das Element mit dem größten Betrag. Ist dies nicht der Fall, empfiehlt es sich, insbesondere bei dem in Abschn. 4.4.2 beschriebenen Verfahren, vor Beginn der Rechnung die Zeilen und ggf. Spalten von $\boldsymbol{A}$ so zu vertauschen, daß diese Voraussetzung erfüllt ist. Dies dient außerdem zur Verkleinerung der Rundungsfehler.

4.4.2 Verketteter Gauß-Algorithmus

Die Matrix $\boldsymbol{A}$ des Gleichungssystems (4.64) wird in ein Produkt zweier Dreiecksmatrizen

$$\boldsymbol{A} = \boldsymbol{L}\,\boldsymbol{U} \tag{4.66}$$

zerlegt. Diese Zerlegung kann unabhängig von der rechten Seite $\boldsymbol{b}$ des Gleichungssystems durchgeführt werden. Deshalb ist der verkettete Gauß-Algorithmus besonders für solche Gleichungssysteme geeignet, bei denen für verschiedene rechte Seiten $\boldsymbol{b}$ die Lösungen mit der gleichen Koeffizientenmatrix $\boldsymbol{A}$ gesucht sind, wie zum Beispiel in mechanischen Strukturen (Flugzeugen, Fahrzeugen) mit verschiedenen Belastungsfällen auftreten. Dieses Verfahren ist in vielen Rechenanlagen programmiert und kann auch auf einfachen Taschenrechnern ohne Programm benutzt werden.

Mit den aus der unten beschriebenen Zerlegung bekannten Matrizen $\boldsymbol{L}$ und $\boldsymbol{U}$ erhält man aus der Matrizengleichung

$$\boldsymbol{A}\boldsymbol{x} = \boldsymbol{L}\,\boldsymbol{U}\boldsymbol{x} = \boldsymbol{b}$$

zwei gestaffelte Gleichungssysteme. Mit der Abkürzung $\boldsymbol{d}$ für den unbekannten Vektor $\boldsymbol{U}\boldsymbol{x}$ berechnet man zunächst $\boldsymbol{d}$ aus

$$\boldsymbol{L}\,\boldsymbol{U}\boldsymbol{x} = \boldsymbol{L}\boldsymbol{d} = \boldsymbol{b} \tag{4.67}$$

und dann $\boldsymbol{x}$ mit dem nun bekannten Vektor $\boldsymbol{d}$ aus

$$\boldsymbol{U}\boldsymbol{x} = \boldsymbol{d} \tag{4.68}$$

Da in jedem der beiden Gleichungssysteme (4.67) und (4.68) Dreiecksmatrizen stehen, lassen sich die Größensysteme $\boldsymbol{d}$ und $\boldsymbol{x}$ direkt durch Nacheinandereinsetzen aus diesen Staffelsystemen berechnen.

Die Zerlegungsgleichung $\boldsymbol{A} = \boldsymbol{L}\,\boldsymbol{U}$ hat die Form

$$\begin{pmatrix} a_{11} & \dots & a_{1n} \\ \vdots & & \vdots \\ & & \\ a_{n1} & \dots & a_{nn} \end{pmatrix} = \begin{pmatrix} 1 & 0 & 0 & \dots & 0 \\ l_{21} & 1 & 0 & & 0 \\ l_{31} & l_{32} & 1 & & 0 \\ & & & & \vdots \\ l_{n1} & l_{n2} & l_{n3} & \dots & 1 \end{pmatrix} \cdot \begin{pmatrix} u_{11} & u_{12} \dots u_{1n} \\ 0 & u_{22} \dots u_{2n} \\ & \vdots \\ 0 & 0 \quad\quad u_{nn} \end{pmatrix}$$

Die Darstellung einer gegebenen Matrix A als Produkt zweier Dreiecksmatrizen L und U der vorher beschriebenen Form ist immer eindeutig möglich, wenn A nicht singulär, wenn also $\det A \neq 0$ ist. Es sei aber an die vor Abschn. 4.4.2 beschriebene ggf. erforderliche Vertauschung von Zeilen erinnert.

Da nach Gl. (4.48) die Determinante einer Dreiecksmatrix gleich dem Produkt ihrer Hauptdiagonalelemente und $\det L = 1$ ist, gilt mit $\det A = \det L \cdot \det U$

$$\boxed{\det A = \prod_{i=1}^{n} (u_{ii})} \tag{4.69}$$

Aus dem folgenden Schema der Matrizenmultiplikation für $n = 4$ läßt sich das allgemeine Bildungsgesetz der Elemente l_{ik} und u_{ik} erkennen. Man stellt sich vor, daß zunächst die Elemente a_{ik} berechnet werden und löst dann die entstehenden Gleichungen nach l_{ik} beziehungsweise u_{ik} auf.

				u_{11}	u_{12}	u_{13}	u_{14}
				0	u_{22}	u_{23}	u_{24}
				0	0	u_{33}	u_{34}
				0	0	0	u_{44}
1	0	0	0	a_{11}	a_{12}	a_{13}	a_{14}
l_{21}	1	0	0	a_{21}	a_{22}	a_{23}	a_{24}
l_{31}	l_{32}	1	0	a_{31}	a_{32}	a_{33}	a_{34}
l_{41}	l_{42}	l_{43}	1	a_{41}	a_{42}	a_{43}	a_{44}

Man erhält zum Beispiel

$$a_{34} = l_{31} u_{14} + l_{32} u_{24} + u_{34}$$

und daraus

$$u_{34} = a_{34} - l_{31} u_{14} - l_{32} u_{24}$$

oder $\quad a_{43} = l_{41} u_{13} + l_{42} u_{23} + l_{43} u_{33}$

und daraus

$$l_{43} = \frac{a_{43} - l_{41} u_{13} - l_{42} u_{23}}{u_{33}}$$

So ergibt sich das auch für das Programmieren geeignete allgemeine Bildungsgesetz

$$\boxed{\begin{array}{ll} u_{1k}=a_{1k} & \text{für} \quad k=1,\ldots,n \\ l_{i1}=\dfrac{a_{i1}}{u_{11}} & \text{für} \quad i=2,\ldots,n \\ \text{Dann wird für } k=2,\ldots,n & \\ u_{ik}=a_{ik}-\sum\limits_{j=1}^{i-1} l_{ij}u_{jk} & \text{für} \quad i=2,\ldots,k \\ l_{ik}=\dfrac{1}{u_{kk}}\left(a_{ik}-\sum\limits_{j=1}^{k-1} l_{ij}u_{jk}\right) & \text{für} \quad i=k+1,\ldots,n \end{array}} \tag{4.70}$$

Hieraus lassen sich nacheinander alle l_{ik} mit $i>k$ und alle u_{ik} mit $i \leq k$ berechnen, wenn man spaltenweise rechnet. Man erkennt ferner, daß die u_{ik} mit den Koeffizienten des gestaffelten Systems und die l_{ik} mit den Multiplikatoren des Eliminationsverfahrens (Abschn. 4.4.1) übereinstimmen.

Nun kann aus dem gestaffelten Gleichungssystem (4.67) der Hilfsvektor $\boldsymbol{d}$ berechnet werden. Seine Elemente ergeben sich aus

$$\boxed{\begin{array}{ll} d_1=b_1 & \\ d_i=b_i-\sum\limits_{j=1}^{i-1} l_{ij}d_j & i=2,3,\ldots,n \end{array}} \tag{4.71}$$

Aus Gl. (4.68) erhält man schließlich wie beim Eliminationsverfahren „rückwärts“, d.h. mit fallendem Index

$$\boxed{\begin{array}{ll} x_n=\dfrac{d_n}{u_{nn}} & \\ x_i=\dfrac{1}{u_{ii}}\left(d_i-\sum\limits_{j=i+1}^{n} u_{ij}x_j\right) & i=n-1,n-2,\ldots,1 \end{array}} \tag{4.72}$$

Beispiel 2. Verketteter Gauß-Algorithmus. Im allgemeinen wird der Algorithmus nach den Gl. (4.70), (4.71) und (4.72) programmiert. Zur Erläuterung wird hier das Verfahren in einzelnen Schritten vorgeführt. Man bestimme die Lösungen des Gleichungssystems

$$\begin{aligned} x_1 \qquad -2x_3+x_4 &= 8 \\ 3x_1-x_2-x_3-2x_4 &= 2 \\ -3x_1+2x_2-3x_3-x_4 &= -13 \\ 2x_1+x_2-3x_3-40x_4 &= -156 \end{aligned}$$

Die Elemente der Matrizen (schon mit den Ergebnissen der folgenden Rechnung)

$$\boldsymbol{U}=\begin{pmatrix}u_{11} & u_{12} & u_{13} & u_{14}\\ 0 & u_{22} & u_{23} & u_{24}\\ 0 & 0 & u_{33} & u_{34}\\ 0 & 0 & 0 & u_{44}\end{pmatrix}=\begin{pmatrix}1 & 0 & -2 & 1\\ 0 & -1 & 5 & -5\\ 0 & 0 & 1 & -8\\ 0 & 0 & 0 & 1\end{pmatrix}$$

und
$$\boldsymbol{L}=\begin{pmatrix}1 & 0 & 0 & 0\\ l_{21} & 1 & 0 & 0\\ l_{31} & l_{32} & 1 & 0\\ l_{41} & l_{42} & l_{43} & 1\end{pmatrix}=\begin{pmatrix}1 & 0 & 0 & 0\\ 3 & 1 & 0 & 0\\ -3 & -2 & 1 & 0\\ 2 & -1 & 6 & 1\end{pmatrix}$$

werden nach Gl. (4.70) von oben nach unten aufgebaut. Berechnet man nacheinander jeweils die Spaltenvektoren von $\boldsymbol{U}$ und $\boldsymbol{L}$, so ergibt sich

$$\begin{aligned}
u_{11} &= a_{11} = 1\\
l_{21} &= a_{21}/u_{11} = 3/1 = 3\\
l_{31} &= a_{31}/u_{11} = -3/1 = -3\\
l_{41} &= a_{41}/u_{11} = 2/1 = 2
\end{aligned}$$

$$\begin{aligned}
u_{12} &= a_{12} = 0\\
u_{22} &= a_{22} - l_{21}u_{12} = -1 - 3\cdot 0 = -1\\
l_{32} &= (a_{32} - l_{31}u_{12})/u_{22} = (2-(-3)\cdot 0)/(-1) = -2\\
l_{42} &= (a_{42} - l_{41}u_{12})/u_{22} = (1-2\cdot 0)/(-1) = -1
\end{aligned}$$

$$\begin{aligned}
u_{13} &= a_{13} = -2\\
u_{23} &= a_{23} - l_{21}u_{13} = -1 - 3\cdot(-2) = 5\\
u_{33} &= a_{33} - l_{31}u_{13} - l_{32}u_{23} = 1\\
l_{43} &= (a_{43} - l_{41}u_{13} - l_{42}u_{23})/u_{33} = 6
\end{aligned}$$

$$\begin{aligned}
u_{14} &= a_{14} = 1\\
u_{24} &= a_{24} - l_{21}u_{14} = -5\\
u_{34} &= a_{34} - l_{31}u_{14} - l_{32}u_{24} = -8\\
u_{44} &= a_{44} - l_{41}u_{14} - l_{42}u_{24} - l_{43}u_{34} = 1
\end{aligned}$$

Nach Gl. (4.67) und (4.71) löst man nun das erste gestaffelte Gleichungssystem $\boldsymbol{L}\boldsymbol{d}=\boldsymbol{b}$

$$\begin{pmatrix}1 & 0 & 0 & 0\\ 3 & 1 & 0 & 0\\ -3 & -2 & 1 & 0\\ 2 & -1 & 6 & 1\end{pmatrix}\cdot\begin{pmatrix}d_1\\ d_2\\ d_3\\ d_4\end{pmatrix}=\begin{pmatrix}8\\ 2\\ -13\\ -156\end{pmatrix}$$

stufenweise von oben nach unten und erhält

$$d_1 = b_1 = 8$$
$$d_2 = b_2 - l_{21} d_1 = 2 - 3 \cdot 8 = -22$$
$$d_3 = b_3 - l_{31} d_1 - l_{32} d_2 = -13 - (-3) \cdot 8 - (-2) \cdot (-22) = -33$$
$$d_4 = b_4 - l_{41} d_1 - l_{42} d_2 - l_{43} d_3 = -156 - 2 \cdot 8 - (-1) \cdot (-22) - 6 \cdot (-33) = 4$$

$$\begin{pmatrix} d_1 \\ d_2 \\ d_3 \\ d_4 \end{pmatrix} = \begin{pmatrix} 8 \\ -22 \\ -33 \\ 4 \end{pmatrix}$$

Nun wird nach Gl. (4.68) und (4.72) das System $\boldsymbol{U}\boldsymbol{x} = \boldsymbol{d}$ schrittweise von unten nach oben aufgelöst

$$\begin{pmatrix} 1 & 0 & -2 & 1 \\ 0 & -1 & 5 & -5 \\ 0 & 0 & 1 & -8 \\ 0 & 0 & 0 & 1 \end{pmatrix} \cdot \begin{pmatrix} x_1 \\ x_2 \\ x_3 \\ x_4 \end{pmatrix} = \begin{pmatrix} 8 \\ -22 \\ -33 \\ 4 \end{pmatrix}$$

$$x_4 = d_4 / u_{44} = 4/1 = 4$$
$$x_3 = [d_3 - u_{34} x_4] / u_{33} = [-33 - (-8) \cdot 4]/1 = -1$$
$$x_2 = [d_2 - u_{23} x_3 - u_{24} x_4] / u_{22} = [-22 - 5 \cdot (-1) - (-5) \cdot 4]/(-1) = -3$$
$$x_1 = [d_1 - u_{12} x_2 - u_{13} x_3 - u_{14} x_4] / u_{11} = [8 - 0 \cdot (-3) - (-2) \cdot (-1) - 1 \cdot 4]/1 = 2$$

$$\begin{pmatrix} x_1 \\ x_2 \\ x_3 \\ x_4 \end{pmatrix} = \begin{pmatrix} 2 \\ -3 \\ -1 \\ 4 \end{pmatrix}$$

■

Bei Rechnungen mit dem Taschenrechner (ohne Programm) kann unmittelbar das folgende Rechenschema benutzt werden.

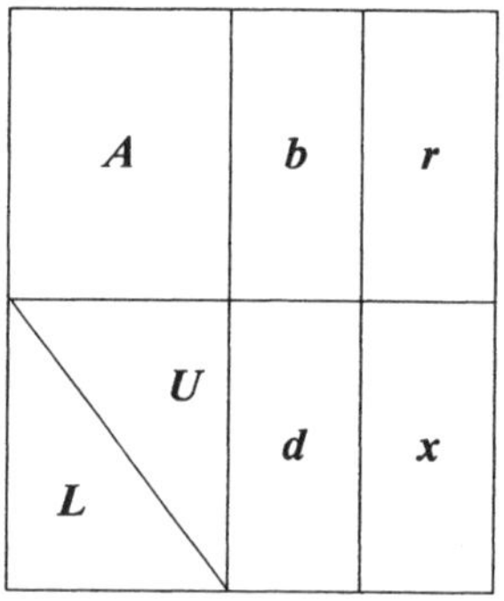

1	0	−2	1	8	0
3	−1	−1	−2	2	0
−3	2	−3	−1	−13	0
2	1	−3	−40	−156	0
1	0	−2	1	8	2
3	−1	5	−5	−22	−3
−3	−2	1	−8	−33	−1
2	−1	6	1	4	4

Der Vektor $\boldsymbol{r}$ ist der in Gl. (4.74) beschriebene Residuenvektor (lat. residuum = Rest). Er gibt an, wie groß bei der Rechenprobe die Abweichung vom Sollwert ist.

Korrekturen. Aus dem linearen System

$$\boldsymbol{A}\boldsymbol{x}-\boldsymbol{b}=\boldsymbol{o} \tag{4.73}$$

habe man den Lösungsvektor $\boldsymbol{x}^{(1)}$ erhalten, der naturgemäß Rundungsfehler enthält. Setzt man $\boldsymbol{x}^{(1)}$ in das System (4.73) ein, so erhält man im allgemeinen nicht exakt den Nullvektor, sondern gewisse Abweichungen, Residuen genannt. Der Residuumvektor $\boldsymbol{r}$ genügt also der Vektorgleichung

$$\boldsymbol{r}=\boldsymbol{A}\boldsymbol{x}^{(1)}-\boldsymbol{b} \tag{4.74}$$

Um die Lösung zu verbessern, macht man den Ansatz

$$\boldsymbol{x}=\boldsymbol{x}^{(1)}+\Delta\boldsymbol{x}$$

Einsetzen dieses Ansatzes in das System (4.73) ergibt

$$\boldsymbol{A}\boldsymbol{x}^{(1)}+\boldsymbol{A}\,\Delta\boldsymbol{x}-\boldsymbol{b}=\boldsymbol{o}$$

oder wegen Gl. (4.74)

$$\boldsymbol{A}\,\Delta\boldsymbol{x}=-\boldsymbol{r} \tag{4.75}$$

Das System (4.75) hat die gleiche Koeffizientenmatrix wie das System (4.73), die rechte Seite ist der Residuumvektor mit geänderten Vorzeichen. Berechnet werden die Korrekturen $\Delta\boldsymbol{x}$. Zu diesem Korrekturverfahren empfiehlt es sich, den verketteten Gauß-Algorithmus zu verwenden, da nur einmal die Zerlegung $\boldsymbol{A}=\boldsymbol{L}\,\boldsymbol{U}$ zu erfolgen braucht. Wesentlich ist, daß die Residuen genau, im allgemeinen mit doppelter Stellenzahl gerechnet werden. Die Lösung des Korrektursystems (4.75) kann dann wieder mit einfacher Stellenzahl erfolgen.

4.4.3 Austauschverfahren

Das von Stiefel [St 76] entwickelte Verfahren ist eine Weiterführung des Einsetzverfahrens. Es wird vorwiegend zur Bildung der inversen Matrix $\boldsymbol{A}^{-1}$ benutzt, aber auch wenn die Vermutung besteht, daß die Matrix $\boldsymbol{A}$ nicht regulär ist (s. Abschn. 4.4.4). Zwischen zwei Größensystemen

$$\boldsymbol{x}=(x_1, x_2, \ldots, x_n)^{\mathrm{T}} \quad \text{und} \quad \boldsymbol{y}=(y_1, y_2, \ldots, y_n)^{\mathrm{T}}$$

bestehe folgender linearer Zusammenhang

$$\begin{aligned} a_{11}x_1+a_{12}x_2+\ldots+a_{1n}x_n&=y_1\\ a_{21}x_1+a_{22}x_2+\ldots+a_{2n}x_n&=y_2\\ \vdots\qquad\vdots\qquad\quad\vdots\quad&\quad\vdots\\ a_{n1}x_1+a_{n2}x_2+\ldots+a_{nn}x_n&=y_n \end{aligned} \tag{4.76}$$

oder in Matrizenform

$$\boldsymbol{A}\boldsymbol{x}=\boldsymbol{y} \tag{4.77}$$

Hierin sei die Matrix $\boldsymbol{A}$ vom Typ (n, n).[1]) Ist der Vektor $\boldsymbol{y}$ gegeben und der Vektor $\boldsymbol{x}$ gesucht, so muß das System Gl. (4.76) so umgestellt werden, daß die x durch die y ausgedrückt werden. Man drückt eine der unbekannten Größen, z.B. x_1, durch die übrigen x-Werte und durch y_1 aus, löst also die erste Gl. (4.76) nach x_1 auf.

$$x_1 = \frac{1}{a_{11}}(y_1 - a_{12}x_2 - a_{13}x_3 - \ldots - a_{1n}x_n)$$

und setzt sie in die übrigen Gleichungen ein. Diese $n-1$ Gleichungen enthalten dann nicht mehr x_1, dafür aber die bekannte Größe y_1. Das Gleichungssystem ist wie beim Eliminationsverfahren um eine Unbekannte reduziert worden. Man sagt, man habe die Größen x_1 und y_1 ausgetauscht.

Im reduzierten System kann man dann z.B. x_2 durch die übrigen unbekannten Größen $x_3, x_4, \ldots, x_n$ und die bekannten Größen y_1 und y_2 ausdrücken und in die übrigen Gleichungen einsetzen. Man hat x_2 und y_2 ausgetauscht und das System noch einmal reduziert. Dies setzt man fort, bis alle x_i ausgetauscht sind.

Beispiel 3 (s. auch Beispiel 1). In dem Gleichungssystem

(1) $x_1 + x_2 + x_3 = y_1$

(2) $2x_1 + 3x_2 + x_3 = y_2$

(3) $3x_1 + x_2 + 4x_3 = y_3$

soll das Größensystem $\boldsymbol{x}$ mit dem Größensystem $\boldsymbol{y}$ ausgetauscht werden.
Die erste Austauschgleichung

(1′) $x_1 = y_1 - x_2 - x_3$

wird in Gl. (2) und (3) eingesetzt und liefert nach Sortierung

(2′) $x_2 - x_3 = y_2 - 2y_1$

(3′) $-2x_2 + x_3 = y_3 - 3y_1$

Aus (2′) wird jetzt x_2 durch x_3 und die y ersetzt

(2″) $x_2 = x_3 + y_2 - 2y_1$

Dieser Ausdruck wird in (1′) und (3′) eingesetzt

(1″) $x_1 = -2x_3 + 3y_1 - y_2$

(3″) $x_3 = 7y_1 - 2y_2 - y_3$

Hiermit ist x_3, durch die y-Werte ausgedrückt, ausgetauscht worden.

[1]) Das Verfahren ist auch für nichtquadratische Matrizen vom Typ (m, n) durchführbar.

Im vollständigen Austauschverfahren wird x_3 aus (3″) in (1″) und (2″) eingesetzt und nach dem Index sortiert

$$\begin{aligned} x_1 &= -11y_1 + 3y_2 + 2y_3 \\ x_2 &= 5y_1 - y_2 - y_3 \\ x_3 &= 7y_1 - 2y_2 - y_3 \end{aligned}$$

In der Matrixform

$$\begin{pmatrix} x_1 \\ x_2 \\ x_3 \end{pmatrix} = \begin{pmatrix} -11 & 3 & 2 \\ 5 & -1 & -1 \\ 7 & -2 & -1 \end{pmatrix} \cdot \begin{pmatrix} y_1 \\ y_2 \\ y_3 \end{pmatrix}$$

$$\boldsymbol{x} = \boldsymbol{A}^{-1}\boldsymbol{y}$$

erhält man die zur Matrix $\boldsymbol{A}$ inverse Matrix. Mit den in Beispiel 1 gegebenen Zahlenwerten $y_1 = 2$, $y_2 = -1$ und $y_3 = 13$ ergibt die Matrixmultiplikation die Werte $x_1 = 1$, $x_2 = -2$ und $x_3 = 3$. ■

Ist man nur an der Auflösung des Gleichungssystems und nicht an der Gewinnung der inversen Matrix interessiert, dann kann das Einsetzen von x_2 in Gl. (1′) und von x_3 in Gl. (1″) und (2″) unterbleiben.

Mit $y_1 = 2$, $y_2 = -1$ und $y_3 = 13$ ergibt sich das Staffelsystem

(1′) $\quad x_1 = 2 - x_2 - x_3$

(2″) $\quad x_2 = x_3 - 5$

(3″) $\quad x_3 = 3$

oder
$$\begin{pmatrix} 1 & 1 & 1 \\ 0 & 1 & -1 \\ 0 & 0 & 1 \end{pmatrix} \cdot \begin{pmatrix} x_1 \\ x_2 \\ x_3 \end{pmatrix} = \begin{pmatrix} 2 \\ -5 \\ 3 \end{pmatrix}$$

aus dem rekursiv von unten nach oben die Unbekannten $x_1 = 1$, $x_2 = -2$ und $x_3 = 3$ berechnet werden können. Das letztgenannte Verfahren heißt das verkürzte Austauschverfahren.

Der Austausch muß nicht in der Reihenfolge der Zeilennummern vorgenommen werden. Man kann im System mit beliebigem x_k beginnen, solange die zum Dividieren benutzten Koeffizienten nicht gleich Null sind.

Das Austauschverfahren kann systematisiert werden und sieht für $m = n = 3$ folgendermaßen aus: Gegeben sind drei lineare Funktionen y_1, y_2 und y_3 der drei unabhängigen Veränderlichen x_1, x_2 und x_3

$$\begin{aligned} y_1 &= a_{11}x_1 + a_{12}x_2 + a_{13}x_3 \\ y_2 &= a_{21}x_1 + a_{22}x_2 + a_{23}x_3 \\ y_3 &= a_{31}x_1 + a_{32}x_2 + a_{33}x_3 \end{aligned}$$

Das Ausgangssystem kann man übersichtlich in folgender Anordnung schreiben, wobei jede Zeile einer Gleichung entspricht. Der rechte untere Teil dieses Schemas ist die Koeffizientenmatrix des Gleichungssystems. Das Ausgangssystem hat dann folgende Gestalt

	x_1	x_2	x_3
y_1	a_{11}	a_{12}	a_{13}
y_2	a_{21}	a_{22}	a_{23}
y_3	a_{31}	a_{32}	a_{33}

Jetzt wird z.B. die dritte Gleichung nach der Veränderlichen x_2 aufgelöst

$$x_2 = -\frac{a_{31}}{a_{32}} x_1 + \frac{1}{a_{32}} y_3 - \frac{a_{33}}{a_{32}} x_3$$

und in die beiden anderen Gleichungen eingesetzt

$$y_1 = \left(a_{11} - a_{12}\frac{a_{31}}{a_{32}}\right) x_1 + \frac{a_{12}}{a_{32}} y_3 + \left(a_{13} - a_{12}\frac{a_{33}}{a_{32}}\right) x_3$$

$$y_2 = \left(a_{21} - a_{22}\frac{a_{31}}{a_{32}}\right) x_1 + \frac{a_{22}}{a_{32}} y_3 + \left(a_{23} - a_{22}\frac{a_{33}}{a_{32}}\right) x_3$$

Das neue System wird nach erfolgtem Austausch von x_2 gegen y_3 durch folgende Form beschrieben

	x_1	y_3	x_3
y_1	$a_{11} - a_{12}\frac{a_{31}}{a_{32}}$	$\frac{a_{12}}{a_{32}}$	$a_{13} - a_{12}\frac{a_{33}}{a_{32}}$
y_2	$a_{21} - a_{22}\frac{a_{31}}{a_{32}}$	$\frac{a_{22}}{a_{32}}$	$a_{23} - a_{22}\frac{a_{33}}{a_{32}}$
x_2	$-\frac{a_{31}}{a_{32}}$	$\frac{1}{a_{32}}$	$-\frac{a_{33}}{a_{32}}$

Die Spalte der Koeffizientenmatrix, in der die eine auszutauschende Veränderliche steht (hier die zweite Spalte mit der Veränderlichen x_2), heißt Pivotspalte. Die Zeile der Matrix, in der die andere auszutauschende Veränderliche steht (hier die dritte Zeile mit der Veränderlichen y_3), heißt die Pivotzeile. Das in der Pivotzeile und Pivotspalte stehende Matrixelement heißt der Pivot[1]).

[1]) pivot (franz.) = Drehpunkt

Vorbereitung des Austausches. Unter die alte Matrix wird eine zusätzliche Zeile, die *Kellerzeile*, geschrieben. Jedes Element der Kellerzeile ist das entsprechende Element der Pivotzeile dividiert durch den Pivot und durch (−1). Unter die Pivotspalte wird kein Element in die Kellerzeile geschrieben.

	x_1	x_2	x_3
y_1	a_{11}	$\underline{a_{12}}$	a_{13}
y_2	a_{21}	$\underline{a_{22}}$	a_{23}
y_3	$\underline{a_{31}}$	$\underline{\underline{a_{32}}}$	$\underline{a_{33}}$
	$-\dfrac{a_{31}}{a_{32}}$		$-\dfrac{a_{33}}{a_{32}}$

In diesem Schema sind Pivotzeile, Pivotspalte und besonders der Pivot durch Unterstreichungen hervorgehoben.

Durchführung des Austausches. Die Elemente der neuen Matrix werden wie folgt berechnet.

1. Dem alten Schema wird eine Kellerzeile angefügt, in die (außer in der Pivotspalte) die durch den Pivot dividierten und im Vorzeichen geänderten Elemente der Pivotzeile eingetragen werden.

2. Der Pivot wird in seinen Kehrwert transformiert.

3. Die übrigen Elemente der Pivotspalte werden durch den Pivot dividiert.

4. Die übrigen Elemente der Pivotzeile werden aus der Kellerzeile übernommen.

5. Zu den übrigen Elementen wird das Produkt aus dem gleichzeiligen Element der Pivotspalte und dem gleichspaltigen Element der Kellerzeile addiert.

Diese Regeln sind unabhängig von der Anzahl der Gleichungen und der Unbekannten. Alle hierauf aufbauenden Methoden bestehen aus der mehrfachen Anwendung dieser Austauschregeln.

Inversion einer Matrix. Zu einer nichtsingulären (n, n)-Matrix A werde ihre Kehrmatrix (Inverse) A^{-1} gesucht. In der Vektorgleichung

$$\boldsymbol{y} = \boldsymbol{A}\boldsymbol{x}$$

werden $\boldsymbol{x}$ und $\boldsymbol{y}$ ausgetauscht. Durch Linksmultiplikation mit $\boldsymbol{A}^{-1}$ ergibt sich

$$\boldsymbol{A}^{-1}\boldsymbol{y} = \boldsymbol{A}^{-1}\boldsymbol{A}\boldsymbol{x} = \boldsymbol{x}$$

also $$\boldsymbol{x} = \boldsymbol{A}^{-1}\boldsymbol{y}$$

Löst man mit Hilfe des Austauschverfahrens das System $\boldsymbol{y} = \boldsymbol{A}\boldsymbol{x}$ nach dem Vektor $\boldsymbol{x}$ auf, so ergibt das Schema $\boldsymbol{A}^{-1}$.

Beispiel 4. Man bestimme A^{-1} zu der Matrix

$$A = \begin{pmatrix} 1 & 0 & -2 & 1 \\ 3 & -1 & -1 & -2 \\ -3 & 2 & -3 & -1 \\ 2 & 1 & -3 & -40 \end{pmatrix}$$

Man schreibt die Matrix als Austauschschema

	x_1	x_2	x_3	x_4
y_1	1	0	−2	1
y_2	3	−1	−1	−2
y_3	−3	2	−3	−1
y_4	2	1	−3	−40
		0	2	−1

Hier ist a_{11} als Pivot gewählt, Pivotzeile und -spalte gekennzeichnet und die Kellerzeile angefügt. Der Austausch von x_1 mit y_1 nach den vorstehenden Regeln ergibt

	y_1	x_2	x_3	x_4
x_1	1	0	2	−1
y_2	3	−1	5	−5
y_3	−3	2	−9	2
y_4	2	1	1	−42
	3		5	−5

Jetzt bietet sich $a'_{22} = -1$ als nächster Pivot an, es wird also x_2 mit y_2 ausgetauscht. In den Schemata ist jeweils die Unterstreichung für den nächsten Schritt bereits vorgenommen worden.

	y_1	y_2	x_3	x_4
x_1	1	0	2	−1
x_2	3	−1	5	−5
y_3	3	−2	1	−8
y_4	5	−1	6	−47
	−3	2		8

Mit dem Pivot $a''_{33}=1$ erhält man

	y_1	y_2	y_3	x_4
x_1	-5	4	2	$\underline{15}$
x_2	-12	9	5	$\underline{35}$
x_3	-3	2	1	$\underline{8}$
y_4	$-\underline{13}$	$\underline{11}$	$\underline{6}$	$\underline{\underline{1}}$
	13	-11	-6	

Im letzten Austausch werden x_4 und y_4 vertauscht. Es ergibt sich

	y_1	y_2	y_3	y_4
x_1	190	-161	-88	15
x_2	443	-376	-205	35
x_3	101	-86	-47	8
x_4	13	-11	-6	1

Dies ist gleichbedeutend mit

$$\begin{pmatrix} x_1 \\ x_2 \\ x_3 \\ x_4 \end{pmatrix} = \begin{pmatrix} 190 & -161 & -88 & 15 \\ 443 & -376 & -205 & 35 \\ 101 & -86 & -47 & 8 \\ 13 & -11 & -6 & 1 \end{pmatrix} \begin{pmatrix} y_1 \\ y_2 \\ y_3 \\ y_4 \end{pmatrix} \qquad \boldsymbol{x}=\boldsymbol{A}^{-1}\boldsymbol{y}$$

Der Leser bestätige als Übung, daß $\boldsymbol{A}^{-1}\boldsymbol{A}=\boldsymbol{A}\boldsymbol{A}^{-1}=\boldsymbol{E}$ die Einheitsmatrix ergibt. ■

Dieses Beispiel wurde so gewählt, daß ausschließlich mit ganzen Zahlen gerechnet wird und nacheinander die Hauptdiagonalelemente als Pivots gewählt werden konnten. Werden Pivots außerhalb der Hauptdiagonale gewählt, so müssen am Schluß die Zeilen und Spalten nach aufsteigenden Indexwerten geordnet werden. Bei Computer-Programmen wählt man als Pivot jeweils das Element vom größten Betrag, weil hierdurch die Fehlerfortpflanzung am kleinsten gehalten wird, da alle Kellerelemente kleiner als Eins werden, s. auch [Be 85].

4.4.4 Homogene und abhängige inhomogene Systeme

Homogene Gleichungssysteme liegen vor, wenn in Gl. (4.63) alle $b_i=0$ sind. Solche Gleichungssysteme haben immer die Lösung $x_i=0$ für alle $i=1$ bis n. Falls die Gleichungen voneinander abhängen, die Koeffizientenmatrix also nicht regulär (singulär) ist, kann man auch andere Lösungen finden, bei denen nicht alle $x_i=0$ sind. Auch bei nicht homogenen Systemen können die Gleichungen voneinander linear abhängig sein.

Eine Singularität der Matrix kann mit dem verketteten Gauß-Algorithmus dadurch festgestellt werden, daß bei der Zerlegung in Dreiecks-Matrizen ein Element der Hauptdiagonale gleich Null wird und durch Vertauschen von Zeilen und Spalten (also durch Umnumerieren der Gleichungen) kein von Null verschiedenes Element der Hauptdiagonale mehr zu finden ist.

Mit dem Austauschverfahren kann eine Singularität dadurch festgestellt werden, daß man vor Beendigung aller Austausche keinen von Null verschiedenen Pivot mehr finden kann.

Der Rang der Matrix ist gleich der Anzahl der möglichen Austauschschritte.

Inhomogene Systeme mit verschwindender Koeffizientendeterminante werden ebenfalls mit dem Austauschverfahren behandelt.

Die in diesem Fall anzuwendende Methode wird im folgenden an einem Beispiel erläutert.

Beispiel 5. Gegeben sind die vier Funktionen

$$\begin{aligned} y_1 &= 3x_1 + 5x_2 + x_3 + 2x_4 \\ y_2 &= 2x_1 - 4x_2 + 3x_3 + 7x_4 \\ y_3 &= 4x_1 + 14x_2 - x_3 - 3x_4 \\ y_4 &= 13x_1 + 7x_2 + 9x_3 + 20x_4 \end{aligned} \tag{4.78}$$

In diesen vier linearen homogenen Funktionen sollen mit dem Austauschverfahren die Veränderlichen x_i gegen die abhängigen Veränderlichen y_i ausgetauscht werden. Die ersten beiden Schritte dieses Austausches sehen folgendermaßen aus

	x_1	x_2	x_3	x_4
y_1	3	5	1	2
y_2	2	−4	3	7
y_3	4	14	−1	−3
y_4	13	7	9	20
	−3	−5		−2

Das Element $a_{13} = 1$ bietet sich als Pivot an. Es werden daher zunächst die beiden Veränderlichen x_3 und y_1 ausgetauscht

	x_1	x_2	y_1	x_4
x_3	−3	−5	1	−2
y_2	−7	−19	3	1
y_3	7	19	−1	−1
y_4	−14	−38	9	2
	7	19	−3	

Wieder bietet sich eine Eins als Pivot an. Es werden daher x_4 und y_2 vertauscht

	x_1	x_2	y_1	y_2
x_3	-17	-43	7	-2
x_4	7	19	-3	1
y_3	0	0	2	-1
y_4	0	0	3	2

(4.79)

Der Austausch kann nicht weitergeführt werden, da kein von Null verschiedener Pivot mehr vorhanden ist. Die Zeilen 3 und 4 lauten jetzt

$$\begin{aligned} y_3 &= 2y_1 - y_2 \\ y_4 &= 3y_1 + 2y_2 \end{aligned} \tag{4.80}$$

Die Zeilen 3 und 4 des Systems (4.78) ergeben sich also durch Kombinieren der beiden ersten Zeilen. Sie sind von den ersten Zeilen linear abhängig und enthalten daher keine neue Aussage.

Ist ein homogenes Gleichungssystem gegeben, so erhält man anstelle von Gl. (4.78) das System

$$\begin{aligned} 3x_1 + 5x_2 + x_3 + 2x_4 &= 0 \\ 2x_1 - 4x_2 + 3x_3 + 7x_4 &= 0 \\ 4x_1 + 14x_2 - x_3 - 3x_4 &= 0 \\ 13x_1 + 7x_2 + 9x_3 + 20x_4 &= 0 \end{aligned} \tag{4.81}$$

Aus dem Schema (4.79) folgen die beiden Gleichungen

$$\begin{aligned} x_3 &= -17x_1 - 43x_2 \\ x_4 &= 7x_1 + 19x_2 \end{aligned} \tag{4.82}$$

da y_1 und y_2 gleich Null sind. Sie gelten für beliebige Werte von x_1 und von x_2. Sind r und s zwei frei wählbare Parameter, so lautet die Lösung des Systems (4.81)

$$\begin{aligned} x_1 &= r \qquad & x_3 &= -17r - 43s \\ x_2 &= s \qquad & x_4 &= 7r + 19s \end{aligned}$$

Man nennt diese Lösung zweiparametrig. Da zwei Zeilen der Matrix von den anderen linear abhängig sind, ist der Rang der Matrix $4-2=2$. Beim Austauschverfahren kann man den Rang unmittelbar aus der Anzahl der möglichen Austauschschritte ablesen, ehe ein weiterer Austausch unmöglich wird, weil keine von Null verschiedene Pivots mehr vorhanden sind. Nur das Austauschverfahren erlaubt es, die Art der Abhängigkeit der Zeilen, die in Gl. (4.80) gegeben ist, zahlenmäßig anzugeben. Daher ist das Austauschverfahren bei linearer Abhängigkeit von Gleichungen anderen Methoden deutlich überlegen. ■

Auch bei inhomogenen Systemen ist es möglich, daß der Austausch vorzeitig abgebrochen werden muß, weil kein von Null verschiedener Pivot mehr vorhanden ist.

Gl. (4.78) stellt ein inhomogenes System dar, wenn die y_i von Null verschiedene Zahlen sind. In diesem Falle ist der Lösungsweg der gleiche wie bei homogenen Systemen. Das inhomogene System mit voneinander abhängigen Gleichungen ist *nur dann lösbar*, wenn Gl. (4.80) für die betreffenden y_i-Werte erfüllt ist. Sind diese Gleichungen nicht erfüllt, so ist das System unlösbar. Sind die Bedingungen (4.80) erfüllt, so erhält man für das inhomogene System ebenfalls eine *zweiparametrige Lösung*, die man unmittelbar aus dem Schema (4.79) ablesen kann. Die beiden Parameter werden mit r und s bezeichnet. Diese können beliebige Werte annehmen

$$\begin{aligned} x_1 &= r & x_3 &= -17r - 43s + 7y_1 - 2y_2 \\ x_2 &= s & x_4 &= 7r + 19s - 3y_1 + y_2 \end{aligned}$$

Der Rang der Matrix und damit die Anzahl der Parameter ist unabhängig davon, welche Elemente man als Pivots auswählt.

Beispiel 6. Gegeben ist das homogene System

$$\begin{aligned} 2x_1 - x_2 + x_3 &= 0 \\ 5x_1 + 5x_2 - 2x_3 &= 0 \\ 4x_1 + 13x_2 - 7x_3 &= 0 \end{aligned}$$

Man untersuche, ob dieses System nichttriviale Lösungen hat. Ist dies der Fall, so bestimme man die Lösung, für die $x_1 = 2$ gilt.

Mit Hilfe des Austauschverfahrens erhält man

	x_1	x_2	x_3
y_1	$\underline{2}$	$-\underline{1}$	$\underline{\underline{1}}$
y_2	5	5	$-\underline{2}$
y_3	4	13	$-\underline{7}$
	-2	1	

	x_1	x_2	y_1
x_3	-2	$\underline{1}$	1
y_2	$\underline{9}$	$\underline{\underline{3}}$	$-\underline{2}$
y_3	18	$\underline{6}$	-7
	-3		$\frac{2}{3}$

	x_1	y_2	y_1
x_3	-5	$\frac{1}{3}$	$\frac{5}{3}$
x_2	-3	$\frac{1}{3}$	$\frac{2}{3}$
y_3	0	2	-3

Ein dritter Austausch ist nicht mehr möglich, da der einzige in Frage kommende Pivot gleich Null ist. Die drei Gleichungen sind daher voneinander linear abhängig

$$y_3 = 2y_2 - 3y_1$$

Daher gibt es nichttriviale Lösungen. Da der Rang der Matrix 2 ist, erhält man eine einparametrige Lösungsschar. Diese lautet

$$x_1 = r \qquad x_2 = -3r \qquad x_3 = -5r$$

Für den Parameterwert $r = 2$ ergibt sich die gewünschte Lösung

$$x_1 = 2 \qquad x_2 = -6 \qquad x_3 = -10$$

■

4.4.5 Iterationsverfahren

In den drei bisher besprochenen Methoden zur Lösung linearer Gleichungssysteme ist die Anzahl der Rechenschritte im voraus festgelegt, sie beträgt bei allen drei Verfahren $(2n^3/3) + (3n^2/2) - (7n/6)$ Operationen. Daher heißen diese Verfahren endliche oder direkte Verfahren.

Neben den endlichen Verfahren haben iterative Verfahren zur Lösung linearer Gleichungssysteme große Bedeutung. Hierbei wird der Lösungsvektor von einem Startvektor ausgehend schrittweise angenähert, bis eine gewünschte Genauigkeit erreicht wird. Der Rechenumfang hängt von der Anzahl der Iterationsschritte und von der Besetzung der Matrix ab. Diese Anzahl wird meist erst während der Rechnung bestimmt.

Besonders aus folgenden Gründen zieht man iterative Verfahren den endlichen vor:

- Bei endlichen Verfahren muß die gesamte Koeffizientenmatrix im Arbeitsspeicher einer Rechenanlage bereitstehen. Dies kann bei sehr großen Systemen Schwierigkeiten bereiten. Bei iterativen Verfahren braucht im Prinzip immer nur eine Gleichung aus einem externen Speicher zur Verfügung gestellt zu werden, praktisch wird jeweils ein Block von Gleichungen übergeben.
- Viele Anwendungen führen auf eine Koeffizientenmatrix mit Bandstruktur, d.h. nur in der Nähe der Hauptdiagonale stehen von Null verschiedene Elemente. Dieser Sachverhalt kann bei endlichen Verfahren wenig genutzt werden, am meisten noch beim verketteten Gauß-Algorithmus. Bei iterativen Verfahren jedoch wirkt sich dieser Sachverhalt vorteilhaft aus.

Hier soll das häufig angewandte Iterationsverfahren von Gauß und Seidel behandelt werden. Die einzelnen Zeilen des Systems (4.63) werden nach den Unbekannten in der Hauptdiagonale aufgelöst, wobei $a_{ii} \neq 0$ vorausgesetzt wird

$$\begin{aligned} x_1 &= (b_1 \qquad\qquad - a_{12}x_2 - \ldots - a_{1n}x_n)/a_{11} \\ x_2 &= (b_2 - a_{21}x_1 \qquad - \ldots - a_{2n}x_n)/a_{22} \\ &\ldots \qquad\qquad\qquad \ldots \\ x_n &= (b_n - a_{n1}x_1 - a_{n2}x_2 - \ldots - a_{n,n-1}x_{n-1})/a_{nn} \end{aligned} \tag{4.83}$$

Nun wird ein Startvektor $\boldsymbol{x}^{(0)}$ gewählt. Häufig wählt man einen aus dem technischen Problem ungefähr bekannten Näherungswert oder einfach $\boldsymbol{x}^{(0)} = \boldsymbol{o}$. Dieser wird auf der rechten Seite von Gl. (4.83) eingesetzt. Dann wird ein „besserer" Vektor $\boldsymbol{x}^{(1)}$ berechnet, wobei die bereits verbesserten Komponenten berücksichtigt werden. Es gilt für $j = 1, \ldots, n$

$$\boxed{x_j^{(k+1)} = \left[b_j - \sum_{i=1}^{j-1} a_{ji}x_i^{(k+1)} - \sum_{i=j+1}^{n} a_{ji}x_i^{(k)}\right] \Big/ a_{jj}} \tag{4.84}$$

Das Iterationsverfahren von Gauß-Seidel konvergiert, wenn in der Koeffizientenmatrix die Hauptdiagonalelemente in jeder Zeile dominieren [St 82]

$$|a_{jj}| > \sum_{\substack{i=1 \\ i \neq j}}^{n} |a_{ji}| \qquad j = 1, \ldots, n \tag{4.85}$$

Diese Konvergenzbedingung ist bei vielen technischen Problemen erfüllt. Ist dies nicht der Fall, so kann man dieser Bedingung häufig dadurch genügen, daß man einzelne Gleichungen, also Zeilen der Matrix, miteinander vertauscht, oder daß man Unbekannte umbenennt, d.h. Spalten der Matrix des Systems vertauscht. Die Konvergenz bleibt auch noch erhalten, wenn in einigen der Gl. (4.85) das Gleichheitszeichen steht [St 82].

Beispiel 7. Man löse das nachstehende Gleichungssystem nach dem Iterationsverfahren von Gauß-Seidel

$$\begin{aligned} \mathbf{6.25}x_1 + 2.08x_2 - 1.44x_3 &= 2.59 \\ 1.78x_1 + \mathbf{4.16}x_2 + 0.44x_3 &= 5.22 \\ -1.36x_1 + 0.95x_2 + \mathbf{3.75}x_3 &= 4.61 \end{aligned}$$

Die Hauptdiagonalelemente (im Druck hervorgehoben) überwiegen, das Verfahren konvergiert also.

Die Umformung auf die Gestalt Gl. (4.84) ergibt

$$\begin{aligned} x_1^{(k+1)} &= [2.59 \qquad\qquad - 2.08x_2^{(k)} \quad + 1.44x_3^{(k)}]/6.25 \\ x_2^{(k+1)} &= [5.22 - 1.78x_1^{(k+1)} \qquad\qquad - 0.44x_3^{(k)}]/4.16 \\ x_3^{(k+1)} &= [4.61 + 1.36x_1^{(k+1)} - 0.95x_2^{(k+1)} \qquad]/3.75 \end{aligned}$$

Der Startvektor sei $\boldsymbol{x}^{(0)} = \boldsymbol{o}$. Die Rechnung mit einem Taschenrechner ergibt

$k+1$	$x_1^{(k+1)}$	$x_2^{(k+1)}$	$x_3^{(k+1)}$
1	0.414400	1.077492	1.106658
2	0.310784	1.004777	1.087501
3	0.330570	0.998338	1.096308
4	0.334743	0.995621	1.098509
5	0.336154	0.994784	1.099233
6	0.336599	0.994517	1.099462
7	0.336741	0.994432	1.099535
8	0.336786	0.994405	1.099558
9	0.336800	0.994397	1.099566
10	0.336805	0.994394	1.099568

Die Ergebnisse sind jeweils mit 6 Dezimalstellen hingeschrieben, aber es wurde mit voller Genauigkeit gerechnet. ■

4.4.6 Kondition

Notwendige Voraussetzung zur Lösung eines linearen Gleichungssystems ist $\det(A) \neq 0$. Numerisch ist ein System auch dann schwer lösbar, wenn die Determinante zwar ungleich Null ist, aber sehr nahe bei Null liegt. Dann heißt die Matrix A fast singulär. Solche Systeme nennt man schlecht konditioniert. Kleine Änderungen in den Koeffizienten verursachen große Änderungen in den Lösungen. In der Statik können zum Beispiel kleine Steifigkeitsänderungen einer Konstruktion große Änderungen in den Verformungen hervorrufen, wenn man in der Nähe der Stabilitätsgrenze liegt.

Beispiel 8. Das Gleichungssystem

$$2x_1 + 4.05x_2 = 10.10$$
$$3x_1 + 6.00x_2 = 15.00$$

ist schlecht konditioniert. Die Determinante seiner Koeffizienten ergibt sich aus der Differenz nahezu gleich großer Zahlen und liegt nahe bei Null

$$\det(A) = 2 \cdot 6 - 3 \cdot 4.05 = -0.15$$

Die Lösung des Gleichungssystems ist $x_1 = 1$ und $x_2 = 2$. Verändert man nun die Koeffizienten von x_2 um je 1% in entgegengesetzter Richtung, so erhält man

$$2x_1 + 4.01x_2 = 10.10$$
$$3x_1 + 6.06x_2 = 15.00$$

und mit $\det(A) = 2 \cdot 6.06 - 3 \cdot 4.01 = 0.09$

$$x_1 = 11.73 \qquad x_2 = -3.33$$

ganz andere Lösungen als vorher. ■

Kondition. Ebenso wie die Begriffe „groß" und „klein" sind auch die Begriffe „gute Kondition" und „schlechte Kondition" keine absoluten Aussagen, sondern Ordnungsrelationen. So ist ein Gleichungssystem ① besser konditioniert als ein Gleichungssystem ②, wenn $\text{cond}(A_1) < \text{cond}(A_2)$ gilt. Nachstehend soll ein Maß für die Kondition eingeführt werden, das es erlaubt, Aussagen über die Fehlerfortpflanzung zu machen.

Definition. *Die Zahl*

$$\text{cond}(A) = \|A\| \cdot \|A^{-1}\| \tag{4.86}$$

heißt die Kondition der Matrix A, *wobei*

$$\|A\| = \max_{i,j} |a_{ij}| \quad \textit{und} \quad \|A^{-1}\| = \max_{i,j} |\alpha_{ij}|$$

mit $A^{-1} = (\alpha_{ij})$ *gilt.*

Man kann zeigen, daß stets $\text{cond}(A) \geq 1$ ist [St 82].

In dem schlecht konditionierten Gleichungssystem von Beispiel 8 ist

$$\|A\| = \max |a_{ij}| = 6 \quad \text{und} \quad \|A^{-1}\| = \max |\alpha_{ij}| = 40$$

weil $A^{-1} = \begin{pmatrix} -40 & 27 \\ 20 & 13.33 \end{pmatrix}$

ist. Also gilt

$$\text{cond}(A) = 6 \cdot 40 = 240$$

während in Beispiel 3 die Konditionszahl

$$\text{cond}(A) = 4 \cdot 11 = 44$$

viel kleiner als in dem schlecht konditionierten Beispiel ist.

Mit Hilfe der Kondition ist eine Fehlerschätzung für die Lösung des Gleichungssystems in endlichen Verfahren möglich. Es gilt der

Satz. Rechnet man in einem endlichen Verfahren mit einem Fehler der Koeffizienten in der r-ten Dezimale und gilt

$$10^s \leq \text{cond}(A) < 10^{s+1} \tag{4.87}$$

so kann der Lösungsvektor höchstens $r-s$ sichere Stellen haben.

Auf den Beweis muß hier verzichtet werden.

In Beispiel 8 ist wegen $10^2 < \text{cond}(A) < 10^3$ die Zahl $s = 2$. Mit einem relativen Fehler der Koeffizienten von $1\% = 10^{-2} = 10^{-r}$ ist $r = 2$ und $s - r = 0$.

Das Ergebnis läßt keine sicheren Dezimalen erwarten, wenn die Koeffizienten Fehler von 1% enthalten können, wie das Beispiel ja auch zeigt.

4.4.7 Aufgaben zu Abschnitt 4.4

Die folgenden linearen Gleichungssysteme löse man nacheinander mit dem Eliminationsverfahren und dem verketteten Gauß-Algorithmus auf jeweils 6 Dezimalen genau.

1. Für das Gleichungssystem

$$\begin{aligned}5.25x_1+0.91x_2+1.13x_3&=3.72\\1.50x_1+6.88x_2+2.45x_3&=4.38\\0.54x_1+1.76x_2+3.90x_3&=2.68\end{aligned}$$

bestimme man die Lösung außerdem mit dem Iterationsverfahren.

2. Man löse das Gleichungssystem

$$\begin{aligned}91.71x_1+19.34x_2-71.31x_3+7.42&=0\\13.67x_1-12.19x_2+\ 0.03x_3+1.64&=0\\29.71x_1-\ 9.96x_2+23.91x_3+0.98&=0\end{aligned}$$

3. Man löse das Gleichungssystem

$$\begin{aligned}0.64445x_1-0.56660x_2-0.39800x_3+0.69676&=0\\0.38733x_1+0.41740x_2-0.76978x_3-0.08019&=0\\0.16482x_1+0.17762x_2+0.12476x_3+0.17820&=0\end{aligned}$$

4. Man löse das System

$$\begin{aligned}3.82x_1+2.55x_2-1.43x_3+1.08x_4&=4.65\\2.71x_1+4.95x_2+2.60x_3-0.65x_4&=2.77\\-1.08x_1+2.44x_2+5.15x_3+1.76x_4&=1.08\\1.36x_1-0.84x_2+2.36x_3+3.90x_4&=3.87\end{aligned}$$

5. Man löse das System

$$\begin{aligned}3.85x_1+1.44x_2-3.08x_3+0.64x_4+1.22x_5&=8.74\\4.21x_1+6.49x_2+2.81x_3-2.73x_4-0.15x_5&=5.11\\1.08x_1-2.33x_2+5.19x_3+4.08x_4-2.77x_5&=1.96\\2.96x_1-0.76x_2+4.06x_3+7.91x_4+2.66x_5&=10.77\\0.44x_1+1.45x_2+2.75x_3+3.31x_4+5.55x_5&=9.38\end{aligned}$$

6. Aus der linearen Form (z. B. Vierpolgleichung)

$$\begin{aligned}y_1&=a_{11}x_1+a_{12}x_2\\y_2&=a_{21}x_1+a_{22}x_2\end{aligned}$$

ermittle man durch zweimaligen Austausch die inverse Form.

7. Man bestimme mit dem Austauschverfahren die Kehrmatrizen zu

$$\boldsymbol{A}=\begin{pmatrix}3&-4&1\\6&2&-3\\1&-1&2\end{pmatrix}\qquad\boldsymbol{B}=\begin{pmatrix}2&-3&4\\-3&1&-1\\5&2&-6\end{pmatrix}$$

8. Die Funktion $y=\sin x$ soll im Bereich $0 \leq x \leq \pi/2$ durch eine ganze rationale Funktion dritten Grades $y=a_0+a_1x+a_2x^2+a_3x^3$ ersetzt werden, die bei $x=0$, $x=0.5$, $x=1$ und $x=\pi/2$ mit der Sinusfunktion übereinstimmt.

Hinweis: Man setze in $\sin x \approx a_0+a_1x+a_2x^2+a_3x^3$ die angegebenen x-Werte ein und löse das Gleichungssystem für die vier Unbekannten a_0, a_1, a_2 und a_3.

9. Bei der Berechnung der Biegemomente einer sechsfach gelagerten, also vierfach statisch unbestimmten Welle tritt folgendes Gleichungssystem (Clapeyronsche Dreimomentengleichung) auf

$$\begin{aligned}
0.200M_1+0.060M_2 &= 42.0\,\text{Nm}\\
0.060M_1+0.220M_2+0.050M_3 &= 123.8\,\text{Nm}\\
0.050M_2+0.220M_3+0.060M_4 &= 106.2\,\text{Nm}\\
0.060M_3+0.200M_4 &= 67.4\,\text{Nm}
\end{aligned}$$

Die Biegemomente M_1 bis M_4 an den Innenstützen sind nach Gauß-Seidel iterativ auf 6 geltende Ziffern zu berechnen.

10. In einem Vielfachmeßgerät (Bild **4.25**) hat die Meßwerkspule einen Widerstand $R_i=20\,\Omega$, bei Vollausschlag fließt ein Strom von 3 mA. Wie groß sind die Widerstände R_1, R_2, R_3 und R_4 zu wählen, damit bei Betätigung des Schalters in die Stellungen 1, 2, 3 und 4 die Meßbereiche des Instruments auf $I=6$ A, 3 A, 1.2 A und 0.6 A erweitert werden?

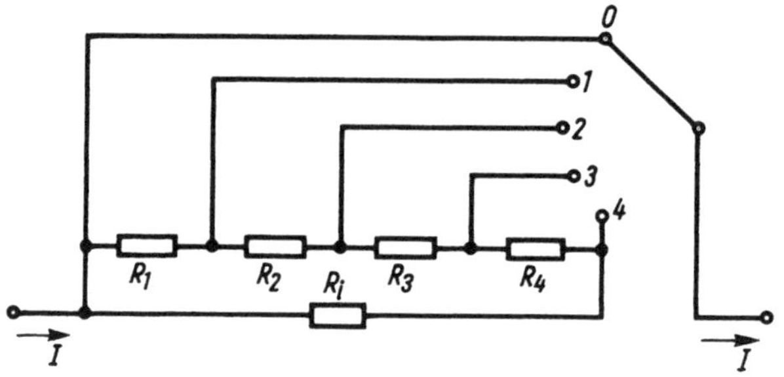

4.25

11. Man bestimme $\det A$ bei

$$A=\begin{pmatrix} 2 & 1 & -3 & 4\\ -4 & 3 & 2 & 6\\ 5 & 0 & 1 & -2\\ 1 & 2 & 1 & -1 \end{pmatrix}$$

mit dem verketteten Gauß-Algorithmus.

12. Für welchen Wert der Größe a ist das System

$$\begin{aligned}
3x_1+2x_2-7x_3&=0\\
4x_1+x_2+8x_3&=0\\
3x_1+ax_2+2x_3&=0
\end{aligned}$$

nichttrivial lösbar? Wie lautet die allgemeine Lösung?

13. Man löse das lineare Gleichungssystem

$$4.216731x - 2.184376y = 3.174103$$
$$-3.612653x + 1.871445y = 2.121221$$

a) in der vorliegenden Form und

b) nach Rundung aller Koeffizienten auf 3 Dezimalstellen und vergleiche die Ergebnisse.

Wie groß ist in beiden Fällen cond(A)?

4.5 Grundlagen der Computergraphik

Seit vielen Jahren ist die Berechnung komplizierter Gebilde mit Hilfe von Rechenanlagen möglich. Die Auswertung großer Zahlenmengen nach Tabellen ist jedoch sehr zeitaufwendig und unübersichtlich. Zur Verbesserung der Übersichtlichkeit wurden die in Tabellen ausgedruckten Zahleneingaben und Ergebnisausgaben graphisch dargestellt. Mit größerer Leistungsfähigkeit der Rechenanlagen lag es deshalb nahe, die graphische Darstellung von Rechenergebnissen dem Rechner zu überlassen, zumal die Maschine schneller und genauer als der Mensch zeichnet.

Die Darstellung erfolgt nicht nur auf Zeichenpapier, sondern auch auf Bildschirmen. Komplizierte Programme erlauben heute die räumliche Darstellung von Konstruktionen, wie z. B. Automobilen, auf dem Bildschirm. Dabei soll durch bestimmte Programmtechnik erreicht werden, daß die Bilder technischer Projekte durch „Drehung" von allen Seiten angesehen werden können oder in beliebigen Projektionen erscheinen. Die dabei erforderlichen geometrischen Daten können in der Rechenanlage gespeichert und zum Beispiel auch für Festigkeitsberechnungen oder aerodynamische Zwecke verwendet werden.

Aus der Darstellenden Geometrie bekannte graphische Verfahren müssen zu diesem Zweck durch programmierbare Algorithmen beschrieben werden, d. h. geometrische Zusammenhänge müssen durch Zahlen dargestellt werden, denn Bilder (einfache Geraden oder komplexe Automobile) bestehen aus Punkten, deren Koordinaten gespeichert werden müssen.

Zur Einführung in die Computergraphik-Verfahren werden in diesem Abschnitt Darstellungs- und Abbildungsalgorithmen beschrieben.

4.5.1 Punkte und Geraden in der Ebene

Punkte in der (x, y)-Ebene werden durch ihre Koordinaten x und y, also durch ein Zahlenpaar, dargestellt. Diese Zahlenpaare kann man als einreihige Matrix (Zeilenvektor oder Spaltenvektor) in der Form $(x; y)$ oder $\begin{pmatrix} x \\ y \end{pmatrix}$ schreiben.

Spiegelung eines Punktes an einer Koordinatenachse. Ein Punkt mit den Koordinaten x und y soll bei der Spiegelung an der x-Achse in einen Punkt mit den Koordinaten

x' und y' überführt werden. Dabei bleibt die x-Koordinate unverändert und die y-Koordinate ändert das Vorzeichen

$$x' = x \qquad y' = -y$$

Diese Transformation kann in der für Rechenanlagen besonders geeigneten Matrixschreibweise geschrieben werden

$$\begin{pmatrix} x' \\ y' \end{pmatrix} = \begin{pmatrix} 1 & 0 \\ 0 & -1 \end{pmatrix} \cdot \begin{pmatrix} x \\ y \end{pmatrix} \qquad \boldsymbol{x}' = \boldsymbol{S}_x \boldsymbol{x} \tag{4.88}$$

Die abgekürzte Matrixschreibweise rechts kann auch dann verwendet werden, wenn der Vektor $\boldsymbol{x}$ nicht nur aus den zwei Koordinaten x und y besteht, s. Gl. (4.107).

Bei einer Spiegelung des Punktes an der y-Achse bleibt die y-Koordinate erhalten, während die x-Koordinate ihr Vorzeichen wechselt.

$$\begin{pmatrix} x' \\ y' \end{pmatrix} = \begin{pmatrix} -1 & 0 \\ 0 & 1 \end{pmatrix} \cdot \begin{pmatrix} x \\ y \end{pmatrix} \qquad \boldsymbol{x}' = \boldsymbol{S}_y \boldsymbol{x} \tag{4.89}$$

Soll eine Punktspiegelung am Koordinaten-Nullpunkt vorgenommen werden, dann müssen beide Koordinaten ihr Vorzeichen ändern

$$\begin{pmatrix} x'' \\ y'' \end{pmatrix} = \begin{pmatrix} -1 & 0 \\ 0 & -1 \end{pmatrix} \cdot \begin{pmatrix} x \\ y \end{pmatrix} \qquad \boldsymbol{x}'' = \boldsymbol{S}_{xy} \boldsymbol{x} \tag{4.90}$$

Diese Transformation kann auch dadurch erreicht werden, daß man die Spiegelungen Gl. (4.88) und (4.89) hintereinander ausführt. Das entspricht formal einer Multiplikation mit zwei Matrizen

Spiegelung an der x-Achse $\quad \boldsymbol{x}' = \boldsymbol{S}_x \boldsymbol{x}$
Spiegelung an der y-Achse $\quad \boldsymbol{x}'' = \boldsymbol{S}_y \boldsymbol{x}'$

Setzt man $\boldsymbol{x}'$ aus der ersten Gleichung in die zweite ein, so erhält man

$$\boldsymbol{x}'' = \boldsymbol{S}_y \boldsymbol{S}_x \boldsymbol{x} = \boldsymbol{S}_{xy} \boldsymbol{x}$$

Der Leser prüfe selbst nach, daß das Produkt der Matrizen aus Gl. (4.88) und (4.89) gleich der Matrix in Gl. (4.90) ist (s. Bild **4.26**).

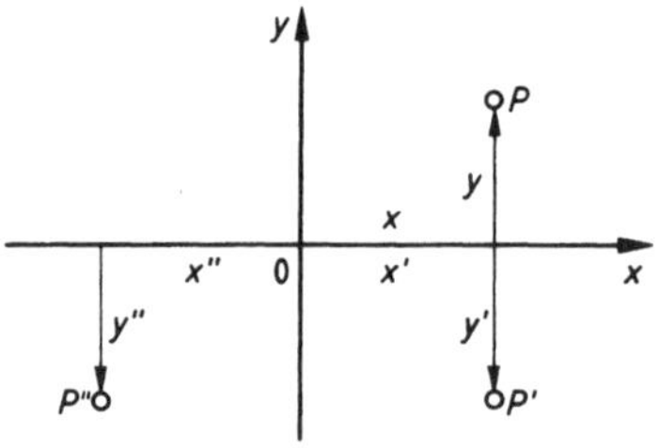

4.26

Streckung. Verzerrung. Multipliziert man die x-Koordinate eines Punktes mit einem Faktor a und läßt die y-Koordinate ungeändert, so wird der Punkt parallel zur x-Achse verschoben (s. Bild **4.27**). Die Verschiebung eines jeden Punktes ist seinem Abstand von der y-Achse proportional. Man erreicht mit dieser Multiplikation also eine Maßstabsänderung, eine Streckung in x-Richtung.

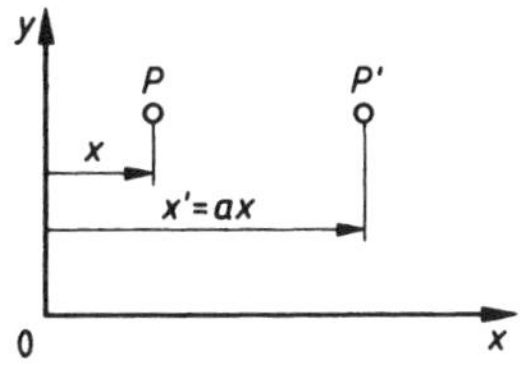

4.27

$$x' = ax \qquad y' = y$$

In der Matrix-Schreibweise lauten diese Gleichungen

$$\begin{pmatrix} x' \\ y' \end{pmatrix} = \begin{pmatrix} a & 0 \\ 0 & 1 \end{pmatrix} \cdot \begin{pmatrix} x \\ y \end{pmatrix} \qquad \boldsymbol{x}' = \boldsymbol{V}_x \boldsymbol{x} \tag{4.91}$$

Bei einer Maßstabsänderung nur in y-Richtung wird jede y-Koordinate mit einem Faktor multipliziert, und die x-Koordinate bleibt erhalten. Eine Maßstabsänderung in beiden Achsen wird deshalb durch die Transformation

$$\begin{pmatrix} x' \\ y' \end{pmatrix} = \begin{pmatrix} a_{11} & 0 \\ 0 & a_{22} \end{pmatrix} \cdot \begin{pmatrix} x \\ y \end{pmatrix} \qquad \boldsymbol{x}' = \boldsymbol{V}_{xy} \boldsymbol{x} \tag{4.92}$$

beschrieben.

Die drei Sonderfälle „Spiegelung" (S_x, S_y, S_{xy}) sind in dieser allgemeineren Transformation mit $a_{11} = 1$, $a_{22} = -1$ oder $a_{11} = -1$, $a_{22} = 1$ oder $a_{11} = -1$, $a_{22} = -1$ enthalten. Eine Spiegelung ist also eine Dehnung mit dem Faktor -1. Bei der Transformation Gl. (4.92) sind die neuen Koordinaten nur von den ihnen entsprechenden alten Koordinaten abhängig. Punkte mit derselben x-Koordinate haben auch nach der Transformation wieder dieselbe x'-Koordinate. Mit Gl. (4.92) wird also jeder Punkt eines Rechteckrandes wieder zu einem Punkt eines Rechteckrandes.

Besetzt man nun in Gl. (4.92) auch noch die Nebendiagonalenelemente mit von Null verschiedenen Zahlen, so hängen die neuen Koordinaten eines Punktes von beiden alten Koordinaten ab.

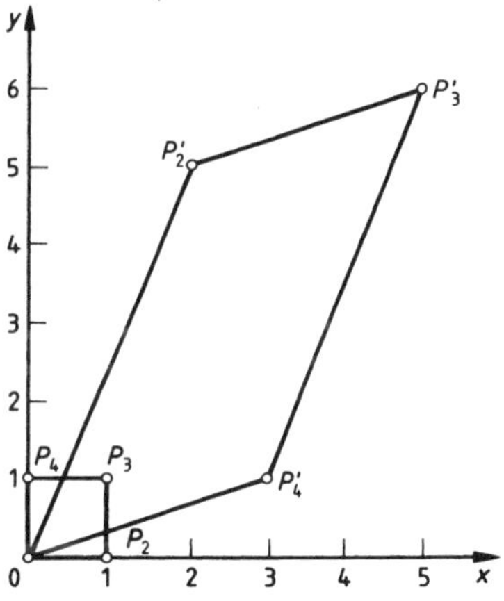

4.28

$$\begin{pmatrix} x' \\ y' \end{pmatrix} = \begin{pmatrix} a_{11} & a_{12} \\ a_{21} & a_{22} \end{pmatrix} \cdot \begin{pmatrix} x \\ y \end{pmatrix} \qquad \boldsymbol{x}' = \boldsymbol{A}\boldsymbol{x} \tag{4.93}$$

Geometrisch liegt hier außer der Maßstabsänderung auch noch eine Verzerrung eines geometrischen Gebildes vor, da sich z. B. die übereinander liegenden Eckpunkte eines Quadrates (Bild **4.28**) wegen der Abhängigkeit auch der x-Verschiebung von der y-Koordinate ungleich in x-Richtung verschieben. Jedoch bleiben bei einer linearen Transformation gerade Linien gerade (kollineare Abbildung).

Beispiel 1. Man bestimme die Koordinaten der Eckpunkte eines Quadrates (Bild **4**.28) nach einer Transformation mit der Matrix

$$\boldsymbol{A} = \begin{pmatrix} 2 & 3 \\ 5 & 1 \end{pmatrix}$$

Man kann nun jeden Punkt einzeln nach Gl. (4.93) in seinen Bildpunkt überführen. Man kann aber auch die Koordinaten der Eckpunkte in eine Matrix schreiben und dann die Transformation als Multiplikation mit einer mehrreihigen Matrix ausführen

$$\boldsymbol{x} = \begin{pmatrix} x_1 & x_2 & x_3 & x_4 \\ y_1 & y_2 & y_3 & y_4 \end{pmatrix} = \begin{pmatrix} 0 & 1 & 1 & 0 \\ 0 & 0 & 1 & 1 \end{pmatrix}$$

Die Zahlenwerte dieser Matrix entnimmt man Bild **4**.28.

$$\boldsymbol{x}' = \boldsymbol{A}\boldsymbol{x} = \begin{pmatrix} 2 & 3 \\ 5 & 1 \end{pmatrix} \cdot \begin{pmatrix} 0 & 1 & 1 & 0 \\ 0 & 0 & 1 & 1 \end{pmatrix} = \begin{pmatrix} 0 & 2 & 5 & 3 \\ 0 & 5 & 6 & 1 \end{pmatrix}$$

In der Ergebnismatrix stehen rechts untereinander die Koordinaten x' und y' der Bildpunkte P_1' bis P_4'. Der Koordinaten-Nullpunkt bleibt bei der Abbildung erhalten, die Umlaufrichtung der Figur hat sich geändert. ■

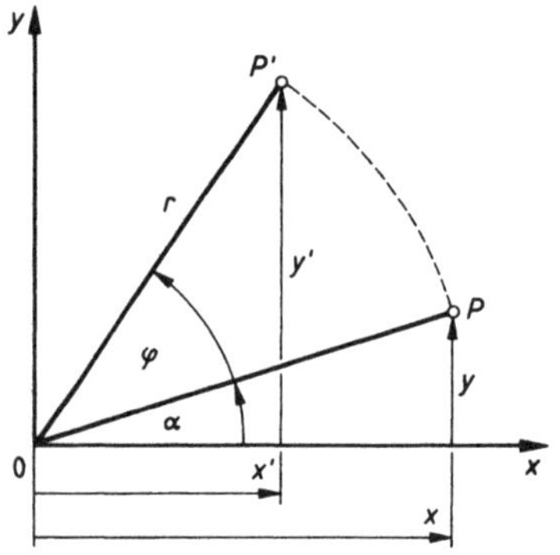

4.29

Drehung um den Koordinaten-Nullpunkt. Die Koordinaten eines Punktes in zwei zueinander gedrehten Koordinatensystemen sind in Abschn. 2.5.2 beschrieben. Dabei kommt es auf den relativen Drehwinkel an. Es ist also gleichgültig, ob ein Punkt fest bleibt und das Koordinatensystem gedreht wird oder ob das Koordinatensystem fest bleibt und die Verbindungslinie eines Punktes mit dem Koordinaten-Nullpunkt gegen das Koordinatensystem gedreht wird.

Die Koordinaten des Punktes P', der aus P durch Drehung der Strecke $\overline{OP}$ um den Winkel φ in mathematisch positiver Drehrichtung hervorgeht, ergeben sich nach Bild **4**.29 mit $\overline{OP} = \overline{OP'} = r$ und mit Gl. (3.69) und (3.67)

$$\begin{aligned} x' &= r\cos(\alpha+\varphi) = r\cos\alpha\cos\varphi - r\sin\alpha\sin\varphi \\ y' &= r\sin(\alpha+\varphi) = r\sin\alpha\cos\varphi + r\cos\alpha\sin\varphi \end{aligned} \tag{4.94}$$

Da $r\cos\alpha = x$ und $r\sin\alpha = y$ ist, kann man diese Größen in Gl. (4.94) einsetzen und erhält

$$\begin{aligned} x' &= x\cos\varphi - y\sin\varphi \\ y' &= x\sin\varphi + y\cos\varphi \end{aligned}$$

Eine Drehung um den Koordinaten-Nullpunkt wird also durch die Transformation

$$\begin{pmatrix} x' \\ y' \end{pmatrix} = \begin{pmatrix} \cos\varphi & -\sin\varphi \\ \sin\varphi & \cos\varphi \end{pmatrix} \cdot \begin{pmatrix} x \\ y \end{pmatrix} \qquad \boldsymbol{x}' = \boldsymbol{D}\boldsymbol{x} \tag{4.95}$$

beschrieben. Die Matrix $\boldsymbol{D}$ wird hier als Drehmatrix bezeichnet.

Beispiel 2. Der Punkt P mit den Koordinaten (5; 2) soll um 45° um den Nullpunkt gedreht werden, wobei der Abstand zum Nullpunkt erhalten bleiben soll. Wie lauten die Koordinaten von P'? Wie lauten sie bei einem Drehwinkel 120°?

$$\begin{pmatrix} x' \\ y' \end{pmatrix} = \begin{pmatrix} \cos 45° & -\sin 45° \\ \sin 45° & \cos 45° \end{pmatrix} \cdot \begin{pmatrix} 5 \\ 2 \end{pmatrix} = \begin{pmatrix} 2.12 \\ 4.95 \end{pmatrix}$$

$$\begin{pmatrix} x' \\ y' \end{pmatrix} = \begin{pmatrix} \cos 120° & -\sin 120° \\ \sin 120° & \cos 120° \end{pmatrix} \cdot \begin{pmatrix} 5 \\ 2 \end{pmatrix} = \begin{pmatrix} -4.23 \\ 3.33 \end{pmatrix}$$

Die Ergebnisse sind in Bild **4.30** aufgetragen. ■

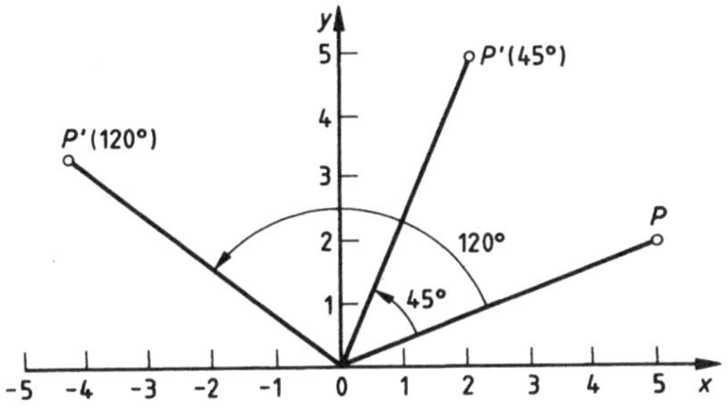

4.30

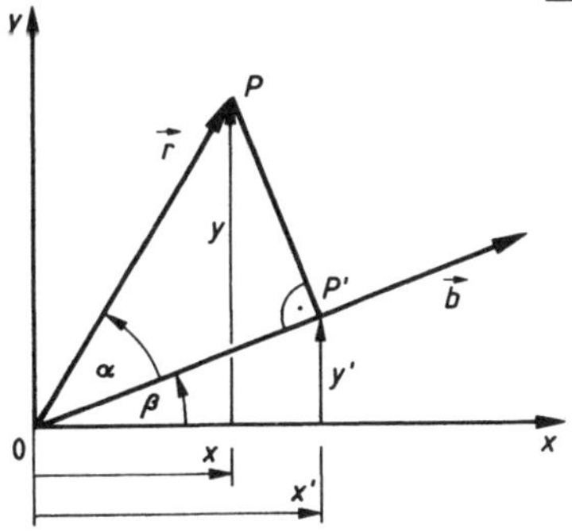

4.31

Projektion (Lot eines Punktes auf eine Gerade). Die Koordinaten des Ortsvektors $\vec{r} = (x; y)$ von O nach P (Bild **4.31**) seien gegeben. Gesucht ist der Fußpunkt P' des Lotes von P auf eine Gerade durch den Koordinaten-Nullpunkt mit dem Steigungswinkel β. Die Richtung von $\vec{b}$ kann durch den Einheitsvektor

$$\vec{b}_0 = \begin{pmatrix} \cos\beta \\ \sin\beta \end{pmatrix}$$

festgelegt werden. Hat man nicht den Winkel β, sondern einen Punkt mit den Koordinaten x_B und y_B auf der Geraden b vorgegeben, so ergibt sich der Winkel β aus der Beziehung $\tan\beta = y_B/x_B$. Der gesuchte Punkt P' mit den Koordinaten x' und y' kann durch den Vektor $k \cdot \vec{b}_0$ beschrieben werden. Der Faktor k ist nach Gl. (4.26) aus dem Skalarprodukt der Vektoren $\vec{r}$ und $\vec{b}_0$ zu gewinnen.

$$\vec{r} \cdot \vec{b}_0 = r \cdot 1 \cdot \cos\alpha = k$$

Andererseits erhält man aus den Koordinaten von $\vec{r}$ und $\vec{b}_0$ nach Gl. (4.31)

$$\vec{r}\cdot\vec{b}_0=(x;\,y)\cdot\begin{pmatrix}\cos\beta\\ \sin\beta\end{pmatrix}=x\cos\beta+y\sin\beta$$

Die Koordinaten des Punktes P' ergeben sich aus

$$\begin{pmatrix}x'\\ y'\end{pmatrix}=k\vec{b}_0=(x\cos\beta+y\sin\beta)\cdot\begin{pmatrix}\cos\beta\\ \sin\beta\end{pmatrix}$$

Schreibt man diese Gleichung aus und sortiert nach den Koordinaten, so erhält man

$$x'=x\cos^2\beta+y\sin\beta\cos\beta$$
$$y'=x\cos\beta\sin\beta+y\sin^2\beta$$

und als Transformationsgleichung für einen Lotpunkt

$$\begin{pmatrix}x'\\ y'\end{pmatrix}=\begin{pmatrix}\cos^2\beta & \sin\beta\cos\beta\\ \sin\beta\cos\beta & \sin^2\beta\end{pmatrix}\cdot\begin{pmatrix}x\\ y\end{pmatrix}\qquad(4.96)$$

Beispiel 3. Das Lot vom Punkt $P=(4;\,3)$ soll auf die Gerade durch den Nullpunkt mit der Steigung 30° gefällt werden. Mit $\cos 30°=0.866$ und $\sin 30°=0.5$ erhält man aus Gl. (4.96)

$$\begin{pmatrix}x'\\ y'\end{pmatrix}=\begin{pmatrix}0.75 & 0.433\\ 0.433 & 0.25\end{pmatrix}\cdot\begin{pmatrix}4\\ 3\end{pmatrix}=\begin{pmatrix}4.30\\ 2.48\end{pmatrix}$$ ■

Parallelverschiebung. Bei einer Parallelverschiebung werden (im Gegensatz zur Streckung) alle Punkte einer geometrischen Figur um das gleiche Maß verschoben. Bei der Streckung wird mindestens ein Punkt festgehalten.

Sei $\vec{a}=\begin{pmatrix}a_x\\ a_y\end{pmatrix}$ der Verschiebungsvektor, so ist (Bild **4.32**)

$$\begin{aligned}\vec{r}_1' &= \vec{r}_1+\vec{a} &\qquad \vec{r}_2' &= \vec{r}_2+\vec{a}\\ x_1' &= x_1+a_x & x_2' &= x_2+a_x\\ y_1' &= y_1+a_y & y_2' &= y_2+a_y\end{aligned}\qquad(4.97)$$

Diese Verschiebung kann nicht in einer 2 mal 2-Matrixtransformation der Form $\boldsymbol{r}'=\boldsymbol{A}\,\boldsymbol{r}$ beschrieben werden. Erweitert man jedoch die Matrix um eine Zeile und eine Spalte zu einer 3 mal 3-Matrix, so kann man die Gleichungen (4.97) zu einer Matrix-Gleichung zusammenfassen, die die Parallelverschiebung beschreibt

$$\begin{pmatrix}x'\\ y'\\ 1\end{pmatrix}=\begin{pmatrix}1 & 0 & a_x\\ 0 & 1 & a_y\\ 0 & 0 & 1\end{pmatrix}\cdot\begin{pmatrix}x\\ y\\ 1\end{pmatrix}\qquad(4.98)$$

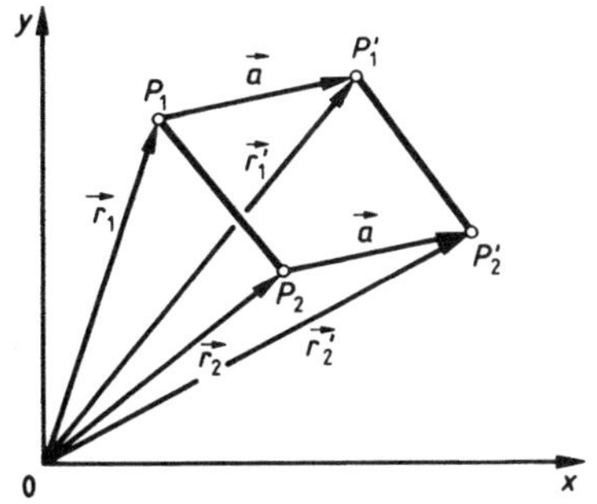

4.32

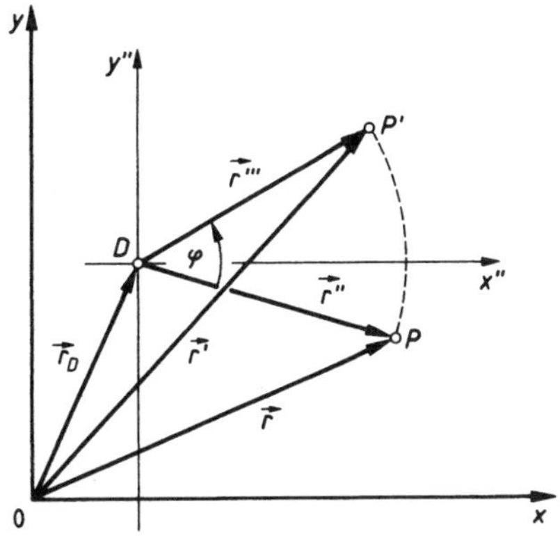

4.33

Sie entsteht formal aus Gl. (4.93), indem man diese auf drei Dimensionen erweitert

$$x' = a_{11}x + a_{12}y + a_{13} \cdot 1 \tag{4.99}$$

In unserem Falle ist $a_{11} = 1$, $a_{12} = 0$ und $a_{13} = a_x$.
Geometrisch kann man diese Abbildung auch als räumliche Darstellung

$$x' = a_{11}x + a_{12}y + a_{13}z \tag{4.100}$$

auffassen, in der z den speziellen Wert 1 hat. Man bezeichnet diese Darstellung wegen der in x, y und z gleichmäßigen (homogenen) Benutzung der Koordinaten auch als „Darstellung in homogenen Koordinaten". Bei diesen wird Gl. (4.100) häufig durch z dividiert. Dann werden die Quotienten durch Großbuchstaben bezeichnet. Man erhält daraus formal Gl. (4.99).

$$\frac{x'}{z} = X' = a_{11}\frac{x}{z} + a_{12}\frac{y}{z} + a_{13} = a_{11}X + a_{12}Y + a_{13}$$

Drehung um einen beliebigen Punkt. Die Drehung einer geometrischen Figur um einen beliebigen Punkt der Ebene kann auf die vorher beschriebenen Verfahren zurückgeführt werden, wenn man den Koordinaten-Nullpunkt zunächst durch Koordinatentransformation in den Drehpunkt verschiebt, dort die Drehung ausführt und dann den Nullpunkt wieder an seine ursprüngliche Stelle verschiebt. Mit Gl. (4.98) verschiebt man den Drehpunkt in den Koordinaten-Nullpunkt. x'' und y'' sind die Koordinaten von P in diesem neuen Koordinatensystem, $\boldsymbol{r}''$ ist der neue Ortsvektor (Bild **4**.33).

$$\begin{pmatrix} x'' \\ y'' \\ 1 \end{pmatrix} = \begin{pmatrix} 1 & 0 & -x_D \\ 0 & 1 & -y_D \\ 0 & 0 & 1 \end{pmatrix} \cdot \begin{pmatrix} x \\ y \\ 1 \end{pmatrix} \qquad \boldsymbol{r}'' = \boldsymbol{V}\boldsymbol{r} \tag{4.101}$$

Jetzt dreht man nach Gl. (4.95). Da zur Matrizenmultiplikation hier eine dreireihige Matrix erforderlich ist, muß man die Drehmatrix in Gl. (4.95) um je eine Zeile und

Spalte erweitern. Diese Erweiterung muß so geschehen, daß die neuen Randreihen nicht stören

$$T = \begin{pmatrix} \cos\varphi & -\sin\varphi & 0 \\ \sin\varphi & \cos\varphi & 0 \\ 0 & 0 & 1 \end{pmatrix} \tag{4.102}$$

Damit erhält man die Koordinaten des gesuchten Punktes P' im verschobenen Koordinatensystem. Sie werden in diesem mit $\boldsymbol{r}'''$ bezeichnet.

$$\begin{pmatrix} x''' \\ y''' \\ 1 \end{pmatrix} = \begin{pmatrix} \cos\varphi & -\sin\varphi & 0 \\ \sin\varphi & \cos\varphi & 0 \\ 0 & 0 & 1 \end{pmatrix} \cdot \begin{pmatrix} x'' \\ y'' \\ 1 \end{pmatrix} \qquad \boldsymbol{r}''' = \boldsymbol{T}\boldsymbol{r}'' \tag{4.103}$$

Die Rückverschiebung erfolgt durch Multiplikation mit der Verschiebungsmatrix (inverse Matrix) $\boldsymbol{V}^{-1}$ oder anschaulich mit den Verschiebungswerten $+x_D$ und $+y_D$. Damit erhält man für eine allgemeine Drehung

$$\boxed{\boldsymbol{r}' = \boldsymbol{V}^{-1}\boldsymbol{T}\boldsymbol{r}'' = \boldsymbol{V}^{-1}\boldsymbol{T}\boldsymbol{V}\boldsymbol{r}} \tag{4.104}$$

Gleichung (4.104) lautet in ausgeschriebener Form

$$\begin{pmatrix} x' \\ y' \\ 1 \end{pmatrix} = \begin{pmatrix} 1 & 0 & x_D \\ 0 & 1 & y_D \\ 0 & 0 & 1 \end{pmatrix} \cdot \begin{pmatrix} \cos\varphi & -\sin\varphi & 0 \\ \sin\varphi & \cos\varphi & 0 \\ 0 & 0 & 1 \end{pmatrix} \cdot \begin{pmatrix} 1 & 0 & -x_D \\ 0 & 1 & -y_D \\ 0 & 0 & 1 \end{pmatrix} \cdot \begin{pmatrix} x \\ y \\ 1 \end{pmatrix} \tag{4.105}$$

Wenn $x_D = 0$ und $y_D = 0$ sind, entsteht hieraus auch formal die Drehung um den Koordinaten-Nullpunkt, denn $\boldsymbol{V}$ und $\boldsymbol{V}^{-1}$ sind dann die Einheits-Matrizen.

Beispiel 4. Der Punkt P eines geometrischen Gebildes mit den Koordinaten (3; 2) soll um den Punkt P_D mit den Koordinaten (1; 5) um den Winkel 60° gedreht werden (Bild 4.34). Wie lauten die neuen Koordinaten (x'; y') des Punktes P'? Der Rechner erledigt

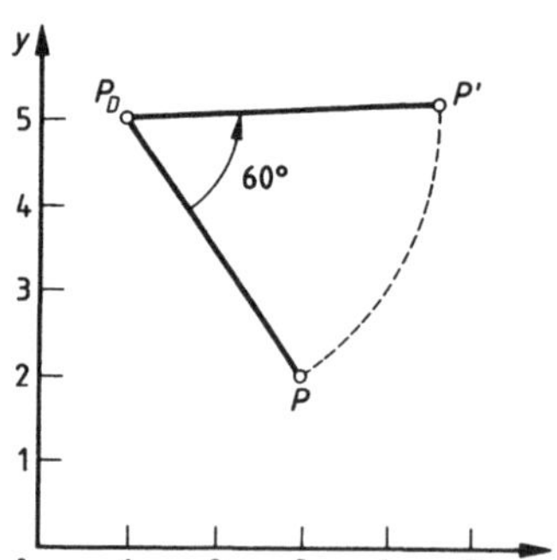

4.34

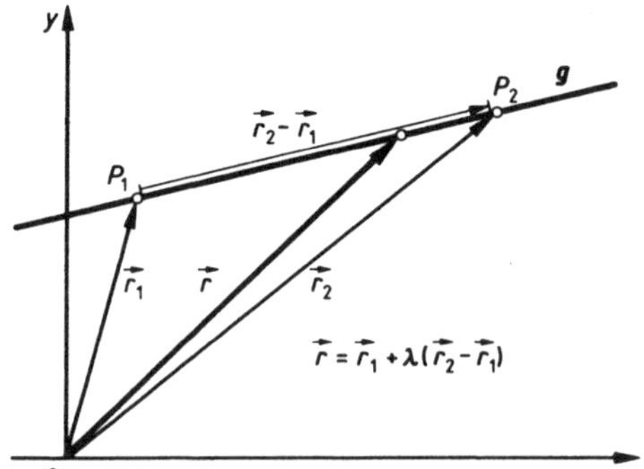

4.35

die Aufgabe mit Hilfe der Matrizenmultiplikation nach Gl. (4.105). Mit $\cos 60° = 0.5$ und $\sin 60° = 0.866$ ergibt sich bei Multiplikation von links und Hinschreiben der Zwischenschritte

$$\begin{pmatrix} x' \\ y' \\ 1 \end{pmatrix} = \begin{pmatrix} 1 & 0 & 1 \\ 0 & 1 & 5 \\ 0 & 0 & 1 \end{pmatrix} \cdot \begin{pmatrix} 0.5 & -0.866 & 0 \\ 0.866 & 0.5 & 0 \\ 0 & 0 & 1 \end{pmatrix} \cdot \begin{pmatrix} 1 & 0 & -1 \\ 0 & 1 & -5 \\ 0 & 0 & 1 \end{pmatrix} \cdot \begin{pmatrix} 3 \\ 2 \\ 1 \end{pmatrix}$$

$$= \begin{pmatrix} 0.5 & -0.866 & 1 \\ 0.866 & 0.5 & 5 \\ 0 & 0 & 1 \end{pmatrix} \cdot \begin{pmatrix} 1 & 0 & -1 \\ 0 & 1 & -5 \\ 0 & 0 & 1 \end{pmatrix} \cdot \begin{pmatrix} 3 \\ 2 \\ 1 \end{pmatrix}$$

$$= \begin{pmatrix} 0.5 & -0.866 & 4.830 \\ 0.866 & 0.5 & 1.634 \\ 0 & 0 & 1 \end{pmatrix} \cdot \begin{pmatrix} 3 \\ 2 \\ 1 \end{pmatrix} = \begin{pmatrix} 4.60 \\ 5.23 \\ 1 \end{pmatrix}$$

Das Ergebnis lautet: $x' = 4.60 \quad y' = 5.23$ ■

Abbildung von Geraden. Jede Gerade besteht aus Punkten. Eine Gerade ist eindeutig durch zwei Punkte $(x_1; y_1)$ und $(x_2; y_2)$ bestimmt. Die Punkte können durch ihre Ortsvektoren $\vec{r}_1$ und $\vec{r}_2$ beschrieben werden (Bild **4.35**). Jeder Punkt der Geraden $\boldsymbol{g}$ ist durch den Vektor

$$\vec{r} = \vec{r}_1 + \lambda(\vec{r}_2 - \vec{r}_1) \tag{4.106}$$

zu erreichen, weil das Stück zwischen P_1 und P_2 durch den Vektor $\vec{r}_2 - \vec{r}_1$ beschrieben wird und alle übrigen Punkte der Geraden dadurch entstehen, daß man zu $\vec{r}_1$ ein Vielfaches von $(\vec{r}_2 - \vec{r}_1)$ addiert. Der Faktor λ ist negativ für die Punkte links von P_1 und liegt zwischen Null und Eins zwischen den Punkten P_1 und P_2.

Mit dieser Rechenvorschrift kann man die Gerade punktweise erzeugen. Soll nun die Gerade oder eine Strecke dieser Geraden verschoben oder gedreht werden, so genügt es, die in den vorigen Abschnitten beschriebenen Transformationen auf die beiden die Gerade festlegenden oder die Strecke begrenzenden Punkte anzuwenden.

Will man zum Beispiel n Punkte an der x-Achse spiegeln, so muß man nur in Gl. (4.88) die Vektoren der Koordinaten formal erweitern. Die Matrix-Gleichung

$$\begin{pmatrix} x_1' & x_2' & \dots & x_n' \\ y_1' & y_2' & \dots & y_n' \end{pmatrix} = \begin{pmatrix} 1 & 0 \\ 0 & -1 \end{pmatrix} \cdot \begin{pmatrix} x_1 & x_2 & \dots & x_n \\ y_1 & y_2 & \dots & y_n \end{pmatrix} \tag{4.107}$$

beschreibt dann die Koordinaten der gespiegelten Punkte. Das gleiche gilt für alle Punkte bei einer Streckung in einer oder in zwei Richtungen. Gl. (4.92) kann auf

$$\begin{pmatrix} x_1' & x_2' & \dots & x_n' \\ y_1' & y_2' & \dots & y_n' \end{pmatrix} = \begin{pmatrix} a_{11} & 0 \\ 0 & a_{22} \end{pmatrix} \cdot \begin{pmatrix} x_1 & x_2 & \dots & x_n \\ y_1 & y_2 & \dots & y_n \end{pmatrix} \tag{4.108}$$

erweitert werden.

Auch die Drehung einer geometrischen Konstruktion um den Koordinaten-Nullpunkt kann durch formale Erweiterung von Gl. (4.95) auf n Koordinatenzahlenpaare durchgeführt werden, da die Matrix-Multiplikation mit Hilfe eines Rechners heute kein Problem mehr ist. Die Drehung einer Geraden um einen beliebigen Punkt erfolgt durch Erweiterung von Gl. (4.105). Die Drehung um den Koordinaten-Nullpunkt ist als Sonderfall in dieser Gleichung enthalten.

$$\begin{pmatrix} x_1' & x_2' & \dots & x_n' \\ y_1' & y_2' & \dots & y_n' \\ 1 & 1 & \dots & 1 \end{pmatrix} = \begin{pmatrix} 1 & 0 & x_D \\ 0 & 1 & y_D \\ 0 & 0 & 1 \end{pmatrix} \cdot \begin{pmatrix} \cos\varphi & -\sin\varphi & 0 \\ \sin\varphi & \cos\varphi & 0 \\ 0 & 0 & 1 \end{pmatrix} \cdot \begin{pmatrix} 1 & 0 & -x_D \\ 0 & 1 & -y_D \\ 0 & 0 & 1 \end{pmatrix} \cdot \begin{pmatrix} x_1 & x_2 & \dots & x_n \\ y_1 & y_2 & \dots & y_n \\ 1 & 1 & \dots & 1 \end{pmatrix} \tag{4.109}$$

Beispiel 5. Man drehe die durch die Punkte $P_1 = (3; 2)$ und $P_2 = (6; 6)$ gegebene Strecke um den Punkt $P_D = (5; -1)$ um 30° im Uhrzeigersinn (Bild **4.36**).
Mit $\varphi = -30°$ und $x_D = 5$ sowie $y_D = -1$ erhält man aus Gl. (4.109)

$$\begin{pmatrix} x_1' & x_2' \\ y_1' & y_2' \\ 1 & 1 \end{pmatrix} = \begin{pmatrix} 1 & 0 & 5 \\ 0 & 1 & -1 \\ 0 & 0 & 1 \end{pmatrix} \cdot \begin{pmatrix} 0.866 & 0.5 & 0 \\ -0.5 & 0.866 & 0 \\ 0 & 0 & 1 \end{pmatrix} \cdot \begin{pmatrix} 1 & 0 & -5 \\ 0 & 1 & 1 \\ 0 & 0 & 1 \end{pmatrix} \cdot \begin{pmatrix} 3 & 6 \\ 2 & 6 \\ 1 & 1 \end{pmatrix}$$

Die Matrizen können mit dem Falkschen Multiplikationsschema (Bild **4.19**) oder mit einem Rechner ausmultipliziert werden. Man erhält

$$\begin{pmatrix} x_1' & x_2' \\ y_1' & y_2' \\ 1 & 1 \end{pmatrix} = \begin{pmatrix} 4.768 & 9.366 \\ 2.598 & 4.562 \\ 1 & 1 \end{pmatrix}$$

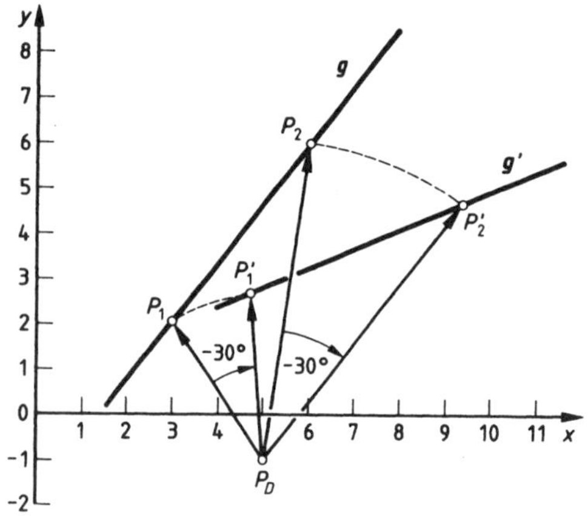

4.36 ■

4.5.2 Kollineare Abbildung im Raum

Bei der Darstellung von räumlichen Objekten in einer Bildebene (Bildschirm) müssen Beziehungen zwischen den räumlichen Koordinaten x, y und z der Punkte des Objektes und den ebenen Koordinaten u und v des zugehörigen Bildpunktes beschrieben werden. Das geschieht mit zeichnerischen Methoden in der Darstellenden Geometrie und mit rechnerischen Methoden in der Numerischen Geometrie. Dabei wird vom Auge des Betrachters über den Objektpunkt ein Strahl zum Bildpunkt in der Projektionsebene gezogen. Man spricht von Zentralperspektive, wenn alle Bildpunkte vom gleichen Blickpunkt (Augenpunkt, Projektionszentrum) aus gesehen werden. In der Bildebene erscheinen die Objekte dann in perspektivisch richtiger Darstellung und entsprechen weitgehend dem räumlichen Sehen.

In technischen Zeichnungen wird meistens die parallele Normalprojektion angewandt, bei der die Objekte vom „unendlich fernen Punkt“ [1]) aus betrachtet werden und die Bildebene senkrecht (normal) zum Lichtstrahl liegt. Alle Strahlen zwischen Objektpunkten und deren Bildpunkten verlaufen dann parallel, und das Bild entspricht einem Schattenriß von „unendlich ferner“ Lichtquelle, der Sonne. Während sich die Parallelprojektion durch Maßtreue parallel zur Projektionsebene auszeichnet, bietet die Zentralprojektion einen deutlicheren räumlichen Eindruck.

Bei beiden Abbildungen bleiben gerade Linien gerade (kollineare Abbildung).

Normalprojektion. Betrachtet man den Quader in Bild **4.**37 in Richtung der negativen z-Achse, so erhält man seinen Aufriß A, der als Rechteck in der (x, y)-Ebene erscheint.

Will man den Grundriß sehen, so muß man den Quader von oben in Richtung der negativen y-Achse betrachten, oder ihn um 90° im Uhrzeigersinn um die positive x-Achse drehen. Den Blick von unten erhält man bei Drehung des Objektes um 90° im Gegenuhrzeigersinn um die positive x-Achse.

Den Seitenriß S kann man bei Blick in Richtung der negativen x-Achse oder bei Drehung des Quaders um 90° im Uhrzeigersinn um die positive y-Achse sehen.

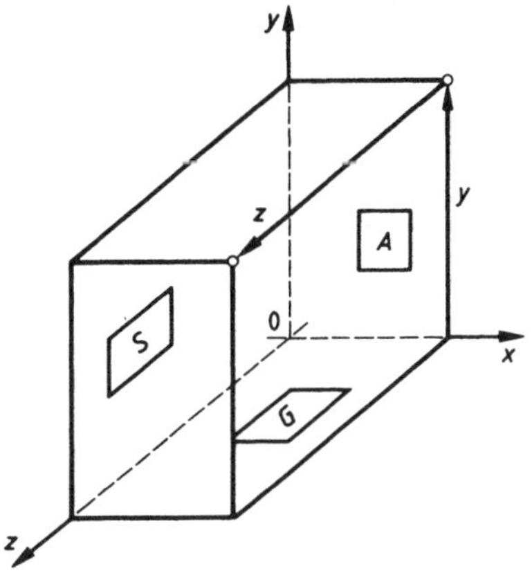

4.37

Will man das Objekt aus einer zu den Koordinatenachsen geneigten Richtung sehen, so kann man um das Objekt herumgehen (Darstellende Geometrie) oder das Objekt bei festem eigenen Standpunkt drehen und dann auf eine zum Beschauer feststehende (Bildschirm-)Ebene projizieren.

Nimmt man als feststehende Projektionsebene eine zur (x, y)-Ebene parallele (u, v)-Ebene und als Blickrichtung die negative z-Richtung an, so entsteht bei einer Drehung um die y-Achse eine seitliche Blickrichtung und bei einer Rechtsdrehung um die x-Achse eine Blickrichtung von oben. Zwei nacheinander ausgeführte Drehungen lassen eine allgemeine Blickrichtung zu. Von dieser allgemeinen Ansichtslage aus wird der Körper auf die Bildebene projiziert.

Der Einfachheit halber nehmen wir an, daß die u-Achse in der Bildebene das Bild der x-Achse des Objektes und die v-Achse der Bildebene das Bild der y-Achse des Objektes ist. Ein Punkt P des Objektes mit den Koordinaten (x, y, z) hat nach zwei aufeinander folgenden Drehungen die Koordinaten (x'', y'', z''). Bei der Parallelprojektion lauten die Koordinaten in der Bildebene dann einfach

$$u = x'' \qquad v = y'' \qquad w = 0 \tag{4.110}$$

[1]) Der sogenannte unendlich ferne Punkt ist eine mathematische Definition.

Es kommt also darauf an, die Drehungen um zwei Achsen in einer mathematischen Formel darzustellen, mit deren Hilfe dann der Rechner die Bildkoordinaten berechnen kann.

Drehung um die z-Achse. In Abschn. 4.5.1 ist die Drehung um die z-Achse als Drehung um den Koordinaten-Nullpunkt in der (x, y)-Ebene beschrieben. Für jeden Punkt bleibt dabei die z-Koordinate gleich Null. Die räumliche Drehung unterscheidet sich nur dadurch von der ebenen Transformation, daß die z-Koordinate zwar erhalten bleibt, aber nicht gleich Null sein muß. Man kann Gl. (4.102) so ergänzen, daß in der dritten Zeile anstatt der Eins die z-Koordinate steht oder Gl. (4.95) um die z-Koordinate erweitern.

$$\begin{pmatrix} x' \\ y' \\ z' \end{pmatrix} = \begin{pmatrix} \cos\varphi_z & -\sin\varphi_z & 0 \\ \sin\varphi_z & \cos\varphi_z & 0 \\ 0 & 0 & 1 \end{pmatrix} \cdot \begin{pmatrix} x \\ y \\ z \end{pmatrix} \qquad \boldsymbol{x}' = \boldsymbol{T}_z \boldsymbol{x} \tag{4.111}$$

Drehung um die x-Achse. Die Gleichung für die Drehung um die x-Achse kann auf gleiche Weise wie Gl. (4.111) gewonnen werden, wenn man in Bild **4.29** die x-Achse mit y und die y-Achse mit z bezeichnet und um die dann nach vorn zeigende x-Achse im Sinne einer Rechtsschraube dreht. Man erhält mit dem Drehwinkel φ_x

$$\begin{pmatrix} x' \\ y' \\ z' \end{pmatrix} = \begin{pmatrix} 1 & 0 & 0 \\ 0 & \cos\varphi_x & -\sin\varphi_x \\ 0 & \sin\varphi_x & \cos\varphi_x \end{pmatrix} \cdot \begin{pmatrix} x \\ y \\ z \end{pmatrix} \qquad \boldsymbol{x}' = \boldsymbol{T}_x \boldsymbol{x} \tag{4.112}$$

Dieselbe Gleichung erhält man auch, wenn man in der Matrix $\boldsymbol{T}_z$ in Gl. (4.111) alle Matrixelemente um je eine Reihe nach rechts und nach unten verschiebt und die „überlaufenden" Elemente oben und links wieder ansetzt (zyklische Vertauschung). Die gestrichenen Koordinaten sind die im alten Koordinatensystem gemessenen neuen Koordinaten des Punktes (x, y, z). Bei einer Drehung um die x-Achse um 90° bleibt die

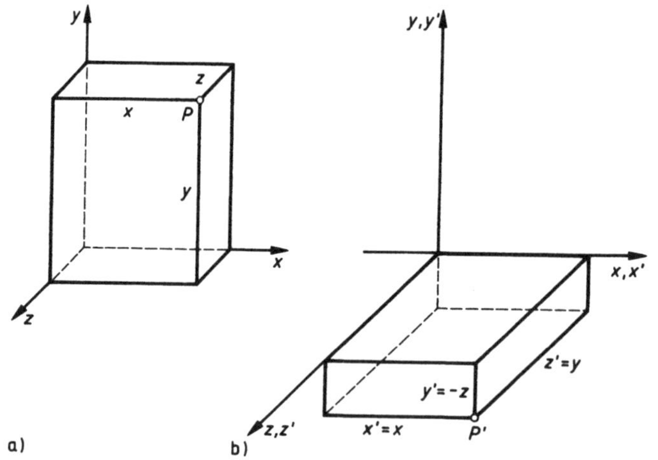

4.38

x-Koordinate des Punktes P beim Übergang nach P' (Bild **4**.38) erhalten, die Koordinate y' ändert das Vorzeichen und hat den Betrag der vorherigen z-Koordinate von P, die Koordinate z' behält das Vorzeichen und hat den Betrag y.

$$x' = x \qquad y' = -z \qquad z' = y$$

Drehung um die y-Achse. Bei der Drehung um die y-Achse bleibt die y-Koordinate erhalten. In der Transformationsgleichung muß deshalb in der zweiten Zeile der zweiten Spalte die Eins stehen.

Bei zyklischer Vertauschung der Drehachsen wandern, wie vorher beschrieben, alle Matrixelemente von $\boldsymbol{T}_x$ um je eine Stelle nach rechts und unten. Die Eins geht z.B. von der Stelle (1, 1) an die Stelle (2, 2), $\cos\varphi$ von der Stelle (3, 3) geht nach (1, 1) und $-\sin\varphi$ von der Stelle (2, 3) in $\boldsymbol{T}_x$ geht nach (3, 1) in $\boldsymbol{T}_y$. Jeder Index eines Elementes T_{ik} wird auf $T_{i+1,\,k+1}$ gesetzt, wobei $4 = 3 + 1$ gesetzt und nur die 1 beachtet wird ($4 = 1 \bmod 3$)

$$\begin{pmatrix} x' \\ y' \\ z' \end{pmatrix} = \begin{pmatrix} \cos\varphi_y & 0 & \sin\varphi_y \\ 0 & 1 & 0 \\ -\sin\varphi_y & 0 & \cos\varphi_y \end{pmatrix} \cdot \begin{pmatrix} x \\ y \\ z \end{pmatrix} \qquad \boldsymbol{x}' = \boldsymbol{T}_y \boldsymbol{x} \tag{4.113}$$

Die nacheinander ausgeführten Drehungen um die x-Achse und um die y-Achse können auch zusammengefaßt werden.

$$\boldsymbol{x}' = \boldsymbol{T}_x \boldsymbol{x} \qquad \boldsymbol{x}'' = \boldsymbol{T}_y \boldsymbol{x}' = \boldsymbol{T}_y \boldsymbol{T}_x \boldsymbol{x}$$

$$\begin{pmatrix} x'' \\ y'' \\ z'' \end{pmatrix} = \begin{pmatrix} \cos\varphi_y & 0 & \sin\varphi_y \\ 0 & 1 & 0 \\ -\sin\varphi_y & 0 & \cos\varphi_y \end{pmatrix} \cdot \begin{pmatrix} 1 & 0 & 0 \\ 0 & \cos\varphi_x & -\sin\varphi_x \\ 0 & \sin\varphi_x & \cos\varphi_x \end{pmatrix} \cdot \begin{pmatrix} x \\ y \\ z \end{pmatrix}$$

$$= \begin{pmatrix} \cos\varphi_y & \sin\varphi_y \sin\varphi_x & \sin\varphi_y \cos\varphi_x \\ 0 & \cos\varphi_x & -\sin\varphi_x \\ -\sin\varphi_y & \cos\varphi_y \sin\varphi_x & \cos\varphi_y \cos\varphi_x \end{pmatrix} \cdot \begin{pmatrix} x \\ y \\ z \end{pmatrix} \tag{4.114}$$

Man beachte, daß die Reihenfolge der Drehungen wesentlich ist. Im allgemeinen ist $\boldsymbol{T}_y \boldsymbol{T}_x \neq \boldsymbol{T}_x \boldsymbol{T}_y$.

Faßt man die Koordinaten aller einen Körper kennzeichnenden Punkte in einer Matrix zusammen, so ergibt sich

$$\begin{pmatrix} x_1'' & x_2'' & \dots & x_n'' \\ y_1'' & y_2'' & \dots & y_n'' \\ z_1'' & z_2'' & \dots & z_n'' \end{pmatrix} = \boldsymbol{T}_y \boldsymbol{T}_x \begin{pmatrix} x_1 & x_2 & \dots & x_n \\ y_1 & y_2 & \dots & y_n \\ z_1 & z_2 & \dots & z_n \end{pmatrix} \qquad \boldsymbol{P}'' = \boldsymbol{T}_y \boldsymbol{T}_x \boldsymbol{P} \tag{4.115}$$

Parallelprojektion in z-Richtung (Normalprojektion). Bei der Parallelprojektion sind die Koordinaten x'' und y'' des in die zu betrachtende Lage gedrehten Körpers die Koordinaten des Bildpunktes in einer zur (x, y)-Ebene parallelen (u, v)-Bildebene, wenn als Koordinaten-Nullpunkt der (u, v)-Ebene das Bild des Koordinaten-Nullpunktes der

(x, y)-Ebene gewählt wird. Die dritte Koordinate z'' gibt den Abstand w des Punktes P von der Bildebene an.

$$u = x'' \qquad v = y'' \qquad w = z'' \tag{4.116}$$

Beispiel 6. Der in Bild **4.39** dargestellte Würfel mit der Kantenlänge 1 soll
a) zuerst um 30° um die x-Achse und dann um 20° um die y-Achse gedreht,
b) zuerst um 20° um die y-Achse und dann um 30° um die x-Achse gedreht werden.
Man bestimme die Koordinaten der Eckpunkte nach Ausführung der Drehungen und zeichne die Normalprojektion für beide Fälle.

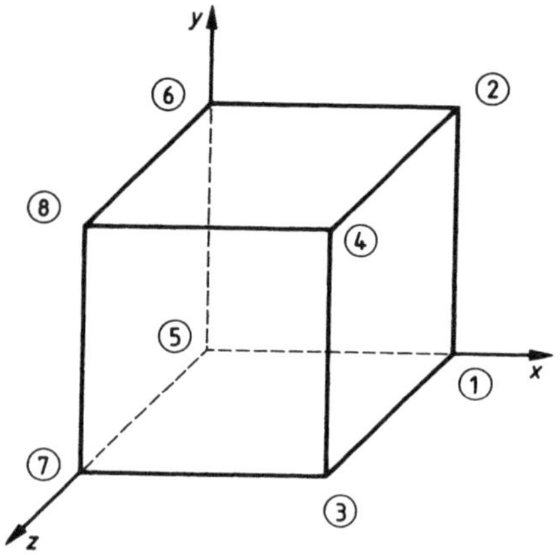

4.39

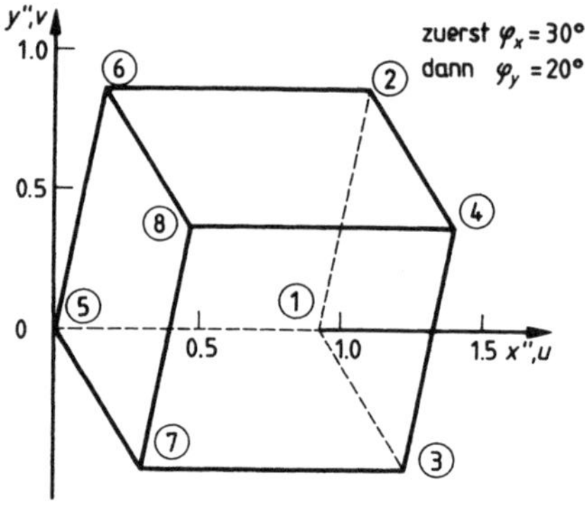

4.40

Man benutzt Gl. (4.115) mit $\boldsymbol{T}_y \boldsymbol{T}_x$ aus Gl. (4.114), die Numerierung der Punkte nach Bild **4.39** und erhält für die zuerst genannte Reihenfolge mit $\varphi_x = 30°$ und $\varphi_y = 20°$

$$\boldsymbol{T}_y \boldsymbol{T}_x = \begin{pmatrix} \cos 20° & 0 & \sin 20° \\ 0 & 1 & 0 \\ -\sin 20° & 0 & \cos 20° \end{pmatrix} \cdot \begin{pmatrix} 1 & 0 & 0 \\ 0 & \cos 30° & -\sin 30° \\ 0 & \sin 30° & \cos 30° \end{pmatrix} = \begin{pmatrix} 0.940 & 0.171 & 0.296 \\ 0 & 0.866 & -0.500 \\ -0.342 & 0.470 & 0.814 \end{pmatrix}$$

und
$$\boldsymbol{P}'' = \begin{pmatrix} 0.940 & 0.171 & 0.296 \\ 0 & 0.866 & -0.500 \\ -0.342 & 0.470 & 0.814 \end{pmatrix} \cdot \begin{pmatrix} 1 & 1 & 1 & 1 & 0 & 0 & 0 & 0 \\ 0 & 1 & 0 & 1 & 0 & 1 & 0 & 1 \\ 0 & 0 & 1 & 1 & 0 & 0 & 1 & 1 \end{pmatrix}$$

$$= \begin{pmatrix} 0.940 & 1.111 & 1.236 & 1.407 & 0 & 0.171 & 0.296 & 0.467 \\ 0 & 0.866 & -0.500 & 0.366 & 0 & 0.866 & -0.500 & 0.366 \\ -0.342 & 0.128 & 0.472 & 0.942 & 0 & 0.470 & 0.814 & 1.284 \end{pmatrix}$$

(s. Bild **4.40**).

Für die zweite Reihenfolge der Drehungen (Bild **4.**41) ist

$$\boldsymbol{T}_x\boldsymbol{T}_y = \begin{pmatrix} 1 & 0 & 0 \\ 0 & \cos 30° & -\sin 30° \\ 0 & \sin 30° & \cos 30° \end{pmatrix} \cdot \begin{pmatrix} \cos 20° & 0 & \sin 20° \\ 0 & 1 & 0 \\ -\sin 20° & 0 & \cos 20° \end{pmatrix} = \begin{pmatrix} 0.940 & 0 & 0.342 \\ 0.171 & 0.866 & -0.470 \\ -0.296 & 0.500 & 0.814 \end{pmatrix}$$

und $$\boldsymbol{P}'' = \boldsymbol{T}_x\boldsymbol{T}_y \cdot \begin{pmatrix} 1 & 1 & 1 & 1 & 0 & 0 & 0 & 0 \\ 0 & 1 & 0 & 1 & 0 & 1 & 0 & 1 \\ 0 & 0 & 1 & 1 & 0 & 0 & 1 & 1 \end{pmatrix}$$

$$= \begin{pmatrix} 0.940 & 0.940 & 1.282 & 1.282 & 0 & 0 & 0.342 & 0.342 \\ 0.171 & 1.037 & -0.299 & 0.567 & 0 & 0.866 & -0.470 & 0.396 \\ -0.296 & 0.204 & 0.518 & 1.018 & 0 & 0.500 & 0.814 & 1.314 \end{pmatrix}$$

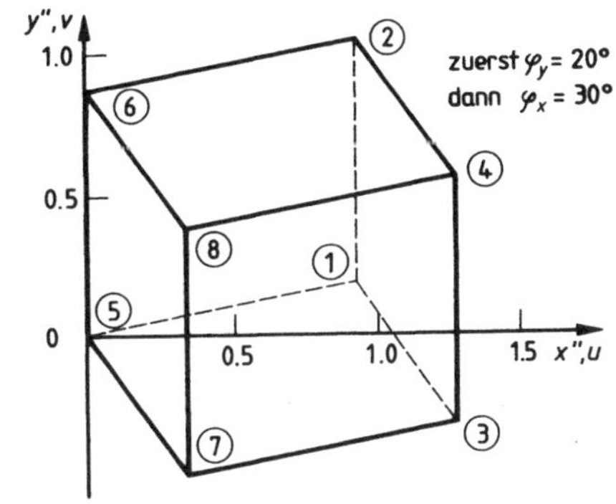

4.41

In der Projektionsmatrix sind die ersten beiden Zeilen die für die Projektion benötigten Koordinaten $x'' = u$ und $y'' = v$. Die dritte Zeile zeigt die (nicht benötigten) Abstände der Punkte von der Projektionsebene. Die Ergebnisse sind in Bild **4.**40 und **4.**41 dargestellt. Man sieht deutlich, daß die Reihenfolge der Drehungen für die Darstellung wesentlich ist. ■

Zentralprojektion. Gegeben sei ein Objekt, das nach dem vorher beschriebenen Verfahren in eine für die gesuchte Projektion passende Lage gedreht worden ist. Das Objekt wird von einem gegebenen Augenpunkt A (Bild **4.**42) aus betrachtet. Gesucht wird für jeden Punkt P des Objektes ein Bildpunkt P' in einer vorgegebenen Projektionsebene π. Der Einfachheit halber soll die Projektionsebene die (x, y)-Ebene sein. Die z-Achse liegt dann senkrecht zur Projektionsebene.

Der Fußpunkt des Lotes vom Augenpunkt auf die Bildebene ist ein ausgezeichneter Punkt dieser Ebene. Er heißt Hauptpunkt H. Die Länge des Lotes ist die z-Koordinate des Augenpunktes, sie ist der Abstand des Augenpunktes von der Projektionsebene und wird mit a (Abstand) bezeichnet.

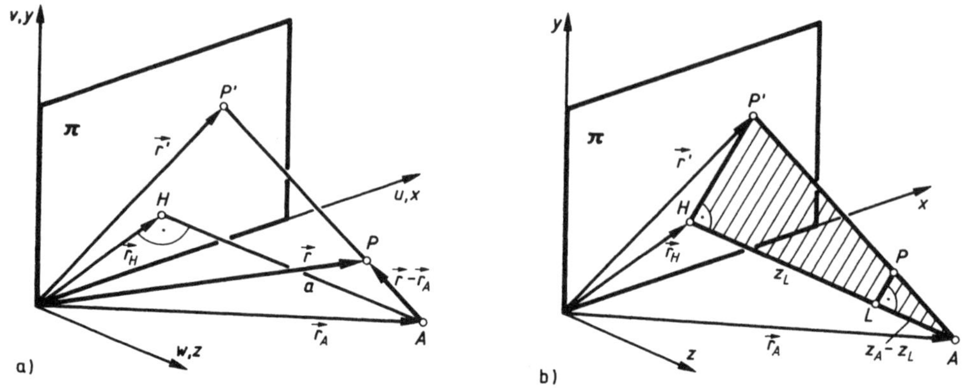

4.42

Die Koordinaten des Bildpunktes P' sollen durch die Koordinaten des Objektpunktes P und des Augenpunktes A ausgedrückt werden. Den Punkt P' erreicht man durch den Ortsvektor $\vec{r}\,'$ zum Bildpunkt P', der aus der Summe der Vektoren $\vec{r}_A$ vom Koordinaten-Nullpunkt zum Augenpunkt A und einem Vielfachen des Vektors $\vec{r}-\vec{r}_A$ vom Augenpunkt A zum Objektpunkt P ausgedrückt werden kann.

Aus Bild **4.**42a liest man ab

$$\vec{r}\,' = \vec{r}_A + k(\vec{r} - \vec{r}_A) \tag{4.117}$$

Der Faktor k muß aus der Lage der Punkte L, A, P, H und P' in Bild **4.**42b zueinander bestimmt werden. Aus dem schraffierten Dreieck in diesem Bild kann man nach den Verhältnissen des Strahlensatzes ablesen

$$k = \frac{\overline{AP'}}{\overline{AP}} = \frac{\overline{AH}}{\overline{AL}}$$

Nun steht aber nach Definition $\overline{AH}$ senkrecht auf der Bildebene und liegt deshalb parallel zur z-Achse. Deshalb ist $\overline{AH} = z_A = a$ und $\overline{AL} = \overline{AH} - \overline{LH} = a - z_L = a - z$, wenn z die Koordinate des Objektpunktes P ist. Also gilt

$$k = \frac{z_A}{z_A - z} = \frac{a}{a - z} \tag{4.118}$$

Die Koordinaten des Bildpunktes bei der Zentralprojektion ergeben sich also aus der Vektorgleichung

$$\vec{r}\,' = \vec{r}_A + k(\vec{r} - \vec{r}_A) = k\vec{r} + (1-k)\vec{r}_A$$

$$\vec{r}\,' = \frac{a}{a-z}\vec{r} - \frac{z}{a-z}\vec{r}_A \tag{4.119}$$

Legt man das Koordinatensystem nicht in die (x, y)-Ebene, sondern zu dieser parallel, dann muß in der Herleitung nur $\overline{AH} = z_A - z_H$ anstatt z_A eingesetzt werden, und Gl. (4.118) lautet allgemeiner

$$k = \frac{z_A - z_H}{z_A - z} \tag{4.120}$$

Aus Gl. (4.119) kann man die Komponenten

$$\begin{aligned} x' &= u = kx + (1-k)x_A \\ y' &= v = ky + (1-k)y_A \end{aligned} \tag{4.121}$$

gewinnen. Eine Gleichung für die neue Komponente $z' = w$ ist überflüssig, weil diese wegen der Verlegung des Koordinaten-Nullpunktes in die Bildebene gleich Null ist. Ergänzt man in Anlehnung an Gl. (4.98) eine Zeile für die Parallelverschiebung, so kann man Gl. (4.121) auch in der Matrixform

$$\begin{pmatrix} u \\ v \\ 1 \end{pmatrix} = \begin{pmatrix} k & 0 & (1-k)\cdot x_A \\ 0 & k & (1-k)\cdot y_A \\ 0 & 0 & 1 \end{pmatrix} \cdot \begin{pmatrix} x \\ y \\ 1 \end{pmatrix} \tag{4.122}$$

schreiben.

Wenn vor der Projektion das Objekt schon aus einer Lage mit den Koordinaten (x, y, z) in die Lage (x'', y'', z'') gedreht wurde, sind in Gl. (4.121) und (4.122) sinngemäß anstatt (x, y, z) die Koordinaten (x'', y'', z'') einzusetzen. Die Koordinate z oder z'' kommt in diesen Gleichungen zwar nicht explizit vor, steckt jedoch nach Gl. (4.118) im Faktor k. Gl. (4.122) gilt für einen Objektpunkt. Hat man mehrere (z.B. n) Objektpunkte einer zur (u, v)-Ebene parallelen Ebene abzubilden, so kann man wie in Gl. (4.115) die (3; 1)-Matrizen in Gl. (4.122) auf (3; n)-Matrizen erweitern.

Deutung des Ergebnisses

Der Faktor $k = a/(a-z)$ gibt Auskunft über die Abbildung. Einige Sonderfälle sind in der folgenden Tafel zusammengefaßt.

$z = 0$	$k = 1$	Objektpunkte, die in der Bildebene liegen, werden auf sich selbst abgebildet ($u = x$, $v = y$)
$a \gg z$	$k = 1$	Augenpunkt liegt in großer Ferne. Parallelprojektion als Sonderfall der Zentralprojektion
$z < 0$	$k < 1$	Objekt liegt hinter dem Bildschirm. Verkleinerte Bilder
$z > 0$	$k > 1$	Objekt liegt zwischen Bildschirm und Betrachter
$z > a$	$k < 0$	Betrachter befindet sich zwischen Objekt und Bildschirm
$z \to a$	$k \to \infty$	Dieser Fall kann nicht auftreten, weil das Objekt nicht „im Auge“ liegen kann

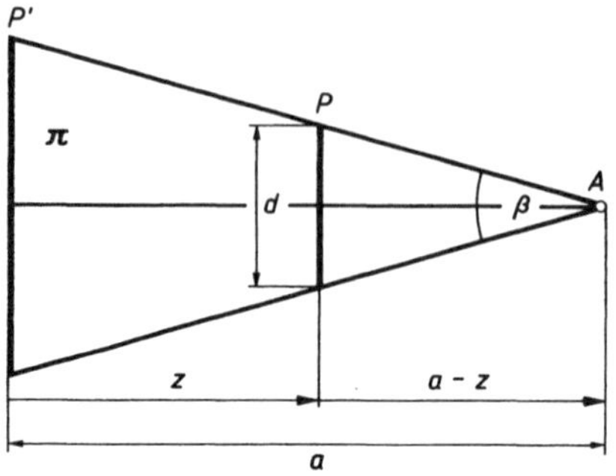

4.43

Das Auge muß zur Erzeugung eines vernünftigen Bildes einen günstigen Abstand vom Objekt und eine möglichst zentrale Lage haben. Durch das Verhältnis von Objektdurchmesser d und Objektabstand $a-z$ regelt man den Blickwinkel β (Bild **4.43**) und durch das Verhältnis von Bildabstand a zu Objektabstand $a-z$ die Bildgröße.

Beispiel 7. Ein Quader mit den im Koordinatensystem nach Bild **4.44** gemessenen Eckkoordinaten

$$\begin{matrix} P_1 & P_2 & P_3 & P_4 & P_5 & P_6 & P_7 & P_8 \end{matrix}$$
$$\begin{pmatrix} 2 & 2 & 4 & 4 & 2 & 2 & 4 & 4 \\ 0 & 1 & 0 & 1 & 0 & 1 & 0 & 1 \\ 2 & 2 & 2 & 2 & 3 & 3 & 3 & 3 \end{pmatrix}$$

soll vom Augenpunkt mit den Koordinaten (1; 0.5; 6) auf die (x, y)-Ebene abgebildet werden. Man bestimme die Koordinaten der Eckpunkte in der Bildebene.

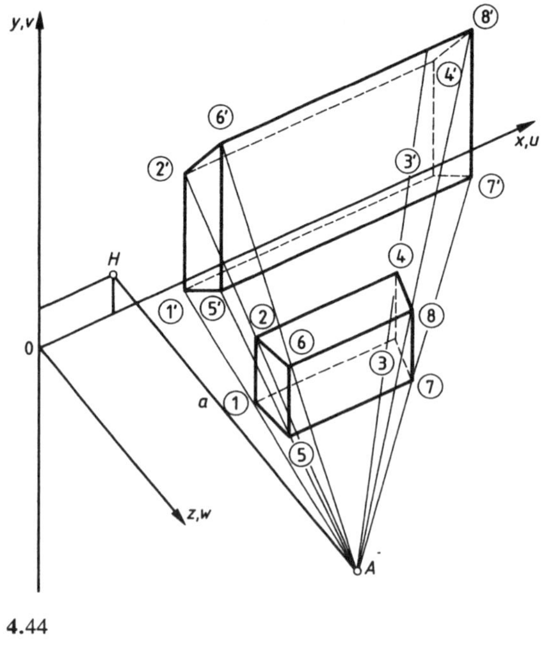

4.44

Die Rechnung muß für jeden Abstand z gesondert erfolgen. Man faßt die Punkte mit gleichem z zusammen.

Für die Punkte P_1 bis P_4 des Quaders ist $z=2$. Mit $a=6$ ergibt sich also $k=a/(a-z) = 1.5$. In Gl. (4.122) steht dann mit $(1-k)x_A = -0.5$ und $(1-k)y_A = -0.25$

$$\begin{pmatrix} u_1 & u_2 & u_3 & u_4 \\ v_1 & v_2 & v_3 & v_4 \\ 1 & 1 & 1 & 1 \end{pmatrix} = \begin{pmatrix} 1.5 & 0 & -0.5 \\ 0 & 1.5 & -0.25 \\ 0 & 0 & 1 \end{pmatrix} \cdot \begin{pmatrix} 2 & 2 & 4 & 4 \\ 0 & 1 & 0 & 1 \\ 1 & 1 & 1 & 1 \end{pmatrix}$$

$$= \begin{pmatrix} 2.5 & 2.5 & 5.5 & 5.5 \\ -0.25 & 1.25 & -0.25 & 1.25 \\ 1 & 1 & 1 & 1 \end{pmatrix}$$

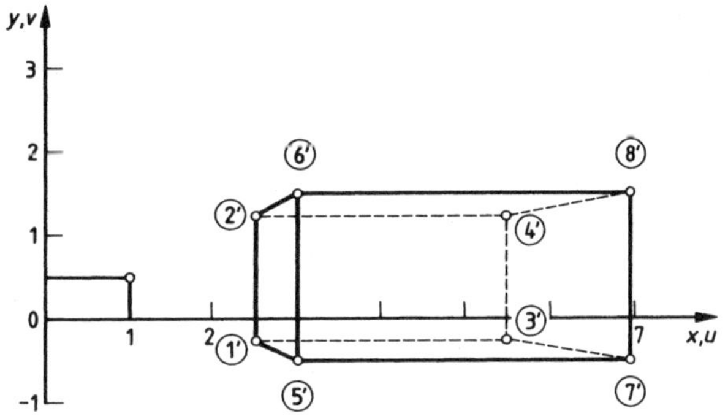

4.45

Für die Eckpunkte P_5 bis P_8 ist $z=3$, $k=2$ und $(1-k)x_A = -1$ sowie $(1-k)y_A = -0.5$.

$$\begin{pmatrix} u_5 & u_6 & u_7 & u_8 \\ v_5 & v_6 & v_7 & v_8 \\ 1 & 1 & 1 & 1 \end{pmatrix} = \begin{pmatrix} 2 & 0 & -1 \\ 0 & 2 & -0.5 \\ 0 & 0 & 1 \end{pmatrix} \cdot \begin{pmatrix} 2 & 2 & 4 & 4 \\ 0 & 1 & 0 & 1 \\ 1 & 1 & 1 & 1 \end{pmatrix}$$

$$= \begin{pmatrix} 3 & 3 & 7 & 7 \\ -0.5 & 1.5 & -0.5 & 1.5 \\ 1 & 1 & 1 & 1 \end{pmatrix}$$

Die Ergebnisse sind in Bild **4**.44 in perspektivischer Darstellung und in Bild **4**.45 in der (u, v)-Ebene dargestellt. ■

4.5.3 Aufgaben zu Abschnitt 4.5

1. Der Punkt $P=(7;\ -2)$ einer Konstruktion soll an der x-Achse gespiegelt werden. Wie lauten die Koordinaten des Spiegelpunktes?

2. Ein Dreieck mit den Eckpunkten $P_1=(6;\ 1)$, $P_2=(4;\ 7)$ und $P_3=(-1;\ 3)$ wird einer Maßstabsänderung in x-Richtung mit dem Faktor $a_{11}=2$ und in y-Richtung mit dem Faktor $a_{22}=1.5$ unterworfen. Wie lauten die Koordinaten der Punkte P_1', P_2' und P_3'?

3. Der Ortsvektor $\vec{r}=(6;\ 8)$ soll um 135° um den Koordinaten-Nullpunkt gedreht werden. Man bestimme den Ortsvektor $\vec{r}\,'$.

4. Wie lauten die Koordinaten des Lotpunktes P', der durch Fällen des Lotes vom Punkt $P=(10;\ -2)$ auf die Gerade durch den Koordinaten-Nullpunkt und den Punkt $P_1=(4;\ 3)$ entsteht?

5. Das Quadrat mit den Eckkoordinaten $P_1=(2;\ 1)$, $P_2=(5;\ 1)$, $P_3=(5;\ 4)$ und $P_4=(2;\ 4)$ soll um den Koordinaten-Nullpunkt um 90° gedreht werden. Wie lauten die Koordinaten der neuen Eckpunkte?

6. Das Quadrat aus Aufgabe 5 soll um den Punkt P_1 um 30° gedreht werden. Man bestimme die Koordinaten der neuen Eckpunkte.

7. Man zeige anhand der Strecke mit den Endpunkten (1; 1) und (5; 5), daß eine Drehung um 60° und anschließende Spiegelung an der x-Achse zu anderen Ergebnissen führt als wenn man die Reihenfolge der Operationen vertauscht (Matrixmultiplikation ist im allgemeinen nicht kommutativ). Man stelle die Ergebnisse graphisch dar.

8. Ein Tetraeder (Bild **4.46**) soll auf die (x, y)-Ebene parallel zur z-Achse projiziert werden

a) nach einer Drehung um $\varphi_x=-15°$ um die x-Achse

b) nach einer weiteren Drehung um $\varphi_y=20°$ um die y-Achse.

Das Tetraeder ist durch die Matrix seiner Eckpunktkoordinaten gegeben

$$\boldsymbol{P}=\begin{pmatrix} x_1 & x_2 & x_3 & x_4 \\ y_1 & y_2 & y_3 & y_4 \\ z_1 & z_2 & z_3 & z_4 \end{pmatrix}=\begin{pmatrix} 3 & 2 & 3 & 4 \\ 5 & 0 & 0 & 0 \\ 3 & 2 & 6 & 2 \end{pmatrix}$$

Man bestimme die Koordinaten der Bildpunkte und zeichne das Bild.

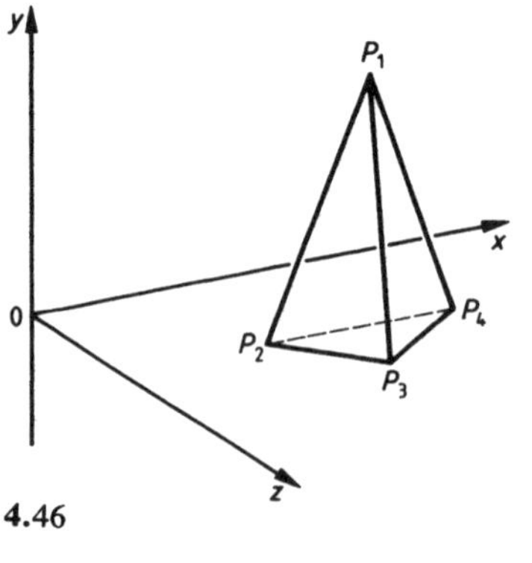

4.46

9. Das in Aufgabe 8 beschriebene Tetraeder soll auf die (x, y)-Ebene parallel projiziert werden, nachdem es um 90° um die x-Achse und anschließend um $-90°$ um die y-Achse gedreht wurde. Man bestimme die Koordinaten der Bildpunkte in der Projektionsebene und zeichne das Bild.

10. Für das durch die Matrix

$$P = \begin{pmatrix} 2 & 4.5 & 16.5 & 14 & 2 & 4.5 & 16.5 & 14 \\ 0 & 0 & 0 & 0 & 4 & 2.5 & 2.5 & 4 \\ 5 & 11 & 6 & 0 & 5 & 11 & 6 & 0 \end{pmatrix}$$

gegebene Hexaeder (Sechsflächner, z. B. kleines Haus mit Pultdach) nach Bild **4**.47 zeichne man die Projektion parallel zur z-Achse auf die (x, y)-Ebene

a) in der gegebenen Form

b) nach einer Drehung um die y-Achse so, daß die durch P_1, P_4, P_5 und P_8 begrenzte Fläche parallel zur (x, y)-Ebene liegt.

c) Welche Operationen muß man ausführen, wenn die Drehung um die zur y-Achse parallele Achse $\overline{P_4P_8}$ erfolgen soll?
Wie lauten dann die Koordinaten der Bildpunkte?

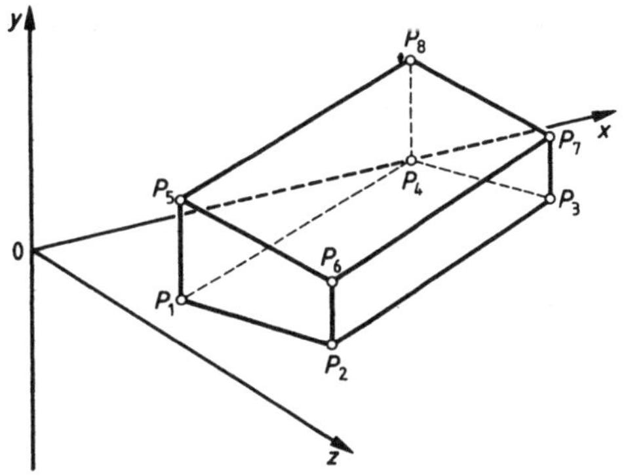

4.47

11. Das in Aufgabe 10 beschriebene Hexaeder soll in Zentralprojektion von verschiedenen Augenpunkten aus dargestellt werden. Man berechne die Bildkoordinaten der Eckpunkte und zeichne die Bilder in der Projektionsebene.

a) $A = (0; 0; 25)$ b) $A = (0; 2; 25)$ c) $A = (0; 10; 25)$

d) $A = (0; 15; 25)$ e) $A = (15; 15; 25)$ f) $A = (10; 10; 25)$

g) $A = (10; 10; 20)$

5 Differentialrechnung

5.1 Einführung

5.1.1 Grundbegriffe

Die Differentialrechnung wurde um 1700 unabhängig von Newton und Leibniz entwickelt. Dabei ging Newton von physikalischen und Leibniz von mathematisch-philosophischen Problemstellungen aus. Im Schulunterricht ist es üblich, die Differentialrechnung aus dem Problem der Berechnung der Steigung der Tangente in einem Punkt eines Graphen zu entwickeln. Auch hier wird die Differentialrechnung aus didaktischen Gründen so begonnen.

Wenn im folgenden nichts anderes erwähnt ist, wird vorausgesetzt, daß die betrachtete Funktion in dem betrachteten Intervall stetig ist. Die Stetigkeit wurde im Abschn. 2.3.3 erläutert. Die dort erfolgten Ausführungen über Grenzwerte von Funktionen gelten sinngemäß auch für den folgenden Grenzwert.

Definition. *Der Ausdruck*

$$\frac{y-y_1}{x-x_1}=\frac{f(x)-f(x_1)}{x-x_1}=\frac{f(x_1+\Delta x)-f(x_1)}{\Delta x}=\frac{\Delta y}{\Delta x} \tag{5.1}$$

heißt der Differenzenquotient. *Wenn der Grenzwert*

$$\lim_{x\to x_1}\frac{y-y_1}{x-x_1}=\lim_{x\to x_1}\frac{f(x)-f(x_1)}{x-x_1}=\lim_{\Delta x\to 0}\frac{f(x_1+\Delta x)-f(x_1)}{\Delta x}=\lim_{\Delta x\to 0}\frac{\Delta y}{\Delta x}$$
$$=y'(x_1)=f'(x_1)=\frac{\mathrm{d}}{\mathrm{d}x}f(x_1)=\left.\frac{\mathrm{d}y}{\mathrm{d}x}\right|_{x_1} \tag{5.2}$$

für alle Nullfolgen $(x-x_1)$ existiert, heißt er die 1. Ableitung von $f(x)$ an der Stelle x_1 *oder der* Differentialquotient von $f(x)$ an der Stelle x_1. *Man sagt auch: die Funktion $f(x)$ ist an der Stelle x_1 differenzierbar.*[1])

[1]) Hierbei wird vorausgesetzt, daß kein Element der Folge (x) gleich x_1 ist, so daß kein Element der Quotientenfolge einen verschwindenden Nenner hat.

Die unterschiedlichen Schreibweisen in Gl. (5.1) und (5.2) sind jeweils bei verschiedenen Anwendungen oder Herleitungen zweckmäßig. Aus Bild **5**.1 erkennt man, daß bei gleichen Maßstäben $m_x = m_y$ auf den Koordinatenachsen der Differenzenquotient als Steigung der Sekante durch die Punkte PP_1 und die 1. Ableitung als Tangentensteigung im Punkte P_1 interpretiert werden kann. Die Tangente entsteht aus der Sekante, indem der Punkt P auf dem Graphen beliebig dicht an den Punkt P_1 heranrückt. In den Diagrammen der Technik ist meist $m_x \neq m_y$. Dann gilt nach Gl. (2.31) für die Steigung der Tangente im Punkt P_1

$$\boxed{\tan\alpha_1 = \frac{m_y}{m_x} y_1'} \tag{5.3}$$

Als letzter, aber sehr wichtiger Schritt bei der Bildung der Grundbegriffe der Differentialrechnung sei nun auch x_1 variabel. Es wird also die Steigung eines Graphen als Funktion von x betrachtet. Diese Funktion heißt die 1. Ableitung von $f(x)$ oder die Steigungsfunktion. Man schreibt

$$\boxed{y' = f'(x) = \frac{\mathrm{d}}{\mathrm{d}x} f(x) = \frac{\mathrm{d}y}{\mathrm{d}x}} \tag{5.4}$$

Sind x und y physikalische Größen, so ist auch $f'(x)$ eine physikalische Größe. Ihre Einheit ist der Quotient der Einheiten von y und x.

Voraussetzung für die Differenzierbarkeit einer Funktion ist ihre Stetigkeit an dieser Stelle. Aus Bild **5**.2 erkennt man, daß diese Implikation nicht umkehrbar ist. In den Knickpunkten ist die Funktion zwar stetig, aber nicht differenzierbar (s. Beispiel 5).

In den beiden folgenden Beispielen wird *ohne* die Rechenregeln der Differentialrechnung der Wert der 1. Ableitung numerisch bzw. graphisch ermittelt. Speziell das graphische Verfahren ist als Rechenkontrolle wichtig. Dabei kommt es nicht auf eine hohe Genauigkeit an, sondern darauf, den prinzipiellen Verlauf des Graphen von $f'(x)$ aus dem gegebenen Graphen von $f(x)$ zu erkennen. Oft genügt es, die Punkte zu markieren, in denen $f'(x) = 0$ ist und die Bereiche zu unterscheiden, in denen die Steigung von $f(x)$ positiv bzw. negativ ist.

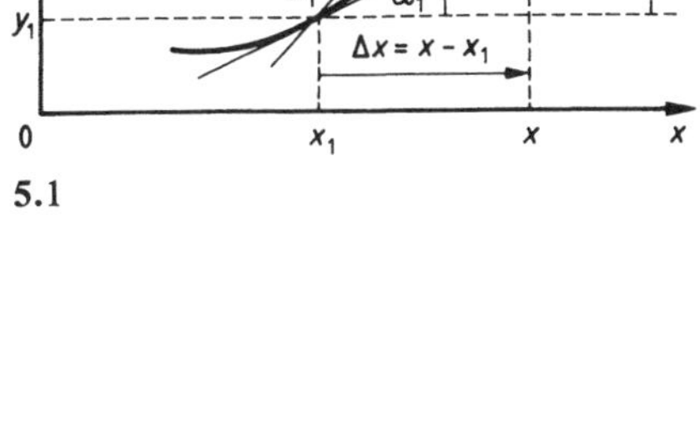

5.1

5.2

Beispiel 1. Für die Funktion $y=3/x^2$ führe man den Grenzübergang vom Differenzenquotienten zur Ableitung bei $x_1=1$ in einer Wertetafel numerisch durch, wenn x von 1.1 beginnend gegen $x_1=1$ strebt.

x	$\frac{3}{x^2}$	$\frac{3}{x^2}-\frac{3}{x_1^2}$	$x-x_1$	$\frac{\frac{3}{x^2}-\frac{3}{x_1^2}}{x-x_1}$
1.1	2.479339	−0.520661	0.1	−5.20661
1.01	2.940888	−0.059112	0.01	−5.91119
1.001	2.994009	−0.005991	0.001	−5.99101
1.0001	2.999400	−0.000600	0.0001	−5.99910
⋮	⋮	⋮	⋮	⋮
1	3	0	0	−6

■

Beispiel 2. Gegeben ist die Funktion $y=+\sqrt{1-x^2}$ und in Bild **5**.3 ihr Graph (Halbkreis). Man bestimme an mehreren Punkten die Steigungswinkel der Tangente, trage ihre Tangenswerte als Ordinaten der Funktion $f'(x)$ auf und skizziere daraus den Graphen von $f'(x)$.

In Bild **5**.3 ist die Konstruktion für den Punkt $x_1=0.6$ gezeigt. Es ist $\alpha_1=-36.9°$ und $\tan\alpha_1=-0.75$. ■

Ergänzend sei bemerkt, daß eine exakte Tangentenkonstruktion nur bei den Kegelschnitten möglich ist. Die folgende Konstruktion ist beim vorliegenden Kreis exakt, wird aber auch bei beliebigen Graphen als Näherungslösung verwendet: Mit dem Zirkel werden in gleichen Abständen links und rechts vom Berührungspunkt P_1 der Tangente zwei Punkte P' und P'' auf dem Graphen markiert (Bild **5**.4). Durch $P'P''$ wird die Sekante gelegt. Die Parallele zur Sekante durch P_1 nähert die Tangente in P_1 an.

In den folgenden Beispielen werden Anwendungen der 1. Ableitung gezeigt. Die erste Anwendung geht auf Newton zurück, der damit die Differentialrechnung begründet

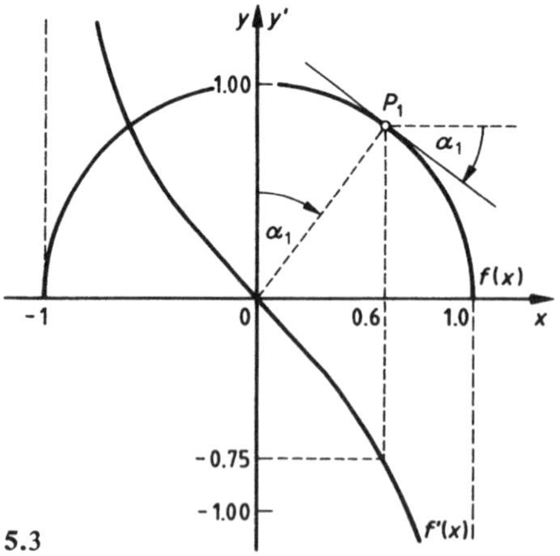

5.3

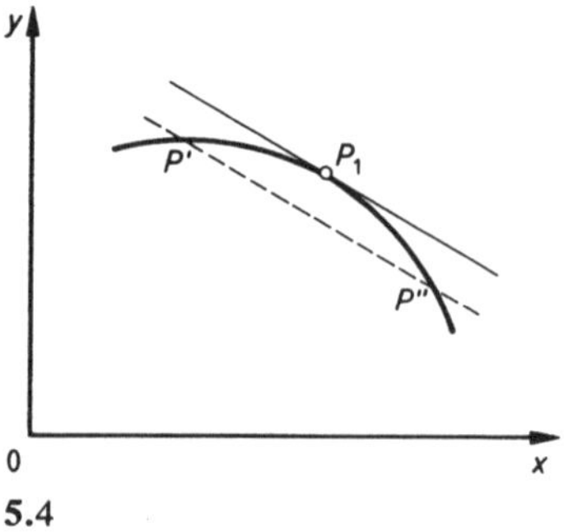

5.4

hat. In der Physik ist es üblich, die sehr häufig auftretenden Ableitungen nach der Zeit durch einen Punkt zu kennzeichnen.

Beispiel 3. Die mittlere Geschwindigkeit einer Translationsbewegung wird definiert als $v = \Delta s/\Delta t$. Wenn $v = \text{const}$ ist, spricht man von einer gleichförmigen Bewegung. Im allgemeinen ist aber die Geschwindigkeit eine Funktion der Zeit. Als Geschwindigkeit zur Zeit t_1 definiert man

$$v(t_1) = \lim_{t \to t_1} \frac{s - s_1}{t - t_1} = \dot{s}(t_1) = \left. \frac{\mathrm{d}s}{\mathrm{d}t} \right|_{t_1} \tag{5.5}$$

Die Geschwindigkeit zu einer beliebigen Zeit t ist dann

$$v(t) = \dot{s}(t) = \mathrm{d}s/\mathrm{d}t$$ ■

Die beiden nächsten Beispiele setzen bereits die Kenntnis einfacher Rechenregeln der Differentialrechnung voraus (s. Abschn. 5.2.1). Zunächst wird der Unterschied zwischen den Zahlenwerten der 1. Ableitung und der Steigung bei verschiedenen Maßstäben auf den Koordinatenachsen (Gl. (5.3)) gezeigt. Ein weiteres Beispiel behandelt eine der in der Technik häufig vorkommenden stückweise stetigen Funktionen.

Beispiel 4. Beim senkrechten Wurf nach oben gilt

$$s = v_0 t - 0.5\, g\, t^2$$

mit der Anfangsgeschwindigkeit $v_0 = 20$ m/s und der Schwerebeschleunigung $g = 10$ m/s^2. Die 1. Ableitung beträgt nach Gl. (5.13) bis (5.15)

$$\dot{s} = v = v_0 - g\, t$$

Damit ist $v(1\,\text{s}) = 10$ m/s. Dem Bild **5.5** entnimmt man die Maßstäbe $m_t = 8$ cm/2 s $= 4$ cm/s und $m_s = 10$ cm/20 m $= 0.5$ cm/m. Nach Gl. (5.3) ist

$$\tan \alpha_1 = (m_s/m_t)\, v(1\,\text{s}) = 1.25$$

Man beachte, daß eine einheitenfreie Größe entsteht. Damit erhält man $\alpha_1 = 51.3°$.

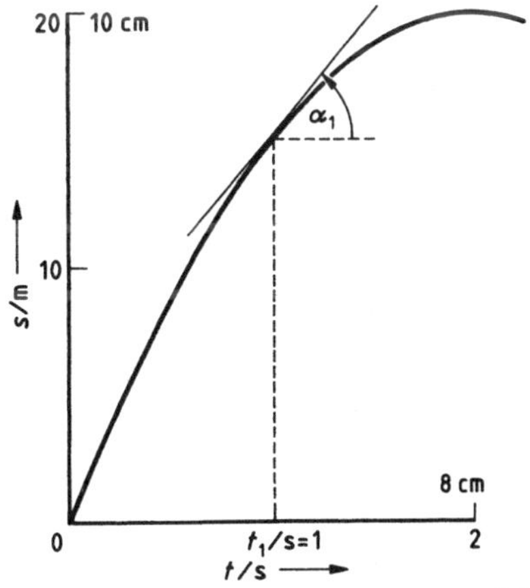

5.5 ■

Beispiel 5. Durch Bild **5**.2 ist eine periodische Impulsfunktion definiert. Es sind die Gleichungen der Funktion und ihrer 1. Ableitung aufzustellen. Das Diagramm der 1. Ableitung ist zu zeichnen.

$$f(t)=\begin{cases}\dfrac{4\hat{u}}{T}t-2n\hat{u} & \text{wenn} \quad n\dfrac{T}{2}\leq t<(2n+1)\dfrac{T}{4}\\ -\dfrac{4\hat{u}}{T}t+2n\hat{u} & \text{wenn} \quad (2n+1)\dfrac{T}{4}\leq t<(n+1)\dfrac{T}{2}\end{cases} \qquad n=0,\,1,\,2,\,\ldots$$

Die 1. Ableitung beträgt nach Gl. (5.12) bis (5.15)

$$f'(t)=\begin{cases}\dfrac{4\hat{u}}{T} & \text{wenn} \quad n\dfrac{T}{2}\leq t<(2n+1)\dfrac{T}{4}\\ -\dfrac{4\hat{u}}{T} & \text{wenn} \quad (2n+1)\dfrac{T}{4}\leq t<(n+1)\dfrac{T}{2}\end{cases}$$

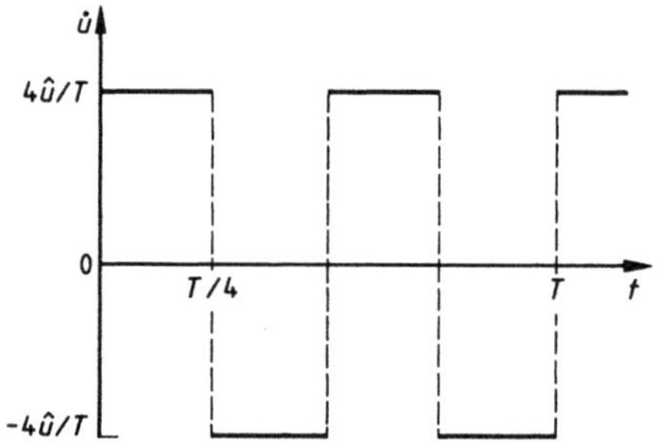

5.6

Bild **5**.6 zeigt das Diagramm. An den Stellen $t=nT/4$ hat die 1. Ableitung Sprungstellen, weil dort die Funktion Knicke hat. An diesen Stellen ist die Funktion nicht differenzierbar, weil keine eindeutige Steigung des Graphen vorhanden ist. ■

5.1.2 1. Ableitung. Differentialquotient

In Gl. (5.2) wurden $f'(x)=\mathrm{d}y/\mathrm{d}x$ als unterschiedliche Schreibweisen für den gleichen Sachverhalt definiert. Die Bezeichnung $f'(x)$ stammt von Newton, $\mathrm{d}y/\mathrm{d}x$ stammt von Leibniz und führte zur Bezeichnung Differentialrechnung. Viele mathematische Beweise und Herleitungen aus dem Bereich der Technik werden jedoch wesentlich vereinfacht, wenn man zunächst die Begriffe $f'(x)$ und $\mathrm{d}y/\mathrm{d}x$ getrennt definiert und anschließend ihre Gleichheit beweist. (Nur für $m_x=m_y$ ist dieser Beweis trivial.)

Dabei wird die Ableitung $f'(x)$ geometrisch als die (ggf. nach Gl. (5.3) mit den Maßstäben multiplizierte) Steigung der Tangente in einem Punkt P und arithmetisch als Grenzwert des Differenzenquotienten definiert. Die Differenzen Δx und Δy können geometrisch als Katheten im „Sekantendreieck“ von Bild 5.7 und arithmetisch als Differenzen zwischen zwei Argument- bzw. Funktionswerten interpretiert werden. Die Differentiale $\mathrm{d}x$ und $\mathrm{d}y$ bedeuten geometrisch die Katheten im „Tangentendreieck“. Man beachte, daß gemäß Bild 5.7 exakt $\Delta x = \mathrm{d}x$ gilt, aber nur näherungsweise $\Delta y \approx \mathrm{d}y$. Bei vielen technischen Anwendungen wird aber der Unterschied zwischen Δy und $\mathrm{d}y$ vernachlässigt. Die Differentiale durchlaufen *keine* Folge mit dem Grenzwert Null, sondern behalten, insbesondere bei den Anwendungen in der Technik (wo sie oft als „Element“, z.B. Massenelement, bezeichnet werden), oft einen endlichen Wert.

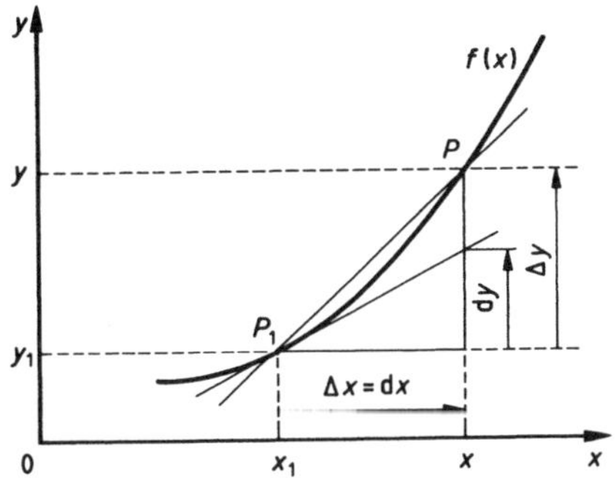

5.7

Definition. *Der Quotient der Differentiale* $\mathrm{d}y$ *und* $\mathrm{d}x$ *heißt* Differentialquotient $\mathrm{d}y/\mathrm{d}x$.

Eine Konsequenz dieser Definition ist, daß die Differentiale als zwei Größen betrachtet werden, auf die die Rechengesetze der Arithmetik angewandt werden dürfen. Aus $\mathrm{d}y/\mathrm{d}x = f'(x)$ folgt z.B. unmittelbar die häufig benutzte Gleichung zur Berechnung des Differentials einer Funktion

$$\boxed{\mathrm{d}y = f'(x)\,\mathrm{d}x} \tag{5.6}$$

Damit kann $\mathrm{d}y$ berechnet werden, wenn die rechte Seite dieser Gleichung bekannt ist (s. Beispiel 7).

Aus Gründen, die hier nicht erörtert werden, wird diese begriffliche Trennung von 1. Ableitung und Differentialquotient von der heutigen Universitätsmathematik nicht durchgeführt. In den Lehrbüchern der Technik und in diesem Buch wird sie wegen der vorstehend aufgeführten Vorteile trotzdem benutzt.

Beispiel 6. Induktionsgesetz. Fließt durch eine Spule ein zeitlich veränderlicher Strom i, so wird in ihr eine Spannung u induziert. Es besteht der Zusammenhang

$$u(t) = L\,\frac{\mathrm{d}i}{\mathrm{d}t}$$

Der Selbstinduktionskoeffizient L hängt von der Windungszahl der Spule und deren geometrischen Abmessungen ab. Trennt man die Differentiale und integriert anschließend, so ergibt sich für den Strom i

$$\mathrm{d}i = \frac{1}{L} u(t)\,\mathrm{d}t \quad \text{und} \quad \int \mathrm{d}i = i = \frac{1}{L} \int u(t)\,\mathrm{d}t$$ ■

Beispiel 7. Funktionsdifferenz und Differential. Aus der in Beispiel 4 gezeigten Funktionsgleichung für den senkrechten Wurf erhält man mit den dortigen Zahlenwerten die folgende Tafel

t/s	s/m
0.5	8.75
0.6	10.20

und daraus die Funktionsdifferenz

$$\Delta s = (10.20\text{ m} - 8.75\text{ m}) = 1.45\text{ m}$$

Das Differential beträgt nach Gl. (5.6) $\mathrm{d}s = \dot{s}(t)\,\mathrm{d}t = (v_0 - gt)\,\mathrm{d}t$. Mit $t_1 = 0.5$ s und $\mathrm{d}t = 0.1$ s erhält man $\mathrm{d}s = 1.50$ m.

Der Unterschied zwischen Δs und $\mathrm{d}s$ beträgt hier also 0.05 m oder etwa 3%. Dieser Unterschied wird noch kleiner, wenn das Verhältnis $\Delta t/t$ kleiner wird. Hier ist $\Delta t/t = 20\%$, bei vielen Anwendungen liegt es in der Größenordnung von 1%. Der Unterschied zwischen Differential und Funktionsdifferenz kann deshalb meist vernachlässigt werden. ■

5.1.3 Ableitungen höherer Ordnung

In vielen Fällen interessiert nicht nur die Änderung der Funktion, sondern auch die Änderung der 1. Ableitung. Diese muß also nochmals differenziert werden. Deshalb gilt die folgende

Definition. *Wenn der Grenzwert*

$$\lim_{x \to x_1} \frac{f'(x) - f'(x_1)}{x - x_1} = y''(x_1) = f''(x_1) = \left.\frac{\mathrm{d}^2 y}{\mathrm{d}x^2}\right|_{x_1} \tag{5.7}$$

existiert, heißt er die 2. Ableitung von $f(x)$ an der Stelle x_1. *Man sagt dann auch: die Funktion $f(x)$ ist an der Stelle x_1 zweimal differenzierbar.*

Wie bei der 1. Ableitung sei auch hier die Stelle x_1 variabel, und man erhält allgemein die Funktion $y'' = f''(x)$. Geometrisch hängt die 2. Ableitung mit der Krümmung des Graphen zusammen. Dies wird in Abschn. 8.3 näher ausgeführt.

Auch die 2. Ableitung kann wieder differenziert werden. So gelangt man zur

Definition. *Wenn der Grenzwert*

$$\boxed{\lim_{x \to x_1} \frac{f^{(n-1)}(x) - f^{(n-1)}(x_1)}{x - x_1} = y^{(n)}(x_1) = f^{(n)}(x_1) = \left.\frac{d^n y}{dx^n}\right|_{x_1}} \tag{5.8}$$

existiert, heißt er die Ableitung n-ter Ordnung von $f(x)$ an der Stelle x_1. *Die entsprechende Funktion wird*

$$y^{(n)} = f^{(n)}(x) = \frac{d^n y}{dx^n}$$

geschrieben. Ist die Funktion $f(x)$ für alle $x_1 \in [a, b]$ n-mal differenzierbar, so sagt man, die Funktion ist in dem betrachteten Intervall n-mal differenzierbar.

Wenn im folgenden nichts anderes erwähnt ist, wird vorausgesetzt, daß die betrachteten Funktionen in den betrachteten Intervallen n-mal differenzierbar sind.

Beispiel 8. Die Beschleunigung einer Translationsbewegung wird entsprechend Gl. (5.5) definiert als

$$a(t_1) = \dot{v}(t_1) = \lim_{t \to t_1} \frac{v(t) - v(t_1)}{t - t_1}$$

Da die Geschwindigkeit bereits die 1. Ableitung des Weges nach der Zeit ist, erhält man

$$a(t) = \ddot{s}(t) = \frac{d^2 s}{dt^2}$$

Das 2. Newtonsche Axiom lautet z. B. in dieser Schreibweise

$$F(t) = m \frac{d^2 s}{dt^2}.$$

■

Numerisches Differenzieren. Der Zahlenwert einer Ableitung n-ter Ordnung an der Stelle x_1 kann näherungsweise durch den entsprechenden Differenzenquotienten ersetzt werden. Es gilt

$$\boxed{\left.\frac{d^n y}{dx^n}\right|_{x_1} \approx \left.\frac{\Delta^n y}{(\Delta x)^n}\right|_{x_1}} \tag{5.9}$$

Dabei ist $\Delta^n y$ die in Beispiel 9 und Abschn. 2.4.2 erläuterte n-te Funktionsdifferenz und $(\Delta x)^n$ die n-te Potenz der Argumentsdifferenz.

Beispiel 9. Für den senkrechten Wurf erhält man mit den Zahlenwerten von Beispiel 4 die folgende Tafel.

t/s	s/m	$\Delta^1 s$/m	$\Delta^2 s$/m
0.0	0.00		
		8.75	
0.5	8.75		−2.5
		6.25	
1.0	15.00		−2.5
		3.75	
1.5	18.75		−2.5
		1.25	
2.0	20.00		

Für den Zahlenwert der 2. Ableitung für $t_1 = 1$ s erhält man mit Gl. (5.9)

$$\ddot{s}(1\ \mathrm{s}) = \frac{-2.5\ \mathrm{m}}{(0.5\ \mathrm{s})^2} = -10\ \mathrm{m/s^2}$$

Dieser Wert stimmt hier exakt mit dem Wert $\ddot{s} = -g$ überein, weil eine ganze rationale Funktion 2. Grades vorliegt. ■

5.1.4 Mittelwertsatz der Differentialrechnung

Dieser Satz wird hier nur geometrisch plausibel gemacht. Aus Bild **5.8** erkennt man: Im Intervall $[a, b]$ gibt es mindestens einen Punkt mit der Abszisse x_m, bei dem die Tangente parallel zur Sekante durch die Punkte mit den Abszissen a und b ist. Daraus ergibt sich die Gleichung des Mittelwertsatzes

$$\boxed{f'(x_m) = \frac{f(b) - f(a)}{b - a}} \tag{5.10}$$

Dieser Satz wird vorwiegend für spätere Beweise gebraucht. Es sei nochmals die Voraussetzung der Differenzierbarkeit von $f(x)$ im Intervall $[a, b]$ betont.

Ein wichtiger Spezialfall von Gl. (5.10) ist $f(b) = f(a) = 0$, dann gibt es auch ein $x_m \in [a, b]$ mit $f'(x_m) = 0$. Dies bedeutet geometrisch: zwischen zwei Nullstellen einer

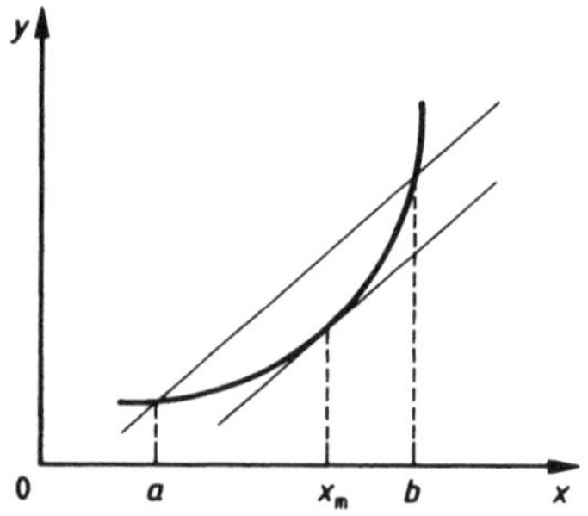

5.8

Funktion liegt mindestens ein Punkt mit einer waagerechten Tangente. Dieser Spezialfall wird der Satz von Rolle genannt.

Bei den späteren Beweisen bleibt x_m eine unbekannte Zahl. Für kleine Differenzen $|b-a|$ wird oft $x_m = a$ gesetzt. Mit neuen Bezeichnungen $x_0 = a$ und $x = b$ ergibt eine einfache Umformung von Gl. (5.10)

$$f(x) = f(x_0) + (x - x_0) f'(x_0) \tag{5.11}$$

Setzt man nun noch $dy \approx f(x) - f(x_0)$ und $dx = x - x_0$, so ergibt sich die etwas anders hergeleitete Gl. (5.6) für das Differential.

In Abschn. 5.3.2 wird gezeigt, daß Gl. (5.11) die Gleichung der Tangente im Punkt x_0 ist. Der Mittelwertsatz besagt in dieser Interpretation, daß in der Nähe von x_0 der Graph näherungsweise durch die Tangente in x_0 ersetzt werden kann.

Beispiel 10. Man zeige, daß bei einer Parabel $x_m = (a+b)/2$ ist. Anmerkung: diese Aussage liefert eine exakte Konstruktion der Tangente in einem gegebenen Punkt P_m der Parabel: Um die Abszisse x_m von P_m wird ein Kreis mit beliebigem Radius geschlagen. In den Schnittpunkten dieses Kreises mit der Abszissenachse werden die Lote errichtet. Die Schnittpunkte der Lote mit dem Graphen sind P_1 und P_2. Die Tangente in P_m ist die Parallele zur Sekante durch $P_1 P_2$ (Bild **5.9**).

Zum Beweis der vorstehenden Aussage werden die linke und die rechte Seite von Gl. (5.10) getrennt berechnet und dann gleichgesetzt.

Parabelgleichung

$$f(x) = a_0 + a_1 x + a_2 x^2$$

1. Ableitung

$$f'(x) = a_1 + 2a_2 x$$

linke Seite von Gl. (5.10)

$$f'(x_m) = a_1 + 2a_2 x_m$$

rechte Seite von Gl. (5.10)

$$f(b) = a_0 + a_1 b + a_2 b^2$$
$$f(a) = a_0 + a_1 a + a_2 a^2$$
$$f(b) - f(a) = a_1 (b-a) + a_2 (b^2 - a^2)$$

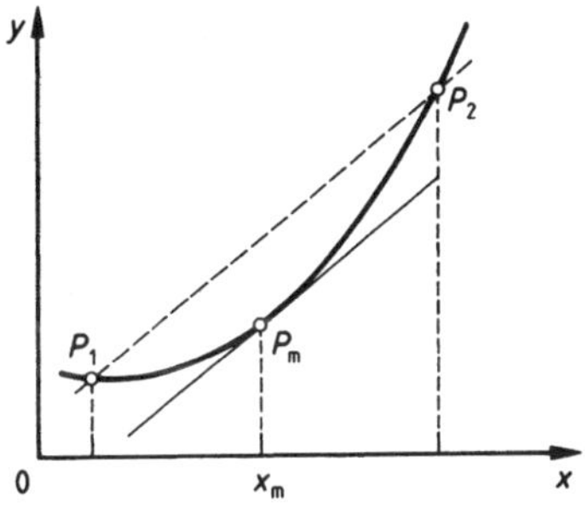

5.9

Mit $b^2 - a^2 = (a+b)(a-b)$ wird

$$\frac{f(b) - f(a)}{b-a} = a_1 + a_2 (a+b)$$

Gleichsetzen beider Seiten $a_1 + 2a_2 x_m = a_1 + a_2 (a+b)$ liefert $x_m = (a+b)/2$. ■

5.1.5 Aufgaben zu Abschnitt 5.1

1. Man bestimme entsprechend Beispiel 1 mit einer Zahlenfolge den Grenzwert der 1. Ableitung an der Stelle $x_1 = 1$. Als Folge wähle man 0.9 0.99 0.999.

a) $y = \sqrt{x}$ b) $y = \cos x$

2. Man skizziere die Graphen von Ableitungen:

a) zu Bild **5.10** die 1. bis 4. Ableitung.

Hinweis: der Graph schneidet die Abszissenachse unter $\pm 45°$.

b) zu Bild **5.11** die 1. und 2. Ableitung.

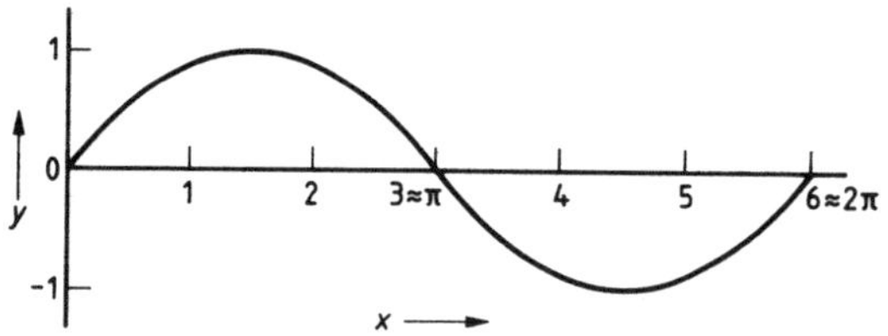

5.10

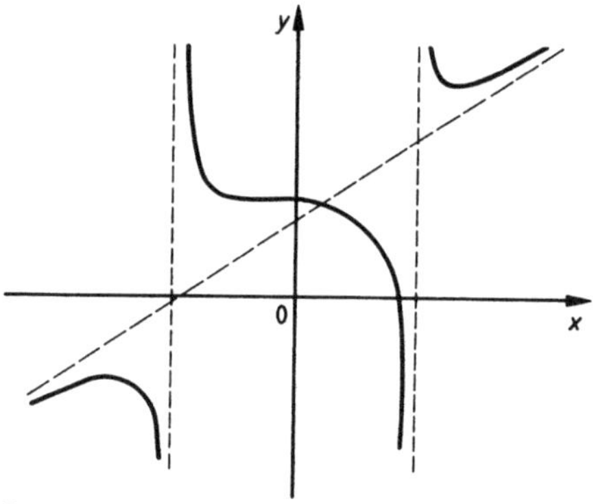

5.11

3. Man berechne für die nachstehenden Funktionen für $x_1 = 0.50$ und $dx = 0.05$ die Funktionsdifferenz Δy und das Differential dy.

a) $y = \sin x \quad y' = \cos x$ b) $y = 1/x \quad y' = -1/x^2$

4. Man bestimme aus

x	y
0.25	0.30103
0.50	0.47712
0.75	0.69897

näherungsweise die Werte der 1. und 2. Ableitung für $x_1 = 0.50$.

5.2 Rechenregeln der Differentialrechnung

Zur Berechnung einer 1. Ableitung ist es i. allg. nicht erforderlich, für jede gegebene Funktion den Grenzwert nach Gl. (5.2) zu bilden. Wenn die Grenzwerte für einige Grundfunktionen gebildet wurden, können mit Hilfe der in diesem Abschnitt erläuterten Regeln fast sämtliche andere Funktionen differenziert werden.

5.2.1 Grundregeln

Bei den folgenden Regeln wird vorausgesetzt, daß von einer Funktion $f(x)$ deren 1. Ableitung $f'(x)$ bekannt ist. Es wird gezeigt, wie die 1. Ableitung einer weiteren Funktion lautet, die sich von $f(x)$ nur durch eine additive oder multiplikative Konstante unterscheidet.

Additive Konstante $\boxed{(f(x)+c)'=f'(x)}$ (5.12)

Eine additive Konstante fällt beim Differenzieren weg.

Beweis.

$$\lim_{x\to x_1} \frac{[(f(x)+c)-(f(x_1)+c)]}{x-x_1} = \lim_{x\to x_1} \frac{f(x)-f(x_1)}{x-x_1} = f'(x_1) \qquad \square$$

Multiplikative Konstante $\boxed{(cf(x))'=cf'(x)}$ (5.13)

Eine multiplikative Konstante bleibt beim Differenzieren erhalten.

Beweis. Nach Gl. (2.23) darf ein Faktor vor das Grenzwertsymbol gezogen werden.

$$\lim_{x\to x_1} \frac{cf(x)-cf(x_1)}{x-x_1} = c\lim_{x\to x_1} \frac{f(x)-f(x_1)}{x-x_1} = cf'(x_1) \qquad \square$$

Summe und Differenz zweier Funktionen

$$\boxed{[f_1(x)\pm f_2(x)]'=f_1'(x)\pm f_2'(x)} \qquad (5.14)$$

Bei Summen und Differenzen dürfen die Funktionen einzeln differenziert werden. Diese Regel gilt auch für mehr als zwei Funktionen.

Beweis. Nach Gl. (2.22) ist der Grenzwert einer Summe (Differenz) gleich der Summe (Differenz) der Grenzwerte.

$$\lim_{x\to x_1} \frac{[f_1(x)\pm f_2(x)]-[f_1(x_1)\pm f_2(x_1)]}{x-x_1}$$

$$= \lim_{x\to x_1} \frac{f_1(x)-f_1(x_1)}{x-x_1} \pm \lim_{x\to x_1} \frac{f_2(x)-f_2(x_1)}{x-x_1} = f_1'(x_1)\pm f_2'(x_1)$$

Bei mehr als zwei Funktionen werden diese paarweise nach der vorstehenden Regel zusammengefaßt. □

Beispiel 1. Es sei $f_1(x)=x^2$ mit $f_1'(x)=2x$ sowie $f_2(x)=x$ mit $f_2'(x)=1$. Dann erhält man mit den vorstehenden Regeln

$$f_3(x)=x^2+a \quad f_3'(x)=2x \qquad f_4(x)=ax^2 \quad f_4'(x)=2ax$$
$$f_5(x)=x^2+x \quad f_5'(x)=2x+1$$ ■

5.2.2 Ableitung einiger Grundfunktionen

Führt man in Gl. (5.1) die Grenzwertbildung $x\to x_1$ bzw. $\Delta x\to 0$ unmittelbar durch, so erhält man einen unbestimmten Ausdruck 0/0. Zur Bestimmung des Grenzwertes muß deshalb *vor* dem Grenzübergang durch arithmetische Umformungen dafür gesorgt werden, daß ein Ausdruck entsteht, dessen Grenzwert entweder unmittelbar ersichtlich ist oder der in einer getrennten Rechnung bestimmt werden kann.

Potenzfunktion $\quad y=x^n \qquad y'=nx^{n-1} \qquad$ (5.15)

Der Beweis wird hier nur für $n\in\mathbb{N}$ durchgeführt. In Abschn. 5.2.5 wird gezeigt, daß diese Regel auch für $n\in\mathbb{R}$ gilt.

Beweis. Der Kunstgriff besteht hier in der Umformung des Differenzenquotienten in die Summenformel einer geometrischen Reihe. Statt dieser Summenformel wird dann die Summe geschrieben, deren Grenzwert unmittelbar zu erkennen ist.

Es gilt $\sum_{i=0}^{n-1} q^i = \frac{q^n-1}{q-1}$. Mit $q=x/x_1$ erhält man

$$\frac{x^n-x_1^n}{x-x_1} = \frac{x_1^n\left[\left(\frac{x}{x_1}\right)^n-1\right]}{x_1\left[\frac{x}{x_1}-1\right]} = x_1^{n-1}\frac{\left(\frac{x}{x_1}\right)^n-1}{\frac{x}{x_1}-1} = x_1^{n-1}\left[1+\left(\frac{x}{x_1}\right)+\left(\frac{x}{x_1}\right)^2+\ldots+\left(\frac{x}{x_1}\right)^{n-1}\right]$$

Für *jede* Folge $x\to x_1$ strebt $(x/x_1)\to 1$. In der eckigen Klammer erhält man insgesamt n Summanden mit dem Wert Eins. Daher gilt

$$\lim_{x\to x_1}\frac{x^n-x_1^n}{x-x_1} = n\cdot x_1^{n-1}$$ □

Mit Hilfe von Gl. (5.15) und den Regeln des Abschn. 5.2.1 können bereits sämtliche ganzen rationalen Funktionen differenziert werden.

Beispiel 2.

$$y = a_0 + a_1 x + a_2 x^2$$

$$y' = a_1 + 2a_2 x \qquad y'' = 2a_2 \qquad y''' = 0$$

$$\left[\sum_{i=0}^{n} a_i x^i\right]' = \sum_{i=1}^{n} a_i i x^{i-1} \qquad \left[\sum_{i=0}^{n} a_i x^i\right]^{(n)} = n! \cdot a_n = \text{const}$$ ■

In Abschn. 5.3.1 wird gezeigt, wie Zahlenwerte von Ableitungen ganzer rationaler Funktionen mit dem Horner-Schema berechnet werden.

Sinusfunktion	$y = \sin x \qquad y' = \cos x$	(5.16)

Beweis. Im Zähler des Differenzenquotienten wird die Differenz nach Gl. (3.80) in ein Produkt zweier Winkelfunktionen umgeformt. Dann wird statt des Grenzwertes eines Produkts nach Gl. (2.24) das Produkt zweier Grenzwerte geschrieben.

$$\sin x - \sin x_1 = 2 \sin \frac{x - x_1}{2} \cos \frac{x + x_1}{2}$$

Dann ergibt sich bei $x \to x_1$

$$\lim_{x \to x_1} \frac{2 \sin \dfrac{x - x_1}{2} \cos \dfrac{x + x_1}{2}}{x - x_1} = \lim_{x \to x_1} \frac{\sin \dfrac{x - x_1}{2}}{\dfrac{x - x_1}{2}} \cdot \lim_{x \to x_1} \cos \frac{x + x_1}{2}$$

Beim 1. Faktor wird eine neue Variable $\alpha = (x - x_1)/2$ eingeführt. Beim Grenzübergang $x \to x_1$ geht $\alpha \to 0$. Laut Gl. (2.26) ist $\lim\limits_{\alpha \to 0} [\sin \alpha / \alpha] = 1$. Der 2. Faktor ergibt

$$\lim_{x \to x_1} \cos \left(\frac{x + x_1}{2}\right) = \cos x_1$$ □

Die Ableitungen der anderen Winkelfunktionen werden einfacher mit Hilfe weiterer Rechenregeln in Abschn. 5.2.3 hergeleitet. Ohne Beweis sei bereits hier vermerkt:

Cosinusfunktion	$y = \cos x \qquad y' = -\sin x$	(5.17)

Natürlicher Logarithmus	$y = \ln x \qquad y' = 1/x$	(5.18)

Beweis. Mit den Gesetzen des logarithmischen Rechnens wird ein bekannter Grenzwert erzeugt. Der entscheidende Schritt kann hier allerdings nicht bewiesen werden. Er beruht, wie bei den vorigen Funktionen, auf der Zulässigkeit der Vertauschbarkeit zweier Rechenoperationen, hier des Logarithmierens und der Grenzwertbildung. Der Differenzenquotient lautet

$$\frac{\ln(x_1+\Delta x)-\ln x_1}{\Delta x}=\frac{1}{\Delta x}\ln\frac{x_1+\Delta x}{x_1}=\frac{1}{\Delta x}\ln\left(1+\frac{\Delta x}{x_1}\right)$$

Nun wird eine neue Variable $n=x_1/\Delta x$ eingeführt. Dann ist $1/\Delta x=n/x_1$. Damit wird

$$\frac{1}{\Delta x}\ln\left(1+\frac{\Delta x}{x_1}\right)=\frac{n}{x_1}\ln\left(1+\frac{1}{n}\right)=\frac{1}{x_1}\ln\left(1+\frac{1}{n}\right)^n$$

Beim Grenzübergang $\Delta x\to 0$ geht $n\to\infty$.

$$\lim_{n\to\infty}\left[\frac{1}{x_1}\ln\left(1+\frac{1}{n}\right)^n\right]=\frac{1}{x_1}\ln\left[\lim_{n\to\infty}\left(1+\frac{1}{n}\right)^n\right]$$

Der letzte Grenzwert ist die in Abschn. 2.3.2 behandelte Zahl e. Ferner ist $\ln e=1$. Damit ist der gesuchte Grenzwert $1/x_1$. □

Logarithmus zur Basis *a* $\quad y=\log_a x \qquad y'=\frac{1}{x\ln a}$ (5.19)

Beweis. Nach Gl. (3.111) ist mit $b=e$

$$\log_a x=\frac{\ln x}{\ln a}$$

Damit wird mit Gl. (5.13) und (5.18)

$$[\log_a x]'=\frac{1}{x\ln a}$$ □

5.2.3 Produkt- und Quotientenregel

Produktregel $\quad (f_1 f_2)'=f_1' f_2+f_1 f_2'$ (5.20)

Beweis. Der Differenzenquotient lautet

$$\frac{f_1(x)f_2(x)-f_1(x_1)f_2(x_1)}{x-x_1}$$

Durch Zwischenschalten von zwei Summanden kann der Differenzenquotient in eine solche Form gebracht werden, daß die Differenzenquotienten von $f_1(x)$ und $f_2(x)$ entstehen, deren Grenzwerte bekannt sind

$$\frac{f_1(x)f_2(x)-f_1(x_1)f_2(x)+f_1(x_1)f_2(x)-f_1(x_1)f_2(x_1)}{x-x_1}$$
$$=\frac{f_1(x)-f_1(x_1)}{x-x_1}f_2(x)+f_1(x_1)\frac{f_2(x)-f_2(x_1)}{x-x_1}$$

Mit den Rechenregeln für Grenzwerte ist

$$\begin{aligned}(f_1f_2)' &= \lim_{x\to x_1}\left[\frac{f_1(x)-f_1(x_1)}{x-x_1}\cdot f_2(x)+f_1(x_1)\frac{f_2(x)-f_2(x_1)}{x-x_1}\right]\\ &= \lim_{x\to x_1}\frac{f_1(x)-f_1(x_1)}{x-x_1}\cdot\lim_{x\to x_1}f_2(x)+f_1(x_1)\lim_{x\to x_1}\frac{f_2(x)-f_2(x_1)}{x-x_1}\\ &= f_1'(x_1)f_2(x_1)+f_1(x_1)f_2'(x_1)\end{aligned}$$ □

Beispiel 3. Man berechne die 1. Ableitung der folgenden Funktionen. Insbesondere bei schwierigeren Aufgaben empfiehlt sich das hier gezeigte Rechenschema. Die 1. Ableitung ist die Produktsumme der beiden Diagonalen dieser „Determinante".

a) $y=x^2\sin x$ $\quad f_1=x^2 \quad f_2=\sin x$

$y'=2x\sin x+x^2\cos x$ $\quad f_1'=2x \quad f_2'=\cos x$

b) $y=\sin^2 x$ $\quad f_1=\sin x \quad f_2=\sin x$

$y'=2\sin x\cos x=\sin 2x$ $\quad f_1'=\cos x \quad f_2'=\cos x$

Weil dies eine in der Technik wichtige Funktion ist, zeigt Bild **5**.12 die Graphen von y und y'.

c) $y=\sqrt{x}\ln x$

$$y'=\frac{\ln x}{2\sqrt{x}}+\frac{\sqrt{x}}{x}=(2+\ln x)/(2\sqrt{x})$$

$f_1=x^{1/2}$ $\quad f_2=\ln x$

$f_1'=\dfrac{1}{2x^{1/2}}$ $\quad f_2'=\dfrac{1}{x}$

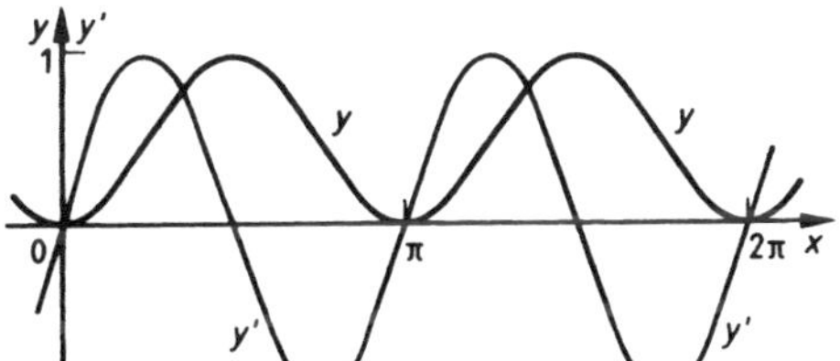

5.12

■

Quotientenregel $\left(\dfrac{f_1}{f_2}\right)'=\dfrac{f_1'f_2-f_1f_2'}{f_2^2}$ (5.21)

Beweis. Der Beweis kann auf ähnliche Weise geführt werden wie bei der Produktregel. Eleganter ist folgende Zurückführung auf die Produktregel.

$z = f_1/f_2$ ergibt $f_1 = z f_2$. Dieses Produkt wird differenziert und nach z' aufgelöst

$$f_1' = z' f_2 + z f_2'$$

$$z' = \left(\frac{f_1}{f_2}\right)' = \frac{f_1' - z f_2'}{f_2} = \frac{f_1' f_2 - f_1 f_2'}{f_2^2}$$ □

Beispiel 4. Man berechne die 1. Ableitungen folgender Funktionen. Es empfiehlt sich das gleiche Rechenschema wie in Beispiel 3. Im Unterschied zur Produktregel ist hier auf die Reihenfolge der Operanden zu achten.

a) $y = \dfrac{\sin x}{x}$ $\quad y' = \dfrac{x \cos x - \sin x}{x^2}$ $\quad f_1 = \sin x \quad f_2 = x$ $\quad f_1' = \cos x \quad f_2' = 1$

Es sei bemerkt, daß diese Funktion zwar einfach differenziert aber nicht geschlossen integriert werden kann.

b) $y = \dfrac{a_0 + a_1 x}{b_0 + b_1 x + b_2 x^2}$ $\quad y' = \dfrac{(a_1 b_0 - a_0 b_1) - 2 a_0 b_2 x - a_1 b_2 x^2}{(b_0 + b_1 x + b_2 x^2)^2}$

$f_1 = a_0 + a_1 x \quad f_2 = b_0 + b_1 x + b_2 x^2$

$f_1' = a_1 \quad f_2' = b_1 + 2 b_2 x$ ■

Tangensfunktion $\quad y = \tan x \quad y' = 1 + \tan^2 x = 1/\cos^2 x \quad$ (5.22)

Beweis.

$$\tan x = \frac{\sin x}{\cos x} \qquad f_1 = \sin x \quad f_2 = \cos x \qquad f_1' = \cos x \quad f_2' = -\sin x$$

$$y' = \frac{\cos^2 x + \sin^2 x}{\cos^2 x} = 1 + \tan^2 x = 1/\cos^2 x$$ □

Cotangensfunktion $\quad y = \cot x \quad y' = -(1 + \cot^2 x) = -\dfrac{1}{\sin^2 x} \quad$ (5.23)

5.2.4 Kettenregel

Bisher wurden nur sog. „unmittelbar differenzierbare" Funktionen betrachtet. Insbesondere die in der Technik vorkommenden Funktionen sind selten so einfach. Sie haben oft die Form $y = g(h(x))$. Um die bisher aufgestellten Differentiationsregeln anwenden zu können, muß die gegebene Funktion zunächst in eine „Kette" unmittelbar differenzierbarer Funktionen zerlegt werden.

Dabei werden Hilfsvariable eingeführt, die hier mit u, v, ... bezeichnet werden. Im einfachsten Fall tritt nur eine Hilfsvariable auf.

$$y=f(x) \quad \text{wird zerlegt in} \quad y=g(u) \quad u=h(v) \quad v=\ldots \quad w=k(x)$$

Die unabhängige Variable einer Gleichung ist jeweils die abhängige Variable der unmittelbar folgenden Gleichung. Die Kette beginnt mit $y=$ und endet mit der unabhängigen Variablen x. Für die Reihenfolge der Zerlegungsschritte gilt die Merkregel:

Der erste Zerlegungsschritt der verschachtelten Funktion ist der letzte Rechenschritt bei einer numerischen Berechnung des Funktionswertes und umgekehrt.

Die Kettenregel lautet

$$\boxed{y'=\frac{\mathrm{d}(g(u))}{\mathrm{d}u}\cdot\frac{\mathrm{d}(h(v))}{\mathrm{d}v}\cdots\frac{\mathrm{d}(k(x))}{\mathrm{d}x}} \tag{5.24}$$

Es sind die 1. Ableitungen der Hilfsfunktionen zu bilden und miteinander zu multiplizieren.

Plausibilitätsbetrachtung. Schreibt man in die Zähler der Gl. (5.24) die Differentiale der abhängigen Variablen, so erhält man die Differentialquotienten

$$\frac{\mathrm{d}y}{\mathrm{d}x}=\frac{\mathrm{d}y}{\mathrm{d}u}\cdot\frac{\mathrm{d}u}{\mathrm{d}v}\cdots\frac{\mathrm{d}w}{\mathrm{d}x}$$

Kürzt man die Differentiale der Hilfsvariablen, so entsteht auch auf der rechten Seite dieser Gleichung der Ausdruck $\mathrm{d}y/\mathrm{d}x$.

Das im folgenden Beispiel gezeigte Rechenschema ist nur bei schwierigen Rechnungen anzuwenden. Es empfiehlt sich dringend, die Kettenregel so lange zu üben, bis der bei technischen Anwendungen sehr häufig vorkommende Fall nur einer Hilfsvariablen „im Kopf" gerechnet werden kann.

Beispiel 5. Rechenschema für die Kettenregel.

Zu differenzierende Funktion	$y=\sqrt{1-\sin(1/x)}$		
Unmittelbar differenzierbare Funktionen	$y=\sqrt{u}$	$u=1-\sin v$	$v=\dfrac{1}{x}$
Ableitungen	$\dfrac{\mathrm{d}y}{\mathrm{d}u}=\dfrac{1}{2\sqrt{u}}$	$\dfrac{\mathrm{d}u}{\mathrm{d}v}=-\cos v$	$\dfrac{\mathrm{d}v}{\mathrm{d}x}=-\dfrac{1}{x^2}$

Produkt der Ableitungen $\frac{dy}{dx}=\frac{\cos v}{2x^2\sqrt{u}}$

Elimination der Hilfsvariablen mit Zeile 2 des Rechenschemas $\frac{dy}{dx}=\frac{\cos(1/x)}{2x^2\sqrt{1-\sin(1/x)}}$

Arithmetische Vereinfachungen

$$y'=\frac{\sqrt{1-\sin^2(1/x)}}{2x^2\sqrt{1-\sin(1/x)}}\,\frac{\sqrt{1+\sin(1/x)}}{\sqrt{1+\sin(1/x)}}=\frac{\sqrt{1+\sin(1/x)}}{2x^2}$$ ■

Wie die folgenden Beispiele zeigen, wird die Kettenregel oft mit anderen Regeln der Differentialrechnung kombiniert. Dabei bedeutet das Symbol ′ eine Ableitung nach x, für die Ableitung nach den Hilfsvariablen schreibe man die Differentialquotienten.

Beispiel 6. Man differenziere $y=\frac{(x^2-1)^{3/2}}{(x+2)^{5/6}}$

$$y=\frac{f_1}{f_2}\qquad f_1=u^{3/2}\qquad u=x^2-1\qquad f_2=v^{5/6}\qquad v=x+2$$

$$\frac{df_1}{du}=\frac{3}{2}u^{1/2}\qquad \frac{du}{dx}=2x\qquad \frac{df_2}{dv}=\frac{5}{6}v^{-1/6}\qquad \frac{dv}{dx}=1$$

$$f_1'=\frac{3}{2}(x^2-1)^{1/2}2x\qquad f_2'=\frac{5}{6}(x+2)^{-1/6}$$

$$y'=\frac{(f_1'f_2-f_1f_2')}{f_2^2}=\frac{\frac{3}{2}(x^2-1)^{1/2}\cdot 2x\cdot(x+2)^{5/6}-(x^2-1)^{3/2}\cdot\frac{5}{6}(x+2)^{-1/6}}{(x+2)^{10/6}}$$

Zähler und Nenner werden mit $6(x+2)^{1/6}$ multipliziert

$$y'=\frac{18x(x^2-1)^{1/2}(x+2)-5(x^2-1)^{3/2}}{6(x+2)^{11/6}}$$

Nun wird $\sqrt{x^2-1}$ im Zähler ausgeklammert

$$y'=\sqrt{x^2-1}\,\frac{18x(x+2)-5(x^2-1)}{6(x+2)^{11/6}}=\sqrt{x^2-1}\,\frac{13x^2+36x+5}{6(x+2)^{11/6}}$$ ■

Beispiel 7. Die Gleichung der gedämpften Schwingung lautet

$$y=A\,e^{-\delta t}\sin(\omega t+\varphi)$$

Von dieser Gleichung wird in Abschn. 5.3.3 eine Kurvendiskussion durchgeführt. Hier werden die dafür erforderlichen Ableitungen berechnet.

In Gl. (5.27) wird gezeigt, daß für die Exponentialfunktion $y = y' = e^x$ gilt.
Berechnung der 1. Ableitung

$$y = f_1 f_2 \qquad f_1 = A\,e^x \qquad x = -\delta t \qquad f_2 = \sin u \qquad u = \omega t + \varphi$$

$$\frac{df_1}{dx} = A\,e^x \qquad \frac{dx}{dt} = -\delta \qquad \frac{df_2}{du} = \cos u \qquad \frac{du}{dt} = \omega$$

$$\dot{f}_1 = -\delta A\,e^{-\delta t} \qquad \dot{f}_2 = \omega\cos(\omega t + \varphi)$$

$$\dot{y} = \dot{f}_1 f_2 + f_1 \dot{f}_2 = -\delta A\,e^{-\delta t}\sin(\omega t + \varphi) + \omega A\,e^{-\delta t}\cos(\omega t + \varphi)$$
$$= A\,e^{-\delta t}[\omega\cos(\omega t + \varphi) - \delta\sin(\omega t + \varphi)]$$

Berechnung der 2. Ableitung. Mit den gleichen Substitutionen wie eben erhält man

$$\dot{y} = g_1 g_2 \qquad g_1 = A\,e^{-\delta t} \qquad g_2 = \omega\cos(\omega t + \varphi) - \delta\sin(\omega t + \varphi)$$

$$\dot{g}_1 = -\delta A\,e^{-\delta t} \qquad \dot{g}_2 = -\omega^2\sin(\omega t + \varphi) - \delta\omega\cos(\omega t + \varphi)$$

$$\ddot{y} = A\,e^{-\delta t}[(\delta^2 - \omega^2)\sin(\omega t + \varphi) - 2\delta\omega\cos(\omega t + \varphi)]$$ ■

5.2.5 Funktionen in impliziter Form

Auch Funktionen der Form $F(x, y) = 0$ können differenziert werden, ohne sie vorher explizit nach y aufzulösen. Das folgende Verfahren basiert auf der Kettenregel. In Gl. (9.18) wird ein weiteres Verfahren gezeigt, das bei komplizierten Funktionen einfacher anzuwenden ist.
In der impliziten Form treten Ausdrücke $h(y)$ auf. Nach der Kettenregel gilt

$$\frac{d(h(y))}{dx} = \frac{d(h(y))}{dy}\,\frac{dy}{dx} = \frac{d(h(y))}{dy}\,y'$$

Wird in einer impliziten Funktion ein Ausdruck $h(y)$ nach x differenziert, so wird $h(y)$ zunächst nach y differenziert und anschließend mit y' multipliziert.

Nach dem Differenzieren entsteht wieder eine implizite Funktion. Manchmal wird sie explizit nach y' aufgelöst. Bei Kurvendiskussionen ist dies nicht erforderlich, wenn $y' = 0$ gesetzt wird.

Beispiel 8. Man differenziere $F(x, y) = \sin(xy) + \ln(x + y^2) = 0$

$$F(x, y) = f_1 + f_2 \qquad F'(x, y) = f_1' + f_2'$$

$$f_1 = \sin u \qquad u = xy \qquad f_2 = \ln v \qquad v = x + y^2$$

$$\frac{df_1}{du} = \cos u \qquad \frac{du}{dx} = y + xy' \qquad \frac{df_2}{dv} = \frac{1}{v} \qquad \frac{dv}{dx} = 1 + 2yy'$$

$$f_1' = (y + xy')\cos(xy) \qquad f_2' = \frac{1 + 2yy'}{x + y^2}$$

$$F'(x, y) = (y + xy')\cos(xy) + \frac{1 + 2yy'}{x + y^2}$$ ■

Beispiel 9. Man berechne die 1. und 2. Ableitung der Ellipsengleichung.
Sie lautet

$$\frac{x^2}{a^2}+\frac{y^2}{b^2}=1 \quad \text{oder} \quad b^2x^2+a^2y^2=a^2b^2.$$

Die 1. Ableitung lautet

$$2b^2x+2a^2yy'=0 \qquad y'=-\frac{b^2x}{a^2y}$$

Für die 2. Ableitung ist auf die linke dieser Gleichungen die Produkt- oder auf die rechte die Quotientenregel anzuwenden. Aus der linken Gleichung erhält man für die 2. Ableitung $b^2+a^2(y'y'+yy'')=0$ und daraus

$$y''=-\frac{b^2+a^2(y')^2}{a^2y}=-\frac{b^2+a^2(b^4x^2/a^4y^2)}{a^2y}=-\frac{a^2b^2y^2+b^4x^2}{a^4y^3}$$

Mit der expliziten Gleichung für y' erhält man

$$y''=-\frac{b^2}{a^2}\cdot\frac{y-xy'}{y^2}=-\frac{b^2}{a^2}\cdot\frac{y+x(b^2x/a^2y)}{y^2}=-\frac{a^2b^2y^2+b^4x^2}{a^4y^3} \qquad ■$$

Logarithmisches Differenzieren. Für manche Beweise, aber auch tatsächlich durchzuführende Rechnungen ist es notwendig oder zweckmäßig, die Funktionsgleichung vor dem Differenzieren zu logarithmieren. Dadurch entsteht eine implizite Funktion.

Potenzfunktion	$y=x^n \qquad y'=nx^{n-1}$ mit $n\in\mathbb{R}$	(5.25)

Beweis. Der Kunstgriff des Beweises besteht darin, die Gleichung vor dem Differenzieren zu logarithmieren.

$$(\ln y)'=(n\ln x)' \qquad \frac{y'}{y}=\frac{n}{x} \qquad y'=\frac{nx^n}{x}=nx^{n-1} \qquad □$$

Exponentialfunktion	$y=a^x \qquad y'=a^x\ln a$	(5.26)

Spezialfall $\quad a=\mathrm{e} \qquad y=\mathrm{e}^x \qquad y'=\mathrm{e}^x$ (5.27)

Beweis.

$$(\ln y)'=(x\ln a)' \qquad \frac{y'}{y}=\ln a \qquad y'=a^x\ln a \qquad □$$

Wenn in einer Funktion die unabhängige Variable sowohl in der Basis als auch im Exponenten vorkommt, *muß* die Gleichung vor dem Differenzieren logarithmiert werden.

Beispiel 10. Man berechne die 1. Ableitung der folgenden Funktionen

a) $y = x^x$

$$(\ln y)' = (x \ln x)' \qquad \frac{y'}{y} = \ln x + \frac{x}{x} \qquad y' = x^x(1 + \ln x)$$

b) $y = (\sin x)^{\cos x}$

$$(\ln y)' = (\cos x \ln(\sin x))' \qquad \frac{y'}{y} = -\sin x \ln(\sin x) + \cos x \frac{\cos x}{\sin x}$$

$$y' = (\sin x)^{\cos x} \left[\frac{\cos^2 x}{\sin x} - \sin x \ln(\sin x)\right]$$ ■

Fehlerrechnung. Mit Gl. (5.6) $\mathrm{d}y = f'(x)\mathrm{d}x$ kann das Differential einer Funktion berechnet werden. Eine Anwendung ist die Berechnung von Meßfehlern. Dabei ist $\mathrm{d}x = \Delta x$ der – hier als bekannt vorausgesetzte – Fehler einer unmittelbar gemessenen Größe. $f(x)$ ist ein „physikalisches Gesetz", mit dem eine zweite Größe y berechnet wird. $\mathrm{d}y \approx \Delta y$ ist der gesuchte Fehler dieser Größe. In der Fehlerrechnung ist es üblich, den Unterschied von $\mathrm{d}y$ und Δy zu vernachlässigen und nur das Symbol Δ zu benutzen.

Definition. *Die Größen Δx und Δy heißen die* absoluten Fehler. *Die Quotienten $\Delta x/x$ und $\Delta y/y$ heißen die* relativen Fehler. *Sie werden meist in % angegeben.*

Bei elektrischen Meßinstrumenten hängt der relative Fehler der gemessenen Größe eng mit der auf dem Instrument angegebenen Güteklasse g zusammen.

Um den relativen Fehler einer Funktion $y = f(x)$ zu erhalten, wird die Funktion logarithmiert und anschließend differenziert. Dann wird y' durch den Differenzenquotienten $\Delta y/\Delta x$ ersetzt und die Gleichung mit Δx multipliziert.

Man erhält

$$\boxed{\frac{\Delta y}{y} = \frac{\mathrm{d}(\ln(f(x)))}{\mathrm{d}x} \Delta x} \tag{5.28}$$

Beweis.

$$(\ln y)' = (\ln(f(x)))' \qquad \frac{y'}{y} = \frac{\mathrm{d}(\ln(f(x)))}{\mathrm{d}x}$$

Setzt man nun $y' = \Delta y/\Delta x$ und multipliziert mit Δx, so entsteht Gl. (5.28). □

Der relative Fehler kann natürlich auch durch unmittelbares Dividieren $\Delta y/y$ erhalten werden. Sehr wirksam ist das Logarithmieren bei der in Abschn. 9.4.2 behandelten Differentiation von Funktionen mehrerer unabhängiger Variabler.

Beispiel 11. Man berechne den absoluten und relativen Fehler einer Messung beim freien Fall.

Es ist $s=\frac{1}{2}gt^2$ und $\dot{s}=gt$. Mit dem Meßwert und -fehler $t_1=2.0$ s, $\Delta t=\pm 0.1$ s und $g=10.0\,\text{m/s}^2$ wird $s_1=20.0$ m und $\Delta t/t_1=\pm 5\%$.

Absoluter Fehler $\quad \Delta s = g t_1 \Delta t = \pm 2.0\,\text{m}$

Relativer Fehler $\quad \ln s = \ln\left(\frac{1}{2}\right) + \ln g + 2\ln t$

$$\frac{\Delta s}{s} = 2\,\frac{\Delta t}{t} = \pm\,10\%$$

Man beachte, daß bei unmittelbarer Berechnung von $\Delta s/s$ die Größe g nicht bekannt zu sein braucht. ∎

Beispiel 12. Momentanwert einer elektrischen Spannung.

Es ist $u(t)=\hat{u}\sin(\omega t+\varphi)$. Außerdem sei die Scheitelspannung $\hat{u}=220$ V, die Kreisfrequenz $\omega=0.1\,\pi\,\text{ms}^{-1}$ und die Phasenverschiebung $\varphi=\pi/3$. Gemessen wurde $t_1=(5.0\pm 0.1)$ ms. Man berechne den absoluten und relativen Fehler der Spannung. Aus den gegebenen Größen ergibt sich

$$\Delta t/t=2\% \qquad \omega t_1+\varphi=2.618=150° \qquad u(t_1)=110\text{ V}$$

Absoluter Fehler $\quad \Delta u=\hat{u}\,\omega\cos(\omega t_1+\varphi)\,\Delta t=6.0$ V

Relativer Fehler $\quad \ln u=\ln\hat{u}+\ln(\sin(\omega t_1+\varphi))$

$$\frac{\Delta u}{u}=\omega\,\frac{\cos(\omega t_1+\varphi)}{\sin(\omega t_1+\varphi)}\,\Delta t=\frac{\omega\,\Delta t}{\tan(\omega t_1+\varphi)}=5.44\%$$ ∎

5.2.6 Differenzieren mit Hilfe der aufgelösten Form

Das folgende Verfahren wird vorwiegend zur Herleitung der Formeln für die 1. Ableitung der Umkehrfunktionen der Winkel- und Hyperbelfunktionen benutzt. Die Begriffe „aufgelöste Form" und „Umkehrfunktion" werden in Abschn. 2.5.1 erläutert.

Gesucht wird die 1. Ableitung einer Funktion $y=f(x)$. Es wird vorausgesetzt, daß von dieser Funktion die aufgelöste Form $x=g(y)$ gebildet werden kann und, daß deren 1. Ableitung bekannt ist. Dann gilt

$$\boxed{f'(x)=1/[\mathrm{d}(g(y))/\mathrm{d}y]} \tag{5.29}$$

Die aufgelöste Form ist also nach y zu differenzieren. Anschließend ist y wieder zu eliminieren. Dies erfordert oft arithmetische Kunstgriffe.

Beweis. Aus Gl. (5.6) folgt $dx/dy = 1/f'(x)$. Der Differentialquotient dx/dy kann aber auch als 1. Ableitung der aufgelösten Form nach y interpretiert werden

$$\frac{dx}{dy} = \frac{d(g(y))}{dy}$$

Gleichsetzen und Auflösen nach $f'(x)$ ergibt Gl. (5.29). □

Das folgende Beispiel zeigt das Rechenverfahren an einer Funktion, deren Ableitung bereits bekannt ist.

Beispiel 13. Man berechne die 1. Ableitung von $y = \sqrt{x}$ mit Hilfe der aufgelösten Form.

Zu differenzierende Funktion	$y = \sqrt{x}$
Bilden der aufgelösten Form	$x = y^2$
Differenzieren nach y	$\frac{dx}{dy} = 2y$
Kehrwert bilden	$\frac{dy}{dx} = \frac{1}{2y}$
y eliminieren (mit Funktionsgleichung)	$f'(x) = \frac{1}{2\sqrt{x}}$ ■

Im folgenden werden nur die Ableitungen der Umkehrfunktionen je einer Winkel- und Hyperbelfunktion hergeleitet. Die übrigen werden ohne Beweis angegeben.

Umkehrfunktionen der Winkelfunktionen

Arcus-Sinus $y = \operatorname{Arcsin} x \qquad y' = \frac{1}{\sqrt{1-x^2}}$ (5.30)

Beweis.

Zu differenzierende Funktion	$y = \operatorname{Arcsin} x$
Bilden der aufgelösten Form	$x = \sin y$
Differenzieren nach y	$\frac{dx}{dy} = \cos y$
Kehrwert bilden	$\frac{dy}{dx} = \frac{1}{\cos y}$
y eliminieren	$\frac{1}{\cos y} = \frac{1}{\sqrt{1-\sin^2 y}} = \frac{1}{\sqrt{1-x^2}}$ □

Arcus-Cosinus	$y = \operatorname{Arccos} x$	$y' = \dfrac{-1}{\sqrt{1-x^2}}$	(5.31)
Arcus-Tangens	$y = \operatorname{Arctan} x$	$y' = \dfrac{1}{1+x^2}$	(5.32)
Arcus-Cotangens	$y = \operatorname{Arccot} x$	$y' = \dfrac{-1}{1+x^2}$	(5.33)

Beispiel 14. Nach dem Snellius-Brechungsgesetz gilt für die Brechzahl $n = \sin\alpha/\sin\beta$ mit $n > 1$. Gesucht ist der Graph der Funktion $\beta = f(\alpha) = \operatorname{Arcsin}[(1/n)\sin\alpha]$. Es ist $f(0) = 0$ und $f(\pi/2) = \operatorname{Arcsin}(1/n) < \pi/2$. Um den Kurvenverlauf zwischen diesen beiden Abszissen besser zu überblicken, bildet man die ersten beiden Ableitungen von β

$$\frac{d\beta}{d\alpha} = \frac{1}{n}\,\frac{\cos\alpha}{\sqrt{1-\dfrac{1}{n^2}\sin^2\alpha}} = \frac{\cos\alpha}{\sqrt{n^2-\sin^2\alpha}} \qquad \frac{d^2\beta}{d\alpha^2} = -\frac{(n^2-1)\sin\alpha}{[n^2-\sin^2\alpha]^{3/2}}$$

Es ist $\left.\dfrac{d\beta}{d\alpha}\right|_0 = \dfrac{1}{n} = \tan\varphi_0$. Für $n = 1.5$ wird $\varphi_0 = 33.7°$ und $\left.\dfrac{d\beta}{d\alpha}\right|_{\pi/2} = 0$.

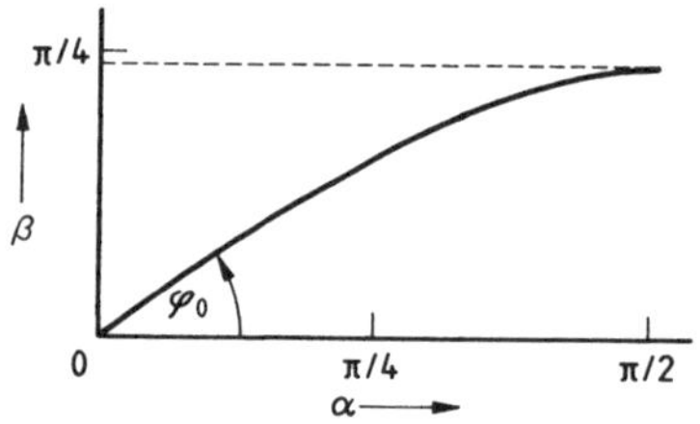

5.13

Der Anstieg nimmt monoton ab, da die zweite Ableitung wegen $n > 1$ negativ ist. Bild **5**.13 zeigt den Graphen für $n = 1.5$ (Glas). ■

Vor den Ableitungen der Umkehrfunktionen der Hyperbelfunktionen werden zunächst die der Hyperbelfunktionen gezeigt. Sie ergeben sich unmittelbar aus der Ableitung der e-Funktion Gl. (5.27) in Verbindung mit den Definitionsgleichungen Gl. (3.121).

Hyperbelfunktionen

Hyperbelsinus	$y = \sinh x$	$y' = \cosh x$	(5.34)

Beweis. $\dfrac{d\sinh x}{dx} = \dfrac{1}{2}\,\dfrac{d(e^x - e^{-x})}{dx} = \dfrac{1}{2}(e^x + e^{-x}) = \cosh x$ □

Hyperbelcosinus	$y = \cosh x \qquad y' = \sinh x$	(5.35)
Hyperbeltangens	$y = \tanh x \qquad y' = 1 - \tanh^2 x = \dfrac{1}{\cosh^2 x}$	(5.36)
Hyperbelcotangens	$y = \coth x \qquad y' = 1 - \coth^2 x = \dfrac{-1}{\sinh^2 x}$	(5.37)

Umkehrfunktionen der Hyperbelfunktionen

Area-Hyperbelsinus	$y = \operatorname{Arsinh} x \qquad y' = \dfrac{1}{\sqrt{x^2+1}}$	(5.38)
Area-Hyperbelcosinus	$y = \operatorname{Arcosh} x \qquad y' = \dfrac{1}{\sqrt{x^2-1}}$	(5.39)
Area-Hyperbeltangens	$y = \operatorname{Artanh} x \qquad y' = \dfrac{1}{1-x^2} \quad \text{mit} \quad x < 1$	(5.40)

Beweis.

Zu differenzierende Funktion	$y = \operatorname{Artanh} x$
Bilden der aufgelösten Form	$x = \tanh y$
Differenzieren nach y	$\dfrac{dx}{dy} = 1 - \tanh^2 y$
Kehrwert bilden	$\dfrac{dy}{dx} = \dfrac{1}{1 - \tanh^2 y}$
y eliminieren	$\dfrac{1}{1 - \tanh^2 y} = \dfrac{1}{1-x^2}$ □

Area-Hyperbelcotangens	$y = \operatorname{Arcoth} x \qquad y' = \dfrac{1}{1-x^2} \quad \text{mit} \quad x > 1$	(5.41)

Beispiel 15. Beim freien Fall unter Berücksichtigung des Luftwiderstandes gilt

$$s = \frac{v_E^2}{g} \ln \cosh \frac{gt}{v_E}$$

Dabei ist g die Fallbeschleunigung und t die Zeit. Wie groß sind Geschwindigkeit und Beschleunigung? Welche Bedeutung hat die Größe v_E?

$$v=\frac{\mathrm{d}s}{\mathrm{d}t}=\frac{v_E^2}{g}\left(\frac{1}{\cosh(gt/v_E)}\sinh\frac{gt}{v_E}\right)\frac{g}{v_E}=v_E\tanh\frac{gt}{v_E}$$

$$a=\frac{\mathrm{d}v}{\mathrm{d}t}=v_E\cdot\frac{1}{\cosh^2(gt/v_E)}\cdot\frac{g}{v_E}=\frac{g}{\cosh^2(gt/v_E)}=g\left(1-\tanh^2\frac{gt}{v_E}\right)$$

Die Geschwindigkeit v strebt wegen $\lim\limits_{t\to\infty}\tanh(gt/v_E)=1$ mit wachsender Zeit t asymptotisch gegen die Endgeschwindigkeit v_E, die von der Form des fallenden Körpers und anderen Größen abhängt. Die Anfangsbeschleunigung $a(0)$ ist g, die Beschleunigung a nimmt ab und strebt gegen Null, je mehr sich der Luftwiderstand der Gewichtskraft des fallenden Körpers nähert. ■

5.2.7 Unbestimmte Ausdrücke

Hierunter versteht man – salopp geschrieben – Ausdrücke der Form

$$\frac{0}{0} \qquad \frac{\infty}{\infty} \qquad 0\cdot\infty \qquad 0^0 \qquad \infty^0 \qquad 1^\infty \qquad \infty-\infty \tag{5.42}$$

Hierbei handelt es sich aber nicht um arithmetische Ausdrücke, sondern um eine Kurzschreibweise von Grenzwerten zweier verknüpfter Funktionen $f(x)$ und $g(x)$, die einzeln die Werte 0 oder ∞ annehmen. Der in Gl. (5.42) angedeutete Gesamtgrenzwert hat je nach Art der Funktionen unterschiedliche Werte oder existiert nicht. Die Berechnung erfolgt mit der Regel von de l'Hospital

$$\boxed{\lim_{x\to a}\frac{f(x)}{g(x)}=\lim_{x\to a}\frac{f'(x)}{g'(x)}} \tag{5.43}$$

Diese Regel gilt unter folgenden Voraussetzungen:

$\lim\limits_{x\to a}f(x)=0 \wedge \lim\limits_{x\to a}g(x)=0$; dies wird kurz als 0/0 geschrieben;

oder $\lim\limits_{x\to a}f(x)=\infty \wedge \lim\limits_{x\to a}g(x)=\infty$; dies wird kurz als ∞/∞ geschrieben.

Ferner darf auch $a\to\infty$ gehen. Liegt der Ausdruck nicht in Form eines Quotienten vor, so ist er vor der Anwendung von Gl. (5.43) in einen Quotienten umzuformen (s. Beispiel 18).

Falls auf der rechten Seite von Gl. (5.43) wieder ein unbestimmter Ausdruck entsteht, setzt man $f'(x)=f_1(x)$ und $g'(x)=g_1(x)$ und wendet auf die Funktion $f_1(x)/g_1(x)$ die Regel von de l'Hospital nochmals an. Dieses Verfahren darf wiederholt werden.

Beweis. Gl. (5.43) wird hier nur für den Fall 0/0 bewiesen. Es sei also $f(a)=0$ und $g(a)=0$. Der Beweis erfolgt mit dem Mittelwertsatz. In Gl. (5.10) wird

$b = x$ und $x_m = a + \lambda(x-a)$ mit $0 \le \lambda \le 1$ gesetzt. Für $\lambda = 1$ ist $x_m = x$ und für $\lambda = 0$ ist $x_m = a$. Damit wird der Grenzübergang $x \to a$ zu $\lambda \to 0$ und mit dem Mittelwertsatz $f(x) = f(a) + (x-a) f'(a + \lambda(x-a))$. Entsprechend setzt man $g(x) = g(a) + (x-a) g'(a + \mu(x-a))$. Die verschiedenen Variablen λ und μ sind erforderlich, weil im Zähler und Nenner von Gl. (5.43) verschiedene Folgen $x \to a$ denkbar sind. Damit wird

$$\lim_{x\to a} \frac{f(x)}{g(x)} = \lim_{\substack{\lambda\to 0\\ \mu\to 0}} \frac{f(a) + (x-a) f'(a+\lambda(x-a))}{g(a) + (x-a) g'(a+\mu(x-a))} = \lim_{x\to a} \frac{f'(x)}{g'(x)}$$

Im mittleren Bruch ist $f(a) = g(a) = 0$, deshalb darf $(x-a)$ gekürzt werden und es entsteht Gl. (5.2) für $x_1 = a$. □

Beispiel 16. Man bestimme die Grenzwerte

a) $\lim\limits_{x\to 0} \dfrac{\sin x}{x} = \lim\limits_{x\to 0} \dfrac{\cos x}{1} = 1$

Dieser Grenzwert wurde bereits in Beispiel 7, Abschn. 2.3 geometrisch bestimmt. Die hier vorgeführte elegantere Rechnung ist erst möglich, wenn die 1. Ableitung der Sinusfunktion bekannt ist, wozu der Grenzwert schon vorausgesetzt wird.

b) $\lim\limits_{x\to 1} \dfrac{x^2-1}{x-1} = \lim\limits_{x\to 1} \dfrac{2x}{1} = 2$

Auch dieser Grenzwert kann ohne Kenntnis der Differentialrechnung mit der Zerlegung $(x+1)(x-1)/(x-1)$ bestimmt werden.

c) $\lim\limits_{\varphi\to 0} \dfrac{\sin\varphi}{1-\cos\varphi} = \lim\limits_{\varphi\to 0} \dfrac{\cos\varphi}{\sin\varphi} = \infty$

Es existiert also kein Grenzwert. Dieser unbestimmte Ausdruck tritt bei der Kurvendiskussion der Zykloide (Beispiel 1, Abschn. 8.1) auf.

d) $\lim\limits_{x\to\infty} x^n \mathrm{e}^{-x} = \lim\limits_{x\to\infty} \dfrac{x^n}{\mathrm{e}^x}$

Die vorstehende Umformung zeigt einen einfachen Fall der Umwandlung von $\infty \cdot 0$ in ∞ / ∞. Nach n-maligem Differenzieren erhält man $\lim\limits_{x\to\infty} (n!/\mathrm{e}^x) = 0$. Man sagt auch kurz: bei Produkten aus Potenzen und der e-Funktion überwiegt die e-Funktion. Das folgende Beispiel zeigt eine physikalische Anwendung dieses Grenzwertes. ■

Beispiel 17. Das von Planck gefundene Strahlungsgesetz lautet

$$L_\lambda = \frac{c^2 h}{\lambda^5 (\mathrm{e}^{ch/(kT\lambda)} - 1)} \tag{5.44}$$

Es beschreibt auch für die Wellenlänge $\lambda \to 0$ den physikalischen Sachverhalt richtig ($L_\lambda \to 0$).

Ein unmittelbares Einsetzen $\lambda = 0$ in Gl. (5.44) liefert einen unbestimmten Ausdruck.

Setzt man $u=ch/(kT\lambda)$, so folgt

$$\lim_{\lambda\to 0} L_\lambda = \lim_{u\to\infty} \frac{k^5T^5}{c^3h^4}\,\frac{u^5}{e^u-1} = \frac{k^5T^5}{c^3h^4}\lim_{u\to\infty}\frac{5u^4}{e^u}$$

Nach viermaligem Differenzieren erhält man

$$\frac{k^5T^5}{c^3h^4}\lim_{u\to\infty}\frac{120}{e^u}=0$$

Die Exponentialfunktion im Nenner wächst also stärker als die vierte Potenz im Zähler. ■

Beispiel 18. Die folgenden Ausdrücke sind zur Anwendung der Regel von de l'Hospital in Quotienten zu verwandeln.

Produkt $\quad f(x)\cdot g(x) = \dfrac{f(x)}{1/g(x)}$

Man setzt $g_1(x)=1/g(x)$ und wendet Gl. (5.43) an.

Potenz $\quad f(x)^{g(x)} = e^{g(x)\ln f(x)}$

Der Exponent wird wie das vorstehende Produkt behandelt.

Differenz $\quad f(x)-g(x) = \dfrac{1}{1/f(x)} - \dfrac{1}{1/g(x)} = \dfrac{(1/g(x))-(1/f(x))}{1/(f(x)\,g(x))}$

Man setzt den Zähler gleich $f_1(x)$, den Nenner gleich $g_1(x)$ und wendet die Regel von de l'Hospital an. ■

5.2.8 Aufgaben zu Abschnitt 5.2

1. Man differenziere

a) $y=4x^5-7\sqrt[3]{x}+\dfrac{4}{\sqrt[3]{x}}-\sqrt[5]{x}$ b) $y=5\log_7(3x^2)$ c) $y=3\sin x-5\cos x$

2. Man bilde die zweite, dritte und vierte Ableitung der Funktionen

a) $y=3\sin x$ b) $y=2\sqrt[3]{x}$ c) $y=\dfrac{4}{\sqrt[5]{x}}$

3. Man differenziere folgende Funktionen

a) $y=\dfrac{1+\cos x}{1-\cos x}$ b) $y=\ln\ln x$ c) $y=\ln\tan\dfrac{x}{2}$

d) $y=\ln(x+\sqrt{x^2+1})$ e) $y=\dfrac{2}{\sqrt{a}}\ln(\sqrt{ax+b}+\sqrt{a(x+d)})$

f) $y=\dfrac{(2x-1)^{3/2}}{(6x-1)^{5/2}}$ g) $y=\ln(2x+a+2\sqrt{x^2+ax})$

h) $y=\sqrt{1-x^2}+x\operatorname{Arcsin}x$ i) $y=\ln(x^2\cdot\sqrt{1+e^{2x}}\cdot e^{3x})$

j) $y = \frac{1}{3}(x^2-2x-24)\sqrt{8x-x^2} - 32\,\text{Arcsin}\left(1-\frac{x}{4}\right)$

k) $y = \frac{x}{2}[\sin(\ln x) - \cos(\ln x)]$ l) $y = \text{Arctan}\left[\sqrt{\frac{a-b}{a+b}}\tan\frac{x}{2}\right]$

m) $y = 2\sqrt{x+1} - \ln\frac{\sqrt{x+1}+1}{\sqrt{x+1}-1}$ n) $y = \ln\frac{a+b\tan x}{a-b\tan x}$

o) $y = \frac{x}{2}\sqrt{5-x^2} + \frac{5}{2}\text{Arcsin}\frac{x}{\sqrt{5}}$ p) $y = \frac{x}{2}\sqrt{x^2+6} + 3\ln(x+\sqrt{x^2+6})$

q) $y = \frac{\sin x - \cos x}{\sin x + \cos x}$ r) $y = \tan x + \frac{1}{3}\tan^3 x$

s) $y = \ln\sqrt{\frac{1+\sin x}{1-\sin x}}$ t) $y = \ln\frac{\sqrt{ax+b}-\sqrt{b}}{\sqrt{ax+b}+\sqrt{b}}$

4. Es ist $x = e^{-\delta t}(C_1 \sin\omega_d t + C_2\cos\omega_d t)$. Man beweise durch Differenzieren, daß $x(t)$ der Gleichung $\ddot{x} + 2\delta\dot{x} + (\omega_d^2+\delta^2)\,x = 0$ genügt.

5. Die folgenden Funktionen sind in der impliziten Form zweimal nach x zu differenzieren

a) $x^3 - y^3 + 3y = 0$ b) $(a+x)y^2 - (a-x)x^2 = 0$

c) $(x^2+y^2)^2 - a^2(y^2-x^2) = 0$ d) $e^y - y\,e^x = 0$

6. Der Graph der Funktion $f(x, y) = e^x - e^2 e^{-y} + x^2 y - y^2 = 0$ verläuft durch den Punkt (1; 1). Man bestimme die Steigung in diesem Punkte.

7. In den folgenden Gleichungen sind jeweils der relative Fehler der unabhängigen sowie der Wert, der absolute und der relative Fehler der abhängigen Variablen zu berechnen.

a) Das Flüssigkeitsvolumen in einem kugelförmigen Behälter beträgt $V = \frac{\pi}{6}h^2(3d-2h)$.
Behälterdurchmesser $d = 2.75$ m fehlerfrei,
Höhe der Flüssigkeit $h = (0.720 \pm 0.005)$ m.

b) Die Fläche eines Kreisabschnitts beträgt $A = \frac{r^2}{2}(\varphi - \sin\varphi)$.
Radius $r = 2.0$ cm fehlerfrei, Zentriwinkel $\varphi = (30 \pm 1)°$.

c) Das optische Brechungsgesetz lautet $n = \frac{\sin\alpha}{\sin\beta}$.
Einfallswinkel $\alpha = 40.0°$ fehlerfrei,
Brechungswinkel $\beta = (25.0 \pm 0.2)°$.

8. Man bestimme folgende Grenzwerte

a) $\lim\limits_{x\to 1}\frac{a^{\ln x} - x}{\ln x}$ b) $\lim\limits_{x\to 0}\frac{1-\cos x}{\ln(1+x^2)}$ c) $\lim\limits_{x\to\infty}\frac{\frac{\pi}{2} - \text{Arctan}\,x}{\sin\frac{1}{x}}$

d) $\lim\limits_{x\to\pi}\frac{\sin mx}{\sin nx}$ $(m, n \in \mathbb{N})$ e) $\lim\limits_{x\to\infty}\frac{\ln x}{x^a}$ für $a \in \mathbb{R}$

f) $\lim\limits_{x\to 0}\frac{1}{x^2}\left(1 - \frac{1}{\cos x}\right)$ g) $\lim\limits_{x\to 1}\left(\frac{x}{x-1} - \frac{1}{\ln x}\right)$

5.3 Anwendungen der Differentialrechnung

5.3.1 Lösen von Bestimmungsgleichungen

Allgemeines. Es ist zwischen Funktions-, Bestimmungs-, Definitions- und identischen Gleichungen zu unterscheiden. In Abschn. 2.2.1 werden diese verschiedenen Arten von Gleichungen näher erläutert. Auch die Bestimmungsgleichungen lassen sich weiter gliedern. In Abschn. 4.4 werden lineare Gleichungssysteme behandelt, hier nichtlineare Gleichungen mit einer Unbekannten. Das Lösen von Bestimmungsgleichungen ist bei vielen technischen Anwendungen und den folgenden Unterabschnitten dieses Abschnitts 5.3 erforderlich. Insbesondere bei technischen Problemen ist eine Gleichung nicht nur zu lösen, sondern sie muß vorher aufgestellt werden, d. h., das technische Problem muß in eine mathematische Form gebracht werden. Diese kreative Tätigkeit wird heute noch vorwiegend vom Menschen durchgeführt, während numerische Lösungen in zunehmendem Maße von Computern übernommen werden. Beim Aufstellen einer Gleichung sind Beziehungen zwischen der gesuchten und den gegebenen Größen zu finden. Dies erfordert Kenntnisse aus dem betreffenden Anwendungsgebiet. Meist treten hierbei neue Unbekannte, sog. „Hilfsgrößen" auf. Dadurch entsteht oft ein Gleichungssystem, auch wenn ursprünglich nur nach einer Unbekannten gefragt wurde. Eine wesentliche Vereinfachung bei „Schulaufgaben" besteht darin, daß stets die richtige Anzahl von Größen gegeben wird. In der Ingenieurpraxis muß man sich selbst überlegen, welche Informationen benötigt werden, um ein Problem zu lösen. In diesem Buch wird in Aufgabe 13, Abschn. 3.1.4; Beispiel 14, Abschn. 3.4; Aufgabe 16, Abschn. 3.4.6 und Beispiel 4 dieses Abschnitts das Aufstellen von Bestimmungsgleichungen gezeigt.

Hinsichtlich der Lösungsverfahren unterscheidet man zwischen geschlossenen Verfahren und Näherungsverfahren. Bei einer geschlossenen Lösung wird durch arithmetische Umformungen eine Gleichung erzeugt, bei der auf der linken Seite die Unbekannte und auf der rechten ein bekannter arithmetischer Ausdruck steht. Geschlossen lösbar sind lineare Gleichungssysteme, von den Gleichungen mit einer Unbekannten nur Gleichungen bis zum 4. Grad sowie einfache goniometrische und Exponentialgleichungen. Die geschlossene Lösung einer Gleichung 3. Grades mit den Cardanischen Formeln ist aber bereits so kompliziert, daß man schon hier eine Näherungslösung vorzieht. Hingegen prüfe man bei den sehr häufigen goniometrischen Gleichungen stets, ob eine geschlossene Lösung möglich ist, weil diese i. allg. weniger Rechenaufwand erfordert als die stets mögliche Näherungslösung. Die geschlossenen Lösungsverfahren werden hier als bekannt vorausgesetzt.

Im folgenden werden zwei Näherungsverfahren beschrieben. Dieser Begriff hat nichts mit der Genauigkeit des Ergebnisses zu tun. Im Prinzip kann eine Näherungslösung mit jeder beliebigen Genauigkeit gefunden werden. Der wesentliche Nachteil der Näherungsverfahren liegt darin, daß sie nur numerisch möglich sind, also keine geschlossene analytische Lösung liefern. Außerdem liefern sie nur einzelne Lösungen (keine Lösungsmenge).

Alle Näherungsverfahren setzen einen 1. bekannten Näherungswert x_1 voraus. Daraus werden verbesserte Näherungswerte x_i berechnet. Leider gibt es kein allgemeines Verfahren, diesen Startwert x_1 zu finden. Bei technischen Aufgaben ergibt er sich meist aus der Problemstellung, oft helfen geometrische Überlegungen am Graphen der entsprechenden Funktionsgleichung. In einfachen Fällen kann die Bestimmungsgleichung $f(x)=0$ in zwei Teile $f_1(x)$ und $f_2(x)$ zerlegt werden, deren Graphen sich einfach skizzieren lassen.

$$f(x)=0 \Rightarrow f_1(x)=f_2(x) \tag{5.45}$$

Die Lösung dieser Bestimmungsgleichung kann geometrisch als Schnittpunktsabszisse der beiden Graphen gedeutet werden.

Dieses graphische Verfahren ist insbesondere für Computerprogramme nicht geeignet. Hier empfiehlt sich vor der Anwendung eines der folgenden Verfahren das Eingabeln der Nullstelle. Die Lösung der Bestimmungsgleichung wird als Nullstelle der Funktionsgleichung $y=f(x)=0$ interpretiert. Es werden zwei x-Werte berechnet, bei denen die y-Werte unterschiedliche Vorzeichen haben. Wenn die Funktion in diesem Intervall stetig ist, muß es mindestens eine Nullstelle enthalten. Aus diesen beiden Wertepaaren kann der Schnittpunkt der Geraden durch diese Punkte mit der Abszisse x_1 berechnet und als 1. Näherungswert benutzt werden. Die entsprechende Formel heißt Regula falsi und ist in Gl. (3.14) dargestellt.

Ein wichtiges Teilproblem ist das der Konvergenz eines Verfahrens. Es muß untersucht werden, unter welchen Voraussetzungen die Folge der Näherungswerte gegen einen Grenzwert (die Lösung) konvergiert. Da diese Voraussetzungen beim praktischen Rechnen häufig nur schwer zu überprüfen sind, wird hier weitgehend auf Konvergenzbetrachtungen verzichtet. Bei Computerprogrammen gilt die Lösung als gefunden, wenn zwei aufeinanderfolgende Näherungswerte innerhalb einer vorgegebenen Genauigkeit übereinstimmen. Es empfiehlt sich, als Abbruchsschranke ε den relativen Fehler zweier aufeinanderfolgender Näherungswerte zu wählen, d.h. die Rechnung wird abgebrochen, wenn

$$\left|\frac{x_{i+1}-x_i}{x_{i+1}}\right|<\varepsilon \tag{5.46}$$

Iterationsverfahren. Im weiteren Sinne sind alle Näherungsverfahren Iterationsverfahren (wegen der wiederholten Berechnung von Näherungswerten). Im engeren Sinne wird dieser Begriff speziell für das folgende Verfahren verwendet. Die gegebene Gleichung wird in $x=\varphi(x)$ umgeformt und dann

$$\boxed{x_{i+1}=\varphi(x_i)} \tag{5.47}$$

gesetzt. Der 1. Näherungswert x_1 wird in die rechte Seite eingesetzt und ergibt den 2. Näherungswert x_2 usw. Eine Plausibilitäts- und auch Konvergenzbetrachtung ergibt sich aus Bild **5**.14a. Gl. (5.47) ist ein Spezialfall von Gl. (5.45) mit $f_1(x)=x$ und $f_2(x)=\varphi(x)$. Das wiederholte Einsetzen entspricht dem Treppenpolygon in Bild **5**.14a. An Bild **5**.14b erkennt man, daß das Verhalten nur konvergiert, wenn $|\varphi'(x)|\leq q<1$ mit konstantem q ist.

Wenn $\varphi(x)$ eine fallende Kurve ergibt, erfolgt bei Konvergenz die Annäherung an den Schnittpunkt abwechselnd von beiden Seiten.

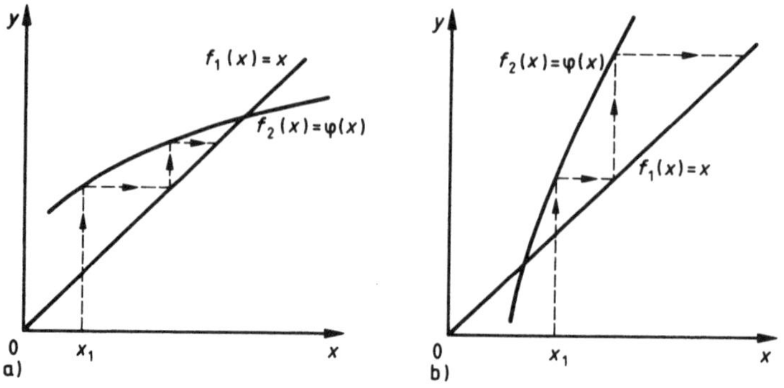

5.14

Beispiel 1. Man löse mit dem Iterationsverfahren

a) $x^2-4x+1=0$. (Diese Gleichung ist natürlich auch exakt lösbar.) Eine Auflösung nach Gl. (5.47) ergibt $x=4-\frac{1}{x}$. Mit $x_1=4.0$ ergibt sich die folgende Tafel.

x	$\varphi(x)$
4.0000	3.7500
3.7500	3.7333
3.7333	3.7321
3.7321	3.7321

Bei der 2. Nullstelle der quadratischen Gleichung konvergiert das Verfahren nicht, weil $x_2=0.268$ ist und $|\varphi'|=1/x^2<1$ nur für $|x|>1$ erfüllt ist.

b) $x-\tan x=0$. Diese Gleichung wurde bereits in Beispiel 15, Abschn. 3.4 mit der Regula falsi gelöst. Bild **3**.48 zeigt die Zerlegung in $x=\tan x$ gemäß Gl. (5.47). Diesem Bild entnimmt man aber nicht nur den 1. Näherungswert $x_1=4.5$, sondern erkennt, daß $\varphi(x)=\tan x$ in diesem Bereich eine Steigung >1 hat. Das Iterationsverfahren ist dort also nicht konvergent! Die Auflösung $x=\text{Arctan}\,x$ liefert die folgende Tafel.

x	$\varphi(x)$
4.5000	4.4937
4.4937	4.4934
4.4934	4.4934

Man beachte, daß zu den Hauptwerten der Arctan-Function jeweils π zu addieren ist. ■

Newton-Verfahren. Bei diesem Verfahren wird die Lösung der Bestimmungsgleichung als Nullstelle der Funktionsgleichung $y=f(x)=0$ interpretiert. Die Näherungswerte erhält man aus

$$\boxed{x_{i+1} = x_i - \frac{f(x_i)}{f'(x_i)}} \tag{5.48}$$

Beweis. An den Graphen der Funktion $y=f(x)$ wird in x_i die Tangente angelegt (Bild **5**.15). Nach Gl. (5.52) gilt

$$f'(x_i) = \frac{y-y_i}{x-x_i}$$

Der Schnittpunkt dieser Tangente mit der Abszisse ist der nächste Näherungswert mit den Koordinaten x_{i+1}; 0. Setzt man dieses Wertepaar in die vorstehende Gleichung für die Variablen x, y ein, so erhält man mit $y_i=f(x_i)$ Gl. (5.48). □

Aus diesem Beweis folgt eine geometrische Aussage über die Konvergenz: zwischen x_1 und der Nullstelle darf kein Extremwert der Funktion liegen, weil sonst die Tangente die Abszissenachse auf der „falschen Seite" schneidet (Bild **5**.16). Die rechte Seite von Gl. (5.48) kann auch als Spezialfall der Funktion $\varphi(x)$ von Gl. (5.47) betrachtet werden. Auch hier muß $|\varphi'(x)| \leq q < 1$ sein. Mit der Quotientenregel erhält man

$$\varphi'(x) = 1 - \frac{y'^2 - yy''}{y'^2} = \frac{yy''}{y'^2}$$

Für eine numerische Prüfung ist diese Konvergenzbedingung aber nicht geeignet.

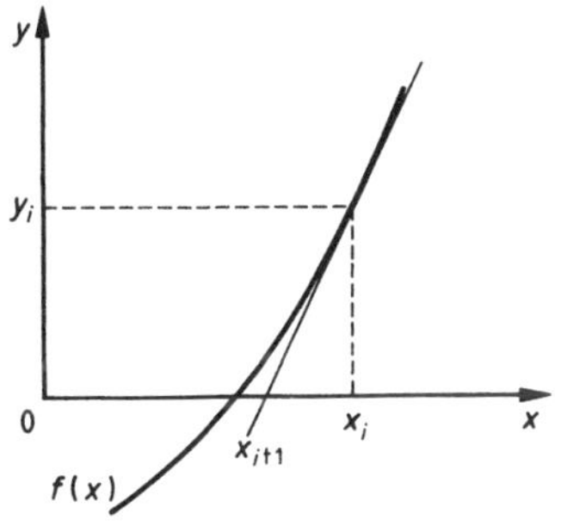

5.15

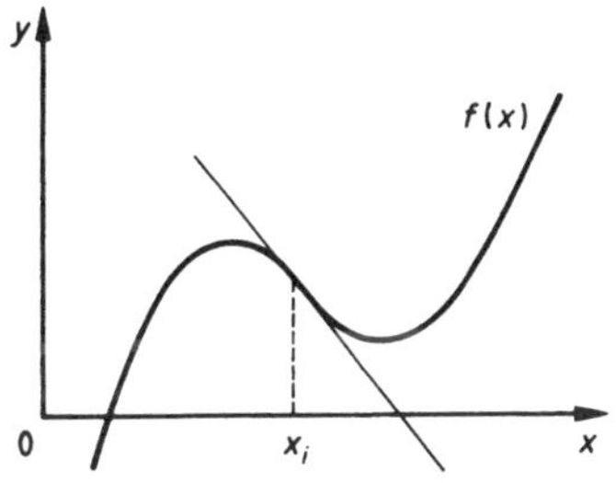

5.16

Der häufigste Anfängerfehler ist der Versuch, eine Nullstelle zu berechnen, wo keine vorhanden ist, z.B. in der Nähe des Minimums in Bild **5**.16. Es sei deshalb nochmals die Notwendigkeit des vorherigen Eingabelns betont.

Beispiel 2. Gemäß Beispiel 4, Abschn. 3.5 erhält man mit den dort gegebenen Werten für das Massenverhältnis μ einer einstufigen Rakete die Gleichung

$$y = \ln\mu - 0.5(\mu - 1) = 0 \quad \text{mit} \quad \frac{dy}{d\mu} = \frac{1}{\mu} - 0.5$$

Bild **5**.17 zeigt die Zerlegung dieser Funktion nach Gl. (5.45) in $\ln\mu = 0.5(\mu-1)$ mit dem technisch relevanten Schnittpunkt bei $\mu_1 \approx 3.6$. Die folgende Tafel zeigt das Rechenschema für das Newton-Verfahren.

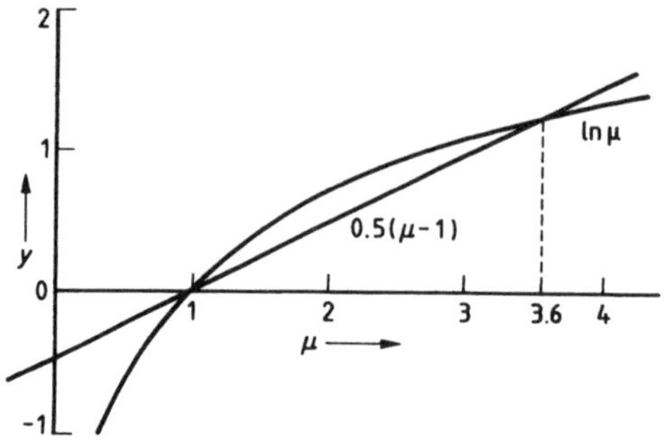

5.17

μ	y	$dy/d\mu$
3.60000	−0.01907	−0.22222
3.51420	−0.00029	−0.21544
3.51286	0.00000	

■

Das Newton-Verfahren eignet sich besonders zur Lösung von Gleichungen höheren Grades, weil hier die Werte $f(x_1)$ und $f'(x_1)$ der Gl. (5.48) in einem Zuge mit dem Horner-Schema berechnet werden können. Die Berechnung von Funktionswerten mit dem Horner-Schema und das wichtige Prinzip des Abspaltens von Linearfaktoren wurde in Abschn. 3.1.3 behandelt. Hier wird nur noch die Berechnung der 1. Ableitung gezeigt. Eine ganze rationale Funktion (Polynom) n-ten Grades wird symbolisch $y = P_n(x)$ geschrieben. Die Anwendung des Horner-Schemas ermöglicht eine Zerlegung

$$P_n(x) = P_{n-1}(x) \cdot (x - x_1) + P_n(x_1)$$

wobei $P_{n-1}(x)$ ein Polynom vom Grade $n-1$ ist, dessen Koeffizienten in der dritten Zeile des Schemas stehen. Differenziert man die vorstehende Gleichung, so ergibt sich mit der Produktregel

$$P_n'(x) = P_{n-1}'(x) \cdot (x - x_1) + P_{n-1}(x)$$

und für $x = x_1$ hieraus $P_n'(x_1) = P_{n-1}(x_1)$. Den Funktionswert der Ableitung des Polynoms $P_n(x)$ erhält man also, indem man auf $P_{n-1}(x)$ nochmals das Horner-Schema anwendet. Man kommt also mit einem erweiterten Schema aus. Nachstehend ist das Schema für $n = 3$ aufgeschrieben.

	a_3	a_2	a_1	a_0
$x = x_1$		a_3x_1	$a_3x_1^2 + a_2x_1$	$a_3x_1^3 + a_2x_1^2 + a_1x_1$
	a_3	$a_3x_1 + a_2$	$a_3x_1^2 + a_2x_1 + a_1$	$a_3x_1^3 + a_2x_1^2 + a_1x_1 + a_0 = f(x_1)$
$x = x_1$		a_3x_1	$2a_3x_1^2 + a_2x_1$	
	a_3	$2a_3x_1 + a_2$	$3a_3x_1^2 + 2a_2x_1 + a_1 = f'(x_1)$	

Beispiel 3. Bei Untersuchungen des Schubkurbelgetriebes tritt die Bestimmungsgleichung

$$x^3 - x^2 - x + 0.04 = 0$$

auf. Gesucht ist die kleinste positive Nullstelle x_0 auf fünf Dezimalen genau, um in Abschn. 5.3.3 beim Einsetzen drei sichere Dezimalen zu ergeben.

Mit $f(x) = x^3 - x^2 - x + 0.04$ erhält man $f(0) = 0.04$ und $f(1) = -0.96$. Damit gilt $x_0 < 1$. Es empfiehlt sich, noch $f(0.1) = -0.069$ zu rechnen, woraus $x_0 < 0.1$ folgt. Die Ordinaten für $x = 0$ und $x = 0.1$ haben etwa gleich großen Betrag, so daß mit $x_1 = 0.05$ das Horner-Newton-Verfahren begonnen wird. Unter Hinzunahme einer Rundungsstelle werden 6 Dezimalen berücksichtigt.

	1	−1	−1	0.04
$x_1 = 0.05$		0.05	−0.0475	−0.052375
	1	−0.95	−1.0475	−0.012375
$x_1 = 0.05$		0.05	−0.045	
	1	−0.9	−1.0925	

$$x_2 = 0.05 - \frac{-0.012375}{-1.0925} = 0.038673$$

	1	−1	−1	0.04
$x_2 = 0.038673$		0.038673	−0.037177	−0.040111
	1	−0.961327	−1.037177	−0.000111
$x_2 = 0.038673$		0.038673	−0.035682	
	1	−0.922654	−1.072859	

$$x_3 = 0.038673 - \frac{-0.000111}{-1.072859} = 0.038570$$

	1	−1	−1	0.04
$x_3 = 0.038570$		0.038570	−0.037082	−0.040000
	1	−0.961430	−1.037082	+0.000000

Diese Lösung erfordert keine Verbesserung. Berücksichtigt man mehr gültige Ziffern, so erhält man hier nach zweimaliger Anwendung der Newton-Formel einen Rest von $-9.4 \cdot 10^{-9}$. ■

Beispiel 4. Wie groß ist die Seilkraft S des in Bild **5.18** gezeigten Kettenkarussells? Gegeben sind $r = 2.00$ m, $l = 4.00$ m, $m = 100$ kg und die Umdrehungsdauer $T = 5.00$ s.

Die gesuchte Seilkraft ist die Resultierende aus der auf den Körper wirkenden Gewichtskraft G und der Zentrifugalkraft Z. Sie hat deshalb die Komponenten

$$G = mg \quad \text{und} \quad Z = mR\omega^2$$

Der Kunstgriff der Lösung besteht darin, im Krafteck nicht den Lehrsatz des Pythagoras mit der Unbekannten S anzusetzen, sondern als neue Unbekannte den Winkel α einzuführen und daraus mit $S = G/\cos\alpha$ die Seilkraft zu berechnen. Im Krafteck gilt

$$\tan\alpha = \frac{Z}{G} = \frac{mR\omega^2}{mg} \quad \text{deshalb ist} \quad g\tan\alpha = R\omega^2$$

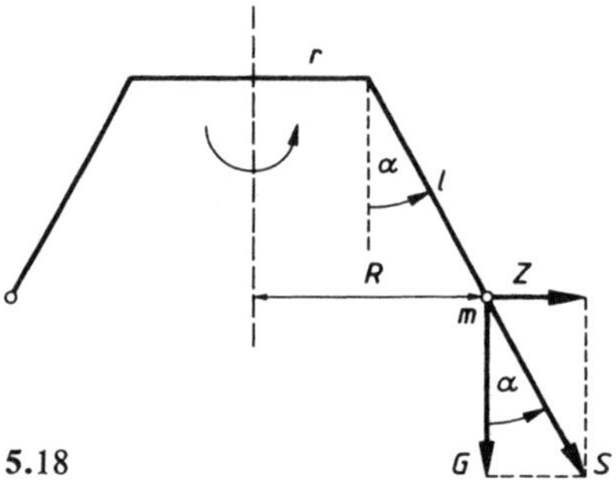

5.18

Der unbekannte Abstand R des Körpers von der Drehachse hängt ebenfalls von α ab. Aus Bild **5.18** ergibt sich $R = r + l\sin\alpha$, und daraus die goniometrische Gleichung

$$g\tan\alpha = \omega^2(r + l\sin\alpha)$$

Mit der Umformung $\tan\alpha = \sin\alpha/\sqrt{1-\sin^2\alpha}$ und $x = \sin\alpha$ ergibt sich eine Gleichung höheren Grades für x. Diese Umformung einer goniometrischen Gleichung in eine Gleichung höheren Grades ist häufig.

$$l^2x^4 + 2rlx^3 + (r^2 - l^2 + g^2/\omega^4)x^2 - 2rlx - r^2 = 0$$

Alle Koeffizienten der einheitenfreien Zahl x haben die gleiche Einheit m^2 (Rechenkontrolle). Nach Division durch l^2 erhält man mit den gegebenen Zahlenwerten sowie $g = 9.81\ m/s^2$ und $\omega = 2\pi/T = 0.4\,\pi\ s^{-1}$

$$x^4 + x^3 + 1.6620x^2 - x - 0.2500 = 0$$

Für den 1. Näherungswert schätzt man $\alpha_1 = 30°$, damit ist $x_1 = 0.5$.
Das Horner-Schema liefert

	1.0000	1.0000	1.6620	−1.0000	−0.2500
$x_1 = 0.5$		0.5000	0.7500	1.2060	0.1030
	1.0000	1.5000	2.4120	0.2060	−0.1470
		0.5000	1.0000	1.7060	
	1.0000	2.0000	3.4120	1.9120	

$$x_2 = 0.5 - \left(\frac{-0.1470}{1.9120}\right) = 0.5769$$

	1.0000	1.0000	1.6620	−1.0000	−0.2500
		0.5769	0.9097	1.4836	0.2790
$x_2=0.5769$	1.0000	1.5769	2.5717	0.4836	0.0290
		0.5769	1.2425	2.2003	
	1.0000	2.1530	3.8142	2.6839	

$$x_3=0.5769-\frac{0.0290}{2.6839}=0.5661$$

	1.0000	1.0000	1.6620	−1.0000	−0.2500
$x_3=0.5661$		0.5661	0.8865	1.4427	0.2506
	1.0000	1.5661	2.5485	0.4427	0.0006
		0.5661	1.2070	2.1260	
	1.0000	2.1322	3.7555	2.5687	

$$x_4=0.5661-\frac{0.0006}{2.5687}=0.5659$$

Damit wird $\alpha=34.46°$ und mit $S=G/\cos\alpha$ ergibt sich $S=1190$ N. Die Restgleichung 3. Grades hat noch eine reelle negative Lösung, die hier technisch uninteressant ist. ■

5.3.2 Schnittwinkel von Graphen. Tangente. Normale

In Abschn. 5.3.2 wird vorausgesetzt, daß im Funktionsdiagramm beide Maßstäbe gleich sind. Wenn dies nicht der Fall ist, muß Gl. (5.3) benutzt werden.

Schnittwinkel

Definition. *Der* Schnittwinkel δ *zweier Graphen ist gleich dem Schnittwinkel der beiden Tangenten im Schnittpunkt* (Bild **5.19**).

$$\delta=\alpha_2-\alpha_1 \tag{5.49}$$

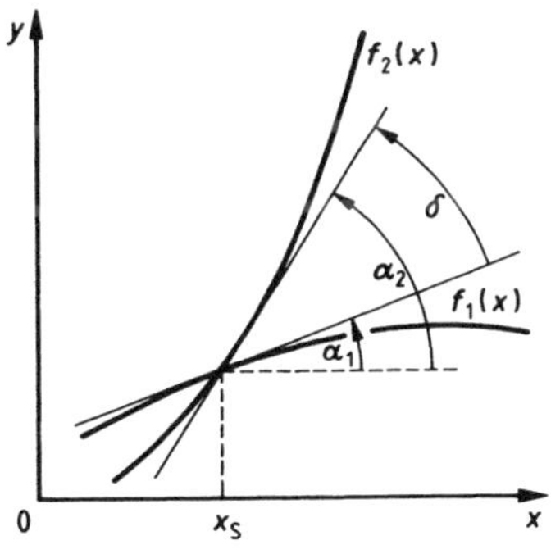

5.19

Gl. (5.49) setzt voraus, daß $f_2(x)$ die größere Steigung hat. Ist diese Voraussetzung nicht erfüllt, wählt man den Supplementwinkel $180° - \delta$ als Schnittwinkel. Negative Schnittwinkel sind nicht üblich.

Die wesentliche Aufgabe bei einer Schnittwinkelberechnung besteht in der Berechnung des Schnittpunktes der beiden Graphen, also in der Lösung einer Bestimmungsgleichung. Bei numerischen Rechnungen setzt man die gefundene Schnittpunktsabszisse x_S in beide Ableitungen ein und erhält die Winkel α_1 und α_2, daraus bildet man mit Gl. (5.49) den Schnittwinkel δ. Bei geschlossenen Lösungen berechnet man meist unmittelbar $\tan\delta$ mit

$$\tan\delta = \tan(\alpha_2 - \alpha_1) = \frac{\tan\alpha_2 - \tan\alpha_1}{1 + \tan\alpha_1 \tan\alpha_2} = \frac{f_2'(x_S) - f_1'(x_S)}{1 + f_1'(x_S) f_2'(x_S)} \tag{5.50}$$

Hieraus ergibt sich eine Gleichung für den wichtigen Spezialfall, daß beide Graphen aufeinander senkrecht stehen. Man sagt dann: die Graphen sind im Schnittpunkt **orthogonal**. Dann ist $\delta = 90°$ und $\tan\delta = \infty$. Wenn beide Funktionen im Schnittpunkt differenzierbar sind, ist diese Bedingung nur erfüllt, wenn der Nenner von Gl. (5.50) Null wird. Daraus erhält man die **Orthogonalitätsbedingung**

$$\boxed{f_1'(x_S) f_2'(x_S) = -1} \tag{5.51}$$

Diagramme mit zwei orthogonalen Kurvenscharen kommen bei technischen Anwendungen häufig vor. Das folgende Beispiel stammt aus einer derartigen Anwendung.

Beispiel 5. Man zeige, daß die Graphen der beiden Funktionen

$$\frac{x^2}{6.25} + \frac{y^2}{2.25} = 1 \quad \text{und} \quad \frac{x^2}{1} - \frac{y^2}{3} = 1$$

orthogonal sind.

Wie Bild **5.20** zeigt, handelt es sich um eine Ellipse und eine Hyperbel. Die Schnittpunktkoordinaten im 1. Quadranten erhält man durch Auflösen nach y^2 und Gleichsetzen. Aus

$$y^2 = 0.36 \cdot (6.25 - x^2) = 3 \cdot (x^2 - 1)$$

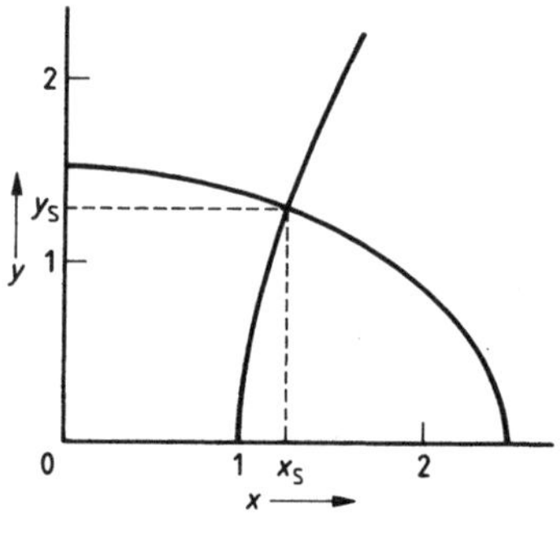

5.20

ergeben sich $x_S = 1.25$ und $y_S = 1.30$. Implizites Differenzieren liefert

$$2yy' = 0.36\cdot(-2x) \quad \text{und} \quad 2yy' = 3\cdot(2x)$$
$$y' = -0.36\cdot x/y \qquad\qquad y' = 3\cdot x/y$$

Im Schnittpunkt ist gemäß Gl. (5.51)

$$f_1'(x_S)\,f_2'(x_S) = -0.36\cdot 3\cdot(x_S/y_S)^2 = -1.00$$

Damit sind die Graphen orthogonal. ■

Beispiel 6. Es ist $f_1(x) = a\cos x$ und $f_2(x) = \sin x$. Wie groß ist die Konstante a zu wählen, damit sich die Graphen dieser Funktionen bei gleichen Maßstäben unter einem gegebenen Winkel δ schneiden?
Mit $f_1'(x) = -a\sin x$ und $f_2'(x) = \cos x$ erhält man aus Gl. (5.50)

$$\tan\delta = \frac{\cos x_S + a\sin x_S}{1 - a\sin x_S\cos x_S}$$

Dies ist eine Bestimmungsgleichung mit den beiden Unbekannten a und x_S. Die zweite erforderliche Gleichung ergibt sich aus dem Schnittpunkt beider Graphen zu

$$a\cos x_S = \sin x_S \quad \text{oder} \quad a = \frac{\sin x_S}{\cos x_S} = \tan x_S$$

Der Kunstgriff der Lösung besteht hier darin, zunächst die gesuchte Größe a zu eliminieren!

$$\tan\delta = \frac{\cos x_S + \dfrac{\sin x_S}{\cos x_S}\sin x_S}{1 - \dfrac{\sin x_S}{\cos x_S}\sin x_S\cos x_S} = \frac{\cos^2 x_S + \sin^2 x_S}{\cos x_S(1-\sin^2 x_S)} = \frac{1}{\cos^3 x_S}$$

Mit den Beziehungen $1/\cos^2\alpha = 1 + \tan^2\alpha$ und $a = \tan x_S$ erhält man

$$\tan\delta = (1+a^2)^{3/2} \quad \text{und daraus} \quad a = \sqrt{\tan^{2/3}\delta - 1}.$$

Damit eine reelle Lösung entsteht, muß $\delta > 45°$ sein. ■

Tangente. Normale

Definition. *Die* Tangente *im Berührungspunkt P_1 des Graphen einer Funktion $y = f(x)$ ist eine Gerade, die in P_1 die gleichen Koordinaten und die gleiche Steigung hat wie $y = f(x)$. Die* Normale *ist eine Gerade, die in P_1 senkrecht auf der Tangente steht.*

Die meisten Tangentenaufgaben lassen sich auf eine der drei folgenden Grundaufgaben zurückführen. Nur für Kegelschnitte sind diese Aufgaben exakt durch Konstruktion lösbar.

Tangente und Normale in einem gegebenen Punkt P_1 des Graphen. Gegeben sind die Gleichung $y=f(x)$ des Graphen und die Abszisse x_1 des Berührungspunktes P_1. Die Gleichung der Tangente ergibt sich aus der Punkt-Richtungsform der Geradengleichung zu

$$f'(x_1)=\frac{y-y_1}{x-x_1}$$

Daraus erhält man die Tangentengleichung

$$\boxed{y=g(x)=f'(x_1)(x-x_1)+f(x_1)} \qquad (5.52)$$

Die Gleichung der Normale erhält man, indem in Gl. (5.52) gemäß Gl. (5.51) $-1/f'(x_1)$ anstelle von $f'(x_1)$ gesetzt wird.

Beispiel 7. Das Profil eines Werkstücks (Bild 5.21) kann im Bereich $2\text{ cm}\leq x\leq 4\text{ cm}$ durch die Gleichung $y=f(x)=(6/x)\text{ cm}^2$ dargestellt werden. Im Bereich $0\leq x\leq 2\text{ cm}$ wird das Profil durch die Tangente $y=g(x)$ an den Graphen der Funktion $y=(6/x)\text{ cm}^2$ im Punkte $x_1=2\text{ cm}$ beschrieben. Wo schneidet die Tangente die Ordinatenachse?

Es ist $f(2\text{ cm})=3\text{ cm}$, $f'(x)=-(6/x^2)\text{ cm}^2$ und $f'(2\text{ cm})=-1.5$. Dann erhält man mit Gl. (5.52)

$$y=g(x)=-1.5(x-2\text{ cm})+3\text{ cm}=-1.5x+6\text{ cm}$$

Für $x=0$ ergibt sich der Schnittpunkt mit der y-Achse $y_0=g(0)=6\text{ cm}$.

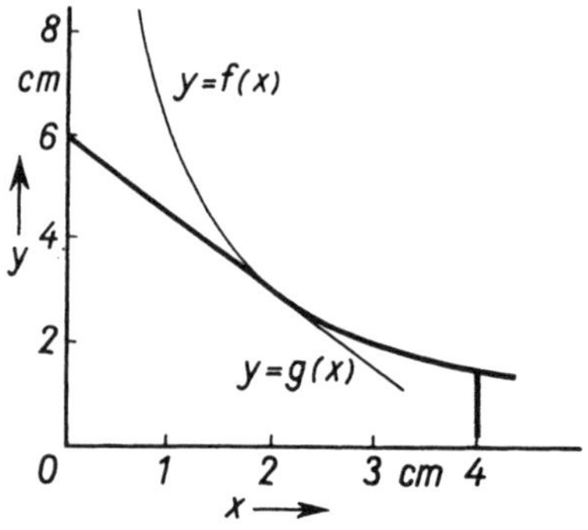

5.21 ■

Beispiel 8. Gegeben ist eine Parabel mit vertikaler Achse $y=ax^2+bx+c$. Man beweise folgenden für die darstellende Geometrie wichtigen Satz: Sind $P_1(x_1;y_1)$ und $P_2(x_2;y_2)$ in Bild 5.22 zwei Parabelpunkte, deren Tangenten sich in $P_T(x_T;y_T)$ schneiden, und ist y_G die Ordinate der Geraden $\overline{P_1P_2}$ an der Abszisse $x=x_T$, so kann man den Parabelpunkt $P_3(x_3;y_3)$ an der Abszisse $x_3=x_T$ leicht konstruieren, denn

1. Es ist $x_T=(x_1+x_2)/2$. Die Abszisse x_T liegt also in der Mitte zwischen x_1 und x_2.
2. Es gilt $y_G-y_3=y_3-y_T$. Die Parabelkoordinate liegt also in der Mitte zwischen y_G und y_T.
3. Es ist $y'(x_3)$ gleich der Ableitung der Geraden $\overline{P_1P_2}$.

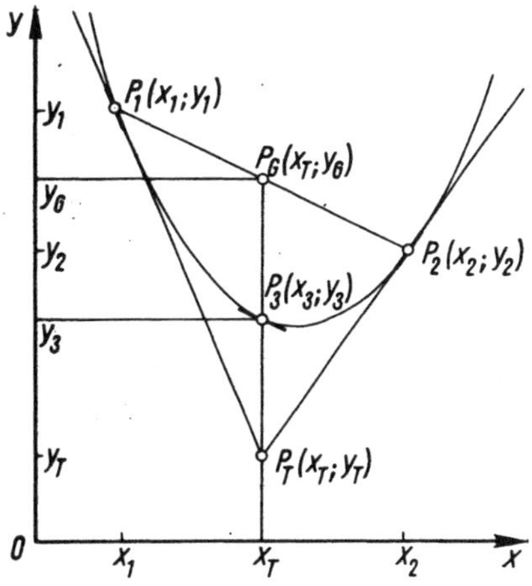

5.22

Die Ableitung der Parabel lautet $y' = 2ax + b$. Damit erhält man als Gleichungen der Parabeltangenten in den Punkten P_1 und P_2

$$\frac{y-y_1}{x-x_1} = 2ax_1 + b \quad \text{oder} \quad y = (2ax_1 + b)\,x - ax_1^2 + c$$

$$\frac{y-y_2}{x-x_2} = 2ax_2 + b \quad \text{oder} \quad y = (2ax_2 + b)\,x - ax_2^2 + c$$

Hieraus ergeben sich die Schnittpunktkoordinaten der Tangenten

$$x_T = \frac{x_1 + x_2}{2}$$

und $$y_T = (2ax_1 + b)\,\frac{x_1 + x_2}{2} - ax_1^2 + c = ax_1x_2 + \frac{b}{2}(x_1 + x_2) + c$$

Damit ist der erste Teil des Satzes bewiesen. Die Steigung der Geraden $\overline{P_1P_2}$ ist

$$\frac{y_2-y_1}{x_2-x_1} = \frac{a(x_2^2 - x_1^2) + b(x_2 - x_1)}{x_2 - x_1} = a(x_1 + x_2) + b$$

Dann genügt die Gerade $\overline{P_1P_2}$ der Gleichung

$$\frac{y-y_1}{x-x_1} = a(x_1 + x_2) + b \quad \text{oder} \quad y = [a(x_1 + x_2) + b]\,x - ax_1x_2 + c$$

Für $x = x_T$ wird $y = y_G = (a/2)(x_1^2 + x_2^2) + (b/2)(x_1 + x_2) + c$.
Zum Beweis des zweiten Teiles dieses Satzes bildet man die Differenzen $y_G - y_3$ und $y_3 - y_T$.

Es ist $$y_3 = a\left[\frac{x_1 + x_2}{2}\right]^2 + b\,\frac{x_1 + x_2}{2} + c$$

Damit erhält man für beide Differenzen $a(x_1-x_2)^2/4$. Die Ableitung der Parabel für $x=x_T$ ist $y'(x_T)=2a(x_1+x_2)/2+b=a(x_1+x_2)+b$. Da dies zugleich die Ableitung der Verbindungsgeraden ist, ist auch der dritte Teil des Satzes bewiesen. ■

Bei den beiden folgenden Grundaufgaben besteht der schwierigste Teil im Lösen einer Bestimmungsgleichung für die nunmehr unbekannte Abszisse x_1 des Berührungspunktes. Wenn diese gefunden ist, erfolgt der Übergang zu Gl. (5.52).

Tangente parallel zu einer gegebenen Steigung. Die Steigung m ist entweder unmittelbar gegeben, oder aus einer Nebenbedingung, z. B. der Steigung in einem gegebenen Punkt eines anderen Graphen zu berechnen. Die Bestimmungsgleichung für die Abszisse x_1 lautet

$$\boxed{f'(x_1)-m=0} \tag{5.53}$$

Tangente von einem Punkt P_2 außerhalb des Graphen. Die Koordinaten $x_2; y_2$ von P_2 müssen die Tangentengleichung (5.52) erfüllen, weil P_2 auf der Tangente liegt (Bild 5.23). Deshalb lautet die Bestimmungsgleichung für x_1

$$\boxed{f'(x_1)(x_2-x_1)+f(x_1)-y_2=0} \tag{5.54}$$

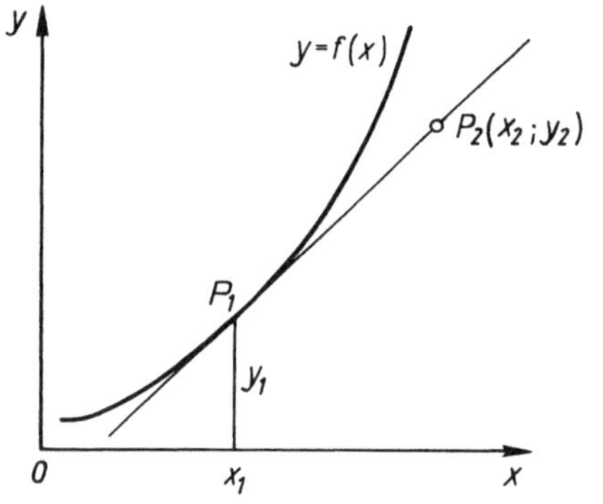

5.23

Beispiel 9. Man lege an den Graphen der Funktion $y=x^3$ die Tangente vom Punkt (2; 4).
Es ist $y'=3x^2$. Damit folgt aus Gl. (5.54)

$$3x_1^2(2-x_1)+x_1^3-4=0 \quad \text{oder} \quad x_1^3-3x_1^2+2=0$$

Die Bestimmungsgleichung kann nach dem Verfahren von Newton gelöst werden. In diesem Fall erkennt man unmittelbar, daß $x_{11}=1$ die Gleichung erfüllt. Mit dem Horner-Schema (Abschn. 3.1.3) wird nun ein Linearfaktor abgespalten

	1	−3	0	2
$x=1$		1	−2	−2
	1	−2	−2	0

Die verbleibende quadratische Gleichung $x^2-2x-2=0$ hat die weiteren Wurzeln $x_{12}=1+\sqrt{3}=2.732$ und $x_{13}=1-\sqrt{3}=-0.732$. Vom Punkt P_2 können also drei Tangenten an diesen Graphen gelegt werden. Setzt man die Koordinaten der Berührungs-

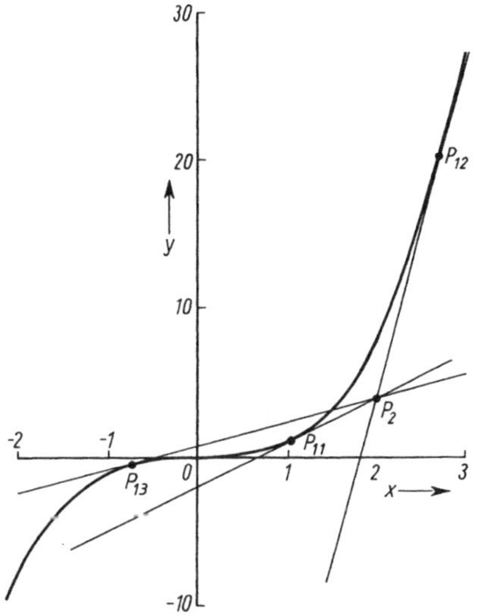

5.24

punkte $x_{11}=1$; $y_{11}=1$; $x_{12}=2.732$; $y_{12}=20.4$; $x_{13}=-0.732$; $y_{13}=-0.392$ sowie $y=x^3$ in Gl. (5.52) ein, so erhält man folgende drei Tangentengleichungen (s. auch Bild **5**.24)

$$y=3x-2 \qquad y=22.4x-40.8 \qquad y=1.608x+0.78$$ ■

Beispiel 10. Die folgende Aufgabe stellt sich häufig bei Konstruktionsproblemen im Maschinenbau.

Von einer Parabel sind die Achse und zwei Tangenten gegeben. Man berechne die Gleichung der Parabel und die Berührungspunkte dieser Tangenten.

Die y-Achse wird als gegebene Parabelachse gewählt. Die x-Achse wird so festgelegt, daß der Schnittpunkt der beiden gegebenen Tangenten auf der x-Achse liegt. Da die y-Achse zugleich Parabelachse ist, lautet die Gleichung der Parabel $y=Ax^2+B$. Die unbekannten Koeffizienten A und B sind zu bestimmen. Sind $P_1(x_1;y_1)$ und $P_2(x_2;y_2)$ in Bild **5**.25 die noch unbekannten Berührungspunkte der beiden gegebenen Tangenten

$$y=a_{11}x+a_{01} \quad \text{und} \quad y=a_{12}x+a_{02} \tag{5.55}$$

so gilt nach Gl. (5.52) für diese Tangenten

$$\frac{y-y_1}{x-x_1}=2Ax_1 \quad \text{und} \quad \frac{y-y_2}{x-x_2}=2Ax_2$$

Die Normalform dieser Gleichungen lautet

$$y = 2Ax_1 \cdot x + (B - Ax_1^2) \qquad y = 2Ax_2 \cdot x + (B - Ax_2^2) \tag{5.56}$$

da $y_1 = Ax_1^2 + B$ und $y_2 = Ax_2^2 + B$ gilt.

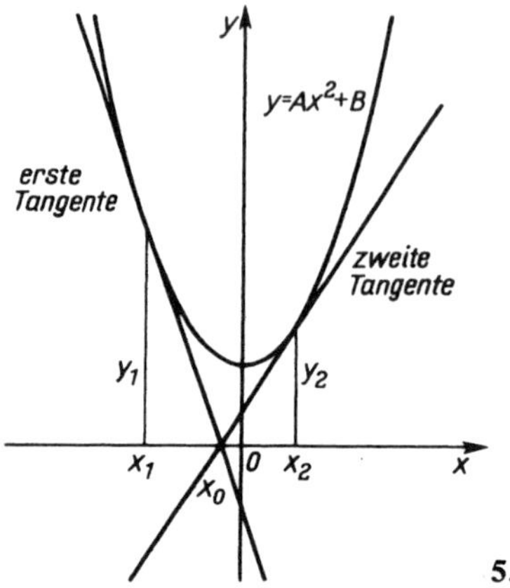

5.25

Ein Koeffizientenvergleich zwischen den Gl. (5.55) und (5.56) liefert

$$2Ax_1 = a_{11} \qquad B - Ax_1^2 = a_{01} \qquad 2Ax_2 = a_{12} \qquad B - Ax_2^2 = a_{02}$$

Diese vier Gleichungen für die vier Unbekannten A, B, x_1 und x_2 haben die Lösung

$$x_1 = 2a_{11}\frac{a_{02} - a_{01}}{a_{11}^2 - a_{12}^2} \qquad x_2 = 2a_{12}\frac{a_{02} - a_{01}}{a_{11}^2 - a_{12}^2}$$

$$A = \frac{1}{4}\,\frac{a_{11}^2 - a_{12}^2}{a_{02} - a_{01}} \qquad B = \frac{a_{11}^2 a_{02} - a_{12}^2 a_{01}}{a_{11}^2 - a_{12}^2}$$

Die beiden Tangenten haben den Schnittpunkt

$$x_0 = \frac{a_{01} - a_{02}}{a_{12} - a_{11}} \qquad y_0 = \frac{a_{01}a_{12} - a_{02}a_{11}}{a_{12} - a_{11}}$$

Die vorstehende Lösung für A hat nur Sinn, wenn $a_{01} \neq a_{02}$ ist, die Tangenten sich also nicht auf der Parabelachse schneiden. Die Lösungen für x_1, x_2 und B erfordern, daß $a_{11} \neq a_{12}$ und $a_{11} \neq -a_{12}$ gilt; die gegebenen Parabeltangenten können nicht parallel sein, ihre Anstiegswinkel ergänzen sich auch nicht zu 180°, da $\tan\alpha_1 \neq -\tan\alpha_2 = \tan(180° - \alpha_2)$ vorausgesetzt wird.

Nach Voraussetzung schneiden sich die Tangenten auf der x-Achse. Daher ist $y_0 = 0$ oder $a_{01}a_{12} = a_{02}a_{11}$. Hieraus folgt

$$\frac{a_{11}}{a_{12}} = \frac{a_{01}}{a_{02}} \qquad \frac{a_{11} - a_{12}}{a_{12}} = \frac{a_{01} - a_{02}}{a_{02}} \qquad \frac{a_{11} - a_{12}}{a_{01} - a_{02}} = \frac{a_{11}}{a_{01}} = \frac{a_{12}}{a_{02}}$$

Damit vereinfachen sich die Lösungen des Gleichungssystems

$$x_1 = \frac{-2a_{01}}{a_{11}+a_{12}} \qquad x_2 = \frac{-2a_{02}}{a_{11}+a_{12}}$$

$$A = -\frac{a_{11}}{4a_{01}}(a_{11}+a_{12}) \qquad B = \frac{a_{02}a_{11}}{a_{11}+a_{12}}$$

Die Ordinaten der Berührungspunkte sind

$$y_1 = -a_{01}\frac{a_{11}-a_{12}}{a_{11}+a_{12}} \qquad y_2 = a_{02}\frac{a_{11}-a_{12}}{a_{11}+a_{12}}$$ ■

5.3.3 Kurvendiskussion. Extremwertaufgaben

Der Sinn einer Kurvendiskussion ist es, mit möglichst wenig Arbeitsaufwand den *wesentlichen Verlauf* des Graphen einer Funktion zu erkennen. Daher ist es unfruchtbar, wahllos eine große Anzahl von Wertepaaren zu berechnen; dabei können insbesondere Unstetigkeitsstellen übersehen und die Lage von Extremwerten wie auch Nullstellen falsch eingeschätzt werden. Es kommt vielmehr darauf an, die charakteristischen Eigenschaften der Funktion zu erkennen. Ein bewährtes Mittel, mit wenig Rechenaufwand auszukommen, ist der Grundsatz, jedes Resultat sogleich in das Diagramm einzutragen. Oft kann man bereits aus den vorliegenden Ergebnissen die nächste Frage beantworten. Die charakteristischen Eigenschaften von Funktionen wurden bereits in Abschn. 2.5.3 behandelt. Deshalb werden im folgenden nur die Ergänzungen besprochen, die sich aus der Anwendung der Differentialrechnung ergeben.

Geometrische Deutung der Ableitungen. Rechenschema. Die folgende Übersicht setzt voraus, daß es sich bei den Nullstellen um solche mit Vorzeichenwechsel handelt, d.h. daß die betreffende Größe unmittelbar links und rechts neben der Nullstelle verschiedene Vorzeichen hat. Die angegebenen Eigenschaften beziehen sich auf den Graphen der Funktion.

Der Wert an einer Stelle x ist	Funktion $y(x)$	1. Ableitung $y'(x)$	2. Ableitung $y''(x)$
>0	oberhalb der Abszisse	steigt	Linkskrümmung
$=0$	Nullstelle	Extremwert	Wende- oder Sattelpunkt
<0	unterhalb der Abszisse	fällt	Rechtskrümmung

Die Richtigkeit der vorstehenden Aussagen ergibt sich unmittelbar aus Bild 5.26. Bei einer Nullstelle *ohne* Vorzeichenwechsel hat die Bestimmungsgleichung meist eine mehrfache Lösung, und es werden an der gleichen Stelle auch andere Ableitungen Null. Ohne Beweis werden die notwendigen und hinreichenden Bedingungen für einen Extremwert, Wende- oder Sattelpunkt an der Stelle x_1 genannt. Extremwert: $y'(x_1)=0$ und die nächst höhere Ableitung, die an dieser Stelle nicht Null ist (im folgenden kurz mit $f^{(n)}$ bezeichnet), ist von gerader Ordnung. (Meist ist es die 2. Ableitung.) Wenn der Zahlenwert dieser Ableitung positiv ist, liegt ein Minimum vor, andernfalls ein Maximum. Wendepunkt: $y''(x_1)=0$ und n von $f^{(n)}$ ist ungerade. (Meist ist $n=3$.) Ein Sattelpunkt ist ein spezieller Wendepunkt mit $y'(x_1)=0$.

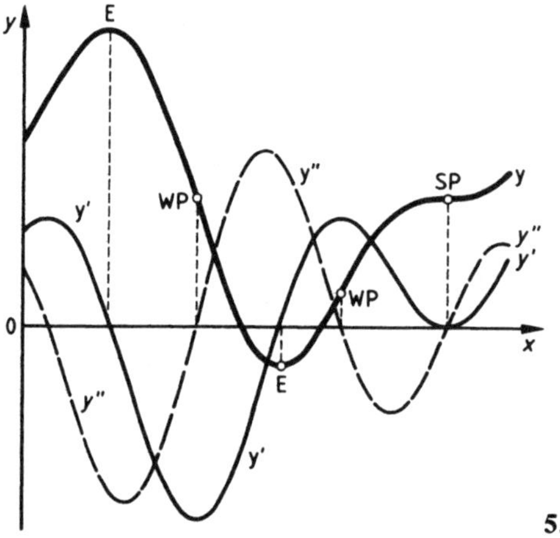

5.26

Rechenschema. Für Ziffer 1–5 und die Randextrema bei Ziffer 8 wird auf Abschn. 2.5.3 verwiesen. Es gibt für sie kein allgemeines Lösungsverfahren. Oft ergibt sich die Lösung erst am Schluß der Kurvendiskussion. Die weiteren hier aufgeführten Punkte erfordern das Differenzieren der Funktion und das Lösen von Bestimmungsgleichungen. Es sei auf die Bedeutung des letzten Punktes hingewiesen, der das Ziel der Kurvendiskussion darstellt. Notfalls hilft die Berechnung zusätzlicher Wertepaare.

1. Definitionsbereich bestimmen.
2. Wertebereich bestimmen.
3. Symmetrieeigenschaften erkennen.
4. Unstetigkeitsstellen bestimmen.
5. Verhalten im Unendlichen untersuchen.
6. Abszissenschnittpunkte x_0 (Nullstellen) berechnen:
   Bestimmungsgleichung $f(x_0)=0$ lösen.
7. Ordinatenschnittpunkt y_0 berechnen:
   Bestimmungsgleichung $y_0=f(0)$ lösen.
8. Extremwertabszissen x_E berechnen:
   Bestimmungsgleichung $f'(x_E)=0$ lösen,
   anschließend mit Funktionsgleichung y_E berechnen.
9. Wendepunktabszissen x_W berechnen:
   Bestimmungsgleichung $f''(x_W)=0$ lösen,
   anschließend mit Funktionsgleichung y_W berechnen.
10. Graph zeichnen.

Beispiel 11. Der Wirkungsgrad y eines Transformators beträgt

$$y=\frac{x}{a+bx+cx^2}$$

x mittlere Leistung, a, b, c Werkstoffkonstante
Zahlenwerte: $a=250$ W, $b=1$, $c=6.25\cdot 10^{-5}\,\mathrm{W}^{-1}$

Es ist eine Kurvendiskussion durchzuführen.

1. Definitionsbereich: mathematisch $-\infty<x<+\infty$
technisch $0<x$

Der Übung halber wird hier der mathematische Definitionsbereich mit dem Zahlenwert von $b=1$ untersucht.

2. Wertebereich: $-\infty<y<+\infty$

3. Symmetrieeigenschaften: keine, weil der Nenner sowohl gerade als auch ungerade Exponenten enthält.

4. Unstetigkeitsstellen treten auf, wenn der Nenner Null und der Zähler nicht Null wird

$$cx^2+x+a=0 \quad \text{ergibt} \quad x_{1,2}=(-1\pm\sqrt{1-4ac})/(2c)$$

mit Zahlenwerten $x_1=-15.75\cdot 10^3$ W, $x_2=-0.254\cdot 10^3$ W, also außerhalb des technischen Wertebereiches.

5. Verhalten im Unendlichen

$$\lim_{x\to\pm\infty} y=\lim_{x\to\pm\infty}\frac{1}{cx}=0$$

Der Graph nähert sich also asymptotisch der Abszissenachse.

6. Abszissenschnittpunkte treten auf, wenn der Zähler Null und der Nenner nicht Null wird.

$$x_0=0$$

7. Ordinatenschnittpunkt: $y_0=0$. Der Graph verläuft also durch den Koordinatenursprung.

8. Extremwertabszissen: Das Rechenschema für die Quotientenregel Gl. (5.21) lautet

$$f_1=x \qquad f_2=a+x+cx^2$$
$$f_1'=1 \qquad f_2'=1+2cx$$

Daraus erhält man

$$y'=\frac{a-cx^2}{(a+x+cx^2)^2}$$

y' wird Null, wenn der Zähler Null und der Nenner nicht Null wird. Dies ergibt

$$x_E=\pm\sqrt{a/c} \quad \text{mit Zahlenwerten} \quad x_{E1}=-2\cdot 10^3\,\mathrm{W},\ x_{E2}=2\cdot 10^3\,\mathrm{W}$$

Für die Ordinate erhält man

$$y_E = 1/(1 \pm 2\sqrt{ac}) \quad \text{mit Zahlenwerten} \quad y_{E1} = 1.\overline{3},\ y_{E2} = 0.8 = 80\%$$

9. Wendepunkte: Das Rechenschema für die Quotientenregel lautet

$$f_1 = a - cx^2 \qquad f_2 = (a + x + cx^2)^2$$
$$f_1' = -2cx \qquad f_2' = 2(a + x + cx^2)(1 + 2cx)$$

Daraus erhält man für den Zähler von y''

$$c^2x^3 - 3acx - a = 0$$

Diese Gleichung wird numerisch als Zahlenwertgleichung gelöst. Den 1. Näherungswert entnimmt man dem bereits gezeichneten Diagramm.

$$x^3 - 1.2 \cdot 10^7 x - 6.4 \cdot 10^{10} = 0$$

Das Horner-Schema lautet

	1	0	$-1.2 \cdot 10^7$	$-6.4 \cdot 10^{10}$
$x_1 = 5 \cdot 10^3$		$5 \cdot 10^3$	$2.5 \cdot 10^7$	$6.5 \cdot 10^{10}$
	1	$5 \cdot 10^3$	$1.3 \cdot 10^7$	$0.1 \cdot 10^{10}$
		$5 \cdot 10^3$	$5.0 \cdot 10^7$	
	1	$10 \cdot 10^3$	$6.3 \cdot 10^7$	

Damit ist $x_2 = 5.0 \cdot 10^3 - \dfrac{0.1 \cdot 10^{10}}{6.3 \cdot 10^7}$

	1	0	$-1.2 \cdot 10^7$	$-6.4 \cdot 10^{10}$
$x_2 = 4.984 \cdot 10^3$		$4.985 \cdot 10^3$	$2.484 \cdot 10^7$	$6.4004 \cdot 10^{10}$
	1	$4.985 \cdot 10^3$	$1.284 \cdot 10^7$	$0.0004 \cdot 10^{10}$

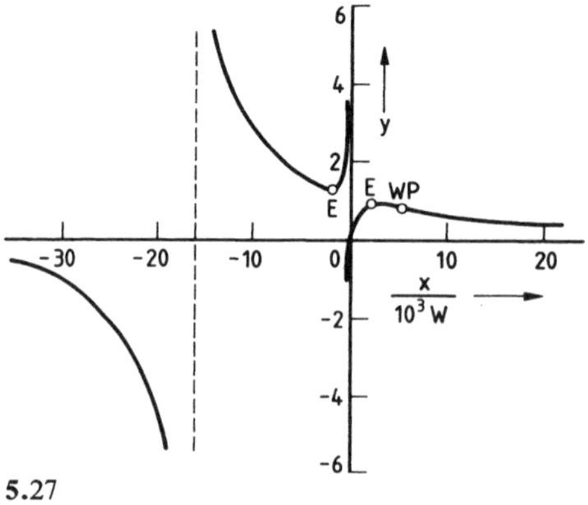

5.27

Damit kann die Rechnung abgebrochen werden. Entscheidend ist nicht der immer noch große Absolutbetrag von y, sondern daß eine weitere Verbesserung sich im Rahmen der ersten drei Dezimalen von x nicht mehr auswirkt (s. Gl. (5.46)). Die quadratische Restgleichung hat keine weiteren reellen Lösungen. Für die Wendepunktordinate erhält man $y_W = 0.734$.

10. Bild **5.27** zeigt das Diagramm. ■

Anwendungen in der Technik

Zustandsgleichung für reale Gase. Die folgende Gleichung von van der Waals beschreibt die Abhängigkeit der drei Zustandsgrößen Volumen V, absolute Temperatur T und Druck p eines realen Gases

$$p=\frac{nRT}{(V-nb)}-\frac{n^2a}{V^2} \tag{5.57}$$

R ist die allgemeine Gaskonstante, n die in kmol gemessene Teilchenmenge, a und b sind Materialkonstante. (Setzt man a und b Null, ergibt sich die bekannte Gleichung für ideale Gase.) Mit $p=f(V, T)$ ist Gl. (5.57) eine Funktion von zwei unabhängigen Variablen. Wie in Abschn. 3.6 erläutert wird, ergeben verschiedene Werte von T verschiedene Graphen in einem (V, p)-Diagramm.

Um die folgende Kurvendiskussion zu vereinfachen, wird diese Gleichung normiert (s. Abschn. 2.4.1). Als Normgrößen werden die kritischen Werte T_k, V_k und p_k gewählt. Nur unterhalb der kritischen Temperatur T_k läßt sich das Gas durch Kompression verflüssigen. Ohne Beweis sei vermerkt, daß der Graph von $T=T_k$ im Punkt (V_k, p_k) einen Sattelpunkt hat. Aus dieser Bedingung werden die drei Normgrößen berechnet. Aus Gl. (5.57) folgt

$$p'=\frac{dp}{dV}=-\frac{nRT}{(V-nb)^2}+\frac{2n^2a}{V^3} \qquad p''=\frac{d^2p}{dV^2}=\frac{2nRT}{(V-nb)^3}-\frac{6n^2a}{V^4}$$

Die Existenz einer horizontalen Wendetangente erfordert $p'=0$ und einen Vorzeichenwechsel von p''.

Aus $p'=0 \wedge p''=0$ folgt

$$\frac{nRT_k}{(V_k-nb)^2}=\frac{2n^2a}{V_k^3} \qquad \frac{2nRT_k}{(V_k-nb)^3}=\frac{6n^2a}{V_k^4} \tag{5.58}$$

Dividiert man die rechte und linke Seite der linken Gleichung durch die entsprechende Seite der rechten Gleichung, erhält man

$$\frac{V_k-nb}{2}=\frac{V_k}{3} \quad \text{und daraus} \quad V_k=3nb$$

Setzt man V_k in eine der Gl. (5.58) und in (5.57) ein, so erhält man nacheinander

$$T_k=\frac{8a}{27bR} \quad \text{und} \quad p_k=\frac{a}{27b^2} \tag{5.59}$$

Aus diesen beiden Gleichungen können mit gemessenen Werten T_k, p_k die Konstanten a und b bestimmt werden.

Mit $y=p/p_k$, $x=V/V_k$ sowie $\vartheta=T/T_k$ wird aus Gl. (5.57)

$$y=\frac{8\vartheta}{3x-1}-\frac{3}{x^2} \tag{5.60}$$

Es ist zweckmäßig, die Brüche der Gl. (5.60) nicht zu addieren, weil sie einzeln leicht zu differenzieren sind. Die folgende Kurvendiskussion beschränkt sich auf den physikalisch sinnvollen Definitions- und Wertebereich $x>0$ und $y>0$.

Symmetrieeigenschaften sind nicht vorhanden.

Unstetigkeitsstellen und Definitionsbereich: Aus dem linken Bruch erhält man $x=1/3$. Für $0<x<1/3$ ist $y<0$. $x=0$ ist eine weitere (doppelte) Unstetigkeitsstelle. Da auch $x<0$ entfällt, ist $1/3<x<\infty$ der physikalisch sinnvolle Definitionsbereich.

Verhalten im Unendlichen: $\lim\limits_{x\to\infty} y=0$.

Abszissenschnittpunkte: $8\vartheta x^2=3(3x-1)$ ergibt

$$x_0=\frac{9}{16\vartheta}\left[1+\sqrt{1-\frac{32}{27}\vartheta}\right]$$

Die Lösung ist nur reell, wenn $\vartheta\leq 27/32=0.844$. Im Zusammenhang mit den Extremwerten wird erläutert, daß diese Abszissenschnittpunkte physikalisch sinnlos sind.

Ordinatenschnittpunkt: keiner, da $x>1/3$ sein soll.

Extremwerte: $y'=-\dfrac{24\vartheta}{(3x-1)^2}+\dfrac{6}{x^3}=0$ liefert

$$4\vartheta x^3-9x^2+6x-1=0 \tag{5.61}$$

Für $\vartheta=1$ erhält man $x_{E1}=x_{E2}=1$ und $y_E=1$. Nach zweimaliger Anwendung des Horner-Schemas ergibt sich die Restgleichung $4x-1=0$ mit der Lösung $x_{E3}=1/4$, die außerhalb des physikalischen Definitionsbereiches liegt. Für $\vartheta>1$ hat die Gleichung nur eine reelle Lösung, die außerhalb des physikalischen Definitionsbereiches liegt. Für $\vartheta<1$ ergeben sich zwei reelle Lösungen innerhalb des physikalischen Definitionsbereiches. Für $\vartheta=0.9$ werden sie berechnet. Als 1. Näherungswert schätzt man wegen der Lösung für $\vartheta=1$ einen Wert etwas kleiner als 1. Nach einigen Iterationen erhält man folgendes Horner-Schema für die Normalform von Gl. (5.61)

	1	−2.5000	1.6667	−0.2778
$x_{E1}=0.7186$		0.7186	−1.2801	0.2778
	1	−1.7814	0.3866	0.0000

Die quadratische Restgleichung hat die Lösungen $x_{E2}=1.528$ und $x_{E3}=0.253$. x_{E3} liegt außerhalb des physikalischen Definitionsbereiches. Für die beiden anderen Abszissen erhält man $y_{E1}=0.420$ und $y_{E2}=0.724$. Damit kann der Graph für $\vartheta=0.9$ gezeichnet werden.

Zum physikalischen Sachverhalt ist allerdings zu bemerken, daß die Abhängigkeit zwischen V und p für $\vartheta<1$ *nicht* vollständig durch die Graphen der Gl. (5.60) beschrieben wird. In Bild **5.28** wird für den Graphen für $\vartheta=0.9$ gezeigt, daß der tatsächliche Zustand im mittleren Teil entlang der horizontalen Strecke verläuft. In diesem Teil nimmt bei einer Verkleinerung des Volumens der Druck nicht zu, sondern das Gas wird in Flüssigkeit umgewandelt. Die Lage der Geraden ergibt sich aus der Bedingung, daß die schraffierten Flächen gleich sind. Aus dieser Bedingung kann sie mittels Integralrechnung erhalten werden. Einfacher ist es, sie aus dem bekannten Graphen durch geschätzten Flächenausgleich graphisch zu ermitteln.

Wendepunkte: $y'' = \dfrac{144\vartheta}{(3x-1)^3} - \dfrac{18}{x^4} = 0$ liefert

$$8\vartheta x^4 - 27x^3 + 27x^2 - 9x + 1 = 0$$

Für $\vartheta = 1$ erhält man als erste Lösung (1; 1), die Restgleichung 3. Grades hat eine reelle Lösung (1.878; 0.876), deren quadratische Restgleichung keine weiteren reellen Lösungen. Für $\vartheta > 1$ erhält man keine reellen Lösungen, für $\vartheta < 1$ gilt sinngemäß das gleiche wie bei den Extremwerten.

Bild **5.28** zeigt das Diagramm der Funktion.

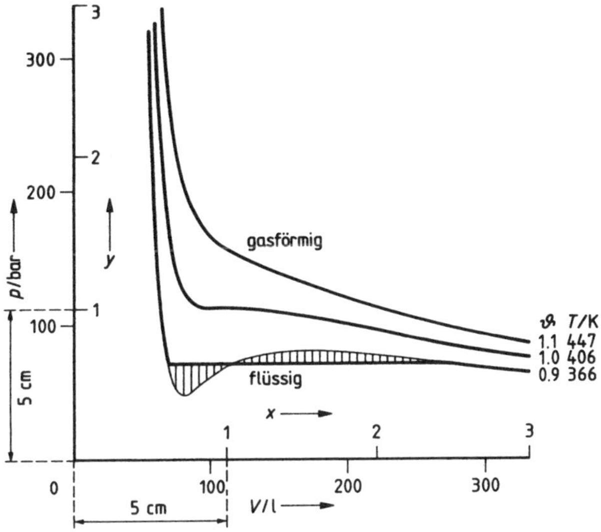

5.28

Abschließend wird das Diagramm „entnormiert", d.h. mit Zahlenwerten von V und p beschriftet. Dazu müssen Zahlenwerte der Normgrößen bekannt sein. Es ist $R = 8314$ J/K und für NH_3 ist $a = 4.23 \cdot 10^5$ N m^4, $b = 0.0371$ m^3. Für $n = 1$ wird mit Gl. (5.59)

$$V_k = 0.1113 \text{ m}^3 = 111.3 \text{ l} \qquad p_k = 1.1382 \cdot 10^7 \text{ N/m}^2 = 113.8 \text{ bar}$$
$$T_k = 406.3 \text{ K}$$

Für $x = 1$ ist $V = 111.3$ l, für $y = 1$ ist $p = 113.8$ bar. Daraus erhält man die Maßstäbe

$$m_V = \frac{5 \text{ cm}}{111.3 \text{ l}} = 0.0449 \frac{\text{cm}}{\text{l}} \qquad m_p = \frac{5 \text{ cm}}{113.8 \text{ bar}} = 0.0439 \frac{\text{cm}}{\text{bar}}$$

oder $\quad 100 \text{ l} \mathrel{\hat{=}} 4.49 \text{ cm} \qquad 100 \text{ bar} \mathrel{\hat{=}} 4.39 \text{ cm}$

Für die Beschriftung der T-Graphen erhält man mit $T = \vartheta T_k$ die Werte $T_1 = 366$ K, $T_2 = 406$ K und $T_3 = 447$ K.

Schubkurbelgetriebe. Zunächst wird eine Kurvendiskussion der in Beispiel 1, Abschn. 3.4 hergeleiteten Näherungsgleichung Gl. (3.62)

$$y=1-\cos\varphi+0.5\lambda\sin^2\varphi \tag{5.62}$$

durchgeführt. $y=s/r$ mit dem Kolbenweg s und dem Kurbelradius r, φ ist der Kurbelwinkel und λ das Schubstangenverhältnis r/l mit der Schubstangenlänge l (Bild **3.33**). Um einen deutlichen Graphen zu erhalten, wird hier mit $\lambda=0.4$ gerechnet. Technisch übliche Werte liegen bei $\lambda=0.2$. Anschließend wird die maximale Kolbengeschwindigkeit berechnet (Extremwertaufgabe).

Definitionsbereich: Bei Winkelfunktionen genügt es meist, sich auf einen Bereich $0\leq\varphi\leq 2\pi$ zu beschränken.

Wertebereich: Da die Sinus- und die Cosinusfunktion beschränkt sind, ist hier auch y beschränkt.

Symmetrieeigenschaft: gerade Funktion, weil beide Summanden gerade Funktionen sind.

Unstetigkeitsstellen: keine.

Verhalten im Unendlichen: periodisch.

Abszissenschnittpunkte: Mit der Umformung $\sin^2\varphi=1-\cos^2\varphi$ erhält man

$$\cos^2\varphi+\frac{2}{\lambda}\cos\varphi-\frac{2+\lambda}{\lambda}=0$$

Mit der Lösung

$$\cos\varphi_{01,2}=-\frac{1}{\lambda}\pm\frac{1+\lambda}{\lambda} \quad \text{wird} \quad \cos\varphi_{01}=1 \quad \cos\varphi_{02}=-\left(1+\frac{2}{\lambda}\right)$$

Damit ist $\varphi_{01}=0;\ 2\pi$ und φ_{02} ist nicht reell.

Ordinatenschnittpunkt: $y_0=0$

Extremwerte: $y'=\sin\varphi+\lambda\sin\varphi\cos\varphi=0$ liefert

$$\sin\varphi(1+\lambda\cos\varphi)=0$$

$\sin\varphi=0$ ergibt $\varphi_E=0;\ \pi;\ 2\pi$. Der Faktor $(1+\lambda\cos\varphi)=0$ ergibt keine reellen Lösungen. Für $\varphi_E=0;\ 2\pi$ ist $y_E=0$, für $\varphi_E=\pi$ ist $y_E=2$.

Wendepunkte: Setzt man in der Gleichung für y' $2\sin\varphi\cos\varphi=\sin 2\varphi$, erhält man

$$y''=\cos\varphi+\lambda\cos 2\varphi=0$$

Mit der Umformung $\cos 2\varphi=2\cos^2\varphi-1$ ergibt sich

$$\cos^2\varphi+\frac{1}{2\lambda}\cos\varphi-\frac{1}{2}=0$$

mit der Lösung

$$\cos\varphi_W=-\frac{1}{4\lambda}\pm\frac{\sqrt{1+8\lambda^2}}{4\lambda} \tag{5.63}$$

Nur für den positiven Wert der Wurzel ergeben sich reelle Lösungen. Für $\lambda = 0.4$ erhält man $\cos\varphi = 0.3187$ und $\varphi_W = 71.41°$; $288.59°$ sowie $y_W = 0.8609$ für beide Winkel.

Bild 5.29 zeigt die Graphen der beiden Summanden $f_1(\varphi) = 1 - \cos\varphi$ und $f_2(\varphi) = 0.2\sin^2\varphi$ sowie den der Gesamtfunktion.

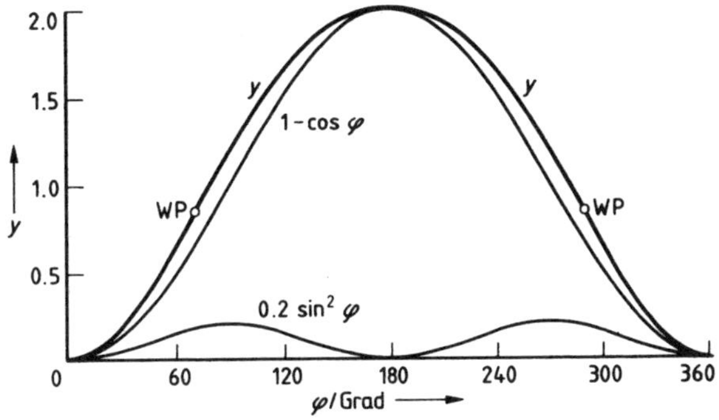

5.29

Die in Beispiel 3 behandelte Bestimmungsgleichung entsteht für die Berechnung der Wendepunktabszisse, wenn statt der hier benutzten Näherungsgleichung für y die exakte Gl. (3.61) benutzt wird. Dabei ist $x = \lambda^2 \sin^2\varphi$. Die dort ermittelte Lösung $x = 0.03857$ gilt für den Wert $\lambda = 0.2$. Man erhält daraus einen Winkel $\varphi = 79.1°$. Gl. (5.63) liefert für $\lambda = 0.2$ den Winkel $\varphi = 79.3°$. Die wesentlich aufwendigere Rechnung mit der exakten Gleichung bringt also kaum andere Ergebnisse.

Nun wird die Frage nach der maximalen Kolbengeschwindigkeit behandelt. Sie zeigt den Zusammenhang zwischen den geometrischen Größen der Kurvendiskussion und technischen Fragestellungen. Die Funktion y beschreibt den (normierten) Kolbenweg. Deshalb ist die Kolbengeschwindigkeit proportional der 1. Ableitung, und die maximale Kolbengeschwindigkeit tritt am Wendepunkt der Kurve auf. Die obige Frage bedeutet also geometrisch die Frage nach dem Wert der 1. Ableitung im Wendepunkt des Graphen.

$$y = s/r \quad \text{ergibt} \quad s = ry \qquad v = \frac{ds}{dt} = r\frac{dy}{d\varphi}\frac{d\varphi}{dt} = r\omega y'$$

$r\omega$ ist die Umfangsgeschwindigkeit der Kurbel. Für $\lambda = 0.2$ erhält man mit $\varphi_W = 79.3°$ für $y' = 1.02$. Die maximale Kolbengeschwindigkeit ist also für kleine λ ungefähr gleich der Umfangsgeschwindigkeit der Kurbel.

Freie Schwingung. Wird ein mechanisches oder elektromagnetisches Schwingungssystem erregt und dann sich selbst überlassen, entsteht eine gedämpfte freie Schwingung mit der Funktionsgleichung

$$y = A\,e^{-\delta t}\sin(\omega_d t + \varphi) \tag{5.64}$$

Diese Gleichung wird in Abschn. 12.2.2 hergeleitet, in Beispiel 7, Abschn. 5.2 wurde sie differenziert. Hier wird eine Kurvendiskussion durchgeführt. Die abhängige Variable ist bei mechanischen Schwingungen der Schwingungsausschlag x, bei elektromagnetischen Schwingungen eine Spannung u oder ein Strom i. Die unabhängige Variable ist die Zeit t. A heißt die Amplitude, ω_d die Eigenkreisfrequenz und φ der Nullphasenwinkel. Die Schwingungsdauer ist $T_d = 2\pi/\omega_d$.

Außer der Kurvendiskussion werden zusätzliche Betrachtungen durchgeführt, die für diese Funktion charakteristisch sind. Der physikalische Definitionsbereich ist $0 < t < \infty$. Zum Zeichen des Graphen ist es zweckmäßig, auch die unmittelbar links neben der Ordinate liegende Nullstelle und den entsprechenden Extremwert zu ermitteln. Für $t > 0$ ist der Wertebereich $-A \leq y \leq A$. Es sind keine Unstetigkeitsstellen vorhanden.

$$\lim_{t \to \infty} y = 0$$

Nullstellen: Der Faktor $A\,e^{-\delta t}$ kann nicht Null werden, $\sin(\omega_d t_0 + \varphi) = 0$ liefert

$$\omega_d t_0 + \varphi = n\pi \qquad t_0 = \frac{n\pi - \varphi}{\omega_d} = -\frac{\varphi}{\omega_d} + n\frac{T_d}{2} \qquad n \in \mathbb{N}_0 \tag{5.65}$$

Ordinatenschnittpunkt: $\quad y_0 = A \sin\varphi \qquad (5.66)$

Berührungspunkte des Graphen mit dem einhüllenden Graphen $\pm A\,e^{-\delta t}$ ergeben sich, wenn

$$\sin(\omega_d t_B + \varphi) = \pm 1 \tag{5.67}$$

Dies ist der Fall bei

$$\omega_d t_B + \varphi = (2n+1)\frac{\pi}{2} \qquad t_B = \frac{(2n+1)\frac{\pi}{2} - \varphi}{\omega_d} = t_0 + T_d/4$$

Die Berührungspunkte sind nicht die Extremwerte!

Extremwerte: $\dot{y} = A\,e^{-\delta t}[\omega_d \cos(\omega_d t + \varphi) - \delta \sin(\omega_d t + \varphi)] = 0$ liefert

$$\tan(\omega_d t_E + \varphi) = \omega_d/\delta \tag{5.68}$$

Es ist zweckmäßig, diese Gleichung nicht weiter nach t_E aufzulösen, sondern hier Zahlenwerte einzusetzen. Auch die Berechnung der Extremwertordinaten in Buchstaben ist nicht sinnvoll.

Wendepunkte: $\ddot{y} = A\,e^{-\delta t}[(\delta^2 - \omega_d^2)\sin(\omega_d t + \varphi) - 2\delta\omega_d \cos(\omega_d t + \varphi)] = 0$ ergibt

$$\tan(\omega_d t_W + \varphi) = \frac{2\delta\omega_d}{\delta^2 - \omega_d^2} \tag{5.69}$$

Da die Tangensfunktion die Periode π hat, liegen die Extremwerte und Wendepunkte ebenfalls im Abstand $T_d/2$ voneinander.

Bild 5.30 zeigt den Graphen mit den Zahlenwerten des folgenden Beispiels.

Der Quotient zweier sich um eine Schwingungsdauer unterscheidender Ordinaten lautet

$$\frac{x(t)}{x(t+T_d)} = \frac{A\,e^{-\delta t}\sin(\omega_d t + \varphi)}{A\,e^{-\delta(t+T_d)}\sin(\omega_d t + \omega_d T_d + \varphi)} = e^{\delta T_d}$$

Dieser Quotient ist konstant. Der Logarithmus dieses Quotienten heißt das logarithmische Dekrement

$$\ln \frac{x(t)}{x(t+T_d)} = \delta T_d = \Lambda$$

Ist die Schwingung in einer Periode bekannt, so ermittelt man durch Multiplizieren mit dem Faktor $e^{-\Lambda}$ die Ordinaten in der nächstfolgenden Periode.

Entsprechend erhält man $\ln \dfrac{-x(t)}{x(t+T_d/2)} = \Lambda/2$ und mit dem Faktor $-e^{-\Lambda/2}$ die Ordinaten in der nächstfolgenden Halbperiode.

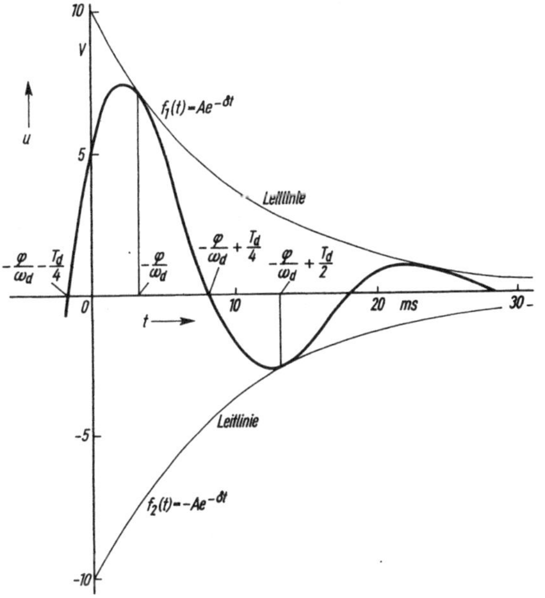

5.30

Beispiel 12. Bei einem elektromagnetischen Parallelschwingkreis ist die abhängige Variable die Spannung u. Ferner ist $A = 10$ V, $\delta = 0.1\ \text{ms}^{-1}$, $\omega_d = 0.1\,\pi\ \text{ms}^{-1}$ und $\varphi = \pi/6$. Man führe mit diesen Werten eine Kurvendiskussion der Gl. (5.64) durch.

Es ist $T_d = 20$ ms.

Nullstellen: Aus Gl. (5.65) folgt

$$t_0 = (-1.67 + n \cdot 10)\ \text{ms} \qquad t_{00} = -1.67\ \text{ms}$$
$$t_{01} = 8.33\ \text{ms} \qquad t_{02} = 18.33\ \text{ms}$$

Ordinatenschnittpunkt: Aus Gl. (5.66) ergibt sich $u_0 = 5.00$ V.

Berührungspunkte: Aus Gl. (5.67) erhält man

$t_B = t_0 + 5$ ms

$t_{B0} = 3.33$ ms	$t_{B1} = 13.33$ ms	$t_{B2} = 23.33$ ms
$u_{B0} = 7.16$ V	$u_{B1} = -2.64$ V	$u_{B2} = 0.97$ V

Extremwerte: Aus Gl. (5.68) folgt

$\tan(\omega_d t_E + \varphi) = \pi$	$\omega_d t_E + \varphi = 1.2626$
$t_{E1} = 2.35$ ms	$t_{E2} = 12.35$ ms
$u_{E1} = 7.53$ V	$u_{E2} = -2.77$ V

Wendepunkte: Gl. (5.69) liefert

$\tan(\omega_d t_W + \varphi) = -0.7084$	$\omega_d t_W + \varphi = -0.6163$
$t_{W1} = 6.37$ ms	$t_{W2} = 16.37$ ms
$u_{W1} = 3.06$ V	$u_{W2} = -1.12$ V

Bild 5.30 zeigt den Graphen. ■

Erzwungene Schwingung. Wird ein mechanisches oder elektromagnetisches Schwingungssystem durch eine sinusförmige Kraft bzw. Spannung $a \sin \omega t$ erregt, so ergeben sich nach Abklingen eines Einschwingvorganges periodische Schwingungen mit der Kreisfrequenz ω. Die Amplitude dieser Schwingung ist eine Funktion der erregenden Kreisfrequenz ω, sie wird Frequenzgang der Amplitude oder Resonanzfunktion, ihr Graph auch Resonanzkurve genannt. Auch der Phasenwinkel der erzwungenen Schwingung ist eine Funktion von ω, sie heißt Frequenzgang des Phasenwinkels. Diese erzwungenen Schwingungen werden in Abschn. 12.2.2 behandelt. Hier sollen die sich dabei ergebenden normierten Funktionsgleichungen diskutiert werden.

Dabei wird das Schema der Kurvendiskussion nicht mehr streng eingehalten, weil andere Betrachtungen im Vordergrund stehen.

Frequenzgang der Amplitude. Bei der Diskussion der Abhängigkeit der Amplitude der erzwungenen Schwingung von der Kreisfrequenz des Erregers ergeben sich drei Typen von Frequenzgängen der Amplitude (s. Abschn. 12.2.2)

$$y = f_1(x) = \frac{1}{N} \qquad y = f_2(x) = \frac{d \cdot x}{N} \qquad y = f_3(x) = \frac{x^2}{N}$$

Hierbei ist x die normierte Kreisfrequenz des Erregers, d die normierte Dämpfung des Schwingers und $N = \sqrt{(x^2-1)^2 + x^2 d^2}$. Als erste Ableitung der Funktion f_1 erhält man

$$f_1 = \frac{1}{N} = \frac{1}{\sqrt{(x^2-1)^2 + x^2 d^2}}$$

$$f_1' = -\frac{1}{N^2} N' = -\frac{1}{N^2} \frac{2(x^2-1)2x + 2xd^2}{2N}$$

$$= -\frac{2x^3 - 2x + xd^2}{N^3} = x \frac{(2-d^2) - 2x^2}{N^3}$$

Insgesamt lauten die ersten Ableitungen dieser drei Funktionen

$$f_1' = x\,\frac{(2-d^2)-2x^2}{N^3} \qquad f_2' = d\,\frac{1-x^4}{N^3} \qquad f_3' = x\,\frac{(d^2-2)x^2+2}{N^3}$$

Setzt man diese drei ersten Ableitungen gleich Null, so erhält man die Extremwertabszissen

$$x_1 = 0 \qquad\qquad x_3 = 0$$

$$x_1 = \sqrt{1-\frac{d^2}{2}} \qquad x_2 = 1 \qquad x_3 = \frac{1}{\sqrt{1-\frac{d^2}{2}}}$$

Aus der folgenden Wertetafel entnimmt man, daß für $x=0$, $x=d$, $x=1$ und $x=1/d$ je zwei Funktionen gleich sind. In dieser Tafel ist

$$M = [(d^2-1)^2+d^4]^{-1/2} \quad \text{und} \quad K = \left(1-\frac{d^2}{4}\right)^{-1/2}$$

gesetzt.

x	f_1	f_2	f_3
0	1	0	0
d	M	d^2M	d^2M
1	$\frac{1}{d}$	1	$\frac{1}{d}$
$\frac{1}{d}$	d^2M	d^2M	M
$\sqrt{1-\frac{d^2}{2}}$	$\frac{K}{d}$	$K\sqrt{1-\frac{d^2}{2}}$	$\frac{K}{d}\left(1-\frac{d^2}{2}\right)$
$\frac{1}{\sqrt{1-\frac{d^2}{2}}}$	$\frac{K}{d}\left(1-\frac{d^2}{2}\right)$	$K\sqrt{1-\frac{d^2}{2}}$	$\frac{K}{d}$

Für $x \to \infty$ erhält man

$$f_1 \to 0 \qquad f_2 \to 0 \qquad f_3 \to 1$$

Die Extremwerte von f_1 und f_3 sind gleich groß. Bild **5**.31 zeigt die drei maßstäblich gezeichneten Frequenzgänge (Resonanzkurven) für $d=0.7$.

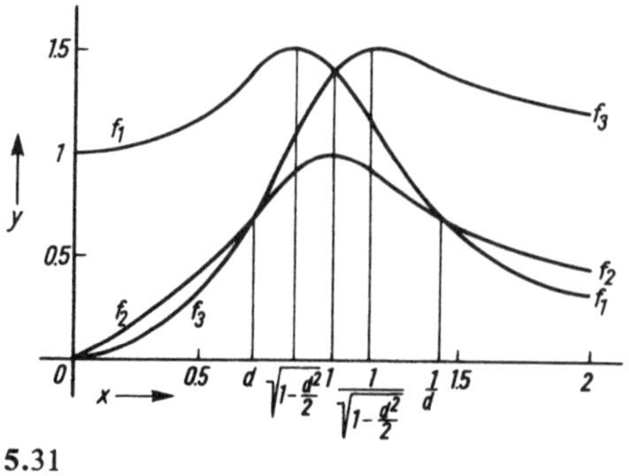

5.31

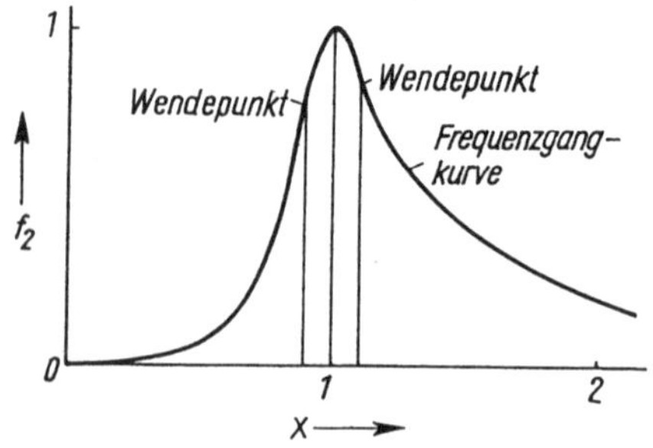

5.32

Beispiel 13. Man bestimme die Wendepunkte der Frequenzgangkurve $f_2(x)$ für $d=0.3$ und zeichne den Graphen.

Aus $f_2' = d\,\dfrac{1-x^4}{N^3}$ folgt

$$f_2'' = x \cdot d \cdot \frac{2x^6 + (2-d^2)x^4 - 10x^2 + 3(2-d^2)}{N^5}$$

Mit $d=0.3$ ergibt sich aus $f_2''=0$ zunächst $x_{01}=0$ mit $y_{01}=0$, weiter mit $z=x^2$

$$z^3 + 0.955\,z^2 - 5z + 2.865 = 0$$

Mit dem Horner-Schema (Beispiel 13, Abschn. 3.1) erhält man $z_1=0.793$ und $z_2=1.219$. Die dritte Nullstelle ist negativ, also wegen $x^2=z$ ohne Bedeutung. Hieraus folgt $x_{02}=0.890$ und $x_{03}=1.104$ sowie $y_{02}=0.789$ und $y_{03}=0.834$. Bild **5.32** zeigt die Frequenzgangkurve. ■

Frequenzgang des Phasenwinkels. Die Frequenzgänge der drei den Amplituden $f_1(x)$, $f_2(x)$ und $f_3(x)$ entsprechenden Phasenwinkel lauten

$$\psi_1 = \psi = \operatorname{Arctan}\frac{dx}{1-x^2} \qquad \psi_2 = \psi + \frac{\pi}{2} \qquad \psi_3 = \psi + \pi$$

Hier wird die Funktion $\psi(x)$ untersucht. Es ist $\psi(0)=0$, $\psi(1)=\pi/2$ und $\lim\limits_{x\to\infty} \psi = \pi$. Weiter gilt

$$\frac{d\psi}{dx} = d\,\frac{1+x^2}{(1-x^2)^2 + d^2x^2} \qquad \frac{d^2\psi}{dx^2} = -2\,dx\,\frac{x^4 + 2x^2 + (d^2-3)}{[(1-x^2)^2 + d^2x^2]^2}$$

Der Frequenzgang hat also keinen Extremwert. Es ist

$$\left.\frac{d\psi}{dx}\right|_0 = d \qquad \left.\frac{d\psi}{dx}\right|_1 = \frac{2}{d} \qquad \lim_{x\to\infty} \frac{d\psi}{dx} = 0$$

Die zweite Ableitung wird Null für

$$x_1 = 0$$
$$x_2 = \sqrt{-1+\sqrt{4-d^2}}$$

Hieraus folgt, daß für $x>0$ nur dann ein Wendepunkt vorliegt, wenn $d<\sqrt{3}$ gilt. Es ist dann $x_2<1$.

In Bild **5**.33 sind vier Frequenzgänge gezeichnet. Für $d=1$ ergibt sich der Wendepunkt (0.856; 1.267), bei $d=2$ hat der Frequenzgang keinen Wendepunkt.

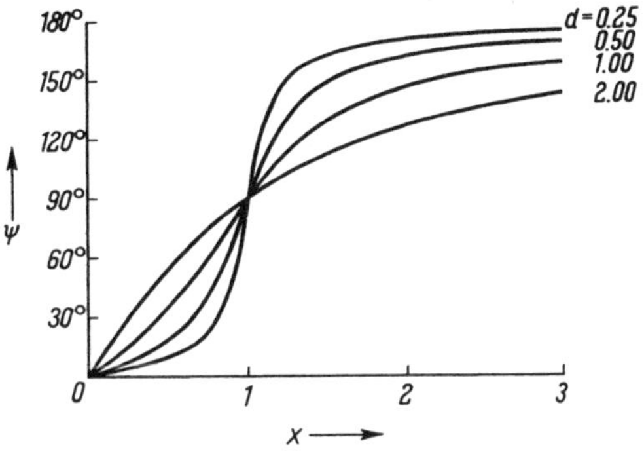

5.33

Extremwertaufgaben. Statt nach dem Gesamtverlauf des Graphen ist hier nur nach dem Extremwert einer Funktion gefragt. Aus der Problemstellung ist zu erkennen, ob ein Minimum oder Maximum und ob der Abszissen- oder Ordinatenwert gefragt ist. Die wesentliche Schwierigkeit besteht für den Anfänger darin, daß die Funktionsgleichung oft nicht gegeben, sondern aus der Problemstellung zu ermitteln ist. (Man vergleiche Abschn. 5.1.1.) Häufig entsteht eine Gleichung von zwei Variablen (s. Abschn. 9.2.1). Diese sind aber nicht immer unabhängig voneinander, sondern eine Variable läßt sich mit einer sog. Nebenbedingung eliminieren.

Beispiel 14. Aus einem rechteckigen Blech mit den Seitenlängen a und b ist nach Herausschneiden der Ecken ein Kasten mit möglichst großem Volumen zu biegen (Bild **5**.34).

Es ist $V=(b-2x)(a-2x)\,x = abx-2(a+b)\,x^2+4x^3$

$$\frac{\mathrm{d}V}{\mathrm{d}x} = ab-4(a+b)\,x+12x^2 \qquad \frac{\mathrm{d}^2V}{\mathrm{d}x^2} = -4(a+b)+24x$$

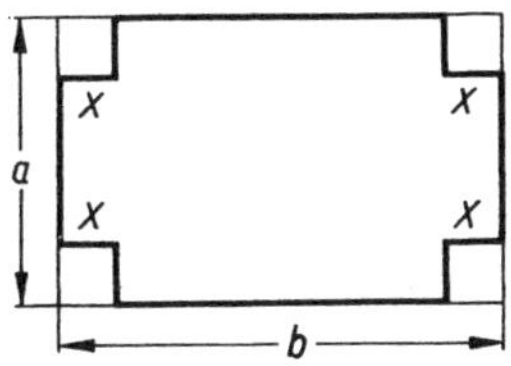

5.34

Aus $V'=0$ erhält man $x_0^2-\frac{a+b}{3}x_0+\frac{ab}{12}=0$

$$x_0=\frac{a+b}{6}\pm\frac{1}{6}\sqrt{(a-b)^2+ab}$$

In diesem Falle ist es schwer zu erkennen, welcher Wert von x_0 das gesuchte Maximum liefert. Setzt man beide Werte in V'' ein, so ergibt sich

$$V''(x_0)=\pm 4\sqrt{(a-b)^2+ab}$$

Das obere Vorzeichen gehört zu einem Minimum, das untere zu einem Maximum. Es ist also

$$x_{01}=\frac{1}{6}\left(a+b-\sqrt{(a-b)^2+ab}\right)$$

und damit

$$V_{\max}=\frac{1}{54}\left(a+b-\sqrt{(a-b)^2+ab}\right)\left(2b-a+\sqrt{(a-b)^2+ab}\right)\left(2a-b+\sqrt{(a-b)^2+ab}\right)$$

In diesem Falle ist es einfacher, die Funktion $V=f(x)$ in Bild **5**.35 zu zeichnen, um zu erkennen, daß das Extremum mit der kleineren Abszisse das Maximum liefert.

Im Spezialfall $a=b$ wird $x_{01}=a/6$ und $V_{\max}=(2/27)a^3$. Diesen Spezialfall kann man auch heranziehen, um aus

$$x_0=\frac{a}{3}\pm\frac{a}{6}$$

abzulesen, welches Vorzeichen das Maximum ergibt. ■

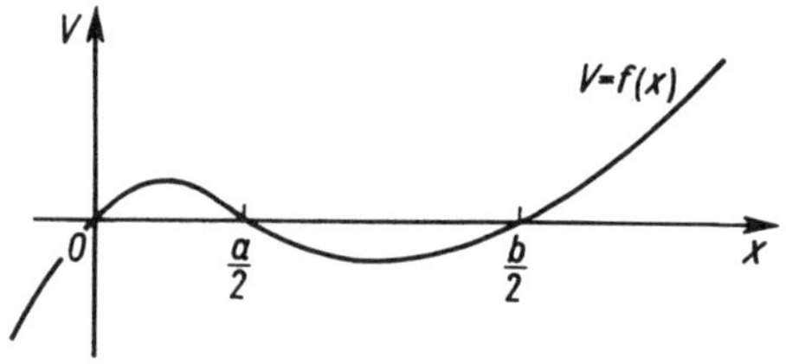

5.35

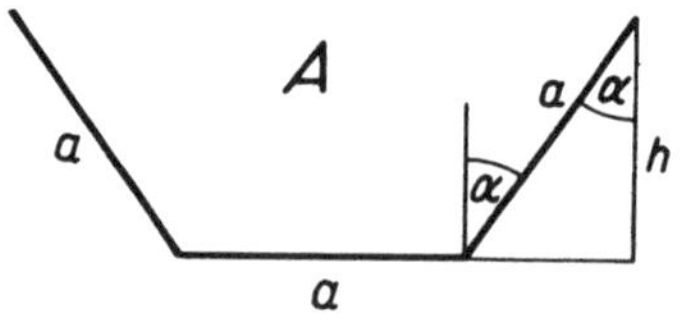

5.36

Beispiel 15. Aus drei Bohlen der Breite a ist eine Rinne mit möglichst großem Fassungsvermögen zu bilden (Bild **5**.36), s. auch Beispiel 4, Abschn. 9.2.

Der Querschnitt A der Rinne ist $A=ah+ha\sin\alpha$. Die Funktion $A(h,\alpha)$ soll hier zu einem Extremum gemacht werden. Es scheint sich um eine Funktion von zwei unabhängigen Veränderlichen zu handeln. Jedoch sind die beiden Veränderlichen h und α nicht voneinander unabhängig. Es gilt zwischen ihnen die Gleichung $h=a\cos\alpha$. Also ist A nur eine Funktion von *einer* unabhängigen Veränderlichen. Extremwertaufgaben dieser Art treten häufig auf. Entweder ist die Höhe h durch den Winkel α auszudrücken, dann ist $A = f(\alpha)$, oder es ist $\sin\alpha$ durch die Höhe h auszudrücken, dann ist $A = g(h)$. Beide Wege führen zum Ziel. Es soll hier der Weg über den Winkel α benutzt werden. Mit $h = a\cos\alpha$ wird

$$A = a^2 \cos\alpha + a^2 \sin\alpha \cos\alpha$$

eine Funktion der Veränderlichen α. Wenn die erste Ableitung dieser Funktion Null wird, und zugleich die zweite Ableitung für diesen Wert von α negativ ist, so liegt ein Maximum vor. Es ist

$$\frac{\mathrm{d}A}{\mathrm{d}\alpha} = a^2(-\sin\alpha + \cos^2\alpha - \sin^2\alpha) = a^2(-\sin\alpha + 1 - 2\sin^2\alpha)$$

$$\frac{\mathrm{d}^2A}{\mathrm{d}\alpha^2} = a^2(-\cos\alpha - 4\sin\alpha\cos\alpha)$$

Setzt man $u = \sin\alpha$ und $\mathrm{d}A/\mathrm{d}\alpha = 0$, so wird

$$-u + 1 - 2u^2 = 0 \quad \text{und} \quad u_{1,2} = -\frac{1}{4} \pm \frac{3}{4}$$

also $\quad u_1 = 0.5 \quad u_2 = -1$

Da $u = \sin\alpha$ gesetzt wurde, erhält man aus $u_1 = 0.5$ die beiden Lösungen $\alpha_1 = 30°$ und $\alpha_2 = 150°$; $u_2 = -1$ ergibt $\alpha_3 = 270°$. Meist geht man so vor, daß man aus der technischen Fragestellung heraus alle bis auf eine Lösung ausschließen kann. Man kann auch bilden

$$A''(\alpha_1) = -1.5\sqrt{3}\,a^2 \qquad A''(\alpha_2) = +1.5\sqrt{3}\,a^2 \qquad A''(\alpha_3) = 0$$

Bei beiden Überlegungen erhält man $A_{\max}$ aus $\alpha_1 = 30°$.
Hieraus folgt

$$h = a\cos\alpha_1 = \frac{a}{2}\sqrt{3} \quad \text{und} \quad A_{\max} = \frac{3}{4}\sqrt{3}\,a^2$$ ■

Beispiel 16. Eine Stromquelle mit der Quellenspannung U_q hat einen inneren Widerstand R_i. Welche Leistung P kann ihr mit dem Verbraucherwiderstand R höchstens entnommen werden?

Der Strom wird durch die Reihenschaltung von Verbraucherwiderstand R und Innenwiderstand R_i der Stromquelle bestimmt. Dann ist nach dem Ohmschen Gesetz und nach der Formel $P = RI^2$ für die elektrische Leistung

$$I = \frac{U_q}{R_i + R} \qquad P = \frac{R\,U_q^2}{(R_i + R)^2}$$

Die Leistung P ist eine Funktion des Verbraucherwiderstandes R, zur Ermittlung des Extremwertes bildet man

$$\frac{\mathrm{d}P}{\mathrm{d}R} = \frac{(R_i - R)\,U_q^2}{(R_i + R)^3} \qquad \frac{\mathrm{d}^2P}{\mathrm{d}R^2} = \frac{2(R - 2R_i)\,U_q^2}{(R_i + R)^4}$$

Die Ableitung $\mathrm{d}P/\mathrm{d}R=0$ liefert $R=R_i$. Daher ist $P(R_i)=U_q^2/(4R_i)$ der gesuchte Extremwert. Wählt man den Verbraucherwiderstand $R=R_i$, so spricht man von Leistungsanpassung, weil die abgegebene Leistung ihren maximalen Wert erreicht. ■

Beispiel 17. Der kreisförmige Querschnitt der Spule eines Transformators soll durch den kreuzförmigen Querschnitt eines aus Blechen geschichteten Eisenkerns möglichst ausgefüllt werden (Bild **5**.37): Maximaler Füllfaktor.

Die beiden Veränderlichen x und y hängen wegen $x^2+y^2=r^2$ voneinander ab. Der kreuzförmige Querschnitt ist $A=4xy+2\cdot 2y(x-y)$. Es ist zweckmäßig, den Winkel α als unabhängige Veränderliche einzuführen. Dann gilt mit $x=r\cos\alpha$ und $y=r\sin\alpha$

$$A=4r^2(\sin 2\alpha-\sin^2\alpha) \qquad \frac{\mathrm{d}A}{\mathrm{d}\alpha}=4r^2(2\cos 2\alpha-\sin 2\alpha)$$

Aus $\mathrm{d}A/\mathrm{d}\alpha=0$ folgt $\tan 2\alpha=2$, woraus sich $\alpha=31.7°$, $x=0.851\,r$ und $y=0.526r$ ergibt; für diesen Wert ist $A=2.47r^2$, das entspricht 78.7% der Kreisfläche. Hier kann man auf die zweite Ableitung verzichten, da es technisch anschaulich klar ist, daß $\alpha=31.7°$ ein Maximum ergibt. ■

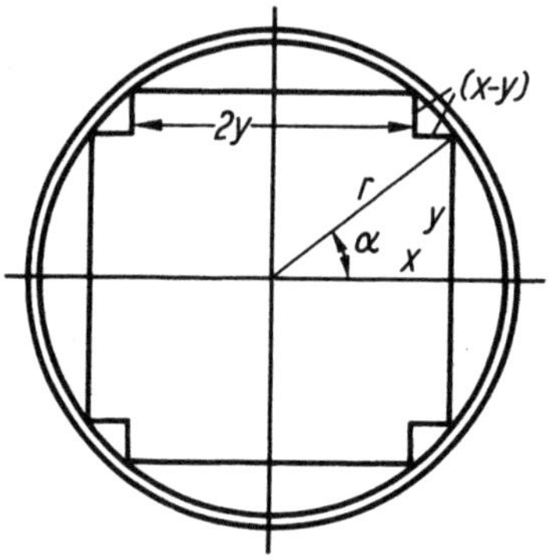

5.37

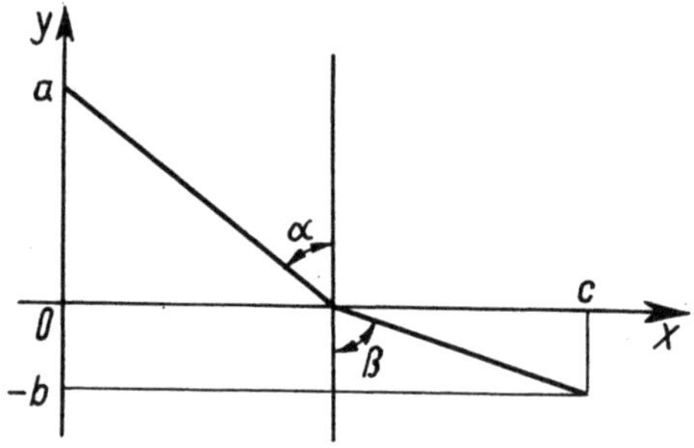

5.38

Beispiel 18. Ein Körper soll sich in kürzester Zeit vom Punkt $(0;\ a)$ zum Punkt $(c;\ -b)$ bewegen (Bild **5**.38), wobei für $y>0$ seine Geschwindigkeit v_1, für $y<0$ seine Geschwindigkeit v_2 ist (Bewegung in verschiedenen Medien). Die Gesamtzeit für diese Bewegung ist

$$t=\frac{\sqrt{a^2+x^2}}{v_1}+\frac{\sqrt{b^2+(c-x)^2}}{v_2}$$

Für diese Funktion $t(x)$ ist das Minimum gesucht.

$$\frac{\mathrm{d}t}{\mathrm{d}x}=\frac{1}{v_1}\,\frac{2x}{2\sqrt{a^2+x^2}}+\frac{1}{v_2}\,\frac{-2(c-x)}{2\sqrt{b^2+(c-x)^2}}=\frac{\sin\alpha}{v_1}-\frac{\sin\beta}{v_2}$$

Für $\mathrm{d}t/\mathrm{d}x = 0$ ergibt sich das Brechungsgesetz der Optik $v_1/v_2 = \sin\alpha/\sin\beta$. Das Brechungsgesetz ergibt tatsächlich das Minimum, denn die zweite Ableitung ist immer positiv

$$\frac{\mathrm{d}^2 t}{\mathrm{d}x^2} = \frac{a^2}{v_1(a^2+x^2)^{3/2}} + \frac{b^2}{v_2[b^2+(c-x)^2]^{3/2}} > 0$$ ■

5.3.4 Interpolation mit kubischen Splinefunktionen

Allgemeines zur Interpolation. Häufig sind funktionale Zusammenhänge physikalischer Größen durch Tafeln gegeben (s. Abschn. 2.4.2), die entweder aus Meßwerten oder aus einzeln berechneten Werten komplizierter Funktionen hervorgegangen sind (z. B. Dampftafeln).

Falls die für die spezielle Aufgabe benötigten Funktionswerte nicht in der Tafel enthalten sind, müssen Zwischenwerte durch Berechnung eingefügt, es muß interpoliert werden. Dazu ist es erforderlich, eine Ersatzfunktion, die Interpolationsfunktion, zu finden, die an den Stützstellen $x_0, x_1, \ldots, x_m$ vorgeschriebene Funktionswerte $y_0, y_1, \ldots, y_m$, die Stützwerte, annimmt und den zwischen den Stützstellen gelegenen Werten x Funktionswerte y zuordnet (Bild 5.39).

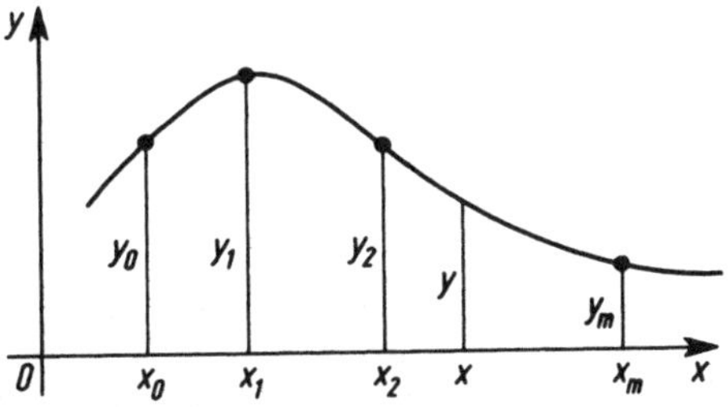

5.39

Bei der Interpolation zwischen physikalischen Meßwerten oder in Funktionstafeln mit feiner Unterteilung genügt oft eine einfache Funktion (lineares oder quadratisches Polynom) als Ersatzfunktion, um Zwischenwerte mit genügender Genauigkeit zu berechnen.

Auch bei der numerischen Integration (s. Abschn. 6.1.5) werden komplizierte oder numerisch gegebene Integranden durch Interpolationsfunktionen ersetzt und diese dann integriert. In der Trapezregel Gl. (6.14) sind die Interpolationsfunktionen stückweise linear, in der Simpson-Regel Gl. (6.16) stückweise quadratisch. Solche Integrationen sind z. B. bei der Berechnung des für die Trimmrechnung eines Schiffes erforderlichen Flächenmomentes der Schnittfläche von Schiffsrumpf und Wasseroberfläche erforderlich.

Als Interpolationsfunktionen werden vorzugsweise ganze rationale Funktionen (Polynome) benutzt, weil sich deren Funktionswerte leicht berechnen lassen (s. Abschn. 3.1).

In dem Interpolationspolynom

$$y = a_0 + a_1 x + a_2 x^2 + \ldots + a_m x^m \qquad (5.70)$$

müssen die $m+1$ Koeffizienten $a_0, a_1, a_2, \ldots, a_m$ aus den Bedingungen berechnet werden, daß an den Stützstellen $x_0, x_1, x_2, \ldots, x_m$ mit $x_i < x_{i+1}$ $(i=0, \ldots, m-1)$ die gegebenen Funktionswerte $y_0, y_1, y_2, \ldots, y_m$ mit den Werten des Polynoms übereinstimmen. Setzt man also die Stützstellen x_i in das Polynom Gl. (5.70) ein, so müssen sich als y-Werte die zugehörigen Stützwerte y_i ergeben. Das führt auf ein lineares Gleichungssystem für die $m+1$ unbekannten Koeffizienten $a_0, a_1, a_2, \ldots, a_m$

$$\begin{aligned} a_0 + a_1 x_0 + a_2 x_0^2 + \ldots + a_m x_0^m &= y_0 \\ a_0 + a_1 x_1 + a_2 x_1^2 + \ldots + a_m x_1^m &= y_1 \\ \vdots \qquad\qquad &\quad \vdots \\ a_0 + a_1 x_m + a_2 x_m^2 + \ldots + a_m x_m^m &= y_m \end{aligned} \tag{5.71}$$

das prinzipiell nach den Methoden des Abschn. 4.4 gelöst werden kann. Die so bestimmten Koeffizienten a_i werden in Gl. (5.70) eingesetzt, und man ist in der Lage, jedem Argument x aus $x_0 \leq x \leq x_m$ einen Funktionswert zuzuordnen.

Die allgemeine Lösung des vorstehenden Gleichungssystems ist sehr rechenaufwendig. Deshalb gibt es eine Reihe von speziellen Verfahren zur Bestimmung der Koeffizienten a_i, von denen im folgenden eines genauer behandelt wird.

Kubische Spline-Funktionen. Interpolationen von Funktionen mit vielen Stützstellen sind bei der Ermittlung von Oberflächenkurven gekrümmter Körper, wie z. B. bei Karosserien, erforderlich. Würde man Interpolationspolynome benutzen, so müßten diese einen hohen Grad haben und können deshalb zwischen den Stützstellen viele Extremwerte annehmen, so daß eine wellige Kurve entsteht.

In der Konstruktionspraxis wird aber eine glatte Kurve benötigt. Sie wird durch „Straken" erzeugt. Man legt eine lange biegsame Latte (Straklatte) an einzelnen Punkten, den Stützstellen, durch Strakgewichte fest und zeichnet die Körperbegrenzungskurve entlang der sich so einstellenden Biegelinie der Straklatte. Die Straklatte wird also in der Zeichenebene durch „punktförmige Lasten", die Haftkräfte infolge der Strakgewichte, belastet. Dabei entsteht ein linear verteiltes Biegemoment M_b ohne Sprungstellen (stetige Kurve). Bei konstantem Querschnitt der Straklatte erhält man aus $w'' = -M_b/EI$ (s. Abschn. 6.4.3) durch zweimalige Integration als Biegelinie eine ganze rationale Funktion dritten Grades.

Will man das Strakverfahren numerisch verwenden, so liegt es nahe, je ein Polynom dritten Grades zwischen zwei Stützstellen anzusetzen. Die Graphen der Polynome gehen an den Stützstellen mit gleichem Funktionswert, gleicher Steigung und, wegen der Stetigkeit des Biegemomentes, auch mit gleicher Krümmung ineinander über.

Die kubische Spline-Funktion (Strakfunktion) wird im k-ten Intervall durch folgende Gleichung beschrieben

$$P_k(x) = a_k + b_k(x - x_k) + c_k(x - x_k)^2 + d_k(x - x_k)^3 \qquad x_k \leq x \leq x_{k+1} \tag{5.72}$$

Die Ableitungen dieser Funktion lauten

$$\begin{aligned} P_k'(x) &= b_k + 2c_k(x - x_k) + 3d_k(x - x_k)^2 \\ P_k''(x) &= 2c_k + 6d_k(x - x_k) \end{aligned}$$

Die gesuchte Stützstellenfunktion $F(x)$ hat also bei m Intervallen und $m+1$ Stützstellen folgende Form

$$F(x)=\begin{cases} P_0(x) & \text{für} \quad x_0 \le x \le x_1 \\ P_1(x) & \text{für} \quad x_1 \le x \le x_2 \\ \vdots & \qquad \vdots \\ P_k(x) & \text{für} \quad x_k \le x \le x_{k+1} \\ \vdots & \qquad \vdots \\ P_{m-1}(x) & \text{für} \quad x_{m-1} \le x \le x_m \end{cases} \tag{5.73}$$

und es gilt für die Stützstellen

$$\begin{aligned} F(x_k) &= y_k = P_k(x_k) \qquad k=0, 1, 2, \ldots, m-1 \\ F(x_m) &= y_m = P_{m-1}(x_m) \end{aligned} \tag{5.74}$$

Die oben genannten Übergangsbedingungen lauten

$$\begin{aligned} P_k(x_k) &= P_{k-1}(x_k) \\ P'_k(x_k) &= P'_{k-1}(x_k) \qquad k=1, 2, \ldots, m-1 \\ P''_k(x_k) &= P''_{k-1}(x_k) \end{aligned} \tag{5.75}$$

Für die „Enden der Straklatte“ muß man gesondert Randbedingungen für die Ableitungen angeben. Sind die Enden frei drehbar, so ist dort das Biegemoment und damit die Krümmung gleich Null. Dann gilt

$$P''_0(x_0)=0 \qquad P''_{m-1}(x_m)=0 \tag{5.76}$$

Funktionen mit dieser Eigenschaft heißen natürliche Spline-Funktionen. Man kann auch Spline-Funktionen konstruieren, bei denen an den beiden Enden x_0 und x_m anstatt Gl. (5.76) von Null verschiedene Krümmungen oder die Steigungen $P'_0(x_0)$ und $P'_{m-1}(x_m)$ vorgeschrieben sind.

Die kubische Spline-Funktion Gl. (5.73) hat in jedem Intervall vier unbekannte Koeffizienten, bei m Intervallen also insgesamt $4m$ unbekannte Koeffizienten. Zu deren eindeutiger Bestimmung benötigt man $4m$ voneinander unabhängige Bedingungen. Das sind

3 Übergangsbedingungen für jede der $m-1$ inneren Stützstellen, insgesamt	$3(m-1)$
$m+1$ gegebene Funktionswerte	$m+1$
2 Randbedingungen	2
Summe	$4m$

Die Gl. (5.74) bis (5.76) liefern zusammen ein lineares Gleichungssystem für die $4m$ Koeffizienten.

Da $P_k(x_k)=a_k=y_k$ ist, sind die m Koeffizienten a_k schon bekannt. Durch geschicktes Eliminieren der b_k und d_k kann man ein Gleichungssystem für die c_k allein finden, das wegen der Bandstruktur seiner Matrix mit erträglichem numerischen Rechenaufwand zu lösen ist.

In [Be 85] ist der folgende Algorithmus für die Lösung des Interpolationsproblems mit natürlichen kubischen Spline-Funktionen in m Intervallen, also mit $m+1$ Stützstellen, angegeben:
Man setzt

$$c_0 = 0 \qquad c_m = 0$$
$$a_k = y_k \quad \text{mit} \quad k = 0, 1, 2, \ldots, m$$
$$h_k = x_{k+1} - x_k \quad \text{mit} \quad k = 0, 1, 2, \ldots, m-1$$

Dann löst man das Gleichungssystem

$$h_{k-1} c_{k-1} + 2(h_{k-1} + h_k) c_k + h_k c_{k+1} = 3\left(\frac{a_{k+1} - a_k}{h_k} - \frac{a_k - a_{k-1}}{h_{k-1}}\right) \qquad k = 1, 2, \ldots, m-1 \tag{5.77}$$

für die c_k und berechnet anschließend die vorher eliminierten Größen

$$b_k = \frac{a_{k+1} - a_k}{h_k} - \frac{2c_k + c_{k+1}}{3} h_k, \qquad d_k = \frac{c_{k+1} - c_k}{3h_k} \qquad k = 0, 1, 2, \ldots, m-1 \tag{5.78}$$

Damit sind die interpolierenden Spline-Funktionen bestimmt.
Bei konstanter Intervallbreite h vereinfachen sich die Ausdrücke in Gl. (5.77)

$$c_{k-1} + 4c_k + c_{k+1} = \frac{3}{h^2}(a_{k+1} - 2a_k + a_{k-1}) \tag{5.79}$$

Beispiel 19. Man interpoliere die Funktion $y = \lg(1+x)$ zwischen den Stützstellen

k	x	$\lg(1+x)$
0	0	0
1	2	0.47712
2	4	0.69897
3	6	0.84510

Mit $h_k = h = 2$ und $c_0 = c_3 = 0$ erhält man aus Gl. (5.79)

$$4c_1 + c_2 = \frac{3}{4}(0.69897 - 2 \cdot 0.47712 + 0) = -0.19145$$

$$c_1 + 4c_2 = \frac{3}{4}(0.84510 - 2 \cdot 0.69897 + 0.47712) = -0.05679$$

Das Gleichungssystem hat die Lösung

$$c_1 = -0.047268 \qquad c_2 = -0.002381$$

Damit berechnet man aus Gl. (5.78)

$$b_0 = 0.27007 \qquad d_0 = -0.007878$$
$$b_1 = 0.17554 \qquad d_1 = 0.007481$$
$$b_2 = 0.07624 \qquad d_2 = 0.000397$$

Die Interpolationspolynome für die drei Intervalle lauten

$$P_0 = 0.27007x - 0.007878x^3 \qquad \text{für} \quad 0 \le x \le 2$$
$$P_1 = 0.47712 + 0.17554(x-2) - 0.047268(x-2)^2 + 0.007481(x-2)^3 \qquad \text{für} \quad 2 \le x \le 4$$
$$P_2 = 0.69897 + 0.07624(x-4) - 0.002381(x-4)^2 + 0.000397(x-4)^3 \qquad \text{für} \quad 4 \le x \le 6$$

Dies ergibt die folgende Tafel

x	P_0	$\lg(1+x)$
0.25	0.0674	0.0969
0.5	0.1341	0.1761
0.75	0.1992	0.2430
1	0.2622	0.3010
1.5	0.3785	0.3979

$$P_1(3) = 0.6129 \qquad \lg 4 = 0.6021$$
$$P_2(5) = 0.7732 \qquad \lg 6 = 0.7782$$

Berechnet man den Wert für $x = 3$ mit den Spline-Funktionen der Nachbarintervalle (Extrapolation), so erhält man

$$P_0(3) = 0.5975 \qquad P_2(3) = 0.6200$$ ■

Man sieht, daß am Anfang der Tafel der Fehler besonders groß ist. Das hängt damit zusammen, daß bei den natürlichen Spline-Funktionen am Anfangspunkt die Krümmung gleich Null gesetzt wird, während bei der hier gegebenen Funktion die Krümmung an der Stelle $x = 0$ nicht gleich Null ist. Der Fehler kann besonders groß werden, wenn die zu interpolierende Funktion am Anfang oder am Ende des Intervalls eine starke Krümmung aufweist, wie z. B. die Funktion $y = \sqrt{x}$ bei $x \to 0$.

Beispiel 20. Man interpoliere die Funktion $y = \cos x$ zwischen den Stützstellen

x	y
0	1
$\pi/3$	0.5
$\pi/2$	0

durch kubische Funktionen.

Aus der Tafel liest man ab:

$$a_0 = 1 \qquad a_1 = 0.5 \qquad a_2 = 0$$
$$h_0 = \pi/3 = 1.04720 \qquad h_1 = \pi/6 = 0.52360$$

Mit $c_0 = c_2 = 0$ ergibt sich die Gleichung für c_1 nach Gl. (5.77)

$$2\left(\frac{\pi}{3}+\frac{\pi}{6}\right)c_1 = 3\left(\frac{0-0.5}{\pi/6}-\frac{0.5-1}{\pi/3}\right)$$

$$c_1 = -\frac{9}{2\pi^2} = -0.45595$$

Aus Gl. (5.78) folgt

$$b_0 = -\frac{1}{\pi} = -0.31831 \qquad d_0 = -\frac{9}{2\pi^3} = -0.14513$$

$$b_1 = -\frac{5}{2\pi} = -0.79577 \qquad d_1 = \frac{9}{\pi^3} = 0.29026$$

Die Spline-Funktionen lauten

$$P_0 = 1 - 0.31831x - 0.14513x^3$$

$$P_1 = 0.5 - 0.79577\left(x-\frac{\pi}{3}\right) - 0.45595\left(x-\frac{\pi}{3}\right)^2 + 0.29026\left(x-\frac{\pi}{3}\right)^3$$

Mit diesen Funktionen kann man z. B. die folgenden Zwischenwerte berechnen.

x in Radiant	x in Grad	$P(x)$	$\cos x$
$\pi/12$	15	0.91406	0.96593
$\pi/6$	30	0.81250	0.86603
$\pi/4$	45	0.67969	0.70711
1	57.3	0.53656	0.54030
$5\pi/12$	75	0.26563	0.25882

■

5.3.5 Aufgaben zu Abschnitt 5.3

1. Mit dem Iterationsverfahren Gl. (5.47) berechne man die Lösungen der folgenden Bestimmungsgleichungen auf vier Stellen hinter dem Dezimalpunkt.

a) $x^2 - \ln x = 2$ (2 pos. Lösungen).

b) $\tan x + \operatorname{Arctan} x = 2$ (nur kleinste pos. Lösung).

2. Mit dem Newton-Verfahren Gl. (5.48) berechne man die reellen Lösungen der folgenden Bestimmungsgleichungen auf vier Stellen hinter dem Dezimalpunkt.

a) $x^4 - 6.75x^3 + 6.75x^2 - 2.25x + 0.25 = 0$

b) $2\sin x + 2x^2 - 1 = 0$

3. Bei der Interpolationsrechnung spielen die Polynome $R_n(u) = u(u-1)(u-2)\ldots(u-n+1)$ eine Rolle. Man bestimme die Extremwerte des Polynoms $R_5(u)$.

4. Unter welchem Winkel schneiden sich bei gleichen Maßstäben die Graphen der Funktionen

a) $f_1(x)=x^2/2+4$ und $f_2(x)=x^2-4$

b) $f_1(x)=\cot x$ und $f_2(x)=3\sin x$?

5. Im Punkt $x_1=2$ ist an den Graphen der Funktion $y=x^3$ die Tangente zu legen. Wo schneidet diese Tangente den Graphen noch einmal?

Hinweis: Zwei Lösungen der Bestimmungsgleichung dritten Grades sind bekannt.

6. Vom Punkt $(-2;\, 3)$ ist an den Graphen der Funktion $y=\cos x$ die Tangente zu legen, die den Graphen im Intervall $0<x_1<\pi/2$ berührt.

7. Für einen einseitig eingespannten Träger lautet bei gleichmäßiger Belastung des Trägers die Gleichung für die neutrale Faser (Biegelinie)

$$y=\frac{ql^4}{24EI}\left[\left(\frac{x}{l}\right)^4-4\left(\frac{x}{l}\right)^3+6\left(\frac{x}{l}\right)^2\right]$$

Dabei ist q die Belastung je Längeneinheit, E der Elastizitätsmodul und I das Flächenmoment des Querschnitts. Man berechne die Durchbiegung f am Ende des Trägers und den Schnittpunkt der Tangente in diesem Punkt mit der Abszissenachse. Mit diesen beiden Punkten kann die Tangente am Ende des Trägers und damit die Biegelinie leicht gezeichnet werden, sogar mit unterschiedlichen Maßstäben.

8. Man diskutiere folgende Funktionen.

a) $y=10x^2-10x^3+5x^4-x^5$

b) $y=\dfrac{x^2-3x+4}{2x-3}$

c) $y=\dfrac{x^3+2x^2-5x-6}{x^3+6x^2-32}$

d) $y=\dfrac{\sqrt[3]{x^3+2x^2-x-2}}{\sqrt{x+2}}$ Hinweis: Man zerlege in Linearfaktoren und kürze.

e) $y=2\sin x+\sin 2x$

f) $y=\sin(1/x)$

Hinweis: Man berechne die beiden größten positiven Nullstellen, Extremwerte und Wendepunkte.

g) $y=(\ln x)/x$

9. In der kinetischen Gastheorie spielt die Maxwell-Verteilung eine wichtige Rolle

$$y=\frac{4}{\sqrt{\pi}}x^2\,\mathrm{e}^{-x^2}$$

Man diskutiere diese Funktion.

10. In einem Schwingungssystem gilt bei starker Dämpfung

$$y=B_1\,\mathrm{e}^{p_1 t}+B_2\,\mathrm{e}^{p_2 t}$$

Mit $B_1=8.78$ V, $B_2=-3.78$ V, $p_1=-0.124\ \mathrm{ms}^{-1}$, $p_2=-0.876\ \mathrm{ms}^{-1}$ diskutiere man diese Funktion.

11. In einem Schwingungssystem gilt im aperiodischen Grenzfall

$$y=(B_1+B_2 t)\mathrm{e}^{-\delta t}$$

$B_1=5.00$ V $\quad B_2=3.87$ V/ms $\quad \delta=0.330\ \mathrm{ms}^{-1}$

Man vergleiche die Graphen der Aufgaben 10 und 11 mit dem des Beispiels 12.

12. Die augenblickliche elektrische Leistung $P_t = u \cdot i$ mit $u = u_m \cos(\omega t + \varphi)$ und $i = i_m \cos \omega t$ ergibt sich nach Normieren und Anwendung der Additionstheoreme mit $x = \omega t$

$$y = \cos x \cdot \cos(x + \varphi) = \cos\varphi \cos^2 x - \frac{1}{2} \sin\varphi \sin 2x$$

Man diskutiere diese Funktion.

13. Die spektrale Strahlungsdichte eines schwarzen Körpers ist eine Funktion der absoluten Temperatur T und der Wellenlänge λ; sie beträgt nach Planck

$$L_\lambda = \frac{c^2 h}{\lambda^5 [e^{ch/(kT\lambda)} - 1]}$$

mit der Lichtgeschwindigkeit $c = 3.00 \cdot 10^8$ m/s, der Boltzmann-Konstante $k = 1.380 \cdot 10^{-23}$ J/K und dem Planckschen Wirkungsquantum $h = 6.62 \cdot 10^{-34}$ Js.

Hinweise: Die Funktionsgleichung ist zunächst zu normieren:

$$x = \frac{\lambda}{(ch/(kT))} \quad \text{und} \quad y = \frac{L_\lambda}{(kT)^5/(c^3 h^4)}$$

Es ist $\lim_{x \to 0} y = \lim_{x \to \infty} y = 0$. Der erste Grenzwert wurde in Beispiel 17, Abschn. 5.2 berechnet. Zur Berechnung der Extremwertabszisse führe man die Hilfsgröße $z = 1/x$ ein. Zur Berechnung der Wendepunkte genügt es, die entsprechende Bestimmungsgleichung nur durch Eingabeln zu lösen. Abschließend ist das Diagramm für $T = 2000$ K zu entnormieren, d.h. mit glatten Zahlenwerten von λ und L_λ zu beschriften.

14. Bei der adiabatischen Gasausströmung aus einer Öffnung entsteht folgende normierte Gleichung

$$y = \sqrt{x^{2/x} - x^{(x+1)/x}}$$

Man berechne die Extremwertabszisse.

15. Bei welchem Abschußwinkel α_0 hat eine Rakete ihre größte Reichweite e_0 (Bild 5.40)? Wie groß ist diese? Es ist $e = R\beta$ und

$$\tan\frac{\beta}{2} = \frac{v_0^2}{gR} \frac{\sin\alpha \cos\alpha}{1 - \frac{v_0^2}{gR}\cos^2\alpha}$$

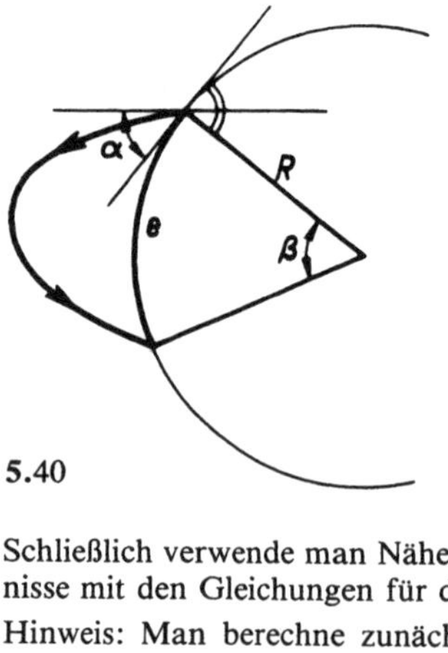

5.40

Dabei ist v_0 die konstante Abschußgeschwindigkeit, g die Fallbeschleunigung, R der Erdradius und α der Abschußwinkel. Es ist $v_0^2/(gR) \equiv \varkappa < 1$.

Schließlich verwende man Näherungsformeln für $\varkappa \ll 1$ und vergleiche dann die erhaltenen Ergebnisse mit den Gleichungen für den schiefen Wurf.

Hinweis: Man berechne zunächst, für welchen Winkel α_0 die Größe $\tan(\beta/2)$ zum Maximum wird.

16. Aus Stämmen mit kreisförmigem Querschnitt sind rechteckige Balken zu schneiden. Wie sind Breite b und Höhe h zu wählen, damit

a) das Widerstandsmoment $W = bh^2/6$

b) das Flächenmoment $I = bh^3/12$

am größten wird? Wie groß sind diese Momente?

17. Gegeben sind n Gleichspannungsquellen, die alle die Quellenspannung U_q und den inneren Widerstand R_i haben. Sie können in Reihe und parallel geschaltet werden. Wann ist bei gegebenem äußeren Widerstand R_a die Stromstärke I am größten? Man schaltet jeweils x der n Spannungsquellen parallel und untersucht $I(x)$. Man rechnet zunächst mit der Variablen x. Die praktisch mögliche Lösung ist dann die x benachbarte ganze Zahl.

18. Von einer Funktion sind vier Stützstellen gegeben. Man bestimme die Funktionswerte für $x = 0.5$; 1.5; 2.5.

x	y
0	1
1	1.6487
2	2.0281
3	2.3774

19. Man interpoliere die Funktion $y = \cos x$ mit den gegenüber Beispiel 20 engeren Stützstellen

x	y
0	1
$\pi/6$	$\sqrt{3}/2$
$\pi/4$	$\sqrt{2}/2$
$\pi/3$	$1/2$
$\pi/2$	0

und berechne die Zwischenwerte für

$$x = \pi/12 = 15°; \quad x = 1; \quad x = 5\pi/12 = 75°$$

auf sechs Ziffern. Man vergleiche diese Werte mit den Ergebnissen aus Beispiel 20 und den richtigen Funktionswerten.

20. Man interpoliere die Funktion $y = \sqrt{x}$ mit den Stützstellen

a)

x	y
0	0
1	1
4	2

b)

x	y
0.01	0.1
1	1
4	2

c)

x	y
0.04	0.2
1	1
4	2

d)

x	y
1	1
4	2
9	3

und berechne mit diesen die Näherungswerte für $\sqrt{2}$ und $\sqrt{3}$ auf 5 Ziffern.

5.4 Tafel der Ableitungen elementarer Funktionen

Potenzfunktion

$(x^n)' = nx^{n-1} \qquad n \in \mathbb{R}$

Spezialfälle

$(\sqrt{x})' = 1/(2\sqrt{x})$

$(1/x)' = -1/x^2$

Exponentialfunktion und Logarithmus

$(a^x)' = a^x \ln a$

$(\log_a x)' = 1/(x \ln a)$

Spezialfälle

$(e^x)' = e^x$

$(\ln x)' = 1/x$

Winkelfunktionen

$(\sin x)' = \cos x$

$(\cos x)' = -\sin x$

$$(\tan x)' = 1 + \tan^2 x = 1/\cos^2 x$$

$$(\cot x)' = -(1 + \cot^2 x) = -1/\sin^2 x$$

Hyperbelfunktionen

$(\sinh x)' = \cosh x$

$(\cosh x)' = \sinh x$

$$(\tanh x)' = 1 - \tanh^2 x = 1/\cosh^2 x$$

$$(\coth x)' = 1 - \coth^2 x = -1/\sinh^2 x$$

Arcusfunktionen

$$(\operatorname{Arcsin} x)' = \frac{1}{\sqrt{1-x^2}}$$

$$(\operatorname{Arccos} x)' = \frac{-1}{\sqrt{1-x^2}}$$

$$(\operatorname{Arctan} x)' = \frac{1}{1+x^2}$$

$$(\operatorname{Arccot} x)' = \frac{-1}{1+x^2}$$

Areafunktionen

$$(\operatorname{Arsinh} x)' = \frac{1}{\sqrt{x^2+1}}$$

$$(\operatorname{Arcosh} x)' = \frac{1}{\sqrt{x^2-1}}$$

$$(\operatorname{Artanh} x)' = \frac{1}{1-x^2} \qquad |x| < 1$$

$$(\operatorname{Arcoth} x)' = \frac{-1}{x^2-1} \qquad |x| > 1$$

6 Integralrechnung

6.1 Bestimmtes Integral

Die Integralrechnung entstand im Anschluß an die Entwicklung der Differentialrechnung und wurde im wesentlichen von Leibniz und den Gebrüdern Bernoulli begründet. Im Schulunterricht ist es üblich, die Integralrechnung aus dem Problem der Berechnung einer Fläche unter einem Graphen zu entwickeln. Auch hier wird als didaktischer Einstieg damit begonnen.

6.1.1 Flächenberechnung durch Grenzwertbildung

Zunächst wird der einfachste Fall der Fläche unter einem Graphen behandelt. Darunter versteht man z. B. die in Bild **6.**1 gezeigte Fläche im 1. Quadranten, die unten vom Abszissenintervall $[a, b]$ seitlich von den Ordinaten in a und b und oben durch den Graphen von $f(x)$ begrenzt wird. Die Funktion $f(x)$ sei im Intervall $[a, b]$ beschränkt. Flächen in anderen Quadranten und Flächen zwischen zwei Graphen werden anschließend behandelt. Die Variablen x und y haben zunächst die Bedeutung von Strecken, ferner wird $m_x = m_y$ vorausgesetzt.

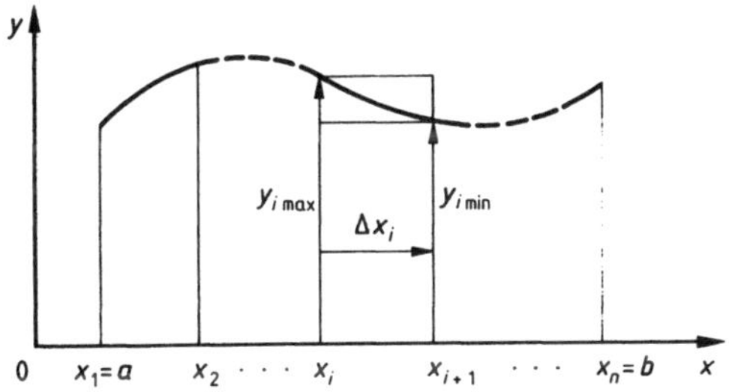

6.1

Diese soeben beschriebene Fläche wird nun durch eine Anzahl von Ordinaten an den Stellen

$$x_1 = a,\ x_2,\ x_3,\ \ldots,\ x_i,\ x_{i+1},\ \ldots,\ x_n = b$$

in Streifen zerlegt. Die Fläche jedes Streifens wird in zwei Schranken eingeschlossen, indem in jedem Streifen die jeweils kleinste und größte Ordinate $y_{i\,\min}$ und $y_{i\,\max}$ herangezogen werden. Bei genügend enger Zerlegung liegen sie an den beiden Rändern des Streifens. Dann gilt für die Fläche ΔA_i des i-ten Streifens mit $\Delta x_i = x_{i+1} - x_i$

$$\Delta A_{i\,\min} = y_{i\,\min} \Delta x_i \leq \Delta A_i \leq \Delta A_{i\,\max} = y_{i\,\max} \Delta x_i$$

Die Gesamtfläche A ist die Summe der Flächen aller Streifen

$$A_{\min} = \sum_{i=1}^{n-1} y_{i\,\min} \Delta x_i \leq A \leq A_{\max} = \sum_{i=1}^{n-1} y_{i\,\max} \Delta x_i$$

$A_{\min}$ heißt die Untersumme, $A_{\max}$ die Obersumme.

Satz. Bei einer Verfeinerung der Zerlegung wird die Untersumme größer und die Obersumme kleiner.

Statt eines Beweises wird auf die Bilder **6.2**a und **6.2**b verwiesen. Die schraffierten Flächen sind die Teile, um die die Untersumme größer bzw. die Obersumme kleiner wird, wenn zwischen x_i und x_{i+1} eine weitere Ordinate bei x_k eingefügt wird. Wenn sich nun bei einer laufenden Verfeinerung der Zerlegung für Ober- und Untersumme ein gemeinsamer Grenzwert ergibt, ist die Funktion „im Riemannschen Sinne integrierbar“. (Es gibt noch andere Definitionen des bestimmten Integrals, die hier nicht behandelt werden.)

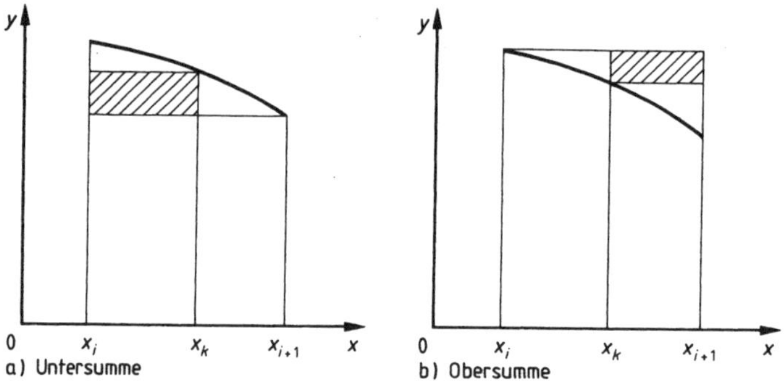

6.2

Definition. *Existiert der Grenzwert*

$$\lim_{\substack{n \to \infty \\ \Delta x_i \to 0}} \sum_{i=1}^{n-1} y_i \Delta x_i = \int_a^b y \,\mathrm{d}x = \int_a^b f(x) \,\mathrm{d}x \tag{6.1}$$

so ist die Funktion $f(x)$ im Intervall $[a, b]$ integrierbar. Der Grenzwert heißt das bestimmte Integral.

Man spricht: Integral von a bis b, $y\,dx$. In diesem Ausdruck heißen y der Integrand, das Intervall von a bis b der Integrationsweg, a sowie b die Integrationsgrenzen und x die Integrationsveränderliche.

Unabhängig von der geometrischen Deutung als Fläche unter einem Graphen ist das bestimmte Integral der Grenzwert einer Produktsumme. Aus dieser Definition ergeben sich zahlreiche Anwendungen in der Technik. Viele physikalische Größen werden als bestimmte Integrale definiert (s. Abschn. 6.4.1).

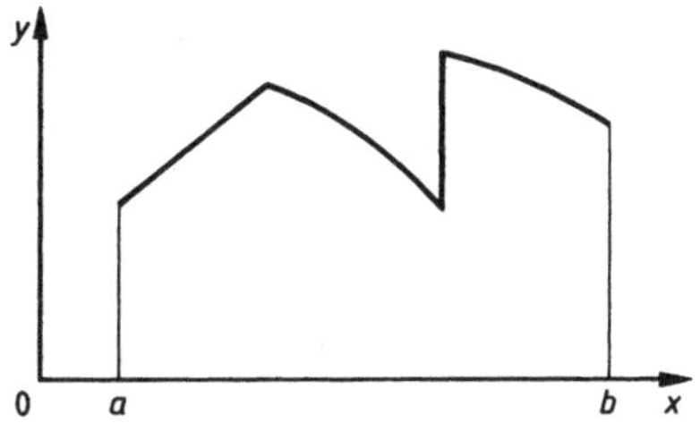

6.3

Bild **6.3** zeigt, daß für die Integrierbarkeit einer Funktion weniger strenge Voraussetzungen gelten als für die Differenzierbarkeit. Im Intervall $[a, b]$ dürfen Knicke und Sprungstellen auftreten. Zwischen ihnen gelten unterschiedliche Funktionsgleichungen, und es muß stückweise integriert werden. Näheres s. Gl. (6.5). In Abschn. 6.2.3 wird gezeigt, daß bei manchen Funktionen sogar Unendlichkeitsstellen an den Grenzen des Integrationsintervalls liegen dürfen.

6.1.2 Grundregeln des Integrierens

Die folgenden Regeln entsprechen denen des Abschn. 5.2.1. Sie folgen entweder unmittelbar aus der Definition Gl. (6.1) oder aus den Rechenregeln über Grenzwerte in Abschn. 2.3.2. Die Beweise werden deshalb nur angedeutet.

Multiplikative Konstante

$$\int_a^b c f(x)\,dx = c \int_a^b f(x)\,dx \tag{6.2}$$

Eine multiplikative Konstante darf vor das Integral gezogen werden.

Begründung: Ein konstanter Faktor darf aus einer Summe ausgehoben und vor das Grenzwertzeichen geschrieben werden.

Summe und Differenz zweier bestimmter Integrale

$$\int_a^b [f_1(x) \pm f_2(x)]\,dx = \int_a^b f_1(x)\,dx \pm \int_a^b f_2(x)\,dx \tag{6.3}$$

Begründung: Der Grenzwert einer Summe ist gleich der Summe der Grenzwerte.

Vorzeichen des bestimmten Integrals I. Es sind folgende Fälle zu unterscheiden

$$\left.\begin{array}{l} a<b \wedge \text{alle } y_i>0 \Rightarrow I>0 \\ a<b \wedge \text{alle } y_i<0 \Rightarrow I<0 \\ b<a \wedge \text{alle } y_i>0 \Rightarrow I<0 \\ \quad \text{weil alle } \Delta x_i<0 \text{ sind} \\ b<a \wedge \text{alle } y_i<0 \Rightarrow I>0 \end{array}\right\} \tag{6.4}$$

weil sowohl die Δx_i als auch die $y_i<0$ und deshalb die Produkte $y_i \Delta x_i>0$ sind.

Wenn $f(x)$ im Integrationsintervall das Vorzeichen ändert, müssen zur Flächenberechnung die Nullstellen von $f(x)$ bestimmt werden, und der Integrationsweg ist gemäß der folgenden Gleichung zu zerlegen. Das nennt man kurz: stückweise integrieren.

Zerlegung des Integrationsintervalls

$$\boxed{\int_a^c f(x)\,\mathrm{d}x = \int_a^b f(x)\,\mathrm{d}x + \int_b^c f(x)\,\mathrm{d}x} \tag{6.5}$$

Begründung: Eine Summe darf in Teilsummen zerlegt werden. Diese Gleichung gilt nicht nur für $a<b<c$, sondern auch für andere Anordnungen (s. Beispiel 1b).

Vertauschen der Grenzen

$$\boxed{\int_a^b f(x)\,\mathrm{d}x = -\int_b^a f(x)\,\mathrm{d}x} \tag{6.6}$$

Durch das Vertauschen der Grenzen ändert sich das Vorzeichen des bestimmten Integrals.

Begründung: Es ändern sich alle Vorzeichen der Δx_i.

Beispiel 1. Vorzeichen von bestimmten Integralen.

a) $\int_0^{2\pi} \sin x\,\mathrm{d}x = \int_0^{\pi} \sin x\,\mathrm{d}x + \int_{\pi}^{2\pi} \sin x\,\mathrm{d}x = 0$

Wie man aus Bild **6**.4 erkennt, haben die beiden Teilflächen unterschiedliche Vorzeichen, aber den gleichen Betrag. Deshalb ist das Gesamtintegral gleich Null.

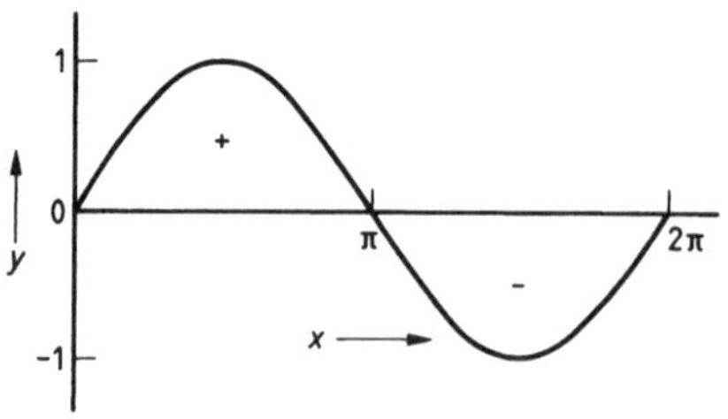

6.4

b) Im folgenden wird gezeigt, daß die formalen Umformungen der Gl. (6.5) und (6.6) und die geometrische Deutung in Bild **6.5** zum gleichen Ergebnis führen. Nach Gl. (6.5) ist

$$\int_a^c f(x)\,\mathrm{d}x = \int_a^b f(x)\,\mathrm{d}x + \int_b^c f(x)\,\mathrm{d}x$$

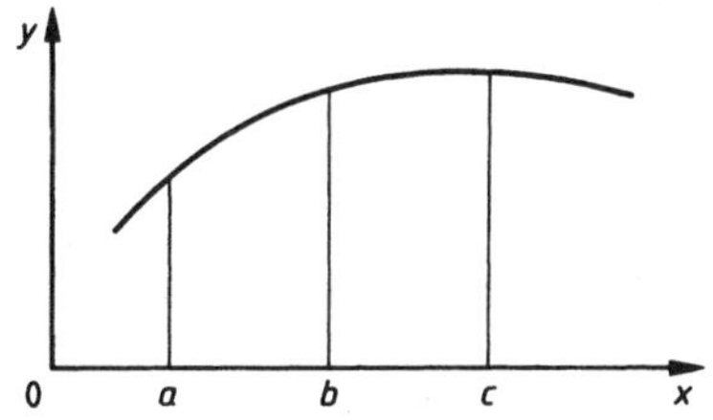

6.5

Der 2. Summand der vorstehenden Gleichung wird auf die andere Seite gebracht, und beide Seiten werden miteinander vertauscht. Dann werden die Grenzen des zweiten Summanden vertauscht und die Zerlegung wird wieder rückgängig gemacht. Es entsteht eine identische Gleichung. Der Deutlichkeit halber wird $f(x)\,\mathrm{d}x$ nicht jedesmal geschrieben.

$$\int_a^b = \int_a^c - \int_b^c = \int_a^c + \int_c^b = \int_a^b$$ ■

Aus Gl. (6.4) folgt, daß bei der Berechnung der Fläche unter einem Graphen zunächst untersucht werden muß, ob im Integrationsintervall Nullstellen des Integranden vorliegen. Im folgenden wird gezeigt, daß bei der Berechnung der Fläche zwischen zwei Graphen diese Untersuchung *nicht* erforderlich ist. Unter der Voraussetzung, daß im Integrationsintervall stets $f_1(x) < f_2(x)$ ist, gilt für die Fläche zwischen zwei Graphen (Bild **6.6**a)

$$\boxed{A = \int_a^b [f_2(x) - f_1(x)]\,\mathrm{d}x} \qquad (6.7)$$

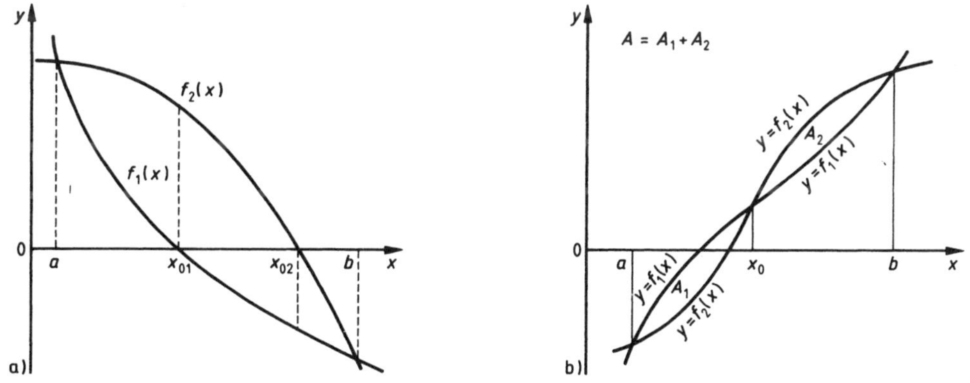

6.6

Die Grenzen a und b müssen i. allg. zunächst als Schnittpunktabszissen der beiden Graphen bestimmt werden, s. Beispiel 3. Ist die Bedingung $f_1(x) < f_2(x)$ nicht erfüllt, so müssen auch die Schnittpunktabszissen der Graphen innerhalb des Intervalls $[a, b]$ bestimmt und es muß stückweise integriert werden (Bild **6**.6b).

Beweis. Es wird gezeigt, daß im gesamten Intervall $[a, b]$ für die Höhe d der zu summierenden Streifen $d = f_2 - f_1$ gilt.

In $[a, x_{01}]$ ist $f_2 > 0 \wedge f_1 > 0$, dann ist $f_2 - f_1 = |f_2| - |f_1| = d$
In $[x_{01}, x_{02}]$ ist $f_2 > 0 \wedge f_1 < 0$, dann ist $f_2 - f_1 = |f_2| + |f_1| = d$
In $[x_{02}, b]$ ist $f_2 < 0 \wedge f_1 < 0$, dann ist $f_2 - f_1 = -|f_2| + |f_1| = d$ □

Umrechnen von Flächen in bestimmte Integrale. In diesem Abschnitt war bisher vorausgesetzt, daß die Veränderlichen x und y Längen sind und mit gleichen Maßstäben aufgetragen werden. Der Grenzwert Gl. (6.1), das bestimmte Integral, ist jedoch für beliebige Größen x und y definiert.
Das bestimmte Integral hängt mit der dargestellten Fläche A wie folgt zusammen

$$\boxed{\int_{x_1}^{x_2} y \, \mathrm{d}x = \frac{A}{m_x m_y}} \tag{6.8}$$

Im allgemeinen sind also y und $\mathrm{d}x$ als Größen, die mit Einheiten behaftet sind, anzusehen. Ist I das Integral und gemäß DIN 1313 $[u]$ die Einheit einer Größe u, so gilt

$$[I] = [y] \cdot [x]$$

weil die Einheiten von x und $\mathrm{d}x$ gleich sind.

Beweis. Im Diagramm werden die Größen x und y durch die Strecken ξ und η dargestellt. Der Zusammenhang zwischen den Größen x und y und den sie darstellenden Längen ξ und η wird wegen Gl. (2.31) durch

$$\xi = m_x x \qquad \eta = m_y y$$

gegeben. Daraus und aus Gl. (6.2) folgt

$$\int_a^b y \, \mathrm{d}x = \lim_{n \to \infty} \sum_{i=1}^n y_i \Delta x_i$$

$$= \lim_{n \to \infty} \sum_{i=1}^n \frac{\eta_i}{m_y} \frac{\Delta \xi_i}{m_x} = \frac{1}{m_x m_y} \int_{\xi_1}^{\xi_2} \eta \, \mathrm{d}\xi = \frac{A}{m_x m_y}$$ □

Bestimmtes Integral mit normierten Größen. Oft ist es zweckmäßig, den Integranden zu normieren (s. Abschn. 2.4.1 und Aufgabe 8). Betragen die normierten Größen

$u = x/x_0$ und $v = y/y_0$, so ist $y = y_0 v$, $dx = x_0 du$, die neuen Grenzen werden $u_1 = a/x_0$ und $u_2 = b/x_0$, und man erhält mit Gl. (6.2)

$$\int_a^b y\,dx = x_0 y_0 \int_{u_1}^{u_2} v\,du \tag{6.9}$$

Berechnung von Flächen mit Hilfe der aufgelösten Form. Gl. (6.1) beruht auf einem Grenzübergang einer Flächenzerlegung in senkrechte Streifen mit $\Delta A_i = y_i \Delta x_i$. In manchen Fällen ist es zweckmäßiger, die Fläche in waagerechte Streifen mit den Flächenelementen $\Delta A_i = x_i \Delta y_i$ zu zerlegen (Bild **6.7**). Mit der aufgelösten Form $x = g(y)$ erhält man entsprechend Gl. (6.1)

$$A = \int_c^d g(y)\,dy \tag{6.10}$$

In den häufigen Spezialfällen, daß die unteren Grenzen der Gl. (6.1) und (6.10) gleich Null sind und die Fläche im 1. Quadranten liegt, oder daß die Fläche zwischen zwei Graphen zu berechnen ist (Gl. (6.7)), liefern beide Gleichungen das gleiche Ergebnis. In jedem Fall kann durch ergänzende Rechtecke aus der einen Fläche die andere erhalten werden.

Die Anwendung der Gl. (6.10) ist zu empfehlen, wenn dieses Integral einfacher zu lösen ist als das der Gl. (6.1) oder wenn bei der Aufgabe, die Fläche zwischen zwei Graphen zu berechnen, die Voraussetzung der Gl. (6.7), daß $f_2(x)$ und $f_1(x)$ im gesamten Intervall die obere und untere Begrenzung der Fläche bilden, nicht erfüllt ist.

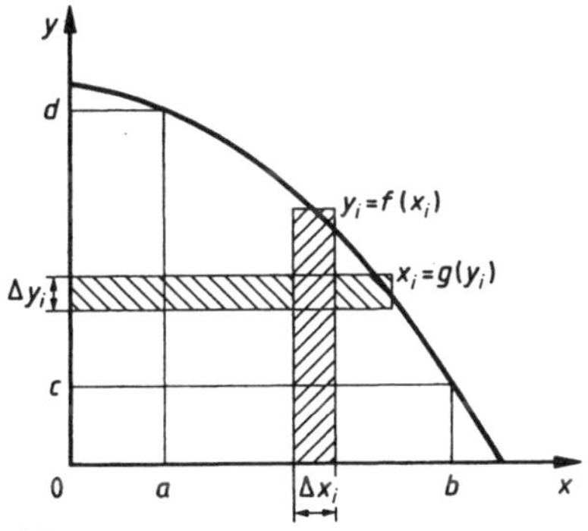

6.7

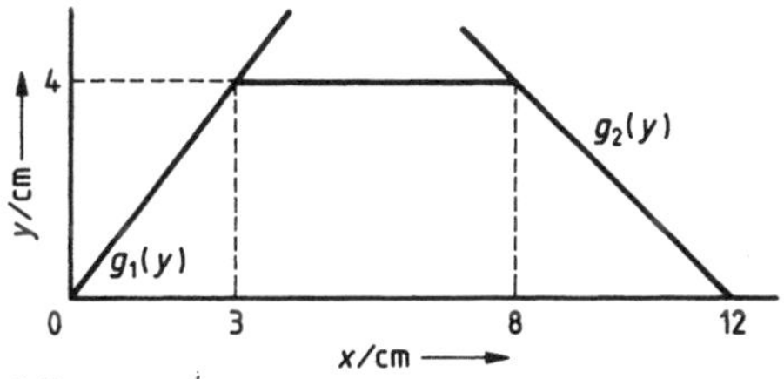

6.8

Beispiel 2. Man berechne die in Bild **6.8** gezeigte Trapezfläche mit Gl. (6.10). (Diese Fläche kann natürlich auch mit elementar-geometrischen Verfahren berechnet werden.)

Bei Anwendung der Gl. (6.1) müßte die obere Randkurve des Trapezes in drei Intervalle zerlegt werden. Mit Gl. (6.10) ist dies nicht erforderlich.

Aus der Zweipunktform der Geradengleichung $\frac{y_2-y_1}{x_2-x_1}=\frac{y-y_1}{x-x_1}$ erhält man

$$g_1(y): \qquad \frac{4\text{ cm}}{3\text{ cm}}=\frac{x}{y} \Rightarrow x=\frac{3}{4}y$$

und für

$$g_2(y): \qquad -\frac{4\text{ cm}}{4\text{ cm}}=\frac{y-4\text{ cm}}{x-8\text{ cm}} \Rightarrow x=-y+12\text{ cm}$$

Damit wird entsprechend Gl. (6.7) und mit Gl. (6.11)

$$A=\int_{y_1}^{y_2}[g_2(y)-g_1(y)]\,\mathrm{d}y=\int_0^{4\text{ cm}}(-1.75y+12\text{ cm})\,\mathrm{d}y$$

$$=-1.75\cdot\frac{4^2\text{ cm}^2}{2}+12\text{ cm}\cdot 4\text{ cm}=34\text{ cm}^2$$

■

6.1.3 Integration der Potenzfunktion

Der folgende Beweis zeigt, wie der Grenzwert Gl. (6.1) gebildet werden kann. Ein anderer, wesentlich einfacherer Weg der bestimmten Integration wird in Abschn. 6.2 gezeigt. Deshalb wird die unmittelbare Grenzwertbildung nur an dieser einen Funktion vorgeführt. Das bestimmte Integral einer Potenzfunktion lautet

$$\int_a^b x^m\,\mathrm{d}x=\frac{b^{m+1}-a^{m+1}}{m+1} \quad \text{mit} \quad m\in\mathbb{R}/\{-1\} \tag{6.11}$$

Für $m=-1$ ergibt die rechte Seite dieser Gleichung einen unbestimmten Ausdruck. In Abschn. 6.2 wird gezeigt, daß er den Wert $\ln(b/a)$ hat, sofern $0\notin[a, b]$ ist.

Beweis. Der Einfachheit halber wird $a>0 \wedge b>0$ vorausgesetzt. Gl. (6.11) gilt aber auch ohne diese Einschränkung. Es wird auf Bild **6.9** verwiesen.

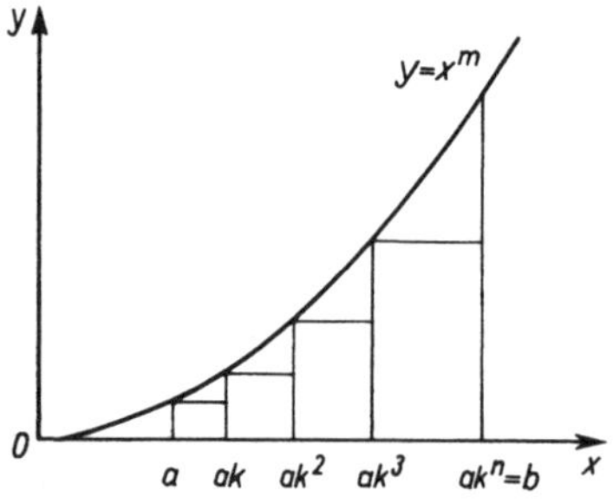

6.9

Teilt man das Intervall $[a, b]$ in n Teilintervalle derart, daß a, ak, $ak^2, \ldots, ak^n = b$ die Teilpunkte sind, so folgt $k = \sqrt[n]{b/a}$. Die Längen der Teilintervalle sind $a(k-1)$, $ak(k-1), \ldots, ak^{n-1}(k-1)$.

Verfeinert man die Einteilung, wächst also n, so strebt k monoton fallend gegen Eins. Wählt man wie in Bild **6.**9 als Rechteckhöhen jeweils die Ordinaten der linken Endpunkte der Teilintervalle, so wird die Rechtecksumme

$$\begin{aligned} A_n &= a^m \cdot a(k-1) + (ak)^m ak(k-1) + (ak^2)^m ak^2(k-1) + \ldots + (ak^{n-1})^m ak^{n-1}(k-1) \\ &= a^{m+1}(k-1)[1 + k^{m+1} + (k^2)^{m+1} + \ldots + (k^{n-1})^{m+1}] \\ &= a^{m+1}(k-1)[1 + k^{m+1} + (k^{m+1})^2 + \ldots + (k^{m+1})^{n-1}] \end{aligned}$$

Die Summe in der eckigen Klammer ist eine geometrische Reihe von n Gliedern mit dem ersten Glied Eins und dem Quotienten k^{m+1}. Daher ist

$$A_n = a^{m+1}(k-1)\frac{(k^{m+1})^n - 1}{k^{m+1} - 1}$$

Wegen $(k^{m+1})^n = (k^n)^{m+1} = (b/a)^{m+1}$ wird

$$A_n = a^{m+1} \cdot \frac{\left[\left(\dfrac{b}{a}\right)^{m+1} - 1\right](k-1)}{k^{m+1} - 1} = \frac{b^{m+1} - a^{m+1}}{\dfrac{k^{m+1} - 1}{k - 1}}$$

Nach der Regel von de l'Hospital Gl. (5.43) erhält man für alle Exponenten $m \neq -1$ den Grenzwert

$$\lim_{k \to 1} \frac{k^{m+1} - 1}{k - 1} = m + 1$$

Daher ist nach den Regeln für Grenzwerte

$$\begin{aligned} \int_a^b x^m \, dx &= \lim_{n \to \infty} A_n = \lim_{k \to 1} \frac{b^{m+1} - a^{m+1}}{\dfrac{k^{m+1} - 1}{k - 1}} \\ &= \frac{b^{m+1} - a^{m+1}}{\lim\limits_{k \to 1} \dfrac{k^{m+1} - 1}{k - 1}} = \frac{b^{m+1} - a^{m+1}}{m + 1} \end{aligned}$$ □

Beispiel 3. Man berechne die Fläche zwischen der in Bild **6.**10 gezeigten Geraden und der Parabel. Die Funktionsgleichungen sind aus den im Bild angegebenen Werten zu ermitteln.

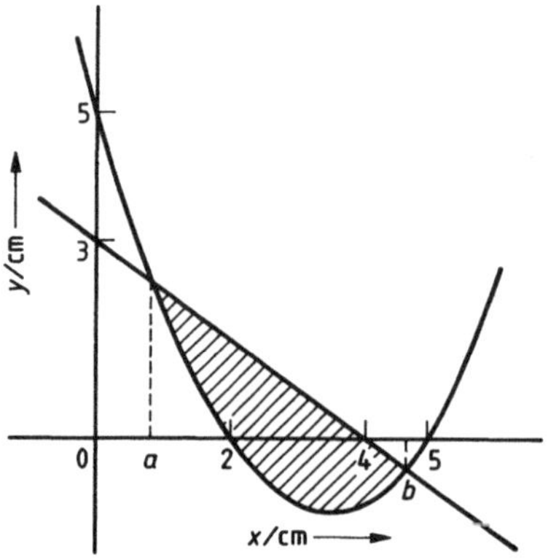

6.10

Für die Gerade ergibt sich mit der Achsenabschnittsform $y/(3\text{ cm})+x/(4\text{ cm})=1$ und daraus $y=f_2(x)=-0.75x+3\text{ cm}$. Für die Parabel erhält man nach dem Fundamentalsatz Gl. (3.18)

$$f_1(x)=a_n(x-x_{01})(x-x_{02})$$
$$=a_n(x^2-7\text{ cm }x+10\text{ cm}^2)$$

Einsetzen des Wertepaares (0; 5 cm) liefert $a_n=0.5/\text{cm}$. Damit wird

$$f_1(x)=\frac{0.5}{\text{cm}}x^2-3.5x+5\text{ cm}$$

Die Fläche A zwischen den Graphen ist gemäß Gl. (6.7)

$$A=\int_a^b[f_2(x)-f_1(x)]\,\mathrm{d}x$$

Nun sind die Schnittpunktabszissen a und b zu berechnen. Im Schnittpunkt gilt $f_2(x_S)=f_1(x_S)$ oder $f_2(x_S)-f_1(x_S)=0$. Man beachte, daß die Differenz $f_2(x)-f_1(x)$ der Integrand ist.

$$f_2(x_S)-f_1(x_S)=-\frac{0.5}{\text{cm}}x_S^2+2.75x_S-2\text{ cm}=0$$

Die Lösungen lauten $x_{S1}=a=0.8625\text{ cm}$ und $x_{S2}=b=4.6375\text{ cm}$. Damit erhält man

$$A=\int_{0.8625\text{ cm}}^{4.6375\text{ cm}}\left(-\frac{0.5}{\text{cm}}x^2+2.75x-2\text{ cm}\right)\mathrm{d}x$$

und nach Gl. (6.11)

$$A=-\frac{0.5}{\text{cm}}\,\frac{(4.6375\text{ cm})^3-(0.8625\text{ cm})^3}{3}+2.75\,\frac{(4.6375\text{ cm})^2-(0.8625\text{ cm})^2}{2}$$
$$-2\text{ cm}(4.6375\text{ cm}-0.8625\text{ cm})=4.4827\text{ cm}^2$$ ■

Beispiel 4. In welchem Verhältnis k teilt der Graph der Funktion $f_1(x)=cx^2$ die Fläche unter dem Graphen von $f_3(x)=c(x-a)^2=c(x^2-2ax+a^2)$ im Intervall $0\leq x\leq a$ (Bild **6.**11)?

Mit den Bezeichnungen von Bild **6.11** ist $k = A_1/A_2$ gesucht. Ferner erkennt man im Bild die Gesamtfläche $A_3 = A_1 + A_2$. Daraus ergibt sich $k = A_1/(A_3 - A_1)$. Die Flächen A_3 und A_1 werden mit der Integralrechnung berechnet.

$$A_3 = c\int_0^a (x^2 - 2ax + a^2)\,dx$$

$$= c\left[\frac{a^3}{3} - 2a\frac{a^2}{2} + a^2 a\right] = c\,\frac{a^3}{3}$$

$$A_1 = \int_0^{x_S} f_3(x)\,dx - \int_0^{x_S} f_1(x)\,dx$$

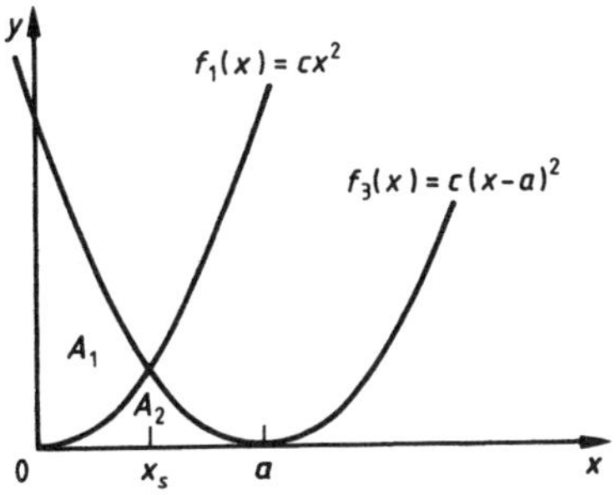

6.11

Die unbekannte Schnittpunktabszisse x_S beider Graphen erhält man durch Gleichsetzen der Funktionsgleichungen $cx_S^2 = c(x_S^2 - 2ax_S + a^2)$ und damit $x_S = a/2$. Damit wird

$$A_1 = c\int_0^{a/2} (x^2 - 2ax + a^2)\,dx - c\int_0^{a/2} x^2\,dx$$

$$= c\int_0^{a/2} (-2ax + a^2)\,dx = c\left[-2a\frac{(a/2)^2}{2} + a^2\left(\frac{a}{2}\right)\right] = c\,\frac{a^3}{4}$$

Dies ergibt $A_3 - A_1 = c\,\dfrac{a^3}{12}$ und $k = \dfrac{(ca^3/4)}{(ca^3/12)} = 3$. k ist also unabhängig von den Koeffizienten a und c. ■

Nun folgen einige technische Anwendungen für bestimmte Integrale.

Beispiel 5. Wie groß ist die Arbeit eines Kolbens vom Querschnitt A in dem *einen* Schenkel eines U-Rohres, wenn er um eine Strecke h heruntergedrückt wird und dadurch eine Flüssigkeitssäule im anderen Schenkel hochhebt?

Hat der Kolben die Flüssigkeit in dem *einen* Schenkel aus der Gleichgewichtslage um eine Strecke x hinuntergedrückt, so steht die Flüssigkeitssäule in dem anderen Schenkel um die Strecke $2x$ höher als im ersten. Diese Säule hat das Volumen $2Ax$ und die Gewichtskraft $2Ax\varrho g$, also wird bei einem kleinen Weg Δx_i die Arbeit $\Delta W_i = 2Ax\varrho g\Delta x_i$. Summiert man die Arbeiten, so erhält man

$$W = \lim_{n\to\infty}\sum_{i=1}^{n} \Delta W_i = \lim_{n\to\infty}\sum_{i=1}^{n} 2Ax_i\varrho g\Delta x_i$$

$$= 2A\varrho g\lim_{n\to\infty}\sum_{i=1}^{n} x_i\Delta x_i = 2A\varrho g\int_0^h x\,dx = A\varrho g h^2$$ ■

Beispiel 6. In einem Gefäß, in dem der Wasserspiegel stets auf gleicher Höhe gehalten wird, fließt Wasser aus einer Öffnung, die die Form eines Trapezes hat (Bild **6.**12). Welche Wassermenge fließt je Zeiteinheit aus der Öffnung? Es ist $H=8$ m, $h=7$ m, $B=10$ cm und $b=5$ cm.

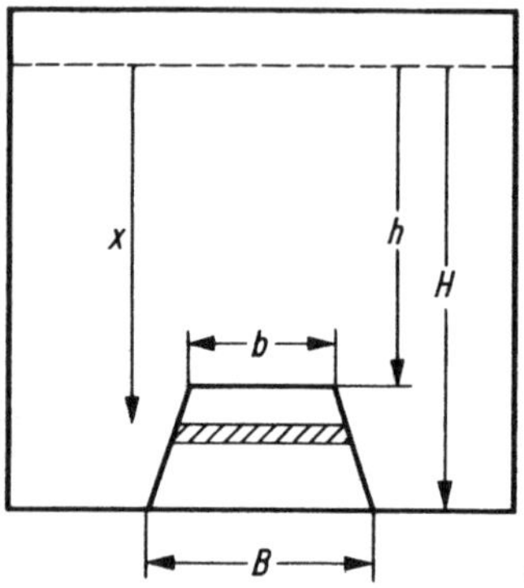

6.12

Die Ausflußgeschwindigkeit in der Höhe x ist $v(x)=\sqrt{2gx}$, wobei die x-Achse abwärts gerichtet und am Wasserspiegel beginnend gelegt wird. Aus der Proportion

$$(b(x)-b):(B-b)=(x-h):(H-h)$$

erhält man die Breite der Öffnung

$$b(x)=b+(B-b)(x-h)/(H-h)$$

Aus einem Streifen von der Höhe Δx_i ist dann der Flüssigkeitsstrom (Volumen je Zeiteinheit gleich Geschwindigkeit mal Fläche)

$$\Delta \dot{V}_i=\sqrt{2g\,x_i}\left[b+\frac{B-b}{H-h}(x_i-h)\right]\Delta x_i$$

Damit ergibt sich für den Flüssigkeitsstrom

$$\dot{V}=\sqrt{2g}\int\limits_h^H \sqrt{x}\left[b+\frac{B-b}{H-h}(x-h)\right]\mathrm{d}x$$

$$=\sqrt{2g}\int\limits_h^H \left[\left(b-\frac{B-b}{H-h}h\right)\sqrt{x}+\frac{B-b}{H-h}x^{3/2}\right]\mathrm{d}x$$

$$\dot{V}=\sqrt{2g}\left[\left(b-\frac{B-b}{H-h}h\right)\frac{H^{3/2}-h^{3/2}}{1.5}+\frac{B-b}{H-h}\cdot\frac{H^{5/2}-h^{5/2}}{2.5}\right]$$

$$=\sqrt{2\cdot 9.81\,\mathrm{m/s^2}}\left[\frac{2}{3}(0.05-0.35)\,\mathrm{m}\cdot(8^{1.5}-7^{1.5})\,\mathrm{m}^{1.5}+\frac{2}{5}\cdot 0.05\,(8^{2.5}-7^{2.5})\,\mathrm{m}^{2.5}\right]$$

$$=0.913\ \mathrm{m^3/s}$$ ■

Beispiel 7. Man bestimme den mittleren a e r o d y n a m i s c h e n V e r w i n d u n g s w i n k e l $\bar{\delta}$ eines Tragflügels

$$\bar{\delta} = \frac{\int\limits_0^{b/2} \delta(x) \cdot t(x)\,\mathrm{d}x}{\int\limits_0^{b/2} t(x)\,\mathrm{d}x}$$

mit dem Verwindungswinkel $\delta(x)$ und der Flügeltiefe $t(x)$ für einen Trapezflügel (Bild **6.**13a) mit $t_a = 1.2$ m und $t_i = 3$ m bei parabolischer Verwindung mit $\delta_a = 5°$ (Bild **6.**13b).

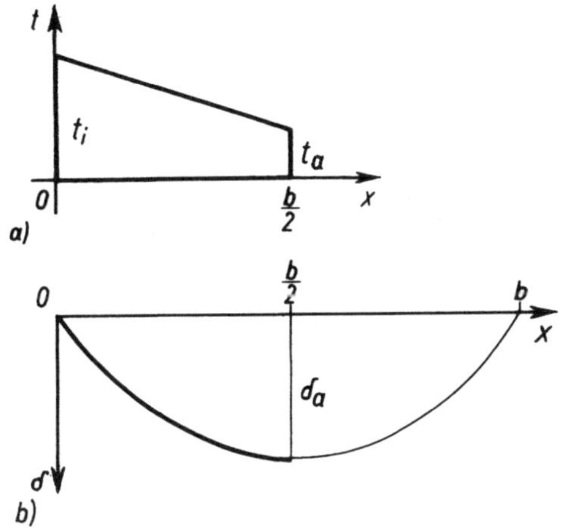

6.13

Nach Bild **6.**13a ist $t(x) = t_i - \frac{2}{b}(t_i - t_a)\,x$. Aus Bild **6.**13b folgt

$$\delta(x) = 4\delta_a \left[\frac{x}{b} - \left(\frac{x}{b}\right)^2\right]$$

Für das Nennerintegral erhält man

$$\int\limits_0^{b/2} t(x)\,\mathrm{d}x = t_i \frac{b}{2} - \frac{2}{b}(t_i - t_a)\frac{b^2}{8} = \frac{b}{4}(t_i + t_a)$$

Das Lösen dieses Integrals kann man vermeiden, wenn man beachtet, daß dieses Integral die Fläche des Trapezes in Bild **6.**13a beschreibt. Für das Zählerintegral folgt

$$\int\limits_0^{b/2} \delta(x) \cdot t(x)\,\mathrm{d}x = 4\delta_a \int\limits_0^{b/2} \left[\frac{t_i}{b}x - \frac{3t_i - 2t_a}{b^2}x^2 + 2\frac{t_i - t_a}{b^3}x^3\right]\mathrm{d}x$$

$$= 4\delta_a \left[\frac{t_i}{b} \cdot \frac{b^2}{2 \cdot 4} - \frac{3t_i - 2t_a}{b^2} \cdot \frac{b^2}{3 \cdot 8} + \frac{2}{b^3}(t_i - t_a)\frac{b^4}{4 \cdot 16}\right] = \frac{b\delta_a}{24}(3t_i + 5t_a)$$

Damit erhält man für den mittleren aerodynamischen Verwindungswinkel

$$\bar{\delta} = \frac{\delta_a}{6} \frac{3t_i + 5t_a}{t_i + t_a} = \frac{1}{6} \cdot 5° \frac{9\,\text{m} + 6\,\text{m}}{3\,\text{m} + 1.2\,\text{m}} = 2.98°$$ ■

6.1.4 Mittelwertsatz der Integralrechnung

Eine geometrisch unmittelbar einsichtige Form dieses Satzes lautet (Bild **6.**14): Es existiert ein x_m aus $[a, b]$ mit

$$\boxed{\int_a^b f(x)\,\mathrm{d}x = (b-a) f(x_m)} \tag{6.12}$$

$y_m = f(x_m)$ heißt der Mittelwert der Funktion im Intervall $[a, b]$. x_m heißt die mittlere Abszisse. Ihr Wert ist i. allg. *nicht* $(a+b)/2$. Der Mittelwert y_m ist oft eine physikalische Größe, die durch Gl. (6.12) definiert wird, s. Aufgabe 6 und Abschn. 6.4.4. Gl. (6.12) kann auch zu einer groben Schätzung des Integrals benutzt werden, indem y_m geschätzt wird.

Statt eines Beweises wird auf Bild **6.**14 verwiesen. Die linke Seite der Gl. (6.12) bedeutet geometrisch die Fläche unter dem Graphen von $f(x)$ im Intervall $[a, b]$. Die rechte Seite stellt die Fläche eines flächengleichen Rechtecks mit der Höhe $y_m = f(x_m)$ dar.

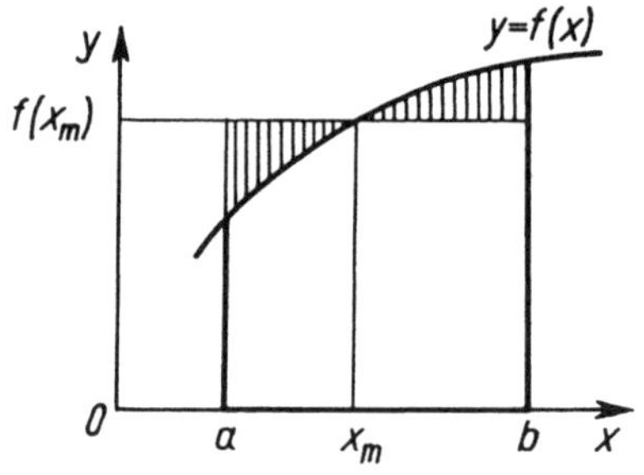

6.14

Beispiel 8. Man bestimme den Mittelwert der Funktion

$$y = 4\left[\frac{x}{\pi} - \left(\frac{x}{\pi}\right)^2\right]$$

im Intervall zwischen den Nullstellen.

Der Graph der gegebenen Funktion ist eine Parabel mit den Nullstellen $x_1 = 0$ und $x_2 = \pi$ (Bild **6.**15). Nach Gl. (6.12) ist

$$f(x_m) = \frac{1}{b-a}\int_a^b y\,\mathrm{d}x = \frac{4}{\pi}\int_0^\pi \left[\frac{x}{\pi} - \left(\frac{x}{\pi}\right)^2\right]\mathrm{d}x$$

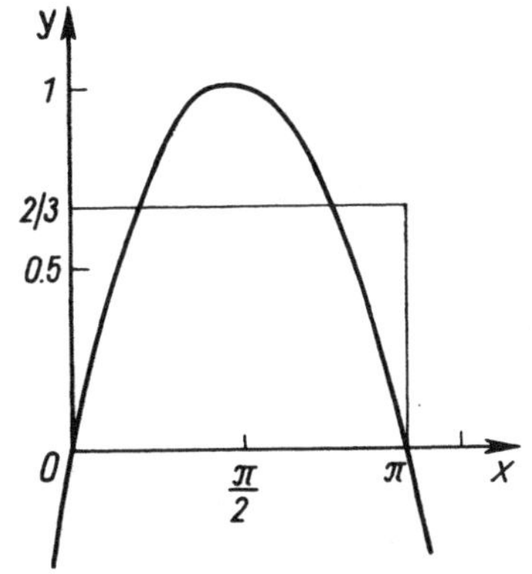

6.15

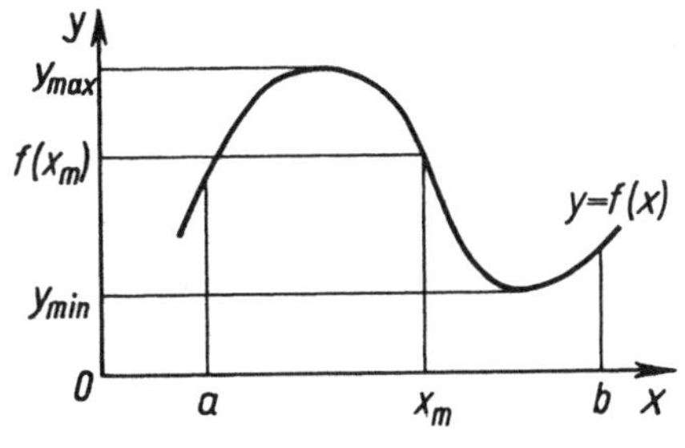

6.16

Beim Benutzen von Gl. (6.2) und (6.3) ergibt sich

$$f(x_m) = \frac{4}{\pi}\left[\frac{1}{\pi}\int_0^\pi x\,dx - \frac{1}{\pi^2}\int_0^\pi x^2\,dx\right]$$

Mit Gl. (6.11) erhält man schließlich

$$f(x_m) = \frac{4}{\pi}\left[\frac{1}{\pi}\,\frac{\pi^2}{2} - \frac{1}{\pi^2}\,\frac{\pi^3}{3}\right] = \frac{4}{\pi}\cdot\frac{\pi}{6} = \frac{2}{3}$$ ■

Für spätere Beweise wird eine schärfere Formulierung dieses Satzes benötigt. Die stetige Funktion $y=f(x)$ hat in $[a, b]$ eine größte Ordinate y_{max} und eine kleinste Ordinate y_{min} (Bild **6**.16). Es gilt

$$y_{min} \leq f(x) \leq y_{max}$$

Diese Ungleichung wird mit einer positiven Funktion $p(x)$ multipliziert

$$y_{min}\,p(x) \leq f(x)\,p(x) \leq y_{max}\,p(x)$$

Wäre nämlich $p(x)$ für einige Bereiche von x negativ, so würde die Ungleichung nicht mehr gelten. Diese Ungleichung wird integriert und ergibt

$$y_{min}\int_a^b p(x)\,dx \leq \int_a^b f(x)\,p(x)\,dx \leq y_{max}\int_a^b p(x)\,dx$$

Daher gibt es eine Ordinate $f(x_m)$ zwischen y_{min} und y_{max}, für die der Mittelwertsatz der Integralrechnung

$$\boxed{\int_a^b f(x)\,p(x)\,dx = f(x_m)\int_a^b p(x)\,dx} \qquad (6.13)$$

gilt. Für $p(x) \equiv 1$ erhält man Gl. (6.12).

Mit Hilfe von Gl. (6.13) kann das Produkt im Integranden der linken Seite dieser Gleichung vereinfacht werden. Die Funktion $p(x)$ ist für den jeweiligen Beweiszweck geschickt zu wählen, so daß das Restintegral der rechten Seite gelöst werden kann. x_m bleibt i. allg. unbestimmt, es muß aber im Intervall $a \leq x_m \leq b$ liegen. Man beachte, daß Gl. (6.13) exakt gilt, also keine Schätzung ist. Eine Anwendung findet sich z. B. bei der Herleitung der Taylor-Formel in Abschn. 7.2.1.

6.1.5 Numerische Integration

Diese Verfahren spielen in der Praxis eine wesentlich größere Rolle als das numerische Differenzieren. Während nämlich für jede differenzierbare Funktion aus der gegebenen Gleichung die Gleichung der 1. Ableitung berechnet werden kann, ist das Integrieren von Funktionsgleichungen bereits bei recht einfachen Integranden nicht mehr möglich. Näheres hierzu s. Abschn. 6.3. Dort wird auch gezeigt, daß nicht nur der Rechenaufwand beim Integrieren erheblich sein kann, sondern außerdem oft Kunstgriffe erforderlich sind, die für den Anfänger schwer durchschaubar sind. Ferner lassen sich die numerischen Verfahren leicht programmieren.

Zunächst werden bestimmte Integrale gelöst. Die gleichen Verfahren lassen sich aber auch zur Berechnung von Integralfunktionen verwenden (s. Gl. (6.26)). Es handelt sich um Näherungsverfahren. Es sei wiederholt, daß dieser Begriff nichts mit der Genauigkeit der Lösung zu tun hat, diese hängt nur vom Rechenaufwand ab.

Voraussetzung für die numerische Integration ist eine Tafel des Integranden im Intervall $a \leq x \leq b$ mit gleichen Argumentdifferenzen $h = x_{i+1} - x_i$. Der 1. Tafelwert ist $y_0 = f(a)$ und der letzte $y_n = f(b)$. In der Herstellung dieser Tafel durch Berechnung aus einer Gleichung oder durch Messungen liegt der wesentliche Arbeitsaufwand.

Trapezregel. Die folgenden geometrischen Betrachtungen dienen nur zu Erläuterungen. Aus den letzten Beispielen in Abschn. 6.1.3 ist zu erkennen, daß der Ingenieur i. allg. andere Größen als Flächen zu berechnen hat.

Entsprechend Abschn. 6.1.1 wird auch hier die zu berechnende Fläche in gleichbreite Streifen zerlegt (Bild **6.**17). Anstatt durch Rechteckflächen (Ober- oder Untersumme) wird hier die Fläche durch Trapeze angenähert, die dadurch entstehen, daß jeweils zwei Punkte des Graphen durch eine Gerade verbunden werden (lineare Interpolation). Mit der Streifenbreite $h = x_{i+1} - x_i$ wird die Fläche eines Streifens

$$\Delta A_i = \frac{h}{2}(y_{i+1} + y_i)$$

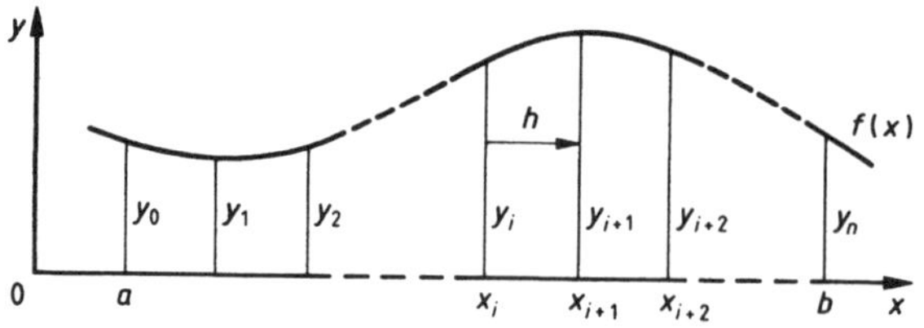

6.17

weil y_{i+1} und y_i die beiden Grundlinien und h die Höhe eines Trapezes sind. Werden nun die Flächen aller Streifen addiert, so treten mit Ausnahme der ersten und der letzten alle Ordinaten jeweils in zwei benachbarten Streifen auf. Somit lautet die Trapezregel

$$\boxed{I_{\text{trap}} = \frac{h}{2}(y_0 + 2y_1 + 2y_2 + \ldots + 2y_{n-1} + y_n)} \tag{6.14}$$

Die Anzahl der Ordinaten ist beliebig und von h abhängig. Wenn $f(x)$ integrierbar ist, konvergiert Gl. (6.14) mit wachsendem n und $h \to 0$ gegen den wahren Wert I. Die Konvergenz erfolgt allerdings recht langsam. Deshalb wird in der Praxis meist das folgende Verfahren benutzt.

Simpson-Regel. Anstatt durch Geraden wird der Graph stückweise durch Parabeln ersetzt. Durch jeweils 3 Punkte des Graphen wird eine Parabel gelegt (quadratische Interpolation). Die Fläche unter der Parabel kann ebenfalls durch eine Summe von y-Werten exakt dargestellt werden. Die Fläche eines Doppelstreifens beträgt (Bild **6.**17)

$$A_i = \frac{h}{3}(y_i + 4y_{i+1} + y_{i+2}) \tag{6.15}$$

Beweis. Bei jedem Doppelstreifen wird das Kurvenstück des Integranden durch eine *andere* Parabel angenähert. Es genügt deshalb, die folgende Rechnung auf den ersten Doppelstreifen zu beschränken.
Die Parabelgleichung lautet

$$f(x) = a_0 + a_1 x + a_2 x^2$$

Das Integral beträgt

$$I = \int_0^{2h} (a_0 + a_1 x + a_2 x^2)\,\mathrm{d}x = 2a_0 h + 2a_1 h^2 + \frac{8}{3} a_2 h^3 = \frac{h}{3}(6a_0 + 6a_1 h + 8a_2 h^2)$$

Die letzte Klammer wird nun durch eine Summe von Ordinaten ersetzt

$$\begin{aligned}
y_0 = f(0) \quad &= a_0 \\
4y_1 = 4f(h) \quad &= 4a_0 + 4a_1 h + 4a_2 h^2 \\
y_2 = f(2h) \quad &= a_0 + 2a_1 h + 4a_2 h^2 \\
\hline
y_0 + 4y_1 + y_2 &= 6a_0 + 6a_1 h + 8a_2 h^2
\end{aligned}$$ □

Gl. (6.15) kann bereits zur Schätzung eines Integrals benutzt werden, wenn der Graph im gesamten Intervall $[a, b]$ parabelförmig ist (z.B. die Fläche der sin-Kurve im Intervall $[0, \pi]$).
Werden die Flächen mehrerer Doppelstreifen addiert, so treten mit Ausnahme der ersten und der letzten Ordinate die Randordinaten jedes Doppelstreifens in zwei benachbarten Doppelstreifen auf. Somit lautet die Simpson-Regel

$$I_{\text{simp}} = \frac{h}{3}(y_0 + 4y_1 + 2y_2 + 4y_3 + \ldots + 4y_{n-1} + y_n) \tag{6.16}$$

Man benötigt also stets eine *ungerade Anzahl* von $n+1$ Ordinaten. Läßt sich eine gerade Anzahl nicht vermeiden, so werden die ersten (oder letzten) vier Ordinaten mit der Newton-3/8-Regel verarbeitet. Sie lautet

$$I_{3/8} = \frac{3}{8}h(y_0 + 3y_1 + 3y_2 + y_3) \tag{6.17}$$

Sie beruht auf der Berechnung der Fläche unter einem Polynom 3. Grades. Sind z.B. 8 Ordinaten vorhanden, so lautet das Integral

$$I = h\left[\frac{3}{8}(y_0 + 3y_1 + 3y_2 + y_3) + \frac{1}{3}(y_3 + 4y_4 + 2y_5 + 4y_6 + y_7)\right]$$

Korrekturen. Bei beiden Verfahren ist nicht nur eine Fehlerschätzung (mit unbekanntem Vorzeichen), sondern sogar eine Korrektur möglich. Sie empfiehlt sich insbesondere bei Taschenrechner-Rechnungen mit nur wenigen Ordinaten. Das Integral wird zusätzlich mit der entsprechenden Formel mit der doppelten Streifenbreite (jedem 2. y-Wert) berechnet. Bei ursprünglicher Anwendung der Simpson-Regel ist dabei ggf. eine Kombination mit der 3/8-Regel erforderlich. Man bildet die Differenz $\Delta = I - I_{\text{dopp}}$. Die Korrektur δ beträgt bei der

Trapez-Regel $\delta = \Delta/3$	Simpson- und 3/8-Regel $\delta = \Delta/15$	(6.18)

Damit wird $I_{\text{korr}} = I + \delta$.

Auch I_{korr} liefert natürlich nicht den wahren Wert. Grob kann man sagen, daß die Korrektur eine weitere sichere Dezimalstelle liefert. Eine Herleitung der vorstehenden Formeln findet man z.B. in [Be 85].

Beispiel 9. Das Integral $\int_1^2 \mathrm{d}x/x$ wird mit beiden Verfahren einschließlich Korrekturen berechnet. Der wahre Wert ist hier bekannt, er beträgt $\ln 2 = 0.69315$. Aus der nachstehenden Tafel erhält man folgende Werte

x	y	$n+1$	Trapezregel		Simpson-Regel	
1.00	1.00000	5	5.57619/8 =	0.69702	8.31905/12 =	0.69325
1.25	0.80000	3	2.83333/4 =	0.70833	4.16667/6 =	0.69444
1.50	0.66667		Δ =	−0.01131	Δ =	−0.00119
1.75	0.57143		δ =	−0.00377	δ =	−0.00008
2.00	0.50000		I_{korr} =	0.69325	I_{korr} =	0.69317
			wahrer Fehler =	0.00010	wahrer Fehler =	0.00002

Die Simpson-Regel liefert mit 3 Ordinaten ein besseres Ergebnis als die Trapez-Regel mit 5! ■

Beispiel 10. Es ist das Massenträgheitsmoment J_y des Körpers zu berechnen, der durch Rotation der in Bild **6.**18 gezeigten Profilfläche eines Werkstücks um die y-Achse entsteht. Wie in Abschn. 6.4.1 gezeigt wird (Gl. (6.62)), gilt mit der Dichte ϱ

$$J_y = 2\pi\,\varrho \int_a^b x^3 f(x)\,\mathrm{d}x$$

$f(x)$ ist entsprechend Gl. (6.7) der Abstand zwischen Ober- und Unterkante der Fläche an der Stelle x. Im einfachsten Fall können diese Längen unmittelbar einer Zeichnung entnommen werden. Hier werden sie aus den Gleichungen der Teilgraphen berechnet. Diese Gleichungen sind aus den in Bild **6.**18 ersichtlichen Maßen aufzustellen. Die Länge $f(x)$ wird additiv aus Teilstücken zusammengesetzt. Deshalb genügt es, von den Kreisen die Ordinaten der Mittelpunktform zu berechnen. Der Einfachheit halber wird mit nur 9 Ordinaten gerechnet. Es ist also $h = 0.5$ cm. Die Kreisgleichung lautet $y = \sqrt{r^2 - x^2}$.

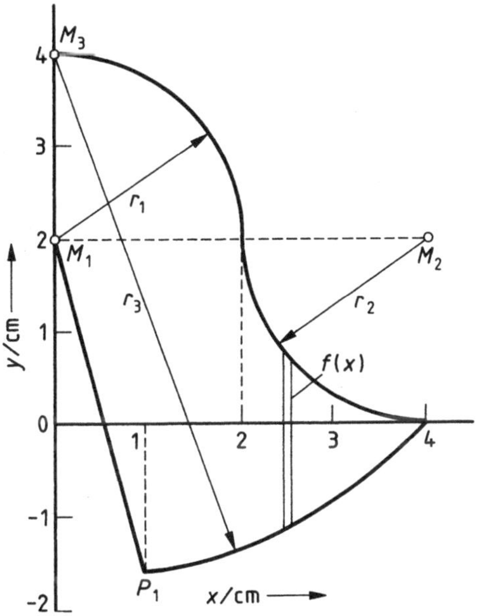

6.18

Beim Kreis um M_1 ist $r_1 = 2$ cm. Die Ordinaten oberhalb der Abszisse im Intervall [2, 4] ergeben sich aus $2\,\text{cm} - y_1$, wobei y_1 die Ordinaten des Kreises um M_1 sind. Beim Kreis um M_3 ist $r_3 = \sqrt{(4\,\text{cm})^2 + (4\,\text{cm})^2} = 5.657$ cm. Bei der Geraden M_1P_1 ist $P_1(1.0;\ -1.568)$ cm. Die Ordinate ergibt sich aus dem Schnittpunkt mit dem Kreis um M_3. Damit ergeben sich folgende Tafeln der Teilordinaten. Die Art der anschließenden additiven Zusammensetzung ist dem Bild **6.**18 zu entnehmen.

Kreis um M_1		Kreis um M_2		Kreis um M_3 unterhalb der Abszisse	
x/cm	y/cm	x/cm	y/cm	x/cm	y/cm
0.0	2.000	2.0	2.000	1.0	−1.568
0.5	1.936	2.5	0.677	1.5	−1.454
1.0	1.732	3.0	0.268	2.0	−1.292
1.5	1.323	3.5	0.064	2.5	−1.074
2.0	0.000	4.0	0.000	3.0	−0.796
				3.5	−0.444
				4.0	0.000

Die Gerade M_1P_1 erfüllt die Gleichung $y = 2\,\text{cm} - 3.568x$, für $x = 0.5\,\text{cm}$ ist $y = 0.216\,\text{cm}$. Damit ergibt sich für die Tafel des Integranden

$\frac{x}{\text{cm}}$	$\frac{f(x)}{\text{cm}}$	$\left(\frac{x}{\text{cm}}\right)^3$	$\frac{x^3 f(x)}{\text{cm}^4}$	Faktoren Simpson
0.0	2.000	0.000	0.000	1
0.5	3.720	0.125	0.465	4
1.0	5.300	1.000	5.300	2
1.5	4.777	3.375	16.123	4
2.0	3.292	8.000	26.332	2
2.5	1.752	15.625	27.367	4
3.0	1.064	27.000	28.720	2
3.5	0.518	42.875	21.759	4
4.0	0.000	64.000	0.000	1

Damit erhält man

$$I = 63.93\,\text{cm}^5$$
$$I_{\text{dopp}} = 62.91\,\text{cm}^5$$
$$\Delta/15 = 0.07\,\text{cm}^5$$
$$I_{\text{korr}} = 64.00\,\text{cm}^5$$

Das Massenträgheitsmoment beträgt $J_y = 2\pi\varrho \cdot 64.00\,\text{cm}^5$. ■

Hinweise zum Programmieren. Bei einem Programm zur Berechnung von I aus einer gegebenen Gleichung von $f(x)$ mit der Simpson-Regel beginnt man mit $h = (b-a)/2$ und Gl. (6.15). Dann wird eine *laufende Halbierung* von h solange durchgeführt, bis der Absolutwert des relativen Fehlers zweier aufeinanderfolgender I Werte unterhalb einer gegebenen Schranke bleibt. Dabei zeigt sich, daß bei jedem Halbierungsschritt nur die Summe der neu hinzukommenden Ordinaten gebildet zu werden braucht. Diese Summe ist mit 4 zu multiplizieren, die „alte" Summe mit 2.

Im Hinblick auf Computerrechnungen sei auf zwei Arten von Fehlern hingewiesen. Man unterscheidet: 1. Verfahrensfehler. Sie entstehen hier durch den Ersatz der tatsächlichen Funktion durch Geraden- oder Parabelstücke. 2. Rundungsfehler (statistische Fehler). Sie entstehen durch die bei jedem Rechner beschränkte Anzahl der Ziffern einer Zahl. Mit wachsendem n sinken die Verfahrens-, es wachsen aber die Rundungsfehler. Es ist sehr schwierig, theoretisch ein optimales n zu bestimmen, bei dem beide Fehler in der gleichen Größenordnung liegen. Es wäre aber z. B. sinnlos, bei der sog. einfachen Genauigkeit eines Rechners von etwa 6 gültigen Ziffern mit hunderten von Ordinaten zu rechnen. Für weitere Überlegungen sei auf [Be 85] verwiesen.

6.1.6 Aufgaben zu Abschnitt 6.1

1. Man berechne die in Bild **6.**19 dargestellte Fläche. Die Funktionsgleichungen sind aus den Maßangaben des Diagramms zu ermitteln. Die gekrümmten Kurven sind Teile von Parabeln. In ihren Scheiteln sind sie durch eine waagerechte Gerade verbunden.

2. Zunächst sind die Graphen der nachstehenden Funktionen zu skizzieren. Dann ist die Fläche zwischen den Graphen zu berechnen.

a) $f_1(x)=x^2-2x-3$ $\quad f_2(x)=2-x^2$

b) $f_1(x)=2-\frac{2}{3}x$ $\quad f_2(x)=+\sqrt{x}(4-x)$

3. Die Ausdehnungsarbeit einer Feder beträgt

$$W=\int_{s_1}^{s_2} F(s)\,\mathrm{d}s$$

Man berechne diese Arbeit für eine nicht-lineare Feder mit $F(s)=10^2\cdot\mathrm{N}\left(\frac{s}{\mathrm{cm}}\right)^{0.75}$ für $s_1=5$ cm und $s_2=10$ cm.

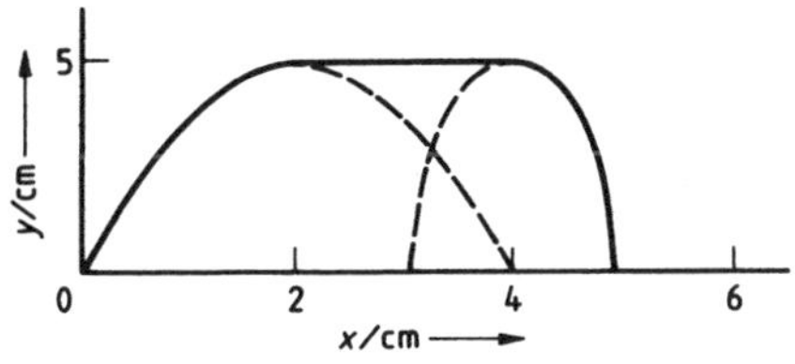

6.19

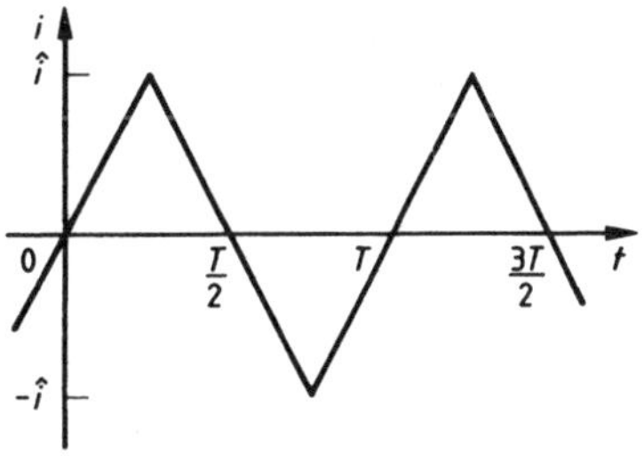

6.20

4. Die Formänderungsarbeit bei der Balkenbiegung ergibt sich aus der Gleichung

$$W=\frac{1}{2EI}\int_0^l [M(x)]^2\,\mathrm{d}x$$

Man berechne diese Arbeit für den Fall der einseitigen Einspannung des Balkens: $M(x)=F\cdot(l-x)$. Dabei ist l die Balkenlänge, E der Elastizitätsmodul, I das konstante Flächenmoment und F die am freien Ende auftretende Einzellast.

5. Man berechne die mittlere Abszisse der Potenzfunktion $y=x^m$.

a) allgemein b) für $m=1$ c) für $m=2$

6. Für den durch Bild **6.**20 gegebenen Strom $i(t)$ berechne man den Effektivwert

$$i_{\mathrm{eff}}=\sqrt{\frac{1}{T}\int_0^T i^2\,\mathrm{d}t}$$

Diese Größe wird auch als quadratischer Mittelwert der Funktion bezeichnet.

Die beiden folgenden Aufgaben sind mit der Simpson-Regel mit je 9 Ordinaten zu lösen.

7. $$I = \int_0^{\pi} \frac{\sin x}{x}\,dx$$

Hinweis: Dieses einfache Integral ist bereits nicht mehr geschlossen lösbar. Man beachte Gl. (2.26).

8. Die spektrale Strahlungsdichte L_λ eines schwarzen Körpers ist eine Funktion seiner absoluten Temperatur T und der Wellenlänge λ; sie beträgt nach Planck

$$L_\lambda = \frac{c^2 h}{\lambda^5 (e^{ch/(kT\lambda)} - 1)}$$

mit der Lichtgeschwindigkeit $c = 3.00 \cdot 10^8$ m/s, der Boltzmann-Konstante $k = 1.380 \cdot 10^{-23}$ J/K und dem Planckschen Wirkungsquantum $h = 6.62 \cdot 10^{-34}$ Js. Bei zeitlich konstanter Strahlung beträgt die von einer ebenen Fläche A nach einer Seite ausgestrahlte Leistung (Strahlungsfluß) $\Phi = LA\pi$. Dabei ist L die innerhalb eines Wellenlängenbereichs $\lambda_1 \le \lambda \le \lambda_2$ ausgestrahlte Strahlungsdichte

$$L = \int_{\lambda_1}^{\lambda_2} L_\lambda \, d\lambda$$

In einem Hochofen herrscht eine Temperatur von 2000 K. Man berechne den Strahlungsfluß aus einem Sichtloch von $A = 10\ \mathrm{cm}^2$ zwischen $\lambda_1 = 0.863 \cdot 10^{-6}$ m und $\lambda_2 = 2.015 \cdot 10^{-6}$ m.

Hinweis: Die Funktionsgleichung ist vor dem Integrieren zu normieren und dann Gl. (6.9) anzuwenden. Das Normieren und der Graph des Integranden werden in Aufgabe 13, Abschn. 5.3 behandelt.

6.2 Unbestimmtes Integral

6.2.1 Integralfunktion

Beim bestimmten Integral sind die Grenzen a und b konstante Größen. Nun wird zunächst die obere, dann auch die untere Grenze als Variable betrachtet.

Definition. *Die Funktion*

$$I(x) = \int_a^x f(u)\,du \tag{6.19}$$

heißt eine Integralfunktion *von* $f(u)$.

Es wird vorausgesetzt, daß $f(u)$ in dem durch die Integralgrenzen angegebenem Intervall integrierbar ist. In diesem Abschnitt werden die Eigenschaften von $I(x)$ beschrieben. In Abschn. 6.2.2 wird gezeigt, wie Integralfunktionen berechnet werden. Der Wert von $I(x)$ ist geometrisch der Fläche unter dem Graphen von $f(u)$ im Intervall $[a, x]$ proportional (s. Gl. (6.8)). Deshalb wird $I(x)$ auch als Flächenfunktion bezeichnet. $I(x)$ ist – bei gegebenem Integranden – eine Funktion der oberen Grenze x des Integrals. Deshalb wird die Variable im Integranden u genannt. Entsprechend den Ausführungen über die Steigungsfunktion in Abschn. 5.1.1 ist es auch hier möglich, den Graphen von $I(x)$ bei gegebenem $f(u)$ zuzeichnen, ohne zu wissen, wie die Gleichung von $I(x)$ berechnet wird.

Nun werden verschiedene Werte der unteren Grenze betrachtet. Es gilt der

Satz. Zwei Integralfunktionen mit verschiedener unterer Grenze unterscheiden sich nur durch eine additive Konstante. Sie heißt die Integrationskonstante *C*.

Beweis. Es sei

$$I_a(x) = \int_a^x f(u)\,\mathrm{d}u \quad \text{und} \quad I_b(x) = \int_b^x f(u)\,\mathrm{d}u$$

Dann gilt nach Gl. (6.5)

$$I_a(x) = \int_a^b f(u)\,\mathrm{d}u + \int_b^x f(u)\,\mathrm{d}u = C + I_b(x)$$

oder

$$C = I_a(x) - I_b(x) = \int_a^b f(u)\,\mathrm{d}u \qquad \square$$

Die Bilder **6.21** a und b zeigen die geometrische Deutung des vorstehenden Satzes. Die Ordinate von I_a entspricht der schräg nach oben schraffierten Fläche in Bild **6.21** a und die Ordinate von I_b der schräg nach unten schraffierten Fläche. Die Flächendifferenz entspricht der Konstante C. Die Graphen von I_a und I_b sind um den Betrag C in Ordinatenrichtung verschoben. Alle Integralfunktionen des gleichen Integranden und unterschiedlichen unteren Grenzen bilden eine Kurvenschar. Die Abszissenschnittpunkte der Kurven sind die Werte der jeweiligen unteren Grenze.

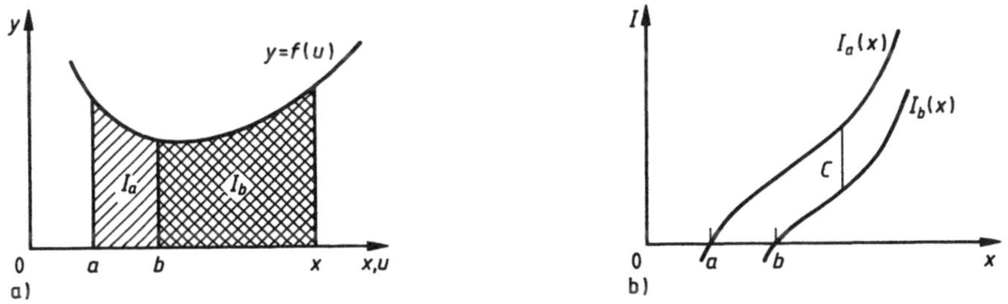

6.21

Aus dem vorstehenden Satz folgt ferner, daß aus einer bekannten Integralfunktion jede andere berechnet werden kann, wenn deren untere Grenze gegeben ist. Es gilt folgender Zusammenhang zwischen den Konstanten a und C

$$\boxed{C = -I(a) \quad \text{bei gegebenem } I(x)} \tag{6.20}$$

Beweis. $I(x)$ ist eine gegebene Integralfunktion mit unbekannter unterer Grenze (oft ist es die Grenze Null). Dann gilt für die gesuchte Funktion

$$\int_a^x f(u)\,\mathrm{d}u = I(x) + C \tag{6.21}$$

Für $x=a$ wird die linke Seite dieser Gleichung Null. Daraus folgt Gl. (6.20). □

Die untere Grenze a wird auch als Rand des Integrationsbereiches bezeichnet, deshalb nennt man die vorstehende Art der Konstantenbestimmung insbesondere bei technischen Anwendungen ein Randwertproblem.

Beispiel 1. Bestimmung der Integrationskonstante. Für $f(u)=u$ ist eine Integralfunktion $I(x)=x^2/2$. Diese Beziehung erkennt man für $u=0$ unmittelbar aus der Formel für den Flächeninhalt eines rechtwinkligen Dreiecks.
Für $a=3$ wird nach Gl. (6.20) $C=-4.5$ und damit

$$\int_3^x u\,\mathrm{d}u = \frac{x^2}{2} - 4.5$$

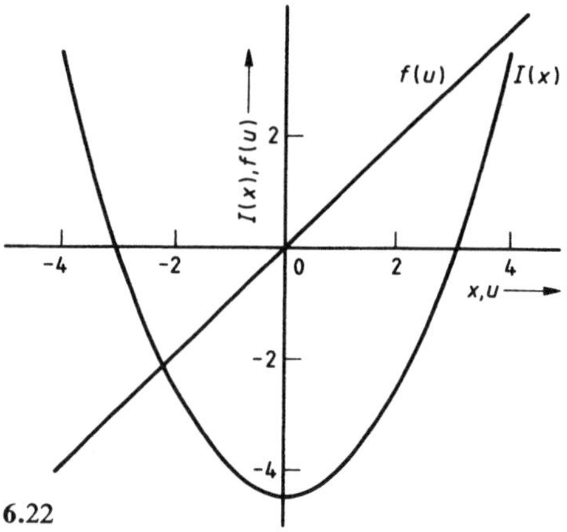

6.22

Die negativen Werte dieser Funktion im Bereich $-3<x<3$ sind entsprechend Gl. (6.4) zu deuten. Wenn $x<3$ ist, wird von der unteren Grenze nach links gezählt, dann sind Flächen oberhalb der Abszisse negativ.

Für $a=-3$ erhält man ebenfalls $\int_{-3}^x u\,\mathrm{d}u = \frac{x^2}{2} - 4.5$. Jetzt ist die linke Nullstelle der Parabel der Anfang der Flächenmessung. Bei $x=3$ findet jetzt der sog. Flächenausgleich statt. ■

Berechnung von bestimmten Integralen mittels einer Integralfunktion. Der Begriff der Integralfunktion wurde aus dem Begriff des bestimmten Integrals entwickelt. Deshalb ist zu vermuten, daß mit Integralfunktionen auch bestimmte Integrale (unabhängig von der Deutung als Fläche) gelöst werden können. In der folgenden Herleitung wird gezeigt, daß zur Berechnung eines bestimmten Integrals die Kenntnis einer Integralfunktion mit unbekannter unterer Grenze genügt. Außerdem wird im folgenden Abschnitt gezeigt, daß Integralfunktionen völlig anders berechnet werden können, als es der hier gegebenen geometrischen Deutung entspricht. Unter diesem Aspekt ist das folgende Ergebnis keineswegs trivial.

Das bestimmte Integral beträgt bei einem gegebenen $I(x)$

$$\int_a^b f(x)\,dx = I(x)\Big|_a^b = I(b) - I(a) \tag{6.22}$$

Der mittlere Term ist eine häufig gebrauchte Kurzschreibweise mit der Bedeutung des rechten Terms. Er wird gesprochen: $I(x)$ in den Grenzen von a bis b.

Beweis. Es sei $I(x) = \int_{a_0}^{x} f(u)\,du$ eine Integralfunktion mit unbekannter unterer Grenze a_0. Dann ist nach Gl. (6.5) und (6.6)

$$\int_a^b f(x)\,dx = \int_{a_0}^{b} f(u)\,du - \int_{a_0}^{a} f(u)\,du = I(b) - I(a)$$

Die geometrische Deutung zeigt Bild 6.23a und b. Die Differenz der schräg nach oben und unten schraffierten Flächen, die den beiden Integralen entsprechen, ergibt das bestimmte Integral. □

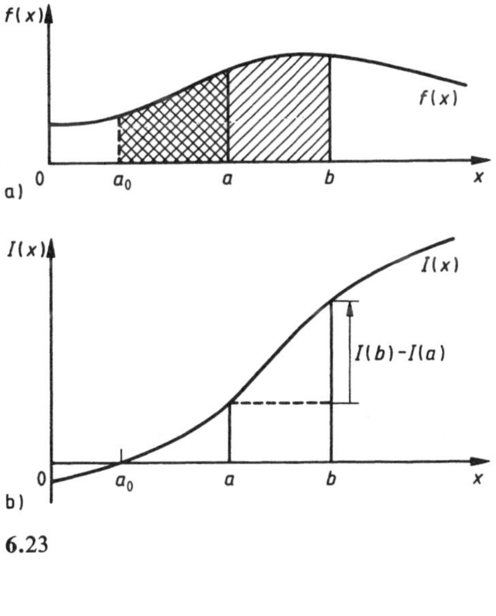

6.23

Beispiel 2. Berechnung von bestimmten Integralen. Die Funktionen $I(x)$ werden hier als bekannt vorausgesetzt. In Abschn. 6.2.2 wird gezeigt, wie sie berechnet werden.

a) Für $f(x)=x$ ist $I(x)=x^2/2$. Damit wird nach Gl. (6.22)

$$\int_a^b x\,\mathrm{d}x = \left.\frac{x^2}{2}\right|_a^b = \frac{b^2}{2} - \frac{a^2}{2} = \frac{(b-a)}{2}(a+b)$$

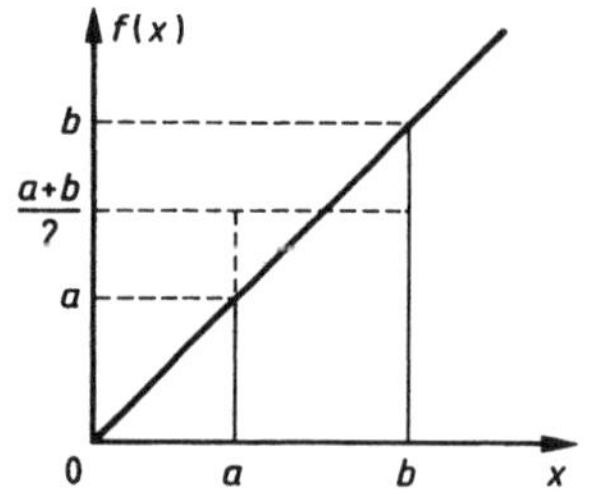

6.24

Die letzte Umformung führt zur bekannten Formel für die Fläche eines Trapezes (Bild 6.24).

b) Für $f(x)=x^m$ ist $I(x)=\dfrac{x^{m+1}}{m+1}$, wenn $m \neq -1$ ist. Damit wird

$$\int_a^b x^m\,\mathrm{d}x = \left.\frac{x^{m+1}}{m+1}\right|_a^b = \frac{b^{m+1}-a^{m+1}}{m+1}$$

Dieses Ergebnis wurde bereits nach Gl. (6.11) als Grenzwert einer Produktsumme hergeleitet.

c) Für $f(x)=\sin x$ ist $I(x)=-\cos x$, s. Abschn. 6.5. Damit wird

$$\int_0^\pi \sin x\,\mathrm{d}x = -\cos x\Big|_0^\pi = (-\cos\pi)-(-\cos 0)=2$$

Dies ist ein sehr erstaunliches Ergebnis, wenn man bedenkt, daß die obere Grenze eine irrationale Zahl und der Integrand eine transzendente Funktion ist. ■

Gl. (6.22) wird, insbesondere bei technischen Anwendungen, auch benutzt, um die Integrationskonstante zu bestimmen. Mit $b=x$ und $x=u$ erhält man

$$\int_a^x f(u)\,\mathrm{d}u = I(x) - I(a) \qquad (6.23)$$

Wie in Gl. (6.20) ist $C=-I(a)$. Ferner wird in den Gleichungen der Technik oft die Konstante (mit dem *gleichen* Vorzeichen!) auf die andere Seite der Gleichung geschrieben und

$$I(x) = \int_a^x f(u)\,\mathrm{d}u + C \qquad (6.24)$$

als Integralfunktion bezeichnet. In Beispiel 1 würde man also schreiben

$$I(x) = \int_3^x u\,\mathrm{d}u = \frac{x^2}{2} - 4.5$$

Gl. (6.19) ist dann der Spezialfall von Gl. (6.24) mit $C=0$, s. auch Beispiel 7.

Kurzschreibweise der Integralfunktion. Häufig ist die Kenntnis der unteren Grenze a einer Integralfunktion nicht erforderlich. Auch die unterschiedlichen Definitionen der Gl. (6.19) und (6.24) sind nicht befriedigend. Vor allem aber im Hinblick auf das Ergebnis des folgenden Abschn. 6.2.2 ist folgende Kurzschreibweise der Integralfunktion üblich

$$\boxed{I(x) = \int f(x)\,\mathrm{d}x} \tag{6.25}$$

Man läßt also sowohl die Grenzen als auch die Konstante C weg und schreibt im Integranden x. Es sei aber betont, daß sich durch diese Schreibweise die in diesem Abschnitt definierten und bewiesenen Eigenschaften einer Integralfunktion nicht ändern.

Speziell in dieser Schreibweise wird eine Integralfunktion auch als unbestimmtes Integral bezeichnet, weil hier weder eine Aussage über die untere Grenze noch über die Integrationskonstante gemacht wird. Leider wird auch dieser Begriff nicht einheitlich benutzt. Manchmal wird als unbestimmtes Integral die Menge aller Integralfunktionen zu einem gegebenen Integranden definiert (die sich durch additive Konstanten voneinander unterscheiden).

Berechnung der Integralfunktion mit numerischer Integration. Aus einer gegebenen Gleichung des Integranden $f(u)$ ist eine Tafel von $I(x)$ für $x_0=a, x_1, x_2, \ldots, x_i, \ldots, x_n$ zu berechnen. Beginnend mit dem bekannten Anfangswert $I(a)$ wird nur der jeweilige Zuwachs

$$\Delta I_i = \int_{x_i}^{x_{i+1}} f(u)\,\mathrm{d}u$$

mit den Verfahren des Abschn. 6.1.5 berechnet. Daraus erhält man aus dem bereits berechneten I_i das nächste I_{i+1} mit

$$I_{i+1} = I_i + \Delta I_i \tag{6.26}$$

1. Ableitung der Integralfunktion. Es wird der Grenzwert des Differenzenquotienten der Funktion $I(x) = \int_{a_0}^{x} f(u)\,\mathrm{d}u$ gebildet.

$$I(x+\Delta x) - I(x) = \int_{a_0}^{x+\Delta x} f(u)\,\mathrm{d}u - \int_{a_0}^{x} f(u)\,\mathrm{d}u = \int_{x}^{x+\Delta x} f(u)\,\mathrm{d}u = \Delta x f(x_\mathrm{m})$$

Die ersten drei Terme dieser Gleichungskette ergeben sich aus Gl. (6.22) bzw. Bild **6.23** mit $a=x$ und $b=x+\Delta x$. Der letzte Term entsteht durch Anwendung des Mittelwertsatzes Gl. (6.12). Nun wird durch Δx dividiert und der Grenzübergang $\Delta x \to 0$ vollzogen. Man erhält

$$\lim_{\Delta x \to 0} \frac{I(x+\Delta x)-I(x)}{\Delta x} = \lim_{\Delta x \to 0} f(x_{\mathrm{m}})$$

Der Grenzwert der linken Seite ist die 1. Ableitung von $I(x)$, auf der rechten Seite ergibt sich bei $\Delta x \to 0$ $f(x)$, weil $x \leq x_{\mathrm{m}} \leq x+\Delta x$ ist. Wenn $f(x)$ stetig ist, folgt daraus:

Die 1. Ableitung der Integralfunktion ist der Integrand.

Dieses Ergebnis bildet den entscheidenden Schritt zu den Betrachtungen des folgenden Abschnitts.

6.2.2 Stammfunktion

Definition. *Jede Funktion $F(x)$, deren 1. Ableitung $f(x)$ bekannt ist, heißt eine* Stammfunktion *von $f(x)$. Man schreibt*[1])

$$\boxed{F(x)=\int f(x)\,\mathrm{d}x} \qquad (6.27)$$

Beispiel 3. Stammfunktionen in der Technik sind

Funktion	Stammfunktion
Geschwindigkeit $v(t)$	Weg $s(t)$
Querkraft $Q(x)$	Biegemoment $M(x)$
el. Strom $i(t)$	el. Ladung $q(t)$
Spannung an einer Spule $u(t)$	Strom in einer Spule $i(t)$

■

Man vermutet bereits, daß Integralfunktionen und Stammfunktionen die gleichen Eigenschaften haben, obwohl sie unterschiedlich definiert wurden. Am Schluß des vorigen Abschnitts wurde bewiesen, daß die 1. Ableitung einer Integralfunktion der Integrand ist. Nun wird bewiesen, daß der in Abschn. 6.2.1 für Integralfunktionen bewiesene Satz auch für Stammfunktionen gilt:

Zwei Stammfunktionen des gleichen Integranden unterscheiden sich nur durch eine additive Konstante.

---

[1]) Im Hinblick auf Gl. (6.24) und den folgenden Satz wird auch manchmal $F(x)=\int f(x)\,\mathrm{d}x+C$ geschrieben. Auch die Menge aller Stammfunktionen wird gelegentlich als unbestimmtes Integral bezeichnet.

In diesem Zusammenhang ist das Wort *nur* wichtig, denn auf Grund der vorstehenden Definition ist es trivial, daß zwei Stammfunktionen $F(x)$ und $F(x)+C$ die gleiche Ableitung haben. Es wird bewiesen, daß es außer der additiven Konstanten keine weitere Möglichkeit verschiedener Stammfunktionen gibt. Das folgende Beispiel zeigt, daß dies nicht selbstverständlich ist.

Beweis. $F_1(x)$ und $F_2(x)$ seien zwei Stammfunktionen zu $f(x)$. Ihre Differenz beträgt $D(x)=F_2(x)-F_1(x)$. Nach Gl. (5.14) gilt

$$D'(x)=(F_2(x)-F_1(x))'=F_2'(x)-F_1'(x)$$

Da laut Definition $F_1'(x)=F_2'(x)$ ist, wird $D'(x)=0$. Damit ist aber wegen des Mittelwertsatzes Gl. (5.10) $D(x)$ eine Konstante. □

Beispiel 4. Bei den folgenden Stammfunktionen ist nicht unmittelbar ersichtlich, daß sie sich nur durch eine additive Konstante unterscheiden.

a) $F_1(x)=x/(x-1)$ $\quad F_2(x)=1/(x-1)$

Es ist $F_1'(x)=F_2'(x)=-1/(x-1)^2$. Erst die Division x: $(x-1)=1+1/(x-1)$ ergibt die Konstante.

b) $F_1(x)=\sin^2 x$ $\quad F_2(x)=-0.5\cos 2x$

Es ist $F_1'(x)=F_2'(x)=\sin 2x$. Erst die Umformung $\sin^2 x=0.5-0.5\cos 2x$ zeigt die Konstante. ■

Die Berechnung der Konstanten wurde in Abschn. 6.2.1 für das Randwertproblem gezeigt. Bei Stammfunktionen gibt es noch eine andere Aufgabenstellung, das Anfangswertproblem. Die unabhängige Variable ist oft die Zeit t. Gegeben ist eine beliebige Stammfunktion $F_0(t)$ und der Funktionswert (Anfangswert, Ordinatenschnittpunkt) $F(0)$ der gesuchten Funktion $F(t)$. Dann gilt für die Berechnung von C aus einem Anfangswert

$$\boxed{C=F(0)-F_0(0)} \quad \text{Häufig ist} \quad F_0(0)=0 \tag{6.28}$$

Beweis. Für die gegebene Funktion $F_0(t)$ und die gesuchte Funktion $F(t)$ gilt nach dem vorstehenden Satz

$$F(t)=F_0(t)+C$$

Das gegebene Wertepaar $(0;\, F_0(0))$ muß diese Gleichung erfüllen. Damit ist

$$F(0)=F_0(0)+C \quad \text{und} \quad C=F(0)-F_0(0)$$ □

Beispiel 5. Konstantenbestimmung aus Anfangswerten. Für $f(x)=\sin x$ ist $F_0(x)=-\cos x$, weil $F_0'(x)=\sin x$ ist. Gesucht ist C für eine Funktion mit $F(0)=0$. Nach Gl. (6.28) ist $C=0-(-\cos 0)=1$.

Die Funktion $F(x)=1-\cos x$ verläuft also durch den Koordinatenursprung und ist damit die Integralfunktion mit $a=0$ (Bild **6.25**). ■

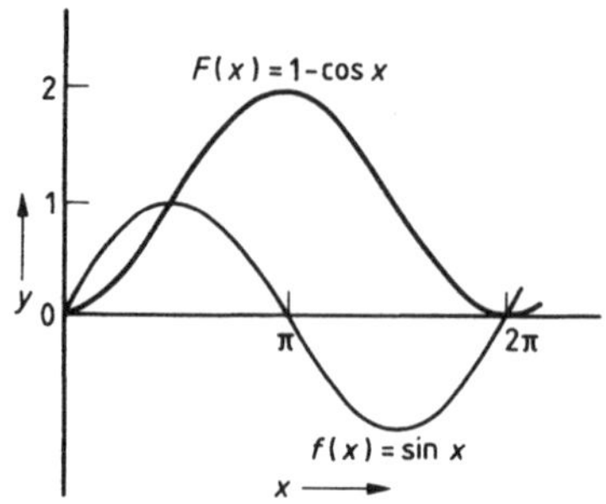

6.25

Hauptsatz der Differential- und Integralrechnung. Das Resultat der bisherigen Betrachtungen in Abschn. 6.1 und 6.2 lautet

Jede Integralfunktion ist auch eine Stammfunktion. Differenzieren und Integrieren sind inverse Rechenoperationen

$$I(x) = \int f(x)\,\mathrm{d}x \Leftrightarrow \frac{\mathrm{d}I}{\mathrm{d}x} = f(x) \tag{6.29}$$

Daraus folgt:

1. Aus jeder bekannten Ableitung ergibt sich eine entsprechende Integralfunktion (Stammfunktion). Diese unmittelbar erhältlichen Funktionen heißen Grundintegrale und sind der Tafel in Abschn. 6.5 und dem folgenden Beispiel zu entnehmen.

2. Bestimmte Integrale werden mit Gl. (6.22) als Differenz von Stammfunktionen berechnet.

3. Eine Stammfunktion unterscheidet sich höchstens durch eine additive Konstante von einer Integralfunktion. Deshalb können auch Stammfunktionen durch numerische Integration oder als Flächenfunktionen erhalten werden. Diese geometrische Darstellung einer Stammfunktion ist als Kontrolle sehr zu empfehlen[1]).

4. Die Steigung der Integralfunktion ist proportional der Ordinate des Integranden. Insbesondere hat der Integrand Nullstellen, wo die Integralfunktion waagerechte Tangenten hat. Auch dies ist eine nützliche Kontrolle.

Beispiel 6. Grundintegrale. Ein Grundintegral, das sich nicht unmittelbar aus der Tafel in Abschn. 6.5 ergibt, ist das der Potenzfunktion. Es ist $(x^n)' = nx^{n-1}$. Daraus folgt

$$n \int x^{n-1}\,\mathrm{d}x = x^n \quad \text{oder} \quad \int x^{n-1}\,\mathrm{d}x = \frac{1}{n}x^n$$

---

[1]) Das exakte Konstruktionsverfahren, die graphische Integration, hat heute wegen der Möglichkeit der numerischen Integration mit anschließender graphischer Ausgabe durch Computer in der Praxis keine Bedeutung mehr.

Setzt man nun $n = m+1$, so wird

$$\int x^m \,\mathrm{d}x = \frac{x^{m+1}}{m+1}, \quad \text{wenn} \quad m \neq -1 \tag{6.30}$$

Diese Gleichung gilt auch für $m=0$. Mit $x^0=1$ erhält man die häufig benutzte Gleichung $\int \mathrm{d}x = x$.
Für den Fall $m=-1$ liefert die Umkehrung der entsprechenden Formel der Differentialrechnung

$$\int \frac{\mathrm{d}x}{x} = \ln |x| \tag{6.31}$$

Die Begründung für die Absolutstriche findet sich nach Gl. (6.38). ■

Beispiel 7. Stammfunktion und Integralfunktion. Eine Stammfunktion von

$$f(x) = 1 - \frac{1}{x} \quad \text{ist} \quad F(x) = \int \left(1 - \frac{1}{x}\right) \mathrm{d}x = x - \ln |x|$$

Wie lautet die Integralfunktion für eine untere Grenze $a=1$? Nach Gl. (6.20) ist $C = -I(a) = -(1 - \ln 1) = -1$. Damit wird

$$I(x) = \int_1^x \left(1 - \frac{1}{u}\right) \mathrm{d}u = x - \ln |x| - 1$$

Will man mit dieser Funktion die in Bild **6.26** schraffierte Fläche berechnen, erhält man

$$I = \int_1^{0.5} \left(1 - \frac{1}{x}\right) \mathrm{d}x = x - \ln |x| - 1 \Big|_1^{0.5}$$
$$= 0.1931$$

Der übliche Ansatz nach Gl. (6.22) $I = x - \ln |x| \,|_1^{0.5}$ führt zum gleichen Ergebnis.
Wegen des Vorzeichens von I s. Gl. (6.4).

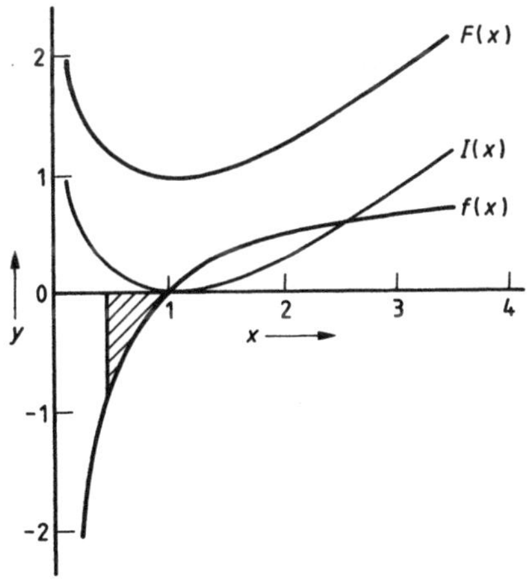

6.26 ■

Beispiel 8. Senkrechter Wurf. Allgemein gilt bei einer Translationsbewegung mit der Beschleunigung $a(t)$, der Geschwindigkeit $v(t)$ und dem Weg $s(t)$

$$v(t) = \int a(t)\,dt$$
$$s(t) = \int v(t)\,dt$$

Beim senkrechten Wurf ist $a(t) = -g$. Die Anfangswerte sind $v(0) = v_0$ und $s(0) = s_0$. Damit wird

$$v(t) = -g\int dt = -gt + C_1$$

Nach Gl. (6.28) ist $C_1 = v_0$. Damit wird

$$s(t) = \int(-gt + v_0)\,dt = -0.5\,gt^2 + v_0 t + C_2$$

Hier ist $C_2 = s_0$, und man erhält endgültig

$$s(t) = s_0 + v_0 t - 0.5\,gt^2$$

Das Hinzufügen der Integrationskonstanten C auf der rechten Seite der Gleichung wurde bei Gl. (6.24) erläutert. ■

6.2.3 Uneigentliche Integrale

Bislang wurde vorausgesetzt, daß beim bestimmten Integral sowohl der Integrand als auch die Grenzen beschränkt sind. In Ausnahmefällen kann der Integralbegriff auf nichtbeschränkte Integranden und/oder nichtbeschränkte Integrationsbereiche ausgedehnt werden. Man spricht dann von uneigentlichen Integralen.

Die Voraussetzungen, unter denen uneigentliche Integrale existieren, können hier nicht untersucht werden. Bei den in der Praxis auftretenden Funktionen genügt es, die normalen Rechenregeln der Integralrechnung, insbesondere Gl. (6.22) anzuwenden. Beim Einsetzen der Grenzen in die Stammfunktion erkennt man, ob ein Grenzwert vorhanden ist.

Beispiel 9. Unendlichkeitsstelle an einer Grenze.

a) $\displaystyle\int_0^1 \frac{dx}{x^2} = -\frac{1}{x}\Big|_0^1 = \infty$ kein Grenzwert vorhanden

b) $\displaystyle\int_0^1 \frac{dx}{\sqrt{x}} = 2\sqrt{x}\Big|_0^1 = 2$ Grenzwert vorhanden

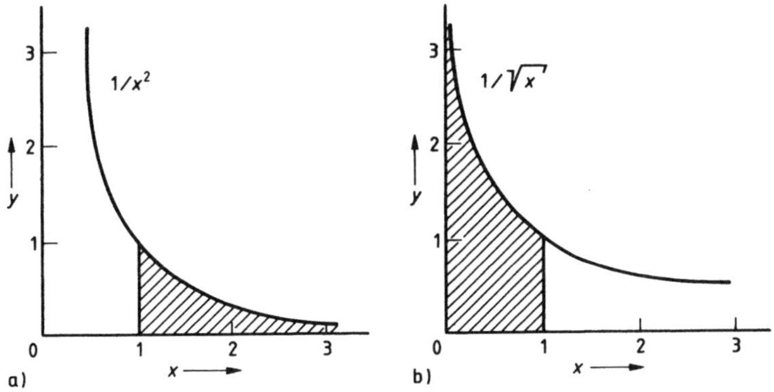

6.27

Die Bilder **6.27** a und b zeigen die Graphen beider Integranden. Die schraffierten Flächen haben einen endlichen Wert.

c) $\displaystyle\int_0^1 \frac{dx}{\sqrt{1-x^2}} = \operatorname{Arcsin} x \Big|_0^1 = \frac{\pi}{2}$ Grenzwert vorhanden ■

Beispiel 10. Obere Grenze wächst beliebig.

a) $\displaystyle\int_1^\infty \frac{dx}{x^2} = -\frac{1}{x}\Big|_1^\infty = -0+1=1$ Grenzwert vorhanden

b) $\displaystyle\int_1^\infty \frac{dx}{\sqrt{x}} = 2\sqrt{x}\Big|_1^\infty = \infty$ kein Grenzwert vorhanden

c) $\displaystyle\int_0^\infty \frac{dx}{1+x^2} = \operatorname{Arctan} x \Big|_0^\infty = \frac{\pi}{2}$ Grenzwert vorhanden ■

Das folgende Beispiel zeigt, wie eine physikalisch bereits recht schwierige Fragestellung mathematisch sehr einfach beantwortet werden kann.

Beispiel 11. Man berechne die Arbeit W, die erforderlich ist, um einen Körper aus dem Schwerefeld der Erde zu entfernen. Nach dem Gravitationsgesetz ist mit der Fallbeschleunigung $g=9.81\ \mathrm{m/s^2}$ und dem Erdradius $R=6.37\cdot 10^3$ km

$$W=\int_{s_1}^{s_2} F\,ds = mgR^2\int_R^\infty \frac{dr}{r^2} = mgR^2\left(-\frac{1}{r}\right)\Big|_R^\infty = mgR$$

Diese Arbeit muß in Form kinetischer Energie zugeführt werden: $mgR = mv^2/2$. Daraus ergibt sich die sog. Fluchtgeschwindigkeit $v = \sqrt{2gR} = 11.2$ km/s. ■

6.2.4 Aufgaben zu Abschnitt 6.2

1. Man zeichne die Graphen der Funktionen $f(u)$ und $I(x)$, berechne den angegebenen Funktionswert von $I(x)$ und schraffiere die entsprechende Fläche unter dem Integranden

a) $I(x) = \int\limits_2^x [0.5u^2 - 3.5u + 5]\,\mathrm{d}u \qquad I(5) = ?$

b) $I(x) = \int\limits_{-\pi}^x [1 + \cos u]\,\mathrm{d}u \qquad I(\pi) = ?$

2. Man bestimme

a) $I = \int\limits_2^5 \frac{\mathrm{d}x}{1-x^2}$ b) $I = \int\limits_{-0.61}^{0.21} \frac{\mathrm{d}x}{1+x^2}$ c) $I = \int\limits_{0.7}^{0.9} \frac{\mathrm{d}x}{\sqrt{1-x^2}}$

3. Wie groß ist die in Bild **6.28** schraffierte Fläche?

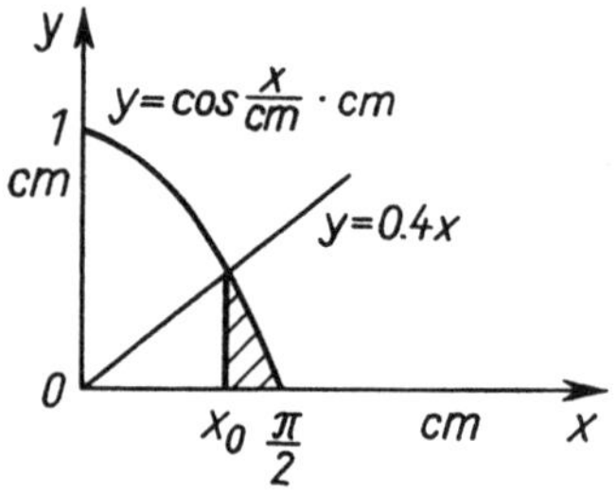

6.28

4. $F_1(x) = \operatorname{Arctan} x$ und $F_2(x) = \operatorname{Arctan} \frac{1+x}{1-x}$ sind zwei Stammfunktionen der gleichen Funktion $f(x)$.

a) Wie lautet $f(x)$? b) Wie groß ist die Konstante C?

5. Es ist $(\tan x)' = 1 + \tan^2 x$.
Man leite daraus eine Formel für $\int \tan^2 x\,\mathrm{d}x$ her.

6. Man berechne den Mittelwert der Funktion $y = \sin x$ in $[0, \pi]$ und vergleiche das Ergebnis mit Beispiel 8, Abschn. 6.1.

7. Ein Körper gehorcht der Bewegungsgleichung $a = 5\,(\mathrm{m/s^2}) - 2\,(\mathrm{m/s^3})\,t$ für $a > 0$. Sonst ist $a = 0$. Weiter sei $v(0) = 3$ m/s und $s(0) = 0$. Man berechne die Funktionsgleichungen und zeichne die Graphen $a(t)$, $v(t)$, und $s(t)$ für $0 \leq t \leq 4$ s.

8. Welchen Wert haben die beiden folgenden uneigentlichen Integrale?

a) $I = \int\limits_1^2 \frac{\mathrm{d}x}{\sqrt{x^2-1}}$ b) $I = \int\limits_2^\infty \frac{\mathrm{d}x}{1-x^2}$

6.3 Rechenmethoden

Nach dem Hauptsatz der Differential- und Integralrechnung Gl. (6.29) gilt $I(x) = \int f(x)\,dx$. Zu jeder stetigen Funktion $f(x)$ gibt es eine Funktion $I(x)$ als Stammfunktion. Es ist aber nicht gesagt, daß diese Funktion aus den bisher betrachteten elementaren Funktionen besteht.

Definition. *Ist die Stammfunktion durch endlich viele Schritte aus elementaren Funktionen darstellbar, so heißt das Integral* geschlossen lösbar.

Ist ein Integral nicht geschlossen lösbar, so kann es nur durch Näherungsmethoden bestimmt werden:

durch die numerische Integration	der Integrand muß numerisch bestimmbar sein (Abschn. 6.1.5),
durch Reihenentwicklungen	die Reihe für den Integranden muß genügend schnell konvergieren (Abschn. 7.2).

In diesem Abschnitt werden einige Methoden entwickelt, mit denen man geschlossen lösbare Integrale auf Grundintegrale zurückführen kann. Es erfordert häufig Erfahrung, um zu erkennen, welche Methode bei einem gegebenen Integral zum Ziele führt. Die häufigsten geschlossen lösbaren Integrale findet man in Abschn. 6.5, außerdem gibt es zahlreiche Formelsammlungen, z. B. [Gr 81].

Nicht selten zieht man auch bei geschlossen lösbaren Integralen eine Näherungsmethode den direkten Integrationsmethoden vor, da der Lösungsweg und auch die geschlossene Lösung gelegentlich so umfangreich sind, daß allein schon das spätere Ermitteln von Funktionswerten (Wertetafel) mehr Arbeit erfordert als eine unmittelbar angewandte numerische Integration.

6.3.1 Produktintegration

Nach Gl. (5.20) lautet die Produktregel der Differentialrechnung

$$(f_1 f_2)' = f_1' f_2 + f_1 f_2'$$

Integriert man diese Gleichung in der Umordnung

$$f_1 f_2' = (f_1 f_2)' - f_1' f_2$$

so erhält man die Gleichung der Produktintegration

$$\boxed{\int f_1 f_2'\,dx = f_1 f_2 - \int f_1' f_2\,dx} \tag{6.32}$$

Wenn der Integrand $f_1' f_2$ eine einfachere Form hat als der Integrand $f_1 f_2'$, wendet man diese Methode an. Allerdings muß zur Funktion $f_2'(x)$ eine Stammfunktion $f_2(x) = \int f_2'(x)\,dx$ bekannt sein.

Ist ein bestimmtes Integral zu berechnen, so lautet Gl. (6.32)

$$\int_a^b f_1 f_2' \, \mathrm{d}x = f_1 f_2 \Big|_a^b - \int_a^b f_1' f_2 \, \mathrm{d}x \tag{6.33}$$

In das Produkt $f_1 f_2$ sind beide Grenzen einzusetzen: $f_1(b) f_2(b) - f_1(a) f_2(a)$.
Anstatt von Produktintegration wird oft von Teilintegration oder partieller Integration gesprochen.

Beispiel 1. Man bestimme das Integral $I(x) = \int x \sin x \, \mathrm{d}x$.
Es empfiehlt sich entsprechend Beispiel 3, Abschn. 5.2, folgendes Schema zu verwenden

$$f_1 = x \qquad f_2 = -\cos x$$
$$f_1' = 1 \qquad f_2' = \sin x$$

Als f_1 wählt man den Faktor, der durch Differenzieren einfacher wird.

$$I(x) = -x \cos x + \int \cos x \, \mathrm{d}x = -x \cos x + \sin x$$ ■

Ein häufig benutzter Kunstgriff besteht darin, das Restintegral so umzuformen, daß das gesuchte Integral entsteht. Dann wird diese Gleichung nach dieser *Unbekannten* aufgelöst.

Beispiel 2. Man berechne $\int \sin^2 x \, \mathrm{d}x$.

$$f_1 = \sin x \qquad f_2 = -\cos x$$
$$f_1' = \cos x \qquad f_2' = \sin x$$

$$\int \sin^2 x \, \mathrm{d}x = -\sin x \cos x + \int \cos^2 x \, \mathrm{d}x$$

Jetzt erfolgt die Umformung

$$\int \sin^2 x \, \mathrm{d}x = -\tfrac{1}{2} \sin 2x + \int (1 - \sin^2 x) \, \mathrm{d}x$$
$$= -\tfrac{1}{2} \sin 2x + x - \int \sin^2 x \, \mathrm{d}x$$

$$2 \int \sin^2 x \, \mathrm{d}x = -\tfrac{1}{2} \sin 2x + x \qquad \int \sin^2 x \, \mathrm{d}x = \frac{x}{2} - \frac{1}{4} \sin 2x$$ ■

Eine Erweiterung dieses Verfahrens bilden sog. Rekursionsformeln. Damit wird ein Integral auf ein einfacheres Integral des gleichen Typs zurückgeführt, welches wieder mit der gleichen Formel gelöst werden kann.

Beispiel 3. Rekursionsformel für $I(x) = \int \sin^n x \, \mathrm{d}x = \int \sin^{n-1} x \sin x \, \mathrm{d}x$.

$$f_1 = \sin^{n-1} x \qquad f_2 = -\cos x$$
$$f_1' = (n-1) \sin^{n-2} x \cos x \qquad f_2' = \sin x$$

$$\int \sin^n x \,dx = -\sin^{n-1} x \cos x + (n-1) \int \sin^{n-2} x \cos^2 x \,dx$$
$$= -\sin^{n-1} x \cos x + (n-1) \int \sin^{n-2} x (1 - \sin^2 x) \,dx$$
$$= -\sin^{n-1} x \cos x + (n-1) \int \sin^{n-2} x \,dx - (n-1) \int \sin^n x \,dx$$

Der letzte Summand wird auf die linke Seite der Gleichung gebracht und ergibt dort $n \int \sin^n x \,dx$. Damit erhält man

$$\int \sin^n x \,dx = \frac{1}{n} \left[-\sin^{n-1} x \cos x + (n-1) \int \sin^{n-2} x \,dx \right] \qquad (6.34)$$ ■

Beispiel 2 ist ein Spezialfall dieser Formel für $n=2$. Für $n=3$ erhält man

$$\int \sin^3 x \,dx = \tfrac{1}{3} [-\sin^2 x \cos x + 2 \int \sin x \,dx]$$
$$= -\tfrac{1}{3} [(1 - \cos^2 x) \cos x + 2 \cos x] = \frac{\cos^3 x}{3} - \cos x$$

Ein weiterer Kunstgriff besteht im Hinzufügen eines Faktors 1 im Integranden, der integriert wird.

Beispiel 4. Man bestimme das Integral $I(x) = \int \ln x \,dx$.

$$f_1 = \ln x \qquad f_2 = x$$
$$f_1' = \frac{1}{x} \qquad f_2' = 1$$
$$\int \ln x \,dx = x \ln x - \int dx = x(\ln x - 1)$$ ■

Beispiel 5. Wie lauten die Schwerpunktkoordinaten x_S und y_S der Fläche unter dem Graphen von $f(x) = \sin x$ im Intervall $[0, \pi]$? Der Winkel x ist einheitenfrei. Deshalb wird der Einfachheit halber auch $f(x)$ als einheitenfreie Größe betrachtet. Die Abszisse $x_S = \pi/2$ ist hier unmittelbar zu erkennen, sie wird trotzdem berechnet.
Wie in Abschn. 6.4.1 gezeigt wird, ist mit der Fläche A

$$x_S = \frac{1}{A} \int_a^b x f(x) \,dx \qquad y_S = \frac{1}{2A} \int_a^b f^2(x) \,dx$$

Mit den Ergebnissen von Beispiel 2c, Abschn. 6.2 sowie Beispiel 1 und 2 dieses Abschnitts erhält man

$$A = \int_0^\pi \sin x \,dx = -\cos x \Big|_0^\pi = 2$$

$$x_S = \frac{1}{2} \int_0^\pi x \sin x \,dx = \frac{1}{2} [-x \cos x + \sin x] \Big|_0^\pi = \frac{\pi}{2}$$

$$y_S = \frac{1}{4} \int_0^\pi \sin^2 x \,dx = \frac{1}{4} \left[\frac{x}{2} - \frac{1}{4} \sin 2x \right] \Big|_0^\pi = \frac{\pi}{8}$$ ■

6.3.2 Substitution

Dieses Verfahren entspricht der Kettenregel der Differentialrechnung. Das Einführen von Zwischenvariablen nennt man hier substituieren (ersetzen). Meist ist nur eine Zwischenvariable u erforderlich. Die Schwierigkeit besteht darin, daß die bei Gl. (5.24) formulierte Regel zum Finden der Substitutionsgleichung hier nur in einfachen Fällen anwendbar ist und es keine andere allgemeingültige Regel gibt. Im Finden dieser Gleichung besteht die *Kunst* des Integrierens.
Gesucht ist

$$I(x) = \int f(x)\,\mathrm{d}x$$

Außer im Integranden ist im Differential und beim bestimmten Integral auch in den Grenzen die neue Variable u einzusetzen. Man setzt

$$f(x) = g(u) \quad \text{mit} \quad u = h(x) \quad \text{als Substitutionsgleichung}$$

1. Methode. Sie ist die theoretisch einleuchtendere, aber in der praktischen Anwendung oft umständlich.
Die Substitutionsgleichung wird nach x aufgelöst. (Manchmal wird auch unmittelbar $x = k(u)$ gesetzt, s. Gl. (6.41).)

$$u = h(x) \Rightarrow x = k(u)$$

Die Funktion $x = k(u)$ wird nach u differenziert und daraus die Substitution für das Differential erhalten.

$$\frac{\mathrm{d}x}{\mathrm{d}u} = \dot{k}(u) \Rightarrow \mathrm{d}x = \dot{k}(u)\,\mathrm{d}u$$

Einsetzen in die Ausgangsgleichung ergibt

$$\boxed{\int f(x)\,\mathrm{d}x = \int g(u)\,\dot{k}(u)\,\mathrm{d}u = F(u)} \tag{6.35}$$

Das mittlere Integral wird gelöst und die Variable u mit der Substitutionsgleichung eliminiert. Wie die folgenden Beispiele zeigen, ist bei geeigneter Substitution der mittlere Term der Gl. (6.35) einfacher zu integrieren als der linke. Oft kann dabei die Produktintegration angewendet werden.

Beispiel 6. Man integriere

a) $I(x) = \int \sqrt{ax+b}\,\mathrm{d}x \qquad u = ax+b \qquad x = \dfrac{u-b}{a}$

$$\frac{\mathrm{d}x}{\mathrm{d}u} = \frac{1}{a} \qquad \mathrm{d}x = \frac{\mathrm{d}u}{a}$$

$$\int \sqrt{ax+b}\,\mathrm{d}x = \frac{1}{a}\int \sqrt{u}\,\mathrm{d}u = \frac{2}{3a}u^{3/2} = \frac{2}{3a}\sqrt{(ax+b)^3}$$

b) $I(t) = \int \sin(\omega t + \varphi)\,dt \qquad u = \omega t + \varphi \qquad t = \frac{u - \varphi}{\omega}$

$$\frac{dt}{du} = \frac{1}{\omega} \qquad dt = \frac{du}{\omega}$$

$$\int \sin(\omega t + \varphi)\,dt = \frac{1}{\omega} \int \sin u\,du = -\frac{1}{\omega} \cos u = -\frac{1}{\omega} \sin(\omega t + \varphi)$$ ■

2. Methode. Sie liefert eine etwas unbefriedigende Formel, ist aber meist bequemer zu handhaben.
Die Substitutionsgleichung wird unmittelbar differenziert

$$u = h(x) \qquad \frac{du}{dx} = h'(x)$$

Für die Substitution des Differentials erhält man

$$dx = \frac{du}{h'(x)}$$

Einsetzen in die Ausgangsgleichung ergibt

$$\boxed{\int f(x)\,dx = \int \frac{g(u)}{h'(x)}\,du = F(u)} \tag{6.36}$$

Hier muß *vor* dem Integrieren noch die Variable x eliminiert werden. In einfachen Fällen ist $h'(x)$ eine Konstante, die vor das Integral gezogen werden darf.

Beispiel 7. Man integriere

a) $I(x) = \int \sqrt{ax+b}\,dx \qquad u = ax + b \qquad u' = h'(x) = a$

$$\int \sqrt{ax+b}\,dx = \frac{1}{a} \int \sqrt{u}\,du = \frac{2}{3a} u^{3/2} = \frac{2}{3a} \sqrt{(ax+b)^3}$$

b) Beim bestimmten Integral kann die Rücktransformation der Variablen u vermieden werden, wenn auch die Grenzen substituiert werden. Die dadurch erzielte Vereinfachung ist in diesem Beispiel unerheblich, kann aber in anderen Fällen bedeutsam sein.

$$I = \int_{-\varphi/\omega}^{-\varphi/\omega + T/2} \sin(\omega t + \varphi)\,dt \quad \text{mit} \quad T = \frac{2\pi}{\omega}$$

$$u=\omega t+\varphi \quad \text{für} \quad t_1=-\frac{\varphi}{\omega} \quad \text{wird} \quad u_1=-\omega\frac{\varphi}{\omega}+\varphi=0$$

$$\dot{u}=\omega=\frac{2\pi}{T} \quad \text{für} \quad t_2=-\frac{\varphi}{\omega}+\frac{T}{2} \quad \text{wird} \quad u_2=\omega\left(-\frac{\varphi}{\omega}+\frac{\pi}{\omega}\right)+\varphi=\pi$$

$$\int\limits_{-\varphi/\omega}^{-\varphi/\omega+T/2} \sin(\omega t+\varphi)\,\mathrm{d}t=\frac{T}{2\pi}\int\limits_0^{\pi}\sin u\,\mathrm{d}u=\frac{T}{2\pi}(-\cos u)\Big|_0^{\pi}=\frac{T}{\pi}$$ ■

Von der 2. Methode gibt es noch einige Varianten. Nach dem Differenzieren der Substitutionsgleichung schreibt man

$$\mathrm{d}u=h'(x)\,\mathrm{d}x$$

$h'(x)\mathrm{d}x$ ist oft der Rest des Integranden, das ist der Teil der Integranden, der noch nicht mit $u=h(x)$ erfaßt wurde. Dieser Rest wird durch $\mathrm{d}u$ ersetzt.

Beispiel 8. Die 1. Ableitung der Kreisgleichung beträgt $y'=-x/\sqrt{r^2-x^2}$. Man zeige, daß durch Integration die Kreisgleichung entsteht.

$$I(x)=-\int\frac{x\,\mathrm{d}x}{\sqrt{r^2-x^2}}=\frac{1}{2}\int\frac{\mathrm{d}u}{\sqrt{u}}=\sqrt{u}=\sqrt{r^2-x^2}$$

$$u=h(x)=r^2-x^2 \qquad \mathrm{d}u=-2x\,\mathrm{d}x$$ ■

Häufig vorkommende Spezialfälle für den Rest des Integranden sind:

Der Integrand besteht aus einem Produkt oder Quotienten einer Funktion mit ihrer Ableitung.

Dann führt die Substitution $u=f(x)$, $\mathrm{d}u=f'(x)\mathrm{d}x$ zum Ziel.

$$\int f(x)f'(x)\,\mathrm{d}x=\int u\,\mathrm{d}u=\frac{u^2}{2}=\frac{1}{2}f^2(x) \tag{6.37}$$

$$\int\frac{f'(x)\,\mathrm{d}x}{f(x)}=\int\frac{\mathrm{d}u}{u}=\ln|u|=\ln|f(x)| \tag{6.38}$$

Die Bildung des Absolutwertes von $f(x)$ in Gl. (6.38) erfolgt, weil im Fall negativer Werte von $f(x)$ die Substitution $u=-f(x)$ lauten würde. Wegen des Ergebnisses wird Gl. (6.38) manchmal als logarithmische Integration bezeichnet.

Das wesentliche Problem besteht darin, bei einer Aufgabe diese Sonderfälle zu erkennen.

Beispiel 9. Man integriere

a) $$\int\frac{\ln x}{x}\,\mathrm{d}x=\int u\,\mathrm{d}u=\frac{u^2}{2}=\frac{1}{2}\ln^2 x$$

$$u=\ln x \qquad \mathrm{d}u=\frac{\mathrm{d}x}{x}$$

b) $\int \tan x \, dx = -\int \frac{-\sin x}{\cos x} dx = -\int \frac{du}{u} = -\ln|u| = -\ln|\cos x|$

$u = \cos x \qquad du = -\sin x \, dx$

c) $\int \operatorname{Arctan} x \, dx$

Zunächst erfolgt eine Produktintegration mit dem Faktor 1.

$$f_1 = \operatorname{Arctan} x \qquad f_2 = x$$

$$f_1' = \frac{1}{1+x^2} \qquad f_2' = 1$$

$$\int \operatorname{Arctan} x \, dx = x \operatorname{Arctan} x - \int \frac{x \, dx}{1+x^2}$$

Im 2. Summanden setzt man $u = 1 + x^2$, $du = 2x\,dx$

$$\int \frac{x \, dx}{1+x^2} = \frac{1}{2} \int \frac{du}{u} = \frac{1}{2} \ln|1+x^2|.$$

Damit wird

$$\int \operatorname{Arctan} x \, dx = x \operatorname{Arctan} x - \tfrac{1}{2} \ln|1+x^2|$$ ■

Auch in den folgenden Beispielen wird die Substitution mit der Produktintegration kombiniert.

Beispiel 10. Für eine Laplace-Transformation (s. Abschn. 13) muß das nachstehende uneigentliche Integral gelöst werden

$$I = \int_0^\infty \sin \omega t \, e^{-pt} dt \quad \text{mit} \quad p > 0$$

Im wesentlichen wird die Produktintegration Gl. (6.32) verwendet. Die dabei auftretende Substitution ist so einfach, daß sie nun ohne Anschreiben eines Rechenschemas durchgeführt wird.

$$f_1 = \sin \omega t \qquad f_2 = -\frac{1}{p} e^{-pt}$$

$$f_1' = \omega \cos \omega t \qquad f_2' = e^{-pt}$$

$$I = -\frac{1}{p} \sin \omega t \, e^{-pt} \Big|_0^\infty + \frac{\omega}{p} \int_0^\infty \cos \omega t \, e^{-pt} dt$$

Der 1. Summand wird für beide Grenzen Null, weil jeweils ein Faktor Null wird. Eine nochmalige Anwendung der Produktintegration liefert

$$I=\frac{\omega}{p}\int_0^\infty \cos\omega t\,\mathrm{e}^{-pt}\,\mathrm{d}t \qquad \begin{array}{ll} f_1=\cos\omega t & f_2=-\dfrac{1}{p}\mathrm{e}^{-pt} \\ f_1'=-\omega\sin\omega t & f_2'=\mathrm{e}^{-pt}\end{array}$$

$$I=\frac{\omega}{p}\left[-\frac{1}{p}\cos\omega t\,\mathrm{e}^{-pt}\Big|_0^\infty-\frac{\omega}{p}\int_0^\infty \sin\omega t\,\mathrm{e}^{-pt}\mathrm{d}t\right]$$

$$I=\frac{\omega}{p}\left[\frac{1}{p}-\frac{\omega}{p}I\right]$$

$$\left(1+\frac{\omega^2}{p^2}\right)I=\frac{\omega}{p^2} \qquad I=\frac{\omega}{p^2+\omega^2}$$

■

Beispiel 11. Bewegungsgleichungen einer Rakete. Es werden folgende vereinfachende Voraussetzungen gemacht:

1. Senkrechter Aufstieg der 1. Stufe ohne Luftwiderstand.
2. Konstante Schubkraft F und Schwerebeschleunigung g.
3. Lineare Massenabnahme infolge des Treibstoffverbrauchs.

Ziffer 3 liefert

$$m(t)=m_0-qt \quad \text{solange} \quad t<t_{\mathrm{B}} \tag{6.39}$$

Startmasse m_0, Treibstoffverbrauch q, Brennschlußzeit $t_{\mathrm{B}}<m_0/q$, Nutzlast $m(t_{\mathrm{B}})$.
Die physikalische Grundlage bildet der Impulssatz $\Delta m_{\mathrm{gas}}v_{\mathrm{gas}}=F\Delta t$. Daraus folgt $F=\dfrac{\Delta m_{\mathrm{gas}}}{\Delta t}v_{\mathrm{gas}}=q\cdot v_{\mathrm{gas}}$. Die drei Konstanten Schubkraft F, Treibstoffverbrauch q und Austrittsgeschwindigkeit der Verbrennungsgase v_{gas} sind also voneinander abhängig. Nun wird noch eine Rechengröße

$$\alpha=\frac{q}{m_0}=\frac{F}{v_{\mathrm{gas}}m_0} \tag{6.40}$$

eingeführt. Damit die Rakete vom Boden abhebt, muß $F/m_0=\alpha v_{\mathrm{gas}}>g$, also $\alpha>g/v_{\mathrm{gas}}$ sein. Bei der Rakete des Space Shuttle lauten die ungefähren Zahlenwerte $F=24\cdot10^6$ N, $m_0=2\cdot10^6$ kg und $v_{\mathrm{gas}}=2.5\cdot10^3$ m/s. Damit wird $\alpha=4.8\cdot10^{-3}$ 1/s. Mit Gl. (6.40) wird Gl. (6.39)

$$m(t)=m_0(1-\alpha t)$$

Die Rakete hat die Beschleunigung

$$a(t)=\frac{F}{m_0(1-\alpha t)}-g$$

Der 2. Summand ist die nach unten wirkende Schwerebeschleunigung. Nun beginnt das Integrieren. Die Geschwindigkeit $v(t)$ beträgt

$$v(t) = \int a(t)\,\mathrm{d}t = \frac{F}{m_0}\int \frac{\mathrm{d}t}{1-\alpha t} - g\int \mathrm{d}t$$

Mit $u = 1-\alpha t$; $\mathrm{d}t = -\mathrm{d}u/\alpha$ und Gl. (6.40) erhält man

$$v(t) = -\frac{F}{\alpha m_0}\int \frac{\mathrm{d}u}{u} - g\int \mathrm{d}t = -v_{\text{gas}}\ln(1-\alpha t) - g t + C$$

Mit dem Anfangswert $v(0) = 0$ wird mit Gl. (6.28) $C = 0$. Man beachte, daß der 1. Summand einen positiven Zahlenwert hat, weil der Logarithmus von Zahlen kleiner als 1 negativ ist. Damit wird der Weg $s(t)$

$$s(t) = \int v(t)\,\mathrm{d}t = -v_{\text{gas}}\int \ln(1-\alpha t) - g\int t\,\mathrm{d}t + C$$

Mit der gleichen Substitution und dem Ergebnis von Beispiel 4 erhält man

$$s(t) = \frac{v_{\text{gas}}}{\alpha}\left[(1-\alpha t)\ln(1-\alpha t) - (1-\alpha t) + C\right] - \frac{1}{2}g t^2$$

Die Anfangsbedingung $s(0) = 0$ liefert $0 = \dfrac{v_{\text{gas}}}{\alpha}[-1 + C]$ und damit $C = 1$. Dies ergibt

$$s(t) = \frac{v_{\text{gas}}}{\alpha}\left[(1-\alpha t)\ln(1-\alpha t) + \alpha t\right] - \frac{1}{2}g t^2$$

Hebt man nun noch t aus der ersten Klammer aus und multipliziert $1/\alpha$ hinein, so folgt endgültig

$$s(t) = v_{\text{gas}}\, t\left[1 + \frac{(1-\alpha t)\ln(1-\alpha t)}{\alpha t}\right] - \frac{1}{2}g t^2$$ ■

Beispiel 12. Das folgende Integral tritt bei der in Abschn. 6.3.3 geschilderten Partialbruchzerlegung auf.

$$I(x) = \int \frac{ax+b}{x^2+px+q}\,\mathrm{d}x \quad \text{mit} \quad q > p^2/4 \qquad \text{(komplexe Nullstelle)}$$

Das Ziel der folgenden Umformungen ist es, Grundintegrale zu erhalten. Dazu wird im Nenner die quadratische Ergänzung gebildet.

$$x^2+px+q = \left(x+\frac{p}{2}\right)^2 + \left(q-\frac{p^2}{4}\right)$$

Substitution $\quad z = x + p/2 \qquad x = z - p/2$

$\qquad\qquad\quad \mathrm{d}z = \mathrm{d}x \qquad s^2 = q - p^2/4 > 0$

$$\int \frac{ax+b}{x^2+px+q}\,\mathrm{d}x = \int \frac{az-ap/2+b}{z^2+s^2}\,\mathrm{d}z = a\int \frac{z\,\mathrm{d}z}{z^2+s^2} + \int \frac{(b-ap/2)}{z^2+s^2}\,\mathrm{d}z$$

1. Integral: Substitution $\quad u = z^2+s^2 \quad \mathrm{d}u = 2z\,\mathrm{d}z$

$$I_1 = a\int \frac{z\,\mathrm{d}z}{z^2+s^2} = \frac{a}{2}\int \frac{\mathrm{d}u}{u} = \frac{a}{2}\ln|u| = \frac{a}{2}\ln|x^2+px+q|$$

2. Integral mit $A = b - ap/2$

$$I_2 = A\int \frac{\mathrm{d}z}{z^2+s^2} = \frac{A}{s^2}\int \frac{\mathrm{d}z}{1+(z/s)^2}$$

Substitution $\quad v = z/s \quad \mathrm{d}v = \mathrm{d}z/s$

$$I_2 = \frac{A}{s}\int \frac{\mathrm{d}v}{1+v^2} = \frac{A}{s}\operatorname{Arctan} v = \frac{b-ap/2}{\sqrt{q-p^2/4}}\operatorname{Arctan}\left[\frac{x+p/2}{\sqrt{q-p^2/4}}\right]$$

$$= \frac{2b-ap}{\sqrt{4q-p^2}}\operatorname{Arctan}\left[\frac{2x+p}{\sqrt{4q-p^2}}\right]$$

■

Trigonometrische und hyperbolische Substitutionen. Treten im Integranden Quadratwurzeln auf, so sind folgende Substitutionen anzuwenden

Integrand	Substitution	
$f(x, \sqrt{a^2-x^2})$	$x = a\sin u \quad u = \operatorname{Arcsin}\left(\frac{x}{a}\right)$ $\mathrm{d}x = a\cos u\,\mathrm{d}u$ $\sqrt{a^2-x^2} = \sqrt{a^2-a^2\sin^2 u} = a\cos u$	(6.41)
$f(x, \sqrt{a^2+x^2})$	$x = a\sinh u \quad u = \operatorname{Arsinh}\left(\frac{x}{a}\right)$ $\mathrm{d}x = a\cosh u\,\mathrm{d}u$ $\sqrt{a^2+x^2} = \sqrt{a^2+a^2\sinh^2 u} = a\cosh u$	(6.42)
$f(x, \sqrt{x^2-a^2})$	$x = a\cosh u \quad u = \operatorname{Arcosh}\left(\frac{x}{a}\right)$ $\mathrm{d}x = a\sinh u\,\mathrm{d}u$ $\sqrt{x^2-a^2} = \sqrt{a^2\cosh^2 u - a^2} = a\sinh u$	(6.43)

Falls der Radikand eine gemischt quadratische Gleichung enthält, ist zunächst die quadratische Ergänzung zu bilden und dann mit einer Substitution die vorliegende Form (s. Beispiel 15).

Beispiel 13. Man berechne die Fläche eines Viertelkreises.

$$A = \int_0^r \sqrt{r^2 - x^2}\,\mathrm{d}x$$

Die Substitution und Berechnung der neuen Grenzen erfolgt nach Gl. (6.41).

$$u_1 = \operatorname{Arcsin}(0/r) = 0 \qquad u_2 = \operatorname{Arcsin}(r/r) = \pi/2$$

$$A = \int_0^{\pi/2} r\cos u\, r\cos u\,\mathrm{d}u = r^2 \int_0^{\pi/2} \cos^2 u\,\mathrm{d}u$$

$$= r^2 \left[\frac{u}{2} + \frac{1}{4}\sin 2u\right]\Bigg|_0^{\pi/2} = \frac{r^2\pi}{4}$$

Das letzte Integral ist mit Produktintegration entsprechend Beispiel 2 zu lösen. ■

Beispiel 14. Wie lautet die Flächenfunktion $A(x)$ des in Bild **6.29** schraffierten Hyperbelsektors?

$$A(x) = \frac{x}{2}\sqrt{x^2 - a^2} - \int_a^x \sqrt{\xi^2 - a^2}\,\mathrm{d}\xi$$

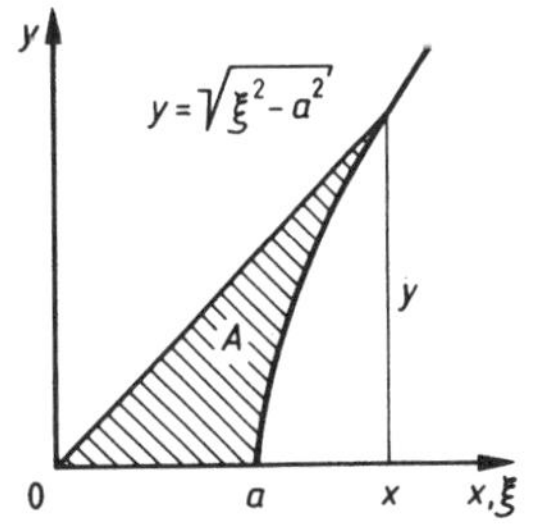

6.29

Das Integral wird mit Gl. (6.43) gelöst. Für die neuen Grenzen erhält man $u_1 = \operatorname{Arcosh}(a/a) = 0$ und $u_2 = \operatorname{Arcosh}(x/a)$. Damit wird das Integral

$$I(x) = \int_0^{\operatorname{Arcosh}(x/a)} a\sinh u\; a\sinh u\,\mathrm{d}u = a^2 \int_0^{\operatorname{Arcosh}(x/a)} \sinh^2 u\,\mathrm{d}u$$

Eine dem Beispiel 2 entsprechende Produktintegration liefert

$$I(x) = a^2 \left[\frac{\sinh 2u}{4} - \frac{u}{2}\right]\Bigg|_0^{\operatorname{Arcosh}(x/a)}$$

Das Problem ist hier das Einsetzen der oberen Grenze. Das Rechnen mit der neuen Grenze ist dabei noch einfacher als eine Rücktransformation. Ein unmittelbares Einsetzen liefert den komplizierten Ausdruck $\sinh(2\operatorname{Arcosh}(x/a))$. Er sollte also umgeformt werden. Mit $\sinh 2u = 2\sinh u\cosh u$ sowie $\sinh u = \sqrt{\cosh^2 u - 1}$ und $\cosh(\operatorname{Arcosh} u) = u$ erhält man

$$I(x) = a^2 \left[\frac{1}{4}\left(2\sqrt{\left(\frac{x}{a}\right)^2 - 1}\ \frac{x}{a}\right) - \frac{1}{2}\operatorname{Arcosh}\left(\frac{x}{a}\right)\right]$$

$$= \frac{x}{2}\sqrt{x^2 - a^2} - \frac{a^2}{2}\operatorname{Arcosh}\left(\frac{x}{a}\right)$$

Damit wird $A(x) = \frac{a^2}{2}\operatorname{Arcosh}\left(\frac{x}{a}\right)$. ■

Die Umkehrfunktionen der Hyperbelfunktionen beschreiben also die Fläche eines Hyperbelsektors. *Deshalb* heißen sie Area-Funktionen. Siehe auch Bild **3**.59.

Beispiel 15. Man berechne

$$I(x) = \int \sqrt{x^2 + px + q}\,\mathrm{d}x$$

Zunächst ist im Radikanden die quadratische Ergänzung zu bilden

$$x^2 + px + q = \left(x + \frac{p}{2}\right)^2 + \left(q - \frac{p^2}{4}\right)$$

1. Substitution $\quad z = x + \frac{p}{2} = \frac{2x+p}{2} \qquad \mathrm{d}z = \mathrm{d}x$

$$a^2 = q - \frac{p^2}{4} = \frac{4q - p^2}{4}$$

Für $a^2 = 0$ ist das Integral mit $u = x + p/2$ unmittelbar zu lösen. Für $q - p^2/4 < 0$ wird Gl. (6.43) und für $a^2 > 0$ Gl. (6.42) benutzt. Hier wird nur der letzte Fall behandelt.

2. Substitution $\quad z = a \sinh u \qquad u = \operatorname{Arsinh}\left(\frac{z}{a}\right)$

$$\mathrm{d}z = a \cosh u\,\mathrm{d}u \qquad \sqrt{z^2 + a^2} = a \cosh u$$

$$\int \sqrt{x^2 + px + q}\,\mathrm{d}x = \int \sqrt{z^2 + a^2}\,\mathrm{d}z = a^2 \int \cosh^2 u\,\mathrm{d}u = a^2\left[\frac{u}{2} + \frac{1}{4}\sinh 2u\right]$$

Nun sind die Substitutionen wieder rückgängig zu machen.

$$\frac{a^2}{2}u + \frac{a}{2}\sinh u\; a\cosh u = \frac{a^2}{2}\operatorname{Arsinh}\left(\frac{z}{a}\right) + \frac{z}{2}\sqrt{z^2 + a^2}$$

$$I(x) = \frac{4q - p^2}{8}\operatorname{Arsinh}\left(\frac{2x+p}{\sqrt{4q - p^2}}\right) + \frac{2x+p}{4}\sqrt{x^2 + px + q}$$

In Formelsammlungen wird meist noch der Arsinh in den ln umgewandelt. Nach Gl. (3.133) ist

$$\operatorname{Arsinh}\left(\frac{z}{a}\right) = \ln\left[\frac{z}{a} + \sqrt{\left(\frac{z}{a}\right)^2 + 1}\right]$$

$$= \ln\left[\frac{z + \sqrt{z^2 + a^2}}{a}\right] = \ln\left[\frac{\frac{2x+p}{2} + \sqrt{x^2 + px + q}}{a}\right]$$

$$= \ln[2x + p + 2\sqrt{x^2 + px + q}] - \ln 2a$$

Der letzte Summand wird als Integrationskonstante weggelassen. ■

6.3.3 Partialbruchzerlegung

Mit diesem Verfahren können echt gebrochene rationale Funktionen integriert werden. Außerdem werden Partialbrüche bei der in Abschn. 13 behandelten Laplace-Transformation benötigt. Liegt eine unecht gebrochene Funktion vor, ist sie zunächst durch Dividieren in die Summe einer ganzen und einer echt gebrochenen Funktion zu zerlegen. Beide Summanden werden dann einzeln integriert. Ferner empfiehlt es sich, bei der echt gebrochenen Funktion den Koeffizienten der höchsten Nennerpotenz vor das Integral zu ziehen, so daß der Nenner in der Normalform vorliegt. Es ist also das folgende Integral zu lösen

$$\int [f(x)/g(x)]\,\mathrm{d}x = \int \left[\sum_{i=0}^{m} a_i x^i \Big/ \sum_{i=0}^{n} b_i x^i\right] \mathrm{d}x \quad \text{mit} \quad m < n \wedge b_n = 1$$

Der Integrand wird in eine Summe von Partialbrüchen zerlegt, die einzeln integriert werden. Dazu sind folgende Rechenschritte erforderlich:

1. **Nullstellen des Nenners bestimmen**. Dies wird als bekannt vorausgesetzt (s. Abschn. 3.1 und 5.3). Nach Gl. (3.18) kann der Nenner in Linearfaktoren zerlegt werden. Mit den Nullstellen x_i und $b_n = 1$ ist

$$g(x) = \sum_{i=0}^{n} b_i x^i = \prod_{i=0}^{n} (x - x_i)$$

2. **Koeffizienten der Partialbrüche berechnen**. Dies wird anschließend gezeigt. Es sind n Koeffizienten zu berechnen.

3. **Partialbrüche integrieren**. Dies ist der einfachste Schritt, weil es hierfür allgemeingültige Formeln gibt.

Je nach Art der Nullstellen treten verschiedene Arten von Partialbrüchen auf. Es gibt

3.1. Verschiedene reelle Nullstellen x_i

Partialbrüche $\sum_{i=1}^{k} \frac{c_i}{x - x_i}$

Das Integral eines Bruches ist nach Gl. (6.31)

$$\int \frac{c_i}{x - x_i}\,\mathrm{d}x = c_i \ln|x - x_i| \tag{6.44}$$

3.2. Mehrfache zusammenfallende reelle Nullstellen x_1 (k-fache Nullstelle)

Partialbrüche $\sum_{i=1}^{k} \frac{d_i}{(x-x_1)^i}$

Das Integral eines Bruches beträgt nach Gl. (6.30) bei $i \neq 1$

$$\int \frac{d_i}{(x-x_1)^i}\,\mathrm{d}x = \frac{-d_i}{(i-1)(x-x_1)^{i-1}} \tag{6.45}$$

Bei $i=1$ ist Gl. (6.44) anzuwenden.

3.3. Verschiedene komplexe Nullstellen. Es wird nur bis zur jeweiligen quadratischen Gleichung zerlegt, die zwei komplexe Lösungen hat.

Partialbrüche $\sum_{i=1}^{k} \frac{a_i x + b_i}{x^2 + p_i x + q_i}$

Wie in Beispiel 12 gezeigt wurde, beträgt das Integral eines Bruches

$$\int \frac{a_i x + b_i}{x^2 + p_i x + q_i}\,\mathrm{d}x = \frac{a_i}{2} \ln |x^2 + p_i x + q_i| + \frac{2b_i - a_i p_i}{\sqrt{4q_i - p_i^2}} \operatorname{Arctan} \frac{2x + p_i}{\sqrt{4q_i - p_i^2}} \tag{6.46}$$

In der Wurzel gilt stets $4q_i > p_i^2$, weil der Nenner des Integranden laut Voraussetzung komplexe Nullstellen hat.

3.4. Mehrfache zusammenfallende komplexe Nullstellen. Für diesen seltenen Fall wird auf eine Formelsammlung verwiesen.

Beispiel 16. Die folgenden Funktionen sind in Partialbrüche zu zerlegen.

a) $y = \frac{6x^2 - 26x + 8}{x^3 - 3x^2 - x + 3}$

Es ist $x^3 - 3x^2 - x + 3 = (x-1)(x+1)(x-3)$. Daher lautet der Ansatz

$$\frac{6x^2 - 26x + 8}{(x-1)(x+1)(x-3)} = \frac{c_1}{x-1} + \frac{c_2}{x+1} + \frac{c_3}{x-3}$$

b) $y = \frac{x^2}{x^3 - 4x^2 - 3x + 18}$

Es ist $x^3 - 4x^2 - 3x + 18 = (x+2)(x-3)^2$. Daher lautet der Ansatz

$$\frac{x^2}{x^3 - 4x^2 - 3x + 18} = \frac{c_1}{x+2} + \frac{d_1}{x-3} + \frac{d_2}{(x-3)^2}$$

c) $y = \frac{7x^2 - 19x + 30}{x^3 - 6x^2 + 10x}$

Es ist $x^3 - 6x^2 + 10x = x(x^2 - 6x + 10)$, der quadratische Term ist nicht mehr in reelle Linearfaktoren zerlegbar. Daher lautet der Ansatz

$$\frac{7x^2 - 19x + 30}{x(x^2 - 6x + 10)} = \frac{c_1}{x} + \frac{a_1 x + b_1}{x^2 - 6x + 10}$$ ■

Bestimmen der Koeffizienten der Partialbrüche. Die Partialbrüche werden addiert. Diese Summe muß gleich $f(x)$ sein. Da die Koeffizienten nur im Zähler vorkommen, werden die folgenden Rechnungen nur mit den Zählern beider Gleichungsseiten durchgeführt. Es gibt zwei Methoden:

1. Einsetzen von beliebigen x-Werten in beide Zähler. Dies empfiehlt sich bei reellen Nullstellen. Die x-Werte können dann so gewählt werden, daß jeweils eine Gleichung mit nur einem unbekannten Koeffizienten entsteht.

2. Der Koeffizientenvergleich. Dieser empfiehlt sich bei komplexen Nullstellen und ist bei der Laplace-Transformation das übliche Verfahren. Dieses Verfahren beruht auf dem folgenden Satz, der hier nicht bewiesen wird.

Satz. Zwei Polynome stimmen dann und nur dann für alle Werte von x überein, wenn die Koeffizienten entsprechender Potenzen gleich sind.

$$\sum_{i=0}^{n} a_i x^i = \sum_{i=0}^{n} b_i x^i \Leftrightarrow a_i = b_i \quad \text{für alle} \quad i \tag{6.47}$$

In der vorstehenden Äquivalenz ist der Schluß von der rechten zur linken Seite trivial. Entscheidend ist die umgekehrte Schlußfolgerung. Sie kommt in der wörtlichen Formulierung durch die Worte *nur dann* zum Ausdruck.

Zum Koeffizientenvergleich muß zunächst der Zähler der Summe der Partialbrüche ausmultipliziert werden. Dann wird diese Summe nach Potenzen geordnet und die entsprechenden Koeffizienten beider Seiten der Gleichung werden gleichgesetzt. Im allgemeinen entsteht ein lineares Gleichungssystem für die n unbekannten Koeffizienten (n ist der Grad des Nennerpolynoms).

Beispiel 17. In den Partialbrüchen von Beispiel 16 sind die Koeffizienten zu bestimmen, anschließend ist zu integrieren.

a) Der Zählervergleich der addierten Partialbrüche liefert

$$c_1(x+1)(x-3) + c_2(x-1)(x-3) + c_3(x-1)(x+1) = 6x^2 - 26x + 8$$

Durch Einsetzen von x-Werten erhält man für

$$\begin{array}{lll} x = 1 & -4c_1 = -12 & c_1 = 3 \\ x = -1 & 8c_2 = 40 & c_2 = 5 \\ x = 3 & 8c_3 = -16 & c_3 = -2 \end{array}$$

Als x-Werte wählt man also zweckmäßigerweise die Nullstellen x_i, dadurch werden die Summanden bis auf einen zu Null.

In dieser einfachen Form lassen sich die Koeffizienten aber nur bei verschiedenen reellen Nullstellen bestimmen.

Für einen Koeffizientenvergleich muß die linke Seite der vorstehenden Gleichung ausmultipliziert und nach Potenzen geordnet werden. Man erhält

$$(c_1 + c_2 + c_3)x^2 + (-2c_1 - 4c_2)x + (-3c_1 + 3c_2 - c_3) = 6x^2 - 26x + 8$$

Der Koeffizientenvergleich liefert das lineare Gleichungssystem

$$\begin{aligned} c_1 + c_2 + c_3 &= 6 \\ -2c_1 - 4c_2 &= -26 \\ -3c_1 + 3c_2 - c_3 &= 8 \end{aligned}$$

mit den gleichen Lösungen wie oben.
Nun kann integriert werden. Mit Gl. (6.44) erhält man

$$\begin{aligned} I(x) &= \int \frac{6x^2 - 26x + 8}{x^3 - 3x^2 - x + 3}\,\mathrm{d}x = 3\int \frac{\mathrm{d}x}{x-1} + 5\int \frac{\mathrm{d}x}{x+1} - 2\int \frac{\mathrm{d}x}{x-3} \\ &= 3\ln|x-1| + 5\ln|x+1| - 2\ln|x-3| = \ln\left|\frac{(x-1)^3(x+1)^5}{(x-3)^2}\right| \end{aligned}$$

b) Der Zählervergleich der addierten Partialbrüche liefert

$$c_1(x-3)^2 + d_1(x-3)(x+2) + d_2(x+2) = x^2$$

Durch Einsetzen von x-Werten erhält man für

$x=-2$	$25c_1 = 4$	$c_1 = 4/25$
$x=3$	$5d_2 = 9$	$d_2 = 45/25$
$x=0$	$9c_1 - 6d_1 + 2d_2 = 0$	$d_1 = 21/25$

Bei einem Koeffizientenvergleich ergibt sich aus

$$(c_1 + d_1)x^2 + (-6c_1 - d_1 + d_2)x + (9c_1 - 6d_1 + 2d_2) = x^2$$

$$\begin{aligned} c_1 + d_1 &= 1 \\ -6c_1 - d_1 + d_2 &= 0 \\ 9c_1 - 6d_1 + 2d_2 &= 0 \end{aligned}$$

mit den gleichen Lösungen wie beim Einsetzen.
Für das Integral erhält man mit Gl. (6.44) und (6.45)

$$\begin{aligned} I(x) &= \int \frac{x^2\,\mathrm{d}x}{x^3 - 4x^2 - 3x + 18} = \frac{1}{25}\left[4\int \frac{\mathrm{d}x}{x+2} + 21\int \frac{\mathrm{d}x}{x-3} + 45\int \frac{\mathrm{d}x}{(x-3)^2}\right] \\ &= \frac{1}{25}\left[4\ln|x+2| + 21\ln|x-3| - \frac{45}{x-3}\right] \end{aligned}$$

c) Der Zählervergleich der addierten Partialbrüche liefert

$$c_1(x^2 - 6x + 10) + (a_1 x + b_1)x = 7x^2 - 19x + 30$$

Durch Einsetzen von x-Werten erhält man für

$$\begin{array}{lll} x=\ \ 0 & 10c_1=30 & c_1=3 \quad \text{Mit diesem Wert und} \\ x=\ \ 1 & 15+a_1+b_1=18 & \\ x=-1 & 51+a_1-b_1=56 & \end{array}$$

Die beiden letzten Gleichungen ergeben $a_1=4$ und $b_1=-1$.
Bei einem Koeffizientenvergleich erhält man aus

$$(c_1+a_1)x^2+(b_1-6c_1)x+10c_1 = 7x^2-19x+30$$

$$\begin{aligned} c_1+a_1 &= 7 \\ -6c_1+b_1 &= -19 \\ 10c_1 \quad &= 30 \end{aligned}$$

und damit die gleichen Lösungen wie beim Einsetzen.
Für das Integral ergibt sich mit Gl. (6.44) und (6.46)

$$I(x) = \int \frac{7x^2-19x+30}{x^3-6x^2+10x}\,\mathrm{d}x = 3\int \frac{\mathrm{d}x}{x} + \int \frac{4x-1}{x^2-6x+10}\,\mathrm{d}x$$

$$= 3\ln|x| + 2\ln|x^2-6x+10| + 11\,\mathrm{Arctan}(x-3) \qquad \blacksquare$$

6.3.4 Aufgaben zu Abschnitt 6.3

1. Man löse mit Produktintegration

a) $I(x) = \int \mathrm{Arcsin}\,x\,\mathrm{d}x$

Hinweis: Produktintegration mit Faktor Eins.

b) $I(x) = \int x\,\mathrm{Arctan}\,x\,\mathrm{d}x$

Hinweis: Man differenziere den Arcustangens.

c) $I = \int\limits_0^{\pi/2} x^3 \cos 2x\,\mathrm{d}x$ d) $I = \int\limits_0^{\infty} \mathrm{e}^{-pt}\cos\omega t\,\mathrm{d}t$ e) $I(x) = \int \ln^2 x\,\mathrm{d}x$

2. Man löse mit Substitution

a) $I(x) = \int x\,\mathrm{e}^{-x^2}\mathrm{d}x$ b) $I(x) = \int \sin(\ln x)\,\mathrm{d}x$

c) $I(x) = \int \sin mx \sin nx\,\mathrm{d}x$

Hinweis: $\sin\left(\dfrac{\alpha+\beta}{2}\right)\sin\left(\dfrac{\alpha-\beta}{2}\right) = \dfrac{1}{2}(\cos\beta-\cos\alpha)$

d) $I(x) = \displaystyle\int \frac{\cos x}{1+\sin x}\,\mathrm{d}x$ e) $I(x) = \displaystyle\int \frac{\cos x}{1+\sin^2 x}\,\mathrm{d}x$

f) $I(x) = \displaystyle\int \frac{x^2\,\mathrm{d}x}{\sqrt{1+x^3}}$ g) $I(x) = \int \sqrt{x^2-1}\,\mathrm{d}x$

h) $I(x) = \displaystyle\int \frac{\mathrm{d}x}{\sqrt{x^2-4x+5}}$ i) $I(x) = \displaystyle\int \frac{x^2\,\mathrm{d}x}{\sqrt{x+2-x^2}}$ Hinweis: Man substituiere zunächst $x=u+(1/2)$ und dann $u=(3/2)\sin v$.

3. Man löse mit Partialbruchzerlegung

a) $I(x) = \int \frac{2x-7}{4x^2-x+1}\,\mathrm{d}x$ b) $I(x) = \int \frac{x^4\,\mathrm{d}x}{2(x-1)(x+1)(x-2)}$

c) $I(x) = \int \frac{x^3\,\mathrm{d}x}{(x^2+x+4)(x-1)}$ d) $I(x) = \int \frac{x-2}{(x+2)^3}\,\mathrm{d}x$

4. Man berechne den Flächeninhalt der Ellipse $\frac{x^2}{a^2} + \frac{y^2}{b^2} = 1$.

5. Wie in Abschn. 6.4.2 gezeigt wird, beträgt die Bogenlänge eines Graphen

$$s = \int_a^b \sqrt{1+y'^2}\,\mathrm{d}x$$

Man berechne mit dieser Formel den Umfang eines Viertelkreises mit Radius r im 1. Quadranten.

6. Wie groß ist die Fläche A unter dem Graphen der Funktion

$$y = a\,\mathrm{e}^{-\delta t}\cos(\omega t + \varphi)$$

zwischen den Abszissen

$$t_1 = -\frac{\pi}{2\omega} - \frac{\varphi}{\omega} \quad \text{und} \quad t_2 = +\frac{\pi}{2\omega} - \frac{\varphi}{\omega}\,?$$

7. Die Skelettlinie eines Flugzeugprofils ist die Verbindungslinie der Mittelpunkte der dem Profil einbeschriebenen Kreise (Bild **6.30**). Für die Steigung einer bestimmten Skelettlinie gilt

$$\frac{\mathrm{d}y}{\mathrm{d}x} = \frac{c_a}{4\pi}\left[\ln\left(1 - \frac{x}{t}\right) - \ln\frac{x}{t}\right]$$

Dabei ist t die Profiltiefe und c_a der Auftriebsbeiwert. Weiter gilt $y(0) = y(t) = 0$. Man bestimme die Gleichung der Skelettlinie und $f = y_{\max}$.

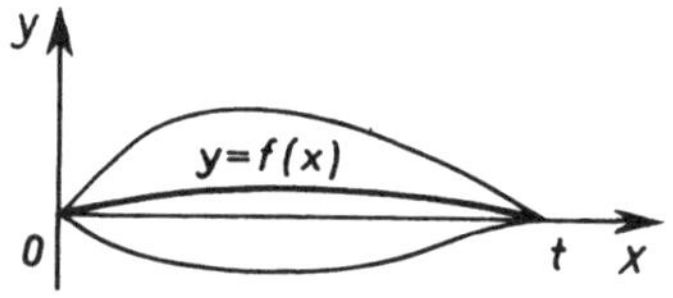

6.30

8. Das mittlere magnetische Moment eines paramagnetischen Stoffes ergibt sich nach Langevin als

$$\overline{\sigma} = \frac{2c}{K}\int_0^\pi \mathrm{e}^{a\cos x}\cos x \sin x\,\mathrm{d}x \quad \text{mit} \quad K = \int_0^\pi \mathrm{e}^{a\cos x}\sin x\,\mathrm{d}x$$

Hinweis: Man setze jeweils $u = a\cos x$ und benutze Hyperbelfunktionen.

6.4 Anwendungen

6.4.1 Volumen. Momente

Bei den folgenden Anwendungen handelt es sich streng genommen bereits um die Berechnung von Mehrfachintegralen, die in Abschn. 9.3 behandelt wird. Diese Integrale können auf einfache Integrale zurückgeführt werden, wenn eine spezielle Voraussetzung über die Form der betrachteten Körper getroffen wird: Die im folgenden behandelten Körper sind rotationssymmetrisch. Sie entstehen also durch Rotation eines Graphenstücks um die Abszissen- oder Ordinatenachse. Alle auf einer Drehbank hergestellten Werkstücke weisen diese Symmetrie auf.

Die Variablen x und y haben im folgenden die Bedeutung von Strecken. Ferner wird vorausgesetzt, daß die Maßstäbe auf beiden Koordinatenachsen gleich sind.

Volumen. In Abschn. 6.1 wurde die Berechnung einer Fläche durch Summation von Flächenelementen gezeigt. Entsprechend gilt für das Volumen

$$V = \lim_{\substack{\Delta V_i \to 0 \\ n \to \infty}} \sum_{i=1}^{n} \Delta V_i \tag{6.48}$$

Der Grenzübergang zum bestimmten Integral wird nun nicht mehr ausführlich erläutert.

Rotiert ein Graphenstück um eine der beiden Koordinatenachsen, so entstehen aus den rechteckigen Flächenelementen je nach Zerlegung in waagerechte oder senkrechte Streifen Scheiben oder Hohlzylinder. Ihr Volumen beträgt

Scheibe $V = \pi r^2 h$ Hohlzylinder $V = 2\pi r_m h s$

mit Radius r, Höhe h, mittlerem Radius r_m und Wandstärke s.

Bei einer Zerlegung in senkrechte Streifen (Bild **6.**31a) entstehen bei einer Rotation um die x-Achse Scheiben mit $\Delta V_{ix} = \pi f^2(x_i)\, \Delta x_i$. Daraus wird mit Gl. (6.48)

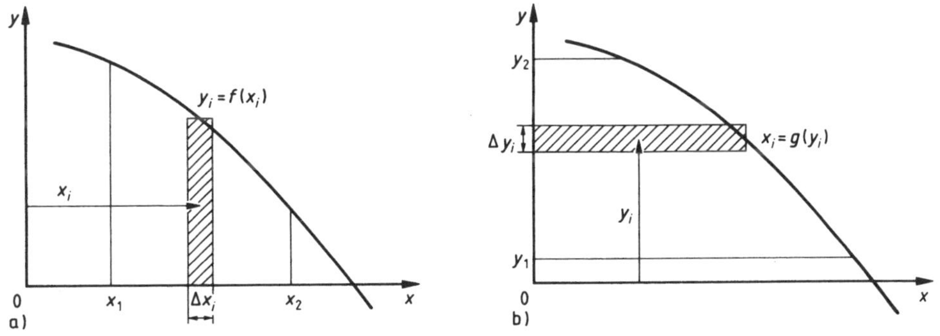

6.31

$$V_x = \pi \int_{x_1}^{x_2} f^2(x)\,dx \tag{6.49}$$

Bei einer Rotation um die y-Achse entstehen Hohlzylinder mit $\Delta V_{iy} = 2\pi x_i f(x_i)\,\Delta x_i$ und daraus

$$V_y = 2\pi \int_{x_1}^{x_2} x f(x)\,dx \tag{6.50}$$

Bei einer Zerlegung in waagerechte Streifen (Bild **6**.31 b) entstehen bei einer Rotation um die x-Achse Hohlzylinder mit $\Delta V_{ix} = 2\pi\, y_i g(y_i)\,\Delta y_i$. Daraus wird mit Gl. (6.48)

$$V_x = 2\pi \int_{y_1}^{y_2} y g(y)\,dy \tag{6.51}$$

Bei einer Rotation um die y-Achse erhält man Scheiben mit $\Delta V_{iy} = \pi g^2(y_i)\,\Delta y_i$ und daraus

$$V_y = \pi \int_{y_1}^{y_2} g^2(y)\,dy \tag{6.52}$$

Für jede Achse stehen also zwei Formeln zur Verfügung. Zur Berechnung des Volumens aus einer Fläche zwischen zwei Graphen gilt unter den bei Gl. (6.7) genannten Voraussetzungen bei Verwendung der Gl. (6.50) oder (6.51)

$$f(x) = f_2(x) - f_1(x) \quad \text{oder} \quad g(y) = g_2(y) - g_1(y)$$

und bei Verwendung von Gl. (6.49) oder (6.52)

$$f^2(x) = f_2^2(x) - f_1^2(x) \quad \text{oder} \quad g^2(y) = g_2^2(y) - g_1^2(y)$$

Beispiel 1. Man berechne das Volumen V_y eines Kegels (Bild **6**.32) durch Zerlegung in Hohlzylinder und in Scheiben.

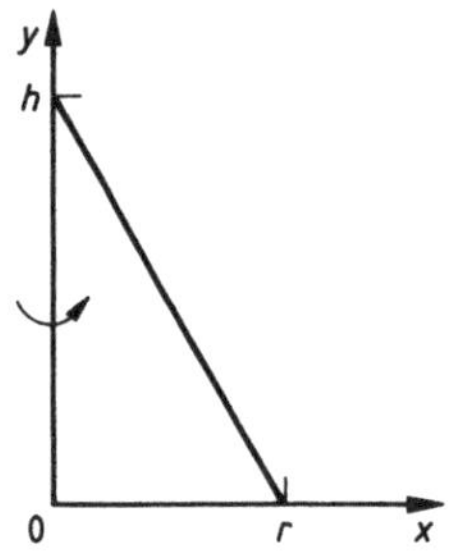

6.32

Aus der Achsenabschnittsform $x/r+y/h=1$ erhält man

$$y=f(x)=h-\frac{h}{r}x \quad \text{und} \quad x=g(y)=r-\frac{r}{h}y$$

Zerlegung in Hohlzylinder. Nach Gl. (6.50) erhält man

$$V_y=2\pi\int_0^r\left(xh-\frac{h}{r}x^2\right)\mathrm{d}x=2\pi\left[h\frac{x^2}{2}-\frac{h}{r}\frac{x^3}{3}\right]\Bigg|_0^r=\frac{\pi}{3}hr^2$$

Zerlegung in Scheiben. Nach Gl. (6.52) ergibt sich

$$V_y=\pi\int_0^h\left(r-\frac{r}{h}y\right)^2\mathrm{d}y$$

$$=\pi\left[r^2y-\frac{r^2}{h}y^2+\frac{r^2}{h^2}\frac{y^3}{3}\right]\Bigg|_0^h=\frac{\pi}{3}hr^2$$

■

Beispiel 2. Man berechne das Gewicht des in Bild **6.**33 dargestellten Halbrundniets. Es ist $d=16$ mm, $D=28$ mm, $k=11.5$ mm, $l=80$ mm und die Wichte $\gamma=77.0\ \mathrm{N/dm^3}$. Das Gewicht ist $G=\gamma V_x$. Wie man aus Bild **6.**33 erkennt, muß stückweise integriert werden. Der erste Graph ist ein Kreis mit $f_1(x)=\sqrt{2Rx-x^2}$, der zweite eine Parallele zur Abszisse mit $f_2(x)=d/2$. Beim Kreis muß zunächst der Radius R berechnet werden. Nach Pythagoras gilt $(R-k)^2+(D/2)^2=R^2$. Man löst nach R auf und erhält

$$R=\frac{D^2}{8k}+\frac{k}{2}=\frac{(28\ \mathrm{mm})^2}{8\cdot 11.5\ \mathrm{mm}}+\frac{11.5}{2}\ \mathrm{mm}=14.27\ \mathrm{mm}$$

Für V_x empfiehlt sich hier Gl. (6.49), weil beim Quadrieren der Kreisgleichung die Quadratwurzel verschwindet. Man erhält

$$G=\gamma\pi\left[\int_0^k(2Rx-x^2)\,\mathrm{d}x+\int_k^{k+l}\left(\frac{d}{2}\right)^2\mathrm{d}x\right]$$

$$=\gamma\pi\left[2R\frac{k^2}{2}-\frac{k^3}{3}+\frac{d^2}{4}l\right]=1.572\ \mathrm{N}$$

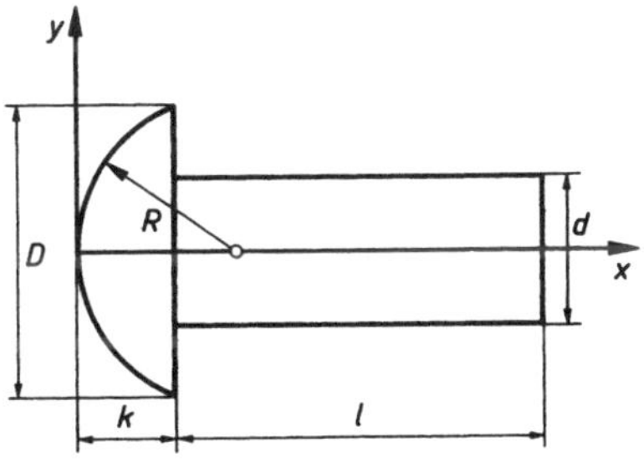

6.33

■

Beispiel 3. Man berechne das Volumen eines Kreisringkörpers (Torus). Dieser Körper entsteht durch eine Rotation des in Bild **6.**34 dargestellten Kreises um die x-Achse.

Weil in der Kreisgleichung eine Quadratwurzel auftritt, ist es zweckmäßig, Gl. (6.49) zu benutzen. Es ist

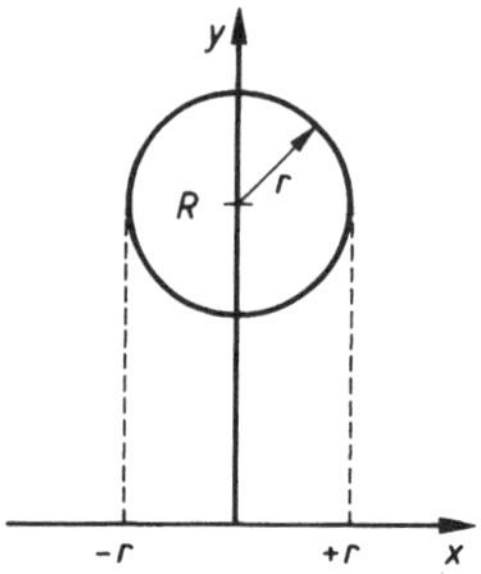

6.34

$$f_2(x) = R + \sqrt{r^2 - x^2} \qquad f_1(x) = R - \sqrt{r^2 - x^2}$$

$$f^2(x) = f_2^2(x) - f_1^2(x) = 4R\sqrt{r^2 - x^2}$$

$$V_x = 4R\pi \int_{-r}^{+r} \sqrt{r^2 - x^2}\, dx = 4R\pi \left(r^2 \frac{\pi}{2}\right) = 2Rr^2\pi^2$$

Das Integral wurde bereits in Beispiel 13, Abschn. 6.3 gelöst. Sein Wert entspricht der Fläche eines Halbkreises. ■

Moment

Definition. *Das bestimmte Integral*

$$\int_{x_1}^{x_2} x^n f(x)\, dx$$

heißt das auf die y-Achse bezogene Moment n-ten Grades *der zwischen der Kurve $y = f(x)$, der x-Achse und den Abszissen x_1 und x_2 gelegenen Fläche. Mit der Umkehrfunktion $x = g(y)$ gilt eine gleichartige Formel für das* Moment n-ten Grades *bezüglich der x-Achse.*

$$\int_{y_1}^{y_2} y^n g(y)\, dy$$

Momente dieser Art werden in der Mechanik benutzt, nämlich das Moment ersten Grades bei der Bestimmung von Schwerpunkten, das Moment zweiten Grades bei der Berechnung von Querschnittsgrößen des Biegebalkens (Flächenträgheitsmoment) und bei Drehbewegungen (Massenträgheitsmoment).

Flächenschwerpunkt. Ausgehend vom Begriff Drehmoment gleich Kraft mal Abstand der Kraftwirkungslinie von der Drehachse definiert man in der Festigkeitslehre als statisches Moment einer Fläche das Produkt Fläche mal Abstand des Flächenschwerpunkts (Angriffspunkt der Schwerkraft an einer dünnen homogenen Scheibe konstanter Dicke) von der Bezugsachse.

Definition. *Die* Koordinaten x_S, y_S des Schwerpunktes *S der Fläche A ergeben sich aus der Forderung, daß die beiden statischen Momente $x_S A$ und $y_S A$ gleich der Summe der statischen Momente der Flächenelemente der senkrechten bzw. waagerechten Streifen sind.*

Das statische Moment eines senkrechten Streifens mit $\Delta A_i = f(x_i)\,\Delta x_i$ (Bild **6.**35a)

in bezug auf die y-Achse beträgt $\Delta M_{yi} = x_i f(x_i)\,\Delta x_i$

und das statische Moment eines waagerechten Streifens mit $\Delta A_i = g(y_i)\,\Delta y_i$ (Bild **6.**35b)

in bezug auf die x-Achse beträgt $\Delta M_{xi} = y_i g(y_i)\,\Delta y_i$

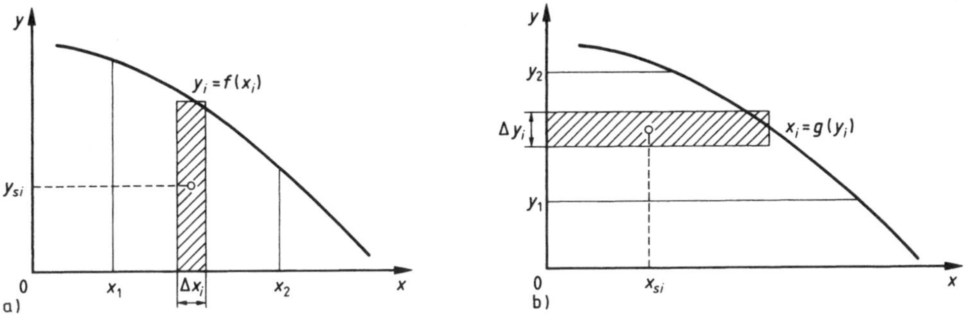

6.35

Damit ist

$$x_S A = \lim_{\substack{\Delta x_i \to 0 \\ n \to \infty}} \sum_{i=1}^{n} x_i f(x_i)\,\Delta x_i \qquad y_S A = \lim_{\substack{\Delta x_i \to 0 \\ n \to \infty}} \sum_{i=1}^{n} y_i g(y_i)\,\Delta y_i$$

und man erhält nach dem Grenzübergang für die Koordinaten des Flächenschwerpunkts

$$\boxed{x_S A = \int_{x_1}^{x_2} x f(x)\,\mathrm{d}x \qquad y_S A = \int_{y_1}^{y_2} y g(y)\,\mathrm{d}y} \tag{6.53}$$

Die in dieser Gleichung auftretenden Flächenstreifen liegen parallel zur jeweiligen Bezugsachse. Deshalb ist es nicht notwendig, daß sie vom Graphen bis an die andere Achse reichen. Gl. (6.53) kann deshalb unter den bei Gl. (6.7) genannten Voraussetzungen mit $f(x) = f_2(x) - f_1(x)$ und $g(y) = g_2(y) - g_1(y)$ unmittelbar zur Berechnung des Schwerpunkts einer Fläche zwischen zwei Graphen benutzt werden.

Nun werden zwei weitere Formeln für die Schwerpunktkoordinaten hergeleitet. Betrachtet man die Schwerpunktkoordinaten eines Flächenstreifens, so ist es plausibel, daß bei den senkrechten Streifen $y_{Si} = \frac{1}{2} f(x_i)$ ist (Bild **6.**35). Damit wird das Moment eines senkrechten Streifens

in bezug auf die x-Achse $\Delta M_{xi} = \frac{1}{2} f(x_i) f(x_i)\,\Delta x_i$

Dementsprechend ist die Schwerpunktkoordinate eines waagerechten Streifens $x_{Si} = \frac{1}{2} g(y_i)$ und sein Moment

in bezug auf die y-Achse $\Delta M_{yi} = \frac{1}{2} g(y_i)\, g(y_i)\,\Delta y_i$

Damit erhält man nach der Summation und dem Grenzübergang für die Koordinaten des Flächenschwerpunkts

$$x_S A = \frac{1}{2} \int_{y_1}^{y_2} g^2(y)\,\mathrm{d}y \qquad y_S A = \frac{1}{2} \int_{x_1}^{x_2} f^2(x)\,\mathrm{d}x \tag{6.54}$$

In diesem Fall stehen die Flächenstreifen senkrecht auf der Bezugsachse und reichen an diese heran. Für den Schwerpunkt einer Fläche zwischen zwei Graphen gilt unter den bei Gl. (6.7) genannten Voraussetzungen

$$x_S A = \frac{1}{2} \int_{y_1}^{y_2} [g_2^2(y) - g_1^2(y)]\,\mathrm{d}y \qquad y_S A = \frac{1}{2} \int_{x_1}^{x_2} [f_2^2(x) - f_1^2(x)]\,\mathrm{d}x \tag{6.55}$$

Beweis für die rechte Gl. (6.55). Das statische Moment eines senkrechten Streifens in bezug auf die x-Achse beträgt $\Delta M_{xi} = y_{Si}\,\Delta A_i$. Aus Bild **6.36** ist ersichtlich, daß

$$y_{Si} = \frac{1}{2}[f_2(x_i) + f_1(x_i)] \quad \text{und} \quad \Delta A_i = [f_2(x_i) - f_1(x_i)]\,\Delta x_i$$

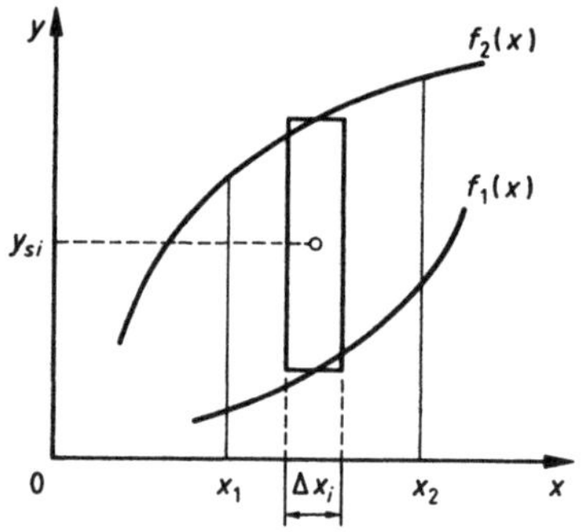

6.36

beträgt. Damit wird

$$\Delta M_{xi} = \frac{1}{2}[f_2(x_i) + f_1(x_i)][f_2(x_i) - f_1(x_i)]\,\Delta x_i$$
$$= \frac{1}{2}[f_2^2(x_i) - f_1^2(x_i)]\,\Delta x_i$$

Summation und Grenzübergang zum Integral ergeben die rechte Gl. (6.55). □

Wenn die Voraussetzungen der Gl. (6.7) nicht erfüllt sind, muß der Teilschwerpunktsatz angewendet werden. Er ergibt sich unmittelbar aus der Definition des statischen Moments, wenn statt der Flächenelemente endliche Teilflächen A_i gesetzt werden und lautet

$$x_S A = \sum_{i=1}^{n} x_{Si} A_i \qquad y_S A = \sum_{i=1}^{n} y_{Si} A_i \tag{6.56}$$

Beispiel 4. Man berechne die Schwerpunktkoordinaten des in Bild **6**.37 gezeigten Dreiecks.

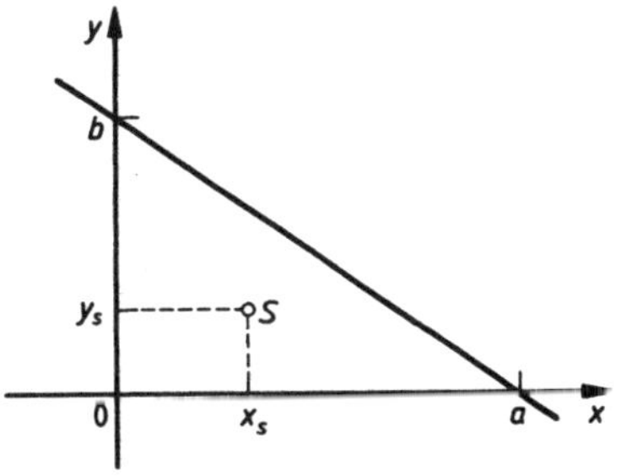

6.37

Die Fläche beträgt $A = ab/2$. Aus der Achsenabschnittsform der Geradengleichung erhält man

$$f(x) = b - \frac{b}{a}x \qquad g(y) = a - \frac{a}{b}y$$

Damit wird nach Gl. (6.53)

$$x_S = \frac{2}{ab}\int_0^a \left(bx - \frac{b}{a}x^2\right) \mathrm{d}x = \frac{2}{ab}\left[b\frac{x^2}{2} - \frac{b}{a}\frac{x^3}{3}\right]\Bigg|_0^a = \frac{2}{ab}\frac{a^2 b}{6} = \frac{a}{3}$$

$$y_S = \frac{2}{ab}\int_0^b \left(ay - \frac{a}{b}y^2\right) \mathrm{d}y = \frac{2}{ab}\left[a\frac{y^2}{2} - \frac{a}{b}\frac{y^3}{3}\right]\Bigg|_0^b = \frac{2}{ab}\frac{ab^2}{6} = \frac{b}{3}$$ ■

Beispiel 5. Wo liegt der Schwerpunkt der in Bild **6**.38 schraffierten Fläche zwischen den Graphen der Funktionen

$$f_1(x) = \frac{0.5}{\text{cm}}x^2 - 3.5x + 5 \text{ cm} \qquad f_2(x) = -0.75x + 3 \text{ cm?}$$

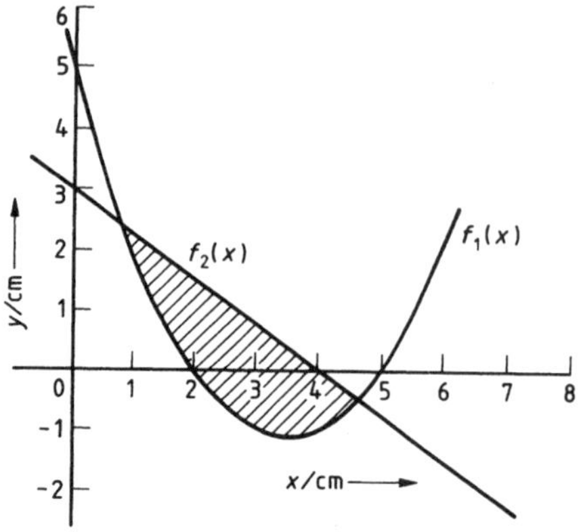

6.38

In Beispiel 3, Abschn. 6.1 wurden die Schnittpunktkoordinaten $x_1 = 0.8625$ cm und $x_2 = 4.6375$ cm sowie die Fläche $A = 4.4827\ \text{cm}^2$ berechnet. Nach Gl. (6.53) erhält man mit $f(x) = f_2(x) - f_1(x) = -\dfrac{0.5}{\text{cm}}x^2 + 2.75x - 2\ \text{cm}$

$$x_S = \frac{1}{4.4827\ \text{cm}^2} \int\limits_{0.8625\ \text{cm}}^{4.6375\ \text{cm}} \left[-\frac{0.5}{\text{cm}}x^3 + 2.75x^2 - 2\ \text{cm}\,x\right] \text{d}x$$

$$= \frac{1}{4.4827\ \text{cm}^2}\left[-\frac{0.5}{\text{cm}}\frac{x^4}{4} + 2.75\frac{x^3}{3} - 2\ \text{cm}\frac{x^2}{2}\right]\Bigg|_{0.8625\ \text{cm}}^{4.6375\ \text{cm}} = \frac{12.3275\ \text{cm}^3}{4.4827\ \text{cm}^2} = 2.750\ \text{cm}$$

Zur Berechnung von y_S wird die rechte Gl. (6.55) benutzt.

$$f_2^2(x) = 0.5625x^2 - 4.5\ \text{cm}\,x + 9\ \text{cm}^2$$

$$f_1^2(x) = \frac{0.25}{\text{cm}^2}x^4 - \frac{3.5}{\text{cm}}x^3 + 17.25x^2 - 35\ \text{cm}\,x + 25\ \text{cm}^2$$

$$y_S = \frac{1}{8.9654\ \text{cm}^2} \int\limits_{0.8625\ \text{cm}}^{4.6375\ \text{cm}} \left[-\frac{0.25}{\text{cm}^2}x^4 + \frac{3.5}{\text{cm}}x^3 - 16.6875x^2 + 30.5\ \text{cm}\,x - 16\ \text{cm}^2\right] \text{d}x$$

$$= \frac{1}{8.9654\ \text{cm}^2}\left[-\frac{0.25}{\text{cm}^2}\frac{x^5}{5} + \frac{3.5}{\text{cm}}\frac{x^4}{4} - 16.6875\frac{x^3}{3} - 30.5\ \text{cm}\frac{x}{2} - 16\ \text{cm}^2 x\right]\Bigg|_{0.8625\ \text{cm}}^{4.6375\ \text{cm}}$$

$$= \frac{2.0172\ \text{cm}^3}{8.9654\ \text{cm}^2} = 0.225\ \text{cm}$$

■

Beispiel 6. Man berechne mit dem Teilschwerpunktsatz den Schwerpunkt des in Bild 6.39 gezeigten Viertelkreisrings. Im folgenden Beispiel wird gezeigt, daß die Schwerpunktkoordinaten eines Viertelkreises $x_S = y_S = 4r/(3\pi)$ betragen.

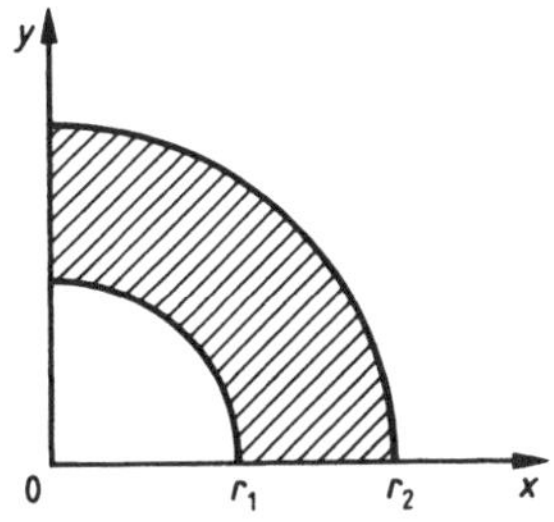

6.39

Nach Gl. (6.56) gilt

$$A_2 x_{2S} = A_1 x_{S1} + A_{ring} x_{ring}$$

$$x_{ring} = \frac{A_2 x_{2S} - A_1 x_{S1}}{A_{ring}} = \frac{\frac{\pi}{4}\left(r_2^2 \frac{4}{3\pi} r_2 - r_1^2 \frac{4}{3\pi} r_1\right)}{\frac{\pi}{4}(r_2^2 - r_1^2)} = \frac{4}{3\pi}\frac{r_2^3 - r_1^3}{r_2^2 - r_1^2}$$

Durch Kürzen von $r_2 - r_1$ erhält man

$$x_{ring} = \frac{4}{3\pi}\frac{r_2^2 + r_2 r_1 + r_1^2}{r_2 + r_1}$$

Im Sonderfall $r_1 = 0$ ergibt sich wieder die im folgenden Beispiel hergeleitete Formel für den Viertelkreis und im Grenzfall $r_1 \to r_2$ die Formel für einen dünnen Ring $x_S = 2r/\pi$. ■

Zwischen den Gl. (6.49) bis (6.52) sowie den Gl. (6.53) und (6.54) besteht ein überraschender Zusammenhang. Bis auf die Faktoren π bzw. 2π enthalten sie die gleichen Integrale. Werden deshalb in den Gl. (6.53) und (6.54) statt der Integrale die Volumen der Gl. (6.49) bis (6.52) eingesetzt, erhält man die Guldinschen Regeln

$$V_x = 2\pi y_S A \qquad V_y = 2\pi x_S A \tag{6.57}$$

Das Volumen eines Rotationskörpers erhält man aus dem Produkt der erzeugenden Fläche mal dem Weg ihres Schwerpunkts bei der Drehung um die Rotationsachse.

Diese Beziehungen können dazu benutzt werden, Schwerpunktkoordinaten aus den mit Hilfe der Formeln der elementaren Geometrie erhaltenen Flächen und Volumen zu berechnen.

Beispiel 7. Der Schwerpunkt eines Viertelkreisquerschnitts ist mit der Guldin-Regel zu bestimmen.

$$y_S = \frac{V_x}{2\pi A} = \frac{\frac{2\pi r^3}{3}}{2\pi \cdot \frac{\pi}{4} r^2} = \frac{4r}{3\pi}$$

Aus Symmetriegründen ist $x_S = y_S$. ■

Flächenmomente werden ebenfalls in der Festigkeitslehre benötigt.

Definition. $I_y = \lim\limits_{\substack{\Delta A_i \to 0 \\ n \to \infty}} \sum\limits_{i=1}^{n} x_i^2 \Delta A_i$ *heißt das* axiale Flächenmoment in bezug auf die y-Achse.

$I_x = \lim\limits_{\substack{\Delta A_i \to 0 \\ n \to \infty}} \sum\limits_{i=1}^{n} y_i^2 \Delta A_i$ *heißt das* axiale Flächenmoment in bezug auf die x-Achse.[1]

Wählt man zunächst wieder eine Zerlegung, bei der die Flächenelemente parallel zur jeweiligen Bezugsachse liegen (Bild **6**.35), so wird mit $\Delta A_{iy} = f(x_i)\Delta x_i$ und $\Delta A_{ix} = g(y_i)\Delta y_i$

$$I_y = \int_{x_1}^{x_2} x^2 f(x)\,\mathrm{d}x \qquad I_x = \int_{y_1}^{y_2} y^2 g(y)\,\mathrm{d}y \tag{6.58}$$

Beispiel 8. Wie lautet das Flächenmoment I_y des in Bild **6**.40 gezeigten Rechtecks?

Mit $f(x) = h$ und der linken Gl. (6.58) ist

$$I_y = h \int_0^b x^2\,\mathrm{d}x = h\,\frac{b^3}{3}$$

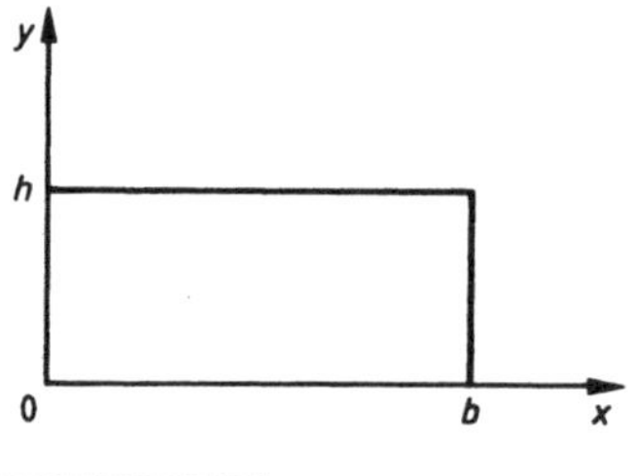

6.40 ■

[1]) In der Festigkeitslehre wird oft die Abszisse mit y und die Ordinate mit z bezeichnet, weil x die Längsachse der Körper (z. B. Balken) ist, von denen hier Querschnittsflächen betrachtet werden.

Aus diesem Beispiel ergeben sich zwei weitere Formeln, wenn eine Zerlegung in Streifen senkrecht zur jeweiligen Bezugsachse gewählt wird. Diese Streifen müssen bis an die Bezugsachse heranreichen. Für die waagerechten Streifen ist $\Delta I_{iy} = \frac{g^3(y_i)}{3}\Delta y_i$ und für die senkrechten $\Delta I_{ix} = \frac{f^3(x_i)}{3}\Delta x_i$.

Das jeweilige Gesamtmoment ergibt sich durch Summation der Elemente zu

$$I_y = \frac{1}{3}\int_{y_1}^{y_2} g^3(y)\,\mathrm{d}y \qquad I_x = \frac{1}{3}\int_{x_1}^{x_2} f^3(x)\,\mathrm{d}x \tag{6.59}$$

Gl. (6.58) und (6.59) haben formal Ähnlichkeit mit denen des im folgenden behandelten Massenträgheitsmomentes. Deshalb wird auf die dort gezeigten Beispiele verwiesen.

Massenträgheitsmomente. Die Energie einer punktförmigen Masse, die sich in einer gleichförmigen geradlinigen Bewegung befindet, ist $W = mv^2/2$. Bei einer Drehbewegung mit der Winkelgeschwindigkeit ω, wobei der Massenpunkt den Abstand r von der Drehachse hat, gilt $v = r\omega$, also $W = (m/2)(r\omega)^2$. Bei einem starren Körper gilt diese Beziehung für jedes Massenteilchen, außerdem ist die Winkelgeschwindigkeit ω für alle Teilchen gleich. Daher ist die Gesamtenergie bei der Drehbewegung

$$W = \frac{\omega^2}{2}\lim_{n\to\infty}\sum_{i=1}^{n} r_i^2\,\Delta m_i \tag{6.60}$$

Definition. *Der Grenzwert der Summe in* Gl. (6.60) *heißt das* Massenträgheitsmoment

$$J = \lim_{n\to\infty}\sum_{i=1}^{n} r_i^2\,\Delta m_i \tag{6.61}$$

Bei homogenen Körpern (konstante Dichte) gilt

$$J = \varrho\lim_{n\to\infty}\sum_{i=1}^{n} r_i^2\,\Delta V_i$$

Das Massenträgheitsmoment hat für die Drehbewegung die gleiche Bedeutung wie die Masse für die geradlinige Bewegung, entsprechend den dynamischen Grundgesetzen $F = ma$ (geradlinige Bewegung) und $M = J\dot{\omega}$ (Drehbewegung).

Bei einer Zerlegung in Hohlzylinder ist entsprechend Gl. (6.50) $\Delta V_{iy} = 2\pi x_i f(x_i)\Delta x_i$ und entsprechend Gl. (6.51) $\Delta V_{ix} = 2\pi y_i g(y_i)\Delta y_i$, und man erhält

$$J_y = 2\pi\varrho\int_{x_1}^{x_2} x^3 f(x)\,\mathrm{d}x \qquad J_x = 2\pi\varrho\int_{y_1}^{y_2} y^3 g(y)\,\mathrm{d}y \tag{6.62}$$

Beispiel 9. Wie lautet das Massenträgheitsmoment J_y einer Scheibe, die durch Rotation des in Bild **6.**40 gezeigten Rechtecks um die y-Achse entsteht?
Mit $f(x)=h$, $x_1=0$, $x_2=r$ und der linken Gl. (6.62) erhält man

$$J_y=2\pi\varrho h\int\limits_0^r x^3\,\mathrm{d}x=\pi h\varrho\frac{r^4}{2}$$

Mit der Masse $m=\varrho\pi r^2 h$ wird $J_y=\dfrac{m}{2}r^2$. ■

Aus diesem Beispiel ergeben sich zwei weitere Formeln, die bei einer Zerlegung in Scheiben entstehen. Diese Scheiben liegen senkrecht zur jeweiligen Rotationsachse und müssen an diese heranreichen. Für die waagerechten Scheiben erhält man mit $r_i=g(y_i)$ und $h_i=\Delta y_i$ ein

$$\Delta J_{iy}=\frac{\pi}{2}\varrho g^4(y_i)\Delta y_i$$

Für die senkrechten Scheiben erhält man mit $r_i=f(x_i)$ und $h_i=\Delta x_i$ ein

$$\Delta J_{ix}=\frac{\pi}{2}\varrho f^4(x_i)\Delta x_i$$

Das Gesamtmoment ergibt sich durch Summation der Teilmomente zu

$$J_y=\frac{\pi}{2}\varrho\int\limits_{y_1}^{y_2} g^4(y)\,\mathrm{d}y \qquad J_x=\frac{\pi}{2}\varrho\int\limits_{x_1}^{x_2} f^4(x)\,\mathrm{d}x \tag{6.63}$$

Beispiel 10. Man berechne das Massenträgheitsmoment J_y des in Bild **6.**32 gezeigten Kegels mit den linken Gl. (6.62) und (6.63) (s. auch Beispiel 1).

Für Gl. (6.62) erhält man mit $f(x)=h-\dfrac{h}{r}x$

$$J_y=2\pi\varrho\int\limits_0^r\left(hx^3-\frac{h}{r}x^4\right)\mathrm{d}x=2\pi\varrho\left(h\frac{x^4}{4}-\frac{h}{r}\frac{x^5}{5}\right)\Bigg|_0^r=\frac{1}{10}\pi\varrho h r^4$$

Mit der Masse $m=\dfrac{1}{3}\varrho\pi h r^2$ erhält man $J_y=\dfrac{3}{10}mr^2$.

Für Gl. (6.63) erhält man mit $g(y)=r-\dfrac{r}{h}y$

$$J_y=\frac{\pi}{2}\varrho\int\limits_0^h\left(r-\frac{r}{h}y\right)^4\mathrm{d}y$$

Mit $u = r - \frac{r}{h} y$ wird $u_1 = r$, $u_2 = 0$, $du = -\frac{r}{h} dy$, und nach Vertauschen der Grenzen ergibt sich für

$$J_y = \frac{\pi}{2} \varrho \frac{h}{r} \int_0^r u^4 du = \frac{1}{10} \pi \varrho h r^4$$

die gleiche Lösung wie mit der anderen Gleichung. ■

Beispiel 11. Man berechne das Massenträgheitsmoment J_x eines Kreisringkörpers, siehe Bild **6**.34 und Beispiel 3.

Wegen der Quadratwurzel in den Kreisgleichungen wird die rechte Gl. (6.63) benutzt. Dazu ist die Differenz $f_2^4(x) - f_1^4(x)$ zu bilden. Es ist

$$f_2(x) = R + \sqrt{r^2 - x^2} \qquad f_1(x) = R - \sqrt{r^2 - x^2}$$

$$f_2^4(x) - f_1^4(x) = 8R^3 \sqrt{r^2 - x^2} + 8R(\sqrt{r^2 - x^2})^3$$
$$= 8R[(R^2 + r^2)\sqrt{r^2 - x^2} - x^2\sqrt{r^2 - x^2}]$$

Damit wird mit Gl. (6.63)

$$J_x = 4\pi \varrho R \left[(R^2 + r^2) \int_{-r}^{+r} \sqrt{r^2 - x^2}\, dx - \int_{-r}^{+r} x^2 \sqrt{r^2 - x^2}\, dx \right]$$

Das linke Integral ist gleich der Fläche eines Halbkreises und damit $r^2\pi/2$. Im rechten Integral wird substituiert

$$x = r \sin u \qquad \sqrt{r^2 - x^2} = r \cos u \qquad dx = r \cos u\, du$$

$$u = \operatorname{Arcsin}(x/r) \quad \text{und daraus} \quad u_1 = -\pi/2, \quad u_2 = \pi/2$$

$$\int_{-\pi/2}^{+\pi/2} r^2 \sin^2 u \cdot r^2 \cos^2 u\, du = \frac{r^4}{4} \int_{-\pi/2}^{+\pi/2} \sin^2 2u\, du$$
$$= \frac{r^4}{8} \left(u - \frac{1}{4} \sin 4u \right) \Bigg|_{-\pi/2}^{+\pi/2} = \frac{r^4 \pi}{8}$$

$$J_x = 4\pi \varrho R [(R^2 + r^2) r^2 \pi/2 - r^4 \pi/8] = 2\pi^2 \varrho R r^2 \left[R^2 + \frac{3}{4} r^2 \right]$$

Mit der in Beispiel 3 berechneten Masse $m = 2\pi^2 \varrho R r^2$ wird schließlich

$$J_x = m \left(R^2 + \frac{3}{4} r^2 \right)$$ ■

Beispiel 12. Eine Zentrifuge (Bild 6.41) mit einem Radius $r=10$ cm, die mit $V_0=10$ l Wasser gefüllt ist, rotiert mit einer Drehzahl $n=180\ \mathrm{min}^{-1}=3\ \mathrm{s}^{-1}$. Es wird vorausgesetzt, daß alle Wasserteilchen die gleiche Winkelgeschwindigkeit $\omega=2\pi n$ haben. Man bestimme die dafür erforderliche kinetische Energie $W=J\omega^2/2$.

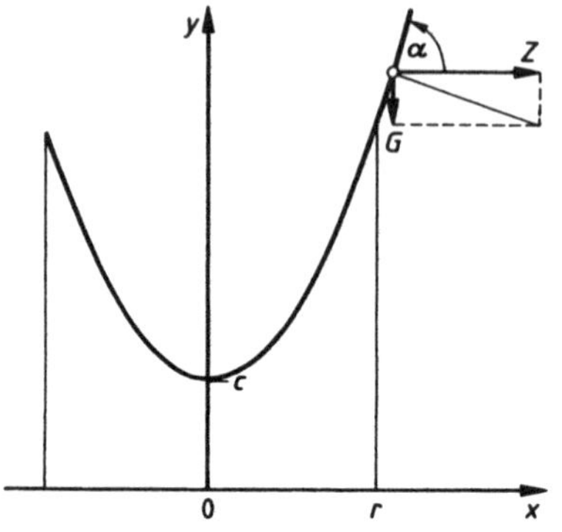

6.41

Zur Ermittlung des Massenträgheitsmoments benötigt man die Gleichung der Schnittkurve zwischen Flüssigkeitsoberfläche und einer Ebene durch die Drehachse. Dieser Graph ergibt sich aus der Bedingung, daß die aus der Schwerkraft mg und der Zentrifugalkraft $m\omega^2 x$ resultierende Kraft senkrecht auf der Tangente an diese Schnittkurve steht. Es ist $\tan\alpha=y'=m\omega^2 x/(mg)$, woraus $y=f(x)=\int y'\,\mathrm{d}x=\omega^2x^2/(2g)+c$, also die Gleichung einer Parabel folgt.

Die Konstante c ergibt sich aus der Bedingung, daß das Volumen V_y unter der Parabel gleich V_0 sein muß. Mit Gl. (6.50) ist

$$V_0=V_y=2\pi\int_{x_1}^{x_2} x f(x)\,\mathrm{d}x=2\pi\int_0^r\left(\frac{\omega^2}{2g}x^3+cx\right)\mathrm{d}x$$
$$=\frac{\pi\omega^2}{g}\frac{r^4}{4}-2\pi c\frac{r^2}{2}$$

Damit ist

$$c=\frac{4gV_0-\pi\omega^2r^4}{4g\pi r^2}=0.2278\ \mathrm{m}$$

Das Massenträgheitsmoment ist mit Gl. (6.62) und $\varrho=10^3\ \mathrm{kg/m^3}$

$$J_y=2\pi\varrho\int_{x_1}^{x_2} x^3 f(x)\,\mathrm{d}x=2\pi\varrho\int_0^r\left(\frac{\omega^2}{2g}x^5+cx^3\right)\mathrm{d}x$$
$$=2\pi\varrho\left[\frac{\omega^2}{2g}\frac{r^6}{6}+c\frac{r^4}{4}\right]=\frac{\pi\varrho}{6g}r^4\left[\omega^2r^2+3gc\right]=0.05474\ \mathrm{kg\,m^2}$$

Damit wird

$$W = 9.715\ \text{J}$$ ■

Beispiel 10, Abschn. 6.1 zeigt die Berechnung eines Massenträgheitsmomentes mit numerischer Integration.

6.4.2 Bogenlänge. Oberfläche

Bogenlänge. Die Länge s eines Bogens wird durch die Länge $\sum_{i=1}^{n} \Delta s_i$ eines Sehnenpolygons angenähert (Bild **6**.42). Die Annäherung wird um so besser, je kleiner die Teilstücke Δs_i sind. Läßt man alle Δs_i gegen Null streben und damit $n \to \infty$, so erhält man die Bogenlänge s. Aus Bild **6**.42 folgt die Gleichung

$$(\Delta s_i)^2 = (\Delta x_i)^2 + (\Delta y_i)^2 \quad \text{oder} \quad \Delta s_i = \sqrt{1 + \left(\frac{\Delta y_i}{\Delta x_i}\right)^2}\, \Delta x_i \tag{6.64}$$

Damit ist die Bogenlänge

$$s = \lim_{n \to \infty} \sum_{i=1}^{n} \Delta s_i$$

$$= \lim_{n \to \infty} \sum_{i=1}^{n} \sqrt{1 + \left(\frac{\Delta y_i}{\Delta x_i}\right)^2}\, \Delta x_i$$

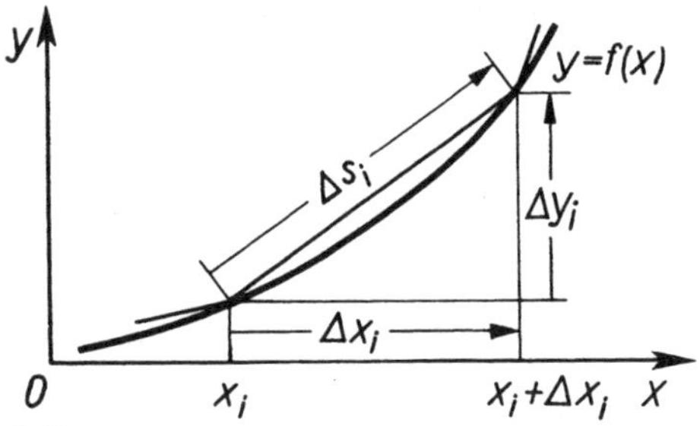

6.42

Der Grenzübergang liefert das Integral

$$\boxed{s = \int_a^b \sqrt{1 + y'^2}\, \mathrm{d}x} \tag{6.65}$$

Dieses Integral ist nur in Ausnahmefällen geschlossen lösbar.

Beispiel 13. Wie groß ist die Bogenlänge eines Viertelkreisbogens?

Mit $\quad y = \sqrt{r^2 - x^2} \quad$ und $\quad y' = -\dfrac{x}{\sqrt{r^2 - x^2}}$

wird mit Gl. (6.65)

$$s = r \int_0^r \frac{\mathrm{d}x}{\sqrt{r^2 - x^2}} = r \operatorname{Arcsin}\left(\frac{x}{r}\right)\Big|_0^r = r\,\frac{\pi}{2}$$ ■

Oberfläche. Die Oberfläche eines rotationssymmetrischen Körpers wird näherungsweise durch die Mäntel von Kegelstümpfen geringer Höhe Δx_i bestimmt. In Bild **6.43** ist der schraffierte Streifen oben durch die Sekante $\overline{P_i P_{i+1}}$ des Graphen begrenzt. Man benötigt daher die Gleichung für den Mantel eines Kegelstumpfes: $M = \pi s(r+R)$. Die Oberfläche ΔO_i eines Scheibchens entspricht dem Mantel M. Dabei ist für s der Wert Δs_i, für r der Wert $y_i = y(x_i)$ und für R entsprechend $y_{i+1} = y(x_i + \Delta x_i)$ zu setzen

$$\Delta O_i = \pi\,[\,y(x_i) + y(x_i + \Delta x_i)]\;\Delta s_i$$

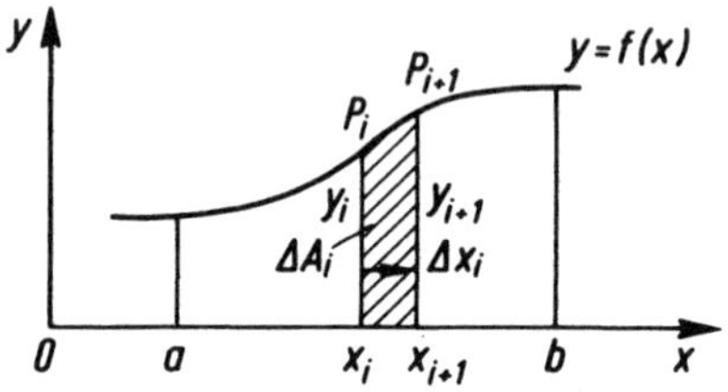

6.43

Für Δs_i wird wiederum der Wert aus Gl. (6.64) gesetzt. Bei $\Delta x_i \to 0$ erhält man das Integral für die Oberfläche eines zur x-Achse rotationssymmetrischen Körpers

$$\boxed{O_x = 2\pi \int_a^b y\sqrt{1+y'^2}\,\mathrm{d}x} \qquad (6.66)$$

Auch dieses Integral ist nur in Ausnahmefällen geschlossen lösbar.

Beispiel 14. Man berechne die Oberfläche einer Halbkugel.

Mit $y = \sqrt{r^2 - x^2}$ und $\sqrt{1+y'^2} = \dfrac{r}{\sqrt{r^2-x^2}}$ wird $O_x = 2\pi r \int_0^r \mathrm{d}x = 2\pi r^2$ ■

6.4.3 Biegung

Im folgenden werden nur stetig veränderliche, senkrecht wirkende Belastungen eines Balkens mit konstantem Querschnitt behandelt. Dabei treten folgende Größen auf:

Belastungsintensität (Streckenlast) $q(x) = \lim\limits_{\Delta x \to 0} \dfrac{\Delta F}{\Delta x}$

Querkraft $Q(x)$, Biegemoment $M(x)$ und Biegelinie $w(x)$

In der Mechanik wird gezeigt, daß zwischen diesen Größen folgende Beziehungen bestehen.

$$\boxed{\begin{array}{ll} Q(x) = -\int q(x)\,\mathrm{d}x & M(x) = \int Q(x)\,\mathrm{d}x \\ w'(x) = -\dfrac{1}{EI}\displaystyle\int M(x)\,\mathrm{d}x & w(x) = \int w'(x)\,\mathrm{d}x \end{array}} \tag{6.67}$$

Das Minuszeichen vor dem Integral von $Q(x)$ tritt auf, weil $Q(x)$ eine Reaktionskraft auf die Belastung ist, und die Summe aller Kräfte Null sein muß. Das Minuszeichen vor dem Integral für $w'(x)$ tritt auf, weil $M(x)$ proportional der Krümmung von $w(x)$ ist und diese Krümmung bei positiver Belastung negativ ist. E ist der Elastizitätsmodul (Materialkonstante) und I das in Abschn. 6.4.1 behandelte Flächenmoment. Seine Bezugsachse ist die neutrale Faser des Balkens, welche die Druckzone von der Zugzone trennt.

Die Abszissenachse x verläuft in Balkenrichtung. In der Mechanik ist es üblich, *positive* Werte von $Q(x)$, $M(x)$ und $w(x)$ im Diagramm *nach unten* aufzutragen. Im Lageplan werden die als positiv definierten Richtungen der Querkraft und des Biegemoments eingezeichnet. Sind die berechneten Größen positiv, haben sie die gleiche Richtung wie die eingezeichneten, sind sie negativ, so haben sie die entgegengesetzte Richtung.

Bei gegebenem $q(x)$ kann also durch viermaliges Integrieren die Biegelinie $w(x)$ berechnet werden. Sie beschreibt die sichtbare Durchbiegung des Balkens. $q(x)$ ist meist ein Polynom. Das Integrieren ist deshalb einfach. Das Problem besteht in der Bestimmung der Integrationskonstanten, die sich durch die bei der Lagerung des Balkens entstehenden Randbedingungen (s. Abschn. 6.2.1) ergeben.

Wirken statt der stetigen Belastungsintensität $q(x)$ auf den Balken Einzelkräfte F_i, so enthält der Graph von $Q(x)$ Sprungstellen, der von $M(x)$ Knicke. Die Biegelinie $w(x)$ ist auch in diesem Fall stetig und differenzierbar. Da für diesen Fall weitergehende Kenntnisse der Mechanik vorausgesetzt werden müssen, wird er hier nicht behandelt.

Beispiel 15. Wie lautet die Biegelinie für den in Bild **6.**44a dargestellten einseitig fest eingespannten Balken der Länge l mit konstanter Streckenlast q_0?

$$Q(x) = -q_0 \int \mathrm{d}x = -q_0 x + C_1$$

$C_1 = Q(0) = F_A$ (Auflagerkraft). Zu ihrer Bestimmung wird die Streckenlast durch ihre Resultierende F ersetzt, deren Betrag gleich der Fläche unter $q(x)$ ist. Hier ist $F = q_0 l$ und $F_A = F$. Damit wird (Bild **6.**44b)

$$Q(x) = q_0 l - q_0 x = F\left(1 - \frac{x}{l}\right)$$

und

$$M(x) = F \int \left(1 - \frac{x}{l}\right) \mathrm{d}x = F\left(x - \frac{x^2}{2l}\right) + C_2$$

Wegen des rechten freien Endes des Balkens ist $M(l) = 0$ und damit $C_2 = -(Fl)/2$. Es gilt auch $C_2 = M(0) = M_E$. M_E heißt das Einspannmoment.

$$M(x) = -\frac{Fl}{2}\left[\left(\frac{x}{l}\right)^2 - 2\left(\frac{x}{l}\right) + 1\right] = -\frac{Fl}{2}\left[1 - \left(\frac{x}{l}\right)\right]^2$$

$$w'(x) = \frac{Fl}{2EI}\int\left[\left(\frac{x}{l}\right)^2 - 2\left(\frac{x}{l}\right) + 1\right]\mathrm{d}x = \frac{Fl}{2EI}\left[\frac{x^3}{3l^2} - \frac{x^2}{l} + x\right] + C_3$$

Wegen der festen Einspannung am linken Ende ist $w'(0) = 0$ und damit $C_3 = 0$. Ausheben von $l/3$ liefert

$$w'(x) = \frac{Fl^2}{6EI}\left[\left(\frac{x}{l}\right)^3 - 3\left(\frac{x}{l}\right)^2 + 3\left(\frac{x}{l}\right)\right]$$

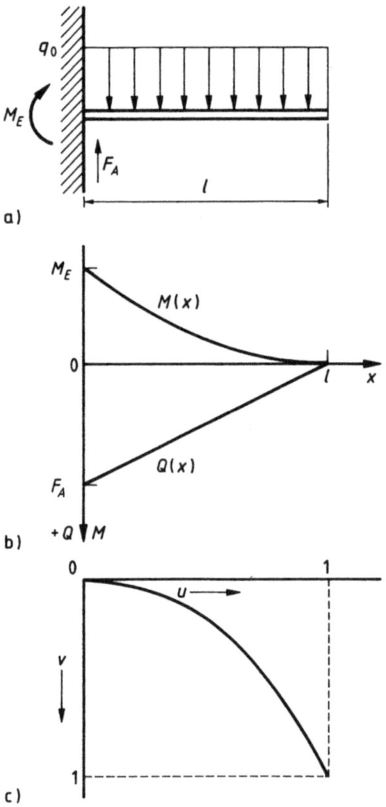

6.44

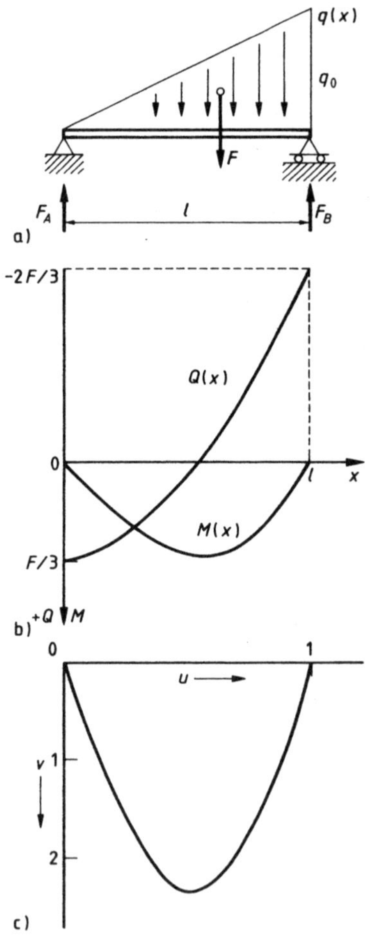

6.45

Die maximale Neigung des Balkens tritt am Balkenende auf $w'(l) = Fl^2/(6EI)$.

$$w(x) = \frac{Fl^2}{6EI} \int \left[\left(\frac{x}{l}\right)^3 - 3\left(\frac{x}{l}\right)^2 + 3\left(\frac{x}{l}\right) \right] dx = \frac{Fl^2}{6EI} \left[\frac{x^4}{4l^3} - \frac{x^3}{l^2} + \frac{3x^2}{2l} \right] + C_4$$

An der Einspannstelle ist die Durchbiegung $w(0) = 0$ und damit auch $C_4 = 0$. Ausheben von $l/4$ liefert

$$w(x) = \frac{Fl^3}{24EI} \left[\left(\frac{x}{l}\right)^4 - 4\left(\frac{x}{l}\right)^3 + 6\left(\frac{x}{l}\right)^2 \right]$$

Die maximale Durchbiegung $f = w(l) = Fl^3/(8EI)$. Wird mit dieser Größe normiert, erhält man mit $u = x/l$ und $v = w/f$

$$v = \frac{1}{3}(u^4 - 4u^3 + 6u^2)$$

Bild **6**.44c zeigt den Graphen dieser Funktion im technisch sinnvollen Intervall $0 \leq u \leq 1$. ■

Beispiel 16. Wie lautet die Biegelinie für den in Bild **6**.45a dargestellten Balken der Länge l auf zwei freien Stützen und einer Dreieckslast $q(x) = q_0 x/l$?

$$Q(x) = -q_0 \int \frac{x}{l} dx = -q_0 \frac{x^2}{2l} + C_1$$

Zur Bestimmung von $C_1 = Q(0) = F_A$ wird die Dreieckslast durch ihre Resultierende F ersetzt, deren Betrag gleich der Fläche unter der Dreieckslast ist und die im Schwerpunkt des Dreiecks angreift. Ihr Betrag ist $F = (q_0 l)/2$. Der Schwerpunkt liegt bei $2l/3$, wie in Beispiel 4 gezeigt wurde. Deshalb ist $F_A = F/3 = C_1$. So erhält man (Bild **6**.45b)

$$Q(x) = F\left[\frac{1}{3} - \left(\frac{x}{l}\right)^2\right]$$

Rechenkontrolle: Die Kraft im anderen Lager beträgt $F_B = -Q(l) = 2F/3$. $F_A + F_B = F$.

$$M(x) = F \int \left[\frac{1}{3} - \left(\frac{x}{l}\right)^2\right] dx = F\left[\frac{x}{3} - \frac{x^3}{3l^2} + C_2\right]$$

Da in freien Lagern keine Momente auftreten, ist $M(0) = 0$ und damit $C_2 = 0$. Ausheben von $l/3$ liefert

$$M(x) = \frac{Fl}{3}\left[\left(\frac{x}{l}\right) - \left(\frac{x}{l}\right)^3\right]$$

Der Extremwert dieser Funktion liegt wegen $Q = M'$ bei der Nullstelle der Querkraft, hier bei $x = l/\sqrt{3} = 0.577\, l$.

$$w'(x) = -\frac{Fl}{3EI}\int\left[\left(\frac{x}{l}\right)-\left(\frac{x}{l}\right)^3\right]\mathrm{d}x = -\frac{Fl}{3EI}\left[\frac{x^2}{2l}-\frac{x^4}{4l^3}+C_3\right]$$

Da die Neigung des Balkens an keiner Stelle bekannt ist, kann C_3 erst später bestimmt werden.

$$w(x) = -\frac{Fl}{3EI}\int\left[\frac{x^2}{2l}-\frac{x^4}{4l^3}+C_3\right]\mathrm{d}x = -\frac{Fl}{3EI}\left[\frac{x^3}{6l}-\frac{x^5}{20l^3}+C_3x+C_4\right]$$

Hier sind zwei Randbedingungen bekannt $w(0)=w(l)=0$. Daraus erhält man $C_4=0$ und $C_3=-7l/60$. Nach Ausheben von $-l^2/60$ erhält man

$$w(x) = \frac{Fl^3}{180EI}\left[3\left(\frac{x}{l}\right)^5-10\left(\frac{x}{l}\right)^3+7\left(\frac{x}{l}\right)\right]$$

Bild **6**.45c zeigt den Graphen der normierten Funktion mit $u=x/l$ und $v=w/(Fl^3/(180EI))$. Ihr Extremwert liegt bei $u=0.519$ und beträgt $v_{\max}=2.348$. Der Angriffspunkt der Ersatzkraft F, das maximale Biegemoment und die maximale Durchbiegung haben also drei verschiedene Abszissen. ■

Beispiel 17. Man berechne die Biegelinie für den in Bild **6**.46a dargestellten Balken der Länge l mit einer festen Einspannung am linken und einem freien Lager am rechten Ende. Die Streckenlast ist konstant $q(x)=q_0$.

Hier liegt ein statisch unbestimmtes System vor, weil die drei Gleichgewichtsbedingungen in der Ebene nicht ausreichen, um alle vier Auflagergrößen zu berechnen. Die mathematisch einfache Lösung dieses Problems besteht darin, die Integrationskonstanten zu integrieren und erst am Schluß zu berechnen. Die Integrale werden nun nicht mehr geschrieben.

$$Q(x) = -q_0x+C_1$$

$$M(x) = -q_0\frac{x^2}{2}+C_1x+C_2$$

$$w'(x) = \frac{1}{EI}\left[q_0\frac{x^3}{6}-C_1\frac{x^2}{2}-C_2x+C_3\right]$$

$$w(x) = \frac{1}{EI}\left[q_0\frac{x^4}{24}-C_1\frac{x^3}{6}-C_2\frac{x^2}{2}+C_3x+C_4\right]$$

Die vier Randbedingungen lauten $M(l)=0$, $w'(0)=0$, $w(0)=0$ und $w(l)=0$. Aus $w(0)=0$ und $w'(0)=0$ folgt $C_4=C_3=0$. Die beiden anderen Bedingungen liefern ein Gleichungssystem für C_1 und C_2.

$$lC_1+C_2=q_0l^2/2$$

$$\frac{l^3}{6}C_1+\frac{l^2}{2}C_2=q_0l^4/24$$

Mit der Ersatzkraft $F = q_0 l$ ergeben sich die Lösungen $C_1 = \frac{5}{8}F$ und $C_2 = -\frac{1}{8}Fl$. C_1 ist die Auflagerkraft F_A und C_2 das Einspannmoment M_E im linken Lager. Einsetzen dieser Werte und Ausheben geeigneter Faktoren liefert

$$Q(x) = F\left[\frac{5}{8} - \left(\frac{x}{l}\right)\right]$$

$$M(x) = -\frac{Fl}{8}\left[4\left(\frac{x}{l}\right)^2 - 5\left(\frac{x}{l}\right) + 1\right]$$

$$w(x) = \frac{Fl^3}{48EI}\left[2\left(\frac{x}{l}\right)^4 - 5\left(\frac{x}{l}\right)^3 + 3\left(\frac{x}{l}\right)^2\right]$$

Bild 6.46b zeigt die Graphen von $Q(x)$ und $M(x)$ und Bild 6.46c den Graphen der normierten Biegelinie mit $u = x/l$ und $v = w/(Fl^3/48EI)$.

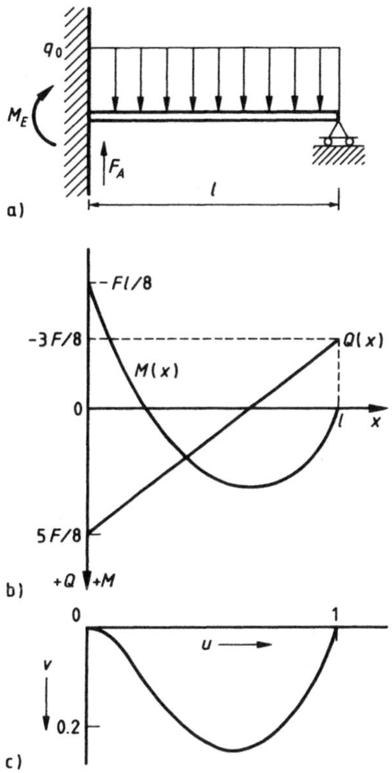

6.46

■

6.4.4 Mittelwerte in der Elektrotechnik

Fließt durch ein Meßinstrument ein zeitlich veränderlicher Strom $i(t)$, dessen Frequenz wesentlich höher als die Eigenfrequenz des Meßinstruments ist, so zeigt dieses einen zeitlich konstanten Mittelwert an. Entsprechendes gilt auch, wenn das Instrument als Spannungsmesser geschaltet ist. Die nachfolgenden Gleichungen gelten deshalb auch sinngemäß für eine Spannung $u(t)$.

Bei einem Drehspulgalvanometer ist der Ausschlag dem Strom proportional. Der galvanometrische Mittelwert beträgt deshalb nach Gl. (6.12)

$$\boxed{i_{\text{gal}} = \frac{2}{T}\int_0^{T/2} i(t)\,\mathrm{d}t} \qquad (6.68)$$

Es wird nur bis $T/2$ integriert, weil in der zweiten Halbperiode der Strom eine umgekehrte Richtung hat. Ohne vorgeschalteten Gleichrichter kann dies zur Zerstörung des

Instrumentes führen. Mit einem Gleichrichter ist ein entsprechender Mittelwert für die zweite Halbperiode zu bilden.

Bei einem Dreheiseninstrument ist der Ausschlag dem Quadrat der Stromstärke proportional. Die Stromrichtung spielt hier keine Rolle. Deshalb wird über die gesamte Periode integriert. Der Mittelwert heißt die effektive Stromstärke und beträgt

$$\boxed{i_{\text{eff}} = \sqrt{\frac{1}{T}\int_0^T i^2(t)\,\mathrm{d}t}} \tag{6.69}$$

Beispiel 18. Man berechne für $i(t) = \hat{i}\sin\omega t$ den galvanometrischen Mittelwert und die effektive Stromstärke.

Mit $\omega = 2\pi/T$ ist

$$i_{\text{gal}} = \frac{2\hat{i}}{T}\int_0^{T/2} \sin\omega t\,\mathrm{d}t = \frac{\hat{i}}{\pi}\int_0^{\pi} \sin x\,\mathrm{d}x \quad \text{mit} \quad x = \omega t \qquad \mathrm{d}t = \frac{\mathrm{d}x}{\omega} = \frac{T}{2\pi}\,\mathrm{d}x$$

$$= \frac{\hat{i}}{\pi}(-\cos x)\Big|_0^{\pi} = \frac{2}{\pi}\hat{i} = 0.637\,\hat{i}$$

Mit der gleichen Substitution und Beispiel 2, Abschn. 6.3 erhält man für i_{eff}

$$i_{\text{eff}}^2 = \frac{\hat{i}^2}{T}\int_0^T \sin^2\omega t\,\mathrm{d}t = \frac{\hat{i}^2}{2\pi}\left[\frac{x}{2} - \frac{1}{4}\sin 2x\right]\Big|_0^{2\pi} = \frac{\hat{i}^2}{2}$$

und damit

$$i_{\text{eff}} = \frac{\hat{i}}{\sqrt{2}} = 0.707\,\hat{i}$$

■

In Aufgabe 6, Abschn. 6.1 ist die effektive Stromstärke für einen Dreiecksimpuls zu berechnen.

Die Leistung eines Wechselstroms beträgt $p(t) = u(t)\,i(t)$. Der Mittelwert über eine Periode heißt die mittlere Leistung und beträgt

$$\boxed{P = \frac{1}{T}\int_0^T u(t)\,i(t)\,\mathrm{d}t} \tag{6.70}$$

Beispiel 19. Man berechne die mittlere Leistung für $u(t) = \hat{u}\sin(\omega t + \varphi)$ und $i(t) = \hat{i}\sin(\omega t)$.

$$P = \frac{\hat{u}\,\hat{i}}{T}\int_0^T \sin(\omega t + \varphi)\sin(\omega t)\,\mathrm{d}t \qquad \begin{aligned}\sin(\omega t + \varphi) &= \sin\omega t\cos\varphi + \cos\omega t\sin\varphi\\ \sin\omega t\cos\omega t &= \tfrac{1}{2}\sin(2\omega t)\end{aligned}$$

Mit der Substitution $x = \omega t$ $\mathrm{d}t = \frac{\mathrm{d}x}{\omega} = \frac{T}{2\pi}\,\mathrm{d}x$ erhält man

$$P = \frac{\hat{u}\,\hat{i}}{2\pi}\left[\cos\varphi \int_0^{2\pi} \sin^2 x\,\mathrm{d}x + \frac{\sin\varphi}{2}\int_0^{2\pi} \sin 2x\,\mathrm{d}x\right]$$

$$= \frac{\hat{u}\,\hat{i}}{2\pi}\left[\cos\varphi\left(\frac{x}{2} - \frac{1}{4}\sin 2x\right)\Big|_0^{2\pi} + \frac{\sin\varphi}{4}(-\cos 2x)\Big|_0^{2\pi}\right]$$

$$= \frac{\hat{u}\,\hat{i}}{2}\cos\varphi = u_{\mathrm{eff}}\, i_{\mathrm{eff}}\cos\varphi$$

$\cos\varphi$ heißt der Leistungsfaktor. ■

6.4.5 Aufgaben zu Abschnitt 6.4

1. Der Querschnitt einer Linse wird durch die Funktionen $f_2(x) = \frac{3x^2}{256\text{ mm}} + 5\text{ mm}$ und $f_1(x) = \frac{x^2}{32\text{ mm}}$ bestimmt. Man berechne das Volumen V_y dieser Linse.

2. Der in Bild **6**.47 dargestellte Querschnitt rotiert

a) um die x-Achse b) um die y-Achse

Die seitlichen Begrenzungen sind Teile von Parabeln. Man berechne die beiden Rotationsvolumen.

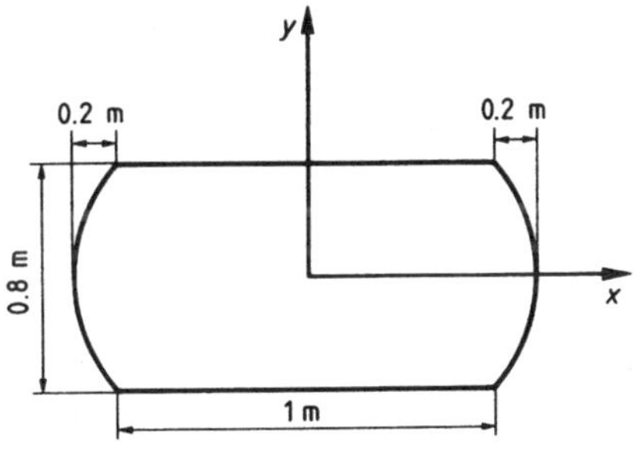

6.47

3. Die Fläche unter dem Graphen von $y = 2\mathrm{e}^{-x^2/2}$ im Intervall [0, 1] rotiert um die y-Achse. Man berechne V_y.

Hinweis: Man zerlege das Volumen in das einer Scheibe und eines Restvolumens, welches mit Gl. (6.52) berechnet werden kann.

4. Wie lauten beide Schwerpunktskoordinaten der Fläche unter dem Graphen der Funktionen

a) $y = cx^2$ b) $y = \sqrt{2px}$

im Intervall [0, a] mit $a, c, p > 0$?

5. Man berechne die Schwerpunktskoordinate x_S der in Bild **6.**48 dargestellten Fläche.

Die obere gekrümmte Kurve ist ein Teil des Graphen von $y=c/x$. Die Konstante c ist aus den Angaben im Diagramm zu ermitteln. Die untere gekrümmte Kurve ist ein Viertelkreis. Seine Schwerpunktskoordinaten können Beispiel 7 entnommen werden. Man benutze den Teilschwerpunktssatz Gl. (6.56).

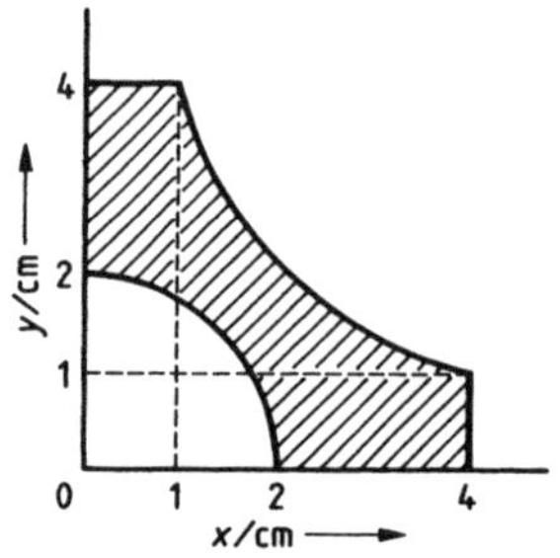

6.48

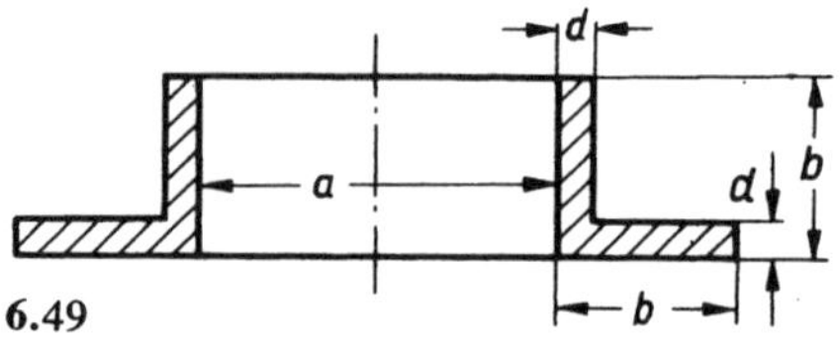

6.49

6. Wie lauten die Flächenmomente I_x und I_y der in Aufgabe 4a und b beschriebenen Flächen?

7. Man berechne das Massenträgheitsmoment einer Kugel in bezug auf eine Durchmesserachse.

8. Für den in Bild **6.**49 dargestellten Ring aus Winkelstahl sind Masse und Massenträgheitsmoment bezüglich der Symmetrieachse gesucht. Es ist $a=600$ mm, $b=140$ mm und $d=15$ mm sowie $\varrho=7.80$ kg/dm^3.

Hinweis: Der Ring kann aus zwei Hohlzylindern zusammengesetzt werden.

9. Die in Aufgabe 5 beschriebene Fläche rotiert um die y-Achse. Man berechne das Massenträgheitsmoment des dadurch entstehenden Körpers.

10. Man berechne die Bogenlänge der Graphen der folgenden Funktionen im angegebenen Intervall

a) Kettenlinie $y=a\cosh(x/a)$, $0\leq x\leq x_0$

b) $y=e^x$, $0\leq x\leq 3$. Hinweis: Man substituiere die Wurzel.

11. Wie groß ist die Oberfläche eines Kreisringkörpers?

Hinweis: s. Beispiel 3. Die durch den oberen und unteren Halbkreis entstehenden Oberflächen sind getrennt zu berechnen und anschließend zu addieren.

12. Wie lautet die Gleichung der Biegelinie für die in den folgenden Bildern dargestellten Balken

a) **6.**50 b) **6.**51 c) **6.**52

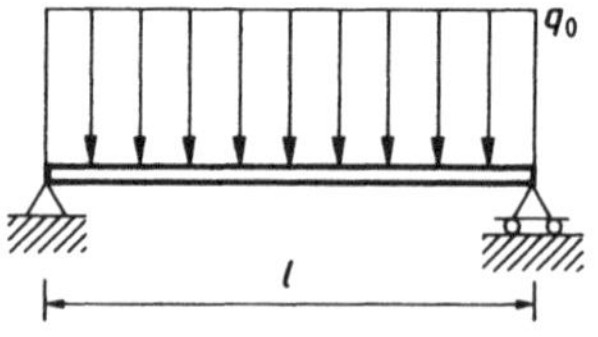

6.50

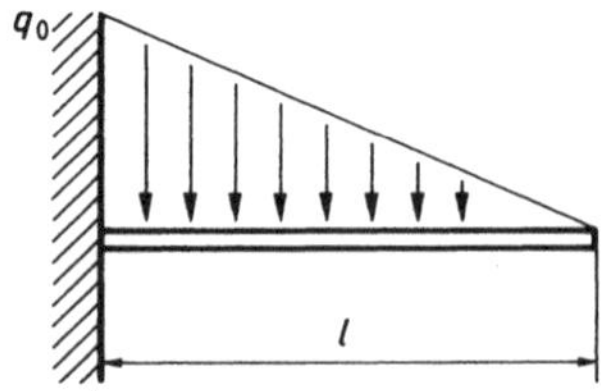

6.51

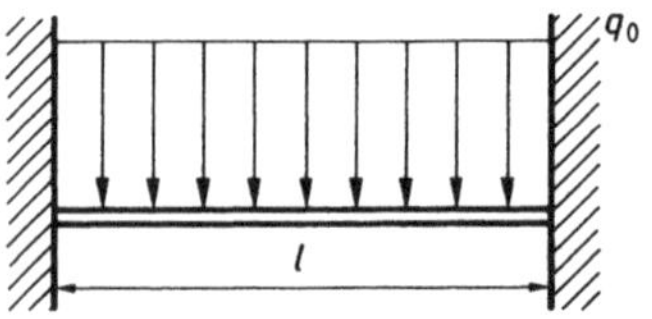

6.52

13. Für den Strom $i(t)=2\hat{\imath}\sin\omega t+\hat{\imath}\sin 2\omega t$ berechne man den

a) Galvanometrischen Mittelwert b) Effektivwert

6.5 Integraltafel

Grundintegrale

$$\int x^m \mathrm{d}x = \frac{x^{m+1}}{m+1} \quad m \in \mathbb{R}\setminus\{-1\}$$

$$\int \frac{\mathrm{d}x}{x} = \ln|x|$$

$$\int \sin x \,\mathrm{d}x = -\cos x$$

$$\int \cos x \,\mathrm{d}x = \sin x$$

$$\int \mathrm{e}^x \mathrm{d}x = \mathrm{e}^x$$

$$\int a^x \mathrm{d}x = \frac{a^x}{\ln a} \quad a \neq 1,\ a > 0$$

$$\int \sinh x \,\mathrm{d}x = \cosh x$$

$$\int \cosh x \,\mathrm{d}x = \sinh x$$

$$\int \frac{\mathrm{d}x}{1+x^2} = \operatorname{Arctan} x$$

$$\int \frac{\mathrm{d}x}{\sqrt{1-x^2}} = \operatorname{Arcsin} x \quad |x| < 1$$

$$\int \frac{\mathrm{d}x}{1-x^2} = \operatorname{Artanh} x \quad |x| < 1$$

$$\int \frac{\mathrm{d}x}{\sqrt{x^2+1}} = \operatorname{Arsinh} x$$

$$\int \frac{\mathrm{d}x}{1-x^2} = \operatorname{Arcoth} x \quad |x| > 1$$

$$\int \frac{\mathrm{d}x}{\sqrt{x^2-1}} = \operatorname{Arcosh} x \quad |x| > 1$$

Rationale Integranden

Mit $D = 4ac - b^2$

$$\int \frac{\alpha x + \beta}{(ax^2+bx+c)^n}\mathrm{d}x = \frac{-\alpha}{2a(n-1)}\,\frac{1}{(ax^2+bx+c)^{n-1}} + \frac{2\beta a - \alpha b}{2a}\int \frac{\mathrm{d}x}{(ax^2+bx+c)^n} \quad \text{mit} \quad n \in \mathbb{N} \wedge n > 1$$

$$\int \frac{\mathrm{d}x}{(ax^2+bx+c)^n} = \frac{1}{D(n-1)}\,\frac{2ax+b}{(ax^2+bx+c)^{n-1}} + \frac{2a(2n-3)}{D(n-1)}\int \frac{\mathrm{d}x}{(ax^2+bx+c)^{n-1}}$$

$$\int \frac{\mathrm{d}x}{ax^2+bx+c} = \begin{cases} \dfrac{2}{\sqrt{D}}\operatorname{Arctan}\dfrac{2ax+b}{\sqrt{D}} & D > 0 \\ -\dfrac{2}{2ax+b} & D = 0 \\ -\dfrac{2}{\sqrt{-D}}\operatorname{Artanh}\dfrac{2ax+b}{\sqrt{-D}} & D < 0 \end{cases}$$

Man beachte die in Gl. (3.133), (3.136) und (3.138) gezeigten möglichen Umwandlungen der Area-Funktionen in die Logarithmus-Funktion.

Irrationale Integranden

Mit $W=\sqrt{ax^2+bx+c}$ und $D=4ac-b^2$ ist

$$\int W\mathrm{d}x=\frac{1}{4a}\left[(2ax+b)\,W+\frac{D}{2}\int\frac{\mathrm{d}x}{W}\right]$$

$$\int\frac{\mathrm{d}x}{W}=\begin{cases}\dfrac{1}{\sqrt{a}}\operatorname{Arsinh}\dfrac{2ax+b}{\sqrt{D}} & a>0\wedge D>0\\ \dfrac{1}{\sqrt{a}}\ln(2ax+b) & a>0\wedge D=0\\ \dfrac{1}{\sqrt{a}}\operatorname{Arcosh}\dfrac{2ax+b}{\sqrt{-D}} & a>0\wedge D<0\\ -\dfrac{1}{\sqrt{-a}}\operatorname{Arcsin}\dfrac{2ax+b}{\sqrt{-D}} & a<0\wedge D<0\end{cases}$$

e-Funktion und Logarithmus-Funktion

$$\int x^n\mathrm{e}^x\mathrm{d}x=\mathrm{e}^x[x^n-nx^{n-1}+n(n-1)x^{n-2}-+\ldots+(-1)^n n!]\quad\text{mit}\quad n\in\mathbb{N}$$

$$\int\ln x\,\mathrm{d}x=x\ln x-x\qquad\int(\ln x)^n\mathrm{d}x=\int u^n\mathrm{e}^u\mathrm{d}u\quad\text{mit}\quad u=\ln x\wedge n\in\mathbb{N}$$

$$\int x^n\ln x\,\mathrm{d}x=\frac{x^{n+1}}{n+1}\ln x-\frac{x^{n+1}}{(n+1)^2}\quad\text{mit}\quad n\neq-1$$

$$\int\frac{\ln x}{x}\mathrm{d}x=\frac{1}{2}(\ln x)^2\qquad\int\frac{\mathrm{d}x}{x\ln x}=\ln|\ln x|$$

Winkelfunktionen

$$\int\sin^2x\,\mathrm{d}x=-\frac{1}{4}\sin 2x+\frac{x}{2}\qquad\int\cos^2x\,\mathrm{d}x=\frac{1}{4}\sin 2x+\frac{x}{2}$$

$$\left.\begin{aligned}\int\sin^n x\,\mathrm{d}x&=-\frac{\sin^{n-1}x\cos x}{n}+\frac{n-1}{n}\int\sin^{n-2}x\,\mathrm{d}x\\ \int\cos^n x\,\mathrm{d}x&=\frac{\cos^{n-1}x\sin x}{n}+\frac{n-1}{n}\int\cos^{n-2}x\,\mathrm{d}x\end{aligned}\right\}\quad\text{mit}\quad n\in\mathbb{N}$$

$$\int\frac{\mathrm{d}x}{\sin x}=\ln\left|\tan\frac{x}{2}\right|\qquad\int\frac{\mathrm{d}x}{\cos x}=\ln\left|\tan\left(\frac{x}{2}+\frac{\pi}{4}\right)\right|$$

$\int x^n \sin x \, dx = -x^n \cos x + n \int x^{n-1} \cos x \, dx$

$\int x^n \cos x \, dx = x^n \sin x - n \int x^{n-1} \sin x \, dx$

$$\left.\begin{aligned}
\int \sin ax \cos bx \, dx &= -\frac{\cos(a+b)x}{2(a+b)} - \frac{\cos(a-b)x}{2(a-b)} \\
\int \cos ax \cos bx \, dx &= \frac{\sin(a-b)x}{2(a-b)} + \frac{\sin(a+b)x}{2(a+b)} \\
\int \sin ax \sin bx \, dx &= \frac{\sin(a-b)x}{2(a-b)} - \frac{\sin(a+b)x}{2(a+b)}
\end{aligned}\right\} \quad a^2 \neq b^2$$

$\int \tan x \, dx = -\ln|\cos x| \qquad \int \tan^2 x \, dx = \tan x - x$

$$\int e^{ax} \sin bx \, dx = \frac{e^{ax}}{a^2+b^2}(a \sin bx - b \cos bx)$$

$$\int e^{ax} \cos bx \, dx = \frac{e^{ax}}{a^2+b^2}(a \cos bx + b \sin bx)$$

Kehrfunktionen der Winkel- und Hyperbelfunktionen

$$\int \operatorname{Arcsin} x \, dx = x \operatorname{Arcsin} x + \sqrt{1-x^2} \qquad \int \operatorname{Arccos} x \, dx = x \operatorname{Arccos} x - \sqrt{1-x^2}$$

$$\int \operatorname{Arctan} x \, dx = x \operatorname{Arctan} x - \frac{1}{2}\ln(1+x^2) \qquad \int \operatorname{Arccot} x \, dx = x \operatorname{Arccot} x + \frac{1}{2}\ln(1+x^2)$$

$$\int \operatorname{Arsinh} x \, dx = x \operatorname{Arsinh} x - \sqrt{1+x^2} \qquad \int \operatorname{Arcosh} x \, dx = x \operatorname{Arcosh} x - \sqrt{x^2-1}$$

$$\int \operatorname{Artanh} x \, dx = x \operatorname{Artanh} x + \frac{1}{2}\ln(1-x^2) \qquad \int \operatorname{Arcoth} x \, dx = x \operatorname{Arcoth} x + \frac{1}{2}\ln(x^2-1)$$

7 Reihen

7.1 Endliche und unendliche Reihen

7.1.1 Einführung. Begriff

Aus einer Folge von Zahlen oder mathematischen Termen entsteht durch Verknüpfen der Glieder durch Addition eine Reihe. Eine Reihe kann endlich viele oder unendlich viele Glieder haben. Eine unendliche Reihe ist nur dann sinnvoll, wenn ihre Summe endlich ist.

Die Reihe

$$s = 1 + \frac{1}{2} + \frac{1}{4} + \frac{1}{8} \tag{7.1}$$

hat die Summe 1.875, die Summe der endlichen Reihe $s = x + x^2 + x^3 + x^4 + x^5$ kann berechnet werden, wenn x gegeben wird. Setzt man die Reihe aus Gl. (7.1) bis in das Unendliche fort, bildet also

$$s = 1 + \frac{1}{2} + \frac{1}{4} + \frac{1}{8} + \frac{1}{16} + \frac{1}{32} + \ldots = \sum_{i=0}^{\infty} \frac{1}{2^i} \tag{7.2}$$

so kann man zwar die Summe nicht mehr durch die Addition der Glieder berechnen, weil die eigene Lebenszeit endlich ist, man kann jedoch nachweisen, daß die Summe die Zahl $s = 2$ nicht überschreitet (s. Beispiel 1). Man sagt dann, daß die Reihe gegen einen Grenzwert konvergiert.

Von einem bestimmten Reihenglied an beeinflussen die Koeffizienten einer konvergenten Reihe die für die Rechnung wichtigen Dezimalstellen der Summe nicht mehr. Es ist aber nicht zulässig, umgekehrt aus der Verminderung des Betrages der Reihenglieder auf die Konvergenz der Reihe zu schließen. Die Reihe der natürlichen Zahlen hingegen $s = 1 + 2 + 3 + 4 + \ldots$ läßt sich zwar für jedes endliche n mit Hilfe der Formel $s = n(n+1)/2$ berechnen, wächst aber für große n über alle vorgegebenen Grenzen.

Reihen von Zahlen werden im allgemeinen dazu benutzt, Funktionswerte von transzendenten Funktionen zu berechnen. Zur Berechnung des Sinus eines Winkels mit dem Taschenrechner werden ja nicht Kathete und Hypotenuse eines Dreiecks aus einer Zeichnung abgegriffen und deren Werte dividiert, sondern die Funktionswerte müssen nach der Natur des Rechners durch Addition und Multiplikation von Zahlen, also durch endliche Reihen, gewonnen werden. Die Rechendauer hängt davon ab, wieviele

Summanden einer konvergenten Reihe man mitnehmen muß, damit der Fehler z.B. kleiner als 10^{-10} ist, d.h. die auf dem Taschenrechner abgelesenen Werte richtig sind.

Definition. *Die Summe der ersten n Glieder einer unendlichen Reihe heißt* n-te Teilsumme *der Reihe.*

$$s_1 = a_1 \qquad s_2 = a_1 + a_2 \qquad s_3 = a_1 + a_2 + a_3 \qquad s_n = \sum_{i=1}^{n} a_i$$

7.1.2 Unendliche geometrische Reihe

Bei der geometrischen Reihe entsteht jedes Reihenglied aus dem vorangehenden durch Multiplikation mit dem gleichen Faktor q

$$a_{i+1} = a_i q$$

Mit dem Anfangsglied a schreibt man

$$s = a + aq + aq^2 + aq^3 + aq^4 + \ldots = a \sum_{i=0}^{\infty} q^i \tag{7.3}$$

Die n-te Teilsumme der unendlichen geometrischen Reihe Gl. (7.3) ist

$$s_n = a \sum_{i=0}^{n-1} q^i = a \frac{1-q^n}{1-q}$$

Diese Summenformel ergibt sich aus

$$s_n = a(1 + q + q^2 + q^3 + \ldots + q^{n-1})$$

und $$s_n q = a(q + q^2 + q^3 + q^4 + \ldots + q^n)$$

durch Subtraktion

$$s_n - s_n q = s_n(1-q) = a(1-q^n)$$

also $$s_n = a \frac{1-q^n}{1-q} = a \left(\frac{1}{1-q} - \frac{q^n}{1-q} \right) \tag{7.4}$$

In dieser Summe hängt nur der zweite Summand von n ab. Für $|q| < 1$ ist $\lim_{n \to \infty} q^n = 0$. Die unendliche geometrische Reihe konvergiert gegen einen Grenzwert

$$s = a(1 + q + q^2 + q^3 + \ldots) = a \sum_{i=0}^{\infty} q^i = \frac{a}{1-q} \quad \text{für} \quad |q| < 1 \tag{7.5}$$

Für $|q| > 1$ wächst q^n mit $n \to \infty$ über alle Grenzen, so daß kein Grenzwert existiert. Für $q = 1$ ist $s_n = a \cdot n$, also unbeschränkt für $n \to \infty$, und für $q = -1$ ergeben die Teilsummen abwechselnd Null oder a, streben also keinem Grenzwert zu.

Beispiel 1. Die unendliche geometrische Reihe mit dem Anfangsglied a und dem Quotienten $q=1/2$

$$s=a\left(1+\frac{1}{2}+\frac{1}{4}+\frac{1}{8}+\dots\right)=a\sum_{i=0}^{\infty}\left(\frac{1}{2}\right)^i=\frac{a}{1-1/2}=2a$$

mit endlicher Summe ist in Bild 7.1 anschaulich dargestellt. Addiert man zur Strecke a deren Hälfte, so stellt die Summe $a+a/2=1.5a$ die zweite Teilsumme der geometrischen Reihe dar. Die dritte Teilsumme beträgt $s_3=a+(a/2)+(a/4)=1.75a$, die vierte

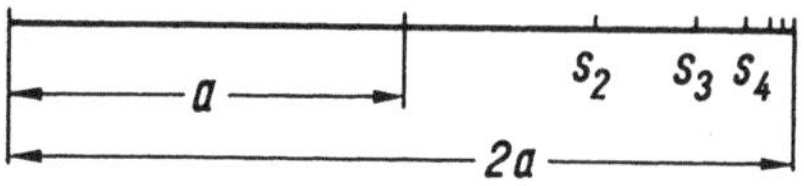

7.1

$s_4=1.875a$. Da das jeweils addierte Teilstück immer nur die Hälfte des bis $2a$ gemessenen Restes beträgt, kann die Teilsumme s_n den Wert $2a$ nicht überschreiten. Die Strecke $2a$ ist der Grenzwert der Folge der Teilsummen, denn von einem bestimmten n an unterscheiden sich diese nur noch beliebig wenig von dem Wert $s=2a$. ■

7.1.3 Konvergenz von Reihen

Unendliche Reihen sind in der Praxis nur dann zur Berechnung von Funktionen nützlich, wenn sie konvergent sind und die Konvergenz schnell erfolgt. Die Fragen lauten also

1. Konvergiert eine unendliche Reihe überhaupt?
2. Wieviele Reihenglieder muß man berechnen, damit der Fehler unterhalb einer bestimmten Grenze bleibt?

Für die Frage der Konvergenz überhaupt gibt es einige Kriterien, die hier ohne Beweis notiert werden.

Satz (ε-Kriterium). Eine Reihe $\sum_{i=1}^{\infty} a_i$ konvergiert genau dann, wenn es zu jedem vorgegebenen $\varepsilon>0$ ein i_0 so gibt, daß für alle $k>i_0$

$$\left|\sum_{i=i_0+1}^{k} a_i\right|<\varepsilon \tag{7.6}$$

gilt.

Das bedeutet also, daß der Rest der Reihe keinen Einfluß mehr auf eine vorgegebene Rechengenauigkeit hat.

Satz (Quotientenkriterium). Die Reihe $\sum_{i=1}^{\infty} a_i$ habe nur positive Summanden. Sie ist konvergent, wenn es eine von i unabhängige Zahl q mit $0<q<1$ derart gibt, daß für fast alle i (d. h. für alle i von einem festen Index i_0 an) die Ungleichung

$$\frac{a_{i+1}}{a_i} \leq q < 1 \tag{7.7}$$

gilt. Wird jedoch für fast alle i $a_{i+1}/a_i \geq 1$, so ist die Reihe $\sum_{i=1}^{\infty} a_i$ divergent.

Die Glieder werden also mindestens so schnell klein wie die Glieder der konvergenten geometrischen Reihe.

Satz (Wurzelkriterium). Die Reihe $\sum_{i=1}^{\infty} a_i$ mit nur positiven Summanden ist konvergent, wenn es eine von i unabhängige Zahl q mit $0<q<1$ so gibt, daß für fast alle i

$$\sqrt[i]{a_i} \leq q < 1 \tag{7.8}$$

ist. Sie divergiert, wenn für fast alle i gilt

$$\sqrt[i]{a_i} \geq 1$$

Beispiel 2. Man untersuche die Konvergenz der Reihe

$$\sum_{i=1}^{\infty} \frac{x^i}{i!}$$

mit einer reellen Zahl $x>0$.
Nach dem Quotientenkriterium ist

$$\frac{a_{i+1}}{a_i} = \frac{x^{i+1}/(i+1)!}{x^i/i!} = \frac{x}{i+1}$$

Setzt man $q=x/(x+1)$, so gilt die Ungleichung (7.7) für alle $i>x$, also für fast alle i. Damit ist die Konvergenz der Reihe bewiesen. ■

Beispiel 3. Wieviele Glieder der Reihe

$$s = 1 + \frac{1}{2^2} + \frac{1}{3^3} + \frac{1}{4^4} + \frac{1}{5^5} + \ldots$$

muß man mitnehmen, damit das erste fortgelassene Reihenglied kleiner als 10^{-4} ist? Die Reihe ist konvergent. Nach dem Wurzelkriterium ist

$$\sqrt[i]{a_i} = \sqrt[i]{\frac{1}{i^i}} = \frac{1}{i} < \frac{1}{2} \quad \text{für} \quad i>2$$

Die Ungleichung

$$\frac{1}{i^i} < 10^{-4} \quad \text{oder} \quad i^i > 10^4$$

ist nur durch Probieren zu lösen. Ohne Lösen einer Bestimmungsgleichung erkennt man sofort, daß $i > 4$ sein muß. Aus $5^5 = 3125$ und $6^6 = 46656$ entnimmt man, daß 6^{-6} kleiner als die vorgeschriebene Grenze ist und die vorangehenden sechs Reihenglieder mitgenommen werden müssen. ■

Beispiel 4. Man untersuche die Konvergenz der Reihe

$$s = \sum_{i=0}^{\infty} \frac{1}{(1+x)^i}$$

Nach dem Quotientenkriterium ist

$$\frac{a_{i+1}}{a_i} = \frac{\dfrac{1}{(1+x)^{i+1}}}{\dfrac{1}{(1+x)^i}} = \frac{1}{(1+x)}$$

Der Quotient ist kleiner als $q = 1/(1+a)$, wenn $x > a > 0$ ist. Die Reihe konvergiert also für $x > a > 0$. ■

7.1.4 Aufgaben zu Abschnitt 7.1

1. Wie groß sind die ersten sechs Teilsummen der Reihe

$$s = 1 + 0.2 + 0.2^2 + \ldots ?$$

2. Wie groß ist die Summe der geometrischen Reihe

$$s = 0.875 - 0.875^2 + - \ldots ?$$

3. Wieviele Glieder der geometrischen Reihe

$$s = 1 + 0.8 + 0.8^2 + \ldots$$

muß man berücksichtigen, damit der Fehler zu s

a) kleiner als 10^{-3} b) kleiner als 0.1 % wird?

4. Man untersuche die Konvergenz der Reihen

a) $\sum_{i=1}^{\infty} \frac{i!}{i^i}$, b) $\sum_{i=2}^{\infty} \frac{1}{(\ln i)^i}$, c) $\sum_{i=1}^{\infty} \frac{(i!)^2}{(2i)!}$, d) $\sum_{i=1}^{\infty} \frac{i^2}{2^i}$.

5. Man zeige die Divergenz der harmonischen Reihe

$$\sum_{i=1}^{\infty} \frac{1}{i}.$$

7.2 Taylor-Reihen

Bereits beim ersten Umgang mit Tafeln transzendenter Funktionen wird oft die Frage gestellt: Wie werden diese Werte eigentlich berechnet? In diesem Abschnitt wird ein hierfür mögliches Verfahren entwickelt.

Die einleitende Frage ist eine spezielle Anwendung des allgemeineren Problems, eine gegebene Funktion $f(x)$ durch eine einfachere Ersatzfunktion $g(x)$ anzunähern. Die Funktion $f(x)$ kann durch ihre Gleichung, aber auch durch eine Tafel gegeben sein. Von der gesuchten Funktion $g(x)$ werden meist die Koeffizienten der Gleichung und daraus dann eine Tafel berechnet. Als Ersatzfunktionen werden häufig Polynome oder Summen von Winkelfunktionen gewählt, weil sich beide Typen leicht berechnen, differenzieren und integrieren lassen. Je nach den gewünschten Eigenschaften von $g(x)$ gibt es verschiedene Ansätze zur Berechnung der Koeffizienten:

1. Man fordert, daß $f(x)$ und $g(x)$ in einem gegebenen Intervall möglichst gut übereinstimmen. Dies kann auf verschiedene Weise realisiert werden:

1a) Man fordert, daß die Werte beider Funktionen an gegebenen Stellen, den sog. Stützstellen exakt übereinstimmen. Dies führt zur Interpolation, deren einfachster Fall die bekannte lineare Interpolation ist. Die Weiterführung dieses Ansatzes findet man in Abschn. 5.3.4.

1b) Man fordert, daß im Intervall die Summe der Quadrate der Abweichungen zwischen $f(x)$ und $g(x)$ möglichst klein werden. Die Begründung und Weiterführung dieses Ansatzes findet man in Abschn. 7.3 und 9.4.

1c) Man fordert, daß im Intervall die maximale Abweichung zwischen $f(x)$ und $g(x)$ möglichst klein wird. Dies führt zu den sog. Tschebyscheff-Polynomen. Hierfür wird auf [Be 85] verwiesen.

2. Man fordert, daß beide Funktionen an einer Stelle x_0 im Funktionswert und möglichst vielen Ableitungen übereinstimmen. Dieser Ansatz wird hier behandelt. Es wird sich zeigen, daß $g(x)$ ein Polynom ist, durch das $f(x)$ auch an anderen Stellen $x \neq x_0$ mit angebbarer Fehlerschranke angenähert werden kann. Man sagt: $f(x)$ wird an der Stelle x_0 in eine Reihe entwickelt und schreibt

$$f(x) = a_0 + a_1(x-x_0) + a_2(x-x_0)^2 + \ldots + a_n(x-x_0)^n + R_{n+1}(x) \tag{7.9}$$

Man nennt solche Reihen von Potenzen einer Veränderlichen auch Potenzreihen.

Der letzte Summand $R_{n+1}(x)$ heißt das Restglied und ist die Differenz zwischen $f(x)$ und $g(x)$. Das Restglied ist von x abhängig. Wenn es möglich ist, das Restglied durch Berücksichtigung genügend vieler Glieder der Ersatzfunktion beliebig klein zu machen, kann die Funktion mit beliebiger Genauigkeit durch die Ersatzfunktion angenähert werden. Dieser Sachverhalt wird oft dadurch ausgedrückt, daß man das Restglied wegläßt. Dann wird aus der Taylor-Formel (7.9) die Taylor-Reihe.

Im folgenden wird untersucht, wie aus einer gegebenen Funktion $f(x)$ die Koeffizienten $a_0, a_1, \ldots, a_n$ der Ersatzfunktion $g(x)$ berechnet und die Größe des Restgliedes geschätzt werden können.

7.2.1 Satz von Taylor

Herleitung. Konvergenz. Es wird vorausgesetzt, daß $f(x)$ im Intervall $[x_0, x]$ oder $[x, x_0]$ mindestens $(n+1)$-mal differenzierbar ist. Die Entwicklungsstelle x_0 kann also die untere oder die obere Grenze eines abgeschlossenen Intervalls sein. Nach dem Hauptsatz der Differential- und Integralrechnung (Gl. (6.29)) gilt

$$I(x) = \int_{x_0}^{x} f'(\xi)\,\mathrm{d}\xi = f(x) - f(x_0)$$

Diese Gleichung wird nach der Funktion $f(x)$ aufgelöst und das Integral $I(x)$ auf der linken Seite mittels Produktintegration (Gl. (6.32)) in eine Reihe entwickelt

$$f(x) = f(x_0) + I(x) \qquad I(x) = \int_{x_0}^{x} f'(\xi)\,\mathrm{d}\xi = \int_{x_0}^{x} f'(\xi)(x-\xi)^0\,\mathrm{d}\xi$$

Das Einfügen des Faktors $(x-\xi)^0 = 1$ im Integranden von $I(x)$ ist ein Kunstgriff, der bei der Produktintegration gelegentlich vorgenommen wird. Hiermit erhält man

$$f_1 = f'(\xi) \qquad f_2 = -(x-\xi)$$

$$\frac{\mathrm{d}f_1}{\mathrm{d}\xi} = f''(\xi) \qquad \frac{\mathrm{d}f_2}{\mathrm{d}\xi} = (x-\xi)^0$$

$$I(x) = -f'(\xi)(x-\xi)\Big|_{x_0}^{x} + \int_{x_0}^{x} f''(\xi)(x-\xi)\,\mathrm{d}\xi$$

Beim ersten Summanden werden die Grenzen eingesetzt, beim zweiten wird wiederum die Produktintegration durchgeführt

$$f_1 = f''(\xi) \qquad f_2 = -\frac{1}{2}(x-\xi)^2$$

$$\frac{\mathrm{d}f_1}{\mathrm{d}\xi} = f'''(\xi) \qquad \frac{\mathrm{d}f_2}{\mathrm{d}\xi} = (x-\xi)$$

$$I(x) = f'(x_0)(x-x_0) - \frac{1}{2} f''(\xi)(x-\xi)^2\Big|_{x_0}^{x} + \frac{1}{2}\int_{x_0}^{x} f'''(\xi)(x-\xi)^2\,\mathrm{d}\xi$$

Durch ständiges Wiederholen dieses Verfahrens erhält man die Taylor-Formel mit

$$\begin{aligned} f(x) &= f(x_0) + f'(x_0)(x-x_0) + \frac{f''(x_0)}{2!}(x-x_0)^2 \\ &\quad + \frac{f'''(x_0)}{3!}(x-x_0)^3 + \ldots + \frac{f^{(n)}(x_0)}{n!}(x-x_0)^n + R_{n+1}(x) \end{aligned} \tag{7.10}$$

Ein häufig vorkommender Spezialfall ist $x_0 = 0$. Dann vereinfacht sich Gl. (7.10) zur MacLaurin-Formel

$$f(x) = f(0) + f'(0)x + \frac{f''(0)}{2!}x^2 + \frac{f'''(0)}{3!}x^3 + \ldots + \frac{f^{(n)}(0)}{n!}x^n + R_{n+1}(x) \tag{7.11}$$

Die ersten Teile dieser Gleichungen sind Polynome in $(x - x_0)$ bzw. x, deren Koeffizienten aus den Ableitungen der gegebenen Funktion $f(x)$ berechnet werden können. Der Vergleich mit Gl. (7.9) liefert

$$a_i = \frac{f^{(i)}(x_0)}{i!} \quad \text{bzw.} \quad a_i = \frac{f^{(i)}(0)}{i!}$$

Man beachte, daß im Unterschied zu Abschn. 7.1 hier in Übereinstimmung mit der Schreibweise von Polynomen der Koeffizient der i-ten Potenz mit a_i bezeichnet wird und nicht das gesamte i-te Glied. Dieses wird zur Unterscheidung (falls erforderlich) mit A_i bezeichnet.

Die Güte der Übereinstimmung zwischen Ausgangsfunktion $f(x)$ und Ersatzfunktion $g(x)$ wird durch das Restglied $R_{n+1}(x)$ bestimmt. Sein Wert kann i. allg. nicht exakt berechnet, sondern nur geschätzt werden. Für Gl. (7.10) lautet das Restglied

$$R_{n+1}(x) = \frac{1}{n!}\int_{x_0}^{x} f^{(n+1)}(\xi)(x-\xi)^n \, d\xi$$

Mit Hilfe des Mittelwertsatzes der Integralrechnung (Gl. (6.13))

$$\int_a^b h(\xi)p(\xi)\, d\xi = h(x_m)\int_a^b p(\xi)\, d\xi \tag{7.12}$$

wird eine Formel zum Schätzen hergeleitet. Setzt man

$$h(\xi) = f^{(n+1)}(\xi) \qquad p(\xi) = (x-\xi)^n$$

so ist das Integral auf der rechten Seite von Gl. (7.12) lösbar, und man erhält als Restglied

$$R_{n+1}(x) = \frac{f^{(n+1)}(x_m)}{n!}\int_{x_0}^{x}(x-\xi)^n\, d\xi = \frac{f^{(n+1)}(x_m)}{(n+1)!}(x-x_0)^{n+1} \tag{7.13}$$

In gleicher Weise ergibt sich für Gl. (7.11)

$$R_{n+1}(x) = \frac{f^{(n+1)}(x_m)}{(n+1)!}x^{n+1} \tag{7.14}$$

Die Größe x_m ist eine unbekannte Abszisse zwischen x_0 und x. Um R zu schätzen, setzt man oft einfach $x_m = x_0$ und $x_m = x$ und erhält dadurch in vielen Fällen den größten und den kleinsten Wert von R. Für $x_m = x_0$ hat das Restglied ferner die anschauliche Bedeutung des ersten weggelassenen Gliedes der Reihe.

Definition. *Das Intervall* $(x_0 - \varrho, x_0 + \varrho)$ *um* x_0, *in dem eine Reihe* $\sum c_i |x - x_0|^i$ *konvergiert, heißt* Konvergenzbereich, *die Größe* ϱ *der* Konvergenzradius *der Reihe.*

Für Konvergenzuntersuchungen kann man das Wurzel- und das Quotientenkriterium Gl. (7.7) und (7.8) heranziehen.

Innerhalb des Konvergenzbereiches kann mit Potenzreihen wie mit anderen Funktionen umgegangen werden. Es gilt der

Satz. Innerhalb des Konvergenzbereiches dürfen mit Potenzreihen die gleichen elementaren Rechenoperationen vorgenommen werden wie mit endlichen Summen. Werden die Summanden einer Potenzreihe differenziert oder integriert, so hat die entstandene Potenzreihe den gleichen Konvergenzbereich wie die Ursprungsreihe und ist die Ableitung oder eine Stammfunktion der durch die Ursprungsreihe dargestellten Funktion.

Numerische Berechnung von Funktionswerten. Hier ist es zweckmäßig, nicht jedes Glied der Reihe einzeln zu berechnen, sondern jeweils das folgende aus dem vorhergehenden. Das erste Glied wird vorgegeben. Setzt man nach Gl. (7.11)

$$A(i) = \frac{f^{(i)}(0)}{i!} x^i \quad \text{und} \quad q(i) = \frac{A(i)}{A(i-1)} = \frac{f^{(i)}(0)}{f^{(i-1)}(0)} \frac{x}{i}$$

so wird $A(i) = q(i) A(i-1)$ mit $i = 1, 2, 3, \ldots, n$ (7.15)

Die Anwendung dieses Verfahrens ist in den folgenden Beispielen gezeigt. Für einen festen Wert von x werden für die verschiedenen Werte von i die $q(i)$ und daraus die $A(i)$ berechnet. Als Kriterium für den Abbruch der Rechnung wird oft eine feste Schranke für $A(i)$ vorgegeben, z.B. $|A(i)| < 10^{-6}$.

Besondere Bedeutung hat die Reihenentwicklung aber nicht nur für die numerische Berechnung der Werte von transzendenten Funktionen, sondern auch für die Beurteilung des Verlaufs von beliebigen Funktionen an der Entwicklungsstelle $x = x_0$. Oft kann eine Funktion mit genügender Genauigkeit durch die Gerade

$$f(x) = f(x_0) + f'(x_0)(x - x_0) \tag{7.16}$$

oder die Parabel

$$f(x) = f(x_0) + f'(x_0)(x - x_0) + \frac{1}{2} f''(x_0)(x - x_0)^2 \tag{7.17}$$

ersetzt werden. Gl. (7.16) heißt Linearisierung der Funktion und bedeutet das Ersetzen der Funktion durch die Tangente an der Entwicklungsstelle $x = x_0$.

7.2.2 Winkel- und Hyperbelfunktionen

Da bei der Sinusfunktion der Funktionswert und sämtliche Ableitungen für $x_0 = 0$ existieren, kann Gl. (7.11) benutzt werden. Man erhält

$$\begin{array}{ll} f(x) = \sin x & f(0) = 0 \\ f'(x) = \cos x & f'(0) = 1 \\ f''(x) = -\sin x & f''(0) = 0 \\ f'''(x) = -\cos x & f'''(0) = -1 \\ f^{(4)}(x) = \sin x & f^{(4)}(0) = 0 \\ \dots & \dots \end{array}$$

Damit wird die Sinusreihe

$$\boxed{\sin x = x - \frac{x^3}{3!} + \frac{x^5}{5!} - \frac{x^7}{7!} + \dots + R_{n+1}(x) = \sum_{i=0}^{\infty} (-1)^i \frac{x^{2i+1}}{(2i+1)!}} \qquad (7.18)$$

mit $\qquad R_{n+1}(x) = \pm \dfrac{x^{2n+1}}{(2n+1)!} \cos x_{\text{m}}$

Da alle geradzahligen Ableitungen gleich Null werden, ist das Restglied stets ein Cosinusglied mit einem ungeradzahligen Exponenten. Da die Cosinuswerte für alle x_{m} zwischen ± 1 liegen, erhält man für das Restglied

$$|R_{n+1}(x)| \leq \frac{|x^{2n+1}|}{(2n+1)!} \qquad (7.19)$$

Der Betrag des Restgliedes kann also nie größer werden als der Betrag des ersten weggelassenen Gliedes der Reihe. Die Sinus-Reihe ist eine Teilreihe der in Beispiel 2, Abschn. 7.1, untersuchten Reihe und deshalb für alle Werte von x konvergent.

Bild 7.2 zeigt die Graphen der Funktion sowie der Ersatzfunktionen, die sich aus den ersten Gliedern der rechten Seite von Gl. (7.18) zusammensetzen. Die Graphen der Ersatzfunktionen schmiegen sich der Sinuskurve um so besser an, je mehr Glieder hinzugenommen werden. Ist x wesentlich kleiner als Eins, z.B. $x = 0.0175 = 1°$, so wird bereits das Glied $-x^3/(3!)$ so klein, daß es

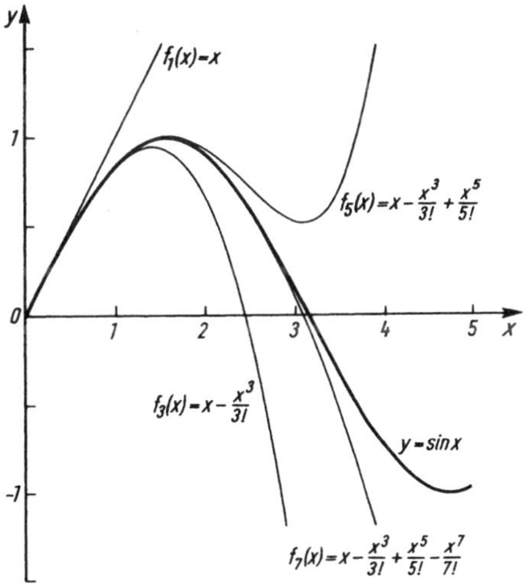

7.2

meist vernachlässigt werden kann. Dann erhält man die aus der Trigonometrie bekannte Näherungsformel $\sin x \approx x$ für kleine x.

Beispiel 1. Mit der Sinus-Reihe ist $\sin 45°$ auf 5 Stellen hinter dem Komma zu berechnen.

$$x = \frac{45° \cdot \pi}{180°} = 0.785\,398$$

Aus Gl. (7.15) und (7.18) erhält man $q(i) = -x^2/(2i(2i+1))$.
Mit $A_0 = x$ ergibt sich

$$A_1 = A_0 q(1) = x \frac{-x^2}{2 \cdot 3} = -\frac{x^3}{3!}$$

$$A_2 = A_1 q(2) = -\frac{x^3}{3!} \cdot \frac{-x^2}{4 \cdot 5} = \frac{x^5}{5!}$$

usw.
Daraus erhält man mit $x^2 = 0.616\,850$ folgendes Rechenschema

i	$-q(i)$	A_i
0	-	+0.785398
1	0.616850/ 6	−0.080745
2	0.616850/20	+0.002490
3	0.616850/42	−0.000037
4	0.616850/72	+0.000000
	Summe:	+0.707106
	$\sin 45° = 0.70711$	

■

Beispiel 2. In Gl. (2.26) wurde mit einem geometrischen Ansatz der Wert des unbestimmten Ausdrucks

$$\lim_{x \to 0} \frac{\sin x}{x} = 1$$

berechnet. Das gleiche Ergebnis erhält man mit der Taylor-Reihe. Es ist

$$\lim_{x \to 0} \frac{\sin x}{x} = \lim_{x \to 0} \left[\frac{x - x^3/3! + x^5/5! - \ldots}{x} \right]$$

$$= \lim_{x \to 0} \left[1 - \frac{x^2}{3!} + \frac{x^4}{5!} - \ldots \right] = 1$$

■

Beispiel 3. Ist a die Länge der zu einem Kreisbogen mit dem Zentriwinkel α und dem Radius r gehörigen Sehne und b die Länge der zum halben Kreisbogen gehörigen Sehne (Bild **7.3**), so ist die gesamte Bogenlänge $s \approx (8b - a)/3$. Diese Formel ist zu beweisen und das Restglied zu schätzen.

Aus Bild **7.3** ergibt sich

$$a = 2r \sin\frac{\alpha}{2} \qquad b = 2r \sin\frac{\alpha}{4}$$

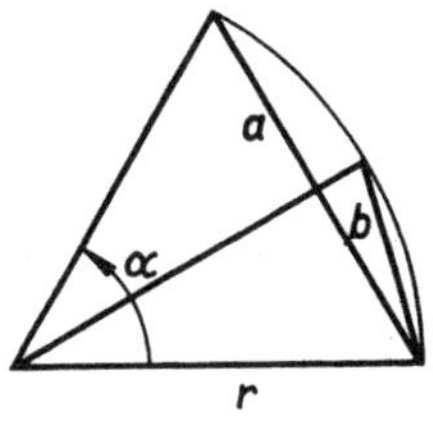

7.3

Durch Einsetzen dieser Werte in die gegebene Formel erhält man

$$\frac{1}{3}(8b-a) = \frac{2r}{3}\left(8\sin\frac{\alpha}{4} - \sin\frac{\alpha}{2}\right)$$

Aus Gl. (7.18) erhält man mit den Restgliedern R_{51} und R_{52} der beiden Reihen

$$\frac{1}{3}(8b-a) = \frac{2r}{3}\left[8\left(\frac{\alpha}{4} - \frac{1}{3!}\left(\frac{\alpha}{4}\right)^3 + R_{51}\right) - \left(\frac{\alpha}{2} - \frac{1}{3!}\left(\frac{\alpha}{2}\right)^3 + R_{52}\right)\right]$$

$$= r\alpha + 0 + \frac{16r}{3}R_{51} - \frac{2r}{3}R_{52} = r\alpha + R$$

Der erste Summand $r\alpha$ ist die aus der Geometrie bekannte Bogenlänge, das Restglied R beträgt

$$R = \frac{r}{3}\left(16\frac{\alpha^5}{5!\,4^5}\cos\frac{\alpha_{m1}}{4} - 2\frac{\alpha^5}{5!\,2^5}\cos\frac{\alpha_{m2}}{2}\right) = \frac{r\alpha^5}{120\cdot 48}\left(\frac{1}{4}\cos\frac{\alpha_{m1}}{4} - \cos\frac{\alpha_{m2}}{2}\right)$$

Wegen $0 < \alpha < \pi$ liegen beide Cosinus-Werte zwischen Null und Eins und der Betrag der Klammer wird kleiner als Eins. Damit wird

$$|R| < \frac{r\alpha^5}{5760} = \frac{s\alpha^4}{5760}$$

Für $\alpha < 1 = 57.3°$ wird der relative Fehler $R/s < 0.02\%$. ■

Auch bei der Cosinus-Funktion existieren Funktionswert und sämtliche Ableitungen an der Stelle $x_0 = 0$

$$\begin{aligned} f(x) &= \cos x & f(0) &= 1 \\ f'(x) &= -\sin x & f'(0) &= 0 \\ f''(x) &= -\cos x & f''(0) &= -1 \\ f'''(x) &= \sin x & f'''(0) &= 0 \\ f^{(4)}(x) &= \cos x & f^{(4)}(0) &= 1 \end{aligned}$$

Dies ergibt nach Gl. (7.11) die Cosinusreihe

$$\cos x = 1 - \frac{x^2}{2!} + \frac{x^4}{4!} - \frac{x^6}{6!} + \ldots + R_{n+1}(x) = \sum_{i=0}^{\infty} (-1)^i \frac{x^{2i}}{(2i)!} \tag{7.20}$$

mit $|R_{n+1}(x)| \leq x^{2n}/(2n)!$

Hier werden alle ungeradzahligen Ableitungen gleich Null. Der Faktor $f^{(2n)}(x_m) = \pm \cos x_m$ im Restglied ist der gleiche wie bei der Sinusreihe, so daß sich die vorstehende vereinfachte Form des Restgliedes ergibt. Diese Reihe konvergiert ebenfalls für alle Werte von x.

Differenziert man die Sinusreihe, erhält man die Cosinusreihe. Integriert man die Cosinusreihe, erhält man die Reihe für $\sin x$.

Für die Reihen der Hyperbelfunktionen erhält man auf gleiche Weise

$$\sinh x = x + \frac{x^3}{3!} + \frac{x^5}{5!} + \frac{x^7}{7!} + \ldots + \frac{x^{2n+1}}{(2n+1)!} \cosh x_m = \sum_{i=0}^{\infty} \frac{x^{2i+1}}{(2i+1)!} \tag{7.21}$$

$$\cosh x = 1 + \frac{x^2}{2!} + \frac{x^4}{4!} + \frac{x^6}{6!} + \ldots + \frac{x^{2n}}{(2n)!} \cosh x_m = \sum_{i=0}^{\infty} \frac{x^{2i}}{(2i)!} \tag{7.22}$$

Beispiel 4. Die Gleichung eines zwischen zwei Trägern aufgehängten Seiles, die Kettenlinie, lautet

$$y = a \cosh \frac{x}{a}$$

Die Größe a ist aus der gegebenen halben Spannweite l und dem Durchhang h zu berechnen (Bild 7.4).

Da die Koordinaten von $P(l; a+h)$ die obige Funktionsgleichung erfüllen müssen, erhält man

$$a + h = a \cosh \frac{l}{a} \tag{7.23}$$

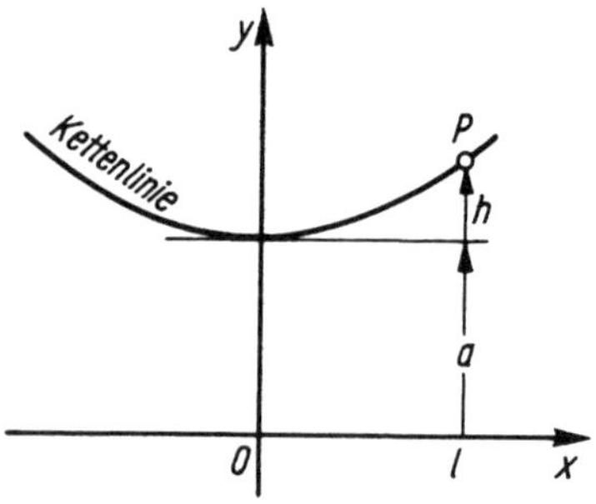

7.4

Dies ist eine transzendente Bestimmungsgleichung für a. Bei gegebenen Zahlenwerten von l und h kann sie z. B. mit dem Newton-Näherungsverfahren (Abschn. 5.3.1) gelöst werden. Eine allgemeine Näherungslösung erhält man durch eine Reihenentwicklung der rechten Seite von Gl. (7.23). Setzt man in Gl. (7.22) $x = l/a$ und bricht diese Reihe nach dem zweiten Glied ab, so erhält man aus Gl. (7.23)

$$a + h = a\left(1 + \frac{l^2}{2a^2}\right) \quad \text{und daraus} \quad a = \frac{l^2}{2h}$$

Das Abbrechen der Reihe nach dem zweiten Glied ist nur zulässig, wenn $l/a \ll 1$. Dies ist aber der Fall, wenn $h \ll l$. Setzt man diesen Wert für a in die Ausgangsgleichung ein, so erhält man

$$y = \frac{l^2}{2h} \cosh \frac{2h}{l^2} x$$

Auch diese Gleichung wird oft näherungsweise durch den Anfang der Reihe dargestellt und ergibt

$$y = \frac{l^2}{2h} + \frac{h}{l^2} x^2 = a\left(1 + \frac{x^2}{2a^2}\right)$$

Dies ist die Gleichung einer nach oben geöffneten Parabel mit dem Scheitel in der Höhe $l^2/2h$. Der Punkt $P(l;\, a+h)$ erfüllt diese Gleichung ebenfalls. Das maximale Restglied für $x_m = l$ beträgt

$$R = \frac{1}{3} h \left(\frac{h}{l}\right)^2 \cosh\left(2\frac{h}{l}\right)$$ ■

Auf etwas umständlichere Weise erhält man die Reihen folgender Funktionen:

$$\tan x = x + \frac{1}{3}x^3 + \frac{2}{15}x^5 + \frac{17}{315}x^7 + \frac{62}{2835}x^9 + \ldots \tag{7.24}$$

$$\operatorname{Arcsin} x = x + \frac{1}{2}\frac{x^3}{3} + \frac{1\cdot 3}{2\cdot 4}\frac{x^5}{5} + \frac{1\cdot 3\cdot 5}{2\cdot 4\cdot 6}\frac{x^7}{7} + \ldots \tag{7.25}$$

$$\operatorname{Arctan} x = x - \frac{x^3}{3} + \frac{x^5}{5} - \frac{x^7}{7} + \ldots \tag{7.26}$$

$$\operatorname{Arccos} x = \frac{\pi}{2} - \operatorname{Arcsin} x$$

$$\operatorname{Arccot} x = \frac{\pi}{2} - \operatorname{Arctan} x$$

Beispiel 5. Die Arcustangens-Reihe Gl. (7.26) kann zur Berechnung von π benutzt werden. Setzt man $x=1$, so erhält man $\operatorname{Arctan} 1=\pi/4$. Die so entstehende Reihe ist unter dem Namen Leibniz-Reihe bekannt. Sie konvergiert jedoch nur sehr langsam. Besser setzt man $x=1/\sqrt{3}$, dann erhält man $\operatorname{Arctan}(1/\sqrt{3})=\pi/6$. Nach Umordnen und Auflösen nach π ergibt sich

$$\pi=2\sqrt{3}\left(1-\frac{1}{3\cdot 3}+\frac{1}{5\cdot 3^2}-\frac{1}{7\cdot 3^3}+\ldots\right)=2\sqrt{3}\left(1+\sum_{i=1}^{\infty}\frac{(-1)^i}{(2i+1)\cdot 3^i}\right)$$ ■

Beispiel 6. Die Bogenlänge s eines Kreises ist durch eine Potenzreihe des Verhältnisses h/l der Pfeilhöhe h und der halben Sehne l darzustellen.

Nach Bild 7.5 ist $s=\alpha\cdot r$. Die Winkel $\beta=180°-\alpha$ und $\beta/2=90°-\alpha/2$ sind Mittelpunkt- und Umfangswinkel über der gleichen Sehne. Damit erhält man den eingezeichneten Winkel $\alpha/2$ und $\tan(\alpha/2)=h/l$. Deshalb ist $\alpha=2\operatorname{Arctan}(h/l)$. Nach Pythagoras ist

$$r^2=l^2+(r-h)^2 \quad \text{und daraus} \quad r=\frac{l}{2}\left(\frac{l}{h}+\frac{h}{l}\right)$$

Damit wird

$$s=l\left(\frac{l}{h}+\frac{h}{l}\right)\operatorname{Arctan}\left(\frac{h}{l}\right)$$

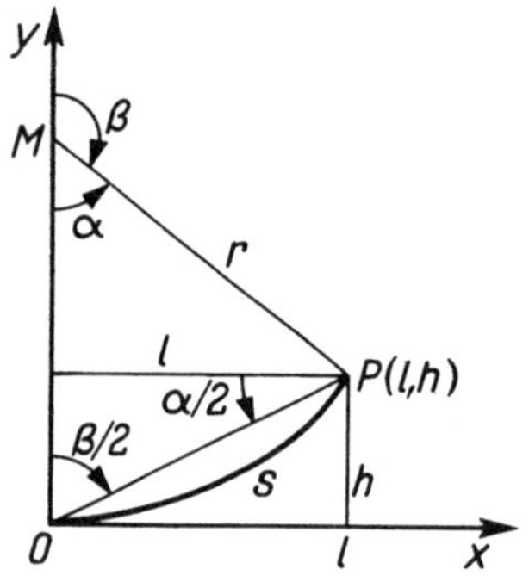

7.5

Entwickelt man den Arcustangens nach Gl. (7.26) in eine Reihe und multipliziert die Klammern aus, so erhält man

$$\begin{aligned} s&=l\left[1+\frac{2}{3}\left(\frac{h}{l}\right)^2-\frac{2}{15}\left(\frac{h}{l}\right)^4+\frac{2}{35}\left(\frac{h}{l}\right)^6-\ldots\right] \\ &=l\left[1+2\sum_{i=1}^{\infty}\frac{(-1)^{i+1}}{(2i-1)(2i+1)}\left(\frac{h}{l}\right)^{2i}\right] \end{aligned}$$

Diese Reihe konvergiert für $h/l<1$. Für flache Bögen ($h \ll l$) wird diese Reihe oft nach dem zweiten Glied abgebrochen. Ohne Beweis sei vermerkt, daß die dann entstehende Näherungsformel nicht nur für Kreisbögen, sondern auch für flache Parabelbögen und die Bogenlänge der Kettenlinie gilt. ■

7.2.3 Exponentialfunktion und Logarithmus

Für die Exponentialfunktion liefert wieder die MacLaurin-Formel Gl. (7.11) ein einfaches Ergebnis. Da alle Ableitungen von $y=e^x$ existieren und gleich der Funktion sind, ferner $e^0=1$ ist, erhält man als Reihe für die Exponentialfunktion

$$\boxed{e^x = 1 + x + \frac{x^2}{2!} + \frac{x^3}{3!} + \frac{x^4}{4!} + \ldots + \frac{x^{n+1}}{(n+1)!} e^{x_m} = \sum_{i=0}^{\infty} \frac{x^i}{i!}} \tag{7.27}$$

In Beispiel 2, Abschn. 7.1, wurde gezeigt, daß die Reihe für alle Werte von x konvergiert.

Beispiel 7. Man berechne die Zahl e auf fünf Stellen hinter dem Komma.

Die Zahl e erhält man als Spezialfall der Reihe (7.27) für $x=1$. Das Restglied ist nach Gl. (7.27) kleiner als das e-fache des ersten weggelassenen Gliedes. Hierfür wird näherungsweise das Dreifache des ersten weggelassenen Gliedes gesetzt.

Aus Gl. (7.15) und (7.27) ergibt sich folgendes Rechenschema

i	$q(i)$	A_i
0	–	1.0000000
1	1	1.0000000
2	1/2	0.5000000
3	1/3	0.1666667
4	1/4	0.0416667
5	1/5	0.0083333
6	1/6	0.0013889
7	1/7	0.0001984
8	1/8	0.0000248
9	1/9	0.0000028
	Summe	2.7182816

Hier zeigt sich besonders deutlich der Vorteil von Gl. (7.15). Das Glied A_{10} ist etwa $3 \cdot 10^{-7}$, damit wird der Rest kleiner als $1 \cdot 10^{-6}$, und e ist auf 5 Stellen genau. Exakt ist $e = 2.71828183\ldots$ ■

Beispiel 8. In einem Stromkreis sind ein Ohmscher Widerstand R und eine Induktivität L hintereinandergeschaltet. Legt man eine der Zeit t proportionale Spannung $u=pt$ an, so ergibt sich folgende Zeitabhängigkeit des Stromes

$$i(t) = \frac{pt}{R} + \frac{pL}{R^2}(e^{-Rt/L} - 1)$$

Diese Formel ist ungünstig, wenn Rt/L wesentlich kleiner als Eins ist (Einschaltvorgang oder Spule mit verschwindendem Ohmschen Widerstand), da dann $\exp(-Rt/L)$ etwa gleich Eins wird und dadurch der Klammerausdruck als Differenz zweier etwa gleich großer Zahlen nur sehr ungenau berechenbar ist. In diesem Falle hilft eine Entwicklung der Exponentialfunktion in eine Reihe nach Gl. (7.27). Setzt man $x = -(R/L)t$, so erhält man

$$e^{-(R/L)t} - 1 = -\frac{Rt}{L} + \frac{1}{2!}\left(\frac{Rt}{L}\right)^2 - \frac{1}{3!}\left(\frac{Rt}{L}\right)^3 + \ldots$$

Ist $(R/L)t \ll 1$, so kann nach dem quadratischen Glied abgebrochen werden, und man erhält

$$i(t) \approx \frac{pt}{R} + \frac{pL}{R^2}\left[-\frac{Rt}{L} + \frac{1}{2}\left(\frac{Rt}{L}\right)^2\right] = \frac{pt^2}{2L}$$

Für kleine Werte $(R/L)t$ ist der Strom also unabhängig vom Ohmschen Widerstand. ■

Die Logarithmus-Funktion $y = \ln x$ kann nicht an der Stelle $x_0 = 0$ in eine Reihe entwickelt werden, da hier der Funktionswert und die Ableitungen nicht existieren. Es ist daher zweckmäßig, stattdessen die Funktion $y = \ln(1+x)$ an der Stelle $x_0 = 0$ zu entwikkeln. Von dieser Funktion existieren an der Stelle $x_0 = 0$ beliebig viele Ableitungen. Man erhält

$$\begin{aligned} f(x) &= \ln(1+x) & f(0) &= 0 \\ f'(x) &= \frac{1}{1+x} & f'(0) &= 1 \\ f''(x) &= -\frac{1}{(1+x)^2} & f''(0) &= -1 \\ f'''(x) &= \frac{2}{(1+x)^3} & f'''(0) &= 2 \\ &\ldots & &\ldots \\ f^{(n+1)}(x) &= (-1)^n \frac{n!}{(1+x)^{n+1}} \end{aligned}$$

Damit ergibt Gl. (7.11)

$$\ln(1+x) = x - \frac{x^2}{2} + \frac{x^3}{3} - \frac{x^4}{4} + \ldots (-1)^n \frac{x^{n+1}}{n+1} \frac{1}{(1+x_m)^{n+1}} = \sum_{i=1}^{\infty} (-1)^{i+1} \frac{x^i}{i} \qquad (7.28)$$

Diese Reihe konvergiert für $-1 < x \leq +1$. Theoretisch könnte man also gerade noch $\ln 2$ berechnen, für eine praktische Anwendung konvergiert diese Reihe aber zu langsam.

Um eine schneller konvergierende Reihe zur Berechnung der Logarithmen beliebiger Zahlen zu erhalten, formt man die Reihe Gl. (7.28) um. Man ersetzt $+x$ durch $-x$

$$\ln(1-x) = -x - \frac{x^2}{2} - \frac{x^3}{3} - \frac{x^4}{4} - \ldots (-1)^n \frac{x^{n+1}}{n+1} \frac{1}{(1-x_m)^{n+1}} \qquad (7.29)$$

Die ersten Glieder der Polynome von Gl. (7.28) und (7.29) ergeben die Näherungsformel

$$\ln(1 \pm x) \approx \pm x \quad \text{wenn} \quad |x| \ll 1$$

Wird Gl. (7.29) von Gl. (7.28) subtrahiert, so erhält man

$$\ln(1+x) - \ln(1-x) = \ln\frac{1+x}{1-x} = 2\left(x + \frac{x^3}{3} + \frac{x^5}{5} + \ldots\right) \tag{7.30}$$

Diese Reihe konvergiert für $|x| < 1$. Setzt man jetzt aber

$$\frac{1+x}{1-x} = \frac{1+z}{z} \quad \text{so wird} \quad x = \frac{1}{2z+1}$$

Mit dieser neuen Variablen wird die linke Seite von Gl. (7.30)

$$\ln\frac{1+x}{1-x} = \ln\frac{1+z}{z} = \ln(1+z) - \ln z$$

Bringt man den zweiten Summanden der rechten Seite der vorstehenden Gleichung auf die rechte Seite von Gl. (7.30) und setzt $x = 1/(2z+1)$, so erhält man

$$\boxed{\begin{aligned} \ln(z+1) &= \ln z + 2\left[\frac{1}{2z+1} + \frac{1}{3(2z+1)^3} + \frac{1}{5(2z+1)^5} + \ldots\right] \\ &= \ln z + 2\sum_{i=0}^{\infty} \frac{(2z+1)^{-(2i+1)}}{(2i+1)} \end{aligned}} \tag{7.31}$$

Mit dieser Reihe kann der Logarithmus einer Zahl $z+1$ berechnet werden, wenn der Logarithmus der um Eins kleineren Zahl z bekannt ist. Mit einer derartigen Reihenentwicklung brauchen nur die Logarithmen der Primzahlen berechnet zu werden, da sich die Logarithmen der anderen ganzen Zahlen nach den Gesetzen des logarithmischen Rechnens durch Addition der Logarithmen der aus Primzahlen bestehenden Faktoren ergeben. Benötigt man die Logarithmen zu einer anderen Basis b (z. B. $b = 10$), so sind die natürlichen Logarithmen durch $\ln b$ zu teilen.

Diese Reihe ist nicht vom Typ der Gl. (7.9). Deshalb wird zur Konvergenzbestimmung unmittelbar das Quotientenkriterium herangezogen.

$$\begin{aligned} \frac{A_i}{A_{i-1}} &= \frac{(2i-1)(2z+1)^{2i-1}}{(2i+1)(2z+1)^{2i+1}} = \frac{2i-1}{(2i+1)(2z+1)^2} < \frac{1}{(2z+1)^2} \\ &= q < 1 \quad \text{wenn} \quad z > 0 \end{aligned}$$

Die Reihe konvergiert um so schneller, je größer z ist.

7.2.4 Binomische Reihe

Eine Reihenentwicklung der Funktion $y=(1+x)^m$ mit x, $m \in \mathbb{R}$ heißt binomische Reihe (Binom = Term aus 2 Summanden). An der Stelle $x_0=0$ existieren Funktion und sämtliche Ableitungen

$$\begin{aligned}
f(x) &= (1+x)^m & f(0) &= 1 \\
f'(x) &= m(1+x)^{m-1} & f'(0) &= m \\
f''(x) &= m(m-1)(1+x)^{m-2} & f''(0) &= m(m-1) \\
f'''(x) &= m(m-1)(m-2)(1+x)^{m-3} & f'''(0) &= m(m-1)(m-2) \\
&\dots & &\dots \\
f^{(n+1)}(x) &= m(m-1)(m-2)\dots(m-n)(1+x)^{m-(n+1)}
\end{aligned}$$

Nach Gl. (7.11) sind die Ableitungen durch die entsprechenden Fakultäten zu dividieren.

Dadurch entstehen die Binomialkoeffizienten (s. Gl. (1.10))

$$\frac{m}{1!}=\binom{m}{1} \qquad \frac{m(m-1)}{2!}=\binom{m}{2} \qquad \frac{m(m-1)(m-2)}{3!}=\binom{m}{3}$$

$$\frac{m(m-1)(m-2)\dots(m-(n-2))(m-(n-1))}{n!}=\binom{m}{n}$$

$$\frac{m(m-1)(m-2)\dots(m-(n-1))(m-n)}{(n+1)!}=\binom{m}{n+1}$$

Damit lautet die binomische Reihe

$$\boxed{(1+x)^m = 1+mx+\binom{m}{2}x^2+\binom{m}{3}x^3+\dots+R_{n+1}(x)=\sum_{i=0}^{\infty}\binom{m}{i}x^i} \qquad (7.32)$$

mit $\quad R_{n+1}(x)=\binom{m}{n+1}x^{n+1}(1+x_{\mathrm{m}})^{m-(n+1)}$

Wenn $m \in \mathbb{N}$, werden alle Koeffizienten nach dem Glied $m=n$ zu Null, und es entstehen endliche Reihen. Ist der Exponent nicht ganz und positiv, so erhält man unendliche Reihen.

Die binomische Reihe konvergiert, wenn $|x|<1$. Für kleine Werte von $|mx|$ kann die Reihe häufig bereits nach dem zweiten Gliede abgebrochen werden, es entsteht die oft benutzte Näherungsformel

$$\boxed{(1+x)^m \approx 1+mx \quad \text{für} \quad |mx| \ll 1} \qquad (7.33)$$

Für $m=1/2$ oder $m=-1/2$ wird daraus

$$\boxed{\sqrt{1+x}\approx 1+\frac{x}{2} \qquad \frac{1}{\sqrt{1+x}}\approx 1-\frac{x}{2}} \tag{7.34}$$

oder ausführlicher und genauer

$$\sqrt{1+x}=1+\frac{1}{2}x-\frac{1\cdot 1}{2\cdot 4}x^2+\frac{1\cdot 1\cdot 3}{2\cdot 4\cdot 6}x^3-\frac{1\cdot 1\cdot 3\cdot 5}{2\cdot 4\cdot 6\cdot 8}x^4+\ldots \tag{7.35}$$

$$\frac{1}{\sqrt{1+x}}=1-\frac{1}{2}x+\frac{1\cdot 3}{2\cdot 4}x^2-\frac{1\cdot 3\cdot 5}{2\cdot 4\cdot 6}x^3+\frac{1\cdot 3\cdot 5\cdot 7}{2\cdot 4\cdot 6\cdot 8}x^4-\ldots \tag{7.36}$$

Beispiel 9. Um welchen Betrag w senkt sich eine Brücke, wenn sich das untere Ende des Trägers der Länge l um die Strecke s seitlich verschiebt?

Es ist eine Näherungsformel für $s \ll l$ herzuleiten.

Aus Bild **7.6** entnimmt man

$$(l-w)^2+s^2=l^2 \qquad l-w=\sqrt{l^2 \quad s^2}=l\left(1-\left(\frac{s}{l}\right)^2\right)^{1/2}$$

Mit Gl. (7.34) erhält man

$$l-w\approx l\left(1-\frac{1}{2}\left(\frac{s}{l}\right)^2\right) \quad \text{für} \quad s \ll l$$

Daraus ergibt sich $w\approx s^2/(2l)$.

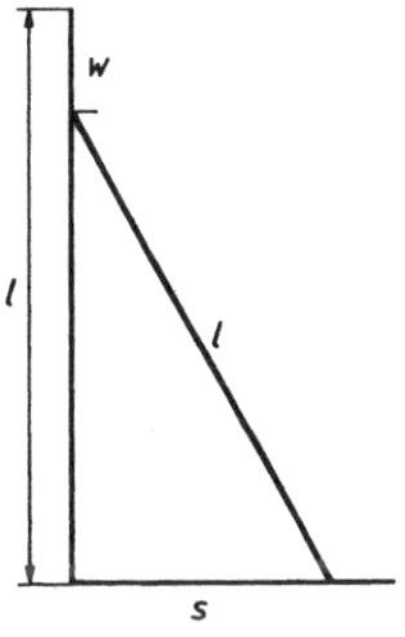

7.6 ■

Integrieren durch Reihenentwicklung. Manche Integrale lassen sich durch Reihenentwicklung des Integranden und Integrieren jedes einzelnen Reihengliedes lösen. Dazu ist erforderlich, daß die Reihe der Beträge der Reihenglieder konvergiert.

Beispiel 10. Bei der Berechnung des Umfangs U einer Ellipse mit der großen Halbachse b und $k^2=(b^2-a^2)/b^2$ (s. Beispiel 3, S. 440) tritt das folgende elliptische Integral 2. Gattung auf

$$U=4b\int_0^{\pi/2}\sqrt{1-k^2\sin^2\varphi}\,\mathrm{d}\varphi$$

Es ist durch Reihenentwicklung zu berechnen.

Entwickelt man den Integranden in eine binomische Reihe Gl. (7.35) mit $x = -k^2 \sin^2\varphi$ und $m = 1/2$, so erhält man

$$U = 4b \int_0^{\pi/2} \left(1 - \frac{1}{2} k^2 \sin^2\varphi - \frac{1}{2\cdot 4} k^4 \sin^4\varphi - \frac{1\cdot 3}{2\cdot 4\cdot 6} k^6 \sin^6\varphi - \ldots\right) \mathrm{d}\varphi$$

Die Potenzen des Sinus können nach folgender Rekursionsformel integriert werden, die aus der Produktintegration folgt, s. Gl. (6.34)

$$\int \sin^n\varphi \,\mathrm{d}\varphi = -\frac{1}{n} \sin^{n-1}\varphi \cos\varphi + \frac{n-1}{n} \int \sin^{n-2}\varphi \,\mathrm{d}\varphi$$

Wegen der hier vorkommenden Grenzen 0 und $\pi/2$ wird das erste Glied dieser Summe stets Null, ferner ist hier $n = 2, 4, 6, \ldots$ Damit ist

$$\int_0^{\pi/2} \sin^n\varphi \,\mathrm{d}\varphi = \frac{n-1}{n} \int_0^{\pi/2} \sin^{n-2}\varphi \,\mathrm{d}\varphi$$

und $$\int_0^{\pi/2} \sin^{n-2}\varphi \,\mathrm{d}\varphi = \frac{(n-2)-1}{n-2} \int_0^{\pi/2} \sin^{n-4}\varphi \,\mathrm{d}\varphi$$

allgemein

$$\int_0^{\pi/2} \sin^n\varphi \,\mathrm{d}\varphi = \frac{n-1}{n} \cdot \frac{n-3}{n-2} \cdot \frac{n-5}{n-4} \ldots \frac{1}{2} \cdot \frac{\pi}{2} \tag{7.37}$$

Hieraus folgt

$$\begin{aligned} U &= 4b \left[\frac{\pi}{2} - \frac{1}{2} k^2 \frac{\pi}{2\cdot 2} - \frac{1}{2\cdot 4} k^4 \frac{1\cdot 3\cdot \pi}{2\cdot 2\cdot 4} - \frac{1\cdot 3}{2\cdot 4\cdot 6} k^6 \frac{1\cdot 3\cdot 5\cdot \pi}{2\cdot 2\cdot 4\cdot 6} - \ldots\right] \\ &= 2b\pi \left[1 - \left(\frac{1}{2}\right)^2 k^2 - \left(\frac{1\cdot 3}{2\cdot 4}\right)^2 \frac{k^4}{3} - \left(\frac{1\cdot 3\cdot 5}{2\cdot 4\cdot 6}\right)^2 \frac{k^6}{5} - \ldots\right] \\ &= 2b\pi (1 - 0.25000 k^2 - 0.04688 k^4 - 0.01953 k^6 - \ldots) \end{aligned}$$

■

7.2.5 Aufgaben zu Abschnitt 7.2

1. Die folgenden Funktionen sind in Potenzreihen zu entwickeln, und das Restglied ist zu bestimmen.

a) $y = \dfrac{1+x}{1-x}$ an der Stelle $x_0 = 0$ b) $y = 1/x$ an der Stelle $x_0 = 1$

c) $y = \tan x$ an der Stelle $x_0 = 0$

2. Man zeichne in einem Diagramm die Graphen der Funktion $y=\ln(1+x)$ und ihrer Ersatzfunktionen Gl. (7.28)

$$f_1(x)=x \qquad f_2(x)=x-\frac{x^2}{2} \qquad f_3(x)=x-\frac{x^2}{2}+\frac{x^3}{3} \qquad \text{für } -1<x<+2.$$

3. Nach dem Massenanziehungsgesetz beträgt die Fallbeschleunigung g als Funktion der Höhe h über der Erdoberfläche

$$g(h)=g_0\left(\frac{R}{R+h}\right)^2$$

Dabei ist g_0 die Fallbeschleunigung an der Erdoberfläche und $R=6370$ km der Erdradius. Diese Gleichung ist in eine Reihe nach Potenzen von h/R zu entwickeln. Wie groß ist bei $h=300$ km der relative Fehler, wenn man nur mit dem linearen Glied der Reihe rechnet?

4. Es sind die Reihen der folgenden Funktionen zu entwickeln, indem die 1. Ableitung in eine binomische Reihe entwickelt und diese integriert wird.

a) $y=\ln(1+x)$ b) $y=\operatorname{Arcsin} x$

5. Wie lautet eine Reihe für $\pi=6\operatorname{Arcsin}(1/2)$?

6. Eine nach oben geöffnete Parabel mit dem Scheitel im Koordinatenursprung geht durch den Punkt $P(l;\, h)$, wobei $h \ll l$ ist. Man entwickle die Bogenlänge zwischen $x=0$ und $x=l$ in eine Potenzreihe nach Potenzen von (h/l).

Hinweis: Der Integrand in der Formel für die Bogenlänge ist in eine Potenzreihe zu entwickeln und dann zu integrieren.

7. Man entwickle die folgenden Integranden in Reihen und integriere gliedweise

a) $\displaystyle\int_0^x \frac{\sin\xi}{\xi}\,d\xi$ b) $\displaystyle\int_0^x \sqrt{1+\xi^3}\,d\xi$

c) $\displaystyle\int_0^x \cos\sqrt{\xi}\,d\xi$ d) $\displaystyle\int_{1/2\pi}^{1/\pi} \sin\left(\frac{1}{x}\right)dx$

Die Lösung zu Aufgabe 7d ist auf 4 Dezimalstellen zu berechnen.

7.3 Fourier-Reihen

In der Einführung von Abschn. 7.2 werden verschiedene Möglichkeiten skizziert, wie man eine Funktion $f(x)$ durch eine Ersatzfunktion $g(x)$ annähern kann. Während bei Taylor-Formeln die Ersatzfunktionen so gewählt werden, daß diese in der Umgebung der Entwicklungsstelle einen möglichst guten Ersatz darstellen, wird bei einer Approximation die Ersatzfunktion so gesucht, daß sie innerhalb eines Intervalls einen möglichst guten Ersatz darstellt. In diesem Abschnitt werden ausschließlich periodische Funktionen $f(x)$, die innerhalb eines Periodenintervalls durch eine Ersatzfunktion approximiert werden sollen, betrachtet. Deshalb liegt es nahe, als Ersatzfunktionen die ebenfalls periodischen Winkelfunktionen zu wählen.

7.3.1 Approximation durch trigonometrische Summen

Als Ersatzfunktionen sollen ausschließlich trigonometrische Summen der Form

$$\begin{aligned} g(x) &= \frac{a_0}{2} + a_1 \cos x + b_1 \sin x + a_2 \cos 2x + b_2 \sin 2x + \ldots + a_n \cos nx + b_n \sin nx \\ &= \frac{a_0}{2} + \sum_{m=1}^{n} (a_m \cos mx + b_m \sin mx) \end{aligned} \tag{7.38}$$

verwandt werden, deren Koeffizienten a_i und b_i so zu bestimmen sind, daß die Funktion $f(x)$ möglichst gut durch die Funktion $g(x)$ angenähert wird.

In Gl. (7.38) wird der konstante Summand mit $a_0/2$ anstatt mit a_0 bezeichnet, weil dann in Gl. (7.54) alle Koeffizienten a_k $(k=0, 1, \ldots)$ durch eine Formel ausgedrückt werden können.

Reduktion der Periode. Für eine Funktion der Zeit $y=F(t)$, welche die Periode (Schwingungsdauer) T hat, tritt nach jeder Schwingungsdauer der gleiche Funktionswert wieder auf. Deshalb gilt für jedes t

$$F(t)=F(t+T) \tag{7.39}$$

Führt man eine neue unabhängige Veränderliche

$$x=\omega t=\frac{2\pi}{T} t \tag{7.40}$$

ein, dann wird aus Gl. (7.39)

$$F(t)=F\left(\frac{x}{\omega}\right)=f(x)=f(x+2\pi) \tag{7.41}$$

Beispiel 1. Die Funktion $F(t)=\sin\left(\frac{5}{\text{s}} t\right)$ ist periodisch, denn es gilt $\sin\left(\frac{5}{\text{s}} t\right)=$ $\sin\left(\frac{5}{\text{s}} t+n\cdot 2\pi\right)$. Die Periode wird erkennbar, wenn man nach Gl. (7.40)

$$x=\frac{5}{\text{s}} t=\frac{2\pi}{T} t$$

setzt. Man erhält aus dieser Gleichung

$$T=\frac{2\pi}{5} \text{s}=1.25664 \text{ s}$$

und $\quad F(t)=\sin\left(\frac{5}{\text{s}} t\right)=\sin\left(\frac{5}{\text{s}}\cdot t+2\pi\right)=\sin\left[\frac{5}{\text{s}}(t+1.25664 \text{ s})\right]$ ■

Eine möglichst gute Annäherung der gegebenen Funktion $f(x)$ durch eine Ersatzfunktion $g(x)$ wird erreicht, wenn die „örtlichen“ Fehler

$$v_i=f(x_i)-g(x_i)$$

möglichst klein werden. Da es Abweichungen zwischen $f(x)$ und $g(x)$ nach beiden Seiten geben kann, ist die Summe der Fehler als Kriterium für die Güte der Annäherung ungeeignet, weil selbst bei großen Abweichungen nach oben und nach unten eine Fehlersumme $\Sigma v_i = 0$ entstehen kann. Nimmt man anstatt der Abweichungen selbst jedoch nach einem Vorschlag von Gauß deren Quadrate als Maß für die Güte der Annäherung, dann können sich die Fehler mit unterschiedlichen Vorzeichen nicht aufheben. Man spricht von einer Approximation im quadratischen Mittel.

Die Parameter a_i und b_i der Ersatzfunktion in Gl. (7.38) sind so zu bestimmen, daß die Summe der Fehlerquadrate ein Minimum wird. Da die Punkte x_i bei einer stetigen Funktion beliebig dicht beieinander liegen, wird aus der Summe der Fehlerquadrate ein Integral. Die Bedingung für die Koeffizienten a_k und b_k lautet also

$$F(a_k, b_k) = \int_0^{2\pi} [f(x) - g(x, a_k, b_k)]^2 \, dx \Rightarrow \text{Minimum} \tag{7.42}$$

Für dieses Minimum gilt nach Abschn. 9 als notwendige Bedingung, daß die partiellen Ableitungen der Funktion F nach allen Parametern a_k und b_k gleich Null werden. Mit $f(x) = f(x + 2\pi)$ und $g(x)$ nach Gl. (7.38) gilt

$$\begin{aligned}
\frac{\partial F}{\partial a_0} &= -2 \int_0^{2\pi} [f(x) - g(x, a_k, b_k)] \frac{\partial g(x, a_k, b_k)}{\partial a_0} \, dx \\
&= -2 \int_0^{2\pi} [f(x) - g(x, a_k, b_k)] \cdot \frac{1}{2} \, dx = 0 \\
\frac{\partial F}{\partial a_k} &= -2 \int_0^{2\pi} [f(x) - g(x, a_k, b_k)] \cos kx \, dx = 0 \qquad k = 1, \ldots, n \\
\frac{\partial F}{\partial b_k} &= -2 \int_0^{2\pi} [f(x) - g(x, a_k, b_k)] \sin kx \, dx = 0
\end{aligned} \tag{7.43}$$

Hieraus folgt nach Ersetzen von $g(x, a_k, b_k)$ durch die trigonometrische Reihe ein lineares Gleichungssystem für die $2n+1$ Parameter $a_0, a_1, \ldots, a_n, b_1, \ldots, b_n$

$$\frac{a_0}{2} 2\pi + \sum_{m=1}^{n} \left[a_m \int_0^{2\pi} \cos mx \, dx + b_m \int_0^{2\pi} \sin mx \, dx \right] = \int_0^{2\pi} f(x) \, dx \tag{7.44}$$

$$\begin{aligned}
&\frac{a_0}{2} \int_0^{2\pi} \cos kx \, dx + \sum_{m=1}^{n} \left[a_m \int_0^{2\pi} \cos mx \cos kx \, dx + b_m \int_0^{2\pi} \sin mx \cos kx \, dx \right] \\
&\quad = \int_0^{2\pi} f(x) \cos kx \, dx \qquad k = 1, \ldots, n
\end{aligned} \tag{7.45}$$

$$\frac{a_0}{2}\int_0^{2\pi}\sin kx\,\mathrm{d}x+\sum_{m=1}^{n}\left[a_m\int_0^{2\pi}\cos mx\sin kx\,\mathrm{d}x+b_m\int_0^{2\pi}\sin mx\sin kx\,\mathrm{d}x\right]$$
$$=\int_0^{2\pi}f(x)\sin kx\,\mathrm{d}x \qquad k=1,\ldots,n \tag{7.46}$$

Das Gleichungssystem ist eindeutig lösbar. Die Koeffizienten des Gleichungssystems für die Unbekannten a_k und b_k sind Integrale über trigonometrische Funktionen, die leicht zu berechnen sind, da sie sich über die Periode dieser Funktionen erstrecken. In Gl. (7.44) und im ersten Integral der Gl. (7.45) und (7.46) ist

$$\int_0^{2\pi}\cos mx\,\mathrm{d}x=\frac{1}{m}[\sin(m\cdot 2\pi)-\sin 0]=0$$

und $\qquad$ für $m\neq 0 \qquad$ (7.47)

$$\int_0^{2\pi}\sin mx\,\mathrm{d}x=-\frac{1}{m}[\cos(m\cdot 2\pi)-\cos 0]=0$$

Aus Gl. (7.44) ergibt sich der Koeffizient

$$a_0=\frac{1}{\pi}\int_0^{2\pi}f(x)\,\mathrm{d}x \tag{7.48}$$

In den Summen in Gl. (7.45) und (7.46) tritt a_0 dann nicht mehr auf. Die Berechnung der übrigen Integrale in diesen Gleichungen zeigt, daß nur die Koeffizienten mit dem Index $k=m$ von Null verschieden sind und alle anderen gleich Null werden.

Nach den Additionstheoremen kann man die Integranden so umformen, daß aus Produkten von trigonometrischen Funktionen Summen werden, s. Gl. (3.77), (3.81) und (3.83). In

$$\begin{aligned}\sin mx\cos kx&=\tfrac{1}{2}[\sin(m-k)x+\sin(m+k)x]\\ \cos mx\cos kx&=\tfrac{1}{2}[\cos(m-k)x+\cos(m+k)x]\\ \sin mx\sin kx&=\tfrac{1}{2}[\cos(m-k)x-\cos(m+k)x]\end{aligned} \tag{7.49}$$

sind die Zahlen $m-k$ und $m+k$ ganz, und die Integration einer Sinusfunktion und einer Cosinusfunktion über eine Periode oder ein Vielfaches davon ist nach Gl. (7.47) für $m\neq k$ (dort $m\neq 0$) gleich Null.

$$\int_0^{2\pi}\sin mx\cos kx\,\mathrm{d}x=0 \qquad \int_0^{2\pi}\cos mx\cos kx\,\mathrm{d}x=0$$
$$\int_0^{2\pi}\sin mx\sin kx\,\mathrm{d}x=0 \qquad \text{für} \quad m\neq k \tag{7.50}$$

Von Gl. (7.45) und (7.46) bleiben also nur die Koeffizienten mit $m=k$. Aus Gl. (7.49) folgt für $m=k$

$$\sin mx \cos mx = \tfrac{1}{2}\sin 2mx$$

$$\cos^2 mx = \tfrac{1}{2}(1+\cos 2mx) \qquad \sin^2 mx = \tfrac{1}{2}(1-\cos 2mx)$$

und wegen $\int_0^{2\pi} \sin 2mx \, dx = \int_0^{2\pi} \cos 2mx \, dx = 0$ bleibt

$$\int_0^{2\pi} \cos^2 mx \, dx = \int_0^{2\pi} \sin^2 mx \, dx = \tfrac{1}{2}\int_0^{2\pi} 1 \, dx = \pi \tag{7.51}$$

Damit erhält man schließlich für die Formeln für die Fourier-Koeffizienten

$$a_m = \frac{1}{\pi}\int_0^{2\pi} f(x)\cos mx \, dx \qquad b_m = \frac{1}{\pi}\int_0^{2\pi} f(x)\sin mx \, dx \tag{7.52}$$

$m=1, \ldots, n$

Die Zusammenfassung dieser Überlegungen ergibt den

Satz. Die Funktion $f(x)$ sei im Intervall $[0, 2\pi]$ definiert, integrierbar und durch

$$f(x+2\pi\cdot k) = f(x) \qquad k \in \mathbb{Z}$$

überall in $\mathbb{R}$ erklärt und in 2π periodisch. Dann ist die trigonometrische Summe

$$g(x) = \frac{a_0}{2} + \sum_{m=1}^{n} [a_m \cos mx + b_m \sin mx] \tag{7.53}$$

die beste Approximation der Funktion $f(x)$, wenn die Koeffizienten durch folgende Integrale gegeben sind

$$\begin{aligned} a_m &= \frac{1}{\pi}\int_0^{2\pi} f(x)\cos mx \, dx \qquad m=0, 1, \ldots, n \\ b_m &= \frac{1}{\pi}\int_0^{2\pi} f(x)\sin mx \, dx \qquad m=1, \ldots, n \end{aligned} \tag{7.54}$$

Für manche Anwendungen ist es zweckmäßig, die Sinus- und Cosinus-Schwingungen der Gl. (7.53) zu einer resultierenden Schwingung zusammenzufassen. Nach Gl. (3.95) erhält man für deren Amplitude und Phasenverschiebung

$$c_m = \sqrt{a_m^2 + b_m^2} \qquad \varphi_m = \operatorname{Arctan}(a_m/b_m)$$

und damit (7.55)

$$g(x) = \frac{a_0}{2} + \sum_{m=1}^{n} c_m \sin(mx + \varphi_m)$$

Für $n \to \infty$ konvergiert die Fourier-Reihe unter bestimmten Bedingungen gegen die Funktion $f(x)$. Dieser Satz wird hier ohne Beweis mitgeteilt.

Hauptsatz der Theorie der Fourier-Reihen. Das Intervall $[0, 2\pi]$ lasse sich in endlich viele Teilintervalle mit den Endpunkten $0 = x_0 < x_1 < x_2 < \ldots < x_i = 2\pi$ so zerlegen, daß die Funktion $f(x)$ im Innern jedes Teilintervalls (x_k, x_{k+1}), $k = 0, 1, \ldots, i-1$ differenzierbar ist und $|f'| < M$ in jedem dieser Intervalle gilt, wobei M eine beliebige, aber feste Schranke ist. Weiter habe $f(x)$ in allen Teilpunkten x_k rechts- und linksseitige Grenzwerte. Schließlich gelte für alle $x \in \mathbb{R}$ $f(x) = f(x + 2\pi)$.
Dann ist die Fourier-Reihe

$$\frac{a_0}{2} + \sum_{m=1}^{\infty} [a_m \cos mx + b_m \sin mx]$$

überall konvergent. Sie stimmt in allen Punkten, in denen $f(x)$ stetig ist, mit $f(x)$ überein. An den Sprungstellen ist der Grenzwert der Reihe gleich dem arithmetischen Mittel der Grenzwerte beider Seiten.

Die Fourierkoeffizienten ändern sich nicht, wenn man die Anzahl der Reihenglieder vergrößert, also neue Summanden hinzufügt. Das erkennt man daran, daß die nach Gl. (7.54) berechneten Koeffizienten nicht von der Zahl n abhängen.

7.3.2 Spezialfälle und Beispiele

Verschiebung des Integrationsweges. In den Integralen Gl. (7.54) hat der Integrand die Periode 2π. Daher gilt für ein beliebiges α

$$a_k = \frac{1}{\pi} \int_{\alpha}^{2\pi+\alpha} f(x) \cos kx \, \mathrm{d}x \qquad b_k = \frac{1}{\pi} \int_{\alpha}^{2\pi+\alpha} f(x) \sin kx \, \mathrm{d}x \tag{7.56}$$

Symmetrie. Hat die Funktion $f(x)$ Symmetrien, so vereinfachen sich die Integrationsgleichungen (7.54).

Gerade Funktion. Diese ist symmetrisch zur y-Achse, und es gilt $f(-x) = f(x)$. Dann ist das Produkt $f(x) \cos kx$ zweier gerader Funktionen wieder eine gerade Funktion, und es gilt

$$a_k = \frac{1}{\pi} \int_{0}^{2\pi} f(x) \cos kx \, \mathrm{d}x = \frac{1}{\pi} \int_{-\pi}^{\pi} f(x) \cos kx \, \mathrm{d}x = \frac{2}{\pi} \int_{0}^{\pi} f(x) \cos kx \, \mathrm{d}x \tag{7.57}$$

Das Produkt $f(x)\sin kx$ aus einer geraden und einer ungeraden Funktion ist eine ungerade Funktion. Die Anteile links und rechts der y-Achse heben sich bei der oben gezeigten Verschiebung des Integrationsweges gegenseitig auf, und es gilt

$$b_k = 0 \tag{7.58}$$

Beispiel 2. Für die in Bild **7.7** dargestellte kommutierte (gleichgerichtete) Sinusschwingung bestimme man die Fourier-Reihe.

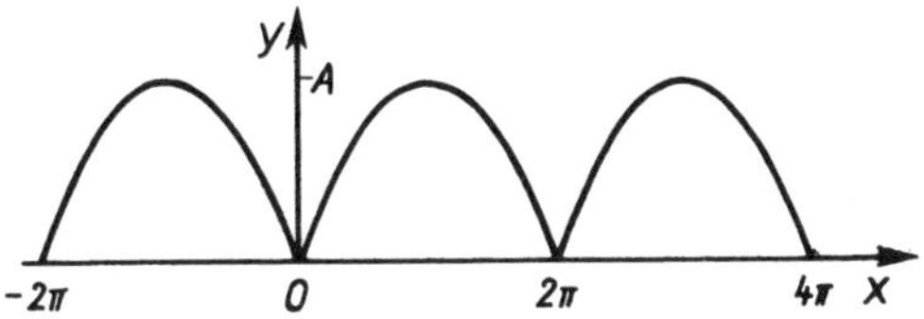

7.7

Es handelt sich hier um eine gerade Funktion, die für $0 \le x \le 2\pi$ der Gleichung $y = A\sin(x/2)$ genügt. Daher ist $b_k = 0$ und

$$a_k = \frac{2}{\pi}\int_0^{\pi} f(x)\cos kx\,\mathrm{d}x = \frac{2A}{\pi}\int_0^{\pi}\sin\frac{x}{2}\cos kx\,\mathrm{d}x$$

Nach Gl. (3.79) erhält man zwei Integrale

$$\frac{\pi a_k}{A} = \int_0^{\pi}\sin\left(k+\frac{1}{2}\right)x\,\mathrm{d}x - \int_0^{\pi}\sin\left(k-\frac{1}{2}\right)x\,\mathrm{d}x$$

$$= -\left.\frac{\cos\left(k+\frac{1}{2}\right)x}{k+\frac{1}{2}}\right|_0^{\pi} + \left.\frac{\cos\left(k-\frac{1}{2}\right)x}{k-\frac{1}{2}}\right|_0^{\pi}$$

$$= \frac{1-\cos\left(k+\frac{1}{2}\right)\pi}{k+\frac{1}{2}} - \frac{1-\cos\left(k-\frac{1}{2}\right)\pi}{k-\frac{1}{2}}$$

Da $\cos(k+1/2)\pi = \cos(k-1/2)\pi = 0$ ist, folgt

$$a_k = \frac{A}{\pi}\,\frac{-1}{k^2-\frac{1}{4}} = -\frac{A}{\pi}\,\frac{4}{4k^2-1} = -\frac{4A}{\pi(2k-1)(2k+1)}$$

$$y = \frac{4A}{\pi}\left(\frac{1}{2} - \frac{1}{3}\cos x - \frac{1}{3\cdot 5}\cos 2x - \frac{1}{5\cdot 7}\cos 3x - \ldots\right) = \frac{4A}{\pi}\left[\frac{1}{2} - \sum_{m=1}^{\infty}\frac{\cos mx}{4m^2-1}\right]$$ ■

Ungerade Funktion. Falls $f(x) = -f(-x)$ gilt, ist $f(x)\cos kx$ eine ungerade und $f(x)\sin kx$ eine gerade Funktion. Daher ist

$$a_k = \frac{1}{\pi}\int_{-\pi}^{+\pi} f(x)\cos kx\,dx = 0$$
$$b_k = \frac{1}{\pi}\int_{-\pi}^{+\pi} f(x)\sin kx\,dx = \frac{2}{\pi}\int_{0}^{\pi} f(x)\sin kx\,dx \tag{7.59}$$

Beispiel 3. Es ist $f(x) = (\pi - x)/2$ für $0 < x < 2\pi$ und $f(x) = f(x + 2\pi)$. Wie lautet die Fourier-Reihe?

Bild 7.8a zeigt das Diagramm dieser Funktion. Die Funktion $f(x)$ ist ungerade. Daher ist

$$a_0 = a_k = 0 \quad \text{und} \quad \frac{\pi}{2} b_k = \int_0^{\pi} \frac{\pi - x}{2}\sin kx\,dx$$

Dieses Integral wird durch Produktintegration (Gl. (6.32)) gelöst. Es ist

$$f_1 = \frac{\pi - x}{2} \qquad f_2 = -\frac{1}{k}\cos kx$$

$$f_1' = -\frac{1}{2} \qquad f_2' = \sin kx$$

$$\frac{\pi}{2} b_k = -\left[\frac{\pi - x}{2k}\cos kx\right]_0^{\pi} - \frac{1}{2k}\int_0^{\pi}\cos kx\,dx = \frac{\pi}{2k} - \frac{1}{2k^2}\sin kx\Big|_0^{\pi} = \frac{\pi}{2k}$$

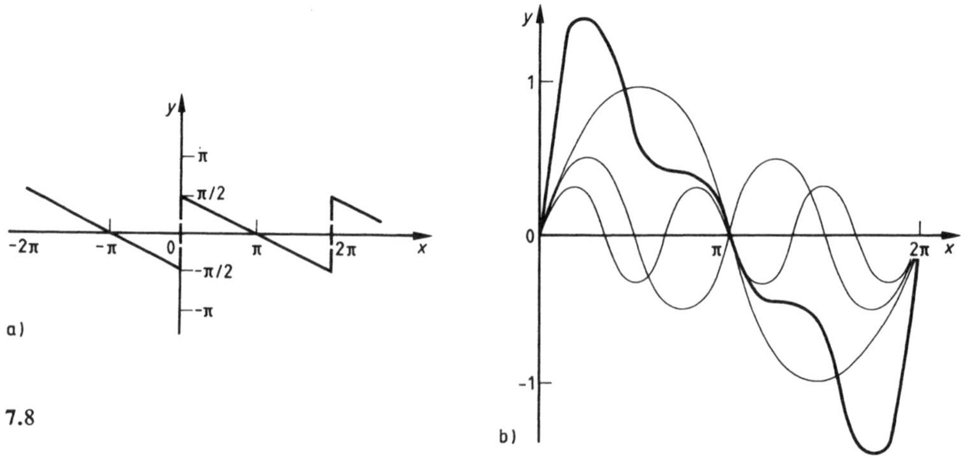

7.8

Daher ist $b_k = 1/k$ und die gesuchte Funktion

$$f(x) = \frac{\sin x}{1} + \frac{\sin 2x}{2} + \ldots = \sum_{m=1}^{\infty} \frac{\sin mx}{m}$$

Bild 7.8b zeigt die Überlagerung der ersten drei Summanden. ■

Alternierende Funktion. Eine Funktion heißt alternierend, wenn

$$f(x) = -f(x+\pi)$$

gilt (Bild 7.9).

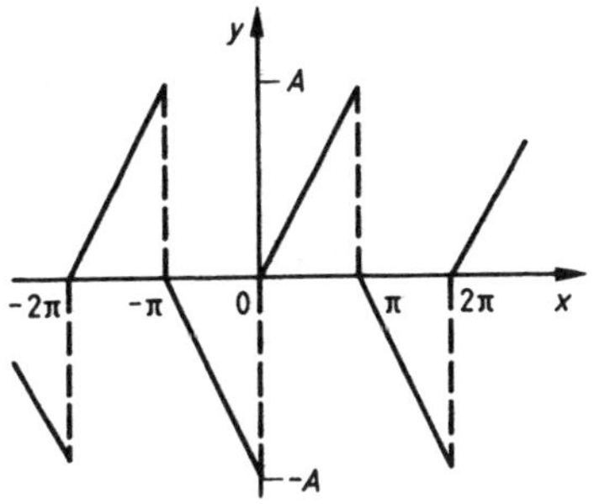

7.9

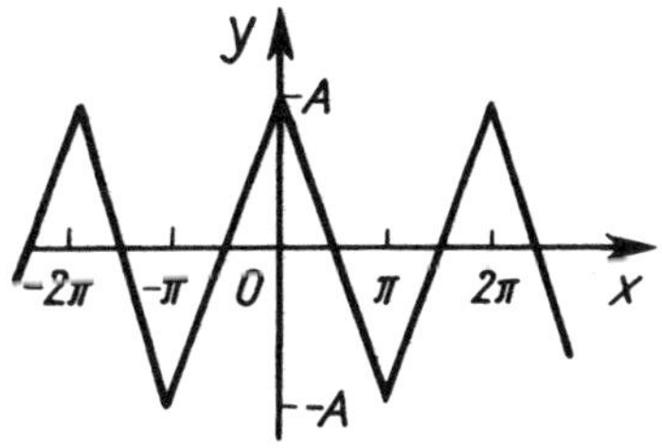

7.10

Bei der Integration über einer Periode 0 bis 2π wird die trigonometrische Reihe im Bereich von 0 bis π mit der Funktion $f(x)$ und im Bereich von π bis 2π mit der Funktion $-f(x+\pi)$ multipliziert, also mit den gleichen Beträgen, nur mit unterschiedlichen Vorzeichen (Bild 7.9). Bei allen trigonometrischen Funktionen, die in diesen beiden Bereichen die gleichen Vorzeichen haben, also $\sin 2x$, $\sin 4x$, $\sin 6x, \ldots, \cos 2x$, $\cos 4x, \ldots$ ergibt das Produkt $f(x)\cdot\sin 2kx$ und $f(x)\cdot\cos 2kx$ einmal positive und einmal negative Vorzeichen, bei der Integration über die ganze Periode also Null. Deshalb bleiben bei alternierenden Funktionen nur die Glieder mit ungeraden Koeffizienten übrig.

$$a_{2k+1} = \frac{2}{\pi}\int_0^{\pi} f(x)\cos(2k+1)x\,\mathrm{d}x \qquad a_{2k} = a_0 = 0$$

$$b_{2k+1} = \frac{2}{\pi}\int_0^{\pi} f(x)\sin(2k+1)x\,\mathrm{d}x \qquad b_{2k} = 0 \tag{7.60}$$

Beispiel 4. Wie lauten die Fourier-Koeffizienten bei geraden alternierenden Funktionen (Bild 7.10)?

Nach Gl. (7.58) sind alle $b_k=0$. Außerdem sind nach Gl. (7.60) alle a_{2k} und a_0 gleich 0. Da $\cos[(2k+1)\pi/2]=0$ und $\cos(2k+1)\pi=-1$ ist, ist der Integrand für a_{2k+1} in Gl. (7.60) bezüglich $\pi/2$ eine gerade Funktion. Daher gilt

$$a_{2k+1}=\frac{4}{\pi}\int_0^{\pi/2} f(x)\cos(2k+1)x\,\mathrm{d}x \qquad (7.61) ■$$

Beispiel 5. Wie lauten die Fourier-Koeffizienten einer ungeraden alternierenden Funktion (Bild 7.11)?

Nach Gl. (7.59) sind alle a_k und a_0 gleich 0. Nach Gl. (7.60) sind alle $b_{2k}=0$. Da $f(x)$ und $\sin(2k+1)x$ bezüglich $\pi/2$ gerade sind, ist der Integrand für b_{2k+1} in Gl. (7.60) bezüglich $\pi/2$ gerade. Daher gilt

$$b_{2k+1}=\frac{4}{\pi}\int_0^{\pi/2} f(x)\sin(2k+1)x\,\mathrm{d}x \qquad (7.62) ■$$

Beispiel 6. Für die in Bild **7.11** dargestellte periodische Spannungs-Zeit-Funktion $u(x)$ bestimme man die Fourier-Reihe.

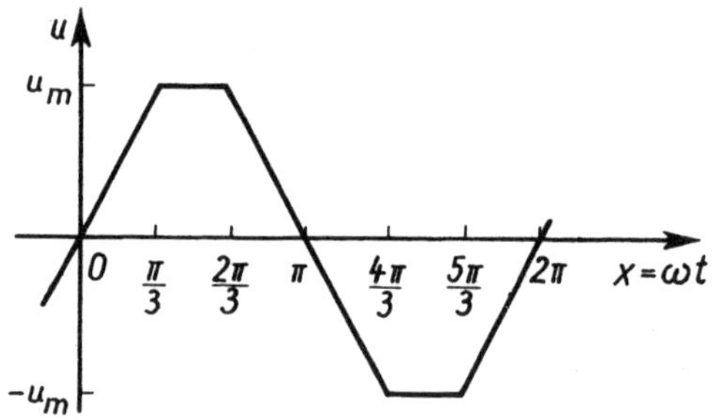

7.11

Die Funktion $u(x)$ ist eine ungerade alternierende Funktion. Nach dem vorstehenden Beispiel ist daher $a_k=a_0=b_{2k}=0$. Für $0<x<\pi/3$ ist $u(x)=(3u_\mathrm{m}/\pi)x$, für $\pi/3<x<\pi/2$ ist $u(x)=u_\mathrm{m}$. Daher gilt nach Gl. (7.62)

$$\frac{\pi}{4u_\mathrm{m}}b_{2k+1}=\frac{3}{\pi}\int_0^{\pi/3} x\sin(2k+1)x\,\mathrm{d}x+\int_{\pi/3}^{\pi/2}\sin(2k+1)x\,\mathrm{d}x$$

Die Produktintegration (Gl. (6.32)) liefert

$$f_1=x \qquad f_2=-\frac{\cos(2k+1)x}{2k+1}$$

$$f_1'=1 \qquad f_2'=\sin(2k+1)x$$

$$\frac{\pi}{4u_m} b_{2k+1} = -\frac{3}{\pi}\left[\frac{x}{2k+1}\cos(2k+1)x\Big|_0^{\pi/3} - \frac{1}{2k+1}\int_0^{\pi/3}\cos(2k+1)x\,dx\right] - \frac{\cos(2k+1)x}{2k+1}\Big|_{\pi/3}^{\pi/2}$$

$$= -\frac{\cos(2k+1)\frac{\pi}{3}}{2k+1} + \frac{3\sin(2k+1)x}{\pi(2k+1)^2}\Big|_0^{\pi/3} + \frac{\cos(2k+1)\frac{\pi}{3}}{2k+1} = \frac{3}{\pi}\,\frac{\sin(2k+1)\frac{\pi}{3}}{(2k+1)^2}$$

Damit erhält man den Fourier-Koeffizienten

$$b_{2k+1} = \frac{12u_m}{\pi^2}\,\frac{\sin(2k+1)\frac{\pi}{3}}{(2k+1)^2} \quad \text{mit} \quad \sin(2k+1)\frac{\pi}{3} = \begin{matrix} \sqrt{3}/2 \\ 0 \\ -\sqrt{3}/2 \end{matrix} \quad \text{für} \quad k = \begin{matrix} 0, 3, \ldots \\ 1, 4, \ldots \\ 2, 5, \ldots \end{matrix}$$

Die gesuchte Fourier-Reihe genügt dann der Gleichung

$$u(x) = \frac{6\sqrt{3}\,u_m}{\pi^2}\left(\sin x - \frac{\sin 5x}{25} + \frac{\sin 7x}{49} - \frac{\sin 11x}{121} + \ldots\right)$$ ■

7.3.3 Numerische Fourier-Analyse

Die Fourier-Koeffizienten können mit Gl. (7.54) nur dann berechnet werden, wenn die zu approximierende Funktion durch ihre Funktionsgleichung gegeben ist.

Bei vielen technischen Problemen sind jedoch die Ordinaten der zu approximierenden Funktion für bestimmte Abszissen zum Beispiel aus einem Oszillogramm zu entnehmen, oder sie sind durch eine Zahlentafel gegeben. Dann können die Fourierkoeffizienten numerisch näherungsweise aus diesen Wertepaaren berechnet werden. Je genauer die Rechnung werden soll und je mehr Fourierkoeffizienten benötigt werden, desto mehr Wertepaare braucht man zur Berechnung und desto größer wird der Rechenaufwand für die Koeffizienten.

Bei der numerischen Berechnung wird vorausgesetzt, daß die unabhängige Veränderliche $x = \omega t$ ist. Als Periode der gegebenen Funktion wird 2π angenommen. Eine Umrechnung auf eine andere Periode ist durch Gl. (7.40) möglich.

Fragestellung. Gegeben ist eine Tafel einer in 2π periodischen Funktion mit $n+1$ gleichabständigen x-Werten

$$x_i = i\frac{2\pi}{n} \qquad i = 0, 1, \ldots, n$$

Es gilt

$$y_i = f(x_i) = f(x_i + 2\pi k) \quad \text{mit} \quad k \in \mathbb{N}_0$$

also insbesondere $y_0 = y_n$. Die Tafel enthält also n unabhängige Wertepaare mit $i = 0, 1, \ldots, n-1$. Hieraus sind die Koeffizienten der trigonometrischen Summe

$$g(x) = \frac{A_0}{2} + \sum_{m=1}^{k} (A_m \cos mx + B_m \sin mx) \tag{7.63}$$

zu berechnen. Einschließlich des Summanden A_0 enthält die Summe $2k+1$ unbekannte Koeffizienten. Die Anzahl der unbekannten Koeffizienten ist gleich der Anzahl n der unabhängigen Wertepaare. Bei ungeradem n gilt

$$2k+1=n \qquad k=\frac{n-1}{2}$$

Da die Anzahl der Unbekannten nicht größer als n sein darf, gilt für gerade n

$$2k+1<n \qquad k=\frac{n-2}{2}=\frac{n}{2}-1$$

Da sich nun z. B. sowohl für $n=11$ als auch für $n=12$ der Wert $k=5$ ergibt, wird bei geraden n die Reihe (7.63) durch den Ausdruck

$$A_{n/2} \cos \frac{n}{2} x$$

ergänzt.

Die Koeffizienten werden auch hier aus der Bedingung berechnet, daß die Summe der Quadrate der Abweichungen ein Minimum ist. Das führt nach langwierigen trigonometrischen Umformungen auf die den Integralen in Gl. (7.54) analogen Summenformeln

$$A_m = \frac{2}{n} \sum_{j=0}^{n-1} y_j \cos m\,x_j \qquad B_m = \frac{2}{n} \sum_{j=0}^{n-1} y_j \sin m\,x_j \tag{7.64}$$

mit $\displaystyle\frac{A_0}{2} = \frac{1}{n} \sum_{j=0}^{n-1} y_j \quad B_0=0$ und für gerade n $\displaystyle A_{n/2} = \frac{1}{n} \sum_{j=0}^{n-1} (-1)^j y_j$

Zur Vereinfachung der Summenberechnung kann man die Symmetrie der trigonometrischen Funktionen ausnutzen, wenn n durch vier teilbar ist. Da z. B. $\sin(\pi - x) = \sin x$ und $\sin(\pi + x) = -\sin x$ ist, benötigt man nur die Funktionswerte des ersten Quadranten der Sinusfunktion. Entsprechende Beziehungen gibt es für die Cosinusfunktion.
Für $n=12$ ergibt sich zum Beispiel als erster Koeffizient

$$A_1 = \frac{2}{12} \left[y_0 \cos 0 + y_1 \cos \frac{\pi}{6} + y_2 \cos 2\frac{\pi}{6} + y_3 \cos 3\frac{\pi}{6} + \ldots + y_{10} \cos 10\frac{\pi}{6} + y_{11} \cos 11\frac{\pi}{6} \right]$$

Da $\cos\frac{\pi}{6} = \cos 11\frac{\pi}{6} = 0.8660$, $\cos 2\frac{\pi}{6} = \cos 10\frac{\pi}{6} = 0.5$, $\cos 4\frac{\pi}{6} = \cos 8\frac{\pi}{6} = -0.5$ und $\cos 5\frac{\pi}{6} = \cos 7\frac{\pi}{6} = -0.8660$ ist, kann die Summe umgeformt werden in

$$6A_1 = y_0 - y_6 + 0.5(y_2 - y_4 - y_8 + y_{10}) + 0.8660(y_1 - y_5 - y_7 + y_{11})$$

so daß die Anzahl der benötigten Funktionswerte der Cosinusfunktion und damit die Anzahl der Multiplikationen erheblich herabgesetzt wird. Bei $n=24$, 36 oder 48 sind natürlich mehr Funktionswerte erforderlich, deren Koeffizienten wieder aus Summen oder Differenzen von gegebenen diskreten Funktionswerten y_k bestehen.

Dieser Algorithmus von Runge ist ausführlich in [Sc 88] beschrieben. Wir beschränken uns hier auf ein Rechenschema für $n=12$ mit den Funktionswerten für 0°, 30°, 60° und 90°. Mit der Abkürzung $s=\sin 60° = \cos 30°$ ergibt sich das folgende Rechenschema

	y_0	y_1	y_2	y_3	y_4	y_5	y_6	y_7	y_8	y_9	y_{10}	y_{11}
$6A_0$	1	1	1	1	1	1	1	1	1	1	1	1
$6A_1$	1	s	0.5	0	−0.5	$-s$	−1	$-s$	−0.5	0	0.5	s
$6A_2$	1	0.5	−0.5	−1	−0.5	0.5	1	0.5	−0.5	−1	−0.5	0.5
$6A_3$	1	0	−1	0	1	0	−1	0	1	0	−1	0
$6A_4$	1	−0.5	−0.5	1	−0.5	−0.5	1	−0.5	−0.5	1	−0.5	−0.5
$6A_5$	1	$-s$	0.5	0	−0.5	s	−1	s	−0.5	0	0.5	$-s$
$12A_6$	1	−1	1	−1	1	−1	1	−1	1	−1	1	−1
$6B_1$	0	0.5	s	1	s	0.5	0	−0.5	$-s$	−1	$-s$	−0.5
$6B_2$	0	s	s	0	$-s$	$-s$	0	s	s	0	$-s$	$-s$
$6B_3$	0	1	0	−1	0	1	0	−1	0	1	0	−1
$6B_4$	0	s	$-s$	0	s	$-s$	0	s	$-s$	0	s	$-s$
$6B_5$	0	0.5	$-s$	1	$-s$	0.5	0	−0.5	s	−1	s	−0.5

Beispiel 7. Es ist $y=f(x)=f(x+2\pi)$ und $f(x)=A\sin(x/2)$ für $0 \leq x \leq 2\pi$. Man bestimme näherungsweise die ersten Fourierkoeffizienten und vergleiche diese Werte mit den Werten von Beispiel 2.

Es ist $y_0=0$; $y_1=A\sin 15° = 0.259A$; $y_2=A/2$;
$y_3=0.707\,A$; $y_4=sA=0.866A$; $y_5=0.966A$;
$y_6=A$; $y_7=y_5$; $y_8=y_4$;
$y_9=y_3$; $y_{10}=y_2$; $y_{11}=y_1$.

Bei der Ausrechnung ergibt sich, daß alle $B_k=0$ werden. Deshalb wird hier auf das Hinschreiben verzichtet. Weiter ist

$$6A_0=2A\,(0.259+0.5+0.707+0.866+0.966+0.5)=2\cdot 3.798A$$

$$6A_1=2A\,(0.224+0.25-0.433-0.837-0.5)=2\cdot(-1.296)\,A$$

$$6A_2=2A\,(0.130-0.25-0.707-0.433+0.483+0.5)=2\cdot(-0.277)A$$

$$6A_3=2A\,(-0.5+0.866-0.5)=2\cdot(-0.134)A$$

$$6A_4=2A\,(-0.129-0.25+0.707-0.433-0.483+0.5)=2\cdot(-0.088)A$$

$$6A_5=2A\,(-0.224+0.25-0.433+0.837-0.5)=2\cdot(-0.071)A$$

$$12A_6=2A\,(-0.259+0.5-0.707+0.866-0.966+0.5)=2\cdot(-0.066)A$$

Hieraus ergibt sich

$$A_0/2 = 0.633A; \quad A_1 = -0.432A; \quad A_2 = -0.092A; \quad A_3 = -0.045A;$$
$$A_4 = -0.029A; \quad A_5 = -0.024A \quad \text{und} \quad A_6 = -0.011A$$

Setzt man diese Werte in Gl. (7.63) ein, so erhält man

$$g(x) = A(0.633 - 0.432\cos x - 0.092\cos 2x$$
$$-0.045\cos 3x - 0.029\cos 4x - 0.024\cos 5x - 0.011\cos 6x)$$

Mit der analytischen Methode erhält man in Beispiel 2

$$f(x) = A(0.6366 - 0.4244\cos x - 0.0849\cos 2x$$
$$-0.0364\cos 3x - 0.0202\cos 4x - 0.0129\cos 5x - 0.0089\cos 6x - \ldots) \quad \blacksquare$$

7.3.4 Fourierintegral

Bei den bisher behandelten Fourier-Reihen wurde vorausgesetzt, daß eine in 2π periodische Funktion $f(x)$ vorliegt. Diese Voraussetzung wird nun fallengelassen.

Aus der in Bild **7.12** gezeigten in T periodischen Impulsfolge entsteht als nichtperiodische Funktion ein Einzelimpuls, wenn der zweite Impuls sehr viel später als der erste Impuls erfolgt, wenn also die Periode T sehr groß gegen die Impulsbreite ist. Aus der Darstellung der periodischen Impulsfolge kann man die Darstellung eines Einzelimpulses gewinnen, indem man die Periodendauer T sehr groß werden läßt. Mathematisch bedeutet das den Grenzübergang $T \to \infty$. Allgemein kann eine nichtperiodische Funktion als periodische Funktion mit einer gegen Unendlich gehenden Periode aufgefaßt werden. Der Vorbereitung dieses Grenzüberganges dienen die folgenden Umformungen der Gl. (7.53) und (7.54).

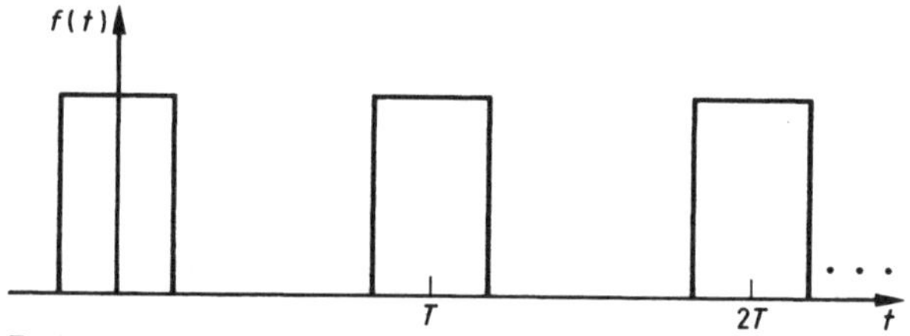

7.12

Zunächst wird anstelle der Variablen x wieder die ursprüngliche Variable t eingeführt. Das Verhältnis $2\pi/T$ wird jetzt Grundkreisfrequenz ω_0 genannt. Dann gilt

$$mx = m\omega_0 t = \omega t \quad \text{mit} \quad \omega = m\omega_0 \quad \text{und} \quad m \in \mathbb{N}_0 \tag{7.65}$$

Bei ganzzahligen Werten von m bilden also die Frequenzen ω ganze Vielfache der Grundkreisfrequenz. In der Physik spricht man dann von Oberschwingungen. Werden die Amplituden a_m und b_m nach Gl. (7.55) zur resultierenden Amplitude c_m zusammengefaßt, so heißt die nur für diskrete Werte definierte Funktion $c_m = f(m)$ ein

Linienspektrum (Bild 7.13). Es entsteht bei der Fourierzerlegung periodischer Funktionen.

Der Grenzübergang $T \to \infty$ bewirkt den Grenzübergang $\omega_0 = 2\pi/T \to 0$. Dadurch rücken die Frequenzen $\omega = m\omega_0$ immer enger zusammen. Die Differenz zweier benachbarter Frequenzen ist nämlich

$$\Delta\omega = \omega_{m+1} - \omega_m = (m+1)\,\omega_0 - m\,\omega_0 = \omega_0 = \frac{2\pi}{T} \tag{7.66}$$

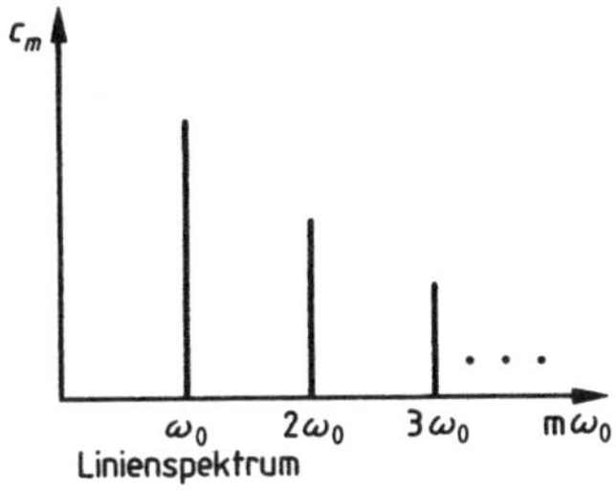

7.13

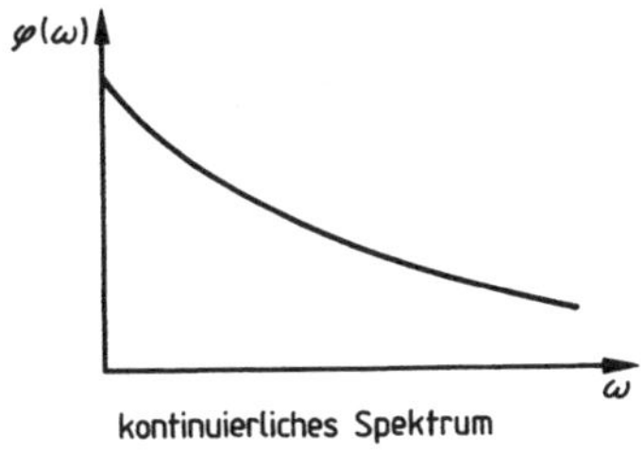

7.14

Mit $T \to \infty$ und damit $\omega_0 \to 0$ wird diese Differenz immer kleiner. Im Grenzfall $T \to \infty$ wird ω eine stetige Variable und die Differenz in Gl. (7.66) wird zum Differential $\mathrm{d}\omega$.

Bei nicht-periodischen Funktionen entsteht ein kontinuierliches Spektrum mit der Spektralfunktion $\varphi(\omega)$ (Bild 7.14). Diese Spektralfunktion wird nun berechnet. Wird in Gl. (7.53) der untere Summenindex von 1 in 0 geändert, gehört das Glied $a_0/2$ mit zur Summe. Ferner wird in dieser Gleichung $mx = \omega t$ gesetzt, und es entsteht

$$f(t) = \sum_{m=0}^{\infty} [a_m \cos\omega t + b_m \sin\omega t] \tag{7.67}$$

In Gl. (7.54) wird der Integrationsweg in $-T/2$ bis $T/2$ verschoben, und man erhält mit der Integrationsvariablen τ sowie $\mathrm{d}x = \frac{2\pi}{T}\,\mathrm{d}\tau$

$$a(\omega) = \frac{2}{T} \int_{-T/2}^{T/2} f(\tau) \cos\omega\tau \,\mathrm{d}\tau \qquad b(\omega) = \frac{2}{T} \int_{-T/2}^{T/2} f(\tau) \sin\omega\tau \,\mathrm{d}\tau \tag{7.68}$$

Gl. (7.68) wird in Gl. (7.67) eingesetzt. Ferner wird mit π erweitert und der Faktor $2\pi/T$ in die Summe genommen. Dies ergibt

$$f(t) = \frac{1}{\pi} \sum_{m=0}^{\infty} \left[\int_{-T/2}^{T/2} f(\tau) \cos\omega\tau \,\mathrm{d}\tau \right] \cos\omega t \left(\frac{2\pi}{T}\right)$$
$$+ \frac{1}{\pi} \sum_{m=0}^{\infty} \left[\int_{-T/2}^{T/2} f(\tau) \sin\omega\tau \,\mathrm{d}\tau \right] \sin\omega t \left(\frac{2\pi}{T}\right)$$

Nun erfolgt der Grenzübergang $T \to \infty$. Dabei wird die Summe zum Integral und nach Gl. (7.66) ist $\lim\limits_{T \to \infty} \dfrac{2\pi}{T} = \mathrm{d}\omega$. Dies ergibt den Fourierschen Integralsatz

$$f(t) = \frac{1}{\sqrt{\pi}} \int\limits_{0}^{\infty} \varphi_c(\omega) \cos \omega t \, \mathrm{d}\omega + \frac{1}{\sqrt{\pi}} \int\limits_{0}^{\infty} \varphi_s(\omega) \sin \omega t \, \mathrm{d}\omega$$

$$\varphi_c(\omega) = \frac{1}{\sqrt{\pi}} \int\limits_{-\infty}^{+\infty} f(\tau) \cos \omega \tau \, \mathrm{d}\tau \qquad (7.69)$$

$$\varphi_s(\omega) = \frac{1}{\sqrt{\pi}} \int\limits_{-\infty}^{+\infty} f(\tau) \sin \omega \tau \, \mathrm{d}\tau$$

$f(\tau) = f(t)$ heißt die Zeitfunktion, $\varphi_c(\omega)$ und $\varphi_s(\omega)$ heißen die Spektralfunktionen. Man beachte, daß in den drei Gleichungen (7.69) die unabhängigen Variablen der Größen $f(t)$, $\varphi_c(\omega)$ und $\varphi_s(\omega)$ *nicht* die Integrationsvariablen sind. Das Integral über die Zeitfunktion ist im allgemeinen nicht geschlossen lösbar. In der theoretischen Physik und auch bei der in Abschn. 13 behandelten Laplace-Transformation interessiert aber vorwiegend nur die Spektralfunktion.

Jetzt wäre zu untersuchen, unter welchen Voraussetzungen die uneigentlichen Integrale der Gl. (7.69) existieren. Das Ergebnis lautet (ohne Beweis): Die Integrale sind konvergent, wenn

$$\int\limits_{-\infty}^{\infty} |f(t)| \, \mathrm{d}t < M < \infty \quad \text{ist.} \qquad (7.70)$$

Geometrisch bedeutet dies, daß die Gesamtfläche unter $f(t)$ endlich sein muß. Dies ist bei vielen nicht-periodischen Funktionen nicht der Fall!

Entsprechend den Gl. (7.58) und (7.59) gilt auch hier:

Bei geraden Funktionen $f(t)$ ist	$\varphi_s = 0$	(7.71)
Bei ungeraden Funktionen $f(t)$ ist	$\varphi_c = 0$	

Außerdem wird dann in der verbleibenden Spektralfunktion $\int\limits_{-\infty}^{+\infty} = 2 \int\limits_{0}^{\infty}$. Der Faktor 2 wird in $\sqrt{2} \cdot \sqrt{2}$ zerlegt und jeweils eine $\sqrt{2}$ dem inneren und dem äußeren Integral zugeordnet. So ergibt sich für eine gerade Zeitfunktion

$$f(t) = \sqrt{\frac{2}{\pi}} \int\limits_{0}^{\infty} \varphi_c(\omega) \cos \omega t \, \mathrm{d}\omega \qquad \varphi_c(\omega) = \sqrt{\frac{2}{\pi}} \int\limits_{0}^{\infty} f(\tau) \cos \omega \tau \, \mathrm{d}\tau \qquad (7.72)$$

und für eine ungerade Zeitfunktion

$$f(t)=\sqrt{\frac{2}{\pi}}\int_0^{\infty}\varphi_s(\omega)\sin\omega t\,\mathrm{d}\omega \qquad \varphi_s(\omega)=\sqrt{\frac{2}{\pi}}\int_0^{\infty}f(\tau)\sin\omega\tau\,\mathrm{d}\tau \tag{7.73}$$

Beispiel 8. Die Funktion $f(t)$ beschreibe einen einzigen Impuls (Bild **7**.15). Wie lautet ihre Spektralfunktion?
Aus Gl. (7.72) folgt mit

$$f(t)=\begin{cases}a\\0\end{cases}\text{ für }\begin{cases}|t|\le t_0\\|t|>t_0\end{cases} \qquad \varphi_c(\omega)=\sqrt{\frac{2}{\pi}}\int_0^{t_0}a\cos\omega\tau\,\mathrm{d}\tau$$

wegen $f(t)=0$ für $t>t_0$. Weiter ist

$$\varphi_c(\omega)=\sqrt{\frac{2}{\pi}}\frac{a}{\omega}\sin\omega\tau\Big|_0^{t_0}=\sqrt{\frac{2}{\pi}}a\frac{\sin\omega t_0}{\omega}$$

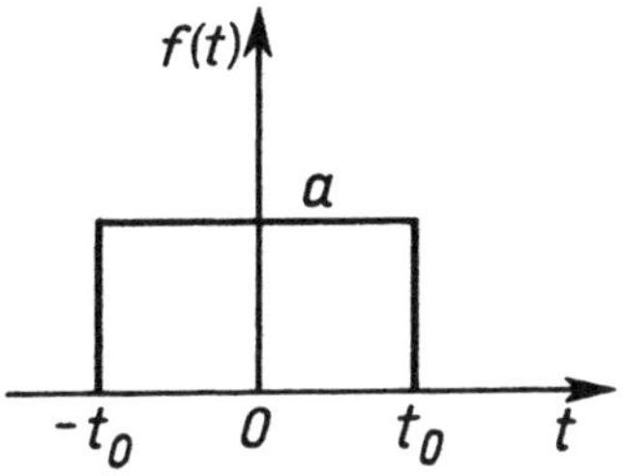

7.15

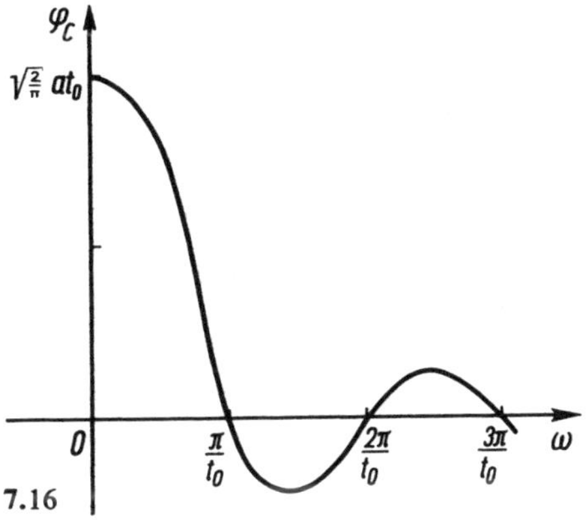

7.16

Damit wird

$$f(t)=\frac{2}{\pi}a\int_0^{\infty}\frac{\sin\omega t_0}{\omega}\cos\omega t\,\mathrm{d}\omega$$

Für $t=0$ folgt hieraus wegen $f(0)=a$

$$\frac{\pi}{2}=\int_0^{\infty}\frac{\sin\omega t_0}{\omega}\,\mathrm{d}\omega$$

für jedes $t_0>0$. Diese Gleichung hat in der Nachrichtentechnik Bedeutung. Bild **7**.16 zeigt die Funktion $\varphi_c(\omega)$. ■

Abschließend wird die Gl. (7.69) in eine für theoretische Betrachtungen geeignetere Form überführt. In der Gleichung für $f(t)$ in Gl. (7.69) werden die beiden Integrale zusammengefaßt und für die Funktionen φ_c und φ_s werden diese definierenden Integrale eingesetzt. Wegen der Vertauschbarkeit der Reihenfolge der Integrationen dürfen alle Glieder mit $f(\tau)$ zusammengefaßt werden. Dies ergibt

$$f(\tau)(\cos\omega t \cos\omega\tau + \sin\omega t \sin\omega\tau) = f(\tau)\cos\omega(t-\tau)$$

Damit lautet die kürzere Form des Fourierschen Integralsatzes

$$\boxed{f(t) = \frac{1}{\pi}\int_{-\infty}^{+\infty} f(\tau)\left[\int_0^{\infty}\cos\omega(t-\tau)\,\mathrm{d}\omega\right]\mathrm{d}\tau} \qquad (7.74)$$

Diese Form wird in Beispiel 5, Abschn. 11.4 in eine komplexe Schreibweise umgewandelt, die den Übergang zur Laplace-Transformation (Abschn. 13) zeigt.

7.3.5 Aufgaben zu Abschnitt 7.3

1. Man bestimme die Fourier-Reihe der in
a) Bild **7.17** b) Bild **7.18** c) Bild **7.19** d) Bild **7.20**
gegebenen Funktionen.

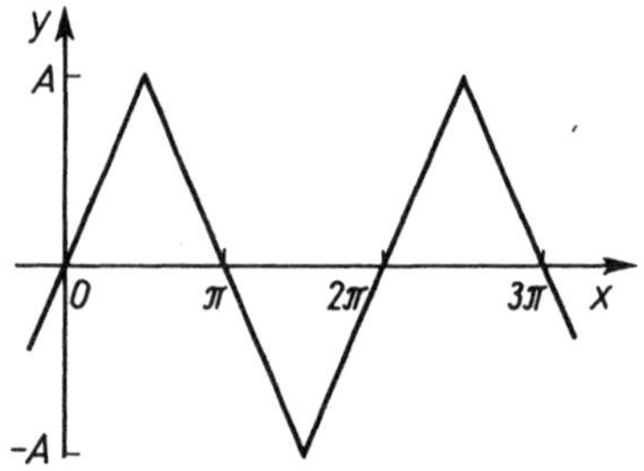

7.17

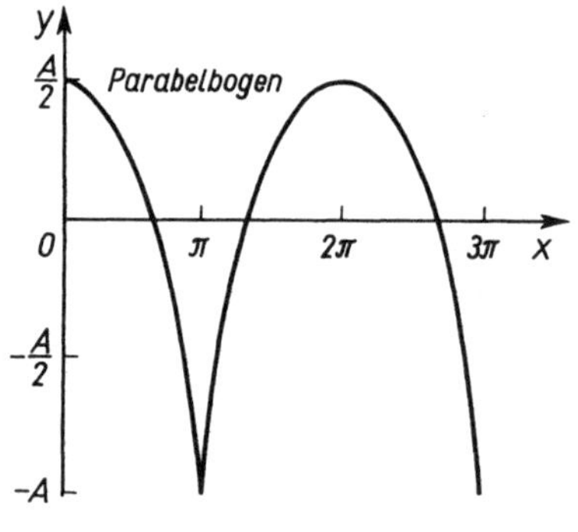

7.18

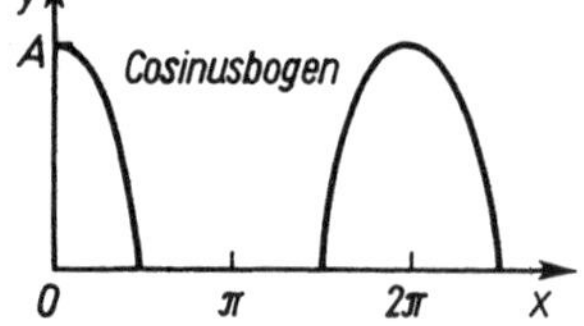

7.19

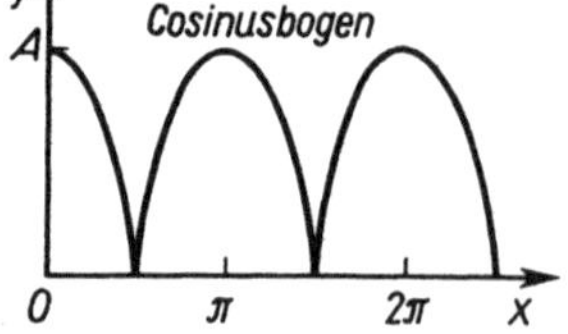

7.20

2. Es ist $f(x) = A \cos \frac{x}{2}$ für $0 < x < \pi$

$$f(x) = -f(-x) \quad \text{und} \quad f(x) = f(x + 2\pi).$$

Wie lautet die Fourier-Reihe?

3. Es ist

$$f(x) = A \frac{\pi^2}{12} x \left(1 - \frac{x^2}{\pi^2}\right) \quad \text{für} \quad -\pi < x < +\pi \quad \text{und} \quad f(x) = f(x + 2\pi).$$

Man zeichne $f(x)$ und bestimme die Fourier-Reihe.

4. Für die folgenden Funktionen bestimme man die Fourier-Reihe nach Gl. (7.54) sowie numerisch die Koeffizienten nach Gl. (7.64).

a) Es ist $y = A$ für $0 < x < \pi$ und $y = -A$ für $\pi < x < 2\pi$.

b) Es ist $y = (A/\pi)x$ für $-\pi < x < +\pi$.

5. Es sei $f(t) = a$ für $t_1 \leq t \leq t_2$ und sonst Null.
Gesucht ist das Fourier-Integral dieser Funktion.

8 Differentialgeometrie

Die Geometrie wird in diesem Abschnitt nicht systematisch entwickelt, sondern als Anwendung und Fortführung der bisherigen Differential- und Integralrechnung behandelt. Die Variablen x und y haben in diesem Abschnitt die Bedeutung von Strecken. Die Maßstäbe auf den Koordinatenachsen werden als gleich vorausgesetzt. Es werden nur Probleme in der Ebene behandelt.

8.1 Parameterform

In der Parameterform wird der Zusammenhang zwischen den Variablen x und y nicht unmittelbar angegeben, sondern für jede Variable in Abhängigkeit von einer Hilfsvariablen λ, dem Parameter. Man erhält also anstatt $y=f(x)$ zwei Funktionsgleichungen

$$\boxed{x=u(\lambda)=x(\lambda) \quad \text{und} \quad y=v(\lambda)=y(\lambda)} \tag{8.1}$$

Die Darstellung von Funktionsgleichungen, Tafeln und Diagrammen in der Parameterform findet man in Abschn. 2.4. Für das Differenzieren und Integrieren dürfen auf Gl. (8.1) die in den Abschn. 5.2 und 6.3 behandelten formalen Regeln angewandt werden.

8.1.1 Differenzieren

Für das Differenzieren nach dem Parameter wird symbolisch

$$\mathrm{d}x/\mathrm{d}\lambda=\dot{u}(\lambda)=\dot{x} \quad \text{und} \quad \mathrm{d}y/\mathrm{d}\lambda=\dot{v}(\lambda)=\dot{y} \tag{8.2}$$

geschrieben. Den Zusammenhang zwischen diesen Ableitungen und $y'=\mathrm{d}y/\mathrm{d}x$ gibt die Parameterregel

$$\boxed{y'=\frac{\dot{v}(\lambda)}{\dot{u}(\lambda)}=\frac{\dot{y}}{\dot{x}}} \tag{8.3}$$

Beweis. Es wird vorausgesetzt, daß $x(\lambda)$ und $y(\lambda)$ differenzierbar sind und daß mit $\Delta x\to 0$ auch $\Delta\lambda\to 0$ geht. Dann ist

$$y' = \lim_{\Delta x \to 0} \frac{\Delta y}{\Delta x} = \lim_{\Delta\lambda \to 0} \frac{\Delta y/\Delta\lambda}{\Delta x/\Delta\lambda} = \frac{\lim\limits_{\Delta\lambda \to 0} \Delta y/\Delta\lambda}{\lim\limits_{\Delta\lambda \to 0} \Delta x/\Delta\lambda} = \frac{\dot{y}}{\dot{x}} \qquad \square$$

Mit dieser Gleichung wird die Steigung der Tangente als Funktion des Parameters dargestellt. Insbesondere ergeben sich hieraus mit der Unbekannten λ die Bestimmungsgleichungen für die Lage der senkrechten und waagerechten Kurventangenten. Bei waagerechten Tangenten ist $y'=0$. Den zugehörigen Parameterwert erhält man aus der Bestimmungsgleichung $\dot{y}=0$. Bei senkrechten Tangenten geht y' gegen Unendlich. Der Nenner von y' muß gleich Null sein. $\dot{x}=0$ liefert also die Parameter für die senkrechten Tangenten. Werden für bestimmte Werte von λ sowohl $\dot{x}$ als auch $\dot{y}$ gleich Null, so liegt ein unbestimmter Ausdruck vor, der nach Abschn. 5.2.7 zu untersuchen ist. Zur Berechnung der Koordinaten für die senkrechten oder waagerechten Tangenten sind die gefundenen λ-Werte in Gl. (8.1) einzusetzen. Die zweite Ableitung y'' erhält man durch Anwendung der Kettenregel und der Quotientenregel auf Gl. (8.3)

$$y'' = \frac{\mathrm{d}y'}{\mathrm{d}x} = \frac{\mathrm{d}y'}{\mathrm{d}\lambda}\frac{\mathrm{d}\lambda}{\mathrm{d}x} \qquad \frac{\mathrm{d}y'}{\mathrm{d}\lambda} = \frac{\mathrm{d}}{\mathrm{d}\lambda}\left(\frac{\dot{y}}{\dot{x}}\right) = \frac{\dot{x}\ddot{y}-\dot{y}\ddot{x}}{\dot{x}^2} \qquad \frac{\mathrm{d}\lambda}{\mathrm{d}x} = \frac{1}{\mathrm{d}x/\mathrm{d}\lambda} = \frac{1}{\dot{x}}$$

und es ergibt sich

$$\boxed{y'' = \frac{\dot{x}\ddot{y}-\dot{y}\ddot{x}}{\dot{x}^3}} \tag{8.4}$$

Die zweite Ableitung wird hier seltener zur Berechnung von Wendepunkten gebraucht, sondern vorwiegend zur Berechnung der in Abschn. 8.3.1 behandelten Krümmung des Graphen.

Beispiel 1. Der Graph der Funktion mit der Gleichung

$$x(\varphi) = r(\varphi - \sin\varphi) \qquad y(\varphi) = r(1-\cos\varphi) \tag{8.5}$$

heißt Zykloide. Der Parameter φ ist ein Winkel, dessen Bedeutung in Bild **8**.1 und besonders in Beispiel 4 erläutert wird. Es ist eine Kurvendiskussion durchzuführen.
Die Nullstellen liegen bei $y=0=r(1-\cos\varphi)$. Daraus erhält man für alle $n \in \mathbb{Z}$

$$\varphi = 0,\ 2\pi,\ 4\pi,\ \ldots,\ 2n\pi$$

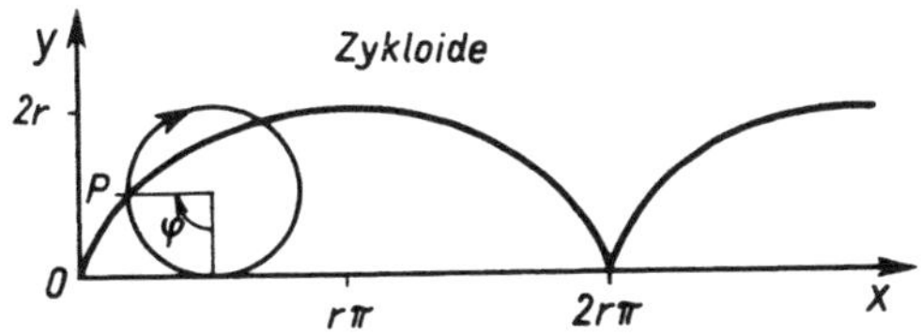

8.1

Diese Werte ergeben, eingesetzt in $x(\varphi)=r(\varphi-\sin\varphi)$, die Abszissen $x_0=0$, $2r\pi$, $4r\pi, \ldots, 2nr\pi$. Die ersten Ableitungen lauten

$$\dot{x}=r(1-\cos\varphi) \qquad \dot{y}=r\sin\varphi$$

$$\dot{y}=0 \quad \text{hat die Lösungen} \quad \varphi=0,\ \pi,\ 2\pi,\ 3\pi,\ \ldots,\ n\pi$$

$$\dot{x}=0 \quad \text{hat die Lösungen} \quad \varphi=0,\ 2\pi,\ 4\pi,\ \ldots,\ 2n\pi$$

An den Stellen $\varphi=(2n+1)\pi$ ist nur $\dot{y}=0$, dort befinden sich also waagerechte Tangenten. Die Abszissen hierfür sind $x_e=(2n+1)r\pi$, die Ordinaten $y_e=2r$. An den Stellen $\varphi=2n\pi$ sind sowohl $\dot{y}=0$ als auch $\dot{x}=0$. In Beispiel 16c, Abschn. 5.2 ist gezeigt, daß ein Grenzwert $\sin\varphi/(1-\cos\varphi)$ für diese Werte von φ nicht existiert, y' wächst unbeschränkt. Da außerdem an diesen Stellen ein Vorzeichenwechsel von y' auftritt, hat der Graph dort Spitzen mit senkrechten Tangenten. Für diese Werte von φ ist auch $y=0$, daher fallen die Spitzen mit den Nullstellen zusammen (Bild **8**.1). ■

8.1.2 Integrieren

Sämtliche Gleichungen der Integralrechnung können leicht in die Parameterform umgeschrieben werden. Für die Variablen x und y werden die rechten Seiten von Gl. (8.1) eingesetzt. λ wird wie eine Substitutionsvariable behandelt. So erhält man mit $dx=\dot{u}\,d\lambda$ für das unbestimmte Integral

$$\boxed{\int y\,dx=\int v(\lambda)\dot{u}(\lambda)\,d\lambda=\int y\dot{x}\,d\lambda} \tag{8.6}$$

In den rechten Seiten dieser Gleichung ist der Integrand eine Funktion der Integrationsvariablen λ. Beim bestimmten Integral sind dementsprechend auch die Grenzen in λ einzusetzen. Falls sie in Werten von x gegeben sind, benutzt man die nach λ aufgelöste Form von $x=u(\lambda)$ zur Umrechnung.

Für eine Flächenberechnung zeigt Bild **8**.2a den Zusammenhang zwischen x und λ. Wenn im Integrationsbereich $y>0$ und ferner $x_1<x_2$ ist, so ist

$$\int_{x_1}^{x_2} y\,dx=\int_{\lambda_1}^{\lambda_2} y\dot{x}\,d\lambda \tag{8.7}$$

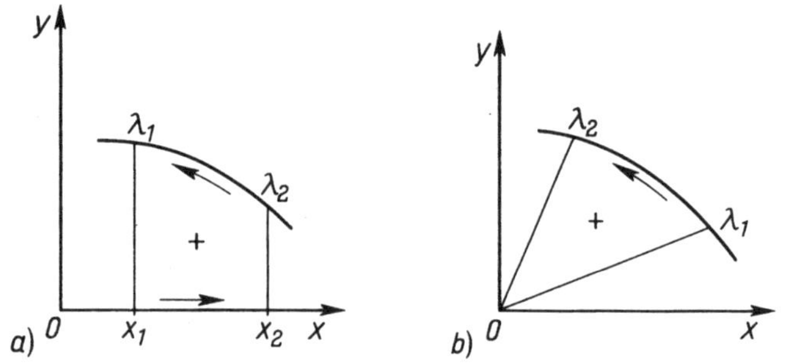

8.2

auch dann positiv, wenn $\lambda_2 < \lambda_1$ ist (s. Beispiel 3). Oft ist es einfacher, eine Fläche mit der folgenden Sektorenformel von Leibniz zu berechnen

$$A = \frac{1}{2}\int_{\lambda_1}^{\lambda_2} (x\dot{y} - y\dot{x})\,\mathrm{d}\lambda \tag{8.8}$$

Die Herleitung erfolgt in Abschn. 8.2.2 in Zusammenhang mit Polarkoordinaten. Daraus ergibt sich die in Bild **8**.2b gezeigte Fläche. Sie ist positiv, wenn wie in diesem Bild die Fläche beim Durchlaufen des Graphen links liegt, wobei λ_1 die untere und λ_2 die obere Grenze des Integrals ist. Auch hier kann der Fall $\lambda_2 < \lambda_1$ eintreten (s. Beispiel 2). Die Graphen der in Parameterform gegebenen Funktionen sind häufig in sich geschlossen, enthalten im Inneren den Koordinatenursprung, und der Parameter ist ein Winkel. In diesem Fall erhält man die Gesamtfläche aus den Grenzen 0 und 2π.

Als weiteres Beispiel für die Umrechnung von Integralformeln aus rechtwinklig-geradlinigen Koordinaten in die Parameterform wird die Bogenlänge eines Graphen behandelt. Nach Gl. (6.65) ist

$$s = \int_{x_1}^{x_2} \sqrt{1 + y'^2}\,\mathrm{d}x$$

Setzt man $y' = \dot{y}/\dot{x}$ und $\mathrm{d}x = \dot{x}\,\mathrm{d}\lambda$, so erhält man die für $\lambda_1 < \lambda_2$ positive Bogenlänge in der Parameterform

$$s = \int_{\lambda_1}^{\lambda_2} \sqrt{\dot{x}^2 + \dot{y}^2}\,\mathrm{d}\lambda \tag{8.9}$$

Beispiel 2. Man berechne Flächeninhalt und Bogenlänge eines Zykloidenbogens zwischen zwei Nullstellen.

Die Parametergleichungen für die Zykloide sowie die Ableitungen und die Nullstellen entnimmt man Beispiel 1. Benutzt man zur Flächenberechnung Gl. (8.7), so folgt aus $x_1 = 0$ der Wert $\varphi_1 = 0$, für $x_2 = 2r\pi$ wird $\varphi_2 = 2\pi$.

Man erhält

$$A = \int_0^{2\pi} r^2(1 - \cos\varphi)^2\,\mathrm{d}\varphi = r^2 \int_0^{2\pi} (1 - 2\cos\varphi + \cos^2\varphi)\,\mathrm{d}\varphi$$
$$= r^2 \left[\varphi - 2\sin\varphi + \frac{1}{4}\sin 2\varphi + \frac{\varphi}{2}\right]_0^{2\pi} = 3r^2\pi$$

Um in der Sektorenformel Gl. (8.8) einen positiven Wert zu erhalten, ist gemäß Bild **8**.2a als untere Grenze $\varphi_1 = 2\pi$ und als obere Grenze $\varphi_2 = 0$ einzusetzen.

$$A = \frac{r^2}{2} \int_{2\pi}^{0} [(\varphi - \sin\varphi) \sin\varphi - (1 - \cos\varphi)^2] \, d\varphi$$

$$= \frac{r^2}{2} \int_{2\pi}^{0} (\varphi \sin\varphi + 2 \cos\varphi - 2) \, d\varphi = \frac{r^2}{2} [-\varphi \cos\varphi + 3 \sin\varphi - 2\varphi]_{2\pi}^{0} = 3 r^2 \pi$$

Für die Bogenlänge benötigt man nach Gl. (8.9) $\dot{x}^2 = r^2 (1 - \cos\varphi)^2$ sowie $\dot{y}^2 = r^2 \sin^2\varphi$, außerdem $\dot{x}^2 + \dot{y}^2 = r^2 (1 - 2 \cos\varphi + \cos^2\varphi + \sin^2\varphi) = 2 r^2 (1 - \cos\varphi)$. Mit $1 - \cos\varphi = 2 \sin^2(\varphi/2)$ wird die Bogenlänge

$$s = 2r \int_{0}^{2\pi} \sin\frac{\varphi}{2} \, d\varphi = 2r \left(-2 \cos\frac{\varphi}{2} \right) \Big|_{0}^{2\pi} = 8r$$ ■

Beispiel 3. Die Parametergleichungen einer Ellipse ergeben sich aus der in Bild **8**.3 gezeigten Konstruktion des Punktes *P*. Man beachte, daß φ nicht die Polarkoordinate des Punktes *P* ist.

$$x = a \cos\varphi \qquad y = b \sin\varphi$$

Die Ableitungen lauten (8.10)

$$\dot{x} = -a \sin\varphi \qquad \dot{y} = b \cos\varphi$$

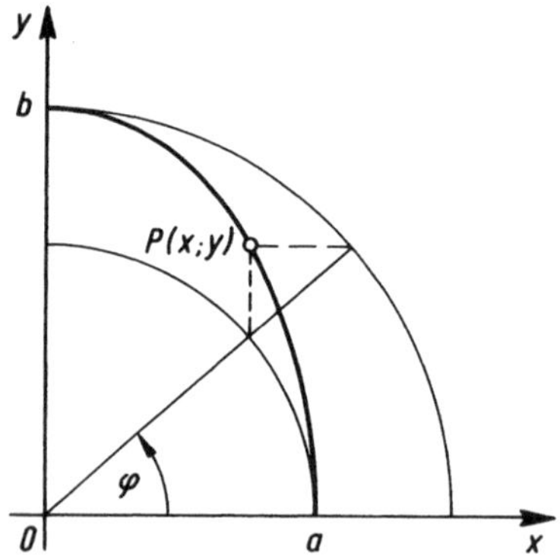

8.3

Die Gesamtfläche und der Umfang der Ellipse sind zu berechnen.

Für Gl. (8.7) erhält man $\varphi_1 = \pi/2$ aus $x_1 = 0$, $\varphi_2 = 0$ aus $x_2 = a$ und für die Gesamtfläche als vierfache Fläche des 1. Quadranten

$$A = -4ab \int_{\pi/2}^{0} \sin^2\varphi \, d\varphi = -4ab \left(\frac{\varphi}{2} - \frac{1}{4} \sin 2\varphi \right) \Big|_{\pi/2}^{0} = ab\pi$$

Für die Sektorenformel Gl. (8.8) sind die Grenzen $\varphi_1 = 0$ und $\varphi_2 = 2\pi$, und man erhält

$$A = \frac{ab}{2} \int_0^{2\pi} (\cos^2\varphi + \sin^2\varphi)\,\mathrm{d}\varphi = \frac{ab}{2} \int_0^{2\pi} \mathrm{d}\varphi = ab\pi$$

Für den Umfang ergibt sich nach Gl. (8.9)

$$s = \int_0^{2\pi} \sqrt{a^2 \sin^2\varphi + b^2 \cos^2\varphi}\,\mathrm{d}\varphi$$

Dieses Integral ist nicht geschlossen lösbar, sondern wird durch die folgenden Umformungen in ein sog. elliptisches Integral 2. Gattung überführt. Mit $\cos^2\varphi = 1 - \sin^2\varphi$ und $k^2 = (b^2 - a^2)/b^2$ erhält man

$$s = b \int_0^{2\pi} \sqrt{1 - k^2 \sin^2\varphi}\,\mathrm{d}\varphi$$

Da $k^2 > 0$ ist, muß $b > a$ sein. Dies ist ggf. durch eine Drehung der Ellipse um 90° stets zu erreichen.
Für eine beliebige obere Grenze ist dieses Integral z. B. in [Br 85] tabelliert. In Beispiel 10, Abschn. 7.2 wird es für die obere Grenze $\pi/2$ durch Reihenentwicklung berechnet. Hieraus ergibt sich für den Gesamtumfang

$$s = 2b\pi \left(1 - \left(\frac{1}{2}\right)^2 k^2 - \left(\frac{1\cdot 3}{2\cdot 4}\right)^2 \frac{k^4}{3} - \left(\frac{1\cdot 3\cdot 5}{2\cdot 4\cdot 6}\right)^2 \frac{k^6}{5} - \ldots\right)$$ ■

8.1.3 Anwendungen in der Technik

Die Parameterform wird verwendet, wenn die Raumkoordinaten eine Funktion der Zeit oder eines Winkels sind (s. Abschn. 10.1). Hier wird eine Anwendung aus der Getriebelehre behandelt.

Definition. *Wenn eine bewegliche Kurve* (Gangpolbahn) *auf einer mit dem Koordinatensystem fest verbundenen Kurve* (Rastpolbahn) *ohne Gleiten abrollt, so beschreibt ein mit der Gangpolbahn fest verbundener Punkt P eine* Rollkurve.

In der Kinematik treten folgende Fälle auf:

Rastpolbahn	Gangpolbahn	Rollkurve	
Kreis	Gerade	Kreisevolvente (Bild **8**.16) $x = r(\cos\varphi + \varphi \sin\varphi)$ $y = r(\sin\varphi - \varphi \cos\varphi)$	(8.11)
Gerade	Kreis	Zykloide (Bild **8**.1) $x = r(\varphi - \sin\varphi)$ $y = r(1 - \cos\varphi)$	(8.12)

Rastpolbahn	Gangpolbahn	Rollkurve	
Kreis	Kreis außen	Epizykloide (Bild 8.4) $x=r(m\cos\psi-\cos m\psi)$ $y=r(m\sin\psi-\sin m\psi)$	(8.13)
Kreis	Kreis innen	Hypozykloide (Bild 8.5) $x=r(M\cos\psi+\cos M\psi)$ $y=r(M\sin\psi-\sin M\psi)$	(8.14)

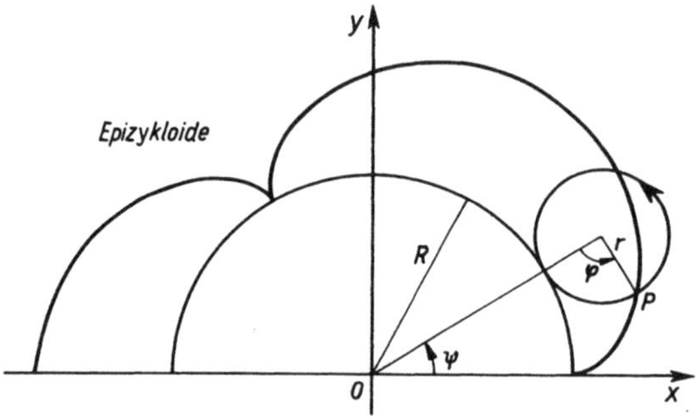

8.4

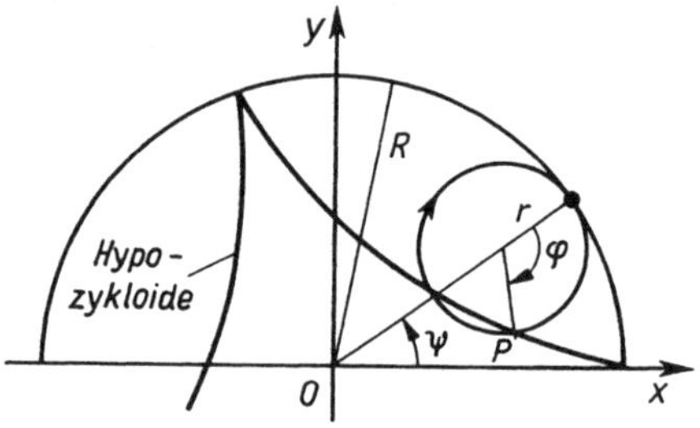

8.5

Der Parameter φ heißt Wälzwinkel, der Parameter ψ Drehwinkel. Ferner ist r der Radius des rollenden Kreises und R der Radius des festen Kreises

$$m=\frac{R+r}{r} \qquad M=\frac{R-r}{r}$$

Technisch sind die Kreise als Zahnräder und die Geraden als Zahnstangen ausgebildet. Für die Hypozykloide ist besonders der Fall $R=2r$, also $M=1$ von Interesse. Dann wird für alle ψ nämlich $y=0$, die Rollkurve ist also eine Strecke auf der x-Achse. Damit kann eine kreisförmige in eine geradlinige Bewegung umgewandelt werden. Diese Hypozykloidengeradführung wird zuweilen beim Planetengetriebe verwendet. Die Aufstellung der vorstehenden Funktionsgleichungen erfolgt auf elementar-geometrischer Grundlage. Die Gleichung der Kreisevolvente wird in Beispiel 7, Abschn. 8.3 hergeleitet.

Beispiel 4. Man leite die Gleichung der Zykloide her. In Bild 8.6 ist P der betrachtete Punkt des auf der x-Achse abrollenden Kreises mit dem Radius r. Zu Beginn der Bewegung liegt P im Koordinatenursprung O. Der Wälzwinkel $PMN=\varphi$ wird als Parameter eingeführt. Weil der Kreis auf der x-Achse abrollt, ist der Bogen $\widehat{PN}=\overline{ON}=r\varphi$. Für die Koordinaten von P ergibt sich daraus

$$x=\overline{OP'}=\overline{ON}-\overline{P'N}=r\varphi-r\sin\varphi=r(\varphi-\sin\varphi)$$

$$y=\overline{P'P}=\overline{NP''}=\overline{NM}-\overline{P''M}=r-r\cos\varphi=r(1-\cos\varphi)$$

Eine Kurvendiskussion der Zykloidengleichung wird in Beispiel 1 durchgeführt. ■

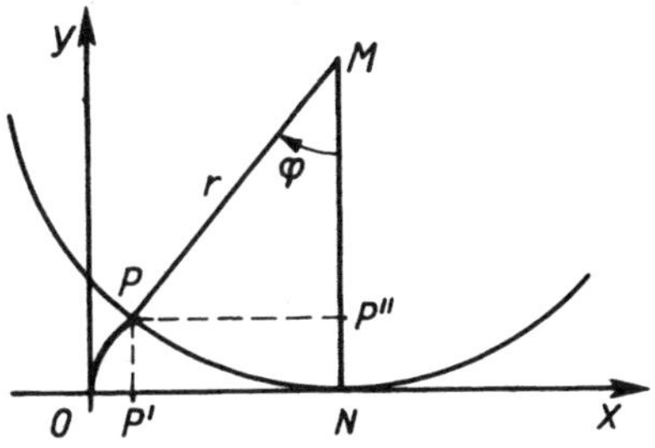

8.6

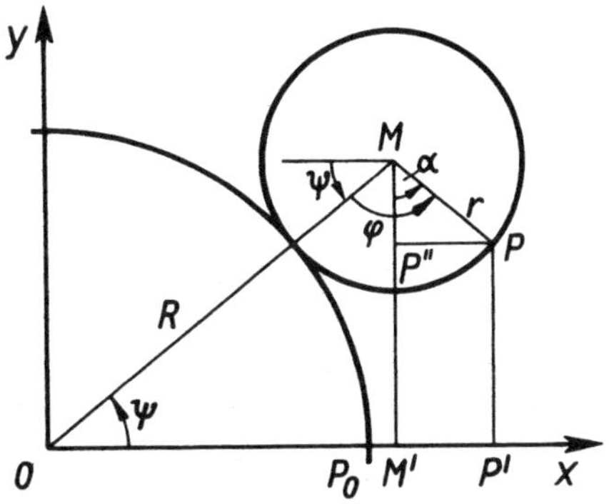

8.7

Beispiel 5. Man leite die Gleichung einer Epizykloide her (Bild **8**.7).
Zu Beginn der Bewegung ist der variable Punkt P in P_0 und $\psi=\varphi=0$. Wegen des Abrollens ist $R\psi=r\varphi$ oder $R/r=\varphi/\psi$. Addiert man auf beiden Seiten Eins und bringt die Quotienten auf den Hauptnenner, so erhält man

$$\frac{R+r}{r}=\frac{\varphi+\psi}{\psi}=m \quad \text{oder} \quad R+r=mr \quad \text{bzw.} \quad \varphi+\psi=m\psi$$

Die Zahl m ist gegeben. Zwischen den Winkeln und ihren Funktionen bestehen nach Bild **8**.7 und den vorstehenden Gleichungen folgende Beziehungen

$$\begin{aligned}\alpha &= \varphi+\psi-90^\circ\\ \sin\alpha &= -\cos(\alpha+90^\circ) = -\cos(\varphi+\psi) = -\cos m\psi\\ \cos\alpha &= \sin(\alpha+90^\circ) = \sin(\varphi+\psi) = \sin m\psi\end{aligned}$$

Für die Abszisse von P gilt

$$x=\overline{OM'}+\overline{M'P'}=(R+r)\cos\psi+r\sin\alpha=r(m\cos\psi-\cos m\psi)$$

Für die Ordinate von P gilt

$$y=\overline{M'M}-\overline{P''M}=(R+r)\sin\psi-r\cos\alpha=r(m\sin\psi-\sin m\psi)$$

Dies sind die Parametergleichungen der Epizykloide mit dem Drehwinkel ψ als Parameter. ■

8.1.4 Aufgaben zu Abschnitt 8.1

1. Man diskutiere und zeichne die Graphen der folgenden Funktionen

a) $x=1-e^{-\lambda}$ $\quad y=1+\lambda^2$

b) $x=3\lambda/(1+\lambda^3)$ $\quad y=3\lambda^2/(1+\lambda^3)$

c) $x=4/\cos\varphi$ $\quad y=2\tan\varphi$

2. Die folgenden Formeln sind in Parameterform umzuwandeln

a) Rotationsvolumen $V_y = \pi \int_a^b x^2 y' \,\mathrm{d}x$

b) Flächenmoment $I_z = \int_a^b y^2 z \,\mathrm{d}y$

3. Man diskutiere den Verlauf des Graphen und berechne die Gesamtfläche und den Gesamtumfang einer Epizykloide Gl. (8.13) für $r=R$.

4. Man berechne nach Gl. (8.11) die von der Kreisevolvente mit $r=1$ cm im 1. Quadranten umschlossene Fläche und die entsprechende Bogenlänge.
Hinweis: Die obere Grenze ist $\varphi_2=2.798$.

8.2 Polarkoordinaten

Bei Polarkoordinaten wird eine Größe r in Abhängigkeit von einem Winkel φ beschrieben. Häufig ist r eine Strecke und heißt dann Ortsvektor (Bild **8**.8). Man schreibt als Funktionsgleichung in expliziter Form

$$\boxed{r=f(\varphi)} \tag{8.15}$$

Die Funktionsgleichungen können auch implizit oder in der Parameterform angegeben werden. Die Darstellung von Funktionsgleichungen, Tafeln und Diagrammen findet man in Abschn. 2.4. Hier wird das Differenzieren und Integrieren behandelt. Auf Gl. (8.15) dürfen die formalen Regeln des Differenzierens und Integrierens angewandt werden.

8.2.1 Differenzieren

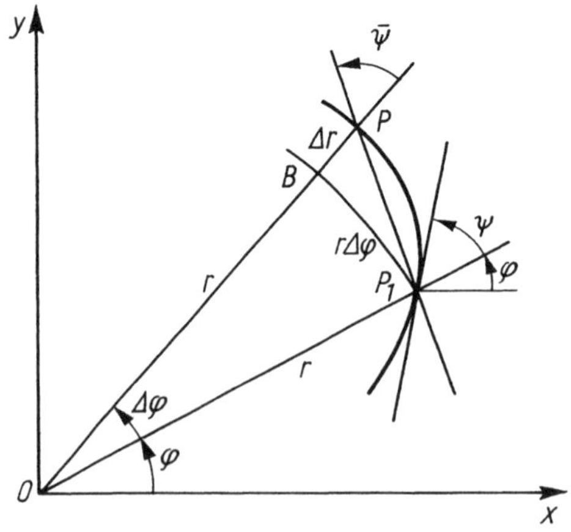

8.8

Die erste Ableitung lautet

$$\lim_{\Delta\varphi\to 0} \frac{\Delta r}{\Delta\varphi} = \frac{\mathrm{d}r}{\mathrm{d}\varphi} = r'(\varphi) = r' \tag{8.16}$$

Aus Bild **8**.8 ergibt sich folgende geometrische Bedeutung: Man betrachtet einen Winkel $\overline{\psi}$, für den laut Definition gilt

$$\tan\overline{\psi} = \frac{r\Delta\varphi}{\Delta r} = \frac{r}{\Delta r/\Delta\varphi}$$

Dies ist ungefähr der Winkel zwischen dem Ortsvektor zum Punkt P und der Sekante $\overline{PP_1}$. Beim Grenzübergang $\Delta\varphi \to 0$ rücken die Punkte P und P_1 beliebig dicht zusammen, und es entsteht der Winkel ψ zwischen Ortsvektor und Tangente

$$\lim_{\Delta\varphi \to 0} (\tan\overline{\psi}) = \lim_{\Delta\varphi \to 0} \frac{r}{\Delta r/\Delta\varphi} = \frac{r(\varphi)}{r'(\varphi)} = \tan\psi \tag{8.17}$$

Der Steigungswinkel α der Tangente gegen die x-Achse ist $\alpha = \varphi + \psi$, die Steigung ist bei gleichen Maßstäben auf den Achsen gleich der Ableitung y'

$$\tan\alpha = y' = \tan(\varphi + \psi) = \frac{\tan\varphi + \tan\psi}{1 - \tan\varphi \tan\psi}$$

Mit Gl. (8.17) und der Beziehung $\tan\varphi = \sin\varphi/\cos\varphi$ erhält man die Steigung der Tangente

$$\boxed{y' = \frac{r'\tan\varphi + r}{r' - r\tan\varphi} = \frac{r'\sin\varphi + r\cos\varphi}{r'\cos\varphi - r\sin\varphi}} \tag{8.18}$$

Diese Gleichung liefert mit der Unbekannten φ die Bestimmungsgleichungen für die Lage der senkrechten und waagerechten Tangenten, die bei Kurvendiskussionen ermittelt werden. Bei waagerechten Tangenten ist $y' = 0$, man setzt also den Zähler von Gl. (8.18) gleich Null, bei senkrechten Tangenten setzt man den Nenner von Gl. (8.18) gleich Null. Werden für bestimmte Werte von φ sowohl Zähler als auch Nenner gleich Null, so erhält man einen unbestimmten Ausdruck, der nach Abschn. 5.2.7 zu untersuchen ist.

Zur Berechnung der Krümmung in Abschn. 8.3.1 benötigt man die 2. Ableitung. Nach der Kettenregel ist

$$y'' = \frac{\mathrm{d}y'}{\mathrm{d}\varphi}\,\frac{\mathrm{d}\varphi}{\mathrm{d}x}$$

Den ersten Faktor erhält man durch Differenzieren von Gl. (8.18) nach φ, der zweite ist der Kehrwert der 1. Ableitung von $x = r\cos\varphi$ nach φ. So ergibt sich für die 2. Ableitung in Polarkoordinaten

$$\boxed{y'' = \frac{r^2 + 2r'^2 - rr''}{(r'\cos\varphi - r\sin\varphi)^3}} \tag{8.19}$$

Beispiel 1. Der Graph der logarithmischen Spirale mit der Gleichung

$$r = c\,\mathrm{e}^{n\varphi}$$

ist zu diskutieren.

Die erste Ableitung ist $r' = nc\,\mathrm{e}^{n\varphi} = nr$. Der Winkel zwischen Ortsvektor und Tangente ist nach Gl. (8.17) $\tan\psi = 1/n = \text{const}$. Von dieser Eigenschaft des Graphen wird bei vielen technischen Anwendungen Gebrauch gemacht. So haben Fräser und Radialturbinenschaufeln oft die Form von logarithmischen Spiralen, damit der Schnittwinkel beim Nachschleifen bzw. der Auftreffwinkel des Dampfstrahles konstant bleibt.

Waagerechte Tangenten

$$n\,r\sin\varphi + r\cos\varphi = 0 \qquad \tan\varphi = -1/n$$

senkrechte Tangenten

$$n\,r\cos\varphi - r\sin\varphi = 0 \qquad \tan\varphi = n$$

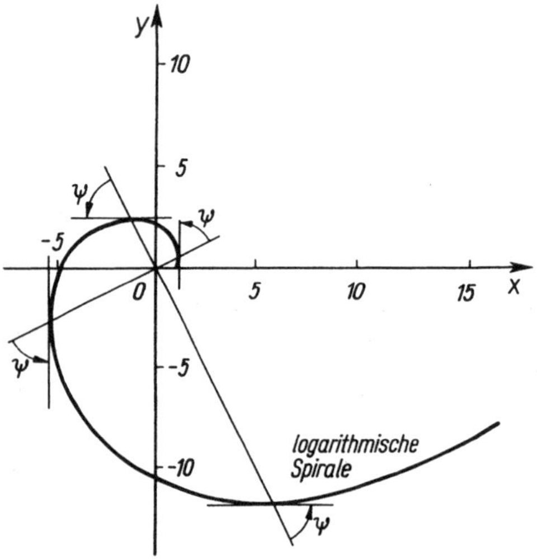

8.9

Bild **8.9** zeigt den Graphen von $r = e^{0.5\varphi}$ für $0° < \varphi < 330°$; der Winkel $\psi = 63.4°$ ist konstant;

waagerechte Tangenten liegen bei $\varphi = 116.6°$ und $\varphi = 296.6°$

senkrechte Tangenten liegen bei $\varphi = 26.6°$ und $\varphi = 206.6°$ ■

8.2.2 Integrieren

Ein unbestimmtes Integral der Form $\int r\,d\varphi$ tritt nicht auf. Zur Flächenberechnung betrachtet man das Flächenelement

$$\Delta A = \frac{1}{2}(r + \Delta r)\,r\,\Delta\varphi$$

Es ist ungefähr gleich der Fläche des Dreiecks OP_1P in Bild **8.8**. Beim Grenzübergang $\Delta\varphi \to 0$ geht auch $\Delta r \to 0$, deshalb ist

$$\lim_{\Delta\varphi\to 0}\frac{\Delta A}{\Delta\varphi}=\lim_{\Delta r\to 0}\frac{1}{2}(r+\Delta r)\,r=\frac{1}{2}r^2=\frac{\mathrm{d}A}{\mathrm{d}\varphi}\tag{8.20}$$

Daraus ergibt sich nach dem Hauptsatz der Differential- und Integralrechnung als Fläche zwischen zwei Ortsvektoren und dem Graphen

$$\boxed{A=\frac{1}{2}\int_{\varphi_1}^{\varphi_2} r^2\,\mathrm{d}\varphi}\tag{8.21}$$

Aus Gl. (8.20) wird nun die Sektorenformel von Leibniz Gl. (8.8) hergeleitet. Nach Bild **8**.10 ist

$$r^2=x^2+y^2 \quad \text{und} \quad \varphi=\operatorname{Arctan}\frac{y}{x}\tag{8.22}$$

Alle diese Größen und damit auch die Fläche A sollen jetzt von einem Parameter λ abhängen. Mit der Kettenregel erhält man

$$\frac{\mathrm{d}A}{\mathrm{d}\lambda}=\frac{\mathrm{d}A}{\mathrm{d}\varphi}\,\frac{\mathrm{d}\varphi}{\mathrm{d}\lambda}$$

$\mathrm{d}A/\mathrm{d}\varphi$ erhält man aus Gl. (8.20). Aus der rechten Gl. (8.22) ergibt sich mit der Kettenregel

$$\frac{\mathrm{d}\varphi}{\mathrm{d}\lambda}=\frac{1}{1+(y/x)^2}\,\frac{\dot{y}x-y\dot{x}}{x^2}=\frac{x\dot{y}-y\dot{x}}{x^2+y^2}$$

Daraus ergibt sich mit $x^2+y^2=r^2$ und Gl. (8.20)

$$\frac{\mathrm{d}A}{\mathrm{d}\lambda}=\frac{1}{2}(x\dot{y}-y\dot{x})$$

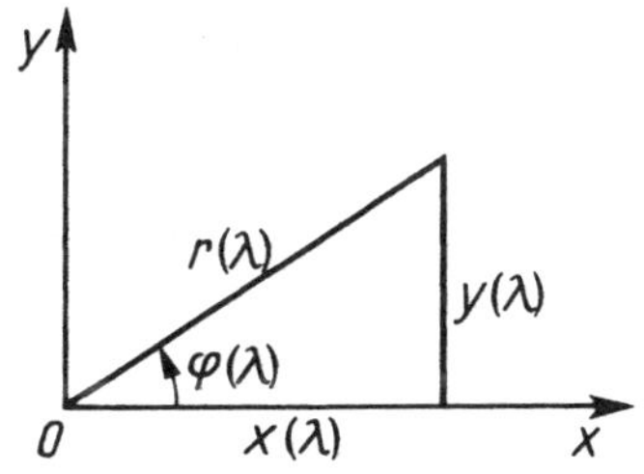

8.10

Mit dem Hauptsatz der Differential- und Integralrechnung erhält man daraus Gl. (8.8).

Zur Berechnung der Bogenlänge betrachtet man das Bogenelement

$$\Delta s=\sqrt{(r\,\Delta\varphi)^2+\Delta r^2}$$

Es ist ungefähr gleich der Strecke $\overline{P_1 P}$ in Bild 8.8. Der Grenzübergang liefert mit Gl. (8.16)

$$\lim_{\Delta\varphi\to 0} \frac{\Delta s}{\Delta\varphi} = \lim_{\Delta\varphi\to 0} \sqrt{r^2 + \left(\frac{\Delta r}{\Delta\varphi}\right)^2} = \sqrt{r^2 + r'^2} = \frac{ds}{d\varphi} \tag{8.23}$$

Daraus ergibt sich nach dem Hauptsatz als Bogenlänge des Graphen zwischen zwei Ortsvektoren

$$\boxed{s = \int_{\varphi_1}^{\varphi_2} \sqrt{r^2 + r'^2}\, d\varphi} \tag{8.24}$$

Beispiel 2. Man berechne Fläche A und Bogenlänge s der logarithmischen Spirale im ersten Quadranten.

$$r = c\, e^{n\varphi} \qquad r^2 = c^2\, e^{2n\varphi}$$

$$A = \frac{c^2}{2} \int_0^{\pi/2} e^{2n\varphi}\, d\varphi = \frac{c^2}{4n} e^{2n\varphi} \Big|_0^{\pi/2} = \frac{c^2}{4n}(e^{n\pi} - 1)$$

$$r' = nce^{n\varphi} = nr \qquad r'^2 = (nc)^2 e^{2n\varphi} = (nr)^2 \qquad \sqrt{r^2 + r'^2} = r\sqrt{1+n^2}$$

$$s = c\sqrt{1+n^2} \int_{\varphi_1}^{\varphi_2} e^{n\varphi}\, d\varphi = \frac{c}{n}\sqrt{1+n^2}\, e^{n\varphi} \Big|_{\varphi_1}^{\varphi_2} = (r_2 - r_1)\sqrt{1 + \frac{1}{n^2}}$$

Die Bogenlänge ist also proportional der Differenz der Beträge der beiden Ortsvektoren. Im ersten Quadranten erhält man

$$s = \frac{c}{n}\sqrt{1+n^2}\left(e^{n\frac{\pi}{2}} - 1\right)$$ ■

8.2.3 Polarkoordinaten in Parameterform

Auch Polarkoordinaten r, φ können wie cartesische Koordinaten x, y von Parametern wie der Zeit oder der Schwingungsfrequenz abhängen. Analog zu Gl. (8.1) schreibt man

$$r = u(\lambda) \qquad \varphi = v(\lambda) \tag{8.25}$$

und erhält für jeden Parameter λ nach den durch Gl. (8.25) gegebenen Formeln die zugehörigen Koordinaten r und φ, also eine Ortskurve.

Im (x, y)-Koordinatensystem gilt dann (s. Gl. (2.34))

$$x = r(\lambda) \cos[\varphi(\lambda)] \qquad y = r(\lambda) \sin[\varphi(\lambda)] \tag{8.26}$$

und mit der Produktregel und der Kettenregel der Differentialrechnung

$$\dot{x}=\dot{r}\cos\varphi-r\dot{\varphi}\sin\varphi \qquad \dot{y}=\dot{r}\sin\varphi+r\dot{\varphi}\cos\varphi \tag{8.27}$$

Will man die Steigung der Funktionskurve im (x, y)-System darstellen, so gilt analog zu Gl. (8.3)

$$y'=\frac{\dot{y}}{\dot{x}}=\frac{\dot{r}\sin\varphi+r\dot{\varphi}\cos\varphi}{\dot{r}\cos\varphi-r\dot{\varphi}\sin\varphi}=\frac{\dot{r}\tan\varphi+r\dot{\varphi}}{\dot{r}-r\dot{\varphi}\tan\varphi} \tag{8.28}$$

Mit Gl. (8.26) und (8.28) kann man eine Kurvendiskussion durchführen und die Parameterwerte finden, die zu Achsenschnittpunkten oder Extremwerten gehören. Die folgenden Gleichungen sind Bestimmungsgleichungen für den Parameter λ, nachdem man r und φ als Funktionen von λ dargestellt hat.
Schnittpunkte mit der Abszissenachse

$$y=r(\lambda)\sin[\varphi(\lambda)]=0 \quad \text{ergibt} \quad \varphi(\lambda)=0 \quad \text{und} \quad \varphi(\lambda)=\pi \tag{8.29}$$

Schnittpunkte mit der Ordinatenachse

$$x=r(\lambda)\cos[\varphi(\lambda)]=0 \quad \text{ergibt} \quad \varphi(\lambda)=\frac{\pi}{2} \quad \text{und} \quad \varphi(\lambda)=\frac{3\pi}{2} \tag{8.30}$$

Der Punkt $r(\lambda)=0$ ist der Koordinatennullpunkt.
Waagerechte Tangenten

$$\begin{aligned} &\dot{y}=\dot{r}(\lambda)\sin[\varphi(\lambda)]+r(\lambda)\,\dot{\varphi}(\lambda)\cos[\varphi(\lambda)]=0 \\ &\tan[\varphi(\lambda)]=-\frac{r(\lambda)\,\dot{\varphi}(\lambda)}{\dot{r}(\lambda)} \end{aligned} \tag{8.31}$$

Senkrechte Tangenten

$$\begin{aligned} &\dot{x}=\dot{r}(\lambda)\cos[\varphi(\lambda)]-r(\lambda)\,\dot{\varphi}(\lambda)\sin[\varphi(\lambda)]=0 \\ &\tan[\varphi(\lambda)]=\frac{\dot{r}(\lambda)}{r(\lambda)\,\dot{\varphi}(\lambda)} \end{aligned} \tag{8.32}$$

Beispiel 3. Bei der erzwungenen Schwingung werden der Frequenzgang der Amplitude $r(\lambda)$ und der Frequenzgang der Phase $\varphi(\lambda)$ durch die Funktionen

$$r(\lambda)=\frac{1}{\sqrt{(1-\lambda^2)^2+(d\cdot\lambda)^2}}=\frac{1}{N} \qquad \varphi(\lambda)=\operatorname{Arctan}\frac{d\cdot\lambda}{1-\lambda^2} \tag{8.33}$$

dargestellt. Hierin bedeuten $\lambda=\omega/\omega_0$ die normierte Frequenz und d den Verlustfaktor (z.B. aus Reibung). Diese Gleichungen werden in Abschnitt 12.2.2 hergeleitet. Man kann die Gleichungen (8.33) auch zu einer komplexen Funktion

$$w=r(\lambda)\,\mathrm{e}^{-\mathrm{j}\varphi(\lambda)} \quad \text{mit} \quad \varphi(\lambda)>0 \tag{8.34}$$

zusammenfassen (s. Abschn. 11.3.4). Man diskutiere diese Funktion für $d=0.5$ und $\lambda \geq 0$.

Für die Kurvendiskussion werden die Funktionen $\sin\varphi$ und $\cos\varphi$ benötigt. Man erhält sie aus Gl. (8.33)

$$\tan\varphi = \frac{d\cdot\lambda}{1-\lambda^2}$$

mit den Umformungen Gl. (3.66)

$$\sin\varphi = \frac{\tan\varphi}{\sqrt{1+\tan^2\varphi}} = \frac{d\cdot\lambda}{N} \qquad \cos\varphi = \frac{1}{\sqrt{1+\tan^2\varphi}} = \frac{1-\lambda^2}{N}$$

Schnittpunkte der Ortskurve mit der x-Achse nach Gl. (8.29)

$$\left.\begin{matrix}\varphi_1(\lambda)=0\\ \varphi_2(\lambda)=\pi\end{matrix}\right\} \quad \tan\varphi=0 \quad \left\{\begin{matrix}\lambda_1=0 & r_1=1\\ \lambda_2=\infty & r_2=0\end{matrix}\right.$$

Schnittpunkte der Ortskurve mit der y-Achse nach Gl. (8.30)

$$\left.\begin{matrix}\varphi_3(\lambda)=\dfrac{\pi}{2}\\[2ex] \varphi_4(\lambda)=\dfrac{3}{2}\pi\end{matrix}\right\} \quad \tan\varphi=\infty \quad \left\{\begin{matrix}\lambda_3=1 & r_3=\dfrac{1}{d}=2\\[2ex] \lambda_4=-1 & r_4=\dfrac{1}{d}=2\end{matrix}\right.$$

λ_4 liegt außerhalb des Definitionsbereiches.

Zur Berechnung der Steigungen braucht man die Ableitungen der Polarkoordinaten nach dem Parameter

$$\dot{r} = -\frac{1}{2N^3}\,[2(1-\lambda^2)(-2\lambda)+2d^2\lambda] = -\frac{\lambda\,(d^2-2(1-\lambda^2))}{N^3}$$

$$\dot{\varphi} = \frac{1}{1+\dfrac{d^2\lambda^2}{(1-\lambda^2)^2}}\cdot\frac{d(1-\lambda^2)-d\cdot\lambda\cdot(-2\lambda)}{(1-\lambda^2)^2} = \frac{d(1+\lambda^2)}{N^2}$$

Gl. (8.31) führt auf die Bestimmungsgleichung für den Parameter an den Extremwerten.

Waagerechte Tangenten

$$\dot{y}=0=\dot{r}\sin\varphi+r\dot{\varphi}\cos\varphi = \frac{d}{N^4}\,[1+(2-d^2)\,\lambda^2-3\lambda^4]$$

$$\lambda^4-\frac{2-d^2}{3}\lambda^2+\frac{1}{3}=0$$

Das ist eine quadratische Gleichung für λ^2 mit der reellen Lösung

$$\lambda^2 = \frac{1}{6}\left[(2-d^2)+\sqrt{d^4-4d^2+16}\right]$$

und für $d=0.5$

$$\lambda_5=0.9688 \quad \text{mit} \quad \varphi_5=82.76° \quad \text{und} \quad r_5=2.048$$

Eine weitere waagerechte Tangente ergibt sich für $N\to\infty$, also $\lambda\to\infty$ mit $r=0$ und $\varphi=\pi$.

Senkrechte Tangenten berechnet man aus Gl. (8.32)

$$\dot{x}=0=\dot{r}\cos\varphi - r\dot{\varphi}\sin\varphi = \frac{2\lambda}{N^4}\,[\lambda^4-2\lambda^2+(1-d^2)]$$

$$\lambda^4-2\lambda^2+(1-d^2)=0$$

mit den Lösungen

$\lambda_6=0$	$\varphi_6=0$	$r_6=1$
$\lambda_7=1+d=1.5$	$\varphi_7=\ 35.26°$	$r_7=1.633$
$\lambda_8=1-d=0.5$	$\varphi_8=129.23°$	$r_8=1.265$

In Bild **8.11** wird die Ortskurve gezeigt.

Wegen des negativen Exponenten in Gl. (8.34) ist es in der Elektrotechnik üblich, den Graphen in der unteren Halbebene darzustellen. Siehe auch Bild **12.18**.

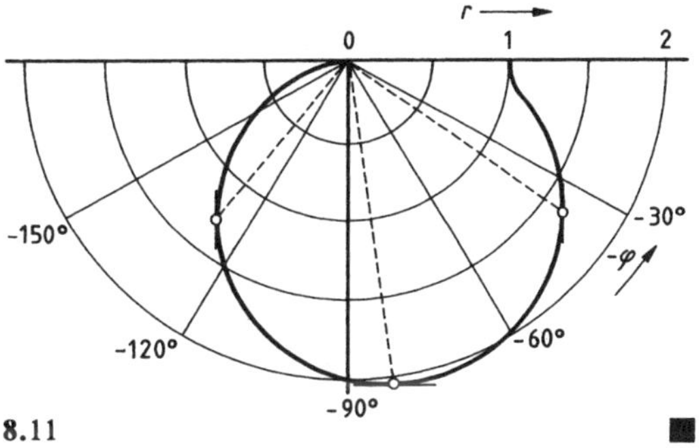

8.11 ■

8.2.4 Aufgaben zu Abschnitt 8.2

1. Man diskutiere und zeichne mit $a=2$ cm im Bereich $0\le\varphi\le 2\pi$ die Graphen der folgenden Funktionen

a) $r=\frac{a}{2}\varphi$ b) $r=a(1-\cos\varphi)$ c) $r=a\sqrt{\cos 2\varphi}$

2. Man berechne Fläche und Bogenlänge der Graphen der Funktionen aus Aufgabe 1

a) für 1a im 1. Quadranten,

b) für 1b Gesamtfläche und Umfang,

c) für 1c die Gesamtfläche, dabei beachte man den Definitionsbereich der Funktion. Für die Bogenlänge zeige man, daß für den 1. Quadranten mit der Substitution $\cos 2\varphi = \cos^2\psi$ das folgende elliptische Integral 1. Gattung entsteht

$$s = \frac{a}{\sqrt{2}} \int_0^{\pi/2} \frac{d\psi}{\sqrt{1 - \frac{1}{2}\sin^2\psi}}$$

3. Man diskutiere die Funktion $r = 1 - \lambda^2$; $\varphi = \operatorname{Arccos}\lambda$.

8.3 Krümmung. Evolvente

8.3.1 Krümmung. Krümmungsradius

Wird ein Graph zwischen zwei Punkten P_1 und P durchlaufen (Bild **8**.12), so ist er um so stärker gekrümmt, je größer die Winkeldifferenz $\Delta\alpha = \alpha - \alpha_1$ bei konstanter Bogenlänge Δs, oder je kleiner die Bogenlänge Δs bei konstanter Winkeldifferenz $\Delta\alpha$ ist. In Anlehnung an diesen Sprachgebrauch gelangt man zur folgenden

Definition. *Die* Krümmung $\varkappa$ *eines Graphen in einem Punkt ist*

$$\varkappa = \lim_{\Delta s \to 0} \frac{\Delta\alpha}{\Delta s} = \frac{d\alpha}{ds} \tag{8.35}$$

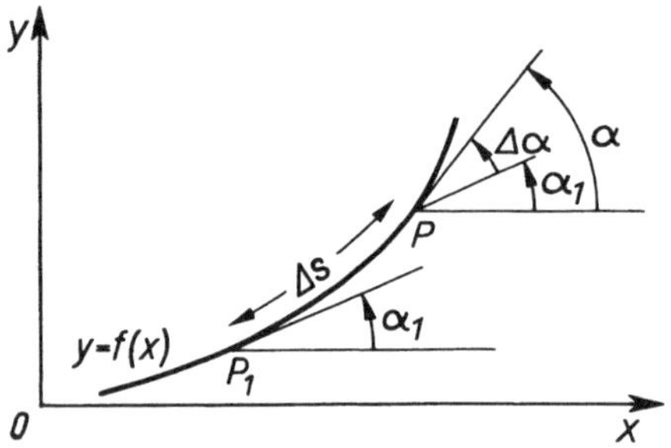

8.12

Hieraus werden nun Gleichungen hergeleitet, mit denen die Krümmung eines Graphen bei gegebener Funktionsgleichung berechnet werden kann.

Ist die Funktionsgleichung in rechtwinkligen Koordinaten gegeben, erhält man mit der Kettenregel

$$\frac{d\alpha}{ds} = \frac{d\alpha}{dx}\frac{dx}{ds}$$

Bei gleichen Maßstäben ist $y'=\tan\alpha$. Aus dieser Gleichung erhält man $\alpha=\operatorname{Arctan} y'$ und daraus

$$\frac{d\alpha}{dx}=\frac{d\alpha}{dy'}\frac{dy'}{dx}=\frac{1}{1+y'^2}y''$$

Aus Gl. (6.65) ergibt sich

$$\frac{dx}{ds}=\frac{1}{ds/dx}=\frac{1}{\sqrt{1+y'^2}}$$

Damit wird die Krümmung in rechtwinkligen Koordinaten

$$\boxed{\varkappa=\frac{y''}{(1+y'^2)}\frac{1}{\sqrt{1+y'^2}}=\frac{y''}{[1+y'^2]^{3/2}}} \tag{8.36}$$

Der Nenner von Gl. (8.36) ist laut Vereinbarung stets positiv. Die Krümmung hat also das gleiche Vorzeichen wie y''. Die zweite Ableitung wechselt das Vorzeichen in den Wendepunkten des Graphen und möglicherweise an den Stellen, wo der Graph senkrechte Tangenten hat. Verläuft der Graph im betrachteten Bereich nahezu parallel der Abszissenachse, so ist $y'^2 \ll 1$, und der Nenner in Gl. (8.36) kann durch Eins ersetzt werden. Man erhält dann die z. B. bei der Herleitung der Differentialgleichung der elastischen Biegelinie Gl. (6.67) benutzte Näherung $\varkappa \approx y''$. Entwickelt man den Nenner in eine binomische Reihe (Abschn. 7.2.4), so erhält man die bessere Näherung

$$\varkappa \approx y''\left(1-\frac{3}{2}y'^2\right) \tag{8.37}$$

Beispiel 1. Wie groß ist die Krümmung eines Halbkreises mit der Gleichung

$$y=+\sqrt{r^2-x^2}$$

Es ist $y'=\dfrac{-x}{\sqrt{r^2-x^2}}$ und $y''=-\dfrac{\sqrt{r^2-x^2}-x\dfrac{-x}{\sqrt{r^2-x^2}}}{r^2-x^2}=-\dfrac{r^2}{(r^2-x^2)^{3/2}}$

Damit erhält man aus Gl. (8.36) als Krümmung eines Kreises

$$\varkappa=\frac{-\dfrac{r^2}{(r^2-x^2)^{3/2}}}{\left[1+\dfrac{x^2}{r^2-x^2}\right]^{3/2}}=-\frac{1}{r}$$

Sie ist dem Betrage nach gleich dem Kehrwert des Kreisradius. Die Funktion

$$y=+\sqrt{r^2-x^2}$$

beschreibt den oberen Halbkreis. Die Krümmung $\varkappa$ ist negativ (Rechtskrümmung). Setzt man $y=-\sqrt{r^2-x^2}$ (unterer Halbkreis), so wird $\varkappa=+1/r$ positiv (Linkskrümmung). ■

Wegen des Ergebnisses dieses Beispiels definiert man auch für andere Kurven:

Der Kehrwert der Krümmung $\varkappa$ heißt Krümmungsradius ϱ.

In der Technik wird der Krümmungsradius häufig als stets positive Größe behandelt. Für die Herleitungen in Abschn. 8.3.2 ist es jedoch zweckmäßig, ihn mit dem gleichen Vorzeichen zu versehen wie die entsprechende Krümmung. Beim Kreis ist die Krümmung konstant, bei einer Geraden ist y'' und damit auch die Krümmung gleich Null. Bei allen anderen Kurven ist die Krümmung von Punkt zu Punkt verschieden, sie nimmt insbesondere größte und kleinste Werte an.

Definition. *Die Punkte eines Graphen, in denen die Krümmung einen Extremwert hat, heißen die* Scheitel.

Meist kann man die Scheitel eines Graphen unmittelbar erkennen. Das folgende Beispiel zeigt, wie sie für eine beliebige Funktion $y=f(x)$ berechnet werden können. Häufig wird auch die spezielle Gleichung für $\varkappa$ der untersuchten Funktion nach der unabhängigen Variablen differenziert und daraus der Wert der unabhängigen Variablen im Scheitel bestimmt (s. Beispiel 3).

Beispiel 2. Man bestimme den Scheitel des Graphen einer Funktion $y=f(x)$.
Es wird der Extremwert der Krümmung berechnet. Die 1. Ableitung von Gl. (8.36) lautet

$$\frac{\mathrm{d}\varkappa}{\mathrm{d}x}=\frac{y'''(1+y'^2)^{3/2}-y''\frac{3}{2}(1+y'^2)^{1/2}2y'y''}{(1+y'^2)^3}=\frac{y'''(1+y'^2)-3y'y''^2}{(1+y'^2)^{5/2}}$$

Der Nenner von $\varkappa'$ ist immer positiv. Ein Extremwert kann daher nur vorliegen, wenn

$$y'''(1+y'^2)-3y'y''^2=0 \tag{8.38}$$

gilt. In diese Gleichung wird die gegebene Funktion eingesetzt. Man erhält dann eine Bestimmungsgleichung für die Abszisse x_0, die zu dem Punkt mit extremaler Krümmung gehört (s. Aufgabe 2, Abschn. 8.3.3). Gl. (8.38) ist keine Differentialgleichung, weil die Funktion $y=f(x)$ bekannt ist und nicht erst gesucht wird.

Liegt für $x=x_0$ ein Maximum vor, so handelt es sich bei $\varkappa(x_0)>0$ um einen Punkt stärkster Linkskrümmung, ist $\varkappa(x_0)\leq 0$, so ist $P_0(x_0; y_0)$ ein Punkt geringster Rechtskrümmung. Nimmt für $x=x_0$ die Krümmung $\varkappa$ ein Minimum an, so liegt für $\varkappa(x_0)<0$ ein Punkt stärkster Rechtskrümmung vor, bei $\varkappa(x_0)\geq 0$ handelt es sich um einen Punkt geringster Linkskrümmung. ■

Durch Einsetzen von Gl. (8.3) und (8.4) in Gl. (8.36) erhält man für die Krümmung in der Parameterform

$$\varkappa = \frac{(\dot{x}\ddot{y} - \dot{y}\ddot{x})/\dot{x}^3}{[1 + (\dot{y}/\dot{x})^2]^{3/2}} = \frac{\dot{x}\ddot{y} - \dot{y}\ddot{x}}{[\dot{x}^2 + \dot{y}^2]^{3/2}} \tag{8.39}$$

Durch das Einziehen von $\dot{x}^3$ in die Wurzel geht das Vorzeichen von $\dot{x}$ verloren. Diese Schwierigkeit läßt sich dadurch beheben, daß die Krümmung und der Krümmungsradius als positive Größe betrachtet wird.

Beispiel 3. Man berechne die Scheitelkrümmungen einer Ellipse (Bild **8**.3).
Für die Funktionsgleichungen und ihre Ableitungen ergibt sich nach Beispiel 3, Abschn. 8.1

$$x = a\cos\varphi \qquad y = b\sin\varphi$$
$$\dot{x} = -a\sin\varphi \qquad \dot{y} = b\cos\varphi$$
$$\ddot{x} = -a\cos\varphi \qquad \ddot{y} = -b\sin\varphi$$

Daraus erhält man mit Gl. (8.39) für $\varphi < 180°$

$$\varkappa = \frac{ab\sin^2\varphi + ab\cos^2\varphi}{[a^2\sin^2\varphi + b^2\cos^2\varphi]^{3/2}} = \frac{ab}{[a^2\sin^2\varphi + b^2\cos^2\varphi]^{3/2}}$$

Obwohl die Scheitel hier unmittelbar zu erkennen sind, wird ihre Berechnung vorgeführt.

$$\frac{d\varkappa}{d\varphi} = -\frac{3}{2}ab\,\frac{2a^2\sin\varphi\cos\varphi - 2b^2\cos\varphi\sin\varphi}{[a^2\sin^2\varphi + b^2\cos^2\varphi]^{5/2}} = 0$$

Hieraus folgt für den Zähler

$$(a^2 - b^2)\,2\sin\varphi\cos\varphi = (a^2 - b^2)\sin 2\varphi = 0$$

Wegen $a \neq b$ ist $\sin 2\varphi = 0$. Die Lösungen sind $\varphi = 0°, 90°, 180°, \ldots$. Die beiden ersten Lösungen ergeben mit Gl. (8.39) und den Ellipsengleichungen die Werte $\varkappa_1 = -a/b^2$, $S_1(a, 0)$ und $\varkappa_2 = -b/a^2$, $S_2(0, b)$. ■

Durch Einsetzen von Gl. (8.18) und (8.19) in Gl. (8.36) erhält man für die Krümmung in Polarkoordinaten

$$\varkappa = \frac{r^2 + 2r'^2 - rr''}{(r'\cos\varphi - r\sin\varphi)^3\left[1 + \left(\dfrac{r'\sin\varphi + r\cos\varphi}{r'\cos\varphi - r\sin\varphi}\right)^2\right]^{3/2}}$$

$$\varkappa = \frac{r^2 + 2r'^2 - rr''}{(r^2 + r'^2)^{3/2}} \tag{8.40}$$

Für den Faktor $(r'\cos\varphi - r\sin\varphi)^3$ im Nenner der Gl. (8.40) gilt sinngemäß das gleiche wie für den Faktor $\dot{x}$ in Gl. (8.39).

Beispiel 4. Wie groß ist der Krümmungsradius der logarithmischen Spirale?
Aus Beispiel 1, Abschn. 8.2, entnimmt man $r = c\mathrm{e}^{n\varphi}$, $r' = cn\mathrm{e}^{n\varphi}$, $r'' = cn^2\mathrm{e}^{n\varphi}$, damit wird mit Gl. (8.40)

$$\varrho = \frac{1}{\varkappa} = \frac{[c^2\mathrm{e}^{2n\varphi} + c^2n^2\mathrm{e}^{2n\varphi}]^{3/2}}{c^2\mathrm{e}^{2n\varphi} + 2c^2n^2\mathrm{e}^{2n\varphi} - c^2n^2\mathrm{e}^{2n\varphi}} = r\sqrt{1+n^2}$$ ■

8.3.2 Evolute. Evolvente

Bei der zeichnerischen Konstruktion von Graphen (insbesondere bei Kegelschnitten) wird oft der Graph in den Scheiteln durch einen Krümmungskreis ersetzt.

Definition. *Errichtet man im Punkte P eines Graphen die Normale und trägt auf ihr von P nach der inneren (konkaven) Seite des Graphen den Betrag des Krümmungsradius ϱ ab, erhält man den* Krümmungsmittelpunkt *M. Der Kreis um M mit* $|\varrho|$ *ist der* Krümmungskreis *des Punktes P.*

Der Krümmungskreis ist identisch mit dem Schmiegkreis, der in folgender Weise definiert ist: Der Kreis durch drei Punkte eines Graphen, die beim Grenzübergang in einen Punkt zusammenfallen. Auf den Beweis wird verzichtet.

Zu einer Reihe benachbarter Punkte P_i werden die entsprechenden Krümmungsmittelpunkte M_i konstruiert (Bild **8.**13).

Definition. *Ein die Krümmungsmittelpunkte M_i des Graphen einer Funktion verbindenden Graph heißt die* Evolute. *Der Graph der Funktion heißt die* Evolvente *der betreffenden Evolute.*

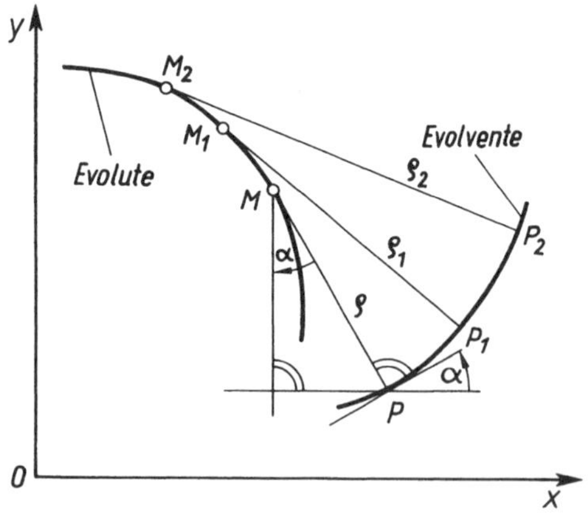

8.13

Die Aufgabe, zu einem gegebenen Graphen die Evolute zu berechnen, ist stets lösbar und wird im folgenden behandelt. Die Kehraufgabe, zu einer gegebenen Evolute die Evolvente zu berechnen, ist nur in Spezialfällen geschlossen lösbar. Die Theorie der Evolventen spielt bei der Berechnung von Zahnrädern eine Rolle, da die Flanken der Zähne oft die Form von Evolventen haben (Evolventenverzahnung).

Herleitung der Evolutengleichung. Der Punkt P hat die Koordinaten $(x; y)$, sein Krümmungsmittelpunkt M die Koordinaten $(X; Y)$. Nach Bild **8**.13 bestehen folgende Beziehungen

$$X = x - \varrho \sin\alpha \qquad Y = y + \varrho \cos\alpha$$

Vom Steigungswinkel α des Graphen im Punkt P ist $\tan\alpha = y'$ bekannt. In den obigen Gleichungen wird deshalb der Sinus und Cosinus in den Tangens umgeformt und dieser durch y' ersetzt. Setzt man ferner noch für $\varrho = 1/\varkappa$ nach Gl. (8.36) ein, so erhält man die Parameterform der Evolute

$$\boxed{\begin{aligned} X &= x - \frac{(1+y'^2)^{3/2}}{y''} \frac{y'}{(1+y'^2)^{1/2}} = x - y' \frac{1+y'^2}{y''} = U(x) \\ Y &= y + \frac{(1+y'^2)^{3/2}}{y''} \frac{1}{(1+y'^2)^{1/2}} = y + \frac{1+y'^2}{y''} = V(x) \end{aligned}} \qquad (8.41)$$

Da y, y' und y'' Funktionen von x sind, ist x der Parameter. In manchen Fällen gelingt es, diesen Parameter zu eliminieren und $Y = f(X)$ zu erhalten. Ist die Ausgangsfunktion selbst in Parameterform gegeben, so werden Gl. (8.1), (8.3) und (8.4) in Gl. (8.41) eingesetzt, und man erhält

$$\boxed{X = u - \dot{v} \frac{\dot{u}^2 + \dot{v}^2}{\dot{u}\ddot{v} - \dot{v}\ddot{u}} \qquad Y = v + \dot{u} \frac{\dot{u}^2 + \dot{v}^2}{\dot{u}\ddot{v} - \dot{v}\ddot{u}}} \qquad (8.42)$$

Beispiel 5. Man berechne die Evolute der Parabel $y = cx^2$.

Da die Ausgangskurve explizit gegeben ist, verwendet man Gl. (8.41), berechnet $y' = 2cx$ und $y'' = 2c$ und erhält

$$X = x - 2cx \frac{1+4c^2x^2}{2c} = -4c^2x^3 \qquad Y = cx^2 + \frac{1+4c^2x^2}{2c} = 3cx^2 + \frac{1}{2c}$$

Hier gelingt es, den Parameter zu eliminieren, indem man die Gleichung für X nach x auflöst und in die Gleichung für Y einsetzt. Man erhält dann als explizite Evolutengleichung der Parabel

$$Y = \frac{3}{2 \cdot \sqrt[3]{2c}} X^{2/3} + \frac{1}{2c}$$

Bild **8**.14 zeigt Evolute und Evolvente für $c = 1$.

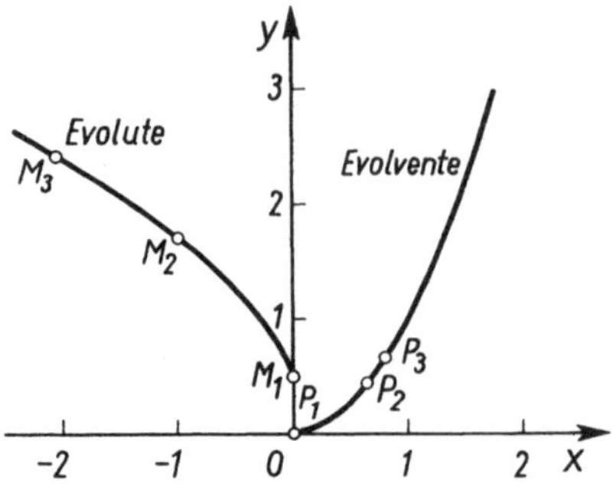

8.14 ■

Beispiel 6. Man berechne die Evolute einer Zykloide (s. Beispiel 1, Abschn. 8.1). Die Funktionsgleichung und ihre Ableitungen lauten

$$x = r(\varphi - \sin\varphi) \qquad y = r(1 - \cos\varphi)$$
$$\dot{x} = r(1 - \cos\varphi) \qquad \dot{y} = r\sin\varphi$$
$$\ddot{x} = r\sin\varphi \qquad \ddot{y} = r\cos\varphi$$

Der in beiden Gl. (8.42) vorkommende Bruch ergibt

$$\frac{\dot{x}^2 + \dot{y}^2}{\dot{x}\ddot{y} - \ddot{x}\dot{y}} = \frac{r^2(1-\cos\varphi)^2 + r^2\sin^2\varphi}{r^2(1-\cos\varphi)\cos\varphi - r^2\sin^2\varphi} = \frac{2 - 2\cos\varphi}{\cos\varphi - 1} = -2$$

Damit lautet die Parameterdarstellung der Evolute

$$X = r(\varphi - \sin\varphi) + 2r\sin\varphi = r(\varphi + \sin\varphi)$$
$$Y = r(1 - \cos\varphi) - 2r(1 - \cos\varphi) = -r(1 - \cos\varphi)$$

Führt man das aus Bild **8**.15 ersichtliche neue (u, v)-System ein, so ist $u = X - \pi r$ und $v = Y + 2r$. Damit erhält man als Gleichungen im neuen System

$$u = r\varphi + r\sin\varphi - \pi r = r(\varphi - \pi) + r\sin\varphi$$
$$v = -r + r\cos\varphi + 2r = r + r\cos\varphi$$

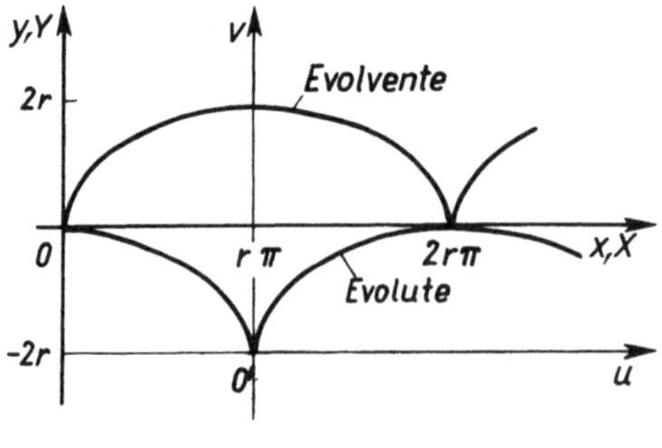

8.15

Wählt man nun noch einen neuen Parameter $\lambda = \varphi - \pi$, so wird wegen $\varphi = \lambda + \pi$

$$\sin(\lambda + \pi) = -\sin\lambda \quad \text{und} \quad \cos(\lambda + \pi) = -\cos\lambda$$

$$u = r(\lambda - \sin\lambda) \quad \text{und} \quad v = r(1 - \cos\lambda)$$

Die Evolute einer Zykloide ist also eine parallelverschobene Zykloide. ■

Beziehungen zwischen Evolute und Evolvente. Zwischen den Ableitungen Y' der Evolute und y' der Evolvente besteht in zusammengehörigen Punkten (Bild **8.**13) der Zusammenhang

$$Y' = -\frac{1}{y'} \tag{8.43}$$

Dies bedeutet geometrisch:

Die Tangente in einem Punkte der Evolute ist die Normale im entsprechenden Punkte der Evolvente.

Beweis. Nach Gl. (8.3) ist $\mathrm{d}Y/\mathrm{d}X = (\mathrm{d}Y/\mathrm{d}x)/(\mathrm{d}X/\mathrm{d}x)$. Diese Ableitungen erhält man durch Differenzieren von Gl. (8.41) nach x

$$\begin{aligned} \frac{\mathrm{d}Y}{\mathrm{d}x} &= y' + \left(\frac{1+y'^2}{y''}\right)' \\ \frac{\mathrm{d}X}{\mathrm{d}x} &= 1 - y''\frac{1+y'^2}{y''} - y'\left(\frac{1+y'^2}{y''}\right)' \\ &= -y'^2 - y'\left(\frac{1+y'^2}{y''}\right)' = -y'\left[y' + \left(\frac{1+y'^2}{y''}\right)'\right] \end{aligned} \tag{8.44}$$

Werden beide Seiten der ersten Gleichung durch die entsprechenden Seiten der zweiten Gleichung dividiert, ergibt sich Gl. (8.43). □

Ein weiterer Satz lautet:

Die Bogenlänge ΔS zwischen zwei Punkten der Evolute ist gleich der Differenz der Krümmungsradien $\Delta\varrho$ der beiden entsprechenden Punkte der Evolvente.

Beweis. Da ΔS und $\Delta\varrho$ von x abhängen, gilt $\Delta S/\Delta x = \Delta\varrho/\Delta x$ und nach dem Grenzübergang $\mathrm{d}S/\mathrm{d}x = \mathrm{d}\varrho/\mathrm{d}x$, falls der Satz richtig ist. Diese beiden Ableitungen werden nun getrennt berechnet und ihre Gleichheit nachgewiesen. Nach Gl. (8.9) ist mit dem Parameter x

$$\frac{\mathrm{d}S}{\mathrm{d}x} = \sqrt{\left(\frac{\mathrm{d}X}{\mathrm{d}x}\right)^2 + \left(\frac{\mathrm{d}Y}{\mathrm{d}x}\right)^2}$$

Für $\mathrm{d}X/\mathrm{d}x$ und $\mathrm{d}Y/\mathrm{d}x$ werden die rechten Seiten der Gl. (8.44) eingesetzt, und man erhält nach einigen Umformungen

$$\frac{\mathrm{d}S}{\mathrm{d}x}=\left[y'+\left(\frac{1+y'^2}{y''}\right)'\right]\sqrt{1+y'^2}$$

Wird andererseits der Kehrwert von Gl. (8.36) differenziert, so erhält man

$$\frac{\mathrm{d}\varrho}{\mathrm{d}x}=\frac{y'y''}{\sqrt{1+y'^2}}\,\frac{1+y'^2}{y''}+\sqrt{1+y'^2}\left(\frac{1+y'^2}{y''}\right)'=\sqrt{1+y'^2}\left[y'+\left(\frac{1+y'^2}{y''}\right)'\right] \quad \square$$

Wegen der Gültigkeit dieser beiden Sätze hat die Evolvente ihren Namen, er bedeutet die abgewickelte Kurve. Diese Sätze bilden auch die Grundlage zu einer mechanischen Konstruktion der Evolvente bei gegebener Evolute: Schlingt man um die Evolute einen Faden, so beschreibt das Fadenende beim Abwickeln eine Evolvente.

Beispiel 7. In der Verzahnungstheorie spielt die Kreisevolvente (Evolvente eines Kreises) eine wichtige Rolle. Auf Grund der beiden vorstehenden Sätze erhält man aus Bild **8.**16 die folgenden Beziehungen für die Koordinaten x und y eines beliebigen Punktes P auf dem Graphen

$$\overline{MP}=\varrho=\widehat{MP_0}=r\varphi$$

$$x=\overline{OM'}+\overline{P'P}=r\cos\varphi+r\varphi\sin\varphi=r(\cos\varphi+\varphi\sin\varphi)$$

$$y=\overline{MM'}-\overline{P'M}=r\sin\varphi-r\varphi\cos\varphi=r(\sin\varphi-\varphi\cos\varphi) \tag{8.45}$$

Die vorstehenden beiden Gleichungen sind die Parameterform der Kreisevolvente.

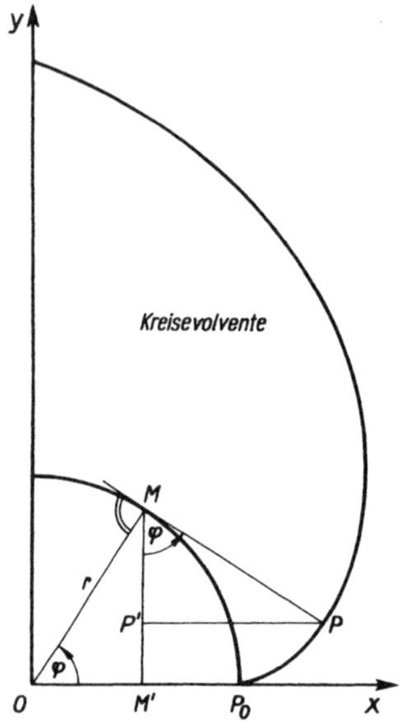

8.16 ■

8.3.3 Aufgaben zu Abschnitt 8.3

1. Man berechne den Krümmungsradius im Scheitel der Graphen folgender Funktionen

a) Gauß-Verteilung $y=\mathrm{e}^{-u^2/2}/(\sqrt{2\pi})$ für $u=0$,

b) Zykloide $x=r(\varphi-\sin\varphi)$, $y=r(1-\cos\varphi)$ für $\varphi=\pi$,

c) Lemniskate $r=a\sqrt{\cos 2\varphi}$ für $\varphi=0$.

2. Man berechne den Scheitel und den minimalen Krümmungsradius des Graphen von $y=\ln x$.

3. Man berechne die Funktionsgleichungen und zeichne die Graphen der Evoluten folgender Funktionen

a) $y=\ln x$, b) Ellipse $x=a\cos\varphi$, $y=b\sin\varphi$

9 Funktionen mehrerer Variablen

Hier wird das Differenzieren und Integrieren von Funktionen von n unabhängigen Variablen behandelt, wobei n häufig größer als zwei ist. Um die Gesetzmäßigkeiten besser formulieren zu können, ist es zweckmäßig, die unabhängigen Variablen jetzt nicht durch x und y, sondern durch unterschiedliche Indizes zu kennzeichnen. x_1, x_2, x_3 bedeuten also insbesondere in Abschn. 9.1 und 9.2 drei verschiedene Variable und nicht verschiedene Werte einer Variablen. Wenn letzteres erforderlich ist, wird ein zweiter Index hinzugefügt. Es wird sich zeigen, daß mit diesen Bezeichnungen viele Begriffe und Sätze fast unverändert aus der Theorie der Funktionen einer unabhängigen Variablen übernommen werden können. In Beispielen werden die Variablen allerdings auch weiterhin mit den im betreffenden Anwendungsgebiet üblichen Formelzeichen bezeichnet. Dies gilt insbesondere in Abschn. 9.3 und 10.1 für die Raumkoordinaten x, y, z. Aus diesem Grund wird die abhängige Variable von Anfang an mit u bezeichnet. Ferner wird nun nicht mehr jedesmal betont, daß es sich um Funktionen mehrerer unabhängiger Variablen handelt, sondern einfach von Funktionen gesprochen.

9.1 Grundbegriffe

9.1.1 $\mathbb{R}^n$-Raum

Die Zahlenwerte einer unabhängigen Variablen x_1 sind eine (echte oder unechte) Teilmenge von $\mathbb{R}$ und können geometrisch als Punkte auf einer Zahlengeraden dargestellt werden. Die Produktmenge der Wertepaare zweier Variablen x_1, x_2 ist Teilmenge der Menge $\mathbb{R}^2 = \mathbb{R} \times \mathbb{R}$ und kann geometrisch als Teilmenge der Punkte einer Ebene dargestellt werden. Entsprechend liefern drei Variable die Tripel einer Teilmenge von $\mathbb{R}^3$ bzw. der Punkte im dreidimensionalen Raum. Die n-tupel der Zahlenwerte der Variablen $x_1, x_2, x_3, \ldots, x_n$ sind eine Teilmenge einer Produktmenge $\mathbb{R}^n$.

Auch hier ist es zweckmäßig, den Begriff „Raum" einzuführen und weitere geometrische Begriffe, die in den Räumen $\mathbb{R}^1$, $\mathbb{R}^2$ und $\mathbb{R}^3$ anschaulich definiert sind, auf diesen Raum $\mathbb{R}^n$ zu übertragen.

Definition. *Jedes Element der Menge $\mathbb{R}^n$ wird als* Punkt *eines n-dimensionalen Raumes $\mathbb{R}^n$ bezeichnet. Oft wird dieser Punkt durch den Vektor* $\mathbf{x}$ *bezeichnet.*

Der Abstand a zweier Punkte $\mathbf{x}_1$ und $\mathbf{x}_2$ ist in Erweiterung des Satzes von Pythagoras

$$a = |\boldsymbol{x}_1 - \boldsymbol{x}_2| = \sqrt{(x_{11}-x_{21})^2 + (x_{12}-x_{22})^2 + \ldots + (x_{1n}-x_{2n})^2} \quad (9.1)$$

Der erste Index bezeichnet den Vektor (Punkt), der zweite die betreffende Koordinate.

Definition. *Ein* Gebiet *ist eine offene und zusammenhängende Teilmenge des* $\mathbb{R}^n$.

Beispiele: Ein offenes Intervall ist ein Gebiet in $\mathbb{R}^1$. Die offene Menge $R\{(x, y) | (a<x<b) \wedge (c<y<d)\}$ der innerhalb eines Rechtecks liegenden Punkte bilden ein Gebiet in $\mathbb{R}^2$.

Auf den Begriffen Punkt, Abstand, Gebiet bauen die Grundbegriffe der Analysis auf. Sie wurden in den vorangegangenen Abschnitten in den Räumen $\mathbb{R}^1$ und $\mathbb{R}^2$ erklärt und werden nun auf den Raum $\mathbb{R}^n$ übertragen.

9.1.2 Funktion. Grenzwert. Stetigkeit

Definition. *Ist jedem Punkte eines Gebietes des Raumes* $\mathbb{R}^n$ *eindeutig ein Wert* $u \in \mathbb{R}$ *zugeordnet, so ist* u *eine* Funktion *der Raumkoordinaten* $x_1, x_2, \ldots, x_n$, *und man schreibt*

$$u = f(x_1, x_2, \ldots, x_n) = f(\boldsymbol{x}) \quad (9.2)$$

Definition. *Eine Funktion hat an einer Stelle* $\boldsymbol{x}_0(x_{01}; x_{02}; x_{03}; \ldots; x_{0n})$ *einen* Grenzwert g, *wenn alle unabhängigen Variablen beliebige Nullfolgen* $|\boldsymbol{x}-\boldsymbol{x}_0|$ mit $\boldsymbol{x} \neq \boldsymbol{x}_0$ *durchlaufen und dabei stets* $f(\boldsymbol{x}) - g$ *eine Nullfolge ist. Man schreibt*

$$\lim_{\substack{x_i \to x_{0i} \\ i=1,\ldots,n}} f(x_1, x_2, x_3, \ldots, x_n) = \lim_{\boldsymbol{x} \to \boldsymbol{x}_0} f(\boldsymbol{x}) = g \quad (9.3)$$

Wenn nur eine Variable x_i *eine Folge mit einem Grenzwert* x_{0i} *durchläuft und alle anderen Variablen* x_k, $k \neq i$, *konstant bleiben, spricht man von einem* partiellen Grenzwert.

Satz. Eine notwendige, aber nicht hinreichende Bedingung für die Existenz eines Grenzwertes einer Funktion $f(x)$ ist, daß alle nacheinander gebildeten partiellen Grenzwerte unabhängig von ihrer Reihenfolge gleich sind.

Beispiel 1. Hat die Funktion

$$u = \frac{x_1^2 - x_2^2}{x_1^2 + x_2^2}$$

an der Stelle $x_1 = x_2 = 0$ einen Grenzwert?

$$\lim_{x_1 \to 0} \left(\lim_{x_2 \to 0} \frac{x_1^2 - x_2^2}{x_1^2 + x_2^2} \right) = \lim_{x_1 \to 0} \left(\frac{x_1^2}{x_1^2} \right) = +1$$

$$\lim_{x_2 \to 0} \left(\lim_{x_1 \to 0} \frac{x_1^2 - x_2^2}{x_1^2 + x_2^2} \right) = \lim_{x_2 \to 0} \left(\frac{-x_2^2}{x_2^2} \right) = -1$$

Die beiden partiellen Grenzwerte sind verschieden, also hat die Funktion an dieser Stelle keinen Grenzwert.

Diese Aussage kann auch geometrisch verdeutlicht werden. Man gewinnt ein Bild der Funktionsfläche in $\mathbb{R}^3$, wenn als unabhängige Variable Polarkoordinaten gewählt werden. Mit $x_1 = r\cos\varphi$ und $x_2 = r\sin\varphi$ wird

$$u = \frac{\cos^2\varphi - \sin^2\varphi}{\cos^2\varphi + \sin^2\varphi} = \cos 2\varphi \qquad \text{(Bild 9.1)}$$

Auf jedem Strahl φ ist $u = \text{const}$, also unabhängig von r. Für den Koordinatenursprung ergibt sich damit für jede Annäherungsrichtung ein anderer Wert. Deshalb hat die Funktion dort keinen Grenzwert. ■

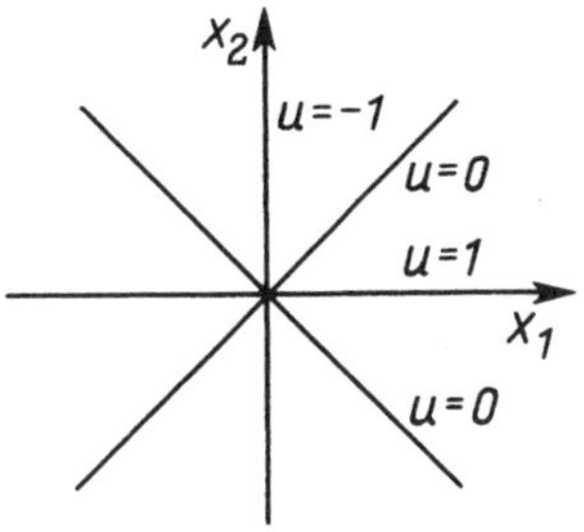

9.1

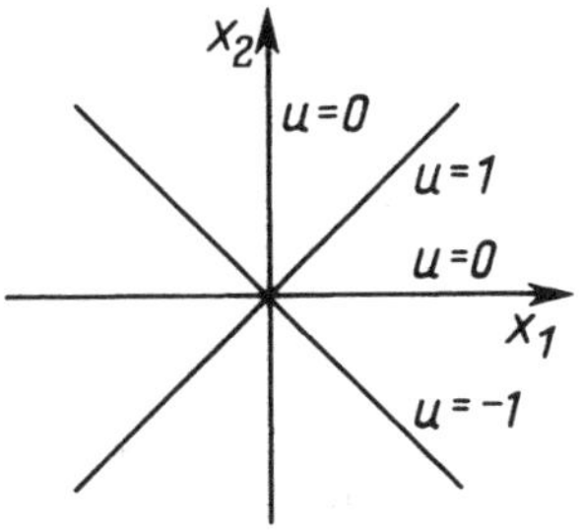

9.2

Beispiel 2. Hat die Funktion

$$u = \frac{2x_1 x_2}{x_1^2 + x_2^2}$$

an der Stelle $x_1 = x_2 = 0$ einen Grenzwert?

Hier sind beide partiellen Grenzwerte gleich Null. Die entsprechende geometrische Betrachtung wie in Beispiel 1 zeigt, daß trotzdem kein Grenzwert vorhanden ist. Mit $x_1 = r\cos\varphi$ und $x_2 = r\sin\varphi$ wird $u = \sin 2\varphi$. Bild **9.2** zeigt, daß die Fläche dieser Funktion lediglich um 45° gegen die Fläche der Funktion aus Beispiel 1 gedreht ist. ■

Definition. *Eine Funktion $f(\mathbf{x})$ ist an einer Stelle $\mathbf{x}_0(x_{01}; x_{02}; \ldots; x_{0n})$* stetig, *wenn*
1. *sie an dieser Stelle definiert ist und*
2. *an dieser Stelle einen Grenzwert hat und*
3. *der Funktionswert mit dem Grenzwert übereinstimmt.*

Wenn die Funktion an einer Stelle einen Grenzwert hat, dieser aber nicht mit dem Funktionswert übereinstimmt, so spricht man von einer behebbaren Unstetigkeitsstelle. Wenn die Funktion an allen Stellen eines Gebietes stetig ist, heißt sie stetig in diesem Gebiet.

Diese Definition entspricht der in Abschn. 2.3.3 gegebenen Definition für eine Funktion einer unabhängigen Variablen. Bei den in Naturwissenschaft und Technik vorkommenden Funktionen können eventuelle Unstetigkeitsstellen meist unmittelbar aus der Problemstellung erkannt werden.

9.2 Differenzieren

9.2.1 Partielle Ableitungen

Definition. *Die* partielle Ableitung 1. Ordnung *der Funktion*

$$u = f(x_1, x_2, \ldots, x_j, \ldots, x_n)$$

nach der Variablen x_j ist der Grenzwert

$$\lim_{\Delta x_j \to 0} \frac{f(x_1, x_2, \ldots, (x_j + \Delta x_j), \ldots, x_n) - f(x_1, x_2, \ldots, x_j, \ldots, x_n)}{\Delta x_j} = \frac{\partial u}{\partial x_j} = \frac{\partial f}{\partial x_j} = f_{x_j} \quad (9.4)$$

Aus dieser Definition ergibt sich, daß beim Differenzieren nach x_j alle anderen Variablen wie Konstante behandelt werden. Im übrigen gelten die in Abschn. 5.2 hergeleiteten formalen Regeln. Da Gl. (9.4) auf jede der n unabhängigen Variablen angewandt werden kann, hat eine Funktion n im allgemeinen verschiedene partielle Ableitungen 1. Ordnung.

Bei der Schreibweise als Differentialquotient wird das Symbol ∂ verwandt, um anzudeuten, daß mehrere unabhängige Variable vorhanden sind. Die Schreibweise der 1. Ableitung mit einem Punkt oder Strich ist bei zwei Variablen wie z. B. Ort und Zeit nur dann zulässig, wenn eindeutig ist, nach welcher Variablen zu differenzieren ist.

Definition. *Existieren an einer Stelle $\mathbf{x}_0(x_{01}; x_{02}; x_{03}; \ldots; x_{0n})$ sämtliche partiellen Ableitungen 1. Ordnung, so ist die Funktion an dieser Stelle* differenzierbar. *Ist eine Funktion an allen Stellen eines Gebietes G differenzierbar und sind die partiellen Ableitungen stetige Funktionen, so heißt die Funktion im Gebiet G stetig differenzierbar.*

Beispiel 1. Wie lauten die partiellen Ableitungen 1. Ordnung der Funktion

$$u = x^2 y \ln z + \sqrt{x} \sin y + \frac{e^z}{x}$$

$$\frac{\partial u}{\partial x} = 2xy\ln z + \frac{\sin y}{2\sqrt{x}} - \frac{e^z}{x^2} \qquad \frac{\partial u}{\partial y} = x^2 \ln z + \sqrt{x}\cos y \qquad \frac{\partial u}{\partial z} = \frac{x^2 y}{z} + \frac{e^z}{x}$$ ■

Bei nur zwei unabhängigen Variablen x und y können die partiellen Ableitungen f_x und f_y von $z = f(x, y)$ auch geometrisch gedeutet werden. Beim Bilden von f_x wird $y = \text{const}$ gesetzt. $y = \text{const}$ bedeutet in einem (x, y, z)-System die Gleichung einer Ebene parallel zur (x, z)-Ebene (Bild **9.3**). Bei gleichen Maßstäben auf den drei Koordinatenachsen ist die erste Ableitung $f_x = \tan\alpha$ die Steigung der Schnittkurve der Funktionsfläche mit dieser Ebene gegenüber einer Raumparallele zur positiven x-Achse. Entsprechend ist die Ableitung $f_y = \tan\beta$ die Steigung der Schnittkurve zwischen Funktionsfläche und einer Parallelebene zur (y, z)-Ebene gegenüber einer Raumparallele zur positiven y-Achse.

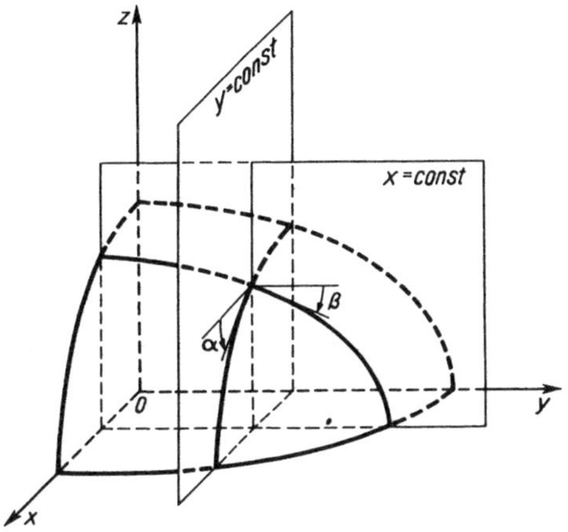

9.3

Beispiel 2. Durch den Punkt $x = 1.5$; $y = 2$; $z = 0$ der (x, y)-Ebene werden die beiden Ebenen parallel zu der (x, z)- und (y, z)-Koordinatenebene gelegt. Man berechne die Steigungswinkel der in diesen Ebenen liegenden Tangenten an eine Fläche mit der Gleichung

$$\frac{x^2}{9} + \frac{y^2}{16} + \frac{z^2}{6.25} = 1$$

Durch Nullsetzen der einzelnen Variablen erhält man als Schnittkurve mit den Koordinatenebenen jeweils eine Ellipse. Die Funktionsfläche ist also ein dreiachsiges Ellipsoid (Bild **9.3**). Die Steigung der Tangente in der Ebene parallel zur (x, z)-Ebene ergibt sich mit $y = \text{const}$ und durch partielles Differenzieren der Gleichung nach x unter Benutzung der Kettenregel für implizite Funktionen

$$\frac{2x}{9} + \frac{2z}{6.25}\frac{\partial z}{\partial x} = 0 \quad \text{und daraus} \quad \frac{\partial z}{\partial x} = -\frac{6.25}{9}\frac{x}{z}$$

Entsprechend erhält man für die Steigung in der Ebene $x = \text{const}$ durch partielles Differenzieren nach y

$$\frac{2y}{16} + \frac{2z}{6.25}\frac{\partial z}{\partial y} = 0 \quad \text{und daraus} \quad \frac{\partial z}{\partial y} = -\frac{6.25}{16}\frac{y}{z}$$

Den z-Wert des vorgegebenen Punktes bestimmt man aus der Ausgangsgleichung, die (erst jetzt) nach z aufgelöst wird

$$z = 2.5\sqrt{1 - \frac{x^2}{9} - \frac{y^2}{16}}$$

Aus den gegebenen x- und y-Werten erhält man $z = 1.768$. Damit wird für den betrachteten Punkt bei gleichen Maßstäben auf den drei Achsen

$$\frac{\partial z}{\partial x} = \tan\alpha = -0.589 \qquad \alpha = -30.5° \qquad \frac{\partial z}{\partial y} = \tan\beta = -0.442 \qquad \beta = -23.8°$$ ■

Eine wichtige Anwendung der partiellen Ableitungen 1. Ordnung ist die Bestimmung von Extremwerten von Funktionen. Es gilt der folgende

Satz. Eine notwendige aber nicht hinreichende Bedingung für einen Extremwert einer Funktion mehrerer unabhängiger Variablen ist, daß sämtliche partiellen Ableitungen 1. Ordnung an dieser Stelle zu Null werden.

Dieser Satz kann hier nicht bewiesen werden. Bei zwei unabhängigen Variablen ergibt er sich geometrisch im $\mathbb{R}^3$ aus der Forderung einer waagerechten Tangentialebene an die Funktionsfläche im Extrempunkt (s. Beispiel 8). Eine derartige Ebene ist aber auch in einem Sattelpunkt vorhanden. Deshalb ist die Bedingung nicht hinreichend. Das Aufstellen von hinreichenden Bedingungen ist bei Funktionen von mehr als zwei unabhängigen Variablen so schwierig, daß darauf hier verzichtet wird [Ko 76]. Für das praktische Rechnen liefert der vorstehende Satz ein System von Bestimmungsgleichungen, aus dem die gesuchten Werte der unabhängigen Variablen berechnet werden. Die Problemstellung des folgenden Beispiels spielt in der Ausgleichungsrechnung (s. Abschn. 9.4.3) eine wichtige Rolle.

Beispiel 3. Gegeben sind n Punkte im $\mathbb{R}^3$ mit den Koordinaten $P_i(x_i; y_i; z_i)$, $i = 1, 2, 3, \ldots, n$. Gesucht sind die Koordinaten eines Punktes $P(x; y; z)$, für den die Summe u der Quadrate der Abstände zu den anderen Punkten ein Minimum ist.

Der Abstand a zweier Punkte $P_1(x_1; y_1; z_1)$ und $P_2(x_2; y_2; z_2)$ ist nach Gl. (9.1)

$$a = \sqrt{(x_2 - x_1)^2 + (y_2 - y_1)^2 + (z_2 - z_1)^2}$$

Die gesuchte Funktion $u = f(x, y, z)$ genügt daher folgender Gleichung

$$u = \sum_{i=1}^{n} [(x_i - x)^2 + (y_i - y)^2 + (z_i - z)^2]$$

Die partiellen Ableitungen 1. Ordnung sind

$$\frac{\partial u}{\partial x} = -2 \sum_{i=1}^{n} (x_i - x) \qquad \frac{\partial u}{\partial y} = -2 \sum_{i=1}^{n} (y_i - y) \qquad \frac{\partial u}{\partial z} = -2 \sum_{i=1}^{n} (z_i - z)$$

Werden alle Ableitungen Null, so erhält man die Bestimmungsgleichungen

$$nx - \sum_{i=1}^{n} x_i = 0 \qquad ny - \sum_{i=1}^{n} y_i = 0 \qquad nz - \sum_{i=1}^{n} z_i = 0$$

mit den Lösungen

$$x = \frac{1}{n} \sum_{i=1}^{n} x_i \qquad y = \frac{1}{n} \sum_{i=1}^{n} y_i \qquad z = \frac{1}{n} \sum_{i=1}^{n} z_i$$

Aus der Problemstellung ergibt sich, daß hier ein Minimum vorliegt, denn der Punkt liegt „in der Mitte" zwischen den Punkten. In der Mechanik hat der Schwerpunkt einer Menge von Punkten mit gleicher Masse die in der Aufgabenstellung geforderte Eigenschaft. ■

Beispiel 4. Ein Blech mit der Breite b soll durch Hochbiegen der seitlichen Enden zu einer trapezförmigen Rinne mit möglichst großem Querschnitt A verformt werden (Bild **9.4**). Mit welcher Länge x und unter welchem Winkel α müssen die Enden abgebogen werden?

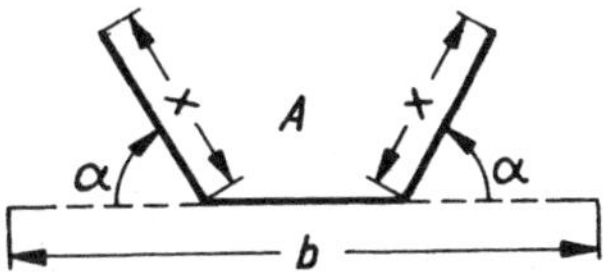

9.4

Gesucht ist das Maximum der Funktion $A = f(x, \alpha)$. Dabei ist A die Fläche eines Trapezes mit der unteren Grundlinie $g_1 = b - 2x$, der oberen Grundlinie $g_2 = b - 2x + 2x\cos\alpha$ und der Höhe $h = x\sin\alpha$, also

$$A = h\frac{g_1 + g_2}{2} = bx\sin\alpha - 2x^2\sin\alpha + x^2\sin\alpha\cos\alpha$$

Die Extremwerte erhält man durch Nullsetzen der beiden ersten Ableitungen

$$\frac{\partial A}{\partial x} = b\sin\alpha - 4x\sin\alpha + 2x\cos\alpha\sin\alpha = 0 \tag{9.5}$$

$$\frac{\partial A}{\partial \alpha} = bx\cos\alpha - 2x^2\cos\alpha + x^2(\cos^2\alpha - \sin^2\alpha) = 0 \tag{9.6}$$

Lösungen dieser Gleichungen sind $\alpha=0$, $\alpha=\pi$ und $x=0$. Aus der Problemstellung erkennt man, daß diese Lösungen kein Maximum ergeben, weil dann auch $A=0$ ist. Wenn x und α nicht Null sind, darf Gl. (9.5) durch $\sin\alpha$ und Gl. (9.6) durch x geteilt werden. Anschließend wird Gl. (9.5) nach $\cos\alpha=(4x-b)/2x$ aufgelöst und in Gl. (9.6) eingesetzt. Mit der Umformung $\sin^2\alpha=1-\cos^2\alpha$ kann diese Gleichung dann nach x aufgelöst werden. Man erhält als weitere Lösung $x=b/3$ und $\alpha=60°$. Dies ist das gesuchte Maximum. ■

Kettenregel. Die in Abschn. 5.2.3 behandelten Produkt- und Quotientenregeln können auf Funktionen von mehreren Variablen übertragen werden. So ist

$$\frac{\partial(f_1 f_2)}{\partial x_i}=\frac{\partial f_1}{\partial x_i}f_2+f_1\frac{\partial f_2}{\partial x_i} \tag{9.7}$$

Die Kettenregel erfordert eine gesonderte Betrachtung. Sie ist anzuwenden, wenn alle unabhängigen Variablen x_i von einer weiteren gemeinsamen Variablen t abhängen. Dann ist

$$u(t)=f(x_1(t),\, x_2(t),\, \ldots,\, x_n(t)) \tag{9.8}$$

Gesucht ist die Ableitung $\mathrm{d}u/\mathrm{d}t$. Dabei wird vorausgesetzt, daß u im Gebiet G differenzierbar ist und daß beim Grenzübergang $\Delta t\to 0$ auch sämtliche $\Delta x_i\to 0$ gehen. Im folgenden werden jeweils zwei Variable mit festem j und k ausführlich hingeschrieben. Daraus erkennt man das allgemeine Bildungsgesetz

$$\begin{aligned}\frac{\mathrm{d}u}{\mathrm{d}t}&=\lim_{\Delta t\to 0}\frac{u(t+\Delta t)-u(t)}{\Delta t}\\&=\lim_{\Delta t\to 0}\frac{f(\ldots,x_j(t+\Delta t),\ldots,x_k(t+\Delta t),\ldots)-f(\ldots,x_j(t),\ldots,x_k(t),\ldots)}{\Delta t}\end{aligned}$$

Der nun angewandte Kunstgriff entspricht dem bei der Herleitung der Produktregel benutzten. Im Zähler des vorstehenden Ausdrucks wird nun für jede der n Variablen ein geeigneter Summand addiert und wieder abgezogen. Die Reihenfolge der Summanden wird vertauscht. Ferner ist der Grenzwert einer Summe gleich der Summe der Grenzwerte, und man erhält

$$\begin{aligned}\frac{\mathrm{d}u}{\mathrm{d}t}&=\ldots+\lim_{\Delta t\to 0}\frac{f(\ldots,x_j(t+\Delta t),\ldots,x_k(t+\Delta t),\ldots)-f(\ldots,x_j(t),\ldots,x_k(t+\Delta t),\ldots)}{\Delta t}\\&\ldots+\lim_{\Delta t\to 0}\frac{f(\ldots,x_j(t),\ldots,x_k(t+\Delta t),\ldots)-f(\ldots,x_j(t),\ldots,x_k(t),\ldots)}{\Delta t}+\ldots\end{aligned}$$

In jedem dieser n Grenzwerte hat nun nur noch eine Größe unterschiedliche Argumente, ist also variabel. Deshalb darf auf jeden Grenzwert die Kettenregel für Funktionen einer unabhängigen Variablen angewandt werden, und man erhält als Kettenregel für Funktionen mehrerer unabhängiger Variablen

$$\frac{\mathrm{d}u}{\mathrm{d}t}=\sum_{i=1}^{n}\frac{\partial u}{\partial x_i}\frac{\mathrm{d}x_i}{\mathrm{d}t}=\sum_{i=1}^{n}f_{x_i}\frac{\mathrm{d}x_i}{\mathrm{d}t} \tag{9.9}$$

Zum Bilden der 2. Ableitung (s. Gl. (9.10)) ist jeder Summand der Gl. (9.9) nach der Kettenregel zu differenzieren.

Ableitungen höherer Ordnung. Jede partielle Ableitung 1. Ordnung ist i.allg. wieder eine Funktion der n unabhängigen Variablen und kann nach jeder dieser Variablen differenziert werden. Entsprechend der rechten Seite von Gl. (9.4) schreibt man als partielle Ableitung 2. Ordnung

$$\frac{\partial f_{x_j}}{\partial x_k} = f_{x_j x_k} \tag{9.10}$$

Es gibt n^2 Ableitungen 2. Ordnung und allgemein n^m Ableitungen m-ter Ordnung. Diese Ableitungen sind aber nicht alle verschieden. Wie hier nicht bewiesen werden kann, gilt der Satz von Schwarz:

Ist eine Funktion von mehreren unabhängigen Variablen m-mal stetig differenzierbar, so sind die gemischten partiellen Ableitungen m-ter Ordnung unabhängig von der Reihenfolge des Differenzierens. So gilt z.B. für $m=2$

$$f_{x_j x_k} = f_{x_k x_j} \quad \text{für alle } j \text{ und } k \tag{9.11}$$

Beispiel 5. Die Spannungen in einem scheibenförmigen Bauteil können aus der Spannungsfunktion $S=f(x, y)$ nach folgenden Beziehungen berechnet werden

$$\sigma_x = \frac{\partial^2 S}{\partial y^2} \qquad \sigma_y = \frac{\partial^2 S}{\partial x^2} \qquad \tau_{xy} = -\frac{\partial^2 S}{\partial x\,\partial y} \tag{9.12}$$

Die Spannungsfunktion einer einseitig eingespannten und am freien Ende durch die Kraft F belasteten Scheibe (Bild **9.5**) lautet

$$S = \frac{2F}{bh^3}(l-x)\left(y^3 - \frac{3}{4}h^2 y\right) \tag{9.13}$$

Man berechne die Spannungen nach Gl. (9.12) und prüfe die Richtigkeit der Ergebnisse durch Einsetzen in die Gleichgewichtsbedingungen

$$\frac{\partial \sigma_x}{\partial x} + \frac{\partial \tau_{xy}}{\partial y} = 0 \quad \text{und} \quad \frac{\partial \sigma_y}{\partial y} + \frac{\partial \tau_{xy}}{\partial x} = 0$$

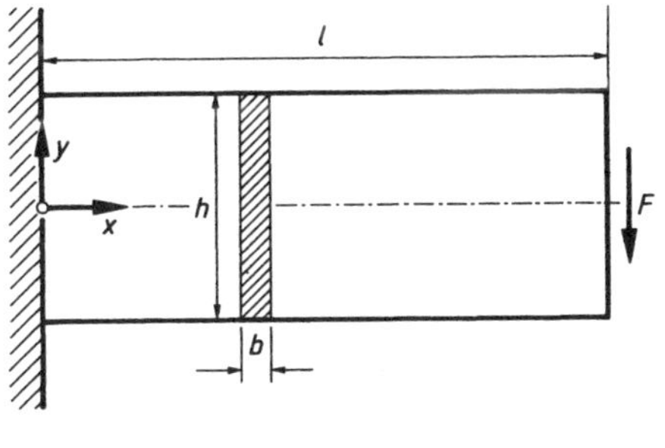

9.5

Die ersten partiellen Ableitungen der Spannungsfunktion aus Gl. (9.13) lauten

$$\frac{\partial S}{\partial x}=\frac{2F}{bh^3}(-1)\left(y^3-\frac{3}{4}h^2y\right) \qquad \frac{\partial S}{\partial y}=\frac{2F}{bh^3}(l-x)\left(3y^2-\frac{3}{4}h^2\right)$$

Hieraus gewinnt man durch weitere partielle Ableitungen

$$\sigma_x=\frac{\partial^2 S}{\partial y^2}=\frac{2F}{bh^3}(l-x)(6y)=\frac{12F}{bh^3}(l-x)y \quad \text{linear in } x \text{ und } y$$

$$\sigma_y=\frac{\partial^2 S}{\partial x^2}=0$$

$$\tau_{xy}=-\frac{\partial^2 S}{\partial x\,\partial y}=\frac{2F}{bh^3}\left(3y^2-\frac{3}{4}h^2\right)=\frac{6F}{bh^3}\left(y^2-\frac{h^2}{4}\right) \quad \begin{array}{l}\text{konstant in } x\\ \text{parabolisch in } y\end{array}$$

Zum Prüfen der Gleichgewichtsbedingungen benötigt man die dritten Ableitungen der Spannungsfunktion.

$$\frac{\partial\sigma_x}{\partial x}=\frac{\partial^3 S}{\partial y^2\partial x}=-\frac{12F}{bh^3}y \qquad \frac{\partial\tau_{xy}}{\partial y}=\frac{\partial^3 S}{\partial x\,\partial y^2}=\frac{12F}{bh^3}y$$

$$\frac{\partial\sigma_y}{\partial y}=0 \qquad \frac{\partial\tau_{xy}}{\partial x}=0$$

■

9.2.2 Taylor-Formel. Totales Differential. Funktionen in impliziter Form

Taylor-Formel. Entsprechend der Problemstellung in Abschn. 7.2 wird auch hier untersucht, wie ein Funktionswert an einer Stelle $\boldsymbol{x}(x_1; x_2; \ldots; x_n)$ berechnet werden kann, wenn der Funktionswert und sämtliche partiellen Ableitungen an einer festen Stelle $\boldsymbol{x}_0(x_{01}; x_{02}; \ldots; x_{0n})$ bekannt sind. Voraussetzung ist auch hier, daß die Funktion auf einer linearen Verbindung (s. Gl. (9.14)) zwischen beiden Stellen definiert ist. Der Kunstgriff der Herleitung besteht darin, die Funktion auf eine Funktion von nur einer Variablen t zu reduzieren und auf diese dann die MacLaurin-Formel Gl. (7.11) und die Kettenregel Gl. (9.9) anzuwenden. Führt man für jede Variable die folgende Hilfsgröße ein

$$\bar{x}_j=x_{0j}+t(x_j-x_{0j}) \quad \text{mit} \quad \frac{\mathrm{d}\bar{x}_j}{\mathrm{d}t}=x_j-x_{0j} \quad \text{für alle } j \tag{9.14}$$

so ist bei festem x_{0j} und festem x_j die Funktion nur noch von der Variablen t abhängig. Für $t=0$ erhält man $f(\boldsymbol{x}_0)$, und $t=1$ ergibt $f(\boldsymbol{x})$. Die Entwicklung von $F(t)$ nach der MacLaurin-Formel Gl. (7.11) lautet

$$f(\boldsymbol{x}_0+t(\boldsymbol{x}-\boldsymbol{x}_0))=F(t)=F(0)+F'(0)t+\frac{F''(0)}{2!}t^2+\ldots+\frac{F^{(r+1)}(t_m)}{(r+1)!}t^{r+1}$$

Die Ableitungen nach t werden nun nach der Kettenregel Gl. (9.9) in die Ableitungen nach den Variablen x_j umgeformt, wobei die rechte Gl. (9.14) zu beachten ist. Das letzte Glied der vorstehenden Gleichung ist das Restglied. Hier ist ein unbekannter Wert $0 \leq t_m \leq 1$ einzusetzen. Nach Gl. (9.14) bedeutet das für jede Variable einen unbekannten Wert $x_{0j} \leq x_{mj} \leq x_j$. Gl. (9.9) liefert unmittelbar

$$F'(0) = \sum_{j=1}^{n} \frac{\partial f(\boldsymbol{x}_0)}{\partial x_j} (x_j - x_{0j})$$

Zum Bilden der 2. Ableitung muß jeder Summand dieser Summe nach allen Variablen differenziert werden, dies ergibt die innere Summe der folgenden Gleichung. Alle Summanden ergeben dann die Doppelsumme

$$F''(0) = \sum_{j=1}^{n} \left[\sum_{k=1}^{n} \frac{\partial^2 f(\boldsymbol{x}_0)}{\partial x_j \partial x_k} (x_k - x_{0k}) \right] (x_j - x_{0j})$$

Wegen der Gleichheit der gemischten partiellen Ableitungen vereinfacht sich diese Summe etwas, und es ist üblich, sie durch folgenden symbolischen Ausdruck anzugeben

$$F''(0) = \left[\sum_{j=1}^{n} (x_j - x_{0j}) \frac{\partial}{\partial x_j} \right]^2 f(\boldsymbol{x}_0)$$

Wie das folgende Beispiel zeigt, hat die tatsächliche Berechnung dieses Ausdrucks insbesondere bei Funktionen von zwei unabhängigen Variablen Ähnlichkeiten mit der Entwicklung eines Binoms. Wird diese Schreibweise verallgemeinert, so erhält man für $t = 1$ wegen $F(1) = f(\boldsymbol{x})$ als Taylor-Formel für eine Funktion mehrerer Variablen

$$f(\boldsymbol{x}) = f(\boldsymbol{x}_0) + \sum_{j=1}^{n} (x_j - x_{0j}) \frac{\partial f(\boldsymbol{x}_0)}{\partial x_j} + \frac{1}{2!} \left[\sum_{j=1}^{n} (x_j - x_{0j}) \frac{\partial}{\partial x_j} \right]^2 f(\boldsymbol{x}_0) + \ldots + \\ + \frac{1}{(r+1)!} \left[\sum_{j=1}^{n} (x_j - x_{0j}) \frac{\partial}{\partial x_j} \right]^{r+1} f(\boldsymbol{x}_m) \qquad (9.15)$$

Beispiel 6. Wie lauten sämtliche Glieder der Taylor-Entwicklung einer Funktion von zwei unabhängigen Variablen bis einschließlich eines Restgliedes 3. Ordnung?

$$\begin{aligned} f(x, y) = f(x_0, y_0) &+ [f_x(x_0, y_0)(x - x_0) + f_y(x_0, y_0)(y - y_0)] \\ &+ \frac{1}{2} [f_{xx}(x_0, y_0)(x - x_0)^2 + 2 f_{xy}(x_0, y_0)(x - x_0)(y - y_0) \\ &+ f_{yy}(x_0, y_0)(y - y_0)^2] + \frac{1}{6} [f_{xxx}(x_m, y_m)(x - x_0)^3 \\ &+ 3 f_{xxy}(x_m, y_m)(x - x_0)^2 (y - y_0) + 3 f_{xyy}(x_m, y_m)(x - x_0)(y - y_0)^2 \\ &+ f_{yyy}(x_m, y_m)(y - y_0)^3] \end{aligned}$$

■

Totales Differential. Betrachtet man in Gl. (9.15) bereits das Glied mit den partiellen Ableitungen 1. Ordnung als Restglied, erhält man den Mittelwertsatz für diese Funktion. In vielen Fällen genügt es, wenn man die Funktion bis einschließlich der partiellen Ableitungen 1. Ordnung entwickelt und die höheren Ableitungen vernachlässigt. In diesem Fall sind folgende Bezeichnungen üblich

$$f(\boldsymbol{x})-f(\boldsymbol{x}_0)=\Delta u \quad \text{und} \quad (x_j-x_{0j})=\Delta x_j$$

Hiermit wird die Funktionsdifferenz Δu einer Funktion mehrerer unabhängiger Variablen

$$\Delta u=\sum_{j=1}^{n} f_{x_j}(\boldsymbol{x}_0)\,\Delta x_j+R_2(\boldsymbol{x}_{\mathrm{m}}) \tag{9.16}$$

Definition. *Wird in* Gl. (9.16) *das Restglied vernachlässigt, so spricht man vom* totalen Differential *der Funktion und schreibt oft statt der Differenzen Differentiale. Bei zwei unabhängigen Variablen erhält man*

$$\boxed{\mathrm{d}u=f_x(x_0,y_0)\,\mathrm{d}x+f_y(x_0,y_0)\,\mathrm{d}y}$$

Bei numerischen Rechnungen kann man mit Gl. (9.16) einfach erkennen, wie sich kleine Änderungen der einzelnen unabhängigen Variablen auf den Funktionswert auswirken.

Beispiel 7. Bei einem idealen Gas stehen die Zustandsgrößen Druck p, Temperatur T und Volumen V in folgendem Zusammenhang

$$p=\frac{nRT}{V}$$

mit der allgemeinen Gaskonstante $R=8314.4$ J/(K·kmol). Es ist $T_0=273.0$ K, $V_0=10.00\ \mathrm{m}^3$, $n_0=1$ kmol. Nun steigt die Temperatur um 3.0 K, und das Volumen verringert sich um 0.1 m^3. Man berechne die entstehende Druckänderung dp mit Gl. (9.16) und schätze das Restglied R_2. Zur Kontrolle ist ferner Δp durch unmittelbares Einsetzen der Werte in die Funktionsgleichung zu berechnen.
Es ist $\Delta n=0$. Damit wird

$$\mathrm{d}p=\frac{\partial p}{\partial T}\Delta T+\frac{\partial p}{\partial V}\Delta V=\frac{nR}{V}\Delta T-\frac{nRT}{V^2}\Delta V=(0.02494+0.02270)\ \text{bar}=0.04764\ \text{bar}$$

Der zweite Summand wird positiv, weil $\Delta V=-0.1\ \mathrm{m}^3$ ist.

$$R_2=\frac{1}{2}\left[\frac{\partial^2 p}{\partial T^2}(T-T_0)^2+2\frac{\partial^2 p}{\partial T\,\partial V}(T-T_0)(V-V_0)+\frac{\partial^2 p}{\partial V^2}(V-V_0)^2\right]$$
$$=\frac{1}{2}\left[0-2\frac{nR}{V_{\mathrm{m}}^2}(T-T_0)(V-V_0)+\frac{2nRT_{\mathrm{m}}}{V_{\mathrm{m}}^3}(V-V_0)^2\right]$$

Zur Schätzung des Restgliedes wählt man den ungünstigsten Fall. Er tritt hier ein, wenn $V_{\mathrm{m}}=V$ und $T_{\mathrm{m}}=T_0$ ist, weil dann wegen $\Delta T=T-T_0>0$ und $\Delta V=V-V_0<0$ alle Nenner der vorstehenden Gleichung möglichst klein und die Zähler möglichst groß werden. Mit diesen Werten wird

$$R_2 = (0.00031 + 0.00031)\ \text{bar} = 0.00062\ \text{bar}$$

Daraus erhält man $\Delta p \approx \mathrm{d}p + R_2 = 0.04826$ bar.

Aus der Differenz $p(276.0\,\text{K};\ 9.9\,\text{m}^3) - p(273.0\,\text{K};\ 10.0\,\text{m}^3)$ erhält man $\Delta p = 0.04812$ bar. Diese Rechnung ist hier einfacher. Dies ist aber i. allg. nicht mehr der Fall, wenn es sich um Funktionen von mehr als 2 unabhängigen Variablen handelt. Ferner spielt die hier gezeigte Rechnung (ohne Restgliedschätzung) in der Fehlerrechnung eine wichtige Rolle. Die Differenzen der unabhängigen Variablen haben dann die Bedeutung von Meßfehlern und das totale Differential ist die Fehlerschätzung für die aus den Meßwerten berechnete Größe (Abschn. 9.4.2). ■

Beispiel 8. Eine gekrümmte Fläche wird von einer zur z-Achse parallelen Ebene geschnitten, die mit der positiven x-Achse den Winkel φ bildet (s. Bild **9**.6). Wie groß ist die Steigung der Tangente an die Fläche in dieser Ebene? Die Maßstäbe auf den drei Koordinatenachsen seien gleich.

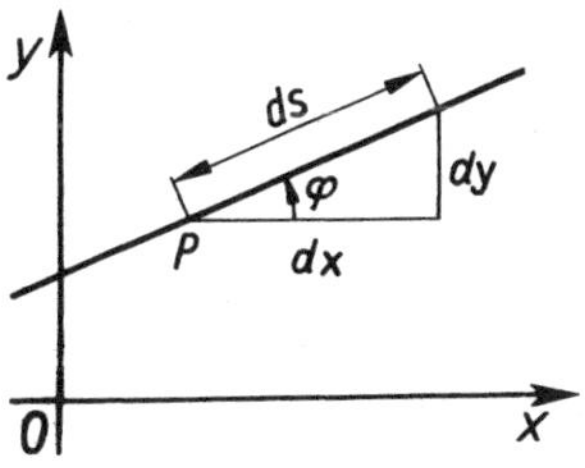

9.6

Bild **9**.6 zeigt die (x, y)-Ebene in der Zeichenebene mit der Spur der zur z-Achse parallelen Ebene. Die Steigung der Tangente an die Fläche in dieser Ebene ist $\tan\alpha = \mathrm{d}z/\mathrm{d}s$. Diese Größe wird aus dem totalen Differential berechnet

$$\mathrm{d}z = f_x\,\mathrm{d}x + f_y\,\mathrm{d}y$$

Durch formales Dividieren erhält man

$$\frac{\mathrm{d}z}{\mathrm{d}s} = \tan\alpha = f_x \frac{\mathrm{d}x}{\mathrm{d}s} + f_y \frac{\mathrm{d}y}{\mathrm{d}s} = f_x \cos\varphi + f_y \sin\varphi \tag{9.17}$$

Hieraus kann bei gegebenem Winkel φ die Steigung der Tangente berechnet werden. Die maximale Steigung kann man bestimmen, wenn man $\tan\alpha = 0$ setzt. Dann erhält man diejenige Richtung der Ebene, bei der die Tangente parallel zur (x, y)-Ebene ist. Senkrecht zu dieser Richtung hat die Tangente die maximale Steigung. Die Bedingung kann aus Gl. (9.17) abgelesen werden

$$\tan\varphi = -\frac{f_x}{f_y}$$

Ist an bestimmten Stellen für alle Werte von φ die Ableitung $dz/ds = 0$, so hat die Funktionsfläche dort eine waagerechte Tangentialebene. ■

Funktionen in impliziter Form. Eine weitere Anwendung des totalen Differentials bei einer Funktion mit zwei unabhängigen Variablen ergibt sich für den Spezialfall

$$u = f(x, y) = 0$$

Die beiden rechten Glieder dieser Gleichungskette können als die implizite Form einer Funktion einer unabhängigen Variablen aufgefaßt werden. Aus $u = 0$ folgt, daß auch du und das Restglied für alle $(x_i; y_i)$ Null sind. Es ist also

$$du = f_x \, \Delta x + f_y \, \Delta y = 0$$

Löst man diese Gleichung nach $\Delta y/\Delta x$ auf und bildet den Grenzwert $\Delta x \to 0$, so erhält man die 1. Ableitung einer Funktion zweier Variablen in impliziter Form

$$\boxed{\lim_{\Delta x \to 0} \frac{\Delta y}{\Delta x} = y' = -\frac{f_x}{f_y}} \qquad (9.18)$$

Aus $f_x = 0 \wedge f_y \neq 0$ erhält man eine Bestimmungsgleichung für die Koordinaten der Punkte des Graphen mit waagerechten Tangenten und aus $f_y = 0 \wedge f_x \neq 0$ dasselbe für die senkrechten Tangenten. Diese Bestimmungsgleichungen enthalten jeweils zwei Unbekannte. Die zweite zur Lösung erforderliche Gleichung ist die Funktionsgleichung.

Beispiel 9. Wie heißt der Graph der Relation $x^2 + xy + 0.5y^2 - 6x - 7 = 0$? Man berechne die Achsenabschnitte, die Koordinaten der waagerechten und senkrechten Tangenten und zeichne den Graphen.

Es handelt sich um eine allgemeine Gleichung 2. Grades, also ist der Graph ein Kegelschnitt. Mit Hilfe des Plans in Bild **3.27** ergibt sich eine Ellipse. Es ist $D = -6.25$ und $D_{33} = 0.25$.

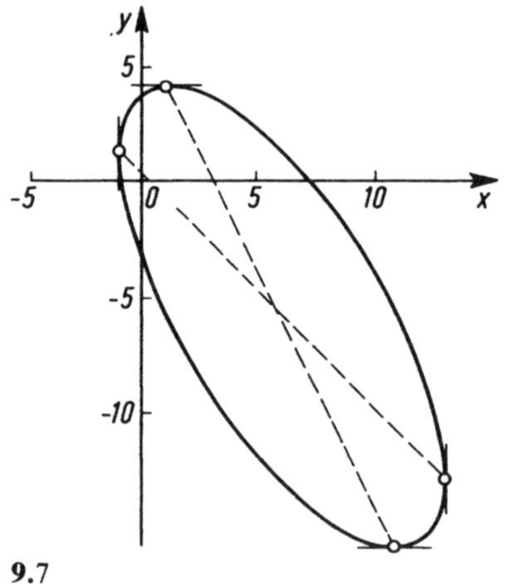

9.7

Ordinatenschnittpunkte: Aus $x=0$ erhält man $y_{1,2}=\pm 3.74$.
Abszissenschnittpunkte: Aus $y=0$ erhält man $x_1=-1$; $x_2=7$.
Waagerechte Tangenten: $f_x=2x+y-6=0$.

Diese Gleichung wird nach y aufgelöst und in die Originalgleichung eingesetzt. Daraus ergibt sich eine quadratische Gleichung mit den Lösungen $x_1=1$ und $x_2=11$. Diese Lösungen werden in $f_x=0$ eingesetzt und ergeben $y_1=4$ und $y_2=-16$.

Senkrechte Tangenten: $f_y=x+y=0$. Auf gleiche Weise wie bei den waagerechten Tangenten erhält man $x_1=-1.07$; $x_2=13.07$ und $y_1=1.07$; $y_2=-13.07$.

Bild **9**.7 zeigt den Graphen. Die Verbindungsstrecken der Punkte mit waagerechten bzw. senkrechten Tangenten sind konjugierte Durchmesser der Ellipse. Daraus können die Ellipsenachsen berechnet oder konstruiert werden. ■

9.2.3 Differenzieren eines Integrals nach einem Parameter

Bei manchen Herleitungen tritt folgende Funktion auf

$$F(x)=\int_{y_1}^{y_2} f(x,y)\,\mathrm{d}y \tag{9.19}$$

Es wird bei konstanten Grenzen über y integriert, also ist die Stammfunktion nur von x abhängig. Es ist z.B. für $x>0$

$$F(x)=\int_0^1 y^x\,\mathrm{d}y=\left.\frac{y^{x+1}}{x+1}\right|_0^1=\frac{1}{x+1}$$

Die Größe x wird oft der Parameter genannt. Dies hat nichts mit der Parameterdarstellung in Abschn. 8.1 zu tun. Die Funktion $F(x)$ ist nun nach x zu differenzieren. Unter der Voraussetzung, daß $f(x, y)$ differenzierbar und $f_x(x, y)$ stetig ist, gilt für das Differenzieren eines Integrals nach einem Parameter

$$F(x)=\int_{y_1}^{y_2} f(x,y)\,\mathrm{d}y \qquad \frac{\mathrm{d}F(x)}{\mathrm{d}x}=\int_{y_1}^{y_2}\frac{\partial f(x,y)}{\partial x}\,\mathrm{d}y \tag{9.20}$$

Beweis. Mit Gl. (9.19) wird der Differenzenquotient gebildet

$$\frac{F(x+\Delta x)-F(x)}{\Delta x}=\int_{y_1}^{y_2}\frac{f(x+\Delta x,y)-f(x,y)}{\Delta x}\,\mathrm{d}y$$

Durch den Grenzübergang $\Delta x \to 0$ folgt Gl. (9.20), da hierbei auf der rechten Seite der Gleichung y in bezug auf den Grenzübergang eine Konstante ist. □

Beispiel 10. In der Mechanik wird gezeigt, daß die partielle Ableitung der Formänderungsarbeit W eines linearen elastischen Systems nach der Kraft F gleich der Verschiebung w des Kraftangriffspunktes in Richtung der Kraft ist. Mit dem Biegemoment M, der konstanten Biegesteifigkeit EI und der Balkenlänge l erhält man

die Biegearbeit

$$W = \frac{1}{2EI} \int_0^l M^2(F, x)\, \mathrm{d}x$$

und die Verschiebung

$$w = \frac{\partial W}{\partial F} = \frac{1}{EI} \int_0^l M(F, x) \frac{\partial M(F, x)}{\partial F}\, \mathrm{d}x$$

Es ist zum Beispiel für einen einseitig eingespannten Balken mit einer Einzelkraft am Balkenende $M = Fx$ und damit

$$W = \frac{1}{2EI} \int_0^l (Fx)^2\, \mathrm{d}x \qquad w = \frac{\partial W}{\partial F} = \frac{1}{EI} \int_0^l (Fx)\, x\, \mathrm{d}x = \frac{F}{EI} \int_0^l x^2\, \mathrm{d}x = \frac{Fl^3}{3EI}$$ ■

9.2.4 Aufgaben zu Abschnitt 9.2

1. Man berechne die partiellen Ableitungen 1. und 2. Ordnung und prüfe, daß die gemischten Ableitungen gleich sind

a) $u = zx^2/y$ b) $u = (x+y)\sin(x-y)$ c) $u = z\mathrm{e}^{x/y}$

2. Eine Zahl A ist so in drei Summanden zu zerlegen, daß deren Produkt ein Maximum wird.

3. Für die folgenden Funktionen berechne man das totale Differential und schätze das Restglied. Zur Kontrolle ist die Funktionsdifferenz unmittelbar zu berechnen.

a) $u = mx + ny^2$

b) $u = x^y$ mit $x_0 = 2.40$ $\Delta x = 0.10$ und $y_0 = 0.80$ $\Delta y = 0.05$

4. Für die folgenden Funktionen berechne man das totale Differential. Sämtliche Größen auf der rechten Seite sind Variable.

a) $u = \hat{u} \sin \omega t$ b) $\varphi = \operatorname{Arctan}(\omega L/R)$

5. Gegeben ist die Fläche und der Punkt des Beispiels 2. In welcher Richtung in bezug auf die positive x-Achse hat die Tangente an diese Fläche die größte Steigung? Wie groß ist diese Steigung?

6. Für die folgenden Funktionsgleichungen in impliziter Form bilde man nach Gl. (9.18) die erste Ableitung y'.

a) $\operatorname{Arcsin}(xy) + \sqrt{x+y} = b$ b) $\sin x/\cos y = \tan(x/y)$

7. $x^2 + y^2 + ax = a\sqrt{x^2+y^2}$. Man berechne Ordinaten- und Abszissenschnittpunkte, die Koordinaten der Punkte mit waagerechten und senkrechten Tangenten und zeichne den Graph für $a = 2$ cm.

9.3 Integrieren

9.3.1 Bestimmtes Integral

In Abschn. 6.1 wird dieser Begriff für eine unabhängige Variable mit der Berechnung der Fläche unter einer Kurve eingeführt. Daraus folgt die allgemeine Definition als Grenzwert einer Produktsumme. Das entsprechende geometrische Problem bei zwei unabhängigen Variablen ist die Berechnung des Volumens des in Bild **9.8** gezeigten Körpers (Zylinder). Seine obere Begrenzung ist die Fläche einer Funktion $z=f(x, y)$, die in dem betrachteten Gebiet stetig und beschränkt ist. Die Seitenfläche des Körpers ist parallel zur z-Achse. Sein Grundriß in der (x, y)-Ebene bildet ein Gebiet G, dessen Rand laut Voraussetzung von allen Parallelen zur x- und y-Achse zwischen a und b bzw. c und d genau zweimal geschnitten wird. Ist diese Voraussetzung nicht unmittelbar gegeben, kann sie oft durch Zerlegen in Teilgebiete erfüllt werden. Dieses Volumen wird in folgende säulenförmigen Elemente zerlegt mit der Grundfläche $\Delta y_k \cdot \Delta x_j$ und der Höhe $f(x_j, y_k)$

$$\Delta V_{jk}=f(x_j, y_k)\, \Delta y_k\, \Delta x_j$$

mit $\Delta x_j=x_{j+1}-x_j$ und $\Delta y_k=y_{k+1}-y_k$

Die Indizierung bedeutet hier also verschiedene Werte der gleichen Variablen.

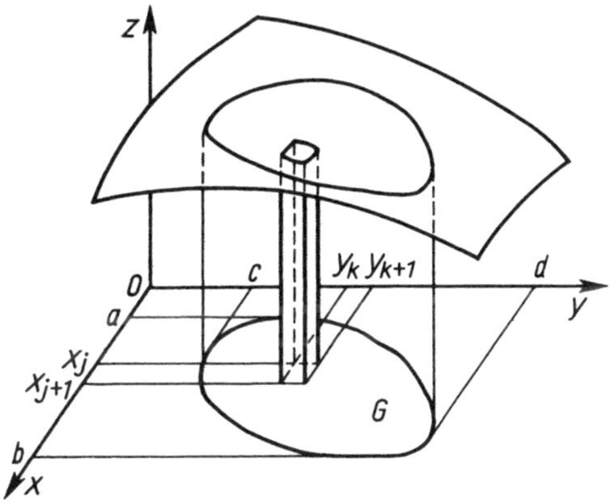

9.8

Das Volumen wird durch Summation aller Säulen und Grenzübergänge erhalten. Bei der ersten Summenbildung parallel zur y-Achse werden die Säulen zu einer Scheibe zusammengefaßt, anschließend werden alle Scheiben parallel zur x-Achse addiert. Bei konstantem x_j und Δx_j ist das Volumen der j-ten Scheibe

$$\left[\sum_{k=1}^{n} f(x_j, y_k)\, \Delta y_k\right] \Delta x_j \tag{9.21}$$

Die Summe aller Scheiben ist

$$\sum_{j=1}^{m} \left[\sum_{k=1}^{n} f(x_j, y_k)\, \Delta y_k \right] \Delta x_j \tag{9.22}$$

Werden nun die Differenzen Δy_k und Δx_j beliebig klein und damit die Anzahl der Summanden m und n beliebig groß, ergibt sich das Volumen des Körpers. Unabhängig von dieser geometrischen Betrachtung gilt die

Definition. *Der Grenzwert*

$$\lim_{m,n \to \infty} \sum_{j=1}^{m} \left[\sum_{k=1}^{n} f(x_j, y_k)\, \Delta y_k \right] \Delta x_j = \int_G [\int f(x, y)\, \mathrm{d}y]\, \mathrm{d}x \tag{9.23}$$

heißt ein Doppelintegral.

Die Reihenfolge der Summationen darf vertauscht werden.

$$\int_G [\int f(x, y)\, \mathrm{d}y]\, \mathrm{d}x = \int_G [\int f(x, y)\, \mathrm{d}x]\, \mathrm{d}y \tag{9.24}$$

In Gl. (9.23) und (9.24) ist das Gebiet nur symbolisch angegeben. Zur Berechnung des Integrals muß aber bekannt sein, wie weit sich die Summation erstrecken soll. Deshalb sind Angaben über den Rand des Gebietes erforderlich, weil die zu summierenden Scheiben je nach Lage im Gebiet im allgemeinen verschiedene Längen haben. Die Grenzen des inneren Integrals sind also im allgemeinen veränderlich.

In Bild **9.9** ist durch die Abszissen a und b sowie die Ordinaten c und d das kleinste Rechteck bestimmt, das das Gebiet G umschließt. Nun wird vorausgesetzt, daß sich der Rand in folgender Weise aus Graphen von Funktionsgleichungen zusammensetzt:

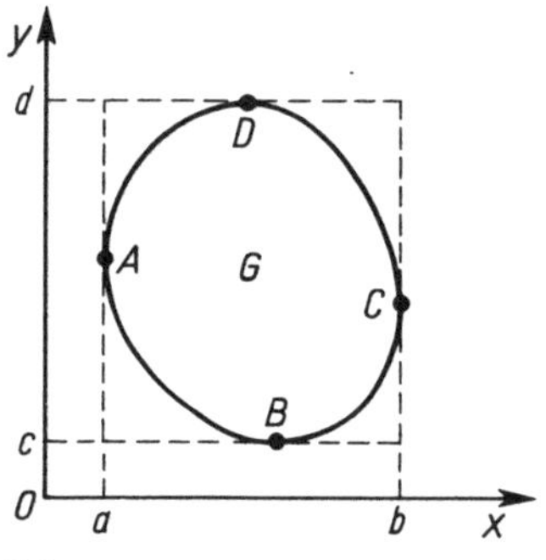

9.9

Der Graph durch die Punkte	heißt	und ist Teil des Graphen einer Funktion
ABC	unterer Rand	$y = y_1(x)$
ADC	oberer Rand	$y = y_2(x)$
BAD	linker Rand	$x = x_1(y)$
BCD	rechter Rand	$x = x_2(y)$

Findet die erste Summation parallel zur y-Achse statt, so ist die Länge der Scheiben in Gl. (9.21) von ihrem Abstand von der x-Achse abhängig. Das Gebiet wird durch seinen unteren und oberen Rand begrenzt. Deshalb sind die Grenzen des in Gl. (9.23) in Klammern stehenden inneren Integrals die Funktionen $y_1(x)$ und $y_2(x)$. Die Grenzen des äußeren Integrals sind die Werte a und b. Deshalb ist die ausführlichere Schreibweise des Doppelintegrals Gl. (9.23)

$$\int\limits_G [\int f(x, y)\,\mathrm{d}y]\,\mathrm{d}x = \int\limits_a^b \left[\int\limits_{y_1(x)}^{y_2(x)} f(x, y)\,\mathrm{d}y\right]\mathrm{d}x \tag{9.25}$$

Findet hingegen die erste Summation parallel zur x-Achse statt, so wird das Gebiet durch seinen linken und rechten Rand begrenzt, und man erhält dementsprechend als ausführlichere Schreibweise des Doppelintegrals

$$\int\limits_G [\int f(x, y)\,\mathrm{d}x]\,\mathrm{d}y = \int\limits_c^d \left[\int\limits_{x_1(y)}^{x_2(y)} f(x, y)\,\mathrm{d}x\right]\mathrm{d}y \tag{9.26}$$

Im Prinzip ist es möglich, derartige Grenzwerte direkt zu ermitteln, wie es für eine Variable in Abschn. 6.1.1 gezeigt wurde. Die Berechnung wird aber wesentlich einfacher, wenn man auch hier Stammfunktionen verwendet. Deshalb wird die Berechnung von Doppelintegralen zunächst noch zurückgestellt.

Gelegentlich wird in der Naturwissenschaft und Technik von der Eigenschaft eines Raumelementes (z.B. Dichte oder elektrische Ladung) auf das Verhalten des gesamten Volumens geschlossen. Dann muß berücksichtigt werden, daß diese Raumeigenschaft eine Funktion aller drei Koordinaten ist, so daß die bei der Volumenberechnung benutzten „Säulen" aus Quadern aufgebaut werden müssen.

Man summiert dann nacheinander parallel zu allen drei Achsen und erhält beim Grenzübergang das dreifache Integral

$$I = \int\limits_G\int\int f(x, y, z)\,\mathrm{d}z\,\mathrm{d}y\,\mathrm{d}x = \int\limits_a^b \left[\int\limits_{y_1(x)}^{y_2(x)} \left[\int\limits_{z_1(x,y)}^{z_2(x,y)} f(x, y, z)\,\mathrm{d}z\right]\mathrm{d}y\right]\mathrm{d}x \tag{9.27}$$

Ist $f(x, y, z) = 1$, so berechnet man mit Gl. (9.27) das Volumen des Körpers. Stellt $f(x, y, z)$ eine räumliche Verteilung der Dichte dar, so ist das Integral die Masse eines inhomogenen Körpers.

Beispiel 1. Das Massenträgheitsmoment eines Körpers beträgt nach Gl. (6.61)

$$J = \lim_{n\to\infty} \sum_{i=1}^{n} r_i^2\,\Delta m_i$$

Dabei ist r_i der Abstand des Massenelementes Δm_i von der Rotationsachse. Rechnet man in rechtwinkligen Koordinaten (was in diesem Falle keineswegs besonders zweckmäßig ist), wird bei konstanter Dichte

$$\Delta m_i = \varrho\,\Delta z_i\,\Delta y_i\,\Delta x_i$$

Die Drehachse ist meist eine der Koordinatenachsen. Ist es die

x-Achse wird $r_i^2 = y_i^2 + z_i^2$

y-Achse wird $r_i^2 = x_i^2 + z_i^2$

z-Achse wird $r_i^2 = x_i^2 + y_i^2$

Damit erhält man nach dem Grenzübergang z. B. für das Massenträgheitsmoment in bezug auf die x-Achse

$$J_x = \varrho \int_G [\int [\int (y^2+z^2)\,\mathrm{d}z]\,\mathrm{d}y]\,\mathrm{d}x \tag{9.28}$$

Das Gebiet G ist jeweils aus der Form des untersuchten Körpers zu bestimmen. Eine Fortführung dieses Problems findet sich in Beispiel 4. ■

9.3.2 Unbestimmtes Integral

Wie bei Funktionen einer unabhängigen Variablen besteht hier ein enger Zusammenhang mit den Ableitungen. Deshalb werden gleich n unabhängige Variable $x_1, x_2, x_3, \ldots, x_n$ behandelt.

Satz. Der Integrand $f(x_1, x_2, x_3, \ldots, x_n)$ eines n-fachen unbestimmten Integrals ist die gemischte partielle Ableitung n-ter Ordnung

$$\frac{\partial^n F(x_1, x_2, \ldots, x_n)}{\partial x_1\,\partial x_2 \ldots \partial x_n}$$

einer gesuchten Stammfunktion $F(x_1, x_2, \ldots, x_n)$.

Ein mehrfaches Integral wird berechnet, in dem nacheinander über je eine Größe als Variable integriert wird, wobei alle anderen Größen als Konstante angesehen werden. Das entspricht dem Verfahren bei der partiellen Ableitung. Die formalen Regeln der Integration über eine Variable gelten auch hier.

Beispiel 2. Man berechne eine Stammfunktion von

$$\int [\int [\int (xy^2+z)\,\mathrm{d}z]\,\mathrm{d}y]\,\mathrm{d}x$$

Das innere Integral liefert

$$\int (xy^2+z)\,\mathrm{d}z = xy^2z + \frac{z^2}{2} + C_1$$

Das mittlere Integral ist

$$\int \left(xy^2z + \frac{z^2}{2} + C_1\right)\mathrm{d}y = x\frac{y^3}{3}z + y\frac{z^2}{2} + C_1\,y + C_2$$

Schließlich erhält man aus dem äußeren Integral

$$\int \left(x\frac{y^3}{3}z + y\frac{z^2}{2} + C_1\,y + C_2\right)\mathrm{d}x = \frac{x^2y^3z}{6} + xy\frac{z^2}{2} + C_1xy + C_2x + C_3 = F(x, y, z)$$ ■

Zwischen bestimmtem und unbestimmtem Integral bestehen die gleichen Beziehungen wie bei Funktionen einer unabhängigen Variablen. Insbesondere gilt:

Bestimmte Integrale werden durch Bilden von Stammfunktionen berechnet. Dabei sind nach jedem Integrationsschritt die in Abschn. 9.3.1 besprochenen Grenzen einzusetzen.

Beispiel 3. Man berechne das Volumen des in Bild **9.**10 gezeigten Körpers. Er wird von einem Kreiszylindermantel und vier ebenen Flächen begrenzt. Die Grundfläche ist ein Viertelkreis im 1. Quadranten, die Deckfläche eine Ebene, deren Spuren in der (y, z)- und (x, z)-Ebene die 45°-Achsen sind.

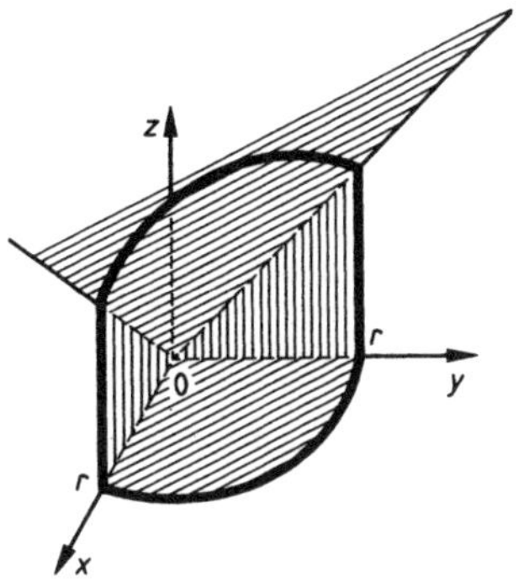

9.10

Aus den vorstehenden Angaben erhält man

$$z = x + y \qquad a = 0 \qquad b = r$$

$$y_1 = 0 \qquad y_2 = \sqrt{r^2 - x^2}$$

Daraus ergibt sich nach Gl. (9.25)

$$V = \int_0^r \left[\int_0^{\sqrt{r^2-x^2}} (x+y)\,\mathrm{d}y \right] \mathrm{d}x$$

Das innere Integral liefert

$$\int_0^{\sqrt{r^2-x^2}} (x+y)\,\mathrm{d}y = \left[xy + \frac{y^2}{2} \right]_0^{\sqrt{r^2-x^2}} = x\sqrt{r^2-x^2} + \frac{1}{2}(r^2-x^2)$$

Das äußere Integral liefert

$$\int_0^r \left[x\sqrt{r^2-x^2} + \frac{1}{2}(r^2-x^2) \right] \mathrm{d}x = \left[-\frac{1}{3}(r^2-x^2)^{3/2} + \frac{1}{2}\left(r^2 x - \frac{x^3}{3}\right) \right]_0^r$$

$$= \frac{2}{3} r^3 = V$$

Beim ersten Summanden des Integrals wurde mit der Substitution $t = r^2 - x^2$ und $\mathrm{d}t/\mathrm{d}x = -2x$ gearbeitet. ■

Beispiel 4. Man berechne das Massenträgheitsmoment J_x eines Zylinders. Der Zylinder hat die Länge l und den Radius r. Seine Achse ist die z-Achse, sein Schwerpunkt der Koordinatenursprung.

Die Grundfläche des Zylinders ist ein Kreis mit den Gleichungen $y = \pm\sqrt{r^2 - x^2}$. Daraus erhält man in Zusammenhang mit Gl. (9.28)

$$J_x = \varrho \int_{-r}^{+r} \left[\int_{-\sqrt{r^2-x^2}}^{+\sqrt{r^2-x^2}} \left[\int_{-l/2}^{+l/2} (y^2 + z^2)\, \mathrm{d}z \right] \mathrm{d}y \right] \mathrm{d}x$$

Das innere Integral ergibt

$$\int_{-l/2}^{+l/2} (y^2 + z^2)\, \mathrm{d}z = \left[y^2 z + \frac{z^3}{3} \right]_{-l/2}^{+l/2} = y^2 l + \frac{l^3}{12}$$

Das mittlere Integral liefert

$$\int_{-\sqrt{r^2-x^2}}^{+\sqrt{r^2-x^2}} \left(l y^2 + \frac{l^3}{12} \right) \mathrm{d}y = \left[l \frac{y^3}{3} + \frac{l^3}{12} y \right]_{-\sqrt{r^2-x^2}}^{+\sqrt{r^2-x^2}} = \frac{2}{3} l (r^2 - x^2)^{3/2} + \frac{l^3}{6} (r^2 - x^2)^{1/2}$$

Das äußere Integral ergibt

$$\frac{2}{3} l \int_{-r}^{+r} (r^2 - x^2)^{3/2}\, \mathrm{d}x + \frac{l^3}{6} \int_{-r}^{+r} (r^2 - x^2)^{1/2}\, \mathrm{d}x$$

Beide Integrale können mit der Substitution $x = r \sin u$ und $\mathrm{d}x/\mathrm{d}u = r \cos u$ gelöst werden. Für $x = -r$ wird $u = -\pi/2$ und für $x = +r$ wird $u = +\pi/2$. Man erhält mit Gl. (3.76)

$$\frac{2}{3} l r^4 \int_{-\pi/2}^{+\pi/2} \cos^4 u\, \mathrm{d}u + \frac{l^3}{6} r^2 \int_{-\pi/2}^{+\pi/2} \cos^2 u\, \mathrm{d}u$$

$$= \frac{2}{3} l r^4 \left[\frac{3}{8} u + \frac{1}{4} \sin 2u + \frac{1}{32} \sin 4u \right]_{-\pi/2}^{+\pi/2} + \frac{l^3}{6} r^2 \left[\frac{u}{2} + \frac{1}{4} \sin 2u \right]_{-\pi/2}^{+\pi/2}$$

$$= \frac{1}{4} \pi l r^4 + \frac{1}{12} \pi l^3 r^2$$

Damit wird

$$J_x = \varrho \frac{\pi l r^2}{12} [3 r^2 + l^2] = m \frac{3 r^2 + l^2}{12}$$

■

9.3.3 Aufgaben zu Abschnitt 9.3

1. Man berechne die folgenden Integrale

a) $\int \left[\int \left[\int \frac{x}{y} \mathrm{e}^z \, \mathrm{d}z \right] \mathrm{d}y \right] \mathrm{d}x$ b) $\int\limits_0^1 \left[\int\limits_0^{\sqrt{1-x^2}} y \sin x \, \mathrm{d}y \right] \mathrm{d}x$

2. Man berechne die folgenden Volumen. Die Integralgrenzen sind aus der Aufgabenstellung zu ermitteln:

a) Körper zwischen den Koordinatenebenen im 1. Oktanten und der Ebene $(x/a)+(y/b)+(z/c)=1$,

b) Körper zwischen der (x, y)-Ebene und dem Rotationsparaboloid $z = 9\,\mathrm{cm} - (x^2 + y^2)/\mathrm{cm}$.

3. Man berechne die statischen Momente M_y und M_x der Fläche zwischen den Graphen der Funktionen $y = 2\,\mathrm{cm} - x$ und $y = 2\,\mathrm{cm} - x^2/(2\,\mathrm{cm})$ mit den Gl.

$$M_y = \int\limits_a^b \left[\int\limits_{y_1(x)}^{y_2(x)} x \, \mathrm{d}y \right] \mathrm{d}x \qquad M_x = \int\limits_a^b \left[\int\limits_{y_1(x)}^{y_2(x)} y \, \mathrm{d}y \right] \mathrm{d}x$$

4. Wie groß ist das Massenträgheitsmoment J_z des in Beispiel 4 beschriebenen Zylinders?

9.4 Fehler- und Ausgleichungsrechnung

9.4.1 Fehler und Mittelwert

Meßergebnisse und Zahlenrechnungen sind stets mit Fehlern behaftet, weil bei mehrfacher Messung der gleichen Größe die Meßergebnisse streuen oder weil bei Zahlenrechnungen wegen der Begrenzung der Dezimalenanzahl Rundungsfehler auftreten. Diese unvermeidbaren Fehler heißen zufällige Fehler oder statistische Fehler. Ihre Größenordnung kann geschätzt werden. Es wird vorausgesetzt, daß ihre Häufigkeitsverteilung (vgl. Abschn. 14.3.2) eine Gaußsche Normalverteilung ist. Die Fehlerrechnung kann nur solche statistische Fehler erfassen.

Neben diesen gibt es grobe Fehler wie Rechenfehler oder falsche Ablesungen an Instrumenten und systematische Fehler, die zum Beispiel durch falsch geeichte Instrumente entstehen können. Derartige Fehler müssen vor Beginn einer Fehlerrechnung ausgeschlossen werden.

Definition. *Die* Abweichung Δx *einer Größe x vom wahren Wert X heißt* absoluter Fehler *der Größe x.*
Die auf die Größe X bezogene Abweichung $\Delta x/X$ *heißt* relativer Fehler.

Der wahre Wert einer Größe kann im allgemeinen nicht durch Messungen festgestellt werden. Deshalb bezeichnet man die Abweichung von einem Mittelwert im Gegensatz zum wahren Fehler als scheinbaren Fehler. In der Physik kann man nur mit den scheinbaren Fehlern rechnen, die kurz als Fehler bezeichnet werden.

Mit $x \pm \Delta x$ werden im folgenden der Mittelwert und sein mittlerer absoluter Fehler (Vertrauensbereich) bezeichnet. Die Berechnung dieser Größen und deren Bedeutung werden in Abschnitt 14.4 erläutert.

Mehrfache Messung einer einzelnen Größe. Bei der mehrfachen Messung einer einzelnen Größe wird der Mittelwert von n Messungen $x_1, x_2, \ldots, x_n$

$$\boxed{x = \frac{1}{n} \sum_{i=1}^{n} x_i} \tag{9.29}$$

als Meßergebnis angesehen, und die Abweichungen der einzelnen Messungen von diesem Mittelwert gelten als Fehler der Einzelmessungen. Der Fehler des Mittelwertes hängt von der Anzahl der vorgenommenen Einzelmessungen ab. Er kann allerdings nicht aus der Summe der Fehler der Einzelmessungen bestimmt werden, weil der Mittelwert gerade so definiert ist, daß die Summe der Abweichungen der Einzelmessungen von ihm gleich Null ist. Die Meßergebnisse $x_1 = 99$ und $x_2 = 101$ ergeben denselben Mittelwert $x = 100$ wie die Meßergebnisse $x_1 = 120$ und $x_2 = 80$, obwohl die Abweichungen von verschiedener Größenordnung sind. Man zieht deshalb die Summe der Abweichungsquadrate zur Fehlerschätzung heran. Dann sind die Abweichungen nach oben und unten in gleicher Weise berücksichtigt und Meßwerte mit großer Streuung zeigen stärker an, wie unsicher der Mittelwert ist.

Die Bedingung

$$A = \sum_{i=1}^{n} (x_i - x)^2 = \text{Minimum}$$

führt auf den Mittelwert als Näherung für den wahren Wert. Aus

$$\frac{\partial A}{\partial x} = -2 \sum_{i=1}^{n} (x_i - x) = 0$$

folgt mit

$$\sum_{i=1}^{n} x_i = nx \qquad x = \frac{1}{n} \sum_{i=1}^{n} x_i$$

Aus dem Minimum kann der Fehler einer einzelnen Messung geschätzt werden. In der Statistik heißt diese Größe die Standardabweichung. Die Grenzen des Summenzeichens werden nun weggelassen.

$$(n-1)(\Delta x_i)^2 = \sum (x_i - x)^2 \qquad \Delta x_i = \sqrt{\frac{\sum (x_i - x)^2}{n-1}}$$

$n-1$ ist die Anzahl der überzähligen Messungen. Bei $n = 1$ wurde nur einmal gemessen, und es können weder Mittelwert noch Fehler angegeben werden. Durch Ausquadrieren des Zählers erhält man

$$\sum x_i^2 - 2x \sum x_i + \sum x^2$$

Wegen $\sum x_i = nx$ und $\sum x^2 = nx^2$ ergibt sich daraus für den Fehler der Einzelmessungen (Standardabweichung)

$$\boxed{\Delta x_i = \sqrt{\frac{\sum x_i^2 - nx^2}{n-1}} = \sqrt{\frac{n \sum x_i^2 - (\sum x_i)^2}{n(n-1)}}} \tag{9.30}$$

Um hieraus den mittleren Fehler des Mittelwertes (Vertrauensbereich) zu erhalten, ist Δx_i noch mit Faktoren zu multiplizieren, die in Abschn. 14.4 erläutert werden. Der Einfachheit halber werden diese Faktoren hier gleich Eins gesetzt. Eine vollständige Lösung des im nachstehenden Beispiel betrachteten Problems findet man in Beispiel 1, Abschn. 14.4.

Beispiel 1. Aus den Meßwerten

$\frac{x_i}{\text{mm}}$	2.024	2.018	2.022	2.020	2.019	2.021

ist der Mittelwert x und der mittlere Fehler Δx_i zu berechnen.
Nach Gl. (9.29) ist

$$x = \frac{1}{n} \sum x_i = \frac{12.124 \text{ mm}}{6} = 2.0207 \text{ mm}$$

Nach Gl. (9.30) ist

$$(\Delta x_i)^2 = \frac{1}{n(n-1)} [n \sum x_i^2 - (\sum x_i)^2]$$

$$= \frac{1}{30} [6 \cdot 24.498586 \text{ mm}^2 - 146.991376 \text{ mm}^2] = 4.67 \cdot 10^{-6} \text{ mm}^2$$

$$\Delta x_i = 2.16 \cdot 10^{-3} \text{ mm}$$

■

Da der Fehler des Mittelwertes in der dritten Dezimale liegt, ist es nicht sinnvoll, das Meßergebnis mit mehr als 3 Dezimalen anzugeben. Man schreibt also

$$x = (2.021 \pm 0.002) \text{ mm}$$

9.4.2 Fehlerfortpflanzung

Häufig wird das Ergebnis u einer Untersuchung aus mehreren unmittelbar gemessenen Größen berechnet. Da alle Meßgrößen mit Fehlern behaftet sind, wird auch dieses Ergebnis einen entsprechenden Fehler haben. Den mathematischen Zusammenhang zwischen den Fehlern der unmittelbar gemessenen Größen und dem Fehler des daraus berechneten Ergebnisses erhält man mit Hilfe der Differentialrechnung als Fehlerfortpflanzungsgesetz.

Nach Gl. (9.16) kann man bei einer Funktion von mehreren unabhängigen Variablen $u=f(x_1, x_2, \ldots, x_k)=f(\boldsymbol{x})$ bei bekannten kleinen Änderungen der Werte der unabhängigen Variablen die daraus resultierende Änderung des Funktionswertes Δu näherungsweise durch das totale Differential ersetzen

$$\Delta u \approx \sum_{j=1}^{k} f_{x_j}(\boldsymbol{x})\, \Delta x_j$$

Die Funktion $u=f(\boldsymbol{x})$ ist hier das physikalische Gesetz, das die unmittelbar gemessenen Größen x_j mit dem Ergebnis u verbindet. Die $f_{x_j}(\boldsymbol{x})$ sind die partiellen Ableitungen erster Ordnung nach diesen Größen, wobei als Zahlenwerte die nach Gl. (9.29) berechneten Mittelwerte einzusetzen sind. Die Δx_j sind die nach Gl. (9.30) berechneten und mit einem Faktor multiplizierten mittleren Fehler.

Da die Vorzeichen der mittleren Fehler nicht bekannt sind und sich auch gegenseitig aufheben können, kann man den Größtwert des Fehlers schätzen, wenn man für x_j die Beträge der Fehler einsetzt. Das bedeutet physikalisch, daß sich die Einflüsse sämtlicher Meßfehler in einer Richtung überlagern, was im allgemeinen nicht zutrifft. Man geht besser auch hier analog Gl. (9.28) nach Gauß von der Fehlerquadratsumme aus

$$\boxed{\Delta u_{\mathrm{m}} = \sqrt{\sum_{j=1}^{k} [f_{x_j}(\boldsymbol{x})\, \Delta x_j]^2}} \qquad (9.31)$$

das den mittleren absoluten Fehler des Ergebnisses annähert, also einer Größe, die aus anderen gemessenen Größen berechnet werden muß. Der Quotient $\Delta u_{\mathrm{m}}/u$ heißt der relative mittlere Fehler.

Beispiel 2. In der Wärmelehre gehen in die Meßergebnisse häufig Temperaturdifferenzen ein. Gemessen werden $\vartheta_1 \pm \Delta\vartheta_1$ und $\vartheta_2 \pm \Delta\vartheta_2$. Gesucht ist der Fehler der Differenz $u=\vartheta_2-\vartheta_1$. Die partiellen Ableitungen sind $\partial u/\partial\vartheta_2=1$ und $\partial u/\partial\vartheta_1=-1$. Damit beträgt

der mittlere absolute Fehler

$$\Delta u_{\mathrm{m}} = \sqrt{(\Delta\vartheta_2)^2+(-\Delta\vartheta_1)^2}$$

der maximale absolute Fehler

$$\Delta u_{\max} = |\Delta\vartheta_2| + |\Delta\vartheta_1|$$

Für den häufigen Spezialfall $\Delta\vartheta_1=\Delta\vartheta_2$ wird

$$\Delta u_{\mathrm{m}} = \sqrt{2}\,|\Delta\vartheta| \quad \text{und} \quad \Delta u_{\max} = 2\cdot|\Delta\vartheta|$$

Sind $\vartheta_1=20.0\,°\mathrm{C}$, $\vartheta_2=25.0\,°\mathrm{C}$ und $|\Delta\vartheta|=0.1$ K, so ist das Ergebnis mit seinem mittleren Fehler

$$u=\vartheta_2-\vartheta_1=(5.0\pm 0.14)\ \mathrm{K}$$

und mit seinem maximalen Fehler

$$u=\vartheta_2-\vartheta_1=(5.0\pm 0.2)\ \mathrm{K}$$

Man erhält ein bemerkenswertes Ergebnis, wenn man die relativen Fehler der Einzelmessungen mit denen des Ergebnisses vergleicht. Die relativen Fehler der Meßgrößen betragen etwa 0.5 %, die des Ergebnisses 2.8 % und 4 %. Der relative Fehler ist also um rund eine Zehnerpotenz gestiegen. ■

Dieses unerfreuliche Resultat erhält man allgemein bei einer Differenzbildung von Zahlenwerten, die in der gleichen Größenordnung liegen. In der Meßtechnik werden oft erhebliche Mittel eingesetzt, um diesen Effekt zu vermeiden.

Hieraus folgt:

Der maximale absolute Fehler einer Summe oder einer Differenz ist gleich der Summe der absoluten Fehler der einzelnen Glieder. Der relative Fehler von Differenzen ist oft erheblich größer als der relative Fehler der einzelnen Glieder.

Beispiel 3. Durch Messung eines Gleichstromes $I \pm \Delta I$ und der zugehörigen Gleichspannung $U \pm \Delta U$ bei einem Verbraucher ist dessen Widerstand $R \pm \Delta R$ zu bestimmen. Nach dem Ohmschen Gesetz ist $R = U/I$. Mit den partiellen Ableitungen $\partial R/\partial U = 1/I$ und $\partial R/\partial I = -U/I^2$ wird der mittlere absolute Fehler

$$\Delta R_\mathrm{m} = \sqrt{\left(\frac{\Delta U}{I}\right)^2 + \left(-\frac{U \cdot \Delta I}{I^2}\right)^2}$$

Dieses Ergebnis wird wesentlich einfacher, wenn man statt der absoluten die relativen Fehler einführt. Die letzte Gleichung wird links mit $1/R$ und rechts unter der Wurzel mit I^2/U^2 multipliziert; man erhält

$$\frac{\Delta R_\mathrm{m}}{R} = \sqrt{\left(\frac{\Delta U}{U}\right)^2 + \left(-\frac{\Delta I}{I}\right)^2}$$

Der mittlere relative Fehler des Widerstandes ist also gleich der pythagoräischen Summe aus den relativen Fehlern von Strom- und Spannungsmessung. (Der maximale relative Fehler ist gleich der Summe der Absolutwerte.) ■

Hieraus folgt:

Der maximale relative Fehler eines Produktes oder Quotienten ist gleich der Summe der Beträge der relativen Fehler der einzelnen Glieder.

Besteht die Funktionsgleichung zur Berechnung des Ergebnisses im wesentlichen aus Produkten und Quotienten, so empfiehlt es sich, zur Fehlerberechnung folgendermaßen vorzugehen: Vor dem Differenzieren wird die Gleichung logarithmiert. Da die erste Ableitung von $\ln z$ gleich $1/z$ ist, erhält man dadurch auf der linken Seite nach dem Differenzieren unmittelbar die relativen Fehler des Ergebnisses. Oft kann die rechte Seite dieser Gleichung nach dem Differenzieren so umgeformt werden, daß nur die relativen Fehler der einzelnen Meßgrößen auftreten.

Beispiel 4. Die Knickkraft F_K eines runden Stabes mit dem Durchmesser d, der Länge l und dem Elastizitätsmodul E beträgt

$$F_K = \frac{\pi^3 E d^4}{64 l^2}$$

Zur Berechnung des relativen Fehlers von F_K wird die Gleichung logarithmiert und dann differenziert. Die partiellen Ableitungen werden anschließend mit den absoluten Fehlern der einzelnen Meßgrößen multipliziert. Der relative Fehler von F_K ergibt sich dann aus den relativen Fehlern der Einzelmessungen. Die Fehlergleichung ist daher von der Wahl bestimmter Einheiten unabhängig. Deshalb wird die Ausgangsgleichung in eine Gleichung der Zahlenwerte - nach DIN 1313, Physikalische Größen und Gleichungen, dargestellt durch in { } gestellte Formelzeichen - umgewandelt, da Logarithmen nur von Zahlen, nicht aber von Größen gebildet werden können. Diese Gleichung der Zahlenwerte erhält man, indem man die auftretenden Größen durch die Produkte aus Zahlenwert mal Einheit ersetzt und die Einheiten kürzt.

$$\ln\{F_K\} = \ln\frac{\pi^3}{64} + \ln\{E\} + 4\ln\{d\} - 2\ln\{l\}$$

Mit den partiellen Ableitungen

$$\frac{\partial \ln\{F_K\}}{\partial\{E\}} = \frac{1}{\{E\}} \qquad \frac{\partial \ln\{F_K\}}{\partial\{d\}} = \frac{4}{\{d\}} \qquad \frac{\partial \ln\{F_K\}}{\partial\{l\}} = -\frac{2}{\{l\}}$$

erhält man für den mittleren relativen Fehler von F_K

$$\frac{\Delta F_{Km}}{F_K} = \sqrt{\left(\frac{\Delta E}{E}\right)^2 + 4^2\left(\frac{\Delta d}{d}\right)^2 + 2^2\left(-\frac{\Delta l}{l}\right)^2}$$

Betragen die relativen Fehler der einzelnen Größen $\Delta E/E = 2\%$, $\Delta d/d = 1\%$ und $\Delta l/l = 0.5\%$, so ist der mittlere relative Fehler von F_K gleich 4.6%. ■

9.4.3 Ausgleichungsrechnung

Im Beispiel 3 wird der Fehler eines elektrischen Widerstandes aus den Fehlern einer Strom- und einer Spannungsmessung bestimmt. Für Präzisionsmessungen nimmt man nicht nur je eine Strom- und Spannungsmessung vor, sondern mißt für verschiedene Stromstärken die entsprechenden Spannungen. Werden die zusammengehörigen Meßwerte in einem (I, U)-Diagramm eingetragen, so müßten die Meßpunkte nach dem Ohmschen Gesetz auf einer Geraden liegen, aus deren Steigung der Widerstand bestimmt werden kann. Wegen der unvermeidlichen statistischen Fehler der Messungen liegen die Punkte in Wirklichkeit aber nicht genau auf einer Geraden. Aus starken Abweichungen einzelner Punkte von der Geraden kann man grobe Fehler erkennen. Man zieht durch die Meßpunkte die „beste Gerade" und bestimmt aus deren Steigung den Widerstand. Die rechnerische Behandlung derartiger Aufgaben erfolgt mit der Ausgleichungsrechnung. Sie macht es möglich, auch den mittleren Fehler des Widerstandes zu erhalten, und zwar ohne Kenntnis der Fehler der Strom- und Spannungsmessungen nur aus der Streuung der Meßpunkte. Gerade diese letzte Möglichkeit ist häufig von großem physikalischem Interesse.

Mathematisch liegt bei der Ausgleichungsrechnung die Aufgabe vor, aus einer gegebenen Wertetafel die Koeffizienten einer Funktionsgleichung zu bestimmen, deren Typ (Funktionsklasse) vorgegeben ist, s. Bild **9**.11. Dabei ist zu berücksichtigen, daß die ge-

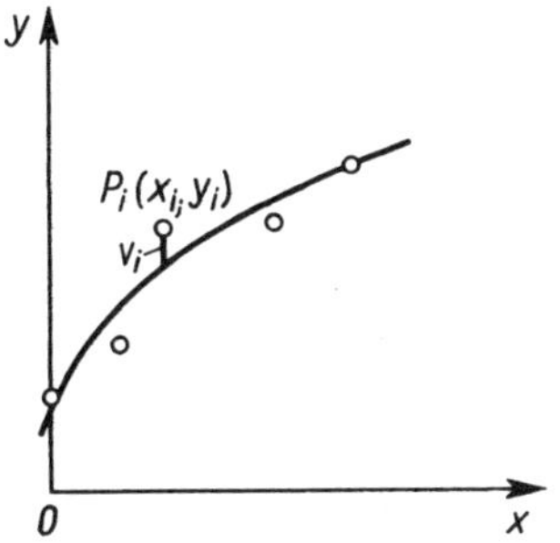

9.11

gebenen Werte in der Meßtechnik mit Meßfehlern behaftet sind und in der Statistik aus den verschiedensten Gründen „streuen", so daß die entsprechenden Punkte im Diagramm nicht genau auf dem Graphen der Funktion zu liegen brauchen.

Bei einer linearen Funktion

$$y = a_0 + a_1 x \tag{9.32}$$

erfüllen die Meßpunkte die Gleichung der Geraden nicht exakt, sondern streuen. Die Abweichungen werden als scheinbare Fehler v_i bezeichnet

$$\begin{aligned} v_1 &= a_0 + a_1 x_1 - y_1 \\ v_2 &= a_0 + a_1 x_2 - y_2 \\ &\vdots \\ v_n &= a_0 + a_1 x_n - y_n \end{aligned} \tag{9.33}$$

Die scheinbaren Fehler sind die Ordinatendifferenzen zwischen dem ausgeglichenen Graphen (z. B. der Geraden oder Parabel) und den Meßpunkten (s. Bild **9**.11). Man könnte auch den Abstand zwischen Meßpunkt und Graph als scheinbaren Fehler definieren, hätte dann aber einen wesentlich größeren Rechenaufwand in Kauf zu nehmen.

Die Koeffizienten a_0 und a_1 in Gl. (9.32) sollen nun so bestimmt werden, daß die Summe der Quadrate der scheinbaren Fehler ein Minimum wird, so daß sich die Gerade den Meßpunkten am besten anpaßt.

$$f(a_0, a_1) = \sum_{i=1}^{n} v_i^2 = \sum_{i=1}^{n} [a_0 + a_1 x_i - y_i]^2 = \text{Minimum}$$

Die notwendige Bedingung für ein Minimum ist das Verschwinden der partiellen Ableitungen der Funktion f nach den Koeffizienten a_0 und a_1.

$$\begin{aligned} \frac{\partial f(a_0, a_1)}{\partial a_0} &= 2 \sum_{i=1}^{n} (a_0 + a_1 x_i - y_i) = 0 \\ \frac{\partial f(a_0, a_1)}{\partial a_1} &= 2 \sum_{i=1}^{n} (a_0 + a_1 x_i - y_i)\, x_i = 0 \end{aligned} \qquad (9.34)$$

Kürzt man den Faktor 2 und teilt die Summen auf, so ergeben sich die Normalgleichungen

$$\begin{aligned} n a_0 + a_1 \sum x_i - \sum y_i &= 0 \\ a_0 \sum x_i + a_1 \sum x_i^2 - \sum y_i x_i &= 0 \end{aligned}$$

mit der Lösung

$$\begin{aligned} a_0 &= \frac{\sum x_i^2 \sum y_i - \sum x_i \sum x_i y_i}{n \sum x_i^2 - (\sum x_i)^2} \\ a_1 &= \frac{n \sum x_i y_i - \sum x_i \sum y_i}{n \sum x_i^2 - (\sum x_i)^2} \end{aligned} \qquad (9.35)$$

Bei einer Parabel als Ausgleichsfunktion bestehen die Ausdrücke für die Fehler aus vier Summanden

$$v_i = a_0 + a_1 x_i + a_2 x_i^2 - y_i \qquad i = 1, 2, \ldots, n$$

und die zu minimierende Fehlerquadratsumme lautet

$$\sum v_i^2 = f(a_0, a_1, a_2) = \sum (a_0 + a_1 x_i + a_2 x_i^2 - y_i)^2 = \text{Minimum}$$

Die partiellen Ableitungen nach a_0, a_1 und a_2 sind für das Minimum gleich Null

$$\begin{aligned} 2 \sum [(a_0 + a_1 x_i + a_2 x_i^2 - y_i)] &= 0 \\ 2 \sum [(a_0 + a_1 x_i + a_2 x_i^2 - y_i)\, x_i] &= 0 \\ 2 \sum [(a_0 + a_1 x_i + a_2 x_i^2 - y_i)\, x_i^2] &= 0 \end{aligned}$$

Hieraus ergeben sich die Normalgleichungen

$$\begin{aligned} a_0 n + a_1 \sum x_i + a_2 \sum x_i^2 - \sum y_i &= 0 \\ a_0 \sum x_i + a_1 \sum x_i^2 + a_2 \sum x_i^3 - \sum y_i x_i &= 0 \\ a_0 \sum x_i^2 + a_1 \sum x_i^3 + a_2 \sum x_i^4 - \sum y_i x_i^2 &= 0 \end{aligned}$$

die nach den üblichen Verfahren (s. Abschn. 4.4) nach a_0, a_1 und a_2 aufgelöst werden können.

Fehler der Koeffizienten. Die Koeffizienten a_j sind Funktionen der streuenden Meßwerte y_k und deshalb mit Fehlern behaftet. Auch diese Fehler können mit dem Fehlerfortpflanzungsgesetz Gl. (9.31) berechnet werden. Da die x_i nach Gl. (9.33) als fehlerfrei angesehen werden, hat das Gesetz hier folgende Form

$$(\Delta a_j)^2 = \sum_{k=1}^{n} \left[\frac{\partial a_j}{\partial y_k} \cdot \Delta y_k\right]^2 \tag{9.36}$$

Handelt es sich um den Ausgleich einer linearen Funktion, dann kann man mit der Abkürzung N für den Nenner in Gl. (9.35) aus den ausgeschriebenen Gleichungen (9.35)

$$a_0 = \frac{1}{N}\left[\left(\sum x_i^2\right)(y_1 + \ldots + y_k + \ldots + y_n) - \left(\sum x_i\right)(x_1 y_1 + \ldots + x_k y_k + \ldots + x_n y_n)\right]$$

$$a_1 = \frac{1}{N}\left[n(x_1 y_1 + \ldots + x_k y_k + \ldots + x_n y_n) - \left(\sum x_i\right)(y_1 + \ldots + y_k + \ldots + y_n)\right]$$

die zur Benutzung von Gl. (9.36) erforderlichen partiellen Ableitungen leicht erkennen.

$$\begin{aligned} \frac{\partial a_0}{\partial y_k} &= \frac{1}{N}\left[\sum x_i^2 - \left(\sum x_i\right) x_k\right] \\ \frac{\partial a_1}{\partial y_k} &= \frac{1}{N}\left[n x_k - \sum x_i\right] \end{aligned} \tag{9.37}$$

Nimmt man nun alle Meßfehler Δy_k als gleich groß an und setzt dafür den mittleren Fehler ein, so kann man in Gl. (9.36) den Ausdruck Δy aus der Summe herausziehen und erhält schließlich durch Einsetzen der Ausdrücke aus Gl. (9.37) in Gl. (9.36) nach kurzer Rechnung

$$\begin{aligned} \Delta a_0 &= \sqrt{\frac{\sum x_i^2}{n \sum x_i^2 - \left(\sum x_i\right)^2}}\,\Delta y \\ \Delta a_1 &= \sqrt{\frac{n}{n \sum x_i^2 - \left(\sum x_i\right)^2}}\,\Delta y \end{aligned} \qquad \text{mit} \qquad \Delta y = \sqrt{\frac{\sum v_i^2}{n-2}} \tag{9.38}$$

Da für die Berechnung der Koeffizienten einer Geradengleichung zwei Punkte erforderlich sind, gibt $n-2$ die Anzahl der überzähligen Messungen an. Man beachte den Hinweis im Anschluß an Gl. (9.30).

Linearisierung von Funktionen. Bestimmte Typen von Funktionen können zur Anwendung der linearen Ausgleichungsrechnung durch geeignete Substitution in lineare Funktionen überführt werden. Das ist dann möglich, wenn nur zwei Koeffizienten zu bestimmen sind und wenn die ursprüngliche Gleichung

$$F(u, v) = 0$$

in die Form

$$f_2(v) = a_0 + a_1 f_1(u) \tag{9.39}$$

gebracht werden kann. Die Funktionen $f_1(u)$ und $f_2(v)$ dürfen keine unbekannten Koeffizienten enthalten. Aus den gegebenen u_i und v_i werden diese Funktionswerte berechnet. Man setzt $x_i = f_1(u_i)$ und $y_i = f_2(v_i)$ und führt die weitere Ausgleichung im (x, y)-System durch. Am Schluß müssen häufig die Koeffizienten a_0 und a_1 umgerechnet werden. Für die Fehler ist das Fehlerfortpflanzungsgesetz anzuwenden.

Die beiden folgenden Funktionen treten in der Technik sehr häufig auf. Die Potenzfunktion

$$v = c u^n$$

wird durch Logarithmieren zu

$$\lg v = \lg c + n \lg u \tag{9.40}$$

Man setzt $y = \lg v$ und $x = \lg u$, dann ist $a_0 = \lg c$ und $a_1 = n$.

Bei der Exponentialfunktion

$$v = A\,e^{ku}$$

logarithmiert man zur Basis e und erhält

$$\ln v = \ln A + k u$$

Man setzt $y = \ln v$ und $x = u$, dann ist $a_0 = \ln A$ und $a_1 = k$.

Diese beiden Funktionen können mit entsprechendem Funktionspapier (s. Abschn. 3.5.3) auch in einfacher Weise graphisch als Gerade dargestellt werden. Dies empfiehlt sich vor allem zur Kontrolle auf grobe Fehler.

Beispiel 5. Bei adiabatischer Kompression von idealen Gasen gilt

$$p = c\,V^{-\varkappa}$$

Es ist der Exponent $\varkappa$ mit seinem mittleren Fehler zu berechnen (s. Beispiel 7, S. 146). Die beiden ersten Spalten von Tafel **9**.12 zeigen die gemessenen Werte. Diese sind gemäß Gl. (9.40) zu logarithmieren. Hier werden Zehnerlogarithmen benutzt.

$$\lg p = \lg c - \varkappa \lg V \qquad y = a_0 + a_1 \cdot x$$

Tafel **9**.12

$\frac{V}{\text{dm}^3}$	$\frac{p}{\text{bar}}$	x	y	x^2	xy	$a_0 + a_1 x$	$\frac{v_i}{10^{-5}}$	$\frac{v_i^2}{10^{-10}}$
0.25	42.1	−0.60206	1.62428	0.36248	−0.97791	1.62473	45	2025
0.50	18.4	−0.30103	1.26482	0.09062	−0.38075	1.26405	−77	5929
1.00	8.0	0.00000	0.90309	0.00000	0.00000	0.90337	28	784
2.00	3.49	0.30103	0.54283	0.09062	0.16341	0.54269	−14	196
4.00	1.52	0.60206	0.18184	0.36248	0.10948	0.18201	17	289
		0.00000	4.51686	0.90620	−1.08577		− 1	9223

Der rechte Teil der Tafel zeigt das Rechenschema für die Ausgleichungsrechnung. Da $\sum x_i = 0$ ist, vereinfachen sich Gl. (9.35) und (9.38) erheblich. (Dies kann durch eine entsprechende Koordinatentransformation stets erreicht werden.)

$$a_0 = \frac{\sum y_i}{n} = \frac{4.51686}{5} = 0.90337$$

$$a_1 = \frac{\sum x_i y_i}{\sum x_i^2} = \frac{-1.08577}{0.90620} = -1.19816 = -\varkappa$$

$$(\Delta y)^2 = \frac{\sum v_i^2}{n-2} = \frac{9223 \cdot 10^{-10}}{3} = 3074 \cdot 10^{-10}$$

$$\Delta a_0 = \sqrt{\frac{1}{n}} \cdot \Delta y = 0.447 \cdot 5.55 \cdot 10^{-4} = 2.5 \cdot 10^{-4}$$

$$\Delta a_1 = \sqrt{\frac{1}{\sum x_i^2}} \cdot \Delta y = \frac{5.55 \cdot 10^{-4}}{0.9519} = 5.8 \cdot 10^{-4}$$

Damit wird $\varkappa = 1.1982 \pm 0.0006$. Durch Anwendung der Ausgleichungsrechnung erhält man hier ein Ergebnis, das um etwa eine Dezimalstelle genauer ist als die Meßwerte. Dieses Resultat gilt als allgemeine Faustregel. ■

Beispiel 6. Aus einer Meßreihe von Stromstärken I und verschiedenen Außenwiderständen R_a ist die Quellenspannung U_q und der innere Widerstand R_i einer Gleichspannungsquelle zu bestimmen. Nach dem Ohmschen Gesetz ist

$$U_q = (R_a + R_i)\, I$$

Wegen der Summe auf der rechten Seite nützt es nichts, diese Gleichung zu logarithmieren. Da beide Variable R_a und I auf einer Seite der Gleichung stehen, schreibt man

$$\frac{1}{I} = \frac{R_i}{U_q} + \frac{R_a}{U_q}$$

Man setzt $1/I = y$ und $R_i/U_q = a_0$, dann ist $1/U_q = a_1$ und $R_a = x$.
In Aufgabe 10 ist eine numerische Rechnung durchzuführen. ■

9.4.4 Aufgaben zu Abschnitt 9.4

1. Zur Dichtebestimmung wird ein Körper mehrfach in Luft (Gewichtskraft F_{GL}) und Wasser (Gewichtskraft F_{GW}) gewogen (Tafel **9.**13). Man berechne die Dichte ϱ mit ihrem mittleren relativen Fehler und vergleiche mit den relativen Fehlern der unmittelbar gemessenen Größen.

Hinweis: $\varrho = \varrho_W F_{GL}/(F_{GL} - F_{GW})$. Die Dichte des Wassers $\varrho_W = 1.000$ g/cm^3 kann als fehlerfrei angenommen werden.

Tafel 9.13
Dichtebestimmung

F_{GL} / N	F_{GW} / N
1.8566	1.6144
1.8523	1.6132
1.8575	1.6178
1.8590	1.6152
1.8561	1.6128

Tafel 9.14
Rohrdurchmesser

Masse Hg / mg	
148	144
143	142
150	149
145	144

Tafel 9.15
Geschwindigkeit

s / m	t / s
2.00	0.53
4.00	0.92
6.00	1.45
8.00	1.93
10.00	2.48
12.00	3.05

2. Zur Bestimmung des Innendurchmessers d eines dünnen Glasrohres wird dieses mehrfach mit Quecksilber gefüllt und die Füllung gewogen (Tafel **9.**14). Die Rohrlänge beträgt $l = (50.00 \pm 0.02)$ cm, die Dichte von Quecksilber $\varrho = (13.6 \pm 0.1)$ g/cm^3. Man berechne d und seinen mittleren absoluten Fehler.

3. Zwei Widerstände R_1 und R_2 sind hintereinander geschaltet. Mit Instrumenten der Güteklasse 1.5 (d.h. der relative Meßfehler beträgt bei Vollausschlag 1.5%) werden je einmal die Spannungen $U_1 = 80$ V und $U_2 = 140$ V sowie ein Strom $I = 0.25$ A gemessen. Wie groß ist der mittlere absolute Fehler des errechneten Gesamtwiderstandes, wenn beide Widerstände parallel geschaltet werden? Es kann der Einfachheit halber angenommen werden, daß die Messungen ungefähr bei Vollausschlag durchgeführt werden.

4. Zur Bestimmung der Induktivität L einer Spule werden folgende Messungen mit Instrumenten der Güteklasse 0.5 ausgeführt: Bei einer Gleichspannung $U = 90.0$ V erhält man eine Stromstärke $I = 0.450$ A. Bei einer effektiven Wechselspannung $U = 90.0$ V erhält man eine effektive Stromstärke $I = 0.354$ A. Die Frequenz beträgt $f = (50 \pm 1)$ Hz. Man berechne die Induktivität L und ihren mittleren relativen Fehler. Warum ist er wesentlich größer als der relative Fehler der Einzelmessungen?

Hinweis: $(\omega L)^2 = (U/I)^2_{Wechs} - (U/I)^2_{Gleich}$.

5. Zur Bestimmung der Geschwindigkeit v einer gleichförmigen Bewegung werden die in Tafel **9.**15 dargestellten Wege s und Zeiten t gemessen. Wie groß ist die Geschwindigkeit und ihr mittlerer Fehler?

Hinweis: Man nehme den Weg als Abszisse und berechne zunächst den Kehrwert der Geschwindigkeit.

6. Zur Bestimmung des Temperaturkoeffizienten α_{20} eines elektrischen Widerstandes R wird die in Tafel **9.**16 dargestellte Meßreihe erhalten. Man berechne α_{20} und seinen mittleren Fehler.

Hinweis: $R = R_{20}(1 + \alpha_{20}(\vartheta - 20\,°\text{C}))$.

7. Für die Bruchfestigkeit σ von Stahl in Abhängigkeit vom Kohlenstoffgehalt wurden die Werte in Tafel **9.**17 gemessen. Diese Funktion ist durch ein Polynom 2. Grades anzunähern.

8. Zur Bestimmung der Fallbeschleunigung g werden im luftleeren Raum die in Tafel **9.**18 dargestellten Wege und Zeiten gemessen. Man berechne mittels Ausgleichungsrechnung die Fallbeschleunigung g und den mittleren Fehler.

Hinweis: Man wähle den Weg als Abszisse und linearisiere.

Tafel 9.16
Temperaturkoeffizient

$\frac{\vartheta - 20\,°C}{K}$	$\frac{R}{\Omega}$
20	50.3
30	52.2
40	54.6
50	56.6
60	58.9
70	61.1
80	63.0
90	65.2
100	67.8

Tafel 9.17
Bruchfestigkeit

C-Gehalt in %	$\frac{\sigma}{N/mm^2}$
0.0	300
0.2	390
0.4	500
0.6	640
0.8	800
1.0	880
1.2	790
1.4	660
1.6	600
1.8	550

Tafel 9.18
Freier Fall

$\frac{s}{m}$	$\frac{t}{ms}$
0.200	202
0.400	285
0.600	350
0.800	404
1.000	451
1.200	495

9. Bei einer freien gedämpften Schwingung gilt

$$x_n = x_0 e^{-n\delta T_d}$$

Dabei ist x_n der Maximalausschlag nach n Schwingungen, n die Anzahl der Schwingungen, δ die Abklingkonstante, $T_d = (0.456 \pm 0.005)$ s die Schwingungsdauer.

Tafel **9**.19 zeigt gemessene Werte. Man bestimme daraus die Abklingkonstante und ihren mittleren Fehler.

Tafel 9.19
Schwingung

n	x_n/mm
5	33.5
10	22.4
15	15.0
20	9.6

Tafel 9.20
Innenwiderstand

R_a/Ω	I/A
2.00	0.665
3.00	0.462
4.00	0.354
5.00	0.285
6.00	0.240
7.00	0.206
8.00	0.182

10. Aus Tafel **9**.20 ist der Innenwiderstand R_i einer Gleichspannungsquelle zu bestimmen. Es gilt

$$U_q = (R_a + R_i)I$$

Hinweis: s. Beispiel 6.

10 Vektoranalysis

In der Vektoralgebra (s. Abschn. 4.2) wurden Verknüpfungen konstanter Vektoren behandelt. Die vektoriellen Größen der Physik sind jedoch oft zeitlich oder räumlich veränderlich. Die Anwendung der Differential- und Integralrechnung auf veränderliche Vektoren heißt Vektoranalysis.

10.1 Vektorfunktionen

Definition. *Sind die Koordinaten eines Vektors $\vec{r}$ Funktionen einer skalaren Größe t, so liegt eine* Vektorfunktion *vor.*
In geradlinig-rechtwinkligen Koordinaten lautet die Gleichung

$$\vec{r}(t) = x(t)\vec{i} + y(t)\vec{j} + z(t)\vec{k} \tag{10.1}$$

Deutet man t als Zeit und x, y und z als Raumkoordinaten, so heißt $\vec{r}$ der Ortsvektor *des Punktes $P(x; y; z)$* (s. Bild **10.1**).

10.1.1 Differenzieren und Integrieren in geradlinig-rechtwinkligen Koordinaten

Jeder Vektor kann als Produkt von Betrag und Richtungs-Einheitsvektor aufgefaßt werden (s. Gl. 4.17). Bei der Änderung eines Vektors kann also nicht nur der Betrag, sondern auch die Richtung mit dem Parameter geändert werden. Ändert sich t, so ändern sich die einzelnen Raumkoordinaten. Wenn sich diese im gleichen Verhältnis ändern, dann bleibt die Richtung von $\vec{r}$ erhalten, und nur der Betrag ändert sich. Richtung und Betrag werden beide verändert, wenn sich z. B. nur eine der Raumkoordinaten ändert. Man kann sich das leicht vorstellen, wenn man sich den Vektor $\vec{r}$ als Raumdiagonale eines Quaders denkt, dessen eine Seite vergrößert wird, während die beiden übrigen Seiten konstant bleiben.

Bei einer beliebigen Änderung des Parameters t beschreibt die Spitze des Ortsvektors $\vec{r}$ eine Kurve im Raum, die Bahnkurve oder kurz die Bahn. Bei kinematischen Untersuchungen ist der Parameter t die Zeit und x, y und z sind die Raumkoordinaten eines Punktes. Die Größen x, y, z und t können aber auch eine andere physikalische Bedeutung wie z. B. die Komponenten einer Kraft und die Temperatur haben.

Für Betrag und Richtung des Vektors gilt

$$r(t) = +\sqrt{x^2(t) + y^2(t) + z^2(t)} \tag{10.2}$$

$$\cos\alpha(t) = \frac{x(t)}{r(t)} \qquad \cos\beta(t) = \frac{y(t)}{r(t)} \qquad \cos\gamma(t) = \frac{z(t)}{r(t)} \tag{10.3}$$

Differenzieren. Die Ableitung eines Vektors wird wie bei skalaren Funktionen unter der Voraussetzung der Differenzierbarkeit definiert. Ändert sich der Parameter t um den Betrag Δt, so ändert sich der Vektor $\vec{r}$ um $\Delta\vec{r}$ (s. Bild **10.**1)

$$\Delta\vec{r} = \vec{r}(t + \Delta t) - \vec{r}(t)$$

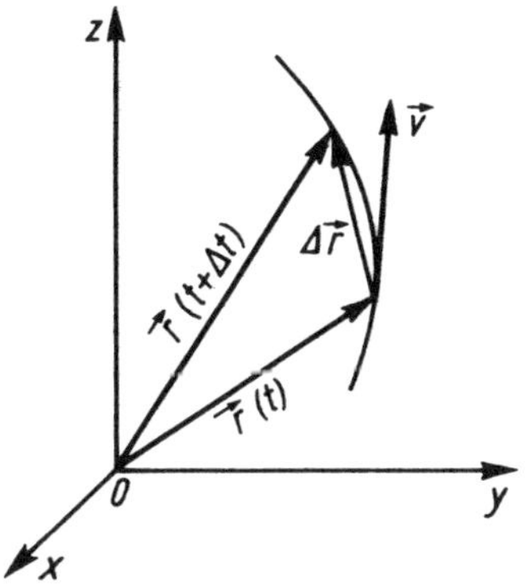

10.1

Definition. *Die* 1. Ableitung der Vektorfunktion $\vec{r}(t)$ *ist der Grenzwert*

$$\lim_{\Delta t \to 0} \frac{\vec{r}(t + \Delta t) - \vec{r}(t)}{\Delta t} = \lim_{\Delta t \to 0} \frac{\Delta\vec{r}}{\Delta t} = \dot{\vec{r}}(t) \tag{10.4}$$

Ist $\vec{r}(t)$ ein Ortsvektor, so ist $\dot{\vec{r}}(t) = \vec{v}(t)$ die Geschwindigkeit der Spitze von $\vec{r}$. Ist der Vektor in rechtwinkligen Koordinaten gegeben, so gilt der

Satz. Die Koordinaten der Ableitung eines Vektors erhält man durch Differenzieren der Koordinaten des Vektors.

Beweis. Die Summanden der Summe in Gl. (10.1) dürfen einzeln differenziert werden. □

Man erhält also als Koordinaten der Geschwindigkeit $\vec{v}(t)$

$$v_x(t) = \dot{x}(t) \qquad v_y(t) = \dot{y}(t) \qquad v_z(t) = \dot{z}(t) \tag{10.5}$$

Betrag und Richtung des Geschwindigkeitsvektors erhält man durch sinngemäße Anwendung von Gl. (10.2) und (10.3). Die Richtung der Geschwindigkeit ist stets die Richtung der Bahntangente, weil der Geschwindigkeitsvektor immer zum benachbarten Punkt zeigt, der per Definition auf der Bahn liegt.

Durch Differenzieren von Gl. (10.5) erhält man die Koordinaten der Beschleunigung $\vec{a}(t)$

$$a_x(t) = \ddot{x}(t) \qquad a_y(t) = \ddot{y}(t) \qquad a_z(t) = \ddot{z}(t) \tag{10.6}$$

Beispiel 1. Die Bahnkurve eines Körpers auf einer räumlichen kreisförmigen Spirale (Schraubenlinie) mit dem Radius r_0 wird durch folgenden Ortsvektor beschrieben

$$\vec{r}(t) = (r_0 \cos \omega_0 t)\vec{i} + (r_0 \sin \omega_0 t)\vec{j} + (v_0 t)\vec{k}$$

Man berechne die Koordinaten und die Beträge von Geschwindigkeit und Beschleunigung.

Mit Gl. (10.5) und (10.2) erhält man

$$\vec{v}(t) = (-r_0 \omega_0 \sin \omega_0 t)\vec{i} + (r_0 \omega_0 \cos \omega_0 t)\vec{j} + v_0 \vec{k} \qquad v = \sqrt{r_0^2 \omega_0^2 + v_0^2}$$

Mit Gl. (10.6) und (10.2) ergibt sich

$$\vec{a}(t) = (-r_0 \omega_0^2 \cos \omega_0 t)\vec{i} + (-r_0 \omega_0^2 \sin \omega_0 t)\vec{j} \qquad a = r_0 \omega_0^2$$

Geschwindigkeit und Beschleunigung haben also einen konstanten Betrag. Die Richtung der Beschleunigung zeigt stets zur Achse der Spirale. Im Spezialfall $v_0 = 0$ ergibt sich eine Kreisbewegung mit der zum Kreismittelpunkt gerichteten Zentripetalbeschleunigung. ■

Ableitung des Produktes zweier Vektorfunktionen. Die Produktregel, die Kettenregel und die Gesetze der Ableitung nach einem Parameter dürfen auch auf Vektorfunktionen angewandt werden.

Für zwei Vektorfunktionen $\vec{a}(t)$ und $\vec{b}(t)$ ist die Ableitung des skalaren Produktes

$$\frac{\mathrm{d}}{\mathrm{d}t}(\vec{a} \cdot \vec{b}) = \dot{\vec{a}} \cdot \vec{b} + \vec{a} \cdot \dot{\vec{b}} \tag{10.7}$$

und die Ableitung des Vektorproduktes

$$\frac{\mathrm{d}}{\mathrm{d}t}(\vec{a} \times \vec{b}) = \dot{\vec{a}} \times \vec{b} + \vec{a} \times \dot{\vec{b}} \tag{10.8}$$

Beim vektoriellen Produkt darf wegen des Vorzeichens des Ergebnisvektors die Reihenfolge der Vektoren nicht vertauscht werden.

Aus der Ableitung des skalaren Produktes eines Einheitsvektors mit sich selbst ergibt sich der

Satz. Der Ableitungsvektor eines Einheitsvektors steht auf diesem senkrecht. Der Betrag des Ableitungsvektors ist gleich dem Betrag der Winkelgeschwindigkeit des abgeleiteten Einheitsvektors.

Beweis. Das Skalarprodukt des Einheitsvektors mit sich selbst ist konstant, seine Ableitung also gleich Null

$$\vec{e} \cdot \vec{e} = 1 \qquad \frac{\mathrm{d}}{\mathrm{d}t}(\vec{e} \cdot \vec{e}) = 0 = 2\vec{e} \cdot \dot{\vec{e}}$$

Wird ein skalares Produkt gleich Null, ohne daß einer der Vektoren der Nullvektor ist, so steht der eine Vektor auf dem anderen senkrecht. Da der Betrag des Einheitsvektors

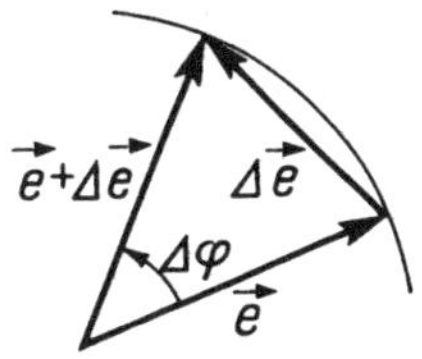

10.2

konstant ist, kann sich seine Spitze nur auf einer Kugelfläche in Richtung der Tangente bewegen. In $\frac{\mathrm{d}e}{\mathrm{d}t} = \frac{\mathrm{d}e}{\mathrm{d}\varphi}\frac{\mathrm{d}\varphi}{\mathrm{d}t}$ ist der erste Faktor nach Bild **10.2** $\frac{\mathrm{d}e}{\mathrm{d}\varphi} = \lim\limits_{\Delta\varphi \to 0} \frac{\Delta e}{\Delta\varphi} = \lim\limits_{\Delta\varphi \to 0} \frac{|e|\Delta\varphi}{\Delta\varphi} = 1$.

Der zweite Faktor ist eine Winkelgeschwindigkeit, also ist

$$\dot{e}(t) = \dot{\varphi}(t) \tag{10.9}$$ □

Integrieren. Nach dem Hauptsatz der Differential- und Integralrechnung erhält man durch Integration der Koordinaten der Beschleunigung die der Geschwindigkeit und durch nochmalige Integration die Ortskoordinaten

$$\begin{aligned} v_x(t) &= \int a_x(t)\,\mathrm{d}t \qquad & v_y(t) &= \int a_y(t)\,\mathrm{d}t \qquad & v_z(t) &= \int a_z(t)\,\mathrm{d}t \\ x(t) &= \int v_x(t)\,\mathrm{d}t & y(t) &= \int v_y(t)\,\mathrm{d}t & z(t) &= \int v_z(t)\,\mathrm{d}t \end{aligned} \tag{10.10}$$

Der zurückgelegte Weg wird entsprechend Gl. (8.9) berechnet durch

$$s(t) = \int v(t)\,\mathrm{d}t = \int \sqrt{v_x^2(t) + v_y^2(t) + v_z^2(t)}\,\mathrm{d}t \tag{10.11}$$

Schwerkraftfeld. Wählt man das Koordinatensystem so, daß die Schwerkraft in Richtung der negativen y-Achse wirkt und sind die z-Koordinaten von $\vec{a}$, $\vec{v}$ und $\vec{r}$ gleich Null, so erhält man die Beschleunigungsgesetze

$$a_x(t) = 0 \qquad a_y(t) = -g$$

Hieraus ergeben sich durch Integration die Geschwindigkeit-Zeit-Gesetze

$$v_x(t) = v_{x0} \qquad v_y(t) = -gt + v_{y0}$$

und die Weg-Zeit-Gesetze

$$x(t) = v_{x0}t + x_0 \qquad y(t) = -\frac{g}{2}t^2 + v_{y0}t + y_0 \tag{10.12}$$

Die Größen v_{x0}, v_{y0}, x_0 und y_0 sind die vier Integrationskonstanten, die durch die Anfangsbedingungen bestimmt werden.

Beispiel 2. Beim schiefen Wurf (s. Bild **10.3**) wird die Anfangslage im Koordinatenursprung gewählt. Die Koordinaten der Anfangsgeschwindigkeit sind v_{x0} und v_{y0}. Man bestimme das Geschwindigkeit-Zeit- und das Weg-Zeit-Gesetz, die Wurfhöhe, die Wurfweite sowie die Bahnkurve.

Gl. (10.12) ergibt mit den geforderten Anfangsbedingungen $x_0 = y_0 = 0$

$$x(t) = v_{x0}t \qquad y(t) = -\frac{g}{2}t^2 + v_{y0}t \tag{10.13}$$

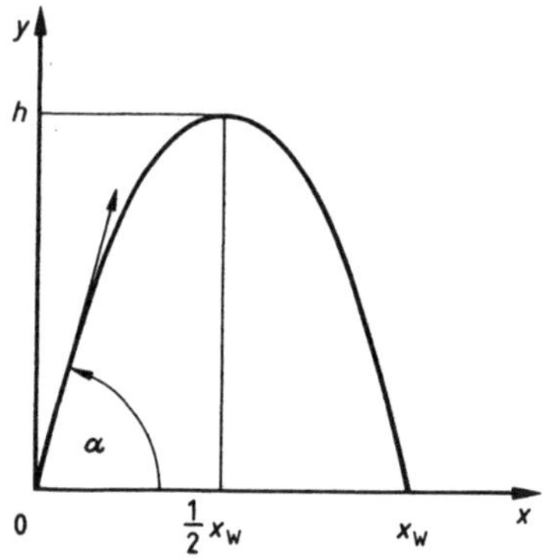

10.3

Die Wurfhöhe h wird zu dem Zeitpunkt t_h erreicht, für den $v_y(t_h) = -gt_h + v_{y0} = 0$ gilt. Daher ist $t_h = v_{y0}/g$. Dann wird die Wurfhöhe $h = y(t_h) = v_{y0}^2/(2g)$. Der Zeitpunkt t_W, zu dem der Körper wieder die Höhe Null erreicht, ergibt sich aus $y(t_W) = 0$. Da der Wurf zum Zeitpunkt $t = 0$ beginnt, erhält man $t_W = 2v_{y0}/g$. Hieraus folgt die Wurfweite $x_W = x(t_W) = 2v_{x0}v_{y0}/g$. Löst man Gl. (10.13) für x nach t auf und setzt diese in die Gleichung für y ein, so ergibt sich die Wurfparabel

$$y = -\frac{g}{2v_{x0}^2}x^2 + \frac{v_{y0}}{v_{x0}}x \tag{10.14}$$ ■

Magnetisches Feld. Fließt ein Strom I in einem durch den Vektor $\vec{l}$ gegebenen Leiterstück in einem homogenen Magnetfeld von der Induktion $\vec{B}$, so wird auf den Leiter die Kraft $\vec{F}=I\vec{l}\times\vec{B}$ ausgeübt. Wenn der Strom nicht in einem metallischen Leiter fließt, sondern durch im Vakuum oder in Gasen frei bewegliche, elektrisch geladene Teilchen entsteht, so gilt entsprechend $\vec{F}=\varrho V\vec{v}\times\vec{B}$. Hier sind ϱ die Ladungsdichte, V das von der Ladung eingenommene Volumen und $\vec{v}$ der Geschwindigkeitsvektor der Ladung. Besteht die Ladung aus einem einzelnen Elektron mit der negativen Elementarladung $-e$, so gilt

$$\vec{F}_e=-e\vec{v}\times\vec{B} \tag{10.15}$$

Hieraus ergibt sich, daß die Kraft stets senkrecht auf dem Geschwindigkeitsvektor des Elektrons steht. Sie kann deshalb nur die Richtung, nicht aber den Betrag der Geschwindigkeit ändern. Das Koordinatensystem in Bild **10.4** wird so angeordnet, daß die Induktion des homogenen Magnetfeldes in Richtung der x-Achse liegt, also $\vec{B}=B_x\vec{i}$ gilt. Das Elektron fliegt mit der Geschwindigkeit

$$\vec{v}=v_x\vec{i}+v_y\vec{j}+v_z\vec{k}=\frac{\mathrm{d}x}{\mathrm{d}t}\vec{i}+\frac{\mathrm{d}y}{\mathrm{d}t}\vec{j}+\frac{\mathrm{d}z}{\mathrm{d}t}\vec{k}$$

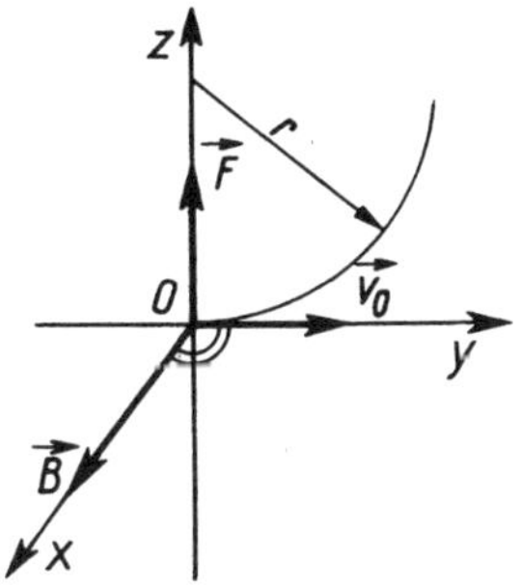

10.4

Für die auf das Elektron ausgeübte Kraft $\vec{F}_e$ ergibt sich aus Gl. (10.15)

$$\vec{F}_e=-eB_x(v_z\vec{j}-v_y\vec{k}) \tag{10.16}$$

Andererseits gilt für diese Kraft nach dem Newton-Grundgesetz, wenn m die Masse des Elektrons ist,

$$\vec{F}_e=m\vec{a}=m(a_x\vec{i}+a_y\vec{j}+a_z\vec{k})=m\left(\frac{\mathrm{d}^2x}{\mathrm{d}t^2}\vec{i}+\frac{\mathrm{d}^2y}{\mathrm{d}t^2}\vec{j}+\frac{\mathrm{d}^2z}{\mathrm{d}t^2}\vec{k}\right) \tag{10.17}$$

Aus Gl. (10.16) und (10.17) ergeben sich durch Komponentenvergleich die Bewegungsgleichungen

$$\frac{\mathrm{d}^2x}{\mathrm{d}t^2}=0 \qquad \frac{\mathrm{d}^2y}{\mathrm{d}t^2}=-\frac{e}{m}B_x\frac{\mathrm{d}z}{\mathrm{d}t} \qquad \frac{\mathrm{d}^2z}{\mathrm{d}t^2}=\frac{e}{m}B_x\frac{\mathrm{d}y}{\mathrm{d}t} \tag{10.18}$$

Für die Bewegung des Elektrons gelten folgende Anfangsbedingungen: Für $t=0$ ist $x=y=z=0$, $v_{x0}=v_{z0}=0$ und $v_{y0}>0$, wie Bild **10.4** zeigt. Integriert man Gl. (10.18) unter Beachten der Anfangsbedingungen, so wird

$$\frac{\mathrm{d}y}{\mathrm{d}t} = -\frac{e}{m} B_x z + v_{y0} \qquad \frac{\mathrm{d}z}{\mathrm{d}t} = \frac{e}{m} B_x y$$

Durch Quadrieren und Addieren ergibt sich

$$\left(\frac{\mathrm{d}y}{\mathrm{d}t}\right)^2 + \left(\frac{\mathrm{d}z}{\mathrm{d}t}\right)^2 = \left(\frac{e}{m} B_x\right)^2 (y^2 + z^2) - 2\frac{e}{m} B_x v_{y0} z + v_{y0}^2$$

Da $v_{y0}^2 = v^2 = [(\mathrm{d}y)/(\mathrm{d}t)]^2 + [(\mathrm{d}z)/(\mathrm{d}t)]^2$ ist, erhält man

$$y^2 + z^2 - \frac{2mv_{y0}}{eB_x} z = 0 \qquad y^2 + \left(z - \frac{mv_{y0}}{eB_x}\right)^2 = \left(\frac{mv_{y0}}{eB_x}\right)^2$$

Das Elektron bewegt sich also auf einem Kreis in der (y, z)-Koordinatenebene. Er verläuft durch den Ursprung und hat den Radius

$$r = \frac{v_{y0}}{\frac{e}{m} B_x}$$

Aus dieser Gleichung berechnet man e/m, da die anderen Größen gemessen werden können.

10.1.2 Ableitung in natürlichen Koordinaten

Die Koordinaten eines Vektors und die seiner Ableitungen wurden bisher in einem festen Koordinatensystem angegeben. Zur Beschreibung von Bewegungen ist es jedoch häufig zweckmäßig, die Ableitungen eines Ortsvektors in einem sich bewegenden Koordinatensystem anzugeben. In diesem System liegt eine Koordinatenachse stets in Richtung des sich bewegenden Vektors, der entsprechende Einheitsvektor ist $\vec{e}_r$. Eine andere Achse steht senkrecht auf der ersten in Richtung wachsender Winkel, der entsprechende Einheitsvektor heißt $\vec{e}_\varphi$. Bei räumlicher Bewegung tritt ein dritter Einheitsvektor hinzu. Dieses veränderliche System heißt das System der natürlichen Koordinaten (Bild **10.5**).

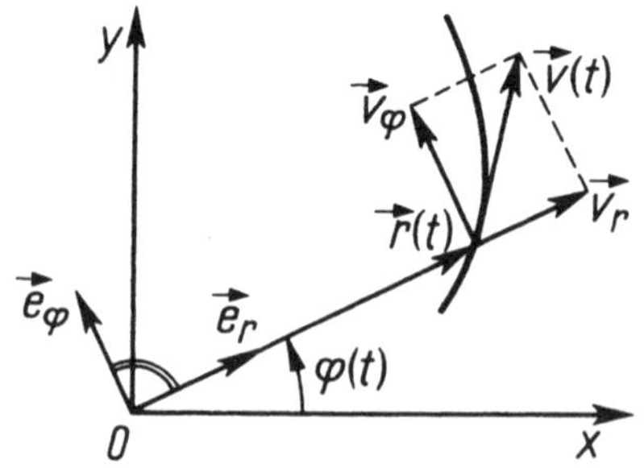

10.5

Für die Ableitungen $\dot{\vec{e}}_r$ und $\dot{\vec{e}}_\varphi$ erhält man mit $\dot{e}=\dot{\varphi}$ nach Gl. (10.9) jeweils den Betrag $\dot{\varphi}$. Die Richtung von $\dot{\vec{e}}_r$ ist die von $\vec{e}_\varphi$ und die Richtung von $\dot{\vec{e}}_\varphi$ ist die von $-\vec{e}_r$. Damit wird

$$\dot{\vec{e}}_r=\dot{\varphi}\,\vec{e}_\varphi \qquad \dot{\vec{e}}_\varphi=-\dot{\varphi}\,\vec{e}_r$$

Schreibt man den Ortsvektor $\vec{r}=r\vec{e}_r$, so erhält man beim Differenzieren

$$\dot{\vec{r}}=\vec{v}=\dot{r}\,\vec{e}_r+r\dot{\vec{e}}_r$$

Damit wird die Geschwindigkeit

$$\boxed{\dot{\vec{r}}=\vec{v}=\dot{r}\,\vec{e}_r+r\dot{\varphi}\,\vec{e}_\varphi} \tag{10.19}$$

Die erste Komponente heißt die Relativgeschwindigkeit, die zweite die Führungsgeschwindigkeit. Nur bei einer reinen Translationsbewegung ist $v=\dot{r}$.
Wird Gl. (10.19) differenziert, so ergibt sich

$$\ddot{\vec{r}}=\ddot{r}\,\vec{e}_r+\dot{r}\,\dot{\vec{e}}_r+\dot{r}\dot{\varphi}\,\vec{e}_\varphi+r\ddot{\varphi}\,\vec{e}_\varphi+r\dot{\varphi}\,\dot{\vec{e}}_\varphi$$

Damit wird die Beschleunigung

$$\boxed{\ddot{\vec{r}}=\vec{a}=(\ddot{r}-r\dot{\varphi}^2)\,\vec{e}_r+(2\dot{r}\dot{\varphi}+r\ddot{\varphi})\,\vec{e}_\varphi} \tag{10.20}$$

Die beiden Anteile, in denen das undifferenzierte r auftritt, heißen die Führungsbeschleunigung, $\ddot{r}$ heißt die Relativbeschleunigung und $2\dot{r}\dot{\varphi}$ die Coriolisbeschleunigung.
Bei einer Darstellung von Polarkoordinaten in Parameterform sind $r(t)$ und $\varphi(t)$ unmittelbar gegeben, und das Differenzieren ist meist ohne Schwierigkeiten möglich. Sind die Komponenten von r in rechtwinkligen Koordinaten gegeben, so ist nach Gl. (10.2)

$$r=\sqrt{x^2+y^2} \quad \text{und} \quad \dot{r}=\frac{\mathrm{d}r}{\mathrm{d}t}=\frac{x\dot{x}+y\dot{y}}{\sqrt{x^2+y^2}} \tag{10.21}$$

Ferner ist $\varphi=\operatorname{Arctan}(y/x)$ und

$$\dot{\varphi}=\frac{\mathrm{d}\varphi}{\mathrm{d}t}=\frac{x\dot{y}-\dot{x}y}{x^2+y^2} \tag{10.22}$$

Zur Berechnung von $\ddot{r}$ und $\ddot{\varphi}$ müssen Gl. (10.21) und (10.22) nach t differenziert werden (s. Aufgabe 3).

Beispiel 3. Auf einer sich mit konstanter Winkelgeschwindigkeit ω_0 drehenden Scheibe bewegt sich ein Körper radial nach außen mit der konstanten Geschwindigkeit v_0. Die Parameterdarstellung dieser Bewegung ist $r=v_0t$ und $\varphi=\omega_0t$. Durch Eliminieren des Parameters erkennt man, daß diese Bewegung für einen Beobachter außerhalb der Scheibe eine archimedische Spirale bildet.

Man berechne die einzelnen Anteile und Gesamtbeträge von Geschwindigkeit und Beschleunigung.

Es ist $r = v_0 t \quad \dot{r} = v_0 \quad \ddot{r} = 0$

und $\varphi = \omega_0 t \quad \dot{\varphi} = \omega_0 \quad \ddot{\varphi} = 0$

Daraus erhält man nach Gl. (10.19) und (10.20) für die

Geschwindigkeit		Beschleunigung	
Relativ	v_0	Relativ	0
Führung	$v_0 \omega_0 t$	Führung	$-v_0 \omega_0^2 t$
		Coriolis	$2 v_0 \omega_0$
Gesamt	$v_0 \sqrt{1+(\omega_0 t)^2}$	Gesamt	$v_0 \omega_0 \sqrt{4+(\omega_0 t)^2}$

■

In Gl. (10.19) und (10.20) wurden $\vec{v}$ und $\vec{a}$ in Komponenten mit den Richtungen der natürlichen Koordinaten von $\vec{r}$ zerlegt. Häufig wird die Beschleunigung in Komponenten mit den Richtungen der natürlichen Koordinaten der Geschwindigkeit zerlegt. Die entsprechenden Einheitsvektoren sind der Tangenteneinheitsvektor der Bahn $\vec{e}_v$ und der zum Krümmungsmittelpunkt des betr. Kurvenpunktes gerichtete Normaleneinheitsvektor $\vec{e}_n$ (Bild **10.6**). Schreibt man $\vec{v} = v\vec{e}_v$, so erhält man durch Differenzieren mit den gleichen Überlegungen wie bei Gl. (10.19)

$$\dot{\vec{v}} = \vec{a} = \dot{v}\vec{e}_v + v\dot{\vec{e}}_v = \dot{v}\vec{e}_v + v\dot{\varphi}\vec{e}_n \tag{10.23}$$

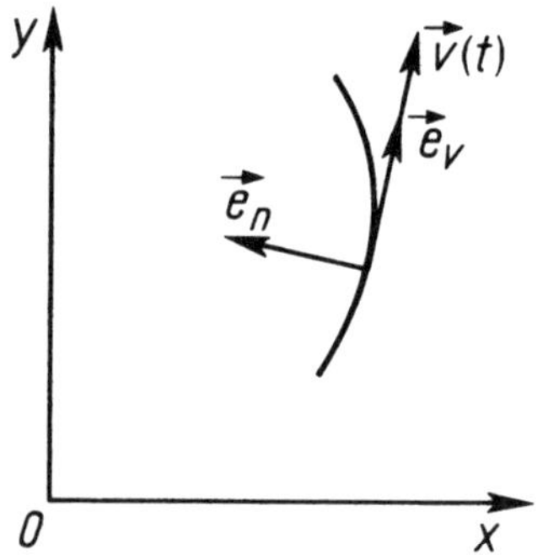

10.6

In rechtwinkligen Koordinaten können $\dot{v}$ und $\dot{\varphi}$ mit Gl. (10.21) und (10.22) berechnet werden, wobei anstatt der Koordinaten von r die von v einzusetzen sind. Meist wird aber $\dot{\varphi}$ durch v und den Krümmungsradius ϱ der Bahnkurve ausgedrückt. Es ist

$$\dot{\varphi} = \frac{v}{\varrho} \tag{10.24}$$

Beweis. Wegen $\dot{\varphi}=\mathrm{d}\varphi/\mathrm{d}t$, $v=\mathrm{d}s/\mathrm{d}t$, ist nach Gl. (8.35) $1/\varrho=\varkappa=\mathrm{d}\varphi/\mathrm{d}s$. Damit gilt wegen der Kettenregel

$$\frac{\mathrm{d}\varphi}{\mathrm{d}t}=\frac{\mathrm{d}\varphi}{\mathrm{d}s}\frac{\mathrm{d}s}{\mathrm{d}t} \qquad \square$$

Setzt man Gl. (10.24) in Gl. (10.23) ein, so erhält man endgültig für die Beschleunigung

$$\boxed{\dot{\vec{v}}=\vec{a}=\dot{v}\vec{e}_v+\frac{v^2}{\varrho}\vec{e}_\mathrm{n}} \tag{10.25}$$

Die erste Komponente heißt die Tangential- und die zweite die Normalbeschleunigung.

Beispiel 4. Ein Körper bewegt sich mit konstanter Winkelgeschwindigkeit ω_0 auf einer elliptischen Bahn um den Koordinatenursprung.

Man berechne die Geschwindigkeit in rechtwinkligen Koordinaten sowie die Tangential- und Normalbeschleunigung.

Weil a das Formelzeichen für die Beschleunigung ist, werden die Ellipsenachsen p und q genannt. Dann ergibt sich mit $\varphi=\omega_0 t$ aus Beispiel 3, Abschn. 8.1, der Ortsvektor

$$\vec{r}(t)=(p\cos\omega_0 t)\,\vec{i}+(q\sin\omega_0 t)\,\vec{j}$$

Durch Differenzieren erhält man

$$v=\sqrt{p^2\omega_0^2\sin^2\omega_0 t+q^2\omega_0^2\cos^2\omega_0 t}$$

Wird diese Gleichung nach t differenziert, erhält man mit Gl. (10.25) den Betrag der Tangentialbeschleunigung

$$a_v=\dot{v}=\frac{\omega_0^3(p^2-q^2)\sin 2\omega_0 t}{2[p^2\omega_0^2\sin^2\omega_0 t+q^2\omega_0^2\cos^2\omega_0 t]^{1/2}}$$

$$=\frac{\omega_0^3(p^2-q^2)\sin 2\omega_0 t}{2v}$$

Nach Beispiel 3, Abschn. 8.3, ergibt sich für den Krümmungsradius

$$\varrho=\frac{[p^2\omega_0^2\sin^2\omega_0 t+q^2\omega_0^2\cos^2\omega_0 t]^{3/2}}{pq\omega_0^3}$$

Damit wird nach Gl. (10.25) der Betrag der Normalbeschleunigung

$$a_\mathrm{n}=\frac{v^2}{\varrho}=\frac{pq\omega_0^3}{[p^2\omega_0^2\sin^2\omega_0 t+q^2\omega_0^2\cos^2\omega_0 t]^{1/2}}=\frac{pq\omega_0^3}{v} \qquad \blacksquare$$

10.1.3 Aufgaben zu Abschnitt 10.1

1. Der Ortsvektor einer Zykloide (Beispiel 4, Abschn. 8.1) ist mit $\varphi = \omega_0 t$

$$\vec{r}(t) = r_0(\omega_0 t - \sin\omega_0 t)\,\vec{i} + r_0(1 - \cos\omega_0 t)\,\vec{j}$$

Man berechne für einen Punkt der Bahnkurve

a) Komponenten und Beträge von Geschwindigkeit und Beschleunigung in rechtwinkligen Koordinaten,

b) Tangential- und Normalbeschleunigung sowie zur Kontrolle von Aufgabe 1a den Betrag der Beschleunigung.

Hinweis: $v_0 = r_0 \omega_0$.

2. Beim schiefen Wurf im Schwerefeld der Erde sind folgende Bedingungen gegeben: $a_{x0} = 0.2\ \mathrm{m/s^2}$; $a_{y0} = -9.81\ \mathrm{m/s^2}$; $v_{x0} = 15.0\ \mathrm{m/s}$; $v_{y0} = 10.0\ \mathrm{m/s}$; $x_0 = 0$; $y_0 = 20.0\ \mathrm{m}$. Man berechne

a) den Weg x für $y = 0$ (Wurfweite),

b) den Betrag der Geschwindigkeit für $y = 0$.

Hinweis: Zunächst ist die Zeit zu berechnen.

3. Man leite je eine allgemeine Gleichung für $\ddot{r}$ und $\ddot{\varphi}$ in rechtwinkligen Koordinaten her.

Hinweis: Gl. (10.21) und (10.22) sind zu differenzieren.

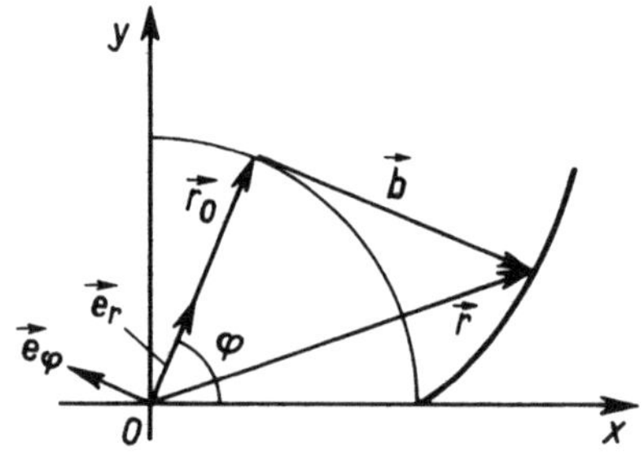

10.7

4. Der Ortsvektor einer Kreisevolvente ist nach Bild **10.7** $\vec{r} = \vec{r}_0 + \vec{b}$. Wegen des Abrollens (Beispiel 7, Abschn. 8.3) ist $b = r_0 \varphi = r_0 \omega_0 t$. Damit wird in den natürlichen Koordinaten des Vektors $\vec{r}_0$

$$\vec{r} = r_0 \vec{e}_r - (r_0 \omega_0 t)\,\vec{e}_\varphi$$

Man berechne durch unmittelbares Differenzieren dieser Gleichung Geschwindigkeit und Beschleunigung.

10.2 Skalare und vektorielle Felder

10.2.1 Skalares Feld. Gradient

Definition. *Eine skalare Größe u, die eine differenzierbare Funktion der Raumkoordinaten x, y und z ist, heißt ein* skalares Feld.
Die Flächen im Raum, auf denen u konstant ist, heißen Niveauflächen.

Die Temperaturverteilung und die Druckverteilung in der Lufthülle der Erde sind skalare Felder. Niveauflächen sind Isothermen und Isobaren.

In der Physik sind oft Änderungen solcher Felder in Abhängigkeit von den Raumkoordinaten von Interesse. Die kleine Änderung Δu der Größe u im Raum kann mit guter Näherung durch das totale Differential (s. Gl. (9.16))

$$\mathrm{d}u = \frac{\partial u}{\partial x}\,\mathrm{d}x + \frac{\partial u}{\partial y}\,\mathrm{d}y + \frac{\partial u}{\partial z}\,\mathrm{d}z \tag{10.26}$$

beschrieben werden.

Für viele Anwendungen ist es zweckmäßig, das totale Differential als Skalarprodukt zweier Vektoren

$$\mathrm{d}\vec{r} = \mathrm{d}x \cdot \vec{i} + \mathrm{d}y \cdot \vec{j} + \mathrm{d}z \cdot \vec{k}$$

und

$$\boxed{\operatorname{grad} u = \frac{\partial u}{\partial x} \cdot \vec{i} + \frac{\partial u}{\partial y} \cdot \vec{j} + \frac{\partial u}{\partial z} \cdot \vec{k}} \tag{10.27}$$

zu schreiben

$$\mathrm{d}u = \operatorname{grad} u \cdot \mathrm{d}\vec{r} \tag{10.28}$$

Der in Gl. (10.27) beschriebene Vektor heißt Gradient des skalaren Feldes. Er gibt Steigung oder Gefälle der Größe u an (zum Beispiel Luftdruckgradient). Der Betrag des Gradienten (das Gefälle) ist um so größer, je kleiner der Abstand der Niveauflächen ist. Der Gradientenvektor steht senkrecht auf der Niveaufläche. Legt man nämlich $\mathrm{d}\vec{r}$ in die Niveaufläche, so hat man beim Fortschreiten auf dieser Fläche überall den gleichen Wert u. Deshalb ist $\mathrm{d}u = 0$. Die Vektoren $\operatorname{grad} u$ und $\mathrm{d}\vec{r}$ stehen also senkrecht aufeinander (wenn nicht $\operatorname{grad} u \equiv \vec{0}$ ist). Da $\mathrm{d}\vec{r}$ in der Niveaufläche angenommen wurde, muß $\operatorname{grad} u$ senkrecht zur Niveaufläche stehen.

Beispiel 1. Der Betrag F der Gravitationskraft eines Massenpunktes oder die elektrostatische Anziehungskraft eines Elektrons beträgt im Abstand $\vec{r}$ mit einer geeigneten Konstanten c

$$F = \frac{c}{\vec{r}^{\,2}} = \frac{c}{r^2} = \frac{c}{x^2 + y^2 + z^2}$$

Man beachte, daß $\vec{r}^{\,2}=r^2$ ist. Welche Form haben die Niveauflächen? Wie groß ist grad$F$?

Die Niveauflächen sind Kugelflächen, da die Kraft in der Entfernung r vom Kraftzentrum unabhängig von der Koordinatenkombination x, y, z überall gleich groß ist.

Für grad$F$ erhält man mit der Kettenregel

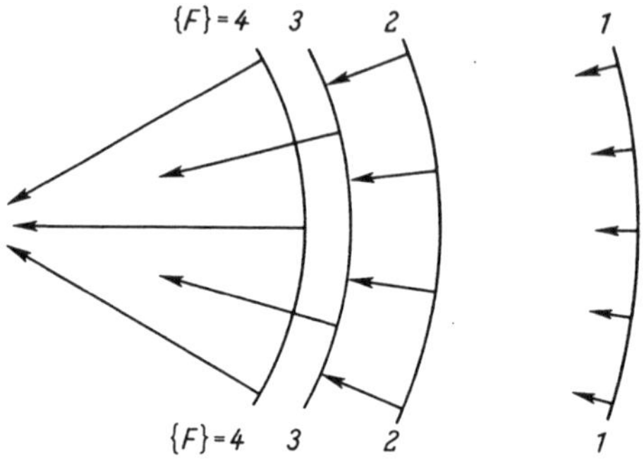

10.8

$$\frac{\partial F}{\partial x}=\frac{-2cx}{(x^2+y^2+z^2)^2}=\frac{-2cx}{r^4}$$

$$\frac{\partial F}{\partial y}=\frac{-2cy}{(x^2+y^2+z^2)^2}=\frac{-2cy}{r^4}$$

$$\frac{\partial F}{\partial z}=\frac{-2cz}{(x^2+y^2+z^2)^2}=\frac{-2cz}{r^4}$$

Damit wird

$$\operatorname{grad}F=\frac{-2c}{r^4}(x\vec{i}+y\vec{j}+z\vec{k})$$
$$=-\frac{2c}{r^4}\vec{r}$$

Die Richtung von grad$F$ ist der des Vektors $\vec{r}$ entgegengesetzt. Der Betrag ist

$$|\operatorname{grad}F|=\frac{2c\,|\vec{r}|}{r^4}=\frac{2c}{r^3}$$

Bild **10.8** zeigt in einem willkürlichen Maßstab und mit willkürlichen Einheiten Schnitte der Niveauflächen und die entsprechenden Gradienten. ■

10.2.2 Vektorielles Feld. Divergenz. Rotation

Definition. *Eine* vektorielle *Größe $\vec{v}$, die eine differenzierbare Funktion der Raumkoordinaten ist, heißt* vektorielles Feld.

Vektorielle Felder zum Beispiel sind elektrische oder magnetische Feldstärke, Gravitationskraftfelder oder Strömungsgeschwindigkeiten. Man schreibt

$$\vec{v}(\vec{r})=v_x(\vec{r})\cdot\vec{i}+v_y(\vec{r})\cdot\vec{j}+v_z(\vec{r})\cdot\vec{k} \tag{10.29}$$

Jede der drei Vektorkoordinaten ist eine Funktion der drei Raumkoordinaten. So ist z.B. die Strömungsgeschwindigkeit in einem Fluß in der Ufernähe anders als in der Strommitte, in der Nähe der Flußsohle anders als an der Oberfläche und stromabwärts anders als stromaufwärts.

Mit Hilfe der Vektoranalysis wird die Änderung der Feldgrößen mit den Raumkoordinaten beschrieben. Dazu dienen die Begriffe Divergenz (Auseinanderstreben) und Rotation (Drehung).

Definition. *Die* Divergenz *eines Vektorfeldes ist ein skalares Feld*

$$\operatorname{div}\vec{v} = \frac{\partial v_x}{\partial x} + \frac{\partial v_y}{\partial y} + \frac{\partial v_z}{\partial z} = f(x, y, z) \tag{10.30}$$

Physikalisch bedeutet die Divergenz eine Quellstärke je Volumeneinheit. Stellt man sich den Vektor $\vec{v}$ als die pro Zeiteinheit durch eine senkrecht zu $\vec{v}$ gelegte Fläche strömende Flüssigkeitsmenge vor, so ist $\partial v_x/\partial x$ die Zunahme der x-Komponente der Strömungsmenge in x-Richtung, die Summe aller drei Ableitungen also der Überschuß der aus einem Volumenelement herausströmenden Flüssigkeitsmenge über die einströmende Flüssigkeitsmenge. Ist $\operatorname{div}\vec{v} > 0$, so enthält das Feld Quellen (z. B. den Zufluß eines Nebenflusses in einen Strom), ist $\operatorname{div}\vec{v} < 0$, so enthält es Senken (z. B. den Abfluß in der Badewanne). Ein Feld mit $\operatorname{div}\vec{v} = 0$ wird quellen- und senkenfrei genannt.

Bei einer nicht zusammendrückbaren Flüssigkeit kann aus einem Volumenelement nur soviel Flüssigkeit herauskommen, wie hineingeströmt ist. Für solche Flüssigkeit lautet die Kontinuitätsgleichung $\operatorname{div}\vec{v} = 0$.

Beispiel 2. Das Gravitationsfeld $\vec{F}(\vec{r})$ eines Massenpunktes oder die elektrostatische Anziehungskraft eines Elektrons beträgt $\vec{F} = c\vec{r}/r^3$ mit einer geeigneten Konstanten c. Wie groß ist $\operatorname{div}\vec{F}$?

Die vorstehende Gleichung für $\vec{F}$ ergibt folgende

Komponenten Ableitungen

$$F_x = \frac{cx}{(x^2+y^2+z^2)^{3/2}} \qquad \frac{\partial F_x}{\partial x} = c\,\frac{(x^2+y^2+z^2)^{3/2} - \frac{3}{2}x(x^2+y^2+z^2)^{1/2}\,2x}{(x^2+y^2+z^2)^3} = c\,\frac{r^2-3x^2}{r^5}$$

$$F_y = \frac{cy}{(x^2+y^2+z^2)^{3/2}} \qquad \frac{\partial F_y}{\partial y} = c\,\frac{(x^2+y^2+z^2)^{3/2} - \frac{3}{2}y(x^2+y^2+z^2)^{1/2}\,2y}{(x^2+y^2+z^2)^3} = c\,\frac{r^2-3y^2}{r^5}$$

$$F_z = \frac{cz}{(x^2+y^2+z^2)^{3/2}} \qquad \frac{\partial F_z}{\partial z} = c\,\frac{(x^2+y^2+z^2)^{3/2} - \frac{3}{2}z(x^2+y^2+z^2)^{1/2}\,2z}{(x^2+y^2+z^2)^3} = c\,\frac{r^2-3z^2}{r^5}$$

Damit wird nach Gl. (10.30)

$$\operatorname{div}\vec{F} = c\,\frac{3r^2-3r^2}{r^5} = 0$$

Ein Gravitationsfeld ist also quellen- und senkenfrei. ■

In der Strömung eines Flusses beobachtet man hinter einem Brückenpfeiler oft eine Wirbelbildung des Wassers. Es treten quer zur Strömungsrichtung Geschwindigkeitskomponenten auf, die sich mit der Entfernung vom Brückenpfeiler ändern. Solche Wirbelbildungen, die durch Änderung der Komponenten eines Vektors in den senkrecht zu ihm zeigenden Richtungen entstehen, können durch den Vektor Rotation beschrieben werden.

Definition. *Die* Rotation *eines Vektorfeldes* $\vec{v}(\vec{r})$ *ist*

$$\operatorname{rot}\vec{v} = \left(\frac{\partial v_z}{\partial y} - \frac{\partial v_y}{\partial z}\right)\cdot\vec{i} + \left(\frac{\partial v_x}{\partial z} - \frac{\partial v_z}{\partial x}\right)\cdot\vec{j} + \left(\frac{\partial v_y}{\partial x} - \frac{\partial v_x}{\partial y}\right)\cdot\vec{k} \qquad (10.31)$$

Nach Gl. (4.38) kann man diesen Ausdruck auch als Determinante schreiben, wenn man die partiellen Ableitungssymbole $\partial/\partial x$, $\partial/\partial y$ und $\partial/\partial z$ als Operatoren, also als Rechenvorschriften auffaßt, die auf eine andere Größe angewandt werden sollen.

$$\operatorname{rot}\vec{v} = \begin{vmatrix} \vec{i} & \vec{j} & \vec{k} \\ \dfrac{\partial}{\partial x} & \dfrac{\partial}{\partial y} & \dfrac{\partial}{\partial z} \\ v_x & v_y & v_z \end{vmatrix} \qquad (10.32)$$

Physikalisch ist die Rotation eines Vektorfeldes der Winkelgeschwindigkeit einer Drehung proportional.

Beispiel 3. Bei der Rotationsbewegung eines starren Körpers um eine Achse besteht zwischen den Vektoren der räumlich konstanten Winkelgeschwindigkeit $\vec{\omega}$ der Drehung, der Bahngeschwindigkeit $\vec{v}$ eines Körperpunktes und dessen Ortsvektor $\vec{r}$ die Beziehung (s. Bild **10.9**)

$$\vec{v} = \vec{\omega} \times \vec{r}$$

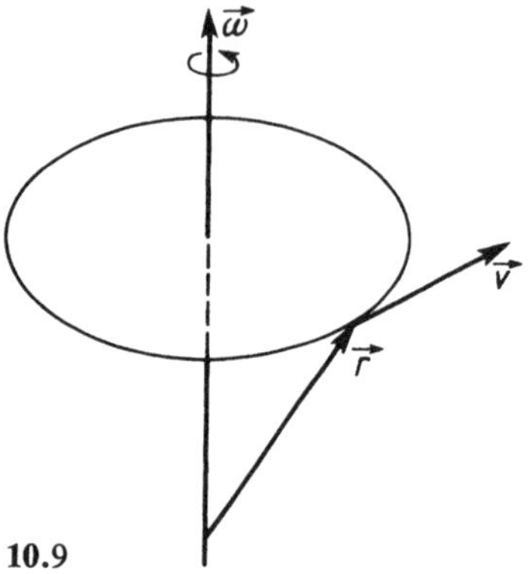

10.9

Bildet man die Rotation des Vektors $\vec{v}$, so ergibt sich der doppelte Betrag der Winkelgeschwindigkeit ω. Nach Gl. (4.38) ist

$$\vec{\omega}\times\vec{r}=\begin{vmatrix}\vec{i} & \vec{j} & \vec{k}\\ \omega_x & \omega_y & \omega_z\\ x & y & z\end{vmatrix}=(\omega_y z-\omega_z y)\,\vec{i}+(\omega_z x-\omega_x z)\,\vec{j}+(\omega_x y-\omega_y x)\,\vec{k}$$

und damit nach Gl. (10.32)

$$\operatorname{rot}(\vec{\omega}\times\vec{r})=\begin{vmatrix}\vec{i} & \vec{j} & \vec{k}\\ \dfrac{\partial}{\partial x} & \dfrac{\partial}{\partial y} & \dfrac{\partial}{\partial z}\\ (\omega_y z-\omega_z y) & (\omega_z x-\omega_x z) & (\omega_x y-\omega_y x)\end{vmatrix}$$

Die Koordinaten ω_x, ω_y, ω_z sind räumlich konstant. Ihre partiellen Ableitungen nach den Raumkoordinaten x, y und z sind also gleich Null. Von allen partiellen Ableitungen bleiben nach Ausrechnen der Determinante nur

$$\frac{\partial x}{\partial x}=1 \qquad \frac{\partial y}{\partial y}=1 \qquad \frac{\partial z}{\partial z}=1$$

übrig. Deshalb ist

$$\operatorname{rot}(\vec{\omega}\times\vec{r})=2\omega_x\cdot\vec{i}+2\omega_y\cdot\vec{j}+2\omega_z\cdot\vec{k}=2\vec{\omega}$$ ■

Ein Vektorfeld, in dem $\operatorname{rot}\vec{v}=0$ ist, heißt wirbelfrei.

Formal lassen sich die Ausdrücke für den Gradienten (Gl. 10.27), die Divergenz (Gl. 10.30) und die Rotation (Gl. 10.31) mit Hilfe eines Differentialoperators zusammenfassen.

Definition. *Der Differentialoperator*

$$\nabla=\frac{\partial}{\partial x}\cdot\vec{i}+\frac{\partial}{\partial y}\cdot\vec{j}+\frac{\partial}{\partial z}\cdot\vec{k}$$

wird Vektor Nabla *genannt.*

(Der Name soll von einem phönizischen Saiteninstrument gleicher Form stammen.)

Die Multiplikation des Vektors Nabla mit einem Skalar u liefert den Vektor

$$\boxed{\nabla u=\frac{\partial u}{\partial x}\cdot\vec{i}+\frac{\partial u}{\partial y}\cdot\vec{j}+\frac{\partial u}{\partial z}\cdot\vec{k}=\operatorname{grad}u} \tag{10.33}$$

Multipliziert man den Vektor Nabla skalar mit einem Vektor $\vec{v}$, so erhält man das Skalarprodukt

$$\nabla \cdot \vec{v} = \left(\frac{\partial}{\partial x} \cdot \vec{i} + \frac{\partial}{\partial y} \cdot \vec{j} + \frac{\partial}{\partial z} \cdot \vec{k}\right) \cdot (v_x \cdot \vec{i} + v_y \cdot \vec{j} + v_z \cdot \vec{k})$$
$$= \frac{\partial v_x}{\partial x} + \frac{\partial v_y}{\partial y} + \frac{\partial v_z}{\partial z} = \operatorname{div} \vec{v} \tag{10.34}$$

Das Vektorprodukt der Vektoren ∇ und $\vec{v}$ führt auf den Vektor

$$\nabla \times \vec{v} = \left(\frac{\partial}{\partial x} \cdot \vec{i} + \frac{\partial}{\partial y} \cdot \vec{j} + \frac{\partial}{\partial z} \cdot \vec{k}\right) \times (v_x \cdot \vec{i} + v_y \cdot \vec{j} + v_z \cdot \vec{k})$$
$$= (\omega_y z - \omega_z y)\vec{i} + (\omega_z x - \omega_x z)\vec{j} + (\omega_x y - \omega_y x)\vec{k} = \operatorname{rot} \vec{v} \tag{10.35}$$

Das Skalarprodukt des Vektors ∇ mit sich selbst ist der häufig gebrauchte Laplace-Operator

$$\nabla \cdot \nabla = \nabla^2 = \frac{\partial^2}{\partial x^2} + \frac{\partial^2}{\partial y^2} + \frac{\partial^2}{\partial z^2} \tag{10.36}$$

Differenzieren zusammengesetzter Ausdrücke mit dem Nabla-Operator. Mit diesem Operator dürfen formal die Regeln der Differentialrechnung, insbesondere die Produktregel angewandt werden. Das Symbol ∇ bezieht sich nach Anwendung der Produktregel nur auf den zu differenzierenden Faktor. Dies wird hier durch Setzen von Klammern verdeutlicht. Beim vektoriellen Produkt ist die Reihenfolge der Faktoren zu beachten. Mit dem skalaren Feld u und dem vektoriellen Feld $\vec{v}$ erhält man z. B.

$$\operatorname{grad}(u_1 u_2) = \nabla(u_1 u_2) = (\nabla u_1) u_2 + u_1 (\nabla u_2) = u_2 \operatorname{grad} u_1 + u_1 \operatorname{grad} u_2$$
$$\operatorname{div}(u\vec{v}) = \nabla(u\vec{v}) = (\nabla u)\vec{v} + u(\nabla\vec{v}) = \vec{v} \operatorname{grad} u + u \operatorname{div} \vec{v}$$
$$\operatorname{rot}(u\vec{v}) = \nabla \times (u\vec{v}) = (\nabla u) \times \vec{v} + u(\nabla \times \vec{v}) = (\operatorname{grad} u) \times \vec{v} + u \operatorname{rot} \vec{v}$$

10.2.3 Linienintegral

In einem Vektorfeld $\vec{F}(\vec{r})$ können verschiedene Integraloperationen definiert werden. Man unterscheidet zwischen Linien-, Flächen- und Volumenintegralen. Hier werden nur die ersten behandelt.

Bei einem Linienintegral betrachtet man das Vektorfeld entlang eines Graphen C im Raum. Dieser Graph wird durch Geradenstücke $\Delta\vec{r}_i$ angenähert. Beim Grenzübergang vom Streckenzug zum Graph wächst die Anzahl n dieser Stücke beliebig, d. h., es gilt $\Delta\vec{r}_i \to \vec{o}$.

Definition. *Ein* Linienintegral *ist der Grenzwert*

$$\lim_{n \to \infty} \sum_{i=1}^{n} \vec{F}(\vec{r}_i)\Delta\vec{r}_i = \int_{\vec{r}_1, C}^{\vec{r}_2} \vec{F}(\vec{r})\,d\vec{r} \tag{10.37}$$

Eine geometrische Vorstellung von diesem Grenzwert liefert Bild **10**.10. Der Wert dieses Integrals hängt i. allg. von der Form der Kurve zwischen den Vektoren $\vec{r}_1$ und $\vec{r}_2$ ab. Dies kommt in Gl. (10.37) in der unteren Integralgrenze zum Ausdruck. Ein physikalisches Beispiel für ein Linienintegral ist die mechanische Arbeit in einem Kraftfeld. Aus der elementaren Gleichung $W=Fr$, bei der Kraft und Weg parallel und konstant sind, wird bei Berücksichtigen der vektoriellen Eigenschaften von Kraft und Weg das skalare Produkt $W=\vec{F}\cdot\vec{r}$ und daraus schließlich bei einer Abhängigkeit der Kraft von den Raumkoordinaten Gl. (10.37).

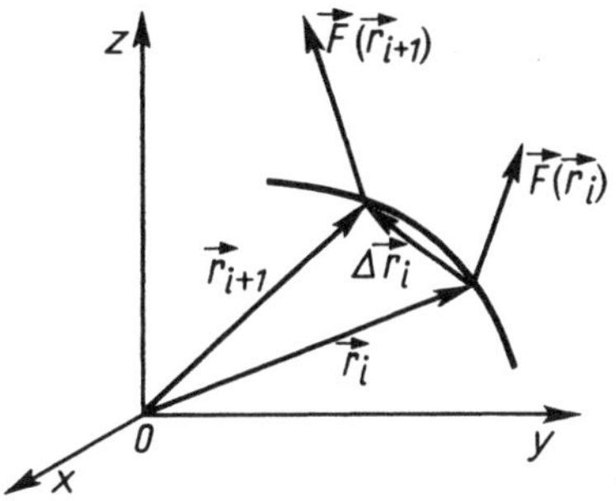

10.10

Zerlegt man $\vec{F}(\vec{r})$ und $\mathrm{d}\vec{r}$ in Komponenten, so erhält man

$$\vec{F}(\vec{r})=F_x(x,y,z)\vec{i}+F_y(x,y,z)\vec{j}+F_z(x,y,z)\vec{k} \qquad \mathrm{d}\vec{r}=\mathrm{d}x\,\vec{i}+\mathrm{d}y\,\vec{j}+\mathrm{d}z\,\vec{k}$$

Das skalare Produkt dieser beiden Vektoren setzt man in Gl. (10.37) ein und erhält

$$\int_{\vec{r}_1,C}^{\vec{r}_2}\vec{F}(\vec{r})\,\mathrm{d}\vec{r}=\int_C[F_x(x,y,z)\,\mathrm{d}x+F_y(x,y,z)\,\mathrm{d}y+F_z(x,y,z)\,\mathrm{d}z] \qquad (10.38)$$

Im Integranden von Gl. (10.38) treten drei verschiedene Integrationsvariable auf. Deshalb formt man so um, daß nur e i n e gemeinsame Variable auftritt. Hierfür bietet sich die Parameterdarstellung an (Abschn. 8.1). Sie kann sowohl zur Beschreibung des Integrationsweges und damit von x, y und z als auch in den Funktionen F_x, F_y und F_z benutzt werden. Die Bahn C läßt sich durch

$$\vec{r}(\lambda)=x(\lambda)\vec{i}+y(\lambda)\vec{j}+z(\lambda)\vec{k} \qquad (10.39)$$

beschreiben.

Mit dem Substitutionsverfahren erhält man aus Gl. (10.38) mit Gl. (8.7) als D a r s t e l l u n g e i n e s L i n i e n i n t e g r a l s

$$\boxed{\int_{\vec{r}_1,C}^{\vec{r}_2}\vec{F}(\vec{r})\,\mathrm{d}\vec{r}=\int_{\lambda_1}^{\lambda_2}(F_x\dot{x}+F_y\dot{y}+F_z\dot{z})\,\mathrm{d}\lambda} \qquad (10.40)$$

Die Variablen x, y und z in den drei Koordinaten von $\vec{F}$ sind gemäß Gl. (10.39) in Parameterdarstellung anzugeben.

Beispiel 4. In einem Kraftfeld mit den Koordinaten $\vec{F}=(y, x^2/a, x+z)$ N/m bewegt sich ein Körper zwischen den Punkten $\vec{r}_1(a; 0; 0)$ und $\vec{r}_2(a; 0; c)$ auf zwei verschiedenen Wegen (Bild **10.**11). Wie groß ist auf beiden Wegen die geleistete Arbeit? Die Variablen sowie die Größen a und c sind Strecken.

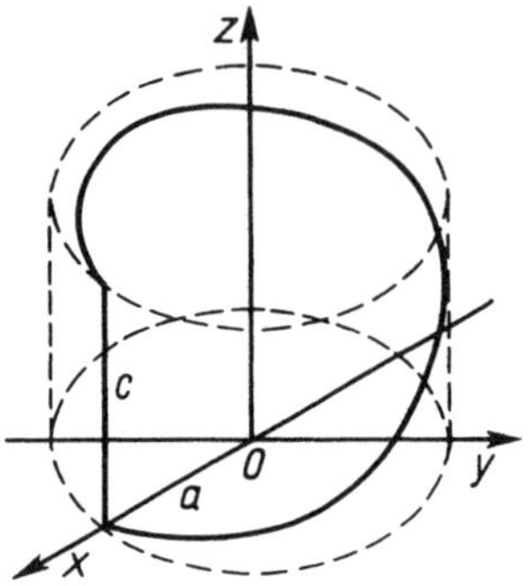

10.11

1. Weg: Parallel zur z-Achse senkrecht nach oben. Mit einem Parameter $0 \leq \lambda \leq 1$ wird die Darstellung dieses Graphen $x=a$, $y=0$, $z=c\lambda$. Daraus erhält man $\dot{x}=\dot{y}=0$ und $\dot{z}=c$. Damit werden die beiden ersten Summanden in Gl. (10.40) zu Null, und man erhält

$$W=\left[\int_0^1 (a+c\lambda)c\,\mathrm{d}\lambda\right]\frac{\mathrm{N}}{\mathrm{m}}=[ac\lambda+0.5c^2\lambda^2]\Big|_0^1\frac{\mathrm{N}}{\mathrm{m}}=[ac+0.5c^2]\frac{\mathrm{N}}{\mathrm{m}}$$

2. Weg: Kreisförmige Spirale mit dem Radius a und der Ganghöhe c. Die Parameterdarstellung dieses Graphen ist mit $0 \leq \varphi \leq 2\pi$

$$\begin{aligned} x&=a\cos\varphi & \dot{x}&=-a\sin\varphi\\ y&=a\sin\varphi & \dot{y}&=a\cos\varphi\\ z&=c\varphi/(2\pi) & \dot{z}&=c/(2\pi)\end{aligned}$$

Damit erhält man aus Gl. (10.40)

$$\begin{aligned} W&=\left[\int_0^{2\pi}\left[-a^2\sin^2\varphi+a^2\cos^3\varphi+\left(a\cos\varphi+\frac{c\varphi}{2\pi}\right)\frac{c}{2\pi}\right]\mathrm{d}\varphi\right]\frac{\mathrm{N}}{\mathrm{m}}\\ &=\left[-a^2\left(\frac{\varphi}{2}-\frac{1}{4}\sin 2\varphi\right)+a^2\left(\sin\varphi-\frac{1}{3}\sin^3\varphi\right)+\left(a\sin\varphi+\frac{c\varphi^2}{4\pi}\right)\frac{c}{2\pi}\right]_0^{2\pi}\frac{\mathrm{N}}{\mathrm{m}}\\ &=\left[-a^2\pi+\frac{c^2}{2}\right]\frac{\mathrm{N}}{\mathrm{m}} \end{aligned}$$

■

Wie dieses Beispiel zeigt, ist der Wert des Linienintegrals i. allg. von der Form des Weges abhängig. Es gibt nun einen wichtigen Spezialfall.

Satz. Ein Linienintegral ist unabhängig vom Integrationsweg, wenn die Koordinaten F_x, F_y und F_z die partiellen Ableitungen einer Funktion $u(x, y, z)$ nach den drei Raumkoordinaten sind. Diese Funktion heißt die Potentialfunktion, das Feld $\vec{F}(\vec{r})$ ein Potentialfeld.

Beweis. Mit

$$F_x = \frac{\partial u}{\partial x} \qquad F_y = \frac{\partial u}{\partial y} \qquad F_z = \frac{\partial u}{\partial z}$$

folgt aus Gl. (10.38), (10.26) und (10.28)

$$\int_C \vec{F}(\vec{r})\,\mathrm{d}\vec{r} = \int_C \left[\frac{\partial u}{\partial x}\,\mathrm{d}x + \frac{\partial u}{\partial y}\,\mathrm{d}y + \frac{\partial u}{\partial z}\,\mathrm{d}z\right] = \int_C \operatorname{grad} u\,\mathrm{d}\vec{r} = \int_C \mathrm{d}u = u_2 - u_1 \qquad \square$$

Zur Berechnung des Linienintegrals wählt man in diesem Fall zweckmäßigerweise den in Bild **10.**12 gezeigten Weg. Auf dem Teilweg $\overline{P_1P_2}$ ändert sich nur x von x_1 in x_2, die anderen Koordinaten behalten die konstanten Werte y_1 und z_1. Auf dem Teilweg $\overline{P_2P_3}$ ändert sich y von y_1 in y_2, die anderen Koordinaten behalten die konstanten Werte x_2 und z_1, auf dem dritten Teilweg $\overline{P_3P_4}$ ändert sich schließlich z von z_1 in z_2, während x_2 und y_2 konstant bleiben. Ferner steht der Teilweg $\overline{P_1P_2}$ senkrecht auf der y- und der z-Komponente der Kraft. Die entsprechenden skalaren Produkte werden deshalb Null. Entsprechendes gilt für die beiden anderen Teilwege. Deshalb vereinfacht sich Gl. (10.38) zum Linienintegral im Potentialfeld

$$\int_C \vec{F}(\vec{r})\,\mathrm{d}\vec{r} = \int_{x_1}^{x_2} F_x(x, y_1, z_1)\,\mathrm{d}x + \int_{y_1}^{y_2} F_y(x_2, y, z_1)\,\mathrm{d}y + \int_{z_1}^{z_2} F_z(x_2, y_2, z)\,\mathrm{d}z \qquad (10.41)$$

Setzt man in dieser Gleichung die unteren Integralgrenzen gleich Null (oder einer anderen geeigneten Konstanten) und betrachtet die oberen Grenzen als Variable, so liefert sie eine Methode, eine gesuchte Potentialfunktion zu berechnen. Dies ergibt sich aus der letzten Gleichung des vorstehenden Beweises.

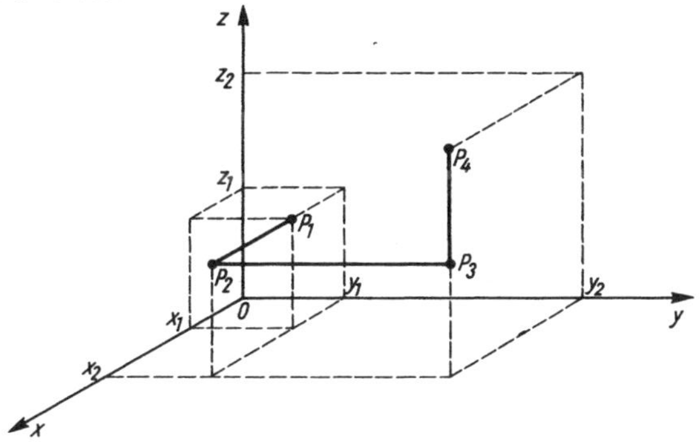

10.12

Eine weitere physikalisch bedeutsame Eigenschaft von Potentialfeldern liefert der folgende

Satz. In einem Potentialfeld ist der Wert des Linienintegrals auf einem geschlossenen Graphen (d.i. ein Graph, dessen Anfangspunkt mit dem Endpunkt zusammenfällt) gleich Null. Man schreibt

$$\oint \vec{F}(\vec{r})\,\mathrm{d}\vec{r} = 0 \;\Leftrightarrow\; \vec{F} = \operatorname{grad} u$$

Der Beweis folgt aus dem obenstehenden Beweis für $u_1 = u_2$.

10.2.4 Aufgaben zu Abschnitt 10.2

1. Man berechne für den Ortsvektor $\vec{r}$ bzw. seinen Betrag r

a) grad r b) div $\vec{r}$ c) rot $\vec{r}$

2. Man berechne in rechtwinkligen Koordinaten $\operatorname{grad}(\operatorname{div}\vec{v})$.

3. Man berechne die Rotation eines Gradientenfeldes einer skalaren Größe u, geschrieben $\operatorname{rot}(\operatorname{grad} u)$.

4. Man berechne $\operatorname{div}(\operatorname{rot}\vec{v})$.

5. Man beweise durch eine Rechnung in Koordinaten die in der Elektrodynamik wichtige Umformung

$$\operatorname{rot}(\operatorname{rot}\vec{v}) = \operatorname{grad}(\operatorname{div}\vec{v}) - \nabla^2\vec{v}$$

Dabei ist $\nabla^2 = \frac{\partial^2}{\partial x^2} + \frac{\partial^2}{\partial y^2} + \frac{\partial^2}{\partial z^2}$ der sog. Laplace-Operator.

6. Für die beiden folgenden Vektorfelder berechne man den Wert des Linienintegrals zwischen dem Koordinatenursprung O und dem Punkt $P(a;\, b;\, c)$ auf jeweils drei verschiedenen Wegen.

1. Weg: Gerade $\overline{OP}$, Parameterdarstellung mit $0 \le \lambda \le 1$

$$x = a\lambda \qquad y = b\lambda \qquad z = c\lambda$$

2. Weg: räumliche Potenzfunktion, Parameterdarstellung mit $0 \le \lambda \le 1$

$$x = a\lambda \qquad y = b\lambda^2 \qquad z = c\lambda^4$$

3. Weg: Drei Strecken parallel zu den Koordinatenachsen gemäß Bild **10.12**

a) $\vec{F} = (2xy,\, y^2,\, c^2)\,\frac{\mathrm{N}}{\mathrm{m}^2}$ b) $\vec{F} = (y^2,\, 2xy,\, c^2)\,\frac{\mathrm{N}}{\mathrm{m}^2}$

7. Ein Vektorfeld hat die Form $\vec{F}(\vec{r}) = c(\vec{r}/r^2)$.

a) Wie lauten die Koordinaten des Feldes?

b) Wie groß ist der Wert des Linienintegrals zwischen zwei Punkten $P_1(x_1;\, y_1;\, z_1)$ und $P_2(x_2;\, y_2;\, z_2)$ in einem Potentialfeld?

11 Komplexe Zahlen und Funktionen

11.1 Grundbegriffe

In Abschn. 1.2.1 wird das Zahlensystem aufgebaut. Die Weiterführung über die Menge $\mathbb{R}$ der reellen Zahlen hinaus zur Menge $\mathbb{C}$ der komplexen Zahlen wird dabei nur angedeutet. Für eine komplexe Zahl $z \in \mathbb{C}$ sind unterschiedliche Schreibweisen üblich. In der Mathematik werden komplexe Zahlen z häufig als Paare reeller Zahlen definiert, die vorgeschriebenen Verknüpfungen (Rechenregeln) genügen (axiomatischer Aufbau des Zahlensystems)

$$z = (a;\, b) \in \mathbb{C} \quad \text{mit} \quad a,\, b \in \mathbb{R}$$

Die Axiome werden so gesetzt, daß im Spezialfall $b = 0$ die Rechengesetze der reellen Zahlen entstehen. Dies ist das bereits in Abschn. 1.2.1 erläuterte Permanenzprinzip. Damit ist $\mathbb{R} \subset \mathbb{C}$. Diese Schreibweise einer komplexen Zahl als Paar zweier reeller Zahlen wird auch in der Programmiersprache FORTRAN benutzt.

In Naturwissenschaft und Technik geht man von der

Definition der imaginären Einheit j *durch* $\boxed{\mathrm{j}^2 = -1}$ (11.1)

aus. Nach DIN 1302 wird neben j das Formelzeichen i (besonders in der Mathematik) benutzt. Wegen der Verwechslungsmöglichkeit mit der Stromstärke i in der Elektrotechnik wird hier nur j verwandt. Wendet man auf Gl. (11.1) unbefangen die gleichen Rechenregeln wie im Reellen an, so ergeben sich zwei Umformungen

$$\mathrm{j} = -\frac{1}{\mathrm{j}}$$

und $$\mathrm{j} = \sqrt{-1} \qquad (11.2)$$

Die obere Gleichung spielt in der Elektrotechnik eine wichtige Rolle. Die untere Gleichung wird manchmal als Definitionsgleichung für j angegeben.

Definition. $\boxed{z = a + \mathrm{j}b}$ *mit* $a, b \in \mathbb{R}$ (11.3)

a heißt der Realteil, *b der* Imaginärteil *der komplexen Zahl z. Man beachte, daß auch der Imaginärteil eine reelle Zahl ist. Man schreibt*

$$a = \operatorname{Re} z \qquad b = \operatorname{Im} z \tag{11.4}$$

Definition. *Ist* $z = a + \mathrm{j}b$, *so heißt* $z^* = a - \mathrm{j}b$ *die zu z* konjugiert komplexe Zahl.[1])

Konjugiert komplexe Zahlen haben den gleichen Realteil, und die Imaginärteile unterscheiden sich nur durch das Vorzeichen.

Gaußsche Zahlenebene. Alle reellen Zahlen kann man auf der Zahlengeraden durch Pfeile vom Nullpunkt aus symbolisieren. Nach Gauß ist es zweckmäßig, die komplexen Zahlen in einer Zahlenebene durch Punkte oder durch Pfeile vom Nullpunkt aus darzustellen (Bild **11**.1). Ist der Imaginärteil b gleich Null, so liegt der Pfeil auf der reellen

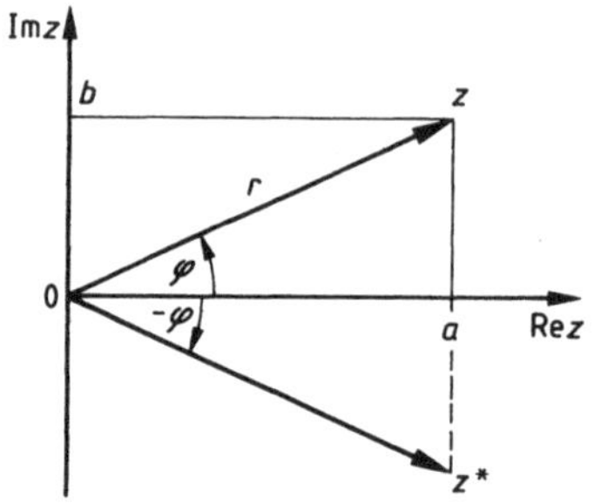

11.1

Achse (Permanenzprinzip). Ist der Realteil a gleich Null, so liegt der Pfeil auf der imaginären Achse, die auf der reellen Achse im Nullpunkt senkrecht steht. Die Pfeile konjugiert komplexer Zahlen z und z^* liegen in der Zahlenebene symmetrisch zur reellen Achse. Nach Bild **11**.1 gilt[2])

$$\boxed{\begin{array}{ll} \operatorname{Re} z = a = r\cos\varphi & |z| = r = +\sqrt{a^2+b^2} \\ \operatorname{Im} z = b = r\sin\varphi & \operatorname{Arc} z = \varphi = \operatorname{Arctan}\dfrac{b}{a} \\ |z| = |z^*| = r & \operatorname{Arc} z = -\operatorname{Arc} z^* \end{array}} \tag{11.5}$$

---

[1]) Laut DIN 1302, Mathematische Zeichen, sind die Schreibweisen z^* oder $\bar{z}$ zulässig.

[2]) Die Darstellung in der Gaußschen Zahlenebene erfolgt in diesem Buche so, daß an der vertikalen Achse die reellen Zahlen $\operatorname{Im} z$ aufgetragen werden. Gelegentlich wird sie auch mit $j \cdot \operatorname{Im} z$ beschriftet.

Definition. *r heißt der* Betrag, *φ der Phasenwinkel oder kurz der* Winkel *der komplexen Zahl. Beide Größen sind reell.*

Es ist ein häufig vorkommender Fehler, eine komplexe Zahl mit ihrem Betrag begrifflich zu verwechseln. Bei den technischen Anwendungen ergibt es sich aus der Problemstellung, welche dieser beiden Größen in Frage kommt.

Die Darstellung einer komplexen Zahl durch die rechtwinkligen Koordinaten a, b heißt die Komponentenform, die mit den Polarkoordinaten r, φ (aus in Abschn. 11.2.2 ersichtlichen Gründen) die Exponentialform. In beiden Formen wird gerechnet. Auch die Umrechnung der einen in die andere Form wird vorwiegend bei numerischen Rechnungen ständig benötigt und ist deshalb auf vielen Taschenrechnern fest programmiert. Wenn keine derartigen Programme vorhanden sind, ist bei Anwendung der Formel $\varphi = \operatorname{Arctan}(b/a)$ bei negativen a und/oder b auf den richtigen Quadranten zu achten.

Im Prinzip lassen sich auch die vier Grundrechnungsarten in der Gaußschen Zahlenebene durch geometrische Konstruktionen darstellen. Dies wird im folgenden nur für die Addition und Subtraktion gezeigt.

Beispiel 1. Man bilde zu nachstehenden komplexen Zahlen jeweils die andere Form.

$$z = -4.16 + \mathrm{j}11.59 \quad \Rightarrow \quad r = 12.31 \quad \text{und} \quad \varphi = 109.7°$$
$$z = 0.945 - \mathrm{j}90.2 \quad \Rightarrow \quad r = 90.2 \quad \text{und} \quad \varphi = -89.40°$$
$$r = 186.2 \quad \text{und} \quad \varphi = 258.4° \quad \Rightarrow \quad z = -37.4 - \mathrm{j}182.4$$
$$r = 0.0416 \quad \text{und} \quad \varphi = 269.41° \quad \Rightarrow \quad z = -0.000428 - \mathrm{j}0.0416$$

■

Zeiger. Vektor. Zeiger und Vektoren mit zwei Komponenten stimmen nur hinsichtlich ihrer geometrischen Darstellung und in den Rechengesetzen der 1. Stufe überein. Im übrigen werden für beide Mengen unterschiedliche zusätzliche Verknüpfungen definiert, so für Vektoren das skalare und das vektorielle Produkt, für komplexe Zahlen die komplexe Multiplikation und Division.

Für Vektoren gibt es nach DIN 1303, Vektoren, Matrizen, Tensoren, drei Schreibweisen, von denen in diesem Buch die Schreibweise $\vec{a}$ gewählt wird, sofern es sich nicht um $(n, 1)$- bzw. $(1, n)$-Matrizen handelt. Diese werden ebenfalls Vektoren genannt, aber halbfett gesetzt. Für die komplexen Zahlen in der Mathematik empfiehlt DIN 1302, Mathematische Zeichen, wie für reelle Zahlen lateinische Buchstaben. Ein wichtiges Anwendungsgebiet der komplexen Rechnung findet sich in der Wechselstromtechnik. Die dort auftretenden komplexen Größen werden – soweit sie Schwingungen beschreiben – Zeiger genannt. In der Wechselstromtechnik werden alle komplexen Größen, nicht nur die Zeiger, entsprechend den Empfehlungen von DIN 5483, Blatt 3, komplexe Darstellung sinusförmiger zeitabhängiger Größen, und DIN 1344, Formelzeichen der elektrischen Nachrichtentechnik, besonders gekennzeichnet. Von den vorgeschlagenen Empfehlungen wird in Abschn. 11.3 die Unterstreichung gewählt: z. B. $\underline{Z}$.

11.2 Komplexe Arithmetik

Bei den Rechnungsarten 1. Stufe (Addieren und Subtrahieren) muß die komplexe Zahl in der Komponentenform vorliegen. Die Rechnungsarten 2. Stufe (Multiplizieren und Dividieren) lassen sich sowohl in der Komponenten- als auch in der Exponentialform durchführen, wobei bei Rechnungen mit Formelzeichen die erste, bei numerischen Rechnungen die zweite Form die zweckmäßigere ist. Bei den Rechnungsarten 3. Stufe (Potenzieren und Logarithmieren) muß vorwiegend die Exponentialform verwendet werden.

11.2.1 Rechenoperationen in der Komponentenform

Die Definition der Rechenregeln ist eine Frage der Zweckmäßigkeit, also in gewissem Rahmen willkürlich. Es muß jedoch dabei berücksichtigt werden, daß $\mathbb{R}$ eine Teilmenge von $\mathbb{C}$ ist, so daß die Rechenregeln in $\mathbb{R}$ jeweils als Spezialfall erhalten bleiben (Permanenzprinzip).

Definition der Gleichheit.

$$z_1 = z_2 \Leftrightarrow a_1 = a_2 \wedge b_1 = b_2 \tag{11.6}$$

Eine Gleichung zwischen komplexen Zahlen entspricht also zwei Gleichungen zwischen reellen Zahlen. Daraus folgt, daß das Rechnen im Komplexen manchmal einfacher ist als im Reellen.

Die Relationen „größer als“ und „kleiner als“ sind für komplexe Zahlen nicht definiert.

Definition der Multiplikation mit einer reellen Zahl. *Ist* $\alpha \in \mathbb{R}$, *so gilt*

$$\alpha z = \alpha a + \mathrm{j}\alpha b \tag{11.7}$$

Definition. *Die* Summe *der komplexen Zahlen* $z_1 = a_1 + \mathrm{j}\,b_1$ *und* $z_2 = a_2 + \mathrm{j}\,b_2$ *ist*

$$z_1 + z_2 = (a_1 + a_2) + \mathrm{j}\,(b_1 + b_2) \tag{11.8}$$

Definition. *Die* Differenz *der komplexen Zahlen* $z_1 = a_1 + \mathrm{j}\,b_1$ *und* $z_2 = a_2 + \mathrm{j}\,b_2$ *ist*

$$z_1 - z_2 = (a_1 - a_2) + \mathrm{j}\,(b_1 - b_2) \tag{11.9}$$

Da für die Addition und Subtraktion komplexer Zahlen die gleichen Regeln gelten wie bei Vektoren mit zwei Komponenten (s. Abschn. 4.2.3), lassen sich diese Operationen auch in gleicher Weise geometrisch konstruieren, wie die Bilder **11.2** und **11.3** zeigen.

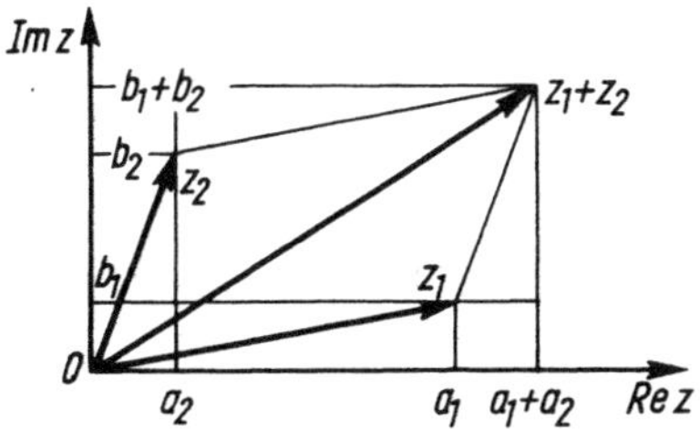

11.2

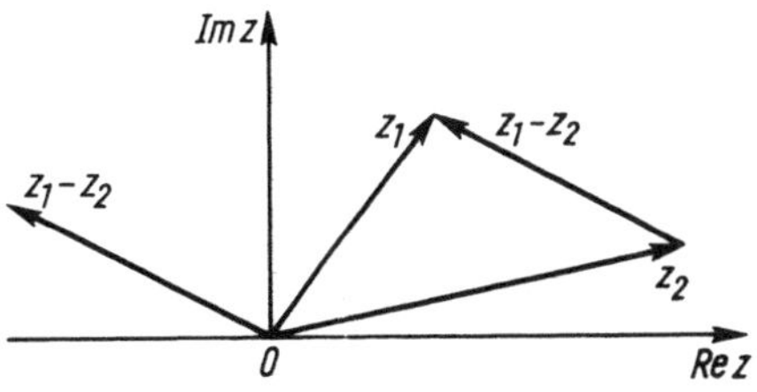

11.3

Beispiel 1. a) Addition und Subtraktion zweier konjugiert komplexer Zahlen

Aus $z+z^*=2a$ folgt $a=\operatorname{Re} z=\dfrac{z+z^*}{2}$

aus $z-z^*=\mathrm{j}\,2b$ folgt $b=\operatorname{Im} z=\dfrac{z-z^*}{\mathrm{j}\cdot 2}$

Man beachte, daß beide Brüche reell sind, obwohl in ihnen die Symbole z und j auftreten. Es ist also i. allg. nicht möglich, nur auf Grund des Auftretens dieser Symbole in einem Ausdruck darauf zu schließen, daß dieser komplex ist. Andererseits sind z.B. die Ausdrücke $\ln(-2)$ oder Arcsin 2 komplex, ohne daß z oder j in ihnen auftritt.

b) Addition von Beträgen komplexer Zahlen

$$|z_1|+|z_2| = \sqrt{a_1^2+b_1^2}+\sqrt{a_2^2+b_2^2}$$

$$|z_1+z_2| = \sqrt{(a_1+a_2)^2+(b_1+b_2)^2}$$

Es gilt also i. allg. $|z_1|+|z_2| \neq |z_1+z_2|$.

Die Reihenfolge der Operationen „Addieren“ und „Betrag bilden“ ist nicht vertauschbar. Entsprechendes gilt bei der Subtraktion. ■

Zur Definition für die Multiplikation wird die Gültigkeit des distributiven Gesetzes gefordert, d.h. die nachstehenden Klammern werden unter Beachtung von $\mathrm{j}^2=-1$ wie im Reellen ausmultipliziert. Anschließend wird nach Realteil und Imaginärteil geordnet.

$$\begin{aligned} z_1\cdot z_2 &= (a_1+\mathrm{j}\,b_1)(a_2+\mathrm{j}\,b_2)\\ &= a_1a_2+\mathrm{j}\,b_1a_2+\mathrm{j}\,a_1b_2+\mathrm{j}^2b_1b_2\\ &= (a_1a_2-b_1b_2)+\mathrm{j}\,(a_2b_1+a_1b_2)\end{aligned}$$

Daraus ergibt sich für das Produkt zweier komplexer Zahlen

$$\boxed{\begin{aligned} &z = z_1 z_2 = a + \mathrm{j}\,b \quad \text{mit} \\ &a = \operatorname{Re} z = \operatorname{Re}(z_1 z_2) = a_1 a_2 - b_1 b_2 \\ &b = \operatorname{Im} z = \operatorname{Im}(z_1 z_2) = a_2 b_1 + a_1 b_2 \end{aligned}} \tag{11.10}$$

In der Elektrotechnik spielen folgende Spezialfälle eine wichtige Rolle:

Eine Multiplikation einer komplexen Zahl mit j bedeutet geometrisch eine Drehung des Zeigers um +90°.

Beweis. $z\mathrm{j} = (a + \mathrm{j}\,b)\mathrm{j} = -b + \mathrm{j}\,a$
Die Drehung um 90° erkennt man aus den kongruenten Dreiecken in Bild **11.4**. □

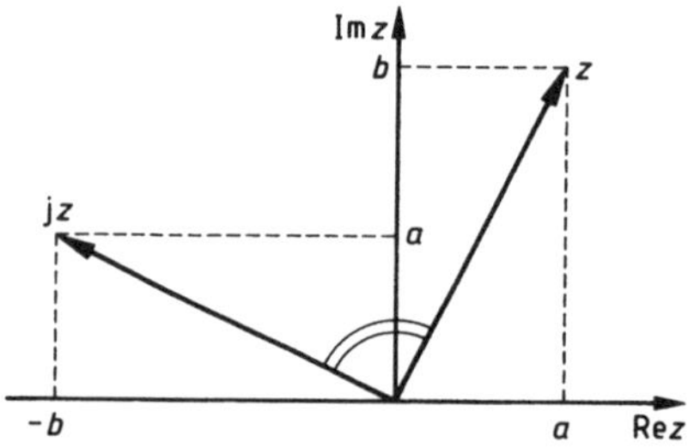

11.4

Das Produkt konjugiert komplexer Zahlen ist reell und positiv.

Beweis. $z z^* = (a + \mathrm{j}\,b)(a - \mathrm{j}\,b) = a^2 - \mathrm{j}^2 b^2 = a^2 + b^2 = r^2$
Daraus folgt für den Betrag $r = |z| = \sqrt{z z^*}$. □

Beispiel 2. a) Es ist $z_1 = 4 - \mathrm{j}\,3$ und $z_2 = -2 + \mathrm{j}\,5$. Man berechne $z_1 \cdot z_2$.
Durch Ausmultiplizieren unter Beachtung der Klammerregeln und $\mathrm{j}^2 = -1$ ist

$$z_1 \cdot z_2 = (4 - \mathrm{j}\,3)(-2 + \mathrm{j}\,5) = (-8 - \mathrm{j}^2\,15) + \mathrm{j}\,(20 + 6) = 7 + \mathrm{j}\,26$$

b) Multiplizieren von Beträgen komplexer Zahlen

$$|z_1|\,|z_2| = \sqrt{a_1^2 + b_1^2}\,\sqrt{a_2^2 + b_2^2}$$
$$|z_1 z_2| = \sqrt{(a_1 a_2 - b_1 b_2)^2 + (a_2 b_1 + a_1 b_2)^2}$$

Durch Ausmultiplizieren der Klammern und Wurzeln ergibt sich

$$|z_1|\,|z_2| = |z_1 z_2|$$

Bei der Multiplikation (und auch Division) ist die Reihenfolge der Operationen „Multiplizieren" und „Betrag bilden" also vertauschbar (vgl. Beispiel 1 b). ■

Die Division wird so definiert, daß unter Benutzen von Gl. (11.10) die Multiplikationsregeln für Klammerausdrücke und die Bruchrechnungsregeln wie bei den reellen Zahlen gelten. Der Bruch $(a_1+\mathrm{j}\,b_1)/(a_2+\mathrm{j}\,b_2)$ wird mit der zum Nenner konjugiert komplexen Zahl erweitert

$$\frac{z_1}{z_2}=\frac{a_1+\mathrm{j}\,b_1}{a_2+\mathrm{j}\,b_2}=\frac{(a_1+\mathrm{j}\,b_1)(a_2-\mathrm{j}\,b_2)}{(a_2+\mathrm{j}\,b_2)(a_2-\mathrm{j}\,b_2)}=\frac{(a_1a_2+b_1b_2)+\mathrm{j}\,(a_2b_1-a_1b_2)}{a_2^2+b_2^2}$$

$$=\frac{a_1a_2+b_1b_2}{a_2^2+b_2^2}+\mathrm{j}\,\frac{a_2b_1-a_1b_2}{a_2^2+b_2^2}$$

Daraus ergibt sich für den Quotienten zweier komplexer Zahlen

$$\boxed{\begin{aligned}&z=z_1/z_2=a+\mathrm{j}\,b \quad \text{mit}\\ &a=\mathrm{Re}\,z=\mathrm{Re}\,\frac{z_1}{z_2}=\frac{a_1a_2+b_1b_2}{a_2^2+b_2^2}\\ &b=\mathrm{Im}\,z=\mathrm{Im}\,\frac{z_1}{z_2}=\frac{a_2b_1-a_1b_2}{a_2^2+b_2^2}\end{aligned}} \tag{11.11}$$

In der Elektrotechnik treten folgende Spezialfälle auf:

$$\boxed{\mathrm{j}=-\frac{1}{\mathrm{j}}} \tag{11.12}$$

Diese Gleichung entsteht sowohl durch Division der Definitionsgleichung (11.1) durch j, als auch als Spezialfall der Gl. (11.11) mit $z_1=1$ und $z_2=-\mathrm{j}$.

Die Division einer komplexen Zahl durch j bedeutet geometrisch eine Drehung des Zeigers um $-90°$.

Beweis.

$$\frac{z}{\mathrm{j}}=\frac{a+\mathrm{j}\,b}{\mathrm{j}}=b-\mathrm{j}\,a$$

Die Drehung um $-90°$ erkennt man aus den kongruenten Dreiecken in Bild **11.5**.

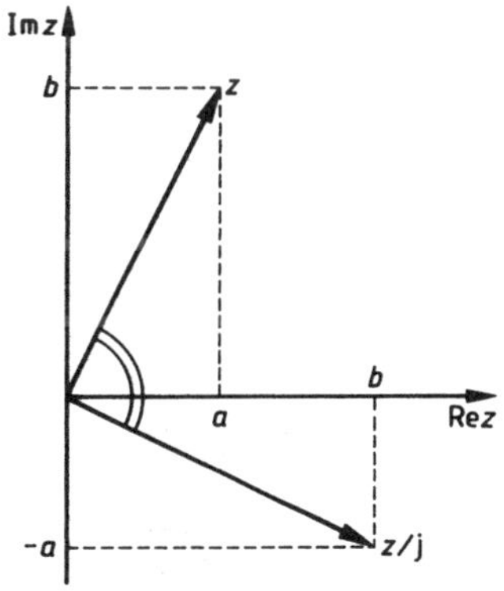

11.5

□

Der Kehrwert einer komplexen Zahl beträgt

$$\boxed{\frac{1}{z} = \frac{1}{(a+\mathrm{j}b)} = \frac{a}{a^2+b^2} - \mathrm{j}\frac{b}{a^2+b^2}} \tag{11.13}$$

Beispiel 3. a) Man bilde den Quotienten $(5-\mathrm{j}2)/(8+\mathrm{j})$.

$$\frac{5-\mathrm{j}2}{8+\mathrm{j}} = \frac{(5-\mathrm{j}2)(8-\mathrm{j})}{8^2+1^2} = \frac{(40-2)+\mathrm{j}(-16-5)}{65}$$
$$= \frac{38}{65} - \mathrm{j}\frac{21}{65} = 0.585 - \mathrm{j}0.323$$

b) Division konjugiert komplexer Zahlen

$$\frac{z_1^*}{z_2^*} = \frac{(a_1-\mathrm{j}b_1)}{(a_2-\mathrm{j}b_2)} = \frac{(a_1-\mathrm{j}b_1)(a_2+\mathrm{j}b_2)}{(a_2-\mathrm{j}b_2)(a_2+\mathrm{j}b_2)}$$
$$= \frac{a_1a_2+b_1b_2}{a_2^2+b_2^2} - \mathrm{j}\frac{a_2b_1-a_1b_2}{a_2^2+b_2^2}$$
$$\left(\frac{z_1}{z_2}\right)^* = \left(\frac{a_1+\mathrm{j}b_1}{a_2+\mathrm{j}b_2}\right)^*$$

Aus Gl. (11.11) und der Definition des Konjugierens ergibt sich unmittelbar das gleiche Ergebnis. Daraus folgt: Die Operationen „Dividieren" und „Konjugieren" sind in ihrer Reihenfolge vertauschbar. Das entsprechende gilt auch für die anderen drei Grundrechnungsarten. ■

Beispiel 4. Auf Grund der in Abschn. 11.3.1 näher erläuterten Gesetze beträgt der Leitwert der Schaltung (Bild **11.6**)

$$Y = \frac{1}{R_L+\mathrm{j}\omega L} + \frac{1}{R_C + \dfrac{1}{\mathrm{j}\omega C}}$$

Die beiden Brüche sind zu einem Bruch zusammenzufassen.

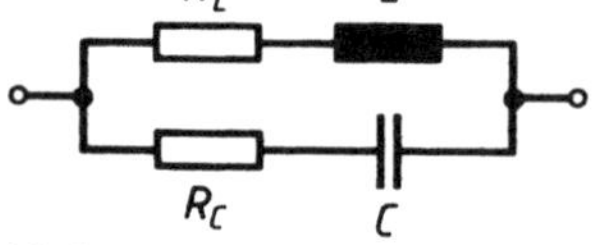

11.6

$$Y = \frac{1}{R_L + j\omega L} + \frac{j\omega C}{1 + j\omega R_C C} = \frac{(1 + j\omega R_C C) + j\omega C(R_L + j\omega L)}{(R_L + j\omega L)(1 + j\omega R_C C)}$$

$$= \frac{1 + j\omega R_C C + j\omega R_L C - \omega^2 LC}{R_L + j\omega R_C R_L C + j\omega L - \omega^2 R_C LC} = \frac{(1 - \omega^2 LC) + j\omega C(R_L + R_C)}{(R_L - \omega^2 R_C LC) + j\omega(L + R_L R_C C)}$$

Der letzte Ausdruck ist ein Bruch zweier komplexer Zahlen in der Komponentenform, der bei Bedarf noch zu dividieren wäre. Der Kehrwert dieses Ausdrucks ist der Widerstand der Schaltung. In Beispiel 5 findet sich eine entsprechende numerische Rechnung in der Exponentialform. ■

11.2.2 Rechenoperationen in der Exponentialform

Euler-Gleichung. Die Exponentialform entsteht durch folgende Umformungen: Mit Gl. (11.5) ist

$$z = a + jb = r(\cos\varphi + j\sin\varphi)$$

Der letzte Ausdruck wird die trigonometrische Form genannt. Nun gilt die Euler-Gleichung

$$\boxed{\cos\varphi + j\sin\varphi = e^{j\varphi}} \tag{11.14}$$

Diese Gleichung spielt auch außerhalb der komplexen Arithmetik eine wichtige Rolle. Damit lautet die Exponentialform

$$\boxed{z = re^{j\varphi} = r\underline{/\varphi}} \tag{11.15}$$

Die geometrische Bedeutung von r und φ ist aus Bild **11.1** ersichtlich. Die Schreibweise $r\underline{/\varphi}$ ist insbesondere in der Elektrotechnik üblich, wobei $e^{j\varphi} = \underline{/\varphi}$ eine willkürliche Abkürzung ist. $\underline{/\varphi}$ wird gesprochen: Versor phi.

Beweis der Euler-Gleichung. Nach Gl. (11.1) und (11.10) erhält man für die Potenzen von j

$$\begin{aligned} &j^4 = j^8 = j^{12} = \ldots = 1 \qquad && j^2 = j^6 = j^{10} = \ldots = -1 \\ &j^3 = j^7 = j^{11} = \ldots = -j && j^5 = j^9 = j^{13} = \ldots = j \end{aligned} \tag{11.16}$$

Nach Gl. (7.18) und (7.20) lassen sich die Funktionen $\sin\varphi$ und $\cos\varphi$ durch Potenzreihen darstellen. Diese Reihen sind absolut konvergent, deshalb dürfen mit ihnen die gleichen Rechenoperationen vorgenommen werden wie mit endlichen Summen.

$$\sin\varphi = \varphi - \frac{\varphi^3}{3!} + \frac{\varphi^5}{5!} - \frac{\varphi^7}{7!} + \ldots \qquad \cos\varphi = 1 - \frac{\varphi^2}{2!} + \frac{\varphi^4}{4!} - \frac{\varphi^6}{6!} + \ldots$$

Die Sinus-Reihe wird mit j multipliziert, in beiden Reihen werden die Faktoren ± 1 nach Gl. (11.16) durch entsprechende Potenzen von j ersetzt. Man erhält

$$\mathrm{j}\sin\varphi = \mathrm{j}\varphi - \mathrm{j}\frac{\varphi^3}{3!} + \mathrm{j}\frac{\varphi^5}{5!} - \mathrm{j}\frac{\varphi^7}{7!} + \ldots = \mathrm{j}\varphi + \frac{(\mathrm{j}\varphi)^3}{3!} + \frac{(\mathrm{j}\varphi)^5}{5!} + \frac{(\mathrm{j}\varphi)^7}{7!} + \ldots$$

$$\cos\varphi = 1 + \frac{(\mathrm{j}\varphi)^2}{2!} + \frac{(\mathrm{j}\varphi)^4}{4!} + \frac{(\mathrm{j}\varphi)^6}{6!} + \ldots$$

Die Summe beider Reihen ergibt nach Potenzen geordnet

$$\cos\varphi + \mathrm{j}\sin\varphi = 1 + \frac{\mathrm{j}\varphi}{1!} + \frac{(\mathrm{j}\varphi)^2}{2!} + \frac{(\mathrm{j}\varphi)^3}{3!} + \frac{(\mathrm{j}\varphi)^4}{4!} + \ldots$$

Die rechte Seite dieser Gleichung ist aber die Reihe der Exponentialfunktion Gl. (7.27) mit $x = \mathrm{j}\varphi$. □

Multiplikation und Division. Bei Anwendung der Regeln der Potenzrechnung im Reellen auf die Exponentialform der komplexen Zahlen erhält man die gleichen Ergebnisse wie mit der Komponentenform in Abschn. 11.2.1. Dies wird anschließend für die Multiplikation bewiesen.

Produkt zweier komplexer Zahlen

$$z_1 z_2 = r_1 \mathrm{e}^{\mathrm{j}\varphi_1} \cdot r_2 \mathrm{e}^{\mathrm{j}\varphi_2} = r_1 r_2 \mathrm{e}^{\mathrm{j}(\varphi_1 + \varphi_2)} \tag{11.17}$$

Zwei komplexe Zahlen werden multipliziert, indem die Beträge multipliziert und die Winkel addiert werden.

Quotient zweier komplexer Zahlen

$$\frac{z_1}{z_2} = \frac{r_1 \mathrm{e}^{\mathrm{j}\varphi_1}}{r_2 \mathrm{e}^{\mathrm{j}\varphi_2}} = \frac{r_1}{r_2} \mathrm{e}^{\mathrm{j}(\varphi_1 - \varphi_2)} \tag{11.18}$$

Zwei komplexe Zahlen werden dividiert, indem die Beträge dividiert und die Winkel subtrahiert werden.

Beweis der Gleichheit der vorstehenden Regeln mit den entsprechenden des Abschn. 11.2.1. Die Exponentialform wird in die trigonometrische Form überführt. In dieser Form werden Gl. (11.10) bzw. (11.11) angewandt. Mit Hilfe von Additionstheoremen der Winkelfunktionen ergeben sich dann Gl. (11.17) und (11.18). Für die Multiplikation erhält man

$$\begin{aligned} z_1 z_2 &= r_1 \mathrm{e}^{\mathrm{j}\varphi_1} r_2 \mathrm{e}^{\mathrm{j}\varphi_2} = r_1 r_2 (\cos\varphi_1 + \mathrm{j}\sin\varphi_1)(\cos\varphi_2 + \mathrm{j}\sin\varphi_2) \\ &= r_1 r_2 [(\cos\varphi_1 \cos\varphi_2 - \sin\varphi_1 \sin\varphi_2) + \mathrm{j}(\sin\varphi_1 \cos\varphi_2 + \cos\varphi_1 \sin\varphi_2)] \end{aligned}$$

Nach Gl. (3.67) und (3.69) erhält man hieraus

$$z_1 z_2 = r_1 r_2 [\cos(\varphi_1 + \varphi_2) + \mathrm{j}\sin(\varphi_1 + \varphi_2)]$$

Mit der Euler-Gleichung ergibt sich daraus Gl. (11.17). Die Rechnung für die Division verläuft entsprechend. □

Man beachte die häufig benutzten Umrechnungen

$$\mathrm{j} = \mathrm{e}^{\mathrm{j}\pi/2} \quad \text{und} \quad -1 = \mathrm{e}^{\mathrm{j}\pi} \tag{11.19}$$

Aus der linken dieser Gleichungen sowie Gl. (11.17) und (11.18) ist die geometrische Bedeutung der Multiplikation bzw. Division einer komplexen Zahl mit j unmittelbar ersichtlich. Auch für den oft gebrauchten Kehrwert ist die Beziehung

$$\boxed{\frac{1}{z} = \frac{1}{r}\,\mathrm{e}^{-\mathrm{j}\varphi}} \tag{11.20}$$

erheblich einfacher als die Gl. (11.13).

Bei numerischen Rechnungen empfiehlt sich die Anwendung der Gl. (11.17) und (11.18) selbst dann, wenn die Operanden in Komponentenform gegeben sind und vorher umgerechnet werden müssen, besonders wenn für diese Umrechnungen Taschenrechnerprogramme vorhanden sind. Wie das folgende Rechenschema zeigt, empfiehlt es sich, auch Zwischenergebnisse sofort in beiden Formen hinzuschreiben (oder zu speichern).

Beispiel 5. Man berechne $z = \dfrac{z_1 z_2}{z_1 + z_2}$. Gegeben sind z_1 und z_2 in der Komponentenform.

	a	b	r	φ in Grad
z_1	50	30	58.31	30.96
z_2	40	−320	322.49	−82.87
$z_1 z_2$			$1.880 \cdot 10^4$	−51.91
$z_1 + z_2$	90	−290	303.64	−72.76
z	57.87	22.04	61.93	20.85

In der 1. und 2. Zeile wird die Komponentenform in die Exponentialform umgerechnet. In der 3. Zeile genügt die Exponentialform. In der 4. Zeile erhält man zunächst die Komponentenform, die in die Exponentialform umgerechnet wird. In der letzten Zeile ist es umgekehrt. ■

Potenzieren und Logarithmieren

Periode der Exponentialfunktion. Sinus und Cosinus haben die Periode 2π. Daher gilt in der Euler-Gleichung (11.14)

$$\mathrm{e}^{\mathrm{j}\varphi} = \mathrm{e}^{\mathrm{j}(\varphi + 2\pi k)} = \cos(\varphi + 2\pi k) + \mathrm{j}\sin(\varphi + 2\pi k) \quad \text{mit} \quad k \in \mathbb{Z} \tag{11.21}$$

Zwei komplexe Zahlen z_1 und z_2, die sich nur durch verschiedene ganze Zahlen k_1 und k_2 unterscheiden, ergeben den gleichen Punkt in der Gaußschen Zahlenebene und sind deshalb nach Gl. (11.6) gleich. Beim Multiplizieren und Dividieren braucht die Periode nicht beachtet zu werden, weil Summe und Differenz zweier ganzer Zahlen wieder ganze Zahlen ergeben.

Potenzen mit reellen Exponenten. Ist $c \in \mathbb{R}$, so definiert man als Potenz z^c in konsequenter Verallgemeinerung der Rechengesetze reeller Zahlen

$$\boxed{z^c = (r\,\mathrm{e}^{\mathrm{j}(\varphi + 2\pi k)})^c = r^c\,\mathrm{e}^{\mathrm{j}(c\varphi + 2\pi c k)}} \tag{11.22}$$

Bei Gl. (11.22) ist es notwendig, die Periode der Exponentialfunktion mitzuschreiben, da man in allen Fällen, in denen der Exponent c keine ganze Zahl ist, *mehr als eine* Lösung erhält.

Deutung in der Zahlenebene. Alle Potenzen in Gl. (11.22) haben den gleichen Betrag r^c; die Spitzen ihrer Pfeile liegen daher in der Zahlenebene alle auf einem Kreise vom Radius r^c um den Nullpunkt. Die Winkel unterscheiden sich um $2\pi c$.

Ganzzahlige Exponenten. Ist c eine ganze Zahl n, so fallen alle Lösungen zusammen, da k und damit auch nk eine ganze Zahl ist. Es gibt daher nur eine Lösung

$$z^n = r^n\,\mathrm{e}^{\mathrm{j}n\varphi} = r^n(\cos n\varphi + \mathrm{j}\sin n\varphi) \quad \text{für} \quad n \in \mathbb{N} \tag{11.23}$$

Beispiel 6. Man drücke $\cos 3\alpha$ und $\sin 3\alpha$ durch $\cos\alpha$ und $\sin\alpha$ aus.

Diese Identitäten lassen sich durch zweimaliges Anwenden der Additionstheoreme bestimmen. Wesentlich einfacher kann man diese Beziehungen aber mit der Euler-Gleichung herleiten. Es ist

$$[\mathrm{e}^{\mathrm{j}\alpha}]^3 = \mathrm{e}^{\mathrm{j}3\alpha} = \cos 3\alpha + \mathrm{j}\sin 3\alpha$$

Wendet man zunächst auf die eckige Klammer die Eulersche Umformung an, so wird

$$\begin{aligned}[\mathrm{e}^{\mathrm{j}\alpha}]^3 &= (\cos\alpha + \mathrm{j}\sin\alpha)^3\\ &= \cos^3\alpha + 3\cos^2\alpha\cdot\mathrm{j}\sin\alpha + 3\cos\alpha\cdot\mathrm{j}^2\sin^2\alpha + \mathrm{j}^3\sin^3\alpha\\ &= (\cos^3\alpha - 3\cos\alpha\sin^2\alpha) + \mathrm{j}\,(3\cos^2\alpha\sin\alpha - \sin^3\alpha)\end{aligned}$$

Wegen der Gleichheit komplexer Zahlen (Gl. (11.6)) wird $\cos 3\alpha = \cos^3\alpha - 3\cos\alpha\sin^2\alpha = 4\cos^3\alpha - 3\cos\alpha$ und $\sin 3\alpha = 3\cos^2\alpha\sin\alpha - \sin^3\alpha = 3\sin\alpha - 4\sin^3\alpha$. ■

Wurzeln. Ist c der Kehrwert einer ganzen Zahl, also $c = 1/n$, so wird aus Gl. (11.22) die Moivresche Gleichung

$$z^{\frac{1}{n}} = \sqrt[n]{z} = \sqrt[n]{r}\,\mathrm{e}^{\mathrm{j}\left(\frac{\varphi}{n} + \frac{2\pi}{n}k\right)} = \sqrt[n]{r}\left[\cos\left(\frac{\varphi}{n} + \frac{2\pi}{n}k\right) + \mathrm{j}\sin\left(\frac{\varphi}{n} + \frac{2\pi}{n}k\right)\right] \tag{11.24}$$

Die Bilder aller Wurzeln liegen auf einem Kreis um den Nullpunkt vom Radius $\sqrt[n]{r}$. Ihre Winkel unterscheiden sich jeweils um $2\pi/n$. Daher erhält man für $k = 0, 1, 2, \ldots, (n-1)$ insgesamt n verschiedene Wurzeln, denn für $k = n$ stimmt die komplexe Zahl mit der Zahl für $k = 0$ überein. Diese n Pfeilspitzen bilden in der Zahlenebene die Ecken eines regelmäßigen n-Ecks (Bild **11.7**).

Ebenso erhält man q verschiedene Lösungen, wenn $c = p/q$ eine rationale Zahl mit ganzen teilerfremden Zahlen p und q ist. Ist $p > 1$, so ergeben sich mehrere Umläufe des Pfeils.

Irrationale Exponenten. Ist c eine irrationale (positive) Zahl, so ist *kein* Vielfaches von c eine ganze Zahl, daher ist für *kein* ganzzahliges k die Größe $2\pi c k$ ein Vielfaches von 2π. Die beliebig vielen Lösungen bilden daher den gesamten Umfang des Kreises vom Radius r^c.

Diese endlich vielen oder beliebig vielen möglichen Werte einer Potenz bilden die Lösungsmenge. Aus zusätzlichen Bedingungen, die sich aus der technischen Aufgabenstellung ergeben, ist jeweils die in Frage kommende Lösung auszuwählen.

Wie die folgenden Beispiele zeigen, empfiehlt es sich auch hier, bei numerischen Rechnungen mit einem Rechenschema zu arbeiten.

Beispiel 7. a) Man berechne $z = \sqrt[5]{-1}$. Es ist

$$\sqrt[5]{-1} = e^{j(180° + 360° k)/5} = e^{j(36° + 72° k)}$$

Damit erhält man für

k	φ in Grad	a	b
0	36	0.809	0.588
1	108	−0.309	0.951
2	180	−1	0
3	252	−0.309	−0.951
4	324	0.809	−0.588

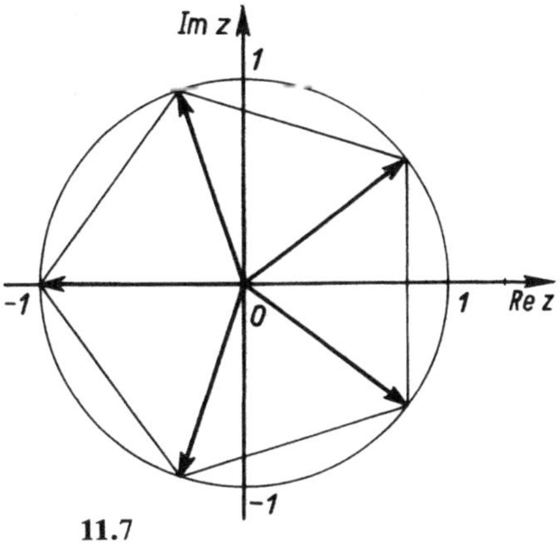

11.7

Die Lösungen sind in Bild **11.7** eingezeichnet.

Man beachte, daß die oft allein interessierende reelle Lösung nicht bei $k = 0$ auftritt.

b) Man berechne $z = \sqrt[3]{2.15 - j\,3.13}$. Es ist

$$(2.15 - j\,3.13)^{1/3} = \sqrt[3]{3.80}\; e^{j(-55.5° + 360° k)/3}$$
$$= 1.560\; e^{j(-18.5° + 120° k)}$$

Damit wird für

k	φ in Grad	a	b
0	−18.5	1.479	−0.495
1	101.5	−0.311	1.529
2	221.5	−1.168	−1.034

c) Man berechne $z = z_1 z_2^2 / \sqrt[3]{z_3}$ für $k=0$ mit

$$z_1 = 3.17 + \mathrm{j}\,4.18 \qquad z_2 = -0.53 + \mathrm{j}\,0.68 \qquad z_3 = 15.16 - \mathrm{j}\,3.15$$

	a	b	r	φ in Grad
z_1	3.17	4.18	5.25	52.8
z_2	−0.53	0.68	0.862	127.9
z_2^2			0.743	255.8
z_3	15.16	−3.15	15.48	−11.7
$\sqrt[3]{z_3}$			2.49	− 3.9
z	1.059	−1.152	1.564	−47.4

■

Potenzen mit komplexen Exponenten. Es sei

$$w = z^{a+\mathrm{j}b} = (r\,\mathrm{e}^{\mathrm{j}(\varphi + 2\pi k)})^{a+\mathrm{j}b}$$

Die Basis muß in Exponential-, der Exponent in Komponentenform vorliegen, der Winkel ist im Bogenmaß anzugeben.
Dann gilt entsprechend Gl. (11.22)

$$w = r^a r^{\mathrm{j}b}\,\mathrm{e}^{\mathrm{j}a\varphi}\,\mathrm{e}^{-b\varphi}\,\mathrm{e}^{\mathrm{j}2\pi ak}\,\mathrm{e}^{-2\pi bk}$$

Mit $r^a = \mathrm{e}^{a\ln r}$ und $r^{\mathrm{j}b} = \mathrm{e}^{\mathrm{j}b\ln r}$ erhält man

$$w = \exp(a\ln r - b\varphi - 2\pi kb)\cdot\exp[\mathrm{j}(b\ln r + a\varphi + 2\pi ak)]$$

Dies ist die Exponentialform von w

$$w = R\,\mathrm{e}^{\mathrm{j}\Phi} \quad \text{mit} \quad R = \mathrm{e}^{(a\ln r - b\varphi - 2\pi kb)} \quad \text{und} \quad \Phi = b\ln r + a\varphi + 2\pi ak \quad \text{mit} \quad k \in \mathbb{Z} \tag{11.25}$$

Beispiel 8. a) Man bestimme alle Werte von j^{j}.

Es ist $\quad \mathrm{j}^{\mathrm{j}} = \mathrm{e}^{\mathrm{j}\left(\frac{\pi}{2} + 2\pi k\right)\mathrm{j}} = \mathrm{e}^{-\frac{\pi}{2} - 2\pi k}$

eine unendliche reelle Lösungsmenge.
b) Man bestimme eine Lösung aus der Menge $w = (0.2 - \mathrm{j}\,0.3)^{0.3 + \mathrm{j}0.2}$.
Um Gl. (11.25) anwenden zu können, ist umzuformen

$$0.2 - \mathrm{j}0.3 = 0.361\,\mathrm{e}^{-\mathrm{j}56.3°} = 0.361\,\mathrm{e}^{-\mathrm{j}0.983}$$

dann ist für $k=0$

$$a\ln r - b\varphi = -0.1095 \qquad b\ln r + a\varphi = -0.499$$

Damit wird

$$w = 0.896\,e^{-j\,28.6°} = 0.787 - j\,0.429$$ ■

Logarithmieren. Es sei

$$\ln z = \ln [r\,e^{j(\varphi + 2\pi k)}]$$

Der Logarithmand z muß in Exponentialform vorliegen, der Winkel ist im Bogenmaß anzugeben. Mit entsprechender Anwendung der logarithmischen Gesetze im Reellen definiert man für den Logarithmus einer komplexen Zahl

$$\boxed{\ln z = \ln r + j(\varphi + 2\pi k)} \tag{11.26}$$

das Ergebnis in der Komponentenform. Es gibt unendlich viele Lösungen. Sie haben alle den gleichen Realteil, die Imaginärteile unterscheiden sich jeweils um den konstanten Betrag 2π (Bild **11.8**). Bei technischen Problemen erhält man die Eindeutigkeit durch zusätzliche sich aus der technischen Fragestellung ergebende Aussagen.

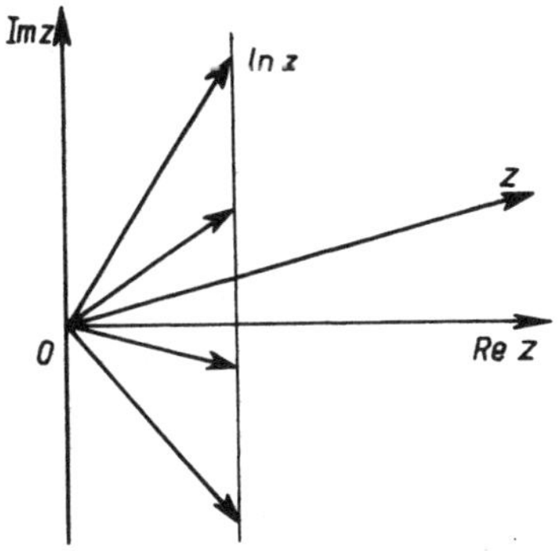

11.8

Beispiel 9. Man bestimme denjenigen Wert von $w = \ln(-e)$, für den $\text{Arc}\,w \approx \pi/3$ gilt.

$$w = \ln(-e) = \ln(e \cdot e^{j(\pi + 2\pi k)}) = 1 + j(\pi + 2\pi k)$$

Die ganze Zahl k bestimmt man aus

$$\text{Arc}\,w = \text{Arctan}\,[(\pi + 2\pi k)/1] \approx \pi/3 \quad \text{oder} \quad \pi(1 + 2k) \approx \tan(\pi/3) = \sqrt{3}$$

Daher ist

$$k \approx \frac{1}{2}\left(\frac{\sqrt{3}}{\pi} - 1\right) = -0.224$$

Es kommen die Werte $k = 0$ oder $k = -1$ in Frage. Hieraus folgt $w_1 = 1 + j\pi = 3.30\,e^{j\,72.3°}$ für $k = 0$ und $w_2 = 1 - j\pi = 3.30\,e^{-j\,72.3°}$ für $k = -1$. Wegen der Nichtlinearität des

Arcustangens kann nicht geschlossen werden, daß die nächstliegende ganze Zahl für k die Lösung ergibt, die die geforderte Bedingung am besten erfüllt. Es müssen immer die *beiden* benachbarten ganzzahligen k-Werte eingesetzt werden. Für $k=0$ ergibt sich in diesem Falle die beste Lösung

$$w=1+\mathrm{j}\pi=3.30\,\mathrm{e}^{\mathrm{j}\,72.3°}$$ ■

Beispiel 10. Man bestimme denjenigen Wert von $w=\ln(-2.17+\mathrm{j}\,5.31)$, für den $|w|$ möglichst nahe bei 20 liegt.
Es ist

$$w=\ln(5.74\,\mathrm{e}^{\mathrm{j}\,112.2°})=1.747+\mathrm{j}\,(1.959+2\pi k)$$

Dann ist

$$|w|=\sqrt{1.747^2+(1.959+2\pi k)^2}\approx 20$$

oder

$$(1.959+2\pi k)^2\approx 20^2-1.747^2=397$$

$$2\pi k\approx \pm\sqrt{397}-1.959=\pm 19.92-1.96$$

$$k_{1,2}\approx\frac{17.96}{2\pi}=2.86 \qquad k_{3,4}\approx-\frac{21.88}{2\pi}=-3.48$$

Es ergeben sich daher vier mögliche Werte für k: $k_1=2$, $k_2=3$, $k_3=-3$ und $k_4=-4$. Mit diesen vier Werten für k erhält man

$$w_1=1.747+\mathrm{j}\,14.53=14.63\,\mathrm{e}^{\mathrm{j}\,83.1°}$$

$$w_2=1.747+\mathrm{j}\,20.81=20.88\,\mathrm{e}^{\mathrm{j}\,85.2°}$$

$$w_3=1.747-\mathrm{j}\,16.89=16.98\,\mathrm{e}^{-\mathrm{j}\,84.1°}$$

$$w_4=1.747-\mathrm{j}\,23.17=23.24\,\mathrm{e}^{-\mathrm{j}\,85.7°}$$

Der Betrag von w_2 liegt der Zahl 20 am nächsten, daher ist w_2 die gesuchte komplexe Zahl. ■

11.2.3 Aufgaben zu Abschnitt 11.1 und 11.2

1. Man bestimme die Exponentialform von

a) $z=-21.35-\mathrm{j}\,11.92$ b) $z=0.67+\mathrm{j}\,2.17$ c) $z=0.37+\mathrm{j}\,8.97$
d) $z=-0.196+\mathrm{j}\,6.34$ e) $z=2.73-\mathrm{j}\,1.98$ f) $z=-7.56+\mathrm{j}\,18.34$

2. Man bestimme die Komponentenform von

a) $z=35.1\,\mathrm{e}^{\mathrm{j}\,252.9°}$ b) $z=29.7\,\mathrm{e}^{-\mathrm{j}\,53.4°}$ c) $z=9.02\,\mathrm{e}^{\mathrm{j}\,89.4°}$
d) $z=3.67\,\mathrm{e}^{-\mathrm{j}\,36.2°}$ e) $z=2.47\,\mathrm{e}^{\mathrm{j}\,126.6°}$

3. Welche geometrische Beziehung in der Gaußschen Zahlenebene besteht zwischen

a) z und z^* b) z und $-z$?

4. Man berechne

a) $z=\dfrac{2.11-\mathrm{j}4.36}{0.17+\mathrm{j}1.22}$ b) $z=\dfrac{(-2.78+\mathrm{j}0.97)(0.18+\mathrm{j}7.36)}{(8.63+\mathrm{j}11.27)^3}$

5. Wie lauten r und φ von

$$r\,\mathrm{e}^{\mathrm{j}\varphi}=\frac{z_1-z_2}{z_1+z_2}+\frac{z_1}{z_2} \quad \text{mit} \quad \begin{array}{l} z_1=5.66-\mathrm{j}8.36 \\ z_2=-15.78+\mathrm{j}11.29 \end{array}$$

6. Die Widerstände einer Dreieckschaltung betragen

$$Z_1=(100-\mathrm{j}159.16)\,\Omega \qquad Z_2=30\,\Omega \qquad Z_3=(25+\mathrm{j}314.16)\,\Omega$$

Man berechne die Ersatzwiderstände der entsprechenden Sternschaltung mit

$$Z_u=\frac{Z_2Z_3}{Z_1+Z_2+Z_3} \qquad Z_v=\frac{Z_1Z_3}{Z_1+Z_2+Z_3} \qquad Z_w=\frac{Z_1Z_2}{Z_1+Z_2+Z_3}$$

7. Der Widerstand einer Schaltung beträgt

a) $Z=\mathrm{j}\omega L+\dfrac{R}{1+\mathrm{j}\omega RC}$ b) $Z=\dfrac{-\mathrm{j}R/(\omega C)}{R-\mathrm{j}/(\omega C)}$

Man berechne $\operatorname{Re}Z$ und $\operatorname{Im}Z$.

8. Eine Schaltung hat den Widerstand

$$Z=R+\frac{L/C}{\mathrm{j}\omega L+1/(\mathrm{j}\omega C)}$$

Wie lauten Betrag und Winkel des Leitwertes $Y=1/Z$?

9. Man drücke $\cos 4\alpha$ und $\sin 4\alpha$ durch $\cos\alpha$ und $\sin\alpha$ aus.

10. Gesucht sind die Komponentenformen aller Lösungen von

a) $z=\sqrt[5]{-0.35+\mathrm{j}0.61}$ b) $z=\sqrt[3]{6.31\,\mathrm{e}^{\mathrm{j}262.5^\circ}+9.16\,\mathrm{e}^{-\mathrm{j}84^\circ}}$

c) $z=\dfrac{(3.17+\mathrm{j}4.18)(-0.53+\mathrm{j}0.68)^2}{\sqrt[3]{15.16-\mathrm{j}3.15}}$

11. Man berechne

a) $w=\ln(-\mathrm{j})$ für $\operatorname{Im}w\approx-20$ b) $w=\ln(3-\mathrm{j}2)$ für $\operatorname{Arc}w\approx 75^\circ$

c) $w=\ln(\ln(-1))$ für $k=0$

11.3 Komplexe Funktionen einer reellen Veränderlichen

Definition. *Eine* komplexe Funktion einer reellen Veränderlichen *ist die Abbildung einer reellen Definitionsmenge in eine komplexe Bildmenge. Man schreibt*

$$\underline{w}=f(t) \quad \text{mit} \quad t\in\mathbb{R},\ \underline{w}\in\mathbb{C}$$

Das Unterstreichen bedeutet in diesem Abschnitt, daß es sich um eine komplexe Größe handelt.

11.3.1 Symbolische Methode in der Wechselstromtechnik

Das folgende beschränkt sich auf die mathematischen Aspekte dieser wichtigen Anwendung der komplexen Funktionen.
Eine Wechselspannung wird durch

$$u(t)=\hat{u}\sin(\omega t+\varphi) \quad \text{oder} \quad u(t)=\hat{u}\cos(\omega t+\varphi)$$

beschrieben. Auf Grund der Eulerschen Gleichung Gl. (11.15) werden diese Funktionen als (reeller!) Imaginär- bzw. Realteil einer komplexen e-Funktion betrachtet (Bild **11.9**).

$$u(t)=\hat{u}\,\mathrm{Im}\,\mathrm{e}^{\mathrm{j}(\omega t+\varphi)} \quad \text{oder} \quad u(t)=\hat{u}\,\mathrm{Re}\,\mathrm{e}^{\mathrm{j}(\omega t+\varphi)}$$

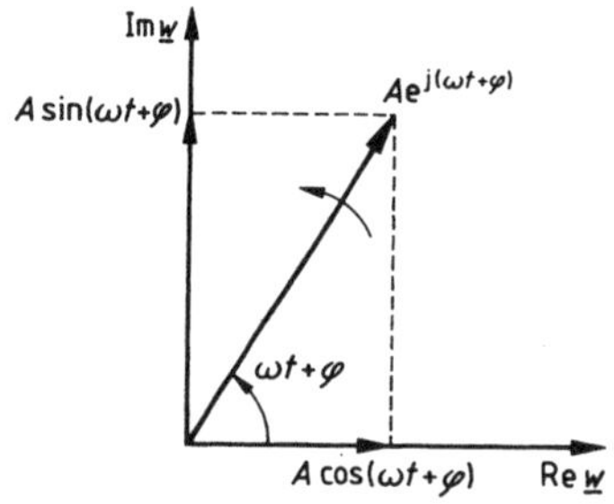

11.9

Allgemein benutzt man die Funktion

$$\underline{w}(t)=A\,\mathrm{e}^{\mathrm{j}(\omega t+\varphi)} \tag{11.27}$$

zur Beschreibung einer Schwingung. Die tatsächliche Schwingung ist ihr Imaginär- bzw. Realteil. Hierdurch wird man unabhängig von der Entscheidung, ob die Sinus- oder die Cosinus-Funktion zu benutzen ist. Ferner ist mit einer Potenzfunktion einfacher zu rechnen als mit einer Winkelfunktion. A ist entweder eine Spannung oder ein Strom. In der Nachrichtentechnik wird meist der Scheitelwert, in der Energietechnik der Effektivwert benutzt. Nun werden folgende Umformungen durchgeführt

$\underline{w}(t)=A\,\mathrm{e}^{\mathrm{j}(\omega t+\varphi)}=A\,\mathrm{e}^{\mathrm{j}\varphi}\,\mathrm{e}^{\mathrm{j}\omega t}=\underline{A}\,\mathrm{e}^{\mathrm{j}\omega t}$ $\mathrm{e}^{\mathrm{j}\omega t}$ heißt der Drehzeiger $\underline{A}=A\,\mathrm{e}^{\mathrm{j}\varphi}=A\,\underline{/\varphi}$ heißt der Festzeiger oder die komplexe Amplitude	(11.28)

Gleichungen zwischen Strom und Spannung

Definition. *Der* komplexe Widerstand *ist* $\underline{Z}=\underline{U}/\underline{I}$. *Der Kehrwert heißt* komplexer Leitwert $\underline{Y}$.

Ohne Beweis sei vermerkt, daß die Größe j beim Differenzieren und Integrieren wie eine reelle Konstante behandelt werden darf. Deshalb gilt mit $\underline{i}(t) = \underline{I}\,\mathrm{e}^{\mathrm{j}\omega t}$

$$\frac{\mathrm{d}\underline{i}}{\mathrm{d}t} = \mathrm{j}\omega \underline{I}\,\mathrm{e}^{\mathrm{j}\omega t} \quad \text{und} \quad \int \underline{i}(t)\,\mathrm{d}t = \frac{\underline{I}}{\mathrm{j}\omega}\,\mathrm{e}^{\mathrm{j}\omega t} \qquad (11.29)$$

Damit ergeben sich für die drei meist benutzten passiven Bauelemente folgende Beziehungen

Zeitgleichung	symbolische Schreibweise	komplexer Widerstand	
Ohmscher Widerstand			
$\underline{u}(t) = R\,\underline{i}(t)$	$\underline{U}\,\mathrm{e}^{\mathrm{j}\omega t} = R\,\underline{I}\,\mathrm{e}^{\mathrm{j}\omega t}$ $\underline{U} = R\,\underline{I}$	$\underline{Z} = R$	(11.30)
Induktiver Widerstand (Spule mit $R = 0$)			
$\underline{u}(t) = L\,\dfrac{\mathrm{d}\underline{i}}{\mathrm{d}t}$	$\underline{U}\,\mathrm{e}^{\mathrm{j}\omega t} = \mathrm{j}\omega L\,\underline{I}\,\mathrm{e}^{\mathrm{j}\omega t}$ $\underline{U} = \mathrm{j}\omega L\,\underline{I}$	$\underline{Z} = \mathrm{j}\omega L$	(11.31)
Kapazitiver Widerstand (Kondensator mit $R = \infty$)			
$\underline{u}(t) = \dfrac{1}{C}\displaystyle\int \underline{i}(t)\,\mathrm{d}t$	$\underline{U}\,\mathrm{e}^{\mathrm{j}\omega t} = \dfrac{\underline{I}}{\mathrm{j}\omega C}\,\mathrm{e}^{\mathrm{j}\omega t}$ $\underline{U} = \underline{I}/\mathrm{j}\omega C$	$\underline{Z} = \dfrac{1}{\mathrm{j}\omega C} = -\mathrm{j}/\omega C$	(11.32)

Aus den vorstehenden Gleichungen - und auch bei anderen Rechnungen - kürzt sich der Drehzeiger $\mathrm{e}^{\mathrm{j}\omega t}$ heraus. Dies hat folgende Konsequenzen: Statt mit den zeitabhängigen Funktionen wird nur noch mit den komplexen Amplituden gerechnet. Die reelle Variable der folgenden Funktionen ist also *nicht* die Zeit, sondern eine der Größen R, L, C oder ω (oft in normierter Form). Die Gesetze der Gleichstromkreise (z.B. die Kirchhoffschen Regeln) können unmittelbar auf Wechselstromkreise übertragen werden.

Abschließend seien nochmals die Voraussetzungen für die Anwendbarkeit der symbolischen Methode genannt:

1. Es liegen reine Sinus- bzw. Cosinus-Schwingungen vor. Andernfalls führen die vorstehenden Zeitgleichungen (die natürlich auch im Reellen gelten) zu den im Abschn. 12.2.2 behandelten Differentialgleichungen. Dort wird gezeigt, daß die symbolische Methode streng genommen sogar beim Vorliegen dieser Voraussetzungen nur eine Näherungslösung ergibt!

2. Der Drehzeiger $\mathrm{e}^{\mathrm{j}\omega t}$ fällt bei der Rechnung heraus. Dies ist z.B. bei einer Produktbildung $\underline{i}(t)\,\underline{u}(t)$ (Leistungsberechnung) nicht der Fall.

11.3.2 Einfache Spezialfälle. Gerade

In Abschn. 11.2 waren in $z=a+\mathrm{j}\,b=r\,\mathrm{e}^{\mathrm{j}\varphi}$ die Größen a, b, r, φ konstant. Nun werden sie Funktionen einer rellen Variablen λ. Dadurch entsteht als komplexe Funktion einer reellen Variablen

$$\boxed{\underline{w}(\lambda)=x(\lambda)+\mathrm{j}\,y(\lambda)=r(\lambda)\,\mathrm{e}^{\mathrm{j}\varphi(\lambda)}} \tag{11.33}$$

Der Graph dieser Funktion heißt Ortskurve und wird mit den λ-Werten beschriftet. Die abhängige Variable wird $\underline{w}$ genannt, weil der Buchstabe z (ohne Unterstreichung) auch weiterhin für konstante komplexe Größen benutzt wird.

Gl. (11.33) ist bis auf den Faktor j die in Abschn. 8.1 behandelte Parameterform einer Funktion. Die dort erläuterten Eigenschaften der Stetigkeit und Differenzierbarkeit werden auch hier vorausgesetzt. Auch die in Abschn. 8.1 erläuterten Rechenregeln bleiben erhalten (j wird wie eine reelle Konstante behandelt). Deshalb werden hier nur noch spezielle Anwendungen in der Wechselstromtechnik behandelt.

Spezialfälle. Ist der Imaginärteil y von λ unabhängig, also

$$\underline{w}=x(\lambda)+\mathrm{j}\,y$$

so ist die Ortskurve eine Parallele zur reellen Achse. Ist dagegen der Realteil x von λ unabhängig, so wird

$$\underline{w}=x+\mathrm{j}\,y(\lambda)$$

Die Ortskurve ist eine Parallele zur imaginären Achse. Ist der Betrag r von $\underline{w}$ konstant, also

$$\underline{w}=r\,\mathrm{e}^{\mathrm{j}\varphi(\lambda)}$$

so ist die Ortskurve ein Kreis oder Kreisbogen vom Radius r um den Ursprung. Ist schließlich der Winkel φ von λ unabhängig, so gilt

$$\underline{w}=r(\lambda)\,\mathrm{e}^{\mathrm{j}\varphi}$$

Die Ortskurve ist nun ein Strahl unter dem Winkel φ vom Ursprung aus.

Gerade. Die Gleichung einer Geraden lautet (Bild **11.10**)

$$\boxed{\underline{w}(\lambda)=z_1+z_2\,g(\lambda) \quad \text{mit} \quad \begin{aligned} z_1&=a_1+\mathrm{j}\,b_1\\ z_2&=a_2+\mathrm{j}\,b_2\end{aligned}} \tag{11.34}$$

Häufig ist $g(\lambda)=\lambda$. Man spricht dann von einer Geraden mit linearer Beschriftung. Die Form der Gl. (11.34) entsteht oft bei einer Herleitung aus einem technischen Problem. Für die Berechnung einer Wertetafel und das anschließende Diagramm ist es zweckmäßig, sie in die Parameterform zu überführen. Mit den rechten Seiten von z_1 und z_2 und

Ordnen nach Real- und Imaginärteil ergibt sich als Parameterform der Geradengleichung

$$\boxed{\underline{w}(\lambda)=(a_1+a_2 g(\lambda))+\mathrm{j}(b_1+b_2 g(\lambda))=x(\lambda)+\mathrm{j}y(\lambda)} \tag{11.35}$$

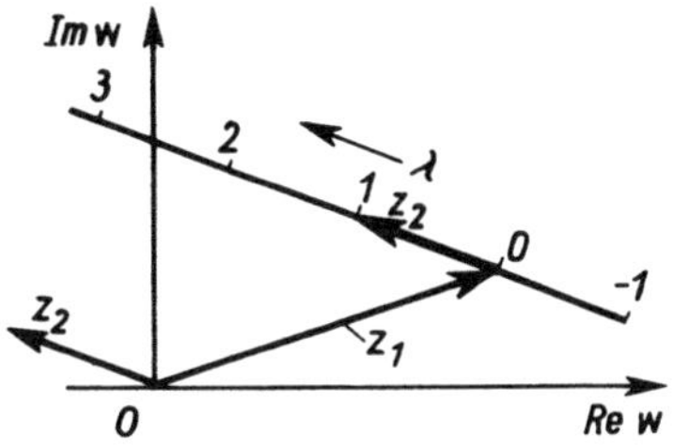

11.10

Um zu zeigen, daß Gl. (11.34) und (11.35) eine Gerade beschreiben, wird der Parameter eliminiert.

$$x=a_1+g(\lambda)a_2 \quad \text{liefert} \quad g(\lambda)=\frac{x-a_1}{a_2}$$

Dies wird in die Gleichung $y=b_1+b_2 g(\lambda)$ eingesetzt und ergibt

$$y=\frac{b_2}{a_2}x+\frac{a_2 b_1-a_1 b_2}{a_2}=Ax+B \tag{11.36}$$

Die Lage der Geraden ist also unabhängig von $g(\lambda)$.

Beispiel 1. Man berechne eine Wertetafel und zeichne die Ortskurve der Funktion $\underline{w}(\lambda)=(3+\mathrm{j}5)+(1-\mathrm{j}2)\lambda$.
Die Parameterform Gl. (11.35) lautet $\underline{w}(\lambda)=(3+\lambda)+\mathrm{j}(5-2\lambda)$. Daraus erhält man die folgende Tafel und daraus Bild **11**.11.

λ	x	y
-2	1	9
0	3	5
2	5	1
4	7	-3

Gl. (11.36) ergibt

$$y=-2x+11$$

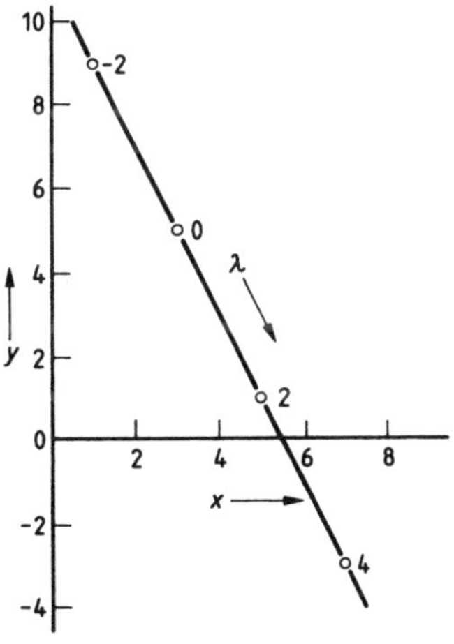

11.11 ■

Um in den Gleichungen der Technik die Anzahl der Koeffizienten zu reduzieren, werden diese Funktionen oft normiert (s. Abschn. 2.4.1).

Wenn z. B. nach der Frequenzabhängigkeit des Widerstandes einer Schaltung, also nach $\underline{Z}(\omega)$ gefragt wird, erfolgt die Normierung der

unabhängigen Variablen $\lambda = \omega/\omega_0$ mit der Kennkreisfrequenz $\omega_0 = 1/\sqrt{LC}$

abhängigen Variablen $\underline{w} = \underline{Z}/R$

Damit sind die normierten Größen einheitenfrei. Ferner werden eingeführt

Schwingwiderstand $Z_0 = \omega_0 L = \sqrt{L/C}$

Schwingleitwert $Y_0 = \omega_0 C = \sqrt{C/L}$

Weitere zu normierende Ausdrücke sind

$$\begin{aligned} \omega^2 LC &= \omega^2/\omega_0^2 = \lambda^2 \\ \omega L &= \omega \frac{1}{C\omega_0^2} = \frac{\omega}{\omega_0} \frac{\sqrt{LC}}{C} = \lambda \sqrt{L/C} = \lambda Z_0 \\ \omega C &= \omega \frac{1}{L\omega_0^2} = \frac{\omega}{\omega_0} \frac{\sqrt{LC}}{L} = \lambda \sqrt{C/L} = \lambda Y_0 \end{aligned} \tag{11.37}$$

Beispiel 2. Für die in Bild **11.**12 gezeigte Schaltung ist die Gleichung für $\underline{Z}(\omega)$ aufzustellen und in der vorstehend beschriebenen Weise zu normieren. Für die Werte $R = 250\ \Omega$, $L = 50$ mH und $C = 5\ \mu$F ist eine Wertetafel zu berechnen und die Ortskurve zu zeichnen.

11.12

Die gezeigte Serienschaltung ergibt

$$\underline{Z}(\omega) = R + \mathrm{j}\left(\omega L - \frac{1}{\omega C}\right) = R + \mathrm{j}\left(\frac{\omega^2 LC - 1}{\omega C}\right)$$

Aus Gl. (11.37) erhält man

$$\underline{w} = 1 + \mathrm{j}\left(\frac{Z_0}{R} \frac{\lambda^2 - 1}{\lambda}\right) = z_1 + z_2\, g(\lambda)$$

Ein Koeffizientenvergleich mit Gl. (11.34) liefert

$$\begin{aligned} &z_1 = 1 && a_1 = 1 && b_1 = 0 \\ &z_2 = \mathrm{j}\, Z_0/R && a_2 = 0 && b_2 = Z_0/R \\ &g(\lambda) = (\lambda^2 - 1)/\lambda \end{aligned}$$

Mit den vorstehenden Werten wird $Z_0 = 100\,\Omega$ und $b_2 = 0.4$ und damit nach Gl. (11.35) $x = 1$ und $y = 0.4(\lambda^2 - 1)/\lambda$. Daraus ergibt sich die folgende Tafel und Bild **11.13**.

λ	y
0.25	−1.5
0.50	−0.6
1.00	0
2.00	0.6
4.00	1.5

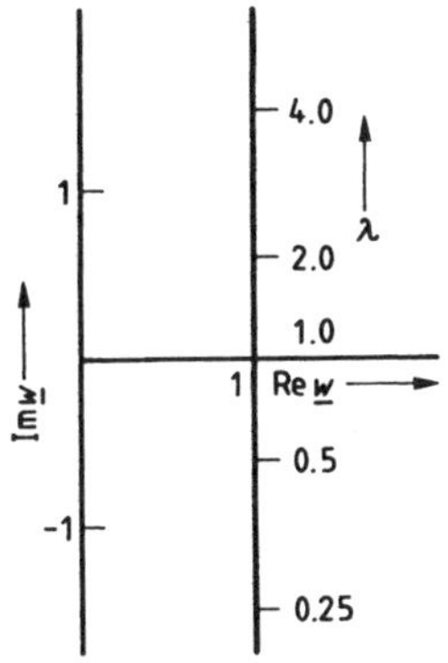

11.13 ■

11.3.3 Inversion. Kreis

Definition. *Das Bilden des Kehrwerts einer komplexen Funktion heißt* Inversion. *Die dadurch entstandene Funktion heißt die inverse Funktion oder kurz die* Inverse.

Beispiel: Wenn $\underline{w}(\lambda)$ ein Widerstand ist, so ist die Inverse $\underline{w}^{-1}(\lambda)$ ein Leitwert.

Satz. Die Inverse einer Geraden, die nicht durch den Koordinatenursprung verläuft, ist ein Kreis, dessen Umfang durch den Koordinatenursprung verläuft.

Beweis.

$\underline{w} = x + \mathrm{j}y$ sei die Gleichung der Geraden

$\underline{w}^{-1} = u + \mathrm{j}v$ sei die Gleichung ihrer Inversen

Dann gilt

$$x + \mathrm{j}y = \frac{1}{u + \mathrm{j}v} = \frac{u}{u^2 + v^2} - \mathrm{j}\frac{v}{u^2 + v^2}$$

Wegen der Gleichheit dieser komplexen Zahlen gilt nach Gl. (11.6)

$$x = \frac{u}{u^2 + v^2} \qquad y = \frac{-v}{u^2 + v^2}$$

Nach Gl. (11.36) ist $y = Ax + B$ und damit

$$-\frac{v}{u^2 + v^2} = A\frac{u}{u^2 + v^2} + B$$

Daraus erhält man

$$Bu^2 + Au + Bv^2 + v = 0 \tag{11.38}$$

Dies ist aber die Gleichung eines Kreises, dessen Umfang durch den Koordinatenursprung verläuft. □

Aus Gl. (11.38) werden nun Formeln hergeleitet, mit denen aus den gegebenen Koeffizienten der Geraden der Mittelpunkt und Radius des inversen Kreises berechnet werden können. Bringt man Gl. (11.38) in die Mittelpunktform und setzt für A und B die Werte der Gl. (11.36) ein, ergibt sich als Gleichung des inversen Kreises

$$\boxed{\begin{array}{ll} (u-u_\mathrm{m})^2+(v-v_\mathrm{m})^2=\varrho^2 & \\ u_\mathrm{m}=b_2/N & v_\mathrm{m}=a_2/N \\ \varrho=\sqrt{a_2^2+b_2^2}/N & N=2(a_1 b_2-a_2 b_1) \end{array}} \tag{11.39}$$

Häufig werden Gerade und Kreis in das gleiche Diagramm gezeichnet. Dabei sind für die beiden Graphen meist verschiedene Maßstäbe zu wählen. Die Maßstäbe auf den beiden Koordinatenachsen sind bei Ortskurven stets gleich.

Gl. (11.39) liefert keine Beschriftung des Kreises mit den Parameterwerten. Hierfür kann die in Bild **11.14** gezeigte Konstruktion verwendet werden. Sie beruht auf der Beziehung

$$\underline{w}=r\,\mathrm{e}^{\mathrm{j}\varphi} \;\Rightarrow\; \underline{w}^{-1}=\frac{1}{r}\,\mathrm{e}^{-\mathrm{j}\varphi}$$

Der Winkel zu einem Punkt der Geraden wird mit umgekehrtem Vorzeichen aufgetragen. Der Schnittpunkt des freien Schenkels mit dem Kreis wird mit dem entsprechenden Parameterwert beschriftet. Diese Konstruktion kann ohne Winkelmesser, nur mit Zirkel und Lineal durchgeführt werden.

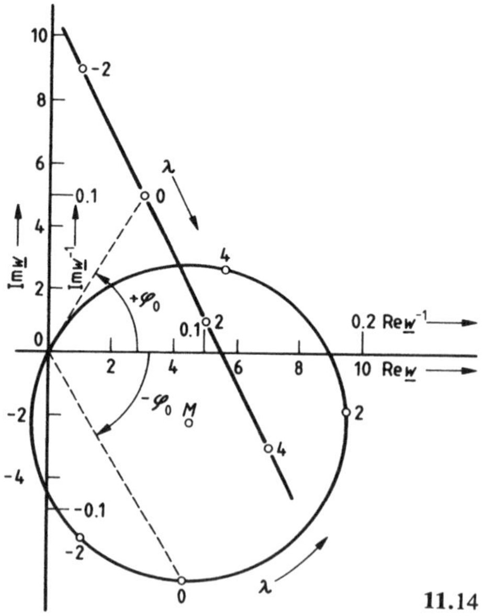

11.14

Beispiel 3. Für die Gerade des Beispiels 1 ist der inverse Kreis zu berechnen und zu konstruieren. Beide Graphen sind in einem Diagramm darzustellen.

$$\text{Gerade} \qquad \underline{w} = (a_1 + \mathrm{j}\, b_1) + \lambda\,(a_2 + \mathrm{j}\, b_2) = (3 + \mathrm{j}\,5) + \lambda\,(1 - \mathrm{j}\,2)$$

Nach Gl. (11.39) ist

$$N = -22 \qquad u_\mathrm{m} = 0.0909 \qquad v_\mathrm{m} = -0.0455 \qquad \varrho = 0.1016$$

Bild **11.**14 zeigt beide Graphen. Die Konstruktion für die Beschriftung ist nur für $\lambda = 0$ gezeigt. Rechenkontrolle: die Gerade schneidet die Abszissenachse bei $\mathrm{Re}\,\underline{w} = 5.5$, der Kreis bei $\mathrm{Re}\,\underline{w}^{-1} = 1/5.5 = 0.1818$. ■

Wenn speziell die Gerade parallel zu einer der Koordinatenachsen verläuft, wird in der Elektrotechnik die Lage des inversen Kreises meist mit folgender Methode ermittelt, die aber auch bei einer beliebigen Lage der Geraden anwendbar ist. Es werden der Betrag r_0 des Lotes vom Koordinatenursprung auf die Gerade und der Winkel φ_0 dieses Lotes mit der Abszissenachse berechnet (Bild **11.**15). Im vorstehenden Spezialfall ist r_0 gleich $\mathrm{Re}\,\underline{w}$ oder $\mathrm{Im}\,\underline{w}$ und φ_0 entweder $-90°$, $0°$ oder $90°$. Das Lot ist der kürzeste Abstand der Geraden vom Koordinatenursprung. Deshalb ergibt der Kehrwert $1/r_0$ den Punkt der Inversen mit dem größten Abstand vom Koordinatenursprung. Dies ist aber der Durchmesser des Kreises. Dieser Durchmesser wird mit dem Winkel $-\varphi_0$ aufgetragen. Damit kann der Kreis gezeichnet werden. Die Beschriftung erfolgt durch die vor Beispiel 3 geschilderten Spiegelung entsprechender Punkte der Geraden.

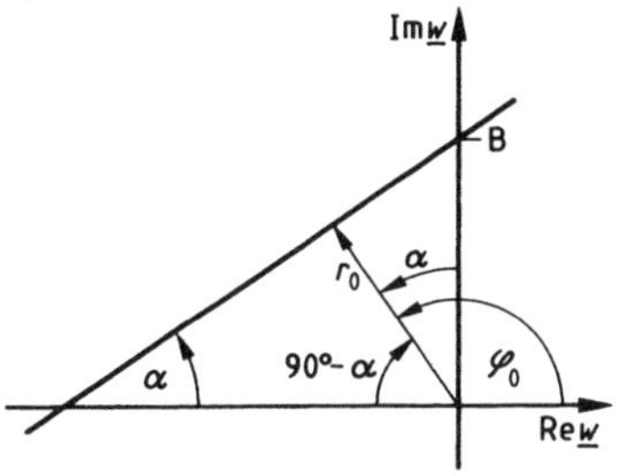

11.15

Bei einer allgemeinen Lage der Geraden ergeben sich folgende Formeln für r_0 und φ_0 (Bild **11.**15). Nach Gl. (11.36) ist

$$y = Ax + B \quad \text{und} \quad \tan\alpha = A = b_2/a_2$$

Daraus wird φ_0 berechnet. Aus Bild **11.**15 ergibt sich

$$\varphi_0 + (90° - \alpha) = 180° \qquad \varphi_0 = 90° + \alpha$$

$$\tan\varphi_0 = \tan(90° + \alpha) = -\frac{1}{\tan\alpha} = -\frac{a_2}{b_2}$$

$$r_0 = B\cos\alpha = B\cos(90° - \varphi_0) = B\sin\varphi_0$$

$$B = \frac{a_2 b_1 - a_1 b_2}{a_2} \qquad \sin\varphi_0 = \frac{\tan\varphi_0}{\sqrt{1 + \tan^2\varphi_0}} = \frac{-a_2}{\sqrt{a_2^2 + b_2^2}}$$

Damit wird der Betrag und Richtungswinkel des Lotes auf die Gerade

$$r_0 = \frac{a_1 b_2 - a_2 b_1}{+\sqrt{a_2^2 + b_2^2}} \qquad \tan\varphi_0 = -a_2/b_2$$
$$\text{Wenn} \quad r_0 < 0 \quad \text{ist} \quad \overline{\varphi}_0 = \varphi_0 + 180° \quad (\text{s. Gl. (2.32)}) \tag{11.40}$$

Beispiel 4. Für die Gerade des Beispiels 2 ist $r_0 = \mathrm{Re}\,\underline{w} = 1$ und $\varphi_0 = 0°$. Damit ergibt sich das Diagramm Bild **11.16**.

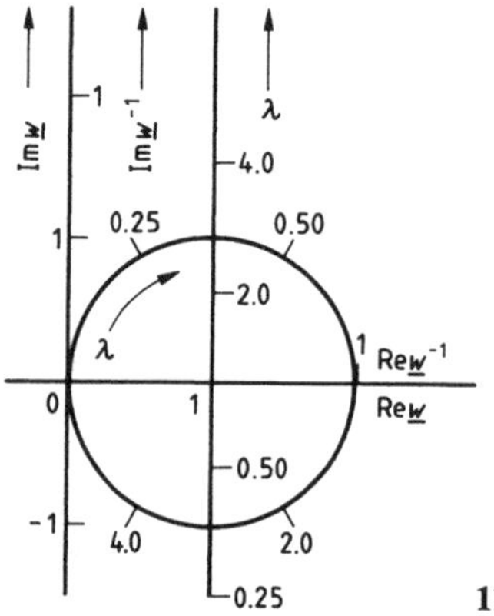

11.16 ■

Die Kreisgleichung kann auch in der Parameterform erhalten werden. Diese ist insbesondere für das Programmieren geeignet. Es ist

$$u + \mathrm{j}v = \frac{1}{x + \mathrm{j}y} = \frac{x}{x^2 + y^2} - \mathrm{j}\frac{y}{x^2 + y^2}$$

Mit $x = a_1 + a_2 g(\lambda)$ und $y = b_1 + b_2 g(\lambda)$ erhält man die Parameterform des inversen Kreises

$$u = (a_1 + a_2 g(\lambda))/N \qquad v = -(b_1 + b_2 g(\lambda))/N$$
$$N = (a_1^2 + b_1^2) + 2(a_1 a_2 + b_1 b_2) g(\lambda) + (a_2^2 + b_2^2) g^2(\lambda) \tag{11.41}$$

Satz. Die Ortskurve der Funktion[1])

$$\underline{w} = \frac{z_1 + z_2\lambda}{z_3 + z_4\lambda} \quad \text{mit} \quad z_i \neq 0 \quad \text{für alle } i \tag{11.42}$$

ist ein Kreis in allgemeiner Lage. Die Inverse ist ebenfalls ein Kreis in allgemeiner Lage.

[1]) Der Satz gilt auch, wenn λ durch $g(\lambda)$ ersetzt wird. In den Anwendungen der Elektrotechnik tritt aber meist die Form der Gl. (11.42) auf.

Beweis. Die Identität

$$\frac{z_1+z_2\lambda}{z_3+z_4\lambda}=\frac{z_2}{z_4}+\left(z_1-\frac{z_2 z_3}{z_4}\right)\frac{1}{z_3+z_4\lambda} \tag{11.43}$$

ergibt sich durch Auflösen der Klammern. Die Ortskurve von $z_3+z_4\lambda$ ist eine Gerade, ihre Inverse ein Kreis durch den Nullpunkt. Die Multiplikation mit der komplexen Konstante $(z_1-(z_2 z_3/z_4))$ bedeutet geometrisch eine Drehstreckung. Sie überführt einen Kreis in einen (anderen) Kreis. Es ergibt sich daher wieder ein Kreis durch den Ursprung. Die Addition der komplexen Konstante z_2/z_4 bedeutet eine Translation, so daß man nun einen Kreis in allgemeiner Lage erhält.

Der zweite Teil des vorstehenden Satzes ist richtig, weil der Kehrwert des Bruches in Gl. (11.42) eine Funktion des gleichen Typs ist. □

Aus Gl. (11.42) ergeben sich folgende Spezialfälle

1. $z_4=0 \Rightarrow \underline{w}(\lambda)=\dfrac{z_1}{z_3}+\dfrac{z_2}{z_3}\lambda$

ist eine Gerade mit linearer Beschriftung, ihre Inverse ein Kreis durch den Ursprung.

2. $z_3=0 \Rightarrow \underline{w}(\lambda)=\dfrac{z_2}{z_4}+\dfrac{z_1}{z_4}\dfrac{1}{\lambda}$

ist eine Gerade mit nichtlinearer Beschriftung, ihre Inverse ein Kreis durch den Ursprung.

3. $z_2=0 \Rightarrow \underline{w}(\lambda)=z_1\cdot\dfrac{1}{z_3+z_4\lambda}$

ist ein Kreis durch den Ursprung, seine Inverse eine Gerade.

4. $z_1=0 \Rightarrow \underline{w}(\lambda)=\dfrac{1}{\dfrac{z_4}{z_2}+\dfrac{z_3}{z_2}\dfrac{1}{\lambda}}$

ist ein Kreis durch den Ursprung, die Inverse eine Gerade mit nichtlinearer Beschriftung.

5. $z_1=z_3=0 \Rightarrow \underline{w}(\lambda)=\dfrac{z_2}{z_4}$

ist ein Punkt wie auch die Inverse.

6. $z_1=z_4=0 \Rightarrow \underline{w}(\lambda)=\dfrac{z_2}{z_3}\lambda$

ist eine Gerade durch den Ursprung wie auch die Inverse.

7. $z_2 = z_3 = 0 \Rightarrow \underline{w}(\lambda) = \frac{z_1}{z_4} \frac{1}{\lambda}$

ist eine nichtlinear beschriftete Gerade durch den Ursprung. Hier ist im Gegensatz zu Fall 6 die Inverse eine Gerade mit linearer Beschriftung.

8. $z_2 = z_4 = 0 \Rightarrow \underline{w}(\lambda) = \frac{z_1}{z_3}$ (s. Fall 5)

9. Ist $z_1 z_4 = z_2 z_3$, so erhält man Fall 5.

Die in Gl. (11.43) durchgeführte Zerlegung bietet ein Verfahren, um Mittelpunkt und Radius des Kreises zu berechnen. Aus dem Nenner $z_3 + z_4 \lambda$ wird mit Gl. (11.39) Mittelpunkt $M_h(u_h, v_h)$ und Radius r_h eines Hilfskreises durch den Koordinatenursprung berechnet. Der Zeiger zu seinem Mittelpunkt beträgt

$$z_h = u_h + j v_h = r_h e^{j\varphi_h}$$

Der Klammerausdruck in Gl. (11.43) lautet

$$z_5 = z_1 - \frac{z_2 z_3}{z_4} = r_5 e^{j\varphi_5}$$

Damit sind die Mittelpunktskoordinaten des Kreises der Gl. (11.42) Real- und Imaginärteil von

$$\boxed{z_M = \frac{z_2}{z_4} + z_5 z_h \quad \text{der Radius} \quad \varrho = r_5 r_h} \tag{11.44}$$

Der Kreis kann auch aus drei berechneten Punkten konstruiert werden. Hierfür wählt man folgende Parameterwerte

$\lambda = 0$	$z(0) = z_1/z_3$
beliebiger Wert λ_1, oft $\lambda_1 = 1$	$z(\lambda_1) = \frac{z_1 + z_2\lambda_1}{z_3 + z_4\lambda_1}$ (11.45)
$\lambda = \infty$	$z(\infty) = z_2/z_4$

Mit diesen drei Punkten kann auch die Beschriftung konstruiert werden. Dieses Verfahren wird ohne Beweis angegeben, siehe Bild **11.17**.

1. Kreis aus drei Punkten konstruieren. Sein Mittelpunkt ist M.
2. Das Lot auf die Gerade $\overline{Mz(\infty)}$ von $z(\lambda_1)$ ist die sog. Parametrierungsgerade.
3. Die Gerade $\overline{z(0)z(\infty)}$ schneidet diese Gerade bei $\lambda = 0$.
4. Durch die Punkte $\lambda = 0$ und λ_1 ist auf der Parametrierungsgerade der Maßstab einer linearen Beschriftung bestimmt.
5. Die lineare Beschriftung wird konstruiert. Die Verbindungslinien dieser Geradenpunkte mit $z(\infty)$ schneiden den Kreis in den Punkten mit den entsprechenden λ-Werten.

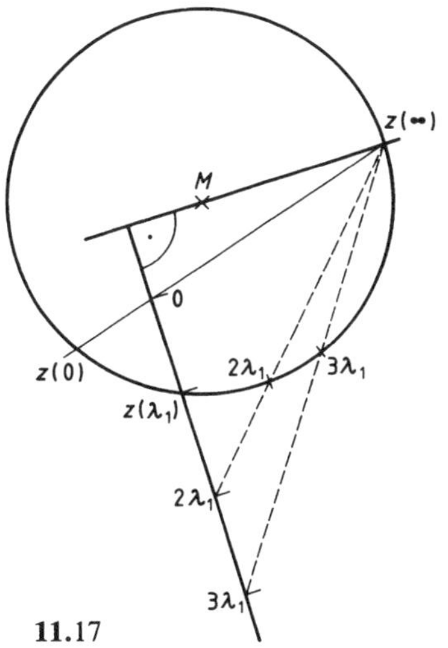

11.17

Schließlich kann auch Gl. (11.42) in die Parameterform überführt werden. Durch Dividieren und Ordnen nach Real- und Imaginärteil erhält man

$$\begin{aligned} u &= [(a_1 a_3 + b_1 b_3) + (a_1 a_4 + a_2 a_3 + b_1 b_4 + b_2 b_3)\,\lambda + (a_2 a_4 + b_2 b_4)\,\lambda^2]/N \\ v &= [(a_3 b_1 - a_1 b_3) + (a_3 b_2 + a_4 b_1 - a_1 b_4 - a_2 b_3)\,\lambda + (a_4 b_2 - a_2 b_4)\,\lambda^2]/N \\ N &= (a_3^2 + b_3^2) + 2(a_3 a_4 + b_3 b_4)\,\lambda + (a_4^2 + b_4^2)\,\lambda^2 \end{aligned} \qquad (11.46)$$

Beispiel 5. Am folgenden Kreis werden die drei geschilderten Verfahren vorgeführt. Es empfiehlt sich, das in Beispiel 5, Abschn. 11.2 gezeigte Rechenschema anzuwenden. Gegeben sind die Werte a_i und b_i der Gl. (11.42).

	a	b	r	φ
z_1	1	2	2.24	63.43
z_2	−4	5	6.40	128.66
z_3	80	−30	85.44	−20.56
z_4	−20	60	63.25	108.43

Mittelpunkt und Radius nach Gl. (11.39) und (11.44)

	a	b	r	φ/Grad
z_h	$7.14 \cdot 10^{-3}$	$-2.38 \cdot 10^{-3}$	$7.53 \cdot 10^{-3}$	−18.43
$(z_2 z_3)/z_4$	8.65	−0.050	8.65	−0.33
z_5	−7.65	2.05	7.92	165.0
z_2/z_4	$95.00 \cdot 10^{-3}$	$35.00 \cdot 10^{-3}$	$101.2 \cdot 10^{-3}$	20.22
$z_5 z_h$	$-49.76 \cdot 10^{-3}$	$32.86 \cdot 10^{-3}$	$59.63 \cdot 10^{-3}$	146.56
z_M	$45.2 \cdot 10^{-3}$	$67.9 \cdot 10^{-3}$	$\varrho = 59.6 \cdot 10^{-3}$	

Drei Punkte nach Gl. (11.45)

	a	b	r	φ/Grad
$z(0)$	$2.74\cdot10^{-3}$	$26.03\cdot10^{-3}$	$26.17\cdot10^{-3}$	83.99
$z(1)$	$6.67\cdot10^{-3}$	$113.3\ \cdot10^{-3}$	$113.5\ \cdot10^{-3}$	86.63
$z(\infty)$	$95.00\cdot10^{-3}$	$35.00\cdot10^{-3}$	$101.2\ \cdot10^{-3}$	20.23

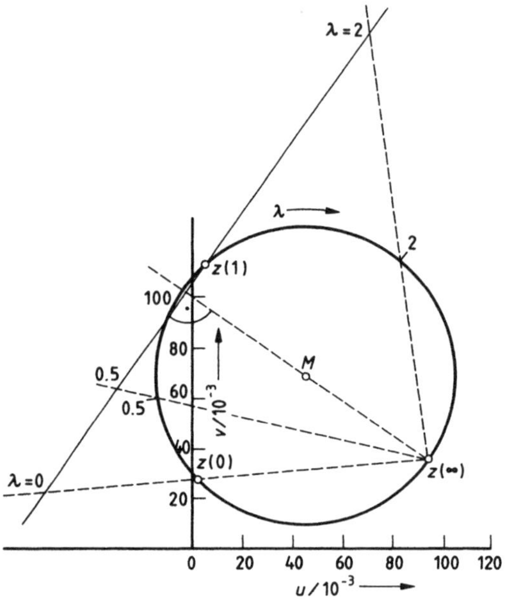

11.18

Die Parameterform lautet nach Gl. (11.46) und ergibt die folgende Tafel

$$u = (20 - 370\lambda + 380\lambda^2)/N$$
$$v = (190 + 180\lambda + 140\lambda^2)/N$$
$$N = 7300 - 6800\lambda + 4000\lambda^2$$

λ	$u/10^{-3}$	$v/10^{-3}$
0.0	2.7	26.0
0.5	−14.3	64.3
1.0	6.7	113.3
2.0	82.5	114.4
3.0	101.7	86.9

Bild **11.**18 zeigt die Ortskurve und die Konstruktion der Beschriftung. ■

Beispiel 6. Für die Schaltung in Bild **11.**19a ist die Widerstandsortskurve $\underline{Z}(C)$ bei $f = 50$ Hz, $L = 0.1$ H, $R_C = 40\ \Omega$ und $R_L = 50\ \Omega$ gesucht.

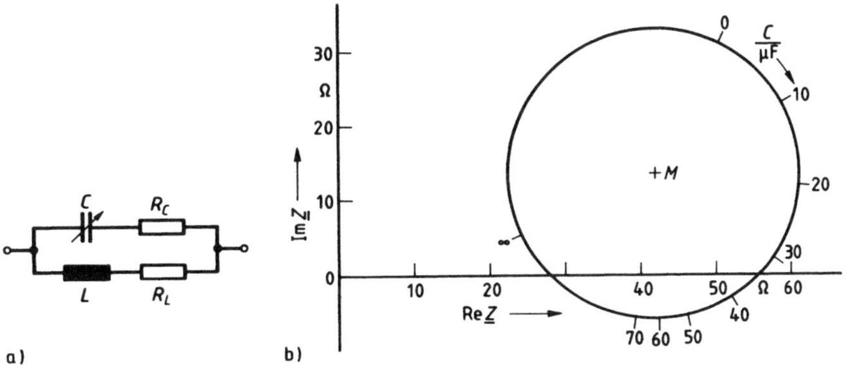

11.19

$$\underline{Z} = \frac{1}{\dfrac{1}{R_C + \dfrac{1}{j\omega C}} + \dfrac{1}{R_L + j\omega L}} = \frac{R_L - \omega^2 L C R_C + j\omega(L + R_L R_C C)}{(1-\omega^2 LC) + j\omega C(R_L + R_C)} \tag{11.47}$$

Führt man einen neuen, der Kapazität C proportionalen Parameter $\lambda = \omega^2 LC$ ein, so wird

$$\underline{Z}(\lambda) = \frac{(R_L + j\omega L) + \left(-R_C + j\dfrac{R_L R_C}{\omega L}\right)\lambda}{1 + \left(-1 + j\dfrac{R_L + R_C}{\omega L}\right)\lambda} = \frac{z_1 + z_2\lambda}{z_3 + z_4\lambda}$$

$$z_1 = R_L + j\omega L \qquad z_2 = -R_C + j\frac{R_L R_C}{\omega L} \qquad z_3 = 1 \qquad z_4 = -1 + j\frac{R_L + R_C}{\omega L}$$

z_1 und z_2 haben die Einheit Ohm, z_3 und z_4 sind einheitenfrei. Setzt man die gegebenen Zahlenwerte ein, ergibt sich nach Gl. (11.44) das folgende Rechenschema zur Berechnung von Mittelpunkt und Radius

	a	b	r	φ/Grad
z_1	50.00	31.42	59.05	32.14
z_2	−40.00	63.66	75.18	122.14
z_3	1.00	0	1.00	0
z_4	−1.00	2.865	3.034	109.24
z_h	0.50	−0.1745	0.5296	−19.24
$(z_2 z_3)/z_4$	24.15	5.53	24.78	12.90
z_5	25.85	25.88	36.58	45.04
z_2/z_4	24.15	5.53	24.78	12.90
$z_5 z_h$	17.44	8.43	19.37	25.80
z_M	41.59	13.96	$\varrho = 19.37$	

Die Parameterform nach Gl. (11.46) lautet

$$u = (50 + 222.4\lambda^2)/N$$
$$v = (31.42 - 111.0\lambda + 50.93\lambda^2)/N$$
$$N = 1 - 2\lambda + 9.207\lambda^2$$

Mit $\lambda = 9.870 \cdot 10^{-3}\, C/\mu\text{F}$ erhält man für glatte Zahlenwerte von C die folgende Tafel. Bild **11.**19b zeigt das Diagramm.

C/μF	λ	u	v
0	0	50.00	31.42
10	0.0987	58.46	23.49
20	0.1974	60.86	11.92
30	0.2961	57.20	2.48
40	0.3948	51.45	−2.71
60	0.5922	42.04	−5.40
80	0.7896	36.55	−4.74
100	0.9870	33.35	−3.57
∞	∞	24.15	5.53

■

11.3.4 Allgemeine Ortskurven

Wenn keiner der vorstehend beschriebenen Sonderfälle vorliegt, empfiehlt es sich, die komplexe Funktion in die Parameterform zu überführen. Daraus kann eine Tafel berechnet oder eine Kurvendiskussion nach Abschn. 8.1 durchgeführt werden.

Beispiel 7. Für die Schaltung des Beispiels 6 (Bild **11.**19a) ist die Funktion $\underline{Z}(\omega)$ zu normieren und in dieser Form mit den Zahlenwerten $R_L = 20\,\Omega$, $R_C = 30\,\Omega$, $L = 0.1$ H, $C = 40\,\mu$F eine Kurvendiskussion durchzuführen. Nach Gl. (11.47) ist

$$\underline{Z}(\omega) = \frac{R_L - \omega^2 L C R_C + \mathrm{j}(\omega L + \omega C R_L R_C)}{(1 - \omega^2 L C) + \mathrm{j}\,\omega C(R_L + R_C)}$$

Nun wird entsprechend Gl. (11.37) normiert. Die unabhängige Variable ist $\lambda = \omega/\omega_0$, die abhängige $\underline{w} = \underline{Z}/Z_0$.

$$\omega_0 = 1/\sqrt{LC} = 500\ \text{s}^{-1}$$
$$Z_0 = \sqrt{L/C} = 50\,\Omega$$

Ferner wird noch eingeführt $d_C = R_C/Z_0 = 0.6$ und $d_L = R_L/Z_0 = 0.4$. Damit ist

$$\underline{w}(\lambda) = \frac{d_L - d_C\lambda^2 + \mathrm{j}(\lambda + d_L d_C \lambda)}{(1 - \lambda^2) + \mathrm{j}(d_L + d_C)\,\lambda}$$

Die Division dieses Bruches liefert die Parameterform

$$u(\lambda) = [d_C\lambda^4 + (d_L + d_C)\, d_L d_C \lambda^2 + d_L]/N$$
$$v(\lambda) = [-(1-d_C^2)\,\lambda^3 + (1-d_L^2)\,\lambda]/N$$
$$N \quad = \lambda^4 + ((d_L + d_C)^2 - 2)\,\lambda^2 + 1$$

Einsetzen der Zahlenwerte ergibt

$$u = \frac{0.6\lambda^4 + 0.24\lambda^2 + 0.4}{\lambda^4 - \lambda^2 + 1} \qquad v = \frac{-0.64\lambda^3 + 0.84\lambda}{\lambda^4 - \lambda^2 + 1}$$

Außer den üblichen Schritten der Kurvendiskussion empfiehlt es sich, die Werte $\lambda = 0$ (Gleichstrom) und $\lambda \to \infty$ (sehr hohe Frequenzen) zu untersuchen. Dies ist eine Rechenkontrolle, weil das Verhalten der Schaltung in diesen Grenzfällen meist unmittelbar erkannt werden kann. Es ist

$$u(0) \; = 0.4 = d_L \qquad v(0) \; = 0 \quad \text{und damit} \quad \underline{Z}(0) \; = R_L$$
$$u(\infty) = 0.6 = d_C \qquad v(\infty) = 0 \quad \text{und damit} \quad Z(\infty) = R_C$$

Nun folgt die eigentliche Kurvendiskussion für $\lambda \geq 0$.
Abszissenschnittpunkte: $-0.64\lambda^3 + 0.84\lambda = 0$ liefert

$$\lambda_1 = 0 \qquad u(\lambda_1) = 0.4 \qquad \lambda_2 = 1.146 \qquad u(\lambda_2) = 1.240$$

Ordinatenschnittpunkte: $0.6\lambda^4 + 0.24\lambda^2 + 0.4 = 0$ hat keine reellen Lösungen.
Waagerechte Tangenten: $\dot{v}(\lambda) = 0$. Der Zähler von $\dot{v}$ beträgt

$$0.64\lambda^6 - 1.88\lambda^4 - 1.08\lambda^2 + 0.84 = 0$$

Mit $x = \lambda^2$ entsteht eine Gleichung 3. Grades. Die Lösungen werden in die Gleichungen für u und v eingesetzt und betragen

$$\lambda_1 = 0.6806 \qquad u_1 = 0.8517 \qquad v_1 = 0.4924$$
$$\lambda_2 = 1.8238 \qquad u_2 = 0.8969 \qquad v_2 = -0.2690$$

Senkrechte Tangenten: $\dot{u}(\lambda) = 0$.
Der Zähler von $\dot{u}$ beträgt

$$-1.68\lambda^5 + 0.8\lambda^3 + 1.28\lambda = 0$$

Nach $\lambda_1 = 0$ entsteht eine biquadratische Gleichung.

$$\lambda_1 = 0$$
$$u_1 = 0.4$$
$$v_1 = 0$$
$$\lambda_2 = 1.0691$$
$$u_2 = 1.2533$$
$$v_2 = 0.0998$$

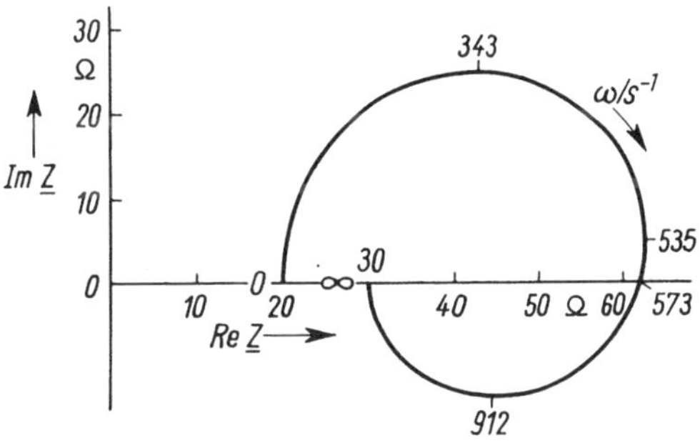

11.20

Bild **11**.20 zeigt das Diagramm mit entnormierten Größen. Es ist

$$\omega = \lambda \cdot 500\ \mathrm{s}^{-1} \qquad \mathrm{Re}\,\underline{Z} = u \cdot 50\ \Omega \qquad \mathrm{Im}\,\underline{Z} = v \cdot 50\ \Omega$$ ■

In Beispiel 3, Abschn. 8.2 wird eine Kurvendiskussion in der Exponentialform gezeigt.

11.3.5 Aufgaben zu Abschnitt 11.3

1. Die beiden Ortskurven $\underline{Z}(L)$ und $\underline{Y}(L)$ der in Bild **11**.21 gegebenen Schaltung sind für $R = 250\ \Omega$, $C = 1.5\ \mu\mathrm{F}$ und $\omega = 1500\ \mathrm{s}^{-1}$ zu rechnen und dann zu zeichnen.

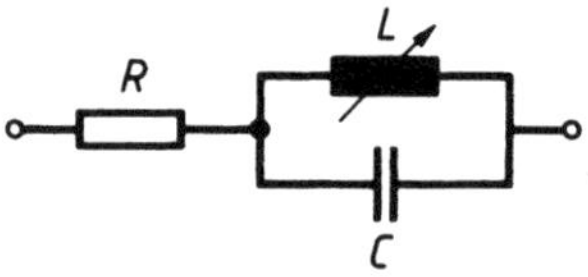

11.21

2. Eine Schaltung hat den Widerstand

$$\underline{Z} = R_2 + (R_1 + \mathrm{j}\,\omega L)(1 + \mathrm{j}\,\omega R_2 C)$$

Man berechne und konstruiere die Ortskurven von $\underline{Z}(R_2)$ und $\underline{Y}(R_2)$ für $L = 200\ \mathrm{mH}$, $C = 10\ \mu\mathrm{F}$, $R_1 = 40\ \Omega$, $\omega = 500\ \mathrm{s}^{-1}$.

3. Für die in Bild **11**.22 gezeigte Schaltung ist die Gleichung für $\underline{Z}(R)$ aufzustellen und die Ortskurve zu ermitteln und zu zeichnen. Es sind $L = 100\ \mathrm{mH}$, $C = 250\ \mu\mathrm{F}$, $\omega = 10^3 \cdot \mathrm{s}^{-1}$.

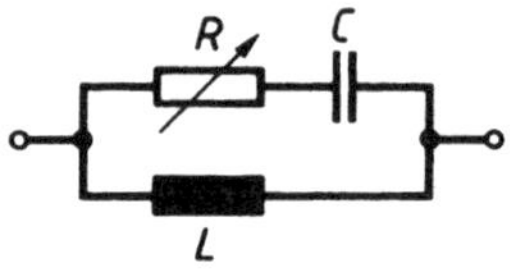

11.22

4. Für die in Beispiel 6 gezeigte Schaltung ist mit den gleichen Zahlenwerten und der gleichen Normierung die Ortskurve für $\underline{Y}(C)$ zu zeichnen.

5. Man zeige, daß die Ortskurve der in Beispiel 7 gezeigten Schaltung ein Kreis in allgemeiner Lage mit einer Funktion $g(\lambda)$ wird, wenn $d_L = d_C$ ist. Wie lauten $g(\lambda)$ und die Koeffizienten z_1, z_2, z_3 und z_4 der Gl. (11.42)?

6. Für die in Beispiel 7 gezeigte Schaltung ist mit den gleichen Zahlenwerten die Ortskurve für $Y(\lambda)$ zu diskutieren.

7. Für die in Bild **11**.22 gezeigte Schaltung ist die Gleichung für $\underline{Z}(\omega)$ aufzustellen und mit $\lambda = \omega/\omega_0$ und $\underline{w} = \underline{Z}/\underline{Z}_0$ zu normieren. Es ist eine Kurvendiskussion der Ortskurve mit den gleichen Zahlenwerten wie in Aufgabe 3 und $R = 40\ \Omega$ durchzuführen.

11.4 Komplexe Funktionen einer komplexen Veränderlichen

11.4.1 Grundbegriffe

Definition. *Eine komplexe Funktion einer komplexen Veränderlichen ist die Abbildung einer komplexen Definitionsmenge in eine komplexe Bildmenge. Man schreibt*

$$\boxed{w = f(z) \quad \text{mit} \quad z = x + \mathrm{j}y = r\,\mathrm{e}^{\mathrm{j}\varphi}} \tag{11.48}$$

x, y, r und φ sind reelle Variable. Die komplexen Größen z und w werden in diesem Abschnitt *nicht* unterstrichen. Auch w kann in der Komponenten- oder Exponentialform geschrieben werden. Somit ergeben sich vier Möglichkeiten

$$\begin{aligned} w &= u(x, y) + \mathrm{j}\,v(x, y) \qquad & w &= R(r, \varphi)\,\mathrm{e}^{\mathrm{j}\,\Phi(r, \varphi)} \\ w &= u(r, \varphi) + \mathrm{j}\,v(r, \varphi) \qquad & w &= R(x, y)\,\mathrm{e}^{\mathrm{j}\,\Phi(x, y)} \end{aligned} \tag{11.49}$$

In jeder der vier Schreibweisen handelt es sich um eine Parameterform mit zwei unabhängigen Variablen. Eine gegebene Abbildungsvorschrift, z.B. $w = 1/z$ oder $w = \cos z$ ist zunächst in eine der Formen der Gl. (11.49) zu überführen. Daraus kann eine Tafel berechnet, eine Kurvendiskussion durchgeführt und schließlich eine graphische Darstellung, die sog. konforme Abbildung gewonnen werden. Diese Abbildungen spielen z.B. in der Aerodynamik und in der elektrodynamischen Feldtheorie eine Rolle.

Die allgemeine theoretische Behandlung dieser Funktionen heißt Funktionentheorie und kann hier nur angedeutet werden. Unter Voraussetzungen, die denen der reellen Analysis entsprechen, gelten für das Differenzieren und Integrieren die gleichen Regeln wie dort, wobei j wie eine reelle Konstante behandelt wird.

In der theoretischen Physik spielt folgende Frage eine Rolle: Können zwei beliebige Funktionen $u(x, y)$ und $v(x, y)$ als Real- und Imaginärteil einer differenzierbaren komplexen Funktion $w = u(x, y) + \mathrm{j}\,v(x, y)$ angesehen werden? Die Antwort lautet: nein. Die Funktionen u und v müssen die Differentialgleichungen von Cauchy-Riemann erfüllen

$$\boxed{\frac{\partial u}{\partial x} = \frac{\partial v}{\partial y} \qquad \frac{\partial u}{\partial y} = -\frac{\partial v}{\partial x}} \tag{11.50}$$

Beweis. Es wird gezeigt, daß aus $w = u(x, y) + \mathrm{j}\,v(x, y)$ Gl. (11.50) folgt. Die auch in umgekehrter Richtung gültige Implikation kann hier nicht bewiesen werden. Die Gleichung für w wird unmittelbar und mit der Kettenregel partiell nach x und y differenziert

$$\frac{\partial w}{\partial x} = \frac{\partial u}{\partial x} + \mathrm{j}\frac{\partial v}{\partial x} = \frac{\partial w}{\partial z} \cdot \frac{\partial z}{\partial x} \qquad \frac{\partial w}{\partial y} = \frac{\partial u}{\partial y} + \mathrm{j}\frac{\partial v}{\partial y} = \frac{\partial w}{\partial z} \cdot \frac{\partial z}{\partial y}$$

Aus $z=x+\mathrm{j}y$ erhält man $\partial z/\partial x=1$ und $\partial z/\partial y=\mathrm{j}$. Dies wird in die vorstehenden Gleichungen eingesetzt. Die obere wird noch mit j multipliziert und ergibt

$$\mathrm{j}\frac{\partial w}{\partial z}=\mathrm{j}\frac{\partial u}{\partial x}-\frac{\partial v}{\partial x} \qquad \mathrm{j}\frac{\partial w}{\partial z}=\frac{\partial u}{\partial y}+\mathrm{j}\frac{\partial v}{\partial y}$$

Die linken Seiten dieser Gleichungen sind gleich. Ein Gleichsetzen der Real- und Imaginärteile der rechten Seite nach Gl. (11.6) liefert Gl. (11.50). □

Aus Gl. (11.50) ergeben sich die Differentialgleichungen von Laplace

$$\boxed{\frac{\partial^2 u}{\partial x^2}+\frac{\partial^2 u}{\partial y^2}=0 \qquad \frac{\partial^2 v}{\partial x^2}+\frac{\partial^2 v}{\partial y^2}=0} \tag{11.51}$$

Beweis. Die linke Gl. (11.50) wird partiell nach x, die rechte partiell nach y differenziert, dann werden beide addiert.

$$\frac{\partial^2 u}{\partial x^2}=\frac{\partial^2 v}{\partial x\partial y} \qquad \frac{\partial^2 u}{\partial y^2}=-\frac{\partial^2 v}{\partial y\partial x}$$

Dies ergibt die linke Gl. (11.51). Die rechte Seite der Gl. (11.51) ergibt sich, wenn die linke Gl. (11.50) partiell nach y, die rechte partiell nach x differenziert und anschließend addiert werden. □

Beispiel 1. An der Funktion $w=z^2$ ist zu zeigen, daß die Differentialgleichungen von Cauchy-Riemann und Laplace erfüllt sind.

$$w=(x+\mathrm{j}y)^2=(x^2-y^2)+\mathrm{j}(2xy)=u+\mathrm{j}v$$

$$\frac{\partial u}{\partial x}=\frac{\partial v}{\partial y}=2x \qquad \frac{\partial u}{\partial y}=-\frac{\partial v}{\partial x}=-2y$$

$$\frac{\partial^2 u}{\partial x^2}+\frac{\partial^2 u}{\partial y^2}=2-2=0 \qquad \frac{\partial^2 v}{\partial x^2}+\frac{\partial^2 v}{\partial y^2}=0$$ ■

11.4.2 Winkel- und Hyperbelfunktionen mit komplexem Argument

Zusammenhang mit der Exponentialfunktion. Addiert man die Euler-Gl. (11.14) für positiven und für negativen Exponenten

$$\mathrm{e}^{\mathrm{j}x}=\cos x+\mathrm{j}\sin x \qquad \mathrm{e}^{-\mathrm{j}x}=\cos x-\mathrm{j}\sin x \quad \text{mit} \quad x\in\mathbb{R}$$

so erhält man nach Addition und Division durch 2 $\cos x=(\mathrm{e}^{\mathrm{j}x}+\mathrm{e}^{-\mathrm{j}x})/2$. Subtrahiert man die beiden Gleichungen voneinander und dividiert sie dann durch j2, so wird $\sin x=(\mathrm{e}^{\mathrm{j}x}-\mathrm{e}^{-\mathrm{j}x})/\mathrm{j}2$.

Diese beiden Gleichungen haben eine formale Ähnlichkeit mit den Definitionsgleichungen der hyperbolischen Funktionen (Gl. (3.121))

$$\cosh x = \frac{e^x + e^{-x}}{2} \qquad \sinh x = \frac{e^x - e^{-x}}{2}$$

Auf Grund dieser Gleichungen für reelle x wird unter Einhaltung des Permanenzprinzips für $z \in \mathbb{C}$ definiert

$$\cos z = \frac{e^{jz} + e^{-jz}}{2} \qquad \sin z = \frac{e^{jz} - e^{-jz}}{j2} \qquad \tan z = \frac{\sin z}{\cos z} \tag{11.52}$$

$$\cosh z = \frac{e^z + e^{-z}}{2} \qquad \sinh z = \frac{e^z - e^{-z}}{2} \qquad \tanh z = \frac{\sinh z}{\cosh z} \tag{11.53}$$

Setzt man speziell $z = jy$, so wird

$$\cos jy = \frac{e^{-y} + e^y}{2} = \cosh y \qquad \sin jy = \frac{e^{-y} - e^y}{j2} = j\sinh y$$
$$\tan jy = \frac{\sin jy}{\cos jy} = j\tanh y \tag{11.54}$$

$$\cosh jy = \frac{e^{jy} + e^{-jy}}{2} = \cos y \qquad \sinh jy = \frac{e^{jy} - e^{-jy}}{2} = j\sin y$$
$$\tanh jy = \frac{\sinh jy}{\cosh jy} = j\tan y \tag{11.55}$$

Mit diesen Grundformeln erhält man für die Winkel- und Hyperbelfunktionen mit komplexem Argument folgende Darstellung als komplexe Zahl in der Komponentenform

$$\begin{aligned} \sin(x + jy) &= \sin x \cosh y + j \cos x \sinh y \\ \cos(x + jy) &= \cos x \cosh y - j \sin x \sinh y \\ \tan(x + jy) &= \frac{\sin 2x + j \sinh 2y}{\cos 2x + \cosh 2y} \end{aligned} \tag{11.56}$$

$$\begin{aligned} \sinh(x + jy) &= \sinh x \cos y + j \cosh x \sin y \\ \cosh(x + jy) &= \cosh x \cos y + j \sinh x \sin y \\ \tanh(x + jy) &= \frac{\sinh 2x + j \sin 2y}{\cosh 2x + \cos 2y} \end{aligned} \tag{11.57}$$

Die vorstehenden Umformungen ergeben sich durch Anwendung der Additionstheoreme und Gl. (11.54) und (11.55). Sie werden nur für die Sinus-Funktion gezeigt.

$$\begin{aligned}\sin(x+\mathrm{j}y) &= \sin x \cos \mathrm{j}y + \cos x \sin \mathrm{j}y\\ &= \sin x \cosh y + \mathrm{j} \cos x \sinh y\end{aligned}$$

Bei der Tangens-Funktion entsteht zunächst der Bruch zweier komplexer Zahlen. Es wird dividiert, und anschließend werden die Funktionen des doppelten Winkels benutzt.

Beispiel 2. Man bestimme Exponential- und Komponentenform von

a) $w_1 = \sin(0.1345 + \mathrm{j}0.556)$.

$$\begin{aligned}w_1 &= \sin(0.1345+\mathrm{j}0.556) = \sin 7.71^\circ \cosh 0.556 + \mathrm{j} \cos 7.71^\circ \sinh 0.556\\ &= 0.134\cdot 1.159 + \mathrm{j}0.991\cdot 0.585 = 0.155 + \mathrm{j}0.580 = 0.600\,\mathrm{e}^{\mathrm{j}75.0^\circ}\end{aligned}$$

b) $w_2 = \cosh(0.1345 + \mathrm{j}0.556)$.

$$\begin{aligned}w_2 &= \cosh 0.1345 \cos 31.9^\circ + \mathrm{j} \sinh 0.1345 \sin 31.9^\circ\\ &= 1.009\cdot 0.849 + \mathrm{j}0.1349\cdot 0.528 = 0.857 + \mathrm{j}0.071 = 0.857\,\mathrm{e}^{\mathrm{j}4.74^\circ}\end{aligned}$$ ■

In Gl. (11.52) und (11.53) wurde der Zusammenhang zwischen den Winkel- und Hyperbelfunktionen und der komplexen e-Funktion gezeigt. Entsprechend hängen die Umkehrfunktionen dieser Funktionen mit der komplexen Logarithmus-Funktion zusammen. Für die Area-Funktionen mit reellem Argument wurde dies bereits im Abschn. 3.5.5 gezeigt. Für die Arcus- und Area-Funktionen mit komplexem Argument gilt

$$\begin{aligned}&\operatorname{Arcsin} z = -\mathrm{j}\ln(\mathrm{j}z + \sqrt{1-z^2}) && \operatorname{Arsinh} z = \ln(z + \sqrt{1+z^2})\\ &\operatorname{Arccos} z = -\mathrm{j}\ln(z + \sqrt{z^2-1}) && \operatorname{Arcosh} z = \ln(z + \sqrt{z^2-1})\\ &\operatorname{Arctan} z = \frac{\mathrm{j}}{2}\ln\frac{1-\mathrm{j}z}{1+\mathrm{j}z} && \operatorname{Artanh} z = \frac{1}{2}\ln\frac{1+z}{1-z}\end{aligned} \qquad (11.58)$$

Das positive Vorzeichen vor der Wurzel und $k=0$ in Gl. (11.26) für den Logarithmus ergibt den Hauptwert der betreffenden Funktion.

Beweis für die Arcsin-Funktion.

$$w = \operatorname{Arcsin} z \quad \text{ergibt} \quad \sin w = z = \frac{\mathrm{e}^{\mathrm{j}w} - \mathrm{e}^{-\mathrm{j}w}}{\mathrm{j}2}$$

Diese Gleichung wird nach w aufgelöst

$$\mathrm{j}2z = \mathrm{e}^{\mathrm{j}w} - \mathrm{e}^{-\mathrm{j}w} \qquad \mathrm{e}^{\mathrm{j}2w} - \mathrm{j}2z\mathrm{e}^{\mathrm{j}w} - 1 = 0 \qquad \mathrm{e}^{\mathrm{j}w} = \mathrm{j}z \pm \sqrt{1-z^2}$$

$$\ln \mathrm{e}^{\mathrm{j}w} = \mathrm{j}w = \ln(\mathrm{j}z \pm \sqrt{1-z^2})$$

Division durch j ergibt die erste Gl. (11.58). □

Beispiel 3. a) Die bekannte Beziehung $\operatorname{Arccos} 0.5 = \pi/3$ ist mit der zweiten Gl. (11.58) auszurechnen.

$$\operatorname{Arccos} 0.5 = -\mathrm{j}\ln(0.5+\mathrm{j}\,0.8660) = -\mathrm{j}\ln(\mathrm{e}^{\mathrm{j}\pi/3}) = -\mathrm{j}\,\mathrm{j}\,\pi/3 = \pi/3$$

b) Man berechne $\operatorname{Arcsin}\pi$. Nach Gl. (11.58) ist

$$\begin{aligned}\operatorname{Arcsin} 3.1416 &= -\mathrm{j}\ln(\mathrm{j}\,3.1416+\mathrm{j}\,2.9782)\\ &= -\mathrm{j}\ln(6.1198\,\mathrm{e}^{\mathrm{j}\pi/2}) = -\mathrm{j}(1.8115+\mathrm{j}\,1.5708)\\ &= 1.5708-\mathrm{j}\,1.8115\end{aligned}$$

■

Beispiel 4. In der Nachrichtentechnik tritt die Aufgabe auf, in $\tanh(x+\mathrm{j}y) = r\mathrm{e}^{\mathrm{j}\varphi}$ bei gegebenen r und φ die Werte von x und y zu berechnen.

$$\tanh(x+\mathrm{j}y) = \tanh(z_1) = r\,\mathrm{e}^{\mathrm{j}\varphi} \qquad \tanh(x-\mathrm{j}y) = \tanh(z_2) = r\,\mathrm{e}^{-\mathrm{j}\varphi}$$

Die auch im Komplexen gültigen Additionstheoreme liefern

$$\tanh(z_1+z_2) = \frac{\tanh z_1 + \tanh z_2}{1+\tanh z_1 \tanh z_2} \qquad z_1+z_2 = 2x$$

$$\tanh(z_1-z_2) = \frac{\tanh z_1 - \tanh z_2}{1-\tanh z_1 \tanh z_2} \qquad z_1-z_2 = \mathrm{j}\,2y$$

Dies ergibt mit Gl. (11.54)

$$\tanh(2x) = \frac{r\,\mathrm{e}^{\mathrm{j}\varphi}+r\,\mathrm{e}^{-\mathrm{j}\varphi}}{1+r^2} = \frac{2r\cos\varphi}{1+r^2}$$

$$\tanh(\mathrm{j}\,2y) = \mathrm{j}\tan(2y) = \frac{r\,\mathrm{e}^{\mathrm{j}\varphi}-r\,\mathrm{e}^{-\mathrm{j}\varphi}}{1-r^2} = \mathrm{j}\,\frac{2r\sin\varphi}{1-r^2}$$

Nun werden die Umkehrfunktionen gebildet. Mit der letzten Gl. (11.58) erhält man

$$x = \frac{1}{2}\operatorname{Artanh}\left[\frac{2r\cos\varphi}{1+r^2}\right] = \frac{1}{4}\ln\left[\frac{1+r^2+2r\cos\varphi}{1+r^2-2r\cos\varphi}\right]$$

Für y ist die Umformung in den Logarithmus nicht erforderlich.

$$y = \frac{1}{2}\operatorname{Arctan}\left[\frac{2r\sin\varphi}{1-r^2}\right]$$

Die technisch sinnvolle Lösung ist hier nicht immer der Hauptwert der Funktion. ■

Beispiel 5. Nach Gl. (7.74) lautet der Fouriersche Integralsatz

$$f(t) = \frac{1}{\pi}\int_{-\infty}^{+\infty} f(\tau)\left[\int_0^{\infty}\cos\omega(t-\tau)\,\mathrm{d}\omega\right]\mathrm{d}\tau \qquad (11.59)$$

Man schreibe den Integralsatz symmetrisch mit Spektralfunktion für beliebige Funktionen f, die der Bedingung $\int_{-\infty}^{+\infty} |f(\tau)|\,\mathrm{d}\tau < C$ genügen, mit Hilfe der Exponentialfunktion. Es ist $\cos\omega(t-\tau) = \frac{1}{2}\,[\mathrm{e}^{\mathrm{j}\omega(t-\tau)} + \mathrm{e}^{-\mathrm{j}\omega(t-\tau)}]$. Damit wird

$$\int_0^\infty \cos\omega(t-\tau)\,\mathrm{d}\omega = \frac{1}{2}\int_0^\infty \mathrm{e}^{\mathrm{j}\omega(t-\tau)}\,\mathrm{d}\omega + \frac{1}{2}\int_0^\infty \mathrm{e}^{-\mathrm{j}\omega(t-\tau)}\,\mathrm{d}\omega$$

Setzt man im 2. Integral $\omega = -u$, so wird dieses Integral

$$-\frac{1}{2}\int_0^{-\infty} \mathrm{e}^{\mathrm{j}u(t-\tau)}\,\mathrm{d}u = \frac{1}{2}\int_{-\infty}^{0} \mathrm{e}^{\mathrm{j}\omega(t-\tau)}\,\mathrm{d}\omega$$

da die Bezeichnung der Integrationsveränderlichen beliebig ist. Hiermit wird

$$\int_0^\infty \cos\omega(t-\tau)\,\mathrm{d}\omega = \frac{1}{2}\int_{-\infty}^{+\infty} \mathrm{e}^{\mathrm{j}\omega(t-\tau)}\,\mathrm{d}\omega$$

Aus Gl. (11.59) folgt dann

$$f(t) = \frac{1}{2\pi}\int_{-\infty}^{+\infty} f(\tau)\left[\int_{-\infty}^{+\infty} \mathrm{e}^{\mathrm{j}\omega(t-\tau)}\,\mathrm{d}\omega\right]\mathrm{d}\tau = \frac{1}{2\pi}\int_{-\infty}^{+\infty} \mathrm{e}^{\mathrm{j}\omega t}\left[\int_{-\infty}^{+\infty} f(\tau)\,\mathrm{e}^{-\mathrm{j}\omega\tau}\,\mathrm{d}\tau\right]\mathrm{d}\omega$$

Definiert man die S p e k t r a l f u n k t i o n $\varphi(\omega)$ durch

$$\varphi(\omega) = \frac{1}{\sqrt{2\pi}}\int_{-\infty}^{+\infty} f(\tau)\,\mathrm{e}^{-\mathrm{j}\omega\tau}\,\mathrm{d}\tau \qquad \text{so ist} \qquad f(t) = \frac{1}{\sqrt{2\pi}}\int_{-\infty}^{+\infty} \varphi(\omega)\,\mathrm{e}^{\mathrm{j}\omega t}\,\mathrm{d}\omega$$

Setzt man $f(t) = \begin{cases} 0 & \text{für} \quad t<0 \\ \sqrt{2\pi}\,\mathrm{e}^{-xt} g(t) & \text{für} \quad t \geq 0 \end{cases}$ mit $x \in \mathbb{R}$ und $p = x + \mathrm{j}\omega$

sowie $\varphi(\omega) = G(p)$, so erhält man

$$G(p) = \int_0^\infty \mathrm{e}^{-p\tau} g(\tau)\,\mathrm{d}\tau \qquad g(t) = \frac{1}{2\pi\mathrm{j}}\int_{x-\mathrm{j}\infty}^{x+\mathrm{j}\infty} G(p)\,\mathrm{e}^{pt}\,\mathrm{d}p \tag{11.60}$$

Dies sind die Ausgangsgleichungen der L a p l a c e - T r a n s f o r m a t i o n (s. Abschn. 13.1). ■

11.4.3 Konforme Abbildung

Zur graphischen Darstellung einer Funktion $w = f(z)$ wird sowohl für die z- als auch für die w-Werte je eine Gaußsche Zahlenebene benötigt. Durch die Abbildungsvorschrift wird einem Punkt z_0 der z-Ebene ein entsprechender Punkt w_0 der w-Ebene zugeordnet. In vielen Fällen genügt es, nur das Koordinatennetz der z-Ebene in die w-Ebene abzubilden. Die Abbildung von Graphen der z-Ebene in die w-Ebene wird anschließend behandelt. Sowohl das Netz der rechtwinkligen als auch das der Polarkoordinaten bilden in der z-Ebene zwei senkrecht aufeinander stehende Kurvenscharen. Auf Grund des folgenden Satzes ergeben sich auch in der w-Ebene zwei senkrecht aufeinander stehende Kurvenscharen. Dies ist eine wichtige Rechenkontrolle.

Satz. Ist $f(z)$ in einem Gebiet G stetig und differenzierbar und ist außerdem in diesem Gebiet $f'(z) \neq 0$, so bleiben bei der Abbildung die Winkel zwischen entsprechenden Graphen erhalten. Eine derartige Abbildung heißt winkeltreu oder konform.

Der Begriff „Gebiet“ wird in Abschn. 9.1.1 definiert.

Der folgende Beweis liefert auch eine anschauliche Deutung von $\dfrac{\mathrm{d}w}{\mathrm{d}z} = f'(z)$.

Beweis. Bild **11.23** zeigt einen Graphen C mit einem Punkt z_0 und dem Steigungswinkel φ_0 in der z-Ebene und die entsprechenden mit $*$ bezeichneten Abbildungen in der w-Ebene. Der Grundgedanke des Beweises besteht darin, die Größe $\dot{w}_0$ einmal in der Parameterform und dann mit der Kettenregel zu berechnen und schließlich diese Ausdrücke gleichzusetzen.

In der Parameterform lauten die Gleichungen für C und C^*

$$z = x(\lambda) + \mathrm{j}\,y(\lambda) \qquad w = u(\lambda) + \mathrm{j}\,v(\lambda)$$

Es wird nach λ differenziert

$$\begin{aligned} \dot{z}_0 &= \dot{x}(\lambda_0) + \mathrm{j}\,\dot{y}(\lambda_0) = \dot{s}_0\,\mathrm{e}^{\mathrm{j}\varphi_0} \\ \dot{w}_0 &= \dot{u}(\lambda_0) + \mathrm{j}\,\dot{v}(\lambda_0) = \dot{s}_0^*\,\mathrm{e}^{\mathrm{j}\varphi_0^*} \end{aligned} \tag{11.61}$$

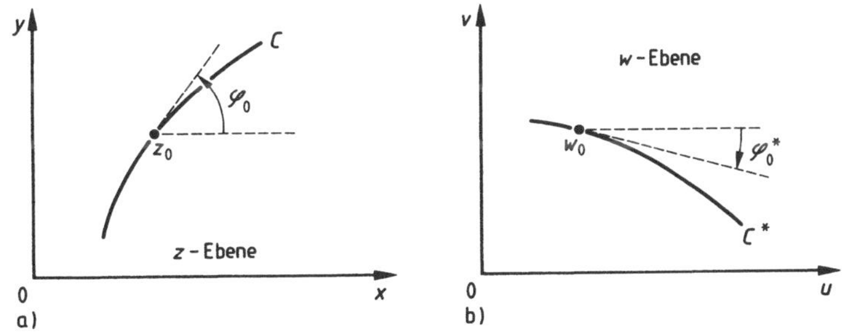

11.23

Für die Umformung in die Exponentialform ergibt sich für die z-Ebene aus den Gl. (11.5) und (11.15) formal

$$\tan\varphi_0 = \dot{y}/\dot{x} \quad \text{und} \quad \dot{s}_0 = \sqrt{\dot{x}^2 + \dot{y}^2}$$

Die geometrische Bedeutung dieser Größen ist aus den Gl. (8.3) und (8.9) ersichtlich. Danach ist φ_0 der Steigungswinkel und $\dot{s}_0$ die Änderung der Bogenlänge von C im Punkt z_0. Entsprechendes gilt in der w-Ebene.

Nach der Kettenregel ist

$$\dot{w} = \frac{dw}{dz} \cdot \frac{dz}{d\lambda} = f'(z) \cdot \dot{z}$$

Für $f'(z)$ gilt $f'(z) = |f'(z)|\, e^{j\,\mathrm{Arc}\, f'(z)}$, $\dot{z}$ erhält man aus der linken Gl. (11.61). Damit wird

$$\dot{w}_0 = |f'(z_0)|\, e^{j\,\mathrm{Arc}\, f'(z_0)}\, \dot{s}_0\, e^{j\varphi_0} = |f'(z_0)|\, \dot{s}_0\, e^{j(\mathrm{Arc}\, f'(z_0) + \varphi_0)}$$

Durch Vergleich mit der rechten Gl. (11.61) ergibt sich

$$\dot{s}_0^* = |f'(z_0)|\, \dot{s}_0 \qquad \varphi_0^* = \mathrm{Arc}\, f'(z_0) + \varphi_0 \tag{11.62}$$

Damit werden B e t r a g und R i c h t u n g von $f'(z_0)$

$$\boxed{|f'(z_0)| = \dot{s}_0^*/\dot{s}_0 \qquad \mathrm{Arc}\, f'(z_0) = \varphi_0^* - \varphi_0} \tag{11.63}$$

Nun wird gezeigt, daß die Schnittwinkel δ und δ^* je zweier Graphen in beiden Ebenen gleich sind (Bild **11.24**). Es gilt

$$\delta = \varphi_{02} - \varphi_{01} \quad \text{und} \quad \delta^* = \varphi_{02}^* - \varphi_{01}^*$$

Nach Gl. (11.62) ist

$$\varphi_{02}^* = \mathrm{Arc}\, f'(z_{02}) + \varphi_{02} \quad \text{und} \quad \varphi_{01}^* = \mathrm{Arc}\, f'(z_{01}) + \varphi_{01}$$

also ist $\quad \delta^* = \mathrm{Arc}\, f'(z_{02}) - \mathrm{Arc}\, f'(z_{01}) + \delta$

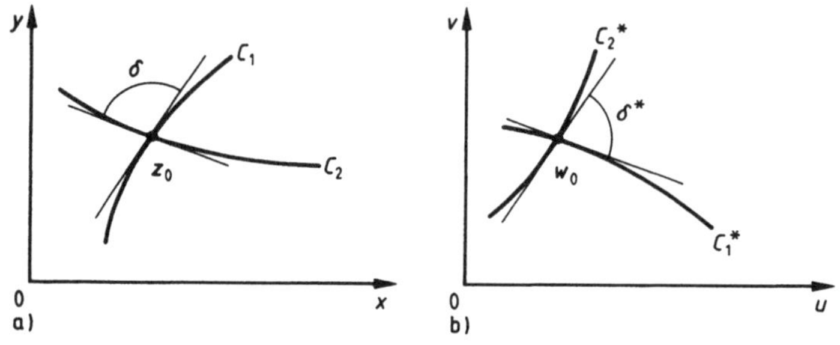

11.24

Wie im Reellen muß auch im Komplexen der Wert der Ableitung $f'(z_0)$ unabhängig vom Weg der Annäherung an den Punkt z_0 sein. Für die Annäherung auf den Graphen C_1 und C_2 gilt deshalb $\mathrm{Arc}\, f'(z_{01}) = \mathrm{Arc}\, f'(z_{02})$. Damit wird $\delta^* = \delta$. □

Abbildung des Koordinatennetzes der z-Ebene in die w-Ebene. Die in Gl. (11.49) gezeigten Parametergleichungen lauten ausführlich

$$\left.\begin{array}{llll} u=f_1(x, y) & v=f_2(x, y) & R=g_1(r, \varphi) & \Phi=g_2(r, \varphi) \\ u=h_1(r, \varphi) & v=h_2(r, \varphi) & R=k_1(x, y) & \Phi=k_2(x, y) \end{array}\right\} \tag{11.64}$$

Zunächst ist aus diesen vier Gleichungspaaren das passende auszuwählen. Am häufigsten werden die Größen u und v durch x und y augedrückt (linke obere Gl. (11.64)). Wenn keine weiteren Umformungen möglich sind, wird in beiden Parametergleichungen jeweils eine Größe der z-Ebene konstant gesetzt, die andere bleibt variabel. Damit erhält man eine Parameterdarstellung mit nur einer unabhängigen Variablen. In dieser Form kann eine Kurvendiskussion durchgeführt oder eine Tafel berechnet werden. Es ergibt sich ein Graph, an dem der Wert der konstanten Größe der z-Ebene angeschrieben wird. Für verschiedene Werte der einen Größe der z-Ebene erhält man eine Kurvenschar in der w-Ebene. Nun wird das gleiche Verfahren mit der anderen Größe der z-Ebene durchgeführt. Dies ergibt die zweite Kurvenschar in der w-Ebene. Nach dem Satz über konforme Abbildung müssen beide Kurvenscharen aufeinander senkrecht stehen.

Da dieses Verfahren sehr rechenaufwendig ist, empfiehlt es sich, zunächst zu versuchen, eine der Größen der z-Ebene zu eliminieren. Man erhält dann häufig Funktionen, deren Graphen aus wenigen Koeffizienten dargestellt werden können, z. B. Kegelschnitte. Die impliziten Gleichungen der Kegelschnitte sind keine Funktionen, sondern Relationen. Deshalb ist es in diesem Fall erforderlich, mindestens einen Punkt aus dem 1. Quadranten der z-Ebene mit der gegebenen Funktionsgleichung numerisch in den entsprechenden Punkt der w-Ebene umzurechnen, um festzustellen, in welchen Quadranten ein Gebiet des 1. Quadranten der z-Ebene abgebildet wird.

Für den Fall der Abbildung rechtwinkliger Koordinaten der z-Ebene in rechtwinklige Koordinaten in der w-Ebene ergibt sich mit den linken oberen Gleichungen (11.64) durch Eliminieren von x eine Gleichung $F_1(u, v, y)=\text{const}$. In dieser Gleichung wird $y=\text{const}$ gesetzt, und es ergibt sich die erste nach y beschriftete Kurvenschar der w-Ebene. Danach wird aus den beiden Gleichungen $f_1(x, y)$ und $f_2(x, y)$ die Größe y eliminiert. Dies ergibt eine Gleichung $F_2(u, v, x)=\text{const}$. Hier wird $x=\text{const}$ gesetzt, und man erhält die zweite Kurvenschar in der w-Ebene.

Beispiel 6. Man diskutierte die Abbildung $w=f(z)=\cos z$.
Mit $z=x+\mathrm{j}y$ und $w=u(x, y)+\mathrm{j}v(x, y)$ erhält man nach Gl. (11.56)

$$w=\cos x \cosh y-\mathrm{j} \sin x \sinh y$$

also $\quad u=\cos x \cosh y \qquad v=-\sin x \sinh y$

Aus $\quad \cos x=\dfrac{u}{\cosh y} \qquad \sin x=\dfrac{-v}{\sinh y}$

sowie $\quad \cosh y=\dfrac{u}{\cos x} \qquad \sinh y=\dfrac{-v}{\sin x}$

ergibt sich

$$\frac{u^2}{\cosh^2 y} + \frac{v^2}{\sinh^2 y} = 1 \quad \text{und} \quad \frac{u^2}{\cos^2 x} - \frac{v^2}{\sin^2 x} = 1$$

Hieraus folgt: Setzt man $y = \text{const}$, betrachtet man also Parallelen zur reellen Achse in der z-Ebene, so sind ihre Bilder in der w-Ebene Ellipsen. Die Bilder von Parallelen zur imaginären Achse $x = \text{const}$ in der z-Ebene sind in der w-Ebene Hyperbeln. Bild **11**.25 zeigt die Abbildung der vier Geraden $x = 0.4$, $y = 0.4$, $x = 0.8$ und $y = 0.8$ sowie des durch die vier Geraden in der z-Ebene bestimmten Gebietes. In diesem Gebiet liegt der Punkt $P(x; y) = P(0.5; 0.6)$. Sein Bild Q hat die Koordinaten $u = 1.0403$ und $v = -0.3052$.

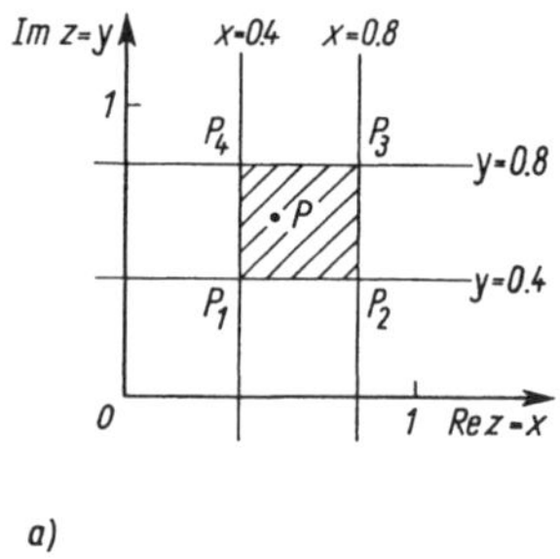

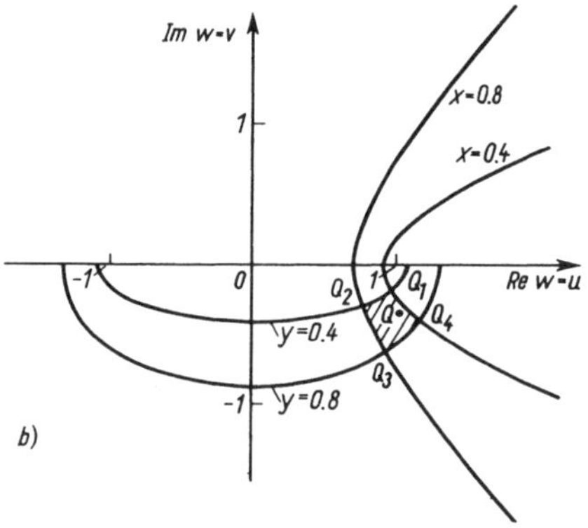

11.25

Wegen der Periodizität der Winkelfunktionen entsteht hier noch das Problem der sog. Faltung. Jeder Punkt der w-Ebene entspricht unendlich vielen Punkten der z-Ebene. So wird z.B. ein vertikaler Streifen der Breite π der z-Ebene auf die gesamte w-Ebene abgebildet. Das Bild der gesamten z-Ebene sind daher unendlich viele übereinanderliegende w-Ebenen (vielblätterige Riemannsche Fläche). Für $z = n\pi$ mit $n \in \mathbb{Z}$ wird $w' = 0$. Diese Punkte der reellen Achse der z-Ebene werden nicht konform in die w-Ebene abgebildet. ■

Beispiel 7. In der Elektrotechnik spielt die Abbildung der Funktion

$$w = \frac{z-1}{z+1} \tag{11.65}$$

eine wichtige Rolle. Die in Bild **11**.26 gezeigte Abbildung des rechtwinkligen Koordinatennetzes der z-Ebene in die w-Ebene heißt das Smith-Diagramm. Die vorstehende Funktion hat folgende bemerkenswerte Eigenschaft: Setzt man statt z den Wert $1/z$, erhält man

$$\frac{1/z-1}{1/z+1} = \frac{1-z}{1+z} = -w$$

Daraus folgt: Eine komplexe Zahl z_1 und ihr Kehrwert $z_2 = 1/z_1$ ergeben in der w-Ebene zwei Punkte w_1 und $w_2 = -w_1$. Diese beiden Punkte liegen punktsymmetrisch zum

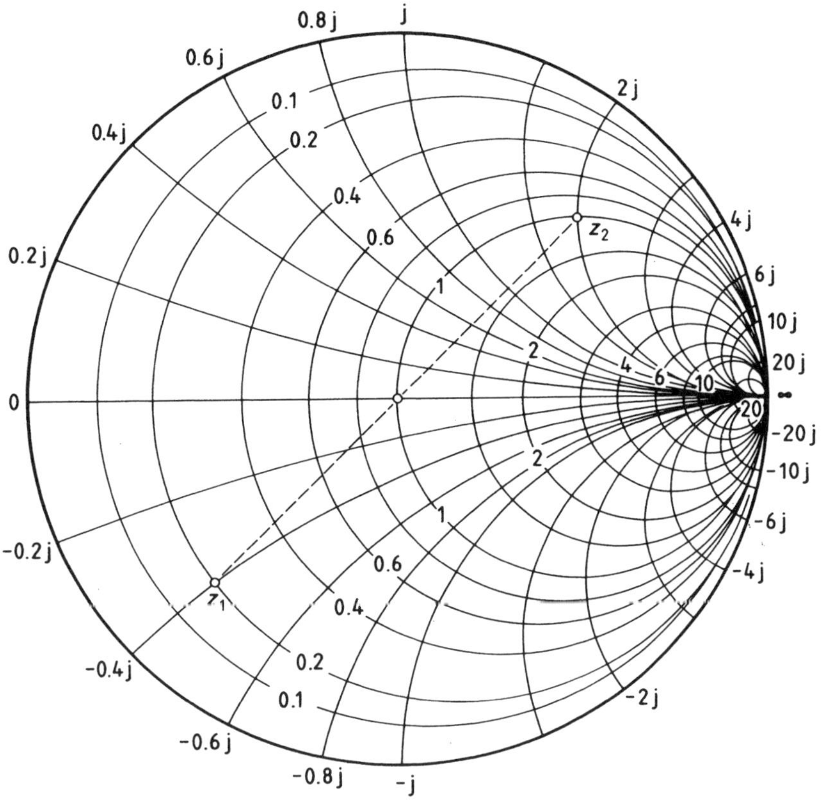

Ablesebeispiel: $z_1 = 0.2 - 0.4\,j$ $z_2 = 1/z_1 = 1 + 2\,j$

11.26

Koordinatenursprung des Diagramms. Das Smith-Diagramm liefert also eine einfache graphische Methode zur Kehrwertbildung komplexer Zahlen. Bild **11.**26 zeigt ein Ablesebeispiel.

Konforme Abbildung: Dividieren von $w = \dfrac{z-1}{z+1} = \dfrac{(x-1)+\mathrm{j}y}{(x+1)+\mathrm{j}y}$ liefert

$$u = \frac{x^2+y^2-1}{(x+1)^2+y^2} \tag{11.66}$$

und

$$v = \frac{2y}{(x+1)^2+y^2} \tag{11.67}$$

Aus Gl. (11.67) ergibt sich $(x+1)^2+y^2 = 2y/v$ und $x^2+y^2 = (2y/v)-2x-1$. Die rechten Seiten dieser Gleichungen werden in Gl. (11.66) eingesetzt und ergeben

$$y(u-1) = -v(x+1) \tag{11.68}$$

Diese Gleichung wird zum Eliminieren von x und y benutzt. Mit $y^2 = v^2(x+1)^2/(u-1)^2$ ergibt sich aus Gl. (11.66) als erste Kurvenschar der w-Ebene

$$\left(u - \frac{x}{x+1}\right)^2 + v^2 = \left(\frac{1}{x+1}\right)^2$$

Dies ist die Gleichung von Kreisen, deren Mittelpunkte auf der reellen Achse liegen. Insbesondere wird die imaginäre Achse der z-Ebene ($x=0$) zum Kreis $u^2+v^2=1$ in der w-Ebene. Die gesamte rechte Halbebene der z-Ebene wird in das Innere dieses Kreises abgebildet!

Aus Gl. (11.68) ergibt sich ferner $(x+1)^2 = \left(\frac{y}{v}(u-1)\right)^2$ und damit aus Gl. (11.67) für die zweite Kurvenschar $(u-1)^2 + (v-(1/y))^2 = (1/y)^2$. Hierdurch werden ebenfalls Kreise beschrieben, deren Radius gleich der Verschiebung des Mittelpunktes in v-Richtung ist. Deshalb verlaufen die Umfänge durch den Koordinatenursprung. ■

Für eine Abbildung des Netzes der Polarkoordinaten der z-Ebene in rechtwinklige Koordinaten der w-Ebene werden die linken unteren Gl. (11.64) benutzt. Aus beiden Gleichungen wird φ eliminiert, und es entsteht eine Gleichung $H_1(u, v, r) = \text{const}$. Sie ergibt die nach r beschriftete Kurvenschar. Dann wird r eliminiert und aus $H_2(u, v, \varphi) = \text{const}$ entsteht die nach φ beschriftete Kurvenschar. Entsprechend ist in den beiden restlichen Fällen zu verfahren.

Beispiel 8. In der Aerodynamik spielt die Abbildung der Funktion $w = z + 1/z$ eine Rolle. Mit $z = r\,e^{j\varphi}$ wird

$$w = f(z) = u(r, \varphi) + j\,v(r, \varphi) = r\,e^{j\varphi} + \frac{1}{r}\,e^{-j\varphi} = \left(r + \frac{1}{r}\right)\cos\varphi + j\left(r - \frac{1}{r}\right)\sin\varphi$$

Aus $\quad \cos\varphi = \dfrac{u}{r + \frac{1}{r}} \qquad \sin\varphi = \dfrac{v}{r - \frac{1}{r}}$

folgt $\quad \dfrac{u^2}{\left(r + \frac{1}{r}\right)^2} + \dfrac{v^2}{\left(r - \frac{1}{r}\right)^2} = 1 \quad$ und $\quad \dfrac{u^2}{4\cos^2\varphi} - \dfrac{v^2}{4\sin^2\varphi} = 1$

Diese Gleichungen zeigen, daß die Kreise $r = \text{const}$ der z-Ebene in Ellipsen und die Geraden $\varphi = \text{const}$ in Hyperbeln transformiert werden. Für $r \to 1$ entartet die Ellipse auf die doppelt durchlaufene Strecke $-2 \leq \text{Re}\,w \leq +2$. Es ist $w' = 1 - (1/z^2)$. Daher ist für die Punkte $z = \pm 1$ keine Winkeltreue vorhanden.

Bild **11.27** zeigt die Abbildung des Kreisringsektors $1.5 \leq r \leq 2$ und $30° \leq \varphi \leq 60°$. In der w-Ebene begrenzen die Ellipsen

$$\frac{u^2}{2.1667^2} + \frac{v^2}{0.8333^2} = 1 \qquad \frac{u^2}{2.5^2} + \frac{v^2}{1.5^2} = 1$$

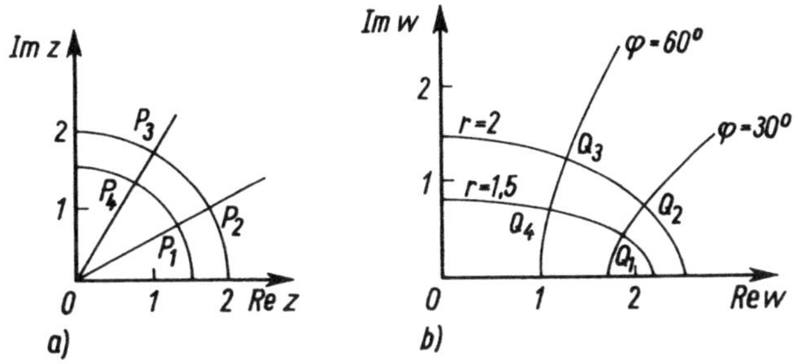

11.27

und die Hyperbeln

$$\frac{u^2}{1.7321^2} - \frac{v^2}{1^2} = 1 \qquad \frac{u^2}{1^2} - \frac{v^2}{1.7321^2} = 1$$

das Bildgebiet. Für $z = 2 + \mathrm{j}$ ist $w = 2 + \mathrm{j} + \dfrac{1}{2+\mathrm{j}} = 2.4 + \mathrm{j}0.8 = 2.53\,\mathrm{e}^{\mathrm{j}\,18.43°}$. Die Abbildung ist also quadrantentreu. ■

Abbildung von Graphen der z-Ebene in die w-Ebene.

Gl. (11.33) $\qquad z(\lambda) = x(\lambda) + \mathrm{j}y(\lambda) \quad$ oder $\quad z(\lambda) = r(\lambda)\,\mathrm{e}^{\mathrm{j}\varphi(\lambda)}$

wird in die Gleichung $w = f(z)$ eingesetzt und ergibt

$$w(\lambda) = u(\lambda) + \mathrm{j}v(\lambda) \quad \text{oder} \quad w(\lambda) = R(\lambda)\,\mathrm{e}^{\mathrm{j}\Phi(\lambda)} \tag{11.69}$$

Es entsteht also eine der in Abschn. 11.3 behandelten komplexen Funktionen einer reellen Variablen.

Beispiel 9. Ein Kreis in der z-Ebene mit dem Mittelpunkt $z_{\mathrm{M}} = a + \mathrm{j}b$ und dem Radius r ist mit $w = z + 1/z$ abzubilden. Mit den zusätzlichen Bedingungen, daß der Kreisumfang durch den Punkt $(-1; 0)$ verläuft und daß der Punkt $(1; 0)$ außerhalb des Kreises liegt, heißt die Abbildung das Joukowski-Profil. Wie Bild **11.28**b zeigt, hat es die Form des Profils einer Turbinenschaufel oder des Tragflügels eines Flugzeuges.

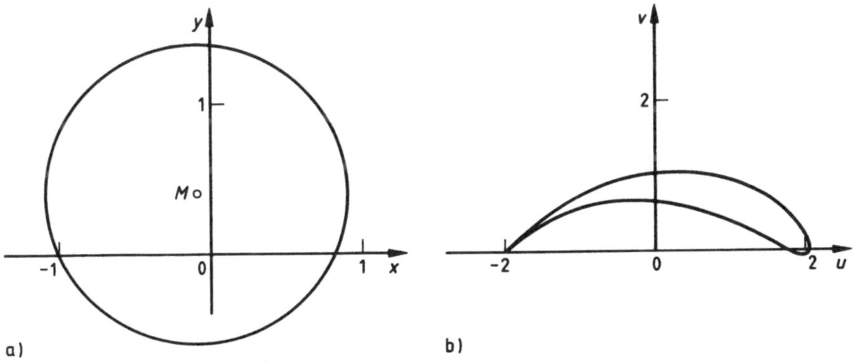

11.28

Entsprechend Beispiel 8 wird der Kreis in der z-Ebene in Polarkoordinaten mit dem Parameter φ dargestellt. Nach Bild **11.28**a ist mit $-0.5<a<0 \wedge r=\sqrt{(1+a)^2+b^2}$

$$z=(a+\mathrm{j}\,b)+r\,\mathrm{e}^{\mathrm{j}\varphi}=(a+r\cos\varphi)+\mathrm{j}\,(b+r\sin\varphi)$$

Damit erhält man für w nach Addieren und Trennen in Real- und Imaginärteil

$$w=(a+r\cos\varphi)\left(1+\frac{1}{N}\right)+\mathrm{j}\,(b+r\sin\varphi)\left(1-\frac{1}{N}\right)$$

mit $\quad N=(a+r\cos\varphi)^2+(b+r\sin\varphi)^2$

Bild **11.28** zeigt die Graphen in der z- und in der w-Ebene für $a=-0.1$ und $b=0.4$. ■

11.4.4 Aufgaben zu Abschnitt 11.4

1. Für die folgenden Funktionen ist das Netz der Polarkoordinaten der z-Ebene in Polarkoordinaten der w-Ebene abzubilden; insbesondere das Gebiet mit den Begrenzungen $0.5\leq r\leq 2.0$ und $30°\leq\varphi\leq 60°$.

a) $w=z^2$ b) $w=1/z$

2. Für die folgenden Funktionen ist das Netz der rechtwinkligen Koordinaten der z-Ebene in rechtwinklige Koordinaten der w-Ebene abzubilden; insbesondere das Gebiet mit den Begrenzungen $0.5\leq x\leq 1.0$ und $1.0\leq y\leq 2.0$.

a) $w=z^2$ b) $w=1/z$ c) $w=z-z^2$

3. Für die Funktion $w=A\,\mathrm{e}^{kz}$ ist das Netz der rechtwinkligen Koordinaten der z-Ebene in Polarkoordinaten der w-Ebene abzubilden; insbesondere für $A=1.2$ und $k=0.9$ das Gebiet mit den Begrenzungen $0.5\leq x\leq 1.0$ und $0.3\leq y\leq 1.0$.

4. Wie lautet die Gleichung der Geraden

$$z=(0.4+0.1\,\lambda)+\mathrm{j}\,(0.8-0.1\,\lambda)$$

in $w=\cos z$?

5. Der in Beispiel 9 betrachtete Kreis wird mit $w=1/z$ transformiert.

a) Wie lautet seine Gleichung in rechtwinkligen Koordinaten der w-Ebene?

b) Man führe mit den Zahlenwerten des Beispiels 9 eine Kurvendiskussion durch.

12 Gewöhnliche Differentialgleichungen

12.1 Analytische Lösungsmethoden

12.1.1 Begriffe. Einteilung

Definition. *Eine Gleichung, die außer den Variablen auch noch mindestens eine ihrer Ableitungen enthält, wird* Differentialgleichung (Dgl.) *genannt.*

Differentialgleichungen treten bei vielen Problemen der Naturwissenschaft, Technik und in der Wirtschaft auf. Man unterscheidet gewöhnliche und partielle Differentialgleichungen. Ist die gesuchte Funktion y nur von einer unabhängigen Variablen x abhängig, so liegt eine gewöhnliche Dgl. vor, hängt y dagegen von mehreren Variablen ab und kommen die Ableitungen nach diesen Variablen in der Dgl. vor, so spricht man von einer partiellen Dgl. Hier werden nur gewöhnliche Differentialgleichungen behandelt; diese haben die allgemeine Form

$$\boxed{f(x, y, y', y'', \ldots, y^{(n)}) = 0} \tag{12.1}$$

Ist die n-te Ableitung die höchste in der Dgl. vorkommende Ableitung, so heißt die Dgl. von n-ter Ordnung.

Beispiel 1. Darstellung einiger gewöhnlicher Differentialgleichungen

$$y^{(4)} + ay'' + by = cx^6 \quad \text{Dgl. 4. Ordnung} \tag{12.2}$$

$$y'' + p^2 y = 0 \quad \text{Dgl. 2. Ordnung} \tag{12.3}$$

$$\frac{y''}{\sqrt{1+y'^2}^{\,3}} = Cx \quad \text{Dgl. 2. Ordnung} \tag{12.4}$$

$$y' + 3x^2 y = 0 \quad \text{Dgl. 1. Ordnung} \tag{12.5}$$ ■

Definition. *Als* Lösung *einer Dgl. bezeichnet man eine Funktion, die mit ihren Ableitungen die Dgl. identisch erfüllt.*

Mit den hier in Abschn. 12.1 geschilderten Verfahren erhält man die gesuchte Funktion in Form einer Gleichung, mit den Verfahren von Abschn. 12.3 in Form einer Tafel und mit einem an eine Rechenanlage angeschlossenen Plotter in Form eines Graphen.

Beispiel 2. Eine Lösung der Dgl. (12.3) ist die Funktion

$$y = \sin px$$

denn es ist $y' = p \cos px$ und $y'' = -p^2 \sin px$. Man setzt y und y'' in die Dgl. ein und erhält $y'' + p^2 y = -p^2 \sin px + p^2 \sin px \equiv 0$ für jeden Wert von x.

Auch die Funktion $y = 4 \cos px$ ist eine Lösung von Dgl. (12.3), weil mit $y' = -4p \sin px$ und $y'' = -4p^2 \cos px$, also $-4p^2 \cos px + p^2 \cdot 4 \cos px \equiv 0$, die Dgl. für jeden Wert von x zu erfüllen ist. ■

Die Lösung einer Dgl. ist nicht immer durch elementare Funktionen möglich. Manche Funktionen sind erst als Lösung einer Dgl. definiert worden (z. B. die Bessel-Funktionen). Manche Dgl. können nur mit Hilfe eines numerischen Näherungsverfahrens gelöst werden (s. Abschn. 12.3).

In Beispiel 2 sind zwei verschiedene Funktionen als Lösungen von Dgl. (12.3) angegeben worden. Dabei ergibt sich die Frage nach weiteren Lösungen oder einer allgemeineren Form der Lösung.

Da bei jeder Integration eine Integrationskonstante auftritt, enthält die allgemeine Lösung einer Dgl. *n*-ter Ordnung *n* Integrationskonstanten.

Definition. *Die* allgemeine Lösung *einer Dgl. n-ter Ordnung ist eine Funktion, die mit ihren Ableitungen die Dgl. für* jeden *Wert der Variablen x erfüllt und überdies n frei wählbare, voneinander unabhängige Integrationskonstanten enthält.*

Haben eine oder mehrere der Konstanten bestimmte Werte, so entsteht aus der allgemeinen Lösung eine spezielle oder partikuläre Lösung. Die Integrationskonstanten werden bei technischen Problemen im allgemeinen durch bekannte (also vorgegebene) Funktionswerte und Ableitungen zu Beginn eines Vorganges oder am Rande eines Bereiches bestimmt. Man unterscheidet deshalb auch zwischen Anfangs- und Randbedingungen und entsprechend zwischen Anfangswert- und Randwertproblemen.

Beispiel 3. In Abschn. 12.1.4 wird gezeigt, daß die allgemeine Lösung der Dgl. (12.3)

$$y = A \sin px + B \cos px \tag{12.6}$$

lautet. Der Nachweis kann durch Einsetzen von y aus Gl. (12.6) und

$$y'' = -Ap^2 \sin px - Bp^2 \cos px$$

in Gl. (12.3) erbracht werden.

$$y'' + p^2 y = -Ap^2 \sin px - Bp^2 \cos px + p^2 (A \sin px + B \cos px) \equiv 0$$

ist für jeden Wert der Größen x, A und B erfüllt. Die in Beispiel 2 genannten Lösungen sind partikuläre Lösungen der Dgl. (12.3). Sie sind in der allgemeinen Lösung (12.6) enthalten. $y=\sin px$ erhält man z. B. durch Vorgabe der Anfangsbedingungen $y(0)=0$ und $y'(0)=p$, während die spezielle Lösung $y=4\cos px$ aus Gl. (12.6) durch Vorgabe der Randbedingungen $y(0)=4$ und $y(\pi/2p)=0$ entsteht. ■

12.1.2 Aufstellen von Differentialgleichungen

Zahlreiche Gesetze aus Naturwissenschaft und Technik führen bei praktischen Anwendungen auf Differentialgleichungen (Dgl.). Solche Gesetze sind zum Beispiel das 2. Newtonsche Axiom Kraft = Masse × Beschleunigung, der Energiesatz, das Gesetz vom Gleichgewicht der Kräfte in der Statik und das 1. und 2. Kirchhoffsche Gesetz in der Elektrotechnik. Häufig bereitet das Aufstellen solcher Differentialgleichungen Schwierigkeiten, weshalb es hier zunächst an Hand einiger Beispiele vorgeführt wird.

Beispiel 4. Fadenpendel. In Bild **12.1** ist ein Pendel mit der Masse m und der Länge l dargestellt. $\varphi=\varphi(t)$ ist der Winkel der Auslenkung zur Zeit t, und g bedeutet die Fallbeschleunigung. Die Schwingungsdifferentialgleichung erhält man dann aus dem Newtonschen Axiom.

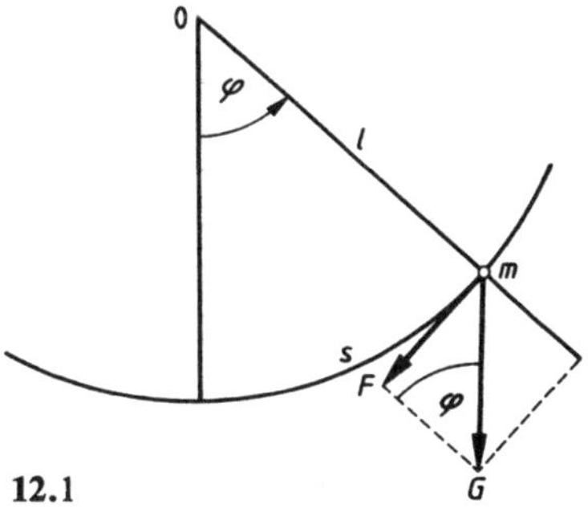

12.1

Die Kraft ist $F=G\cdot\sin\varphi$, mit $G=m\cdot g$. Wegen $s=l\varphi$ gilt für die Beschleunigung des Massenpunktes $\ddot{s}=l\ddot{\varphi}$, und damit

$$-mg\sin\varphi=ml\ddot{\varphi} \qquad \ddot{\varphi}+\frac{g}{l}\sin\varphi=0$$

Das Minuszeichen ist erforderlich, weil $\ddot{\varphi}$ in Richtung von φ positiv gezählt wird und F in entgegengesetzter Richtung wirkt. Für kleine Auslenkungen schwingt das Fadenpendel nahezu harmonisch. Es gilt dann wegen $\sin\varphi\approx\varphi$ für $\varphi\ll 1$

$$\ddot{\varphi}+\frac{g}{l}\varphi=0 \tag{12.7}$$

Dies ist eine homogene Dgl. 2. Ordnung mit konstanten Koeffizienten, deren Lösung in Abschn. 12.1.5 erfolgt. Die ursprüngliche, wegen der Sinusfunktion nichtlineare Dgl. für das Fadenpendel kann dagegen nicht geschlossen gelöst werden (s. Abschn. 12.3). ■

Beispiel 5. Barometrische Höhenformel. In einem Gas (zum Beispiel der Luft) ändert sich der Druck mit der Höhe. In dem in Bild **12.**2 gezeigten Volumenelement besteht Gleichgewicht zwischen den oben und unten auf die Grundfläche A wirkenden Druckkräften und dem Eigengewicht des Gases:

$$(p+\mathrm{d}p)\cdot A+\mathrm{d}G-p\cdot A=0$$

Es ist $\mathrm{d}G=\mathrm{d}m\cdot g=A\cdot\varrho\cdot g\cdot\mathrm{d}h$, also

$$\mathrm{d}p\cdot A+A\cdot\varrho\cdot g\cdot\mathrm{d}h=0 \qquad \frac{\mathrm{d}p}{\mathrm{d}h}+\varrho\cdot g=0$$

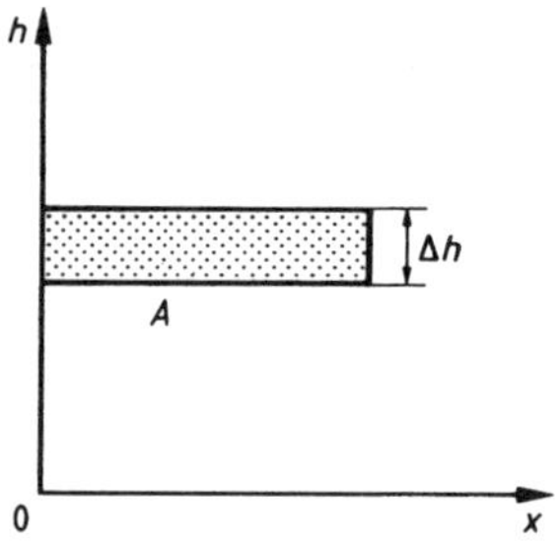

12.2

Nach dem Gesetz von Boyle-Mariotte hängt die Dichte ϱ vom Druck des Gases nach der Formel

$$\frac{p}{p_0}=\frac{\varrho}{\varrho_0}$$

ab. p_0 und ϱ_0 sind Bezugsgrößen, zum Beispiel die Werte am Boden. Drückt man ϱ durch p aus, so erhält man die Dgl.

$$\frac{\mathrm{d}p}{\mathrm{d}h}+\frac{\varrho_0 g}{p_0}p=0$$

für den Druck $p(h)$ in der Höhe h. Die Integration dieser Dgl., die in Abschn. 12.1.3 vorgeführt wird, führt dann auf die barometrische Höhenformel. ■

Beispiel 6. Seilreibung. Ein Zylinder wird auf einer festen Achse gelagert und durch ein Drehmoment M gedreht (**12.**3a). Ein um den Zylinder gelegtes Seil soll diesen durch die tangential zwischen Zylinder und Seil wirkende Reibkraft auf eine konstante Drehzahl bremsen. Die Haltekraft F_2 ist bei der durch M gegebenen Drehrichtung größer als die Haltekraft F_1, die Seilkraft ist also veränderlich. Man bestimme die Zugkraft im Seil als Funktion des Winkels φ.

Dazu denkt man sich ein Stück der Länge $\Delta s=r\cdot\Delta\varphi$ aus dem Seil herausgeschnitten (**12.**3b) und setzt für dieses Stück die Gleichgewichtsbedingungen für die an ihm angreifenden Kräfte an (**12.**3c):

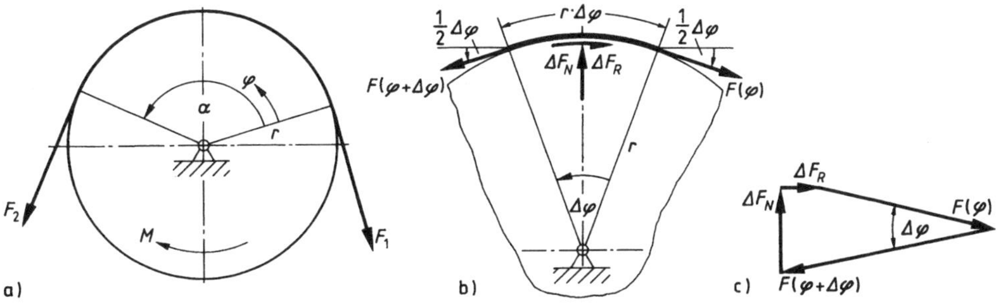

Gleichgewicht waagerecht: $0 = F(\varphi + \Delta\varphi) \cdot \cos\frac{\Delta\varphi}{2} - F(\varphi) \cdot \cos\frac{\Delta\varphi}{2} - \Delta F_R$

Gleichgewicht senkrecht: $0 = F(\varphi + \Delta\varphi) \cdot \sin\frac{\Delta\varphi}{2} + F(\varphi) \cdot \sin\frac{\Delta\varphi}{2} - \Delta F_N$

Hierin bedeuten $F(\varphi)$ und $F(\varphi + \Delta\varphi)$ die Seilkräfte an den Schnittstellen, ΔF_N die vom Zylinder auf das Seilstück ausgeübte Normalkraft und ΔF_R die Reibkraft zwischen Zylinder und Seilstück.

Löst man die erste Gleichgewichtsbedingung nach ΔF_R und die zweite nach ΔF_N auf und setzt beide Größen in die Coulombsche Reibungsgleichung (μ ist die Reibzahl)

$$\Delta F_R = \mu \cdot \Delta F_N$$

ein, so erhält man nach Dividieren durch $\Delta\varphi$

$$\frac{F(\varphi + \Delta\varphi) - F(\varphi)}{\Delta\varphi} \cos\frac{\Delta\varphi}{2} = \mu[F(\varphi + \Delta\varphi) + F(\varphi)] \frac{\sin(\Delta\varphi/2)}{2 \cdot (\Delta\varphi/2)}$$

Bildet man für diese Gleichung den Grenzwert $\Delta\varphi \to 0$, so wird aus dem Differenzenquotienten auf der linken Seite nach Gl. (5.2) die Ableitung und aus der eckigen Klammer der rechten Seite $2F(\varphi)$. Mit Gl. (2.26) ergibt sich schließlich die Differentialgleichung der Seilreibung

$$\frac{dF(\varphi)}{d\varphi} = \mu F(\varphi)$$

die nach der in Abschn. 12.1.3 dargestellten Methode gelöst werden kann. Die Lösung lautet $F(\varphi) = C e^{\mu\varphi}$.

Für $\varphi = 0$ ist $F(0) = F_1$, also $C = F_1$.
Für $\varphi = \alpha$ ist $F(\alpha) = F_2$, also $F_2 = F_1 e^{\mu\alpha}$ und $M = r(F_2 - F_1)$. ■

12.1.3 Trennung der Veränderlichen

Differentialgleichungen (Dgl.) erster Ordnung lassen sich durch eine einmalige Integration lösen, wenn es gelingt, sie so umzuformen, daß die Veränderlichen getrennt sind, daß also auf einer Seite der Dgl. nur eine Funktion von y steht, während die andere Seite der Gleichung nur von x abhängt. Dazu muß die Dgl. direkt oder durch Substitution einer neuen Veränderlichen in der Form eines Produktes

$$\boxed{y' = f_1(x) \cdot f_2(y)} \tag{12.8}$$

geschrieben werden können. Setzt man voraus, daß in dem betrachteten Intervall die Funktion $f_1(x)$ und $f_2(y)$ stetig sind und außerdem in diesem Intervall $f_2(y) \neq 0$ ist, so kann man Gl. (12.8) durch $f_2(y)$ dividieren und hat mit

$$\frac{y'}{f_2(y)} = f_1(x) \tag{12.9}$$

die Veränderlichen formal getrennt. Da $y = \psi(x)$ als Funktion von x gesucht ist, sind beide Seiten von Gl. (12.9) Funktionen von x und können über x integriert werden. Aus

$$\int \frac{y'}{f_2(y)}\,\mathrm{d}x = \int \frac{\psi'(x)}{f_2[\psi(x)]}\,\mathrm{d}x = \int f_1(x)\,\mathrm{d}x \tag{12.10}$$

folgt mit der Substitution $y = \psi(x)$, $\mathrm{d}y/\mathrm{d}x = \psi'(x)$ auf der linken Seite von Gl. (12.10) ein Integral mit der Variablen y

$$\int \frac{\mathrm{d}y}{f_2(y)} = \int f_1(x)\,\mathrm{d}x \tag{12.11}$$

Die Lösung kann man in allgemeiner Form

$$F_2(y) + C_2 = F_1(x) + C_1$$

schreiben. Die Differenz $C = C_1 - C_2$ der Integrationskonstanten ist wieder eine Konstante. Damit erhält man

$$F_2(y) = F_1(x) + C \tag{12.12}$$

Falls Gl. (12.12) nach y aufgelöst werden kann, ergibt sich

$$y = F_3(x, C) \tag{12.13}$$

als Lösung von Dgl. (12.8). Die Funktion $F_3(x, C)$ enthält eine noch frei wählbare Konstante. Es ist allerdings nicht immer möglich, die Integrale in Gl. (12.11) in geschlossener Form darzustellen.

Beispiel 7. Man löse die Dgl. $y' \sin x = y \cos x$.
Hier ist die Trennung möglich mit $f_1(x) = \cot x$ und $f_2(y) = y$

$$\frac{\mathrm{d}y}{\mathrm{d}x} = y \cot x \qquad \int \frac{\mathrm{d}y}{y} = \int \cot x \, \mathrm{d}x$$

$$\ln|y| = \ln|\sin x| + C \qquad y = \mathrm{e}^{C + \ln|\sin x|} = \mathrm{e}^C \, \mathrm{e}^{\ln|\sin x|} = \mathrm{e}^C \sin x$$

Mit $\mathrm{e}^C = A$, $A \in \mathbb{R}^+$ (es gilt sogar $A \in \mathbb{R}$), erhält man schließlich als Lösung der Dgl.

$$y = A \sin x$$ ■

Beispiel 8. Man bestimme beim freien Fall mit Luftwiderstand die Geschwindigkeit v und den Fallweg s als Funktionen der Zeit. Man nehme an, daß der Luftwiderstand proportional dem Quadrat der Fallgeschwindigkeit wächst.

Aus dem Newton-Grundgesetz $F = ma$ ergibt sich unter der Annahme, daß die Erdanziehungskraft als konstant angesehen werden kann (was innerhalb der Erdatmosphäre immer zulässig ist)

$$mg - mkv^2 = ma = m \frac{\mathrm{d}v}{\mathrm{d}t}$$

Hierin ist m die Masse des fallenden Körpers und k eine Konstante, die von der Dichte der Luft und den geometrischen Eigenschaften des fallenden Körpers abhängt. Da die Gravitationskraft größer als die Widerstandskraft ist, gilt $g > kv^2$.

In der Dgl. können die Veränderlichen getrennt werden. Durch algebraische Umformung erhält man

$$\frac{\mathrm{d}t}{\mathrm{d}v} = \frac{1}{g - kv^2} \qquad t - t_0 = \frac{1}{g} \int \frac{\mathrm{d}v}{1 - \frac{k}{g} v^2} = \frac{1}{\sqrt{gk}} \int \frac{\mathrm{d}u}{1 - u^2}$$

wenn $u = \sqrt{\frac{k}{g}}\, v$ als neue Veränderliche eingeführt wird. Damit ergibt sich

$$t - t_0 = \frac{1}{\sqrt{gk}} \frac{1}{2} \ln \left| \frac{1+u}{1-u} \right| = \frac{1}{2\sqrt{gk}} \ln \left| \frac{1 + \sqrt{\frac{k}{g}}\, v}{1 - \sqrt{\frac{k}{g}}\, v} \right| = \frac{1}{\sqrt{gk}} \operatorname{Artanh}\left(\sqrt{\frac{k}{g}}\, v\right)$$

Durch Auflösen nach v erhält man

$$v = \sqrt{\frac{g}{k}} \tanh\left[\sqrt{gk}\,(t - t_0)\right]$$

Wenn beim Fall für $t = 0$ die Anfangsbedingung $v = 0$ erfüllt sein soll, ist $t_0 = 0$. Für genügend große Fallzeiten ist $\tanh(\sqrt{gk}\, t) \approx 1$, und v strebt gegen den konstanten Wert $v_E = \sqrt{g/k}$. Bei kleinen Fallzeiten macht sich der Luftwiderstand noch nicht sehr bemerkbar. Entwickelt man die Funktion in eine Taylor-Reihe und bricht nach dem ersten Glied ab, so ist

$$v = \sqrt{\frac{g}{k}}\,(\sqrt{gk}\,t - \ldots) = g\,t + \ldots$$

wie beim freien Fall ohne Luftwiderstand. Die Fallstrecke ergibt sich durch Integration

$$s = \int v\,\mathrm{d}t = \sqrt{\frac{g}{k}} \int \tanh(\sqrt{gk}\,t)\,\mathrm{d}t = \frac{1}{k} \ln \cosh(\sqrt{gk}\,t) + C$$

mit $C=0$, wenn $s=0$ für $t=0$ ist. Eine Reihenentwicklung für kleine Fallzeiten führt auf $s=gt^2/2$, s. auch Beispiel 15, Abschn. 5.2. ■

Beispiel 9. Entladung eines Kondensators. Der auf die Spannung $u=U$ aufgeladene Kondensator (Schalterstellung in Bild **12.4**a gestrichelt) wird über den Widerstand R entladen. Wie hängt die Ladung q von der Zeit t ab?

Der auf die Spannung $u=U$ aufgeladene Kondensator trägt die Ladung $q_0 = C \cdot U$. Wird der Schalter zur Zeit $t=0$ nach unten gebracht, fließt in dem geschlossenen Stromkreis der Strom i, und es gilt $u_R + u = 0$. Da $i = \mathrm{d}q/\mathrm{d}t$ und $q = C \cdot u$ sind, erhält man

$$R\,\frac{\mathrm{d}q}{\mathrm{d}t} + \frac{1}{C}\,q = 0 \qquad \frac{\mathrm{d}q}{\mathrm{d}t} = -\frac{1}{RC}\,q$$

Die Trennung der Variablen führt auf

$$\int \frac{\mathrm{d}q}{q} = -\frac{1}{RC} \int \mathrm{d}t$$

mit der Lösung

$$\ln q = -\frac{t}{RC} + \ln c \qquad q(t) = c\,\mathrm{e}^{-\frac{t}{RC}}$$

Hier ist es zweckmäßig, die Integrationskonstante $\ln c$ zu nennen. Für $t=0$ ist $q=q_0$, daher lautet die hier gesuchte partikuläre Lösung

$$q = q_0\,\mathrm{e}^{-\frac{t}{RC}} \tag{12.14}$$

Bild **12.4**b zeigt die Lösungsfunktion.

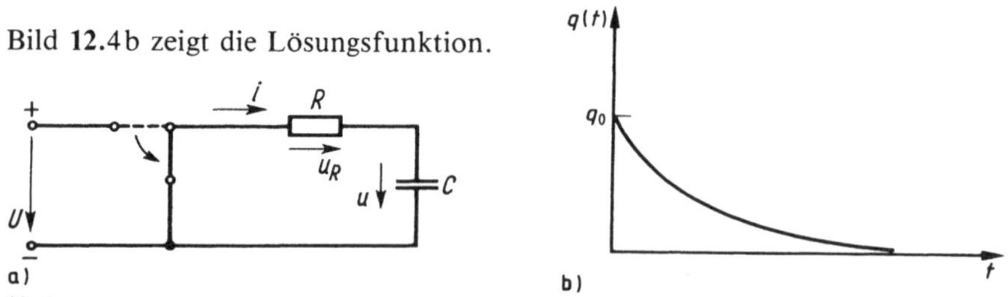

12.4

■

12.1.4 Lineare Differentialgleichungen

Definition. *Differentialgleichungen, in denen die Funktion y und deren Ableitungen nur in der ersten Potenz und nicht miteinander multipliziert vorkommen, heißen* lineare Dgl. *Sie haben die* allgemeine Form

$$\sum_{i=0}^{n} f_i(x)\, y^{(i)} = g(x) \tag{12.15}$$

Hierin bedeutet $y^{(i)}$ die i-te Ableitung der Funktion y nach x. Die Funktion $g(x)$ heißt Störfunktion. Lineare Dgl. sind z. B.

$$y'' + y = 0 \qquad x y'' + 3y' + e^x y = \sin 3x$$
$$y' + x^3 y = 4x^3 \qquad y^{(4)} + 2y'' + y = 0$$

während die Gleichung

$$y' \cdot y = 1$$

nichtlinear ist, weil in ihr das Produkt der Funktion y mit ihrer Ableitung y' vorkommt. Ist die Störfunktion identisch gleich Null, wie in der ersten und vierten der vorstehenden Gleichungen, so spricht man von einer homogenen oder verkürzten Dgl. Die Lösung einer homogenen Dgl.

$$\sum_{i=0}^{n} f_i(x)\, y^{(i)} = 0 \tag{12.16}$$

ist häufig einfacher als die Lösung einer inhomogenen Dgl.

Überlagerung von Lösungen. Bei linearen Dgl. kann man die allgemeine Lösung aus Teillösungen zusammensetzen, von denen eine allein die homogene (verkürzte) Dgl. erfüllen muß.

Satz. Bei linearen Dgl. kann die Lösung von Gl. (12.15) aus der allgemeinen Lösung $y_{(h)}$ der homogenen Dgl. (12.16) und einer speziellen Lösung $y_{(s)}$ der vollständigen Dgl. (12.15) additiv zusammengesetzt werden.

Beweis. Ist $y_{(h)}$ die allgemeine Lösung von Gl. (12.16), dann ist

$$\sum_{i=0}^{n} f_i(x)\, y_{(h)}^{(i)} = 0 \tag{12.17}$$

Setzt man die spezielle Lösung $y_{(s)}$ in Gl. (12.15) ein, so ergibt sich

$$\sum_{i=0}^{n} f_i(x)\, y_{(s)}^{(i)} = g(x) \tag{12.18}$$

Durch Addieren von Gl. (12.17) und Gl. (12.18) findet man

$$\sum_{i=0}^{n} f_i(x)\,[y_{(h)}^{(i)} + y_{(s)}^{(i)}] = \sum_{i=0}^{n} f_i(x)\,[y_{(h)} + y_{(s)}]^{(i)} = g(x) \tag{12.19}$$

also erfüllt die Summe $y = y_{(h)} + y_{(s)}$ die Dgl. (12.15) und ist daher eine Lösung. Sie ist zugleich die allgemeine Lösung, da sie alle erforderlichen Integrationskonstanten enthält. □

Eine spezielle Lösung der vollständigen Dgl. wird häufig aus der technischen Problemstellung (z. B. als bekannter Sonderfall des Problems) oder aus einem plausiblen mathematischen Ansatz gefunden.

Lineare Dgl. 1. Ordnung. Bei linearen Dgl. 1. Ordnung

$$\boxed{f_1(x)\,y' + f_0(x)\,y = g(x)} \tag{12.20}$$

läßt sich die homogene Dgl.

$$f_1(x)\,y' + f_0(x)\,y = 0 \tag{12.21}$$

unter den in Abschn. 12.1.3 genannten Voraussetzungen immer durch Trennung der Variablen lösen. Es ist

$$\frac{y'}{y} = -\frac{f_0(x)}{f_1(x)} \qquad \int \frac{y'}{y}\,\mathrm{d}x = -\int \frac{f_0(x)}{f_1(x)}\,\mathrm{d}x$$

und nach Substitution auf der linken Seite

$$\int \frac{\mathrm{d}y}{y} = -\int \frac{f_0(x)}{f_1(x)}\,\mathrm{d}x$$

Die Integration ergibt

$$\ln y = -\int \frac{f_0(x)}{f_1(x)}\,\mathrm{d}x + \ln C$$

$$y = C\exp\left(-\int \frac{f_0(x)}{f_1(x)}\,\mathrm{d}x\right) = C y_{\mathrm{h}}(x) \tag{12.22}$$

C ist die Integrationskonstante und $y_{\mathrm{h}}(x)$ die Lösung der homogenen Dgl. für $C = 1$.

Variation der Konstanten. Das Finden einer speziellen Lösung der vollständigen Dgl. (12.20) ist nicht immer einfach. Man versucht deshalb für diese einen Ansatz, der der Form der Lösung in Gl. (12.22) ähnelt. Dazu setzt man anstelle der Konstanten C eine Funktion $\varphi(x)$ der unabhängigen Variablen an und untersucht die Bedingungen, unter denen die Funktion

$$y = \varphi(x)\,y_{\mathrm{h}}(x) \tag{12.23}$$

eine Lösung der inhomogenen Dgl. (12.20) darstellt. Da hier anstelle der Konstanten C die variable Größe $\varphi(x)$ eingesetzt wurde, nennt man dieses Verfahren die Variation der Konstanten. Wenn die Funktion y in Gl. (12.23) eine Lösung der gegebenen Dgl. (12.20) ist, erfüllt sie diese Gleichung identisch. Durch Einsetzen von

$$y = \varphi(x)\, y_h(x) \qquad y' = \varphi'(x)\, y_h(x) + \varphi(x)\, y_h'(x) \tag{12.24}$$

in Gl. (12.20) erhält man

$$f_1(x)\,[\varphi'(x)\, y_h(x) + \varphi(x)\, y_h'(x)] + f_0(x)\,\varphi(x)\, y_h(x) = g(x)$$

und durch Sortieren nach Termen mit φ und φ'

$$f_1(x)\,\varphi'(x)\, y_h(x) + \varphi(x)\,[f_1(x)\, y_h'(x) + f_0(x)\, y_h(x)] = g(x)$$

Da $y_h(x)$ Lösung der homogenen Dgl. ist, ist der Ausdruck in den eckigen Klammern gleich Null, und es folgt

$$f_1(x)\,\varphi'(x)\, y_h(x) = g(x)$$

$$\varphi(x) = \int \frac{g(x)}{f_1(x)\, y_h(x)}\, dx + k$$

$\varphi(x)$ wird nun in den Ansatz Gl. (12.23) eingesetzt. Dann hat man die allgemeine Lösung einer linearen Dgl. 1. Ordnung gefunden. Es ist

$$y = \left[\int \frac{g(x)}{f_1(x)\, y_h(x)}\, dx + k\right] y_h(x) \tag{12.25}$$

wobei $y_h(x)$ die Lösung der homogenen Dgl. (12.21) bedeutet und aus Gl. (12.22) berechnet wird.

Wie die folgenden Beispiele zeigen, ist es oft einfacher, Gl. (12.24) unmittelbar zu berechnen und in die inhomogene Dgl. einzusetzen.

Beispiel 10. Man löse die inhomogene Dgl. 1. Ordnung $y' - (y/x) = x^2$ mittels Trennung der Variablen und Variation der Konstanten.

Die Trennung der Variablen in der homogenen Dgl. führt auf

$$\frac{dy}{y} = \frac{dx}{x} \qquad \ln y = \ln x + \ln C \qquad y = Cx$$

Die Integrationskonstante C wird nun durch die Funktion $\varphi(x)$ ersetzt. Damit wird

$$y = \varphi(x)\, x \qquad y' = \varphi'(x)\, x + \varphi(x)$$

Setzt man y und y' in die inhomogene Dgl. ein, so folgt

$$\varphi'(x)\, x + \varphi(x) - \varphi(x) = x^2 \qquad \varphi'(x) = x \qquad \varphi(x) = \frac{x^2}{2} + k$$

Damit erhält man die Lösung der inhomogenen Dgl.

$$y = \frac{x^3}{2} + kx$$ ■

Beispiel 11. Aufladen eines Kondensators. In Bild **12.**4a sei nun der Kondensator entladen (Schalter unten). Für $t = 0$ werde die Gleichspannung $u = U$ angelegt (Schalter nach links). Entsprechend Beispiel 9 erhält man jetzt aus $u_R + u = U$ die inhomogene Dgl.

$$\frac{dq}{dt} + \frac{1}{RC}q = \frac{U}{R}$$

Um eine spezielle Lösung zu erhalten, wird die Konstante q_0 in der Lösung Gl. (12.14) variiert

$$q(t) = q_0(t)\,e^{-\frac{t}{RC}} \qquad \dot{q}(t) = \dot{q}_0(t)\,e^{-\frac{t}{RC}} - \frac{1}{RC}q_0(t)\,e^{-\frac{t}{RC}}$$

Einsetzen von q und $\dot{q}$ in die inhomogene Dgl. führt auf

$$\dot{q}_0(t)\,e^{-\frac{t}{RC}} - \frac{1}{RC}q_0(t)\,e^{-\frac{t}{RC}} + \frac{1}{RC}q_0(t)\,e^{-\frac{t}{RC}} = \frac{U}{R}$$

$$\dot{q}_0(t) = \frac{U}{R}\,e^{\frac{t}{RC}} \qquad q_0(t) = UC\,e^{\frac{t}{RC}} + \overline{q}_0$$

Setzt man $q_0(t)$ in die Gleichung für $q(t)$ ein, so erhält man

$$q(t) = UC + \overline{q}_0\,e^{-\frac{t}{RC}}$$

Zu Beginn des Vorgangs sei der Kondensator leer. Dann gilt mit $q(0) = 0$ $\overline{q}_0 = -UC$ und

$$q(t) = UC\left(1 - e^{-\frac{t}{RC}}\right)$$

Bild **12.**5 zeigt die Ladung des Kondensators in Abhängigkeit von der Zeit.

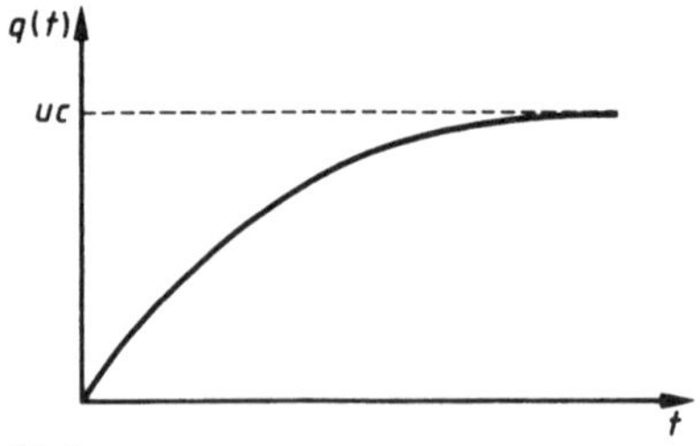

12.5

Die inhomogene Dgl. kann auch ohne Variation der Konstanten gelöst werden, da hier die rechte Seite der Dgl. unabhängig von t ist:

$$\dot{q} = -\frac{1}{RC}q + \frac{U}{R} = -\frac{q-UC}{RC} = f(q)$$

Die Trennung der Variablen führt auf

$$\int \frac{\mathrm{d}q}{q-UC} = -\int \frac{\mathrm{d}t}{RC} \qquad \ln|q-UC| = -\frac{t}{RC} + \ln \bar{q}_0$$

$$q-UC = \bar{q}_0\, \mathrm{e}^{-\frac{t}{RC}}$$

und damit wieder auf die Lösung der inhomogenen Dgl. ■

12.1.5 Lineare Differentialgleichungen mit konstanten Koeffizienten

Bei den häufig vorkommenden linearen Dgl. mit konstanten Koeffizienten a_i

$$\boxed{\sum_{i=0}^{n} a_i y^{(i)} = g(x)} \tag{12.26}$$

wird der Lösungsgang ebenfalls in zwei Schritte zerlegt: das Aufsuchen einer speziellen Lösung $y_{(s)}$ der vollständigen Gleichung und das Bestimmen der allgemeinen Lösung $y_{(h)}$ der verkürzten (homogenen) Gleichung.

Homogene Dgl. Die homogene Dgl. mit konstanten Koeffizienten

$$\boxed{a_n y^{(n)} + a_{n-1} y^{(n-1)} + \ldots + a_2 y'' + a_1 y' + a_0 y = 0} \tag{12.27}$$

läßt als Lösung Funktionen zu, deren Ableitungen sich untereinander nur um konstante Faktoren unterscheiden. Diese Eigenschaft hat die Exponentialfunktion

$$y = C\,\mathrm{e}^{px} \tag{12.28}$$

Es liegt deshalb nahe, Gl. (12.28) als Lösungsansatz zu verwenden. Man setzt diese Funktion und ihre Ableitungen $y' = Cp\,\mathrm{e}^{px}$, $y'' = Cp^2\,\mathrm{e}^{px}$, ..., $y^{(n)} = Cp^n\,\mathrm{e}^{px}$ in die Dgl. (12.27) ein und untersucht, für welche Werte C und p der Ansatz (12.28) eine Lösung darstellt

$$a_n p^n C\,\mathrm{e}^{px} + a_{n-1} p^{n-1} C\,\mathrm{e}^{px} + \ldots + a_2 p^2 C\,\mathrm{e}^{px} + a_1 p C\,\mathrm{e}^{px} + a_0 C\,\mathrm{e}^{px} = 0$$

Da e^{px} für keinen Wert Null wird und eine Lösung $C=0$ meistens keine Bedeutung hat, kann man auch $C \neq 0$ voraussetzen und durch $C\,\mathrm{e}^{px}$ teilen. Man erhält dann als Bedingung für p die charakteristische Gleichung

$$\boxed{a_n p^n + a_{n-1} p^{n-1} + \ldots + a_2 p^2 + a_1 p + a_0 = 0} \tag{12.29}$$

Diese Gleichung hat als Polynom n-ten Grades n Lösungen $p_1, p_2, \ldots, p_n$, die reell oder komplex, einfach oder untereinander gleich sein können.

Die Funktion

$$y_{(h)i} = C_i \, e^{p_i x} \tag{12.30}$$

mit beliebiger Konstante C_i ist also eine Lösung von Dgl. (12.27), wenn p_i eine Lösung der charakteristischen Gleichung (12.29) ist.

Sind alle p_i reell und voneinander verschieden, so hat man n Lösungen $y_{(h)1} = C_1 \, e^{p_1 x}$, $y_{(h)2} = C_2 \, e^{p_2 x}$, ..., $y_{(h)n} = C_n \, e^{p_n x}$ gefunden, die jede für sich die linke Seite von Gl. (12.27) zu Null machen. Dann macht auch die Summe der Einzellösungen wegen der Linearität die linke Seite zu Null.

Die vollständige Lösung von Gl. (12.27) lautet demnach

$$y_{(h)} = C_1 \, e^{p_1 x} + C_2 \, e^{p_2 x} + \ldots + C_n \, e^{p_n x} = \sum_{i=1}^{n} C_i \, e^{p_i x} \tag{12.31}$$

falls $p_1 \neq p_2 \neq \ldots \neq p_n$ gilt.

Mehrfache Nullstellen der charakteristischen Gleichung. Diese Lösung ist unvollständig, wenn die charakteristische Gleichung mehrfache Nullstellen hat. Gl. (12.31) kann für $p_1 = p_2$ dann in der Form

$$y_{(h)} = (C_1 + C_2) \, e^{p_1 x} + C_3 \, e^{p_3 x} + \ldots + C_n \, e^{p_n x} \tag{12.32}$$

geschrieben werden. Die Konstanten C_1 und C_2 können durch eine andere Konstante C_1' ersetzt werden. Man hat nun nur noch $n-1$ voneinander unabhängige Konstanten, d.h., die Lösung ist nicht vollständig.

Die vollständige Lösung soll hier für eine Dgl. 2. Ordnung mit doppelter Nullstelle des charakteristischen Polynoms hergeleitet werden. Das Verfahren läßt sich auf eine r-fache Nullstelle eines charakteristischen Polynoms bei Dgl. n-ter Ordnung erweitern.

Wie bei der Methode der Variation der Konstanten setzt man auch hier anstelle von $(C_1 + C_2)$ als Faktor von $e^{p_1 x}$ in Gl. (12.32) eine Funktion von x an. Der Ansatz

$$y = \varphi(x) \, e^{p_1 x}$$

und seine Ableitungen

$$y' = \varphi' \, e^{p_1 x} + \varphi p_1 \, e^{p_1 x}$$
$$y'' = \varphi'' \, e^{p_1 x} + 2 p_1 \varphi' \, e^{p_1 x} + p_1^2 \, \varphi \, e^{p_1 x}$$

werden in die Dgl.

$$a_2 y'' + a_1 y' + a_0 y = 0$$

eingesetzt, und man erhält nach Herausziehen des Faktors $e^{p_1 x}$ und Ordnen nach den Ableitungen von φ

$$[a_2\varphi''+(2a_2 p_1+a_1)\varphi'+(a_2 p_1^2+a_1 p_1+a_0)\varphi]\,e^{p_1 x}=0 \tag{12.33}$$

Man erkennt, daß in den Klammern in Gl. (12.33) das charakteristische Polynom $P_2(p)=a_2 p^2+a_1 p+a_0=0$ und dessen Ableitung an der Stelle $p=p_1$ steht. Da p_1 aber eine doppelte Nullstelle des charakteristischen Polynoms ist, d.h. der Faktor $(p-p_1)$ zweimal auftritt, gilt wegen Gl. (3.18)

$$P_2(p)=a_2 p^2+a_1 p+a_0=a_2(p-p_1)^2$$

und $$P_2'(p)=2a_2 p+a_1=2a_2(p-p_1)$$

$P_2(p_1)=0$ und $P_2'(p_1)=0$, und beide Klammern in Gl. (12.33) müssen gleich Null sein. Als Bedingung für φ bleibt wegen $e^{p_1 x}\neq 0$ die Dgl.

$$\varphi''=0$$

mit $\varphi'=C_1$ und der Lösung $\varphi=C_1 x+C_2$. Somit lautet die Lösung der Dgl.

$$y_{(h)}=\varphi(x)\,e^{p_1 x}=(C_1 x+C_2)\,e^{p_1 x} \tag{12.34}$$

wenn p_1 eine doppelte Nullstelle der charakteristischen Gleichung ist. Das gilt auch für die Dgl. n-ter Ordnung

$$y_{(h)}=(C_1+C_2 x)\,e^{p_1 x}+C_3\,e^{p_3 x}+\ldots+C_n\,e^{p_n x} \tag{12.35}$$

Bei dreifacher Nullstelle der charakteristischen Gleichung steht anstatt der Konstanten ein Polynom zweiten Grades, bei vierfacher Nullstelle ein Polynom dritten Grades usw. vor derjenigen Exponentialfunktion, die die mehrfache Nullstelle im Exponenten enthält.

Komplexe Nullstellen der charakteristischen Gleichung. Falls die charakteristische Gleichung (12.29) komplexe Zahlen als Lösungen hat, gibt es nach einem Satz der Algebra, Gl. (3.17), immer zwei zueinander konjugiert komplexe Lösungen $p_1=a+\mathrm{j}b$ und $p_2=a-\mathrm{j}b$, und dieser Lösungsanteil der Dgl. lautet

$$\begin{aligned} y_{(h)}&=C_1\,e^{(a+\mathrm{j}b)x}+C_2\,e^{(a-\mathrm{j}b)x}=C_1\,e^{ax}\,e^{\mathrm{j}bx}+C_2\,e^{ax}\,e^{-\mathrm{j}bx}\\ &=e^{ax}(C_1\,e^{\mathrm{j}bx}+C_2\,e^{-\mathrm{j}bx}) \end{aligned}$$

Nach der Euler-Gleichung (11.14) ist $e^{\mathrm{j}bx}=\cos bx+\mathrm{j}\sin bx$ und $e^{-\mathrm{j}bx}=\cos bx-\mathrm{j}\sin bx$, also

$$\begin{aligned} y_{(h)}&=e^{ax}[C_1(\cos bx+\mathrm{j}\sin bx)+C_2(\cos bx-\mathrm{j}\sin bx)]\\ &=e^{ax}[(C_1+C_2)\cos bx+\mathrm{j}(C_1-C_2)\sin bx]\\ &=e^{ax}(C_3\cos bx+C_4\sin bx) \end{aligned} \tag{12.36}$$

Die Konstanten $C_3=C_1+C_2$ und $C_4=\mathrm{j}(C_1-C_2)$ sind reell, wenn C_1 und C_2 zueinander konjugiert komplex sind.

Stabilität. Lineare Dgl. mit konstanten Koeffizienten beschreiben oft Schwingungsvorgänge (s. Abschn. 12.2.2). Dann bedeutet die unabhängige Variable x die Zeit. Wenn im Laufe der Schwingung der Schwingungsausschlag y immer größer wird und schließlich zur Zerstörung eines Bauteils führt, nennt man den Vorgang instabil. In Anlehnung an diesen physikalischen Vorgang erhält man die

Definition. *Lösungsfunktionen von Dgl., die bei beliebig wachsendem Argument x und beliebigen Integrationskonstanten unterhalb einer festen Schranke M bleiben, heißen* stabil. *Im andern Falle nennt man sie* instabil.

Die Lösung der linearen Dgl. mit konstanten Koeffizienten Gl. (12.31), (12.34) oder (12.36) ist sicher dann stabil, wenn die Realteile aller Lösungen p_i der charakteristischen Gleichung (12.29) negativ sind. Das gilt auch bei mehrfacher Nullstelle, denn nach Abschn. 5.2.7 ist der Grenzwert des Produktes eines Polynoms mit einer Exponentialfunktion mit negativem Exponenten für beliebig wachsendes Argument x gleich Null.

Beispiel 12. Man löse die Dgl. $y''+5y'+6y=0$.
Der Ansatz $y=C\,e^{px}$, $y'=pC\,e^{px}$, $y''=p^2C\,e^{px}$ wird in die Dgl. eingesetzt

$$p^2C\,e^{px}+5pC\,e^{px}+6C\,e^{px}=C\,e^{px}[p^2+5p+6]=0$$
$$p^2+5p+6=0$$

Die charakteristische Gleichung hat die Lösungen $p_1=-2$ und $p_2=-3$. Teillösungen sind also $y_{(h)1}=C_1\,e^{-2x}$ und $y_{(h)2}=C_2\,e^{-3x}$. Die Gesamtlösung mit zwei Integrationskonstanten lautet demnach

$$y=C_1\,e^{-2x}+C_2\,e^{-3x}$$

Die Integrationskonstanten C_1 und C_2 sind aus dem technischen Problem (Rand- oder Anfangswerte) zu bestimmen, s. dazu Beispiel 15. Die Lösung ist stabil. ■

Beispiel 13. Man gebe die allgemeine Lösung der Dgl. $y^{(4)}+8y''+16y=0$ an.
Mit dem Exponentialansatz Gl. (12.28) erhält man die charakteristische Gleichung

$$p^4+8p^2+16=0$$

mit den Doppelwurzeln $p_{1,2}=+\mathrm{j}2$ und $p_{3,4}=-\mathrm{j}2$. Die Lösung lautet deshalb nach Gl. (12.35)

$$y=(C_1+C_2x)\,e^{\mathrm{j}2x}+(C_3+C_4x)\,e^{-\mathrm{j}2x}$$

Die Exponentialfunktionen mit komplexen Argumenten werden nach der Euler-Gleichung umgeformt

$$\begin{aligned}y&=(C_1+C_2x)(\cos 2x+\mathrm{j}\sin 2x)+(C_3+C_4x)(\cos 2x-\mathrm{j}\sin 2x)\\&=[(C_1+C_3)+(C_2+C_4)x]\cos 2x+\mathrm{j}\,[(C_1-C_3)+(C_2-C_4)x]\sin 2x\\&=(B_1+B_2x)\cos 2x+(B_3+B_4x)\sin 2x\end{aligned}$$

wenn man die Abkürzungen $C_1+C_3=B_1$, $C_2+C_4=B_2$, $j(C_1-C_3)=B_3$ und $j(C_2-C_4)=B_4$ benutzt. ■

Ansätze für die spezielle Lösung einer Dgl. Die spezielle Lösung kann entweder durch die im vorigen Abschnitt beschriebene Methode der Variation der Konstanten erfolgen oder im Sonderfall konstanter Koeffizienten der Dgl. häufig besser durch einen Ansatz von der allgemeinen Form der Störfunktion gefunden werden. Diese allgemeine Form enthält mehrere Konstanten, die so bestimmt werden, daß die Dgl. erfüllt ist. In Tafel **12.6** sind Lösungsansätze für einige Typen von Störfunktionen zusammengestellt.

Falls die Störfunktion schon in der Lösung der homogenen Dgl. enthalten ist, multipliziere man die Lösungsansätze von Tafel **12.6** mit dem Faktor x^r. Dabei ist r die Vielfachheit der betreffenden Nullstelle der charakteristischen Gl. (12.29).

Tafel **12.6**

Störfunktion	Ansatz
$g(x)=b_0+b_1x+\ldots+b_mx^m$	$y_{(s)}=B_0+B_1x+\ldots+B_mx^m$
$g(x)=A\,e^{ax}$	$y_{(s)}=B\,e^{ax}$
$g(x)=A\sin ax$ $g(x)=A\cos ax$	$y_{(s)}=B_1\sin ax+B_2\cos ax$
$g(x)=A\,e^{ax}\sin bx$ $g(x)=A\,e^{ax}\cos bx$	$y_{(s)}=e^{ax}(B_1\sin bx+B_2\cos bx)$

Beispiel 14. Wie lautet die allgemeine Lösung der Dgl. $y''-4y=3x$?
Man betrachtet zunächst die verkürzte Gleichung

$$y''-4y=0$$

Der Exponentialansatz (12.28) liefert die charakteristische Gleichung $p^2-4=0$ mit den Lösungen $p_1=+2$ und $p_2=-2$. Dann ist $y_{(h)}=C_1\,e^{2x}+C_2\,e^{-2x}$ die Lösung der verkürzten Dgl.

Die vollständige Lösung der gegebenen Gleichung gewinnt man durch Hinzunehmen einer speziellen Lösung. Man wählt den Ansatz $y_{(s)}=B_0+B_1x$, weil die Störfunktion $g(x)=3x$ eine Linearfunktion ist. Dann ist $y''_{(s)}=0$, und man erhält die Koeffizienten B_0 und B_1 durch Einsetzen von $y_{(s)}$ und $y''_{(s)}$ in die vollständige Dgl.

$$0-4(B_0+B_1x)\equiv 3x$$

Die Gleichung gilt nur dann für jeden Wert von x, wenn (durch Koeffizientenvergleich) $B_0=0$ und $-4B_1=3$, also $B_1=-3/4$ ist. Die Gesamtlösung heißt dann

$$y=C_1\,e^{2x}+C_2\,e^{-2x}-0.75x$$

Von der Richtigkeit der Lösung überzeuge man sich durch Einsetzen der Lösung in die Dgl. Die Lösung ist wegen des ersten und dritten Summanden instabil. ■

Beispiel 15. Man bestimme die Lösung der Dgl. $y'+5y=4\sin 3x$ mit der Anfangsbedingung $y=1$ für $x=0$.

Die verkürzte Dgl. $y'+5y=0$ wird durch Trennung der Variablen oder durch einen Exponentialansatz gelöst. Mit $p_1=-5$ wird

$$y_{(h)}=C\,\mathrm{e}^{-5x}$$

Der Ansatz für die spezielle Lösung der vollständigen Gleichung lautet wegen der Störfunktion $4\sin 3x$

$$y_{(s)}=B_1\sin 3x+B_2\cos 3x$$

Man differenziert und setzt in die Dgl. ein

$$3B_1\cos 3x-3B_2\sin 3x+5(B_1\sin 3x+B_2\cos 3x)\equiv 4\sin 3x$$

Die Konstanten B_1 und B_2 bestimmt man am besten durch Einsetzen zweier geschickt gewählter Werte für x, denn die Gleichung soll für jedes x erfüllt sein. Für $x=0$ ergibt sich die erste Bestimmungsgleichung für B_1 und B_2

$$3B_1+5B_2=0$$

Als zweiten Wert nimmt man $3x=\pi/2$, weil dann $\cos 3x=0$ und $\sin 3x=1$ wird

$$-3B_2+5B_1=4$$

Die beiden Gleichungen werden durch $B_1=10/17$ und $B_2=-6/17$ erfüllt. Die spezielle Lösung lautet dann

$$y_{(s)}=\frac{10}{17}\sin 3x-\frac{6}{17}\cos 3x$$

und die vollständige Lösung

$$y=C\,\mathrm{e}^{-5x}+\frac{10}{17}\sin 3x-\frac{6}{17}\cos 3x$$

Die Konstante C wird nun durch die Anfangsbedingung $y(0)=1$ bestimmt. Man setzt $x=0$ und $y=1$ in die Lösungsfunktion ein und erhält eine Bestimmungsgleichung für C

$$1=C-\frac{6}{17}$$

Es ist also $C=23/17$, und die spezielle Lösung der Dgl. zur Anfangsbedingung $y(0)=1$ lautet

$$y=\frac{1}{17}(23\,\mathrm{e}^{-5x}+10\sin 3x-6\cos 3x)$$ ■

12.1.6 Systeme von linearen Differentialgleichungen mit konstanten Koeffizienten

In vielen technischen Anwendungen, z. B. bei gekoppelten elektrischen oder mechanischen Schwingungen, treten Systeme von linearen Dgl. mit konstanten Koeffizienten auf. Das einfachste homogene System lautet

$$\boxed{y_1' = a_{11} y_1 + a_{12} y_2 \qquad y_2' = a_{21} y_1 + a_{22} y_2} \tag{12.37}$$

Einsetzverfahren. Man kann in diesem Fall y_2 aus der ersten Gl. (12.37) durch y_1 und y_1' ausdrücken und in die zweite Gl. (12.37) einsetzen

$$y_2 = \frac{1}{a_{12}} (y_1' - a_{11} y_1) \tag{12.38}$$

$$y_2' = \frac{1}{a_{12}} (y_1'' - a_{11} y_1') = a_{21} y_1 + \frac{a_{22}}{a_{12}} (y_1' - a_{11} y_1)$$

Nach Ordnen ergibt sich die lineare Dgl. 2. Ordnung für y_1

$$y_1'' - (a_{11} + a_{22}) y_1' + (a_{11} a_{22} - a_{12} a_{21}) y_1 = 0$$

die nach den im vorigen Abschnitt dargestellten Methoden gelöst werden kann. Die zweite Funktion y_2 ergibt sich dann durch Einsetzen von y_1 und y_1' in Gl. (12.38).

Treten im System zusätzlich noch Störfunktionen $g_1(x)$ und $g_2(x)$ auf, so sind die beiden linearen Dgl. inhomogen:

$$y_1' = a_{11} y_1 + a_{12} y_2 + g_1 \qquad y_2' = a_{21} y_1 + a_{22} y_2 + g_2$$

Das Einsetzverfahren liefert in diesem Fall eine lineare inhomogene Dgl. 2. Ordnung für y_1

$$y_1'' - (a_{11} + a_{22}) y_1' + (a_{11} a_{22} - a_{12} a_{21}) y_1 = \bar{g}_1$$

mit der rechten Seite $\bar{g}_1 = g_1' - a_{22} g_1 + a_{12} g_2$. Die Funktion y_2 ergibt sich aus

$$y_2 = \frac{1}{a_{12}} (y_1' - a_{11} y_1 - g_1)$$

Matrizenverfahren. Man kann aber auch wie bei einzelnen Dgl. dieser Art die Lösung direkt mit einem Exponentialansatz erhalten

$$y_1 = C_1 \, \mathrm{e}^{px} \qquad y_1' = p C_1 \, \mathrm{e}^{px} = p y_1$$
$$y_2 = C_2 \, \mathrm{e}^{px} \qquad y_2' = p C_2 \, \mathrm{e}^{px} = p y_2$$

Der Wert p ist in beiden Funktionen gleich, weil andernfalls die linke und rechte Seite jeder der Gl. (12.37) verschiedene Funktionen enthielte und Gl. (12.37) somit nicht identisch erfüllbar wäre. Dann wird aus Gl. (12.37)

$$p y_1 = a_{11} y_1 + a_{12} y_2 \qquad (a_{11} - p) y_1 + a_{12} y_2 = 0$$
$$p y_2 = a_{21} y_1 + a_{22} y_2 \qquad a_{21} y_1 + (a_{22} - p) y_2 = 0$$

Dieses System hat nur dann eine nichttriviale Lösung (y_1, y_2), wenn seine Determinante verschwindet.

$$\begin{vmatrix} a_{11} - p & a_{12} \\ a_{21} & a_{22} - p \end{vmatrix} = 0$$

liefert das charakteristische Polynom

$$p^2 - (a_{11} + a_{22}) p + (a_{11} a_{22} - a_{12} a_{21}) = 0 \tag{12.39}$$

Sind die beiden Wurzeln p_1 und p_2 dieses Polynoms voneinander verschieden, so ist

$$y_1 = B_1 \, \mathrm{e}^{p_1 x} + B_2 \, \mathrm{e}^{p_2 x} \tag{12.40}$$

die erste Lösungsfunktion. Die zweite ergibt sich wieder durch Einsetzen von y_1 und deren Ableitung z. B. in Gl. (12.38)

$$y_2 = \frac{(p_1 - a_{11})}{a_{12}} B_1 \, \mathrm{e}^{p_1 x} + \frac{(p_2 - a_{11})}{a_{12}} B_2 \, \mathrm{e}^{p_2 x} \tag{12.41}$$

Bei r-fachen Nullstellen treten anstelle der Konstanten B_1 bis B_r Polynome $(r-1)$-ten Grades.

Das Verfahren kann auch auf mehr als zwei Dgl. erweitert werden. Ist das System

$$y_i' = \sum_{k=1}^{n} a_{ik} y_k \qquad i = 1, 2, \ldots, n$$

oder in Matrizenform

$$\boxed{\boldsymbol{y}' = \boldsymbol{A} \boldsymbol{y} \quad \text{mit} \quad \boldsymbol{y}' = \begin{pmatrix} y_1' \\ y_2' \\ \vdots \\ y_n' \end{pmatrix} \qquad \boldsymbol{A} = \begin{pmatrix} a_{11} & \ldots & a_{1n} \\ \vdots & & \vdots \\ a_{n1} & \ldots & a_{nn} \end{pmatrix} \qquad \boldsymbol{y} = \begin{pmatrix} y_1 \\ y_2 \\ \vdots \\ y_n \end{pmatrix}}$$

gegeben, so führt der Ansatz $y_i = C_i \, \mathrm{e}^{px}$, $y_i' = p y_i$ auf die Matrizengleichung

$$p \boldsymbol{y} = \boldsymbol{A} \boldsymbol{y} \qquad (\boldsymbol{A} - p \boldsymbol{E}) \boldsymbol{y} = \boldsymbol{o} \tag{12.42}$$

Der Exponentialansatz ist für solche p richtig, die Lösungen des charakteristischen Polynoms

$$\boxed{\det(\boldsymbol{A} - p \boldsymbol{E}) = 0}$$

sind. Bei n verschiedenen Nullstellen p_k dieses Polynoms n-ten Grades ist

$$y_1 = \sum_{k=1}^{n} B_k \, e^{p_k x}$$

die erste Lösungsfunktion des Dgl.-Systems. Die übrigen Lösungen erhält man durch Auflösen des linearen Gleichungs-Systems (12.42) mit einem bekannten y_i.

Bei r-fachen Nullstellen treten an die Stelle der Konstanten wieder Polynome $(r-1)$-ten Grades.

Spezielle Lösungen eines inhomogenen Systems erhält man z.B. durch Ansätze nach Tafel **12.6**. Sie sind für jede Funktion y_i durchzuführen und in das gegebene System einzusetzen.

Beispiel 16. Man löse das inhomogene System

$$y_1' = 3y_1 + 3y_2 + e^{4x} \qquad y_2' = 3y_1 - 5y_2 + e^{-6x}$$

Die zum homogenen System gehörende Determinante lautet nach Gl. (12.42)

$$\det(A - pE) = \begin{vmatrix} 3-p & 3 \\ 3 & -5-p \end{vmatrix} = p^2 + 2p - 24 = 0$$

Die Wurzeln $p_1 = 4$ und $p_2 = -6$ des charakteristischen Polynoms führen nach Gl. (12.40) und (12.41) auf die beiden Lösungsfunktionen

$$y_{1\,(\mathrm{h})} = B_1 \, e^{4x} + B_2 \, e^{-6x} \qquad y_{2\,(\mathrm{h})} = \frac{1}{3} B_1 \, e^{4x} - 3B_2 \, e^{-6x}$$

des homogenen Systems. Für das inhomogene System macht man nun den Ansatz $y_1 = y_{1\,(\mathrm{h})} + y_{1\,(\mathrm{s})}$ und verwendet zum Aufsuchen der speziellen Lösung $y_{1\,(\mathrm{s})}$ Tafel **12.6**. Da die Störfunktionen e^{4x} und e^{-6x} schon in der Lösung der homogenen Dgl. enthalten sind, wird der Lösungsansatz noch mit x multipliziert. Die Nullstellen des charakteristischen Polynoms $p_1 = 4$ und $p_2 = -6$ sind einfach. Deshalb ergibt sich

$$y_{1\,(\mathrm{s})} = (\overline{B}_1 \, e^{4x} + \overline{B}_2 \, e^{-6x})x$$

Zur Bestimmung der Konstanten $\overline{B}_1$ und $\overline{B}_2$ werden $y_{1\,(\mathrm{s})}$, $y_{1\,(\mathrm{s})}'$ und $y_{1\,(\mathrm{s})}''$ in die Dgl. eingesetzt, die aus dem inhomogenen System durch Einsetzen und Ordnen für y_1 entsteht. Sie lautet

$$y_1'' + 2y_1' - 24y_1 = 9\,e^{4x} + 3\,e^{-6x}$$

Mit

$$\begin{aligned} y_{1\,(\mathrm{s})}' &= (\overline{B}_1 \, e^{4x} + \overline{B}_2 \, e^{-6x}) + (4\overline{B}_1 \, e^{4x} - 6\overline{B}_2 \, e^{-6x})x \\ &= (1+4x)\overline{B}_1 \, e^{4x} + (1-6x)\overline{B}_2 \, e^{-6x} \\ y_{1\,(\mathrm{s})}'' &= 4\overline{B}_1 \, e^{4x} + (1+4x)4\overline{B}_1 \, e^{4x} - 6\overline{B}_2 \, e^{-6x} - (1-6x)6\overline{B}_2 \, e^{-6x} \\ &= (2+4x)4\overline{B}_1 \, e^{4x} - (2-6x)6\overline{B}_2 \, e^{-6x} \end{aligned}$$

wird dann

$$\begin{aligned}&(2+4x)4\overline{B}_1\,e^{4x}-(2-6x)6\overline{B}_2\,e^{-6x}\\&+2(1+4x)\overline{B}_1\,e^{4x}+2(1-6x)\overline{B}_2\,e^{-6x}-24(\overline{B}_1\,e^{4x}+\overline{B}_2\,e^{-6x})x\\&=9\,e^{4x}+3\,e^{-6x}\\&(10\overline{B}_1-9)\,e^{4x}-(10\overline{B}_2+3)\,e^{-6x}=0\end{aligned}$$

Diese Gleichung ist nur dann identisch für alle x erfüllt, wenn die Ausdrücke in beiden Klammern gleich Null sind. Daraus folgt $\overline{B}_1=9/10$ und $\overline{B}_2=-3/10$. Die allgemeine Lösung des inhomogenen Systems lautet damit

$$y_1=B_1\,e^{4x}+B_2\,e^{-6x}+\frac{9}{10}x\,e^{4x}-\frac{3}{10}x\,e^{-6x}=\left(B_1+\frac{9}{10}x\right)e^{4x}+\left(B_2-\frac{3}{10}x\right)e^{-6x}$$

Setzt man nun y_1 und

$$y_1'=\frac{9}{10}e^{4x}+4\left(B_1+\frac{9}{10}x\right)e^{4x}-\frac{3}{10}x\,e^{-6x}-6\left(B_2-\frac{3}{10}x\right)e^{-6x}$$

in die erste Gleichung des inhomogenen Systems ein, so erhält man auf einfache Weise die zweite Funktion

$$y_2=\left(-\frac{1}{30}+\frac{1}{3}B_1+\frac{3}{10}x\right)e^{4x}-\left(\frac{1}{10}+3B_2-\frac{9}{10}x\right)e^{-6x}$$

Durch eine Probe, d.h. durch Einsetzen von y_1, y_2 und y_2' in die zweite Gleichung des inhomogenen Systems, prüft man die Korrektheit der berechneten Lösungen.
Die Integrationskonstanten B_1 und B_2 lassen sich nun noch mit Hilfe von zwei vorgegebenen Anfangsbedingungen bestimmen. Seien etwa $y_1(0)=1/15$ und $y_2(0)=0$. Die zugehörige spezielle Lösung des inhomogenen Systems ergibt sich dann zu

$$y_1=\frac{1+9x}{10}e^{4x}-\frac{1+9x}{30}e^{-6x}\qquad y_2=\frac{3}{10}x\,e^{4x}+\frac{9}{10}x\,e^{-6x}$$ ■

Aus dem System von m Dgl. n-ter Ordnung

$$y_k^{(n)}=f_k(x,y_1,\ldots,y_m,y_1',\ldots,y_m',\ldots,y_1^{(n-1)},\ldots,y_m^{(n-1)}),\qquad k=1,2,\ldots,m$$

wird durch die Transformation

$$\begin{aligned}y_k&=z_{0,k}\\y_k'&=z_{0,k}'=z_{1,k}\\y_k''&=z_{1,k}'=z_{2,k}\\&\vdots\\y_k^{(n-1)}&=z_{n-2,k}'=z_{n-1,k}\\y_k^{(n)}&=z_{n-1,k}'=f_k(x,z_{0,1},\ldots,z_{0,m},z_{1,1},\ldots,z_{1,m},\ldots,z_{n-1,1},\ldots,z_{n-1,m})\end{aligned}\tag{12.43}$$

ein System von $m \cdot n$ Dgl. 1. Ordnung für die unbekannten Funktionen $z_{0,k}$, $z_{1,k}, \ldots, z_{n-1,k}$, $k=1,2,\ldots,m$.

Beispiel 17. Man löse das homogene Dgl.-System

$$y_1''+y_1-y_2=0 \qquad y_2''+3y_2-y_1=0$$

nach dem Einsetz- und nach dem Matrizenverfahren.
Beim Einsetzverfahren kann man die erste Dgl. nach der unbekannten Funktion y_2 auflösen und zweimal differenzieren:

$$y_2=y_1+y_1'' \qquad y_2''=y_1''+y_1^{(4)}$$

y_2 und y_2'' werden nun in die zweite Dgl. eingesetzt. Man erhält eine Dgl. 4. Ordnung für die gesuchte Funktion y_1

$$y_1''+y_1^{(4)}+3(y_1+y_1'')-y_1=0 \qquad y_1^{(4)}+4y_1''+2y_1=0$$

Die zugehörige charakteristische Gleichung

$$p^4+4p^2+2=(p^2+3.414)(p^2+0.586)=0$$

hat die imaginären Lösungen

$$p_{1,2}=\pm \mathrm{j}\,1.848 \quad \text{und} \quad p_{3,4}=\pm \mathrm{j}\,0.765$$

Die erste Lösung des homogenen Systems lautet dann wegen Gl. (12.36)

$$y_1=C_1 \sin 1.848x+C_2 \cos 1.848x+C_3 \sin 0.765x+C_4 \cos 0.765x$$

Setzt man y_1 und die zweite Ableitung

$$\begin{aligned} y_1''= & -3.414(C_1 \sin 1.848x+C_2 \cos 1.848x) \\ & -0.586(C_3 \sin 0.765x+C_4 \cos 0.765x) \end{aligned}$$

in die erste Dgl. des homogenen Systems ein und löst diese nach y_2 auf, so erhält man schließlich auch die zweite Lösung

$$\begin{aligned} y_2= & -2.414(C_1 \sin 1.848x+C_2 \cos 1.848x) \\ & +0.414(C_3 \sin 0.765x+C_4 \cos 0.765x) \end{aligned}$$

Zum Berechnen der Lösungen nach dem Matrizenverfahren müssen die beiden Dgl. 2. Ordnung zunächst in vier Dgl. 1. Ordnung umgeformt werden. Mit

$$y_1=z_{0,1}=z_1 \qquad y_2=z_{0,2}=z_2 \qquad y_1'=z_{1,1}=z_3=z_1' \qquad y_2'=z_{1,2}=z_4=z_2'$$

folgt das homogene System 1. Ordnung

$$z_1'=z_3 \qquad z_2'=z_4 \qquad z_3'=z_2-z_1 \qquad z_4'=z_1-3z_2$$

Die beiden letzten Gleichungen erhält man aus den gegebenen Dgl.

In Matrixform ergibt sich

$$z'=Az \quad \text{mit} \quad z'=\begin{pmatrix} z_1' \\ z_2' \\ z_3' \\ z_4' \end{pmatrix} \qquad A=\begin{pmatrix} 0 & 0 & 1 & 0 \\ 0 & 0 & 0 & 1 \\ -1 & 1 & 0 & 0 \\ 1 & -3 & 0 & 0 \end{pmatrix} \qquad z=\begin{pmatrix} z_1 \\ z_2 \\ z_3 \\ z_4 \end{pmatrix}$$

Die zugehörige charakteristische Gleichung ergibt sich aus der Forderung

$$\det(A-pE)=\begin{vmatrix} -p & 0 & 1 & 0 \\ 0 & -p & 0 & 1 \\ -1 & 1 & -p & 0 \\ 1 & -3 & 0 & -p \end{vmatrix}=0$$

Entwickelt man die Determinante etwa nach der ersten Zeile (s. Abschn. 4.1.1), so folgt

$$-p\begin{vmatrix} -p & 0 & 1 \\ 1 & -p & 0 \\ -3 & 0 & -p \end{vmatrix}+1\cdot\begin{vmatrix} 0 & -p & 1 \\ -1 & 1 & 0 \\ 1 & -3 & -p \end{vmatrix}=0$$

Mit Hilfe der Sarrusschen Regel folgt hieraus die charakteristische Gleichung

$$-p(-p^3-3p)+(3-1+p^2)=p^4+4p^2+2=0$$

Der weitere Lösungsweg ist nun derselbe wie beim Einsetzverfahren und führt natürlich auch auf dieselben Lösungen für y_1 und y_2. ■

Beispiel 18. Ein Kraftfahrzeug überfährt eine Schwelle der Höhe h. Es sind die Schwingungen $x_1(t)$ der Karosserie zu untersuchen.

Das System kann näherungsweise durch Bild **12.7** dargestellt werden.

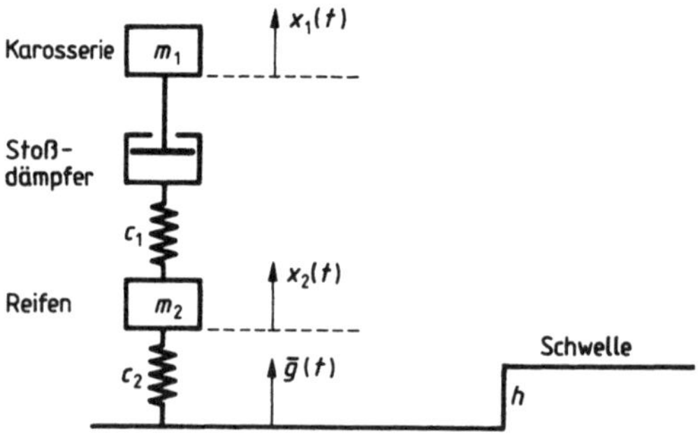

12.7

Anfangsbedingungen:

$$x_1(0) = x_2(0) = 0 \qquad \bar{g}(t) = \begin{cases} 0 & \text{wenn} \quad t < 0 \\ h & \text{wenn} \quad t \geq 0 \end{cases}$$
$$\dot{x}_1(0) = \dot{x}_2(0) = 0$$

Die Sprungfunktion wird $\bar{g}(t)$ genannt, weil die Störfunktion $g(t) = c_2 \bar{g}(t)$ ist.

Zahlenwerte: $m_1 = 10^3$ kg $\quad c_1 = 40 \cdot 10^3$ N/m $\quad d = 16 \cdot 10^3$ kg/s
$m_2 = 50$ kg $\quad c_2 = 50 \cdot 10^3$ N/m $\quad h = 0.1$ m

Wegen der Relativbewegungen der beiden Massen entsteht folgendes System von Differentialgleichungen

$$m_1 \ddot{x}_1 + d(\dot{x}_1 - \dot{x}_2) + c_1(x_1 - x_2) = 0$$
$$m_2 \ddot{x}_2 + d(\dot{x}_2 - \dot{x}_1) + c_1(x_2 - x_1) + c_2(x_2 - \bar{g}(t)) = 0$$

Neue Bezeichnungen: $d/m_1 = 2\delta_1 = 16\ \text{s}^{-1} \quad c_1/m_1 = \omega_1^2 = 40\ \text{s}^{-2}$
$d/m_2 = 2\delta_2 = 320\ \text{s}^{-1} \quad c_1/m_2 = \omega_2^2 = 800\ \text{s}^{-2}$
$c_2/m_2 = \omega_3^2 = 1000\ \text{s}^{-2}$

Es ist $\omega_1 < \delta_1$, daher liegt eine aperiodische Dämpfung vor (vgl. Abschn. 12.2.2).

$$\begin{aligned} &\ddot{x}_1 + 2\delta_1 \dot{x}_1 - 2\delta_1 \dot{x}_2 + \omega_1^2 x_1 - \omega_1^2 x_2 = 0 \\ &\ddot{x}_2 + 2\delta_2 \dot{x}_2 - 2\delta_2 \dot{x}_1 + \omega_2^2 x_2 - \omega_2^2 x_1 + \omega_3^2 x_2 - \omega_3^2 \bar{g}(t) = 0 \end{aligned} \tag{12.44}$$

Dieses System wird mit dem Matrizenverfahren gelöst. Mit Einführen neuer Variabler z_{ik} entstehen vier Dgl. 1. Ordnung aus Gl. (12.44)

$$x_1 = z_{01} \qquad \dot{x}_1 = z'_{01} = z_{11} \qquad \ddot{x}_1 = z'_{11}$$
$$x_2 = z_{02} \qquad \dot{x}_2 = z'_{02} = z_{12} \qquad \ddot{x}_2 = z'_{12}$$

$$z'_{11} = -2\delta_1 z_{11} + 2\delta_1 z_{12} - \omega_1^2 z_{01} + \omega_1^2 z_{02}$$
$$z'_{12} = -2\delta_2 z_{12} + 2\delta_2 z_{11} - (\omega_2^2 + \omega_3^2) z_{02} + \omega_2^2 z_{01} + \omega_3^2 \bar{g}(t)$$

Zur Vereinfachung werden neue Indizes eingeführt

$$z_{01} = z_1 \qquad z_{02} = z_2 \qquad z_{11} = z_3 \qquad z_{12} = z_4$$

Bestimmen der homogenen Lösung. Der Ansatz lautet

$$z_i = \sum_{k=1}^{4} C_{ik}\, e^{p_k t}$$

Die p_k sind die Lösungen der charakteristischen Gleichung, die man aus $\det(A - pE) = 0$ erhält. Diese Determinante ist

$$D = \begin{vmatrix} -p & 0 & 1 & 0 \\ 0 & -p & 0 & 1 \\ -\omega_1^2 & \omega_1^2 & -(2\delta_1 + p) & 2\delta_1 \\ \omega_2^2 & -(\omega_2^2 + \omega_3^2) & 2\delta_2 & -(2\delta_2 + p) \end{vmatrix} = 0$$

Charakteristische Gleichung

$$p^4+2(\delta_1+\delta_2)\,p^3+(\omega_1^2+\omega_2^2+\omega_3^2)\,p^2+2\delta_1\,\omega_3^2\,p+\omega_1^2\,\omega_3^2=0$$
$$p^4\,\mathrm{s}^4+0.336\cdot 10^3\,p^3\,\mathrm{s}^3+1.84\cdot 10^3\,p^2\,\mathrm{s}^2+16\cdot 10^3\,p\,\mathrm{s}+40\cdot 10^3=0$$

Lösungen: $p_1=-2.9690\,\frac{1}{\mathrm{s}}$ $\quad p_2=-330.58\,\frac{1}{\mathrm{s}}$

$$p_{3,4}=(-1.22586\pm 6.26515\,\mathrm{j})\,\frac{1}{\mathrm{s}}$$

Die p_k-Werte sind für alle Lösungsfunktionen gleich. Die C_{ik}-Werte sind verschieden. Wenn die erste Funktion z_1 bekannt ist, können die anderen durch Einsetzen dieser bekannten Funktion der Reihe nach bestimmt werden. Hier interessiert nur noch die Funktion z_2.

Aus den beiden ersten Zeilen der vorstehenden Matrix erhält man

$$z_3=p\,z_1 \quad \text{und} \quad z_4=p\,z_2$$

Wird dies in die dritte Zeile eingesetzt und diese nach dem (bekannten) z_1 aufgelöst, erhält man

$$\omega_1^2\,z_1=\omega_1^2\,z_2-(2\delta_1\,p+p^2)\,z_1+2\delta_1\,p\,z_2$$

und daraus

$$z_2=\frac{\omega_1^2+2\delta_1\,p_k+p_k^2}{\omega_1^2+2\delta_1\,p_k}\,z_1=B_k z_1 \qquad z_1=\sum_{k=1}^{4} C_{1k}\,\mathrm{e}^{p_k t} \tag{12.45}$$

Die verschiedenen Werte B_k entstehen bei den Lösungen p_k. Damit wird

$$z_2=\sum_{k=1}^{4} B_k\cdot C_{1k}\,\mathrm{e}^{p_k t}$$

Die Koeffizienten C_{1k} ergeben sich aus den Anfangsbedingungen. Zunächst muß aber die spezielle Lösung der inhomogenen Gleichung bestimmt werden. Der Ansatz lautet

$$z_{1\mathrm{s}}=x_{1\mathrm{s}}=a \quad \text{und} \quad z_{2\mathrm{s}}=x_{2\mathrm{s}}=b$$

Die Ableitungen dieser Funktionen sind Null, und man erhält aus Gl. (12.44) $a=b$ und $a=h$.

Die allgemeine Lösung ist die Summe aus der homogenen und der speziellen Lösung und lautet

$$\begin{aligned} x_1=z_1&=C_{11}\,\mathrm{e}^{p_1 t}+C_{12}\,\mathrm{e}^{p_2 t}+C_{13}\,\mathrm{e}^{p_3 t}+C_{14}\,\mathrm{e}^{p_4 t}+h\\ x_2=z_2&=B_1\,C_{11}\,\mathrm{e}^{p_1 t}+B_2\,C_{12}\,\mathrm{e}^{p_2 t}+B_3\,C_{13}\,\mathrm{e}^{p_3 t}+B_4\,C_{14}\,\mathrm{e}^{p_4 t}+h \end{aligned} \tag{12.46}$$

Nun können die Koeffizienten C_{1k} aus den Anfangsbedingungen bestimmt werden. Man erhält folgendes Gleichungssystem mit z.T. komplexen Koeffizienten

$$
\begin{array}{llllll}
x_1(0)=0 & C_{11}+ & C_{12}+ & C_{13}+ & C_{14}=-h \\
\dot{x}_1(0)=0 & p_1 C_{11}+ & p_2 C_{12}+ & p_3 C_{13}+ & p_4 C_{14}=0 \\
x_2(0)=0 & B_1 C_{11}+ & B_2 C_{12}+ & B_3 C_{13}+ & B_4 C_{14}=-h \\
\dot{x}_2(0)=0 & p_1 B_1 C_{11}+ & p_2 B_2 C_{12}+ & p_3 B_3 C_{13}+ & p_4 B_4 C_{14}=0
\end{array}
$$

Die B_k werden durch Einsetzen der Zahlenwerte in die Gl. (12.45) erhalten

$$B_1=-0.17475 \qquad B_2=-19.81865 \qquad B_{3,4}=0.77931 \pm 0.33170\,\mathrm{j}$$

Hieraus ergibt sich folgendes Gleichungssystem

C_{11}	C_{12}	C_{13}	C_{14}	b
1	1	1	1	−0.1
−2.96897	−330.58	−1.22586 + 6.26515 j	p_3^*	0
−0.17475	−19.81865	0.77931 + 0.33170 j	B_3^*	−0.1
0.51884	6551.63	−3.03347 + 4.47588 j	$p_3^* B_3^*$	0

mit den Lösungen: $C_{11}=18.24$ mm, $C_{12}=-0.045$ mm, $C_{13}=(-59.10+8.42\,\mathrm{j})$ mm, $C_{14}=(-59.10-8.42\,\mathrm{j})$ mm.

Im folgenden wird nur noch die Funktion $x_1(t)$ Gl. (12.46) betrachtet. Der Anteil $C_{12}\exp(p_2 t)$ wird vernachlässigt, weil der Betrag von C_{12} sehr klein und der Betrag von p_2 sehr groß ist. Die beiden letzten Summanden werden umgeformt.

Mit $p_3=\delta+\mathrm{j}\omega$ und $p_4=\delta-\mathrm{j}\omega$ wird

$$C_{13}\,\mathrm{e}^{p_3 t}+C_{14}\,\mathrm{e}^{p_4 t}=\mathrm{e}^{\delta t}[(C_{13}+C_{14})\cos\omega t+\mathrm{j}(C_{13}-C_{14})\sin\omega t]$$

$$\mathrm{j}(C_{13}-C_{14})=A_1=-16.84\text{ mm} \qquad C_{13}+C_{14}=A_2=-118.20\text{ mm}$$

$$A_1\sin\omega t+A_2\cos\omega t=A\sin(\omega t+\varphi) \quad \text{mit} \quad A=\sqrt{A_1^2+A_2^2}$$

$$\tan\varphi=A_2/A_1 \qquad \varphi=-98.1°$$

Damit erhält man als endgültige Lösung für die Schwingung der Karosserie

$$x_1(t)=[18.24\,\mathrm{e}^{-2.969\,t/\mathrm{s}}+119.39\,\mathrm{e}^{-1.226\,t/\mathrm{s}}\cdot\sin(6.265\,t/\mathrm{s}-1.712)+100]\text{ mm}$$

Bild **12.8** zeigt den Bewegungsablauf.

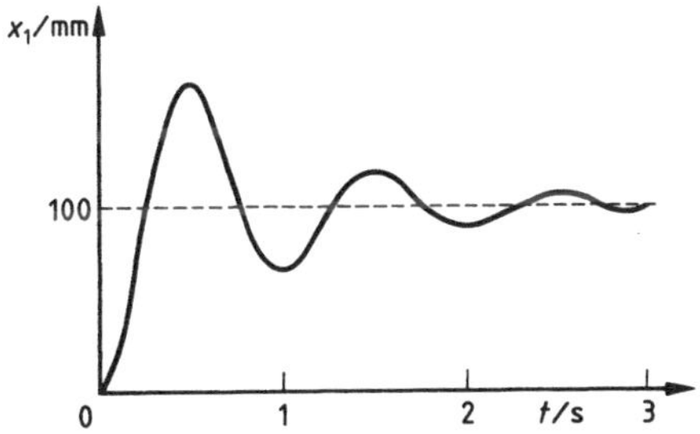

12.8 ■

12.1.7 Aufgaben zu Abschnitt 12.1

1. Man bestimme für die folgenden Dgl. die allgemeinen Lösungen und diejenigen speziellen Lösungen, die die Anfangsbedingung $y=1$ für $x=0$ erfüllen

a) $y'+xy^3=0$

b) $y'(1+x^2)-xy=0$

c) $y'(1+x^2)-y=0$

d) $y'-y^2\sin x=0$

e) $y'^2-4y=0$

f) $y'\cos x+y=0$

g) $y'=\frac{x}{y}\cdot\frac{1-y^2}{1-x^2}$

h) $y'+2y=x+1$

i) $y'+\frac{y}{x}=1$

j) $y'-y=x^3$

k) $y'+0.5y=4e^{-3x}$

2. Man löse die Dgl. und prüfe die Lösung durch Differenzieren und Einsetzen

a) $y''-k^2y=0$ b) $y''+k^2y=0$

3. Man gebe die allgemeinen Lösungen der folgenden Dgl. an. Wie lauten die speziellen Lösungen mit den Anfangsbedingungen $y=0$ und $y'=1$ für $x=0$? Man skizziere die Lösungsfunktionen im Bereich $0\leq x\leq 6$

a) $y''+4y=0$

b) $y''+2y'+4y=0$

c) $y''+4y'+4y=0$

d) $y''+6y'+4y=0$

4. Man bestimme die allgemeinen Lösungen der folgenden Dgl.

a) $y''+9y=x^2+4x-1$

b) $y''+2y'+2y=\cos 3x$

c) $y^{(4)}-3y'''+y''+3y'-2y=0$

d) $y'''+4y''+6y'+4y=0$

e) $y^{(4)}+3y'''=0$

5. Gesucht sind die Geschwindigkeit und der Weg für den freien Fall, bei dem der Luftwiderstand proportional der Geschwindigkeit anwächst. Anfangsbedingungen: $v=0$ und $s=0$ für $t=0$.

Hinweis: $mg-mkv=m(\mathrm{d}v/\mathrm{d}t)$.

6. Wie lautet die Gleichung der Biegelinie für einen exzentrisch gedrückten Stab (Bild 12.9)? Wie groß ist die Durchbiegung $w(l/2)$ in der Mitte des Stabes?

Hinweis: Man benutze die Gleichung $w''=-M/EI$ am gebogenen Stab.

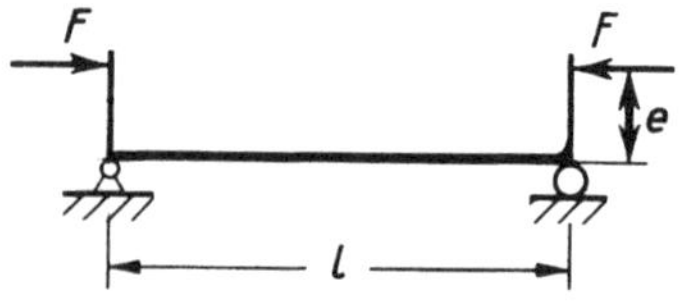

12.9

7. Man berechne die Lösungen des homogenen Dgl.-Systems

$$y_1'=8y_1+2y_2 \qquad y_2'=3y_1-5y_2$$

8. Man berechne die Lösungen des Dgl.-Systems 2. Ordnung

$$y_1''+2y_2''+4y_1=0 \qquad y_2''+3y_1''+y_2=0$$

12.2 Anwendungen in der Technik

12.2.1 Euler-Knickgleichung

Schlanke Bauglieder (z. B. Fachwerkstäbe, Pleuelstangen) verlieren bei Belastung durch Druckkräfte in Achsenrichtung ihre Tragfähigkeit durch plötzliches seitliches Ausweichen, das Ausknicken. Die Dgl. der Knickung ergibt sich aus dem Gleichgewicht zwischen dem der Ausbiegung proportionalen Moment der äußeren Kräfte und dem der Biegesteifigkeit proportionalen Moment der inneren Kräfte. Die Kraft, die das Ausknicken verursacht, heißt Knickkraft. Sie ist sowohl von Stablänge und Biegesteifigkeit als auch von den Lagerungsbedingungen abhängig.

Beiderseits gelenkig geführter Stab (Bild 12.10)

Aufstellen der Dgl. Der Stab hat konstantes Flächenmoment I (Abschn. 6.4.1) und ist durch eine zentrisch angreifende Druckkraft F beansprucht. An der Stelle x beträgt die seitliche Ausbiegung y und das Moment der äußeren Kräfte $M=Fy$. Das Moment der inneren Kräfte ist durch den Ausdruck $M(x)=-EIy''$ gegeben, mit E als dem stoffabhängigen Elastizitätsmodul, so daß sich die Dgl. der Biegelinie

$$\boxed{EIy''=-Fy} \qquad (12.47)$$

ergibt, deren Normalform

$$y''+\frac{F}{EI}y=0 \qquad (12.48)$$

lautet.

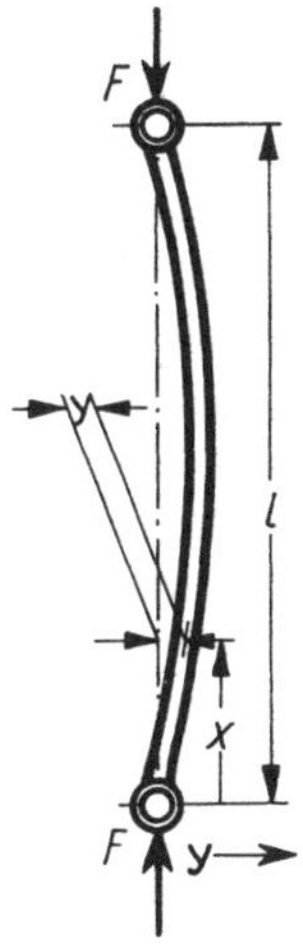

12.10

Lösen der Dgl. Nach Gl. (12.36) und (12.6) ist die Lösung dieser Dgl. mit $p^2=F/(EI)$

$$y=C_1\sin\left(\sqrt{\frac{F}{EI}}\,x\right)+C_2\cos\left(\sqrt{\frac{F}{EI}}\,x\right) \qquad (12.49)$$

Erfüllen der Randbedingungen. Beide Auflager sind senkrecht zur Kraftrichtung unverschieblich, mathematisch:

$$y=0 \quad \text{für} \quad x=0 \quad \text{und} \quad x=l$$

Die Erfüllung der erstgenannten Bedingung erfordert $C_2=0$, so daß als Lösung eine Sinusfunktion erscheint. Dies wird durch die Anschauung plausibel, wie Bild **12.10** zeigt.

Die zweite Randbedingung führt auf die Gleichung $0 = C_1 \sin[\sqrt{F/(EI)}\, l]$. Sie kann mit $C_1 = 0$ erfüllt werden. Dann bleibt der Stab aber gerade ($y \equiv 0$); man hat die nicht ausgeknickte Gleichgewichtslage als Sonderlösung. Eine Lösung der Dgl. für den ausgebogenen Stab ist also nur dann möglich, wenn der zweite Faktor $\sin[\sqrt{F/(EI)}\, l] = 0$ wird. Da $F \neq 0$ ist, muß $\sqrt{F/(EI)}\, l = n\pi$ sein (n ganzzahlig). Eine zweite Lösung ist also nur für ganz bestimmte „kritische" Kräfte, die Eigenwerte

$$F_K = \frac{n^2 \pi^2 EI}{l^2} \tag{12.50}$$

möglich. Für die Tragfähigkeit des Druckstabes ist nur die kleinste dieser Kräfte maßgebend, denn der Ingenieur möchte wissen, bis zu welcher Belastung hin der Stab *nicht* knickt. Man setzt deshalb $n = 1$ und bezeichnet diese Kraft nach ihrem Entdecker als Euler-Knickkraft

$$\boxed{F_K = \frac{\pi^2 EI}{l^2}} \tag{12.51}$$

An einem Ende fest eingespannter, am anderen Ende frei geführter Stab (Bild 12.11)

Aufstellen der Dgl. aus den Gleichgewichtsbedingungen. Bei der Berechnung des Momentes der äußeren Kräfte muß hier die quer zum Stab wirkende Auflagerkraft F_Q beachtet werden, die mit dem Einspannmoment durch die Gleichung $F_Q l = M_E$ verknüpft ist. Das Moment der äußeren Kräfte (Biegemoment) lautet an der Stelle x

$$M(x) = Fy - F_Q x \tag{12.52}$$

und in Erweiterung von Gl. (12.47) lautet hier die Dgl. der Biegelinie

$$EIy'' = -(Fy - F_Q x) \tag{12.53}$$

Man bringt diese lineare Dgl. auf die Normalform

$$\boxed{y'' + \frac{F}{EI} y = \frac{F_Q}{EI} x} \tag{12.54}$$

und löst sie in der in Abschn. 12.1.4 beschriebenen Weise.

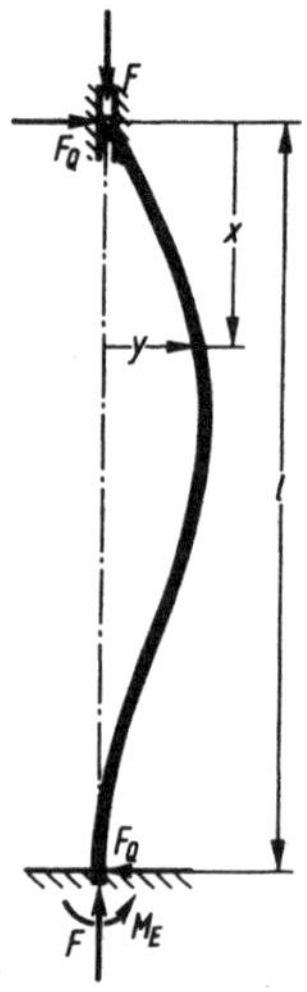

12.11

Allgemeine Lösung der verkürzten oder homogenen Gleichung. Die verkürzte Dgl.

$$y'' + \frac{F}{EI} y = 0 \tag{12.55}$$

ist Gl. (12.47) mit der allgemeinen Lösung Gl. (12.49)

$$y_{(h)} = C_1 \sin\left(\sqrt{\frac{F}{EI}}\, x\right) + C_2 \cos\left(\sqrt{\frac{F}{EI}}\, x\right) \tag{12.56}$$

und den Integrationskonstanten C_1 und C_2.

Spezielle Lösung der vollständigen Gleichung. Für die spezielle Lösung der vollständigen Dgl. (12.54) macht man nach Tafel **12.6** den Ansatz

$$y_{(s)} = B_1 x + B_0 \tag{12.57}$$

Diesen Ansatz führt man mit $y'_{(s)} = B_1$ und $y''_{(s)} = 0$ in Gl. (12.54) ein und erhält

$$\frac{F}{EI}(B_1 x + B_0) \equiv \frac{F_Q}{EI} x \tag{12.58}$$

Diese Gleichung kann nur dann für jeden Wert von x erfüllt sein, wenn die Koeffizienten der Potenzen von x auf beiden Seiten der Gleichung übereinstimmen, wenn also $B_0 = 0$ und $B_1 = F_Q/F$ ist. Die spezielle Lösung von Gl. (12.54) lautet dann

$$y_{(s)} = \frac{F_Q}{F} x \tag{12.59}$$

Aus der Addition der beiden Lösungsanteile $y_{(h)}$ und $y_{(s)}$ ergibt sich die vollständige Lösung

$$y = \frac{F_Q}{F} x + C_1 \sin\left(\sqrt{\frac{F}{EI}}\, x\right) + C_2 \cos\left(\sqrt{\frac{F}{EI}}\, x\right) \tag{12.60}$$

Erfüllen der Randbedingungen. Am gelenkig gelagerten Ende des Stabes ($x = 0$) ist die seitliche Auslenkung $y = 0$, s. Bild **12.11**. Diese Bedingung ist mit $C_2 = 0$ erfüllt. An der Einspannstelle ($x = l$) müssen seitliche Verschiebung y und Neigung y' gleich Null sein

$$0 = \frac{F_Q}{F} l + C_1 \sin\left(\sqrt{\frac{F}{EI}}\, l\right) \qquad 0 = \frac{F_Q}{F} + C_1 \sqrt{\frac{F}{EI}} \cos\left(\sqrt{\frac{F}{EI}}\, l\right) \tag{12.61}$$

Dieses homogene Gleichungssystem für F_Q und C_1 hat nur dann eine nichttriviale Lösung, wenn seine Determinante gleich Null ist. Diese Bedingung führt auf die transzendente Gleichung

$$\tan\left(\sqrt{\frac{F}{EI}}\, l\right) = \sqrt{\frac{F}{EI}}\, l \tag{12.62}$$

deren Lösung in Beispiel 1b, Abschn. 5.3 mit $\sqrt{F/(EI)}\,l = 4.493$ gefunden wird. Die Gleichgewichtslage wird also instabil, wenn F die kritische Kraft

$$F_{\mathrm{K}} = \frac{20.19\,EI}{l^2} \tag{12.63}$$

erreicht. Um eine Ähnlichkeit mit Gl. (12.51) und den übrigen sogenannten Euler-Fällen in Aufgabe 1, Abschn. 12.2.4, zu erreichen, schreibt man oft den Zahlenwert $20.19 \approx 2\pi^2$.

12.2.2 Schwingungen

Freie Schwingungen

Mechanische Schwingungen. Viele mechanische Schwinger lassen sich auf das in Bild **12.**12a dargestellte System zurückführen: die schwingende Masse ist mit einer gespannten elastischen Feder verbunden, deren Kraft proportional der Auslenkung aus der Ruhelage ist; die Bewegung wird durch eine der Geschwindigkeit proportionale Dämpfungskraft gehemmt. Letzteres ist näherungsweise bei einer Flüssigkeits- oder Luftdämpfung der Fall. Insgesamt wirken im System folgende Kräfte:

a) Trägheitskraft $m\,\mathrm{d}^2x/\mathrm{d}t^2$ mit der Masse m und der Beschleunigung $\mathrm{d}^2x/\mathrm{d}t^2$,

b) Dämpfungskraft $b\,\mathrm{d}x/\mathrm{d}t$ mit der Dämpfungskonstante b und der Geschwindigkeit $\mathrm{d}x/\mathrm{d}t$,

c) Federkraft cx mit der Federkonstante c und der Auslenkung x.

Da sich der Schwinger in jedem Augenblick (nach d'Alembert) im Gleichgewicht befindet, ist die Summe dieser Kräfte stets gleich Null. Man erhält folgende Dgl. der freien mechanischen Schwingung

$$\boxed{m\frac{\mathrm{d}^2x}{\mathrm{d}t^2} + b\frac{\mathrm{d}x}{\mathrm{d}t} + cx = 0} \tag{12.64}$$

Elektrischer Reihenschwingkreis. In der in Bild **12.**12b dargestellten Schaltung sei bei offenem Schalter der Kondensator aufgeladen. Wird der Schalter geschlossen, so liegt eine Masche vor, in der nach dem zweiten Kirchhoff-Gesetz die Summe aller Spannungen gleich Null ist. An den einzelnen Schaltelementen liegen folgende zeitabhängige Spannungen $u(t)$:

a) an der Spule $u_L = L(\mathrm{d}i/\mathrm{d}t)$ mit der Induktivität L und der Stromstärke i

b) am Widerstand $u_R = Ri$ mit dem Widerstand R

c) am Kondensator $u_C = q/C$ mit der Ladung q und der Kapazität C.

Zwischen Ladung q und Stromstärke i besteht der Zusammenhang $i = \mathrm{d}q/\mathrm{d}t$ und somit $\mathrm{d}i/\mathrm{d}t = \mathrm{d}^2q/\mathrm{d}t^2$.

Aus $u_L + u_R + u_C = 0$ erhält man

$$L\frac{\mathrm{d}^2q}{\mathrm{d}t^2} + R\frac{\mathrm{d}q}{\mathrm{d}t} + \frac{1}{C}q = 0 \tag{12.65}$$

Da in der Technik meist nicht die Ladung q, sondern der Strom i interessiert, wird diese Gleichung nach der Zeit t differenziert. Man erhält unter nochmaliger Anwendung der Beziehung $i = \mathrm{d}q/\mathrm{d}t$ und der entsprechend höheren Ableitungen als Dgl. des Reihenschwingkreises

$$\boxed{L\frac{\mathrm{d}^2 i}{\mathrm{d}t^2} + R\frac{\mathrm{d}i}{\mathrm{d}t} + \frac{1}{C}i = 0} \tag{12.66}$$

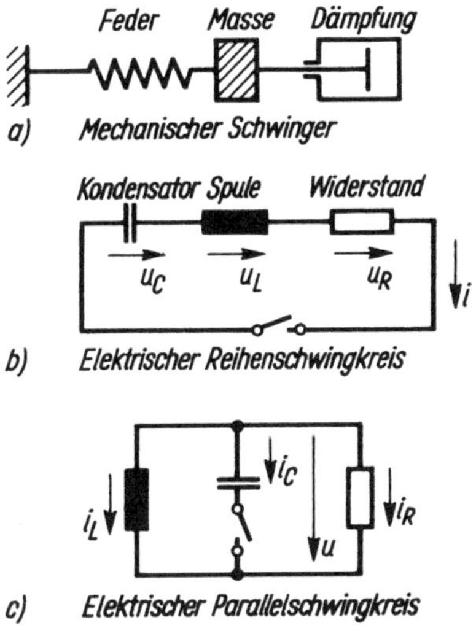

12.12

Elektrischer Parallelschwingkreis. In der Schaltung nach Bild **12.**12c sei bei offenem Schalter der Kondensator aufgeladen. Wird der Schalter geschlossen, so ist nach dem ersten Kirchhoff-Gesetz am Knoten in der Mitte der oberen waagerechten Leitung die Summe aller Ströme gleich Null. Diese zeitabhängigen Ströme $i(t)$ haben in den einzelnen Schaltelementen folgende Werte:

a) im Kondensator $\quad i_C = C\frac{\mathrm{d}u}{\mathrm{d}t}$

b) im Widerstand $\quad i_R = \frac{u}{R}$

c) in der Spule $\quad i_L = \frac{1}{L}\int u\,\mathrm{d}t$

Aus $i_C + i_R + i_L = 0$ erhält man

$$C\frac{\mathrm{d}u}{\mathrm{d}t} + \frac{u}{R} + \frac{1}{L}\int u\,\mathrm{d}t = 0$$

Um das Integral zu beseitigen, wird diese Gleichung nach der Zeit t differenziert, und man erhält als Differentialgleichung des Parallelschwingkreises

$$\boxed{C\frac{d^2u}{dt^2}+\frac{1}{R}\frac{du}{dt}+\frac{1}{L}u=0} \tag{12.67}$$

Gl. (12.64), (12.66) und (12.67) stimmen formal überein. Nach DIN 1311, Schwingungslehre, Blatt 2, schreibt man mit allgemeinen Koeffizienten als Dgl. einer beliebigen freien gedämpften Schwingung

$$\boxed{a\ddot{x}+b\dot{x}+cx=0} \tag{12.68}$$

Die folgende Zusammenstellung zeigt nochmals für die einzelnen Anwendungsgebiete die Formelzeichen für die Koeffizienten sowie die anschließend erläuterte Abklingkonstante und Kennkreisfrequenz.

Tafel **12.**13

	Mathematik	mechanischer Schwinger	el. Reihen-Schwingkreis	el. Parallel-Schwingkreis
Koeffizient	a	m	L	C
Koeffizient	b	b	R	$1/R$
Koeffizient	c	c	$1/C$	$1/L$
Lösungsfunktion	$x(t)$	$x(t)$	$i(t)$	$u(t)$
Abklingkonstante δ	$b/(2a)$	$b/(2m)$	$R/(2L)$	$1/(2RC)$
Kennkreisfrequenz ω_0	$\sqrt{c/a}$	$\sqrt{c/m}$	$\sqrt{1/(LC)}$	$\sqrt{1/(LC)}$

Lösung der Dgl. Im folgenden wird vorwiegend Gl. (12.68) behandelt. Diese homogene lineare Dgl. 2. Ordnung hat nach Gl. (12.29) die charakteristische Gleichung

$$p^2+\frac{b}{a}p+\frac{c}{a}=0 \quad \text{mit den Lösungen} \quad p_{1,2}=-\delta\pm\sqrt{\delta^2-\omega_0^2} \tag{12.69}$$

Von den zur Vereinfachung eingeführten neuen Koeffizienten

$$\delta=\frac{b}{2a} \qquad \omega_0=\sqrt{\frac{c}{a}} \tag{12.70}$$

heißt δ die Abklingkonstante und ω_0 die Kennkreisfrequenz. Die Sinnfälligkeit dieser Namen ergibt sich allerdings erst aus den Lösungsfunktionen Gl. (12.76) und (12.78). Jeder der beiden p-Werte liefert eine partikuläre Lösung der Dgl. Die Summe der partikulären Lösungen gibt die allgemeine Lösung

$$\boxed{x=B_1\,e^{p_1t}+B_2\,e^{p_2t}} \tag{12.71}$$

Je nach den Zahlenwerten von δ und ω_0 sind verschiedene Schwingungsarten zu unterscheiden.

Freie aperiodische Bewegung (Kriechvorgang). Wenn im Schwingkreis eine große mechanische Dämpfung oder ein entsprechender Ohmscher Widerstand vorhanden ist, wird $\delta > \omega_0$. Dann wird der Exponent p nach Gl. (12.69) reell, und die Lösungsfunktion Gl. (12.71) ist die Summe zweier Exponentialfunktionen mit reellen, stets negativen Exponenten, da die Zeit t stets positiv und

$$\delta > +\sqrt{\delta^2 - \omega_0^2}$$

ist. Für große Werte von t nähert sich x daher asymptotisch Null. Aus der gegebenen Anfangsamplitude $x(0)$ und Anfangsgeschwindigkeit $\dot{x}(0)$ werden die Integrationskonstanten B_1 und B_2 berechnet. Gl. (12.71) und ihre erste Ableitung

$$\dot{x} = p_1 B_1 \,\mathrm{e}^{p_1 t} + p_2 B_2 \,\mathrm{e}^{p_2 t} \qquad (12.72)$$

ergeben für $t = 0$ folgende Bestimmungsgleichungen für B_1 und B_2

$$x(0) = B_1 + B_2 \qquad \dot{x}(0) = p_1 B_1 + p_2 B_2 \qquad (12.73)$$

Je nach den Zahlenwerten von $x(0)$ und $\dot{x}(0)$ hat der Graph von Gl. (12.71) eine oder keine Nullstelle und einen oder keinen Extremwert (Bild **12.14**). Das Charakteristische an diesen Graphen ist, daß keine periodischen Schwingungen zustande kommen. In der Praxis wird eine derartige aperiodische Bewegung bei ballistischen Galvanometern und bei sog. Stoßdämpfern (besser: Schwingungsdämpfern) von Maschinen und Fahrzeugen verwendet.

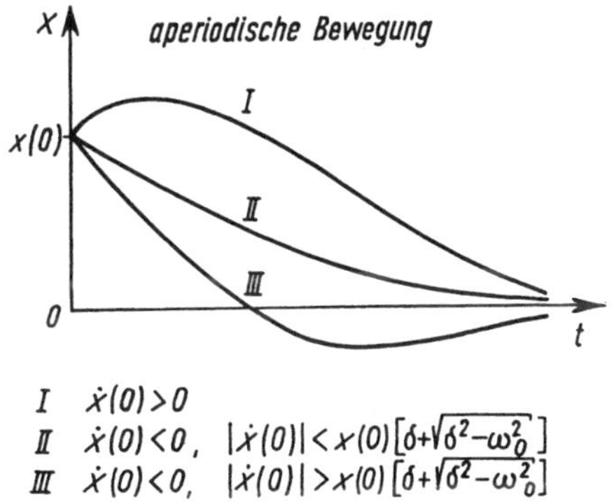

12.14

Beispiel 1. Der Schwingungsdämpfer einer Maschine ist mit einer Masse $m = 50.0$ kg verbunden. Die Federkonstante ist $c = 2.00 \cdot 10^4$ N/m. Wie groß muß die Dämpfungskonstante b sein, damit eine aperiodische Bewegung eintritt? Man untersuche den Bewegungsverlauf für einen Stoß mit der Anfangsgeschwindigkeit $v(0) = 3.00$ m/s beim Ausschlag $x(0) = 0$.

Nach Gl. (12.70) ist

$$\omega_0^2 = \frac{c}{m} = \frac{2 \cdot 10^4\,\text{N/m}}{50\,\text{kg}} = 400\,\text{s}^{-2} \qquad \omega_0 = 20\,\text{s}^{-1}$$

Für eine aperiodische Bewegung sind daher die Größen $\delta = b/2\,m > 20\,\text{s}^{-1}$ und damit $b > 2000\,\text{kg/s}$ erforderlich. Setzt man $b = 2500\,\text{kg/s}$, so wird $\delta = 25\,\text{s}^{-1}$. Dann erhält man nach Gl. (12.69)

$$p_1 = -\delta + \sqrt{\delta^2 - \omega_0^2} = -10.0\,\text{s}^{-1} \qquad p_2 = -\delta - \sqrt{\delta^2 - \omega_0^2} = -40.0\,\text{s}^{-1}$$

Die Konstanten B_1 und B_2 werden aus Gl. (12.73) bestimmt

$$B_1 = \frac{x(0)p_2 - \dot{x}(0)}{p_2 - p_1} \qquad B_2 = \frac{\dot{x}(0) - x(0)p_1}{p_2 - p_1}$$

Mit $x(0) = 0$ und $\dot{x}(0) = 3.00\,\text{m/s}$ erhält man $B_1 = 0.100\,\text{m}$, $B_2 = -0.100\,\text{m}$ und damit die Lösungsfunktion

$$x = 0.100\,\text{m} \cdot (\text{e}^{-10.0t/\text{s}} - \text{e}^{-40.0t/\text{s}})$$

Eine Kurvendiskussion dieser Funktion ergibt folgende Eigenschaften:

Nullstellen. Für $x = 0$ erhält man $\text{e}^{-10.0t/\text{s}} = \text{e}^{-40.0t/\text{s}}$. Die einzige Lösung dieser Gleichung ist $t = 0$.

Die Funktion strebt für $t \to \infty$ gegen $x = 0$.

Extremwerte. Für $\dot{x} = 0$ liefert Gl. (12.72) $\text{e}^{-10.0t/\text{s}} = 4.00\,\text{e}^{-40.0t/\text{s}}$. Die einzige Lösung ist $t = (1/30) \cdot (\ln 4)\,\text{s} = 0.0462\,\text{s}$. Setzt man diesen Wert in die Ausgangsgleichung ein, so erhält man den Maximalausschlag $x_{max} = 4.72\,\text{cm}$.

Die Kurvenform der Funktion entspricht dem oberen Graphen in Bild **12.14**. ■

Aperiodischer Grenzfall. Ist $\delta = \omega_0$, so wird in Gl. (12.69) $p_1 = p_2 = -\delta$. Nach Gl. (12.35) ist dann die Lösung der Dgl.

$$\boxed{x = (B_1 + B_2 t)\,\text{e}^{-\delta t}} \tag{12.74}$$

Die Graphen dieser Funktion sind für B_1, $B_2 > 0$ dem Graphen I in Bild **12.14** ähnlich.

Freie gedämpfte Schwingung. Wenn $\delta < \omega_0$ ist, also nur eine schwache mechanische Dämpfung bzw. ein entsprechender Ohmscher Widerstand vorhanden ist, wird die Wurzel in Gl. (12.69) imaginär. Man schreibt deshalb

$$\sqrt{\delta^2 - \omega_0^2} = \text{j}\sqrt{\omega_0^2 - \delta^2} = \text{j}\,\omega_\text{d} \tag{12.75}$$

Die neue Größe ω_d heißt die Eigenkreisfrequenz. Man erhält aus Gl. (12.71) in Verbindung mit Gl. (12.36) und (12.73) die Lösungsfunktion

$$x = \text{e}^{-\delta t}\left[\frac{\dot{x}(0) + \delta x(0)}{\omega_\text{d}} \sin \omega_\text{d} t + x(0) \cos \omega_\text{d} t\right]$$

Diese Summe der beiden Winkelfunktionen kann nach Gl. (3.94) in eine phasenverschobene Winkelfunktion umgewandelt werden. Man erhält als endgültige Gleichung für die freie gedämpfte Schwingung

$$\boxed{x = A\,\mathrm{e}^{-\delta t}\sin(\omega_\mathrm{d} t + \varphi)} \tag{12.76}$$

mit $$A = +\sqrt{[x(0)]^2 + \frac{1}{\omega_\mathrm{d}^2}[\dot{x}(0) + \delta x(0)]^2}$$

$$\varphi = \operatorname{Arctan}\frac{\omega_\mathrm{d} x(0)}{\dot{x}(0) + \delta x(0)}$$

Im Spezialfall $x(0) = 0$ wird $A = \dot{x}(0)/\omega_\mathrm{d}$ und $\varphi = 0$. Bild **12.**15 zeigt ein Diagramm dieser Funktion, in Abschn. 5.3.3 wird der allgemeine Fall ausführlich diskutiert. Die Amplitude A und der Nullphasenwinkel φ hängen im allgemeinen sowohl von den Eigenschaften des Schwingkreises als auch von den Anfangsbedingungen ab. Die Abklingkonstante δ und die Eigenkreisfrequenz ω_d hängen dagegen *nur* von den Eigenschaften des Schwingkreises ab und werden deshalb oft die Systemkonstanten genannt. Eine Eigenkreisfrequenz kann aus der gemessenen Schwingungsdauer T_d nach der Beziehung $\omega_\mathrm{d} = 2\pi/T_\mathrm{d}$ bestimmt werden. Die Abklingkonstante kann man aus T_d und dem gemessenen Verhältnis zweier in der gleichen Richtung liegenden Maximalausschläge x_0 und x_n (nach n weiteren Schwingungen) erhalten. Nach Abschn. 5.3.3 ist

$$\frac{x_0}{x_n} = \mathrm{e}^{n\delta T_\mathrm{d}} \quad \text{und} \quad \delta = \frac{1}{n T_\mathrm{d}}\ln\frac{x_0}{x_n} \tag{12.77}$$

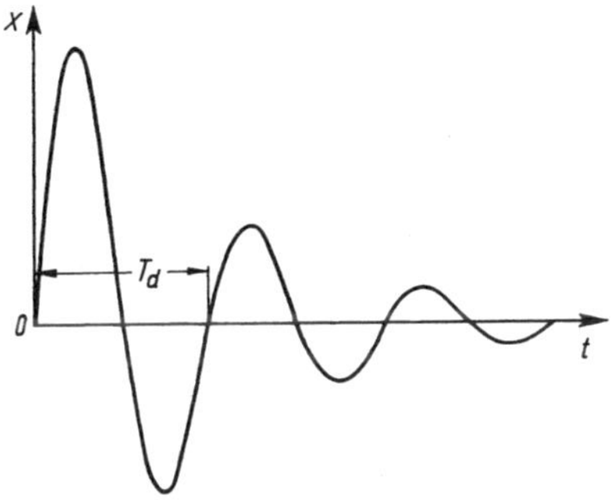

12.15

Das Produkt δT_d wird auch das logarithmische Dekrement Λ genannt. Bei schwach gedämpften Schwingungen ist $\delta \ll \omega_0$. Man setzt dann näherungsweise $\omega_\mathrm{d} \approx \omega_0$.

Beispiel 2. In einem elektromagnetischen Parallelschwingkreis (Bild **12.**12c) ist die Induktivität der Spule $L = 100$ mH, die Kapazität des Kondensators $C = 92.0\ \mu$F und der Ohmsche Widerstand $R = 54.3\ \Omega$, die Anfangsbedingungen sind $u(0) = 5.00$ V und $\dot{u}(0) = 2.22$ V/ms. Man berechne δ, ω_d, A und φ.

Nach Tafel **12.**13 ist

$$\delta = \frac{1}{2RC} = 100\,\text{s}^{-1} \qquad \omega_0^2 = \frac{1}{LC} = 10.87\cdot 10^4\,\text{s}^{-2}$$

$$\omega_d^2 = \omega_0^2 - \delta^2 = 9.87\cdot 10^4\,\text{s}^{-2} \qquad \omega_d = 314\,\text{s}^{-1}$$

Nach Gl. (12.76) und den Anfangsbedingungen wird

$$A = \sqrt{25.0\,\text{V}^2 + 75.0\,\text{V}^2} = 10.0\,\text{V} \qquad \tan\varphi = \frac{1.57\cdot 10^3\,\text{V/s}}{2.72\cdot 10^3\,\text{V/s}} = 0.577 \qquad \varphi = 30° = \pi/6$$

Eine Kurvendiskussion dieser Funktion wird in Beispiel 12, Abschn. 5.3.3 durchgeführt. ■

Beispiel 3. Ein elektromagnetischer Reihenschwingkreis (Bild **12.**12b) hat die Kennfrequenz $f_0 = 600$ kHz und eine Induktivität $L = 2.00$ mH. Wie groß ist die Kapazität C? Wie groß darf der Widerstand R_{max} höchstens werden, damit ein Abfall der Stromstärke auf 1% des Anfangswertes erst nach mehr als 5 ms eintritt? Man vergleiche die mit diesem Widerstand erhaltene Eigenkreisfrequenz mit der Kennkreisfrequenz.

Die Beziehung $\omega_0 = 2\pi f_0 = 1/(\sqrt{LC})$ ergibt $C = 1/(4\pi^2 L f_0^2) = 35.2$ pF. Gl. (12.77) liefert

$$\frac{x_0}{x_n} = e^{\delta n T_d} \quad \text{und} \quad \frac{100}{1} = e^{0.005\,\text{s}\cdot\delta} \qquad \delta \leq 200\,(\ln 100)\,\text{s}^{-1} = 921\,\text{s}^{-1}$$

Damit wird $R_{max} = 2\delta L = 3.68\,\Omega$. Die Quadrate der Kreisfrequenzen sind $\omega_0^2 = 14.2\cdot 10^{12}\,\text{s}^{-2}$ und $\omega_d^2 = \omega_0^2 - \delta^2$. Selbst bei $\delta = 10^3\,\text{s}^{-1}$ ist noch mit guter Näherung $\omega_d \approx \omega_0$. ■

Freie ungedämpfte Schwingung. Für $\delta = 0$ ist keine Dämpfung vorhanden. In Gl. (12.76) wird die Exponentialfunktion gleich Eins. Ferner wird in Gl. (12.75) die Eigenkreisfrequenz ω_d gleich der Kennkreisfrequenz ω_0. Man erhält dann die Gleichung der freien ungedämpften Schwingung

$$\boxed{x = A\sin(\omega_0 t + \varphi)} \tag{12.78}$$

Diese Funktion wird in Abschn. 3.4.3 behandelt.

Erzwungene Schwingungen

Wirkt auf den mechanischen Schwingkreis (Bild **12.**12a) eine äußere Kraft oder wird in die elektrischen Schwingkreise (Bild **12.**12b und 12c) ein Generator geschaltet, so entstehen erzwungene Schwingungen. Jetzt ist die Summe der inneren Kräfte bzw. Spannungen bzw. Ströme gleich der äußeren Kraft, Spannung oder dem Strom. Deshalb lautet die Dgl. der erzwungenen Schwingung

$$\boxed{a\ddot{x} + b\dot{x} + cx = F(t)} \tag{12.79}$$

Dies ist eine inhomogene Dgl. 2. Ordnung. Die Störfunktion $F(t)$ heißt in der Physik die Erregerschwingung, falls sie periodisch ist.

In der Regelungstechnik wird $F(t)$ meist als Eingangsfunktion $x_e(t)$ bezeichnet. Die Lösung der Dgl. heißt Ausgangsfunktion $x_a(t)$. Die Eingangsfunktion hat dort vorwiegend zwei Formen:

1. Die sog. Sprungfunktion, d.h.

$$x_e = 0 \quad \text{wenn} \quad t < t_1 \qquad x_e = \text{const} \quad \text{wenn} \quad t > t_1$$

Die dadurch entstehende Ausgangsfunktion heißt die Übergangsfunktion. Häufig ist $t_1 = 0$, und es werden nur positive Werte von t betrachtet. Dann ist dies der einfachste Fall einer inhomogenen Gleichung, bei dem die Störfunktion eine Konstante ist.

2. Die sinusförmige Erregung. Dieser Fall wird im folgenden behandelt.

Stationäre Lösung der Dgl. Nach Abschn. 12.1.4 ist die Lösung der inhomogenen Dgl. gleich der Summe aus der allgemeinen Lösung der entsprechenden homogenen Dgl. und einer speziellen Lösung der inhomogenen Dgl. Die Lösung der homogenen Dgl. beschreibt den im vorigen Abschnitt besprochenen Kriechvorgang oder eine gedämpfte oder ungedämpfte Schwingung. Da praktisch immer eine gewisse Dämpfung vorhanden ist, wird die Lösung der homogenen Dgl. stets nach einer Anfangszeit vernachlässigbar klein. Solange beide Lösungsanteile wirksam sind, spricht man von einem Einschwingvorgang. Dieser ist aber schwieriger zu berechnen und wird deshalb hier nicht betrachtet. Dabei empfiehlt sich die Anwendung der Laplacetransformation (Abschn. 13) oder einer Rechenanlage.

Nach dem Einschwingen wirkt nur noch die spezielle Lösung der inhomogenen Differentialgleichung, man nennt sie die stationäre Lösung. Nur diese wird im folgenden untersucht. Nach Abschn. 12.1.5 setzt man die Lösungsfunktion in der allgemeinsten Form der Störfunktion an und bestimmt anschließend die Koeffizienten so, daß die Dgl. erfüllt wird. Die allgemeinste Form eines periodischen Schwingungsvorganges bei harmonischer Störfunktion läßt sich mathematisch zweckmäßig in der komplexen Darstellung angeben (Abschn. 11.3.1). Man schreibt deshalb

$$\text{Störfunktion} \qquad F(t) = F_m \, e^{j\omega t} \tag{12.80}$$

$$\text{Lösungsfunktion} \qquad x(t, \omega) = x_m \, e^{j(\omega t - \psi)} \tag{12.81}$$

Diese Gleichungen sind die symbolische Darstellung von Zeigern mit dem Betrag (Amplitude) F_m bzw. x_m, die mit der Winkelgeschwindigkeit ω in Richtung gegen den Uhrzeiger um den Koordinatenursprung rotieren. Die Projektionen dieser Zeiger auf die Koordinatenachsen sind die Komponenten der Schwingung. Oft hat nur die reelle Komponente eine physikalische Bedeutung. Die Lösungsfunktion ist also eine Schwingung mit der gleichen Frequenz wie die der Störfunktion. Ihre Amplitude x_m und ihr Phasenwinkel ψ gegen die Störfunktion werden nun berechnet. Dieser Phasenwinkel ψ hat nichts mit dem Nullphasenwinkel φ der freien Schwingung zu tun. Der Nullphasenwinkel ist von den Anfangsbedingungen abhängig, der Phasenwinkel der stationären Lösung hingegen von den Eigenschaften des schwingenden Systems und der Erregerkreisfrequenz ω. Gl. (12.81) wird differenziert, und die so erhaltenen Werte von $\dot{x}$ und $\ddot{x}$ werden in die Differentialgleichung (12.79) eingesetzt

$$-a x_m \omega^2 e^{j(\omega t-\psi)} + j b x_m \omega e^{j(\omega t-\psi)} + c x_m e^{j(\omega t-\psi)} = F_m e^{j\omega t}$$

Diese Gleichung wird durch $a\,e^{j(\omega t-\psi)}$ dividiert. Zur Vereinfachung setzt man wieder $c/a = \omega_0^2$ und $b/2a = \delta$ und erhält nach Umordnen der Glieder

$$x_m(\omega_0^2-\omega^2) + j x_m 2\delta\omega = \frac{F_m}{a} e^{j\psi} = \frac{F_m}{a}(\cos\psi + j\sin\psi)$$

Dies ist eine Gleichung zwischen zwei komplexen Größen, von denen jeweils die Real- und Imaginärteile übereinstimmen müssen. Aus dem Zeigerdiagramm **12.16** entnimmt man

$$\left(\frac{F_m}{a}\right)^2 = x_m^2(\omega_0^2-\omega^2)^2 + (2x_m\delta\omega)^2 \quad \text{und} \quad \tan\psi = \frac{2\delta\omega}{\omega_0^2-\omega^2}$$

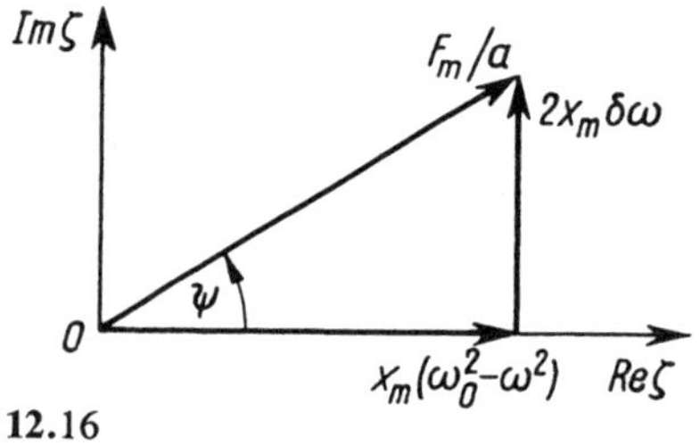

12.16

Hieraus erhält man die gesuchte Amplitude x_m und den Phasenwinkel ψ der Lösungsfunktion

$$\boxed{x_m = \frac{F_m}{a\sqrt{(\omega_0^2-\omega^2)^2+(2\delta\omega)^2}} \qquad \psi = \operatorname{Arctan}\frac{2\delta\omega}{\omega_0^2-\omega^2}} \tag{12.82}$$

Für $\omega > \omega_0$ wird der Realteil negativ und ψ größer als 90°.

Frequenzgang. Resonanz. Aus Gl. (12.82) ersieht man, daß die Amplitude x_m und der Phasenwinkel ψ der stationären Lösung der erzwungenen Schwingung nicht nur von den Eigenschaften des schwingenden Systems, sondern auch von der – oft veränderlichen – Erregerkreisfrequenz ω abhängen.

Definition. *Die Abhängigkeit der Größen x_m und ψ von der veränderlichen Erregerfrequenz ω heißt der* Frequenzgang *der betreffenden Größe. Der Frequenzgang der Amplitude heißt auch* Resonanzfunktion *oder* Vergrößerungsfunktion.

Für die mathematische Betrachtung ist es zweckmäßig, Gl. (12.82) zu normieren, d.h., mit Hilfe der Division durch einheitengleiche Größen einheitenfreie Größen einzuführen. Dann können die Ergebnisse auf erzwungene Schwingungen aus Mechanik und Elektrotechnik gleichermaßen angewandt werden.

Verlustfaktor $d = \frac{2\delta}{\omega_0} = \frac{b}{\sqrt{ac}}$

Frequenzverhältnis $\lambda = \frac{\omega}{\omega_0}$ (unabhängige Variable) (12.83)

Amplitudenverhältnis $f_1(\lambda) = \frac{x_m(\lambda)}{x_m(0)}$ (abhängige Variable)

Das Amplitudenverhältnis (Resonanzfunktion) erhält den Index 1, weil noch zwei andere Resonanzfunktionen eingeführt werden. Als Bezugsgröße für die Amplitude wählt man nach Gl. (12.82)

$$x_m(0) = \frac{F_m}{a\omega_0^2} = \frac{F_m}{c}$$

Dies bedeutet bei mechanischen Systemen eine Auslenkung der Feder durch eine konstante Kraft (z.B. die Gewichtskraft) und bei elektrischen Systemen die statische Aufladung des Kondensators durch eine Gleichspannung bei offenem Schalter. Damit lautet die Funktionsgleichung der normierten Amplitude

$$f_1(\lambda) = \frac{c x_m}{F_m} = \frac{\omega_0^2}{\sqrt{(\omega_0^2 - \omega^2)^2 + (2\delta\omega)^2}} = \frac{1}{\sqrt{\left(\frac{\omega_0^2}{\omega_0^2} - \frac{\omega^2}{\omega_0^2}\right)^2 + \left(\frac{2\delta}{\omega_0} \cdot \frac{\omega}{\omega_0}\right)^2}}$$

$$f_1(\lambda) = \frac{1}{\sqrt{(1-\lambda^2)^2 + (d\lambda)^2}} \qquad (12.84)$$

Diese Funktion wird in Abschn. 5.3.3 diskutiert. Das Ergebnis wird in Bild **12.**17a gezeigt. Das Maximum der Resonanzfunktion liegt bei der Resonanzkreisfrequenz

$$\lambda_{1r} = \sqrt{1 - \frac{d^2}{2}} \qquad \omega_{1r} = \lambda_{1r}\omega_0 = \sqrt{\omega_0^2 - 2\delta^2} < \omega_0 \qquad (12.85)$$

also einer Frequenz, die kleiner als die Eigenfrequenz des ungestörten Systems ist. Nur für geringe Dämpfung stimmt sie näherungsweise mit dieser überein. Die Resonanzamplitude beträgt

$$f_1(\lambda_{1r}) = \frac{1}{d\sqrt{1 - \frac{d^2}{4}}} \qquad (12.86)$$

Ein Maximum ergibt sich nur für eine kleine Dämpfung mit $d^2 < 2$ und rückt mit wachsender Dämpfung zu kleineren Frequenzen. Für größere Dämpfung ($d^2 \geq 2$) beginnt der Graph des Frequenzganges mit waagerechter Tangente bei $\lambda = 0$ mit $f_1(0) = 1$ und fällt dann gegen Null ab.

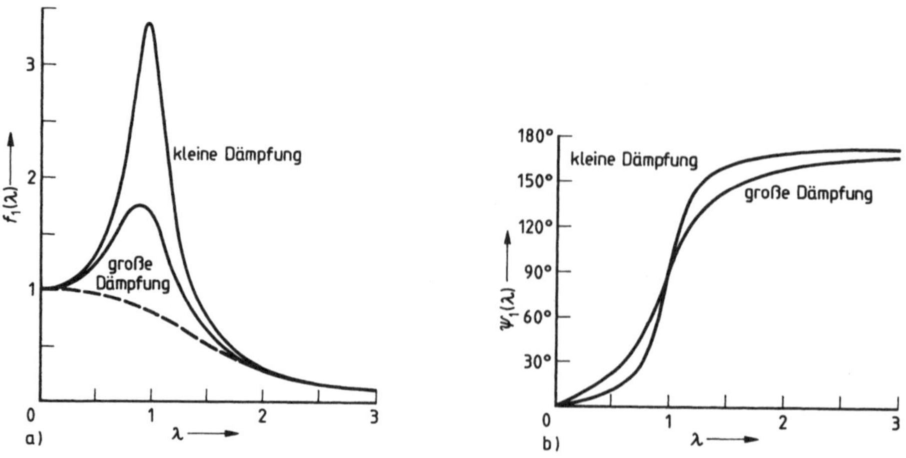

12.17

Die Funktionsgleichung für den normierten Phasenwinkel ergibt sich durch Dividieren von Zähler und Nenner in der zweiten Gl. (12.82) durch ω_0^2

$$\psi_1 = \operatorname{Arctan} \frac{2\delta\omega}{\omega_0^2 - \omega^2} = \operatorname{Arctan} \frac{\frac{2\delta}{\omega_0} \cdot \frac{\omega}{\omega_0}}{1 - \frac{\omega^2}{\omega_0^2}} = \operatorname{Arctan} \frac{d\lambda}{1-\lambda^2} \tag{12.87}$$

Auch diese Funktion wird in Abschn. 5.3.3 diskutiert. Wie man aus Bild **12.**17b erkennt, wird für $\omega = 0$ auch λ und damit $\psi_1 = 0$; für $\omega = \omega_0$, $\lambda = 1$ ist für alle Dämpfungen d der Phasenwinkel $\psi_1 = \pi/2$. Aus der Kurvendiskussion ergibt sich, daß dies nicht ein Wendepunkt des Graphen ist. Für große Erregerfrequenzen $\omega \gg \omega_0$ strebt ψ_1 gegen π. Die Schwingung erfolgt dann in Gegenphase zur Erregung. Die beiden Funktionen aus Gl. (12.84) und Gl. (12.87) können nun zusammengefaßt werden, wenn man $f_1(\lambda)$ und $\psi_1(\lambda)$ als Betrag und Phasenwinkel einer komplexen Funktion z der reellen Variablen $\lambda = \omega/\omega_0$ auffaßt. Dabei ist $\psi_1(0) = 0$.

$$z(\lambda) = \frac{x(t, \lambda)}{x(t, 0)} = \frac{x_m(\lambda)\, e^{j[\omega t - \psi_1(\lambda)]}}{x_m(0)\, e^{j[\omega t - \psi_1(0)]}} = f_1(\lambda)\, e^{-j\psi_1(\lambda)} \tag{12.88}$$

Bild **12.**18 zeigt eine Netztafel dieser Funktion für verschiedene Werte der Dämpfung d. Im Bild ist der Zeiger für $\lambda = \omega/\omega_0 = 0.6$ und $d = 2\delta/\omega_0 = 1$ eingetragen. In Beispiel 3, Abschn. 8.2 findet man eine Kurvendiskussion.

Es liegt nun nahe, neben der Vergrößerungsfunktion $f_1(\lambda) = c x_m / F_m$ die Vergrößerungsfunktionen

$$f_2(\lambda) = \frac{b \dot{x}_m}{F_m} \quad \text{und} \quad f_3(\lambda) = \frac{a \ddot{x}_m}{F_m}$$

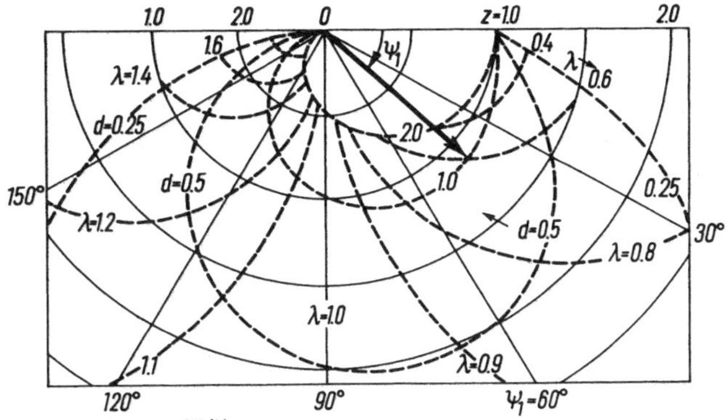

12.18 $z(\lambda) = f_1(\lambda) \cdot e^{-j\psi_1(\lambda)}$

zu untersuchen. In der Mechanik wird $f_2(\lambda)$ Geschwindigkeitsresonanz und $f_3(\lambda)$ Beschleunigungsresonanz genannt. Differenziert man Gl. (12.81) nach der Zeit, so erhält man

$$\dot{x}(t) = \mathrm{j}\,\omega x(t) \qquad \ddot{x}(t) = \mathrm{j}^2\,\omega^2 x(t)$$

Der Faktor j bedeutet jeweils eine Drehung um 90° und damit physikalisch eine Phasenverschiebung der abgeleiteten Größe gegen die Ausgangsgröße; daher gilt $\psi_1 = \psi_2 - \pi/2 = \psi_3 - \pi$. Mit den Formelzeichen aus Tafel **12.**13 lassen sich die normierten Resonanzfunktionen dann folgendermaßen schreiben:

$$f_2(\lambda) = \frac{b\dot{x}_\mathrm{m}}{F_\mathrm{m}} = \frac{b\omega x_\mathrm{m}}{F_\mathrm{m}} = \frac{b\sqrt{\dfrac{c}{a}}}{c\omega_0}\,\omega\,\frac{cx_\mathrm{m}}{F_\mathrm{m}} = \frac{b}{\sqrt{ac}}\,\frac{\omega}{\omega_0}\cdot\frac{cx_\mathrm{m}}{F_\mathrm{m}}$$

$$f_2(\lambda) = d\lambda\, f_1(\lambda) = \frac{d\lambda}{\sqrt{(1-\lambda^2)^2 + (d\lambda)^2}} \tag{12.89}$$

$$f_3(\lambda) = \frac{a\ddot{x}_\mathrm{m}}{F_\mathrm{m}} = \frac{a\omega^2 x_\mathrm{m}}{F_\mathrm{m}} = a\cdot\frac{(c/a)}{\omega_0^2}\,\omega^2\,\frac{x_\mathrm{m}}{F_\mathrm{m}} = \frac{\omega^2}{\omega_0^2}\cdot\frac{cx_\mathrm{m}}{F_\mathrm{m}}$$

$$f_3(\lambda) = \lambda^2\cdot f_1(\lambda) = \frac{\lambda^2}{\sqrt{(1-\lambda^2)^2 + (d\lambda)^2}} \tag{12.90}$$

Die Extremwerte dieser Funktionen fallen für $d \neq 0$ nicht mit den Extremwerten der Funktion $f_1(\lambda)$ zusammen:

$$\lambda_{2\mathrm{r}} = 1 \qquad f_{2\,\mathrm{max}} = 1$$

$$\lambda_{3\mathrm{r}} = \frac{1}{\sqrt{1 - \dfrac{d^2}{2}}} \qquad f_{3\,\mathrm{max}} = \frac{1}{d\sqrt{1 - \dfrac{d^2}{4}}} \tag{12.91}$$

Diese Funktionen werden in Abschn. 5.3.3 diskutiert. In Beispiel 4 und Bild **12.**19 sind sie für einen elektrischen Reihenschwingkreis dargestellt.

Deutung in der Technik. Aus den normierten Resonanzfunktionen können die technischen Bedeutungen abgelesen werden, wenn man die zugehörigen Größen von Tafel **12.**13 einsetzt. Die Differentialgleichungen lauteten mit Störfunktionen:

$$\begin{aligned}
&\text{Formal} && a_2\ddot{x}+a_1\dot{x}+a_0x = A\,\mathrm{e}^{\mathrm{j}\omega t}\\
&\text{Mechanik} && m\ddot{x}+b\dot{x}+cx = F_\mathrm{m}\,\mathrm{e}^{\mathrm{j}\omega t}\\
&\text{Reihenkreis} && L\ddot{q}+R\dot{q}+\frac{1}{C}q = u_\mathrm{m}\,\mathrm{e}^{\mathrm{j}\omega t}\\
&\text{Parallelkreis} && C\dot{u}+\frac{1}{R}u+\frac{1}{L}\int u\,\mathrm{d}t = i_\mathrm{m}\,\mathrm{e}^{\mathrm{j}\omega t}
\end{aligned} \tag{12.92}$$

Die formal einander zugeordneten Größen sind in Gl. (12.92) zusammengestellt. Man entnimmt daraus mit Gl. (12.84) und (12.87) z.B. für die Funktion $f_1(\lambda)$

für den mechanischen Schwingkreis

$$\frac{cx_\mathrm{m}}{F_\mathrm{m}} = \frac{F_\mathrm{Feder}}{F_\mathrm{m}} = \frac{1}{\sqrt{\left(1-\frac{m}{c}\omega^2\right)^2+\frac{b^2}{c^2}\omega^2}} \qquad \tan\psi = \frac{\frac{b}{c}\omega}{1-\frac{m}{c}\omega^2} \tag{12.93}$$

für den elektrischen Reihenschwingkreis

$$\frac{q_\mathrm{m}}{Cu_\mathrm{m}} = \frac{u_C}{u_\mathrm{m}} = \frac{1}{\sqrt{(1-LC\omega^2)^2+R^2C^2\omega^2}} \qquad \tan\psi = \frac{RC\omega}{1-LC\omega^2} \tag{12.94}$$

für den elektrischen Parallelschwingkreis

$$\frac{\frac{1}{L}\int u\,\mathrm{d}t}{i_\mathrm{m}} = \frac{i_L}{i_\mathrm{m}} = \frac{1}{\sqrt{(1-LC\omega^2)^2+\frac{L^2}{R^2}\omega^2}} \qquad \tan\psi = \frac{\frac{L}{R}\omega}{1-LC\omega^2} \tag{12.95}$$

Beispiel 4. In einem elektrischen Reihenschwingkreis (Bild **12.**12b) wirkt eine sinusförmige Erreger-Wechselspannung mit $u_\mathrm{m}=220\sqrt{2}\,\mathrm{V}$. Der Schwingkreis hat einen Ohmschen Widerstand $R=80\,\Omega$, eine Kapazität $C=30\,\mu\mathrm{F}$ und eine Induktivität $L=0.2\,\mathrm{H}$. Man berechne die Resonanzkreisfrequenzen $\omega_{C\mathrm{r}}$, $\omega_{R\mathrm{r}}$, $\omega_{L\mathrm{r}}$ und für jede dieser Frequenzen die Spannungen u_C, u_R, u_L.

Aus der Tafel **12.**13 berechnet man $\omega_0=\sqrt{1/LC}=408.2\,\mathrm{s}^{-1}$ und $d=R\sqrt{C/L}=0.9798$. Nach Gl. (12.85) ist $\lambda_{1\mathrm{r}}=0.7211$; damit wird $\omega_{1\mathrm{r}}=\omega_{C\mathrm{r}}=\lambda_{1\mathrm{r}}\omega_0=294.4\,\mathrm{s}^{-1}$. Dementsprechend erhält man aus Gl. (12.91) $\omega_{2\mathrm{r}}=\omega_{R\mathrm{r}}=\lambda_{2\mathrm{r}}\omega_0=408.2\,\mathrm{s}^{-1}$ und $\omega_{3\mathrm{r}}=\omega_{L\mathrm{r}}=\lambda_{3\mathrm{r}}\omega_0=1.3868\cdot 408.2\,\mathrm{s}^{-1}=566.1\,\mathrm{s}^{-1}$.

Die Spannungen ergeben sich durch Einsetzen der λ-Werte in Gl. (12.84) $u_C = u_m f_1(\lambda_r)$, Gl. (12.89) $u_R = u_m f_2(\lambda_r)$ und Gl. (12.90) $u_L = u_m f_3(\lambda_r)$. In Tafel **12.20** sind alle Werte zusammengestellt; Bild **12.19** zeigt ein qualitatives Diagramm. Man beachte, daß die Spannungen um jeweils 90° gegeneinander phasenverschoben sind.

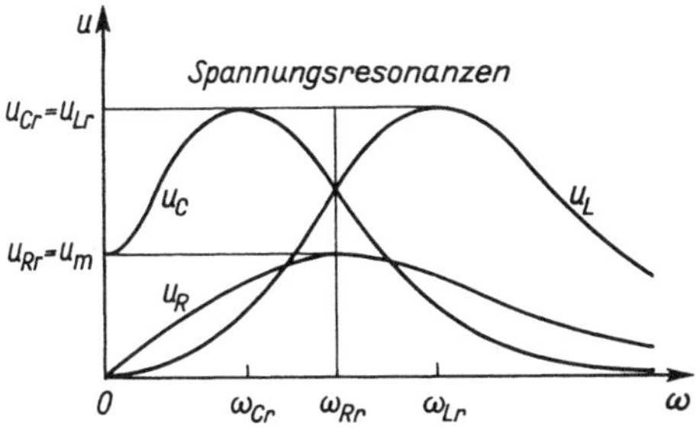

12.19

Tafel **12.20**

	$\dfrac{\omega}{s^{-1}}$	$\dfrac{u_C}{V}$	$\dfrac{u_R}{V}$	$\dfrac{u_L}{V}$
ω_{Cr}	294	364	257	189
ω_{Rr}	408	318	311	318
ω_{Lr}	566	189	257	364

■

12.2.3 Scheibe unter Zentrifugalkräften

Aufstellen der Dgl. Eine zentrisch durchbohrte Scheibe konstanter Dicke s mit dem Innenradius r und dem Außenradius R rotiert mit konstanter Winkelgeschwindigkeit ω um die senkrecht zur Scheibe stehende Mittelachse. Dabei treten infolge der Zentrifugalkräfte Radial- und Tangentialspannungen in der Scheibe auf (z. B. in Laufrädern von Strömungsmaschinen).

Die Gleichgewichtsbedingungen für ein herausgeschnittenes Scheibenelement (Bild **12.21** a) ergeben eine Dgl. zwischen den gesuchten Radialspannungen σ_x und Tangentialspannungen σ_φ. Multipliziert man nämlich die senkrecht zu den Schnittflächen wirkenden Spannungen mit den dazugehörigen Schnittflächen, so ergeben sich die an diesen wirkenden Kräfte, für die man die Gleichgewichtsbedingungen ansetzen kann (Bild **12.21** b).

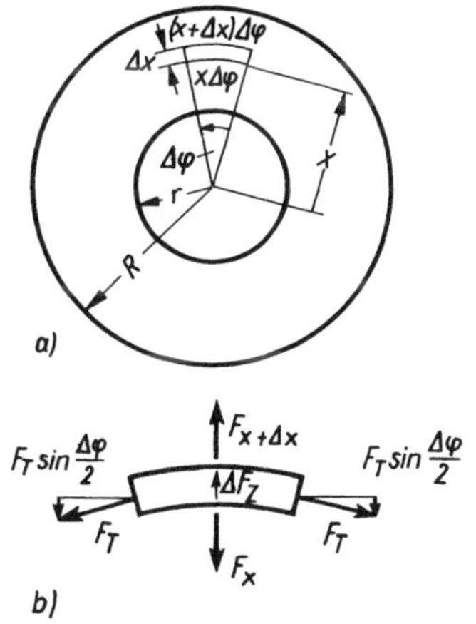

12.21

Zwischen den Tangentialkräften F_T in den Radialschnitten ist die Gleichgewichtsbedingung wegen der Symmetrie von selbst erfüllt und liefert keine Aussage. In Radialrichtung (Tangentialschnitte) wirken nach außen die Zentrifugalkraft

$$\Delta F_Z = \left(x + \frac{\Delta x}{2}\right) \omega^2 \Delta m = \left(x + \frac{\Delta x}{2}\right) \omega^2 \varrho s x \,\Delta\varphi\, \Delta x$$

mit ϱ als Dichte und im Schnitt die Kraft $F_{x+\Delta x} = (\sigma_x + \Delta\sigma_x)(x + \Delta x)\, s \Delta\varphi$. Nach innen gerichtet sind die Kraft $F_x = \sigma_x x s \,\Delta\varphi$ und die Radialkomponenten der aus den Tangentialspannungen resultierenden Kräfte $2\sigma_\varphi \sin(\Delta\varphi/2) s\,\Delta x \approx \sigma_\varphi s\,\Delta\varphi\,\Delta x$. Zwischen diesen Kräften besteht die Gleichung

$$\left(x + \frac{\Delta x}{2}\right) \omega^2 \varrho s x \,\Delta x\, \Delta\varphi + (\sigma_x + \Delta\sigma_x)(x + \Delta x) s\,\Delta\varphi = \sigma_x x s\,\Delta\varphi + \sigma_\varphi s\,\Delta x\,\Delta\varphi$$

Sie kann durch den Faktor $s \cdot \Delta\varphi \cdot \Delta x$ dividiert werden

$$\left(x + \frac{\Delta x}{2}\right) \omega^2 \varrho x + \frac{\sigma_x + \Delta\sigma_x}{\Delta x}(x + \Delta x) = \frac{\sigma_x \cdot x}{\Delta x} + \sigma_\varphi$$

Multipliziert man in dieser Gleichung die Klammern aus, so hebt sich $x\sigma_x/\Delta x$ heraus. Bildet man nun den Grenzwert $\Delta x \to 0$ und setzt $\lim\limits_{\Delta x \to 0} \Delta\sigma_x/\Delta x = \sigma_x'$, so erhält man als erste Dgl. für die beiden Funktionen σ_x und σ_φ

$$x\sigma_x' + \sigma_x - \sigma_\varphi = -\varrho\,\omega^2 x^2 \tag{12.96}$$

Eine zweite Dgl. ergibt sich aus dem Zusammenhang zwischen Radial- und Tangentialdehnung. Ist u die nach außen gerichtete Radialverschiebung, so ist Δu deren Änderung zwischen Innenrand und Außenrand des herausgeschnittenen Teilchens und $\lim\limits_{\Delta x \to 0} \Delta u/\Delta x = \varepsilon_x$ die Radialdehnung. Bei gleichmäßiger Verschiebung von Innen- und Außenrand ist $\Delta u = 0$, und es tritt weder Dehnung noch Stauchung auf. Bei der Verschiebung u vergrößert sich der Umfang eines schmalen Kreisringes im Abstand x von der Mittelachse von $2\pi x$ auf $2\pi(x + u)$. Dividiert man den Zuwachs durch den ursprünglichen Umfang, so erhält man die Tangentialdehnung

$$\varepsilon_\varphi = \frac{2\pi(x + u) - 2\pi x}{2\pi x} = \frac{u}{x}$$

Löst man diese Gleichung nach u auf und differenziert nach x, so ergibt sich der gesuchte Zusammenhang

$$\varepsilon_x = \frac{\mathrm{d}u}{\mathrm{d}x} = \frac{\mathrm{d}(x\varepsilon_\varphi)}{\mathrm{d}x} = \varepsilon_\varphi + x\frac{\mathrm{d}\varepsilon_\varphi}{\mathrm{d}x} \tag{12.97}$$

In diese Gleichung setzt man nun für ε_φ und ε_x die sich aus dem Hookeschen Gesetz ergebenden Ausdrücke für die Spannungen

$$\varepsilon_x = \frac{1}{E}(\sigma_x - \nu\sigma_\varphi) \quad \text{und} \quad \varepsilon_\varphi = \frac{1}{E}(\sigma_\varphi - \nu\sigma_x)$$

ein. Hierin ist ν die Querkontraktionszahl - sie hat für Metalle den Wert 0.3 - und E der Elastizitätsmodul; für Stahl ist $E = 2.06 \cdot 10^5 \cdot \mathrm{N/mm^2}$. Man erhält dann nach Multiplizieren mit E

$$\sigma_x - \nu\sigma_\varphi = \sigma_\varphi - \nu\sigma_x + x(\sigma_\varphi' - \nu\sigma_x')$$

und daraus nach Ordnen die zweite Dgl. für σ_x und σ_φ

$$x(\sigma_\varphi' - \nu\sigma_x') + (1+\nu)(\sigma_\varphi - \sigma_x) = 0 \tag{12.98}$$

Lösen des Systems von Dgl. Bei einem System von Dgl. kann man versuchen, wie in Abschn. 12.1.6 gezeigt, eine der unbekannten Funktionen zu eliminieren. Bei dem aus Gl. (12.96) und (12.98) bestehenden System empfiehlt sich folgender Weg: In Gl. (12.98) sind σ_x und σ_φ sowie deren Ableitungen vorhanden, während in Gl. (12.96) die Ableitung von σ_φ fehlt. Es ist deshalb zweckmäßig, Gl. (12.96) nach σ_φ aufzulösen, nach x zu differenzieren und σ_φ und σ_φ' in Gl. (12.98) einzusetzen

$$\sigma_\varphi = x\sigma_x' + \sigma_x + \varrho\,\omega^2 x^2 \qquad \sigma_\varphi' = \sigma_x' + x\sigma_x'' + \sigma_x' + 2\varrho\,\omega^2 x \tag{12.99}$$

$$x(x\sigma_x'' + 2\sigma_x' + 2\varrho\,\omega^2 x - \nu\sigma_x') + (1+\nu)(x\sigma_x' + \sigma_x + \varrho\,\omega^2 x^2 - \sigma_x) = 0 \tag{12.100}$$

Ordnet man Gl. (12.100) nach der Höhe der Ableitungen, so ergibt sich die lineare Dgl. 2. Ordnung für σ_x allein

$$x^2\sigma_x'' + 3x\sigma_x' = -\varrho\,\omega^2(3+\nu)x^2 \tag{12.101}$$

Zur allgemeinen Lösung der verkürzten Gleichung

$$x^2\sigma_x'' + 3x\sigma_x' = 0 \tag{12.102}$$

kann man zwei Wege beschreiten.

a) Potenzansatz $\sigma_x = Cx^n$. Dieser Ansatz ist plausibel, weil beim Differenzieren der Exponent jeweils um Eins abnimmt, andererseits aber der Faktor vor der zweiten Ableitung einen um Eins größeren Exponenten als der Faktor vor der ersten Ableitung hat, so daß sich gleich hohe Exponenten in beiden Summanden von Gl. (12.102) ergeben. Man führt diesen Ansatz in Gl. (12.102) ein und untersucht, für welche Werte von C und n diese erfüllt ist. Die Gleichung

$$x^2 Cn(n-1)x^{n-2} + 3xCnx^{n-1} = 0 \quad \text{oder} \quad n(n-1+3)Cx^n = 0$$

ist für $n = 0$ und $n = -2$ und beliebiges C erfüllt. Es sind also $\sigma_x = C_1$ und $\sigma_x = C_2 x^{-2}$ und, da die Differentialgleichung linear ist, auch deren Summe

$$\sigma_{x(h)} = C_1 + \frac{C_2}{x^2}$$

Lösungen von Gl. (12.102).

b) Trennung der Veränderlichen. Da in Gl. (12.102) die Funktion σ_x nicht explizit vorkommt, wird deren Ableitung $\sigma_x' = y$ als neue Variable eingeführt. Dadurch wird die Dgl. (12.102) auf eine lineare Dgl. 1. Ordnung

$$x^2 y' + 3xy = 0 \tag{12.103}$$

zurückgeführt, die durch Trennung der Veränderlichen gelöst werden kann. Die Gleichung

$$\frac{y'}{y} = -\frac{3}{x}$$

läßt sich sofort integrieren. Ist für $x = x_0$ die Größe $y = y_0$, so erhält man mit $C = y_0 x_0^3$

$$\ln\frac{y}{y_0} = -3\ln\frac{x}{x_0} \qquad y = \frac{\mathrm{d}\sigma_x}{\mathrm{d}x} = y_0\left(\frac{x_0}{x}\right)^3 = \frac{C}{x^3}$$

Nochmaliges Integrieren führt auf

$$\sigma_x = -\frac{1}{2}\frac{C}{x^2} + C_1$$

Hieraus folgt durch Umbenennen der Konstanten $C_2 = -C/2$ die auf dem ersten Wege gefundene Lösung

$$\sigma_{x(h)} = C_1 + \frac{C_2}{x^2} \tag{12.104}$$

S p e z i e l l e L ö s u n g d e r v o l l s t ä n d i g e n G l e i c h u n g. Gl. (12.101) kann sicher nur dann für jeden Wert x erfüllt sein, wenn auch auf der linken Seite nur quadratische Funktionen von x stehen. Ist nun $\sigma_{x(s)} = Bx^2$, so ist $\sigma'_{x(s)} = 2Bx$ und $\sigma''_{x(s)} = 2B$. Die Konstante B muß nun noch so bestimmt werden, daß die Koeffizienten von x^2 auf beiden Seiten der Gleichung übereinstimmen

$$2Bx^2 + 3x \cdot 2Bx = -\varrho\,\omega^2(3+\nu)x^2 \qquad B = -\frac{3+\nu}{8}\varrho\,\omega^2$$

Damit lautet die spezielle Lösung

$$\sigma_{x(s)} = -\frac{3+\nu}{8}\varrho\,\omega^2 x^2 \tag{12.105}$$

Durch Addieren von Gl. (12.104) und (12.105) ergibt sich die v o l l s t ä n d i g e L ö s u n g von Gl. (12.101)

$$\sigma_x = C_1 + \frac{C_2}{x^2} - \frac{3+\nu}{8}\varrho\,\omega^2 x^2 \tag{12.106}$$

Die Tangentialspannung σ_φ erhält man, wenn man aus Gl. (12.106) die Radialspannung σ_x und deren Ableitung in Gl. (12.99) einsetzt

$$\sigma_\varphi = C_1 - \frac{C_2}{x^2} - \frac{1+3\nu}{8}\varrho\,\omega^2 x^2 \tag{12.107}$$

Die Integrationskonstanten sind durch die Randbedingungen festzulegen.

Erfüllen der Randbedingungen. Bei unbelasteten Scheibenrändern sind die Radialspannungen am Innen- und Außenrand Null. Für $x=r$ und $x=R$ ist $\sigma_x=0$. Man erhält für C_1 und C_2 das Gleichungssystem

$$C_1+\frac{1}{r^2}C_2=\frac{3+\nu}{8}\varrho\,\omega^2 r^2 \qquad C_1+\frac{1}{R^2}C_2=\frac{3+\nu}{8}\varrho\,\omega^2 R^2$$

mit den Lösungen

$$C_1=\frac{3+\nu}{8}\varrho\,\omega^2(R^2+r^2) \qquad C_2=-\frac{3+\nu}{8}\varrho\,\omega^2 R^2 r^2 \tag{12.108}$$

Spannungen. Die Spannungen σ_x und σ_φ ergeben sich dann durch Einsetzen der Konstanten C_1 und C_2 aus Gl. (12.108) in Gl. (12.106) und (12.107)

$$\sigma_x=\frac{3+\nu}{8}\varrho\,\omega^2\left(R^2+r^2-\frac{R^2r^2}{x^2}-x^2\right) \tag{12.109}$$

$$\sigma_\varphi=\frac{3+\nu}{8}\varrho\,\omega^2\left(R^2+r^2+\frac{R^2r^2}{x^2}-\frac{1+3\nu}{3+\nu}x^2\right) \tag{12.110}$$

Durch Differenzieren weist man nach, daß die Radialspannung im Abstand $x=\sqrt{Rr}$ von der Drehachse ihr Maximum

$$\sigma_{x\mathrm{m}}=\frac{3+\nu}{8}\varrho\,\omega^2(R-r)^2 \tag{12.111}$$

hat, während die absolut größte Spannung am Innenrand $x=r$ durch die Tangentialspannung

$$\sigma_{\varphi\mathrm{m}}=\frac{3+\nu}{4}\varrho\,\omega^2\left(R^2+\frac{1-\nu}{3+\nu}r^2\right) \tag{12.112}$$

gegeben ist. Die Sonderfälle der Vollscheibe ($r=0$) und des schmalen Kreisringes ($R\approx r$) sind in den allgemeinen Gl. (12.109) und (12.110) enthalten.

Verschiebung. Außer den Spannungen sind noch die durch die Dehnungen verursachten Verschiebungen der Ränder wegen der Einpassungsbedingungen interessant. Die Radialverschiebung u kann durch Integration aus $\mathrm{d}u/\mathrm{d}x=\varepsilon_x$ oder direkt aus $u=x\varepsilon_\varphi=(x/E)(\sigma_\varphi-\nu\sigma_x)$ gewonnen werden, indem die Dehnung durch die Spannungen in Gl. (12.109) und (12.110) ausgedrückt wird

$$u=\varrho\,\omega^2\frac{1-\nu^2}{8E}\left[\frac{3+\nu}{1+\nu}(R^2+r^2)x+\frac{3+\nu}{1-\nu}\frac{R^2r^2}{x}-x^3\right] \tag{12.113}$$

Setzt man für x speziell die Koordinaten des Innenrandes ($x=r$) bzw. des Außenrandes ($x=R$) ein, so findet man

$$u_r=\varrho\,\omega^2\frac{r^3}{4E}\left[(1-\nu)+(3+\nu)\frac{R^2}{r^2}\right] \qquad u_R=\varrho\,\omega^2\frac{R^3}{4E}\left[(1-\nu)+(3+\nu)\frac{r^2}{R^2}\right] \tag{12.114}$$

Man beachte, daß die Spannungen und Verschiebungen von der Scheibendicke unabhängig sind.

Beispiel 5. Man berechne die Spannungen in der Laufradscheibe einer Turbine.

Gl. (12.109) und (12.110) sind nicht anwendbar, wenn die Randspannungen in Radialrichtung nicht Null sind. In einer Turbinenscheibe treten am Außenrand infolge der Zentrifugalkräfte von Radkranz und Turbinenschaufeln Zugspannungen auf, während am Innenrand durch das Aufschrumpfen der Scheibe auf die Welle Druckspannungen entstehen. Stellt man Welle und Scheibe aus einem Stück her, so kann man mit einer Vollscheibe rechnen. In diesem Falle lauten die Randbedingungen:

a) die Spannungen σ_x und σ_φ müssen auch für $x=0$ endlich sein, da sonst die Scheibe zerstört würde. Also ist $C_2=0$. (Bei aufgeschrumpfter Scheibe ist $\sigma_x=\sigma_{\text{Schr}}$ für $x=r$ und damit $C_2 \neq 0$.)

b) Für $x=R$ ist $\sigma_x=\sigma_R$. Damit ergibt sich aus Gl. (12.106) $\sigma_R=C_1-[(3+\nu)/8]\,\varrho\,(\omega R)^2$, also $C_1=\sigma_R+[(3+\nu)/8]\,\varrho\,(\omega R)^2$. Die Spannungsfunktionen lauten dann

$$\begin{aligned}\sigma_x &= \sigma_R + \frac{3+\nu}{8}\,\varrho\,(\omega R)^2\left[1-\left(\frac{x}{R}\right)^2\right]\\ \sigma_\varphi &= \sigma_R + \frac{3+\nu}{8}\,\varrho\,(\omega R)^2\left[1-\frac{1+3\nu}{3+\nu}\left(\frac{x}{R}\right)^2\right]\end{aligned} \tag{12.115}$$

Ihr Maximum liegt bei $x=0$, also in der Mitte der Scheibe. Die Radialverschiebung am Außenrand beträgt

$$u_R = R\varepsilon_\varphi = \frac{R}{E}(\sigma_\varphi-\nu\sigma_x)_{x=R} = R\,\frac{1-\nu}{E}\left[\sigma_R+\varrho\,\frac{(\omega R)^2}{4}\right]$$

Bei einer Turbine von 1200 mm Scheibendurchmesser und einer Umfangsgeschwindigkeit $v_U=\omega R=200$ m/s betrage die Spannung am Außenrand $\sigma_R=5$ kN/cm^2. Weiterhin sind $\nu=0.3$, $\varrho=7.85\cdot 10^{-3}$ kg/cm^3 und $E=2.06\cdot 10^7$ N/cm^2. Dann ist die Maximalspannung

$$\begin{aligned}\sigma_{x\text{m}} = \sigma_{\varphi\text{m}} &= \sigma_R + \varrho\,[(3+\nu)/8]\,(\omega R)^2\\ &= (5+1.295)\ \text{kN/cm}^2\end{aligned}$$

und die Radialverschiebung beträgt $u_R=0.26$ mm. ■

12.2.4 Aufgaben zu Abschnitt 12.2

1. Man berechne die Knickkräfte für die beiden folgenden oben nicht behandelten Euler-Fälle.

a) Der Stab ist einseitig eingespannt und am anderen Ende frei (Bild **12.22**a). Hinweis: $EIy''=-Fy$.

b) Der Stab ist beiderseits fest eingespannt (Bild **12.22**b). Hinweis: $EIy''=-Fy+M_{\text{E}}$.

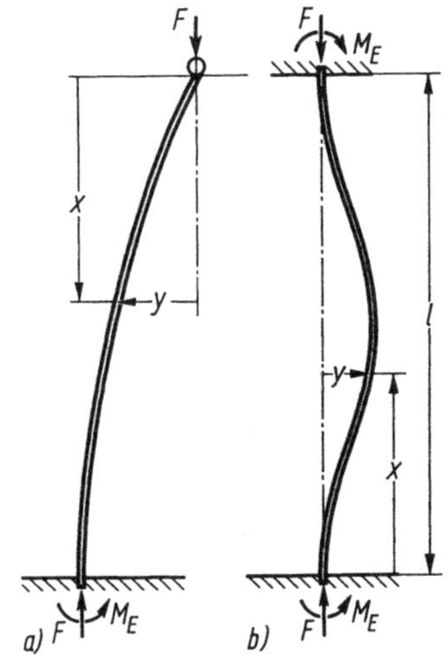

12.22

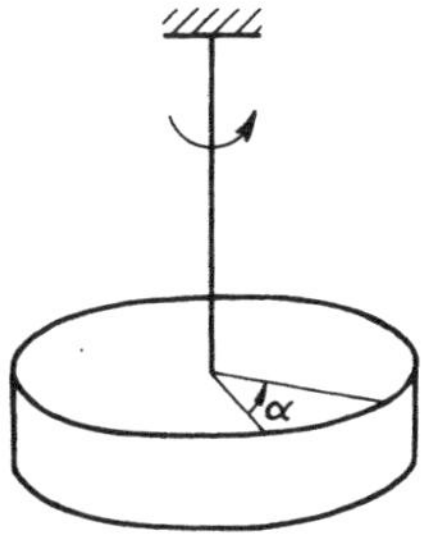

12.23

2. An einem Draht hängt eine Scheibe (Bild **12.23**) und vollführt ungedämpfte Drehschwingungen. Man stelle die Dgl. dieser Schwingung auf und berechne mit der Masse m und dem Radius R die Periode T_0.

Hinweise: Durch die Verdrillung um den Winkel α aus der Ruhelage entsteht im Draht ein Drehmoment $M = \bar{c}\alpha$. Dabei ist $\bar{c} = \pi G r^4/(2l)$ die „Federkonstante" mit dem Gleitmodul G (für Stahl $G = 80\,\mathrm{kN/mm^2}$), dem Drahtradius r und der Länge l des Drahtes. Das Massenträgheitsmoment einer Scheibe ist $J = 0.5\,mR^2$, s. Beispiel 9, Abschn. 6.4.1.

3. Ein mechanischer Schwinger, der Gl. (12.76) genügt, hat eine Masse $m = 5.00\,\mathrm{kg}$. Es wurden folgende Werte gemessen

	t/s	x/cm
	0.00	6.53
1. Maximum	0.15	8.00
2. Maximum	1.75	3.00

Wie groß sind seine Federkonstante c, seine Dämpfungskonstante b und die Anfangsgeschwindigkeit $\dot{x}(0)$?

Hinweis: Man berechne zunächst die Koeffizienten von Gl. (12.76), dabei benutze man $\tan(\omega_d t_E + \varphi) = \omega_d/\delta$ zur Bestimmung der Extremwerte der Weg-Zeit-Kurve nach Gl. (5.68).

4. Der in Beispiel 2, Abschn. 12.2.2 behandelte elektrische Parallelschwingkreis hat, mit Ausnahme des Widerstandes R, die gleichen Werte wie dort. Man berechne die Schwingungsgleichung und diskutiere die Funktionskurve für

a) $R = 16.4845\,\Omega$ b) $R = 10\,\Omega$.

5. Bei einem gedämpften mechanischen Schwinger ist die Masse $m = 2.00\,\mathrm{kg}$, die Federkonstante $c = 300\,\mathrm{N/m}$ und die Dämpfungskonstante $b = 60.0\,\mathrm{kg/s}$. Der Anfangsausschlag beträgt $x(0) = 0.50\,\mathrm{m}$. Wie groß darf die nach unten gerichtete Anfangsgeschwindigkeit $v(0)$ höchstens sein, damit kein Nulldurchgang eintritt?

Man untersuche den Bewegungsverlauf (Nullstellen, Extrema, Wendepunkte, Diagramm) für $v(0) = -15.0\,\mathrm{m/s}$.

6. Bei einem gedämpften mechanischen Schwinger ist die Dämpfungskonstante $b = 34.64$ kg/s. Die anderen Konstanten sowie die Anfangsbedingungen sind die gleichen wie bei der vorstehenden Aufgabe. Man untersuche den Bewegungsverlauf.

Hinweis: Zunächst sind die Amplitude A und der Nullphasenwinkel φ zu berechnen.

12.3 Numerische Verfahren

Viele Dgl. sind nicht durch Angabe der Lösungsfunktion in Form einer Funktionsgleichung lösbar. Das gilt vor allem für nichtlineare Dgl. und solche mit komplizierten Störfunktionen. Man hat deshalb Verfahren entwickelt, die eine numerische Lösung ermöglichen. Durch Einsatz von Rechenanlagen ist der numerische Rechenaufwand beherrschbar geworden. Die numerischen Verfahren sind den zu lösenden Problemen angepaßt. Hier wird je ein Verfahren zur Lösung von Anfangswertaufgaben und Randwertaufgaben angegeben und durch Beispiele erläutert. Andere und verfeinerte Verfahren findet man z. B. in [Be 85].

Anfangswertaufgaben treten häufig in der Dynamik auf, wenn z. B. bei der Beschreibung einer Bewegung durch eine Dgl. eine spezielle Bahn aus der Lösungsmenge dadurch bestimmt ist, daß zu einem Zeitpunkt Lage und Geschwindigkeit vorgegeben sind.

Bei Randwertaufgaben werden aus den unendlich vielen Lösungen einer Dgl. diejenigen gesucht, die am Rande eines Bereiches gewisse Bedingungen, die Randbedingungen, erfüllen. So ist bei einem Träger auf zwei starren Stützen z. B. die Durchbiegung an den Stützen gleich Null, während die Durchbiegung zwischen den Stützen zu bestimmen ist. Bei einer allseitig eingespannten Platte ist an den Rändern sowohl die Durchbiegung als auch die Tangentensteigung gleich Null. Zwischen den Rändern ist dann z. B. die Durchbiegung als Funktion der Koordinaten gesucht.

12.3.1 Anfangswertaufgaben

Verfahren von Euler-Cauchy. Zunächst soll das Prinzip einer numerischen Näherungslösung von Anfangswertaufgaben durch dieses sehr einfache und deshalb i. allg. nur ungenaue Verfahren erläutert werden. Das Anfangswertproblem

$$\boxed{y' = f(x, y) \qquad y(x_0) = y_0} \tag{12.116}$$

soll numerisch gelöst werden. Die Lösungsfunktion muß aus dem Anfangswert y_0 schrittweise berechnet werden. Man schließt zunächst aus dem gegebenen Anfangswert auf einen Funktionswert y_1 an der Stelle $x_1 = x_0 + h$ und von diesem auf einen weiteren an der Stelle $x_2 = x_1 + h$ usw. Die Differenz zweier aufeinander folgender Werte x_i und x_{i+1} heißt Schrittweite h.

Mit dem Anfangswert $(x_0; y_0)$ ist über Dgl. (12.116) auch die Anfangssteigung $y_0' = f(x_0, y_0)$ bekannt.

Der Funktionswert y_1 an der Nachbarstelle $x_1 = x_0 + h$ kann grob durch den Funktionswert der im Anfangspunkt (x_0; y_0) an die Lösungskurve gelegten Tangente angenähert werden (Bild **12.**24a)

$$\boxed{y_1 = y_0 + \Delta y_0 \approx y_0 + (x_1 - x_0)\, y_0' = y_0 + h\, f(x_0, y_0)} \tag{12.117}$$

Aus diesem, im allgemeinen fehlerhaften, Wert y_1 kann man mit Gl. (12.116) die, im allgemeinen fehlerhafte, Steigung y_1' berechnen und x_1, y_1 und y_1' als Anfangswerte für die Berechnung eines weiteren Funktionswertes y_2 benutzen. Es ist aus Bild **12.**24b ersichtlich, daß die so berechnete Näherungsfunktion nur dann die wirkliche Lösungsfunktion gut annähert, wenn die Schrittweite h klein ist.

Einen besseren Näherungswert für y_2 erhält man, wenn man zunächst mit der gerade erläuterten Methode y_1 und y_1' berechnet und dann mit der Steigung y_1' erneut von x_0 startet und bis x_2 geht (Bild **12.**24b)

$$\boxed{y_2 = y_0 + 2h y_1' = y_0 + 2h\, f(x_1, y_1)} \tag{12.118}$$

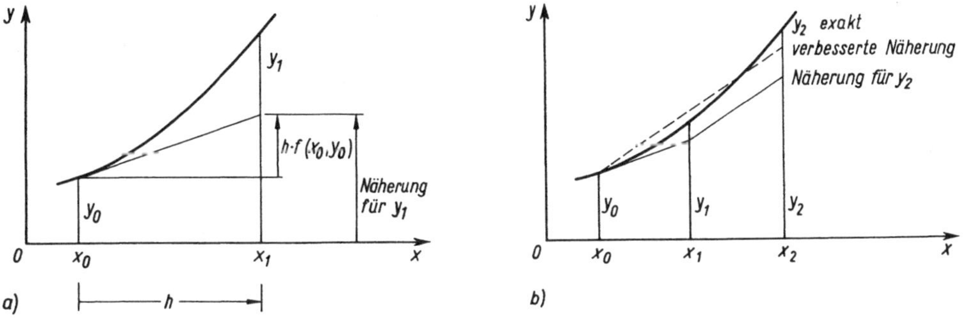

12.24

Beispiel 1. Gegeben ist die Dgl. $y' = y$ mit $y(0) = 1$. Sie hat die Lösung $y = e^x$. Gesucht ist der Funktionswert y an der Stelle $x = 0.2$ mit dem Verfahren von Euler-Cauchy.

Wählt man die Schrittweite $h = 0.2$, so ist aus $y_0 = 1$ und $y_0' = e^0 = 1$ der gesuchte Funktionswert durch $y_1 = y_0 + h y_0' = 1 + 0.2 \cdot 1 = 1.2$ angenähert.

Geht man dagegen in zwei Schritten vor, so ist mit $h = 0.1$ zunächst $y_1 = 1 + 0.1 \cdot 1 = 1.1$ und mit $y_1' = y_1 = 1.1$ erhält man $y_2 = 1.1 + 0.1 \cdot 1.1 = 1.21$.

Nimmt man die Steigung an der Stelle $x_1 = 0.1$ für das ganze Intervall, so wird $y_2 = y_0 + 2h y' = 1 + 0.2 \cdot 1.1 = 1.22$.

Der exakte Wert ist $y_2 = e^{0.2} = 1.2214$. Der relative Fehler der Näherung beträgt somit

im ersten Fall $\quad \dfrac{1.2 - 1.2214}{1.2214} = -0.0175 = -1.75\%$

im zweiten Fall $\quad \dfrac{1.21 - 1.2214}{1.2214} = -0.0093 = -0.93\%$

im dritten Fall $\quad \dfrac{1.22 - 1.2214}{1.2214} = -0.0011 = -0.11\%$ ■

Verfahren von Runge-Kutta. Es gibt viele Methoden, die Näherungswerte zu verbessern. Im Verfahren von Runge-Kutta schaltet man Zwischenwerte ein und stellt den Zuwachs Δy nicht nur durch $y'=f(x, y)$ an der e i n e n Zwischenstelle (wie in Gl. (12.118)), sondern durch Kombination von verschiedenen Ableitungswerten dar

$$y_1 = y_0 + \Delta y = y_0 + \sum_{i=1}^{m} a_i f(x_0 + \alpha_i h, y_0 + \beta_i) \tag{12.119}$$

Die Koeffizienten a_i, $0 \le \alpha_i \le 1$ und β_i werden so gewählt, daß Gl. (12.119) mit der Taylor-Entwicklung der Lösungsfunktion

$$y_1 = y_0 + h y_0' + \frac{h^2}{2!} y_0'' + \frac{h^3}{3!} y_0''' + \frac{h^4}{4!} y_0^{(4)} + \frac{h^5}{5!} y_0^{(5)} + \dots$$

bis zur vierten Potenz von h übereinstimmt. Der Fehler ist dann proportional h^5, d.h., daß bei Halbierung der Schrittweite der Fehler der feineren Rechnung nur noch $(1/2^5) = 1/32$ des Fehlers der groberen Rechnung ist. Runge und Kutta erreichten das durch die folgende Kombination

$$\begin{array}{ll} y_{i+1} = y_i + \Delta y_i \quad \text{mit} \quad \Delta y_i = \frac{1}{6}(k_{1i} + 2k_{2i} + 2k_{3i} + k_{4i}) & \\ k_{1i} = h f(x_i, y_i) & k_{3i} = h f\left(x_i + \frac{h}{2}, y_i + \frac{k_{2i}}{2}\right) \\ k_{2i} = h f\left(x_i + \frac{h}{2}, y_i + \frac{k_{1i}}{2}\right) & k_{4i} = h f(x_i + h, y_i + k_{3i}) \end{array} \tag{12.120}$$

Vorteile des Verfahrens liegen in der relativ hohen Genauigkeit und in der Möglichkeit, die Schrittweite während des Verfahrens zu ändern, wenn dies wegen des Verlaufs der Lösungskurve zweckmäßig erscheint. Die günstigste Schrittweite gewinnt man aus der empirisch gewonnenen Beziehung $hK \approx 0.1$. Hierin ist K die sog. Lipschitz-Konstante, die eine obere Schranke für die auf den Funktionswert bezogene Änderung der Abteilung darstellt

$$\left|\frac{\partial f(x, y)}{\partial y}\right| \le K$$

Da die Größe y in $f(x, y)$ noch nicht bekannt ist, muß man die Schranke für die Ableitung auf Grund des Anfangswertes und der ersten Näherungsschritte schätzen. Ein Maß für den Fehler der Näherung ist die Differenz der mit einfacher Schrittweite h und doppelter Schrittweite gewonnenen Näherungswerte.

Ein Programm für das Verfahren von Runge-Kutta steht häufig auf Rechenanlagen zur Verfügung. Für die Rechnung mit einem Taschenrechner ist das folgende Schema zweckmäßig.

i	x	y	$hf(x, y)$
0	x_0	y_0	k_{10}
	$x_0+\frac{h}{2}$	$y_0+\frac{k_{10}}{2}$	k_{20}
	$x_0+\frac{h}{2}$	$y_0+\frac{k_{20}}{2}$	k_{30}
	x_0+h	y_0+k_{30}	k_{40}
$\Delta y_0=\frac{1}{6}(k_{10}+2k_{20}+2k_{30}+k_{40})$			
1	$x_1=x_0+h$	$y_1=y_0+\Delta y_0$	k_{11}
	...	...	...

Beispiel 2. Die Dgl. $y'+y=x$ mit der Anfangsbedingung $y(0)=1$ soll nach dem Runge-Kutta-Verfahren im Bereich $0 \leq x \leq 0.6$ mit der Schrittweite $h=0.2$ gelöst werden.

Die gegebene Dgl. wird auf die Normalform $y'=x-y=f(x, y)$ gebracht und nach dem oben angegebenen Schema gelöst. Gerechnet wird mit einem Taschenrechner mit 8 Stellen, von denen 6 Stellen gedruckt sind.

Die Lipschitz-Konstante ist $K = |\partial f/\partial y| = 1$. Damit liegt wegen $hK=0.2$ die vorgegebene Schrittweite $h=0.2$ in der Nähe der günstigsten Schrittweite, die sich wegen $hK \approx 0.1$ zu $h=0.1$ ergibt.

i	x	y	$hf(x, y)=0.2(x-y)$
0	**0**	**1.000000**	−0.200000
	0.1	0.900000	−0.160000
	0.1	0.920000	−0.164000
	0.2	0.836000	−0.127200
			−0.162533
1	**0.2**	**0.837467**	−0.127493
	0.3	0.773720	−0.094744
	0.3	0.790095	−0.098019
	0.4	0.739448	−0.067890
			−0.096818
2	**0.4**	**0.740649**	−0.068130
	0.5	0.706584	−0.041317
	0.5	0.719990	−0.043998
	0.6	0.696651	−0.019330
			−0.043015
3	**0.6**	**0.697634**	

In diesem Schema sind nur die fett gedruckten Zahlen Lösungspaare der Dgl.
Die exakte Lösung lautet $y = 2\,e^{-x} + x - 1$. Ihr Wert an der Stelle $x = 0.6$ beträgt $y = 0.697623$. Der relative Fehler der Näherungslösung ist demnach

$$\frac{0.697634 - 0.697623}{0.697623} = 0.00002 = 0.002\,\%$$ ■

Das Verfahren von Runge-Kutta kann auch auf Systeme von Dgl. oder auf Dgl. höherer Ordnung angewandt werden, wenn man diese auf ein System von Dgl. erster Ordnung zurückführt, s. Gl. (12.43). Dazu sei auf [Jo 82] verwiesen.

12.3.2 Differenzenverfahren für Rand- und Eigenwertaufgaben

Annäherung von Ableitungen durch Differenzen. Beim Differenzenverfahren ersetzt man näherungsweise die in der Dgl. vorkommenden Ableitungen durch Differenzenquotienten, in deren Zählern Differenzen der gesuchten Funktionswerte vorkommen. Dadurch wird die Lösung einer Dgl. auf die Lösung eines Gleichungssystems für die unbekannten Funktionswerte zurückgeführt. Bei linearen Dgl. ist auch das Gleichungssystem linear und kann mit den in Abschn. 4.4 gezeigten Methoden gelöst werden. Man erhält die Lösungsfunktion als Tafel.

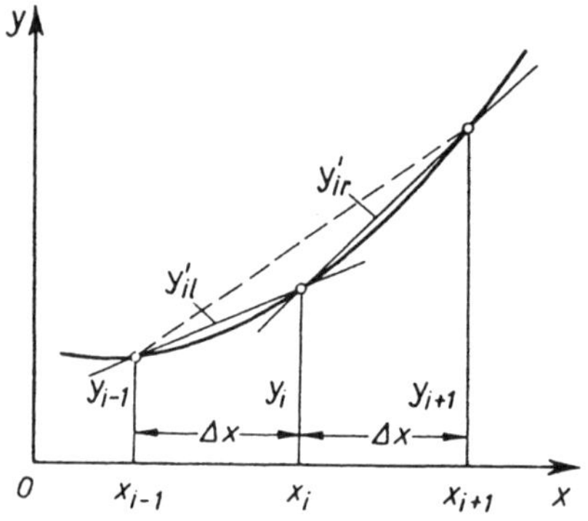

12.25

Die erste Ableitung der Funktion $y = f(x)$ an der Stelle x_i kann sowohl durch die Steigung im rechts von x_i gelegenen Feld (Bild **12.25**), also durch die Steigung (Ableitung) der Sekante durch die Punkte $(x_i;\, y_i)$ und $(x_{i+1};\, y_{i+1})$

$$y'_{i\mathrm{r}} = \frac{y_{i+1} - y_i}{\Delta x} \tag{12.121}$$

als auch durch die Steigung der Sekante im links von x_i gelegenen Feld

$$y'_{i\mathrm{l}} = \frac{y_i - y_{i-1}}{\Delta x} \tag{12.122}$$

ersetzt werden. Eine bessere Annäherung ergibt sich durch Berücksichtigung beider Nachbarfelder

$$y_i' \approx \frac{y_{i+1} - y_{i-1}}{2\,\Delta x} \tag{12.123}$$

weil für hinreichend kleines Δx die Sekante durch die Punkte $(x_{i-1}; y_{i-1})$ und $(x_{i+1}; y_{i+1})$ der Tangente an die Funktionskurve im Punkt x_i nahezu parallel ist.

Die zweite Ableitung gibt die Änderung der ersten Ableitung an. Bei Berücksichtigung der zentralen Lage von x_i zwischen x_{i-1} und x_{i+1} liegt es nahe, die beiden Ableitungen Gl. (12.121) und (12.122) zu benutzen

$$y_i'' \approx \frac{y_{i\mathrm{r}}' - y_{i\mathrm{l}}'}{\Delta x} = \frac{\dfrac{y_{i+1} - y_i}{\Delta x} - \dfrac{y_i - y_{i-1}}{\Delta x}}{\Delta x}$$

$$y_i'' \approx \frac{y_{i+1} - 2y_i + y_{i-1}}{(\Delta x)^2} \tag{12.124}$$

Eine symmetrische Formel für die dritte Ableitung kann man folgendermaßen gewinnen:

$$y_i''' \approx \frac{y_{i+1}'' - y_{i-1}''}{2\,\Delta x} = \frac{\dfrac{y_{i+2} - 2y_{i+1} + y_i}{(\Delta x)^2} - \dfrac{y_i - 2y_{i-1} + y_{i-2}}{(\Delta x)^2}}{2\,\Delta x}$$

$$y_i''' \approx \frac{y_{i+2} - 2y_{i+1} + 2y_{i-1} - y_{i-2}}{2(\Delta x)^3} \tag{12.125}$$

Eine Gleichung für die vierte Ableitung ergibt sich durch Ersetzen von y'' durch $y^{(4)}$ und von y durch y'' in Gl. (12.124)

$$y_i^{(4)} \approx \frac{y_{i+1}'' - 2y_i'' + y_{i-1}''}{(\Delta x)^2}$$

Ersetzt man nun wiederum die zweiten Ableitungen der rechten Seite mit Hilfe von Gl. (12.124) durch die Funktionswerte, so erhält man

$$y_i^{(4)} \approx \frac{\dfrac{(y_{i+2} - 2y_{i+1} + y_i)}{(\Delta x)^2} - 2\dfrac{(y_{i+1} - 2y_i + y_{i-1})}{(\Delta x)^2} + \dfrac{(y_i - 2y_{i-1} + y_{i-2})}{(\Delta x)^2}}{(\Delta x)^2}$$

$$y_i^{(4)} \approx \frac{y_{i+2} - 4y_{i+1} + 6y_i - 4y_{i-1} + y_{i-2}}{(\Delta x)^4} \tag{12.126}$$

Randwertaufgabe. An dem folgenden Beispiel soll die Lösung einer Randwertaufgabe mit Hilfe des Differenzenverfahrens gezeigt werden.

Bei dem Balken auf zwei starren Stützen mit linear veränderlicher Belastung $q(x)=q_0x/l$ (Bild **12**.26) ist die Durchbiegung zu bestimmen.

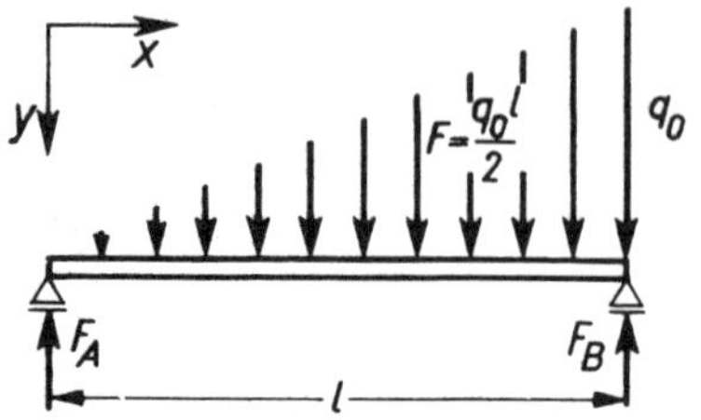

12.26

Es gilt die Dgl. $y''=-M(x)/(EI)$ mit der Biegesteifigkeit EI und dem Biegemoment

$$M(x)=\frac{q_0 l x}{6}\left[1-\left(\frac{x}{l}\right)^2\right]=\frac{Fx}{3}\left[1-\left(\frac{x}{l}\right)^2\right]$$

also
$$y''=-\frac{Fl}{3EI}\cdot\frac{x}{l}\cdot\left[1-\left(\frac{x}{l}\right)^2\right] \tag{12.127}$$

Die Randbedingungen lauten $y(0)=y(l)=0$, weil die Durchbiegung an den starren Lagern gleich Null ist. In der einfachsten Näherung teilt man die Balkenlänge wegen der unsymmetrischen Belastung in drei Intervalle der Breite $\Delta x=l/3$ und erhält folgende Zuordnung

$x_0=0$	$x_1=l/3$	$x_2=2l/3$	$x_3=l$
$y_0=0$	y_1	y_2	$y_3=0$

Die Funktionswerte y_1 und y_2 sind zu bestimmen. Nun schreibt man die Differentialgleichung für jeden Zwischenpunkt und ersetzt die Ableitungen nach Gl. (12.124) durch die Funktionswerte

$$y_1''\approx\frac{y_2-2y_1+y_0}{(l/3)^2}=-\frac{Fl}{3EI}\cdot\frac{1}{3}\cdot\frac{8}{9}$$

$$y_2''\approx\frac{y_3-2y_2+y_1}{(l/3)^2}=-\frac{Fl}{3EI}\cdot\frac{2}{3}\cdot\frac{5}{9}$$

In diesen Gleichungen ist wegen der Randbedingungen $y_0=y_3=0$, so daß nach Multiplizieren mit $(l/3)^2$ die beiden linearen Gleichungen für y_1 und y_2 bleiben

$$-2y_1+y_2=-8\frac{Fl^3}{729EI} \qquad y_1-2y_2=-10\frac{Fl^3}{729EI}$$

Die Lösung dieses Gleichungssystems lautet

$$y_1 = \frac{26}{3} \cdot \frac{Fl^3}{729EI} \qquad y_2 = \frac{28}{3} \cdot \frac{Fl^3}{729EI}$$

Nach Beispiel 16, Abschn. 6.4.3 lautet die exakte Lösung

$$y_1 = 8 \cdot \frac{Fl^3}{729EI} \qquad y_2 = \frac{17}{2} \cdot \frac{Fl^3}{729EI}$$

Der Vergleich zeigt, daß man mit dieser einfachen Methode die Lösung mit einem Fehler von nur 8% bis 10% gefunden hat

$$\frac{\Delta y_1}{y_1} = \frac{26/3-8}{8} = 0.083 = 8.3\% \qquad \frac{\Delta y_2}{y_2} = \frac{28/3-17/2}{17/2} = 0.098 = 9.8\%$$

Eigenwertaufgabe. Bei der soeben gelösten Randwertaufgabe ergaben sich aus der Belastung des Balkens Glieder auf der rechten Seite des inhomogenen Gleichungssystems, so daß eine eindeutige Lösung möglich war. Eigenwertaufgaben liegen dann vor, wenn das sich aus der Dgl. ergebende lineare Gleichungssystem homogen ist und somit im allgemeinen nur die Lösung $y_1 = y_2 = y_3 = \ldots = y_{n-1} = 0$ hat. Dabei tritt in der Dgl. dann ein noch unbestimmter Parameter, der sogenannte Eigenwert, auf. Dieser ist so zu bestimmen, daß eine Lösung möglich ist, ohne daß alle $y_i = 0$ sind. Das Verfahren wird am Beispiel des Knickstabes (Bild **12.27** a) erläutert, für den die exakte Lösung in Abschn. 12.2.1 gegeben ist.

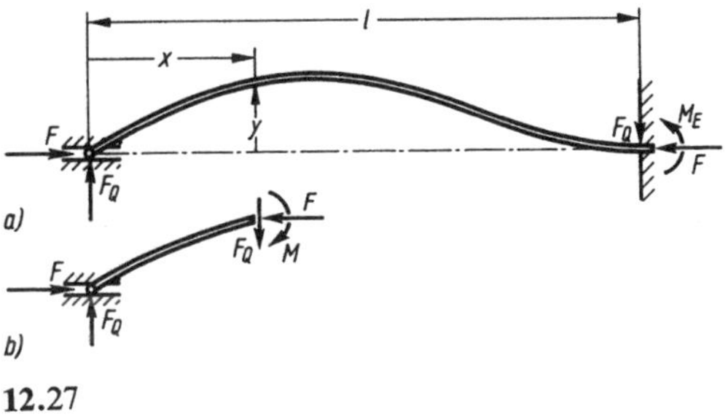

12.27

Nach Bild **12.27** b ist das Biegemoment an der Stelle x durch $M(x) = Fy - F_Q x$ bestimmt. Außerdem gilt $y'' = -M(x)/(EI)$, so daß man die Differentialgleichung

$$y'' = -\frac{Fy - F_Q x}{EI} \tag{12.128}$$

oder $\quad y'' + \frac{F}{EI} y = \frac{F_Q}{EI} x$

erhält (s. auch Abschn. 12.2.1). Da F_Q nicht bekannt ist, differenziert man die Gleichung zweimal nach x und erhält dann die homogene Dgl.

$$y^{(4)} + \frac{F}{EI} y'' = 0 \qquad (12.129)$$

Die Randbedingungen lauten $y(0) = y(l) = 0$, weil die Durchbiegung an beiden Lagern gleich Null ist. Ferner gilt $y'(l) = 0$ wegen der waagerechten Einspannung und $y''(0) = 0$, weil das Biegemoment im Gelenklager Null ist. Bei Einteilung der Balkenlänge in drei Intervalle $\Delta x = l/3$ (Bild **12.28**) ist also $y_0 = y_3 = 0$. Die beiden übrigen Randbedingungen führen auf Zusammenhänge zwischen den Koordinaten y innerhalb und den als Hilfsgrößen anzunehmenden Koordinaten y_{-1} und y_4 außerhalb des Balkens:

$$y_3' = \frac{y_4 - y_2}{2\Delta x} = 0 \quad \text{also} \quad y_4 = y_2$$

$$y_0'' = \frac{y_1 - 2y_0 + y_{-1}}{(\Delta x)^2} = 0 \quad \text{also} \quad y_{-1} = -y_1 \quad \text{wegen} \quad y_0 = 0$$

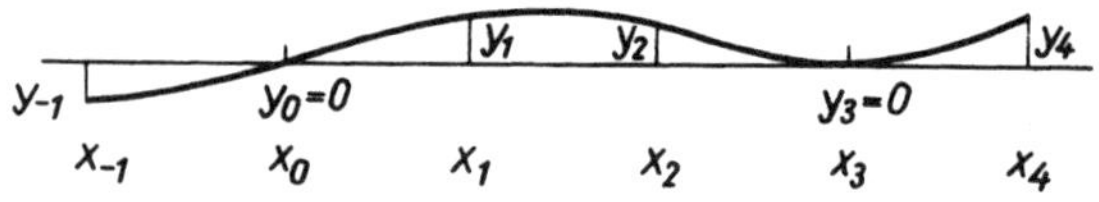

12.28

Man schreibt nun die Dgl. für die Punkte x_1 und x_2

$$\frac{y_3 - 4y_2 + 6y_1 - 4y_0 + y_{-1}}{(\Delta x)^4} + \frac{F}{EI}\frac{y_2 - 2y_1 + y_0}{(\Delta x)^2} = 0$$

$$\frac{y_4 - 4y_3 + 6y_2 - 4y_1 + y_0}{(\Delta x)^4} + \frac{F}{EI}\frac{y_3 - 2y_2 + y_1}{(\Delta x)^2} = 0$$

multipliziert mit $(\Delta x)^4 = (l/3)^4$ und setzt die Randwerte $y_0 = 0$ und $y_3 = 0$ sowie die über den Rand hinausgreifenden Werte $y_{-1} = -y_1$ und $y_4 = y_2$ ein

$$-4y_2 + 6y_1 - y_1 + \frac{Fl^2}{9EI}(y_2 - 2y_1) = 0$$

$$y_2 + 6y_2 - 4y_1 + \frac{Fl^2}{9EI}(-2y_2 + y_1) = 0$$

Nach Ordnen ergibt sich mit der Abkürzung $\lambda = Fl^2/(9EI)$ das homogene Gleichungssystem

$$(5 - 2\lambda)y_1 + (-4 + \lambda)y_2 = 0$$
$$(-4 + \lambda)y_1 + (7 - 2\lambda)y_2 = 0$$

Eine Lösung, bei der *nicht* $y_1 = y_2 = 0$ ist, bei der also der Stab nicht gerade bleibt, sondern ausknickt, erfordert das Nullwerden der Determinante

$$\begin{vmatrix} 5-2\lambda & -4+\lambda \\ -4+\lambda & 7-2\lambda \end{vmatrix} = 0$$

Man löst die Determinante auf und erhält die quadratische Bestimmungsgleichung für den Eigenwert λ

$$3\lambda^2 - 16\lambda + 19 = 0$$

mit den Wurzeln $\lambda_1 = 1.785$ und $\lambda_2 = 3.55$. Der kleinste Eigenwert (die kleinste Knickkraft) ist für das Versagen des Stabes maßgebend

$$\lambda = 1.785 = \frac{Fl^2}{9EI} \qquad F = \frac{1.785 \cdot 9EI}{l^2} = 16.1\,\frac{EI}{l^2}$$

Die in Abschn. 12.2.1 gewonnene genaue Lösung, bei der eine transzendente Gleichung gelöst werden muß, liefert den Zahlenwert 20.2. Der Fehler der Differenzenrechnung beträgt wegen der sehr einfachen Methode und der geringen Anzahl von Funktionswerten 20%.

12.3.3 Aufgaben zu Abschnitt 12.3

1. Man löse die Anfangswertaufgabe

$$y' = y + \frac{x}{y} \qquad y(0) = 1$$

nach dem Verfahren von Runge-Kutta auf dem Intervall [0, 1] mit $h = 0.2$.

2. Man löse die Dgl. (12.127)

$$y'' = -\frac{Fl}{3EI}\,\frac{x}{l}\left(1 - \frac{x^2}{l^2}\right)$$

mit dem Differenzenverfahren. Man wähle $\Delta x = l/4$ mit den Randwerten $y(0) = y_0 = 0$ und $y(l) = y_4 = 0$.
Hinweis: Abkürzung $\lambda = 2Fl^2/(EI)$ wählen.

3. Man bestimme numerisch die Lösung der Dgl. $y'' - y = x$ mit den Randbedingungen $y(0) = 0$ und $y(2) = -1$ im Bereich $0 \leq x \leq 2$ und $\Delta x = 0.5$. Ferner bestimme man die analytische Lösung dieser Dgl. und vergleiche die Funktionswerte für $x_1 = 0.5$, $x_2 = 1$ und $x_3 = 1.5$ mit der Lösung nach dem Differenzenverfahren.

4. Man bestimme die Euler-Knickkraft für den beiderseits gelenkig gelagerten Druckstab (Bild **12.29**) mit dem Differenzenverfahren einmal mit zwei und einmal mit drei Stützstellen und gebe den relativen Fehler gegenüber der exakten Lösung Gl. (12.51) an.

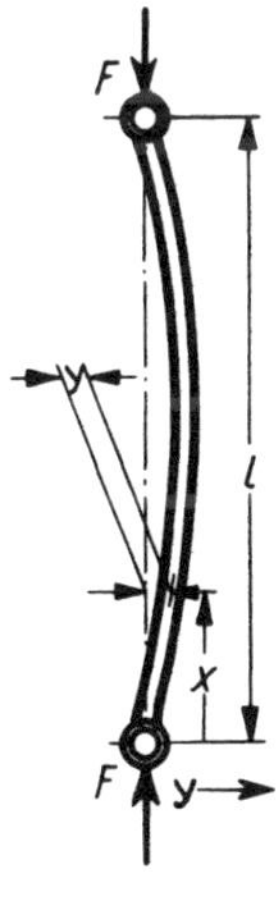

12.29

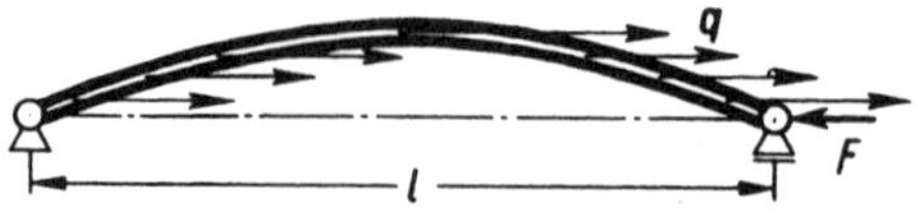

12.30

5. Bei der Berechnung der Knickkraft eines beiderseits gelenkig gelagerten Stabes unter Schubbelastung (Bild **12.30**) tritt die Dgl.

$$y^{(4)} + \frac{q}{EI} x y'' + \frac{q}{EI} y' = 0$$

auf. Man löse die Dgl. mit Hilfe des Differenzenverfahrens und gebe die kritische Knickkraft $F = ql$ an. Man wähle $\Delta x = l/3$ und benutze die Abkürzung $\lambda = ql^3/(27EI)$.

13 Laplace-Transformation

13.1 Grundbegriffe

Der Begriff „Transformation“ bedeutet das gleiche wie der moderne Begriff „Abbildung“. In Abschn. 2.1 wurden Abbildungen einer Menge von Zahlen (Definitionsmenge) in eine andere Menge (Bildmenge) behandelt. Entsprechend kann die Integralrechnung als Abbildung einer Menge von Funktionen (Integranden) in eine andere Menge (Stammfunktionen) betrachtet werden. Die hier besprochene Abbildung/Transformation wurde von dem französischen Mathematiker Laplace entwickelt und wird in diesem Buch zur Lösung von gewöhnlichen Differentialgleichungen mit konstanten Koeffizienten benutzt. (Es gibt noch weiterführendere Anwendungen.) Dabei werden Funktionen in Funktionen abgebildet. Durch die Laplace-Transformation entsteht aus einer Differentialgleichung eine algebraische Gleichung für das Bild der Lösungsfunktion. Diese algebraische Gleichung wird nach dem Bild der Lösungsfunktion aufgelöst. Die dann erfolgende Rücktransformation ergibt die Lösungsfunktion.

Die Laplace-Transformation hängt mit dem im Abschn. 7.3.4 behandelten Fourierintegral zusammen und besteht im wesentlichen aus der Spektralfunktion in der komplexen Schreibweise (s. Beispiel 5, Abschn. 11.4).

Definition. *Ordnet man einer Funktion $f(t)$ mit den nachstehend beschriebenen Eigenschaften das Integral*

$$F(p) = \int_0^\infty f(t)\,\mathrm{e}^{-pt}\,\mathrm{d}t \quad \text{mit} \quad p = \sigma + \mathrm{j}\omega \quad \text{und geeignetem} \quad \sigma > 0 \tag{13.1}$$

zu, so heißt diese Operation die Laplace-Transformation.[1] *$F(p)$ heißt die* Bildfunktion *oder Laplace-Transformierte. $f(t)$ heißt die* Zeitfunktion *oder Originalfunktion. Ein nach* Gl. (13.1) *zusammengehöriges Paar von Funktionen $f(t)$ und $F(p)$ nennt man eine* Korrespondenz.

Diese Transformation schreibt man symbolisch

$$F(p) = \mathfrak{L}\{f(t)\} \quad \text{oder} \quad F(p) \bullet\!\!-\!\!\circ\, f(t) \tag{13.2}$$

---

[1]) Statt $p = \sigma + \mathrm{j}\omega$ ist gemäß DIN 5487, Fourier-, Laplace- und Z-Transformation, auch die Schreibweise $s = s' + \mathrm{j}s''$ zulässig.

Die Transformation ist nur sinnvoll, wenn das durch Gl. (13.1) definierte uneigentliche Integral (s. Abschn. 6.2.3) existiert.

Deshalb werden für die Funktion $f(t)$ folgende Eigenschaften vorausgesetzt:

$f(t)=0$ wenn $t<0$.

Es existiert der rechtsseitige Grenzwert $\lim\limits_{t\to 0} f(t)=f(0)$.

$f(t)$ wächst für $t>0$ nicht stärker als die e-Funktion.

$f(t)$ ist in jedem endlichen Intervall in endlich viele stetige und monotone Stücke zerlegbar.

Die Rücktransformation in den Zeitbereich wird symbolisch durch $\mathfrak{L}^{-1}\{F(p)\}=f(t)$ dargestellt. Dazu muß Gl. (13.1) nach $f(t)$ aufgelöst werden. Dies ergibt nach Gl. (11.60)

$$f(t)=\frac{1}{2\pi \mathrm{j}}\int\limits_{\sigma_0-\mathrm{j}\infty}^{\sigma_0+\mathrm{j}\infty} \mathrm{e}^{pt}F(p)\,\mathrm{d}p \quad \text{mit} \quad t>0 \tag{13.3}$$

Zum praktischen Rechnen wird Gl. (13.3) in diesem Buch nicht benutzt, da hierfür Kenntnisse der Funktionentheorie erforderlich wären.

Ähnlich wie in der Analysis werden anschließend für einige Grundfunktionen $f(t)$ mit Gl. (13.1) die entsprechenden $F(p)$ berechnet. Diese Grundfunktionen treten in den Differentialgleichungen vorwiegend als Störfunktionen auf. Die hergeleiteten Korrespondenzen werden also zunächst zur Hintransformation benutzt. Das Transformieren der in den Differentialgleichungen auftretenden Ableitungen der Lösungsfunktion in den Bildbereich ist sehr einfach und wird in Abschn. 13.2.3 behandelt. Für die Rücktransformation werden zunächst in Abschn. 13.2 allgemeine Rechenregeln entwickelt, aus denen sich weitere Korrespondenzen ergeben. Ferner wird auf Abschn. 13.5 verwiesen.

Laplace-Transformierte der Sprungfunktion (Bild **13.1**)

$$\varepsilon(t)=\begin{cases}0 & \text{für} \quad t<0\\ 1 & \text{für} \quad t\geq 0\end{cases}$$

Für die Laplace-Transformation ist nach den o.a. Voraussetzungen als Anfangswert der Rechtslimes 1 für $t=0$ einzusetzen.

Es ist nach Gl. (13.1)

$$F(p)=\mathfrak{L}\{1\}=\int\limits_0^\infty 1\cdot \mathrm{e}^{-pt}\,\mathrm{d}t=\left.\frac{\mathrm{e}^{-pt}}{-p}\right|_0^\infty=\frac{1}{p}$$

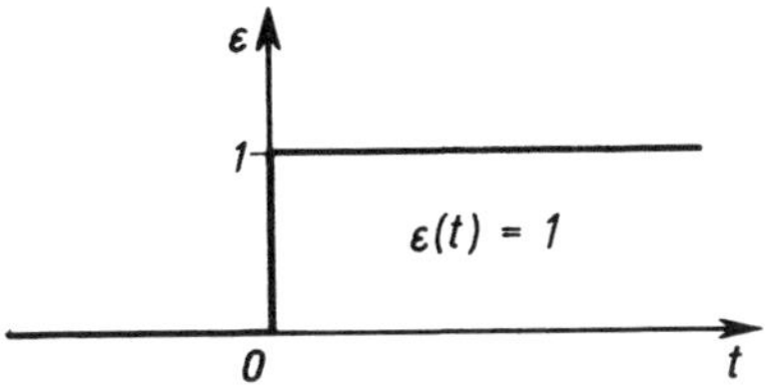

13.1

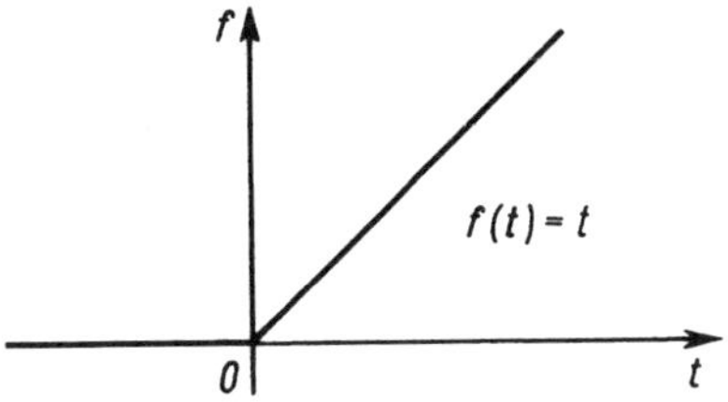

13.2

Damit gilt die Korrespondenz

$$\boxed{\varepsilon(t) \circ\!\!-\!\!\bullet \frac{1}{p}} \tag{13.4}$$

Laplace-Transformierte der Linearfunktion (Bild **13.2**)

$$f(t) = \begin{cases} 0 & \text{für} \quad t < 0 \\ t & \text{für} \quad t \geq 0 \end{cases}$$

Man setzt die gegebene Zeitfunktion in Gl. (13.1) ein und erhält mit Produktintegration Gl. (6.32)

$$f_1 = t \qquad f_2 = -\frac{\mathrm{e}^{-pt}}{p}$$

$$f_1' = 1 \qquad f_2' = \mathrm{e}^{-pt}$$

$$\mathfrak{L}\{t\} = \int_0^\infty t\,\mathrm{e}^{-pt}\,\mathrm{d}t = t \cdot \frac{\mathrm{e}^{-pt}}{-p}\bigg|_0^\infty + \frac{1}{p}\int_0^\infty \mathrm{e}^{-pt}\,\mathrm{d}t = -\frac{1}{p^2}\,\mathrm{e}^{-pt}\bigg|_0^\infty = \frac{1}{p^2}$$

Die Korrespondenz lautet

$$\boxed{t \circ\!\!-\!\!\bullet \frac{1}{p^2}} \tag{13.5}$$

Bildfunktion zur Potenzfunktion

$$f(t) = \begin{cases} 0 & \text{für} \quad t < 0 \\ t^n & \text{für} \quad t \geq 0 \end{cases} \qquad n \in \mathbb{N}$$

Die Korrespondenz lautet

$$\boxed{t^n \circ\!\!-\!\!\bullet \frac{n!}{p^{n+1}}} \tag{13.6}$$

Beweis. Der Beweis erfolgt durch vollständige Induktion. Für $n=0$ und $n=1$ ist die Behauptung wegen Gl. (13.4) und (13.5) richtig. Die Induktionsannahme lautet $\mathfrak{L}\{t^n\}=n!/p^{n+1}$. Für $f(t)=t^{n+1}$ gilt mit Produktintegration

$$f_1=t^{n+1} \qquad f_2=-\frac{\mathrm{e}^{-pt}}{p}$$

$$f_1'=(n+1)t^n \qquad f_2'=\mathrm{e}^{-pt}$$

$$\mathfrak{L}\{t^{n+1}\}=\int_0^\infty t^{n+1}\,\mathrm{e}^{-pt}\,\mathrm{d}t=t^{n+1}\cdot\frac{\mathrm{e}^{-pt}}{-p}\bigg|_0^\infty+\frac{(n+1)}{p}\int_0^\infty t^n\,\mathrm{e}^{-pt}\,\mathrm{d}t$$

$$=\frac{(n+1)}{p}\mathfrak{L}\{t^n\}=\frac{(n+1)}{p}\cdot\frac{n!}{p^{n+1}}=\frac{(n+1)!}{p^{n+2}}$$ □

Bildfunktion der Exponentialfunktion

$$f(t)=\begin{cases}0 & \text{für} \quad t<0\\ \mathrm{e}^{at} & \text{für} \quad t\geq 0\end{cases} \qquad a\in\mathbb{C}$$

Die Anwendung von Gl. (13.1) auf die Exponentialfunktion ergibt

$$\mathfrak{L}\{\mathrm{e}^{at}\}=\int_0^\infty \mathrm{e}^{at}\,\mathrm{e}^{-pt}\,\mathrm{d}t=\int_0^\infty \mathrm{e}^{(a-p)t}\,\mathrm{d}t=\frac{\mathrm{e}^{(a-p)t}}{a-p}\bigg|_0^\infty=\frac{1}{p-a}$$

Das Integral konvergiert nur dann, wenn $\operatorname{Re} a<\operatorname{Re} p$ ist, weil nur dann die Exponentialfunktion im Zähler bei $t\to\infty$ verschwindet. Es gilt also

$$\boxed{\mathrm{e}^{at} \circ\!\!-\!\!\bullet \frac{1}{p-a} \quad \text{mit} \quad \operatorname{Re} a<\operatorname{Re} p} \qquad (13.7)$$

Bildfunktion der Sinus- und Cosinus-Funktion

$$f(t)=\begin{cases}0 & \text{für} \quad t<0\\ \sin\omega t & \text{für} \quad t\geq 0\end{cases} \qquad f(t)=\begin{cases}0 & \text{für} \quad t<0\\ \cos\omega t & \text{für} \quad t\geq 0\end{cases}$$

$$\mathfrak{L}\{\sin\omega t\}=\int_0^\infty \sin\omega t\,\mathrm{e}^{-pt}\,\mathrm{d}t \qquad \mathfrak{L}\{\cos\omega t\}=\int_0^\infty \cos\omega t\,\mathrm{e}^{-pt}\,\mathrm{d}t$$

Die Lösung der Integrale erfolgt durch zweimalige Anwendung der Produktintegration und ergibt nach Beispiel 10, Abschn. 6.3 und Aufgabe 1a die Korrespondenzen

$$\boxed{\sin\omega t \circ\!\!-\!\!\bullet \frac{\omega}{p^2+\omega^2} \qquad \cos\omega t \circ\!\!-\!\!\bullet \frac{p}{p^2+\omega^2}} \qquad (13.8)$$

13.1.1 Aufgaben zu Abschnitt 13.1

1. Man leite mit Hilfe von Gl. (13.1) die Laplace-Transformierten der folgenden Funktionen her:

a) $f(t) = \cos \omega t$ b) $f(t) = \sinh kt$ c) $f(t) = \cosh kt$ d) $f(t) = t\,e^{at}$

2. Wie lauten die Zeitfunktionen zu den folgenden Bildfunktionen?

a) $F(p) = \dfrac{1}{p-5}$ b) $F(p) = \dfrac{1}{p+2}$ c) $F(p) = \dfrac{24}{p^5}$

3. Welche Bedingung muß p außer der gegebenen Bedingung $\operatorname{Re} p > 0$ bei den in Aufgabe 2 zu berechnenden Korrespondenzen zusätzlich erfüllen?

13.2 Rechenregeln

13.2.1 Summe von Funktionen. Konstanten

Summe von Funktionen

$$\boxed{\mathfrak{L}\left\{\sum_{i=0}^{n} f_i(t)\right\} = \sum_{i=0}^{n} \mathfrak{L}\{f_i(t)\}} \tag{13.9}$$

Der Beweis ergibt sich daraus, daß nach Gl. (6.3) bei einer Summe von Funktionen jeder Summand einzeln integriert wird.

Multiplikative Konstante

$$\boxed{\mathfrak{L}\{c f(t)\} = c\,\mathfrak{L}\{f(t)\}} \tag{13.10}$$

Der Beweis beruht darauf, daß nach Gl. (6.2) ein konstanter Faktor vor ein Integral gezogen werden darf.

Additive Konstante

$$\boxed{\mathfrak{L}\{f(t)+c\} = \mathfrak{L}\{f(t)\} + \frac{c}{p}} \tag{13.11}$$

Beweis. Nach Gl. (13.9) darf bei einer Summe von Funktionen jeder Summand einzeln transformiert werden. Schreibt man $c = c\,\varepsilon(t)$, so ergibt sich der 2. Summand der rechten Seite von Gl. (13.11) aus Gl. (13.4) und (13.10). □

Mit diesen Regeln und Gl. (13.6) können bereits ganze rationale Funktionen transformiert werden. Wie man aus Gl. (13.6) sieht, entstehen dann im Bildbereich gebrochene rationale Funktionen. Dies ist auch bei vielen transzendenten Zeitfunktionen der Fall. Die Rücktransformation gebrochener rationaler Bildfunktionen wird deshalb ausführlich in Abschn. 13.2.4 behandelt.

Beispiel 1. Man berechne die Laplace-Transformierten der folgenden Funktionen:

a) $f(t)=a_0+a_1 t+a_2 t^2$

Nach Gl. (13.4), (13.5), (13.6) und (13.9) ergibt sich

$$\mathfrak{L}\{f(t)\} = a_0\mathfrak{L}\{1\}+a_1\mathfrak{L}\{t\}+a_2\mathfrak{L}\{t^2\}$$
$$=\frac{a_0}{p}+\frac{a_1}{p^2}+\frac{2a_2}{p^3}=\frac{a_0 p^2+a_1 p+2a_2}{p^3}$$

b) $f(t)=U(1-\mathrm{e}^{-t/\tau})$

Man wendet Gl. (13.9), (13.7) und (13.4) an und findet

$$\mathfrak{L}\{f(t)\}=U[\mathfrak{L}\{1\}-\mathfrak{L}\{\mathrm{e}^{-t/\tau}\}]=U\left[\frac{1}{p}-\frac{1}{p+(1/\tau)}\right]=\frac{U}{p(p\tau+1)}$$

c) $f(t)=\cos\omega t$

Gemäß Gl. (11.52) kann man die Cosinusfunktion als Summe zweier Exponentialfunktionen schreiben und dann Gl. (13.7) und (13.9) anwenden.

$$\mathfrak{L}\{\cos\omega t\} = \mathfrak{L}\left\{\frac{\mathrm{e}^{\mathrm{j}\omega t}+\mathrm{e}^{-\mathrm{j}\omega t}}{2}\right\}=\frac{1}{2}[\mathfrak{L}\{\mathrm{e}^{\mathrm{j}\omega t}\}+\mathfrak{L}\{\mathrm{e}^{-\mathrm{j}\omega t}\}]$$
$$=\frac{1}{2}\left[\frac{1}{p-\mathrm{j}\omega}+\frac{1}{p+\mathrm{j}\omega}\right]=\frac{p}{p^2+\omega^2}$$

$$\mathfrak{L}\{\cos\omega t\} = \frac{p}{p^2+\omega^2}$$ ■

Beispiel 2. Man bestimme die Zeitfunktionen zu den folgenden Bildfunktionen:

a) $F(p)=\frac{1}{p^2}-\frac{1}{p^4}$

Auch aus dem Bildbereich dürfen Summanden einzeln rücktransformiert werden. Mit Gl. (13.6) erhält man

$$\mathfrak{L}^{-1}\{F(p)\}=\mathfrak{L}^{-1}\left\{\frac{1}{p^2}\right\}-\mathfrak{L}^{-1}\left\{\frac{1}{p^4}\right\}=t-\frac{t^3}{6}$$

b) $F(p)=\frac{1}{p+1}+\frac{1}{p-1}$

Nach Gl. (13.7) ist

$$\mathfrak{L}^{-1}\{F(p)\}=\mathfrak{L}^{-1}\left\{\frac{1}{p+1}\right\}+\mathfrak{L}^{-1}\left\{\frac{1}{p-1}\right\}=\mathrm{e}^{-t}+\mathrm{e}^{t}=2\cosh t$$

c) $$F(p)=\frac{3}{p+\mathrm{j}2}+\frac{4}{2p-\mathrm{j}6}$$

Entsprechend Beispiel 2b ergibt sich

$$\mathfrak{L}^{-1}\{F(p)\}=3\mathfrak{L}^{-1}\left\{\frac{1}{p+\mathrm{j}2}\right\}+2\mathfrak{L}^{-1}\left\{\frac{1}{p-\mathrm{j}3}\right\}=3\,\mathrm{e}^{-\mathrm{j}2t}+2\,\mathrm{e}^{\mathrm{j}3t}$$ ■

13.2.2 Transformationssätze

Ähnlichkeitssatz. Wenn $\mathfrak{L}\{f(t)\}=F(p)$, so gilt

$$\mathfrak{L}\{f(at)\}=\frac{1}{a}F\left(\frac{p}{a}\right) \tag{13.12}$$

Beweis. $\mathfrak{L}\{f(at)\}=\int\limits_0^\infty f(at)\,\mathrm{e}^{-pt}\,\mathrm{d}t$

Die Substitution $\tau=at$ und $\mathrm{d}\tau=a\,\mathrm{d}t$ ergibt

$$\frac{1}{a}\int\limits_0^\infty f(\tau)\,\mathrm{e}^{-(p/a)\tau}\,\mathrm{d}\tau=\frac{1}{a}F\left(\frac{p}{a}\right)$$ □

Verschiebungssatz. Wenn $\mathfrak{L}\{f(t)\}=F(p)$, so gilt

$$\mathfrak{L}\{f(t-t_0)\}=\begin{cases}\mathrm{e}^{-pt_0}F(p) & \text{wenn}\quad t_0>0\\ \mathrm{e}^{-pt_0}\left[F(p)-\int\limits_0^{-t_0}f(\tau)\,\mathrm{e}^{-p\tau}\,\mathrm{d}\tau\right] & \text{wenn}\quad t_0<0\end{cases} \tag{13.13}$$

Speziell im Fall $t_0>0$ sagt man: einer Verschiebung im Zeitbereich entspricht die Multiplikation mit einer e-Funktion im Bildbereich. Es wird sich zeigen (Gl. (13.16)), daß auch die entsprechende Umkehrung gilt.

Beweis. $\mathfrak{L}\{f(t-t_0)\}=\int\limits_0^\infty f(t-t_0)\,\mathrm{e}^{-pt}\,\mathrm{d}t$

Die Substitution $\tau=t-t_0$, $\mathrm{d}\tau=\mathrm{d}t$ mit den neuen Grenzen $t_1=0\Rightarrow\tau_1=-t_0$ und $t_2=\infty\Rightarrow\tau_2=\infty$ ergibt

$$\int_{-t_0}^{\infty} f(\tau)\,\mathrm{e}^{-p(\tau+t_0)}\,\mathrm{d}\tau = \int_{-t_0}^{\infty} f(\tau)\,\mathrm{e}^{-p\tau}\,\mathrm{e}^{-pt_0}\,\mathrm{d}\tau$$

$$= \mathrm{e}^{-pt_0}\left[\int_{-t_0}^{0} f(\tau)\,\mathrm{e}^{-p\tau}\,\mathrm{d}\tau + \int_{0}^{\infty} f(\tau)\,\mathrm{e}^{-p\tau}\,\mathrm{d}\tau\right]$$

Der 1. Summand ist Null, wenn $t_0>0$, weil dann $f(\tau)$ im Intervall $-t_0<\tau<0$ Null ist. Für $t_0<0$ muß dieses Integral gelöst werden und ergibt nach Vertauschen der Grenzen den 2. Summanden in Gl. (13.13). Der 2. Summand der vorstehenden Gleichung ist $F(p)$. □

Für die korrekte Anwendung des Verschiebungssatzes beachte man Bild **13.3**. Der Wert der nicht verschobenen Funktion $f(t)$ ist Null, wenn $t<0$ ist. Dieser Wert Null wird mit nach rechts verschoben, wenn $t_0>0$ ist. Technisch bedeutet dies, daß eine Störfunktion nicht von Anfang an vorhanden ist, sondern erst zu einem Zeitpunkt $t_0>0$ eingeschaltet wird. Um diesen Fall z.B. bei Winkelfunktionen von einer normalen Phasenverschiebung formal zu unterscheiden, wird bei einer Verschiebung im hier besprochenen Sinne oft die Funktionsgleichung mit der verschobenen Einsfunktion $\varepsilon(t-t_0)$ multipliziert.

Ähnlichkeitssatz und Verschiebungssatz können zusammen angewandt werden, man spricht dann von einer linearen Transformation.

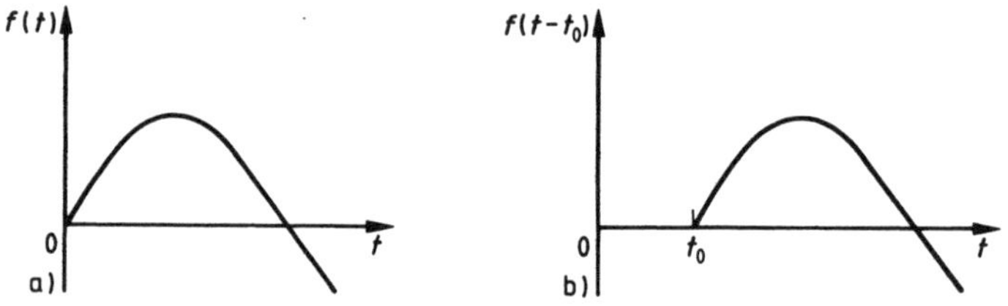

13.3

Beispiel 3. a) Nach Gl. (13.4) gilt $\varepsilon(t)$ ○—● $1/p$. Mit dem Verschiebungssatz Gl. (13.13) erhält man für $t_0>0$

$$\varepsilon(t-t_0)\begin{cases}=0 & \text{wenn} \quad t<t_0\\ =1 & \text{wenn} \quad t\geq t_0\end{cases} \quad ○\!\!-\!\!\bullet \quad \frac{\mathrm{e}^{-pt_0}}{p} \tag{13.14}$$

b) Eine Verschiebung der sin-Funktion gemäß Bild **13.3**b gibt

$$f(t-t_0)=\sin(\omega(t-t_0))=\sin(\omega t-\omega t_0)=\sin(\omega t-\varphi)$$

Man schreibt $f(t)=\sin(\omega t-\varphi)\cdot\varepsilon(t-t_0)$. Die Anwendung des Verschiebungssatzes und Gl. (13.8) ergibt

$$F(p)=\frac{\omega}{p^2+\omega^2}\,\mathrm{e}^{-pt_0} \quad \text{mit} \quad t_0=\varphi/\omega$$

Man beachte, daß nicht etwa die beiden Faktoren $\sin(\omega t-\varphi)$ und $\varepsilon(t-t_0)$ jeweils für sich transformiert und dann multipliziert werden dürfen. Es ist nämlich

$$\mathfrak{L}\{f_1(t)f_2(t)\} \neq \mathfrak{L}\{f_1(t)\}\,\mathfrak{L}\{f_2(t)\}$$

c) Für eine „normale" phasenverschobene Sinusfunktion, bei der (abgesehen von den Nullstellen) für $t>0$ die Funktionswerte ungleich Null sind, erhält man im Unterschied zu b) mit $\sin(\omega t-\varphi)=\sin\omega t\cos\varphi-\cos\omega t\sin\varphi$ aus den Einzeltransformationen und Gl. (13.8), (13.9) und (13.10)

$$F(p)=\frac{\omega\cos\varphi-p\sin\varphi}{p^2+\omega^2} \tag{13.15}$$

Ob der Fall b) oder c) vorliegt, ergibt sich aus der jeweiligen technischen Problemstellung. ■

Dämpfungssatz. Wenn $\mathfrak{L}\{f(t)\}=F(p)$, so gilt

$$\boxed{\mathfrak{L}\{e^{-\delta t}f(t)\}=F(p+\delta)} \tag{13.16}$$

Man sagt: einer Dämpfung im Zeitbereich entspricht eine Verschiebung im Bildbereich (die allerdings nicht geometrisch dargestellt wird).

Beweis.

$$\mathfrak{L}\{e^{-\delta t}f(t)\}=\int_0^\infty e^{-\delta t}f(t)\,e^{-pt}\,dt=\int_0^\infty f(t)\,e^{-(p+\delta)t}\,dt=F(p+\delta) \qquad \square$$

Beispiel 4. Man bestimme zu den folgenden Zeitfunktionen, deren Bildfunktionen gegeben sind, die Bildfunktionen der mit $e^{-\delta t}$ multiplizierten Zeitfunktionen.

a) Gegeben $\mathfrak{L}\{\cos\omega t\}=\dfrac{p}{p^2+\omega^2}=F(p)$.

Gesucht $\mathfrak{L}\{e^{-\delta t}\cos\omega t\}$. Mit Gl. (13.16) erhält man

$$\mathfrak{L}\{e^{-\delta t}\cos\omega t\}=\frac{p+\delta}{(p+\delta)^2+\omega^2} \tag{13.17}$$

b) Gegeben $\mathfrak{L}\{t\}=1/p^2$.

Gesucht $\mathfrak{L}\{t\,e^{-\delta t}\}$. Auch hier ergibt sich nach Gl. (13.16)

$$\mathfrak{L}\{t\,e^{-\delta t}\}=\frac{1}{(p+\delta)^2} \tag{13.18}$$ ■

Faltungssatz. Die bisher betrachteten Transformationssätze dienen vorwiegend der Transformation von Störfunktionen in Differentialgleichungen in den Bildbereich. Der

Faltungssatz dient zur Rücktransformation, sofern die Partialbruchzerlegung (Abschn. 13.2.4) nicht möglich ist.

Bekannt seien zwei Korrespondenzen: $F_1(p)$ •—○ $f_1(t)$ und $F_2(p)$ •—○ $f_2(t)$ und ein Produkt $F_1(p)\,F_2(p)$. Gesucht ist die Zeitfunktion des Produktes.

Der Faltungssatz lautet

$$F_1(p)\,F_2(p) \;\bullet\!\!-\!\!\circ\; f_1(t)*f_2(t) = \int_0^t f_1(\tau)\,f_2(t-\tau)\,\mathrm{d}\tau \tag{13.19}$$

f_1*f_2 heißt das Faltungsprodukt, ist eine kürzere Schreibweise für das Integral und wird durch dieses definiert. Das Integral ist mit den bekannten Funktionen $f_1(t)$ und $f_2(t)$ zu berechnen.

Beweis. Die Anwendung der Laplace-Transformation auf das Faltungsprodukt liefert das Doppelintegral (s. Gl. (9.25))

$$\mathfrak{L}\{f_1*f_2\} = \int_0^\infty \mathrm{e}^{-pt}\left[\int_0^t f_1(\tau)\,f_2(t-\tau)\,\mathrm{d}\tau\right]\mathrm{d}t$$

Bei absoluter Konvergenz des Integrals kann die Reihenfolge der Integrationen vertauscht werden. Nach Bild **13.4** ist es gleichgültig, ob man zuerst über τ in den Grenzen 0 bis t integriert (senkrechter Streifen) und dann alle senkrechten Streifen von $t=0$ bis

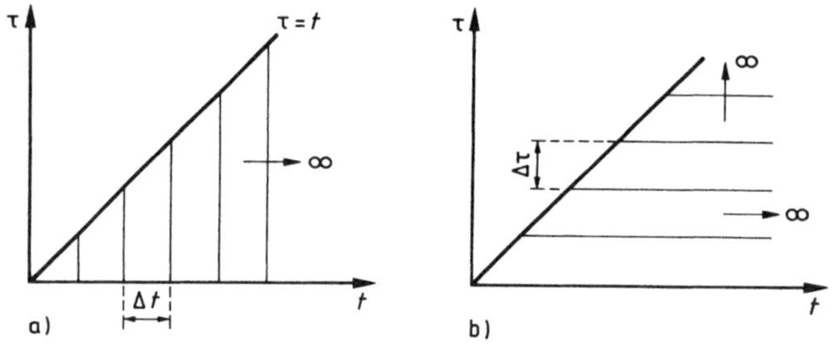

13.4

$t=\infty$ summiert oder zunächst einen waagerechten Streifen (t von τ bis ∞) berechnet und dann alle waagerechten Streifen von $\tau=0$ bis $\tau=\infty$ addiert

$$\mathfrak{L}\{f_1*f_2\} = \int_0^\infty \left[\int_\tau^\infty \mathrm{e}^{-pt} f_1(\tau)\,f_2(t-\tau)\,\mathrm{d}t\right]\mathrm{d}\tau = \int_0^\infty f_1(\tau)\left[\int_\tau^\infty \mathrm{e}^{-pt} f_2(t-\tau)\,\mathrm{d}t\right]\mathrm{d}\tau$$

Substituiert man im jetzt inneren Integral $t-\tau=\vartheta$, so ergibt sich mit

$$\mathrm{e}^{-pt}=\mathrm{e}^{-p(\tau+\vartheta)}=\mathrm{e}^{-p\tau}\,\mathrm{e}^{-p\vartheta}$$

$$\mathfrak{L}\{f_1*f_2\} = \int_0^\infty f_1(\tau)\,\mathrm{e}^{-p\tau}\,\mathrm{d}\tau \int_0^\infty \mathrm{e}^{-p\vartheta} f_2(\vartheta)\,\mathrm{d}\vartheta = \mathfrak{L}\{f_1\}\cdot\mathfrak{L}\{f_2\} = F_1(p)\cdot F_2(p)\;\square$$

Satz. Das Faltungsprodukt ist kommutativ

$$f_1 * f_2 = f_2 * f_1$$

Beweis. Durch die Substitution $\tau = t - \vartheta$ erhält man

$$f_1 * f_2 = \int_t^0 f_1(t-\vartheta) \cdot f_2(\vartheta)(-\mathrm{d}\vartheta) = \int_0^t f_1(t-\vartheta) \cdot f_2(\vartheta)\,\mathrm{d}\vartheta = f_2 * f_1 \qquad \square$$

Beispiel 5. Man bestimme mit dem Faltungssatz die Zeitfunktion.

a) $F(p) = \dfrac{1}{p(p-a)}$. Es ist $\dfrac{1}{p} \bullet\!\!-\!\!\circ\ 1$ und $\dfrac{1}{p-a} \bullet\!\!-\!\!\circ\ \mathrm{e}^{at}$.

Damit wird nach Gl. (13.19)

$$\frac{1}{p} \cdot \frac{1}{p-a} \bullet\!\!-\!\!\circ\ 1 * \mathrm{e}^{at} = \int_0^t \mathrm{e}^{a(t-\tau)}\,\mathrm{d}\tau = \mathrm{e}^{at} \int_0^t \mathrm{e}^{-a\tau}\,\mathrm{d}\tau = \frac{\mathrm{e}^{at}-1}{a}$$

Bei dieser Funktion ist auch eine Partialbruchzerlegung möglich (s. Beispiel 8).

b) $F(p) = \dfrac{p^2}{(p^2+\omega^2)^2}$. Es ist $\dfrac{p}{p^2+\omega^2} \bullet\!\!-\!\!\circ\ \cos\omega t$.

Im Sinne der Partialbruchzerlegung handelt es sich um eine Funktion mit einer doppelten komplexen Nullstelle im Nenner, bei der eine Partialbruchzerlegung ziemlich schwierig ist. Mit dem Faltungssatz erhält man

$$f(t) = \cos\omega t * \cos\omega t = \int_0^t \cos\omega\tau \cos(\omega t - \omega\tau)\,\mathrm{d}\tau$$

Mit $\cos(\omega t - \omega\tau) = \cos\omega t \cos\omega\tau + \sin\omega t \sin\omega\tau$ und $\sin\alpha\cos\alpha = 0.5\sin 2\alpha$ sowie Ausmultiplizieren erhält man

$$\begin{aligned} &\cos\omega t \int_0^t \cos^2\omega\tau\,\mathrm{d}\tau + 0.5\sin\omega t \int_0^t \sin 2\omega\tau\,\mathrm{d}\tau \\ &= [\cos\omega t \sin 2\omega t + 2\omega t \cos\omega t - \sin\omega t \cos 2\omega t + \sin\omega t]/(4\omega) \end{aligned}$$

Mit dem Additionstheorem $\sin(\alpha-\beta) = \sin\alpha\cos\beta - \cos\alpha\sin\beta$ erhält man

$$f(t) = (\sin\omega t + \omega t \cos\omega t)/(2\omega)$$

eine Schwingung mit zeitlich veränderlicher Amplitude. ■

13.2.3 Differenzieren und Integrieren im Zeitbereich

Differenzieren. Bei der Anwendung der Laplace-Transformation auf die Ableitung einer Funktion findet man, daß der Differentiation im Zeitbereich die Multiplikation mit einem Faktor im Bildbereich entspricht. Es gilt unter den in Abschn. 13.1 getroffenen Voraussetzungen

$$\boxed{\mathfrak{L}\{f'(t)\} = p\,\mathfrak{L}\{f(t)\} - f(0)} \tag{13.20}$$

Beweis. Das Integral

$$\mathfrak{L}\{f'(t)\} = \int_0^\infty f'(t)\,\mathrm{e}^{-pt}\,\mathrm{d}t$$

kann durch Produktintegration umgeformt werden. Setzt man nämlich

$$f_1 = \mathrm{e}^{-pt} \quad f_1' = -p\,\mathrm{e}^{-pt} \qquad f_2 = f(t) \quad f_2' = f'(t)$$

so erhält man die Behauptung

$$\int_0^\infty f'(t)\,\mathrm{e}^{-pt}\,\mathrm{d}t = f(t)\,\mathrm{e}^{-pt}\Big|_0^\infty + p\int_0^\infty f(t)\,\mathrm{e}^{-pt}\,\mathrm{d}t = -f(0) + p\,\mathfrak{L}\{f(t)\} \qquad \square$$

Für die zweite Ableitung erhält man bei Anwendung von Gl. (13.20) auf $f''(t)$

$$\mathfrak{L}\{f''(t)\} = p\,\mathfrak{L}\{f'(t)\} - f'(0)$$

Ersetzt man auf der rechten Seite der vorstehenden Gleichung $\mathfrak{L}\{f'(t)\}$ nach Gl. (13.20), so erhält man

$$\boxed{\mathfrak{L}\{f''(t)\} = p^2\,\mathfrak{L}\{f(t)\} - p\cdot f(0) - f'(0)} \tag{13.21}$$

Fährt man in gleicher Weise auch für die höheren Ableitungen fort, so erhält man als Gleichung für die n-te Ableitung einer Zeitfunktion ($n \geq 1$)

$$\boxed{\mathfrak{L}\{f^{(n)}(t)\} = p^n\,\mathfrak{L}\{f(t)\} - \sum_{i=0}^{n-1} p^{n-1-i} f^{(i)}(0)} \tag{13.22}$$

Mit Hilfe von Gl. (13.22) kann man die Laplace-Transformierte der Ableitungen einer Funktion auf die Laplace-Transformierte der Funktion selbst zurückführen. Dabei gehen auch die Anfangswerte der einzelnen Ableitungen in die Formel ein.

Durch eine Laplace-Transformation geht eine Differentialgleichung in eine algebraische Gleichung für die Transformierte der gesuchten Funktion über, die auch schon die Anfangswerte enthält.

Beispiel 6. Man schreibe die Laplace-Transformierte der Dgl. $y''+2y'+3y=\cos\omega t$ und gebe die Laplace-Transformierte der Lösungsfunktion y an. Die Anfangsbedingungen lauten $y(0)=2$, $y'(0)=1$.

Die Anwendung von Gl. (13.22) auf die Ausdrücke der linken Seite und Gl. (13.8) auf die rechte Seite der gegebenen Dgl. ergibt

$$p^2\mathfrak{L}\{y\}-p\cdot 2-1+2(p\mathfrak{L}\{y\}-2)+3\mathfrak{L}\{y\}=\frac{p}{p^2+\omega^2}$$

Man löst nach der gesuchten Größe $\mathfrak{L}\{y\}$ auf und erhält

$$(p^2+2p+3)\mathfrak{L}\{y\}-2p-5=\frac{p}{p^2+\omega^2}$$

$$\mathfrak{L}\{y\}=\frac{\frac{p}{p^2+\omega^2}+2p+5}{p^2+2p+3}=\frac{2p^3+5p^2+(2\omega^2+1)p+5\omega^2}{(p^2+\omega^2)(p^2+2p+3)}$$ ■

Integrieren. Insbesondere bei Anwendungen aus der Elektrotechnik können in den Differentialgleichungen auch Stammfunktionen auftreten. Bei den klassischen Lösungsverfahren muß dann die Differentialgleichung differenziert werden, um das Integral zu beseitigen. Mit der Laplace-Transformation kann auch eine Stammfunktion unmittelbar transformiert werden.

Die Laplace-Transformierte einer Stammfunktion lautet

$$\boxed{\mathfrak{L}\{\int f(t)\,\mathrm{d}t\}=\frac{1}{p}[\mathfrak{L}\{f(t)\}+I(0)]} \tag{13.23}$$

$I(0)$ ist der Anfangswert der Stammfunktion, die Integrationskonstante.

Beweis. Durch Umstellung der Gl. (13.23) erhält man

$$\mathfrak{L}\{f(t)\}=p\mathfrak{L}\{\int f(t)\,\mathrm{d}t\}-I(0)$$

Dies ist aber die Anwendung des Differentiationssatzes Gl. (13.20) auf die Stammfunktion, weil nach dem Hauptsatz der Differential- und Integralrechnung Gl. (6.29) $I'(t)=f(t)$ ist. □

Beispiel 7. Für die Spannung an einem Kondensator gilt

$$u(t)=\frac{1}{C}\int i(t)\,\mathrm{d}t$$

Bei $i=\hat{i}\cos\omega t$ ergibt sich nach Gl. (13.8) und (13.23) für die Spannung im Bildbereich

$$\mathfrak{L}\{u(t)\}=\frac{\hat{i}}{C}\,\frac{1}{p^2+\omega^2}+\frac{u(0)}{p}$$

In diesem Fall erhält man natürlich das gleiche Ergebnis, wenn man zunächst das Integral berechnet und dann transformiert. Ist aber $i(t)$ die unbekannte Lösungsfunktion der Differentialgleichung, so schreibt man

$$\mathfrak{L}\{u(t)\} = \frac{1}{p}\,\mathfrak{L}\{i(t)\} + \frac{u(0)}{p}$$

und setzt die rechte Seite dieser Gleichung an der entsprechenden Stelle der Differentialgleichung ein. ■

13.2.4 Rücktransformation durch Partialbruchzerlegung

In vielen Fällen führt die Auflösung einer in den Bildbereich transformierten Differentialgleichung nach der Lösungsfunktion zu einer echt gebrochenen rationalen Funktion $F(p)$. Die entsprechende Zeitfunktion $f(t)$ ist die Lösung der Differentialgleichung. Die Rücktransformation kann durch eine Partialbruchzerlegung von $F(p)$ erfolgen. Dieses Verfahren wurde bereits in Abschn. 6.3.3 behandelt. Dazu sind die Nullstellen des Nenners zu finden (hier sind sie oft gegeben) und die Koeffizienten in den Zählern der Partialbrüche zu berechnen. Für die Rücktransformation gelten folgende Formeln.

1. einfache Nullstelle p_1

$$\boxed{\frac{c_1}{p-p_1} \bullet\!\!-\!\!\circ\; c_1\,\mathrm{e}^{p_1 t}} \tag{13.24}$$

wegen Gl. (13.7) und (13.10)

2. mehrfache Nullstellen p_1

$$\boxed{\sum_{i=1}^{r} \frac{d_i}{(p-p_1)^i} \bullet\!\!-\!\!\circ\; \mathrm{e}^{p_1 t} \sum_{i=1}^{r} d_i \frac{t^{i-1}}{(i-1)!}} \tag{13.25}$$

wegen Gl. (13.6) und (13.16)

Die Gl. (13.24) und (13.25) werden in diesem Buch nur für $p_1 \in \mathbb{R}$ benutzt, gelten aber auch für $p_1 \in \mathbb{C}$.

3. einfache komplexe Nullstelle

$$\boxed{\begin{array}{l} \dfrac{dp+e}{p^2+bp+c} \bullet\!\!-\!\!\circ\; \mathrm{e}^{-\delta t}(A\sin\omega t + B\cos\omega t) \\ \text{mit} \quad \delta = b/2 \qquad \omega = \sqrt{c-\delta^2} \in \mathbb{R} \qquad A = (e-0.5\,bd)/\omega \qquad B = d \end{array}} \tag{13.26}$$

Die Summe der beiden Winkelfunktionen auf der rechten Seite von Gl. (13.26) wird oft noch mit Gl. (3.94) in eine phasenverschobene Sinus- oder Cosinusfunktion umgewandelt.

4. mehrfache komplexe Nullstellen:
Man benutzt Gl. (13.25) mit komplexem $p_1 \in \mathbb{C}$ und verwandelt zum Schluß die komplexe e-Funktion mit Hilfe der Euler-Gleichung (11.14) in Winkelfunktionen.

Beweis der Gl. (13.26). Aus Gl. (13.17) erhält man die Korrespondenzen

$$A\,\mathrm{e}^{-\delta t}\sin\omega t \circ\!\!-\!\!\bullet \frac{A\omega}{(p+\delta)^2+\omega^2} \quad \text{und} \quad B\,\mathrm{e}^{-\delta t}\cos\omega t \circ\!\!-\!\!\bullet \frac{B(p+\delta)}{(p+\delta)^2+\omega^2}$$

Der Nenner der linken Seite von Gl. (13.26) lautet

$$p^2+bp+c=\left(p+\frac{b}{2}\right)^2+\left(c-\left(\frac{b}{2}\right)^2\right)$$

Daraus ergibt sich durch Koeffizientenvergleich

$$\delta=\frac{b}{2} \quad \text{und} \quad \omega=\sqrt{c-\delta^2}$$

Dementsprechend liefert ein Koeffizientenvergleich im Zähler

$$dp+e=d\left(p+\frac{b}{2}\right)+\left(e-\frac{bd}{2}\right) \quad \text{für} \quad B=d \quad \text{und für} \quad A\omega=e-\frac{bd}{2}$$ □

Beispiel 8. Man transformiere folgende Funktionen durch Partialbruchzerlegung in den Zeitbereich. Zur Berechnung der Koeffizienten im Zähler der Partialbrüche wird auf die Beispiele 16 und 17 in Abschn. 6.3.3 verwiesen.

a) $F(p)=\dfrac{1}{(p-a)p}$.

Die Partialbruchzerlegung liefert

$$\frac{1}{(p-a)p}=\frac{c_1}{p-a}+\frac{c_2}{p}=\frac{1}{a(p-a)}-\frac{1}{ap}=\frac{1}{a}\left(\frac{1}{p-a}-\frac{1}{p}\right)$$

Mit Gl. (13.24) erhält man

$$f(t)=\frac{\mathrm{e}^{at}-1}{a} \quad \text{(s. auch Beispiel 5)}$$

b) $F(p)=\dfrac{p}{(p+a)^2}=\dfrac{d_1}{p+a}+\dfrac{d_2}{(p+a)^2}=\dfrac{1}{p+a}-\dfrac{a}{(p+a)^2}$.

Gl. (13.25) ergibt mit $r=2$

$$f(t)=\mathrm{e}^{-at}(1-at)$$

c) $F(p)=\frac{p^2+21}{(p+5)(p^2+9)}=\frac{c_1}{p+5}+\frac{dp+e}{(p^2+9)}=\frac{1}{17}\left[\frac{23}{p+5}+\frac{-6p+30}{p^2+9}\right]$.

Nach Gl. (13.24), (13.26) und (3.94) erhält man

$$f(t)=\frac{1}{17}[23\,\mathrm{e}^{-5t}+10\sin 3t-6\cos 3t]$$

$$=\frac{1}{17}[23\,\mathrm{e}^{-5t}+11.66\sin(3t-31°)]$$ ■

13.2.5 Aufgaben zu Abschnitt 13.2

1. Man bestimme die Laplace-Transformierte zu den folgenden Funktionen

a) $f(t)=\mathrm{e}^{at}-\mathrm{e}^{-at}$ b) $f(t)=3t^2+2t+1$

c) $f(t)=3\sin 4t+5\cos 2t$

2. Wie lauten die Zeitfunktionen zu folgenden Funktionen?

a) $F(p)=\frac{1}{p}+\frac{1}{p^2}$ b) $F(p)=\frac{1}{p+2}+\frac{1}{p-3}$

c) $F(p)=\frac{2}{p^2+9}+\frac{3p}{p^2+9}$

3. Wie lauten die Laplace-Transformierten zu den Funktionen

a) $f(t)=\begin{cases}0 & \text{für } t<2/3\\ \sin(3t-2) & \text{für } t\geq 2/3\end{cases}$ b) $f(t)=\begin{cases}0 & \text{für } t<2\\ (t-2)^3 & \text{für } t\geq 2\end{cases}$

4. Man berechne die Zeitfunktionen zu den folgenden Funktionen

a) $F(p)=\frac{1}{(p+2)^2}$ b) $F(p)=\frac{1}{p^2+2^2}$ c) $F(p)=\frac{p+2}{p^2+2p+5}$

d) $F(p)=\frac{1}{p^2-2p+2}$ e) $F(p)=\frac{p^2-p-3}{p^3+5p^2+8p+4}$

13.3 Impulsfunktionen

Außer den bisher behandelten stetigen Funktionen treten, insbesondere in der Elektrotechnik, auch Funktionen mit Sprungstellen oder Knicken als Störfunktionen auf. Sie werden als Impulse bezeichnet. Im folgenden werden nur Einzelimpulse behandelt. Bei periodischen Impulsen ist zwar die Transformation in den Bildbereich einfach, aber die Rücktransformation übersteigt den Rahmen dieses Buches. Im Prinzip entstehen unendliche Reihen mit der anschließend behandelten δ-Funktion [Fö 86].

13.3.1 Impulse endlicher Dauer

Rechteckimpuls. Dieser Impuls entsteht durch Überlagerung zweier Sprungfunktionen (Bild **13.5**a).

Aus Gl. (13.4) und dem Verschiebungssatz Gl. (13.13) erhält man

$$\boxed{F(p) = \frac{1}{p}\,[\mathrm{e}^{-pt_1} - \mathrm{e}^{-pt_2}]} \tag{13.27}$$

Dreieckimpuls.

$$f(t) = \begin{cases} \dfrac{4}{T}\,t & \text{wenn} \quad 0 \le t < \dfrac{T}{4} \\ 2 - \dfrac{4}{T}\,t & \text{wenn} \quad \dfrac{T}{4} \le t < \dfrac{T}{2} \\ 0 & \text{wenn} \quad t \ge \dfrac{T}{2} \end{cases} \tag{13.28}$$

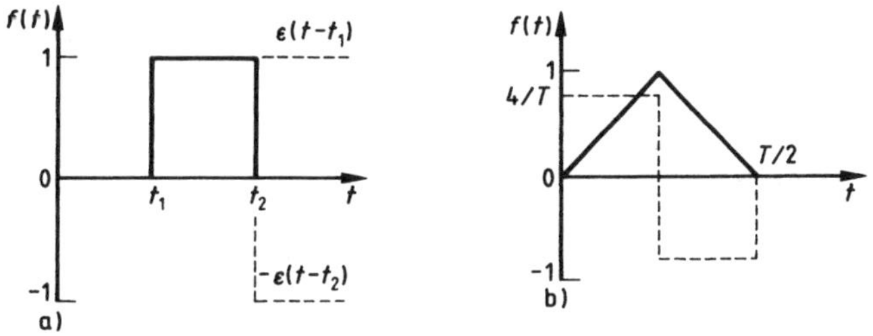

13.5

Hier läßt sich die 1. Ableitung dieser Funktion aus Sprungfunktionen zusammensetzen (Bild **13.5**b). Mit dem Verschiebungssatz Gl. (13.13) erhält man

$$\mathfrak{L}\{f'(t)\} = \frac{4}{Tp}\left(1 - 2\,\mathrm{e}^{-pT/4} + \mathrm{e}^{-pT/2}\right) = \frac{4}{Tp}\left(1 - \mathrm{e}^{-pT/4}\right)^2$$

Die drei Summanden der vorstehenden Klammer ergeben sich aus den drei bei der Definition von $f(t)$ angegebenen Intervallen. Mit dem Integrationssatz Gl. (13.23) erhält man

$$\boxed{\mathfrak{L}\{f(t)\} = \frac{4}{Tp^2}\left(1 - \mathrm{e}^{-pT/4}\right)^2} \tag{13.29}$$

Zur Rücktransformation muß die Klammer in Gl. (13.29) ausgerechnet und auf die einzelnen Summanden der Verschiebungssatz angewandt werden (s. Beispiel 2b, Abschn. 13.4).

13.3.2 Der Einsimpuls

Außer bei der Laplace-Transformation spielt der Einsimpuls in der theoretischen Physik eine wichtige Rolle und wird dort als Diracsche δ-Funktion bezeichnet. Anschauliche Definition: Ein sehr kurzer und sehr starker Impuls zur Zeit $t_0 = 0$. Beispiele: Kraftstoß, Spannungsstoß. Auch eine punktförmige Ladung oder Masse läßt sich mit dieser Funktion darstellen.

Die mathematische Definition erfolgt durch folgende Gleichungen, deren geometrische Bedeutung man aus Bild **13.6** erkennt

$$\boxed{\delta(t) = \lim_{\tau \to 0} \frac{1}{\tau} [\varepsilon(t) - \varepsilon(t-\tau)] \quad \text{und} \quad \int_{-\infty}^{+\infty} \delta(t)\, \mathrm{d}t = 1} \tag{13.30}$$

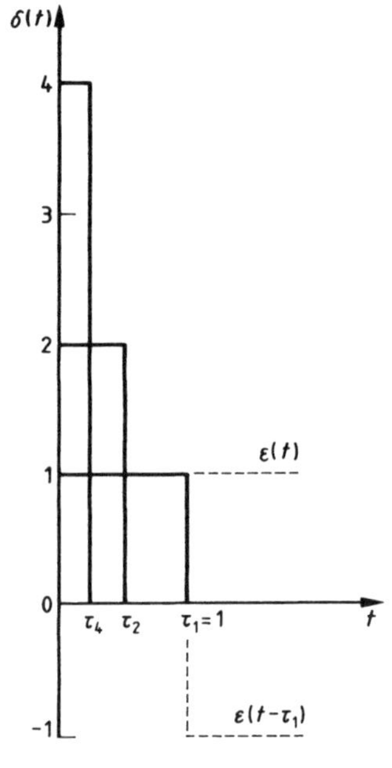

13.6

Zur Transformation in den Bildbereich wird die linke Gl. (13.30) benutzt. Mit Gl. (13.4) und (13.13) wird

$$F(p) = \lim_{\tau \to 0} \frac{1}{\tau} \left[\frac{1}{p} - \frac{\mathrm{e}^{-\tau p}}{p} \right]$$

$$= \frac{1}{p} \lim_{\tau \to 0} \left[\frac{1 - \mathrm{e}^{-\tau p}}{\tau} \right]$$

Die Reihenfolge der Grenzwertbildungen darf wegen der absoluten Konvergenz des Ausdrucks vertauscht werden. Es entsteht ein unbestimmter Ausdruck 0/0. Mit der Regel von de l'Hospital Gl. (5.43) erhält man

$$f(\tau) = 1 - \mathrm{e}^{-p\tau} \qquad g(\tau) = \tau$$

$$\frac{\mathrm{d}f}{\mathrm{d}\tau} = p\,\mathrm{e}^{-p\tau} \qquad \frac{\mathrm{d}g}{\mathrm{d}\tau} = 1$$

$$\frac{f'(0)}{g'(0)} = \frac{1}{p} \lim_{\tau \to 0} [p\,\mathrm{e}^{-p\tau}] = 1$$

Damit ergibt sich die Korrespondenz für den Einsimpuls

$$\boxed{\delta(t) \circ\!\!-\!\!\bullet\ 1} \tag{13.31}$$

Für einen zeitverschobenen Einsimpuls erhält man mit dem Verschiebungssatz

$$\delta(t-t_1) \circ\!\!-\!\!\bullet\ \mathrm{e}^{-pt_1} \tag{13.32}$$

Eine Anwendung dieses Impulses als Störfunktion findet sich in Aufgabe 4c, Abschn. 13.4.3.

13.4 Lösen von gewöhnlichen linearen Differentialgleichungen mit konstanten Koeffizienten

Im Vergleich zu den klassischen Verfahren bietet die Laplace-Transformation folgende Vorteile: Die Störfunktionen werden nicht durch „plausible Ansätze" (s. Abschn. 12.1.5), sondern nach einer allgemeingültigen Regel verarbeitet. Es besteht kein wesentlicher Unterschied zwischen der Behandlung einer Gleichung und eines Systems. Der Rechnungsgang verläuft weitgehend schematisiert. Der wesentlichste Nachteil besteht in den durch die Überschrift dieses Abschnitts gegebenen Einschränkungen, ferner sind keine allgemeinen Lösungen der Gleichung möglich. Der Rechenaufwand bei beiden Verfahren ist ungefähr gleich. Im Unterschied zu den klassischen Verfahren werden hier die Anfangsbedingungen und die Störfunktion von Anfang an mit in die Rechnung einbezogen. Im einzelnen ergeben sich folgende Rechenschritte:

1. Die Differentialgleichung einschließlich Anfangsbedingungen und Störfunktion in den Bildbereich transformieren.

2. Die entstandene Gleichung nach $F(p) = \mathfrak{L}\{y\}$ auflösen.

3. Die Rücktransformation dieser Gleichung in den Zeitbereich ergibt die Lösung der Differentialgleichung. Dieser Schritt erfordert den größten Rechenaufwand.

4. Bei Systemen von Differentialgleichungen erhält man bei Ziffer 2 ein Gleichungssystem, das nach den Funktionen $F_1(p), F_2(p), \ldots$ aufzulösen ist.

13.4.1 Einzelne Differentialgleichungen

Beispiel 1. Man löse die Dgl. $y' + 5y = 4\sin 3t$ mit $y(0) = 1$ (s. Beispiel 15, Abschn. 12.1.5) mit Hilfe der Laplace-Transformation.

Die Anwendung der Laplace-Transformation auf die gegebene Dgl. ergibt mit Gl. (13.20) und (13.8)

$$\mathfrak{L}\{y' + 5y\} = \mathfrak{L}\{4\sin 3t\} \qquad \mathfrak{L}\{y'\} + 5\mathfrak{L}\{y\} = 4\mathfrak{L}\{\sin 3t\}$$

$$p\mathfrak{L}\{y\} - 1 + 5\mathfrak{L}\{y\} = 4\,\frac{3}{p^2+9}$$

Man löst nach $\mathfrak{L}\{y\}$ auf und erhält

$$\mathfrak{L}\{y\} = \frac{p^2+21}{(p^2+9)(p+5)} = F(p)$$

Die Rücktransformation erfolgte bereits in Beispiel 8c, Abschn. 13.2 und ergibt die Lösung

$$f(t) = \frac{1}{17}[23\,\mathrm{e}^{-5t} + 11.66\sin(3t - 31°)]$$ ■

Im folgenden und in den weiteren Beispielen aus der Elektrotechnik werden die dort üblichen Bezeichnungen $\mathfrak{L}\{i(t)\} = I(p)$ und $\mathfrak{L}\{u(t)\} = U(p)$ verwendet.

Beispiel 2. Für das in Bild **13.**7 gezeigte RC-Glied sind für verschiedene Eingangsspannungen $u_e(t)$ die entsprechenden Ausgangsspannungen zu berechnen.

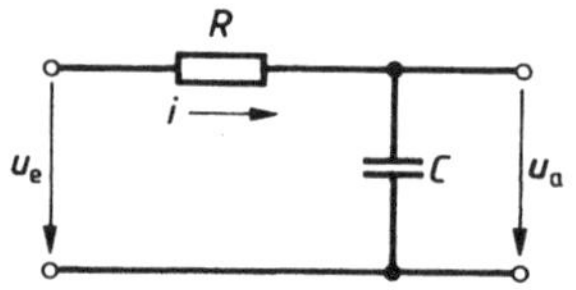

13.7

Die Differentialgleichung dieser Schaltung lautet:

$$RC\dot{u}_a + u_a = u_e$$

Wenn $u_a(0) = 0$, erhält man im Bildbereich

$$RCp\,U_a(p) + U_a(p) = U_e(p)$$

Die Auflösung nach $U_a(p)$ ergibt

$$U_a(p) = \frac{\delta\,U_e(p)}{p+\delta} \quad \text{mit} \quad \delta = 1/(RC)$$

a) Bei sinusförmiger Erregung ist $u_e(t) = \hat{u}\sin\omega t$. Im Bildbereich gilt $U_e(p) = \hat{u}\,\omega/(p^2+\omega^2)$. Damit wird

$$U_a = \delta\,\hat{u}\,\frac{\omega}{(p+\delta)(p^2+\omega^2)} = \delta\,\hat{u}\left[\frac{c_1}{p+\delta} + \frac{dp+e}{p^2+\omega^2}\right] \tag{13.33}$$

Die beiden Seiten der Gl. (13.33) sind gleich, wenn nach dem Zusammenfassen der Brüche auf der rechten Seite die Zähler gleich sind. Dies ergibt

$$(c_1 + d)\,p^2 + (\delta d + e)\,p + (\omega^2 c_1 + \delta e) = \omega$$

Daraus erhält man durch Vergleich der Koeffizienten der Potenzen von p

$$c_1 = \frac{\omega}{\delta^2 + \omega^2} \qquad d = -c_1 \qquad e = \delta c_1$$

Für die Rücktransformation gilt nach Gl. (13.24) und (13.26)

$$\frac{c_1}{p+\delta} \bullet\!\!-\!\!\circ\; c_1\,\mathrm{e}^{-\delta t} \qquad \frac{dp+e}{p^2+\omega^2} \bullet\!\!-\!\!\circ\; A\sin\omega t + B\cos\omega t$$

$$A = e/\omega = (\delta/\omega)\,c_1 \qquad B = d = -c_1$$

Nun wird noch die Summe der Winkelfunktionen in eine phasenverschobene Schwingung $D\sin(\omega t + \varphi)$ umgeformt.

$$D = \sqrt{A^2 + B^2} = c_1\sqrt{1 + (\delta/\omega)^2} = 1/\sqrt{\delta^2 + \omega^2}$$

$$\tan\varphi = B/A = -\frac{\omega}{\delta} = -RC\omega$$

Mit der Umformung $\qquad \cos\varphi = 1/\sqrt{1 + \tan^2\varphi} = \delta/\sqrt{\delta^2 + \omega^2}$

wird schließlich $\qquad D = \frac{1}{\delta}\cos\varphi.$

In der e-Funktion der ersten Korrespondenz ist

$$c_1 = \frac{\omega}{\delta^2 + \omega^2} = \frac{\omega}{\delta^2}\cos^2\varphi = -\frac{1}{\delta}\sin\varphi\cos\varphi$$

Mit dem Faktor $\delta\hat{u}$ in Gl. (13.33) ergibt sich endgültig

$$u_\mathrm{a}(t) = \hat{u}\cos\varphi\,[\sin(\omega t + \varphi) - \sin\varphi\,\mathrm{e}^{-\delta t}]$$

Mit den Zahlenwerten $\hat{u} = 10$ V, $RC = 20$ ms, $T = 40$ ms erhält man

$$u_\mathrm{a}(t) = 3.033\ \mathrm{V}\left[\sin\left(0.1571\,\frac{t}{\mathrm{ms}} - 1.263\right) + 0.9529\,\mathrm{e}^{-0.05\,t/\mathrm{ms}}\right]$$

Bild **13**.8 zeigt einen Graphen dieser Funktion.

b) $u_\mathrm{e}(t)$ ist ein Dreieckimpuls mit der Scheitelspannung $\hat{u}$ gemäß Gl. (13.28). Nach Gl. (13.29) erhält man

$$U_\mathrm{a}(p) = \frac{4\delta\hat{u}}{T}\,\frac{[1 - \mathrm{e}^{-pT/4}]^2}{p^2(p+\delta)} \tag{13.34}$$

$$[1 - \mathrm{e}^{-pT/4}]^2 = 1 - 2\,\mathrm{e}^{-pT/4} + \mathrm{e}^{-pT/2}$$

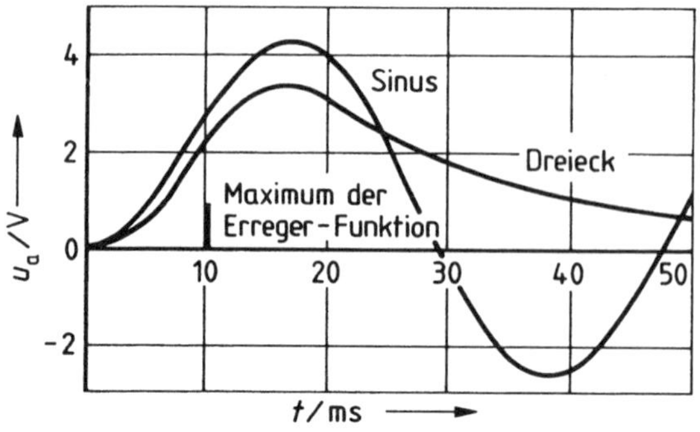

13.8

Dieser Ausdruck wird erst am Schluß der Rechnung berücksichtigt. Die Partialbrüche lauten

$$\frac{1}{p^2(p+\delta)} = \frac{d_1}{p} + \frac{d_2}{p^2} + \frac{c_1}{p+\delta}$$

Mit der gleichen Überlegung wie in Beispiel 2a erhält man

$$(c_1 + d_1)p^2 + (\delta d_1 + d_2)p + \delta d_2 = 1$$

und daraus

$$d_2 = \frac{1}{\delta} \qquad d_1 = -\frac{d_2}{\delta} = -\frac{1}{\delta^2} \qquad c_1 = -d_1 = \frac{1}{\delta^2}$$

Die Rücktransformation erfolgt nach Gl. (13.4), (13.5) und (13.7)

$$\frac{1}{p} \bullet\!\!-\!\!\circ\; 1 \qquad \frac{1}{p^2} \bullet\!\!-\!\!\circ\; t \qquad \frac{1}{p+\delta} \bullet\!\!-\!\!\circ\; \mathrm{e}^{-\delta t}$$

Diese Transformationen sind für jeden Summanden der ausquadrierten e-Funktion Gl. (13.34) durchzuführen. Nach dem Verschiebungssatz Gl. (13.13) erzeugt ein Faktor e^{-pt_0} im Bildbereich eine Verschiebung um $-t_0$ im Zeitbereich. Damit wird mit der in Beispiel 3b, Abschn. 13.2 erläuterten Schreibweise mit $f(t) = t - RC(1 - \mathrm{e}^{-t/RC})$

$$u_a(t) = \frac{4\hat{u}}{T}\,[f(t) - 2\varepsilon(t - T/4)\,f(t - T/4) + \varepsilon(t - T/2)\,f(t - T/2)]$$

Bild **13.8** zeigt den Graphen dieser Funktion mit den entsprechenden Zahlenwerten wie in Beispiel 2a. ■

Beispiel 3. Die Nickbewegung eines Kraftfahrzeuges unmittelbar nach dem Stillstand beim Bremsen kann in grober Näherung als gedämpfte Drehschwingung des Fahrzeuges um seinen Schwerpunkt angesehen werden. Mit den in Bild **13.9** gezeichneten Größen sowie dem Trägheitsmoment J und dem Drehmoment M lautet die Differentialgleichung der Schwingung (s. auch Holzmann, G.; Meyer, H.; Schumpich, G.: Technische Mechanik Tl. 2, 6. Aufl. Stuttgart 1986)

$$J\ddot{\varphi} = M = -(F_1 + F_{D1})l_1 - (F_2 + F_{D2})l_2 \tag{13.35}$$

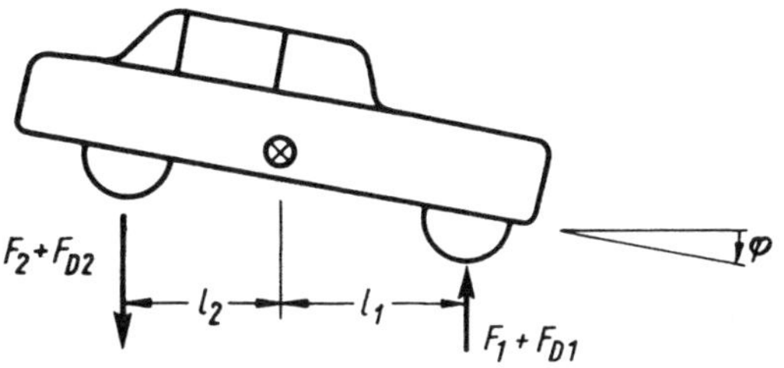

13.9

Hierin bedeuten F_1 und F_2 die bei Auslenkung aus der statischen Gleichgewichtslage von den Federn einer Achse auf den Wagenkasten ausgeübten Kräfte und F_{D1} und F_{D2} die von den Schwingungsdämpfern (sog. Stoßdämpfern) einer Achse auf den Wagen ausgeübten Kräfte. F_1, F_2 werden der Federverlängerung z_i und F_{D1}, F_{D2} der Einfederungsgeschwindigkeit v_i proportional angenommen. Mit zwei Federn je Achse ist

$$F_i = 2c_i z_i = 2c_i l_i \varphi \qquad F_{Di} = 2k_i v_i = 2k_i l_i \dot{\varphi}$$

Hierin sind c_i Federkonstanten je einer Feder und k_i Dämpfungsfaktoren je eines Dämpfers. Damit wird aus Gl. (13.35) nach Division durch J

$$\ddot{\varphi} + 2\frac{k_1 l_1^2 + k_2 l_2^2}{J}\dot{\varphi} + 2\frac{c_1 l_1^2 + c_2 l_2^2}{J}\varphi = 0 \tag{13.36}$$

Das ist die Normalform der Schwingungsgleichung. Nach dem Bremsen seien $\varphi_0 = 0.1$ und $\dot{\varphi}_0 = 0$ als Anfangsbedingungen vorausgesetzt. Die in Gl. (13.36) auftretenden Größen seien $J = 2000\,\text{kg m}^2$, $l_1 = l_2 = 1.3\,\text{m}$, $c_1 = c_2 = 200\,\text{N/cm} = 2 \cdot 10^4\,\text{kg/s}^2$ und $k_1 = k_2 = 1538\,\text{N/(m/s)} = 1538\,\text{kg/s}$. Damit erhält man

$$\ddot{\varphi} + 5.20\,\text{s}^{-1}\dot{\varphi} + 67.6\,\text{s}^{-2}\varphi = 0 \tag{13.37}$$

Auf diese Dgl. soll nun die Laplace-Transformation angewandt und damit die Lösung gefunden werden.

$$\mathfrak{L}\{\ddot{\varphi}\} + 5.20\,\text{s}^{-1}\mathfrak{L}\{\dot{\varphi}\} + 67.6\,\text{s}^{-2}\mathfrak{L}\{\varphi\} = 0$$

$$p^2\mathfrak{L}\{\varphi\} - 0.1p + \frac{5.20}{\text{s}}(p\mathfrak{L}\{\varphi\} - 0.1) + \frac{67.6}{\text{s}^2}\mathfrak{L}\{\varphi\} = 0$$

$$\mathfrak{L}\{\varphi\} = \frac{0.1\left(p + \frac{5.20}{\text{s}}\right)}{p^2 + \frac{5.20}{\text{s}}p + \frac{67.6}{\text{s}^2}}$$

Zur Rücktransformation prüft man, ob der Nenner reelle Nullstellen hat. Das ist hier nicht der Fall. Dann lautet die Lösungsfunktion nach Gl. (13.26)

$$\varphi = 0.1 \cdot \mathrm{e}^{-\frac{2.60}{\mathrm{s}}t}\left[\cos\left(\frac{7.80}{\mathrm{s}}t\right) + 0.333 \cdot \sin\left(\frac{7.80}{\mathrm{s}}t\right)\right]$$
$$= 0.105\,\mathrm{e}^{-\frac{2.60}{\mathrm{s}}t} \sin\left(\frac{7.80}{\mathrm{s}}t + 71.6°\right)$$

Die Schwingungsdauer beträgt $T = 2\pi/\omega = 0.806\,\mathrm{s}$, und die Amplitude ist nach einer Schwingung auf 12% des Anfangswertes abgeklungen. ■

13.4.2 Systeme von linearen Differentialgleichungen

Auch hier kann im Anschluß an die Erläuterungen am Anfang des Abschn. 13.4 sogleich mit Beispielen begonnen werden.

Beispiel 4. Man löse das System

$$\begin{aligned} y'' + 4z' + 3y &= 0 \\ z'' + 5y' + 2z &= 0 \end{aligned} \quad \text{mit} \quad \begin{aligned} y(0) &= 1 \quad & y'(0) &= 0 \\ z(0) &= 0 \quad & z'(0) &= 0 \end{aligned}$$

Im Bildbereich erhält man mit Gl. (13.20) und (13.21)

$$\begin{aligned} p^2 Y - p + 4pZ + 3Y &= 0 \\ p^2 Z + 5pY - 5 + 2Z &= 0 \end{aligned}$$

Ordnen nach den Unbekannten liefert

$$\begin{aligned} (p^2+3)Y + \quad 4pZ &= p \\ 5pY + (p^2+2)Z &= 5 \end{aligned}$$

Dieses Gleichungssystem läßt sich z. B. mit Determinanten lösen und liefert

$$Y = \frac{p^3 - 18p}{p^4 - 15p^2 + 6} \qquad Z = \frac{15}{p^4 - 15p^2 + 6}$$

Der Nenner dieser beiden Gleichungen ist eine biquadratische Gleichung mit den vier reellen Lösungen $p_{1,2}^2 = 14.59 = 3.820^2$ und $p_{3,4}^2 = 0.411 = 0.641^2$. Die Rücktransformation würde nach Gl. (13.24) vier e-Funktionen liefern. Da sich aber je zwei e-Funktionen nur im Vorzeichen des Exponenten unterscheiden, können die e-Funktionen noch nach Gl. (3.121) in Hyperbelfunktionen umgewandelt werden. Wenn dies erkannt wird, ist es eleganter, unmittelbar in Hyperbelfunktionen zu transformieren. Es gelten die Korrespondenzen (s. Aufgabe 1, Abschn. 13.1)

$$\frac{a}{p^2 - a^2} \bullet\!\!-\!\!\circ \sinh at \quad \text{und} \quad \frac{p}{p^2 - a^2} \bullet\!\!-\!\!\circ \cosh at$$

Mit ähnlichen Überlegungen wie bei der Herleitung von Gl. (13.26) erhält man

$$\frac{dp+e}{p^2-a^2} \bullet\!\!-\!\!\circ\; A\sinh at + B\cosh at \quad \text{mit} \quad A=e/a \quad \text{und} \quad B=d$$

Damit wird die Partialbruchzerlegung

$$Y=\frac{p^3-18p}{p^4-15p^2+6}=\frac{d_1p+e_1}{p^2-3.820^2}+\frac{d_2p+e_2}{p^2-0.641^2}$$

Die Brüche werden auf den Hauptnenner gebracht und die Zähler gleichgesetzt. Man erhält

$$(d_1+d_2)p^3+(e_1+e_2)p^2-(0.411\,d_1+14.59\,d_2)p-(0.411\,e_1+14.59\,e_2)=p^3-18p$$

Durch Koeffizientenvergleich ergibt sich

$$d_1=-0.2406 \qquad d_2=1.2406 \qquad e_1=e_2=0$$

Damit wird

$$y=1.241\cosh(0.641\,t)-0.241\cosh(3.820\,t)$$

Eine entsprechende Rechnung für Z liefert

$$z=0.277\sinh(3.820\,t)-1.650\sinh(0.641\,t)$$ ■

Beispiel 5. In Bild **13.**10 ist eine induktive Kopplung dargestellt. Es wird eine konstante Eingangsspannung u_0 angelegt. Man berechne den Strom $i_2(t)$ in der rechten Masche.

Mit dem Kopplungsfaktor k erhält man im Zeitbereich

$$R\,i_1+L\frac{di_1}{dt}-kL\frac{di_2}{dt}=u_0$$

$$R\,i_2+L\frac{di_2}{dt}-kL\frac{di_1}{dt}=0$$

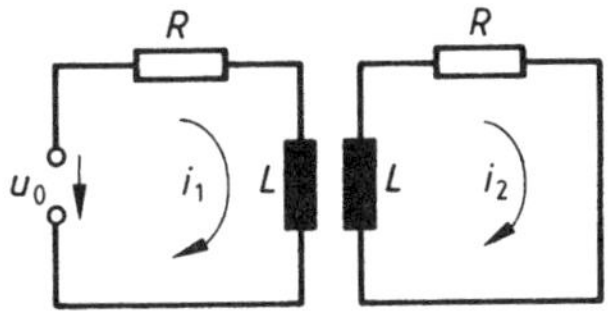

13.10

Mit den Anfangswerten $i_1(0)=i_2(0)=0$ ergibt die Laplace-Transformation nach Gl. (13.4), (13.10) und (13.20)

$$(R+Lp)\,I_1 \quad -kLp\;I_2=u_0/p$$
$$-kLp\;I_1+(R+Lp)\,I_2=0$$

Daraus ergibt sich $I_2=\dfrac{u_0kL}{L^2(1-k^2)p^2+2RLp+R^2}$

Der Nenner hat die reellen Nullstellen

$$p_{1,2}=-\frac{2RL\pm\sqrt{4R^2L^2-4R^2L^2(1-k^2)}}{2L^2(1-k^2)}=-\frac{R(1\pm k)}{L(1+k)(1-k)}$$

$$p_1=-\frac{R}{L(1+k)} \qquad p_2=-\frac{R}{L(1-k)}$$

Die Partialbruchzerlegung lautet

$$\frac{u_0 k L}{L^2(1-k^2)(p-p_1)(p-p_2)}=\frac{c_1}{(p-p_1)}+\frac{c_2}{(p-p_2)}=\frac{c_1(p-p_2)+c_2(p-p_1)}{(p-p_1)(p-p_2)}$$

Die linke und die rechte Gleichung liefern

$$c_1(p-p_2)+c_2(p-p_1)=(c_1+c_2)p-(c_1p_2+c_2p_1)=\frac{u_0 k}{L(1-k^2)}$$

Ein Koeffizientenvergleich ergibt

$$c_1+c_2=0 \text{ und } -(c_1p_2+c_2p_1)=\frac{u_0 k}{L(1-k^2)}$$

Mit den oben berechneten Werten von p_1 und p_2 erhält man

$$c_1=u_0/(2R) \qquad c_2=-u_0/(2R)$$

Die Rücktransformation nach Gl. (13.24) ergibt die Lösung

$$i_2(t)=\frac{u_0}{2R}\left[e^{-Rt/(L(1+k))}-e^{-Rt/(L(1-k))}\right]$$

Bild **13.**11 zeigt den prinzipiellen Verlauf des Graphen dieser Funktion. ■

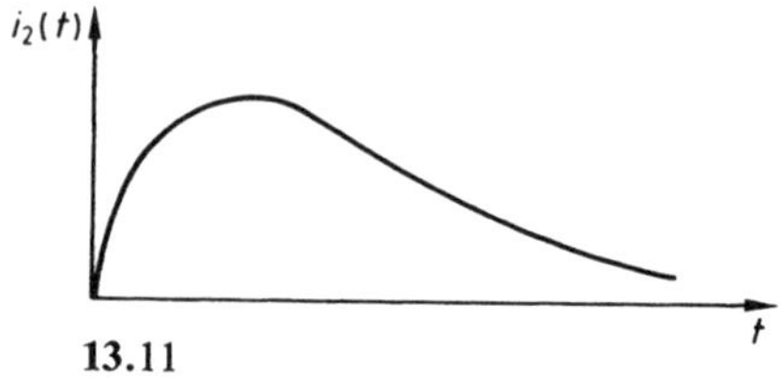

13.11

Beispiel 6. In dem in Bild **13.**12 dargestellten Tiefpaß ist die Ausgangsspannung $u_a(t)=R_2 i_2(t)$ gesucht.

Gegeben sind die Eingangsspannung $u_e(t)=\hat{u}\sin\omega t$ mit $\hat{u}=6$ V und $\omega=10^3\,s^{-1}$ sowie $R_1=R_2=10\,\Omega$; $L=20$ mH und $C=25\,\mu$F.

Mit den Maschenströmen $i_1(t)$ und $i_2(t)$ lauten die Maschengleichungen

$$R_1 i_1+\frac{1}{C}\int(i_1-i_2)\,dt=u_e$$

$$L\frac{di_2}{dt}+R_2 i_2+\frac{1}{C}\int(i_2-i_1)\,dt=0$$

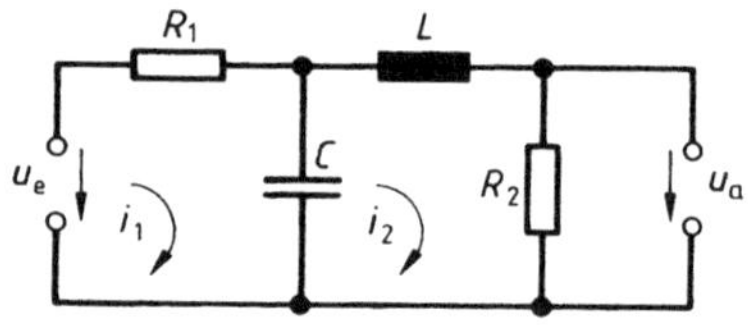

13.12

Die Zeitzählung beginnt im Nullpunkt einer positiven Halbschwingung. Deshalb sind die Anfangswerte von i_1 und i_2 sowie die der Stammfunktionen $\frac{1}{C}\int i_1\,dt$ und $\frac{1}{C}\int i_2\,dt$ gleich Null. Damit ergibt die Laplace-Transformation nach Gl. (13.8), (13.20) und Gl. (13.23)

$$R_1 I_1+\frac{1}{Cp}(I_1-I_2)=\frac{\hat{u}\,\omega}{p^2+\omega^2}$$

$$LpI_2+R_2I_2+\frac{1}{Cp}(I_2-I_1)=0$$

Nach Umordnen und Multiplizieren mit Cp erhält man das Gleichungssystem

$$(R_1Cp+1)I_1 \qquad -I_2=\frac{\hat{u}\,\omega Cp}{p^2+\omega^2}$$

$$-I_1+(LCp^2+R_2Cp+1)I_2=0$$

Daraus ergibt sich für I_2

$$I_2 = \frac{\hat{u}\,\omega C p}{[(R_1 C p + 1)(L C p^2 + R_2 C p + 1) - 1](p^2 + \omega^2)}$$

Nachdem die eckige Klammer im Nenner ausmultipliziert und Cp gekürzt wurde, lautet

$$I_2 = \frac{\hat{u}\,\omega}{[R_1 L C p^2 + (L + R_1 R_2 C)p + (R_1 + R_2)](p^2 + \omega^2)}$$

Der Einfachheit halber wird nun mit den Zahlenwerten der gegebenen Größen weiter gerechnet. Man hebt den Faktor $\left\{\frac{\hat{u}\,\omega}{R_1 L C}\right\} = 1.2 \cdot 10^9$ aus, normiert

$$I_2^* = I_2/1.2 \cdot 10^9 = 1/[(p^2 + 4.5 \cdot 10^3 p + 4.0 \cdot 10^6)(p^2 + 10^6)]$$

und berechnet zunächst I_2^*. Die erste quadratische Funktion im Nenner hat die reellen Nullstellen $p_{01} = -3.281 \cdot 10^3$ und $p_{02} = -1.219 \cdot 10^3$; die zweite Funktion hat komplexe Nullstellen. Damit lautet die Partialbruchzerlegung

$$I_2^* = \frac{c_1}{p + 3.281 \cdot 10^3} + \frac{c_2}{p + 1.219 \cdot 10^3} + \frac{\mathrm{d}p + e}{p^2 + 10^6}$$

Nun werden die Brüche addiert und es wird ein Koeffizientenvergleich durchgeführt. Man erhält das Gleichungssystem

	c_1	c_2	d	e	rechte Seite
p^3	1.0	1.0	1.0	0	0
p^2	$1.219 \cdot 10^3$	$3.281 \cdot 10^3$	$4.5 \cdot 10^3$	1.0	0
p^1	$1.0 \cdot 10^6$	$1.0 \cdot 10^6$	$4.0 \cdot 10^6$	$4.5 \cdot 10^3$	0
p^0	$1.219 \cdot 10^9$	$3.281 \cdot 10^9$	0	$4.0 \cdot 10^6$	1

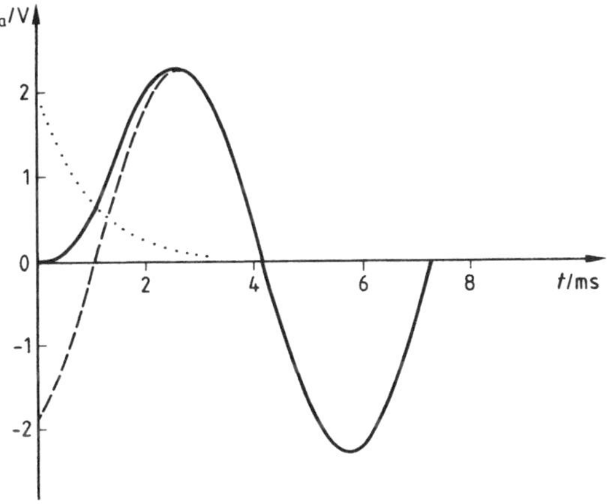

13.13

Es hat die Lösungen

$$c_1 = -4.123 \cdot 10^{-11} \qquad c_2 = 1.951 \cdot 10^{-10} \qquad d = -1.538 \cdot 10^{-10} \qquad e = 1.026 \cdot 10^{-7}$$

Diese Zahlen werden mit dem Faktor $1.2 \cdot 10^9$ und wegen $u_a = R_2 \cdot i_2$ noch mit $\{R_2\} = 10$ multipliziert, und man erhält als Ausgangsspannung im Bildbereich

$$U_a = \frac{-0.495}{p+3.281 \cdot 10^3} + \frac{2.341}{p+1.219 \cdot 10^3} + \frac{-1.846p+1230.7}{p^2+10^6}$$

und nach Rücktransformation mit Gl. (13.24) und (13.26) die gesuchte Ausgangsspannung im Zeitbereich

$$u_a(t) = -0.495 \text{ V} \cdot e^{-3.281\, t/\text{ms}} + 2.341 \text{ V} \cdot e^{-1.219\, t/\text{ms}} + 2.219 \text{ V} \sin(t/\text{ms} - 0.9828)$$

Bild **13.**13 zeigt den Graphen der Lösungsfunktion. Der punktierte Graph stellt die Summe der beiden e-Funktionen dar, der gestrichelte den Anfang der Sinus-Funktion. Die Sinus-Funktion allein nennt man die stationäre Lösung. Sie kann auch mit komplexer Rechnung erhalten werden. ■

13.4.3 Aufgaben zu Abschnitt 13.4

Man löse folgende Dgl. mit Hilfe der Laplace-Transformation ($y \equiv 0$ für $t < 0$).

1. $y' + 3y = \sin 10t \qquad y(0) = 0$

2. $y'' + 2y' + 5y = 3 \qquad y(0) = 0 \qquad y'(0) = 0$

3. $y^{(4)} + 4y''' + 6y'' + 4y' + y = 0 \qquad y(0) = 1 \qquad y^{(k)}(0) = 0$ für $k = 1, 2, 3$

4. In einem elektrischen Reihenschwingkreis gilt

$$Ri + L\frac{di}{dt} + \frac{1}{C}\int i\,dt = u_e(t)$$

und alle Anfangswerte gleich Null

mit $\quad u_a = u_C = \dfrac{1}{C}\displaystyle\int i\,dt \qquad \omega_0 = 1/\sqrt{LC} \qquad \delta = R/2L$

a) Man leite mit den vorstehenden Beziehungen eine Gleichung für $U_a(p)$ für beliebige $U_e(p)$ her.
Man berechne $u_a(t)$ für folgende Eingangsspannungen

b) Gleichspannung $\qquad u_e = U_0\,\varepsilon(t)$

c) Spannungsstoß $\qquad u_e = \bar{U}_0\,\delta(t)$

d) $u_e = \hat{u}\sin^2 \omega t$ mit $\omega = \omega_0 = 2\delta = 100\,\pi\,\dfrac{1}{\text{s}}$

Hinweis: $\sin^2 \omega t \circ\!\!-\!\!\bullet \dfrac{2\omega^2}{p(p^2+4\omega^2)}$

5. Man löse das System

$$y' + 6z + y = 0 \qquad y(0) = 1$$
$$z' + 5z + 2y = 0 \qquad z(0) = 0$$

6. Man löse Aufgabe 8, Abschn. 12.1 mit Laplace-Transformation mit

$$y_1(0) = 3 \qquad y_1'(0) = 0.72436$$
$$y_2(0) = -0.31175 \qquad y_2'(0) = 2.3989$$

7. Beispiel 18, Abschn. 12.1 behandelt die Schwingungen eines Kraftfahrzeugs beim Auffahren auf eine Schwelle. Man löse das diese Schwingungen beschreibende System Gl. (12.44) mit den dort vorgegebenen Anfangsbedingungen $x_1(0) = x_2(0) = 0$ und $\dot{x}_1(0) = \dot{x}_2(0) = 0$ mit Hilfe der Laplace-Transformation.

13.5 Korrespondenzentafel

$F(p)$	$f(t)$	$F(p)$	$f(t)$
$\frac{1}{(p+p_1)^n}$	$\frac{t^{n-1}}{(n-1)!}\,\mathrm{e}^{-p_1 t}$		
mit $p_1 \in \mathbb{C}$ und $n \in \mathbb{N}$ insbesondere auch für $p_1 = 0$ oder $n = 1$. Einige der folgenden Formeln sind Spezialfälle für $p_1 \in \mathbb{R}$			
$\frac{\omega}{p^2+\omega^2}$	$\sin \omega t$	$\frac{\omega p}{(p^2+\omega^2)^2}$	$\frac{t}{2} \sin \omega t$
$\frac{p}{p^2+\omega^2}$	$\cos \omega t$	$\frac{\omega^2}{p^2(p^2+\omega^2)}$	$t - \frac{1}{\omega} \sin \omega t$
$\frac{2\omega^2}{p(p^2+4\omega^2)}$	$\sin^2 \omega t$	$\frac{a}{p^2-a^2}$	$\sinh a t$
$\frac{p^2+2\omega^2}{p(p^2+4\omega^2)}$	$\cos^2 \omega t$	$\frac{p}{p^2-a^2}$	$\cosh a t$
$\frac{p \sin\varphi + \omega \cos\varphi}{p^2+\omega^2}$	$\sin(\omega t + \varphi)$	$\frac{1}{p(p-a)}$	$\frac{1}{a}(\mathrm{e}^{at}-1)$
$\frac{p \cos\varphi - \omega \sin\varphi}{p^2+\omega^2}$	$\cos(\omega t + \varphi)$	$\frac{1}{p(1+ap)}$	$1-\mathrm{e}^{-t/a}$
$\frac{\omega}{(p+\delta)^2+\omega^2}$	$\mathrm{e}^{-\delta t} \sin \omega t$	$\frac{p}{(p-a)^3}$	$\left(t + \frac{1}{2} a t^2\right) \mathrm{e}^{at}$
$\frac{p+\delta}{(p+\delta)^2+\omega^2}$	$\mathrm{e}^{-\delta t} \cos \omega t$	$\frac{p^2}{(p-a)^3}$	$\left(1 + 2at + \frac{1}{2} a^2 t^2\right) \mathrm{e}^{at}$
$\frac{\omega^3}{(p^2+\omega^2)^2}$	$\frac{1}{2}(\sin \omega t - \omega t \cos \omega t)$	$\frac{1}{\sqrt{p}}$	$\frac{1}{\sqrt{\pi t}}$
$\frac{\omega p^2}{(p^2+\omega^2)^2}$	$\frac{1}{2}(\sin \omega t + \omega t \cos \omega t)$	$\frac{1}{p\sqrt{p}}$	$2\sqrt{\frac{t}{\pi}}$
$\frac{p^3}{(p^2+\omega^2)^2}$	$\cos \omega t - \frac{\omega t}{2} \sin \omega t$	$\frac{1}{\sqrt{p+a}}$	$\frac{\mathrm{e}^{-at}}{\sqrt{\pi t}}$

14 Statistik

Es gibt viele Vorgänge, bei denen eine interessierende Größe von so vielen Ursachen abhängt, daß diese nicht im einzelnen erfaßt werden können und es nicht gelingt, den Zusammenhang zwischen den einzelnen Einflüssen durch die in Abschn. 3.6 und 9 behandelten Funktionsgleichungen zu beschreiben. So sollen z. B. bei Artikeln einer Serienfertigung bestimmte Größen einen Sollwert erhalten. Bei jedem einzelnen Stück sind aber diese Größen von den verschiedensten Ursachen, wie dem jeweiligen Zustand der Werkzeuge, dem nicht völlig homogenen Material oder der Aufmerksamkeit eines Arbeiters abhängig. Trotzdem schwanken die Größen nicht regellos, sondern streuen um den Soll-Wert. In der Meßtechnik hängt der Meßwert ebenfalls von vielen unkontrollierbaren Einflüssen wie Lagerreibung im Meßinstrument oder mechanischer Trägheit von Schreibstiften ab. Auch hier streuen die Werte von Wiederholungsmessungen um einen Mittelwert. In der Kernphysik lassen sich die Beziehungen zwischen einzelnen Größen prinzipiell nicht mehr durch die Begriffe Ursache-Wirkung beschreiben, sondern nur noch durch die hier behandelten statistischen Gesetzmäßigkeiten.

Definition. *Die* Statistik *befaßt sich mit den Gesetzmäßigkeiten von Größen oder Ereignissen, die von vielen, im einzelnen nicht erfaßbaren Ursachen abhängen.*

Die Statistik wurde im 18. Jahrhundert durch Bernoulli, Poisson und Gauß begründet. Sie baut auf der Wahrscheinlichkeitsrechnung auf. In bezug auf die Benennung von Formelzeichen und Größen wird in diesem Kapitel in enger Anlehnung an DIN 55302 und 55303, Statistische Auswertung von Daten, DIN 55350, Begriffe der Qualitätssicherung und Statistik, und DIN 13303, Stochastik, vorgegangen.

Aus den vorstehenden Anwendungsbeispielen der Statistik ergeben sich folgende Voraussetzungen: Es existiert eine beliebig große Anzahl von Elementen, die alle dem gleichen Ursachenkomplex unterliegen. Sie bilden die Grundgesamtheit. Die Forderung „beliebig große Anzahl von Elementen" ist in der Praxis nicht streng erfüllbar und durch „sehr große Anzahl von Elementen" zu ersetzen. Beispiele für Grundgesamtheiten sind: die Einwohner einer Großstadt, die Monatsproduktion eines Massenartikels, die Atome eines Milligramms Radium. Aus dieser Grundgesamtheit von N Elementen wird eine wesentlich kleinere Anzahl von n Elementen entnommen. Sie bilden die Stichprobe. Die tatsächliche Durchführung einer Stichprobenentnahme bietet bereits manche Probleme, auf die hier nicht eingegangen werden kann.

Im Prinzip muß jedes Element der Grundgesamtheit die gleiche, von Null verschiedene Wahrscheinlichkeit (s. Abschn. 14.2) haben, in die Stichprobe aufgenommen zu werden. Bei jedem Element wird nun im einfachsten Falle eine Größe oder eine Eigenschaft, das Merkmal, festgestellt. Dieses Merkmal muß eindeutig durch eine Zahl oder eine Größe, den Beobachtungswert x_i, erfaßbar sein. Im Bereich der Technik, wo die Merkmale meist physikalische Größen sind, ist diese Forderung unproblematisch. In anderen Anwendungsgebieten der Statistik (Medizin, Sozialwissenschaft, Psychologie) bildet die Zuordnung von Zahlenwerten zu Beobachtungen oft eine ernsthafte Schwierigkeit. Grundsätzliche Zweifel an der Statistik („Mit Statistik läßt sich alles beweisen.“) haben ihre Ursache oft in einer fehlerhaft durchgeführten Zuordnung. Dies ist aber kein mathematisches Problem und wird deshalb hier nicht weiter behandelt.

In Abschn. 14.1 wird die Auswertung einer Stichprobenentnahme geschildert. Dieser erste Schritt wird als beschreibende (deskriptive) Statistik bezeichnet. Schwieriger ist der dann folgende Rückschluß von der Stichprobe auf die entsprechende Grundgesamtheit, die sog. analytische Statistik. Schon eine intuitive Überlegung sagt, daß aus der Stichprobe keine sicheren Aussagen über die Grundgesamtheit möglich sind, sondern nur solche mit einer gewissen Wahrscheinlichkeit. Dieser Begriff wird in Abschn. 14.2 erklärt. Darauf aufbauend werden in Abschn. 14.3 einige theoretische Modelle von Grundgesamtheiten entwickelt. Bei diesen Modellen können die Eigenschaften der zugehörigen Stichproben exakt hergeleitet werden. Aus den tatsächlichen Stichproben wird nun umgekehrt auf Eigenschaften der Grundgesamtheit geschlossen (Abschn. 14.4).

14.1 Auswertung einer Stichprobe

14.1.1 Häufigkeitsverteilung. Häufigkeitssumme

Die bei den einzelnen Elementen festgestellten Beobachtungswerte x_i werden zunächst in einer Urliste zusammengestellt. Darin sind in beliebiger Reihenfolge die einzelnen Elemente mit einem Namen oder einer sonstigen Bezeichnung aufgeführt. Neben jedes Element wird der betreffende Beobachtungswert geschrieben. Ist die Anzahl der Elemente größer als etwa 50, wird oft die Häufigkeit der einzelnen Beobachtungswerte festgestellt. Es wird abgezählt, wie oft jeder Beobachtungswert in der Stichprobe vorkommt. Dabei zeigt sich, daß es zwei prinzipiell verschiedene Arten von Merkmalen gibt. Bei den einen können nur diskrete, meist ganzzahlige Beobachtungswerte vorkommen, z.B. beim Merkmal „Anzahl der Kinder“. Ein wichtiger Sonderfall dieser Gruppe sind Merkmale, die nur entweder vorhanden oder nicht vorhanden sind. Entweder ist ein Stück einer Lieferung Ausschuß oder nicht. Die Beobachtungswerte sind dann die beiden Zahlen 1 und 0. Bei der zweiten Art von Merkmalen sind die Beobachtungswerte stetig veränderlich, es können also beliebige reelle Zahlen auftreten. Zu dieser Gruppe gehören alle (klassischen) physikalischen Größen.

Wenn sich die Beobachtungswerte stetig ändern können, ist man gezwungen, alle Zahlen eines Intervalls zu einer Klasse zusammenzufassen. Die Wahl der geeigneten Anzahl k solcher Klassen ist nicht leicht. Ist k zu groß, so fallen in viele Klassen keine oder nur wenige Beobachtungswerte. Dadurch wird das anschließend zu zeichnende Diagramm sehr unruhig. Sind hingegen zu wenig Klassen vorhanden, gehen wertvolle Einzelheiten im Diagramm verloren. Im Extremfall nur einer Klasse erhält man als Diagramm ein Rechteck. Man benutzt folgende Faustformel zur Bestimmung der Anzahl k der Klassen in einer Stichprobe von n Elementen:

$$k \approx \sqrt{n} \quad \text{wenn} \quad 50 < n < 500 \tag{14.1}$$

Für $n<50$ ist das Feststellen von Häufigkeiten wenig sinnvoll. Für $n>500$ wächst die Anzahl der Klassen langsamer, man wählt selten mehr als 30 Klassen. In DIN 55302, Statistische Auswertung von Daten, Blatt 1, sind in einer Tafel Mindestzahlen von Klassen für verschiedene Stichprobenumfänge angegeben. Die einzelnen Klassen werden durch ihre Klassenmitten $\bar{x}_i$ (manchmal auch durch die Klassengrenzen) gekennzeichnet. Hierfür wählt man nach Möglichkeit glatte Zahlenwerte. Die meist konstante Differenz $\Delta x = \bar{x}_{i+1} - \bar{x}_i$ heißt die Klassenbreite. Sie kann aus der Anzahl k der Klassen und der Differenz zwischen dem größten und dem kleinsten Beobachtungswert $x_{\max} - x_{\min}$ berechnet werden

$$\Delta x = \frac{x_{\max} - x_{\min}}{k} \tag{14.2}$$

In DIN 55302 wird als Faustformel $\Delta x < 0.6s$ angegeben. Dabei ist s die in Abschn. 14.1.2 erläuterte Standardabweichung. Diese Beziehung kann als Kontrolle von Gl. (14.2) benutzt werden, wenn der Verdacht besteht, daß $x_{\max}$ oder $x_{\min}$ sog. Ausreißer sind, d.h. Werte, die ungewöhnlich weit außerhalb der sonstigen Werte der Stichprobe liegen.

Das Ergebnis der Stichprobenuntersuchung wird nun durch eine der folgenden Funktionen dargestellt.

Definition. *Die Abszissenwerte der* Häufigkeitsverteilung *sind die Klassenmitten* $\bar{x}_i$, *die Ordinate eine der folgenden Größen.*

a) Absolute Häufigkeit *(Besetzungszahl)* n_i. *Das ist die Anzahl der Beobachtungswerte, die in die i-te Klasse fallen. Die* n_i*-Werte werden zweckmäßig mit einer* Strichliste *gewonnen. Dazu werden die Klassenmitten* $\bar{x}_i$ *aufgeschrieben, die Beobachtungswerte der Reihe nach betrachtet und bei jedem Wert in der betreffenden Klasse ein Strich gemacht. Werte, die genau auf Klassengrenzen fallen, werden je zur Hälfte der oberen und unteren Klasse zugeordnet.*

b) Absolute Häufigkeitsdichte *(Besetzungsdichte). Das ist die auf die Klassenbreite* Δx *bezogene Häufigkeit*

$$g_i = \frac{n_i}{\Delta x} \tag{14.3}$$

Sie ist als Vergleichsgröße wichtig, wenn man z. B. an den Rändern der Verteilung die Klassenbreite größer als in der Mitte wählt.

c) Relative Häufigkeit. *Das ist die auf die Gesamtzahl n der Messungen (Stichprobenumfang n) bezogene Besetzungszahl einer Klasse.*

$$h_i = \frac{n_i}{n} \tag{14.4}$$

d) Relative Häufigkeitsdichte. *Hier wird die auf die Klassenbreite* Δx *bezogene Besetzungszahl* n_i *zusätzlich auf den gesamten Stichprobenumfang n bezogen.*

$$\varphi_i = \frac{g_i}{n} = \frac{h_i}{\Delta x} = \frac{n_i}{n\,\Delta x} \tag{14.5}$$

Diese Größe wird beim Vergleich verschiedener Stichproben und bei den Modellen der Grundgesamtheit in Abschn. 14.3 *verwendet und heißt dort* Wahrscheinlichkeitsdichte.

Definition. *Die Abszissenwerte der* Häufigkeitssummen *sind ebenfalls die Klassenmitten* $\bar{x}_i$, *die Ordinate eine der folgenden Größen.*

a) Absolute Häufigkeitssumme *(aufsummierte Besetzungszahl)*

$$G_i = \sum_{j=1}^{i} n_j = \sum_{j=1}^{i} g_j \, \Delta x \tag{14.6}$$

Eine Ordinate G_i *gibt die Anzahl derjenigen Beobachtungswerte an, die nicht größer als die betreffende Abszisse* x_i *sind. Es ist* $G_{\max} = n$.

b) Relative Häufigkeitssumme

$$\Phi_i = \sum_{j=1}^{i} h_j = \sum_{j=1}^{i} \varphi_j \, \Delta x \tag{14.7}$$

Diese Größe wird wieder vorwiegend bei Betrachtung der Grundgesamtheit verwendet und heißt in Abschn. 14.3 Verteilungsfunktion. *Es ist* $\Phi_{\max} = 1 = 100\,\%$.

Beispiel 1. In einer hier nicht aufgeführten Urliste stehen als Beobachtungswerte x_i die Durchmesser von 150 Wellen. Der Solldurchmesser beträgt 2.000 mm, der kleinste Beobachtungswert $x_{\min} = 1.966$ mm, der größte $x_{\max} = 2.022$ mm. Es sind eine Tafel und ein Diagramm der Häufigkeitsverteilung und der Häufigkeitssumme mit den in Gl. (14.3) bis (14.7) definierten Größen herzustellen.

Zunächst ist mit Gl. (14.1) und (14.2) die Klassenbreite Δx festzulegen. Man erhält $\Delta x = 5$ µm; als Klassenmitten wählt man $\bar{x}_i = 1.965$ mm; 1.970 mm; ...; 2.015 mm; 2.020 mm. Nun sind mit der Urliste die absoluten Häufigkeiten n_i in den einzelnen Klassen festzustellen. Dabei fallen z.B. in die Klasse $\bar{x}_i = 2.000$ mm alle Beobachtungswerte 1.998 mm $\leq x_i \leq$ 2.002 mm. Wenn Beobachtungswerte exakt mit Klassengrenzen zusammenfallen, werden sie je zur Hälfte der oberen und unteren Klasse zugezählt.

Tafel **14**.1 zeigt die n_i-Werte und die daraus berechneten Größen beider Funktionen. Aus den Tafelwerten erhält man in den Diagrammen diskrete Punkte. Es ist üblich, die Häufigkeitsverteilung in der in Bild **14**.2a gezeigten Säulenform (Histogramm) darzustellen. Dadurch wird die Zusammenfassung der Beobachtungswerte in Klassen, die ja mit einer gewissen Willkür behaftet ist, graphisch zum Ausdruck gebracht. Je kleiner die Klassenbreite ist, um so mehr nähert sich die Säulendarstellung einem stetigen Graphen. Bei der Häufigkeitssumme (Bild **14**.2b) ist zu beachten, daß die Funktionswerte nicht über den Klassenmitten, sondern den *rechten Klassengrenzen* aufzutragen sind, da erst dort der jeweilige Wert der Summe erreicht ist. Wird für die Häufigkeitsverteilung die Säulendarstellung gewählt, so werden die Punkte der Häufigkeitssumme durch Strecken verbunden. Durch Wahl verschiedener Maßstäbe auf der Ordinate kann erreicht werden, daß sich in zwei Diagrammen jeweils nur ein Graph für g_i, h_i und n_i bzw. G_i und Φ_i ergibt. Dies ist möglich, weil sich die verschiedenen Größen nur durch kon-

Tafel **14.1**

$\frac{\bar{x}_i}{\text{mm}}$	n_i	$\frac{g_i}{\mu m^{-1}}$	$\frac{h_i}{\%}$	$\frac{\varphi_i}{10^{-2}\,\mu m^{-1}}$	G_i	$\frac{\Phi_i}{\%}$
1.965	1	0.2	0.67	0.13	1	0.67
1.970	2	0.4	1.33	0.27	3	2.00
1.975	1	0.2	0.67	0.13	4	2.67
1.980	6	1.2	4.00	0.80	10	6.67
1.985	14	2.8	9.33	1.87	24	16.00
1.990	23	4.6	15.33	3.07	47	31.33
1.995	28	5.6	18.67	3.73	75	50.00
2.000	37	7.4	24.67	4.93	112	74.67
2.005	22	4.4	14.67	2.93	134	89.34
2.010	11	2.2	7.33	1.47	145	96.67
2.015	4	0.8	2.67	0.53	149	99.34
2.020	1	0.2	0.67	0.13	150	100.01

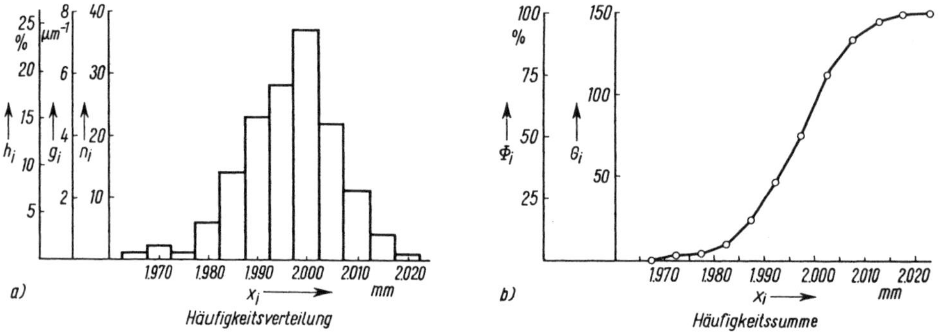

14.2

stante Faktoren unterscheiden. Alle Ordinaten sind stets mit glatten Zahlenwerten zu beschriften. Im allgemeinen genügt eine dieser Funktionen zur Beschreibung der Stichprobe. ■

14.1.2 Kennwerte der Stichprobe

Durch die Häufigkeitsverteilung oder die Häufigkeitssumme wird die Stichprobe vollständig beschrieben. Oft genügen knappere Angaben, die Kennwerte. Das Berechnen dieser Kennwerte ist auch bei kleinem Stichprobenumfang nützlich ($5<n<50$), wenn die Ermittlung einer der Funktionen wenig sinnvoll ist. Ein wichtiges Beispiel hierfür sind mehrfache Messungen einer konstanten Größe.

Meist werden zwei Kennwerte angegeben. Der eine kennzeichnet die „Mitte" der Verteilung, der andere ihre „Streuung", d.h., er gibt an, wie weit die einzelnen Werte von der

Mitte entfernt sind. Es gibt verschiedene Möglichkeiten, Kennwerte zu definieren. Zwischen den verschiedenen Definitionen bestehen keine mathematischen Beziehungen.

Definition. *Der* häufigste Wert *H (Modalwert) ist die Merkmalzahl, die am häufigsten auftritt. Die* Spannbreite *R ist die Differenz zwischen größter und kleinster Merkmalzahl.*

Der Vorteil dieses Zahlenpaars liegt in der Möglichkeit der sehr einfachen Ermittlung. Deshalb wird es z. B. bei Qualitätskontrollen verwendet, die während der laufenden Produktion durchgeführt werden.

Definition. *Der* Medianwert *M ist die Merkmalzahl, die einer relativen Häufigkeitssumme von 50 % entspricht. Die* wahrscheinlichen Grenzen *sind die Merkmalzahlen bei den Häufigkeitssummen von 25 % und 75 %.*

Innerhalb der wahrscheinlichen Grenzen liegen also laut Definition 50 % der Elemente. Diese Kennwerte werden vorwiegend bei nicht-technischen Anwendungen der Statistik benutzt, bei denen es oft nicht möglich ist, den Beobachtungswerten absolute Zahlenwerte zuzuordnen. Man kann sie aber ordnen, d. h., von jedem Wert sagen, ob er größer oder kleiner als ein anderer ist. Bei einer ungeraden Anzahl von Elementen entspricht der Medianwert demjenigen Element, bei dem die Anzahl der größeren und der kleineren Elemente gleich groß sind.

Beispiel 2. Bei der Stichprobe von Beispiel 1 beträgt der häufigste Wert $H = 2.000$ mm und die Spannbreite $R = 2.020\text{ mm} - 1.965\text{ mm} = 0.055$ mm.
Der Medianwert ist $M = 1.995$ mm. Für die wahrscheinlichen Grenzen erhält man durch Interpolation zwischen den benachbarten Klassen $x_{25} = 1.9879$ mm und $x_{75} = 2.0001$ mm. ■

In Naturwissenschaft und Technik werden vorwiegend die beiden folgenden Kennwerte benutzt. Sie entsprechen den in Gl. (14.28) und (14.31) behandelten Parametern der Grundgesamtheit.

Definition. *Der* Mittelwert $\bar{x}$ *ist das arithmetische Mittel der Beobachtungswerte*[1])

$$\bar{x} = \frac{1}{n} \sum_{i=1}^{n} x_i = \frac{1}{n} \sum x_i \tag{14.8}$$

Diese Gleichung ist für eine Zahlenrechnung nur bei kleinem Stichprobenumfang zweckmäßig, wenn unmittelbar die Urliste benutzt wird. Verwendet man zur Berechnung von $\bar{x}$ die Häufigkeitstafel, so ist die Summe der Beobachtungswerte der i-ten

[1]) Die Grenzen des Summenzeichens werden im folgenden weggelassen, da stets über alle Beobachtungswerte bzw. alle Klassen zu summieren ist.

Klasse angenähert $n_i \bar{x}_i$. Damit erhält man mit Gl. (14.4) für den Mittelwert aus Klassenmitten

$$\bar{x} \approx \frac{1}{n} \sum n_i \bar{x}_i = \sum h_i \bar{x}_i \tag{14.9}$$

Definition. *Die Streuung der Beobachtungswerte um den Mittelwert wird durch die* Standardabweichung s *oder deren Quadrat, die* Varianz, *zum Ausdruck gebracht*

$$s^2 = \frac{1}{n-1} \sum (x_i - \bar{x})^2 \tag{14.10}$$

Der Grundgedanke dieser Definition ist, einen „Mittelwert" aus den Abweichungen $(x_i - \bar{x})$ zu bilden. Nun ist aber die Summe dieser Abweichungen stets Null und deshalb als Kennwert nicht geeignet

$$\sum (x_i - \bar{x}) = \sum x_i - \sum \bar{x} = \sum x_i - n\bar{x} = \sum x_i - n \frac{\sum x_i}{n} = 0$$

Zur Vermeidung dieser Schwierigkeit könnte man z.B. die Summe der Absolutwerte dieser Differenzen bilden. (Bei der Auswertung von Messungen wird dies auch manchmal getan.) Nach einem Vorschlag von Gauß wird aber meist die Summe der Quadrate der Differenzen benutzt. Anders als in Gl. (14.8) wird nun diese Summe nicht durch n, sondern durch $n-1$ dividiert. Der Grund hierfür wird in Abschn. 14.4.1 erläutert. Bei großem Stichprobenumfang setzt man oft $(n-1) \approx n$. Da ein sinnvoller Stichprobenumfang mindestens 50 Messungen umfaßt, unterscheidet sich in solchen Fällen $n-1$ von n um höchstens 2%.

Gl. (14.10) wird nun in eine Form gebracht, aus der s^2 numerisch in einem Rechnungsgang zusammen mit $\bar{x}$ berechnet werden kann. Wird die Klammer ausquadriert und werden die Summen einzeln gebildet, erhält man mit $\sum \bar{x}^2 = n\bar{x}^2$ und Gl. (14.8)

$$(n-1)s^2 = \sum x_i^2 - 2\bar{x} \sum x_i + n\bar{x}^2 = \sum x_i^2 - \frac{1}{n} [\sum x_i]^2$$

Damit ergibt sich für die Berechnung von s aus einzelnen Beobachtungswerten

$$s^2 = \frac{1}{n(n-1)} [n \sum x_i^2 - (\sum x_i)^2] \tag{14.11}$$

Soll s aus einer Häufigkeitstafel berechnet werden, benutzt man auch hier die Klassenmitten $\bar{x}_i$. Jede Differenz $(\bar{x}_i - \bar{x})$ und somit auch jedes Quadrat in der Summe von Gl. (14.10) kommt n_i-mal (und nicht etwa n_i^2-mal) vor. Mit der Näherung $(n-1) \approx n$ erhält man für die Berechnung von s aus Klassenmitten

$$s^2 \approx \frac{1}{n-1} \sum (\bar{x}_i - \bar{x})^2 n_i \approx \frac{1}{n^2} [n \sum (n_i \bar{x}_i^2) - (\sum n_i \bar{x}_i)^2]$$

$$s^2 \approx \sum (h_i \bar{x}_i^2) - (\sum h_i \bar{x}_i)^2 \qquad (14.12)$$

Für die Gl. (14.8) und (14.11) sind auf vielen Taschenrechnern feste Programme vorhanden. Das folgende Beispiel zeigt die Anwendung der Gl. (14.9) und (14.12).

Beispiel 3. Aus der Häufigkeitstafel **14.**1 sind Mittelwert und Standardabweichung zu berechnen. Es ist $\sum h_i \bar{x}_i = 1.99653$ mm und $\sum h_i \bar{x}_i^2 = 3.98623$ mm^2.
Damit wird mit Gl. (14.9)

$$\bar{x} = 1.9965 \text{ mm}$$

und mit Gl. (14.12)

$$s^2 = (3.98623 - 3.98615) \text{ mm}^2 = 89 \cdot 10^{-6} \text{ mm}^2$$

Damit ist $s = 9.4\ \mu\text{m}$.
Die beiden Summen in Gl. (14.12) ergeben meist sehr nahe beieinanderliegende Werte. Deshalb ist stets mit voller Stellenzahl zu rechnen. ■

14.1.3 Aufgaben zu Abschnitt 14.1

1. Aus den nachstehenden Tafeln sind die Tafeln der relativen Häufigkeitsdichte und der relativen Häufigkeitssumme zu berechnen.

a) Tafel **14.**3 zeigt eine Stichprobe elektrischer Widerstände,

b) Tafel **14.**4 zeigt eine Stichprobe von Durchmessern von Schrauben.

Tafel **14.**3
Widerstände

$\bar{x}_i$ / Ω	n_i
840	2
844	4
848	21
852	45
856	58
860	44
864	20
868	5
872	1

Tafel **14.**4
Durchmesser

$\bar{x}_i$ / mm	h_i / %
5.63	3
5.64	13
5.65	32
5.66	23
5.67	14
5.68	8
5.69	4
5.70	2
5.71	1

2. Für die Stichproben von Aufgabe 1 sind zu bestimmen:

a) Medianwert und wahrscheinliche Grenzen,

b) Mittelwert und Standardabweichung.

14.2 Wahrscheinlichkeitsrechnung

Zwei Grundbegriffe der Wahrscheinlichkeitsrechnung, die Wahrscheinlichkeit und das Gesetz der großen Zahlen, haben sich aus der historischen Entwicklung ergeben. In Versuchsreihen mit genügend vielen Beobachtungen kann man sehen, daß sich bei Vergrößerung des Stichprobenumfanges n die relativen Häufigkeiten h_i der Beobachtungswerte oder auch der Klassenmitten konstanten Werten p_i nähern. Wenn die Existenz eines derartigen Grenzwertes vermutet werden kann (beweisen läßt sie sich experimentell nicht), spricht man von einem Zufallsversuch. Den Grenzwert p_i der relativen Häufigkeiten eines Beobachtungswertes nennt man die Wahrscheinlichkeit für das Auftreten dieses Wertes.

Da die Existenz solcher Grenzwerte erst bei einer Vielzahl von Messungen vermutet werden kann, spricht man vom Gesetz der großen Zahlen, das einfach, aber nicht ganz exakt, durch die Gleichung

$$p_i = \lim_{n \to \infty} h_i$$

beschrieben werden kann.

Klassische Beispiele für Zufallsversuche sind das Würfeln oder das Ziehen von Kugeln aus einer verdeckten Urne. Bei einem „echten“ Würfel tritt bei einer großen Anzahl von Würfen jede Augenzahl ungefähr gleich oft auf. Für jede Augenzahl besteht die gleiche Wahrscheinlichkeit $p = 1/6 = 16.67\,\%$.

Auf den Urnenversuch lassen sich viele Probleme der Statistik zurückführen. Die Menge der Kugeln in der Urne kann als Grundgesamtheit, die Menge der gezogenen Kugeln als Stichprobe betrachtet werden.

Wie in anderen Zweigen der Mathematik abstrahiert man auch in der Wahrscheinlichkeitsrechnung von den Erfahrungen und beginnt die Theorie mit der Aufstellung von Axiomen.

14.2.1 Grundbegriffe und Definitionen

Definition. *Ein* Stichprobenraum *(Ergebnismenge) Ω ist eine Menge mit den r Elementen $\omega_1, \omega_2, \omega_3, \ldots, \omega_r$, den* Elementarereignissen *(Ergebnissen). Ein* Ereignis *A ist eine Teilmenge von Ω mit $a \leq r$ Elementen.*

Der Menge Ω wird ein beliebiges Element ω_i entnommen. Ist

$\omega_i \in A$, so ist das Ereignis eingetreten,

$\omega_i \notin A$, so ist das Ereignis nicht eingetreten.

Es handelt sich um einen Zufallsversuch, wenn folgende Axiome (von Kolmogoroff) erfüllt sind:

1. Jedem $\omega_i \in \Omega$ kann eine Zahl $p_i = p(\omega_i)$ mit $0 \leq p_i \leq 1$ zugeordnet werden. Sie heißt die Wahrscheinlichkeit für das Eintreten von ω_i.

2. Es gilt

$$\boxed{p(\Omega) = \sum_{i=1}^{r} p_i = 1} \tag{14.13}$$

3. Die Wahrscheinlichkeit für das Eintreten des Ereignisses A ist

$$\boxed{p(A) = \sum p_i} \tag{14.14}$$

Es sind die Wahrscheinlichkeiten aller zu A gehörigen Elementarereignisse zu summieren.

Dieses Axiomensystem bietet keine Möglichkeit, die Wahrscheinlichkeiten p_i in einem konkreten Fall zu bestimmen. In der Wahrscheinlichkeitsrechnung werden sie i. allg. vorgegeben, und die Aufgabe besteht in der Berechnung der Wahrscheinlichkeit von komplizierteren Ereignissen. In der Statistik hingegen will man aus empirischen Beobachtungen die Wahrscheinlichkeiten p_i der Elemente des Stichprobenraums schätzen.

Bei einem Würfel besteht z. B. der Stichprobenraum aus den Augenzahlen 1 bis 6. In der Wahrscheinlichkeitsrechnung setzt man voraus, daß bei einem echten Würfel $p_i = p = 1/6$ für alle Augenzahlen ist. Dann fragt man z. B. nach der Wahrscheinlichkeit, mit zwei echten Würfeln bei 24 Würfen mindestens eine Doppelsechs zu werfen (s. Beispiel 3). Die vorstehenden Axiome können aber auch bei einem „falschen" Würfel erfüllt sein, bei dem die p_i der einzelnen Augenzahlen verschieden sind. Eine Aufgabe der Statistik wäre es z. B., durch mehrfaches Werfen festzustellen, ob ein Würfel echt ist (s. Beispiel 8, Abschn. 14.3).

In vielen Fällen haben alle Elementarereignisse die gleiche Wahrscheinlichkeit $p_i = p$. Man nennt dann den Stichprobenraum einen Laplace-Raum. In diesem Fall gilt

$$\boxed{p(A) = \frac{a}{r}} \tag{14.15}$$

Man nennt a die Anzahl der günstigen und r die der möglichen Fälle. a ist die Anzahl der Elemente von A, r die der Elemente von Ω.

Beweis. Aus Gl. (14.14) folgt $p(A) = ap$. Aus Gl. (14.13) ergibt sich $rp = 1$ und daraus mit $p = 1/r$ Gl. (14.15). □

Mehrstufenversuch. Bisher wurde stillschweigend vorausgesetzt, daß jedes Elementarereignis ω_i durch *einen* Zahlenwert (z. B. seinen Index) beschrieben wird. Dies ist im Prinzip zwar stets möglich, aber oft ist, von ganz einfachen Fällen abgesehen, eine andere Beschreibung zweckmäßiger. Die meisten Aufgaben der Wahrscheinlichkeitsrechnung und Statistik beziehen sich nämlich auf Mehrstufenversuche. Eine allgemeine Definition dieses Begriffs ist bereits sehr abstrakt, deshalb wird er hier nur an Beispielen erklärt. Beim Würfeln liegt ein Mehrstufenversuch vor, wenn mehrfach mit einem Würfel oder mit mehreren Würfeln gleichzeitig geworfen wird. Beim Urnenbeispiel werden mehrere Kugeln gezogen.

Es ist nun zweckmäßig, die Elementarereignisse eines Versuches mit n Stufen durch n-Tupel zu beschreiben, wobei die einzelnen Komponenten jedes Tupels Aussagen über das Ergebnis der betreffenden Stufe machen. So sind z. B. die Elementarereignisse zweier Würfe mit einem Würfel die 36 2-Tupel

$$\omega_1 = (1, 1); \quad \omega_2 = (1, 2); \quad \omega_3 = (1, 3); \quad \ldots; \quad \omega_{36} = (6, 6)$$

Bezeichnet man die Wahrscheinlichkeiten der Ergebnisse in den einzelnen Stufen mit p_j', so gilt als weiteres Axiom

4. Die Wahrscheinlichkeit p_i eines Elementarereignisses (n-Tupels) eines Mehrstufenversuches ist

$$\boxed{p_i = \prod_{j=1}^{n} p_j'} \tag{14.16}$$

Je nach der Art der Durchführung des Versuchs sind die folgenden Unterscheidungen erforderlich.

Definition. *Bei* geordneten Stichproben *gelten zwei n-Tupel als verschieden, wenn sie die gleichen Komponenten in verschiedener Reihenfolge haben. Werden diese n-Tupel als* ein *einziges Elementarereignis betrachtet, so handelt es sich um eine* ungeordnete Stichprobe.

Wirft man zweimal mit einem Würfel oder einmal mit zwei Würfeln verschiedener Farbe, so sind zum Beispiel die Würfe 1, 2 und 2, 1 zu unterscheiden: die Stichprobe ist geordnet. Wirft man hingegen gleichzeitig mit zwei gleichen Würfeln, können die Würfe 1, 2 und 2, 1 nicht unterschieden werden: die Stichprobe ist ungeordnet. Auch beim Ziehen von numerierten Kugeln aus einer Urne kann die Reihenfolge der Zahlen eine Rolle spielen oder belanglos sein (letzteres wie beim Zahlen-Lotto).

Definition. *Die einzelnen Stufen eines Versuches sind voneinander* unabhängig, *wenn die Wahrscheinlichkeit p_j' für ein bestimmtes Ergebnis stets gleich und unabhängig von der Stufe ist, in welcher es eintritt.*

Beim Würfeln ist die Ausgangssituation stets gleich, deshalb sind die Stufen stets voneinander unabhängig. Beim Ziehen von Kugeln aus einer Urne ist die Ausgangssituation nur dann gleich, wenn jede gezogene Kugel vor der nächsten Ziehung zurückgelegt wird. Werden die Kugeln nicht zurückgelegt oder werden mehrere Kugeln mit einem Griff gezogen, so sind die Stufen nicht mehr voneinander unabhängig. Wenn die n-Tupel eines Mehrstufenversuches alle die gleiche Wahrscheinlichkeit haben, kann Gl. (14.15) angewandt werden. Die Anzahl r der Elemente von Ω kann aus der Anzahl m der Möglichkeiten in einer Stufe und der Anzahl n der Stufen berechnet werden. Hier nicht hergeleitete Formeln der Kombinatorik [We 88] liefern mit den vorstehend erläuterten Begriffen für die Anzahl r der Elemente in Ω in Tafel **14.5**.

Für die Anzahl a der Elemente in A lassen sich keine allgemeinen Formeln angeben. Oft wird a durch Abzählen bestimmt.

Tafel **14.5**

	geordnete Stichproben	ungeordnete Stichproben
ohne Zurücklegen, abhängige Stufen	$\frac{m!}{(m-n)!}$	$\binom{m}{n}$
mit Zurücklegen, unabhängige Stufen	m^n	$\binom{m+n-1}{n}$

Ob die Elementarereignisse alle die gleiche Wahrscheinlichkeit haben, hängt davon ab, wie man den Stichprobenraum definiert. Eine zweckmäßige Definition ist für die Lösung gegebener Aufgaben oft von entscheidender Bedeutung. In den ersten beiden Beispielen werden jeweils zwei Lösungswege gezeigt, die sich aus unterschiedlichen Definitionen des Stichprobenraums ergeben.

Beispiel 1. In einer Urne befinden sich zwei weiße und drei rote Kugeln. Es werden mit Zurücklegen jeder Kugel zwei Kugeln gezogen. Wie groß ist die Wahrscheinlichkeit, zwei Kugeln verschiedener Farbe zu ziehen?

Zunächst wird der Stichprobenraum so definiert, daß man gleichwahrscheinliche Elementarereignisse erhält (Laplace-Raum). Hierzu muß man sich vorstellen, daß die Kugeln numeriert sind. Kugel 1 und 2 seien weiß, die anderen rot. Der Stichprobenraum besteht dann aus den geordneten Paaren der Zahlen 1 bis 5. Nach Tafel **14.5** ist

$$r = 5^2 = 25$$

Der Stichprobenraum Ω ist hier also die Menge aller 25 2-Tupel (1, 1), (1, 2), ..., (5, 5).

Das Ereignis ist $A = \{(1,3); (1,4); (1,5); (2,3); (2,4); (2,5); (3,1); (3,2); (4,1); (4,2); (5,1); (5,2)\}$. Es ist die Menge aller möglichen weiß-rot bzw. rot-weiß Kombinationen zweier Kugeln. Damit ist $a = 12$, und nach Gl. (14.15) erhält man $p(A) = 12/25 = 48\,\%$.

Eine elegantere Lösung ergibt sich beim Verzicht auf einen Laplace-Raum. Mit w für weiß und r für rot definiert man auf Grund der möglichen Ergebnisse der beiden Ziehungen den Stichprobenraum

$$\Omega = \{\text{ww}; \text{wr}; \text{rw}; \text{rr}\}$$

Die Wahrscheinlichkeiten dieser Elementarereignisse lassen sich mit dem in Bild **14.6** gezeigten Wahrscheinlichkeitsbaum berechnen. Die waagerechten Zeilen entsprechen den Stufen. In jede Zeile werden die Symbole für die möglichen Ergebnisse geschrieben. Die Elemente der Zeilen werden durch die schrägen Äste verbunden. An jeden Ast werden die betreffenden Wahrscheinlichkeiten p_j' geschrieben. Die Wahrscheinlichkeiten p_i ergeben sich nach Gl. (14.16) durch Multiplikation entlang der Äste. Dieses Verfahren empfiehlt sich insbesondere bei abhängigen Stufen. Hier erhält man folgende Tafel

Ω	ww	wr	rw	rr
p_i	$\frac{4}{25}$	$\frac{6}{25}$	$\frac{6}{25}$	$\frac{9}{25}$

Das Ereignis ist $A = \{\text{wr}; \text{rw}\}$. Mit Gl. (14.14) erhält man $p(A) = 6/25 + 6/25 = 12/25 = 48\,\%$. ■

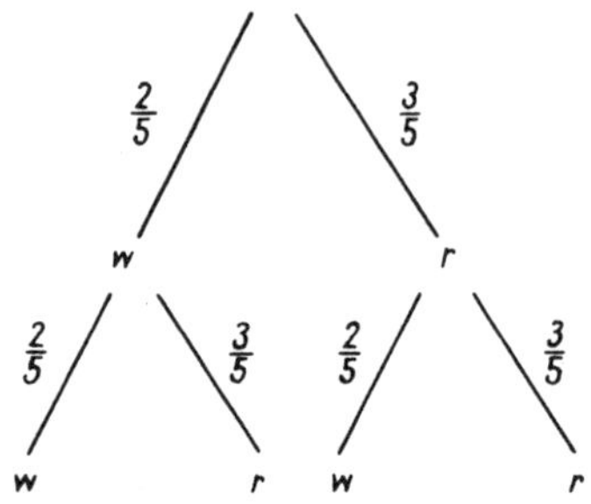

14.6

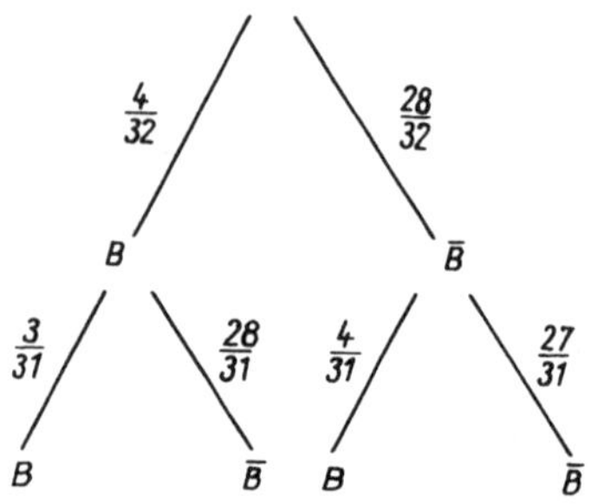

14.7

Beispiel 2. Wie groß ist die Wahrscheinlichkeit, beim Skatspiel (32 Karten) im Skat zwei Buben zu finden?

Hier handelt es sich um Ziehen ohne Zurücklegen (abhängige Stufen). Man zieht aus den 32 Karten zunächst eine Karte und aus den restlichen 31 Karten die 2. Karte. Da die Reihenfolge der Buben keine Rolle spielt, ist es eine ungeordnete Stichprobe. Für einen Laplace-Raum erhält man aus Tafel **14.5** $r = \binom{32}{2} = 496$. Der Stichprobenraum ist hier also die Menge aller 496 Kartenpaare, die man aus einem Skatspiel bilden kann. Die Anzahl der Elemente in A ist $a = \binom{4}{2} = 6$, da 4 Buben im Spiel sind. Damit wird nach Gl. (14.15) $p(A) = 6/496 = 1.21\,\%$.

Auch hier kann mit einem Wahrscheinlichkeitsbaum gearbeitet werden (Bild **14.7**). B bedeutet Ziehen eines Buben, $\overline{\text{B}}$ kein Bube. Man erhält die folgende Tafel, aus der sich für $p(\text{BB})$ das gleiche Ergebnis wie eben ergibt

Ω	BB	$\text{B}\overline{\text{B}}$	$\overline{\text{B}}\text{B}$	$\overline{\text{B}}\overline{\text{B}}$
p_i	$\frac{6}{496}$	$\frac{56}{496}$	$\frac{56}{496}$	$\frac{348}{496}$

■

Beispiel 3. Ist es wahrscheinlicher, bei 4 Würfen mit einem Würfel mindestens eine Sechs oder bei 24 Würfen mit zwei Würfeln mindestens eine Doppelsechs zu werfen?

Die erstmalige Beantwortung dieser Frage stellt den historischen Anfang der Wahrscheinlichkeitsrechnung dar. Beim Würfeln sind die Stufen stets voneinander unabhängig. Bei dieser Aufgabe ist es zweckmäßig, den Stichprobenraum als Laplace-Raum zu definieren. Im ersten Fall haben die verschiedenen 4-Tupel nur dann die gleiche Wahrscheinlichkeit, wenn man sie als geordnete Tupel auffaßt. Aus Tafel **14.**5 erhält man $r = 6^4$ 4-Tupel als Elemente des Stichprobenraums. Von diesen enthalten 5^4 keine Sechs, also $a = 6^4 - 5^4$ mindestens eine Sechs. Damit wird nach Gl. (14.15)

$$p_1 = \frac{6^4 - 5^4}{6^4} = 51.8\,\%$$

Mit zwei Würfeln gibt es bereits bei einem Wurf $6^2 = 36$ Möglichkeiten. Der Laplace-Raum hat also bei 24 Würfen 36^{24} Elemente. Davon enthalten 35^{24} keine Doppelsechs. Damit wird

$$p_2 = \frac{36^{24} - 35^{24}}{36^{24}} = 49.1\,\%$$

Bei dieser Aufgabe ist die Aufstellung eines Wahrscheinlichkeitsbaumes unzweckmäßig. ■

14.2.2 Aufgaben zu Abschnitt 14.2

1. In einer Urne befinden sich 2 weiße und 3 rote Kugeln. Wie groß ist die Wahrscheinlichkeit, mit drei Zügen drei rote Kugeln zu ziehen

a) mit Zurücklegen,

b) ohne Zurücklegen?

2. Ein Skatspieler findet in seinen 10 Karten keinen Buben und will „ohne Vier" spielen. Wie groß ist die Wahrscheinlichkeit, daß im Skat keine Buben sind (Schlußfolgerungen aus dem „Reizen" sollen unbeachtet bleiben)?

3. Beim Fußballtoto werden für 12 Spiele je drei Möglichkeiten getippt. Wie groß ist die Wahrscheinlichkeit, einen Tippzettel so auszufüllen, daß kein Tip richtig ist?

4. Beim Zahlenlotto werden aus 49 Zahlen 6 „Richtige" und eine „Zusatzzahl" gezogen.

a) Man berechne die Wahrscheinlichkeit, r „Richtige" zu wählen.

b) Man berechne diese Wahrscheinlichkeit numerisch für $r = 3, 4, 5, 6$.
Hinweis: Ziehung aus einer Urne mit 43 weißen und 6 roten Kugeln.

c) Wie groß ist die Wahrscheinlichkeit für „5 Richtige plus Zusatzzahl"?

14.3 Verteilungsfunktionen

Diese Funktionen enthalten Informationen über die Wahrscheinlichkeiten der Ergebnisse von Stichprobenuntersuchungen. Mit welcher Wahrscheinlichkeit ist z. B. der Sollwert einer Produktion gleich dem Mittelwert einer dieser Produktion entnommenen Stichprobe; oder mit welcher Wahrscheinlichkeit entspricht der in der Stichprobe gefundene Ausschußanteil dem Ausschuß der Gesamtlieferung?

14.3.1 Grundbegriffe und Definitionen

Definition. *Werden die Elementarereignisse $\omega_i \in \Omega$ auf eine Menge X mit $x_i \in X$ abgebildet, so schreibt man*

$$x_i = f(\omega_i) \tag{14.17}$$

und nennt x_i eine Zufallsvariable *oder Zufallsgröße.*

Beispiele für Zufallsvariable:

1. x_i sind die Augenzahlen eines Würfels. In diesem einfachsten Fall lautet die Abbildungsvorschrift $x_i = i$.

2. x_i sind die Gewinne beim Zahlenlotto. Die ω_i sind die ungeordneten 6-Tupel der Zahlen von 1 bis 49. Die Abbildungsvorschrift sind die Regeln zur Berechnung der Gewinne in den einzelnen Rängen. Verschiedene 6-Tupel ω_i werden auf den gleichen Gewinn x_i abgebildet.

3. x_i ist die Anzahl der Ausschuß-Stücke in einer Stichprobe vom Umfang n. Bezeichnet man Ausschuß mit 0 und kein Ausschuß mit 1, so sind die ω_i alle n-Tupel aus den Ziffern 0 und 1.

4. Jede Größe der klassischen Physik ist als Zufallsgröße zu behandeln, wenn berücksichtigt werden soll, daß ihre Herstellung (z. B. Durchmesser einer Lagerwelle) und/oder ihre Messung vielen unkontrollierbaren Einflüssen unterliegt. Viele Größen der Quantenmechanik und Kernphysik sind aus Gründen, die hier nicht erläutert werden können, ebenfalls Zufallsgrößen.

Die vorstehenden Beispiele führen zu folgendem Unterschied:

Definition. *Eine Zufallsvariable, die nur abzählbar viele Werte annehmen kann, heißt eine* diskrete Variable. *Kann sie jeden beliebigen reellen Wert annehmen, heißt sie* stetig.

In Abschn. 14.2 wurden den Elementarereignissen ω_i Wahrscheinlichkeiten p_i zugeordnet. Jetzt werden den Zufallsvariablen x_i Wahrscheinlichkeiten zugeordnet.

Definition. *Bei einer diskreten Variablen kann für jeden Wert x_i die zugehörige Wahrscheinlichkeit p_i angegeben werden. Die Abbildung*

$$p_i = p(x_i) \tag{14.18}$$

heißt die Wahrscheinlichkeitsfunktion.

Bei stetigen Variablen ist die Wahrscheinlichkeit für einen bestimmten x-Wert gleich Null. Sie nimmt erst für ein endliches Intervall $x \pm \Delta x$ endliche Werte an. Zum Beispiel kann bei physikalischen Größen ein bestimmter Wert x nur innerhalb endlicher Fehlerschranken, also in der Form $x \pm \Delta x$ angegeben werden. Aus dieser Schwierigkeit hilft die folgende

Definition. *Bei stetigen Variablen heißt der Grenzwert*

$$\lim_{\Delta x \to 0} \frac{p(x - \Delta x \leq u \leq x + \Delta x)}{2 \cdot \Delta x} = f(x) \tag{14.19}$$

die Wahrscheinlichkeitsdichte.

Gl. (14.19) ergibt in Verbindung mit Gl. (14.13)

$$\int_{-\infty}^{+\infty} f(x)\, \mathrm{d}x = 1 \tag{14.20}$$

Gl. (14.18) und (14.19) entsprechen Gl. (14.4) für die relative Häufigkeit und Gl. (14.5) für die relative Häufigkeitsdichte der Stichprobe. In Abschn. 14.3.2 werden die wichtigsten Dichtefunktionen beschrieben. Die folgende Definition gilt für diskrete und stetige Variable, sie entspricht Gl. (14.7) für die relative Häufigkeitssumme in der Stichprobe.

Definition. *Der Wert der* Verteilungsfunktion *$F(x)$ an der Stelle x_i ist gleich der Wahrscheinlichkeit, daß die Variable x kleiner oder gleich x_i ist. Man schreibt*

$$\boxed{F(x_i) = p(x \leq x_i)} \tag{14.21}$$

Aus Gl. (14.18), (14.19), (14.21) sowie den Axiomen in Abschn. 14.2.1 ergeben sich folgende Eigenschaften von $F(x)$:

$F(x)$ ist monoton wachsend mit $0 \leq F(x) \leq 1$. Für diskrete Variable ist $F(x)$ eine Treppenfunktion, für stetige Variable eine stetige Funktion.

diskrete Variable	stetige Variable	
$F(x_i) = \sum_{j=0}^{i} p_j,\ x_j \le x_i$	$F(x) = \int_{-\infty}^{x} f(u)\,\mathrm{d}u$	(14.22)
$p(x_i \le x_j \le x_k) = F(x_k) - F(x_{i-1}) = \sum_{j=i}^{k} p_j$	$p(x_1 \le x \le x_2) = F(x_2) - F(x_1) = \int_{x_1}^{x_2} f(x)\,\mathrm{d}x$	(14.23)

Das Integral in der rechten Gl. (14.23) kann nach dem Mittelwertsatz Gl. (6.12) näherungsweise durch

$$\int_{x_1}^{x_2} f(x)\,\mathrm{d}x \approx f(x_\mathrm{m})\,\Delta x = p\,(x_\mathrm{m})$$

ersetzt werden. Dabei ist oft x_m die Klassenmitte und Δx die Klassenbreite einer Stelle einer Wahrscheinlichkeitsfunktion.

Für diskrete Variable (z.B. die Anzahl der fehlerhaften Stücke in einer Stichprobe) ergeben sich folgende Wahrscheinlichkeiten:

Wertebereich mit der Schranke x_i	Wahrscheinlichkeit, daß die Variable in diesem Bereich liegt	
weniger als x_i	$F(x_{i-1})$	
höchstens x_i	$F(x_i)$	
genau x_i	$F(x_i) - F(x_{i-1})$	(14.24)
mindestens x_i	$1 - F(x_{i-1})$	
mehr als x_i	$1 - F(x_i)$	

Beispiel 1. In einer Urne befinden sich zwei weiße und drei rote Kugeln. Es werden drei Kugeln mit Zurücklegen gezogen. Die Zufallsvariable x_i sei die Anzahl der gezogenen roten Kugeln. Wie lauten Wahrscheinlichkeitsverteilung p_i und Verteilungsfunktion $F(x_i)$?

Die p_i werden in Beispiel 4 berechnet. Die $F(x_i)$ erhält man aus Gl. (14.22). Tafel **14.8** und Bild **14.9** zeigen die Lösungen.

Tafel **14.8**

x_i	p_i	$F(x_i)$
0	0.064	0.064
1	0.288	0.352
2	0.432	0.784
3	0.216	1.000

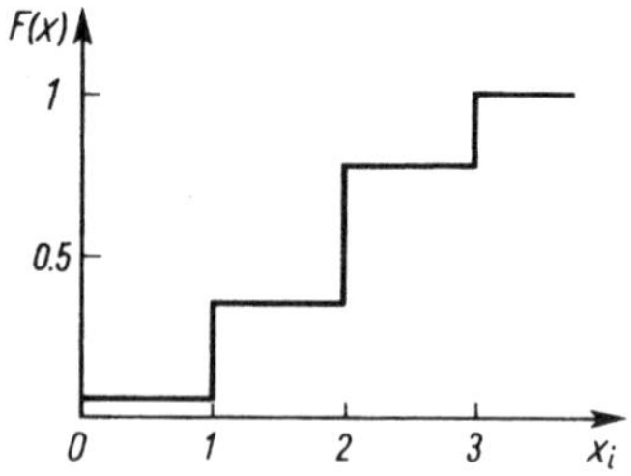

14.9

Die Wahrscheinlichkeit, mehr als eine rote Kugel zu ziehen, ist nach der letzten Gl. (14.24)

$$1 - F(1) = 1.000 - 0.352 = 0.648$$

Die Wahrscheinlichkeit, eine, zwei oder drei rote Kugeln zu ziehen, ist nach Gl. (14.23)

$$p\,(1 \le x_j \le 3) = F(3) - F(0) = 1.000 - 0.064 = 0.936$$ ■

Beispiel 2. Für die Lebensdauer eines Bauelements gibt die folgende Wahrscheinlichkeitsdichte eine gute Beschreibung der Erfahrung

$$f(u)=0 \quad \text{wenn} \quad u<0$$
$$f(u)=k\,e^{-ku} \quad \text{wenn} \quad u\geq 0$$

Wie lautet die Verteilungsfunktion? Wie groß ist die Wahrscheinlichkeit, daß die Lebensdauer größer als t_0 ist?

Nach Gl. (14.22) ist

$$F(t)=\int_{-\infty}^{0} 0\,du+\int_{0}^{t} k\,e^{-ku}\,du=1-e^{-kt}$$

Die gesuchte Wahrscheinlichkeit ist nach Gl. (14.21)

$$p(t>t_0)=1-p(t\leq t_0)=1-(1-e^{-kt_0})=e^{-kt_0}$$ ■

Statistische Sicherheit. Schwellenwert

Definition. *Die* statistische Sicherheit *S ist die Wahrscheinlichkeit, daß der Wert einer Zufallsgröße unterhalb, oberhalb oder innerhalb bestimmter Schranken liegt. Diese Schranken heißen die* Schwellenwerte *oder* Fraktilen. *Die Komplementärwahrscheinlichkeit* $\alpha=1-S$ *heißt die* Irrtumswahrscheinlichkeit *oder das* Testniveau.

Für diskrete Variable sind die Gl. (14.24) bzw. die linke Gl. (14.23) zu benutzen. Für stetige Variable ergeben sich aus den Gl. (14.21), (14.22) und (14.23) mit $F(-\infty)=0$ und $F(\infty)=1$ die in den folgenden Gleichungen und Bildern dargestellten Beziehungen zwischen Wahrscheinlichkeiten, Flächen unter dem Graph der Wahrscheinlichkeitsdichte und Ordinaten der Verteilungsfunktion.

Abgrenzung nach oben (Bild **14.**10). Der Wert der Zufallsgröße x ist höchstens gleich der Schranke x_o. Damit ist die statistische Sicherheit

$$S=p(x\leq x_o)=\int_{-\infty}^{x_o} f(x)\,dx=F(x_o) \qquad (14.25)$$

Abgrenzung nach unten (Bild **14.**11). Der Wert der Zufallsgröße x ist größer oder gleich der Schranke x_u.

$$S=p(x\geq x_u)=\int_{x_u}^{\infty} f(x)\,dx=1-F(x_u) \qquad (14.26)$$

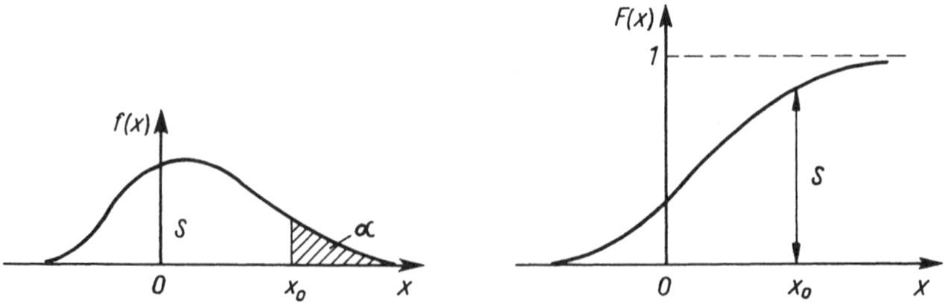

14.10 Abgrenzung nach oben

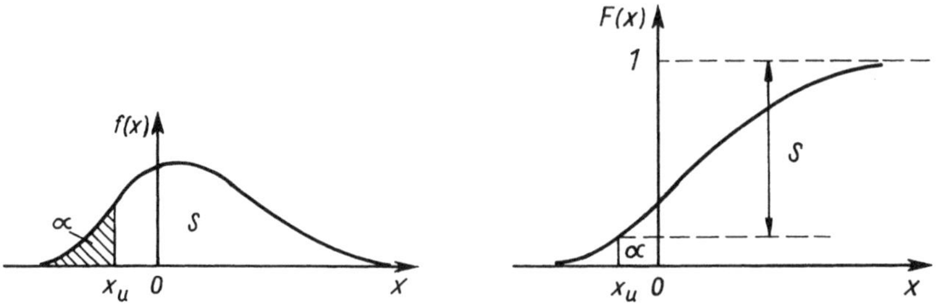

14.11 Abgrenzung nach unten

Zweiseitige Abgrenzung (Bild **14.**12). Der Wert der Zufallsgröße x liegt zwischen den Schranken x_{zu} und x_{zo}.

$$\boxed{S = p(x_{zu} \leq x \leq x_{zo}) = \int_{x_{zu}}^{x_{zo}} f(x)\,\mathrm{d}x = F(x_{zo}) - F(x_{zu})} \tag{14.27}$$

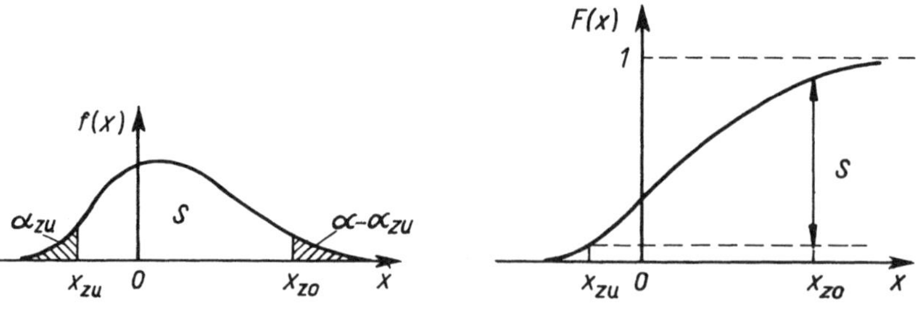

14.12 Zweiseitige Abgrenzung

Welcher der drei Fälle vorliegt, ergibt sich aus dem jeweiligen Problem. Für die Anzahl von Ausschußstücken ist z. B. nur die Abgrenzung nach oben interessant. Wenn die Art der Abgrenzung nicht angegeben wird, ist im Zweifel die am häufigsten vorkommende zweiseitige Abgrenzung gemeint. Meistens ist die statistische Sicherheit vorgegeben, und es ist nach den entsprechenden Schwellenwerten gefragt. Entsprechende Tafeln dieser aufgelösten Funktion sind für die hier behandelten Verteilungsfunktionen in Tafel **14**.19 und **14**.20 zusammengestellt. In der Praxis wird meist mit Sicherheiten von 95 % oder 99 % gearbeitet.

Parameter der Wahrscheinlichkeitsverteilung. In Abschn. 14.1.2 wurde gezeigt, wie eine Stichprobe statt durch die Häufigkeitsverteilung kürzer durch Kennwerte beschrieben werden kann. Dieser Schritt wird nun auch für die Wahrscheinlichkeitsverteilung durchgeführt. Der nachstehend definierte Erwartungswert entspricht dem Mittelwert und die Varianz dem Quadrat der Standardabweichung. Zum Unterschied zu den Kennwerten einer Stichprobe spricht man hier von Parametern und bezeichnet die Größen mit den entsprechenden griechischen Buchstaben.

Definition. *Der* Erwartungswert *einer Zufallsgröße ist*

bei diskreter Variabler mit r Elementen	*bei stetiger Variabler*
$E(x)=\mu=\sum_{i=1}^{r} x_i p_i$	$E(x)=\mu=\int_{-\infty}^{+\infty} x f(x)\,dx$

(14.28)

Gl. (14.28) stimmt formal mit der linken Gl. (6.53), dem Flächenmoment 1. Grades, überein, da nach Gl. (14.20) $\int f(x)\,dx=1$ und nach Gl. (14.13) $\sum p_i=1$ ist. Deshalb kann μ als Schwerpunktabszisse der Fläche unter dem Graphen der Wahrscheinlichkeitsverteilung bzw. Wahrscheinlichkeitsdichte gedeutet werden.

Man spricht auch dann vom Erwartungswert, wenn in Gl. (14.28) statt x eine Funktion $g(x)$ eingesetzt wird, und erhält

bei diskreter Variabler — bei stetiger Variabler

$$E(g(x))=\sum_{i=1}^{r} g(x_i)\,p_i \qquad E(g(x))=\int_{-\infty}^{+\infty} g(x)f(x)\,dx \tag{14.29}$$

Eine in Abschn. 14.4.1 vorkommende Funktion ist $g(x)=ax+b$. Bei diskreter Variabler erhält man

$$E(ax_i+b)=\sum_{i=1}^{r}(ax_i+b)\,p_i=a\sum_{i=1}^{r}x_i p_i+b\sum_{i=1}^{r}p_i=a\mu+b \tag{14.30}$$

Gl. (14.30) gilt auch für stetige Variable, weil die benutzten Rechenregeln für Summen auch für Integrale gelten.

Ist $g(x)=(x-\mu)^2$, nennt man den Erwartungswert Varianz.

Definition. *Die* Varianz *ist bei*

diskreter Variabler	*stetiger Variabler*
$E\{(x-\mu)^2\} = D^2(x) = \sigma^2 = \sum_{i=1}^{r} (x_i-\mu)^2 p_i$	$E\{(x-\mu)^2\} = D^2(x) = \sigma^2 = \int_{-\infty}^{+\infty} (x-\mu)^2 f(x)\,dx$

(14.31)

Diese Gleichung stimmt formal mit Gl. (6.58) für das Moment 2. Grades überein. Auch in Gl. (14.31) darf statt x eine Funktion $g(x)$ eingesetzt werden

$$D^2(g(x)) = E\{[g(x) - E(g(x))]^2\}$$

Für die lineare Funktion $g(x) = ax + b$ erhält man bei diskreter Variabler

$$D^2(ax_i + b) = \sum_{i=1}^{r} ((ax_i + b) - (a\mu + b))^2 p_i = a^2 \sum_{i=1}^{r} (x_i - \mu)^2 p_i = a^2 \sigma^2 \qquad (14.32)$$

Der Ausdruck $(a\mu + b)$ in der vorstehenden Gleichung ergibt sich aus Gl. (14.30). Gl. (14.32) gilt auch für stetige Variable.

Beispiel 3. Man berechne den Erwartungswert und die Varianz der Wahrscheinlichkeitsdichte aus Beispiel 2.

Für diese Funktion haben die Integrale von $-\infty$ bis 0 stets den Wert Null und werden deshalb im folgenden nicht geschrieben. Aus Gl. (14.28) und (14.31) ergibt sich

$$\mu = k \int_0^{\infty} x\,e^{-kx}\,dx = \frac{1}{k} \qquad \sigma^2 = k \int_0^{\infty} \left(x - \frac{1}{k}\right)^2 e^{-kx}\,dx = \frac{1}{k^2}$$

Die Berechnung der Integrale erfolgt mit Produktintegration (Gl. (6.32)) und wird hier nicht im einzelnen vorgeführt. ■

14.3.2 Wahrscheinlichkeitsverteilungen einer Variablen

Binomialverteilung. Diese Verteilung einer diskreten Variablen wurde von Bernoulli entwickelt. Sie bildet die Grundlage für die anschließend erläuterten Verteilungen. In der Praxis tritt sie bei der statistischen Qualitätskontrolle auf. Der Binomialverteilung liegt folgendes Versuchsschema zu Grunde: In einer Urne befinden sich zwei Sorten von Kugeln (z. B. Ausschuß, kein Ausschuß). Die Wahrscheinlichkeit, mit einem Zug eine Kugel der Sorte I zu ziehen, beträgt p. Für die Sorte II ist $q = 1 - p$. Es werden n Kugeln mit Zurücklegen gezogen. Die Variable x_i ist die Anzahl der Kugeln der Sorte I. Gesucht ist $p(x_i)$.

Jedes n-Tupel enthält x_i Kugeln der Sorte I und $n-x_i$ Kugeln der Sorte II. Für ein bestimmtes x_i bilden die n-Tupel Permutationen mit Wiederholung. Ihre Anzahl beträgt

$$\frac{n!}{x_i!\,(n-x_i)!} = \binom{n}{x_i}$$

Elemente.

Jedes dieser n-Tupel hat die Wahrscheinlichkeit $p^{x_i} q^{n-x_i}$. Damit wird mit Gl. (14.14) die **Wahrscheinlichkeitsfunktion**

$$\boxed{p(x_i) = \binom{n}{x_i} p^{x_i} q^{n-x_i} \quad \text{mit} \quad x_i, n \in \mathbb{N}} \tag{14.33}$$

Der Quotient der Wahrscheinlichkeiten zweier aufeinanderfolgender x_i-Werte beträgt

$$\frac{p(x_i)}{p(x_i-1)} = \frac{\binom{n}{x_i} p^{x_i} q^{n-x_i}}{\binom{n}{x_i-1} p^{x_i-1} q^{n-(x_i-1)}} = \frac{n-(x_i-1)}{x_i}\frac{p}{q}$$

Daraus ergibt sich die insbesondere für numerische Rechnungen geeignete **Rekursionsformel**

$$\boxed{p(x_i) = \frac{n-(x_i-1)}{x_i}\frac{p}{q}\,p(x_i-1) \quad \text{für } x_i>0 \quad p(0)=q^n} \tag{14.34}$$

Diese Verteilung hat folgende **Parameter**

$$\mu = np \qquad \sigma^2 = npq \tag{14.35}$$

Ihre Werte erhält man durch Einsetzen von Gl. (14.33) in Gl. (14.28) und (14.31). Diese recht mühsame Rechnung wird hier nicht durchgeführt. Die Wahrscheinlichkeit $p(x_i)$ hängt bei dieser Verteilung von den drei unabhängigen Größen p, n und x_i ab. Bild **14.13** zeigt einige Graphen für $p=3/5$ und verschiedene n.

Die **Verteilungsfunktion** lautet mit $x_j = j$

$$\boxed{F(x_i) = \sum_{j=0}^{i} \binom{n}{j} p^j q^{n-j}} \tag{14.36}$$

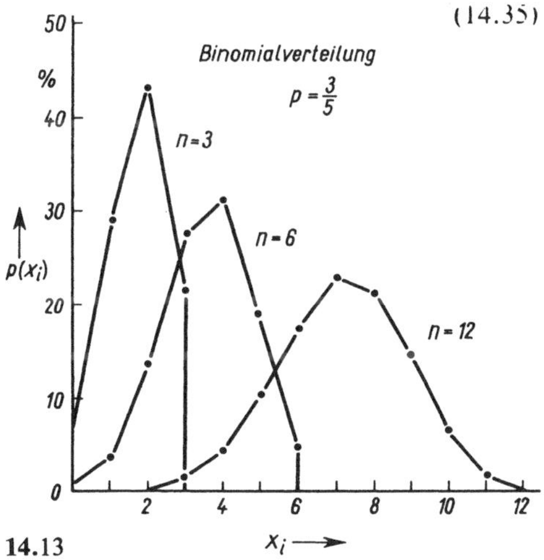

14.13

Für $x_i = n$ erhält man mit dem binomischen Satz

$$F(n) = \sum_{j=0}^{n} \binom{n}{j} p^j q^{n-j} = (p+q)^n = 1$$

Die Werte der Verteilungsfunktion sind also Teilsummen einer binomischen Reihe. Daher hat die Verteilung ihren Namen.

Beispiel 4. In einer Urne befinden sich 2 weiße und 3 rote Kugeln. Es werden 3 Kugeln mit Zurücklegen gezogen. Wie groß sind die Wahrscheinlichkeiten, daß darunter 0, 1, 2, oder 3 rote Kugeln sind?

Hier wird die Berechnung der $p(x_i)$ gezeigt, in Beispiel 1 findet man die Verteilungsfunktion. Für jeden x_i-Wert werden die möglichen Tripel hingeschrieben. Es ist $p = 3/5$ und $q = 2/5$.

x_i	Kugeln	$\binom{3}{x_i}$	p^{x_i}	q^{3-x_i}	$p(x_i)$
0	www	1	1	$\left(\frac{2}{5}\right)^3$	$\frac{8}{125} = 0.064$
1	rww wrw wwr	3	$\frac{3}{5}$	$\left(\frac{2}{5}\right)^2$	$\frac{36}{125} = 0.288$
2	rrw rwr wrr	3	$\left(\frac{3}{5}\right)^2$	$\frac{2}{5}$	$\frac{54}{125} = 0.432$
3	rrr	1	$\left(\frac{3}{5}\right)^3$	1	$\frac{27}{125} = 0.216$

■

Bei einer Stichprobenentnahme der statistischen Qualitätskontrolle werden die Probestücke i. allg. nicht zurückgelegt. Streng genommen müßte dann mit einer anderen, der hypergeometrischen Verteilung, gerechnet werden (s. Aufgabe 1). Das Zurücklegen spielt aber praktisch keine Rolle, wenn die Grundgesamtheit genügend groß ist, z. B. 200 weiße und 300 rote Kugeln im vorigen Beispiel. In der Praxis wird deshalb auch in diesen Fällen meist mit der Binomialverteilung gearbeitet.

Beispiel 5. Qualitätskontrolle. Eine Lieferung darf vereinbarungsgemäß höchstens 5 % Ausschuß enthalten. Wie groß ist die Wahrscheinlichkeit, daß eine Stichprobe von $n = 6$ Stück höchstens ein Ausschußstück enthält?

Mit Gl. (14.21) und (14.36) erhält man

$$F(1) = \binom{6}{0} 0.05^0 \cdot 0.95^6 + \binom{6}{1} 0.05 \cdot 0.95^5 = 0.7351 + 0.2321 = 0.9672$$

Werden die Sendungen mit einem Ausschußstück in der Stichprobe noch angenommen, sagt man: Dieses Stichprobenschema ergibt bei 5 % Ausschuß eine Annahmewahrscheinlichkeit von 96.7 %. Diese Aussage bedeutet *nicht,* daß mit 96.7 % Wahrscheinlichkeit der Ausschuß höchstens 5 % beträgt! Sie bedeutet, daß bei einem zulässigen Ausschuß von 5 % mehr als ein Ausschußstück in einer Stichprobe von 6 Stück berechtigten Anlaß zur Ablehnung der Sendung gibt. Dabei ist die Wahrscheinlichkeit, daß man die Sendung aufgrund der Stichprobe zu Unrecht abgelehnt hat, nur $100-96.7=3.3$ %. Man nennt diese Wahrscheinlichkeit deshalb auch das Produzentenrisiko oder Fehler 1. Art. Die Wahrscheinlichkeit, mit der zu Unrecht angenommen wurde, heißt das Konsumentenrisiko oder Fehler 2. Art. Seine Berechnung ist erheblich schwieriger und kann in diesem Buch nicht behandelt werden. ■

Tafeln der Binomialverteilung findet man z.B. in [Ab 65]. Trotzdem sind numerische Berechnungen insbesondere für große Werte von n recht mühsam. Man benutzt deshalb in diesem Falle anstelle der Binomialverteilung eine der beiden folgenden als Näherung.

Poisson-Verteilung. Diese Verteilung einer diskreten Variablen entsteht als Grenzfall aus der Binomialverteilung, wenn p klein und n groß wird. Sie wird deshalb die Verteilung für seltene Ereignisse genannt. Ferner wird vorausgesetzt, daß auch bei $n\to\infty$ der Erwartungswert $\mu=np$ konstant bleibt. Aus Gl. (14.33) erhält man für $x_i=0$ mit $p=\mu/n$

$$p(0)=q^n=(1-p)^n=\left(1-\frac{\mu}{n}\right)^n$$

Für große n ergibt dies den Grenzwert

$$p(0)=\lim_{n\to\infty}\left(1-\frac{\mu}{n}\right)^n=\mathrm{e}^{-\mu} \qquad (14.37)$$

Aus Gl. (14.34) erhält man für den Quotienten der Wahrscheinlichkeit zweier aufeinanderfolgender x_i-Werte

$$\frac{p(x_i)}{p(x_i-1)}=\frac{n-(x_i-1)}{x_i}\,\frac{p}{q}=\frac{\mu}{x_i}\left(1-\frac{x_i-1}{n}\right)\frac{1}{q}$$

Für diesen Ausdruck ist wegen $q\to 1$ für $p\to 0$

$$\lim_{n\to\infty}\frac{\mu}{x_i}\left(1-\frac{x_i-1}{n}\right)=\frac{\mu}{x_i}$$

Für große n gilt also die Rekursionsformel

$$\boxed{p(x_i)=\frac{\mu}{x_i}\,p(x_i-1)}$$

Damit können die $p(x_i)$ aus Gl. (14.37) induktiv berechnet werden. Man erhält

$$p(1) = \frac{\mu}{1} p(0) = \mu \, e^{-\mu} \quad p(2) = \frac{\mu}{2} p(1) = \frac{\mu^2}{2!} e^{-\mu} \quad p(3) = \frac{\mu}{3} p(2) = \frac{\mu^3}{3!} e^{-\mu} \ldots$$

Durch vollständige Induktion ergibt sich für die Wahrscheinlichkeitsfunktion

$$\boxed{p(x_i) = \frac{\mu^{x_i}}{x_i!} e^{-\mu} \quad \text{mit} \quad x_i \in \mathbb{N}} \tag{14.38}$$

Für die Parameter erhält man wegen $q \approx 1$ aus Gl. (14.35)

$$\mu = \sigma^2 = np \tag{14.39}$$

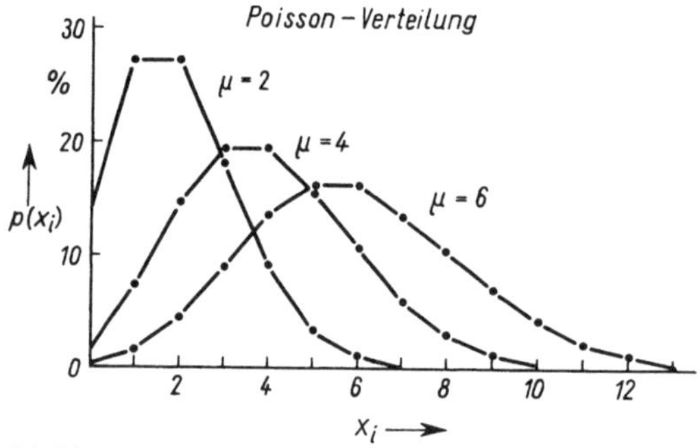

14.14

In dieser Verteilung treten zwei unabhängige Größen μ und x_i auf. Bild **14.**14 zeigt einige Graphen für verschiedene μ.

Die Binomialverteilung darf näherungsweise durch die Poisson-Verteilung ersetzt werden [He 79], wenn

$$np < 10 \quad \text{und} \quad n > 1500p \tag{14.40}$$

Beispiel 6. Bei Platzreservierungen wurde festgestellt, daß im Durchschnitt 5 % der Reservierungen nicht in Anspruch genommen werden. Es wird deshalb vorgeschlagen, für 95 Plätze 100 Reservierungen anzunehmen. Mit welcher Wahrscheinlichkeit erhalten alle Erschienenen einen Platz?

Die Variable x_i ist die Anzahl der nicht Erschienenen. Mit $p = 0.05$ und $n = 100$ sind die Bedingungen von Gl. (14.40) erfüllt. Statt der Binomialverteilung wird die Poisson-Verteilung benutzt. Aus Gl. (14.22) und (14.21) erhält man mit Gl. (14.38) für die Wahrscheinlichkeit, daß höchstens 4 Personen nicht erscheinen mit $\mu = 5$

$$p(x_i \leq 4) = F(4) = \left(\frac{5^0}{0!} + \frac{5^1}{1!} + \frac{5^2}{2!} + \frac{5^3}{3!} + \frac{5^4}{4!}\right) e^{-5} = 44.0\,\%$$

Die Wahrscheinlichkeit, daß alle Erschienenen Platz bekommen, beträgt also nur 56 %, und das vorgeschlagene Verfahren ist nicht zu empfehlen. ■

Eine weitere Anwendung der Poisson-Verteilung ist die Untersuchung der Anzahl „fehlerhafter“ Stücke oder Ereignisse pro „Einheit“, Beispiele: Materialfehler in einem Draht pro Längeneinheit, Schmutzpartikel in der Luft pro Volumeneinheit, Unfälle oder Übertragungsfehler in der Nachrichtentechnik pro Zeiteinheit. Es entsteht eine Poisson-Verteilung, wenn die „Einheit“ so gewählt wird, daß der Zahlenwert von Anzahl/Einheit <0.1 wird. Dieser Zahlenwert ist die Wahrscheinlichkeit p und $\mu = np$ der Erwartungswert für die Anzahl fehlerhafter Stücke in einer Stichprobe aus $100 < n < 500$ Einheiten (s. Gl. (14.40)). Als Schätzwert für μ wird oft der beobachtete Mittelwert der Stichprobe benutzt.

Normalverteilung. Diese Verteilung für eine stetige Variable kommt insbesondere in Naturwissenschaft und Technik häufig vor. Sie wurde von Gauß aus folgenden Voraussetzungen hergeleitet, deren Kenntnis für die Frage der Anwendbarkeit der Verteilung wichtig ist:

Die verschiedenen x-Werte kommen dadurch zustande, daß auf die Elemente des Stichprobenraums viele, ungefähr gleichwahrscheinliche Ursachen einwirken, deren Wirkungen sich additiv überlagern und im Mittel wieder aufheben.

Die gleiche Verteilung entsteht aus der Binomialverteilung durch den Grenzübergang $npq \to \infty$. Für die Herleitung muß auf die Spezialliteratur verwiesen werden, z. B. [He 79]. Die Wahrscheinlichkeitsdichte beträgt

$$f(x) = \frac{1}{\sigma\sqrt{2\pi}} \exp\left(-\frac{1}{2}\left(\frac{x-\mu}{\sigma}\right)^2\right) \quad \text{mit} \quad x \in \mathbb{R} \tag{14.41}$$

Der Faktor $1/\sqrt{2\pi}$ entsteht wegen der Bedingung Gl. (14.20). Durch Einsetzen von Gl. (14.41) in Gl. (14.28) und (14.31) kann nachgewiesen werden, daß μ und σ^2 Erwartungswert und Varianz dieser Verteilung sind.

Eine Binomialverteilung darf näherungsweise durch die Normalverteilung ersetzt werden, wenn

$$npq > 10 \quad \text{und} \quad p \approx q \tag{14.42}$$

ist.

In Bild **14.**13 ist für $p = 3/5$ und $n = 12$ das Produkt $npq \approx 3$. Trotzdem hat dieser Graph der Binomialverteilung bereits Ähnlichkeit mit dem Graphen der Normalverteilung Bild **14.**15a. Auch die Poisson-Verteilung (Bild **14.**14) nähert sich für große μ asymptotisch einer Normalverteilung.

Um in der Tafel für diese Verteilung unabhängig von bestimmten Zahlenwerten von μ und σ zu sein, werden neue Variable eingeführt. Mit

$$u = \frac{x-\mu}{\sigma} \quad \text{und} \quad \varphi(u) = \sigma \cdot f(x) \tag{14.43}$$

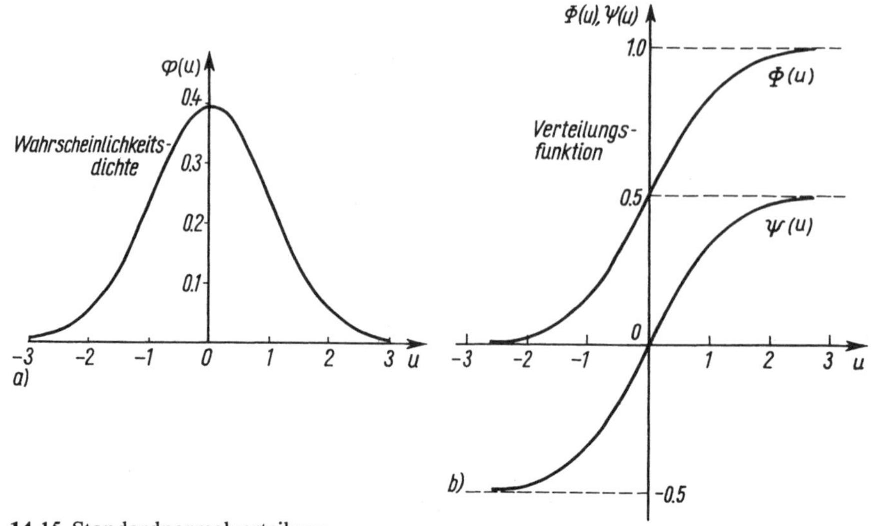

14.15 Standardnormalverteilung

erhält man die Standardnormalverteilung

$$\varphi(u) = \frac{1}{\sqrt{2\pi}}\, e^{-u^2/2} \tag{14.44}$$

die oft als N(0, 1)-Verteilung bezeichnet wird, da sie ein Spezialfall von Gl. (14.41) mit $\mu = 0$ und $\sigma = 1$ ist. Bild **14.**15a zeigt den Graphen, Tafel **14.**16 eine Tafel dieser Funktion. Eine Kurvendiskussion ergibt, daß die Funktion gerade ist und die Wendepunkte des Graphen bei $u = \pm 1$ liegen.

Die Verteilungsfunktion der N(0, 1)-Verteilung lautet

$$\Phi(u) = \frac{1}{\sqrt{2\pi}} \int\limits_{-\infty}^{u} e^{-v^2/2}\, dv$$

Für die Berechnung einer Tafel ist die untere Grenze minus Unendlich störend, deshalb wird umgeformt

$$\Phi(u) = \frac{1}{\sqrt{2\pi}} \int\limits_{-\infty}^{0} e^{-v^2/2}\, dv + \frac{1}{\sqrt{2\pi}} \int\limits_{0}^{u} e^{-v^2/2}\, dv = \frac{1}{2} + \Psi(u) \tag{14.45}$$

Der Summand 1/2 ergibt sich aus Gl. (14.20) und weil $\varphi(u)$ eine gerade Funktion ist.

Die Funktion $\Psi(u)$ wird durch Reihenentwicklung berechnet. Tafel **14.**16 zeigt die Werte.

Tafel **14.**16 Werte der Standardnormalverteilung $\varphi(u)$ und der Funktion $\Psi(u)$ nach [Ab 65, S. 944]

u	$\varphi(u)$	$\frac{\Psi(u)}{\%}$	u	$\varphi(u)$	$\frac{\Psi(u)}{\%}$	u	$\varphi(u)$	$\frac{\Psi(u)}{\%}$
0.0	0.39894	0.000						
0.1	0.39695	3.983	1.1	0.21785	36.433	2.1	0.04398	48.214
0.2	0.39104	7.926	1.2	0.19419	38.493	2.2	0.03547	48.610
0.3	0.38139	11.791	1.3	0.17137	40.320	2.3	0.02833	48.928
0.4	0.36827	15.542	1.4	0.14973	41.924	2.4	0.02239	49.180
0.5	0.35207	19.146	1.5	0.12952	43.319	2.5	0.01753	49.379
0.6	0.33322	22.575	1.6	0.11092	44.520	2.6	0.01358	49.534
0.7	0.31225	25.804	1.7	0.09405	45.543	2.7	0.01042	49.653
0.8	0.28969	28.814	1.8	0.07895	46.407	2.8	0.00792	49.744
0.9	0.26609	31.594	1.9	0.06562	47.128	2.9	0.00595	49.813
1.0	0.24197	34.134	2.0	0.05399	47.725	3.0	0.00443	49.865

Die Funktion $\Psi(u)$ ist ungerade: $\Psi(-u) = -\Psi(u)$. Deshalb gilt

$$\Phi(\pm u) = \frac{1}{2} \pm \Psi(u) \qquad (14.46)$$

Bild **14.**15b zeigt diese Beziehung zwischen $\Phi(u)$ und $\Psi(u)$. Weil $\varphi(u)$ gerade ist, gilt für die in Abschn. 14.3.1 definierten Schwellenwerte

$$u_{\mathrm{u}} = -u_{\mathrm{o}} \quad \text{und} \quad u_{\mathrm{zu}} = -u_{\mathrm{zo}} \qquad (14.47)$$

Aus den Gl. (14.46) und (14.47) folgt für die statistischen Sicherheiten bei Weglassen der Indizes u und o für die

Abgrenzung nach oben	$S = 0.5 + \Psi(u)$	(14.48)
Abgrenzung nach unten	$S = 0.5 - \Psi(u)$	(14.49)
zweiseitige symmetrische Abgrenzung	$S = 2\,\Psi(u_z)$	(14.50)

Tafel **14.**17 gibt einige Werte der aufgelösten Funktion $u = G(S)$.

In Abschn. 14.4.1 wird gezeigt, daß die Parameter μ und σ einer Normalverteilung näherungsweise durch die Kennwerte $\bar{x}$ und s einer Stichprobe ersetzt werden können. In den folgenden Beispielen werden sie als bekannt vorausgesetzt.

Beispiel 7. Bei einer normal verteilten Variablen x ist $\mu = 45$ und $\sigma = 5$. Welcher Anteil der Elemente liegt zwischen $x_1 = 30$ und $x_2 = 50$?

Aus Gl. (14.43) erhält man $u_1 = -3$ und $u_2 = +1$. Damit wird mit Gl. (14.23), (14.46) und Tafel **14.**16

$$p(-3 \leq u \leq +1) = (0.5 + \Psi(1)) - (0.5 - \Psi(3)) = 34.13\,\% + 49.87\,\% = 84.00\,\%$$

Welche zweiseitigen Grenzen ergeben sich für $S = 95\,\%$?

Aus Tafel **14.**17 erhält man $u_z = 1.960$ und daraus mit Gl. (14.23) und (14.47)

$$x_{zu} = 45.0 - 9.8 = 35.2 \quad \text{und} \quad x_{zo} = 45.0 + 9.8 = 54.8$$ ■

Tafel **14.**17 Normalverteilung

S in %	α in %	Abgrenzung einseitig	Abgrenzung zweiseitig
90	10	1.28155	1.64485
95	5	1.64485	1.95996
96	4	1.75069	2.05375
97	3	1.88079	2.17009
98	2	2.05375	2.32635
99	1	2.32635	2.57583
99.9	0.1	3.09023	3.29053

Beispiel 8. Mit einem Würfel wurde bei 180 Würfen a) 30mal die Sechs, b) 41mal die Sechs geworfen. Welche Aussagen ergeben sich daraus über die „Echtheit" des Würfels?

Die Variable x_i ist die Anzahl der geworfenen Sechsen und genügt einer Binomialverteilung. Es ist $p = 1/6$ und nach Gl. (14.35) $\mu = np = 30$ und $\sigma^2 = npq = 25$. Die Binomialverteilung wird durch eine Normalverteilung ersetzt, wobei der rechte Teil von Gl. (14.42) sehr großzügig interpretiert wird.

Fragt man im Fall a) nach der Wahrscheinlichkeit, genau 30mal die Sechs zu werfen, so ist Gl. (14.23) zu benutzen. Für $x = 30$ wird nach Gl. (14.43) $u = 0$, für $\Delta x = 1$ ist $\Delta u = \Delta x/\sigma = 1/5$. Damit erhält man aus Tafel **14.**16 $p(0) = \varphi(0)/5 = 7.98\,\%$. Das „richtige" Ergebnis ist also recht unwahrscheinlich! Fragt man nach der Wahrscheinlichkeit, höchstens 30mal die Sechs zu werfen, ergibt sich mit Gl. (14.21) und (14.46) wegen $\Psi(0) = 0$ für $p(u \leq 0) = 50\,\%$. Die überraschende Erkenntnis ist, daß bei einem „echten" Würfel mit den hier behandelten Methoden keine brauchbaren Aussagen gewonnen werden können!

Etwas günstiger sieht es im Fall b) aus. Wegen des eben erhaltenen Ergebnisses liefert die Berechnung der sehr geringen Wahrscheinlichkeit, genau 41mal die Sechs zu werfen, keinen hinreichenden Grund für eine Ablehnung des Würfels. Es ist nach der Wahrscheinlichkeit zu fragen, höchstens 40mal die Sechs zu werfen. Mit den gleichen Umformungen wie im Fall a) erhält man $p(u \leq 2) = 50\,\% + \Psi(2) = 97.72\,\%$. Es ist also sehr unwahrscheinlich, mehr als 40mal die Sechs zu werfen. Der Würfel darf mit einer Irrtumswahrscheinlichkeit von 2.28 % zurückgewiesen werden. Wie in Beispiel 5 erläutert wurde, bedeutet dieses Ergebnis *nicht,* daß für diesen Würfel eine Schätzung $p_6 = 41/180$ eine Wahrscheinlichkeit von 97.72 % besitzt. In Aufgabe 3 ist das gleiche Problem mit einer anderen Methode zu lösen. ■

14.3.3 Wahrscheinlichkeitsverteilungen mehrerer Variablen

Wie in den anderen Bereichen der Mathematik treten auch in der Statistik Funktionen mehrerer unabhängiger Zufallsvariablen auf

$$y = f(x_1, x_2, x_3, \ldots, x_m) \tag{14.51}$$

Wie in Abschn. 9 bedeuten in Gl. (14.51) die Indizes verschiedene Variable und nicht verschiedene Werte einer Variablen. Gl. (14.51) hat meist eine einfache Form. Die Schwierigkeit besteht darin, aus den gegebenen Verteilungsfunktionen der x_i die „resultierende" Verteilungsfunktion der Zufallsgröße y zu ermitteln. Im folgenden kann nur ohne die recht aufwendigen Herleitungen ein kurzer Überblick über die in Abschn. 14.4 benötigten Funktionen gegeben werden. Es werden nur die Voraussetzungen für bestimmte Verteilungen genannt. In diesem Abschnitt findet man Tafeln für die in Abschn. 14.4 benötigten Schwellenwerte. Ausführlichere Tafeln finden sich in [Ab 65], [Gr 66].

Der einfachste, aber wichtigste Fall ist

$$y = \sum_{i=1}^{m} x_i \tag{14.52}$$

Hier brauchen keine Voraussetzungen über die Art der Verteilungsfunktionen der Summanden gemacht zu werden. Es gilt der

Zentrale Grenzwertsatz. Die Verteilungsfunktion einer Summe von Zufallsvariablen konvergiert mit wachsender Anzahl der Summanden gegen eine Normalverteilung mit den Parametern

$$\mu = \sum_{i=1}^{m} \mu_i \qquad \sigma^2 = \sum_{i=1}^{m} \sigma_i^2 \tag{14.53}$$

Die μ_i und σ_i in Gl. (14.53) sind die Parameter der Summanden von Gl. (14.52). Sind die Summanden von Gl. (14.52) normal verteilt, so ist die Summe auch bei einer endlichen Anzahl von Summanden exakt normal verteilt.

Das folgende Beispiel zeigt, wie selbst im extremen Fall, daß jedes x_i eine Wahrscheinlichkeitsverteilung $p = \text{const}$ besitzt, bereits die für nur drei Summanden entstehende Verteilung mit den in Abschn. 14.4 erläuterten Verfahren nicht mehr von einer Normalverteilung zu unterscheiden ist (Beispiel 5, Abschn. 14.4).

Beispiel 9. Augensumme dreier Würfel. Die Augenzahlen der drei Würfel sind die unabhängigen Variablen x_i, die verschiedenen Summen die Werte der abhängigen Variablen y. Für jedes x_i gilt $p = 1/6$ für alle Werte. Um zur Berechnung der Wahrscheinlichkeiten Tafel **14.5** anwenden zu können, werden gleichwahrscheinliche Elementarereignisse definiert. Es sind die geordneten Tripel der Zahlen von 1 bis 6. Man erhält $r = 6^3 = 216$ Elemente im Stichprobenraum. Die verschiedenen Werte y_i sind die Ereignisse, deren Wahrscheinlichkeit bestimmt werden soll. Die Anzahl a_i der Elemente der einzelnen Ereignisse wird durch Auszählen bestimmt und ist in der 2. Spalte von Tafel **14.**18 angegeben. Die Augensumme 6 besteht z. B. aus folgenden 10 Elementarereignissen

114 141 411 123 132 213 231 312 321 222

Tafel **14.**18

y_i	a_i	p_i in %	$-u_i$	$\varphi(u)$	p_i^* in %
3	1	0.46	2.54	1.60	0.54
4	3	1.39	2.20	3.57	1.21
5	6	2.78	1.86	7.07	2.39
6	10	4.63	1.52	12.55	4.24
7	15	6.94	1.18	19.81	6.70
8	21	9.72	0.85	27.92	9.44
9	25	11.57	0.51	35.09	11.86
10	27	12.50	0.17	39.33	13.30

In der Tafel sind nur die Augensummen von 3 bis 10 aufgeführt, weil die Verteilung symmetrisch ist. Die 3. Spalte zeigt die nach Gl. (14.15) berechneten tatsächlichen Wahrscheinlichkeiten. Der rechte Teil der Tafel zeigt die Berechnung der p_i^* einer Normalverteilung mit gleichen Parametern. Nach Gl. (14.28) und (14.31) erhält man aus dem linken Teil der Tafel

$$\mu = 10.5 \qquad \sigma^2 = \frac{1890}{216} = 8.75 \qquad \sigma = 2.96$$

Aus Gl. (14.43) und (14.24) ergibt sich

$$u_i = \frac{y_i - \mu}{\sigma} \qquad \Delta u = \frac{\Delta y}{\sigma} = \frac{1}{2.96} \qquad p_i^* = \varphi(u_i)\,\Delta u$$ ■

Bei den nun folgenden Verteilungen müssen Voraussetzungen über die Verteilungen der unabhängigen Variablen gemacht werden. Ferner wird aus historischen Gründen die abhängige Variable nicht mit y, sondern mit dem jeweils angegebenen Namen bezeichnet.

Die χ^2-Verteilung (gesprochen: Chi-Quadrat) entsteht bei der Funktion

$$\chi^2 = \sum_{i=1}^{f} x_i^2 \tag{14.54}$$

Die x_i müssen normal verteilt sein. Die Anzahl f der Summanden ist endlich und wird der Freiheitsgrad der Verteilung genannt. Die Parameter sind

$$\mu = f \quad \text{und} \quad \sigma^2 = 2f$$

Für kleine f ähneln die Graphen der Wahrscheinlichkeitsdichte denen der Poisson-Verteilung, für große f denen einer parallelverschobenen Normalverteilung. Diese Funktion ist unsymmetrisch. In Tafel **14.**19 werden nur die Schwellenwerte für die vorwiegend auftretende Abgrenzung nach oben gegeben. Für $f > 100$ verwendet man für die Schwellenwerte die Näherungsformel

$$\chi^2 \approx 0.5\,(\sqrt{2f-1} + u_N)^2 \tag{14.55}$$

u_N ist der Schwellenwert der Normalverteilung.

Die *t*-Verteilung entsteht bei der Funktion

$$t = \frac{x_1}{\sqrt{x_2/f}} \tag{14.56}$$

Dabei muß x_1 einer Normal- und x_2 einer χ^2-Verteilung vom Freiheitsgrad f genügen. Die Parameter sind

$$\mu = 0 \quad \text{und} \quad \sigma^2 = \frac{f}{f-2} \quad \text{für} \quad f > 2$$

Bereits für kleine Werte von f ähnelt die Wahrscheinlichkeitsdichte der einer N(0, 1)-Verteilung und nähert sich ihr asymptotisch an. Die Funktion ist gerade, deshalb gilt für die Schwellenwerte

$$t_u = -t_o$$

Tafel **14.20** zeigt die Schwellenwerte für verschiedene f und S.

Tafel **14.19** χ^2-Verteilung

f	Abgrenzung nach oben $S = 95\,\%$	$= 99\,\%$
1	3.8415	6.6349
2	5.9915	9.2103
3	7.8147	11.345
4	9.4877	13.277
5	11.071	15.086
6	12.592	16.812
7	14.067	18.475
8	15.507	20.090
9	16.919	21.666
10	18.307	23.209
15	24.996	30.578
20	31.410	37.566
25	37.652	44.314
30	43.773	50.892
40	55.758	63.691
50	67.505	76.154
100	124.342	135.807

Tafel **14.20** *t*-Verteilung

	Abgrenzung einseitig			zweiseitig	
f	$S = 95\,\%$	$= 99\,\%$	f	$S = 95\,\%$	$= 99\,\%$
1	6.314	31.821	1	12.706	63.657
2	2.920	6.965	2	4.303	9.925
3	2.353	4.541	3	3.182	5.841
4	2.132	3.747	4	2.776	4.604
5	2.015	3.365	5	2.571	4.032
6	1.943	3.143	6	2.447	3.707
7	1.895	2.998	7	2.365	3.499
8	1.860	2.896	8	2.306	3.355
9	1.833	2.821	9	2.262	3.250
10	1.812	2.764	10	2.228	3.169
15	1.753	2.602	15	2.131	2.947
20	1.725	2.528	20	2.086	2.845
25	1.708	2.485	25	2.060	2.787
30	1.697	2.457	30	2.042	2.750
40	1.684	2.423	40	2.021	2.704
50	1.676	2.403	50	2.010	2.678
∞	1.645	2.326	∞	1.960	2.576

14.3.4 Aufgaben zu Abschnitt 14.3

1. In einer Urne befinden sich 2 weiße und 3 rote Kugeln. Man berechne die Wahrscheinlichkeitsverteilung und Verteilungsfunktion für die Anzahl der roten Kugeln bei 3 Zügen *ohne* Zurücklegen.

2. Wie groß sind Erwartungswert und Varianz der Verteilung in Aufgabe 1?

3. Man berechne die Werte der Binomialverteilung bei $p = 1/6$ für

a) $n = 4$ b) $n = 8$

4. Eine Lieferung enthält 5 % Ausschuß. Wie groß ist die Wahrscheinlichkeit, in einer Stichprobe von $n = 30$ höchstens 5 Stücke Ausschuß zu finden?

a) mit Binomialverteilung, b) mit Poisson-Verteilung.

5. Von einem Artikel werden täglich 200 Stück produziert. Im Mittel sind davon 2 Stück Ausschuß. Mit wieviel Ausschußstücken pro Tag muß bei einer Irrtumswahrscheinlichkeit von 10 % maximal gerechnet werden?

6. Eine Münze wird 100mal geworfen. Wie groß ist die Wahrscheinlichkeit, daß höchstens 55mal „Zahl" auftritt?

Hinweis: Normalverteilung.

7. Bei Platzreservierungen werden im Durchschnitt 20 % der Reservierungen nicht in Anspruch genommen. Wieviele Reservierungen dürfen für 100 Plätze höchstens angenommen werden, wenn mit 98 % Sicherheit alle Erschienenen einen Platz erhalten sollen?

Hinweis: n kommt in den Formeln für μ und σ der tatsächlich vorliegenden Binomialverteilung vor. Damit Übergang zur Normalverteilung.

8. Man berechne die Wahrscheinlichkeitsverteilung für die Augensummen zweier Würfel.

9. Man berechne die Werte der Normalverteilung mit den Zahlenwerten von μ und σ der Verteilung in Aufgabe 8.

14.4 Statistische Prüfverfahren

Von den zahlreichen Verfahren kann hier nur eine kleine Auswahl behandelt werden.

14.4.1 Schätzen von Parametern der Grundgesamtheit

Aus dem Mittelwert und der Standardabweichung der Stichprobe soll auf den Erwartungswert und die Varianz der Grundgesamtheit geschlossen werden (statistischer Induktionsschluß). Dabei sind zwei Fragen zu unterscheiden: 1. Bestimmung des Schätzwertes, 2. Sicherheit der Schätzung. Beides sind spezielle Anwendungen der Ausführungen von Abschn. 14.3.

Erwartungswert der Grundgesamtheit. Der nach Gl. (14.8) berechnete Mittelwert

$$\bar{x} = \frac{1}{n} \sum_{i=1}^{n} x_i \tag{14.57}$$

ist ein Element einer Menge $\bar{X}$. Weitere Elemente dieser Menge können dadurch erhalten werden, daß der gleichen Grundgesamtheit weitere Stichproben entnommen und deren Mittelwerte berechnet werden. Es werden nun Erwartungswert $E(\bar{x})$ und Varianz $D^2(\bar{x})$ berechnet. Aus Gl. (14.52) und (14.53) folgt

$$E\left(\sum_{i=1}^{n} x_i\right) = \sum_{i=1}^{n} \mu_i = n\mu$$

Dabei ist μ der Erwartungswert der Grundgesamtheit. Die rechte Gleichung ergibt sich, weil alle x_i (auch die verschiedener Stichproben) der gleichen Grundgesamtheit entstammen. Gl. (14.57) kann als Spezialfall von Gl. (14.30) mit $a = 1/n$ und $b = 0$ betrachtet werden. Damit erhält man

$$E(\bar{x}) = \frac{n}{n}\mu = \mu \tag{14.58}$$

Der Erwartungswert des Mittelwerts der Stichprobe ist also gleich dem der Grundgesamtheit. Die entsprechende Rechnung für die Standardabweichung zeigt, daß dieses Ergebnis nicht selbstverständlich ist.

Wegen dieses Ergebnisses wird der Mittelwert als Schätzung für den Erwartungswert der Grundgesamtheit benutzt.

Für die Varianz des Mittelwertes ergibt sich mit den gleichen Überlegungen aus Gl. (14.32) und (14.53)

$$D^2(\bar{x}) = \frac{n}{n^2}\sigma^2 = \frac{\sigma^2}{n} \tag{14.59}$$

Gl. (14.58) und (14.59) gelten ohne Voraussetzung einer speziellen Verteilung der Grundgesamtheit. Zur Bestimmung der Sicherheit der Schätzung muß vorausgesetzt werden, daß die Größe $\bar{x}$ normal verteilt ist. Dies ist mit guter Näherung auch dann der Fall, wenn die x_i nicht normal verteilt sind. Es sind zwei Fälle zu unterscheiden.

Varianz σ^2 der Grundgesamtheit ist bekannt. Dies ist z. B. der Fall, wenn sie als Gerätekonstante vom Hersteller eines Meßinstruments angegeben wird oder mit guter Näherung bei Stichproben mit $n > 50$. Man bildet mit Gl. (14.43) und (14.59) die normierte Größe

$$u = \frac{\bar{x} - \mu}{\sigma/\sqrt{n}}$$

Weil $\bar{x}$ normal verteilt ist und in dieser Gleichung sonst nur Konstanten vorkommen, ist auch u normal verteilt. Für vorgegebene Sicherheiten können die Schwellenwerte von u bestimmt werden. Welche Art der Abgrenzung gewählt wird, hängt vom Problem ab. Für die am häufigsten vorkommende zweiseitige Abgrenzung wird die vorstehende Gleichung nach μ aufgelöst, und man erhält die Vertrauensgrenzen für den Erwartungswert der Grundgesamtheit

$$\boxed{\bar{x}-u\frac{\sigma}{\sqrt{n}}\leq\mu\leq\bar{x}+u\frac{\sigma}{\sqrt{n}}} \qquad (14.60)$$

u sind die in Tafel **14.**17 gegebenen Schwellenwerte der Normalverteilung.

Varianz σ^2 der Grundgesamtheit ist nicht bekannt. Wie anschließend gezeigt wird, darf als Schätzung von σ die Standardabweichung s der Stichprobe benutzt werden. Die Zufallsgröße

$$t=\frac{\bar{x}-\mu}{\sqrt{s^2/n}}$$

mit den unabhängigen Variablen $\bar{x}$ und s^2 ist vom Typ Gl. (14.56). Deshalb ist zur Berechnung der Schwellenwerte die t-Verteilung zu benutzen. Entsprechend Gl. (14.60) erhält man bei zweiseitiger Abgrenzung als Vertrauensgrenzen für den Erwartungswert der Grundgesamtheit

$$\boxed{\bar{x}-t\frac{s}{\sqrt{n}}\leq\mu\leq\bar{x}+t\frac{s}{\sqrt{n}}} \qquad (14.61)$$

t sind die in Tafel **14.**20 gegebenen Schwellenwerte der t-Verteilung. Der Freiheitsgrad ist $f=n-1$.

Der Erwartungswert μ liegt also mit der angegebenen Sicherheit (Wahrscheinlichkeit) irgendwo im Intervall von Gl. (14.60) bzw. (14.61).

Beispiel 1. Eine Länge x wurde sechsmal gemessen. Man vergleiche Beispiel 1 im Abschn. 9.4. Man erhielt $\bar{x}=2.0207$ mm und mit Gl. (14.10) $s=0.0021$ mm. Wie groß sind die zweiseitigen Vertrauensgrenzen bei $S=95\,\%$?

Aus Tafel **14.**20 entnimmt man für $f=n-1=5$ den Wert $t=2.571$ und erhält nach Gl. (14.61)

$$(2.0207-0.0021)\text{ mm}\leq x\leq(2.0207+0.0021)\text{ mm}$$
$$2.0186\text{ mm}\leq x\leq 2.0228\text{ mm}$$

In der Meßtechnik ist es üblich, dieses Ergebnis kürzer als $x=(2.0207\pm0.0021)$ mm zu schreiben. ■

Varianz der Grundgesamtheit. Das mit Gl. (14.10) berechnete Quadrat der Standardabweichung

$$s^2=\frac{1}{n-1}\sum_{i=1}^{n}(x_i-\bar{x})^2 \qquad (14.62)$$

kann als Element einer Menge S^2 betrachtet werden. Es wird der Erwartungswert $E(s^2)$ berechnet. Dazu wird Gl. (14.62) umgeformt. Der Einfachheit halber werden die Grenzen des Summenzeichens weggelassen.

$$(n-1)s^2 = \sum ((x_i-\mu)-(\bar{x}-\mu))^2 = \sum (x_i-\mu)^2 - 2(\bar{x}-\mu) \sum (x_i-\mu) + n(\bar{x}-\mu)^2$$

Dabei ist

$$\sum (x_i-\mu) = \sum x_i - n\mu = n(\bar{x}-\mu)$$

Somit wird

$$s^2 = \frac{1}{n-1} \left[\sum (x_i-\mu)^2 - n(\bar{x}-\mu)^2 \right]$$

Das Bilden des Erwartungswertes besteht nach Gl. (14.30) im wesentlichen im Bilden einer Summe. Deshalb darf die Reihenfolge der Operationen „Erwartungswert bilden" und „Addition" vertauscht werden. Man erhält

$$E(s^2) = \frac{1}{n-1} \left[E \sum (x_i-\mu)^2 - nE(\bar{x}-\mu)^2 \right]$$

Dies ist nach Gl. (14.31) und (14.59)

$$E(s^2) = \frac{1}{n-1} \left[n\sigma^2 - \frac{n}{n}\sigma^2 \right] = \sigma^2 \tag{14.63}$$

Der Erwartungswert des Quadrats der Standardabweichung ist also gleich der Varianz der Grundgesamtheit. Dieses Ergebnis wurde aber nur dadurch erhalten, daß in der Definitionsgleichung (14.62) im Nenner $n-1$ statt des plausibleren Faktors n geschrieben wurde.

Wegen dieses Ergebnisses wird s^2 als Schätzung von σ^2 benutzt.

Für die Sicherheit der Schätzung ist die Varianz $D^2(s^2)$ zu bilden. Dies führt auf eine χ^2-Verteilung. Diese Funktion ist unsymmetrisch. Für die Schwellenwerte der hier am meisten interessierenden zweiseitigen Abgrenzung sind wesentlich ausführlichere Tafeln erforderlich als Tafel **14.**19. Deshalb wird diese Sicherheit hier nicht berechnet.

14.4.2 Prüfen von Hypothesen

Auf Grund der Stichprobe soll entschieden werden, ob eine Hypothese (Aussage, Vermutung) über die Grundgesamtheit richtig oder falsch ist. Man sagt: die Hypothese wird angenommen oder abgelehnt. Das Verfahren besteht aus drei Schritten.

1. Für die Hypothese wird eine Prüfgröße z gebildet. Mit den Werten der Stichprobe wird der tatsächliche Wert z_i der Prüfgröße berechnet.

2. Die Prüfgröße ist eine Zufallsvariable mit bekannter Verteilungsfunktion. Der Schwellenwert z_S für eine vorgegebene Sicherheit S (Abschn. 14.3) wird aus der entsprechenden Tafel **14.**19 oder **14.**20 abgelesen. Für S wählt man meist 95 % oder 99 %. Die Art der Abgrenzung richtet sich nach dem Problem.

3. Ist $z_i < z_S$, wird die Hypothese angenommen, ist $z_i > z_S$, wird sie meist abgelehnt. Man spricht von einer signifikanten Abweichung (der Hypothese vom Ergebnis der Stichprobe). Im Falle $z_i = z_S$ empfiehlt es sich, eine neue Stichprobe zu nehmen.

Das Herleiten der Formel der geeigneten Prüfgröße für eine bestimmte Hypothese ist schwierig und kann deshalb hier nicht behandelt werden. Im folgenden wird die wahrscheinlichkeitstheoretische Deutung des vorstehenden Rechenverfahrens gegeben. Sie wurde in Beispiel 5 und Beispiel 8, Abschn. 14.3.2, vorbereitet. Aus der Stichprobe können keine *exakten* Angaben über die unbekannte Grundgesamtheit gewonnen werden. Die Problematik der folgenden Betrachtungen besteht deshalb darin, daß trotzdem von der Voraussetzung ausgegangen wird, daß die Hypothese richtig ist. Nur wenn die Hypothese richtig ist, wird sie mit der Sicherheit S angenommen. Die Umkehrung: „Wenn die Hypothese angenommen wird, ist sie mit der Sicherheit S richtig", wäre *falsch*. Man sagt deshalb auch: die Hypothese wird mit einer unbekannten Wahrscheinlichkeit angenommen. Eine richtige Hypothese kann auch (bei einem „ungünstigen" Stichprobenergebnis) fälschlich abgelehnt werden. Dies geschieht mit einer Irrtumswahrscheinlichkeit $\alpha = 1 - S$. Man nennt die falsche Ablehnung einen Fehler 1. Art oder im Hinblick auf die statistische Qualitätskontrolle das Produzentenrisiko. Da die Ablehnung richtig ist, wenn die Hypothese falsch ist, wird sie mit bekannter Irrtumswahrscheinlichkeit abgelehnt.

Die Annahme einer falschen Hypothese nennt man einen Fehler 2. Art oder das Konsumentenrisiko. Die Wahrscheinlichkeit für die Annahme oder Ablehnung einer falschen Hypothese ist wesentlich schwieriger zu berechnen.

In der Praxis wird die Hypothese oft so aufgestellt, daß sie die Negation dessen beinhaltet, was „bewiesen" werden soll. Bei Ablehnung der Negationshypothese besteht dann für das zu Beweisende eine kleine und bekannte Irrtumswahrscheinlichkeit. So sollte z. B. bei der Prüfung eines neuen Medikamentes die Hypothese lauten „Das Medikament ist schädlich". Erst bei der mit sehr geringer Irrtumswahrscheinlichkeit erfolgenden Ablehnung erfolgt die Freigabe.

Prüfen von Parametern. Hypothese: Eine Stichprobe mit dem Mittelwert $\bar{x}$ entstammt einer Normalverteilung mit dem Erwartungswert μ. Dieser Erwartungswert ist hier bekannt und wird deshalb meist als „Sollwert" bezeichnet. Je nachdem, ob die Varianz der Normalverteilung bekannt ist oder durch die Standardabweichung der Stichprobe ersetzt werden muß, ist die Prüfgröße

σ bekannt | σ nicht bekannt

$$z = \frac{|\bar{x} - \mu|}{\sigma/\sqrt{n}} \qquad z = \frac{|\bar{x} - \mu|}{s/\sqrt{n}} \tag{14.64}$$

z ist normal verteilt | z ist t-verteilt $\quad f = n - 1$

Auf Grund der Problemstellung sind die in Bild **14.**21 gezeigten drei Fälle zu unterscheiden. Die Ablehnung der Hypothese bedeutet, daß der gemessene Wert $\bar{x}$ im schraffierten Gebiet liegt. Daraus folgt, daß nur bei zweiseitiger Abgrenzung bei $z_i > z_S$ stets abgelehnt wird, bei einer einseitigen Abgrenzung nur dann, wenn $\bar{x}$ auf der „falschen" Seite liegt, d.h. auf der anderen Seite wie im Bild **14.**21, das der Hypothese entspricht.

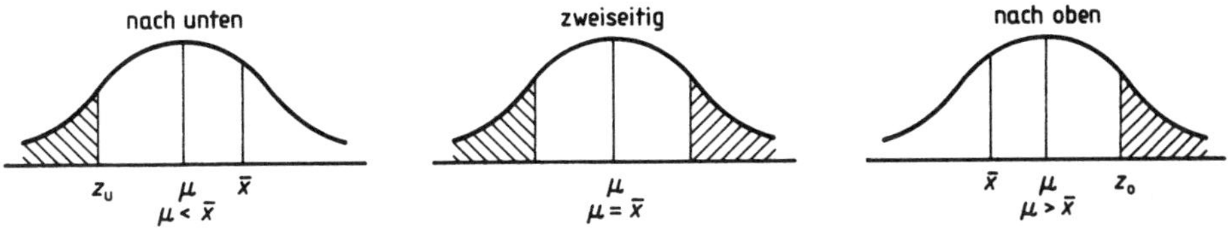

14.21 Drei Fälle der Abgrenzung

Beispiel 2. Welche Art der Abgrenzung ist bei der Prüfung der Bruchfestigkeit eines Werkstücks zu wählen?

Der gemessene Wert $\bar{x}$ sollte möglichst groß sein, auf jeden Fall größer als der Sollwert μ. Wählt man eine Abgrenzung nach unten, so bedeutet eine Ablehnung der Hypothese, daß $\bar{x}$ viel zu klein ist. Aber eine Annahme der Hypothese bedeutet keine sichere Gewähr für die Haltbarkeit. Es wird bei $z_u < \bar{x}$ angenommen, d.h. wenn der Zähler von Gl. (14.64) genügend klein ist, auch bei $\bar{x} < \mu$. Deshalb ist die Abgrenzung *nach oben* zu wählen. Eine Freigabe erfolgt nur bei *Ablehnung* der Hypothese „Der gemessene Wert ist zu klein". Diese Ablehnung erfolgt nur wenn $z_o < \bar{x}$, d.h. wenn der gemessene Wert deutlich über dem Sollwert μ liegt. ■

Beispiel 3. Die folgende Tafel zeigt die Annahme der Hypothese in den drei Fällen $\mu < \bar{x}$, $\mu = \bar{x}$ und $\mu > \bar{x}$ bei verschiedenen Werten von z_i und z_S. Die z_i-Werte wurden mit Gl. (14.64) aus den Werten $\mu = 3.0$, $\bar{x} = 3.2$, $s = 0.8$ und unterschiedlichen Werten von n berechnet. Der Einfachheit halber wurde angenommen, daß s unabhängig von n ist. Dies ist im allg. nicht der Fall. Die Schwellenwerte z_S wurden der Tafel **14.**20 entnommen.

$n \approx f$	z_i	z_S ein-	zwei- seitig	Annahme im Fall $\mu < \bar{x}$	$\mu = \bar{x}$	$\mu > \bar{x}$
20	1.11	1.72	2.09	ja	ja	ja
50	1.75	1.67	2.01	ja	ja	nein
100	2.50	1.64	1.96	ja	nein	nein

■

Hypothese: Eine Stichprobe mit der Standardabweichung s entstammt einer Grundgesamtheit (Normalverteilung) mit der Varianz σ^2. Dieser Sollwert σ^2 ist bekannt.

$$z = \frac{f s^2}{\sigma^2} \qquad f = n - 1 \tag{14.65}$$

z ist χ^2-verteilt. Hier ist nur die Abgrenzung nach oben sinnvoll.

Hypothese: Zwei Stichproben entstammen zwei Grundgesamtheiten (Normalverteilungen) mit dem gleichen Erwartungswert. Die Kennwerte sowie die Umfänge der Stichproben sind bekannt und werden mit den Indizes 1 und 2 bezeichnet. s_d ist eine Rechengröße

$$z = \frac{|\bar{x}_1 - \bar{x}_2|}{s_d} \sqrt{\frac{n_1 n_2}{n_1 + n_2}} \tag{14.66}$$

$$s_d^2 = [s_1^2(n_1-1) + s_2^2(n_2-1)]/f \qquad f = n_1 + n_2 - 2$$

z ist t-verteilt mit Freiheitsgrad f. Da es belanglos ist, welcher der beiden Werte $\bar{x}_1$ oder $\bar{x}_2$ der größere ist, ist die zweiseitige Abgrenzung zu wählen.

Beispiel 4. In zwei Stichproben ist $\bar{x}_1 = 18.0$, $\bar{x}_2 = 20.0$, $s_1 = s_2 = 2.0$ und $n_1 = n_2 = 21$. Entstammen sie zwei Grundgesamtheiten mit dem gleichen Erwartungswert? $S = 95\,\%$. In der Praxis wird diese Aufgabe so formuliert: Ist die vorstehende Differenz der Mittelwerte auf dem 5 %-Niveau signifikant?

Aus Gl. (14.66) erhält man mit $s_d = 2.0$ den Wert $z_i = \sqrt{10.5} = 3.240$. Nach Tafel **14.**20 ist der Schwellenwert $z_S = 2.021$. Wegen $z_i > z_S$ ist dies eine signifikante Abweichung. ■

Prüfen von Verteilungen. Hypothese: Eine beobachtete Häufigkeitsverteilung stimmt mit einer vorgegebenen „theoretischen" Verteilung überein. Zunächst sind mit den Kennwerten der Stichprobe die entsprechenden absoluten Häufigkeiten n_i^* (s. Abschn. 14.1.1) der theoretischen Verteilung zu berechnen. Es sind die absoluten Häufigkeiten zu benutzen, weil sonst der Einfluß der Stichprobengröße nicht richtig erfaßt wird. Dann wird die Prüfgröße gebildet. Sie lautet

$$z = \sum_{i=1}^{k} \frac{(n_i - n_i^*)^2}{n_i^*} \qquad k \text{ ist die Anzahl der Klassen} \tag{14.67}$$

Die Prüfgröße ist χ^2-verteilt mit Abgrenzung nach oben und der Freiheitsgrad ist $f = k - 1$. Einzelne Summanden von Gl. (14.67) können sehr groß werden, wenn der Nenner n_i^* klein wird. Deshalb nennt [Gr 66] folgende Voraussetzungen für die Anwendung dieses Verfahrens: In höchstens 20 % der Klassen darf $n_i^* < 5$ sein. Klassen, in denen $n_i^* < 1$ ist, werden als unwesentlich weggelassen. Die Anzahl der Klassen ist dabei natürlich entsprechend zu reduzieren.

Beispiel 5. Es ist zu prüfen, ob die Augensummen dreier Würfel normal verteilt sind.

Die tatsächlichen Wahrscheinlichkeiten und die der entsprechenden Normalverteilung wurden in Tafel **14.**18 berechnet. Hier wird nur die Berechnung der Prüfgröße gezeigt. Weil in Gl. (14.67) absolute Häufigkeiten auftreten, muß die Gesamtzahl von Würfen vorgegeben werden. Für 1000 Würfe erhält man nach Tafel **14.**18 die Werte in Tafel **14.**22.

Hier muß mit allen 16 Klassen gerechnet werden, weil χ^2 nicht proportional f ist. Damit ergibt sich $z_i = 4.206$. Aus Tafel **14.**19 erhält man $z_S = 25.996$ für $f = 15$. Bei 1000 Würfen muß also die (falsche) Hypothese noch als richtig angenommen werden. Erst bei 7000 Würfen ist mit $z_i = 29.44$ eine signifikante Abweichung vorhanden.

Tafel **14.22**

y_i	n_i	n_i^*	$\frac{(n_i - n_i^*)^2}{n_i^*}$
3	4.6	5.4	0.119
4	13.9	12.1	0.268
5	27.8	23.9	0.636
6	46.3	42.4	0.359
7	69.4	67.0	0.086
8	97.2	94.4	0.083
9	115.7	118.6	0.071
10	125.0	133.0	0.481
		$\sum$	2.103

■

14.4.3 Aufgaben zu Abschnitt 14.4

1. Für die Stichprobe von Beispiel 3, Abschn. 14.1, prüfe man folgende Hypothesen:

a) Erwartungswert $\mu = 2.0000$ mm

b) Varianz $\sigma^2 = 64.0 \cdot (10^{-6}\,\text{m})^2$ Hinweis: Gl. (14.55)

c) Die Grundgesamtheit ist normal verteilt.

2. a) Eine t-verteilte Prüfgröße ergibt für beiderseitige Abgrenzung und $f = 10$ den Wert $z_i = 2.7$. Welche Schlüsse folgen daraus hinsichtlich der Sicherheiten von 95 % und 99 %?

b) Eine t-verteilte Prüfgröße ergibt für eine Sicherheit $S = 95$ % und $f = 10$ den Wert $z_i = 2.0$. Welche Schlüsse folgen daraus hinsichtlich einseitiger und zweiseitiger Abgrenzung?

3. Mit einem Würfel werden bei 180 Würfen die in Tafel **14.23** gegebenen Augenzahlen geworfen. Man prüfe für $S = 95$ % die Hypothese: Der Würfel ist echt.

4. Bei 120 Stichproben aus je 8 Probestücken ergibt sich die in Tafel **14.24** gezeigte Verteilung der Anzahl x_i der Ausschußstücke. Man prüfe für $S = 95$ % die Hypothesen:

a) Es handelt sich um eine Poisson-Verteilung.

b) Der Erwartungswert ist $\mu = 2.000$.

c) Welcher Schätzwert ergibt sich für den Ausschußprozentsatz, wenn beide Hypothesen zutreffen?

Tafel **14.23** Augenzahlen beim Würfeln

x_i	n_i
1	19
2	25
3	28
4	32
5	35
6	41

Tafel **14.24** Ausschußstücke

x_i	n_i
0	17
1	32
2	35
3	22
4	10
5	3
6	1
7	0
8	0

Anhang

Lösungen zu den Aufgaben

Abschnitt 1.1

1. a) Der Wahrheitsgehalt läßt sich spätestens im Jahre 2100 eindeutig feststellen, deshalb ist dieser Satz eine Aussage.

b) Es gibt keine allgemeingültigen Kriterien, wann etwas „liebenswert" ist, deshalb ist dieser Satz keine Aussage.

c) Dieser Satz ist eindeutig falsch, deshalb ist er eine Aussage. (Aus $y'(x)=0$ folgt nicht immer, daß an der Stelle x ein Extremwert liegt.)

2. A_3 ist keine allgemeingültige Aussage, denn sie beruht auf der unzulässigen Vertauschung von Vorder- und Hinterglied einer Implikation. Exakt kann dies wie folgt begründet werden: Die Aussage A_1 besteht in der Implikation $A_3 \rightarrow A_2$. A_3 wäre richtig, wenn $[(A_3 \rightarrow A_2) \wedge A_2] \rightarrow A_3$ ein aussagenlogisches Gesetz wäre. Dies ist aber nicht der Fall. Der vorliegende Ausdruck darf nicht mit der (hier trivialen) Abtrennung $[(A_3 \rightarrow A_2) \wedge A_3] \rightarrow A_2 = \text{W}$ verwechselt werden.

3. a) $z=(x_1 \wedge x_2) \vee x_3$

x_1	x_2	x_3	$x_1 \wedge x_2$	z
F	F	F	F	F
F	F	W	F	W
F	W	F	F	F
F	W	W	F	W
W	F	F	F	F
W	F	W	F	W
W	W	F	W	W
W	W	W	W	W

b) $z=x_1 \wedge (x_2 \vee x_3)$

x_1	$x_2 \vee x_3$	z
F	F	F
F	W	F
F	W	F
F	W	F
W	F	F
W	W	W
W	W	W
W	W	W

Werte von x_2 und x_3 wie in Aufgabe 3a

4. a) $z=[(x_1 \rightarrow x_2) \wedge (\neg x_2)] \rightarrow \neg x_1$

x_1	x_2	( )	$\neg x_2$	[ ]	$\neg x_1$	z
F	F	W	W	W	W	W
F	W	W	F	F	W	W
W	F	F	W	F	F	W
W	W	W	F	F	F	W

b) $z=[(x_1 \rightarrow x_2) \wedge (x_2 \rightarrow x_3)] \rightarrow (x_1 \rightarrow x_3)$

x_1	x_2	x_3	$x_1 \rightarrow x_2$	$x_2 \rightarrow x_3$	[ ]	$x_1 \rightarrow x_3$	z
F	F	F	W	W	W	W	W
F	F	W	W	W	W	W	W
F	W	F	W	F	F	W	W
F	W	W	W	W	W	W	W
W	F	F	F	W	F	F	W
W	F	W	F	W	F	W	W
W	W	F	W	F	F	F	W
W	W	W	W	W	W	W	W

5. a) (z gerade $\to z=2n$) $\wedge$ ($z=2n \to z^2=4n^2$) $\wedge$ ($z^2=4n^2 \to z^2$ ist durch 2 teilbar) $\wedge$ (z^2 ist durch 2 teilbar $\to z^2$ ist gerade)

b) x_1: Die Quadratzahl ist gerade
x_2: Die Zahl ist gerade $\neg x_2: z=2n+1$
Kontraposition: $(\neg x_2 \to \neg x_1) \Rightarrow (x_1 \to x_2)$
$[(z=2n+1) \to (z^2=4n^2+4n+1=2(2n^2+2n)+1)] \wedge$
$[(z^2=2(2n^2+2n)+1) \to (z^2$ ist ungerade$)] \wedge (z^2$ ungerade$) \to (\neg x_1)$
Damit ist die linke Seite der Implikation bewiesen. Durch logischen Schluß folgt die Richtigkeit der rechten Seite.
Die Lösungen von 5a) und b) ergeben $x_1 \Leftrightarrow x_2$.

Abschnitt 1.2

1. a) gebrochene Zahlen, b) irrationale Zahlen

2. a) Mit dem kommutativen Gesetz gilt
$[a \cdot a^{-1} = a^{-1} \cdot a = 1] \Rightarrow$ „a ist das inverse Element zu a^{-1}"; d.h. als Formel: $a=(a^{-1})^{-1}$.
b) $a \cdot 0 = \underline{a \cdot 0 + 0}$, Null ist neutrales Element, $(0=0+0)=(a\cdot 0 = a\cdot(0+0)) = \underline{a\cdot 0 + a \cdot 0}$.
Die erste Umformung erfolgt mit dem Monotoniegesetz, die zweite mit dem Distributivgesetz. Die unterstrichenen Ausdrücke werden gleichgesetzt und liefern mit Gl. (1.15)
$[a\cdot 0+0=a\cdot 0+a\cdot 0] \Rightarrow [0=a\cdot 0]$

3. a) 8.0625 b) 7.875 c) 36.5 d) 68.25

4. a) $(88.8)_{10}=(1011000.\overline{1100})_2=(58.\overline{C})_{16}$
b) $(33.\overline{3})_{10}=(100001.\overline{01})_2=(21.\overline{5})_{16}$
c) $(3.14159)_{10}=(11.0010010000111111)_2=(3.243F3E0)_{16}$

Abschnitt 2.1

1. Keine Abbildung, weil nicht jedem x ein y eindeutig zugeordnet ist. Z.B. gehören zu $x=4$ die Bilder $y=2$ und $y=-2$.

2. Keine Abbildung, weil jedem x ein positives und ein negatives y zugeordnet ist.

3. Bijektive Abbildung **4.** Abbildung **5.** Injektive Abbildung

6. $D=B=\mathbb{R}$ **7.** $D=B=\mathbb{R}$

8. Entweder $D=\{x \mid -\sqrt{3} \le x \le 0 \wedge x \in \mathbb{R}\}$ $B=\{y \mid 0 \le y \le 3 \wedge y \in \mathbb{R}\}$
oder $D=\{x \mid 0 \le x \le \sqrt{3} \wedge x \in \mathbb{R}\}$ $B=\{y \mid 0 \le y \le 3 \wedge y \in \mathbb{R}\}$

9. $D=\{x \mid x \ge 0 \wedge x \in \mathbb{R}\}$ $B=\{y \mid -1 \le y \wedge y \in \mathbb{R}\}$

10. $D=\mathbb{R}$ $B=\{y \mid y>0 \wedge y \in \mathbb{R}\}$

11. $D=\left\{x \mid x<0 \vee x \ge \frac{1}{\sqrt[3]{3}} \wedge x \in \mathbb{R}\right\}$ $B=\{y \mid y \ge 0 \wedge y \ne \sqrt{3} \wedge y \in \mathbb{R}\}$

Abschnitt 2.2

1. a) $\operatorname{sgn}[x(x+1)] = \begin{cases} -1 & \text{für} \quad x\in(-1,0) \\ 0 & \text{für} \quad x=0 \vee x=-1 \\ +1 & \text{für} \quad x\in(-\infty,-1) \vee x\in(0,+\infty) \end{cases}$

b) $\operatorname{sgn}[x^2-3x+2] = \operatorname{sgn}[(x-1)(x-2)] = \begin{cases} -1 & \text{für} \quad x\in(1,2) \\ 0 & \text{für} \quad x=1 \vee x=2 \\ +1 & \text{für} \quad x\in(-\infty,1) \vee x\in(2,+\infty) \end{cases}$

c) $\operatorname{sgn}\dfrac{x-1}{x+3} = \begin{cases} -1 & \text{für} \quad x\in(-3,1) \\ 0 & \text{für} \quad x=1 \\ +1 & \text{für} \quad x\in(-\infty,-3)\cup(1,+\infty) \end{cases}$

2. $\{2\}$ **3.** $-1/3 \leq r \leq 1$ **4.** $x < -2.1$ und $x > -1.9$

5. $-1.5 < x < -1.25$ **6.** $n \geq 2$

7. Alle Punkte des schraffierten Dreiecks in Bild **A**.1.

8. Alle Punkte des schraffierten Vierecks in Bild **A**.2.

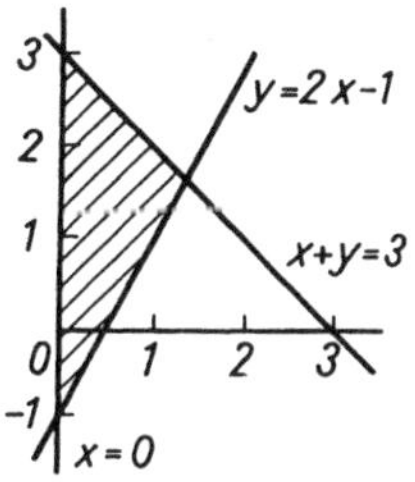

A.1

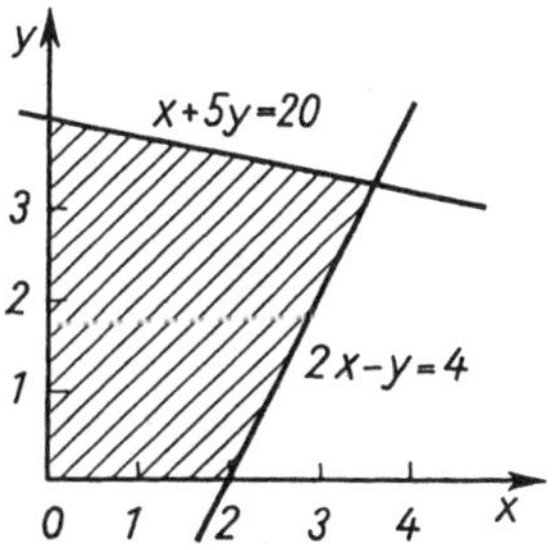

A.2

Abschnitt 2.3

1. a) $\dfrac{1}{3}$ b) 2 c) divergent d) 1 e) 2 f) $\dfrac{2-\sqrt{2}}{\sqrt{3}-1} = 0.800$

2. a) 4 b) $\dfrac{3}{5}$ c) 0 für $a \neq 0$; 1 für $a=0$

3. beschränkt, nicht monoton, konvergent mit Grenzwert -1

4. a) $\mathbb{R}\setminus\{0\}$ b) $\mathbb{R}\setminus\{0\}$, auf $\mathbb{R}$ stetig, falls $f(0)=0$. c) $\mathbb{R}\setminus\{0\}$, auf $\mathbb{R}$ stetig, falls $f(0)=0$.

d) $\mathbb{R}\setminus\{2\}$, auf $\mathbb{R}$ stetig, falls $f(2)=\dfrac{112}{3}$. e) $\mathbb{R}\setminus\{1\}$ f) $\mathbb{R}\setminus\{0, 2, -2\}$

Abschnitt 2.4

1. a) $y = x\left(\dfrac{a-x}{a+x}\right)^{1/2}$

b) $y = -[(Cx+E) \pm ((C^2-4AB)x^2+(2EC-4BD)x+(E^2-4BF))^{1/2}]/(2B)$

c) $y = [(-x^2+x+0.5)+0.5(4x+1)^{1/2}]^{1/2}$

2. a) Ausström-geschwindigkeit

x	y
0.0	2.2361
0.1	1.5525
0.2	1.3576
0.3	1.2064
0.4	1.0732
0.5	0.9478
0.6	0.8240
0.7	0.6960
0.8	0.5557
0.9	0.3851
1.0	0.0000

s. Bild **A**.3

b) freie gedämpfte Schwingung

t/ms	y/V	t/ms	y/V
0	5.00	11	−2.47
1	6.72	12	−2.75
2	7.48	13	−2.71
3	7.37	14	−2.41
4	6.56	15	−1.93
5	5.25	16	−1.35
6	3.67	17	−0.74
7	2.02	18	−0.17
8	0.47	19	0.31
9	−0.85	20	0.68
10	−1.84		

s. Bild **A**.4

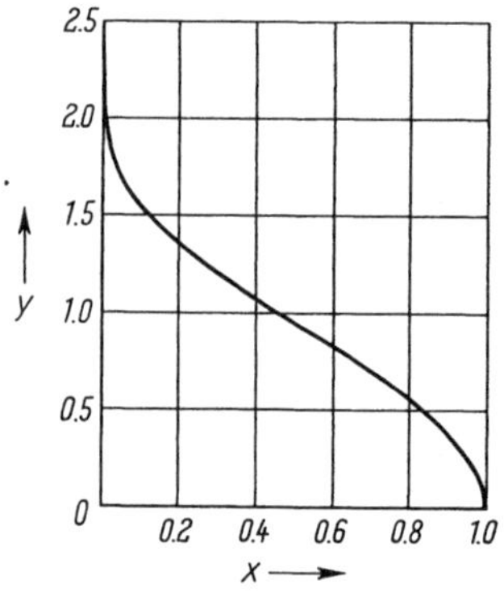

A.3

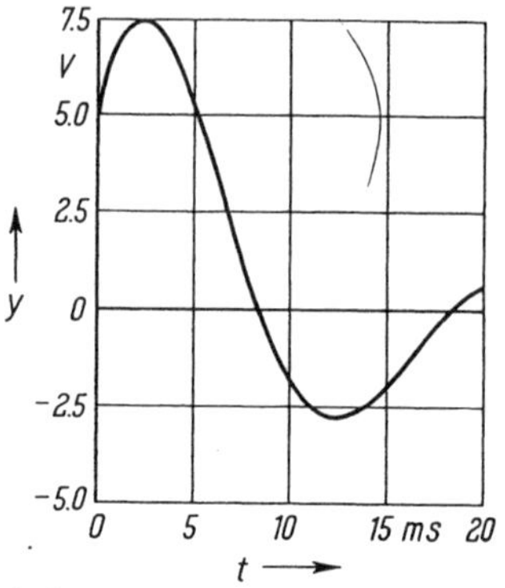

A.4

c) Kreisevolvente

φ	x/cm	y/cm	φ	x/cm	y/cm
0.0	2.00	0.00	2.2	2.38	4.20
0.2	2.04	0.00	2.4	1.77	4.89
0.4	2.15	0.04	2.6	0.97	5.49
0.6	2.33	0.14	2.8	0.00	5.95
0.8	2.54	0.32	3.0	−1.13	6.22
1.0	2.76	0.60	3.2	−2.37	6.27
1.2	2.96	0.99	3.4	−3.67	6.06
1.4	3.10	1.49	3.6	−4.98	5.57
1.6	3.14	2.09	3.8	−6.23	4.79
1.8	3.05	2.77	4.0	−7.36	3.73
2.0	2.80	3.48			

s. Bild **A**.5

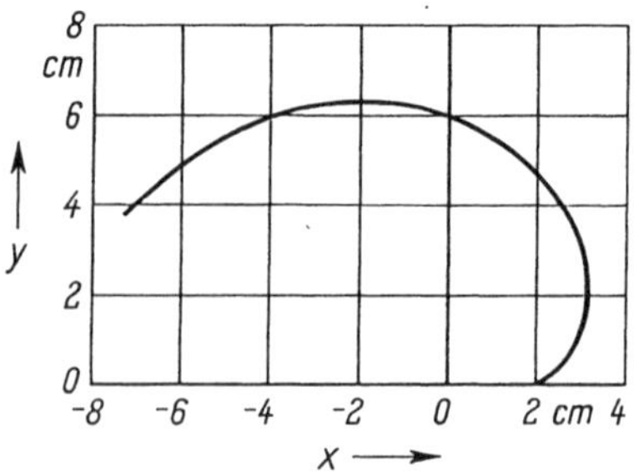

A.5

d) Ellipse

φ/Grad	r/cm	φ/Grad	r/cm
0	9.00	195	1.02
15	7.92	210	1.06
30	5.86	225	1.15
45	4.14	240	1.29
60	3.00	255	1.49
75	2.27	270	1.80
90	1.80	285	2.27
105	1.49	300	3.00
120	1.29	315	4.14
135	1.15	330	5.86
150	1.06	345	7.92
165	1.02	360	9.00
180	1.00		

s. Bild **A.**6

e) Hyperbel

φ/Grad	r/cm	φ/Grad	r/cm
0	− 9.00	195	1.02
15	−10.85	210	1.08
30	−27.26	225	1.19
45	19.38	240	1.38
60	6.00	255	1.70
75	3.33	270	2.25
90	2.25	285	3.33
105	1.70	300	6.00
120	1.38	315	19.38
135	1.19	330	−27.26
150	1.08	345	−10.85
165	1.02	360	− 9.00
180	1.00		

s. Bild **A.**7

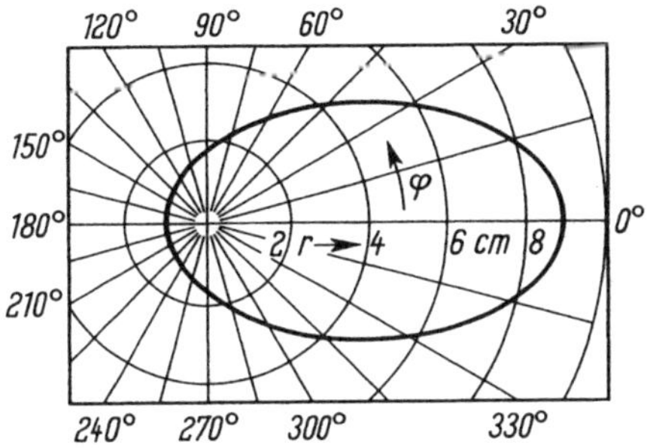

A.6

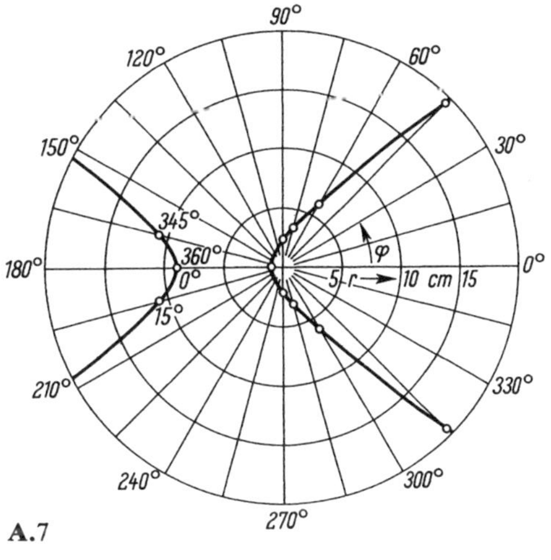

A.7

3. a) Länge eines Stabes

ϑ/°C	l/cm
50	50.0625
60	50.0750
70	50.0875
80	50.1000
90	50.1125
100	50.1250

b) Strömungsgeschwindigkeit

x	y	x	y
0.900000	0.8825	0.999900	0.3296
0.950000	0.8008	0.999950	0.2985
0.990000	0.6362	0.999990	0.2372
0.995000	0.5763	0.999995	0.2148
0.999000	0.4579	0.999999	0.1707
0.999500	0.4148	1.000000	0.0000

Abschnitt 2.5

1. a) $x=[1-(y/c)^7]^{4/5}$

b) $x=[-a_1+(4a_2y+a_1^2-4a_0a_2)^{1/2}]/(2a_2)$ c) $x=\exp(10^y)$

2.

x	y
0.86	1.0357
0.88	1.0764
0.90	1.1204
0.92	1.1688

3. a) $v=0.2(81+72u-9u^2)^{1/2}$

b) $13.0u^2+13.86uv+21.0v^2=225$

4. a) $z=1+\sin\left(\alpha+\dfrac{\pi}{2}\right)$ $s=-1+\sin\left(\beta+\dfrac{\pi}{2}\right)$

b) $z=1+\cos\alpha$ $s=-1+\cos\beta$

5. $\alpha=43.0°$ **6.** a) und d) sind ungerade Funktionen, b) und c) sind gerade Funktionen

Abschnitt 3.1

1. Bild **A.8** **2.** $v=12$ m/s $\alpha=36.9°$

3. $y=\pm 0.075x$ für $0.0\ \text{m}\le x\le 0.4\ \text{m}$ $y=\pm(0.0455x-0.0482\ \text{m})$ für $0.4\ \text{m}\le x\le 1.06\ \text{m}$

4. Bild **A.9** $m_W=0.1$ cm/kWh; $m_K=0.26$ cm/DM (Lösungsbild ist 1:4 verkleinert); $W=58.8$ kWh

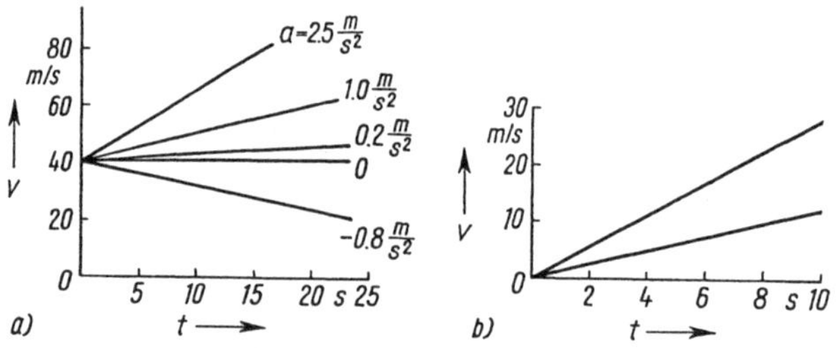

A.8

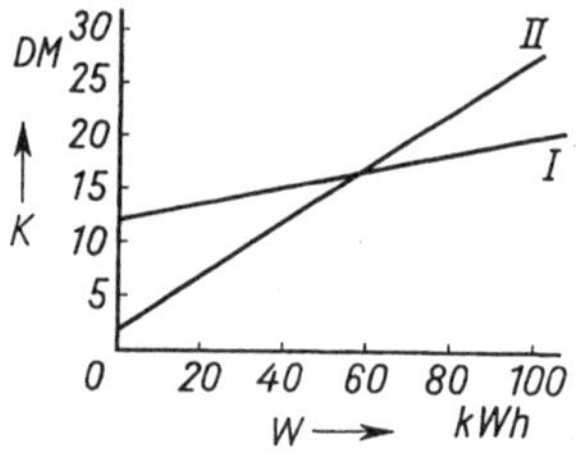

A.9

5. a) Scheitel: $(-1;\ -7)$; Nullstellen: $x_1=0.871$; $x_2=-2.871$; Schnittpunkt mit der y-Achse: $y_0=-5$

b) Scheitel $(1.5;\ 0)$; Nullstellen: $x=1.5$ doppelt; Schnittpunkt mit der y-Achse: $y_0=1.125$

c) Scheitel: $(0.285;\ -0.744)$; Nullstellen: keine; Parabel nach unten geöffnet; Schnittpunkt mit der y-Achse: $y_0=-0.775$

6. $y=0.0571x^2+0.543x+4.857$ **7.** $x=-0.1333y^2+3.13y-12.40$

8. Scheitel $[(v_0^2/2g)\sin 2\alpha;\ (v_0^2/2g)\sin^2\alpha]$; Wurfweite $x_W=(v_0^2/g)\sin 2\alpha$

9. $y=x^2/(150\ \text{m})-0.4x$; $y=-x^2/(150\ \text{m})+0.4x$;

Stablängen (Zählung von links) $l_1=6.67$ m; $l_2=13.23$ m; $l_3=10.67$ m; $l_4=15.11$ m; $l_5=12.00$ m

Schnittpunkte der Fahrbahn $x_1=42.25$ m; $x_2=17.75$ m

10. $\lambda = -\frac{R}{2L} \pm \sqrt{\frac{R^2}{4L^2} - \frac{1}{LC}}$; $C = \frac{4L}{R^2}$; $\lambda = -\frac{R}{2L}$

11. a) 0.586; 2.000; 3.414 b) 0.198; 0.753; 1.555; 2.445; 3.247; 3.802

12. $y = 2(x+2)(x+0.8)(x-1.5)(x-4)$

13. 47.1 cm **14.** $d = 2.87$ cm

Abschnitt 3.2

1. Nullstellen 1; −1; −3; Unstetigkeitsstellen −2; +1.5; Asymptoten $y = x + 2.5$; $x = -2$; $x = 1.5$; Bild **A.**10

2. $p = c/V$; Bild **A.**11 **3.** $h = 5.32$ km; Bild **A.**12

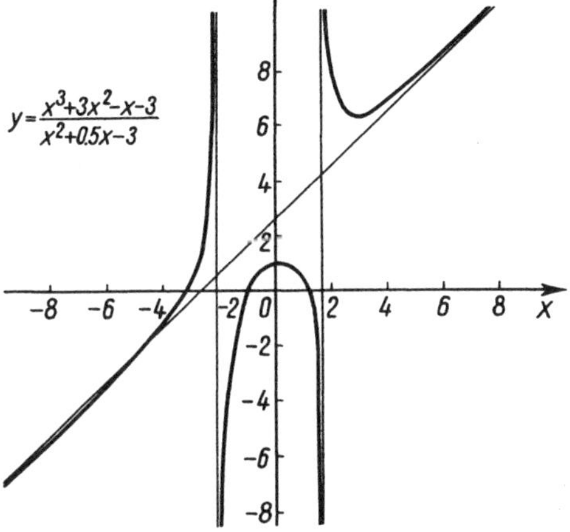

A.10

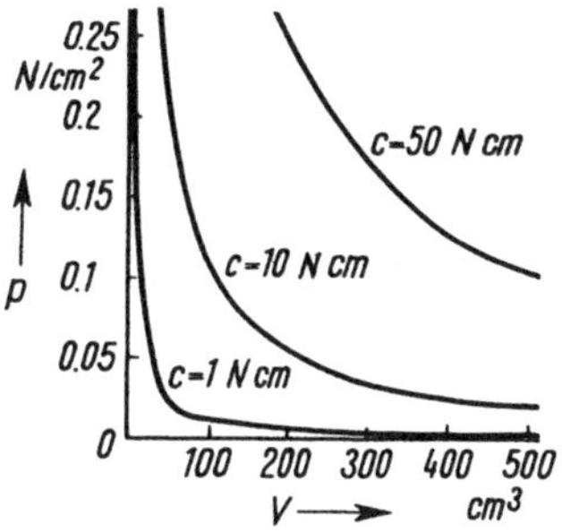

A.11

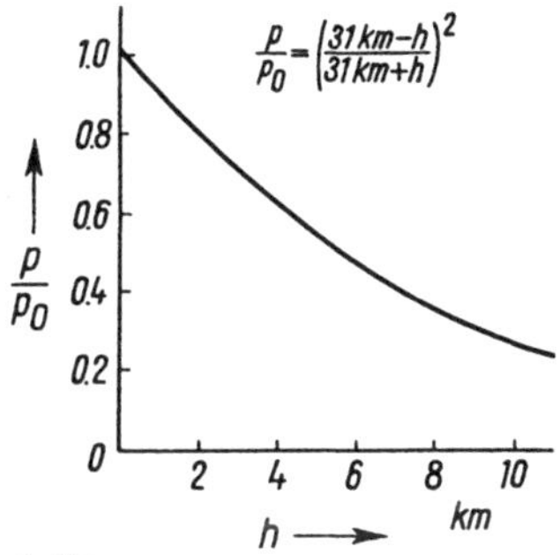

A.12

4. $\lambda_p = 102$ $\sigma = -0.0785 \frac{\text{kN}}{\text{cm}^2} \cdot \lambda + 27 \frac{\text{kN}}{\text{cm}^2}$

5. $\frac{A_K}{A} = \frac{0.5x}{1+x}$

H/km	%
20	0.1565
200	1.522
2000	11.95
384000	49.2

6. a) $y = \frac{(\varkappa+1)x - (\varkappa-1)}{(\varkappa+1) - (\varkappa-1)x}$ b) eine c) $x = \frac{\varkappa+1}{\varkappa-1}$ d) 6

Abschnitt 3.3

1. Bild **A**.13 **2.** 0; 0.187; 0.430; 0.767; 1.049; 1.292 und Bild **A**.14

3. $\frac{p}{p_0} = \left(1 - 0.0226 \frac{h}{\text{km}}\right)^{5.26}$, $h = 5.47$ km, Bild **A**.15

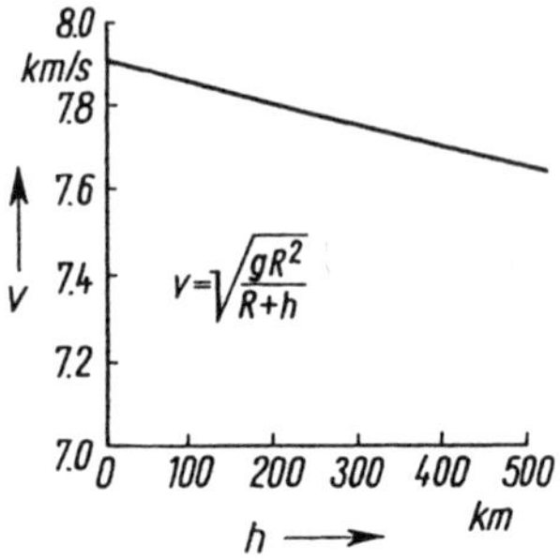

A.13

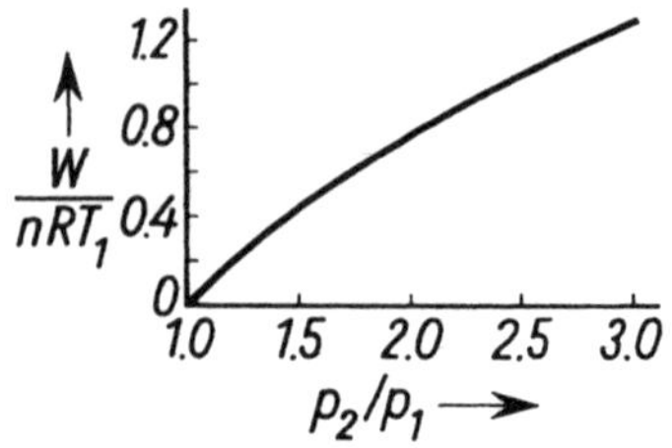

A.14

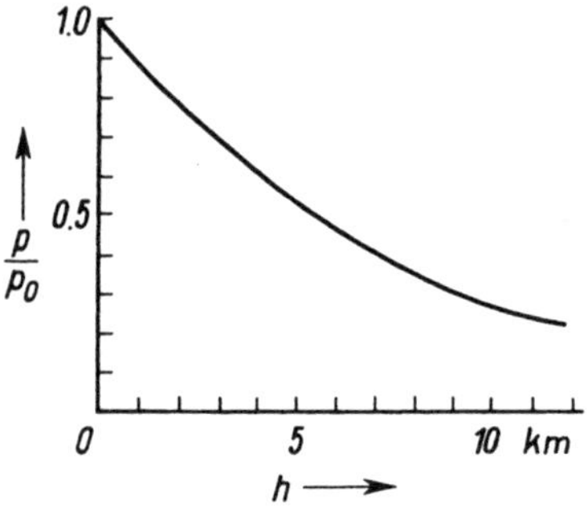

A.15

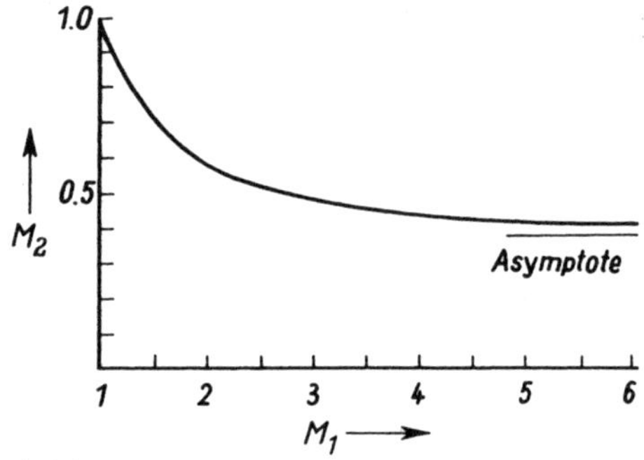

A.16

4. $p/p_0 = 0.743$

5. In $M_2^2 = \frac{1 + 0.2M_1^2}{1.4M_1^2 - 0.2} = \frac{0.2 + 1/M_1^2}{1.4 - 0.2/M_1^2}$

ist der Zähler wegen $M_1 > 1$ kleiner als 1.2 und der Nenner größer als 1.2, der Bruch also kleiner als Eins.

Asymptote für $M_1 \to \infty : M_2 = \sqrt{\frac{0.2}{1.4}} = 0.378$, Bild **A**.16

6. Mittelpunkte (1.5; −2) cm; (−2.5; −4) cm; Schnittpunkte (1.746; −5.491) cm; (−1.146; 0.291) cm; Schnittwinkel $\delta = 1.163 = 66.6°$

7. $y = -0.354x + 0.536$ $y = +0.354x - 6.536$

8. $y = 4.52x - 23.1$ cm $y = 0.818x + 6.46$ cm   **9.** $P_S(-108.0\text{ cm}; +36.0\text{ cm})$

10. $x_{1,2} = \pm 3.23$ $y_{1,2} = \pm 3.81$ **11.** $\varphi = 45°$; $u^2 - v^2 = 8$

12. $D = -2.25$; $D_{33} = 1.75$; Ellipse, $\varphi = 22.5°$, $(w/1.2734)^2 + (z/0.7632)^2 = 1$
Hauptachsen $a = 1.273$, $b = 0.763$
Mittelpunkt $u_M = -0.965$, $v_M = -0.837$, $x_M = -0.571$, $y_M = -1.143$

13. $D = -16$; $D_{33} = 0$. Parabel, $\varphi = 33.7°$, $z = -5.859\ w^2$

Abschnitt 3.4

1. 0.591; −0.231; 0.161; 1.654; 1.471; −0.935

2. Bild **A.**17a   **3.** $\varphi = 0°$; 180°; 146.4°; 213.6°; $\lambda = 0.25$

4. $y = 0.8 \sin(3x + 0.351)$; $y = 2.4 \cos(0.2x + 1.839)$

5. a) $i = (5.14\text{ A}) \sin(\omega t + 1.950)$ b) $i = (3.10\text{ A}) \sin(\omega t + 1.573)$

6. $A = 0.5$; $B = 0.5$; $a = 2$; $b = 3\pi/2$ **7.** Bild **A.**17b

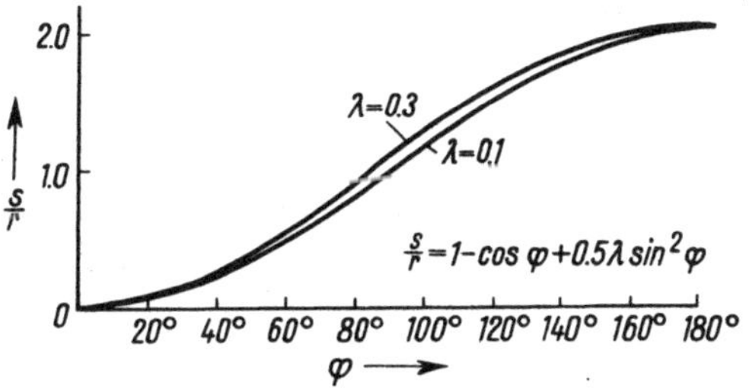

A.17a

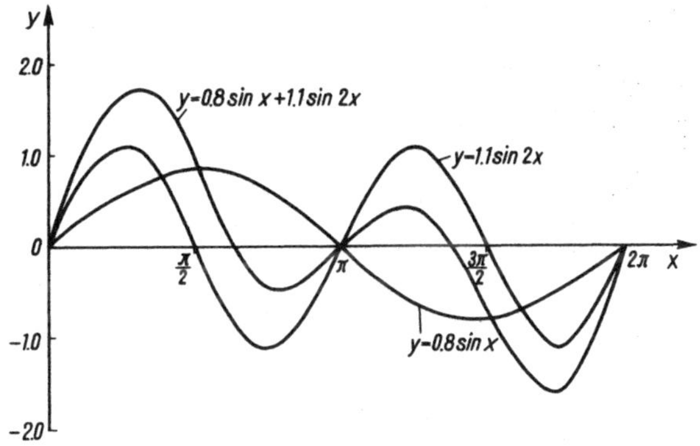

A.17b

8. $u = 261\text{ V} \cdot \sin\left(\frac{2.62}{\text{s}} t + 0.193\right)$ **9.** a) $y = 97.6$ mm   b) $y = -0.0579$ cm

10. $x = 0.266 + n\pi$ **11.** $x = 1.030$ **12.** $\alpha = 134.1° \pm n \cdot 180°$ $n \in \mathbb{Z}$

13. $\alpha = 0.322 \pm n\pi$ $n \in \mathbb{Z}$ **14.** $x = 1.099$ **15.** $\varphi = 75.7°$

16. 55.1 cm   **17.** $\alpha = 62.62° = 1.093$

Abschnitt 3.5

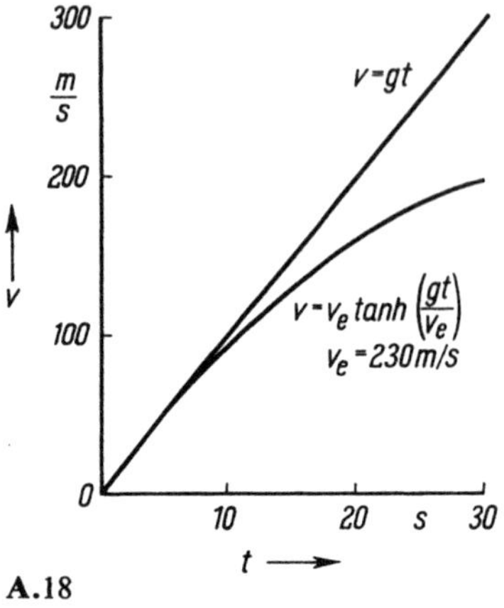

A.18

1. $y = 0.775\,e^{0.1277x}$ **2.** 1.443 **3.** $t = 0.1498$ s

4. $\vartheta_0 = 164.5\,°C$ **5.** $Q = 16.3$

6. $\vartheta_a = 282\,°C$ $\vartheta_m = 319\,°C$

7. $v_B = 2.75$ km/s 75.6%

8. Folgt aus der Aufgabe

9. 40.2; 69.3; 97.2; 100.0 (99.96) Bild **A.**18

10. $a = 106.1$ m

Abschnitt 3.6

1. a) $F_G = c(ds - s^2)$ $\quad d = \dfrac{F_G}{cs} + s$ $\quad s = \dfrac{d}{2} - \sqrt{\left(\dfrac{d}{2}\right)^2 - \dfrac{F_G}{c}}$

b) $b = a\tan\varphi$ $\quad \varphi = \mathrm{Arctan}(b/a)$ $\quad a = b/\tan\varphi$

c) $z = y^{-x}$ $\quad x = -\dfrac{\ln z}{\ln y}$ $\quad y = z^{(-1/x)}$

Tafel **A.**19a $F_G = f(s, d)$

2. a)

d/mm \ s/mm	4.00	6.00	8.00	10.00
50.0	44.5	63.9	81.3	96.8
60.0	54.2	78.4	100.7	121.0
70.0	63.9	92.9	120.0	145.2
80.0	73.6	107.4	139.4	169.4
90.0	83.2	122.0	158.8	193.6
100.0	92.9	136.5	178.1	217.8

Tafel **A.**19b $d = f(F_G, s)$

s/mm \ F_G/N	50.0	100.0	150.0	200.0	250.0
4.00	55.6	107.3	159.0	210.6	262.3
6.00	40.4	74.9	109.3	143.7	178.2
8.00	33.8	59.6	85.5	111.3	137.1
10.00	30.7	51.3	72.0	92.6	113.3

Tafel **A**.19c $s = f(d, F_G)$

F_G/N \ d/mm	50.0	60.0	70.0	80.0	90.0	100.0
50.00	4.55	3.67	3.09	2.67	2.36	2.11
100.00	10.45	7.94	6.51	5.55	4.85	4.32
150.00	22.73	13.26	10.40	8.69	7.51	6.64
200.00	—	21.42	15.04	12.19	10.38	9.09
250.00	—	—	21.15	16.19	13.50	11.70

Tafel **A**.19d $b = f(a, \varphi)$

b)

φ/Grad \ a	4.00	4.20	4.40	4.60	4.80	5.00
20	1.46	1.53	1.60	1.67	1.75	1.82
30	2.31	2.42	2.54	2.66	2.77	2.89
40	3.36	3.52	3.69	3.86	4.03	4.20
50	4.77	5.01	5.24	5.48	5.72	5.96
60	6.93	7.27	7.62	7.97	8.31	8.66
70	10.99	11.54	12.09	12.64	13.19	13.74

Tafel **A**.19e $\varphi = f(b, a)$

a \ b	2	4	6	8	10
4.00	26.57	45.00	56.31	63.43	68.20
4.20	25.46	43.60	55.01	62.30	67.22
4.40	24.44	42.27	53.75	61.19	66.25
4.60	23.50	41.01	52.52	60.10	65.30
4.80	22.62	39.81	51.34	59.04	64.36
5.00	21.80	38.66	50.19	57.99	63.43

Tafel **A**.19f $a = f(\varphi, b)$

b \ φ/Grad	20	30	40	50	60	70
2	5.49	3.46	2.38	1.68	1.15	0.73
4	10.99	6.93	4.77	3.36	2.31	1.46
6	16.48	10.39	7.15	5.03	3.46	2.18
8	21.98	13.86	9.53	6.71	4.62	2.91
10	27.47	17.32	11.92	8.39	5.77	3.64

Tafel **A**.19g $z=f(y,x)$

c)

x \ y	0.2000	0.5000	1.0000	2.0000	5.0000
1.00	5.0000	2.0000	1.0000	0.5000	0.2000
1.20	6.8986	2.2974	1.0000	0.4353	0.1450
1.40	9.5183	2.6390	1.0000	0.3789	0.1051
1.60	13.1326	3.0314	1.0000	0.3299	0.0761
1.80	18.1195	3.4822	1.0000	0.2872	0.0552
2.00	25.0000	4.0000	1.0000	0.2500	0.0400

Tafel **A**.19h $x=f(z,y)$

y \ z	0.2000	0.5000	1.0000	2.0000	5.0000
0.20	−1.0000	−0.4307	0.0000	0.4307	1.0000
0.50	−2.3219	−1.0000	0.0000	1.0000	2.3219
1.00	∞	∞	—	∞	∞
2.00	2.3219	1.0000	0.0000	−1.0000	−2.3219
5.00	1.0000	0.4307	0.0000	−0.4307	−1.0000

Tafel **A**.19i $y=f(x,z)$

z \ x	1.0000	1.2000	1.4000	1.6000	1.8000	2.0000
0.20	5.0000	3.8236	3.1569	2.7344	2.4452	2.2361
0.50	2.0000	1.7818	1.6407	1.5422	1.4697	1.4142
1.00	1.0000	1.0000	1.0000	1.0000	1.0000	1.0000
2.00	0.5000	0.5612	0.6095	0.6484	0.6804	0.7071
5.00	0.2000	0.2615	0.3168	0.3657	0.4090	0.4472

3. s. Bilder **A**.20 bis **A**.28

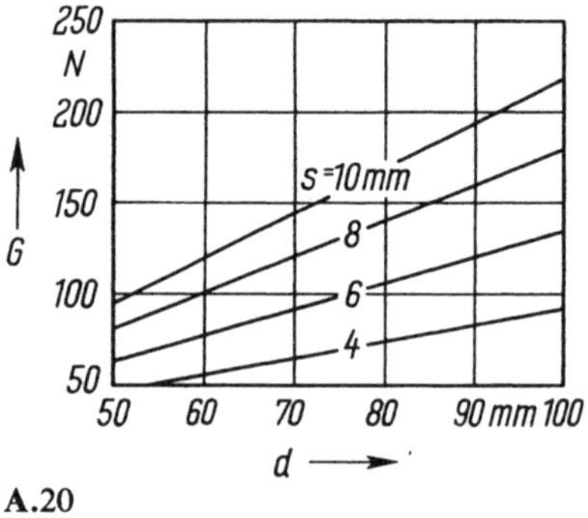

A.20

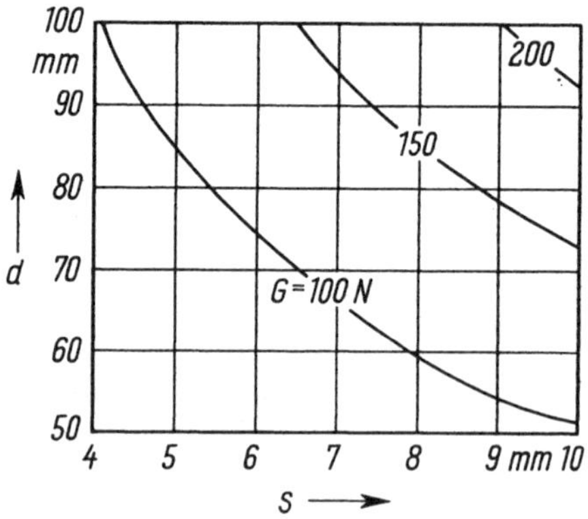

A.21

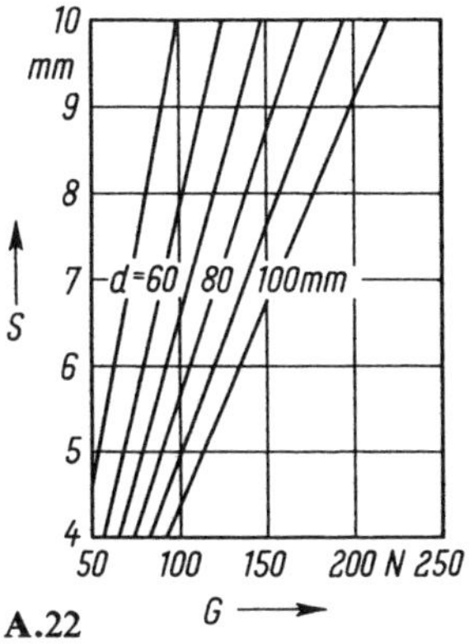

A.22

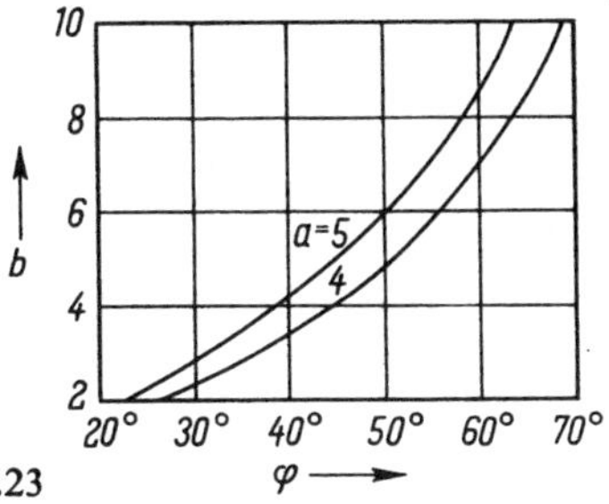

A.23

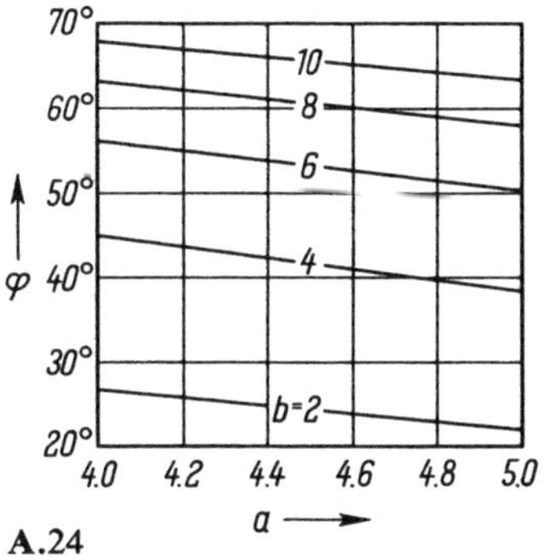

A.24

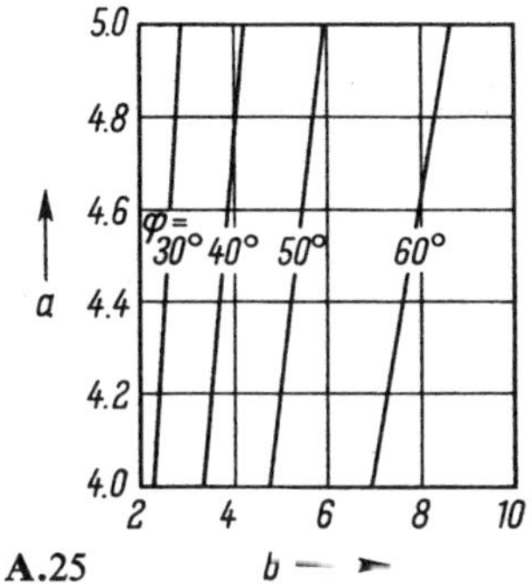

A.25

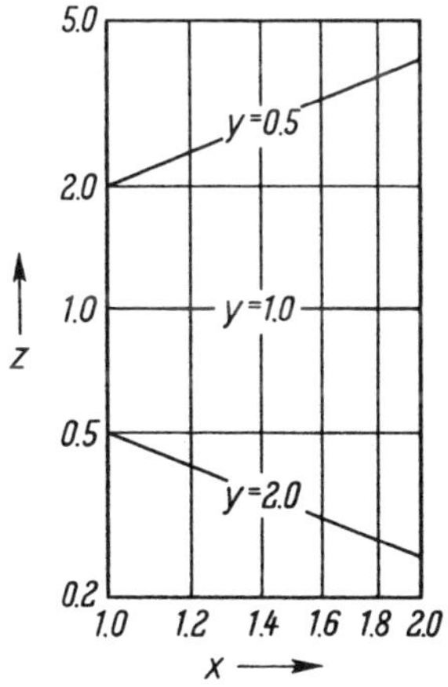

A.26

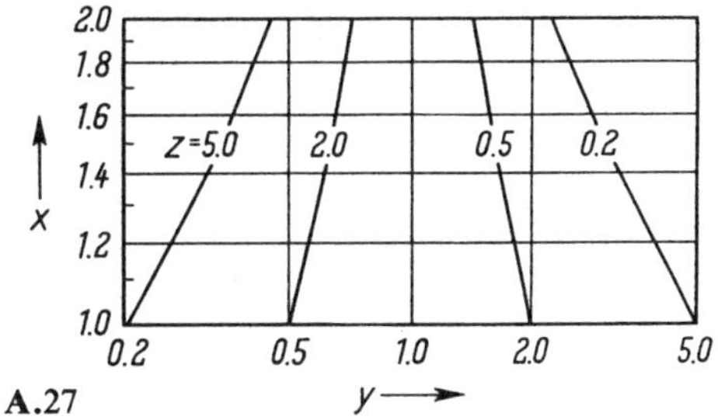

A.27

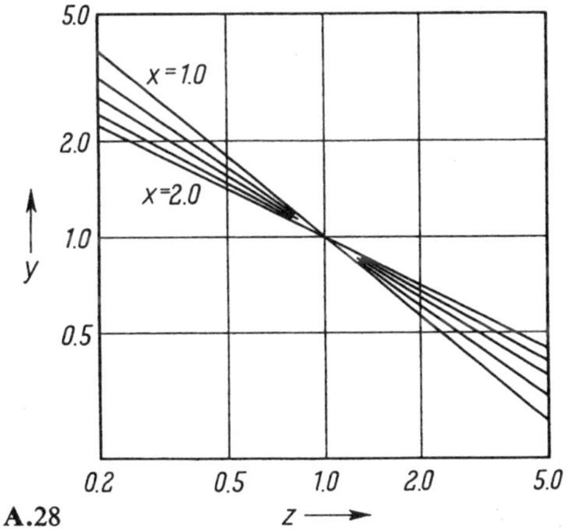

A.28

Abschnitt 4.1

1. a) $D=348$ b) $D=-101.44$ **2.** $D=a_{11}a_{22}a_{33}\dots a_{nn}=\prod_{i=1}^{n} a_{ii}$

3. $D=U(R_1R_3-R_2R_4)$

Abschnitt 4.2

1. $F_3=172.7$ N; $\alpha=127.0°$; $\beta=80.9°$; $\gamma=141.5°$

2. $\varphi=69.3°$ **3.** $W=163.3$ J

4. $\alpha=90°$; $\beta_1=35.5°$; $\gamma_1=54.5°$; $\beta_2=144.5°$; $\gamma_2=125.5°$

5. $a^2+2ab\cos(\vec{a},\vec{b})+b^2=c^2 \quad \cos(\vec{a},\vec{b})=-\cos\gamma$

6. $a=b$. Das bedeutet, daß die Richtungen von $\vec{a}$ und $\vec{b}$ beliebig sind. Dies ist der vektorielle Beweis für den Satz, daß in jedem Rhombus die Diagonalen senkrecht aufeinander stehen.

7. $b_x=0 \quad b_y=a/(2\sqrt{1+(a_y/a_z)^2}) \quad b_z=a/(2\sqrt{1+(a_z/a_y)^2})$

8. a) $\vec{a}\cdot(\vec{b}+\vec{c})=\vec{a}\cdot\vec{b}+\vec{a}\cdot\vec{c}=-35$

b) $\vec{a}\times(\vec{b}+\vec{c})=\vec{a}\times\vec{b}+\vec{a}\times\vec{c}=-10\vec{i}-7\vec{j}+2\vec{k}$

9. Die skalaren Produkte des Produkt-Vektors mit den Faktoren lauten

$$a_xa_yb_z-a_xa_zb_y+a_ya_zb_x-a_xa_yb_z+a_xa_zb_y-a_ya_zb_x=0$$
$$a_yb_xb_z-a_zb_xb_y+a_zb_xb_y-a_xb_yb_z+a_xb_yb_z-a_yb_xb_z=0$$

10. $F_{\mathrm{H}}=106.7$ N; $F_{\mathrm{D}}=133.3$ N **11.** $F_a=3.25$ N; $F_b=5.75$ N

12. $F_C=5.69$ N **13.** $\alpha=65.2°$; $\beta=41.0°$; $\gamma=120.2°$ **14.** $v=2\pi na\sqrt{2/3}$

15. Wählt man den Punkt A als Koordinatenursprung, so erhält man die Determinante

$$D=\begin{vmatrix}-1 & 3 & 3\\ 0 & 4 & 2\\ 3 & 1 & -4\end{vmatrix}=0$$

also liegen die Punkte in einer Ebene.

Abschnitt 4.3

1. a) $A(B+C)=AB+AC=\begin{pmatrix}a_{11}(b_{11}+c_{11})+a_{12}(b_{21}+c_{21})+a_{13}(b_{31}+c_{31})\\ a_{21}(b_{11}+c_{11})+a_{22}(b_{21}+c_{21})+a_{23}(b_{31}+c_{31})\end{pmatrix}$

b) $(AB)^{\mathrm{T}}=B^{\mathrm{T}}A^{\mathrm{T}}=\begin{pmatrix}-7 & 3 & -2\\ 4 & 2 & 16\\ -4 & 0 & -8\end{pmatrix}$ c) $(A^{\mathrm{T}})^{-1}=(A^{-1})^{\mathrm{T}}=\begin{pmatrix}0.18 & 0.06 & -0.20\\ 0.12 & 0.04 & 0.20\\ 0.22 & -0.26 & 0.20\end{pmatrix}$

2. $AB=\begin{pmatrix}1 & 0\\ 0 & -1\end{pmatrix} \qquad BA=\begin{pmatrix}\cos 2\alpha & \sin 2\alpha\\ \sin 2\alpha & -\cos 2\alpha\end{pmatrix}$

$AB=BA$, wenn $\alpha=n\pi$, $n\in\mathbb{N}_0$

3. a) $\boldsymbol{A}\cdot\boldsymbol{B}\cdot\boldsymbol{C} = \begin{pmatrix} 1 \\ 38 \end{pmatrix}$

b) Zeilenzahl 1, Spaltenzahl m beliebig, Typ $(1; m)$ für $\boldsymbol{D}$.
$\boldsymbol{A}\cdot\boldsymbol{B}\cdot\boldsymbol{C}\cdot\boldsymbol{D}$ ist vom Typ $(2; m)$

4. $$\boldsymbol{D} = \begin{pmatrix} 60 & 0 & -20 & 0 & -40 & 0 \\ 0 & -40 & 0 & 80 & 0 & -40 \\ -40 & 60 & 80 & -20 & -40 & -40 \end{pmatrix} \text{mm}$$

$$\boldsymbol{S} = \begin{pmatrix} -11 \\ 44 \\ -27 \end{pmatrix} \frac{\text{N}}{\text{mm}^2} \qquad \boldsymbol{F} = \begin{pmatrix} 418 \\ -3374 \\ -1934 \\ 4055 \\ 1516 \\ -681 \end{pmatrix} \text{N}$$

Abschnitt 4.4

1. $x_1 = 0.549893$; $x_2 = 0.356423$; $x_3 = 0.450193$

2. $x_1 = -5.30359\cdot 10^{-2}$; $x_2 = 7.51999\cdot 10^{-2}$; $x_3 = 5.62396\cdot 10^{-2}$

3. $x_1 = -1.08118$; $x_2 = 0.329715$; $x_3 = -0.469409$

4. $x_1 = 0.718919$; $x_2 = 0.327909$; $x_3 = -0.0913586$; $x_4 = 0.867518$

5. $x_1 = 3.63117$; $x_2 = -2.69704$; $x_3 = 1.10581$; $x_4 = -1.68644$; $x_5 = 2.56471$

6. $$x_1 = \frac{a_{22}}{a_{11}a_{22} - a_{12}a_{21}} y_1 + \frac{-a_{12}}{a_{11}a_{22} - a_{12}a_{21}} y_2$$

$$x_2 = \frac{-a_{21}}{a_{11}a_{22} - a_{12}a_{21}} y_1 + \frac{a_{11}}{a_{11}a_{22} - a_{12}a_{21}} y_2$$

7. $$\boldsymbol{A}^{-1} = \frac{1}{55}\begin{pmatrix} 1 & 7 & 10 \\ -15 & 5 & 15 \\ -8 & -1 & 30 \end{pmatrix} \qquad \boldsymbol{B}^{-1} = -\frac{1}{17}\begin{pmatrix} 4 & 10 & 1 \\ 23 & 32 & 10 \\ 11 & 19 & 7 \end{pmatrix}$$

8. $\sin x \approx 1.018x - 0.061x^2 - 0.116x^3$

9. $M_1 = 67.7428$ Nm; $M_2 = 474.191$ Nm; $M_3 = 308.270$ Nm; $M_4 = 244.519$ Nm

10. $R_1 = \frac{2}{199}\,\Omega = 0.01005\,\Omega$ $\quad R_2 = R_1$ $\quad R_3 = \frac{6}{199}\,\Omega = 0.03015\,\Omega$ $\quad R_4 = \frac{10}{199}\,\Omega = 0.05025\,\Omega$

11. $\det A = -283$

12. $a = 59/52 = 1.135$ $\quad x_1 = -23\lambda$ $\quad x_2 = 52\lambda$ $\quad x_3 = 5\lambda$

13. a) Mit genauen Koeffizienten: $x_1 = -855201$, $x_2 = -1650886$, $\operatorname{cond}(A) = 1.44\cdot 10^6$
b) mit gerundeten Koeffizienten: $x_1 = -13466$, $x_2 = -26002$, $\operatorname{cond}(A) = 2.27\cdot 10^4$

Abschnitt 4.5

1. $x'=7, \quad y'=2$

2. $P_1'=(12;\,1.5) \quad P_2'=(8;\,10.5) \quad P_3'=(-2;\,4.5)$

3. $r'=(-9.90;\,-1.41)$ **4.** $x'=5.44 \quad y'=4.08$

5. $P_1'=(-1;\,2) \quad P_2'=(-1;\,5) \quad P_3'=(-4;\,5) \quad P_4'=(-4;\,2)$

6. $P_1'=(2;\,1) \quad P_2'=(4.60;\,2.50) \quad P_3'=(3.10;\,5.10) \quad P_4'=(0.50;\,3.60)$

7. Zuerst Drehung, dann Spiegelung $x_1'=-0.366 \quad y_1'=-1.366$
$x_2'=-1.830 \quad y_2'=-6.830 \quad \boldsymbol{x}'=\boldsymbol{S}_x\boldsymbol{D}\boldsymbol{x}$
Zuerst Spiegelung, dann Drehung $x_1'=1.366 \quad y_1'=0.366$
$x_2'=6.830 \quad y_2'=1.830 \quad \boldsymbol{x}'=\boldsymbol{D}\boldsymbol{S}_x\boldsymbol{x}$ s. Bild **A**.29

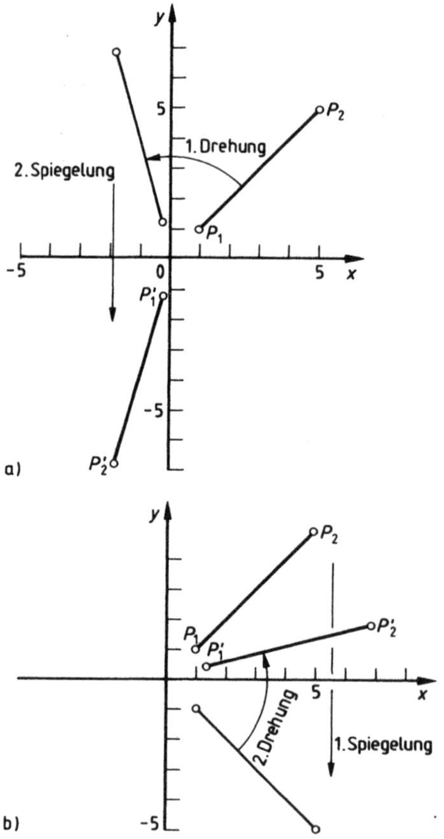

A.29

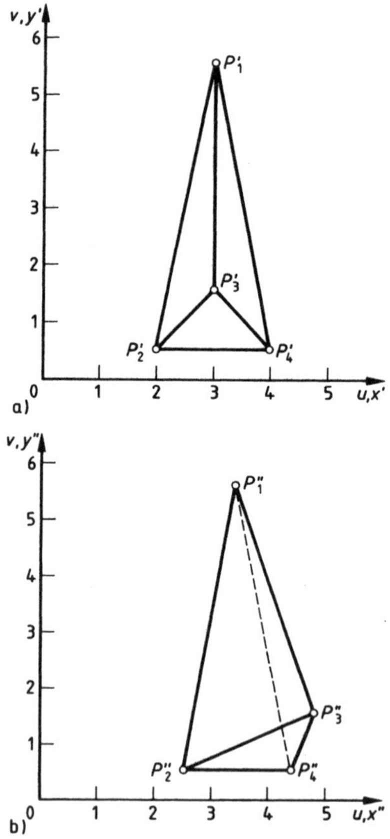

A.30

8. a) $\boldsymbol{P}'=\begin{pmatrix}3 & 2 & 3 & 4\\ 5.61 & 0.52 & 1.55 & 0.52\\ 1.60 & 1.93 & 5.80 & 1.93\end{pmatrix}$ b) $\boldsymbol{P}''=\begin{pmatrix}3.37 & 2.54 & 4.80 & 4.42\\ 5.61 & 0.52 & 1.55 & 0.52\\ 0.48 & 1.13 & 4.42 & 0.45\end{pmatrix}$ s. Bild **A**.30

9. $\boldsymbol{P}'=\begin{pmatrix}3 & 2 & 3 & 4\\ -3 & -2 & -6 & -2\\ 5 & 0 & 0 & 0\end{pmatrix}$ $\boldsymbol{P}''=\begin{pmatrix}-5 & 0 & 0 & 0\\ -3 & -2 & -6 & -2\\ 3 & 2 & 3 & 4\end{pmatrix}$ s. Bild **A**.31

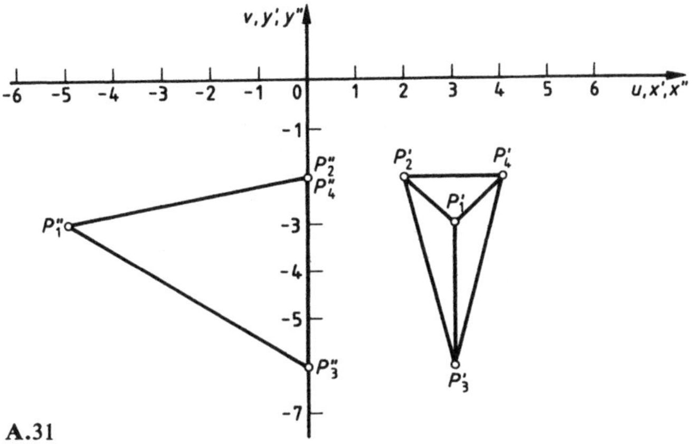

A.31

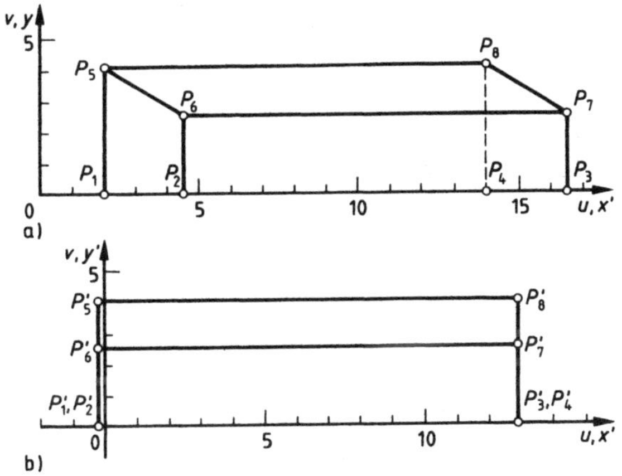

A.32

10. a) s. Bild **A**.32a

b) Linksdrehung um die y-Achse, $\tan\varphi_y=\dfrac{z_1-z_4}{x_1-x_4}=-\dfrac{5}{12}$

$\varphi_y=-22.62°$ s. Bild **A**.32b

$$\boldsymbol{P}'=\begin{pmatrix}-0.077 & -0.077 & 12.923 & 12.923 & -0.077 & -0.077 & 12.923 & 12.923\\ 0 & 0 & 0 & 0 & 4 & 2.5 & 2.5 & 4\\ 5.385 & 11.885 & 11.885 & 5.385 & 5.385 & 11.885 & 11.885 & 5.385\end{pmatrix}$$

c) Parallelverschiebung um −14 in x-Richtung, Drehung um −22.5° um die y-Achse, Parallelverschiebung um 14 in x-Richtung.

$$P'' = \begin{pmatrix} 1 & 1 & 14 & 14 & 1 & 1 & 14 & 14 \\ 0 & 0 & 0 & 0 & 4 & 2.5 & 2.5 & 4 \\ 0 & 6.5 & 6.5 & 0 & 0 & 6.5 & 6.5 & 0 \end{pmatrix}$$

11.

	u_1 / v_1	u_2 / v_2	u_3 / v_3	u_4 / v_4	u_5 / v_5	u_6 / v_6	u_7 / v_7	u_8 / v_8
a	2.5	8.04	21.71	14	2.5	8.04	21.71	14
	0	0	0	0	5	4.46	3.29	4
b	2.5	8.04	21.71	14	2.5	8.04	21.71	14
	−0.5	−1.57	−0.63	0	4.5	2.89	2.66	4
c	2.5	8.04	21.71	14	2.5	8.04	21.71	14
	−2.5	−7.86	−3.16	0	2.5	−3.39	0.13	4
d	2.5	8.04	21.71	14	2.5	8.04	21.71	14
	−3.75	−11.79	−4.74	0	1.25	−7.32	−1.45	4
e	−1.25	−3.75	16.97	14	−1.25	−3.75	16.97	14
	−3.75	−11.79	−4.74	0	1.25	−7.32	−1.45	4
f	0	0.18	18.55	14	0	0.18	18.55	14
	−2.5	−7.86	−3.16	0	2.5	−3.39	0.13	4
g	−0.67	−2.22	19.29	14	−0.67	−2.22	19.29	14
	−3.33	−12.22	−4.29	0	2.00	−6.67	−0.71	4

s. Bild **A.**33a bis g

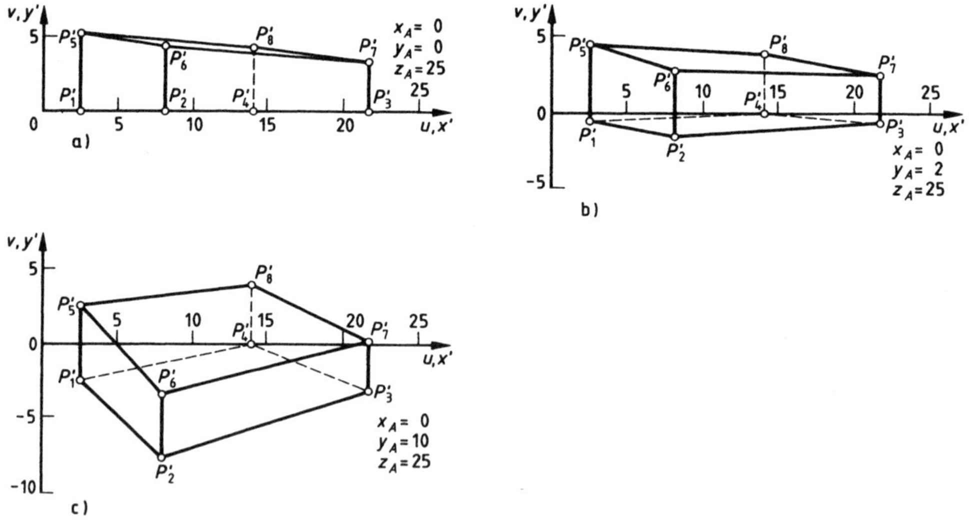

A.33a bis c

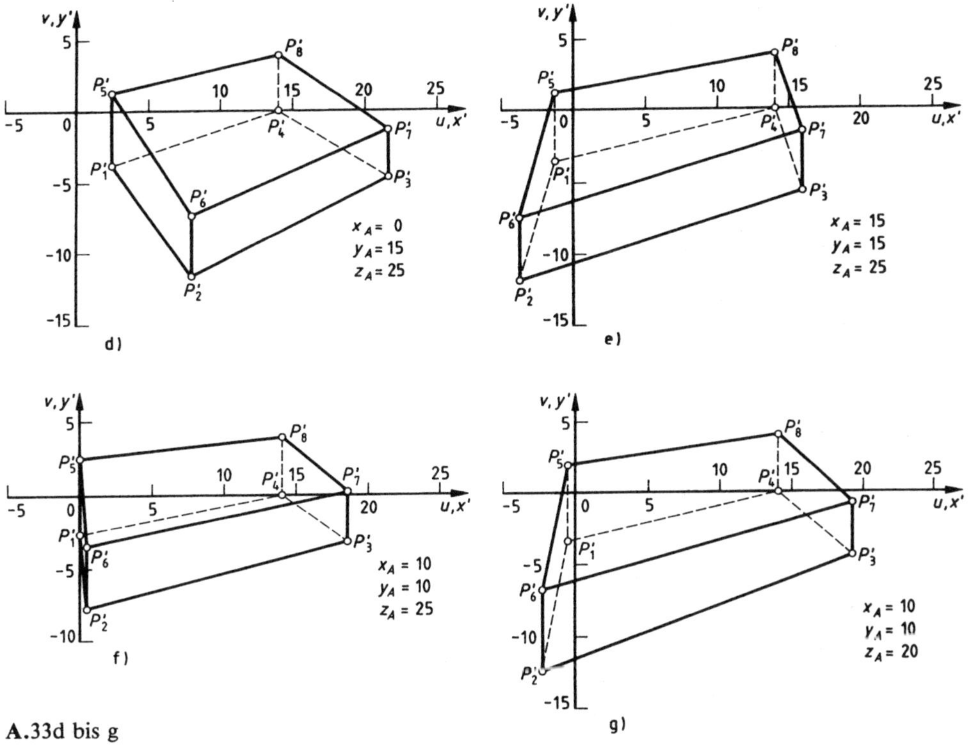

A.33d bis g

Abschnitt 5.1

1. a)

x	y	$\Delta y/\Delta x$
0.9	0.9486833	0.5132
0.99	0.9949874	0.5013
0.999	0.9994999	0.5001
...		
1.000	1.0000000	(0.5000)

b)

x	y	$\Delta y/\Delta x$
0.9	0.6216100	−0.8131
0.99	0.5486899	−0.8388
0.999	0.5411435	−0.8412
...		
1.000	0.5403023	(−0.8415)

2. a) s. Bild **A**.34 b) s. Bild **A**.35

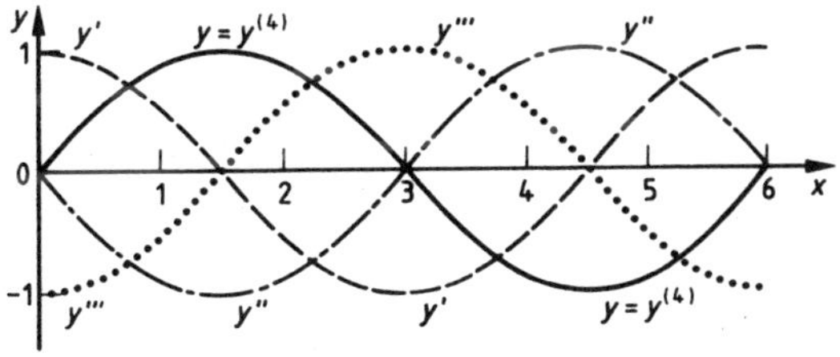

A.34

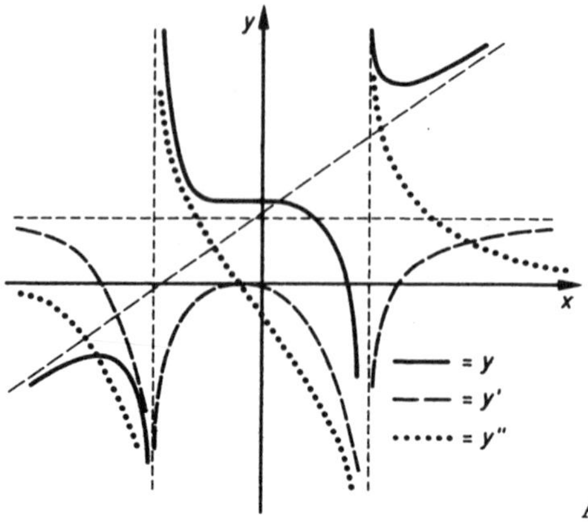

A.35

3. a) $\Delta y = 0.52269 - 0.47943 = 0.04326$
$dy = 0.87776 \cdot 0.05 = 0.04388$
b) $\Delta y = 1.81818 - 2.00000 = -0.18182$
$dy = -0.05/0.25 = -0.20000$

4. $y' \approx 0.39794/0.50 = 0.7959$
$y'' \approx 0.04576/0.0625 = 0.7322$

Abschnitt 5.2

1. a) $y' = 20x^4 - \dfrac{7}{3\sqrt[3]{x^2}} - \dfrac{4}{3\sqrt[3]{x^4}} - \dfrac{1}{5\sqrt[5]{x^4}}$ b) $y' = \dfrac{10}{x \ln 7}$ c) $y' = 3\cos x + 5\sin x$

2. a) $y'' = -3\sin x$ $y''' = -3\cos x$ $y^{(4)} = 3\sin x$
b) $y'' = -\dfrac{4}{9\sqrt[3]{x^5}}$ $y''' = \dfrac{20}{27\sqrt[3]{x^8}}$ $y^{(4)} = -\dfrac{160}{81\sqrt[3]{x^{11}}}$
c) $y'' = \dfrac{24}{25\sqrt[5]{x^{11}}}$ $y''' = -\dfrac{264}{125\sqrt[5]{x^{16}}}$ $y^{(4)} = \dfrac{4224}{625\sqrt[5]{x^{21}}}$

3. a) $y' = -\dfrac{2\sin x}{(1-\cos x)^2}$ b) $y' = \dfrac{1}{x\ln x}$ c) $y' = \dfrac{1}{\sin x}$
d) $y' = \dfrac{1}{\sqrt{x^2+1}}$ e) $y' = \dfrac{1}{\sqrt{(ax+b)(x+d)}}$ f) $y' = -12(x-1)\dfrac{(2x-1)^{1/2}}{(6x-1)^{7/2}}$
g) $y' = \dfrac{1}{\sqrt{x^2+ax}}$ h) $y' = \operatorname{Arcsin} x$ i) $y' = \dfrac{2}{x} + \dfrac{1}{1+e^{-2x}} + 3$
j) $y' = x\sqrt{8x-x^2}$ k) $y' = \sin(\ln x)$ l) $y' = \dfrac{\sqrt{a^2-b^2}}{2(a+b\cos x)}$
m) $y' = \dfrac{\sqrt{x+1}}{x}$ n) $y' = \dfrac{2ab(1+\tan^2 x)}{a^2-b^2\tan^2 x}$ o) $y' = \sqrt{5-x^2}$ p) $y' = \sqrt{x^2+6}$
q) $y' = \dfrac{2}{1+\sin 2x}$ r) $y' = \dfrac{1}{\cos^4 x}$ s) $y' = \dfrac{1}{\cos x}$ t) $y' = \dfrac{\sqrt{b}}{x\sqrt{ax+b}}$

4. Folgt aus der Aufgabe.

5. a) $x^2 - y'(1-y^2) = 0$ $2x - y''(1-y^2) + 2y(y')^2 = 0$
b) $2(a+x)yy' + y^2 - (2a-3x)x = 0$ $2yy' + (a+x)((y')^2 + yy'') + 3x - a = 0$
c) $yy'(2x^2+2y^2-a^2) + x(2x^2+2y^2+a^2) = 0$
$yy''(2x^2+2y^2-a^2) + (y')^2(2x^2+6y^2-a^2) + y'8xy + (6x^2+2y^2+a^2) = 0$
d) $y'e^y - (y+y')e^x = 0$ $(y''+y'^2)e^y - (y''+2y'+y)e^x = 0$

6. $y' = \dfrac{e^x + 2xy}{2y - x^2 - e^{2-y}}$; $y'(1;\ 1) = -2.746$

7. a) $\Delta h/h = 0.69\,\%$ $V = (1.848 \pm 0.023)\ \mathrm{m}^3$ $\Delta V/V = 1.24\,\%$
   b) $\Delta\varphi/\varphi = 3.3\,\%$ $A = (4.72 \pm 0.47)\ \mathrm{mm}^2$ $\Delta A/A = 9.9\,\%$
   c) $\Delta\beta/\beta = 0.80\,\%$ $n = 1.521 \pm 0.011$ $\Delta n/n = 0.75\,\%$

8. a) $\ln a - 1$ b) $1/2$ c) 1 d) $(-1)^{m+n}\dfrac{m}{n}$ e) 0 f) $-1/2$ g) $1/2$

Abschnitt 5.3

1. a) Für $x > 1$: $\varphi = \sqrt{2 + \ln x}$ $\varphi' = \dfrac{1}{2x\sqrt{2 + \ln x}} < \dfrac{1}{4}$ $x_{01} = 1.5645$

   für $x < 1$: $\varphi = e^{x^2 - 2}$ $\varphi' = 2x\,e^{x^2-2} < \dfrac{2}{e} < 1$ $x_{02} = 0.1379$

   b) $\varphi = \operatorname{Arctan}(2 - \operatorname{Arctan} x)$

   $|\varphi'| = \left|\dfrac{-1}{(1 + x^2)[1 + (2 - \operatorname{Arctan} x)^2]}\right| < 1$ $x_0 = 0.9022$

2. a) $x_1 = 5.6185$ $x_2 = 0.6027$ b) $x_1 = 0.3709$ $x_2 = -1.1961$

3. $x_1 = 0.355567$; $x_2 = 1.456088$; $x_3 = 2.543912$; $x_4 = 3.644433$
   $y_1 = 3.631432$; $y_2 = -1.418699$; $y_3 = 1.418699$; $y_4 = -3.631432$

4. a) $\delta = 6.91°$ b) $\delta = 142.75°$

5. $P_2(-4;\ -64)$ 6. $y = -0.8198x + 1.3605$

7. $f = y(l) = ql^4/(8EI)$
   $\tan\alpha = y'(l) = ql^3/(6EI) = f/(0.75\,l)$ Bild **A**.36

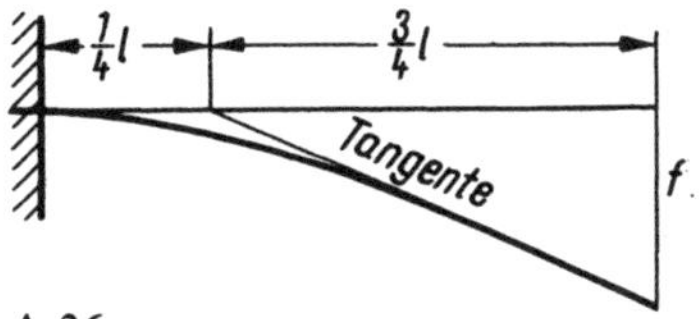

A.36

Aufgabe	**8** a	**8** b
Definitions-Bereich	$-\infty < x < +\infty$	$-\infty < x < +\infty$
Wertebereich	$-\infty < y < +\infty$	$-\infty < y < +\infty$
Symmetrie	keine	keine
Unstetigkeits-stellen	keine	1.5
Asymptote	$\bar{y} = -x^5$	$\bar{y} = 0.5x$
Abszissen-Schnittpunkte	0; 0; 2.6506	keine
Ordinaten-Schnittpunkte	0	-1.333
Extremwerte	(0; 0), (2.0; 8.0)	(0.1771; -1.323), (2.823; 1.323)
Wendepunkte	(1.0; 4.0)	keine
Bild	**A**.37	**A**.38

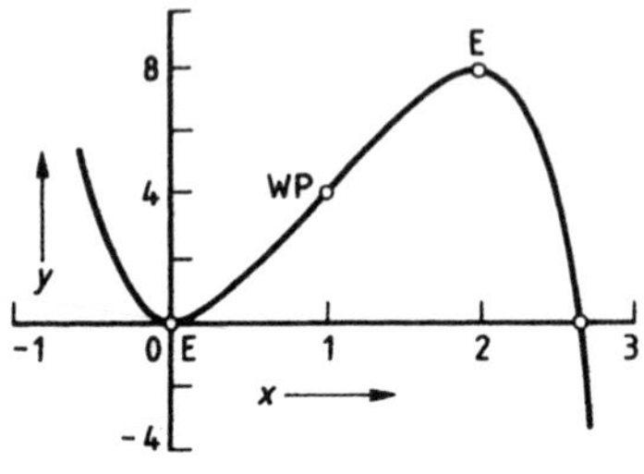

A.37

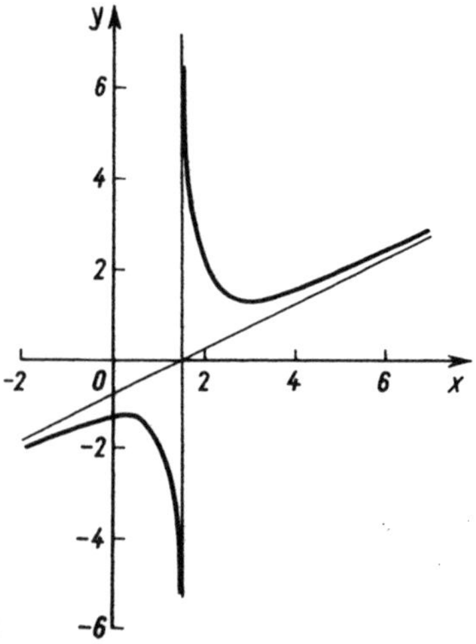

A.38

Aufgabe	**8** c	**8** d
Definitions-Bereich	$-\infty < x < +\infty$	$-2 \leq x < \infty$
Wertebereich	$-\infty < y < +\infty$	$-0.896 \leq y < \infty$
Symmetrie	keine	keine
Unstetigkeits-stellen	-4	-2
Asymptote	$\bar{y}=1$	$\bar{y}=+\sqrt[6]{x^3-2x^2}$
Abszissen-Schnittpunkte	-1; -3	-1; $+1$ senkrechte Tangenten
Ordinaten-Schnittpunkte	0.1875	-0.891
Extremwerte	$(-2.5;\ -0.3333)$	$(-0.1315;\ -0.896)$
Wendepunkte	$(-1.75;\ -0.1852)$	$(-1.415;\ 1.095)$, $(-1;\ 0)$, $(1;\ 0)$
Bild	**A**.39	**A**.40

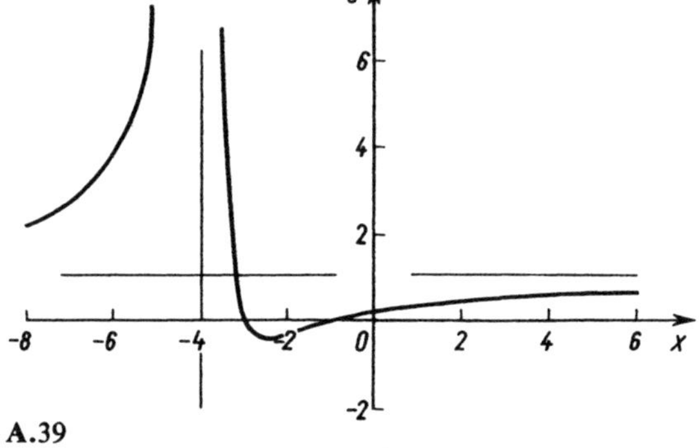

A.39

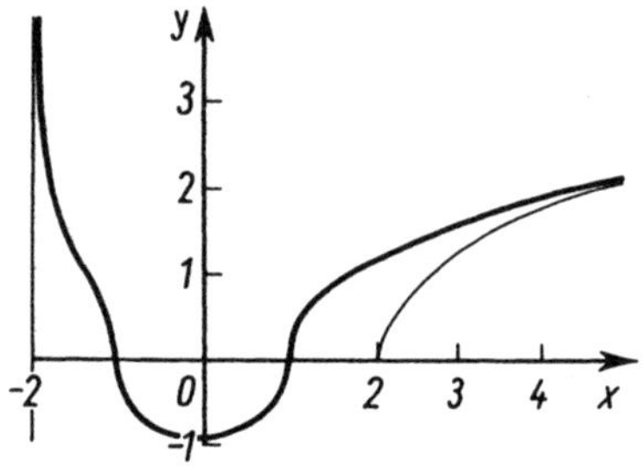

A.40

Aufgabe	**8** e
Definitions-Bereich	$-\infty < x < +\infty$
Wertebereich	$-2.598 < y < +2.598$
Symmetrie	ungerade
Unstetigkeits-stellen	keine
Asymptote	keine
Abszissen-Schnittpunkte	$x_1 = n\pi \quad x_2 = (2n+1)\pi \quad n \in \mathbb{N}_0$
Ordinaten-Schnittpunkte	0
Extremwerte	$((2n+1)\pi;\ 0)$ $((4n+1)\pi/3;\ \pm 2.598)$
Wendepunkte	$(n\pi;\ 0)$ (Arccos(−0.25); ±1.452)
Bild	**A**.41

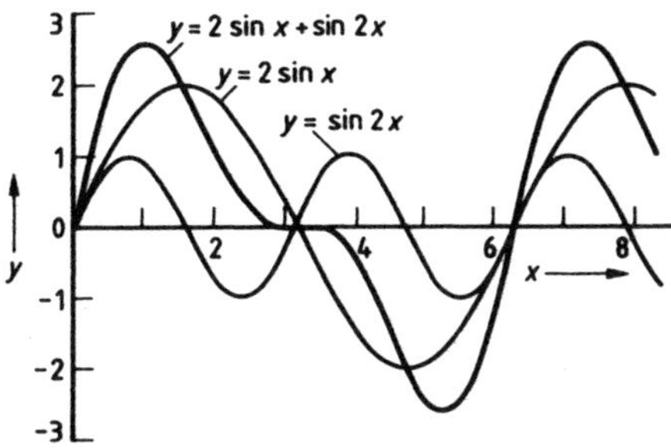

A.41

Aufgabe	**8** f	**8** g
Definitions-Bereich	$(-\infty, +\infty)\setminus\{0\}$	$0 < x < \infty$
Wertebereich	$-1 \leq y \leq +1$	$-\infty < y \leq 0.3679$
Symmetrie	ungerade	keine
Unstetigkeits-stellen	0	0
Asymptote	keine	$\bar{y} = 0$
Abszissen-Schnittpunkte	0.1591; 0.3183	1
Ordinaten-Schnittpunkte	nicht definiert	keine
Extremwerte	(0.2122; −1) (0.6366; 1)	(2.7183; 0.3679)
Wendepunkte	(0.2745; −0.4811) (0.9286; 0.8805)	(4.4817; 0.3347)
Bild	**A**.42	**A**.43

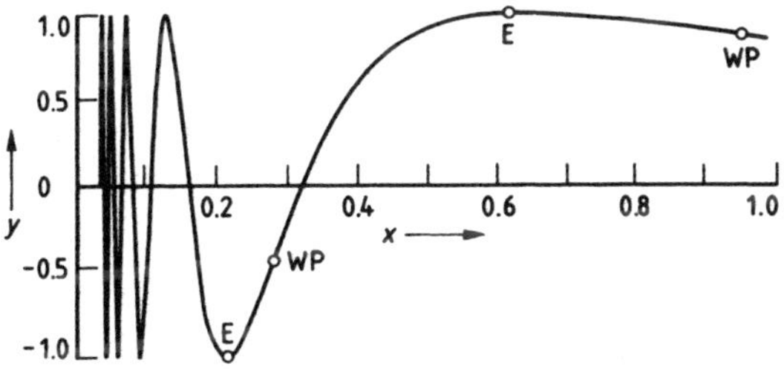

A.42

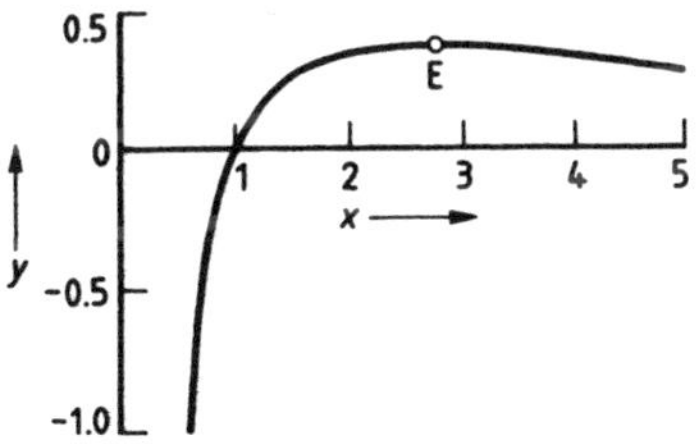

A.43

Aufgabe	9	10
Definitions-Bereich	technisch $0 \leq x < \infty$	technisch $0 \leq t < \infty$
Wertebereich	$0 \leq y \leq 0.8302$	$0 \leq y \leq 6.274$
Symmetrie	keine	keine
Unstetigkeits-stellen	keine	keine
Asymptote	$\bar{y}=0$	$\bar{y}=0$
Abszissen-Schnittpunkte	0	-1.1207
Ordinaten-Schnittpunkte	0	5.0
Extremwerte	(0; 0), (1; 0.8302)	(1.479; 6.274)
Wendepunkte	(0.4682; 0.3973), (1.5102; 0.5261)	(4.079; 5.188)
Bild	**A.**44	**A.**45

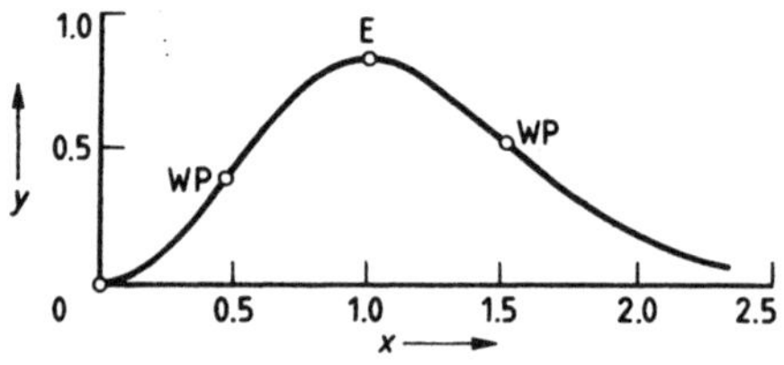

A.44

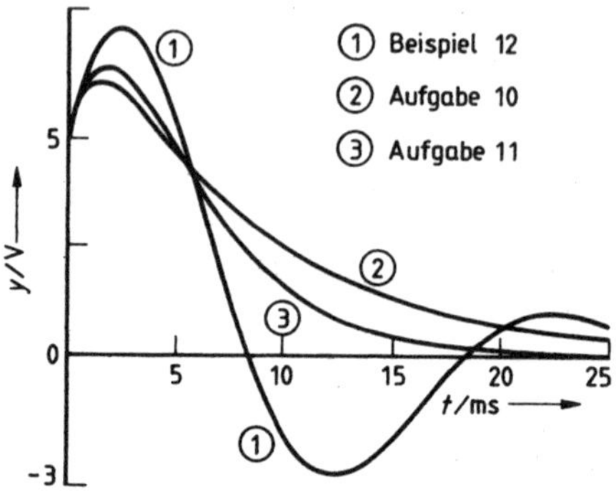

A.45

Aufgabe	11	12
Definitions-Bereich	technisch $0 \leq t < \infty$	technisch $0 \leq x < \infty$
Wertebereich	$0 \leq y \leq 6.608$	$-\sin^2(\varphi/2) \leq y \leq \cos^2(\varphi/2)$
Symmetrie	keine	keine
Unstetigkeits-stellen	keine	keine
Asymptote	$\bar{y}=0$	keine
Abszissen-Schnittpunkte	-1.292	$\frac{\pi}{2}-\varphi;\quad \frac{\pi}{2};\quad \frac{3}{2}\pi-\varphi;\quad \frac{3}{2}\pi$
Ordinaten-Schnittpunkte	5.0	$\cos\varphi$
Extremwerte	(1.738; 6.608)	$\left(\frac{1}{2}(\pi-\varphi);\ -\sin^2\left(\frac{\varphi}{2}\right)\right),\ \left(\left(\pi-\frac{\varphi}{2}\right);\ \cos^2\left(\frac{\varphi}{2}\right)\right)$
Wendepunkte	(4.769; 4.862)	$\left(\frac{1}{2}\left(\frac{\pi}{2}-\varphi\right);\ \frac{1}{2}\cos\varphi\right),\ \left(\frac{1}{2}\left(\frac{3\pi}{2}-\varphi\right);\ \frac{1}{2}\cos\varphi\right)$
Bild	**A.**45	**A.**46 für $\varphi = 20°$

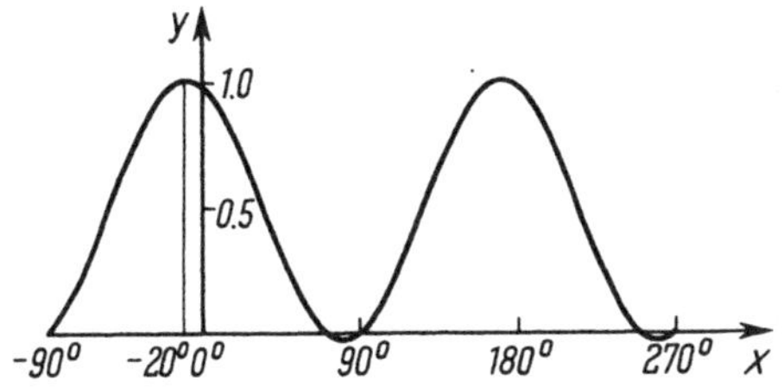

A.46

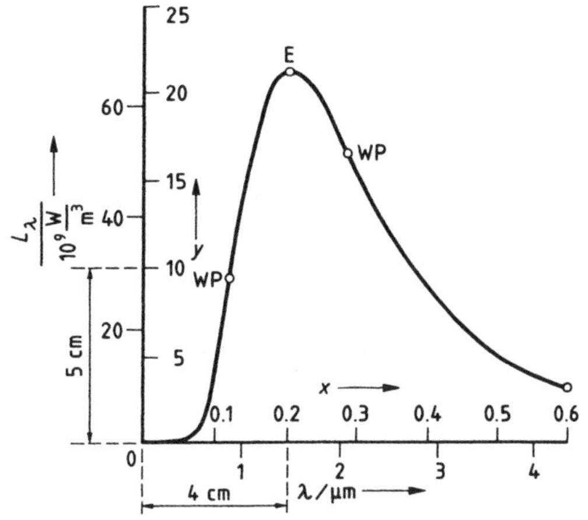

A.47

Aufgabe	13
Definitions-Bereich	technisch $0 \le x < \infty$
Wertebereich	$0 \le y \le 21.20$
Symmetrie	keine
Unstetigkeits-stellen	keine
Asymptotc	$\bar{y}=0$
Abszissen-Schnittpunkte	0
Ordinaten-Schnittpunkte	0
Extremwerte	(0.2014; 21.20)
Wendepunkte	(0.1184; 9.24), (0.2838; 16.52)
	$y=[x^5(e^{1/x}-1)]^{-1}$ $\quad m_\lambda = \dfrac{20\text{ cm}}{7.1956\ \mu\text{m}}$ $\quad m_{L_\lambda} = \dfrac{0.5\text{ cm}}{3.0885 \cdot 10^9\text{ W/m}^3}$
Bild	A.47

14. $x = \left(\dfrac{2}{\varkappa+1}\right)^{\varkappa/(\varkappa-1)}$

15. $\cos\alpha_0 = \dfrac{1}{\sqrt{2-\varkappa}}$ $\qquad \tan\alpha_0 = \sqrt{1-\varkappa} \approx 1 - \dfrac{\varkappa}{2}$ $\qquad \tan\dfrac{\beta_{\max}}{2} = \dfrac{\varkappa}{2\sqrt{1-\varkappa}}$

$e_{\max} = 2R \operatorname{Arctan} \dfrac{\varkappa}{2\sqrt{1-\varkappa}} \approx v_0^2\left(1+\dfrac{\varkappa}{2}\right)\Big/ g$

16. a) $b=d/\sqrt{3}$ $\quad h=\sqrt{2/3}\,d$ $\quad W_{\max}=d^3/(9\sqrt{3})$
b) $b=d/2$ $\quad h=\sqrt{3}\,d/2$ $\quad I=\sqrt{3}\,d^4/64$

17. $I(x) = \dfrac{\dfrac{n}{x} U_q}{R_a + \dfrac{n}{x}\dfrac{R_i}{x}}$ $\qquad x = \sqrt{n \dfrac{R_i}{R_a}}$ $\qquad I_{max} = \dfrac{\sqrt{n}}{2} \dfrac{U_q}{\sqrt{R_a R_i}}$

18. $P_0 = 1 + 0.7185x - 0.0698x^3$; $P_0(0.5) = 1.351$

$P_1 = 1.6487 + 0.5091(x-1) - 0.2094(x-1)^2 + 0.0797(x-1)^3$; $P_1(1.5) = 1.861$

$P_2 = 2.0281 + 0.3294(x-2) + 0.0298(x-2)^2 - 0.0099(x-2)^3$; $P_2(2.5) = 2.199$

19. $P_0 = 1 - 0.14775x - 0.39438x^3$

$$P_1 = 0.86603 - 0.47211\left(x - \frac{\pi}{6}\right) - 0.61948\left(x - \frac{\pi}{6}\right)^2 + 0.39787\left(x - \frac{\pi}{6}\right)^3$$

$$P_2 = 0.70711 - 0.71467\left(x - \frac{\pi}{4}\right) - 0.30700\left(x - \frac{\pi}{4}\right)^2 + 0.05762\left(x - \frac{\pi}{4}\right)^3$$

$$P_3 = 0.50000 - 0.86356\left(x - \frac{\pi}{3}\right) - 0.26174\left(x - \frac{\pi}{3}\right)^2 + 0.16663\left(x - \frac{\pi}{3}\right)^3$$

x	Spline	Beispiel 20	$\cos x$
$\frac{\pi}{12}$	0.95424	0.91406	0.96593
1	0.54017	0.53656	0.54030
$\frac{5\pi}{12}$	0.25897	0.26563	0.25882

20. a) $P_0 = \dfrac{13}{12}x - \dfrac{1}{12}x^3$ $\qquad P_1 = 1 - \dfrac{5}{6}(x-1) - \dfrac{1}{4}(x-1)^2 + \dfrac{1}{36}(x-1)^3$

b) $P_0 = 0.1 + 0.98052(x-0.01) - 0.07288(x-0.01)^3$

$P_1 = 1 + 0.76623(x-1) - 0.21645(x-1)^2 + 0.02405(x-1)^3$

c) $P_0 = 0.2 + 0.89394(x-0.04) - 0.065676(x-0.04)^3$

$P_1 = 1 + 0.71212(x-1) - 0.18939(x-1)^2 + 0.02104(x-1)^3$

d) $P_0 = 1 + 0.35833(x-1) - 0.00278(x-1)^3$

$P_1 = 2 + 0.28333(x-4) - 0.02500(x-4)^2 + 0.00167(x-4)^3$

x	a)	b)	c)	d)	$\sqrt{x}$
2	1.6111	1.5738	1.5438	1.3556	1.4142
3	1.8889	1.8591	1.8350	1.6944	1.7321

Bemerkung: Bei d) ist der Bereich um Null, der die stärkste Krümmung aufweist, ausgespart. Die Ergebnisse sind am besten.

Abschnitt 6.1

1. $A = (6.\bar{6} + 10.0 + 3.\bar{3})\ \text{cm}^2 = 20\ \text{cm}^2$

2. a) s. Bild **A.**48 $A = 12.1609$ b) s. Bild **A.**49 $A = 6.1829$

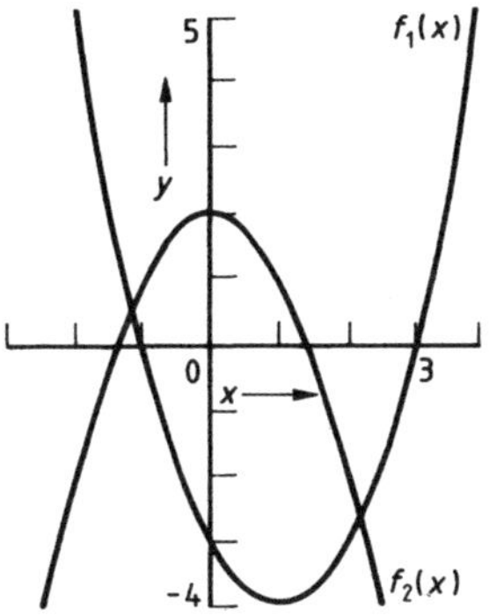

A.48

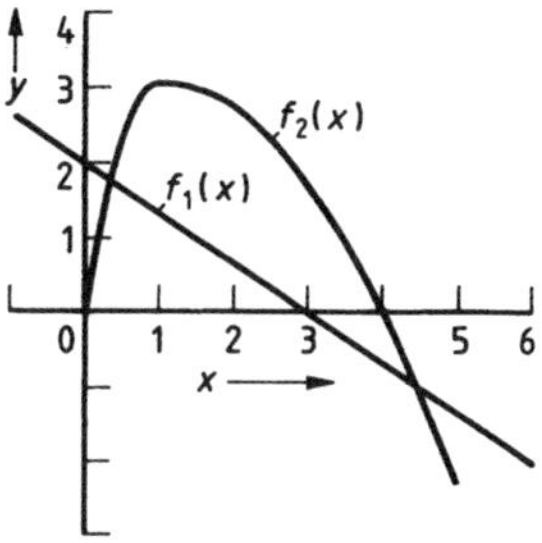

A.49

3. $W = 225.8$ N cm **4.** $W = F^2 l^3/(6EI)$

5. a) $x_m = \left[\dfrac{b^{m+1} - a^{m+1}}{(m+1)(b-a)}\right]^{1/m}$ b) $x_m = (a+b)/2$ c) $x_m = \sqrt{(b^2 + ab + a^2)/3}$

6. $i_{\text{eff}} = \hat{i}/\sqrt{3}$ **7.** $I = 1.8519$

8. Mit $L = \dfrac{(kT)^4}{c^2 h^3} \displaystyle\int_{u_1}^{u_2} \dfrac{du}{u^5(e^{1/u} - 1)}$; $u_1 = 0.120$; $u_2 = 0.280$ ergibt sich

$L = 2.2224 \cdot 10^4\ \text{W/m}^2 \cdot 2.9537 = 6.564 \cdot 10^4\ \text{W/m}^2$ $\Phi = 206.2$ W

Abschnitt 6.2

1. a) s. Bild **A.**50
$I(x) = x^3/6 - 1.75x^2 + 5x - 13/3$ $I(5) = -2.25$
b) s. Bild **A.**51
$I(x) = x + \sin x + \pi$ $I(\pi) = 2\pi$

2. a) $I = \operatorname{Arcoth} x \,|_2^5 = -0.347$
b) $I = \operatorname{Arctan} x \,|_{-0.61}^{0.21} = 0.755$
c) $I = \operatorname{Arcsin} x \,|_{0.7}^{0.9} = 0.344$

3. $x_0 = 1.111$ cm $A = 0.1039\ \text{cm}^2$

4. a) $f(x) = 1/(1 + x^2)$ b) $C = \operatorname{Arctan} 1$

5. $I(x) = \tan x - x$ **6.** $y_m = 2/\pi$

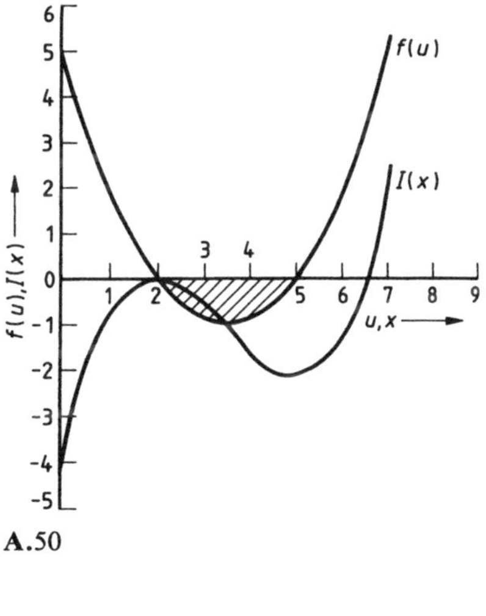

A.50

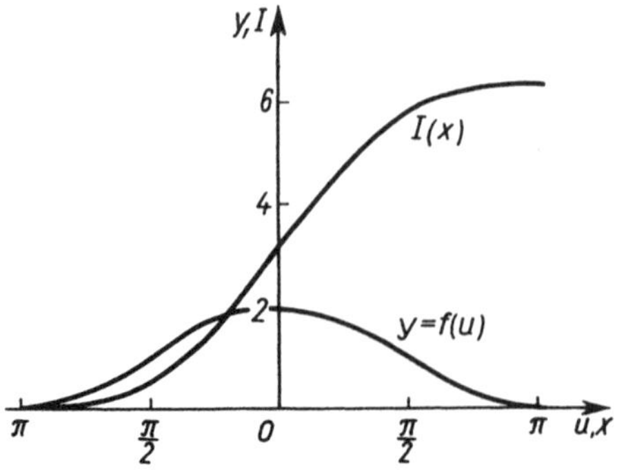

A.51

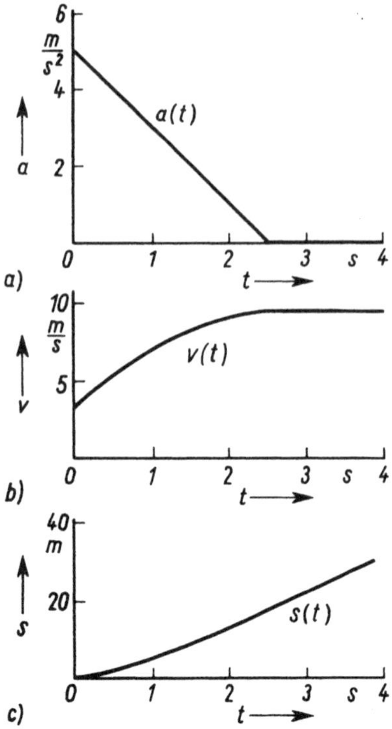

A.52

7. $v(t) = 5\,\frac{\text{m}}{\text{s}^2}\,t - 1\,\frac{\text{m}}{\text{s}^3}\,t^2 + 3\,\frac{\text{m}}{\text{s}}$ für $t \leq 2.5$ s

$v(t) = 9.25\,\frac{\text{m}}{\text{s}}$ für $t \geq 2.5$ s

$s(t) = 2.5\,\frac{\text{m}}{\text{s}^2}\,t^2 - 0.333\,\frac{\text{m}}{\text{s}^3}\,t^3 + 3\,\frac{\text{m}}{\text{s}}\,t$ für $t \leq 2.5$ s

$s(t) = 9.25\,\frac{\text{m}}{\text{s}}\,t - 5.21$ m für $t \geq 2.5$ s

s. Bild **A.52**

8. a) $I = \operatorname{Arcosh} x \big|_1^2 = 1.317$

b) $I = \operatorname{Arcoth} x \big|_2^\infty = -0.549$

Abschnitt 6.3

1. a) $I(x) = x \operatorname{Arcsin} x + \sqrt{1-x^2}$ b) $I(x) = \frac{x^2}{2} \operatorname{Arctan} x - \frac{x}{2} + \frac{1}{2} \operatorname{Arctan} x$

c) $I = \left[\frac{2x^3 - 3x}{4} \sin 2x + \frac{6x^2 - 3}{8} \cos 2x\right]_0^{\pi/2} = -1.1006$

d) $I = \frac{p}{\omega^2 + p^2}$ e) $I(x) = x \ln^2 x - 2x \ln x + 2x$

2. a) $I(x) = -0.5\,\mathrm{e}^{-x^2}$ b) $I(x) = \frac{x}{2}\,[\sin(\ln x) - \cos(\ln x)]$

c) $I(x) = \frac{1}{2}\left[\frac{\sin(m-n)x}{m-n} - \frac{\sin(m+n)x}{m+n}\right]$ d) $I(x) = \ln(1 + \sin x)$

e) $I(x) = \operatorname{Arctan}(\sin x)$ f) $I(x) = \frac{2}{3}\sqrt{1+x^3}$

g) $I(x) = \frac{1}{2}\,[x\sqrt{x^2-1} - \operatorname{Arcosh} x] = \frac{x}{2}\sqrt{x^2-1} - \frac{1}{2}\ln[x + \sqrt{x^2-1}]$

h) $I(x)=\operatorname{Arsinh}(x-2)=\ln[x-2+\sqrt{x^2-4x+5}]$

i) $I(x)=\frac{11}{8}\operatorname{Arcsin}\frac{2x-1}{3}-\frac{1}{4}(2x+3)\sqrt{x+2-x^2}$

3. a) $I(x)=\frac{1}{4}\left[\ln\left|x^2-\frac{x}{4}+\frac{1}{4}\right|-\frac{54}{\sqrt{15}}\operatorname{Arctan}\frac{8x-1}{\sqrt{15}}\right]$

b) $I(x)=\frac{1}{2}\left\{\frac{x^2}{2}+2x-\frac{1}{2}\ln|x-1|+\frac{1}{6}\ln|x+1|+\frac{16}{3}\ln|x-2|\right\}$

c) $I(x)=x-\frac{1}{12}\ln|x^2+x+4|+\frac{1}{6}\ln|x-1|-\frac{13}{2\sqrt{15}}\operatorname{Arctan}\frac{2x+1}{\sqrt{15}}$

d) $I(x)=\frac{2}{(x+2)^2}-\frac{1}{x+2}$

4. $A=\frac{4b}{a}\int_0^a\sqrt{a^2-x^2}\,\mathrm{d}x=ab\pi$

5. $s=r\int_0^r\frac{\mathrm{d}x}{\sqrt{r^2-x^2}}=\frac{r\pi}{2}$ **6.** $A=\frac{2a\omega}{\delta^2+\omega^2}\mathrm{e}^{\frac{\delta\varphi}{\omega}}\cosh\frac{\delta\pi}{2\omega}$

7. $y=-\frac{c_a t}{4\pi}\left[\left(1-\frac{x}{t}\right)\ln\left(1-\frac{x}{t}\right)+\frac{x}{t}\ln\frac{x}{t}\right]$ $f=\frac{c_a t}{4\pi}\ln 2$

8. $\overline{\sigma}=2c\left(\coth a-\frac{1}{a}\right)$

Abschnitt 6.4

1. $V_y=2011\ \mathrm{mm}^3$ **2.** a) $V_x=0.6032\ \mathrm{m}^3$ b) $V_y=1.017\ \mathrm{m}^3$

3. $V_y=3.8109+1.1335=4.9444$

4. a) $x_S=3a/4$ $y_S=3ca^2/10$ b) $x_S=3a/5$ $y_S=\frac{3}{8}\sqrt{2pa}$

5. $x_S=1.770$ cm

6. a) $I_x=c^3a^7/21$ $I_y=ca^3/5$ b) $I_x=\frac{4}{15}pa^2\sqrt{2pa}$ $I_y=\frac{2}{7}a^3\sqrt{2pa}$

7. $J=\frac{2}{5}mr^2$

8. $m=66.34$ kg $J=8.073\ \mathrm{kg\,m}^2$

9. $J=\frac{\pi\varrho}{15}(2520+30-128)\ \mathrm{cm}^5=507.3\,\varrho\ \mathrm{cm}^5$

10. a) $s(x_0)=a\sinh(x_0/a)$ b) $s=19.528$

11. $O=4\pi^2Rr$

12. a) $w=\frac{Fl^3}{24EI}\left[\left(\frac{x}{l}\right)^4-2\left(\frac{x}{l}\right)^3+\left(\frac{x}{l}\right)\right]$

b) $w=\frac{Fl^3}{60EI}\left[-\left(\frac{x}{l}\right)^5+5\left(\frac{x}{l}\right)^4-10\left(\frac{x}{l}\right)^3+10\left(\frac{x}{l}\right)^2\right]$

c) $w=\frac{Fl^3}{24EI}\left[\left(\frac{x}{l}\right)^4-2\left(\frac{x}{l}\right)^3+\left(\frac{x}{l}\right)^2\right]$

13. a) $i_{\text{gal}}=\frac{4}{\pi}\hat{i}$ b) $i_{\text{eff}}=\hat{i}\sqrt{3}$

Abschnitt 7.1

1. $s_1=1$; $s_2=1.2$; $s_3=1.24$; $s_4=1.248$; $s_5=1.2496$; $s_6=1.24992$

2. 0.467 **3.** a) $n=39$ b) $n=31$

4. a) Nach dem Quotientenkriterium Gl. (7.7) ist $\frac{a_{i+1}}{a_i}=\left(\frac{i}{i+1}\right)^i=p(i)$

nach der Bernoullischen Ungleichung $\frac{1}{p(i)}=\left(1+\frac{1}{i}\right)^i>1+i\cdot\frac{1}{i}=2$

Also ist $p(i)<1/2=q$; damit konvergiert die Reihe.

b) Nach Wurzelkriterium Gl. (7.8) ist $1/(\ln i)\leq 1/(\ln 3)=q<1$ für alle $i\geq 3$, also konvergent.

c) Nach dem Quotientenkriterium ist

$$\frac{a_{i+1}}{a_i}=\frac{(i+1)(i+1)}{(2i+1)(2i+2)}<\frac{1}{2}=q \quad \text{für alle } i\in\mathbb{N},$$

also konvergent.

d) Nach dem Quotientenkriterium ist

$$\frac{a_{i+1}}{a_i}=\frac{(i+1)^2}{2^{i+1}}\cdot\frac{2^i}{i^2}=\left(\frac{i+1}{i}\right)^2\cdot\frac{1}{2}=\left(1+\frac{2}{i}+\frac{1}{i^2}\right)\cdot\frac{1}{2}\leq\frac{7}{8}=q$$

für $i\geq 4$, also konvergiert die Reihe.

5. Es können beliebig viele Differenzen von Teilsummen gefunden werden, die größer als 0.5 sind, also ist die Summe unbeschränkt:

Es ist nämlich $s_2=1.5$; $s_4-s_2=\frac{1}{3}+\frac{1}{4}>\frac{2}{4}=\frac{1}{2}$;

$s_8-s_4=\frac{1}{5}+\frac{1}{6}+\frac{1}{7}+\frac{1}{8}>\frac{4}{8}=\frac{1}{2}$; ... also ist $s>1.5+\frac{1}{2}+\frac{1}{2}+\ldots$, daher divergent.

Abschnitt 7.2

1. a) $\frac{1+x}{1-x}=2\left[\frac{1}{2}+x+x^2+x^3+\ldots+\frac{x^{n+1}}{(1-x_{\text{m}})^{n+2}}\right]=1+2\sum_{i=1}^{\infty}x^i$

Die Reihe konvergiert für $-1<x<+1$

b) $\frac{1}{x}=1-(x-1)+(x-1)^2-(x-1)^3+\ldots+(-1)^n\frac{(x-1)^n}{x_{\text{m}}^{n+1}}=1+\sum_{i=1}^{\infty}(-1)^i(x-1)^i$

Die Reihe konvergiert für $0<x<2$ c) s. Gl. (7.24)

2. s. Bild **A.**53

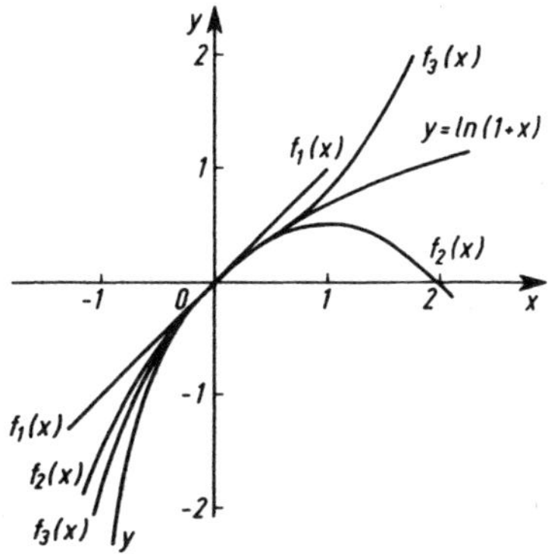

A.53

3. $$\left(1+\frac{h}{R}\right)^{-2}=1-2\left(\frac{h}{R}\right)+3\left(\frac{h}{R}\right)^2-4\left(\frac{h}{R}\right)^3+\dots$$
$$=\sum_{i=0}^{\infty}(-1)^i(i+1)\left(\frac{h}{R}\right)^i$$

Der Fehler in 300 km Höhe ist 0.69 %.

4. a) s. Gl. (7.28)

b) $$\operatorname{Arcsin}x=x+\frac{1}{2}\frac{x^3}{3}+\frac{3\cdot x^5}{2\cdot 4\cdot 5}+\frac{3\cdot 5\cdot x^7}{2\cdot 4\cdot 6\cdot 7}+\dots$$
$$=x+\sum_{i=1}^{\infty}\left(\frac{\prod\limits_{k=0}^{i-1}(2k+1)}{\prod\limits_{k=0}^{i-1}(2k+2)}\right)\frac{x^{2i+1}}{(2i+1)}$$

5. $$\pi=6\cdot\left[\frac{1}{2}+\frac{1}{2\cdot 3\cdot 2^3}+\frac{3}{2\cdot 4\cdot 5\cdot 2^5}+\frac{3\cdot 5}{2\cdot 4\cdot 6\cdot 7\cdot 2^7}+\dots\right]$$
$$=6\cdot\left[\frac{1}{2}+\sum_{i=1}^{\infty}\left(\frac{\prod\limits_{k=0}^{i-1}(2k+1)}{\prod\limits_{k=0}^{i-1}(2k+2)}\right)\frac{1}{(2i+1)\,2^{2i+1}}\right]$$

6. $$s=l\left[1+\frac{2}{3}\left(\frac{h}{l}\right)^2-\frac{2}{5}\left(\frac{h}{l}\right)^4+\frac{4}{7}\left(\frac{h}{l}\right)^6-\dots\right]$$

7. a) $$\int_0^x\frac{\sin\xi}{\xi}\,d\xi=x-\frac{x^3}{3\cdot 3!}+\frac{x^5}{5\cdot 5!}-\frac{x^7}{7\cdot 7!}+\dots=\sum_{i=0}^{\infty}(-1)^i\frac{x^{2i+1}}{(2i+1)(2i+1)!}$$

b) $$\int_0^x\sqrt{1+\xi^3}\,d\xi=x+\frac{x^4}{8}-\frac{x^7}{56}+\frac{x^{10}}{160}-\dots$$

c) $$\int_0^x\cos\sqrt{\xi}\,d\xi=x-\frac{x^2}{2\cdot 2!}+\frac{x^3}{3\cdot 4!}-\frac{x^4}{4\cdot 6!}+\dots=\sum_{i=1}^{\infty}(-1)^{i+1}\frac{x^i}{i(2i-2)!}$$

d) $$\int_{1/2\pi}^{1/\pi}\sin\left(\frac{1}{x}\right)dx=\ln x+\frac{1}{3!\,2x^2}-\frac{1}{5!\,4x^4}+\frac{1}{7!\,6x^6}-\dots\Big|_{0.1592}^{0.3183}=-0.4964+0.4002=-0.0962$$

Abschnitt 7.3

1. a) $$y=\frac{8A}{\pi^2}\left(\sin x-\frac{1}{9}\sin 3x+\frac{1}{25}\sin 5x-\dots\right)=\frac{8A}{\pi^2}\sum_{m=1}^{\infty}(-1)^{m+1}\frac{\sin(2m-1)x}{(2m-1)^2}$$

b) $y = \frac{6A}{\pi^2}\left(\cos x - \frac{1}{4}\cos 2x + \frac{1}{9}\cos 3x - \ldots\right) = \frac{6A}{\pi^2}\sum_{m=1}^{\infty}(-1)^{m+1}\frac{\cos mx}{m^2}$

c) $y = \frac{2A}{\pi}\left(\frac{1}{2} + \frac{\pi}{4}\cos x + \frac{1}{1\cdot 3}\cos 2x - \frac{1}{3\cdot 5}\cos 4x + \frac{1}{5\cdot 7}\cos 6x - \frac{1}{7\cdot 9}\cos 8x + \ldots\right)$

$= \frac{2A}{\pi}\left[\frac{1}{2} + \frac{\pi}{4}\cos x + \sum_{m=1}^{\infty}(-1)^{m+1}\frac{\cos 2mx}{(2m+1)(2m-1)}\right]$

d) $y = \frac{4A}{\pi}\left(\frac{1}{2} + \frac{1}{1\cdot 3}\cos 2x - \frac{1}{3\cdot 5}\cos 4x + \ldots\right) = \frac{4A}{\pi}\left[\frac{1}{2} + \sum_{m=1}^{\infty}(-1)^{m+1}\frac{\cos 2mx}{(2m+1)(2m-1)}\right]$

2. $y = \frac{8A}{\pi}\left(\frac{1}{1\cdot 3}\sin x + \frac{2}{3\cdot 5}\sin 2x + \ldots\right) = \frac{8A}{\pi}\sum_{m=1}^{\infty}\frac{m}{4m^2-1}\sin mx$

3. $f(x) = 0$ für $x = 0$ und für $x = \pm\pi$; Extremwerte $f(\pm\pi/\sqrt{3}) = \pm 0.995A$, Bild **A**.54

$f(x) = A\left[\sin x - \frac{1}{8}\sin 2x + \frac{1}{27}\sin 3x - \ldots\right]$

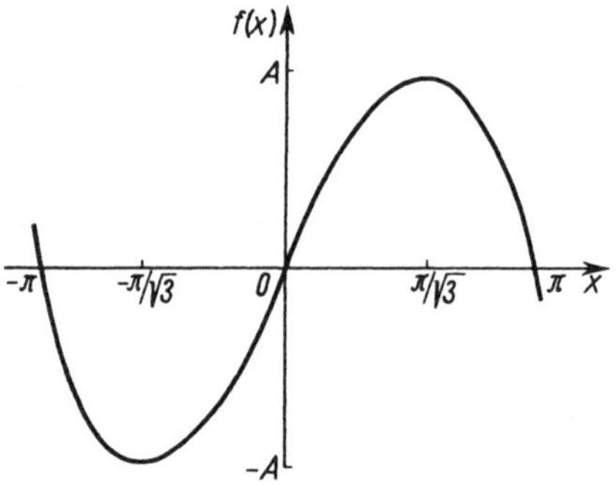

A.54

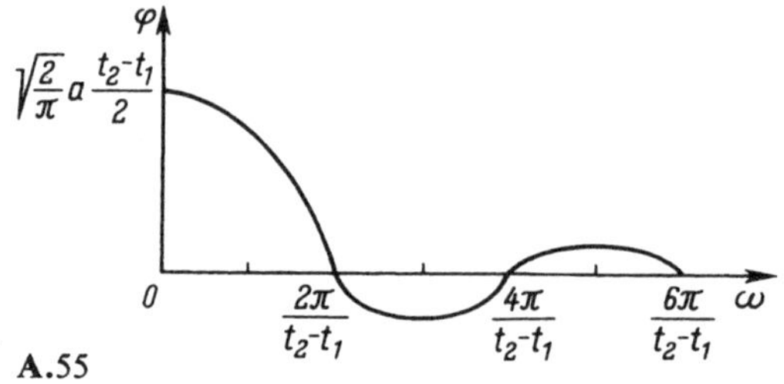

A.55

4. a) $f(x) = \frac{4}{\pi}A\left(\sin x + \frac{1}{3}\sin 3x + \frac{1}{5}\sin 5x + \ldots\right)$

$= A(1.273\sin x + 0.424\sin 3x + 0.255\sin 5x + \ldots)$

$g(x) = A(1.244\sin x + 0.333\sin 3x + 0.089\sin 5x)$

b) $f(x) = \frac{2}{\pi}A\left(\sin x - \frac{1}{2}\sin 2x + \frac{1}{3}\sin 3x - \ldots\right)$

$= A(0.637\sin x - 0.318\sin 2x + 0.212\sin 3x - 0.159\sin 4x + 0.127\sin 5x - \ldots)$

$g(x) = A(0.622\sin x - 0.289\sin 2x + 0.167\sin 3x - 0.096\sin 4x + 0.045\sin 5x)$

5. $f(t) = \frac{2a}{\pi}\int_0^{\infty}\frac{1}{\omega}\sin\left(\omega\frac{t_2-t_1}{2}\right)\cdot\cos\left(\omega t - \omega\frac{t_2+t_1}{2}\right)d\omega$

mit der Spektralfunktion Bild **A**.55

$\varphi(\omega) = \sqrt{\frac{2}{\pi}}\,\frac{a}{\omega}\sin\left(\omega\frac{t_2-t_1}{2}\right)$

Abschnitt 8.1

1. a) s. Bild **A.**56

	λ	x	y
Nullstellen	keine		
Ordinatenschnittpunkte	0	0	1
waagerechte Tangenten	0	0	1
senkrechte Tangenten	$+\infty$	1	$+\infty$
Wendepunkt	-1	-1.718	2.000

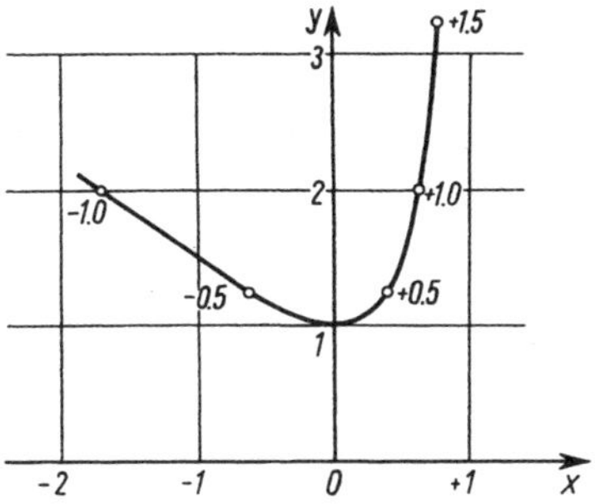

A.56

b) Blatt des Descartes (**A.**57)

	λ	x	y
Nullstellen	0	0	0
Ordinatenschnittpunkte	0	0	0
waagerechte Tangenten	0	0	0
	1.260	1.260	1.587
senkrechte Tangenten	0.794	1.587	1.260

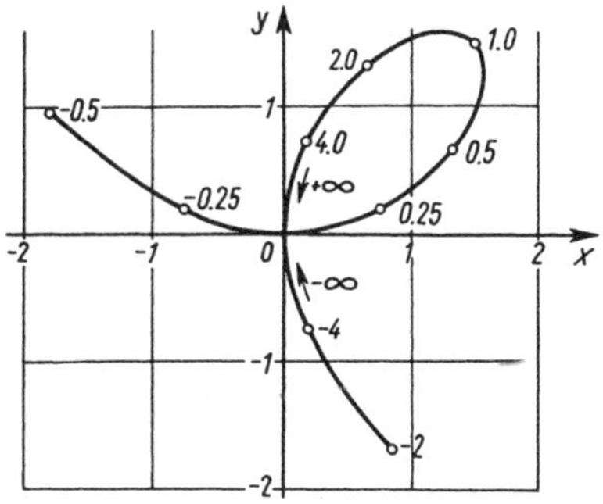

A.57

c) Hyperbel (**A.**58)

Nullstellen $\varphi_1 = 0° \pm n \cdot 360°$ $x = +4$

$\varphi_2 = 180° \pm n \cdot 360°$ $x = -4$

Ordinatenschnittpunkte keine

waagerechte Tangenten keine

senkrechte Tangenten wie Nullstellen

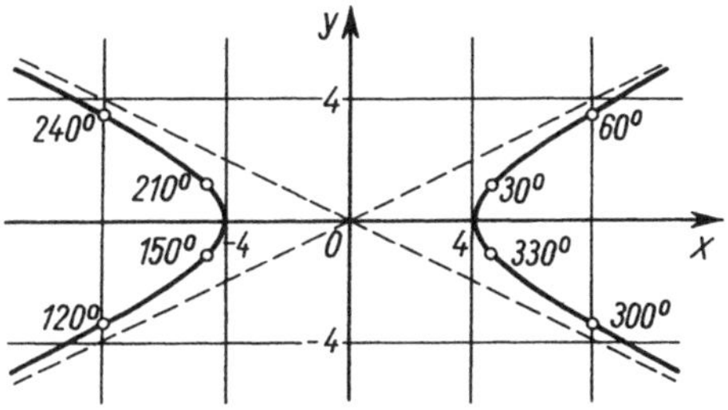

A.58

2. a) $V_y = \pi \int_{\lambda_1}^{\lambda_2} x^2 \dot{y} \, \mathrm{d}\lambda$ b) $I_z = \int_{\lambda_1}^{\lambda_2} y^2 z \dot{y} \, \mathrm{d}\lambda$

3. Kardioide (**A.**59)

Nullstellen

$\psi_1 = 0° \pm n \cdot 360°$ $x = r$ doppelte Nullstellen

$\psi_2 = 180° \pm n \cdot 360°$ $x = -3r$ einfache Nullstellen

Ordinatenschnittpunkt

$\psi_1 = 111.5° \pm n \cdot 360°$ $y = 2.542r$

$\psi_2 = 248.5° \pm n \cdot 360°$ $y = -2.542r$

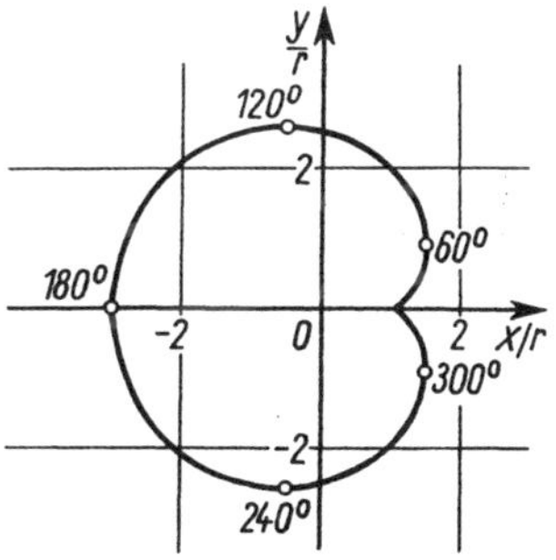

A.59

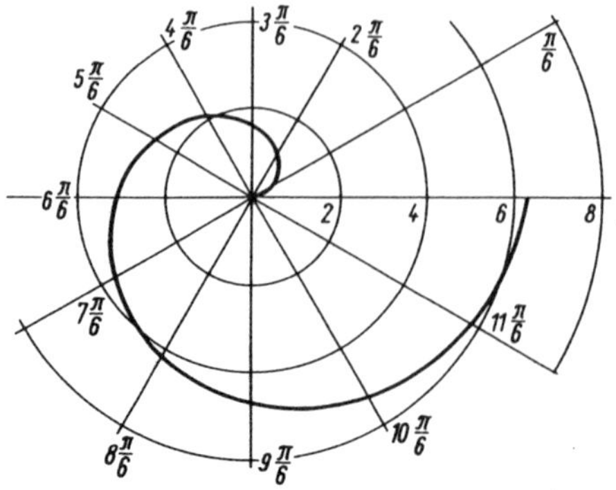

A.60

waagerechte Tangenten

ψ_1 wie doppelte Nullstellen

$\psi_2 = 120° \pm n \cdot 360°$ $x = -0.5r$ $y = 2.598r$

$\psi_3 = 240° \pm n \cdot 360°$ $x = -0.5r$ $y = -2.598r$

senkrechte Tangenten

ψ_1 wie doppelte Nullstelle, also dort Spitze

ψ_2 wie einfache Nullstellen

$\psi_3 = \ \ 60° \pm n \cdot 360°$ $x = 1.5r$ $y = 0.866r$

$\psi_4 = 300° \pm n \cdot 360°$ $x = 1.5r$ $y = -0.866r$

Fläche $A = 6r^2\pi$ Umfang $s = 16r$

4. Fläche $A = 3.651\ \text{cm}^2$
Bogenlänge $s = 3.914$ cm

Abschnitt 8.2

1. a) Spirale des Archimedes (**A.**60)

waagerechte Tangenten

$\varphi_1 = 0$ $\varphi_2 = 2.029$ $\varphi_3 = 4.913$

senkrechte Tangenten

$\varphi_1 = 0.860$ $\varphi_2 = 3.426$

Es gibt noch unendlich viele weitere Lösungen

b) Kardioide (**A.**61)

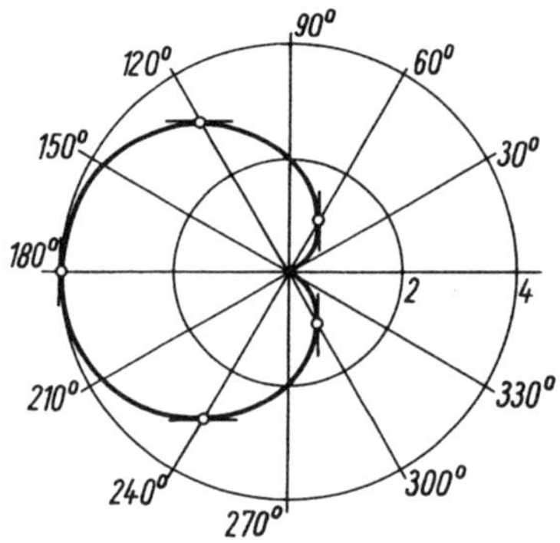

A.61

waagerechte Tangenten

$\varphi_1 = \ \ \ 0° \pm n \cdot 360°$ $r = 0$

$\varphi_2 = 120° \pm n \cdot 360°$ $r = 3.00$ cm

$\varphi_3 = 240° \pm n \cdot 360°$ $r = 3.00$ cm

senkrechte Tangenten

$\varphi_1 = \ \ \ 0° \pm n \cdot 360°$ $r = 0$ Spitze

$\varphi_2 = 180° \pm n \cdot 360°$ $r = 4.0$ cm

$\varphi_3 = \ \ 60° \pm n \cdot 360°$ $r = 1$ cm

$\varphi_4 = 300° \pm n \cdot 360°$ $r = 1$ cm

c) Lemniskate (**A.**62)

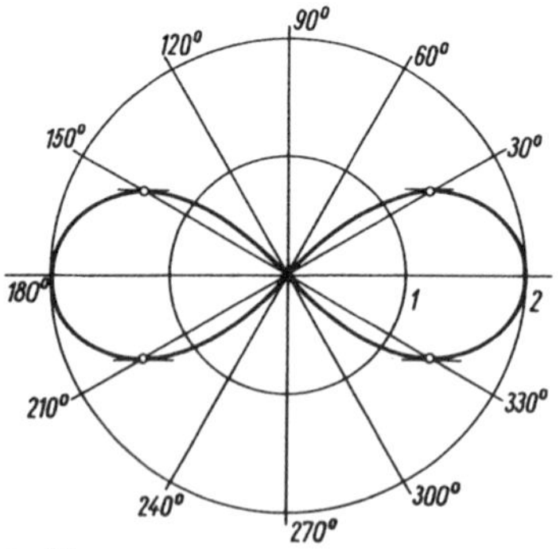

A.62

Definitionsbereich

$-45° \pm n \cdot 180° \leq \varphi \leq +45° \pm n \cdot 180°$

waagerechte Tangenten

$\varphi = 30° \pm n \cdot 180°$ $r = 1.414$ cm

senkrechte Tangenten

$\varphi = 0° \pm n \cdot 180°$ $r = 2.000$ cm

2. a) $A = a^2\pi^3/192 = 0.6460\ \text{cm}^2$
$s = 2.079\ \text{cm}$

b) $A = 3a^2\pi/2 = 18.850\ \text{cm}^2$
$s = 8a = 16\ \text{cm}$

c) $A = a^2 = 4\ \text{cm}^2$

$$s = a\int\limits_0^{\pi/4} \frac{d\varphi}{\sqrt{\cos 2\varphi}} = \frac{a}{\sqrt{2}} \int\limits_0^{\pi/2} \frac{d\psi}{\sqrt{1 - \frac{1}{2}\sin^2\psi}}$$

3. Waagerechte Tangenten
$\varphi_1 = 0 \quad r_1 = 0$
$\varphi_2 = \pi/2 \quad r_2 = 1$

Senkrechte Tangenten
$\varphi_3 = 54.7° \quad r_3 = 0.667$
$\varphi_4 = 125.3° \quad r_4 = 0.667$
s. Bild **A**.63

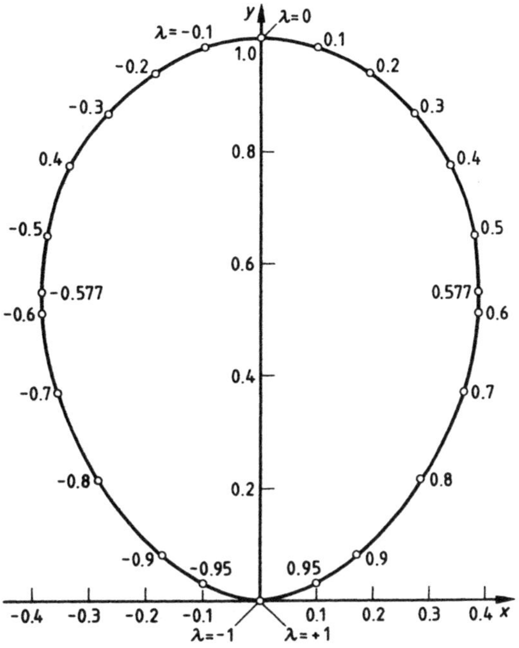

A.63

Abschnitt 8.3

1. a) $\varrho = -2.507$ b) $\varrho = -4r$ c) $\varrho = \frac{a}{3}$

2. $x = 1/\sqrt{2}$ $y = -0.347$ $\varrho = -2.60$

3. a) $X = 2x + \frac{1}{x}$ $Y = \ln x - (1 + x^2)$ (Bild **A**.64)

b) $X = \frac{a^2 - b^2}{a}\cos^3\varphi$ $Y = \frac{b^2 - a^2}{b}\sin^3\varphi$ (Bild **A**.65) Astroide

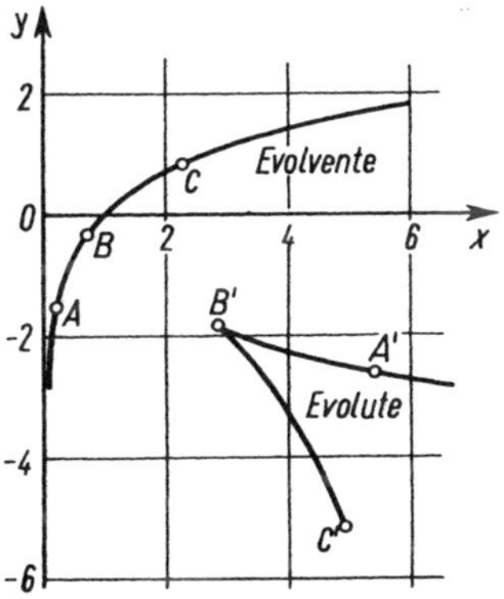

A.64

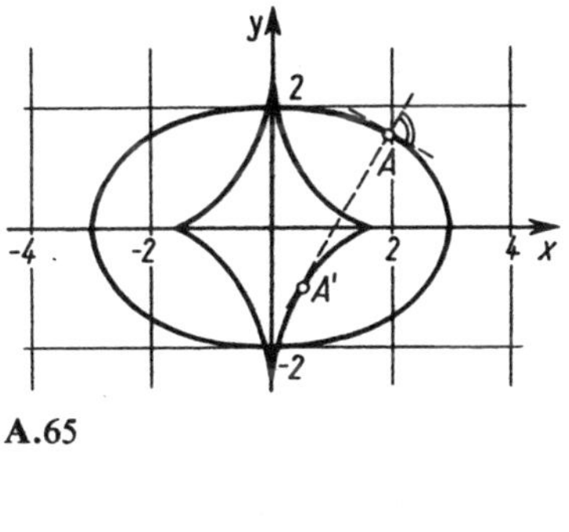

A.65

Abschnitt 9.2

1. a) $f_x = 2zx/y$ $\quad f_y = -zx^2/y^2$ $\quad f_z = x^2/y$

$f_{xx} = 2z/y$ $\quad f_{yy} = 2zx^2/y^3$ $\quad f_{zz} = 0$

$f_{xy} = f_{yx} = -2zx/y^2$ $\quad f_{yz} = f_{zy} = -x^2/y^2$ $\quad f_{zx} = f_{xz} = 2x/y$

b) $f_x = \sin(x-y) + (x+y)\cos(x-y)$ $\quad f_y = \sin(x-y) - (x+y)\cos(x-y)$

$f_{xx} = 2\cos(x-y) - (x+y)\sin(x-y)$ $\quad f_{yy} = -2\cos(x-y) - (x+y)\sin(x-y)$

$f_{xy} = f_{yx} = (x+y)\sin(x-y)$

c) $f_x = \frac{z}{y}\,e^{x/y}$ $\quad f_y = \frac{-zx}{y^2}\,e^{x/y}$ $\quad f_z = e^{x/y}$

$f_{xx} = \frac{z}{y^2}\,e^{x/y}$ $\quad f_{yy} = \frac{zx}{y^3}\left(2+\frac{x}{y}\right)e^{x/y}$ $\quad f_{zz} = 0$

$f_{xy} = f_{yx} = -\frac{z}{y^2}\left(1+\frac{x}{y}\right)e^{x/y}$ $\quad f_{yz} = f_{zy} = -\frac{x}{y^2}\,e^{x/y}$ $\quad f_{zx} = f_{xz} = \frac{e^{x/y}}{y}$

2. $x_1 = x_2 = x_3 = A/3$

3. a) $\Delta u = m\,\Delta x + 2ny\,\Delta y + n(\Delta y)^2$ $\quad du = m\,dx + 2ny\,dy$

b) $\Delta u = 0.16445$ $\quad du = 0.15533$

4. a) $du = (\sin\omega t)\,d\hat{u} + \hat{u}\cos\omega t\,(t\,d\omega + \omega\,dt)$

b) $d\varphi = \frac{R}{R^2+(\omega L)^2}\left(L\,d\omega + \omega\,dL - \frac{\omega L}{R}\,dR\right)$

5. Richtung der maximalen Steigung 36.87° maximale Steigung −36.37°

6. a) $y' = -\frac{2y\sqrt{x+y}+\sqrt{1-(xy)^2}}{2x\sqrt{x+y}+\sqrt{1-(xy)^2}}$ $\quad$ b) $y' = \frac{y\cdot\cos y - y^2\cos x\cdot\cos^2(x/y)}{y^2\sin x\cdot\tan y\cdot\cos^2(x/y)+x\cos y}$

7. Ordinatenabschnitte $y_1 = y_2 = 0;\quad y_3 = a;\quad y_4 = -a$

Abszissenabschnitte $x_1 = x_2 = x_3 = 0;\quad x_4 = -2a$

waagerechte Tangenten $x_1 = x_2 = 0;\quad x_3 = -\frac{3}{4}a;\quad y_3 = \pm\sqrt{27}\,a/4$

senkrechte Tangenten $x_1 = a/4;\quad y_1 = \pm\sqrt{3}\,a/4;\quad x_2 = -2a$

Graph s. Bild **A**.61

Abschnitt 9.3

1. a) $\frac{x^2}{2}(\ln y)\,e^z + C_1\,xy + C_2\,x + C_3$

b) $-0.5\,[\cos x + 2x\sin x - (x^2-2)\cos x]_0^1 = -1.38177 + 1.5 = 0.11823$

2. a) $V = abc/6$ $\quad$ b) $V = 40.5\,\pi\ \mathrm{cm}^3 = 127.2\ \mathrm{cm}^3$

3. $M_y = (2/3)\ \mathrm{cm}^3$ $\quad M_x = (4/5)\ \mathrm{cm}^3$ $\quad$ **4.** $J_z = \varrho\,l\,r^4\pi/2$

Abschnitt 9.4

1. $\Delta G_L/G_L = 0.134\,\%$ $\Delta G_W/G_W = 0.123\,\%$ $\varrho = 7.683\ \text{g/cm}^3$ $\Delta\varrho/\varrho = 1.22\,\%$

2. $d = (0.1651 \pm 0.0018)$ mm

3. $R_p = (203.6 \pm 3.1)\ \Omega$

4. $L = 0.500\,H \pm 3\,\%$, weil Differenz etwa gleich großer Werte

5. $v = (3.94 \pm 0.11)$ m/s

6. $a_0 = (45.83 \pm 0.14)\ \Omega$ $a_1 = (0.2172 \pm 0.0021)\ \Omega/\text{K}$

$$\alpha = \frac{a_1}{a_0} = (4.74 \pm 0.05)\ 10^{-3}/\text{K}$$

7. $a_0 = 242$ $a_1 = 1021$ $a_2 = -482$

8. $g = (9.802 \pm 0.020)\ \text{m/s}^2$ **9.** $\delta = (0.1820 \pm 0.004)\ \text{s}^{-1}$

10. $R_i = (0.246 \pm 0.016)\ \Omega$ $U_0 = (1.498 \pm 0.005)$ V

Abschnitt 10.1

1. a) $\vec{v} = v_0(1 - \cos\omega_0 t)\,\vec{i} + (v_0 \sin\omega_0 t)\,\vec{j}$ $v = v_0\sqrt{2(1-\cos\omega_0 t)}$

$\vec{a} = (v_0\omega_0 \sin\omega_0 t)\,\vec{i} + (v_0\omega_0 \cos\omega_0 t)\,\vec{j}$ $a = v_0\omega_0$

b) $\vec{a} = v_0\omega_0 \dfrac{\sin\omega_0 t}{\sqrt{2(1-\cos\omega_0 t)}}\,\vec{e}_v + 0.5\,v_0\omega_0\sqrt{2(1-\cos\omega_0 t)}\,\vec{e}_n$ $a = v_0\omega_0$

2. a) $s_x = 50.30$ m b) $v = 27.16$ m/s

3. $$\ddot{r} = \frac{(\dot{x}^2 + \dot{y}^2 + x\ddot{x} + y\ddot{y})(x^2+y^2) - (x\dot{x} + y\dot{y})^2}{(x^2+y^2)^{3/2}}$$

$$\ddot{\varphi} = \frac{(x\ddot{y} - \ddot{x}y)(x^2+y^2) - 2(x\dot{y} - \dot{x}y)(x\dot{x} + y\dot{y})}{(x^2+y^2)^2}$$

4. $\vec{v} = r_0\omega_0^2 t\,\vec{e}_r$ $\vec{a} = r_0\omega_0^2\,\vec{e}_r + r_0\omega_0^3 t\,\vec{e}_\varphi$ $a = r_0\omega_0^2\sqrt{1 + \omega_0^2 t^2}$

Abschnitt 10.2

1. a) $\operatorname{grad} r = \vec{r}/r = \vec{r}^{\,0}$ b) $\operatorname{div}\vec{r} = 3$ c) $\operatorname{rot}\vec{r} = \vec{o}$

2. $$\operatorname{grad}(\operatorname{div}\vec{v}) = \left(\frac{\partial^2 v_x}{\partial x^2} + \frac{\partial^2 v_y}{\partial x\,\partial y} + \frac{\partial^2 v_z}{\partial x\,\partial z}\right)\vec{i} + \left(\frac{\partial^2 v_x}{\partial x\,\partial y} + \frac{\partial^2 v_y}{\partial y^2} + \frac{\partial^2 v_z}{\partial y\,\partial z}\right)\vec{j} + \left(\frac{\partial^2 v_x}{\partial x\,\partial z} + \frac{\partial^2 v_y}{\partial y\,\partial z} + \frac{\partial^2 v_z}{\partial z^2}\right)\vec{k}$$

3. $\operatorname{rot}(\operatorname{grad} u) = \vec{o}$ **4.** $\operatorname{div}(\operatorname{rot}\vec{v}) = 0$

5. Zwischenergebnis rot $(\operatorname{rot}\vec{v}) = \begin{vmatrix} \vec{i} & \vec{j} & \vec{k} \\ \dfrac{\partial}{\partial x} & \dfrac{\partial}{\partial y} & \dfrac{\partial}{\partial z} \\ \left(\dfrac{\partial v_z}{\partial y} - \dfrac{\partial v_y}{\partial z}\right) & \left(\dfrac{\partial v_x}{\partial z} - \dfrac{\partial v_z}{\partial x}\right) & \left(\dfrac{\partial v_y}{\partial x} - \dfrac{\partial v_x}{\partial y}\right) \end{vmatrix}$

Endergebnis s. Aufgabe.

6. a) Weg 1 $W = (0.667\,a^2 b + 0.333\,b^3 + c^3)$ N/m²
Weg 2 $W = (0.500\,a^2 b + 0.333\,b^3 + c^3)$ N/m²
Weg 3 $W = (0.333\,b^3 + c^3)$ N/m²
b) alle Wege $W = (a b^2 + c^3)$ N/m²

7. Mit $r^2 = x^2 + y^2 + z^2$ wird

a) $F_x = \dfrac{cx}{r^2} \quad F_y = \dfrac{cy}{r^2} \quad F_z = \dfrac{cz}{r^2}$

b) $c \ln(r_2/r_1)$. Wegen dieses Ergebnisses spricht man in der Physik hier vom logarithmischen Potential.

Abschnitt 11.1 und 11.2

1. a) $z = 24.45\,\mathrm{e}^{\mathrm{j}209.2°}$ b) $z = 2.27\,\mathrm{e}^{\mathrm{j}72.8°}$ c) $z = 8.98\,\mathrm{e}^{\mathrm{j}87.6°}$
d) $z = 6.34\,\mathrm{e}^{\mathrm{j}91.8°}$ e) $z = 3.37\,\mathrm{e}^{-\mathrm{j}36.0°}$ f) $z = 19.84\,\mathrm{e}^{\mathrm{j}112.4°}$

2. a) $z = -10.32 - \mathrm{j}33.5$ b) $z = 17.71 - \mathrm{j}23.8$ c) $z = 0.0945 + \mathrm{j}9.02$
d) $z = 2.96 - \mathrm{j}2.17$ e) $z = -1.473 + \mathrm{j}1.983$

3. a) Achsensymmetrie zur reellen Achse b) Punktsymmetrie zum Ursprung

4. a) $z = 3.93\,\mathrm{e}^{\mathrm{j}213.8°} = -3.27 - \mathrm{j}2.19$ b) $z = 0.00758\,\mathrm{e}^{\mathrm{j}91.69°} = -0.000224 + \mathrm{j}0.00758$

5. $r = 3.278 \quad \varphi = 154.6°$

6. $Z_u = (32.82 + \mathrm{j}27.98)\,\Omega \quad Z_v = (257.87 - \mathrm{j}80.85)\,\Omega \quad Z_w = (-5.72 - \mathrm{j}25.08)\,\Omega$

7. a) $\operatorname{Re} Z = R/(1 + (\omega R C)^2) \quad \operatorname{Im} Z = \omega(L - R^2 C(1 - \omega^2 L C))/(1 + (\omega R C)^2)$
b) $\operatorname{Re} Z = R/(1 + (\omega R C)^2) \quad \operatorname{Im} Z = -\omega R^2 C/(1 + (\omega R C)^2)$

8. $|Y| = \dfrac{1 - \omega^2 L C}{\sqrt{R^2(1 - \omega^2 L C)^2 + (\omega L)^2}} \qquad \varphi_Y = -\operatorname{Arctan}\left(\dfrac{\omega L}{R(1 - \omega^2 L C)}\right)$

9. $\cos 4\alpha = \cos^4\alpha - 6\cos^2\alpha \sin^2\alpha + \sin^4\alpha = 1 - 8\cos^2\alpha \sin^2\alpha$
$\sin 4\alpha = 4\cos^3\alpha \sin\alpha - 4\cos\alpha \sin^3\alpha = 4\sin\alpha \cos\alpha(\cos^2\alpha - \sin^2\alpha)$

10. a) $z_1 = 0.932\,\mathrm{e}^{\mathrm{j}24.0°} = 0.852 + \mathrm{j}0.379 \quad z_2 = -0.0969 + \mathrm{j}0.927$
$z_3 = -0.912 + \mathrm{j}0.1943 \quad z_4 = -0.466 - \mathrm{j}0.807 \quad z_5 = 0.623 - \mathrm{j}0.693$
b) $z_1 = 2.16 - \mathrm{j}1.237 \quad z_2 = -0.00720 + \mathrm{j}2.49 \quad z_3 = -2.15 - \mathrm{j}1.249$
c) $z_1 = 1.564\,\mathrm{e}^{-\mathrm{j}47.5°} = 1.057 - \mathrm{j}\,1.153 \quad z_3 = 1.564\,\mathrm{e}^{\mathrm{j}192.5°} = -1.527 - \mathrm{j}0.338$
$z_2 = 1.564\,\mathrm{e}^{\mathrm{j}72.5°} = 0.471 + \mathrm{j}1.492$

11. a) $k = -3 \quad z = -\mathrm{j}6.5\pi$ b) $k = 1 \quad z = 1.2825 + \mathrm{j}5.6952$ c) $z = \ln\pi + \mathrm{j}\dfrac{\pi}{2}$

Abschnitt 11.3

1. Der Graph von $\underline{Z}(L)$ ist eine Gerade parallel zur imaginären Achse. Der Graph von $\underline{Y}(L)$ ist ein Kreis, dessen Umfang durch den Koordinatenursprung verläuft.

$\varrho = 2$ mS; $M(2$ mS; $0)$; s. Bild **A.66**.

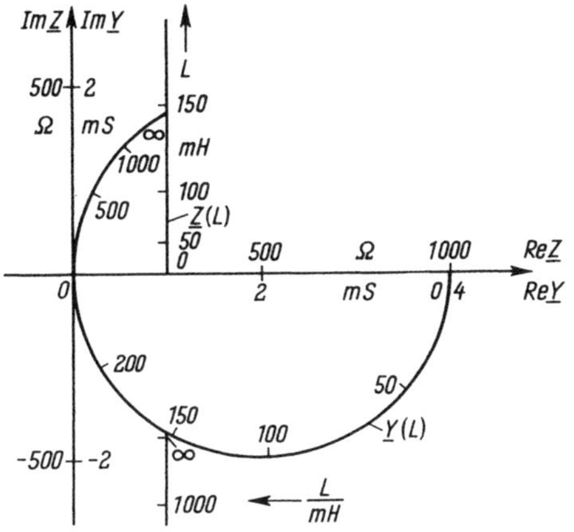

A.66

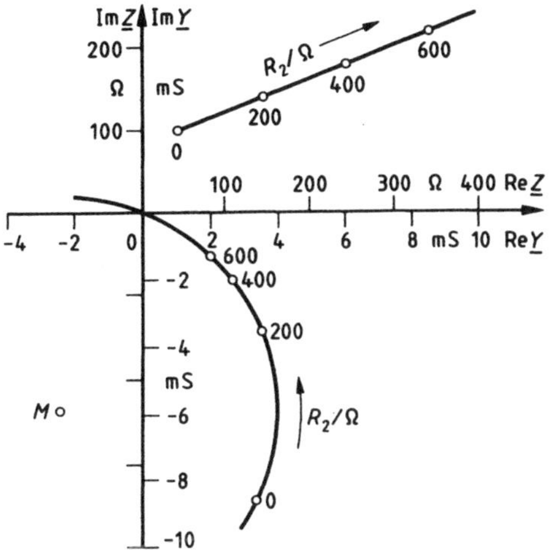

A.67

2. Der Graph von $\underline{Z}(R_2)$ ist eine Gerade. Der Graph von $\underline{Y}(R_2)$ ein Kreis, dessen Umfang durch den Koordinatenursprung verläuft.

$\varrho = 6.41$ mS; $M(-2.38;\ -5.95)$ mS; s. Bild **A.67**.

3. Die Ortskurve ist ein Kreis in allgemeiner Lage. In Gl. (11.42) ist

$z_1 = \mathrm{j}\,\omega L = \mathrm{j}\,100\ \Omega$; $z_2 = -\omega^2 LC = -25$;

$z_3 = 1 - \omega^2 LC = -24$; $z_4 = \mathrm{j}\,\omega C = \mathrm{j}\,0.25/\Omega$.

Der Mittelpunkt ist $M(0;\ 47.92)\ \Omega$

und der Radius $\varrho = 52.08\ \Omega$.

Die Parameterform lautet

$u = (625\,R)/\mathrm{Nenner}$;

$v = (-2400\ \Omega + 6.25\,R^2/\Omega)/\mathrm{Nenner}$;

$\mathrm{Nenner} = 576 + 0.0625\,R^2/\Omega^2$; s. Bild **A.68**.

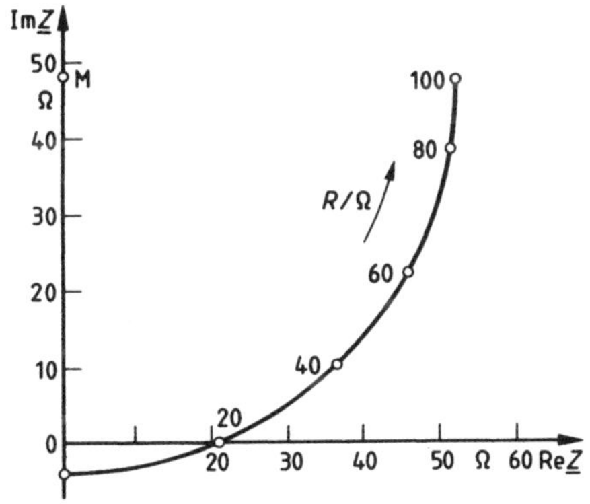

A.68

4. Die Ortskurve ist ein Kreis in allgemeiner Lage mit
$M(26.84;\ -9.01)$ mS; $\varrho = 12.50$ mS.
Die Parameterform lautet
$u = (50 + 222.38\lambda^2)\ \Omega/\text{Nenner}$; $v = (-31.42 + 110.99\lambda - 50.93\lambda^2)\ \Omega/\text{Nenner}$;
$\text{Nenner} = (3.49 + 5.65\lambda^2) \cdot 10^3\ \Omega^2$; s. Bild **A.**69.

5. In Gl. (11.42) wird
$z_1 = d$; $z_2 = \mathrm{j}(1 + d^2)$; $z_3 = 1$; $z_4 = \mathrm{j}2d$; $g(\lambda) = \lambda/(1 - \lambda^2)$

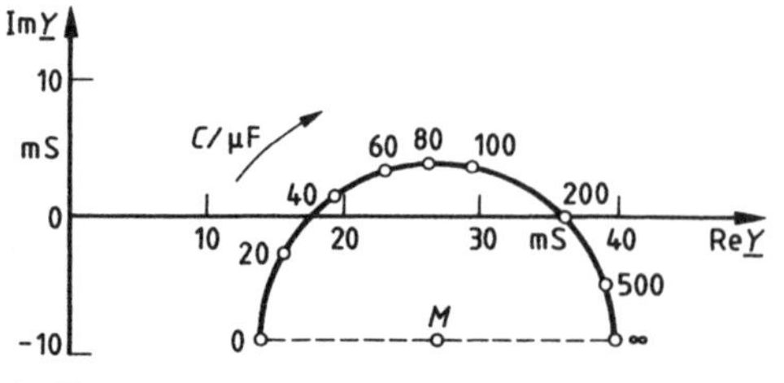

A.69

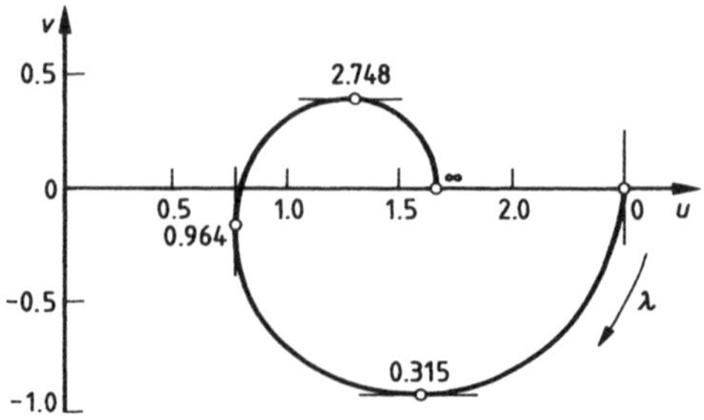

A.70

6. $u = [d_L + (d_C d_L (d_C + d_L))\lambda^2 + d_C \lambda^4]/\text{Nenner} = [0.4 + 0.24\lambda^2 + 0.6\lambda^4]/\text{Nenner}$
$v = [-(1 - d_L^2)\lambda + (1 - d_C^2)\lambda^3]/\text{Nenner} = [-0.84\lambda + 0.64\lambda^3]/\text{Nenner}$
$\text{Nenner} = d_L^2 + (1 + d_L^2 d_C^2)\lambda^2 + d_C^2 \lambda^4 = 0.16 + 1.0576\lambda^2 + 0.36\lambda^4$

Abszissenschnittpunkte
$\lambda_1 = 0$ $u_1 = 2.5$ $\lambda_2 = 1.146$ $u_2 = 0.806$ $\lambda_3 = \infty$ $u_3 = 1.667$

Ordinatenschnittpunkte keine

waagerechte Tangenten
$\lambda_1 = 0.315$ $u_1 = 1.599$ $v_1 = -0.911$
$\lambda_2 = 2.748$ $u_2 = 1.270$ $v_2 = 0.383$

senkrechte Tangenten
$\lambda_1 = 0$ $u_1 = 2.5$ $v_1 = 0$
$\lambda_2 = 0.964$ $u_2 = 0.785$ $v_2 = -0.162$
$\lambda_3 = \infty$ $u_3 = 1.667$ $v_3 = 0$
s. Bild **A.**70

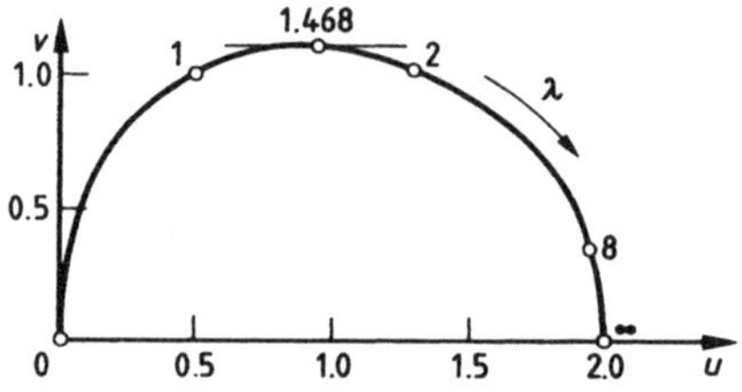

A.71

7. $\underline{Z}(\omega) = \dfrac{-\omega^2 LRC + \mathrm{j}\omega L}{(1 - \omega^2 LC) + \mathrm{j}\omega RC}$ $\underline{w}(\lambda) = u(\lambda) + \mathrm{j}v(\lambda)$

Mit $A = R/Z_0 = 2$ erhält man
$u = A\lambda^4/\text{Nenner} = 2\lambda^4/\text{Nenner}$; $v = [\lambda + (A^2 - 1)\lambda^3]/\text{Nenner} = [\lambda + 3\lambda^3]/\text{Nenner}$
$\text{Nenner} = 1 + (A^2 - 2)\lambda^2 + \lambda^4 = 1 + 2\lambda^2 + \lambda^4$

Abszissenschnittpunkte $\lambda_1 = 0$ $u_1 = 0$ $\lambda_2 = \infty$ $u_2 = 2$
Ordinatenschnittpunkt $\lambda_1 = 0$ $v_1 = 0$
waagerechte Tangenten $\lambda_1 = 1.468$ $u_1 = 0.933$ $v_1 = 1.101$
senkrechte Tangenten $\lambda_1 = \lambda_2 = \lambda_3 = 0$ $u_1 = v_1 = 0$ $\lambda_4 = \infty$ $u_4 = 2$ $v_4 = 0$
s. Bild **A.**71.

Abschnitt 11.4

1. a) $R=r^2 \quad \Phi=2\varphi$ s. Bild **A**.72

b) $R=1/r \quad \Phi=-\varphi$ s. Bild **A**.73; z-Ebene wie Aufgabe 1a

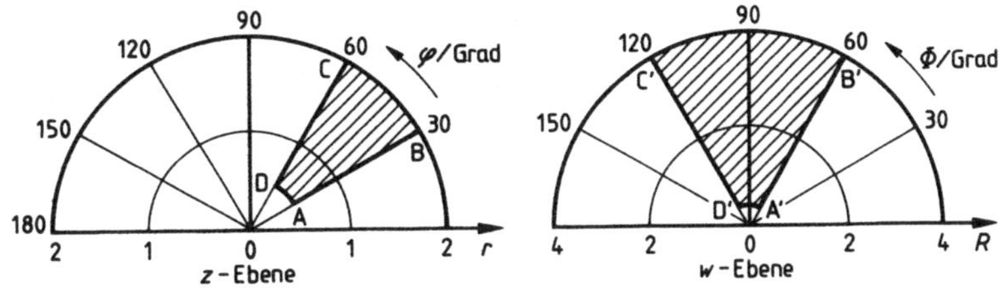

A.72

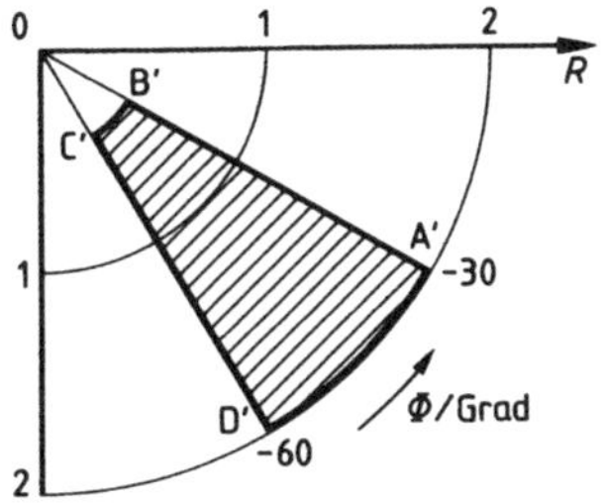

A.73

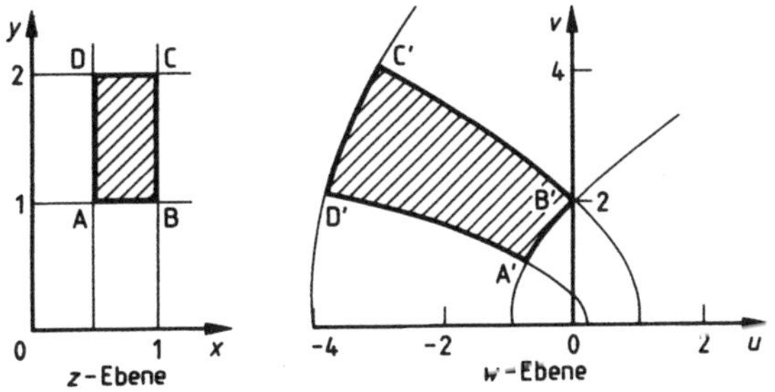

A.74

2. a) $u=\dfrac{v^2}{4y^2}-y^2 \qquad u=-\dfrac{v^2}{4x^2}+x^2$ s. Bild **A**.74

b) $u^2+\left(v+\dfrac{1}{2y}\right)^2=\left(\dfrac{1}{2y}\right)^2 \qquad \left(u-\dfrac{1}{2x}\right)^2+v^2=\left(\dfrac{1}{2x}\right)^2$

s. Bild **A**.75. Das vollständige Diagramm wird in der Elektrotechnik das Schmidt-Buschbeck-Diagramm genannt.

c) $u=x-x^2+\dfrac{v^2}{(1-2x)^2} \qquad u=\left(\dfrac{1}{4}+y^2\right)-\dfrac{v^2}{4y^2}$ s. Bild **A**.76

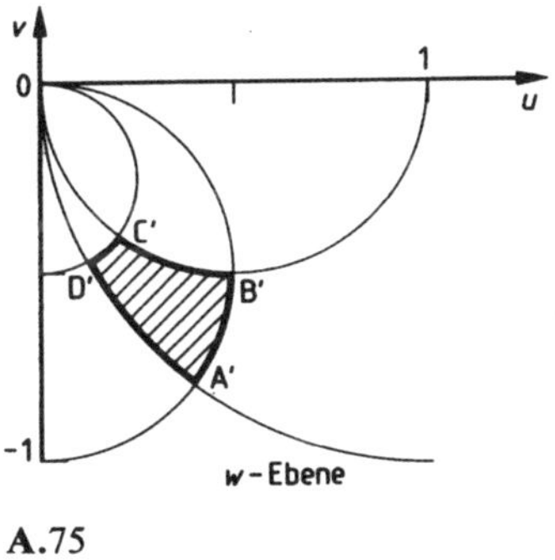

A.75

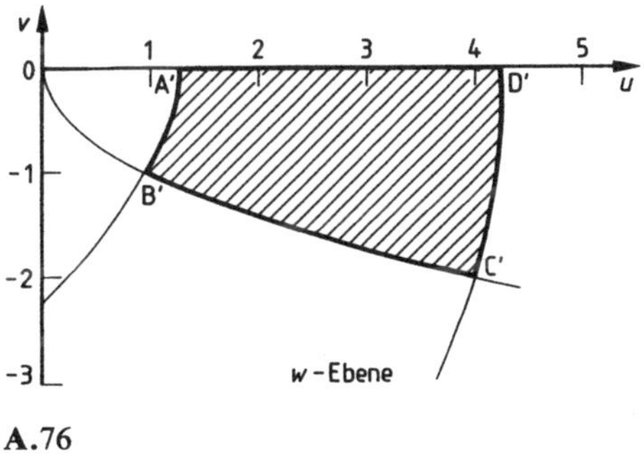

A.76

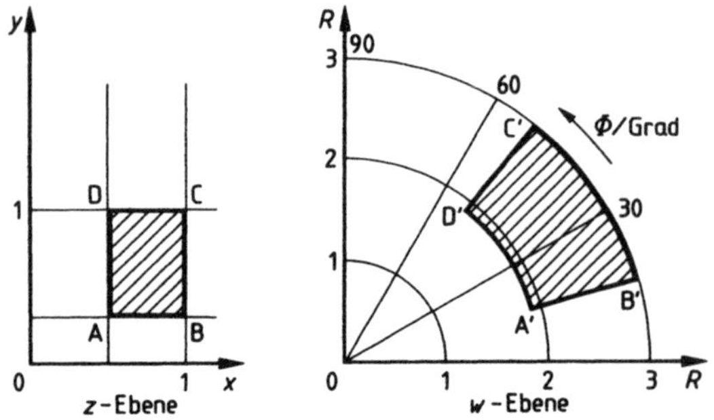

A.77

3. $R = A\,e^{kx} \quad \Phi = ky$ s. Bild **A.**77

4. $w = \cos(0.4 + 0.1\,\lambda)\cosh(0.8 - 0.1\,\lambda) - \mathrm{j}\sin(0.4 + 0.1\,\lambda)\sinh(0.8 - 0.1\,\lambda)$

5. a) $u = (a + r\cos\varphi)/\text{Nenner} \quad v = -(b + r\sin\varphi)/\text{Nenner}$

$\text{Nenner} = (a^2 + b^2 + r^2) + 2r(a\cos\varphi + b\sin\varphi)$

b) Abszissenschnittpunkte $\varphi_1 = -23.96°$ $u_1 = 1.25$

$\varphi_2 = 203.96°$ $u_2 = -1.00$

Ordinatenschnittpunkte $\varphi_1 = 84.17°$ $v_1 = -0.725$

$\varphi_2 = 275.83°$ $v_2 = 1.725$

waagerechte Tangenten $\varphi_1 = 278.26°$ $u_1 = 0.125$ $v_1 = 1.731$

$\varphi_2 = 70.61°$ $u_2 = 0.125$ $v_2 = -0.731$

senkrechte Tangenten $\varphi_1 = 228.65°$ $u_1 = -1.106$ $v_1 = 0.500$

$\varphi_2 = 319.52°$ $u_2 = 1.356$ $v_2 = 0.500$

s. Bild **A.**78. Der Graph ist vermutlich ein Kreis.

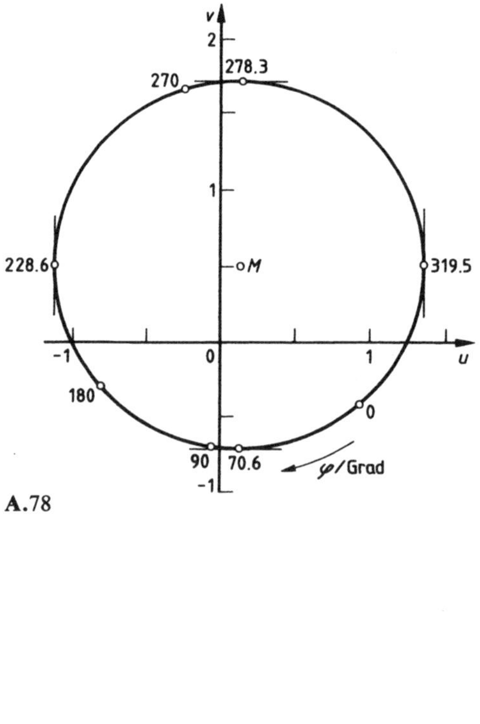

A.78

Abschnitt 12.1

1. a) Trennung der Veränderlichen

$y=\frac{1}{\sqrt{x^2-2C}}$ $\quad y=\frac{1}{\sqrt{x^2+1}}$

b) Lineare Dgl., Trennung der Veränderlichen

$y=C\sqrt{1+x^2}$ $\quad y=\sqrt{1+x^2}$

c) Lineare Dgl., Trennung der Veränderlichen

$y=C\,\mathrm{e}^{\operatorname{Arctan}x}$ $\quad y=\mathrm{e}^{\operatorname{Arctan}x}$

d) Trennung der Veränderlichen

$y=\frac{1}{\cos x-C}$ $\quad y=\frac{1}{\cos x}$

e) Trennung der Veränderlichen

$y=(x+C)^2$ $\quad y=(x+1)^2$

f) Lineare Dgl., Trennung der Veränderlichen

$y=C\sqrt{\frac{1-\sin x}{1+\sin x}}=\frac{C}{\tan\left(\frac{x}{2}+\frac{\pi}{4}\right)}$ $\quad y=\sqrt{\frac{1-\sin x}{1+\sin x}}=\frac{1}{\tan\left(\frac{x}{2}+\frac{\pi}{4}\right)}$

g) Trennung der Veränderlichen

$y=\sqrt{1-\frac{1}{C^2}(1-x^2)}$

Die Anfangsbedingung ist nicht erfüllbar, weil die Lösungsmenge eine Hyperbelschar darstellt.

h) Lineare Dgl.

$y=C\,\mathrm{e}^{-2x}+0.5x+0.25$ $\quad y=\frac{1}{4}(3\,\mathrm{e}^{-2x}+2x+1)$

i) Lineare Dgl., Variation der Konstanten

$y=\frac{x}{2}+\frac{C}{x}$

Die Anfangsbedingung ist nicht erfüllbar, weil $y(0)$ für $C\neq 0$ nicht existiert und für $C=0$ den Wert 0 hat.

j) Lineare Dgl., Polynomansatz

$y=C\,\mathrm{e}^{x}-x^3-3x^2-6x-6$ $\quad y=7\,\mathrm{e}^{x}-x^3-3x^2-6x-6$

k) Lineare Dgl., Ansatz für die spezielle Lösung $y_{(s)}=K\,\mathrm{e}^{-3x}$

$y=C\,\mathrm{e}^{-0.5x}-1.6\,\mathrm{e}^{-3x}$ $\quad y=2.6\,\mathrm{e}^{-0.5x}-1.6\,\mathrm{e}^{-3x}$

2. a) $y=C_1\,\mathrm{e}^{kx}+C_2\,\mathrm{e}^{-kx}=D_1\sinh kx+D_2\cosh kx$

b) $y=C_1\sin kx+C_2\cos kx$

3. Bild **A**.79

a) $y=C_1\cos 2x+C_2\sin 2x$ $\quad y=0.5\sin 2x$

b) $y=\mathrm{e}^{-x}(C_1\cos 1.732x+C_2\sin 1.732x)$ $\quad y=0.577\,\mathrm{e}^{-x}\sin 1.732x$

c) $y=(C_1+C_2x)\,\mathrm{e}^{-2x}$ $\quad y=x\,\mathrm{e}^{-2x}$

d) $y=C_1\,\mathrm{e}^{-0.764x}+C_2\,\mathrm{e}^{-5.236x}$ $\quad y=0.2236\,(\mathrm{e}^{-0.764x}-\mathrm{e}^{-5.236x})$

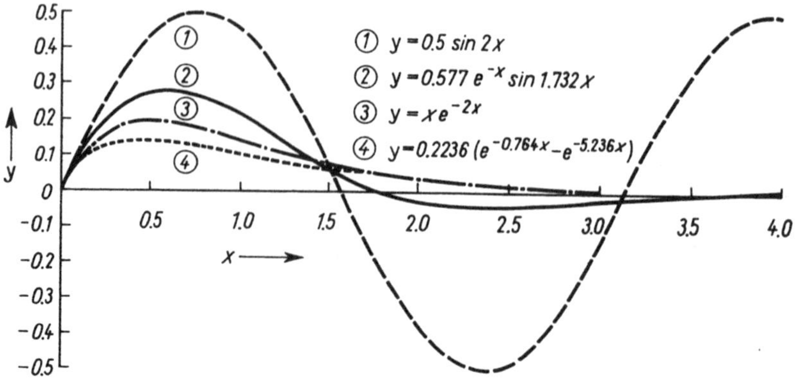

A.79

4. a) $y = C_1 \cos 3x + C_2 \sin 3x + (9x^2 + 36x - 11)/81$

b) $y = \mathrm{e}^{-x}(C_1 \cos x + C_2 \sin x) + (6 \sin 3x - 7 \cos 3x)/85$

c) $y = (C_1 + C_2 x)\,\mathrm{e}^{x} + C_3\,\mathrm{e}^{-x} + C_4\,\mathrm{e}^{2x}$

d) $y = C_1\,\mathrm{e}^{-2x} + \mathrm{e}^{-x}(C_2 \cos x + C_3 \sin x)$

e) $y = C_1\,\mathrm{e}^{-3x} + C_2 x^2 + C_3 x + C_4$

5. $v = \frac{g}{k}(1 - \mathrm{e}^{-kt})$ $\qquad s = \frac{g}{k}\left[t - \frac{1}{k}(1 - \mathrm{e}^{-kt})\right]$

6. $w'' = -\frac{M}{EI} = -\frac{F(e+w)}{EI}$

$$w = e\left[\cos\left(\sqrt{\frac{F}{EI}}\,x\right) - 1 + \tan\left(\sqrt{\frac{F}{EI}}\,\frac{l}{2}\right)\sin\left(\sqrt{\frac{F}{EI}}\,x\right)\right] \qquad w\left(\frac{l}{2}\right) = e\left[\frac{1}{\cos\left(\sqrt{\frac{F}{EI}}\cdot\frac{l}{2}\right)} - 1\right]$$

7. $y_1 = C_1\,\mathrm{e}^{8.446x} + C_2\,\mathrm{e}^{-5.446x}$ $\qquad y_2 = \frac{1}{2} y_1' - 4y_1 = 0.223\,C_1\,\mathrm{e}^{8.446x} - 6.723\,C_2\,\mathrm{e}^{-5.446x}$

8. $y_1 = C_1\,\mathrm{e}^{1.235x} + C_2\,\mathrm{e}^{-1.235x} + C_3\,\mathrm{e}^{\mathrm{j}0.724x} + C_4\,\mathrm{e}^{-\mathrm{j}0.724x}$

$= B_1 \sinh 1.235x + B_2 \cosh 1.235x + B_3 \sin 0.724x + B_4 \cos 0.724x$

$y_2 = 2y_1 - 2.5y_1'' = -1.812(B_1 \sinh 1.235x + B_2 \cosh 1.235x)$

$+ 3.312(B_3 \sin 0.724x + B_4 \cos 0.724x)$

Abschnitt 12.2

1. a) $F_K = \pi^2 EI/(4l^2)$ $\qquad$ b) $F_K = 4\pi^2 EI/l^2$ $\qquad$ **2.** $J\ddot{\alpha} + \bar{c}\alpha = 0$ $\qquad T_0 = \frac{2R}{r^2}\sqrt{\frac{lm\pi}{G}}$

3. $\omega_\mathrm{d}^2 = 15.42\ \mathrm{s}^{-2}$ $\qquad \delta = 0.613\ \mathrm{s}^{-1}$ $\qquad c = 79.0\ \mathrm{N/m}$

$b = 6.13\ \mathrm{kg/s}$ $\qquad \dot{x}(0) = 19.6\ \mathrm{cm/s}$

4. a) $u = (5.00\text{ V} + 3.87\text{ (V/ms)}\,t)\,e^{-0.330\,t/\text{ms}}$
Nullstellen für $t \geq 0$: keine
Extremwert
$t_E = 1.741$ ms $u_E = 6.61$ V
Wendepunkt
$t_W = 4.77$ ms $u_W = 4.86$ V
Wert für $t = 10$ ms: $u = 1.616$ V
b) $u = 8.21\text{ V}\cdot e^{-(0.1114/\text{ms})t}$
$- 3.21\text{ V}\cdot e^{-(0.976/\text{ms})t}$
Nullstellen für $t \geq 0$: keine
Extremwert
$t_E = 1.425$ ms $u_E = 6.21$ V
Wendepunkt
$t_W = 3.94$ ms $u_W = 5.22$ V
Wert für $t = 10$ ms: $u = 2.70$ V

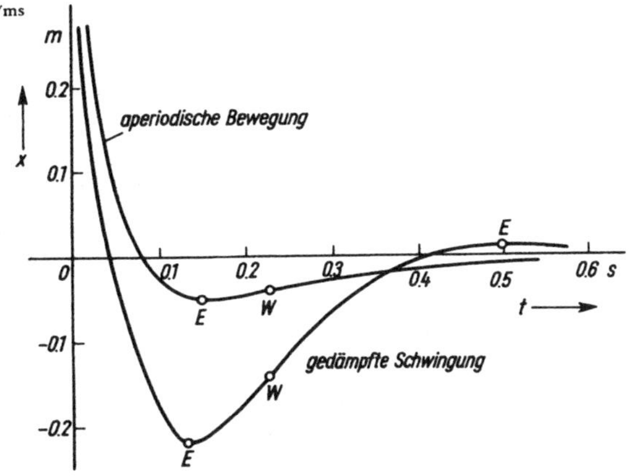

A.80

5. Aperiodische Bewegung. Damit kein Nulldurchgang eintritt, muß $|v(0)| < x_0(\delta + \sqrt{\delta^2 - \omega_0^2})$ $= 11.83$ m/s sein. Dabei ist $\delta = b/(2m)$ und $\omega_0^2 = c/m$. Mit $v(0) = -15$ m/s erhält man $x = -0.1830\text{ m}\,e^{-(6.34/\text{s})t} + 0.683\text{ m}\,e^{-(23.7/\text{s})t}$
Bild **A.**80

6. Gedämpfte Schwingung mit Gleichung

$$x = 1.330\text{ m}\,e^{-(8.66/\text{s})t}\cos\left(\frac{8.66}{\text{s}}\,t + 67.9°\right); \quad \text{Bild A.80}$$

Abschnitt 12.3

1.

x	y
0	1.000000
0.2	1.240049
0.4	1.561498
0.6	1.969800
0.8	2.475770
1	3.095706

2. $y_1 = 19Fl^3/(2048EI)$ $y_2 = 28Fl^3/(2048EI)$ $y_3 = 21Fl^3/(2048EI)$

3. Numerische Lösung $y_1 = -0.355$ $y_2 = -0.673$ $y_3 = -0.910$

Analytische Lösung $y = \dfrac{\sinh x}{\sinh 2} - x$ $y_1 = -0.356$ $y_2 = -0.676$ $y_3 = -0.913$

4. 2 Stützstellen: $F_K = 9EI/l^2$ $\Delta F/F = -0.088 = -8.8\,\%$
3 Stützstellen: $F_K = 9.37EI/l^2$ $\Delta F/F = -5.0\,\%$

5. $F = ql = 16.87EI/l^2$

Abschnitt 13.1

1. a) $F(p)=\dfrac{p}{p^2+\omega^2}$ b) $F(p)=\dfrac{k}{p^2-k^2}$ c) $F(p)=\dfrac{p}{p^2-k^2}$ d) $F(p)=\dfrac{1}{(p-a)^2}$

2. a) $f(t)=\mathrm{e}^{5t}$ b) $f(t)=\mathrm{e}^{-2t}$ c) $f(t)=t^4$

3. Zu 2a) $\mathrm{Re}\,p>5$; zu 2b), 2c) keine weiteren Bedingungen

Abschnitt 13.2

1. a) $F(p)=\dfrac{1}{p-a}-\dfrac{1}{p+a}=\dfrac{2a}{p^2-a^2}$ $\quad \mathrm{Re}\,p>\mathrm{Re}\,a$

b) $F(p)=\dfrac{6}{p^3}+\dfrac{2}{p^2}+\dfrac{1}{p}=\dfrac{6+2p+p^2}{p^3}$ $\quad \mathrm{Re}\,p>0$

c) $F(p)=\dfrac{12}{p^2+16}+\dfrac{5p}{p^2+4}$

2. a) $f(t)=1+t$ b) $f(t)=\mathrm{e}^{-2t}+\mathrm{e}^{3t}$ c) $f(t)=\dfrac{2}{3}\sin 3t+3\cos 3t$

3. a) $\mathfrak{L}\{\sin(3t-2)\}=\mathfrak{L}\left\{\sin 3\left(t-\dfrac{2}{3}\right)\right\}=\mathrm{e}^{-2p/3}\,\mathfrak{L}\{\sin 3t\}=\dfrac{3}{p^2+9}\,\mathrm{e}^{-2p/3}$

b) $\mathfrak{L}\{(t-2)^3\}=\mathrm{e}^{-2p}\,\mathfrak{L}\{t^3\}=\dfrac{6}{p^4}\,\mathrm{e}^{-2p}$

4. a) $f(t)=t\,\mathrm{e}^{-2t}$ b) $f(t)=\dfrac{1}{2}\sin 2t$

c) $f(t)=\mathrm{e}^{-t}\left(\cos 2t+\dfrac{1}{2}\sin 2t\right)$ d) $f(t)=\mathrm{e}^{t}\sin t$ e) $f(t)=-\mathrm{e}^{-t}+2\,\mathrm{e}^{-2t}-3t\,\mathrm{e}^{-2t}$

Abschnitt 13.4

1. $y=\dfrac{10}{109}(-\cos 10t+0.3\sin 10t+\mathrm{e}^{-3t})$ **2.** $y=\dfrac{3}{5}\left[1-\mathrm{e}^{-t}\left(\cos 2t+\dfrac{1}{2}\sin 2t\right)\right]$

3. $y=\mathrm{e}^{-t}\left[1+t+\dfrac{t^2}{2!}+\dfrac{t^3}{3!}\right]$

4. a) $U_\mathrm{a}(p)=\dfrac{\omega_0^2\,U_\mathrm{e}(p)}{p^2+2\delta p+\omega_0^2}$

b) $u_\mathrm{a}(t)=U_0\left[1-\mathrm{e}^{-\delta t}\left(\dfrac{\delta}{\omega_\mathrm{d}}\sin\omega_\mathrm{d}t+\cos\omega_\mathrm{d}t\right)\right]$ mit $\omega_\mathrm{d}=\sqrt{\omega_0^2-\delta^2}$

c) $u_\mathrm{a}(t)=(\omega_0^2/\omega_\mathrm{d})\,\overline{U}_0\,\mathrm{e}^{-\delta t}\sin\omega_\mathrm{d}t$

d) $u_\mathrm{a}(t)=\hat{u}\,[0.5+0.1387\sin(2\omega_0 t+123.7°)-0.6405\,\mathrm{e}^{-\delta t}\sin(\omega_\mathrm{d}t+73.9°)]$

5. $y = \frac{1}{4}(e^{-7t} + 3e^{t}) \quad z = \frac{1}{4}(e^{-7t} - e^{t})$

6. $y_1 = 2\cosh at + \sin\omega t + \cos\omega t \quad a = 1.235 \quad \omega = 0.7244$
$y_2 = -3.624\cosh at + 3.312(\sin\omega t + \cos\omega t)$

7. $x_1 = [100 + 18.24\,e^{-2.969\,t/s} - 119.4\,e^{-1.226\,t/s}\sin(6.265\,t/s + 81.9°)]$ mm

Abschnitt 14.1

1. a)

$\bar{x}_i/\Omega$	φ_i	Φ_i
840	0.250	1.0
844	0.500	3.0
848	2.625	13.5
852	5.625	36.0
856	7.250	65.0
860	5.500	87.0
864	2.500	97.0
868	0.625	99.5
872	0.125	100.0

b)

d/mm	φ_i	Φ_i
5.63	300	3
5.64	1300	16
5.65	3200	48
5.66	2300	71
5.67	1400	85
5.68	800	93
5.69	400	97
5.70	200	99
5.71	100	100

2. a) Widerstände $M = 855.93\ \Omega$ $\quad 852.04\ \Omega \le w \le 859.82\ \Omega$
Durchmesser $M = 5.6559$ mm $\quad 5.6478\ \text{mm} \le w \le 5.6679$ mm
b) Widerstände $\bar{x} = 855.92\ \Omega$ $\quad s = 5.53\ \Omega$
Durchmesser $\bar{x} = 5.6588$ mm $\quad s = 0.0158$ mm

Abschnitt 14.2

1. a) 21.6% b) 10%

2. $\dfrac{\binom{18}{2}}{\binom{22}{2}} = 66.2\%$

3. $\dfrac{2^{12}}{3^{12}} = 0.77\%$

4. a) $\dfrac{\binom{6}{r}\binom{43}{6-r}}{\binom{49}{6}}$

b)

r	3	4	5	6
p	$1.77 \cdot 10^{-2}$	$9.69 \cdot 10^{-4}$	$1.84 \cdot 10^{-5}$	$7.15 \cdot 10^{-8}$

c) p für 5 Richtige mal p für eine Richtige aus 43 Restkugeln

$$\frac{\binom{6}{5}\binom{43}{1}}{\binom{49}{6} \cdot 43} = \frac{6}{\binom{49}{6}} = 4.29 \cdot 10^{-7}$$

Abschnitt 14.3

1.

x_i	p_i	F_i
0	0.0	0.0
1	0.3	0.3
2	0.6	0.9
3	0.1	1.0

2. $\mu = 1.8 \quad \sigma^2 = 0.36$

3. a)

x_i	p_i in %
0	48.23
1	38.58
2	11.57
3	1.54
4	0.08

b)

x_i	p_i in %
0	23.26
1	37.21
2	26.05
3	10.42
4	2.60
5	0.42
6	0.04
7	0.00
8	0.00

4. a) $p(x \leq 5) = (21.46 + 33.89 + 25.86 + 12.71 + 4.51 + 1.24)\,\% = 99.67\,\%$

b) $p(x \leq 5) = \mathrm{e}^{-1.5}\left(1 + 1.5 + \frac{1.5^2}{2!} + \frac{1.5^3}{3!} + \frac{1.5^4}{4!} + \frac{1.5^5}{5!}\right) = 99.55\,\%$

Man beachte, daß das Ergebnis nicht mit dem von Beispiel 5, Abschn. 14.3, übereinstimmt.

5. $x = 4$: Poisson: $F(4) = 0.9474$

6. $\mu = np = 50 \quad \sigma = \sqrt{npq} = 5.0 \quad u = 1.0$

$\Phi(u) = 50\,\% + 34.13\,\% = 84.13\,\%$

7. $\mu + \sigma u \leq 100 \quad \mu = np \quad \sigma = \sqrt{npq}$

$p = 0.8 \quad q = 0.2$

$u = 2.05375$ ergibt $n < 114$

8.

x_i	p_i in %
2	2.78
3	5.56
4	8.33
5	11.11
6	13.89
7	16.67

$\mu = 7 \quad \sigma = 2.415$

9.

x_i	p_i in %
2	1.94
3	4.20
4	7.64
5	11.72
6	15.15
7	16.52

Abschnitt 14.4

1. a) $z_i = 4.55 > z_s = 1.96$; Hypothese ablehnen

b) $z_i = 207 > z_s = 178$; Hypothese ablehnen

c) Tafel **A**.81 ergibt $z_i = 3.53 < z_s = 16.92$ mit $f = 9$

2. a) Für $S = 95\,\%$ darf die Hypothese abgelehnt werden. Will man hingegen die Irrtumswahrscheinlichkeit verkleinern ($S = 99\,\%$), so muß die Hypothese angenommen werden.

b) Bei Abgrenzung nach oben darf abgelehnt werden. Bei beiderseitiger Abgrenzung (die oft eine größere „eigene“ Unsicherheit bedeutet), muß angenommen werden.

3. $z_i = 10.0 < z_s = 11.1$, also muß angenommen werden! (Erklärung: zu wenig Würfe, s. Beispiel 5, Abschn. 14.4)

4. a) Tafel **A**.82 ergibt $z_i = 0.663 < z_s = 12.6$

b) $\bar{x} = 1.9083$; $s = 1.3814$ ergibt $z_i = 0.727 < z_s = 1.98$

c) $\bar{p} = \mu/n = 2/8 = 25\,\%$

Tafel **A**.81

$\bar{x}_i$	n_i^*
1.965	(0.1)
1.970	(0.6)
1.975	2.3
1.980	6.8
1.985	15.0
1.990	25.0
1.995	31.3
2.000	29.6
2.005	21.2
2.010	11.4
2.015	4.7
2.020	1.4

Tafel **A**.82

x_i	n_i^*
0	17.8
1	34.0
2	32.4
3	20.6
4	9.8
5	3.8
6	1.2
7	(0.3)
8	(0.1)

Weiterführende Literatur

Allgemeine höhere Mathematik

[Bö 81] Böhme, G.: Einstieg in die mathematische Logik. München-Wien 1981

[Br 87] Taschenbuch der Mathematik. 2. Aufl.: B. G. Teubner, Wiesbaden 2003

[Bu 90] Burg, K.; Haf, H.; Wille, F.: Höhere Mathematik für Ingenieure. Tl. 1, 6. Aufl. 2003. Tl. 2, 4. Aufl. 2002. Tl. 3, 4. Aufl. 2002. Funktionentheorie, 1. Aufl. 2004. Tl. 5, 3. Aufl. 2004

[Co 90] Collatz, L.: Differentialgleichungen. 7. Aufl. Stuttgart 1990

[Fi 86] v. Finckenstein, K.: Grundkurs Mathematik für Ingenieure. 3. Aufl. Stuttgart 1991

[Fi 88] Fischer, H.; Kaul, H.: Mathematik für Physiker. Tl. 1, 5. Aufl. Wiesbaden 2005

[Fö 86] Föllinger, O.: Laplace- und Fouriertransformation. 5. Aufl. Heidelberg 1990

[Gr 88] Großmann, S.: Mathematischer Einführungskurs in die Physik. 9. Aufl. Wiesbaden 2005

[Ha 85] Hainzl, J.: Mathematik für Naturwissenschaftler. 4. Aufl. 1985

[He 90] Heuser. H.: Lehrbuch der Analysis. Teil 1, 15. Aufl. 2003. Teil 2, 13. Aufl. 2004. Wiesbaden

[He 89] Heuser, H.: Gewöhnliche Differentialgleichungen. 4. Aufl. Wiesbaden 2004

[Ka 84] Kamke, E.: Differentialgleichungen. Lösungen und Lösungsmethoden. I: Gewöhnliche Differentialgleichungen. 10. Aufl. Stuttgart 1983

[Ko 74] Kowalsky, H.-J.: Vektoranalysis. Bd. 1, 1974. Bd. 2, 1976. Berlin

[Sa 67] Sauer, R.; Szabó, I.: Mathematische Hilfsmittel für Ingenieure. 1. Tl., 1967, 2. Tl., 1968. 3. Tl., 1969. 4. Tl., 1979. Berlin-Heidelberg-New York

[St 88] Stammbach, U.: Lineare Algebra. 3. Aufl. Stuttgart 1988

[We 87] Weber, H.: Laplace-Transformation für Ingenieure der Elektrotechnik. 7. Aufl. Wiesbaden 2003

[Zu 84] Zurmühl, R.: Matrizen und ihre technischen Anwendungen. Tl. 1, 5. Aufl. 1984. Tl. 2, 5. Aufl. 1986. Berlin-Heidelberg-New York

Angewandte und numerische Mathematik

[Be 85] Becker, J.; Dreyer, H.-J.; Haacke, W.; Nabert, R.: Numerische Mathematik für Ingenieure. 2. Aufl. Stuttgart 1985

[Bi 87] Bielig-Schulz, G.; Schulz, Chr.: 3D-Graphik in Pascal. Stuttgart 1987

[Bl 77] Bliefert, C.; Dehms, G.; Morawietz, G.: Praktische Nomographie. Weinheim 1977

[Bö 74] Böhmer, K.: Spline-Funktionen. Stuttgart 1974

[Ha 83] Hainer, K.: Numerik mit BASIC-Tischrechnern. Stuttgart 1983

[He 79] Heinhold, J.; Gaede, K.-W.: Ingenieur-Statistik. 4. Aufl. München-Wien 1979

[Ho 89] Hoschek, I.; Lasser, D.: Grundlagen der geometriechen Datenverarbeitung. 2. Aufl. Stuttgart 1992

[Is 73] Isaacson, I.; Keller, H. B.: Analyse numerischer Verfahren. Zürich-Frankfurt 1973

[Jo 82] Jordan-Engeln, G.; Reutter, F.: Numerische Mathematik für Ingenieure. Mannheim 1984

[Le 85] Lehn, J.; Wegmann, H.: Einführung in die Statistik. 4. Aufl. Wiesbaden 2004

[Le 88] Lehn, J.; Wegmann, H.; Rettig, S.: Aufgabensammlung zur Einführung in die Statistik. 2. Aufl. Stuttgart 1994

[Ra 72] Ralston, A.; Wilf, H.: Mathematische Methoden für Digitalrechner. Bd. 1., 2. Aufl. 1972. Bd. 2, 2. Aufl. 1979. München-Wien

[Sa 84] Sachs, L.: Angewandte Statistik. 7. Aufl. Berlin-Heidelberg-New York 1991

[Sc 88] Schwarz, H. R.; Köckler, N.: Numerische Mathematik. 5. Aufl. Wiesbaden 2004

[Sp 85] Spellucci, P.; Törnig, W.: Eigenwertberechnung in den Ingenieurwissenschaften. Stuttgart 1985

[St 76] Stiefel, E.: Einführung in die numerische Mathematik. 5. Aufl. Stuttgart 1976

[St 82] Stummel, F.; Hainer, K.: Praktische Mathematik. 2. Aufl. Stuttgart 1982

[Tö 79] Törnig, W.: Numerische Mathematik für Ingenieure und Physiker. Bd. 1, 2. Berlin 1979

[We 88] Weber, H.: Einführung in die Wahrscheinlichkeitsrechnung und Statistik für Ingenieure. 3. Aufl. Stuttgart 1992

Tafeln

[Ab 65] Abramowitz, M.; Stegun, I. A.: Handbook of Mathematical Functions. New York 1965

[Gr 81] Gradstein; Ryshik, I.: Summen-, Produkt- und Integraltafeln I, II. Thun-Frankfurt 1981

[Gr 66] Graf, U.; Henning, H.; Stange, K.: Formeln und Tabellen der mathematischen Statistik. 2. Aufl. Berlin-Göttingen-Heidelberg 1966

[Gr 75] Gröbner, W.; Hofreiter, N.: Integraltafeln. I: Unbestimmte Intergrale. 5. Aufl. Wien 1975

[Sz 74] Szabó, I.; Wellnitz, K.; Zander, W.: Hütte Mathematik. 2. Aufl. Berlin-Heidelberg-New York 1974

Sachverzeichnis